海塘歷史文獻集成

符甯平　閆彦　編

上

中国水利水电出版社
www.waterpub.com.cn
·北京·

内 容 提 要

本書爲海塘水利史影印專册，包含《勅修兩浙海塘通志》《海塘擥要》《海塘録》《海塘新志》《續海塘新志》《海塘新案》六種文獻。這些内容皆爲記録海塘修築的歷史文獻，涵蓋上諭、奏疏、圖説、工料、章程辦法等，不僅記述了當地的河湖面貌和海塘修築工程，比較系統地反映了海塘歷史上的治理、變遷等相關情況，還收録了當時文人騷客相關的詩詞文賦。編者精心遴選底本，撰寫整理説明，梳理介紹各文獻的重要背景資料，具有很高的史料價值和文獻價值。

图书在版编目（CIP）数据

海塘历史文献集成 ： 全3册 / 符宁平， 闫彦编. --
北京 ： 中国水利水电出版社， 2017.12
ISBN 978-7-5170-6163-2

Ⅰ. ①海… Ⅱ. ①符… ②闫… Ⅲ. ①海塘－水利史
－无锡 Ⅳ. ①TV-092

中国版本图书馆CIP数据核字(2017)第326413号

總 責 任 編 輯：陳東明
副總責任編輯：馬愛梅
責 任 編 輯：宋建娜　楊春霞

書　名	海塘歷史文獻集成（上） HAITANG LISHI WENXIAN JICHENG
作　者	符甯平　閆彦　編
出版發行	中國水利水電出版社 （北京市海淀區玉淵潭南路1號D座　100038） 網址：www.waterpub.com.cn E-mail：sales@waterpub.com.cn 電話：（010）68367658（營銷中心）
經　售	北京科水圖書銷售中心（零售） 電話：（010）88383994、63202643、68545874 全國各地新華書店和相關出版物銷售網點
排　版	北京佳捷真科技發展有限公司
印　刷	三河市鑫金馬印裝有限公司
規　格	184mm×260mm　16開本　123印張（總）　2916千字（總）
版　次	2017年12月第1版　2017年12月第1次印刷
印　數	001—500册
總定價	850.00圓（上、中、下）

序　言

『怒聲洶洶勢悠悠，羅刹江邊地欲浮。』這是唐代詩人羅隱筆下的錢塘潮。錢塘江湧潮蔚爲壯觀，可古時也曾害苦了兩岸的老百姓。不過，聰明勤勞的浙江人也想出了抵禦潮水的方法，那就是修築堤壩，也稱海塘。

海塘是人工修建的擋潮堤壩，亦是中國東南沿海地帶的重要屏障。我國的海塘工程，自十世紀起就有創建。海塘的歷史至今已有兩千多年，主要分佈在江蘇、浙江兩省。浙江沿海，歷代爲我國海塘建設重點地區，它以歷史悠久、規模宏偉、建築精良著稱於世。

浙江的海塘工程以浙江爲界，分爲兩大部分。西起杭州，東至平湖的一段，長約三百里，爲我國古代規模最爲壯觀的海塘工程，歷史上稱浙西海塘。

浙東海塘範圍較廣，除杭州灣南岸的紹興、寧波二府海塘外，還包括浙江以南的臺州、温州二府沿海各縣塘工。寧、紹二府海塘，又稱南岸海塘，與北岸之浙西海塘遥對相望，共遏怒潮奔衝，自古亦爲我國塘工重點。

在清代的塘工大業中，浙江的海塘修築活動最爲頻繁，工程最艱，規模也最大。清代在浙江一百八十三次塘工修築活動中，一百一十四次是在浙西沿海，浙東僅有六十九次，清代在全國修建石塘累計長度六百八十九里中，就有五百五十四里是在浙江，其中浙西就占了三百六十八里。這説明杭州灣北岸爲錢塘怒潮要衝之地，據史料記載，清高宗乾隆六次南巡，曾四次親臨海寧沿海視察和督修大石塘工程，這在我國海塘修築史上是空前的。

唐代以前，我國的海塘多築在後海濱上，一般爲土塘，祇防止高潮時海水漫溢。從五代開始，隨着東南濱海平原的進一步開發利用，面臨的自然環境條件亦漸趨複雜。爲了衛護沿海地區的經濟發展，海塘工程除了防溢以外，又提出了護岸防坍的要求。於是，適應各個地區的海岸地質條件和動力狀況，相繼創造出多種海塘工程型式。

歷代治塘者，吸取了過去成功經驗和失敗教訓，在初級型式土塘基礎上，對塘身結構不斷改革創新，不同時期不同地段，採用不同治塘措施，除土塘外，唐末、五代吴越國有木樁塘和竹籠木樁塘；北宋有柴塘和土石塘；元代有石囤木櫃塘；明代有陂陀式石塘、重力式基樁石塘以及五縱五横魚鱗石塘；清代有魚鱗大石塘和條塊石塘，以及近代各種型式的混凝土塘等。

清代以魚鱗大石塘爲代表的海塘工程，經過康熙、雍正、乾隆三朝的不斷營造，塘工日益精美，結構漸趨完整，發展到了古代所能够達到的高度水準。如今，依然屹立在海寧一帶的堅固精緻的魚鱗大石塘，成爲標誌我國人民徵服大自然的光榮而偉大的歷史豐碑。

治水興水，是治國安邦的大事。『善治國者必先治水』『興水利，而後有農功；有農功，而後裕國。』在這種治國理念的支配下，浙江先人們在與瀚海作堅毅不懈的鬥争中，根據不同地區的自然特點，創造了不同規格、不同結構、不同類型的海塘，豐富了我國古代水利科技的寶庫。這是世代勞動人民無數心血和智慧的結晶。

這些魚鱗石塘已經有三百多年的歷史了，它每天要經受兩次洪峰的衝擊，每次衝擊，塘身每平方米必須承受六噸多的壓力，但到今天爲止，它仍然發揮着非常重要的水利作用，號稱『捍海長城』。錢塘江古海塘現保存最完好的就是鹽官段的海塘，這是人類改造自然的偉大成果，是中國最偉大的建築工程和科技文化遺産之一。

浙江治水歷史悠久，治水文化厚重，並形成了相當豐富的海塘文獻，成爲浙江文化寶庫的瑰寶。明胡震亨《海鹽縣圖經》；清代以來，宣統元年《塘工議事會稟稿議案附收支清單》，琅玕《海塘新志》，烏爾恭額《續海塘新志》，馬新貽、楊昌濬《海塘新案》，李輔耀、袁鎮嵩《海甯石塘圖説》《浙江省海塘事宜册》，楊鑅《海塘擥要》，翟均廉《海塘録》，方觀承《敕修兩浙海塘通志》，錢文瀚《捍海塘志》，程鳴九《三江閘務全書》，[英]韋更斯《海塘輯要》，嚴琅《東西兩防海塘圖記》《上虞塘工紀要》《辦理海塘册檔》《御批兩浙名臣奏議》《欽定南巡盛典》《海塘説》等等；民國鄒師謙《浙西海塘工程芻議》等等。

這些歷史文獻是祖先留給我們的一筆豐厚的水文化遺産，是古代浙江治水文化的結晶。古人以他們的勤勞和智慧，利用自然資源，用最原始的方式修建的這些海塘，滋養了浙江人民的沃野，造福世代子孫。古代的海塘都有其興建、毀損、重修曲折的過程，這些古代海塘設施彰顯着文明與科學，治水文化反映了先賢安國興邦的膽識。這些歷史文獻詮釋海塘治理的方略、技術、制度、組織等；留下了許多膾炙人口的詩詞，成爲中華『潮文化』中的明珠，成爲中華水文化中的奇葩。

它的建築技術、材料和結構型式，以及塘政管理和工程維護反映出浙江自然、文化的歷史風貌。在對江潮的利用方面，從工程技術到建築藝術，則體現出水利工程與自然環境的融合，以及其隨自然環境發展的不斷完善。

在這些歷史文獻中，您能看到浙江海塘文化的悠久與神奇，能體驗到浙江文明的神秘與燦爛，能感受到錢塘江潮水奇觀的獨特與壯麗！浙江文明最吸引人的地方，就在於自然與人文的有機結合，融會貫通；錢塘江兩岸最吸引人的地方，就在於大自然的神奇——海寧潮和中國人的智慧——潮文化的完美統一。

現今依然屹立於浙江的許多古代海塘和浩如煙海的海塘歷史文獻，是千百年來先民們同狂潮巨瀾英勇搏鬥的記載，包含着極爲豐富的經驗和教訓，是很有價值的歷史遺產，可以作爲現代海塘建築的借鑒，值得我們認真的研究和總結。

今天，浙江沿海一條條防潮大堤，巍然屹立，猶如濱海長城，護衛着沿海富饒的土地和人民的生命財産。歷史是不能分割的，今天所有的海塘建築，都是在古代海塘工程技術的基礎上不斷發展起來的。古人的築塘技術，至今仍爲人們所借鑒。

前人治水的豐功偉績和留下的治水寶典，構築了燦爛的浙江海塘文化。也是中華水文化的重要組成部分，令人民世代敬仰，永志不忘。這些歷史文獻是研究浙江海塘文化以及古代政治、經濟、文化、社會等方面的絶好實物資料，是浙江悠久歷史文明的最好見證。我們這些生活在錢塘江畔又從事着水文化教育和研究的人們，已傾心於『海塘文化』的熱情。浙江省水文化研究教育中心，以傳承和弘揚中華水文化，促進社會主義文化大發展大繁榮爲己任，十分重視歷代水文化資料的蒐集和整理。先後出版了《錢塘江潮詩詞集》《浙江海潮·海塘藝文》《錢塘江影像：海潮·海塘》《浙江海塘宸翰》《道光朝東西兩防海塘全紀》等海塘文化的書籍，今天我們把這些古海塘歷史文獻加以整理，並出版，供大家閲讀和欣賞，並作爲研究海塘的史料。作爲後代的人們，也可以『古爲今用』地吸收借鑒，以繼承民族優秀文化的歷史遺産。限於我們的水準、精力，這本集子中還會有不少疏漏和不足之處，希望讀者們提出意見和批評。

編者

總目

上

海塘擥要

海塘録

中

海塘新志……一二四七

下

續海塘新志

海塘新案

勅修兩浙海塘通志

[清] 方觀承 纂

整理説明

《勅修兩浙海塘通志》爲我國第一部海塘專志，乾隆年間由浙江巡撫方觀承呈請勅修，自乾隆十四年四月奉到部文設局編纂，查祥、杭世駿總修，周雷、查虞昌、黎維昱分修，朱山繪圖。至十五年四月告竣，於乾隆十六年刊刻發行。《續修四庫全書・史部・政書類》亦有收録。

方觀承字遐穀，號宜田，又號問亭，安徽桐城人。家族因《南山集》案受到牽連，生境因此異常艱辛。受先人拖累，方觀承無法以正途入仕，偶然爲平郡王福彭相中成爲府中幕僚。三十二方始從政，先得内閣中書之銜，並從此一路升遷，乾隆七年任直隸清河道，一年後遷爲直隸按察使。乾隆九年，方觀承隨同保和殿大學士訥親勘查河道和海塘工程，並於同年升任直隸布政使。乾隆十一年，方觀承署理山東巡撫，十三年升任浙江巡撫，並於乾隆十四年升任直隸總督。方觀承任直隸總督長達二十年且加太子太保銜。方觀承在職重視水利，除本書外，另有《直隸河渠書》一百三十餘卷留存。此外方觀承於經學、文史諸方面亦多有建樹。

乾隆十三年（一七四八年），方觀承來浙任巡撫。在此期間多次親赴現場勘察海塘工程。當時由於雍正後期、乾隆初年的開挖引河，錢塘江江溜、潮勢日趨於南，已由中小門出入，輸委順利，杭州、海寧一帶百里長堤殆若虛設。海塘引河部分地段已漲沙成陸地，隨後經過方觀承反復勘驗，開墾了三十五萬餘畝田地，並製定了相關管理制度。

其時正當海疆安寧，而海塘工程自唐宋迄明，代有規劃，清人入關百餘年來，各朝皇帝謨猷廣遠，易土塘爲石塘，更民修爲官修，鉅工疊舉，立制綦詳。特別是乾隆帝御極之初，軫念海疆勤求民瘼，以國庫資金修建新舊兩塘。『念此非常之原，不可不垂竹帛而示來許』，於是以編輯《海塘通志》上請乾隆帝，得到批准，遂與僚屬延訪通儒，嵬羅掌故，提綱標目。規模齊備之後，方觀承於乾隆十四年七月，接奉諭旨升任直隸總督，將編撰事交接任之浙江巡撫永貴，並於乾隆十五年四月編撰完成。

此前治水典籍自司馬遷《河渠書》，班固《溝洫志》，至桑欽、酈道元所撰述之《水經》《水經注》，博綜兼采，詳於源流典故而略於制度規爲，到元代葉恒、明代黄光昇、仇俊卿等人，海塘始有專録，然止記餘姚、海鹽一地之塘，並未概及全省，且未及百年經久之計，衹因不但治水難，而勒成一書垂法後世更難。

《勅修兩浙海塘通志》所載内容截至乾隆十四年，全省有塘地區小則修葺大到建築收羅齊全，内容分圖説、列代興修、本朝建築、工程、物料、坍漲、場竈、職官、潮汐、祠廟、兵制、江塘、藝文等十三門共二十卷。另設首卷一，收録雍正、乾隆兩朝有關海塘之歷次詔諭冠於卷首。

圖説一卷，圖以象形，説以紀事。浙江濱海六府各有分圖，而以全省總圖列於前，全卷分南北兩岸，南岸自紹興至寧波地勢已向東延伸，到臺州而温州，又自東北而轉向西南，將南北塘圖分爲四頁，使地勢旋轉布列詳明，不但全局明瞭，各地區的海塘形勢也非常清晰。

歷代興修兩卷，杭、嘉、寧、紹、温、臺六地區歷代都有海塘興築，所以分地登載。入清百餘年來寧波修築已屬無多，温、臺二地更慶安瀾，衹有杭、嘉、紹三地區屢有修建。歷代海塘修築工程康熙版《浙江通志》有收録，本書有所補充。其中卷二爲歷代興修（上），包括杭州府仁和、海寧二州縣及嘉興府海鹽、平湖二縣海塘建築史，資料主要來源於地方志等成書及各種碑記。清以前潮走南大門或中小門，海患主要在於海鹽、平湖一綫，故而海塘建設集中在此地，所收文獻也多於杭州。卷三爲歷代興修（下），收録了紹興府山陰、會稽、蕭山、餘姚、上虞；寧波府鄞縣、慈溪、鎮海、象山；臺州府臨海、寧海、黄岩、太平；温州府永嘉、樂清、平陽、瑞安等地的海塘歷史文獻。

本朝建築四卷，編輯體例改用編年體，詳細記載了從康熙年間至乾隆十四年的海塘建築歷史。卷四爲本朝建築（一），記録從清初順治五年至雍正九年海塘建築史。清初海塘建設重點仍然在海鹽，至康熙後期潮趨北大門，海寧海塘開始吃重，自此工程重心轉移到海寧。卷五爲本朝建築（二），時間上從雍正十年至十三年七月雍正帝薨止，其時除了日常的工程之外，開挖中小門引河及堵塞尖山水口兩項措施，對之後的江、潮走勢産生了非常重要的影響。卷六爲本朝建築（三），記載自雍正十三年八月至乾隆六年海塘建築史。乾隆御極即任命前河東河道總督嵇曾筠代已經年邁的帝師朱軾總理浙江海塘事務。借助此前的水利工程管理經驗，嵇曾筠製定了海塘工程建築及管理章程，使得其後的海塘事務有章可循。卷七爲本朝建築（四），記載乾隆七年至十四年之海塘工程。其間工程重心仍在海寧一綫，但南岸海塘也時有修築。乾隆十二年十一月初一中小門衝開引河，海潮大溜經由故道，南北兩岸皆成坦途。江海形勢變化，相應的防海兵弁的駐防調配亦在此時作出調整。

卷八爲工程，詳細記載了自宋代王安石定海陂陀塘，明代楊暄、黄光昇海鹽塘直至乾隆年間所有使用過的塘型塘式，包括坦水、木櫃、截沙、土戧、盤頭、竹簍等輔助設施，並配有圖形。各型塘的施工方法以及所用材料都有明確記載。

卷九爲物料，將築塘所需各種工具、材料詳細開列，並列明各種材料的價格，此後海塘建築均以此定額爲準，物價變動時則以『例加』或『新加』名目加以補貼。

卷十、卷十一爲坍漲，刮沙瀝鹵煮海成鹽爲東南財賦所出，亦爲濱海人民生機所藉。本卷將可以煎鹽之課蕩、可以種植之税蕩及有備荒蕩三項，所徵課税和金額，按地加以登載。

卷十二爲場竈，鹽務本有專人經管，與海塘無涉，但鹽場蕩竈介於海塘内外，潮水衝刷沙塗湧漲，致使場竈不斷遷移。本卷將杭、嘉、紹、寧、臺、温有塘地方之鹽場分地登載，並將歷史沿革加以記録。

卷十三職官，此前海塘修築爲地方官職責，明代曾先由按察使司轄下之水利僉事，其後浙江巡撫亦曾直接管理過海鹽海塘之修築。本卷未涉及前朝事迹，僅將清初至乾隆十五年初海塘官職從欽差大臣到海防兵備道、海防同知，直至海防守備、千把總之職名及任期加以記録。

卷十四爲潮汐，收録有關海潮之歷史文獻。

卷十五、卷十六爲祠廟，凡禦潮捍患有功德於民，有享於祀典者一律收録以昭尊崇。本卷以杭、嘉、紹、寧、臺、温各府縣爲序，分地記敘。

卷十七兵制，海塘修築一向役使民夫，既不熟悉工程，召集亦非易事。自雍正八年設兵二百名以備隨時修築，其後兵弁設置隨時勢變遷亦隨時更易，直至乾隆十二年潮趨中小門之後，北岸塘兵部分調往南岸，部分改爲駐塘堡夫，部分裁汰。

卷十八江塘，錢塘江水從西南來，海潮自東北逆流而上，交匯於杭州附近，海面廣闊江面狹窄，激流横絶危險不免，江塘關係甚重且與海塘毗連，修築之法亦與海塘相仿。本卷以時間順序收録杭州府之錢塘、仁和、富陽，紹興府蕭山等地江塘修築之歷史記録，並以相當篇幅介紹三江閘之創築及維護。

卷十九、卷二十爲藝文，選擇有關海塘興建且詳悉機宜者，其他遊覽登臨之作未加收録。内容分議、考、書、序、記等門分類登載。

本書詳細記述了海塘之建築歷史、工程管理、物料核算、官員設置、水利制度、民俗活動等方面，是研究海塘歷史沿革和水利工程的重要歷史文獻。

目録

天下利害之數水居六七河與海尤鉅治河者或疏或瀹恒多其方以圖之海則惟恃隄捍之一法一吳其防雖有李冰之神勇鄭國之精能束手而無所用此海之所以獨重於塘也浙之東負海而居者為郡有六曰杭州曰嘉興曰紹興曰寧波曰溫州曰台州皆賴一綫之塘以為保障而杭州之仁和海寧嘉興之海鹽平湖諸邑直海之北岸全勢所趨潮汐衝齧颶風時作險要倍於他所自唐宋迄明代有規畫國家定鼎百餘年來

聖聖相承謨猷廣遠易土塘為石塘更民修為官脩鉅工疊舉立制綦詳我

皇上御極之初

軫念海疆勤求民瘼大發司農錢修建新舊兩塘為一勞永逸計輿情踴躍鼛鼓弗勝海若百靈奔走率職杭嘉紹

數百里長堤屹如砥柱而中小亹一夕開通輸委順利不啻若尾閭沃焦焉巍巍乎
聖德神功百世未嘗有也余承之浙撫屬當底寧念此非常之原不可不垂竹帛而示來許因以編輯海塘通志
上請既報可遂與諸僚寀延訪通儒蒐羅掌故提綱標目規模畧備尋奉
恩命急裹北行以其事屬中丞永公歲華未書既成永公

寄余一帙俾序簡端余受而讀之凡
列聖之訏謨累朝之沿革形勢之遷變工程之險夷與夫經費所出物料所資職守所存祀典所秩罔不燦若列眉瞭如指掌洵可為經國之要典備來者之采稽矣夫志水之書自史遷河渠班固溝洫以至桑欽酈道元之所譔述並博綜兼採詳於源流典故而畧於制度規為迨元葉恒

明黃光昇仇俊卿諸人海隄始有專錄然止記一時補苴之術未及百年經久之計是不獨治水之爲難而勒成一書垂法後世之爲尤難也今如海塘一志成法井然要領具在官斯土者但恪守

累朝之

聖訓謹防維勤補葺將萬載安瀾之慶展卷求之有餘矣抑余親行海上見夫銀濤雪浪犇注於文堂禪機兩山之麓而北岸之河莊山疇昔宛在水中者今且輿馬可至其下沮洳斥鹵之區行變而爲膏壤蓋自中小亹暢然無梗而江流海潮日益南注仁寧一帶之塘殆若虛設焉雖然前事者後事之師也繼自今其益求苞桑之固而無忘揵菑土石之勞哉

乾隆辛未仲夏之月太子少保總督直隸等處地方軍務兼理糧餉河道都察

院右都御史前浙江巡撫桐
城方觀承謹序

勅修兩浙海塘通志

凡例

一海塘有志由來舊矣然皆防海而非隄海惟元葉恒所撰海隄錄明黃光昇仇俊卿所著海塘錄專志海塘而又止詳餘姚海鹽一邑之塘未嘗概及通省茲志凡兩浙有塘州縣小則修葺大則建築無不備載至防海機宜事關戎政概不攔入

一上諭恭載首卷尊

王言也至臣下章奏則依綱目體例入本條之下或事隔歲時而後始舉行或先經集議而繼有更易總載則月日不符列序則事難條貫總其本末仍係以年月此亦先經始事後經終義之意云爾

一圖以象形說以紀事浙省濱海六府各有分圖而以全省總圖列於前者綜其形勢斯瞭如指掌也第全圖分南北兩岸南岸自紹郡至寧郡地勢已轉而東自是而台而溫則又自東北而漸向西南限於邊幅勢難總繪今將南北塘分為四頁俾地勢旋轉亦列詳明四頁彙觀仍可得其全局庶不至詳於四郡畧於溫台耳

一歷代海塘杭嘉寧紹溫台六郡皆有興築故分府登載我
朝百餘年來惟杭嘉紹三郡屢有修建寧郡工作已屬無多溫台二郡更慶安瀾修築工程不少概見故浙江通志於
本朝海塘即改用編年今仍其例

一修築海塘歷來皆隨坍隨修至康熙五十七年撫

臣朱軾奏請逐年將修築工段用過帑金據實報銷而歲修之名肇此矣雍正六年督臣李衛奏請將一時驟決不可緩待之工先行搶築隨後奏聞而搶修之名又於是始至零星補葺難以瑣載然事關帑藏又無敢疎漏視工程之大小定紀載之詳畧每歲歲終則另立單行小字一條書是年歲搶修用過銀若干兩以便彙覽事既不煩而帑費亦不爽銖黍矣

一工之夷險視塘之形勢浙省杭嘉紹三郡長江之

水順流而下海潮逆江而上三郡獨受其衝至寧
波溫台旣非江海交滙又皆有山麓綿亘雖均屬
海疆而工程稍簡事鉅則所載繁工小則所載畧
理勢使然非記載之有詳畧也
一頻年興築或用條石或用塊石椿之圓圍或尺五
或尺四物料不同價值亦異難以備載惟一百餘
里之土備塘一萬四千餘丈之魚鱗大石塘爲千
古未有之鉅工甃砌有程式物料按尺度不爲詳
悉開載無可稽考餘如木櫃坦水爲修塘之所必
需草壩盤頭亦一時權宜之用故並及之

一通省政務督撫藩臬無所不統糧鹺驛傳各有職
司獨海塘舊無專員自雍正十三年設立海防兵
備副使道凡有塘州縣咸令統轄從此先事預防
臨時搶堵一線長堤永無潰決之患則專員之設
所關大矣志職官不列督撫司道止載
欽差大臣及督撫之加總理總統銜者至兵備道以下
文武員弁則無不備志志所專也
一場竈坍漲事隸鹺政與海塘無涉然沙有坍塌則
塘即汕刷鹽能旺產則塘必鞏固事不相關而利
害隨之故志海塘者不能不兼及也
一祠廟非海神雖名藍上刹近在海塘亦不入藝文
無確見雖鴻文鉅製膾炙人口亦不入兵可百年
不用不可一日不備
國家防海之兵星羅棋布寧波稱重鎭乍浦設駐防
今皆不入而祗載兵備道標之兵寧簡毋繁寧嚴
毋濫務爲覈實以備博稽斯志之大旨如此
一前代章奏志乘失傳遇有名賢記載詳悉本末足
爲典據者即引入本條之下至我

朝工無大小皆經題報章奏詳明則載章奏部覆周密
則登部覆餘如地方紳士間有記聞承修工員不
無錄述果能洞悉機宜有裨塘務則纂入藝文以
備採擇
一浙省江海本相連屬海潮泛溢則汀岸亦致傾欹
江水汪洋則海塘亦遭潑卸此志海塘者不得不
附志江塘也然歷來修築專及江塘者少以海塘
並題者多章奏部覆勢難析裂旣於彼門詳載則

此卷江塘止記修砌月日及工程丈尺庶無遺漏亦不至有重見疊出之弊三江閘爲紹郡衆水入海之口閘在海塘三江由此滙流故亦附志簡末

一是志自乾隆十四年四月奉到部文設局編纂至十五年四月告竣其十四年以後之事概未登載

敕修兩浙海塘通志

纂修職名

總裁

太子少保兵部尚書兼都察院右副都御史總督閩浙等處地方軍務兼理糧餉加二級臣喀爾吉善

巡撫浙江等處地方提督軍務兼理糧餉兼都察院右副都御史今陞直隸總督加三級臣方觀承

方提督軍務兼理糧餉兼都察院右副都御史加二級臣永貴

督修

浙江等處承宣布政使司布政使今陞江蘇巡撫加一級臣王師

浙江等處提刑按察使司按察使加三級臣葉存仁

監修

兩浙江南等處鹽法都轉鹽運使司兼管驛道今陞四川按察使司按察使加三級臣鄂敏

浙江等處督理通省糧儲漕務道布政使司參議加四級臣常德

分巡浙江杭嘉湖道等處地方按察使司副使加一級臣德福

分巡浙江金衢嚴道等處地方按察使司副使加二級臣鄭基

總理

浙江海防兵備道按察使司副使加一級紀錄十七次臣陳樹萱

分理

杭州府知府今調補漳州府知府加一級臣[illegible]

杭州府知府加一級臣杜甲

東海防同知加一級臣葉孝

西海防同知加一級臣張鏞

乍浦海防同知臣宗縉

署理草塘通判今補寧紹臺[illegible]副使加一級臣劉祖佑

草塘通判臣項裕

紹興府海防通判臣黃鳳

提調

海寧縣知縣加一級臣劉守成

總修

原任翰林院編修臣查祥

原任翰林院編修臣杭世駿

分修

原任兵部主事臣周雷

舉人臣查虞昌

監生臣錢維[illegible]

繪圖

浙江海防兵備道標左營海鹽汛千總臣朱山

校對

生員 臣吳璉

監生 臣張光世

生員 臣丁健

生員 臣陳廷玉

勅修兩浙海塘通志

總目

勅修兩浙海塘通志

首卷

詔諭

世宗憲皇帝

雍正元年九月十七日王大臣等欽奉

上諭錢鏐時所築塘堤中間雖被冲壞至今尚有存者數年來督撫等所修塘堤俱虛冒錢糧於不當修築處修築以致隨修隨壞又聞得赭山有三處海口今一處淤沙壅塞水不通流若濬治疏通使潮汐不致留沙壅塞

則海寧一帶塘工方可保固有言之者雖未必稔知不可不留意或地方大臣恐糜費錢糧將此等處雖明知而不顧也爾等傳諭該督撫知之欽此

雍正二年七月海寧鄞縣慈谿鎮海象山山陰會稽餘姚等縣海塘被潮冲決欽奉

上諭及時修築動正項錢糧作速興工沿海失業居民藉此傭役日得工價以資糊口欽此

雍正二年八月十五日欽奉

上諭朕思天地之間惟此五行之理人得之以生全物得之以長養而主宰五行者不外夫陰陽陰陽者即鬼神之謂也孔子言鬼神之德體物而不可遺豈神道設教哉蓋以鬼神之事即天地之理故不可以偶忽也凡小而邱陵大而川嶽莫不有神焉主之故當敬信而尊事況海為四瀆之歸宿乎使以為不足敬則堯舜之君何以柴望秩於山川文武之君何以懷柔百神及河喬嶽今愚民昧於此理往往信淫祀而不信神明傲慢褻瀆致干天譴夫善人多而不善之人少則天降之福即稍有不善者亦蒙其庇不善人多而善人少則天降之罰

雖善者亦被其殃近者江南報上海崇明諸處海水泛溢浙江又報海寧海鹽平湖會稽等處海水冲決隄防致傷田禾朕痛切民隱憂心孔殷水患雖關乎數或亦由近海居民平日享安瀾之福絕不念神明庇護之力傲慢褻瀆者有之夫敬神固理所當然而趨福避禍之道即在乎此能敬則謂之順天不敬則謂之褻天褻天之人顧可望綏寧之福乎詩曰敬天之怒無敢戲豫又曰畏天之威于時保之朕固當朝乾夕惕不遑寧處以敬承天意亦願爾百姓共凜此言內盡其心外盡其禮

敬神如神在實以至誠昭事而不徒尚乎虛文人意即神意一念之感格自足以致休祥豈獨一家一鄉之被其澤哉爾百姓果能人人心存敬畏必獲永慶安瀾着該督撫將此諭旨令該地方官家諭戶曉俾沿海居民一體知悉特諭

雍正二年八月二十四日戶部欽奉

上諭前因浙江督撫等摺奏七月十八十九等日驟雨大風海潮泛溢衝決隄岸沿海州縣近海村莊居民田廬多被漂沒朕即密諭速行具本奏聞賑恤但思被災小民望賑孔迫若待奏請方行賑恤恐時日耽延災民不能即沾實惠朕心深爲憫惻着該督撫委遣大員踏勘被災小民即動倉庫錢糧速行賑濟務使災黎不致失所其應免錢糧田畝即詳細察明請蠲凡海潮未至之村莊不得混行冒蠲至於緊要隄岸衝決之處務使速行修築無使鹹水流入田畝朕念切痌瘝務令早沾實惠該地方官各宜實心奉行加意撫綏俾凋瘵得蘇生全速遂以副朕勤恤民隱至意該部即行各該督撫遵奉速行特諭

雍正二年九月二十二日欽奉

上諭湖廣總督楊宗仁江西巡撫裴𢖫度今歲各省秋成大有惟浙江江南沿海地方七月十八九等日海潮泛溢近海田禾不無損壞朕軫念災黎惟恐失所業經嚴飭兩省督撫發倉賑濟多方撫恤但杭嘉蘇松等府人稠地狹向來出米無多雖豐年亦仰給於湖廣江西等省今沿海被災恐將來米價騰貴小民艱食湖廣江西地近上流今歲豐收爾可速動司庫銀兩湖廣買米十萬石江西買米六萬石選委廉幹賢員陸續押送浙江交浙江巡撫平糶所糶之銀仍移還補庫其米應於何處交卸爾即咨會浙江巡撫酌議速行務於浙民有益毋得怠緩遲悞特諭

雍正二年十月二十六日欽奉

上諭江浙兩省沿海地方於七月十八十九兩日同時皆被潮患漂沒居民廬舍雖經頒旨加意賑卹然朕憫惻之心至今尚未能釋惟有朝夕警惕以答

天意但海爲衆水所歸無不容納今乃狂潮泛溢水不循軌或者海洋潛藏匪類亦未可定稽諸前事往往有之

沿海各省督撫提鎮務須實心愛養小民整理營伍閭
閻各安其業汛防有備無虞毋令海洋別生事端庶不
負朕委任之意特諭

雍正二年十二月初四日吏部尚書朱軾面奉
上諭浙江沿海塘工最爲緊要署巡撫石文焯前奏必須
通用石塊修築後又奏稱不必用石如此全無定見誠
恐貽悞塘工朕已批諭令法海佟吉圖作速詳議具奏
矣但恐法海等初任不諳練地方情形汝做過浙江巡
撫必知海塘緣由着汝馳驛前往浙江將作何修築之

處會同法海佟吉圖詳查定議交與法海修築汝即回
京朕思海塘關係民生必須一勞永逸務要工程堅固
不得吝惜錢糧江南海塘亦爲緊要汝浙江事竣即至
蘇州會同何天培鄂爾泰將查勘蘇松塘工如何修築
之處亦定議具奏欽此

雍正三年十一月署浙江巡撫傅敏因紹興府知
府特晉德於條石塘内填用亂石飭令改築據實
題奏奉
旨據奏紹興府海塘工程原議皆用條石後以條石不易
購致限期已迫遂用條石托外亂石填中今恐日後坍
塌仍改用條石請寬限期等語海塘工程關民生最爲
緊要必須一勞永逸若因條石一時難以購致從前便
當聲明緣由奏請展限何得草率從事和順係隆科多
結納私人特晉德曾經隆科多在朕前薦舉此必特晉
德受隆科多之囑託照看和順是以聽其茍且塞責傅
敏不早行查奏亦屬狥情着交與新任巡撫李衛悉心
查勘指示更改修理務期永遠堅固張楷在江南修理
塘工用木樁密釘似爲有益可否倣行並令李衛酌量

該部知道欽此

雍正七年八月二十三日欽奉
上諭朕惟古聖人之制祭祀也凡山川嶽瀆之神有功德
於生民能爲之禦災捍患者皆載在祀典蓋所以薦歆
昭格崇德報功而并以動斯人敬畏祇肅之心使之毋
敢慢易而爲非也雍正二年浙江海塘潮水冲決朕特
發帑金命大臣察勘修築并念居民平日不知敬畏明
神多有褻慢切諭以虔誠修省之道令地方官家喻户
曉警覺衆庶比年以來塘工完整災沴不作居民安業

已默叨
神佑矣今年潮汛盛長幾至泛溢官民震恐幸而水勢漸
退隄防無恙此皆
神明默垂護佑惠我蒸民者也玆特發内帑十萬兩於海
寧縣地方勅建海神之廟以崇報享着該督遴委賢員
度地鳩工敬謹修建務期制度恢宏規模壯麗崇奉祀
事用答
明神庇民禦患之休烈且令遠近人民奔走瞻仰興起感
動庶莫不盡消其慢易之私而益振其恪恭之志相與
服教畏神遷善改過永荷庥祥則於國家事神治人之
道庶有賴焉其一應事宜着該督等詳悉定議具奏特
諭
雍正十年總督程元章奏查勘海塘情形事奉
旨大學士鄂爾泰張廷玉朱軾會同總督李衛尹繼善詳
議具奏欽此十一年正月大學士鄂爾泰等遵
旨議奏請
欽簡大臣前往詳細查勘再行定議奉
旨依議着内大臣海望總督李衛馳驛前往浙江會同總

督程元章將海塘工程通盤相度形勢籌畫事宜應作
何修築以垂久遠之處詳細查勘悉心定議具奏其修
築工程着大理寺卿汪漋原任内閣學士張坦麟前往
承辦仍照舊令程元章總統料理張坦麟即於本籍前
往直隸總督印務着署刑部尚書唐執玉暫行署理營
田觀察使顧琮協辦欽此
雍正十一年正月内大臣海望總督李衛等
陛辭赴浙查勘海塘面奉
諭旨爾等到浙詳細踏勘如果工程永固可保民生即帑
金千萬不必惜費欽此
雍正十一年三月内大臣海望等奏請於尖塔兩
山之間建立石壩以堵水勢又請漸次改建大石
塘等因四月初一日欽奉
旨此所議俱屬妥協着交部照所奏行朕思尖塔兩山之
間建立石壩以堵水勢似類挑水壩之意所見固是若
再於中小亹開挖引河一道分江流入海以減水勢似
更有益從前雖經開挖旋復壅塞者皆因惜費省工之
故今若倍加工力開挖兩工並舉更覺妥備石壩建後

即有漲沙而石塘亦當漸次改建以爲永久之利其開挖引河之處着程元章會同汪漋張坦麟等相度地勢酌量辦理該部知道

雍正十一年十二月二十三日欽奉

上諭朕因浙省海塘關係緊要是以特命大臣前往會同該督等相度形勢定議興修又恐在工人員或怠緩稽遲不能即時建築特令將軍阿里衮副都統隆昇會同該督等督催辦理近聞堵塞尖山開挑引河已經該督等查勘數次尚欲再看再商但以行文閩省調取善水

之人試探爲辭議論紛紜終無定議全不思海水潮汐有時若遲至潮水長盛之時如何施工且採辦石料又互相推諉舍近求遠致稽時日該督等既不努力辦公而阿里衮隆昇亦俱袖手旁觀不上緊催辦若各工内實有難以施工應奏聞請旨之事亦應及早奏明何得半年以來尚無頭緒着傳諭程元章阿里衮隆昇張坦麟汪漋穆克登額等速將各項工程及時修築毋得仍前怠忽欽此

雍正十二年二月浙江總督程元章奏稱尖塔兩山之間難以築壩中小亹難以開挖奉

旨大學士鄂爾泰會同海望閲看欽此隨經大學士鄂等議駁覆奏奉

旨依議浙省海塘關係重大固須詳慎尤戒遲疑若總理者不肯擔承將分任者愈多瞻顧則因循草率迄無遠圖其何以謀奠安而垂永久看程元章毫無確見今將海塘一應工程着隆昇總理令偏武前往協辦所需文武官員俱聽揀調其運辦物料預備人夫及給發錢糧等項仍着程元章料理應付毋得推諉毋得稽遲欽此

雍正十二年五月總理海塘副都統隆昇恭報兩河工竣奉

旨覽奏深爲嘉悦但觀圖畫情形恐復淤向後可將暢流疏刷深廣情形不時訪問隨便奏聞欽此

雍正十二年十月總理海塘副都統隆昇等摺請增添堵塞尖山水口工料奉

旨覽不可惜費只貴工成

雍正十二年十二月二十九日欽奉

上諭朕聞浙江海塘工程現在修理尖山已堵築三分之

一人心甚是踊躍但尖山夫役每日給工銀三分六釐稍覺不足今當初春之月水淺潮平正趲築工程之候着照引河挑夫之例每日加銀一分四釐六毫令運送多資人力每方增銀六分俾夫役等工食寬裕努力修築早告成功以慰朕念欽此

雍正十三年七月初八日欽奉

上諭朕聞浙省海塘於本年六月初二日風潮偶作冲決之處甚多朕心深為軫念已降旨詢問緣由並令速行搶修以防秋汛至於僱募人夫採辦物料務須公平給價聽從民便俾閭閻踊躍從事不得涉於勉強或繩以官法刑驅勢迫擾累地方致辜朕愛養民生至意欽此

雍正十三年七月十一日欽奉

上諭前聞浙省海塘於本年六月初二日風潮偶作衝決之處甚多朕心甚為軫念已降旨詢問情由並令速行搶修以防秋汛今朕訪聞得今歲風潮不過風大水湧並非昔年海嘯可比且為時不久未有連日震撼衝汕情形若平日隨時補苴防護謹密自不致潰決如此之多總因數年來經理官員將舊日工程視同膜外並不

隨時修補且將原題准其在於歲修案內報銷之工不許修築以致根脚空虛處處危險不能捍禦風浪又海防兵備道乃特設專司之員責任綦重從前隆昇程元章等請將同知成貴題補朕因其平日不曾經歷河工誠恐未必勝任且陞用太驟是以姑令署理試看今聞伊於工程並未諳練兼之患瘡經年不能辦事東塘同知張偉為人軟弱安坐海寧西塘同知李飛鯤存心狡猾日在省城奔競俱非實心任事之員而隆昇與程元章等意見又不相同汪漋張坦麟但知隨聲附和不顧國家公事前因虐使民夫尅減工料經朕降旨申飭幕知收斂然每石萬觔尚折減六七折不等欲符原估六萬兩之數一任宕匠包賠逃亡悮工平時人事廢弛若此何以抵禦狂瀾況朕不惜數百萬帑金以保全一方民生而各官懷挾私意不知為國為民宜乎

上天垂象以示儆也兵備道係緊要之員今成貴患病溺職如此隆昇程元章汪漋張坦麟總理塘辦所司無寔郝玉麟既在浙江豈無見聞何以俱不奏參着伊等明白回奏兵備道員缺即着伊等於[illegible]

今秋汛正大搶修保護最爲急務一切事宜俱交與隆昇程元章汪漋張坦麟等悉心料理倘仍蹈前轍再有疎虞致傷田廬民命必將伊等從重治罪不稍寬貸郝玉麟既不據實奏聞亦不能置身事外至於僱募人夫採辦物料務須公平給值聽從民便俾閭閻踴躍從事不得涉於勉強或繩以官法刑驅勢迫擾累地方致辜朕愛養民生之至意特諭

雍正十三年七月十五日欽奉

上諭浙江海塘工程原在平日隨時補葺防護謹密始可

禦猝然之風浪乃近年以來經理官員將舊日工程以爲非已身經手者視同膜外不加修補以致今年六月初二日風大水湧遂潰決塘工如此之多此朕訪聞最確者朕爲浙省海塘宵旰焦勞無時或釋且不惜多費帑金登斯民於衽席年來所降諭旨不下數十百次矣隆昇程元章汪漋張坦麟皆朕特簡之大員委以防川之重任且訓諭諄諄望其實力奉行勉以和衷共濟豈料伊等私心蔽錮意見參差但分彼此之形全無公忠之念安有身在地方目覩隄岸空虛而不督率屬員先事預防悉爲修補者隆昇程元章汪漋張坦麟俱着交部嚴察議奏目今江南塘工告竣王柔着補授浙江海防兵備道速赴新任欽此

雍正十三年七月十九日内閣欽奉

上諭浙江海塘工程關係民生最爲緊要朕宵旰焦勞不惜多費帑金為億萬生靈謀久遠乂安之計所以告誡在事臣工者已至再至三矣不料經理諸臣各懷私意彼此參差以致乖戾之氣上干

天和有今年六月風浪潰隄之事今雖勉力搶修尚不知

能捍禦秋潮否至於建築石塘工程浩大若諸臣陋習不改仍似從前則大工何所倚賴朕再四思維大學士朱軾廉慎持躬昔曾巡撫浙江諳練塘工今雖年逾七旬精神不逮而董率指示似尚能爲朕以此詢問之伊自稱情願効力着由水路乘船前往令該部給與水程勘合並令沿途撥兵護送伊子朱必楷着隨伊父去朱軾到浙之日稽查指授總理大綱至一切工程事務仍着隆昇程元章汪漋張坦麟等照前辦理俱聽朱軾節制若大臣中有懷私齟齬者着朱軾據實參奏朕必嚴

加處分若文武官員有營私作弊或怠玩因循者朱軾
即行糾參從重治罪朱軾未到之先所有應辦工程物
料着隆昇程元章等上緊辦理毋得藉口等候欽差徘
徊觀望以致稽遲欽此
雍正十三年六月初八日大學士朱軾面奉
上諭浙江海塘關係民生最爲緊要因隆昇與程元章意
見不合以致遲悞工程特差爾前往督率之隆昇等聽
爾節制如何修築之處爾做過浙江巡撫自必諳練但
工程浩大需用錢糧斷斷不可吝惜舊塘先須修築完
固以資捍禦切不可因塘身臨水那動尺寸那移一步
即衝塌一步何時是已至修建魚鱗大石塘乃一勞永
逸之計不可因塘外沙漲停止修築縱使沙漲數十百
里民人居處耕種亦不可恃必須大工完竣方可垂之
久遠於地方有益其石料夫工價值照時給發若扣尅
留難則利民之事反以病民如有此等情弊務嚴參重
處毋得姑容欽此
今上皇帝
雍正十三年十月二十三日工部欽奉

上諭浙江修理海塘工程該督郝玉麟等奏增添捐納
條欵經九卿會議准行朕思捐納一事原爲一時權
宜無益於吏治並無益於國帑朕知之甚悉浙省增
捐之處不必行海塘工程着動正項錢糧辦理欽此
雍正十三年十二月初八日大學士總理海塘事
務嵇曾筠敬籌海塘章程事宜奉
旨以上數條可謂措置咸宜朕實慶海疆得人從此永
永寧謐安瀾底績卿功可垂諸竹帛矣欽此
雍正十三年十二月二十一日總理事務王大臣
欽奉
上諭隆昇剛愎自用怙過不悛若仍留浙江於塘工無
益着解任來京其副都統織造二缺候朕另降諭旨
程元章身爲巡撫不能和衷共濟乃懷挾私心貽悞
公事亦不應留於浙省着解任來京其巡撫印務即
着大學士嵇曾筠兼管俾地方管轄與海塘工程併
歸一手自無掣肘牽制之患張坦麟汪漋俱照司道
例聽嵇曾筠節制委用隆昇所管關稅事務着嵇曾
筠委員暫行管理嵇曾筠摺內所參驍騎校常祿巡

檢黃國標蔣文暹通判葉齊俱着革職黃國標蔣文暹葉齊仍着留工效力倘怠忽貽悞着嵇曾筠即行嚴叅治罪江南總督趙宏恩駐劄江寧難以兼管河務江南總河員缺着高斌補授其管理兩淮鹽政候朕另降諭旨欽此

乾隆元年三月初五日工部欽奉

上諭朕聞浙江紹興府屬山陰會稽蕭山餘姚上虞五縣有沿江沿海堤岸工程向係附近里民按照田畝派費修築而地棍衙役於中包攬分肥用少報多甚

爲民累嗣經督臣李衛檄行府縣定議每畝捐錢二文至五文不等合計五縣共捐錢二千九百六十餘千計值銀三千餘兩民累較前減輕而胥吏等仍不免有借端苛索之事朕以愛養百姓爲心欲使閭閻毫無科擾着將按畝派錢之例即行停止其堤岸工程遇有應修段落着地方大員委員確估於存公項內動支銀兩興修報部核銷永著爲例特諭

乾隆元年六月二十一日欽奉

上諭朕聞濱海之鄉土地坍漲不常田無定址於是豪強得恣侵占而爭端日興其責在地方有司熟悉土宜按制定法弭釁於未然而平其爭於初發則可謂良吏矣夫州縣有司非盡不知愛民者特以田土情形未能稔悉不得不寄耳目於吏胥而猾吏奸胥又往往與土豪交通變亂成法予奪任意弱肉強食爲厲無窮獄訟繁興端由於此至若沿海新漲之沙鄰邑互爭有司又各袒所屬益滋紛擾此皆狥私而未識大體者朕以天下爲一家而州縣官各膺子民之責亦當體朕之心以爲心又焉忍伸此屈彼長其奸

而導之攘奪哉前此海濱要地增設大員彈壓果其秉公查看經理得宜應即令界址劃然各歸其產不當遷延歲月仍假奸民之便而使窮黎久致失業也夫奸豪不懲則無以安良善經界不正則無以杜爭端該督撫應飭所屬親民之員毋以姑息怠緩從事庶令民業各正而爭訟亦自是少息矣特諭

乾隆元年九月初九日欽奉

上諭今年伏秋交會之際南方雨多水勢甚大朕深爲黃運海塘等處工程繫念昨據江南河道總督高斌

摺奏時過白露黃運湖河各處工程在在保護平穩且毛城鋪北岸於六月間有天開引河一道不費人力自然化險爲平人民莫不歡忭等語又據大學士嵇曾筠摺奏今年伏秋海塘水勢雖大因先期修整坦水建築土戧得以保護平安且江海形勢潮向南趨海寧東西兩塘日夕漲沙將來易於施工比較上年情形已不啻逕庭之別等語又據河東總河白鍾山摺奏秋汛已過河東兩省南北兩岸一切堤壩工程均屬穩固等語南北河工與浙江海塘關係國計民生最爲緊要且當朕即位元年仰荷

神明默佑數處重大工程俱各循流順軌共慶安瀾朕心不勝感慶理宜虔修祀典以答

神貺所有應行禮儀該部察例具奏此三處總理之大臣督率有方在事各員殫心防護俱屬可嘉着分別議敘具奏欽此

乾隆五年閏六月[illegible]日欽奉

上諭據浙江總督德沛奏捐海寧[illegible]塘壩工實係全塘鎖鑰臣率同兵備道[illegible]以來未及五

閏月而全工已竣此係跨海塡築不比內地工程所有承辦各員弁俱能實心實力克著勤勞謹分別等次繕摺進呈可否仰懇天恩勅部議敘至悉心贊勷稽覈錢糧工料之布政使張若震往來督工之按察使完顏偉與督催運石之鹽驛道趙侗斅係大員未敢列入等次相應聲明等語尖山壩工辦事人員俱着照盧焯所請交部議敘至盧焯董率有方張若震完顏偉趙侗斅協辦盡力著一併議敘具奏欽此

勅修兩浙海塘通志卷一

圖說

海塘形勢郡各不同非圖不能詳晰非每郡各自爲圖其爲夷險終不得而考也夫郡縣之離海分遠近山川之間隔異情形土塘草塘大石塊石有分段護沙有廣狹潮來或横過或對衝皆因地勢以别夷險藉繪事定規模以詳説爲註解而塘之形勢瞭如指掌矣江塘與海塘毗連江塘盡處即海塘起處脉絡貫通理宜附入志圖說

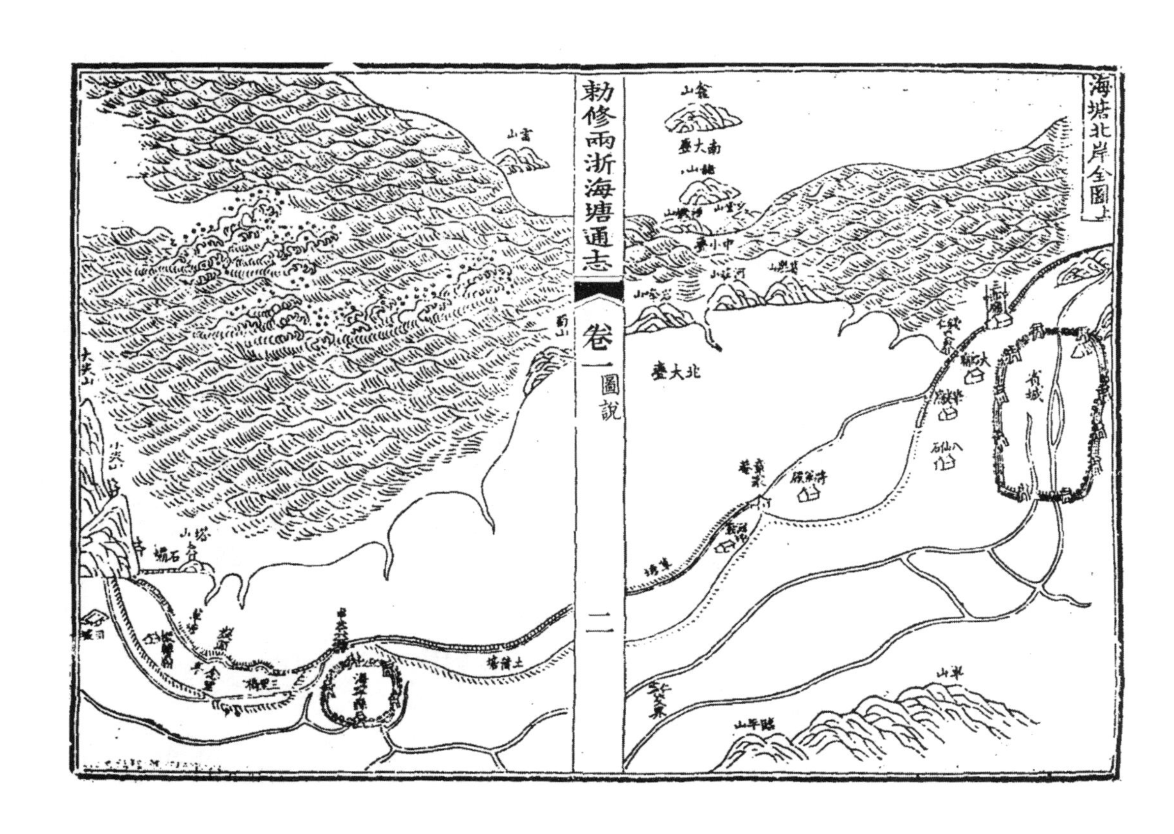

勅修兩浙海塘通志
卷一
圖說
三
海塘北岸全圖下

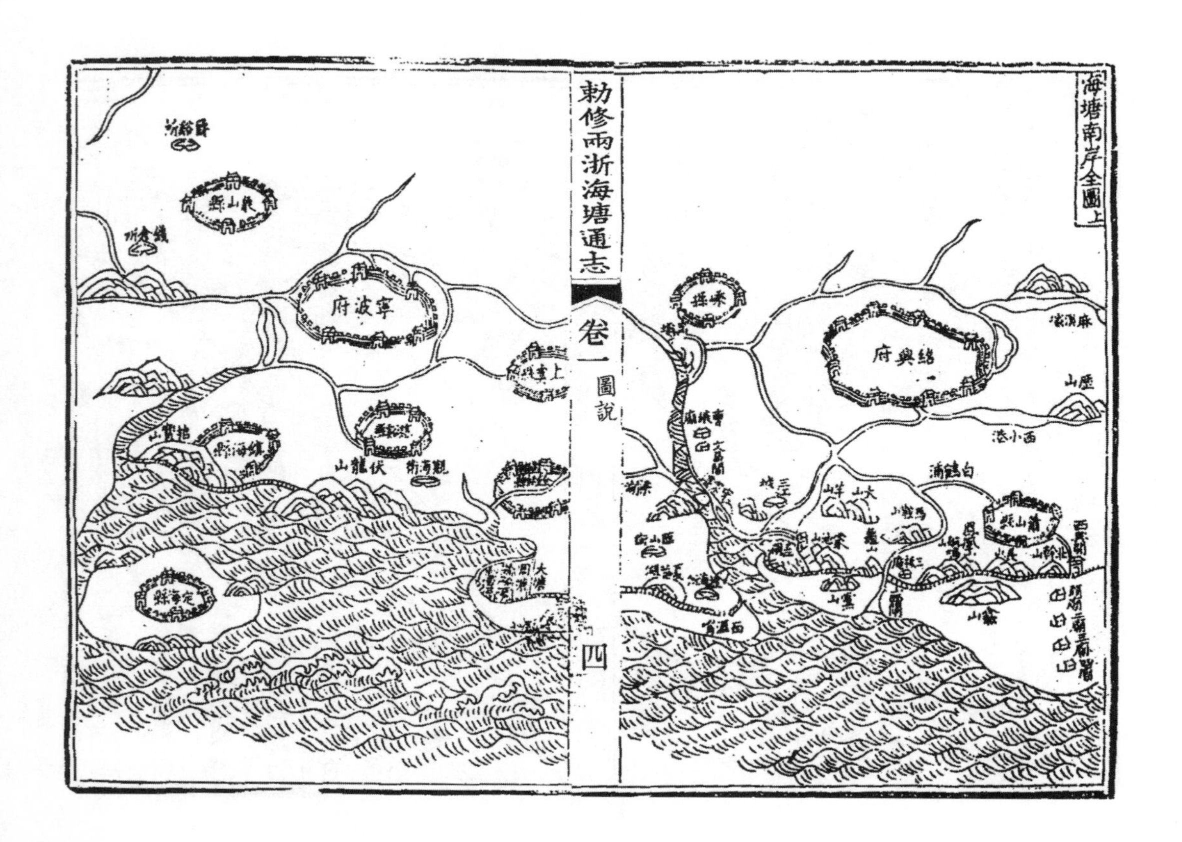
勅修兩浙海塘通志
卷一
圖說
四
海塘南岸全圖上
寧波府
紹興府
伏龍山
觀海衛
白鶴浦
西小港

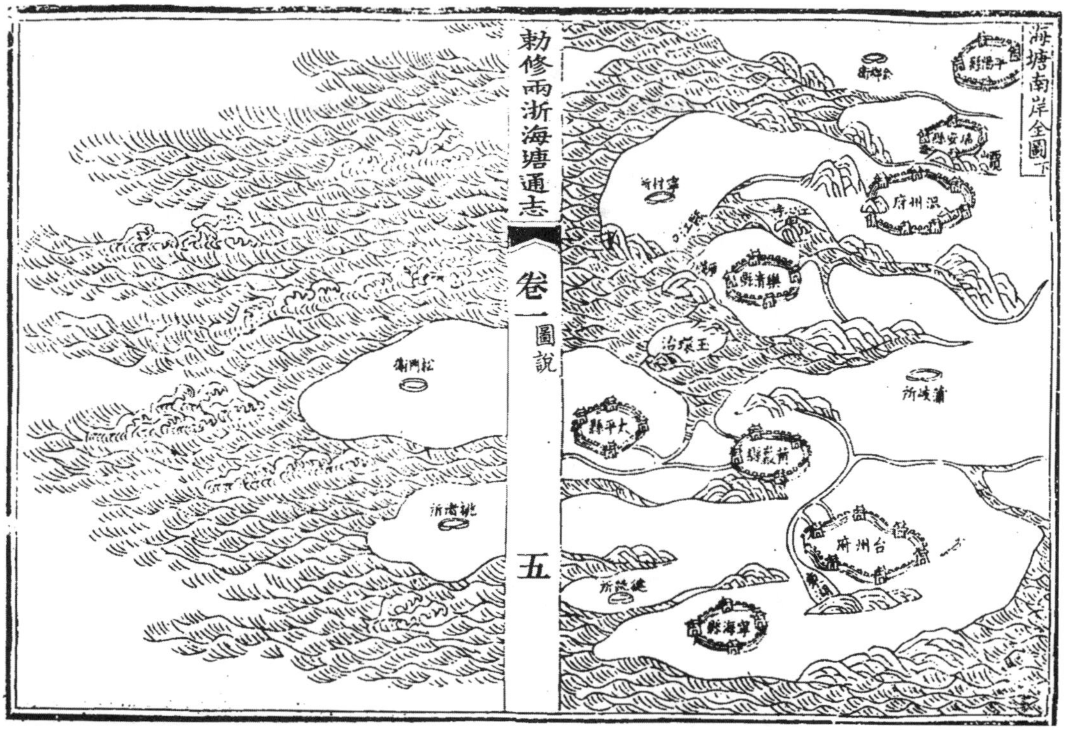

海塘南岸全圖下

浙東西十一郡杭嘉寧紹溫台六府濱臨大海溫台山多土性堅結所有海塘之處間多碶閘斗門則可知蓄洩之利多衝決之患少此累朝以來修築工程較他郡減省者形勢不同也杭嘉寧紹江水順流海潮逆上南岸自紹郡之纂風亭北岸自海寧大小尖山激起潮頭銀濤雪浪橫捜直捲加以回溜汕刷非巨石長樁密鑲深砌豈能抵禦然北岸之塘較之南岸所關尤重者杭嘉湖與江省之蘇松常各府境既毗連地尤窪下全賴仁寧鹽

平二百餘里捍海塘堤爲之障蔽測量家有言唯以水平長安壩與吳江浮屠尺寸相等隄防不固泛溢之患且波及江南我

世宗憲皇帝軫念海疆不惜數百萬帑金爲建魚鱗大石塘我

皇上御極之初

欽命閣臣綜理經畫選材集事庶民子來數百里一線長堤至今鞏如磐石焉則大石塘之建其爲功於民命者方之禹績何以加玆

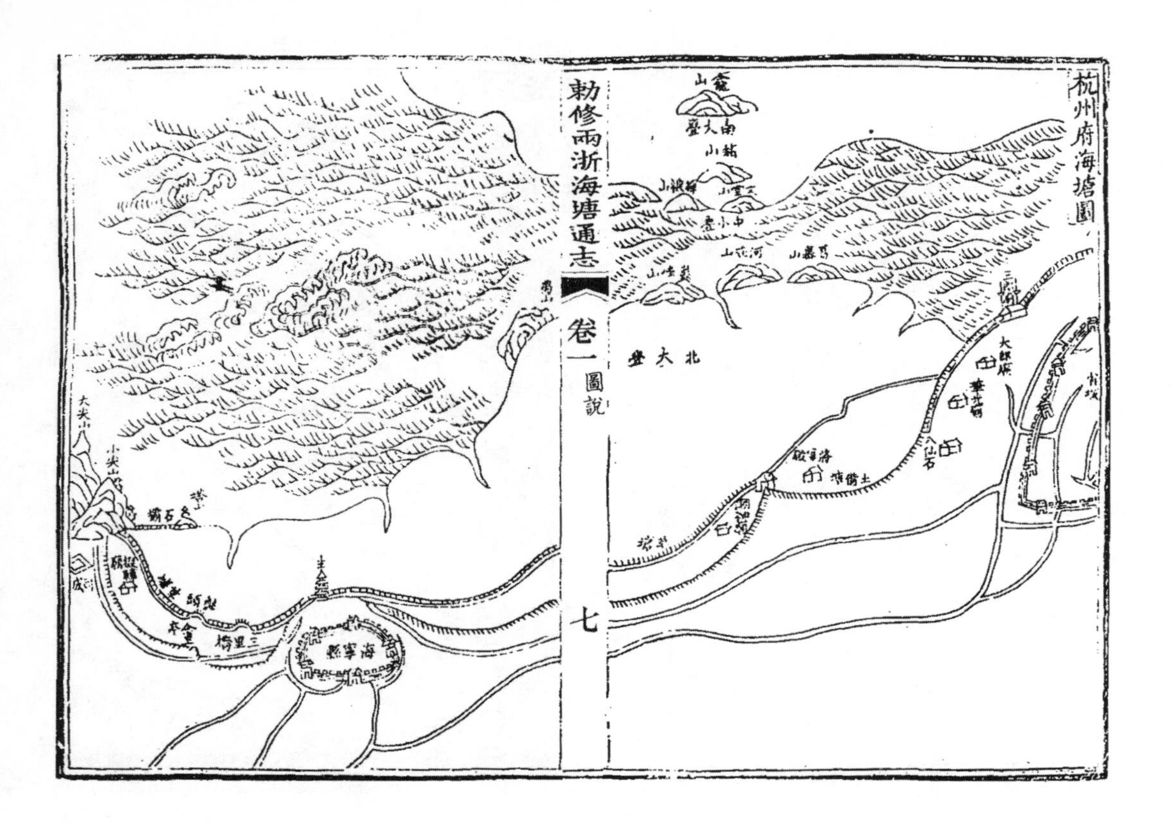

杭郡之海非大洋海之支流也仁和以西稱江仁和以東至海寧稱海江面開闊不過十餘里即海寧海面亦不過數十里但亢潮所自起潮來之時過江流使不得下以致上激塘身下搜塘底而泛濫衝激其危險較濱臨大洋者加甚焉省城多山迤東四十里爲仁邑之翁家埠向以水流沙活止築草塘抵禦自翁家埠起五十里至寧城又五十里至尖山舊皆壘土鑲石一綫危堤綿亘一萬數千餘丈受朝夕兩潮衝掣此唐宋以來修葺頻仍所不免也我

世宗憲皇帝廑念海疆黎庶不惜數百萬金錢爲一勞永逸之計我

皇上御極

特遣重臣詳加指示大石塘八年工竣中小亹一步開通實由至誠昭格海若効靈從此仁寧兩邑永慶安瀾厚澤所敷與滄溟並永矣

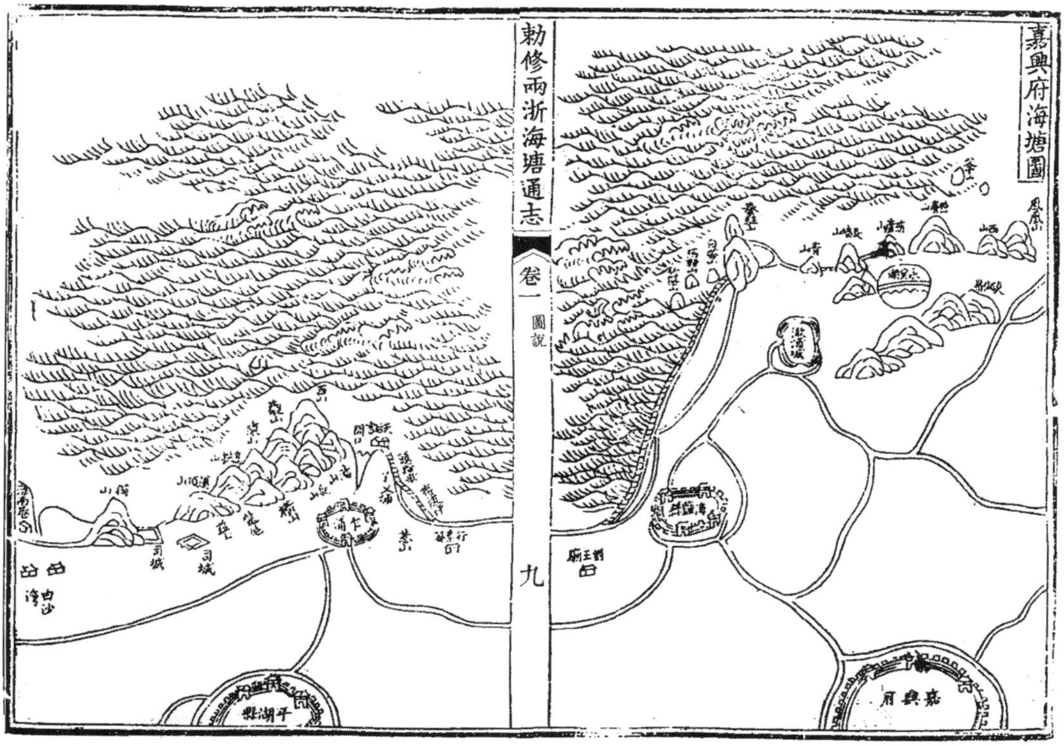

嘉興府海塘圖

嘉興與杭州壤地相接然海塘一過海寧漸繞而北而海鹽而平湖綿延一百餘里澉浦諸山之外又貼際浙江歸洋之口全海之潮既自東來全江之水又從南滙其衝突洶涌較甚他邑實地勢使然再南則鹽之秦駐山北則平之乍浦諸山並突出海中兩峰遥對山趾負張潮既入套不得舒展二邑地又低平獨以東面受潮汐之衝此三澗寨演武塲落水寨定海觀音堂朱公寨以及雅山獨山諸處工稱最險宜矣至秦駐以南去澉浦二十餘里悉皆土塘乍浦以北至江南金山界五十里亦皆土石相間則又地近山脚或沙皆鐵版土性不同工非一律此又在山川形勢之外也

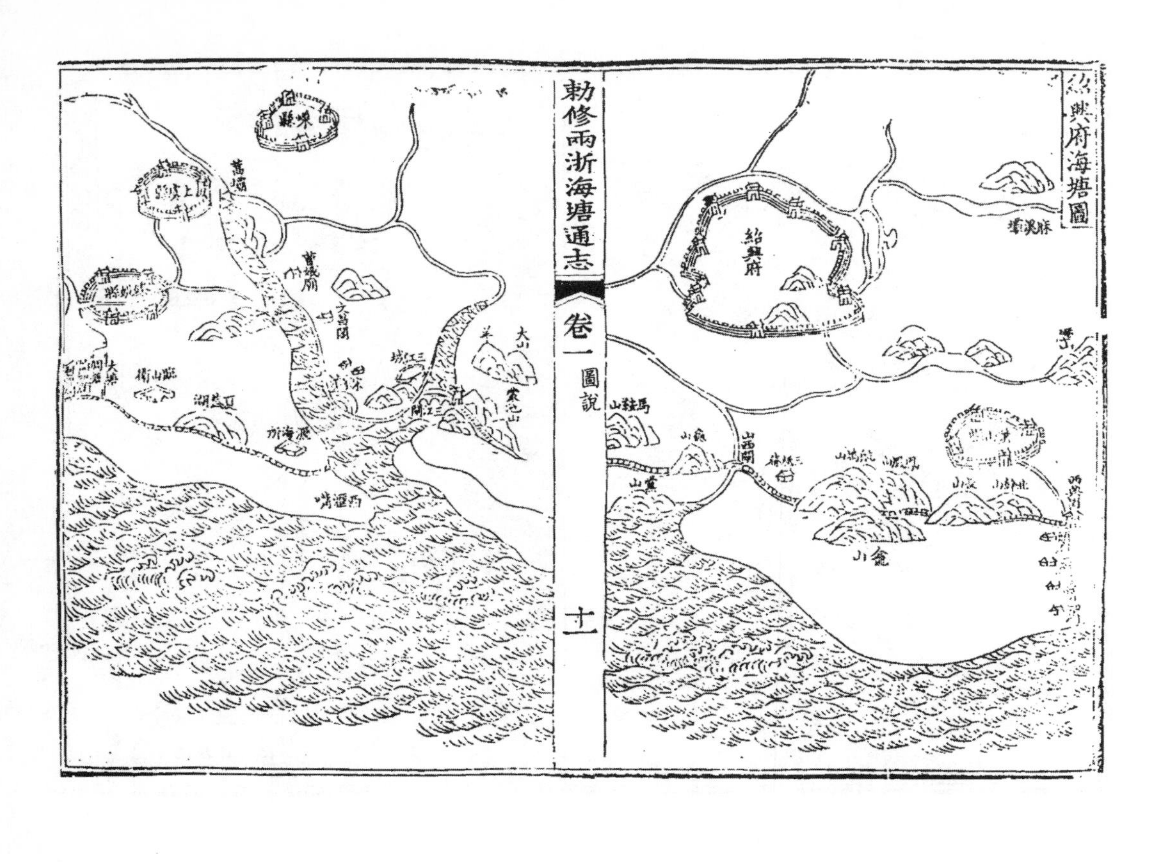

紹興海塘起蕭山之長山抵餘姚之上林接慈谿
逶迤四百餘里中更五縣蕭山北海塘在縣東北
新林白鶴兩鋪之間長二十里西起長山之尾東
接龕山之首爲海水出沒之衝山陰後海塘在郡
城北四十里亘清風安昌兩鄉會稽海塘在郡城
東北四十里東自曹娥上虞界西抵宋家漊山陰
界延袤百餘里其後海塘在蟶浦江之北與上虞
聯界去郡城東北八十里周延德鄉纂風鎮上虞
海塘在縣西北寧遠新興二鄉東自餘姚蘭風鄉

西抵會稽延德鄉延袤五千餘丈俱係貼石土塘
無有間斷內夏蓋山以西石塘二千二百五十丈
即康熙五十九年
允撫臣朱軾之請與海寧之老鹽倉五百丈大石工同建
最稱完固者也餘姚海塘在縣北四十里縣之北
境東起上林西盡蘭風七鄉十八都之地悉瀕大
海內有貼石土塘有亂石土塘相爲錯間幾三千
丈官塘之外自西渠下倉起至方東路風潭單道
爲榆柳利濟土塘稱最險向係民修後欲易以石

事未果乾隆十三年我

皇上

允撫臣顧琮之請改從官築爲工葢萬有餘文云

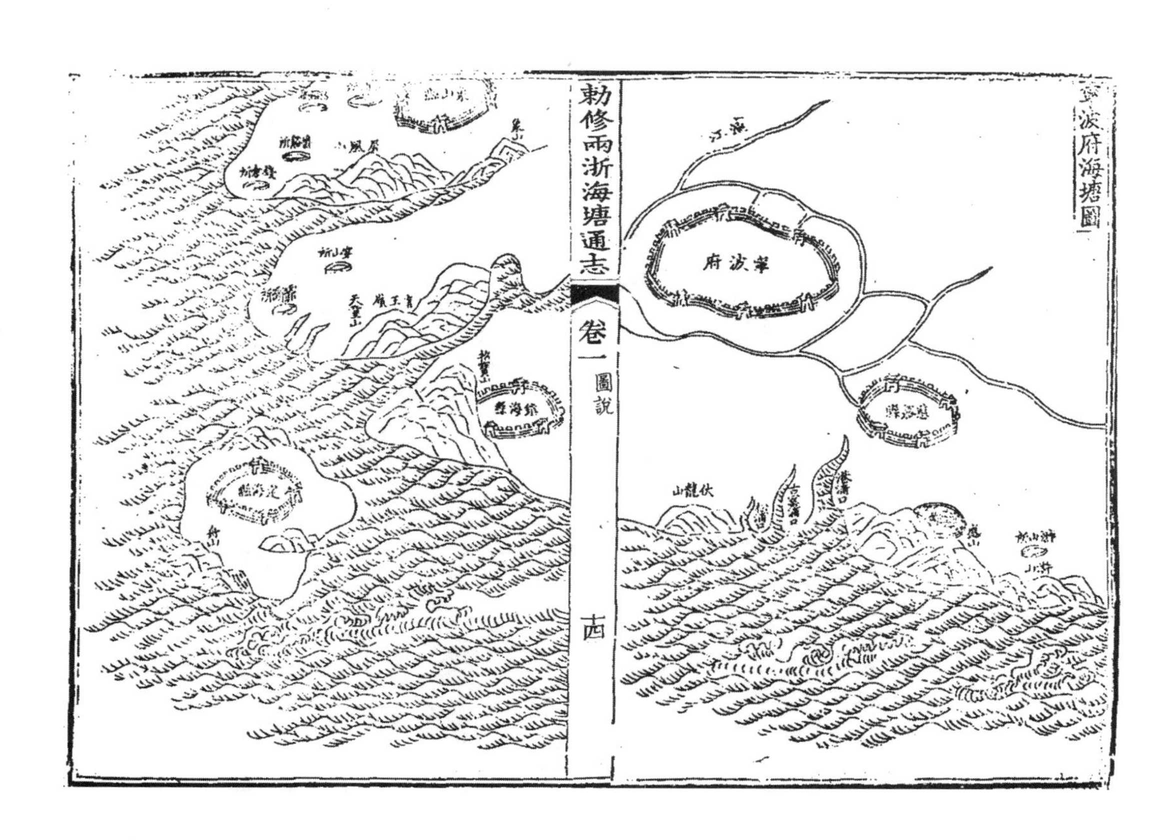

寧波大海環府境東際鄞縣之嶕崳湖頭蔡家嶴東北際鎮海之招寶山後海塘西北際慈谿之觀海龍山東南際象山之爵溪東門奉化之鮎埼裏港皆海岸也鄞縣之有塘始於宋令王安石今有大嵩沿海塘自大嵩港至金雞橋綿亘數千丈皆係土堤慈谿之塘有二一在縣西北六十里自白洋舖經向頭山東接鎮海縣境凡四十里一在縣東四十五里南北皆接鎮海縣界鎮海縣海環東南北三面宋淳熙間疊石甃塘東南起招寶山西北抵東管二都砂磧是爲後海塘其西石塘築於洪武間其北捍海塘築於成化時皆因舊址爲之象山亦有二塘在縣東北三十五里者名陳兆塘在縣南十五里者名岳頭塘二塘皆明成化間邑令凌傳修築而岳頭之工倍於陳兆云

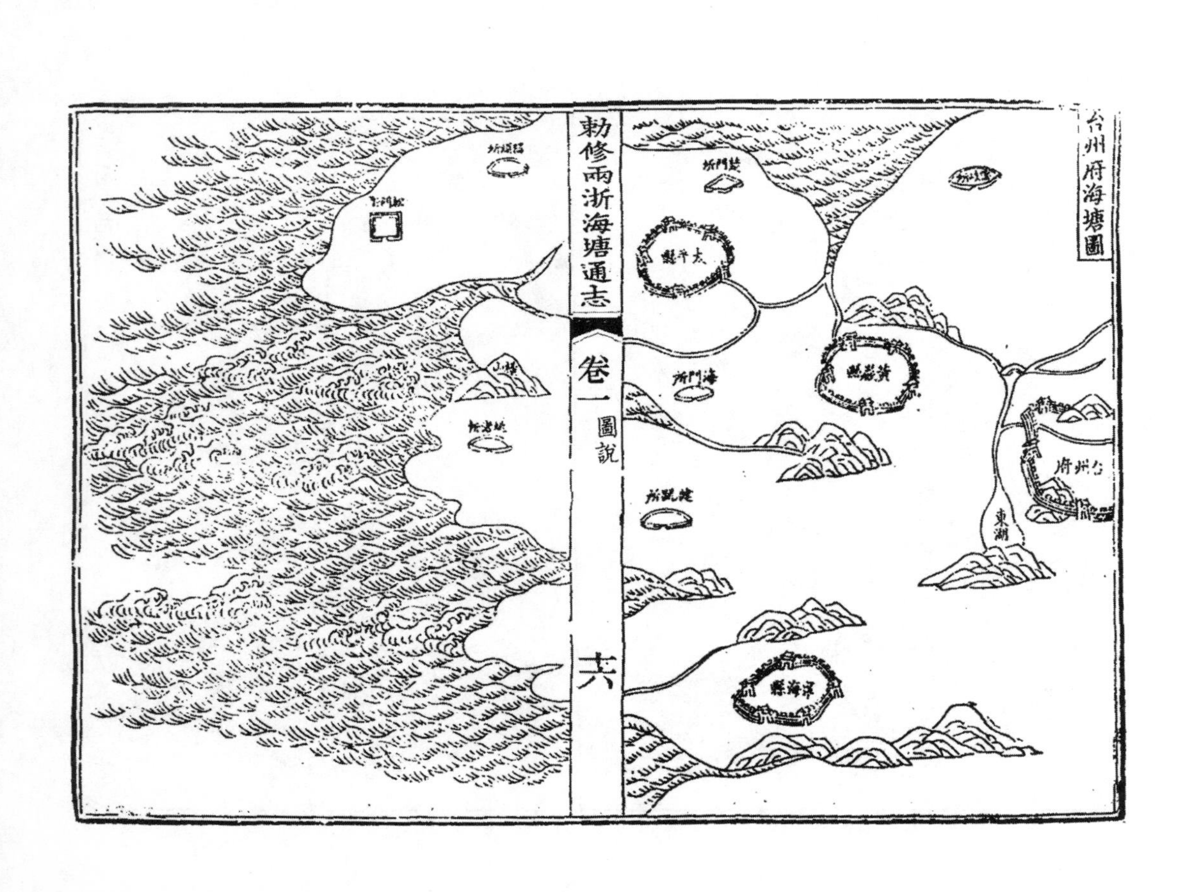

台州濱海之縣凡四在臨海東北一百八十里者名鹹塘在寧海健跳所城外者名健陽塘在黃巖五十一都霓皋者名丁進塘在六十一都者名洪輔塘南通新河北通海門在洪輔塘下者名四府塘在縣東北六十三四兩都者名捍海塘在太平縣山門鄉者名淨社塘在太平鄉者名長沙塘其北又有蕭萬户塘北起盤馬山東抵松門皆因隄海而設非關水利也

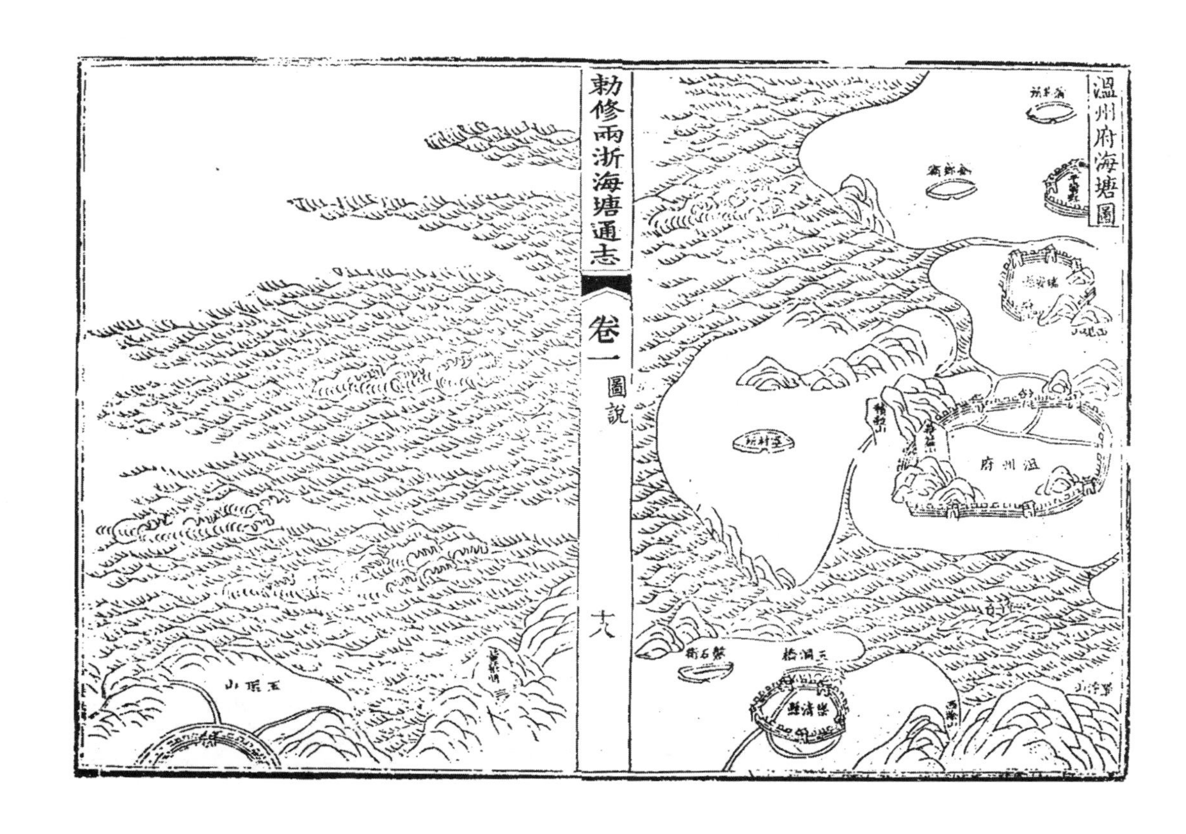

溫州濱海之縣凡四永嘉俯瞰大海江出郡城後東與海合舊有大石堤延袤數千尺元至順中邑令趙大訥始築明嘉靖間復自城南起一都長沙北至沙村蹇重拓而新之樂清萬安寺前沿海之塘向以處苔山之民洪武三年從安祿侯所請也蒲岐之塘自縣東三十五里起十四都下堡至十五都二里洪武三十五年從邑人朱宗邑所奏也青嶼江小蒲暴永寧四塘天順元年縣令周正所修也平陽自邱家埠南岸沿海而東至斜溪者名

護安外塘築於元大德初修於元延祐間西至橫浦江南岸直抵樓石五十餘里此溫郡塘工之最鉅者其在瑞安十六都者名沙園塘自飛雲渡南抵沙園所凡十餘里則平瑞兩縣之民更修之瑞安沿海之塘東經清泉崇泰二鄉至梅頭紆長四十五里又自城南越江東經南社鄉沿海至平陽縣沙塘陡門紆長二十餘里皆為土塘其自城東越飛雲渡之南十四都起至沙園所城外止又自城東至十一都巡檢司止則石堤也

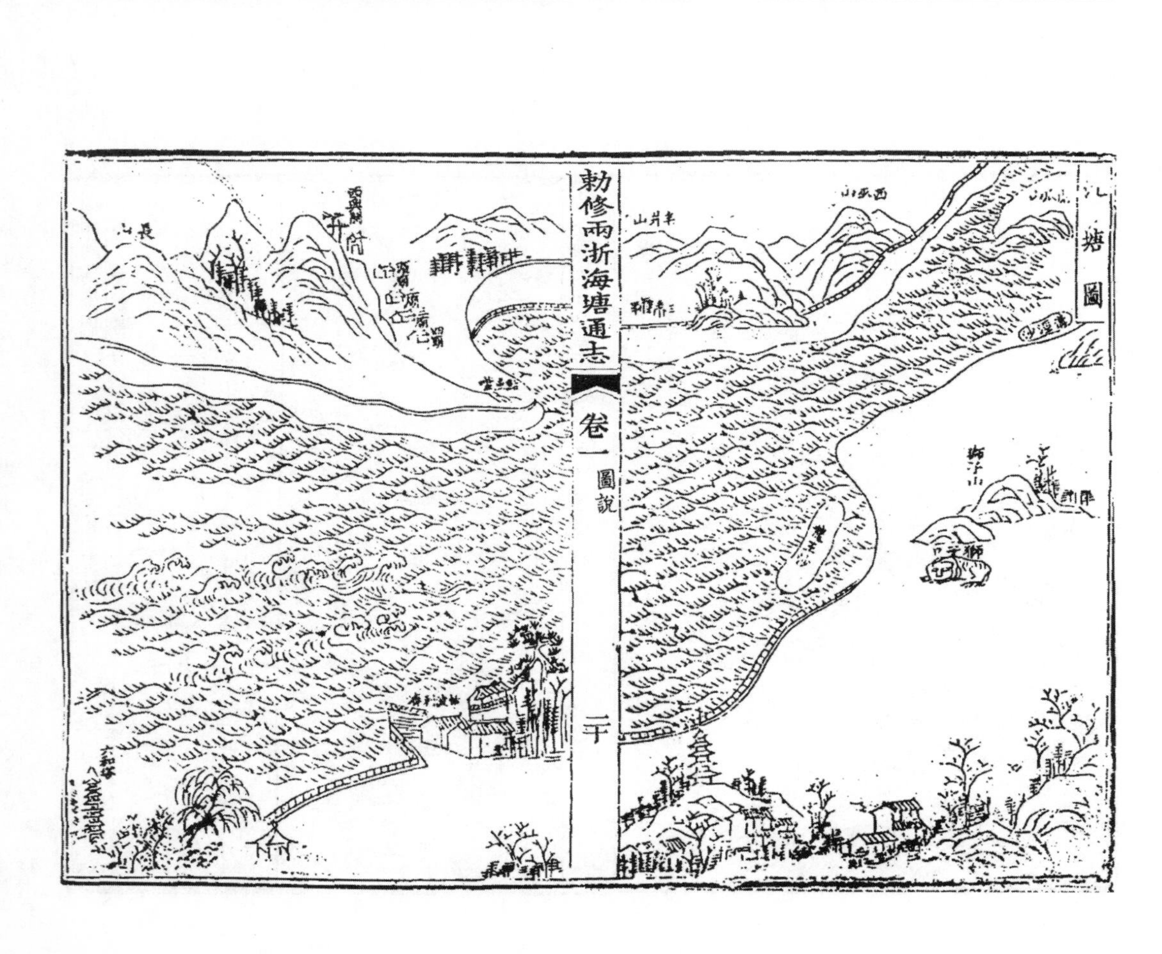

江源發於歙縣由新安入嚴州桐江而衢州之水自常山來與江山之水滙流至蘭溪又會金華之水並歸桐江入杭之富陽曰富春江至錢塘曰錢塘江曲折而東歸於海錢塘之防海大塘漢郡議曹華信所築募民致土成之時尚止土塘也吳越時江濤衝激錢武肅王命運巨石盛以竹籠植巨材捍之塘基始定時尚未議甃築也宋大中祥符間發運使李溥始固以椿木景祐中知杭州俞獻卿大發卒鑿西山石築堤工部郎中張夏因之此

今之石堤所自始也富陽之春江堤自莧浦至觀山計三百餘丈唐萬歲登封六年邑令李濬始甃以石至前明而大壞正統四年邑令吳堂重築之遂名吳公堤蕭山之西江塘東南自桃源十四都臨浦而至四都諸家墳南北四十里以其在縣之西故謂之西江江至四都則折而東矣自四都而至龕山東西六十餘里在縣之北則謂之北海塘皆沿江勢曲折為之興築始末志乘缺畧至明鄉官錢鉉邑進士黃九臯始有重築議其初葢無考矣

勅修兩浙海塘通志卷一

勅修兩浙海塘通志卷二

列代興修上

浙之海塘自平湖而海鹽而海寧而仁和綿亘三百餘里一線長堤爲七郡生靈保障至南岍之寧紹溫台四郡逼近大洋所關非細故矣唐宋以來屢有修建載在史冊撮畧舉之爲考舊章者之一助云志列代興修

杭州府仁和 海寧

唐貞觀四年復置鹽官捍海塘（唐書地理志塘長百二十四里）

按鹽官隄海之役始見於唐鹽官舊志稱唐築塘起鹽官抵吳淞江袤百五十里名捍海塘亦名太平塘濶二丈高一丈葢是時鹽官尚未分縣故所屬直抵吳淞江云其修築之始寧鹽二邑舊志俱起開元元年唐書地理志則云貞觀四年復置鹽官捍海塘言復置知并不始於貞觀時也而其先無可考矣

開元元年重築鹽官捍海塘堤（唐書地理志長二百二十四里）

宋宣和四年十月降鐵符十道鎮鹽官縣海塘（泊宅編跋）

知有巾杭州鹽村海溢壞居民田廬凡數十里朝廷降鐵符十道以鎮之宣和壬寅鹽官縣亦溢縣南至海四十里而水之所齧去邑聚纔數里邑人其恐十一月鐵符又至其數如湯村每一符重百斛正面鐵神符及御書咒貯以青木匣府遣曹官同都道正管押下縣建道場設醮投之海中

淳熙四年築鹽官海塘（海寧縣志先是海潮壞堤至是命築之）

嘉定十二年鹽官海溢下浙西諸司條具築捺之策（宋史河渠志鹽官海失故道潮衝平野二十餘里至縣治蘆洲港瀆及上下管黃灣黃岡等鹽場皆圮蜀山淪入海中聚落田疇幾失其半鹹水淹及四郡臣僚言鹽官去海三十餘里舊無海患縣以鹽竈頗盛課利易登去歲海水泛漲湍激橫衝沙岸每一潰裂常數十丈日復一日浸入滷地蘆洲港瀆蕩爲一壑今聞潮勢深入逼近居民萬一春水驟漲怒濤奔湧海風佐之則呼吸盪出百里之民寧不俱葬魚腹況京畿赤縣密邇都城內有二十五里塘直通長安牐上徹臨平下接崇德漕運往來客船絡繹兩岸田畝無非沃壤若海水徑入於塘不惟民田有鹹水淹沒之患而裏河隄岸亦將有潰裂之憂乞下浙西諸司條具築捺之策務使捍堤堅壯土脈充實不爲怒潮所衝從之）

十五年命浙西提舉劉垕於鹽官縣治南北各築土塘以捍鹹潮（宋史河渠志都省言鹽官縣海塘衝決命浙西提舉劉垕專任其事既而垕上言鹽官東接海鹽西距仁和北抵崇德德清境連平江嘉興湖州南瀕大海原與縣治相去四十餘里數年以來水失故道早晚兩潮奔衝向北遂致縣南四十餘里盡淪爲海近縣之南原有捍海古塘亘二十里今東西兩段並已衝毀侵入縣之兩旁又各三四里止存中間古塘十餘里萬一水勢衝激不已不惟鹽官一縣不可復存而向北地勢卑下所慮鹹流入蘇秀湖三州等處田畝皆

不可種其爲害非獨一邑也詳今日之患大槩有二一曰平地陸沉一曰鹹潮泛溢陸沉者固無力可施其泛溢者乃因捍海塘衝損每遇大潮必盤越流注北向今亟宜築土塘以捍鹹潮其所築塘基南北各有兩處在縣東近南則爲六十里鹹塘近北則爲袁花塘在縣西近南亦曰鹹塘近北則爲淡塘當驗兩處土色虛實則袁花塘淡塘差勝鹹塘且各近裏未至與海潮爲敵勢當東就袁花塘西就淡塘修築庶可以禦縣東鹹潮泛溢之患其縣西一帶淡塘連縣治左右共五十餘里合先修築兼縣南去海一里餘幸而古塘尚存縣治民居盡在其中未可棄之度外今將見管椿石就古塘加工築疊一里許爲防護縣治之計其縣東民戶日築六十里鹹塘萬一又爲海潮衝損則盡棄前工當計用木石修築袁花塘以捍之朝以爲然

元大德三年塘岸崩都省委禮部郎中游中順洎本省官相視尋以虛沙復漲難於施力其事中止

延祐七年省憲集議於鹽官州後北門添築土塘（元史）河渠志仁宗延祐己未庚申間海汛失度累壞民居陷地三十餘里時省憲官共議宜於州後北門添築土塘然後築石塘東西長四十三里後以潮汐沙漲而止

泰定四年興修鹽官州鹹塘（海寧縣志）泰定元年十二月海水大溢壞堤塹侵城郭有司以石囤木櫃捍之不能止二年八月大風海溢捍海堤崩廣三十餘里徙民居千二百五十餘家避之四年正月海潮大溢塌海塘崩二十餘步四月復崩十九里時發丁夫二萬餘人以木柵竹絡磚石塞之不止乃命都水少監張仲仁往治沿海三十餘里下石囤四十四萬三千三百有奇又木櫃四百七十有奇工後萬人（元史）河渠志泰定四年二月間風潮大作衝捍海小塘壞州郭四里杭州路言與都水庸田司議欲於北地築塘四十餘里而工費浩大莫若先修鹹塘增其高闊填塞溝港且濬深近北備塘濠塹用椿密釘庶可護禦江浙省準下本路修治都水庸田司又言宜遠差丁夫當水入衝堵閉其不敷工役於仁和錢塘及嘉興附近州縣諸色人戶內斟酌差倩工部議海岸崩摧宜移文江浙行省督催庸田使司鹽運司及有司發丁夫修治毋致侵犯城郭貽害居民五月五日平章秃滿迭兒茶乃史參政等奏江浙省四月內潮水衝破鹽官州海岸令庸田司官徵夫修堵又臣等集議世祖時海岸嘗崩遣使命天師祈祀潮即退今可令直省舍人伯顏奉御香令天師依前例祈祀制曰可既而杭州路又言八月以來秋潮洶湧水勢愈大見築沙地塘岸東西八十餘步造木櫃石囤以塞其要處本省左丞相脫歡等議安置石囤四千九百六十抵禦鏤齧以救其急擬比浙江立石塘可爲久遠計工物用鈔七十九萬四千餘錠糧四萬六千三百餘石接續興修

致和元年三月鹽官州海岸崩四月海復溢詔發軍民塞之（海寧縣志）初詔天師張嗣成修醮禳之不驗復詔遣使禱祀造浮圖二百十六益用西僧法謂潮可鎮壓也亦不驗至是以石囤塞之（元史）河渠志致和元年三月省臣奏江浙省并庸田司官修築海塘作竹籧篨內實以石鱗次壘疊以禦潮勢今又淪陷入海見圖修治今差戶部尚書李家奴工部尚書李家賓樞密院屬指揮青山副使洪灝宣政僉院南哥班與行省左丞相脫歡及行臺行宣庸田使司諸臣會議修治之方合用軍夫除州縣關津外酌量差撥從便添支口糧合役附近有田之民及僧道也里可溫答失蠻等戶協助工役之時諸人毋或沮壞違者罪之調官移文稟去施行有旨從之四月所委官洎行省臺院

及庸田司等官議大德延祐欲建石塘未就泰定四年春潮水異常增築土塘不能抵禦議置板塘以水湧難施工遂作籧篨木櫃間有漂沉欲踵前議疊石塘以圖久遠爲地脉虛浮比定海浙江海鹽地形水勢不同由是造石囤於其壞處疊之以救目前之急已置石囤二十九里餘不曾崩陷畧見成效庸田司與各路官同議東西接疊石囤十里其六十里塘下舊河就取土築塘鑿東山之石以備崩損

天歷元年詔改鹽官州爲海寧州（元史河渠志）天歷元年一月都水庸田司言八月十日至十九日正當大汛潮勢不高風平水穩十四日祈請天妃入廟自本州嶽廟東海北護岸鱗鱗相接十五日至十九日海岸沙漲東西長七里餘南北廣或三十步或數十百步潮見南北相接西至石囤已及五都修築捍海塘與鹽塘相連直抵巖門障禦石囤東至十一都六十里塘東至東大尖山嘉興平湖三路所修處海口自八月一日至二日探海二丈五尺至十九日二十日探之先二丈者今一丈五尺先一丈五尺者今一丈西自六都仁和縣界赭山雷山爲首添漲沙塗已過五都四都鹽官州廊東西二都沙上流行水勢俱淺二十日復巡視自東至西岸脚漲沙比之八月十七日漸增高闊二十七日至九月四日大汛本州嶽廟東西水勢俱淺漲沙東過錢家橋海岸原下石囤木櫃並無頹圮水息民安於是改鹽官州曰海寧州

明永樂六年發軍民修築仁和海寧二邑江海塘（海寧縣志）海寧海決陷沒赭山巡檢司請發軍民修築從之仍命戶部遣官巡被災之家九年秋七月修築冬十一月塘成時合仁寧二邑江海塘及海鹽縣土石塘共修過萬一千一百八十五丈

十六年遣保定侯孟瑛等以太牢祭東海之神（明實錄）朝廷以浙江瀕海諸縣風潮衝激隄岸墊溺居民連年修治迄無成功乃齋戒遣保定侯孟瑛等以太牢祭東海之神既祭水患頓彌

十八年三月命有司修築邊海塘岸（明實錄）浙江海寧等縣言潮水淪沒邊海塘岸二千六百六十餘丈延及吳家等壩命有司量起軍民修築之

十八年九月修築海塘（明實錄）通政司左通政岳福言浙江仁和海寧二縣今年夏秋霖雨風潮壞長安等壩淪於海者千五百餘丈東岸赭山巖門山蜀山故有海道近皆淤塞故西岸潮勢愈猛爲患滋大乞以軍民修築從之

宣德五年浙江巡撫侍郎成均築捍海隄

成化十年海寧縣海決至城下用崇德縣縣丞沈丞築法隄始成

按是年築隄史乘失載陳之遲著築塘議乃言及之查崇德縣志成化中有維揚人沈讓於十六年涖丞任前此尚未至也築法既無可考其人亦逸其名矣

十二年修治海塘（明實錄）浙江鎮守巡按及都布按三司奏言杭嘉紹三府所屬海寧海鹽山陰蕭山上虞等縣海塘衝塌數多修築財用不足乞照上年例以杭州城南抽分竹木存留七分賣銀解部者以備築塞工料庶寬民力工部謂內府造供應器皿并清江衛河造運船皆取給抽分所係亦重宜令各府先以在官物料支用不足則於附近無災府分借債協濟從之

十三年海寧海隄決僉事錢山重築障海塘（成化杭州府志）

成化十三年二月海寧海決隄偪盪城邑鎮巡因命採石臨平安吉諸山初用漢揵絙法不就乃斷木爲大櫃編竹爲長絡引石下之汎濫乃定仍作副隄十里以防泄鹵凡七越月而役竣（張寧重築障海塘記）海寧古鹽官瀕海南上可百里有山名赭南有遠山對峙如門是爲浙江受潮之口歲久沂洄渟滀赭渙出渾若堵則口隘潮東反擊於鹽官限岍宋嘉定中潮汐衝鹽官平野二十餘里史謂海失故道有由也成化十三年二月海寧縣潮水橫溢衝圮隄塘逼盪城邑轉盻曳趾頃一決數仞祠廟廬舍器物淪陷畧盡邪不及半里軍民翹惴犇籲皆重足以待縣上其事於府府守陳讓上其事於欽差太監李義巡按監察御史侶鍾二公以所上事詢諸三司布政使杜謙按察使楊瑄又以二公命各詢其佐參政李嗣副使端宏參議盧雍僉事梁昉咸集厥地周視僉謀區畫會計相與祭於神具以成業託分巡僉事錢山曰君宜任重有所給乏從革惟君自處公乃躬履原隰景材庀宜命杭湖嘉興官屬因地順民採石於臨平安吉諸山物用林積舟楫轉挽蔽河而至分命把總指揮李昭通判何其兼總工役初用漢揵絙不就乃斷木爲大櫃編竹爲長絡引而下之汎濫稍定人知有成勢皆奮力趨事又作副堤十里衛灌河以防泄鹵之害義聲倡道富人爭自賑施民至是始忘死徙之念歲八月塘成適沙塗壅漲其外公因增高培厚覆實擣虛使腹抗背負屹成巨防而海復故道矣邑父老徵予文刻石予惟風濤漲溢凡際海之區無不閒遇至於衝決激射惟浙江地勢爲常自延祐及今才百五十年海已三變雖曰氣數消長未嘗不以人力定勝但恐赭山之渾復出沙塗之壅再去後之繼任非人文獻無考則父老前日之憂將或在其子孫也文章非紀實不足以傳信請詳述本末凡有事者皆刻之碑陰

宏治五年海寧縣海溢新堤漸坍嘉靖七年海寧縣新堤大坍復至城下九年秋七月海決逼城十二年海寧縣知縣嚴寬建議準海鹽例歲儲均徭役銀以備海塘修築之用自後寧邑設海塘夫一百五十名歲儲役銀三百兩著爲令自寬始也

萬歷五年海寧縣知縣蘇湖修海塘成（海寧縣志）萬歷三年夏五月颶風大作海嘯漂溺民居塘圮鹹水湧入內河壞田地八萬餘畝時縣官估計應修塘凡二千三百七十八丈計修築工料銀應五千二百二十八兩四年九月會知縣蘇湖蒞任巡撫徐栻察其才可任事遂以塘付之湖定議以五年二月十三日興工至四月而役竣計費纔一千九百七十六兩時通判張繼芳定議採石一塊長五尺二寸闊一尺八寸者給銀四錢七分以三錢給工價一錢給船價七分充扛槿又議以船價六千兩造船三百隻行仁錢二縣五區綱手每十人領銀二十兩造船一隻運石完日即以船給之當其值（陳善海塘議）海寧縣治南瀕海海塘距城僅百武東抵海鹽西抵浙江延袤百里塘西有赭山南有龕山對峙夾爲海門是爲海潮入江之口潮至此東不得肆輒怒而東廻及其廻也又有石墩山以障之則益怒於是東西盪激害乃中於寧查舊志塘之外有沙場二十餘里沙場之內有陸地草場桑柘棗園一百六十頃有奇夫塘有外護則海潮不致衝齧石隄內固可以經久今沙場草場悉盪入於海護沙盡沒所恃以爲命者僅此衣帶新造之塘宋元以來海塘興廢莫紀自洪武至萬歷海凡五變五修築矣永樂九年海大決保定侯孟瑛奉命徵九郡之物力歷十三年而始奏功嗣後成化甲午宏治壬子嘉靖戊子迄今萬歷乙亥海或溢或決

塘隨築隨圮雖勞費不及永樂之甚公私亦既疲然夫海決寧邑而役及九郡者何也寧邑於吳爲陲於越爲首地形最高故諸水皆北流一從東北由淞泖趨扈瀆江入海一從正北過吳江趨白茅港入江俗因指吳江塔巔與長安壩址相並有如海寧一決注之列郡如建瓴然則所以障寧者即所以障列郡也萬歷五年春巡撫徐公栻按治海寧多潰闕爲之駭詫因與水利陳公詔僉謀合慮察縣尹滇南蘇公湖可屬大事即以其役委之蘇亦毅然身任閱三月而役竣修坍塘一千六百六十三丈築新塘三百二十丈其費公帑止一千九百餘金亦可謂事半而功倍矣然更有說焉海寧之塘與海鹽異鹽塘有大患亦有大利寧塘似無顯患而實有隱憂蓋鹽塘陂池相屬有內河可開故潮勢至此既爲分殺而引其流更能使草場悉爲膏腴是大患彌而大利興也若寧塘逼近城郭無內河可開幸潮水緩於鹽耳設一旦海嘯直薄邑治其爲隱憂可勝道哉聞寧邑額設捍海塘夫

一百五十名每歲編派役銀三百兩爲之令者誠加意海防每遇潮汎即遣官巡視稍有傾圮即委廉能吏領銀修築毋令涓涓不止此亦徹桑之計也萬一天祐寧民塘十年無恙則銀之積益富縱興大役亦不必派及平民矣至如築塘之法余竊有取於海鹽乙亥之決海鹽爲甚其修築也造完坍石塘七百五十丈及原欠石塘八十三丈二尺修砌半坍石塘一千七百九十六丈築舊土塘二千二百一十六丈築新塘七百一十丈五尺新闢內河白洋三千三百九十五丈而其爲費也始計之謂非三十萬不可及徐公親行海上命有司詳估價值曰十六萬足矣衆乃譁然駭其太簡及工告成費止十萬餘金減原估五萬四千有奇是徐公之施德於浙民大也至其慮湍激之爲害也有蕩浪木樁以砥之慮其直薄隄岍也爲斜階以順之其累石也下則五縱五橫上則一縱一橫石崗鈎連若綆貫然即百計撼之其能搖乎修寧塘者誠一準海鹽新塘之式是則一勞永逸之計也一

崇禎三年三月同知劉元瀚修海寧縣捍海塘隄成

〔寧邑備考〕崇禎元年七月二十三日午前風日清朗纔過午狂飈卒發雷雨如注申酉間忽報海嘯登城望之見潮頭直架樹杪廬舍蕩析瀕海居民有舉家避者有一家十九口止存二口者延至夜半風濤稍殺厥明縣官出勘城東西被災者凡四千餘户橫屍路隅殆不忍見事聞於朝議修築海塘時縣令謝紹芳屬衙官張瑞傑董其役張第以修河塘法從事未幾潮齧之旋築旋圮於是三臺畢臨相視議工費撫按會題預徵糧銀每畝一分合計之得九千餘金道府捐助各有差命郡丞劉元瀚董其役仍用石囤木樁之法工稍就緒〔陳祖訓重修海塘記〕寧邑歲不稔三年矣今年有秋士民相與誦乃粒功則海波不揚捍禦惟力聖天子之軫恤三臺之謀猷少府之拮据俱不朽也僉謀立石海上以示永久督撫陸公別有記直指劉公屬訓記其事邑城逼海衝決不時爲東南大患宋

元來本朝築圮凡七見其最大者永樂中役軍民夫十萬騷動三年費帑金十餘萬兩遣保定侯孟禮部侍郎易本省南北參副各二員董成之甲午年復大潰直指彭公邑令王公費金錢巨萬兩閱歲乃罷役按邑西南龕赭夾峙南闕僅三里北闕十有八里潮從東方來北闕直上折入錢塘江逼年沙漲以千頃之濤束而內之三里之口扼咽不達轉而噴薄戊辰秋狂飈乘之怒波撼天瀰城籠屋濱海億萬姓從樹杪浮木黿生活此宋元以來未經見之變向來隄防多滅沒矣當事者目擊心傷屢經題請特遴少府劉公涖其事夫東南歲苦邊儲公庚鮮贏羨傾一邑之物力百計捍之隨成隨圮蓋此塘東接海鹽而鹽以石此以土鹽以四十里此以百里鹽以鹽場加額資用不匱而此爲無米之炊用是玄圭難錫誠有如督撫公奏議者巳巳秋直指劉公夙駕臨之檄下郡邑額設協濟一塘費銀七縣歲得七百金三十年中乾沒者凡幾一旦聚而注之吾寧且檄嘉湖兩府輔其不足更

不足則捐鏝金副之寧邑億萬生命衽席安之矣
公復輾然曰蠹不剔則用不省任不專則事不密
更殫心汰冗漁而專倚任時宣明旨以示策勵云
季春載功役不及期費不滿萬而窖塡庳峻窄擴
脆堅一望百里之隄坦蕩如砥而胥溺之氓咸登
場圃而服菑畬清宴之功伊誰之力是役也討時
則八閱月計費則七千餘金總理則劉少府元瀚
協贊則蔣邑令之煥分任則蔡把總國延倪主簿
維寬工費自司道府協詳撫鹽按三臺主之是以
民不勞而海患以息訓不文因桑梓之情而具述
之云
爾

嘉興府 海鹽 平湖

宋紹定中海鹽縣令邱來築海塘凡二十里（閩總括興志）海
鹽縣捍海塘凡十八條自縣去海九十五里有望
海鎮歲久波濤衝齧盡爲洋海紹興中知縣陳某

嘗於海塘五里建望月亭迨今則亭基在水中不
可復見十八條捍海岡岸無一存者縣治去海無
三百步而獨山一帶歲歲鹹潮透入可以曬鹵耕
種者苦之前政史宰亞卿親督畚鍤移入數百步
別築一塘

按海鹽縣海塘在城東半里南抵澉浦北抵乍
浦修築事前此無考可見者始於是云

咸淳中兩浙轉運使常楙築海鹽縣新塘三千六百
二十五丈名海晏塘（宋史常楙傳）海鹽歲爲鹹潮
害稼楙請於朝捐金發粟復
輟已帑築新塘是秋風濤大作塘不浸
者尺許民得奠居歲復告稔邑人德之

元至元二十一年海鹽縣令顧泳重築捍海塘（至元嘉禾
志）太平塘舊名捍海塘在縣東二里西南至鹽官
縣界東北接華亭縣界防海水漲溢故名捍海塘
後改名太平塘至是縣尹顧
泳重修改今名立扁於上

明洪武三年海鹽縣潮水泛溢圮毀故岸民人潘允
濟言於朝遣署令宋（舊志失名）監築石塘二千三百七
十丈（海鹽縣圖經）邑南潮汐盛長逆流灌入浙江
之口入之不盡入者激爲迴波緣海岸盪激
鹽既當其衝而鹽北南苦竹秦駐山趾角張不受
激則激其抝中土疏易崩者於是東南五十里外
之貯水陂南三里之藍田浦東北三十里之橫浦
與所謂九塗十八箇三三十六沙舊爲海潮限者盡
淪爲巨洋鐫蝕一綫之岸以及城根僅半里許每
東北風稍張怒濤乘之輙溢殺禾稼湛漂亭舍人
民甚而都鹹流三吳窪縣中患如鹽同壑矣夫欲
存鹽亟堤鹽欲存吳以無壑吳尤亟隄鹽其事易

策也役未可但已以此（鹽邑志林）海鹽一帶海塘
外以捍海潮之入循塘拒守墩堠相望可以禦海
寇之登犯塘以裏皆良田富室烟火相望所恃以
爲外護者一塘而已石塘纍砌者用石方尺餘長
八尺或六尺縱而磊之取海潮衝撼不動內厚築
黃土以襯之高與之齊厚必五倍之若少工力石
可衝撼潮必內侵石塘有罅土塘
必壞土塘內潰石塘不能獨存矣

十四年海鹽縣捍海塘成

二十年六月海鹽縣石塘復爲潮水所圮浙江布政
使司參議閻察監修（宏治嘉興府志）永樂三年海
鹽縣石塘復爲風潮圮毀通
政使司右通政趙居任等官按治起倩蘇州松
江等九府民夫增土修築雖云堅固歲久復頹

宣德中海鹽縣石塘又潰巡撫侍郎周忱募郡民七

百人部分更築（海鹽縣圖經）時以石隄內虛始築土五丈實其裏且著令非時巡護加葺無待大壞

成化五年平湖縣知縣李斋請比例海鹽縣境修築石塘奏聞命下三司督同府同知楊冠通判張永等相視經度（宏治嘉興府志）計條石椿木等料價銀二萬五千九十三兩倩工鳩砌

七年平湖縣知縣郝文傑重修海塘（平湖縣志）七年七月初三日颶風大作海潮泛溢平湖縣自雅山東至楊樹林俱為衝浸縣令郝文傑計量修築圮壞者五百一十丈九月初六日風濤復作內塘古所修完者自周家涇東至獨山等塘皆為衝圮其害視前尤甚縣簿陳善奉府檄重修八百五十九丈其未完者宏治二年計費倩工買石鳩砌

按平湖縣捍海塘在平湖縣東南三十四里東至金山衛華亭縣界周涇西至海鹽縣界長二千二十丈其地本統隸鹽官宣德五年始分平湖為縣疆域各隸

十三年副使楊瑄改築海鹽縣舊塘為坡陀形（詳見工程門）築成凡二千三百丈（海鹽縣圖經）先是侍郎周忱修築海鹽縣塘謀甚豫顧未十年海溢塘復壞時知府黃懋議大採木石別築複塘度用銀二十六萬有奇正統九年奏聞報可會遷去僉事陳永與參政謝輔繼至改議因舊址役里甲雜用瓦礫填中包巨石為之省費十九塘亦成後成化八年大風駕潮至塘不足禦平地水丈餘民溺死無算乃思黃公議悔不用之後

參政那簡僉事趙銘以府同知楊冠補葺粗完海復連歲四溢塘又盡圮不存至是楊公來司水利講興作功甚銳遂以意改舊塘為坡陀形

宏治元年重築海鹽縣坡陀塘（海鹽縣圖經）宏治初海鹽縣坡陀塘就圮知縣譚秀言楊公塘用石斜甃歲久反壓內向勢必請改築便於是巡浙侍郎彭韶以知府徐霖通判鄧逵偕秀築仍疊石如舊法而畧彷坡陀意內橫外縱以漸而縮令斜用殺潮勢時重築者九百餘丈他未壞者仍舊

十二年海鹽縣知縣王璽接修海塘（海鹽縣圖經）王公塘築于故龍王廟前砥方石縱橫交錯為之其法有一縱一橫有二縱二橫者下闊上縮內齊而外陂形勢堅固屹立潮衝不壞

嘉靖初郎中林文沛奉命修海鹽縣石塘（浙江通志）正德中通判韓士賢水利郎中朱袞凡再修悉依王公法而嘉靖初海連溢郎中林文沛奉命修塘以王公塘獨無恙因呼為樣塘益遵用之（林文沛海塘記畧）嘉靖壬午秋海潮大作癸未繼之塘圮視昔倍之濫災及百里時文沛督工治之舊制石多縱少橫今使縱橫交錯連屬不可解又必擇其龐闊之石布置必穩樁計四千八百石計一萬六千或拾於海壖之遺或運於數程之外北自了义南抵宋莊因其舊而增之計七百五十七丈通舊隄為一千三百七十丈是役也費銀蓋五千五百兩有奇

十年僉事蔡時增築海鹽縣教場塘一百七十丈

十四年海溢僉事焦煜築海鹽縣塘二百餘丈土塘二千七百丈（海鹽縣圖經）分督者通判陳文昌知縣董玠及平湖縣知縣黎儀典華亭

徐階爲記是役也成未幾而即崩布政吳鼎
琉稿謂碑文尚未入刻塘岍先已傾頹云

十七年海又溢僉事張文藻築海鹽縣塘三百三十
餘丈土塘二千四百三十四丈及四陡門

二十一年僉事黄光昇築海鹽縣石塘若干丈悉因
縣令王璽之法益詳究之（海鹽縣圖經塘一丈如議築若石米料若人
徒用銀三百云黄公亦曰余築塘所不盡尚八九
則財詘故矣初海塘無字號今自天字起至禾字
二十里共一百四十號每號三十丈共三千八百
丈皆公所編也公督工有法所用者悉副任使嘗
有言曰海塘如欲盡築非四五十萬金不可工役
太興諸夫匠奸詭百出須得通判官五六員縣丞
主簿等官二十餘員專駐於此朝夕臨之方可隄
防即臨之仍須耳目瞬息不離苟頃刻恍惚即奸

弊秉之益巨石一疊内藏疎罅更難移驗矣况事
權不一此委彼奪既奉命以去另代者經手不一
遂難稽考又况所委各官賢否不同上下扶同塗
抹了事者常十而六七可輕議哉（黄光昇築塘記
余築海塘悉塘利病也最塘根浮淺病矣未累石
高之爲塘恃下數椿撐承耳椿浮即宣露宣露則
敗易坎病外疎中空舊塘石大者郛不必其合也
小者腹不必其實也海水射之聲汩汩四通浸所
附之土漱以入滌以出石如齒之疎豁終拔爾余
修必内與外無異石先去沙塗之浮者四尺許見
實土乃入椿入之必與土平仍旁築焉令實乃置
石爲層者二是二層者必縱横各五令廣擁以上
使沙塗出於上令深皆以奠塘基也層之三若四
則縱五之横四之層之五若六縱四之横五之層
之七若八縱横並四之層之九與十縱三之横五
之層十一十二縱横又並三之層十三十四縱三
之横二之層十五縱二横三層十六縱横並二層
十七縱二横一層十八是爲塘面以一縱二横終

焉石之長以六尺廣厚以二尺琢之方砥之平砌
緊貼也層表裏必互縱横作丁字形彌直罅之水
也層中横必稍昂作幞頭形彌横罅之水也層相
架必跨縫而置作品字形以自相制使無解散也
層必漸縮而上作階級形使順潮勢無壁立之危
也如是又堅築内土培之若肉之附骨然可免圯
潰矣（知縣魏廷璽築塘議海塘之役近年以來憲
司提督於上府縣分理於下非不欲成此大工但
患有可懼弊有未革耳支給工銀易生侵尅之謗
患一講議修築之法各恃已見紛紛爭勝莫知適
從患二拘於估計制於成命不得相機隨宜有所
增損患三近海軍民多頼修塘以爲活計一身做
工影射數名通同管工人役冒支工銀弊一又砌
手志在常得修塘工食不肯砌築堅固弊二管工
委官羈身海上颶風毒霧之中度日如年但欲速
成了事孰肯盡心如幹家事弊三去此三患三弊
塘不難
成矣

三十年風潮復作海鹽縣塘壞僉事胡堯臣修築凡
若干丈（邑人錢薇記畧是役也胡公以憲司提其綱雖風雨率卯出申入又節騶從供應以
身儉先故一時從官咸奮若林丞士儀楊簿繼蘭
及劉經衛國學章知事林以至使揮在役者罔不
勤恪
云

隆慶四年海溢海鹽縣塘圮水利僉事李文績督湖
州府同知藍偉修築用黄公法縱横稍殺之費銀
萬五千成塘九十餘丈（李文績修海塘事宜洪武以來初築頗簡有以石斜
竪貼土者有横砌一縱者後來築法漸詳有二縱
二横皆三縱三横者亦有五縱五横者五縱五横
者計築一丈用銀三百餘兩歷年風潮衝塌猶屹
然如故今欲砌如五縱五横之式勢必不能酌量

見在錢糧將龍王塘天關要害去處定爲三縱三橫其餘往秋等字號潮勢稍緩定爲二縱二橫

萬歷三年浙江巡撫徐栻檄同知黄清督修海鹽縣大石塘成〔海鹽縣圖經〕時三年乙亥之五月晦夜大風駕潮來水出地二丈餘溺死者三千餘人內縣河皆成鹹流田不可灌塘則盡崩先是嘉靖中邑人布政吳昂嘗一再上疏請大發金錢築故塘豫備海嗇之一旦隆慶之役勛數仇俊卿彷昂意亦以爲言前後皆中格至是變果大作昂之議曰成大功者必計久遠惜小費者反傷財力海塘之役每歲均徭閭郡計銀七千兩自正統七年至嘉靖十五年僅百年已費銀七十萬兩矣其他承迎之費借倩之力又所不計今若能費銀十萬兩併舊有石料大爲修築可保百年無事是謂一勞永逸暫費永寧功之垂於後也久而民陰受其利益於無窮矣不然鼛鼓日繁財力日窘海患日深因循既久縱棄海鹽一縣田土於波浪之

中一縣人民於魚鼈之腹旁縣恐亦未得安枕而臥也昔年名臣大興九郡之役殆亦有見於此爾時撫臣謝鵬舉按臣吳從憲採知府李橡知縣饒廷錫言俱奏大指謂鹽堤浙省鉅役縣官宜無惜小費爲東南計永奠意甚愷切既得報而兵部侍郎徐栻代撫集僉事陳詔張子仁同知黄清議之清考故時築法得黄光昇前牘上之遂仿其法改用大石以清督丞幕諸官三十餘人分築清勤於帥先且相度潮緩急衝猾增殺其縱橫石凡用銀十二萬有奇成塘七百五十丈土塘三倍之又開白洋河三千丈而餘塘敧且裂未盡圮者姑理砌之理砌者砌層之上不及趾以節費役竣建海神祠及前憲使楊公瑄祠以昭祈報鑄鐵象牛厭勝又植木蓄盪浪冀淤沙塗護塘有詔嘉之賜栻等金帛陞秩俸有差清得超格擢同知鹽運司陸光祖修築海塘碑記萬歷三年五月縣海溢盡破捍海塘石十九淪海無迹漂没屋廬禾稼死者不可勝數前督撫中丞謝公鵬舉以狀聞於朝既下[illegible]

修築謝公察郡同知黄君清才廉有心計肯任事命之董役會公遷去朝廷念海事至重特簡今兵部侍郎徐公兼御史中丞來撫治之公涖事之明日率其屬親行海上齋祓潔牲虔祭海神以告肇工擇遣丞簿尉譚繼先黄用中謝希周典史陳訶王金把總王三錫指揮馬繼武李嘉元等三十餘人畫地分工并力合作謂同知清汝總余塘工盡其能無避短長之言工大小咸責成於汝謂海鹽令饒廷錫此汝邑事汝其悉乃心廩餉諸吏士百工無或闕乏汝五日至塘省視謂按察水利陳君詔爾惟專職其出舍於塘晝夜巡董謂按察備兵張君子仁月一往察之稽其勤惰賞罰用命不用命已而太守黄君希憲至郡勉修屬以同心一志調匠於浙東諸郡採石於武康梅谿顉窰而力皆募海上災饑之民使取傭直以贍孥寓救荒意凡楗木鐵炭麻竹灰應用之物悉平市之民間郡吏既受事俾作治如式用石長厚尺寸有度塘基下密椿皆二丈之木深入平之然後石層砌其上縱

橫有數始運石募客舟舟不能過三巨石乃官造舟舟堅且安一舟所勝再倍石運易集大省輦舁之費清又言石塘之內宜更爲土塘疏爲內河備決潰涌溢之患按察張君力主其策公納之乃復行視自金家路至章堰得古白洋河舊蹟皆已湮塞而內塘亦夷自章堰歷大小天關至山淵寨舊無塘開新河即以其土築新塘河可行舟運石益便已復更濬深濶計長久石塘既成得土塘表裏相輔愈益堅完即有巨潮越塘內河足以受之可分殺汜勢不致壅激爲害河之上舊皆黄茅白壤名曰草場今可引溉以爲田工始於萬歷四年七月訖於五年九月是役也按察備兵張君在事最久勤勤獨多水利陳君繼至劬勞率先人吏益奮太守黄君敦道範物克相厥成邑令饒君拊字供輸別駕張君繼芳胡君嗣敬造舟採石分守前參知朱君炳如舒君應龍先後協力司理陳君文炅和衷默贊前守李君橡謀始度費皆有功塘事者也〔董份碑文〕鹽邑在海中若浮瓠然獨石塘號稱

捍海而邑當秦駐白塔乍浦諸山南北夾峙激海鼓颶潮與塘直其衝撼特甚故數被患視瀕海諸郡縣尤劇而塘輒易敗明興數苦之矣乙亥歲颶作濤溢入而塘敗十六七民漂不可勝計數十里室家皆爲墟而浙西數百里間水徵鹵有海魚游焉識者皆寒心而大中丞謝公侍御吳公奏狀請治塘議費十六萬金有奇既戒期興役部署有緒而謝公入貳户曹上乃簡少司馬徐公兼中丞來下車首問塘事或言議政數往牒察事占近世塘自正統間議築矣度費幾三十萬載在誌籍今事變過之而議費減半恐不可且創大者難卒復工鉅者難趣成勢非數年恐不可曷再請而徐圖之公乃嘆曰夫人臣下當憂民上當體國今縣官屢乏而浙帑素虛何再請也且古稱拯溺救焚言其速赴不旋踵也民既漂溺吾有速拯之耳憯然不能須臾何徐圖也昔漢稱王尊以身塡金隄吾其身許是塘矣乃亟親按行數橇泥涉塗蒙霧露冒寒暑勿懈因晉藩臬三道名郡縣諸屬引父老集

士庶而訊患害審便宜究長策與侍郎鮑公條上得報可而公銳意督之蓋每飯未嘗不在塘每夢寐未嘗不慮塘事心兢兢嘗不違而藩臬朱侯舒侯前後相繼爲守道憲僉張侯爲巡道陳侯爲水道三道皆以才賢著名極一時之選與公同心日夜殫思畢皆以効匡贊而公虛中盡下與相周旋然公擇善以人而任難自已其志奮勵足以感動而身親勤勞尤足表率以是諸屬皆奔走爭前諸役亦輻輳並進罔後上下合爲一體以有成功本皆公竭精致之非若世之授指而責成端居而論績者也工始于丙子春二月成于丁丑秋九月僅閲歲云初公於石塘内加築土塘間行塘曰夫築土塘所以爲石塘唇齒也然潮過石塘而無河以洩之則勢悍而益漂今從二塘間爲河使潮還有所容宜足以殺其悍亦古廝渠之遺意也乃亟鑿河而石塘之難難於聚石公既令博采洞庭杭湖諸山會河濬舟行轉石益便而舊石墜塘下者畚上中悉募人出之得石益多矣蓋塘之速成者以

此先是議費十六萬者徒以石塘耳今加築土塘又鑿河又樹濫浪椿無數以抵潮又鑄獸十二以厭水又剏橋五以通道而僅費十萬有奇其存者五萬六千有奇焉余嘗適海上觀塘見石磨如砥其縫如繡外極精矣蒸秫如脂傅土如膠内極固矣工速費省而既固且精慮無不周事無不遍邑人言自有唐以來未有若此者因登秦駐望海無際潮怒如震雷瀉如建瓴獨石塘力抗之亘如金城屹如砥柱土塘如重關如疊障而河經其中如長虹余乃作曰嗟乎壯哉其東南之奇觀而永久無疆之盛業哉於是邑人出於波濤安於衽席息於弔問興於謳歌思欲得余言紀功貽後世而三道遂以民情來懇余惟天下同患北有河南有海間者河嘗梗漕縣官不愛鉅費歲羣無已者固以四百萬粟關軍國至重也然漕者四百萬粟所過之地而浙西東吳諸郡者四百萬粟所產之地其本末甚易辨也頃濤一搖而浙西水徵鹵矣嚮使塘不修而益漂能無爲壑乎浙西壑而東吳能免

乎故公匪獨一邑之功而實社稷之閟謨軍國之本計也余浙西人也故備著之公在浙靖夷氛擒大寇撫安黎元其功甚多而此特著其塘事如此是役也侍御鮑公復行而王公至益核實考成云於是天子嘉公功晉俸賚金帛三道郡縣或遷或賚有差公名栻常熟人謝公名鵬舉蒲圻人吳公名從憲晉江人鮑公名希憲長子人王公名曉淄川人朱侯名炳如衡陽人舒侯名應龍全州人張侯名子仁無錫人陳侯名詔晉江人嘉興守黄君希憲前守李君橡同知黄清梁棟通判張繼芳伍希德胡嗣敬推官陳文旻海鹽知縣饒廷錫海寧知縣蘇湖皆竭力是塘者也宜并得書

三年海溢平湖縣塘壞自海鹽教場迤北至於乍浦一帶皆開河取土築塘以錢糧不給中止

十五年七月海溢海鹽縣理砌塘盡圮巡撫滕伯倫

條上方畧十得報重築（全修海塘記萬歷十五年嘉興知府龔勉申稱海鹽）地勢逼臨大海兩山擁夾故潮汐獨異於他處全賴海塘爲之捍禦頃者風潮異常將石塘衝坍大半土塘盡坍田禾淹沒廬舍漂流設若風潮再作徑從坍口深入內河則無海鹽無嘉興而杭湖蘇松諸郡均被其患職親詣海塘督同知縣黃之俊逐一丈勘自天字號起至木字號止共塘二千七百五十六丈三寸內新塘係萬歷四五等年修築堅固無坍共塘九百三十八丈二尺九寸舊塘係先年理砌并監生塘堅固無坍共塘一百八丈一尺舊塘潮勢稍緩并沙淤共塘五百四十四丈七尺以上俱不必修築舊塘係先年理砌今衝全坍共塘三百一丈二尺新塘係萬歷四五等年加高今衝全坍共塘五丈九尺以上潮勢衝要俱應從新起築舊塘係先年理砌今衝半坍共塘一百四十四丈二尺五寸新塘係萬歷五六等年加高今衝半坍共塘四十五丈以上潮勢衝要俱應修砌舊塘係先年理砌今衝稍坍共塘一百五十五丈一尺新塘係萬歷四五等年起築今衝稍坍共塘五百一十三丈四尺九寸以上潮勢衝要俱應補砌其貼備土塘應候石塘工完閱驗另築（海鹽縣圖經）十五年海溢理砌塘盡圮巡撫滕公伯倫行閱曰理砌所以省費也費卒不得省令新築之條上方畧十得報允行於是以副使夏良心同知曾維倫視工而公數馳滋之程督甚勞殁於任傅公孟春代之終其功凡成塘全築者七十一丈半築者六百餘丈又土塘二千四百餘丈用銀六萬八千有奇奏聞如三年例賜金帛陞秩俸有差而滕公特予一子蔭旌勤事實異數也（滕伯倫題築海塘疏）萬歷十六年三月巡撫都御史滕伯倫巡按監察御史傅孟春會題爲異常風潮衝坍海塘急圖修築以固財賦重地事看得海鹽縣捍海石塘係吳越五郡之屏障關係國家財賦地方民命至大且切者也臣等自被災以來夙夜營度務出萬全今將事屬切要條列十款冒昧上請伏乞勅下

該部查議俯賜允行一議委官塘工大役總大綱者水利道臣之責移駐該縣督理其董率官役工匠收放錢糧本府同知一員專理之次則蘇湖二府採石合委府佐二員分管塘工應用官十六員分管採石應用官四員俱合委衛經縣丞簿等職於通省選取庶足充任使二議錢糧嘉興府屬原歲派塘夫銀七千積今十五年豈不綽然有餘而有司視爲緩圖任意那借今除搜括本項外動支該府驛傳積餘銀七縣預備倉穀銀并衢州府驛傳支餘銀金衢嚴溫處五府見貯糴穀銀共足原估之數免令加派地方三議塘式舊塘惟典史吳允陞所築及三監生罰修者自嘉靖至今不壞堪以爲式蓋砌以魚鱗又二面收縮石堅土細故也今議以四縱六橫起脚二層闊二丈七尺五寸自第三層漸收而上每層內外各收七寸至第十八層結面闊九尺三寸石必六面方平砌必縱橫相制蓋面之石又必內外皆縱以順水勢仍於安砌之時每層必先鋪地驗過面面相同縱橫相合方許擡砌以袪偏斜貼襯虛餙草率之弊四議採石舊議塘石長六尺闊厚二尺二寸不如數者亦爲折算以故虛冒生弊茲議蓋面用大石外其餘以長五尺闊厚一尺六寸者爲準每塊給價五錢出山麤料仍多二寸以備整削不許別開大小折補之端致生弊竇其驗石必取六面方平稍不合式即行揀退運石船隻上次杭嘉湖三府編派打造共三千五百六十九號費至三萬餘金及工完變賣所補無幾今莫若令採石宕户包運諒亦樂從又或廣示招募宕户有力者自載合式之石赴塘驗收照前給價採買招買並行事可兼濟五議木椿海塘之築全賴椿木入土之深則爲基孔固議木用中三丈木徑四寸者截作二椿各長八尺或委官在本處廣招木商載至平買或於杭州南關聚木地方招商收買每塘一丈釘椿二百五十九箇又必先於塘基內去浮沙數尺見實土方如法密釘庶椿堅基固石塘賴以無虞六議工程海塘大役必有分任方可責成功今議全築石塘三百六

十五丈每官分理三十丈以十二員管之修築補砌石塘七百九十九丈每官分理二百丈以四員管之每新塘一丈限十日修補者二日斯事無推諉功可期就七議收支海塘錢糧支放頭緒甚多稽察密則弊無所容故給時則人速霑惠舊議委嘉秀二縣司收海鹽縣司放管工官造冊送總理官總理官造冊送水利道道行府府行縣給發中間吏書展轉查數刁蹬耽延爲弊反滋夫匠銀難到手未免揭債豪門苦不可訴今議銀俱解發海鹽縣貯庫聽縣官收掌總理同知備將各該採石買木管理塘工委官每官置簿二扇送院印鈐發各收領採石官日開採運到石塊若干買木官日開買運到木樁若干應給銀若干註簿總理官驗收訖即行該縣照數支銀封送總理官驗散應找給者找給應全給者全給毋令宦户木商守候其管理塘工各官每日將領過木樁若干木匠削過釘過若干應給銀各若干開塡簿內每五日送總理官查閱無弊即行該縣照簿依數將銀兑准

封送總理官同各委官當面整鑿包封唤集夫匠逐名唱給隨造冊送水利道稽考仍同原發塡過簿送院查閱庶稽考有法支放及時夫匠既得速霑實惠而衙門人役之弊亦清及查夫匠向有計日償工之說大爲冒破今惟計工定價如削樁釘樁琢石砌石折洩扒沙等項俱照工給銀則老弱夫役不堪匠作雖欲浮食其間自不可得此又考工節財一法八議土塘石塘外當風濤內必依於土岸此貼備土塘所不容緩往年土塘隨石塘並築故石塘工作轟驟無從詳驗今宜候石塘築完之日閱視內外如式委管工官督率人夫挑取實土緊貼石塘塡築斜坡近塘者高與塘等築令極實土始不散庶水過直瀉石塘益固九議體恤塘工興作之際委官必須朝夕不離塘所乃可照管櫛風沐雨勞苦萬狀議每日給銀貳錢每官除撥驛船住止外又各設蓬厰一座仍撥夫二名聽其差用俾日給稍充而風雨有蔽役使不乏乃得盡心所事匠作人夫多係各縣應募或係外府投充

今議令於每官厰側各起搭草蓬四五區各安歇炊爨庶物料得看守之便赴工無往返之勞而居停亦免苛索之苦十議稽查築塘工役非小惟恃賞罰以爲勸懲除在工各官有偷安誤事及侵尅不撿者即時分別發落外其塘工通完之後容令嚴行查閱如果經畫得宜修築如法有裨保障者將各司道府佐以下大小委官據實薦請優錄勞苦功高者破格擢用庶賞罰嚴明人心自相戒勉大工之就可期矣傅孟春奏築海塘疏萬歷十八年巡撫都御史傅孟春題爲恭報海塘工完永固重地以奠民生事據浙江按察司水利道副使夏良心呈稱本道於萬歷十六年二月初十日移駐海鹽經管督理轉行同知曾維倫總理塘工議留塘夫驛傳穀價等銀共七萬四百五十三兩七錢動支辦料與工隨委杭州府通判陳表等督採蘇石後陳表奉文取回改委紹興府通判卜鍠接管溫州府通判許知新等分採湖石經歷劉世傑收買樁木委官四員管修半坍稍坍舊塘十二員管

築全坍新塘續據各官呈稱新舊塘工均搭分管爲便呈允均爲一十六作闔定分管本道看得往往築塘務速成者鮮經久之工務節省者多飾虛之弊以致塘方築而圮隨之今次一遵條議悉除前弊如收放石料或量驗稍疎弊端百出今設關收石皆總理官親行稽察後委海鹽縣縣丞張汝翼兼同各管工官更番驗量必方正堅實合式方准收用經始之工開塘基最要而亦最難今嚴督委官必盡去浮沙闊近三丈闊見深土方許下樁深入及查塘之壞也多因樁木稀疎原估每塘一丈用樁一百九十五箇今加至二百五十九箇樁既長丈加以密釘塘基永固起塘底石往時有外雖鋪砌而內多就土爲基全不用石及潮浪過塘裏脚衝開頹圮殆甚今無分內外選取長闊堅厚舊石一式平鋪極稱穩實此上十餘層石石六面光平層層縱橫緊密既無圓碎小石塡補於中亦不必灌糯米漿柢油灰致多虛費舊有監生塘數丈屹立無壞惟上面一二層用石方整今築一帶

新塘上下表裏石皆長厚方平視監生塘更爲堅固搜擡舊石實足濟工省費查前坍塘比原訃之數欠石三萬餘塊如盡取之新石採運甚艱爲費且鉅今督各委官遍搜每官給簿一扇逐日登記五日送道一查以石之多寡爲官之勸懲爭相搬運得石頗多及查海鹽沿城積遺蘇石議三等給價用濟塘工全砌半修勘估雖有定數然有外若完固而中實空疎即未估亦應起築或上雖坍損而脚尚穩固即議折應免改修如稱字等號稍坍塘加修二十餘丈潛羽等號半坍塘加修一二丈多折三四層湯字號一十餘丈幫闊加高文字號南陡門應折砌羽字號中陡門應添砌霜虞民伐等號應免折修砌舊塘結面原以橫石鑲邊恐橫石承水易於衝動乃逐塊鑿成嵌笥相連如一遐邇等號塘其先因石塘未成恐內塘衝壞鹹水內灌乃先築備塘一十七丈預爲捍禦此皆酌量增省誠難以原議拘也全砌塘式近議以十五層爲準查騐食場三號五十八丈在海塘將盡之處原

議全築估銀一萬二千五十三兩零外有羗遐等號二百餘丈素稱大天闕最爲險要內羗字號塘一十七丈有餘原未議修遐邇率賓等號一百八十餘丈止議補砌估銀一千一百兩零二項共估銀一萬三千一百五十九兩零今查騐食場三號地形頗高潮勢稍緩不必高至十五層而羗遐等號地勢較低俱應全砌續議自羗遐以至騐食等號共二百六十餘丈俱照彼中舊塘式樣全築十層共計工料銀一萬二千九百五十四兩六錢零仍恐潮患難測復加二層計十二層塘既加築費復減省塘工用石數多兩廠採運不給出示招買廣行訪採如海鹽之葛家山武康之郁家山等石俱堅兼採運用至於錢糧之放給如木石料價夫匠工銀日以實數登簿覈明騐給絶無尅索冒破之弊工程之稽查委官居止塘所日夕不離本道復發稽工簿一扇令各官每日做工各照塡入如扛夫擡石若干釘樁若干石匠琢洗其號石鋪砌第幾層親詣閱視中有工不精堅者夫匠責懲委

官戒諭改正絶無飾虛草畧之弊官役久事海濱勞苦萬狀宜爲體恤每官給驛船聽其住止蓋蓬廠便其監工給夫二名供其使令葢草廠九十六座以安夫匠暑月則周其茶湯時疫則療以藥餌間有病故則瘞以衣棺工作繁興擡石路遠則加其工食以故各相勸勉絶無偷惰悞事之弊經用必愼毫無輕給續據各夫匠告稱往年築塘止將外出海石琢光其附內等石俱不細琢今次遵將石琢洗六面光平合縫安砌用工倍多且鋪砌底石未蒙估計工銀年荒米貴乞憐加給及據各山宕户告稱歲歉水涸運石艱難俱行總理官酌議全砌大塘每丈加給琢洗內匠工銀一兩五錢中塘每丈四錢八分鋪砌底石每塊給夫工銀二分及查十六年四五六三箇月米價甚貴在工夫匠每名加給賞銀一錢八分又武康石每塊加價銀三分各山大石每塊加銀三分六釐折補石並免十分之三呈允給免人心悦從其估用錢糧該左布政司吳自新知府王貽德督催塘夫等銀解發

海鹽縣貯庫知縣黃之俊謝吉卿先後各司收放其備用石料該分守杭嘉湖道左參政蔡廷臣萬文卿嘉湖兵巡道僉事史旌賢鄒廸光相繼監督錢糧石料俱無缺乏祗因塘工本鉅兼值年荒工作採石種種多艱而續議羗字等號塘二百餘丈在原估之外況今次修塘一遵明旨不敢苟簡完報上年五月內又因亢旱河水乾涸各廠運船難行工作暫停至九月內河水漸通復行興工十二月內嚴督官匠上緊修築務期堅固經久又海塘工將就緒在事官員久効勤勞年終合行獎賞仍行令勉勵底績該本道遵依一面獎賞一面催督間又催在塘各該員役作速儹工修築如式堅固萬歷十八年二月內閱視新塘堅固經久行道將在工員役量行獎賞依奉通行據總理同知曾維倫呈稱查得第一作管工官嘉興縣典史余偕第二作秀水縣典史江夢熊第三作寧海縣典史馮載議第四作海寧衛經歷張文炫第五作觀海衛經歷吳潮第六作樂清縣北鹽巡檢司巡檢李諲

第七作崇德縣皂林驛驛丞周繼芳第八作蕭山縣縣丞王箕第九作諸暨縣主簿李思誠第十作海寧縣縣丞鮑槐第十一作上虞縣典史程世舉第十二作杭州前衛經歷劉世傑第十三作會稽縣主簿浦謨第十四作富陽縣典史朱軏第十五作崇德縣典史鄧一鑑第十六作永康縣主簿徐武思共計修築過原題并續議全砌塘五百七十一丈五尺八寸半坍塘一百三丈四尺稍坍塘五百三十五丈八尺九寸陡門二座天闕備塘一十七丈土塘一千三百九十六丈九尺二寸俱於本年二月二十一日工完通共砌用過採買蘇湖等新石共十萬二千餘塊搜尋海外流埋遺石及沿塘舊石共八萬二千餘塊樁木九萬八千九十箇除用過錢糧細數一面查覈造冊外約計於原估數內節省銀一千兩有餘本道會同分守杭嘉湖道左參政萬文鄉嘉湖兵巡道僉事鄭廸充看得鹽邑東逼大海諸山對峙夾為海門若大塊之闕然故稱天闕一望海面較高邑若居下流焉即常

時潮汐吞吐已莫可支矧異颶鼓濤翻奔內地呼吸滄桑則匪止一邑為壑而浙西東吳諸郡皆為滷區矣所恃以出一方生靈於波濤而衽席三吳者獨此塘也然輒為異潮衝圮一圮一築糜公錢百千萬緡萬歷十七年七月塘圮凡千餘丈此尤海塘要害處也各院會題修築守巡各道相繼監督後先畢集克濟大功緣過求堅築事難速成況兩歲洊災或雨久或旱久以致採石難工作難不能如期完報而夫匠宕户苦於米貴控訴不休議加工銀加犒賞加石價幾二千二百餘兩又免折補石數千及總理量石書算委官募夫工食并廠料醫藥等項約銀一千七百餘兩又加築備塘及陡門續議全塘加高二層并大塘加用新石共二萬二千餘塊約銀六千餘兩加樁木銀六百八十餘兩夫匠月賞委官廪給原議一年為止今支費兩年除量議減免外又該銀二千餘兩率原估未及並無加派尚剩銀約計一千兩有餘雖不務節省以苟工程然編搜舊石用補新石而隨處裁酌

經費無濫加增之數存餘之銀皆從節省中來也今計修築過石塘一千二百一十餘丈陡門二座備塘土塘一千四百一十餘丈歲月雖若稽延而工程絕無苟簡樁石雖見多用而錢糧不踰原估費不加昔工實倍前即一方士民僉謂自來築塘稱難未有如今次之難而築塘取堅亦未有如今次之堅者去年六月間風潮大作是時塘且未成一無衝壞此亦可驗矣除用過錢糧細數并効勞官員另行呈請外今將完工緣由合先開報等因到臣據此臣親詣閱視委果石料堅方結砌如式表裏完固寫堅矗峙屹如磐石可以砥柱乎奔濤鞏若金城有以隄防乎巨浸是役也遡經始以迄告成積勞已逾二載核全築以及半修計工不止千丈內以障滄海之狂瀾外以保桑田之物產近以拯一邑之墊危遠以捍三吳之沮洳上以裕國家之經賦下以蕃生民之稼穡其立陡門也因通潮而獲鹹滷之息其募夫役也因拯溺而寓救荒之仁塘工一成而民胥賴之此皆由各官調度有

方羣工競勸所致縱有颶風足堪捍禦而東南財賦重地從此永固矣

三十九年六月十六日夜颶風大作海鹽縣海塘又圮知縣喬拱璧申請修築共修過石土塘一千四百七十丈至次年又接築一百二十二丈

賀燦然修築海塘碑記　國家財賦仰給東南東南故瀕海海濤排天盪日以颶風乘之桑田滄海患可勝道哉諸瀕海之地皆然而鹽官為甚諸山對峙夾為海門濤東之益迅稱天闕云舊傳鹽官去海尚七十里今僅可半里許所仗一塘障之耳塘高與雉堞等塘潰而鹽官治矣禾郡去鹽官亦七十里而近將排天盪日之濤以郡城受之西浙東吳舉受斥鹵沮洳之患所關東南財賦不甚汲汲耶古昔不具論即今上先後丙子丁亥颶風大作海塘衝圮幾半不獨鹽官田禾廬舍浸淫斥滷中東南諸大郡恐

遂爲魚龍之窟至上厪聖憂費金錢多者十餘萬少亦不下六七萬工竣之日撫按藩臬郡邑大小諸吏陞賞各有差海塘爲東南重所從來矣頃歲辛亥六月既望颶作塘爲狂濤所撼其圮蠶錢與往歲等東南端端不獨鹽官爲治而已於是令尹上海喬公亟上其狀於郡伯新安吳公水衡別駕三原劉公嘉湖道叅知婁江王公今叅知晉江潘公攝水利憲覓叅淮南竇公方岳桐城吳公鹽臺潼關張公按臺金臺鄭公督府淄川高公乃復下其事於令尹喬公益令尹實有專責云喬公匡濟閎才廉勤明練費省而功倍時捷而事辦辛亥歲修築天字號至木字號石土塘一千四百七十丈費工料銀三千七百有奇視原估省可二千餘兩四閱月告竣壬子歲修築平章愛育四號及添築黎首臣三號石土塘一百二十二丈費工料銀七千有奇視原估增築六十七丈減費千餘兩六閱月告竣余以爲斯舉也明以酌宜練以節費廉以率屬勤以集事初議以木板襯塘以鐵錠甃石然板易腐鐵易剝用灰粘於用板石甃牢於鐵甃而雖易倍蓰矣故曰明以酌宜初議踰内河取土架浮梁運石然地遠而力難也填泥取之堤畔遺石搜之沙中而繁省懸殊矣故曰練以節費夫費鉅則易冒諸工與典工者諸料與典料者皆冒端也乃率以廉潔風諸僚屬典工料者一無所冒而浮冒清矣故曰廉以率屬夫工浩則難竟即日日而程之人人而程之非以身先無當也乃公則輕舠單騎往來海上曠敵有玩愒者乎故曰勤以集事自閲塘公署及鎮海廟南抵秦駐袁延二十餘里圮者新之虛者實之闕者補之鱗次櫛比無罅滲蟻穴之隙益屹然稱金湯矣其保障東南功豈渺小哉不習爲吏視已成事後之修築者奉爲法程可也

天啟二年知縣樊維城以塘圮裂者二十八丈爲請遣縣丞李莞築之費銀二千九百塘卒賴以不壞

云海鹽縣圖經大抵海潮歲惟夏秋兩時大月朏初三十八日大天闕宋庄以及龍王廟皆直潮衝最亟閱武塲以北爲差緩先時築塘發郡民丁築之不足得發之旁郡民丁出錢代徭始弘治中知府徐霖議條鞭之法行遂派爲畝稅郡七邑歲合徵銀七千嘉靖中半之今復故額

勅修兩浙海塘通志卷二

勅修兩浙海塘通志卷三

列代興修下

紹興府山陰　會稽　蕭山　餘姚　上虞

唐開元十年會稽縣令李俊之增修防海塘大歷十年觀察使皇甫溫太和六年縣令李左次又增修之

按會稽縣防海塘在治東北四十里自曹娥上虞界西抵宋家漊山陰界百餘里

宋慶歷七年餘姚縣令謝景初自餘姚縣雲柯而西達上林爲隄二萬八千尺〔王安石海隄記〕自雲柯而西有隄二萬八千尺截然令海水之潮汐不得冒其旁田者知縣事謝君爲之也始隄之成謝君以書屬余記其成之始曰使來者有考焉得卒任完之以不隳謝君者陽夏人字師厚景初其名以文學世其家其爲縣不以材自負而急其民之急方作隄時歲丁亥十一月也能親以身當風霜氛霧之毒以勉民作而除其菑又能令其民翕然皆驩趨之而忘其役之勞遂不踰時以有成功其仁民之心效見於事如此而猶自以爲未也又思有以告後之人令嗣續而完之以永其存善夫仁人長慮却顧圖民之菑如此其至其不可以無傳爲書其隄事因并書其終始而存之以告後之人慶歷八年秋記

按餘姚縣海塘在治北四十里東起上林西盡蘭風七鄉二十八都之地悉海前代作隄禦海所從來久文字殘缺莫可考功之可見者始此云

隆興中給事中吳芾重加築會稽縣防海塘

慶元二年餘姚縣令施宿重築餘姚縣石隄〔嘉靖餘姚縣志〕隄自慶歷中縣令謝景初築後有牛秘丞者又嘗爲石隄已乃潰決於是歲起六千夫役二十日費緡錢萬有五千修之民疲而害日甚至是縣令施宿乃自上林而蘭風又爲隄四萬二千尺其中石隄五千七百尺歲令令丞簿尉分季臨視之廟山三山寨官月各遣十兵與鄉豪邏察有缺敗輙治仍請於朝建海隄倉歲刮上林沙田及汝仇桐木等湖廢地總二千畝課其入備修隄費〔樓鑰海隄記〕餘姚爲紹興壯縣岸大海者八鄉分東西二部綿地一百四十餘里舊有長隄蔽遮民田孝義龍

泉雲柯三鄉沙漲土高無風潮衝決之患開原東山蘭風梅川上林五鄉間有缺壞實爲民憂慶元二年縣令施君宿始至詢究利害得其要領選鄉豪公直强幹人所信附者十五人分地而共圖之尉曹趙君伯威復協佽助務爲久計以蘇民瘼蓋在承平時提刑羅公適知縣秘書丞牛君嘗伐石爲隄今既百年蕩在海塗乃按跡取之得其故石創業二千七百尺用工二十萬三千六十而東部之田始有蔽障其西部之謝家塘王家塘和尚塘悉爲紹興五年秋濤所決於是復度爲石隄三千尺鄉民趙明釋子行球董其役約費甚重縣不足供列於府監司提舉常平劉公誠之首助穀三百斛勉爲之凡所陳請率應如響通守王公介幹辦公事王君柄左右尤力令得展布而隄用告成其高一丈石厚一尺爲一層用石二萬尺縣出緡錢四千三百有奇縣之士大夫與其鄉人助工三百萬費猶未足也然則茲役亦甚重且大矣思其重大而慎於守護縣之官分季臨眡廟山三山兩寨

官月遣十兵巡之鄉豪仍同察焉稍損缺即白邑補治之復議刬上林海沙田二百三十餘畝及汝仇湖外之地六百八十三畝桐木廢湖七百四十五畝凡為田一千六十八畝又將益求曠土以足二千畝之數築倉於縣酒務之西儲其歲入以備修隄之用歲省重費民遂息肩而劉公復請諸朝乞以其田準常平法一毋他用仍禁官民户之請天子輒報可吏民祗拜明命刻之堅珉竊惟令之宰劇縣者簿書期會日不暇給如水利之政趣了目前姑以辦闕其至誠愛民而才智足以行如施君者幾人哉君湖之長興人司諫之子司諫用不盡其才君能世其家其治縣百廢具興銖積寸累以成是役庸作為詩章使後人歌以守之俾勿壞其詩曰舜江之為邑兮處越之封八鄉瀕海兮水浴日而吞空古有長隄兮庸蔽遮乎一同人力有限兮海濤之來無窮濤來如山兮駕以颶風隄遂缺壞兮葺不可障而泄不可封民將為魚兮良田墊於馮夷之宮歲歲勞費兮民苦告以鞠凶萬五

千之緡錢兮十二萬之民工惟令之賢而才兮有曹尉之和衷築土累石兮折彼巨浪之衝矗如長城兮繚海南之西東部使者主之於上兮飛章徹於九重仰明聖之恫矜兮朝奏而暮惟民欲之從墾田倍於千畝兮藏其收於廩中桀豪右之浸漁兮惟修隄之是供化斥鹵兮土膏隆隆變歎歲兮為年之豐良耜畟畟兮多稼芃芃穫之積之兮將櫛比而墉崇惟後人之勉勉兮用心以公視此隄之缺兮謹顓顓其彌縫念經始之艱難兮尚圖功於厥終（樓鑰海隄後記）景初治隄凡二萬八千尺王文公記之厥後增築視舊倍蓰隄或罅弊不堅受潮之齧驟摧頹圮甚則蕩析居田漂沒廬舍於是歲役夫六千人人役二十日率若干隙修築更或茍且董治不堅役罷隄壞徒耗財力慶元二年令施宿始因歲役革其就實隳弊事則圖所以永其存益東之為雲柯梅川上林在承平時嘗有牛秘丞斷石為隄歲久隄移石亦湮沒命工求之淤淖乃具得之要相舊規畢力壘疊既壯東偏矣西之為蘭風東山特當濤勢衝突徒恃土隄僅不能久則又計工採石鼎新改築蓋為費者八千緡而西偏石隄復立焉深惟厥終俾民歸役經營海塗開墾曠土總之得田千六百畝有奇乃建海隄倉用其租入隨時補葺力不下困隄亦固完自是歲省民夫千有二萬提舉常平劉誠之以事請於上報可而題識閣學士樓鑰為之記

嘉定六年山陰縣後海塘潰決守趙彥倓請於朝重築（山陰縣志）寧宗嘉定六年山陰縣後海塘潰決五千餘丈田廬漂沒轉移者二萬餘户斥鹵漸壞七萬餘畝守趙彥倓請於朝頒降緡錢殆十萬米六千餘石重築並修補焉起湯灣迄于黃家浦共六千一百六十丈甃以堅石者三之一以捍海潮之衝突

按山陰縣後海塘去縣北四十里亘清風安昌

兩鄉

咸淳六年蕭山縣捍海塘為風潮所齧盡圮於海越帥劉良貴移入內田築之植柳萬餘株名曰萬柳塘（宋通判黃震記）錢塘江濤之壯名天下其東自海門分而入長山龕山兩崖之間者實趨越之新林其地窳以曲長風巨浪日夕舂撞其下肯惟居民凜凜動與天吳海若爭疆界越東南大都會為繁內藩今又為帝鄉往來行都者總總無不由此途出其所關係又豈偏州下邑利害止於一方者比哉咸淳六年庚午秋海溢浙東新林被害為甚岸址蕩無存矣太守劉公具以其狀聞朝廷亟為遣吏經度議改築新塘計費用石當緡錢三百萬用公費十之一公以力未及石請用土而故地葬為一壑潮汛翕忽土立輒湍去公親按濤之神曰此朝廷所加念者願有以相之未幾沙果漲

漲始得立巨松數萬如櫛爲外捍吏民驩噪畚鍤雲興四閱月而工役就其高踰丈其廣六丈其長千九十丈横亘彌望屹若天成公率僚吏行塘上釃酒相賀曰非朝廷之賜不及此而川后效靈其志亦不可忘也命立之祠且植柳萬株大書其扁曰萬柳塘以冀歲久根蟠塘以益固既而念不可忘日葺也復請之朝籍新林寨兵屬之西興都巡檢使任責焉蓋公雖力未及石而塘之堅緻殆不減石矣然聞自昔帝王之建都定邑未有不因長江大河之勝而自昔水勢之衝嚙侵軼反多見於盛帝興王之世是豈有他哉水之東西靡定本其常性世治日久則濱涯皆生聚故水至輙易爲患如河決然不聞於他時而獨聞於商周西漢及我朝之隆是其證已我朝自駐驆錢塘距水彌切樓臺百萬多疇昔海變桑田之地凡司爲隄障者蓋無所不用其極越去行都咫尺實共此江濤洶湧之險水性匪西即東害每相關又宜何如其爲隄障哉頃歲庚子潮齧錢塘輦石後奏全功今歲在

庚午適三十年是爲天道一小變今日又東齧新林即前日之西齧錢塘者也雖賴餘福之覃魚龍百怪已帖息必欲爲久安計尚惟後之人因公之志續公之功輦石如錢塘耳公名良貴東嘉人

按蕭山縣有西江北海二塘其西江塘修築事詳江塘門北海塘在治東北二十里許西自長山之尾東接龕山之首跨由化由夏里仁諸鄉横亘四十里自龕山至新竈河塘三百八十丈新竈河至丁村塘二百八十五丈丁村至陳家塘三百丈陳塘至三神廟塘三百八十丈三神廟至横塘三百三十丈横塘至唐家埠塘一百九十丈唐家埠至莫家港塘二百八十九丈莫家港至金家埠塘二百十四丈金家埠至蔣家埠塘二百十四丈蔣家埠至横塘二百四十丈

大德中上虞縣海塘潰漂沒寧遠鄉田廬縣役闔境之民植楗畚土以捍之費錢數千緡完而復圮

按上虞縣海塘在治西北寧遠新興二鄉東自餘姚蘭風鄉而抵會稽延德鄉

至元六年募民出粟築上虞縣寧遠鄉海塘（萬歷上虞縣志）

至元六年六月潮大作上虞縣寧遠鄉海塘潰成海口陷毀官民田三千餘畝餘姚州判葉恒相度

言海高於田非石不能捍禦府委恒皆治適滿代去縣尹于嗣宗募民出粟築之

至正元年州判葉恒築餘姚石隄（嘉靖餘姚縣志）

寳慶及元大德以來海復潰決海壖內移八鄉之地悉漸於海至正元年州判葉恒乃作石隄二萬一千二百十一尺下廣九十尺上半之高十有五尺故土隄及石隄缺敗者盡易以石蓋沿海壖之南東抵慈谿西接上虞袤一百四十里初名蓮花塘俗呼爲後海塘云宋時分東西部自雲柯以東者號東部塘始築於謝景初其雲柯以西者號西部塘西部之內曰謝家塘曰王家塘曰和尚塘皆前人觀水勢底止因便宜分部築之長短高下異形至葉恒所築則因舊爲新包山限海綿亘爲一無復部分入明百餘年來所以無大害者多恒之功然民皆習安利排海壖而居隄遂日削不完云（陳旅海隄記）餘姚北枕大海其地曰蘭風東山開原孝義雲柯梅川上林者皆潮汐之所爭也元陞餘姚爲州州視縣得

展其所爲然未有能除民所甚病者益海壖自寶慶内移大德以來復益衝潰今壖去舊涯之墊海中者十有六里歲揵木籠竹納土石潮輒齧去之至元再元之四年四月方成隄六月復大壞紹興路總管府檄委州判葉君恒治之君視壞隄洶淵原至蘭風見凡土爲者皆闕惡愀然曰是則爲民病也有窮已乎遂與其鄉老人議爲石隄宜則又曰攻石費鉅出錢大農當煩丈書遲歲月比得請州其洛矣若等能與我共爲之乎今費雖鉅常歲之費則省而若與子孫奠居無虞也聞者咸曰民志則然白於府府亦聽民所爲於是有田者願計畝出粟或輸其直至者以力亦喜於服役君屬民高年與正於里者掌出納以率作又請於府免民他科徭以悉力是役宣閫亦下書毋以他事使葉判官輒去州君先使人浚河渠後廢防蓄湖水伐石於山以舟致之分衆作爲十有五所所有程督君往來涖之其法布杙爲址前後參錯杙長八尺盡入土中當其前行陷寢木以承側石石與杙平

乃以大衡縱横積疊而厚密其表隄上側置衡石若比櫛然又以碎石傅其裏而加土築之隄高下視海地淺深深則高丈餘淺則餘七尺長則爲尺二萬一千二百十又一也其中舊石隄之危且闕者亦皆治完之至正元年三月成是役也用是年民之力而民不知勞賦民之粟而民不知費

郡守泰不華又作石隄三千一十四丈王沂紀其事〔王沂海隄記〕畧餘姚濱海民田歲墊潮汐判官葉君恒作石障以捍之爲尺二萬一千二百十有一旣告成而他土隄之差可緩而未甃以石者則猶未暇也時宋公文瓚守紹興嘉葉君之功而恤其將代請浙江行省丞相及部使者俾得終其役而葉君謝事矣未幾完者都來代宋公因督完者都成之繼宋公之後者爲泰不華公其督成是役亦竊究心焉乃又作石隄三千一十有四尺總爲尺二萬四千二百二十有五自是以往民不病海而歲入倍他壤葉君之功於是乎大矣事有可繼君子繼之不必其肇於已若完者都豈非善繼者乎然則變因循以就功效俾得展其才濟其志亦宋公泰不華公有以成之也

然則政之廢舉其不繫乎人哉

七年六月大潮復潰府檄吏王永議築塘成凡一千九百四十四丈〔萬歷上虞縣志〕永勸民田出粟一斗以相其役伐石於夏蓋山其法塘一丈用松木徑尺長八尺者三十二列爲四行參差排定深入土内然後以石長五尺濶半之者平置木上復以四石縱横錯置于平不者五重大牙相銜使不搖動外沙窊窞者壘置八重其高逾丈上復以側石鈐壓之内塡以碎石厚過一尺塹土爲塘附之趾廣二丈上殺四之一高視石復加三尺令潮不得滲入〔夏泰亨海隄記〕上虞負海爲邑其北爲潮汐上下之地舊壘土爲隄以障之興作修治歲久沿革不能詳焉自大德以來水暴溢則隄岸時有衝潰既治輒壞至元又元之六年木

月風濤大作其地曰蓮花池等處齧入六里許横亘二千餘尺並隄之田莽爲斥鹵歲加繕完民遂罷於築隄之役至正六年民招庠等搴訴於縣縣上其事於府時餘姚州濱海諸鄉同受其病州判官葉恒與民議以石易土俾凡有田者畝出斗粟或輸其粟之值鳩工伐石更爲之而工適成府令上虞縣循其故實仍檄葉恒董治之會葉君以公故弗及而去明年秋民復訴於府郡守瓦刺沙公與幕長吳君中議以府史王仲遠爲能即以委之仲遠承命既至即與監縣偰烈圖縣尹張叔温集民之醇謹更事者商究經營之凡出粟之家無敢有後計其直總爲中統鈔三十二萬九千五百貫有奇掌以傅壽昌盧安翁而公其出納採石於夏蓋山浚溝浮舟以進售材必良擇匠必精趨事者無情受傭者無怨仲遠旦暮程督食寢起處與工作同事雖更歲時冒寒暑卒不得以勞勩爲憚其爲制則錯植堅木以爲杙入土八尺臥護側石以爲防高與杙等然後壘巨石其上縱横密比穹厚

堅固復實剛土雜石而築平之重覆以石堤之崇
卑視海壖爲高下焉既成以度計之凡爲一萬九
千二百四十尺又即所浚溝上築土隄以爲內備
高廣過之隱然若重城之捍蔽矣訖工于九月之
冬而民力稍息豈非郡守慕長愛
民之切知人之明而委任之力與
二十二年秋颶風大作土塘衝齧殆盡府檄斷事王
芳督治兼縣尹總理之及度夏蓋湖所灌之田畝
出粟一升於西偏鵲子村作石塘二百三十二丈
而海患以息劉仁本海隄記越上虞之有海隄也
其來舊矣西首枕江北面大海患夫
墊溺則壘土爲岸以隄防之附隄半里許瀦爲巨
湖名曰夏蓋世傳神禹朝會諸侯於會稽時輪蓋
所嘗駐也湖周百有餘里又重環以小河灌溉田
禾通齊舟楫厥利溥哉然而江海之壖潮汐往復

遷之以歲月積之以壅閼於是廣斥墳鷊風潮一
鼓雖高岸爲決橫流奔潰隄且卑塌既不克捍禦
而潮淫於陸散入於湖漸漬爲鹼不可以灌而田
無有秋之望不可以居而廬值漂蕩之危民乃阻
饑罔安集矣故修治之役無歲無之國朝大德間
嘗屢壞屢築至正六年崩損爲劇而蓮花池又劇
之尤者衆籲於郡請得如餘姚州判官葉恒治法
以授府史王永永潔己敏事踰年告成修亘二萬
九千二百四十尺其崇逾丈其廣倍之蓋亦規所
甚害者堅石以牢籠耳餘則七隄猶故也自是海
鄉之田歲獲屢登民得奠業既二十二年秋海颶
大作怒濤掀簸土隄衝齧殆盡衛以石者亦爲震
掉民不堪命又羣訴之縣會府檄斷事官經歷王
侯以督制兼尹遂與鄉之人帥閭架庫孫昭文建
議請於府府下令如所請俾就綜若事大約謂海
之溢害於湖湖之害傷於稼度受溉之田畝出升
粟工農助力共資畚築材具之費相維舊石隄二
千三百二十尺以障之制視舊規稍密以帥閭史

王權儒士俞龢潘翔分董其役夏楊庭司其出納
錢敬主其籍算侯則日月一至吏不得擾民忘其
勞繼補葺舊石之傾防者一萬九千二百四十二
尺而修築土隄江隄之尋尺不與焉又築復隄二
千三百尺爲鵲子村之備而疏河治湖之工役不
與焉直新隄之費因米爲錢總估三萬九千四百
四十緡而凡爲修補疏治者用悉非在算計內也
經始於至正二十三年正月竣事於是年十月功
成民用和會讙呼載野父老攜杖謁文刊示垂後
固請不獲辭仁本惟鞭石捍海治湖溉田斯政之
仁者昔春秋時白圭築隄壅於隣國孟軻氏譏以
爲仁人所惡今茲役也當干戈擾攘之頃思禦大
災患以爲經久圖浚畎澮距江海以爲壑茲固仁
人君子所喜聞而樂道者也余往歲嘗兩按視上
虞餘姚境撫神禹之古跡感葉恒王永之治隄既
爲歌詩以慰民志具載在冊今幸聞諸父老之言
安得不重其請
而樂爲之書與

明洪武四年秋上虞縣土塘復潰郡守唐鐸檄府史
羅子眞重築謝肅石隄記洪武四年秋七月越之
上虞海隄潰大傷田稼民以訴于縣
縣白于府太守唐公以爲憂乃亟臨海上行視決
隄召縣令及父老長於里者諭曰天子命我出守
以昭事境內山川之神而爲民徼福也今海乃肆
菑於民其咎在余余可不禦之耶夫禦海莫善治
隄治隄宜先鑿渠鑿渠得土即壘以爲內防然後
外作石隄則不患夫渠以通舟致石而隄成無難
者第於吾民不能無費且勞耳縣令趙允文曰太
守所以來者將隄海以彌菑又不忍勞費其民然
海隄於民雖暫勞而終逸之雖暫費而終惠之公
又何憂乎父老及長於里者曰願爲海隄也得捴
田以治粟何費之惜差力以共作何勞之辭以廉
幹者爲程督之何事之不集惟太守所令而已公
幡然喜曰凡若之言吾之意也吾與汝圖之即還
與僚佐議無不謂便遂以事委府史羅子眞丁眞

嗇曰是吾鄉邑事也且太守所委能不盡吾心乎
既至則趙令以秩滿去子眞獨蒙氛霧觸風濤度
地合徒穿渠一萬三千尺爲防如渠之數於是乎
大起石隄自纂風至于荷花池以屬故隄故隄者
郡史王永奉檄所築也永見往時隄皆土累故善
崩始易以石凡八里餘尚累土則今爲隄處也隄
址布樁四行沒土八尺前行既陷側石以護之乃
置方廣石於其上外則疊以巨石縱橫上下勾連
參錯以拒洪濤之衝激內則取夫石之小者雜以
剛土築使堅密完壯仍包以石而與外稱焉其廣
四十尺其高視廣得五分之一其長以丈計之至
一千三百其石與樁以枚數之至十餘萬其用人
之力以工積之至數十萬有奇方隄築且四之三
子眞以事赴府府檄縣主簿史文郁繼董其役而
知縣張显縣丞達貫道咸協相之夫以府史暨邑
之長貳用太守命以勸督事宜其成之甚速也然
而率作恐違農時且必在水潦既乾之際間有相
故隄之缺圮者與溝之填閼者輙補浚之以故越

明年冬十有二月而工始訖焉是年並隄之田收
倍于常民歌之曰彼海之嗇捍者其誰我有賢守
作我石隄又歌之曰水既潤下田彼海旁甌窶汙
邪秫稌以穰以食我于無疆言徭役罷而耕種遂
也已而邑人謀刻石以誌以訓導黃韶所具事實
徵記于余余辭不獲乃爲之言曰上虞縣北據大
海海面有湖曰夏蓋夏蓋之南又連上妃白馬二
湖而田之西盡江東接陳倉南距羣山北屬海者
皆受灌於湖也然湖既通於海海隄時壞則鹹流
乘湖而入而田爲斥鹵五穀不育民且告饑矣是
則海隄所以衛湖衛湖所以護田其利害豈細故
哉今隄既成截然潮汐不復爲羨溢之蕃故民思
其惠利於永久豈非規畫有方在屬得人遂底乎
成與是不可以不書故謹記之使來者有所考云

二十二年蕭山縣捍海塘壞命工部主事張傑同司
道督修（蕭山縣志）洪武二十二年蕭山縣捍海塘
壞鹹潮涌入害民禾稼直抵縣城知縣王
國器奏聞命工部主事張傑同司道督修易土以
石令嚴衢輸樁木本府八縣輸丁夫本縣辦石板
石條自長山至龕
山塘成四十餘里

三十三年重築上虞縣西塘（萬歷上虞縣志）洪武三十三年上虞縣西塘又
潰臨山把總聞於朝府檄主簿李彬視事未
幾別調乃委典史陳仕畢工兩閱月而事竣

永樂初於餘姚舊塘之北築塘以遮斥地曰新塘（餘姚
縣志）先是餘姚縣海塘未完築土隄于內地以防
潮汐溢決其制隨地形上下散漫不一曰散塘後
皆不治及海塘漸固潮寖卻沙壖日墳起可藝至
是始築新塘於舊塘之北後沙壖益起海水北卻
十里許其中
益可耕牧云

正統十四年築蕭山縣新林凌家港等處海塘（蕭山縣志）
新林凌家港等處塘壞潮入之巡撫侍郎周忱具
奏仍築其塘所費令兩浙徒流者贖之備木石以
資成
功

宏治八年潮齧蕭山縣長山隄幾圮太守游興以聞
事下叅政韓鎬議屬同知羅璞督工築爲石隄（陳壯
石隄記略）蕭山縣東北十里許曰長山直抵龕山
舊皆土隄隄內皆運河外國日本番舶畢欵方物
浙東溫台寧紹等府衛所官民商賈所必經之處
良田民居比比緣海門以爲之障沙漲壅恒十餘
里近因海水泛溢濤山浪屋雷擊霆砰無間日日
宏治八年秋潮齧長山隄幾圮居民皇惑將扶携
徙避先是紹興守三山游公興以屬縣水利聞事
下分守盧氏韓公鎬報至韓公疾馳視齧處經畫
久圖欲易以石鳩工庀材諏日始事紹興貳守吉
水羅公璞實專任焉羅公夙夜憂悴百物所須百

方營備量地之遠近分人以董其役掘去浮沙易以堅石令行禁止工不後期不數月而隄進壘垂成當途鄒君魯來令蕭山首曰此吾責也無苦土人爲相度已成之功益宏久遠之規湫隘者高廣之衝突者縈紆之而石隄煥然一新矣君子之作事固貴乎始謀精審尤貴乎規制宏遠蓋作者未始不欲久存而繼者常至于怠廢使繼者有人隄石幸久不朽則諸君之惠利于人物者可歲月計哉是役也患塘延袤五百二十五丈價費五千七百緡役夫七十萬工經始于宏治八年成于次年月

宏治間修會稽縣防海塘易以石費鉅萬

正德七年會稽縣石塘復爲風潮所壞仍易以土

嘉靖十二年重築會稽縣土塘（李益謙記）府城北七行四十里有塘曰防

海塘自李俊之皇甫溫李左次躬修之莫原所始至今有塘如故明宏治間易以石費鉅萬正德七年七月風潮壞之復易以土嘉靖十二年居民復有以石請者知縣王教議曰塘臨大海下皆浮沙每遇風潮水齧沙沙崩石豈能自住每一修築則石費每倍于土田誚不支爲今之計莫如計算丁田仍築土塘但令高闊堅緻遍植榆柳茭蘆以護之專設圩長看守督令水利官時往省視即有坍潰隨缺隨補如此則財無妄費而事可以永遵矣

隆慶四年蕭山縣令許承周㲀築北海塘以遏潮齧鳳儀諸鄉賴之

萬歷二年山陰縣白洋口塘圮知縣徐貞明修築之

二十四年蕭山縣北海塘圮協同山會二邑修築（蕭山縣志）邑人周國城捐資助築府縣旌其義

四十一年復修蕭山縣北海塘

崇正九年秋蕭山縣潮衝瓜瀝塘壞縣令顧棻議置石塘（蕭山縣志）計二百餘丈派里仁鳳儀二鄉共二十五里歲修海塘

寧波府　鄞　慈谿　鎮海　象山

宋慶歷中王安石爲鄞縣令起隄堰決陂塘爲水陸利邑人便之

按鄞縣有定海塘即安石所築明時副使楊瑄築海鹽縣陂陀塘即仿其式因號荆公塘云

淳熙十年定海縣令唐叔翰與水軍統制王彥舉統領董珍申請築定海縣後海塘弗績十六年請於朝做錢塘側壘石甃塘岸六百二丈五尺東南起招寶山西北抵東管二都砂磧

按宋定海即今鎮海縣也其治內有後海塘在縣西北二里起巾子山麓止東管二都宋寶慶四明志云海環縣之東南北山勢盤旋潮泥淤積善經之皆可爲田稍失隄防風潮衝擊則平田高岸悉爲水鄉云

嘉定十五年定海縣令施廷臣水軍統制陳文接甃定海縣石塘五百二十丈（定海縣志塘有峻坂捍禦甚固又於石塘盡處再築土塘五百六十丈以續之建永賴海晏二亭於塘之左右亭後廢洪武五年邑丞許伯原即舊亭故址重建永賴亭塘於元末崩圮）

明洪武十二年定海縣令何肅率鄞慈奉定四縣民夫修築縣西石塘（定海縣志定海縣塘舊有破浪椿年遠朽腐風濤撼觸石柵缺裂至是父老范仲宏等言於府委令何肅築之肅乃督四縣民運石伐材修補復密用破浪椿障於隄之外斯塘賴以不圮云）

成化十三年副使楊瑄築定海城北捍海塘縣西走馬隄霸衢所裏外海塘

十八年象山縣知縣凌傅築縣東北陳兆塘成（寧波府志塘在縣東北三十五里凌令視海塗平廣可田乃鳩民築塘以堰潮長一千四百五十九尺高一丈濶五尺甃石爲道內復築隄高廣如數中濬河溝以蓄水隄之首鑿竇作閘因其旱澇以時啟閉得田二千五百五十八畝均分出工力之家俾之稽民永利之）是年縣令凌傅重築象山縣岳頭塘

按象山縣岳頭塘在縣南十五里五都相傳晉人陶凱所築洪武初曾修築尋圮至是復修宏治間仍圮云

十九年象山縣令凌傅築岳頭塘成（黃隆記寧波屬邑五惟象山極濱海海邊之田匪衛以塘則斥鹵不可稼距南十五里許有塘曰岳頭者傳謂晉人陶凱所築計田二萬三百二十二畝零未百年爲海潮所齧田始倍稅民甚病焉迨今千餘載未聞一人如陶俾民病痼久勿瘳爲可歎耳成化壬寅凌侯來爲邑首詢民隱有以陳兆岳頭塘告侯愀然曰民事莫重於此吾寧容緩耶即自躬詣二塘而經度之以陳兆工材𢾷省於是歲冬之初遂興役踰月而工訖尋及岳頭則計工度材視陳兆十倍有奇尤擇耆老之勤能者數人董其役而凡經畫處置則侯尸之用是民不擾而趨役者惟恐後邑之北高山層疊而其下流萬派從邑南三河流入於海派分有支流者則由岳頭西流滙成海港湍悍難爲功侯命匠𣚤石鑿河引水別流始得於海港口立巨椿如櫛爲外捍然後萬夫讙噪畚鍤雲集不數月而塘成其高二丈其廣六丈其長二千五百三十五丈東西瀰望屹若天成塘之內鑿河三道各濶六丈各深丈餘惟中河作二十六曲蓋河深而曲方緩流瀦水可以利灌溉河設䃮三所各甃以石而閘以木西曰岳頭中曰慶豐東曰高平與上河三䃮䃮列而爲六視水大小時啟閉以防旱溢又於隄上砌官衢一十餘里衢之兩旁外植以柳以葦歲久根蟠塘以益固且又庇行者之憩息也塘既成而田不病於鹵田有收而民不病於稅父老忻忭醵酒私相賀曰惟我凌侯乃築岳頭廼惠我良疇俾我子孫今庶獲有秋不謀諸紀載恐侯德有沉於後矣乃邀武寧教諭邑人應元徵致書於予曰凌侯築陳兆庠士朱鑑輩已祈夏官郎中洪君紀其事矣茲築岳頭顧有所紀昔范仲淹築捍海隄於通泰海三州之境以衛民田劉良貴築萬柳塘於會稽之新林以捍民患其功烈在天壤間亘古勿泯凌侯築岳頭其功澤固不在二公之下且俾碌碌尸素者寧不赧然滋媿哉此古今有志上所以不貴夫爵祿之崇厚而惟利澤及生民功名

光汗簡之爲貴也予觀淩侯之存心制行如此益可見矣夫侯築塘力未及石而堅緻殆不減於石然使繼之者知侯之心恒葺之而不至於廢則利澤及於象人也庸有既乎歐陽父作偃虹隄記有曰使其繼之者知作者之心民到于今受其賜天下豈有遺利乎春秋凡用民力必書所以重民事也淩侯之舉民事之至重者烏可勿書乃爲之書侯諱傅字汝弼句容人

正德七年定海縣海溢水利僉事胡觀增高土塘五尺

按寧波府鄞慈定象四邑濱海慈谿海塘未聞有修築事嘉靖寧波府志慈谿縣海塘在縣西北六十里西自白洋浦經向頭山東接定海縣

境凡四十里東海塘在縣東四十五里長一百二十丈濶三丈六尺南北皆接定海縣界慈谿縣志海塘一在治西北六十里舊有塘約三十里一在東六十里貫鎮塘猶存然創自何人築自何年列代以來有無修砌志乘失傳不敢臆爲之說

台州府 臨海 寧海 黃巖 太平

明洪武二十四年省祭孔良弼修築臨海縣鹹塘

按鹹塘在縣東北一百八十里

成化十八年太平縣令丁隆築淨社塘

按淨社塘在縣山門鄉又有長沙塘在太平鄉二塘皆築隄以捍海者非如天台之塘以蓄水而灌田也又有蕭萬户塘在太平鄉北起盤馬山東抵松門亦係濵海俱不知創自何年亦未聞有修築事

成化間寧海縣健陽塘決副使楊瑄修築

按健陽塘在寧海縣健跳所城外唐僧懐玉築隄長五百餘丈陡門柱刻云端平間重建其蕃

未見舊志修築之可考者始於此

宏治間築黃巖縣丁進塘

按丁進塘在五十一都霓嶴先是民田苦海潮淹沒議築此塘至是始成約計六千餘里以捍海潮至今賴之

正德間築黃巖縣洪輔塘

按洪輔塘在縣六十一都南至新河北通海門正德間修築以捍海潮又有西府塘在洪輔塘下正德間推官李某修築

嘉靖二十年台州守周志偉修築黄巖縣捍海塘

按捍海塘在縣東北六十三四都

嘉靖間總兵戚繼光重修寧海縣健陽塘

萬歷二十年秋寧海縣健陽塘決縣令曹學程修築

按健跳所城外向有塘名健陽成化以來屢有

修築至

國朝順治七年間海寇叛據健跳所城提督田雄攻破

之墟其地塘亦遂遷云

溫州府永嘉　樂清　平陽　瑞安

宋乾道二年八月海水大溢漂沒永嘉瑞安樂清平

陽等縣民田廬舍幾盡永嘉人鄭景豐時爲國子

監丞以事聞遣官賑恤（隆慶樂清縣志）乾道二年夏樂清縣海門有蛟出水長丈餘既而塔頭陡門水吼二日而海上浮錢有一老父識之曰是名海錢將蠲人也風必作矣亟繫船於屋里人咸笑之至八月十七日海果溢一縣盡漂其家獨免

元大德元年海大溢溫屬州縣被災一如乾道事聞

遣官覆視賑恤

九年提控都目滕天驥修築平陽外塘

按平陽縣外塘自邱家埠南岈沿海而東至斜

溪歲久坍壞至是修築尋復壞云

延祐五年知州張仁方重築平陽縣外塘守趙鳳儀

經視其地申命增築扁曰護安隄西至橫浦江南

岈直抵樓石五十餘里

至順三年二月永嘉令趙大訥修築縣内大石隄於

本年十一月訖工（黄溍大石隄記）溫爲郡俯瞰大海江出郡城後東與海合直拱北門枕江爲亭榜其顔曰四時萬象有候館在焉使指所臨長吏迎勞無虚日亭之西爲市區百貨所萃江滸故有大石隄延袤數千尺舍舟登陸者阻泥淖不得前俗於隄之旁爲石路外出以屬於舟次爲馬頭二一以候官舸一以達商艑先是江水過於沙洲由江心寺之西逆流而上勢莽裕莫支隄數毁繕治之費公私交病至順二年秋水暴溢括蒼山中被郡境颶風激海水相輔爲害隄傾路夷亭隨仆永和鹽食倉亦圮水怒未已且將破廬舍敗城郭縣尹趙大訥謂是不可緩議興作俾大家之役於官者分任其事或輸以財或薦以力經畫勸相則身親之以潮汐之盈縮有時投其隙而賦功列巨木爲柱而設栿施其上内攢衆木圍之三周外施其芒以潑浪吹填以石次積以瓦礫而實土其中加横木焉備其敧仄帖石其背以便行者隄若路暨亭之址悉如之而亭亦復其故始事於三年之春二月訖役於冬十一月費不益於舊而功倍焉俾來乞記其歲月溍惟春秋之法有直書其事具文見意者敢竊取斯義叙次梗概不敢襲近人之記謬爲諛言以亂其實續郡乘者尚有攷於斯

至正末知州周嗣德重築平陽縣外塘

明洪武三年安樂侯奏稱樂清縣苔山之民島處鉅海中屢遭倭患請於樂清縣萬安寺前沿海築塘徙民内地給以塘内田俾得安業從之

二十七年重築瑞安縣沿海圩塘

按瑞安縣沿海圩塘在城東沿海東經清泉崇泰二鄉至梅頭圩長四十五里又自城南越江東經南社鄉沿海至平陽縣沙塘陡門圩長二十餘里以備沿海風濤淹沒田禾之患天順末奏准分派瑞安平陽沙園所三處民夫修築即

此南岸也

三十五年樂清縣人朱宗邑奏請築樂清縣蒲岐海塘下其事於有司築塘約千餘丈

按樂清縣蒲岐海塘自縣東三十五里起十四都下堡至十五都二里凡七百八十二丈又有海口塘自縣東五十六里起十七都海口殿前至官路邊凡一百五丈

永樂十年修溫州府平陽縣隄岸

天順元年樂清縣令周正修築邑内青嶼江山蒲礫永寧四塘周正修築四塘記樂清地臨海濱田土石内壘以土爲塘岍以捍潮水間遇風濤猛作塘岸衝坍田復爲海民既失耕種逃徙他方者有之天順元年今上詔赦天下惓惓以招流民修水利墾荒田爲言臣等奉命夙夜兢惕承上意旨乃沿海徧視度其難易於農隙之時漸次修築是年十二月青嶼江山二塘成復廢田三十餘頃又明年蒲礫永寧二塘成復廢田四十餘頃於是流民襁負其子而歸者盈路爭先種藝田尚鹹鹵先藝以麥勃然而興日至就熟衆民交相慶曰吾青嶼江山二塘坍於永樂二年蒲礫永寧二塘坍於洪武初年民不得耕且食者久矣今而得復成田皆我皇上之恩德邑大夫之功力也不可先食各刈麥治飯至能仁寺設位前再拜稽首呼萬歲者三退而方食又求前都御史李匡爲文謝余以陳堯叟蘇子瞻爲比顔汗頳泚復之曰塘之修築田之復耕皇上之命爾民之力也吾何與焉衆曰皇上有

命侯實奉行衆民之力侯實率先民心弗忘於萬斯年况一時之近乎余嘉其誠秉筆記之俟後之宰是邑者績而修之永永弗墜可也

八年修築平陽縣沙園北塘

按平陽縣沙園塘自飛雲渡南抵沙園所凡十餘里計八百餘丈實遂安縣十六都也其先瑞安民築之正統五年以其民之訴令平陽縣民助築南塘一百四十二丈至是又訴令平陽民助築北塘一百五十餘丈而沙園所軍夯助築北塘一百四十餘丈遂爲定規由是平陽萬全

鄉民有修築海塘之役

天順間副使朱杞重修樂清縣蒲岐海塘〔溫州府志〕塘自洪武以來屢有修築民以執役爲病至是用里民侯英議計工以十爲率軍三民七永爲成規

宏治十二年推官何重器修築樂清縣蒲岐海塘〔朱諫〕

蒲岐塘記　樂清邑在山海間重二嶺而東三十里抵蒲岐所城東面距海不有防岸潮汐且至城下乃依下保山築塘作陡門捍海以時蓄洩城扼縣東鄉喉鍵間禦海上寇盜塘抱一面圍四之一塘非專爲城利也自城西北皆平衍沃壤廣二十里延袤可四十里爲田可萬餘畝東西二大河經其中小河旁相緯絡者數十支水自白龍諸溪潭出會於竹嶼萬橋黃灰埭諸陡門而蒲岐半之故蒲岐所瀦之水可溉十萬畝而利居多塘之宜謹重民也夏秋間雨溢水暴漲陡門不足以洩潮怒且

不已杙石不固塘必潰決率一二十年一大築補漏塞罅時月有之肇自洪武三十五年用邑人朱宗益奏差官下其事於有司築塘約千丈宣德間郡守何公文淵修其圮壞繼後民之執塘役者或病焉天順間憲副朱公杞用里民侯英告計工以十爲率軍三而民七定爲永規成化間又復築之不至崩壞至宏治戊午秋潮溢捷石漂去無幾存者民未及聞于有司是冬推官何公重器承府檄蒞於所見潮水浸淫郭外田鞠爲泥淖大懼來歲民弗有秋且塲壘見傷萬一城北浮動所費益不貲矣亟歸白諸郡守文公宗儒文曰吾土吾責也偕往視之度量既定曰均吾職民者事也累公就其諸何曰諾遂檄所千戶何彪魏城縣主簿李瑜循軍民三七舊約俾分其功外杙以巨木上加枇梳內橫木木下土石實之背施大石以通行也次年春始訖役塘完門固潮雖怒而害止矣雄城屹屹平疇昀昀河水環帶斥鹵有秋連數年瀕海穀價不至騰踴者非塘之力與嗚呼斥鹵之不宜田瑑土之不宜城也久矣使彼屯此農大享其利者非良有司與屯者曰記於城農者曰記於鄉諫曰春秋弗地則不志記於塘以俟郡乘者采焉

十三年溫州郡守鄧安濟推官何重器重修樂清縣萬安寺前沿海塘隄重徙茖山之民於內地塘成凡七百七十丈有奇曰撫安塘〔王瓚修築撫安塘記〕

溫瀕海而郡而茖山之民則島處鉅海中倭夷時覘登掠且有海盜自他至者其民以有司遐陋或絓於繩法之外往往迯遭咎有事邑里輒泛蛟虬濤波不測之險匪惟官病之而其民亦且自病故常議徙內地洪武庚戌安樂侯奏徙於萬安寺前沿海築塘田其塗以食其衆未幾風潮奔齧田復爲海民無恒業潛還島處永樂甲子倭夷肆毒官兵難於赴救以罪戮巡撫官繼是而後守土重臣雖強起遣之已

至復去殆不知其爲幾役矣夫徙民而無恒業以維其心誰肯捐其稍可資之故所而自蹈食衣難必之野宏治己未春吉水鄧君安濟知郡事政通民康蠹剔利起合五邑而膏施之間念茖山之民獨遠煦育以爲欲徙民以安全其生必治田以足其食惟經理營置之咸宜然後塘可固田可成而民可徙也海道副使張君應祥尤以澄清海徼爲事力主其議於是請于巡按鄧君履方兵備林君舜舉議以悉協然役巨費繁難于損下乃借官銀八百兩以具木石灰鐵之材及徒庸畚揭餱糧之需期於塘成以所餘田易銀補焉節推何君重器實承督理之寄爰相度地形區畫聿務聯木爲楗累石爲防先塞浦石四處填蓧加土杵而實之並甃以石外內同制廣與崇方縱橫深淺因勢施工纖悉完善屹爲經久之規首事於庚申七月竣事於九月二十四日於是集僚吏祀海神以落之凡爲塘七百七十丈有奇塘內爲鹹河五百丈以防鹹潮之內軼又其內爲淡河七百丈以儲水溉田

且有魚鼈以濟民用倚枕山趾爲二斗門以時蓄洩凡得田七百五十餘畝所徙苔山一千三十四人悉計口授田總爲三百五十畝猶有餘者擇山水環抱之地創構屋廬參列街市而畫其隙壤析爲蔬圃中其市爲榜亭揭示諭戒之詞於是老幼慰愜歡呼溢道始以是徙爲永安矣夫均是民也非昔畏徙而今載樂也業定斯有可安之資否則岌法以驅弗率也嗚呼孰謂百年難集之事而大集於今日也哉塘埭極鞏堅之巧風潮免衝突之危捍瀉鹵荒棄之場而變爲沃壤援島寄洲息之民而納之寧宇蓋雖一事而衆善萃焉泯寇慝之釁而疆域以寧不防之防也因天造地遺之曠塗而恒業以足不利之利也民可知安無庸迫促而自樂於徙不威之威也鬻餘田以償帑庾而官田仍舊不費之費也撫海洲之民而安之則塘曰撫安誠亦彰闡惠民之宿志與昔鉗盧陂芍陂鑑塘類奏功於內地惟范文正築捍海而隄遂姓之較此程彼果孰多孰寡哉民茹恩懷仁罔攸自見求

予錄顛末以文諸石予方嘉諸大夫竭誠殫慮樹爲長利以休吾邦民安耽不備書以詔來者他日河渠之書溝洫之志亦宜有取焉

嘉靖二十八年築永嘉縣海塘（永嘉縣志）嘉靖十三年邑人張孚敬入相疏稱永嘉沙塲東墊於海土不能隄請易以石從之時有司畏其難未即興築逾一十五年戊申諸生張岑與里人王九慶鄭守琳等復請於巡按御史乃檄瑞安丞曹龍與義士王崇敎陳宗嶽王宗德周公祐季承寵等議城南起一都長沙北至沙村寨以丈計之至二千六百一十九石之長丈方尺者十之以爲高五之以爲厚其費至五千四百十兩有奇

三十一年瑞安縣令劉畿於沿海圩塘下浚河取土增築塘岸

萬曆七年瑞安縣知縣齊柯督圩長修築飛雲渡等處沿海圩塘計八百餘丈未幾復壞令童有成始用石砌築

按塘自城東越飛雲渡之南十四都起至沙園所城外止計八百餘丈原係泥塘潮水衝壞至是始修

十七年署瑞安縣知縣歸大顯修砌治內沿海圩塘

按瑞安縣沿海圩塘自飛雲渡八百餘丈外又自城東至十一都巡檢司止中有廢塘五百一十三丈至是修砌

二十二年瑞安縣知縣歐大成重修治內飛雲渡等處沿海石塘

二十三年平陽縣知縣朱邦喜修砌治內九都海塘

按九都海塘去縣治二十里萬歷二十三年知縣朱邦喜議將預備倉穀易銀砌築時用灰穀無辦忽潮水擁穀至塘所足供資用塘成鄉民稱曰朱公塘

勅修兩浙海塘通志卷三

敕修兩浙海塘通志卷四

本朝建築一

我

朝

列聖相承重熙累洽利民之政無不興舉如浙省柴工易

土塘爲石塘改民修爲官修百餘年間鉅工累作

其所以保護海壖體恤民隱者至矣盡矣雍正年

間海水稍溢

世宗憲皇帝不惜數百萬帑金爲一勞永逸之計至我

皇上繼繼承承屢

敕督撫大臣相度機宜圖維盡善首尾八年築成魚鱗

大石塘一百餘里至今長堤鞏固海不揚波昔之

洪濤巨浸皆易爲桑麻斥鹵濱海生靈得以安享

樂利者無一非

帝力所留遺也志

本朝建築

順治五年十月署海鹽縣事嘉興府同知張世榮承

修調陽字號大坍石塘一十八丈

八年二月海鹽縣知縣郭尚信承修月字號大坍石

塘二十丈并小修張成等號結面塘石陡門

十二年十二月嘉興府水利通判韓範海鹽縣知縣

毛一駿承修化草木等字號大坍石塘共三十丈

十六年十二月禮科給事中張惟赤題請修築海鹽

致雨字號大坍石塘二十一丈嘉興府推官尹從

王督修疏曰竊惟國家財賦半取足於江浙而江

浙二省尤以杭嘉湖蘇松常鎮七郡爲重

是七郡者皆瀕于海民之不爲魚鼈田土廬舍之

不蕩爲波臣者以海塘之捍其外也查此塘築自

唐開元中至明始易以石編立字號蓋因七郡地

勢窪下易於淹沒故沿海郡縣皆有海塘至海鹽

兩山夾峙潮勢尤爲洶涌昔之縣治已沒海中蓋

嚙而進者已七十餘里矣明萬歷十七年衝決一

次則七邑之廬舍人民盡遭漂沒也崇禎元年又

衝決一次則七邑之廬舍人民又遭漂沒也不惟

國課無資亦且生靈可念此時旋即估修已費金

錢十餘萬兩大約逐年修理則易爲力俟其大壞

而後修則民受其害而爲費滋大所以前明特編

海塘夫銀以事歲修他郡無論即就海鹽一處之

塘編銀六千九百九十九兩九錢一分內派嘉興

縣一千七百五兩一錢零秀水縣一千二十五兩

三錢三分零嘉善縣九百三十四兩八錢一分零

海鹽縣九百二十三兩六錢三分零崇德縣七百

八十七兩一分零桐鄉縣七百兩一錢八分零徵

貯府庫以爲協濟載在賦役全書及海塘錄內班

班可考自明末以及我

朝十六年來並未修築此塘被水衝嚙基址盡行圮

壞縣治百步外已有坍口倘一旦風濤大作竟從

坍口深入則滔天之勢潰于蟻穴將見七郡烟火

之墟財賦之地盡付之浩渺之鄉矣伏乞
皇上乾斷嚴察數年額編銀兩作何銷算并
勅撫按勒限報竣毋得仍前怠玩仍定限歲修
則防患未然東南士民呼祝于無既矣
十七年八月海鹽縣知縣雷騰龍承修閏餘成歲四
號大坍石塘共六十丈
康熙三年八月初三日颶風三日夜海嘯衝潰海寧
縣海塘二千三百八十餘丈總督趙廷臣巡撫朱
昌祚疏請發帑修築委兵巡道熊光裕督修至次
年九月石塘成并尖山石堤五千餘丈共用銀二
萬七千六百三十七兩零　同日潮由蕭山縣小

金塘橋直入會稽漂流禾稻至四年七月初五日
狂颶又作海潮仍復由橋貫入河水立高數丈孝
廉石之貞籲請三院檄縣令塞橋捍塘勒碑建亭
於九都樊浦思德寺內永杜潮患縣丞趙驥躬親
督築
四年三月巡撫蔣國柱委嘉興府通判殷作霖修築
海鹽縣露結盈等號大坍石塘五十三丈土塘六
百四十丈
六年四月海鹽縣知縣湯其升承修冬字木字號大

坍石塘共一十八丈日字號小坍石塘四丈五尺
又小修月盈等號結面石塘
十一年閏七月海鹽縣知縣張素仁承修大坍石塘
日字號九丈月字號六丈三尺盈字號二丈化字
號一十二丈被字號一十丈共築三十九丈三尺
二十四年巡撫趙士麟委海鹽縣知縣陳鈍修築石
塘一千丈
五十年巡撫王度昭具題委員修築海鹽縣大坍石
塘收字號六十九丈六尺冬字號九丈六尺藏字

號七丈四尺餘字號一十五丈四尺歲字號一十
三丈二尺呂字號一十四丈五尺調字號一十六
丈四尺雲字號一十六丈露字號五丈一尺結字
號三丈爲字號一十丈九尺小坍塘張陽出玉等
字號二十三丈共修築一百五十四丈一尺用銀
一萬六千八百三十九兩零
五十二年八月初三四等日颶風大作衝坍海鹽縣
露陽二號石塘二十四丈五尺又坍餘成歲律呂
調陽雲騰致雨露等號附石土塘巡撫王度昭題

請發帑二千四十九兩零修築

五十四年春夏間風潮陡發海寧縣海塘坍陷至數千餘丈巡撫徐元夢 題委金衢嚴道賈檟基承修共三千三百九十七丈五尺實需工料銀三萬八千五百九十三兩零至次年三月以擴基悞工題參改委鹽驛道裴徫度承修隨查未完併續坍工程及擴基修完草率者俱按段加修共需工料銀三萬七百五十兩零至五十七年閏八月報竣

五十六年海鹽縣勅海廟南北石塘裂陷巡撫朱軾題請發帑九百四十四兩零修築霜金二號大坍石塘一十二丈來暑成水玉等號小坍石塘三十四丈七尺

五十七年三月巡撫朱軾題請修築海寧石塘下用木櫃外築坦水再開濬備塘河以防泛溢疏曰寧邑海塘自康熙五十四年前撫臣徐元夢題請修築委鹽驛道裴徫度督修該道於五十六年正月內赴工至六月閒連日風潮洶涌新工未竣舊工復坍經臣咨明工部督率搶修迄今未完工程二百餘丈現在上緊催修剋期報竣查沿塘俱屬浮沙潮水往來盪激日侵月削塘脚空虛雖有長樁巨石終難一勞永逸歷考誌乘自元明以來屢經修築或一二年或五六年以至十餘年俱係隨坍隨築直

待塘外沙漲然後停工臣覆查工[illegible]揣度情形撙採輿論再四商確惟有用前人木櫃之法以松杉宜水之木為櫃長丈餘高寬四尺橫貼塘底實以碎石以固塘根乃用大石高築塘身附塘另築坦水高及塘身之半斜豎四丈亦用木櫃貯碎石為幹外砌巨石二三層縱橫合縫以護塘脚如此雖不能永遠保固亦不遽至坍塌再查塘內有河道名備塘河潮汐往來稍稍漫過塘面猶恃河可稍容不致驟溢自明季居民貪利節節築壩遂淤為陸今河形尚存應去壩疏河即以挑河之土培岸則濬河以備塘培岸以防河是亦有備無患之一法也日前已成之工無容改築但添修坦水以護塘根未完之工應如法修築嗣後隨坍隨修直至沙漲乃已但查原題鹽驛道裴徫度承修塘工止二千餘丈今石塘三十餘里均須防守不時修築又有東西土塘現在坍塌更宜及時堵禦工程浩大非可計日告竣裴徫度一人實難料理應令布政司段志熙督率杭州府知府張為政等協同修築互相查察其採買木石交發錢糧令糧儲道劉廷琛承辦 下部議行隨於是年 月開工至五十九年正月工竣修過石塘九百五十八丈四尺九寸坦水三千九十七丈五尺土塘五千一百六丈開濬備塘河身七千七百五十六丈四尺建閘一座每塘一丈用兩木櫃每一櫃內用魄石五十觔共工料銀一十五萬一千三百一兩 是年海鹽縣落塘遐邇等號石塘半卸海中至次年八月初一日風潮漫溢總督滿保巡撫朱軾會勘衣遐邇率歸場六號大坍石塘五十

一丈四尺張萊重芥翔龍師衣國賓等號小坍石
塘九十九丈五尺題請發帑銀四千一百四十兩

零修築

五十九年七月總督覺羅滿保巡撫朱軾題請建築海寧縣老鹽倉上虞縣夏蓋山等處大石塘并開濬中小亹淤沙又請專設海防同知以司歲修下部議行（部議浙江海塘先經福浙總督覺羅滿保巡撫朱軾以海寧上虞二縣修築工程上請行令勘議確估今稱會勘得上虞縣夏蓋山起西至雀子村止一帶沿海土塘多被海潮沖坍無存地與海平且沖開缺口數處其南大亹久已淤成平陸江海不循故道直沖北大亹而東并海寧

之老鹽倉亦皆坍沒入海所有海寧上虞二縣建築開濬需用錢糧數目調委監工修築官員各事宜臚列備陳一議築海寧縣老鹽倉北岸石塘以防海水内灌查老鹽倉一帶正當江海交彙今土塘隨浪坍頽現在沖開徐家壩一口與内河支港相通已築石壩堵塞且老鹽倉北岸皆係民田廬舍支河汊港甚多俱與上河通聯東即長安鎮與下河官塘僅隔一壩若不於此急築石塘堵禦萬一土岸坍盡決入上下運河則鹽潮直注嘉湖蘇松列郡關係甚鉅今擬於老鹽倉北岸東自浦兒兜起西至姚家堰止共一千三百四十丈砌築石塘方可保護杭嘉湖三府民田水利除現在採買蘆葦乾柯等料于患口先築草壩又就近開採武康縣大石購買巨木乘此春夏運至工所急築石塘以防潮水泛溢查該督撫既經勘明關係甚鉅應如所題購買木石乘時建築務期堅固一議築石塘之式以防潮水連根搜刷查海寧沿海地方俱係沙土且潮汐往來變遷無定今沿海一帶漲

有微沙乘此新漲時急將石塘砌築將來沙能漸聚便可擁護塘根臣與撫臣再四相度商確因地制宜就於塘岸用長五尺濶二尺厚一尺之大石每塘一丈砌作二十層共高二十尺于石之縱鋪側立兩相交接處上下鑿成槽筍嵌合聯貫使其互相牽制難于動搖又于每石合縫處用油灰抿灌鐵鋦嵌口以免滲漏散裂塘身之内培築土塘計高一丈寬二丈使潮汐大時不致泛溢塘基根脚密排梅花樁三路用三和土堅築使之穩固總期一木一石皆得實用不敢浮費錢糧亦不敢草率修築致貽後患應如所題如式建砌以垂永久一議開中小亹淤沙以復江海故道查赭山以北河莊山以南乃江海故道近因淤塞以致江水海潮盡歸北岸今雖砌築石塘然中小亹淤沙不開則回潮沖刷一日兩次土石塘工終難穩固今多僱民夫將中小亹一帶淤沙上緊挑濬計挑過一千九十丈大汛時潮水亦可出入現在將已挑者開濬深濶未挑者兼工開浚使江海盡歸故道則

土塘石塘可免潮勢北沖之患查中小亹挑濬既有成效應行該督撫將已挑者再加深寬未挑者速行開濬一議築上虞縣夏蓋山石塘以防南岸潮患查上虞縣原有土塘五千四百一十七丈以障蔽民田夏蓋山之南有夏蓋湖周圍一百五里蓄水注蔭上虞餘姚二縣之田並藉土塘捍禦近年夏蓋山對海中流漲有圖沙數十里潮逼南岸今先將患口填塞其潮水稍緩之處上虞之民願捐築土塘惟夏蓋山西邊實爲最險要衝非建石塘斷難應護隨親勘丈量共長一千七百九十丈今用長五尺寬二尺厚一尺大石於羊山及夏蓋山開採運用隨地勢高下每丈十三層以至三十四層不等縱横疊砌庶南岸之潮患可禦查夏蓋山潮勢稍緩之處土民既願捐築土塘應令其速行建築其西邊最險之處既經勘明應建石塘應如所題如式建砌一議實需銀數以濟巨工查沿海塘堤實爲各部保障若不及時修築貽患無窮即或苟簡因循亦恐隨成隨毁今海寧縣老鹽倉

北岸新築石塘一千三百四十丈所需工料等項
約共銀九萬二千兩可以預爲估計惟椿木人工
難以預定應俟工完之日查驗另銷上虞縣夏蓋
山新築石塘一千七百九十丈共估需用銀五萬
八百兩兩處石塘工料共估銀一十四萬二千八
百兩除將五十七年海塘捐納案內餘剩銀六萬
三千二百九十九兩現在撥用外其不敷銀兩一
時難於措處請將浙省各府屬現行常平倉捐監
之例暫停統於海塘案內收捐補用俟工竣足額
即行停止仍歸常平倉收捐其現在不敷工料銀
兩請於藩庫先行動支俟收捐補項可也一議調
委經理各官以專責成查藩司爲錢糧總滙兩處
塘工凡收貯銀兩支領出入之數俱令布政司傅
澤淵總理稽核其海寧縣老鹽倉北岸石塘遴委
溫處道蔣數錫親身督修統司稽察再委處州府
知府蘇揆督修沿塘草壩船政同知陳良策紹協
都司孟飛熊等挑濬中小亹淤沙其上虞縣夏蓋
山石塘專委紹興府同知閻紹等各員分任督修

其雇募夫匠攢運石料等項仍令海寧上虞二縣
知縣專管策應查調委官員應如所題怠玩侵冒
自行嚴參至修築工程係地方官專責無容議敘
一議專員歲修以保永固查沿海潮汐惟浙江爲
最非有專員經管未見實效請將南岸紹興府之
上餘山會蕭五縣石塘土塘專交紹興府同知閻
紹管理北岸杭州府之海寧仁和錢塘三縣之石
土塘專交原任金華府同知劉汝梅管理嘉興府
之海鹽平湖二縣石土塘專交嘉興府同知王沛
聞管理各員銜內添入海防字樣專任責成小有
損壞即時修砌其屬轄之巡檢場員聽其調委分
任惟杭郡別無閑員可以經理塘務查金華原非
劇郡向設同知一缺請裁去添設杭州府海防同
知一員專司其事即將開復候補同知劉汝梅補
授任滿之後此三缺即於通省同知通判知縣揀
選調補庶人地相宜於塘工有益至歲修錢糧現
在無項可動查寧邑海塘捐監餘剩銀兩原留藩
庫爲歲修之用今動支修築石塘應仍於新工案

內照從前餘剩之數捐足還項留貯藩
庫爲逐年歲修之用亦如所題可也
是年分海塘歲修用過銀一萬六千一百七十
九兩
按海寧縣塘工自康熙五十八年新修告成後
特設海防同知逐年修補自五十九年起每年
歲終統計用過銀兩撫臣題銷此歲修所由來
也
六十年
是年分海寧縣老鹽倉舊石塘新工沙塗漸漲

水勢瀉注舊工低處受衝逐次修補用過工料
銀二萬二千一百七十七兩九分零
六十一年二月海寧縣海塘新工告竣巡撫屠沂題
請於土浮不能釘椿砌石處趕築草塘下部議行
部覆浙江海塘先經督臣滿保與前撫臣朱軾題
稱東自浦兒兜起西至姚家堰止建築石塘今據
該撫以海潮遷徙無定修築堤岸必須隨時制宜
題請於土浮不能釘椿砌石之處趕築草塘臣部
恐草塘不能永久仍令砌築石塘今該撫疏稱海
寧縣海塘因潮頭沖激將上年勘定實土處所縱
橫實砌石塘其土鬆之處椿石難施者趕築草塘
五百四十丈今春因潮勢洶涌急宜搶築隨即築
草塘三百丈仍於實土處又築石塘連前共五百
丈并將姚家堰西續坍處所亦築草塘二百一十

五丈次第完丁查老鹽倉等處修築草塘原議石
工今於寔土處所砌石塘其土浮椿木難施之處
改築草塘工程雖經報竣但草塘究非石塘可比
其中恐係督率承修各官希圖草率完結亦未可
定應令督修各官保固三年
限內如有冲塌責令賠修　八月巡撫屠沂報
銷海寧上虞塘工用過銀兩并請停止挑挖中小
亹淤沙下部議行（部覆浙江巡撫疏稱海寧縣石
塘五百丈草塘一千五十五丈
共用過銀九萬一千六百五十兩上虞縣石塘二
千二百五十六丈用過銀五萬二千兩共應銷銀
一十四萬三千六百五十兩至中小亹沙地因北
岸冲決甚險題明挑挖以分水勢今北岸塘脚現
漲沙塗塘身穩固無容再爲挑濬海寧上虞兩縣
石草塘工用過銀兩應准開銷其中小亹淤沙亦
如所請停其
挑挖可也）

按老鹽倉所建大石塘巡撫朱軾原題自浦兒
兜起至姚家堰止共長一千三百四十丈工未
竣陞任嗣經巡撫屠沂奏請改築草塘故石塘
止五百丈此外八百四十丈至今尚屬草塘又
自姚家堰西續坍處亦築草塘二百五十丈共
草塘一千五十五丈又中小亹引河於康熙五
十七年巡撫朱軾委員開濬用過銀九百兩尋
復淤塞至五十九年復會同總督滿保題請開
濬用過銀三千一百六十兩零開挖未幾又復

淤塞至是巡撫屠沂奏明停止
是年分歲修海寧縣塘工共用銀二萬二千六
百九十六兩
雍正元年
是年分海寧縣東塘新沙復洗冲決塘身共修
築三千六百一十四丈二尺用過工料銀八千
六百一兩零
二年七月海寧鄞縣慈谿鎮海象山山陰會稽餘姚
等縣海塘多被冲決奉

旨（恭紀首卷）修築用過工料銀六千二百五十兩零又海鹽縣
沿塘決口嘉興府知府江承玠署縣事富陽縣縣
丞陳充禮等董修（海鹽縣續圖經雍正二年七月
十八日海潮大溢飄溺廬舍田
禾及沿海人民署縣事富陽縣縣丞陳充禮率同
僚佐出城救護至十九日卯刻潮漸平緩沿塘潰
決八十三處大坍成騰等號石塘一百五十丈小
坍天地等號石塘一千四百三十八丈五尺附石
土塘坍陷一千五百四十五丈五尺二十日署縣
先將決口計長八百四十三丈一尺搶堵工費銀
九百七十五兩六錢零皆鹽邑紳士同署縣捐給
又查勘通塘形勢演武場天字號石塘以北向因
潮勢稍緩有自然土埂一條名太平塘綿亘海[illegible]
內有淤沙擁護埂內又有官土塘堤一條直接平
湖縣界邇年被潮將土埂淤沙刷盡賴官土塘堤
爲之屏障奈歷久低塌遇大汛輒漫塘面且堤內

舊有白洋河淤塞淺窄無從分洩署縣詳請自劉王廟至白馬廟在白洋河舊河身取土將官土塘堤加高三四五六尺幫寬一丈二三四尺不等計長二千八百五十丈又嘉興知府江承玠捐挑白洋河自石屑圩至白馬廟寬一丈二三尺深五六七八尺不等連白馬廟浮圖墩石屑圩三涇口共長二千七百九十三丈又石屑圩南至陡門南石堰止挑濬白洋河一段長二百五十七丈

是年分歲修海寧縣塘工共用銀八千八百二十四兩零

三年正月吏部尚書朱軾奉

上諭恭紀首卷來浙會同巡撫法海查勘海塘因題請修築杭嘉紹等府塘工疏曰臣馳驛至浙會同巡撫法海布政使佟吉圖至餘姚東自滸山鎮西至臨山衛六十里舊築土塘三道最內一道爲老塘即昔年海岸也今離海三四十里或十餘里不等緣歷年沙塗淤漲百姓陸續開墾報陞自築土塘二道是爲外塘詢據土人俱云潮水從不到塘若加高三四尺加厚五六尺即遇風潮亦不致衝決漫溢查歷年內塘係民戶修築外塘係竈戶修築今被災之後民竈無力應令地方官動用公費與修又自臨山衛起至上虞縣交界烏盆村十五里自烏盆村至會稽瀝海所四十五里內石塘二千二百餘丈係康熙五十八年題建至今穩固其石塘東西兩頭共土塘七千丈坍塌甚多沿塘雖有沙塗數里但海潮往來無定不得不預爲防護擬於塘底開深二尺填築亂石上鋪大石寬六尺高六尺以固塘基貼石築土寬二丈高一丈三四尺塘內令居民栽種榆柳近塘窪下坑陷一概築平庶可永固又歷勘杭嘉二府西自仁和縣翁家埠起東至海寧縣城東陳文港七十餘里歷年洪濤衝陷屢經修建石塘題報在案今頹

聖主洪福塘外淤沙三四十里不等高處平塘低處露出塘身三四尺不等毋容議修自陳文港起至尖山二十餘里草塘七十四丈亂石砌邊土塘三千七百二十六丈塘外淤積沙塗尚薄潮水猶注塘下應將土塘加寬一丈五尺高三尺頂鋪條石厚一尺以防泛溢其草塘七十四丈並照式改修再塘外原有亂石子塘寬三四尺不等外加排樁因年久歉斜子塘大半零落應修砌完固堤前原無子塘之處亦照式與修如此則海寧塘工可無衝決之患矣又海鹽縣東自秦駐山三澗寨起西至演武場止石塘二千八百丈係明時修建塘身高闊琢石見方縱橫合縫通塘合爲一塊最爲堅固因年久水泌塘根樁木朽壞南頭陸續坍塌八十餘丈今應移就實地修築又去秋風潮衝潰八處共七十丈其附石土塘通身洗刷成坑應照式重修補築自演武場至平湖縣雅山砲臺一帶土塘現在地方官加修月內可以完工以上杭嘉紹等府海塘臣等逐一勘議查估餘姚上虞會稽三縣應修塘工共七千丈每丈用長六尺寬二尺厚一尺五寸條石二十四塊并亂石價銀夫匠土方雜費共用銀十四兩通塘共用銀九萬八千兩海寧加修亂石塘每丈蓋頂小條石連價用銀一兩共用銀三千七百二十六兩加寬加高土方并補修子塘約用銀四千兩共用銀七千七百二十六兩二處塘工通共用銀十萬五千七百二十六兩再海鹽縣坍塘據地方官估計用銀七千六百餘兩但應否增添石料難于懸度將來或可節省亦未可定統俟工完核實造冊題銷　隨經大學士等議准修建至四年七月工竣計修過海寧縣陳文港亂石塘三千八百丈并修補子塘海鹽縣石塘一百五十丈餘姚縣石塘一千三百丈會稽縣石塘二千七百丈上虞縣石塘二千九百八十

七丈通共用過銀一十一萬二千八百二兩零
十一月署巡撫傅敏因紹興府知府特晉德於會
稽縣條石塘内填用亂石飭令改築據實奏
聞奉
上諭恭紀首卷交與新任巡撫李衛悉心查勘
是年分歲修海寧縣塘工共用銀七千六百九
十九兩零
四年二月巡撫李衛將查勘過全浙兩路海塘緣由
題覆疏曰臣查勘現在興工之塘隄酌量修理紹
興府屬之會稽餘姚上虞等縣一路塘工從

前陞任吏部尚書朱軾會同前撫臣法海勘議題
明修築石塘共七千丈原議塘底開深二尺填築
亂石每丈上鋪條石高六尺寬六尺貼石築土寬
二丈高一丈三四尺庶可永固部覆允准後經紹
興府知府特晉德因會稽縣瀝海所西滙觜應築
塘二千七百丈地勢卑下恐亂石起底難以抵禦
請改用條石起底將原議之墊底亂石填肚方能
堅固當經布政使佟吉圖轉詳前撫法海批准于
署撫臣傅敏未到任之先已築完工石塘一百五
十二丈九尺又起底并鋪砌層數不等共一千五
百七十七丈八尺雖係變通似屬有理然未經題
咨而管工各官因購取條石路遠難運且並無一
尺五寸厚者又兼原估錢糧稍有未敷定限過急
即於就近之臨山衛夏蓋湖等處本地所產亂石
採買搭砌其工已完五六分頗屬草率後經署撫
傅敏親往查勘恐不堅固是以一面具奏一面勒
令拆毀仍令遵照原題改正用亂石填底二尺上
面俱用條石到頂催促完工及臣到時復又改做

過半其餘尚有已完未拆并未曾修齊者然比從
前草率完工果屬整齊不同但思江海工程皆當
以根腳堅固爲主歷來多用木樁釘底可保永遠
若止圖上面整齊恐遇風大潮急根腳不穩臣細
加查勘幸此處一帶工程底下俱係生成鐵板沙
土性堅固毫無軟硬不同之處即亂石在下不用
木樁亦屬穩固況塘外漲出沙灘離海邊二三十
里以至十餘里不等若非秋汛大潮海水不致到
塘即從前土功尚能抵當今用石包砌在外自必
更堅臣愚昧之見將署撫傅敏已拆改正之工並
前撫法海任内報完石塘擇其堅固者似毋庸再
動其已估未修並攙搭亂石已修未拆之工揭去
浮面蓋板將碎小爛石檢出下存墊底石板每層
用大條石釘鈐以原議墊底亂石檢有稜角成塊
者牽配搭砌隔一層再用整條石鈐制務須橫豎
勾搭壓縫連成一片可保永久其檢出之碎石雖
微然棄之可惜應令特晉德等賠修未估在内工
程倘不洗心改正修成一勞永逸即據實題叅治

罪但限期不便過急務令於秋汛之前趕築告竣
此紹興府屬會稽餘姚上虞三縣浙東海塘之情
形也臣又隨往杭嘉二府屬之海鹽等縣海塘查
勘原題現在修築塘工其水勢與東路迥異而海
寧海鹽兩縣城郭皆逼海邊塘下亦無漲沙爲之
遮護緣數十年來海潮不由中小亹涌入但從北
大亹往來故此兩縣最稱潮大工險其縣治之外
離數里許皆有漲沙不等查舊日所修石塘久經
告成雖石塊碎雜根腳俱有木樁尚屬堅固獨縣
西有老鹽倉一處塘工五百丈石大而堅可保永
久緣原修價值比各工不同之故其近今題明加
幫陳文港至尖山一帶土塘并補修子塘俱經築
完而海鹽之秦駐山至演武場石工亦已告竣下
近城有老工三四段各長十餘丈不等目今稍覺
歪斜因年久根底樁木朽爛現令拆換修整餘工
無恙此浙西海塘一路之情形也總之每年秋汛
甚大必須時加防範年年歲修自然無害若將石

土各工再加築高更爲有益但錢糧過多無項可支容臣續加調劑因時奏請不敢稍懈以祈仰副
皇上軫念海塘有關民生至意　下部議行　五月署嘉興府知府靳樹德同知曹秉仁海鹽縣知縣王仕正等因海鹽縣三澗寨木字號以南官土塘日漸坍缺接建矮塘一百丈面寬五尺底寬一丈計五層高六尺至次年巡撫李衛以矮塘不足捍禦題請發帑銀一千二百餘兩再行接建一百八十丈高寬與矮塘等

是年分歲修海寧縣塘工共奏銷銀一萬五千

七百兩零

五年二月巡撫李衛題明加鑲浦兒兜草壩老鹽倉草塘并將姚家堰至草菴一帶土堤改建草塘又請將歲修海寧塘工銀兩遇各縣江海塘有坍損處一體動給　疏曰海寧縣海塘上年自夏及秋雨水過多有康熙五十九年所建之浦兒兜草壩一座老鹽倉姚家堰草塘一千五十五丈年久草爛塘挫亟宜加鑲填補以禦春潮又姚家堰西至草庵止計長七里從前原係土塘近緣沙洗日削僅存土埂一條必須一律改築草塘方資捍禦浦兒兜草壩四十丈及老鹽倉草塘一千五十五丈需費銀六千五百八十三兩三錢又姚家堰至草菴一帶改建草塘八百二十六丈四尺需費銀九千三百五兩三錢六分四釐通共銀一萬五千八百八十七兩六錢六分零查海寧歲修塘工例應捐監項下動支但此番工程需費甚繁且土堤改築草塘事同創建應先題明又海鹽縣閏字號石塘一十三丈計一十六層底石欹仄拆底全修現先給銀三百兩辦料興修臣查海塘捐監項下自康熙五十八九等年大工告竣經前撫臣朱軾等會題請將餘剩銀兩隨捐隨修但浙省各縣襟江濱海自北而南則有平湖海鹽海寧會稽上虞餘姚等縣沿海一帶塘堤又海潮由尖山入江自東迤西則有仁和錢塘并紹屬之蕭山山陰等縣沿江近海一帶塘堤其間潮汐沖徙不常若每年隨坍隨補則用費少而保固可久倘因循不修則圮壞漸多工費即鉅臣上年到任後屢次親往各塘查勘如海鹽縣拆築收冬藏餘歲五字號石塘共二十八丈五尺需用工費銀七百兩又木字號石塘以南除先經接築一百丈外今又接築矮塘一百八十丈俱用石砌築方正大石結面估工費銀二千五百六十餘兩又蕭山縣西

江塘內堰陡孫魏樹下了又塘孔家埠談家浦等處土塘加樁加土增高添闊并鎮潮菴王家池閘家堰一帶石塘應拆造添築數處共估工費銀一千五百二十四兩零又錢塘縣午山一帶葛家墳六和塔等處坍塘二十五丈四尺估工費銀一百一十九兩零善利院左側三郎廟老塘沖坍五丈估工費銀八十九兩零轉塘上首汪家池等處坍塘一十四丈柵外二圖小橋地方坍塘六丈估工費銀一百二兩零又仁和縣總管廟前挫坍江塘七丈又應拆卸補築四丈估工費銀六十五兩零以上海鹽等各縣塘工拆卸補築共應需銀五千一百餘兩皆係緊要工程必須及時搶修又錢塘縣轉至橫江埠應築坍塘三百三十三丈零橫江埠至曹家埠等處應築坍塘七十五丈以上共估銀六千三百餘兩自康熙五十七年即據地方勘詳請築因各處塘工浩繁此地秋汛已過尚可緩圖是以尚未修築然貼近省城民田廬舍所關將來亦不能再緩似此江海各塘延袤千有餘里此

修彼圮歷年皆有接續之工查捐監銀兩從前諸
臣因係海寧築塘所餘故止題爲寧邑歲修之用
未將通省塘工聲說在内此外各縣之塘每年若
有坍損又另於俸工公項等内動支遇有缺乏即
多因循苟且之弊今俸工已經停捐公項亦俱歸
出而江海各塘俱關緊要且海鹽石塘更係對面
頂衝尤屬危險此時若不陳明將來各縣之塘無
項歲修必致日漸圮損釀成鉅工請嗣後凡有江
海塘工應行歲修者照
例一體於此項内動給　下部議行計修過浦兒兜
老鹽倉草塘一千九十五丈姚家堰草塘八百九
十六丈又接修草塘六十九丈六尺修舊石塘一
千二十四丈動用銀一萬五千七百兩於本年八
月告竣　七月風潮大作海鹽縣附石土塘刷矬

一千六百六十二丈巡撫李衛題請發帑銀七百
三十八兩修築　十月巡撫李衛題請修築海寧
縣錢家坂馬牧港等處塘工并將内最險處所舊
係亂石塘者改作條石塘坦〔疏曰〕海寧縣沿海塘
堤東西綿長潮汐晝
夜侵齧前因浦兒兜姚家堰老鹽倉等處塘工歲
修告竣之時臣親往勘驗查有東塘之錢家坂迤
西一帶椿板老塘護沙洗去直射塘脚板片年久
朽爛欹斜亂石冲卸頹廢應行改砌加築及西塘
之馬牧港亂石土塘直至大石塘一帶外沙漸高
於塘身大汛漫溢過塘泥土矬陷應加土石培築
庶免泛溢之虞今勘得錢家坂最險工二十四丈
又亂石塘内亦有險工六丈應改築堅厚又錢家
坂東西各段共椿板塘身一千六十五丈亦應改
築亂石塘以固根底又亂石塘西七十五丈應面

加條石一層共計應行改築東塘一千一百七十
丈再於堤身之下外加坦水一層其西首大石塘
五百丈應加培築馬牧港地方有五百丈應上加
條石一層并增添亂石培土高闊有五百丈應止
加條石培土闊厚其餘四百八十八丈止須加土
足可捍禦共計應修西塘一千九百八十八丈通
計東西二塘應築應修塘身三千一百五十八丈
共需工料銀二萬九千九百五十五兩九錢三分
現在行司將應修各塘動項辦料督工趁此冬季
水小潮落之際催攢修築完工再海塘歲修每年
於歲終報部察核此番改築工程
非尋常歲修整補可比理合題明　下部議行
是年分歲修仁和錢塘海寧海鹽蕭山等縣塘
身統計六千三十九丈八尺長橋一座計長四
丈坦水一百七十丈奏銷銀三萬九千七百三

十一兩零
六年三月總督管巡撫事李衛題明搶修海寧縣老
鹽倉海塘〔疏曰〕浙省江海塘堤歷來北岸俱極險
要惟海寧縣東西各塘爲尤甚今年正
月間春汛潮勢甚猛將老鹽倉迤西三官堂地方
草塘冲坍五丈裂縫二三十丈臣隨飭各員晝夜
搶修堵禦已將坍者培築加高裂縫者鑲釘牢固
彼時塘外護沙尚有留至二三丈及十餘丈者塘
身猶可藉以捍蔽不意二月十四日至二十二日
連朝大汛又兼東南巨颶震撼蕩刷護沙卸陷無
存塘身根脚搜空不能存站先後坍裂歪斜共計
六百六十餘丈臣以塘工關係重大再三籌畫擬
先築迎水壩以分潮勢或於貼塘加築石工爲一
勞永逸之計隨於三月初四日往海寧地方履勘
見該縣塘工從前惟南門外最爲險要自築亂石
大塘之後俱有護沙包裹雖不甚老而漸次堅實

可以捍禦潮汐惟老鹽倉西首一帶塘外沙脚刷盡潮頭之來直射堤身隨後即有軟浪蕩滌及退潮時又因回溜將底沙齧洗一日之間早晚兩次非如黃河水性徑直可以建壩分勢又此地數里俱係活土浮沙若承載鉅石即致底陷雖用木樁加釘而俄頃之間仍復拋起不能施工所以從前督撫諸臣幾經籌酌不得不於緊要海口築草壩草塘以爲堵禦之計今臣相度形勢惟幸裏塘民田地土尚屬高阜不致即有內灌之虞現在動支海塘歲修銀八千兩委員將現坍之六百六十餘丈搶築塘身上下鋪砌堅實以保坍陷一面多備物料以預防梅雨伏秋二汛搶修工程之用惟是沿塘數里沙脚日見衝洗此外再有坍裂難以預定止有上緊保護隨坍隨修或於塘內再築一層以固民田或於小汛時將裏塘挖深數尺幫砌護塘之處容臣因其地勢潮汛情形悉心籌畫另行具題

下部議行

十二月總督管巡撫事李衛題明勘過海寧縣南門外河安民阜等字號及華岳廟平橋西楊家莊馬牧港等處應修塘工又海鹽會稽錢塘等縣應修江海塘工（疏曰）海寧縣海塘緣歷年潮汐沖決護沙坍徙靡常必須每歲續漸補修方能保護臣屢經履勘見南門一帶向有漲沙盡行坍卸潮水照舊直逼塘脚民字阜字二號石塘根脚年久外樁坦水沖洗歪斜塘身傾欹并有倒卸之處又華岳廟前及平橋西小石塘亦有塘身欹陷坦水外卸已飭員搶修此段工程除現修外若冬月護沙不能復漲則來歲俱成險工應即隨坍隨修俟秋汛過後潮落之時再看有無沙起另行酌議又楊家莊一帶亂石塘前經議令加土培閣但塘身原屬低窪本年雖則保固無恙將來再遇夏秋大汛必致漫溢關係非輕應加築高更有馬牧港一帶樁板亂石土塘一千丈前止加條石一層今潮水平漭

大汛皆有漫過之處幸而搶救未滋大害亦應酌量再加築高又翁家埠一帶原無官塘其臨海月灣不能保固亦應酌量地勢接建草塘與舊有之草塘相續當即行司確估去後據布政司高斌詳稱寧邑南門外河安民阜等字號及華岳廟平橋西楊家莊馬牧港等處各段工程計斷應修築塘共四百五十三丈坦水四千四百六十四丈三尺估需銀二萬三千一百三十八兩此外又有搶修海寧平橋西等處坍壞殘缺塘身一百三十三丈坦水一百六十三丈用銀八十六兩七錢七分五釐零又海鹽縣請修白馬廟等處加高土塘一千七百三十餘丈估需銀四百九兩九錢零又南岸會稽縣請修十三都一四兩圖坍石塘四十八丈六尺又折修三十八丈估需銀二百七十六兩二錢五分零又接築錢塘縣斷塘尾江塘一百六十五丈估需銀三千六百五兩五錢零又諸橋一帶江塘加築塘石一層計長四百一丈折砌江塘一百六十九丈估需銀一千一百八十三兩錢二分零查江海塘工原以保護民生而潮汐沖擊月異歲遷若不逐年預爲搶修培築瞬息即成大險之工費多勢倍臣以有關緊要隨於捐修海塘銀內動支八千兩給發辦料乘此冬令潮小之候興工攢築委杭嘉湖道王溯維稽察錢糧工料總理其事臣與布政使高斌不時親督稽察務期堅固以保安瀾所有工料銀兩完竣之日確查報銷

下部議行

是年分錢塘海寧海鹽會稽等縣歲修銀一萬八千一百八十五兩零又八月風潮洶涌搶修海寧縣塘工銀二萬二十五兩零

七年八月奉

旨恭紀首卷

勅建海神廟於海寧縣東門內詳祠廟門原任直隸布

政使張适知府蔣杲王坦督工十一月總督管巡撫事李衛題明於海寧縣荆眗廟等處草塘内另築石塘又於陳文港小墳前等處築盤頭草壩五座（疏曰）本年九月臣由嘉興府前往海寧查勘海塘情形緣今歲潮汐夏秋之間較往年更大故先於閏七月初旬預發銀一萬兩着杭嘉湖道等加意搶修設法堵禦臣回籍之後復經性桂蔡仙舳親往查勘又續發銀三萬兩趕辦物料備築凡有沖缺蛀裂之處多用柴草樁木隨時搶護晝夜隄防其潮漏頂沖地面竭力購備土石幫闊培高以禦漫溢自閏七月以及八月猶可支持惟九月初二日潮勢更大幾至過塘甚屬危險幸遵循

聖訓先事預防舊塘土石雖大半沖削而新經幫培之所猶能抵禦狂瀾不致潰決今各處工程有已經題

報搶修甫完而續被沖卸者有原估應須拆砌而題後即值秋潮洶涌不敢開底砌築暫用柴草搶堵者有於秋汛續坍未經題報而現已修竣者逐段間雜參錯不齊臣隨與性桂蔡仙舳等傳集工員公同確議寧邑沿塘東自尖山西至翁家埠綿亘百里皆臨大海非同從前工段屢止數百餘丈險塘可比若欲盡建鉅石大塘爲費實屬不貲是以向來督撫諸臣俱於不用石工之次險處所議築草塘抵禦彼時塘外尚有護沙攔擋潮水畧有到岸不致侵齧根底每年歲修加鑲猶可恃以保護今則南岸中間突有漲沙阻阸潮頭直射北岸護沙無存岸邊深至二三十丈不等朝沖暮擊一線草塘豈能捍禦全海潮勢若非裏面添砌石工難以保固惟是合式鉅石採辦需時且現在松江塘料半向浙山開採出產一時不敷又兼海河閘壩轉運艱難勢必曠日持久豈有聽其沖卸坐待辦料齊全而後動工之理況此時正當冬汛若不急於設法整備轉瞬春潮坍卸堪虞臣等再四籌畫西塘除老鹽倉東原有大石塘五百丈外自此至翁家埠一帶俱係險工內荆眗廟起至草菴止向有先後修築草塘一千九百餘丈此時俱係土塘今就草塘之內收進二三丈開深根脚用大樁排釘深入沙底儹辦巨料砌築石工一面多備柴草樁木將舊日草塘根脚虛浮加樁簽釘鑲砌高厚其原無草塘者酌量增添仗此舊有草塘以護其外使内之石工人力可施保至三年之期即草塘或有損壞而石工亦已告成沿海民生永保安瀾之慶矣至東塘潮頭自尖山直趨而來勢猛溜急在在危險今於陳文港小墳前薛家壩及念里亭等處分築挑水盤頭大草壩五座周圍簽釘排樁中填塊石竹簍深入軟泥之下作爲底脚上加埽料壓蓋堵禦頂衝使水勢稍緩可引漲沙漸聚一面將東西兩塘夏秋坍損等處竭力修補其遠年一塊石各塘有不能抵禦者酌量改砌加高培厚其一切號段工程現在勘估確寔造册另報

下部議行　是年督臣李

衛題報海塘現在衝卸不可緩待者應隨時搶堵

奉

旨允行

按歲修工程自康熙五十九年巡撫朱軾題准後每歲加修遂年將實修丈尺實用工料銀兩據實報銷雍正六年八月潮勢洶涌沿塘護沙沖洗殆盡工程緊要始將丈尺情形先行題報仍照每年加修之例辦理至是年督臣李衛題

奏今歲潮汐較往年更大搶修甫完續被沖卸

臣與署撫臣性桂等公同確議將塊石各塘不
能抵禦者酌量改砌石工部覆一面上緊料理
一面勘估冊報奉
旨依議速行欽此嗣後將不可緩待之工隨時搶堵其應
行改築條石塘坦之原坍工段於每年秋後估
計詳定給帑辦料次年興作按歲報銷此搶修
歲修之分所由來也
是年分海寧縣歲修銀八萬七千四十五兩零
又搶修海寧縣石草塘工共用銀三萬二千三

百四十七兩零以上歲搶修共奏銷銀一十一
萬八千三百九十二兩零
八年五月總督管巡撫事李衛請於海寧縣西塘老
鹽倉戴家石橋楊家莊等處添築盤頭大壩三座
東塘自普濟菴至尖山等處修築塘身又請將杭
州捕盜同知管糧通判二員分管東西海塘再設
千把總二員兵二百名晝夜防禦疏曰臣於雍正六年查勘海寧
城外東西一帶漲沙盡卸潮汐改流誠恐次年更
加危險隨將應修石土各塘共估銀二萬三千餘
兩題請修築彼時不過先事預防豈意果於七年
春間南首海中漸亘巨沙潮逼北岸夏月沖擊更

甚坦水坍卸塘身震撼日有蛀陷及臣聞訃丁憂
在浙候
旨之時正值秋潮更大塘工危于呼吸署撫臣蔡仙船雖
經發銀備料搶修而東西兩塘道里遼闊實有不
數臣尚在地方何敢坐視將鹽務公項銀一萬兩
發貯縣庫交杭嘉湖道王斂福等支領辦料先將
各處塘身積土加培高厚暫禦漫溢一面施工隨
時搶修以為急則治標之計迨臣回任先經順途
親往查勘於九月初旬潮勢猛急前題之外又多
續坍當飭各工員隨坍隨築上緊搶修會同司道
商酌先將草塘加厚增築以護其外再於草塘之
內砌築石工以備後患又相形勢潮流湍急於近
塘往來汕刷潮退露出低窪之處儼若河形非築
排水大草壩以分其勢則晝夜搜根塘脚空虛難
以存立不敢膠執前見因於陳文港等處議建草
盤頭五座堵禦頂衝一面將塊石各塘酌量改砌
條石塘坦以期堅固亦於十一月十五日彙疏具
題本年四月初一等日臣親往寧邑沿塘履勘查

東塘盤頭五座內除白墻門念里亭已先建大者
二座并錢家坂添一小座外其餘三座今春築完
并於小墳前之頂大一座盤頭兩旁增築雁翅使
潮水得以兩面順勢埽出不致壅遏冲激前之近
塘低窪河形亦得漸平現在頗見成效而西塘一
帶塘身太直以致溜水往來搜刷如故春汛又多
坍損亦應照東塘之例於老鹽倉戴家石橋楊家
莊三處添築草盤頭大壩三座抵禦霉夏秋汛所
有前題草塘內請建大工石塘之處目今貼岸雖
有漸漲微沙聚散無定皆係必不可已之工但一
時難以並興不得不暫為寬期陸續帶辦其東塘
自普濟菴至尖山塘身共二千二百餘丈原係遠
年碎石疊砌塘外坦水僅止一層從前尚有漲沙
擁護得以無恙今歲春初潮汛所至直埽塘身報
坍數段目今東南二處會合倒捲潮頭雖息中沙
漸徙惟有東潮往來誠恐將來伏秋大汛又有衝
激頓成險工通塘逼近海邊一時難以搶救現在
裏塘酌量簽釘樁木幫闊塘面五六尺窄處幫闊

一丈塘外坦水逐段修砌完備其塘身石塊有鬆浮殘缺并現在坍卸者亦加拆築堅固以防秋汛此外有本年春汛東西兩塘陸續坍卸𢾿裂各塘身及潑動坦水樁石刻不容緩現在一面飭修一面催造估册及西塘添築盤頭大草壩普濟菴以東修築塘身西新倉加築土堤草壩并上年秋汛續坍議改條石塘坦又前題草塘內石工各項工程確切估册另咨送部其去歲秋汛搶修并東塘先後建築大盤頭草壩又上年秋汛本年春汛兩次趕築續坍無脚草塘及西草塘等工俱已完竣當同本年正月內咨送原估續估以及秋汛增添各工料另於題修歲修搶護各案內分別報銷又海塘所設專官止海防同知一員即使往來奔走而百里之遙東坍西卸晝夜靡寧難以兼顧且做工之際人夫俱從鄉民僱覓來則一時烏合去則四散歸農或值民間蠶農兩忙或值昏暮風潮猝至僱募不前耽延時日均足貽誤緊工若多設別員勢必另籌經費即外屬遙制亦恐呼應不靈請將杭州捕盜同知管糧通判二員派令分管東西兩塘平時輪流赴工稽查夏秋之時親駐工所督率仍帶辦本等事務再設千把總二員兵二百名分於東西兩塘常川做工則寒暑晝夜可以不致暫離於海塘實有裨益或亦善後之一策也　下部議行　六月風潮大作海鹽縣演武塲洪荒等號至三澗寨矮石塘坍卸三十丈總督李衛題發帑銀二千二百八兩零修築又謝家灣起雪炎亭秦駐山脚止富土備塘一段加高二三尺幫寬一丈計長九百一十五丈發帑銀九百五十六兩零修築　是年鑄鎮海鐵牛五座分置老鹽倉前戴家石橋山川壇泥烟墩

前潮神廟前五處

是年分海寧縣石塘工歲修銀四萬六千一百三十二兩零又搶修海寧縣石草塘工共用銀二萬五千四百四十二兩零以上歲搶修通共

奏銷銀七萬一千五百七十四兩零

九年十一月總督管巡撫事李衛題請續修海寧海鹽錢塘平湖四縣江海塘工　疏曰浙省濱海各邑海寧潮水橫過患在捜刷沙土根脚空虛海鹽潮來對衝患在因風助勢撼擊難禦所以兩縣塘堤時有東修西塌之虞而錢塘大江直接海寧潮頭阻過江水逆回衝突堤岸亦與別處不同若非逐年隨時相度修補保護稍有因循即成鉅工今詳細履勘見海寧縣鎮海塔前等處塘身低狹俱應幫闊增高又念里亭等處潮勢甚猛往廻汕刷塘脚必須加築坦水以護塘身又普濟菴等處有應修塘坦其海鹽縣南首三澗寨一帶爲石塘盡頭當海中韭黃門潮汐對衝最稱險汛雍正四年捐築矮石塘一百丈稍爲抵禦今大塘脚下沙土被潮洗刷一空樁木露出竟成蹩躠之象危險異常惟有仍照原基接建四十丈方可保此一方民田廬舍又捐築之矮石塘及附石上塘底面窄狹必須因地加闊其北首天字號塘盡頭處海潮直逼土塘每遇東北風高波浪洶涌土塘潰決可慮急應酌量頂次衝險加築石工此外閏餘二號夏汛裂縫石塘并劉王廟起朱公寨止及珠稱等號低狹坍壞土塘俱應搶修培護又平湖縣獨山東西石土各塘上年毛竹寨等處已經衝坍三百五十餘丈隨飭搶修幸不蔓延今各塘低陷窄狹之處若不早爲培修必致又費大工勘明情形不敢因循貽悮隨查寧邑海

塘寧西草塘盤頭雉坍塘身一千三十一丈八尺
備料借修外其餘鎮海塔前等處幫闊培高塘身
共一千四十三丈又念里亭草盤頭等處一百五
十五丈應加築大條石坦水一層并舊塊石坦水
三十五丈應築大條石坦水二層東塘七里廟等
處五百餘丈議將中條石築塘身大條石築坦水
內有項險之處塘身亦用大條石砌築又普濟菴
迤東梁家地等處塘身二百二十餘丈并西塘唐
子千門前五丈仍用塊石修築海鹽縣南首三澗
寨改築舊石塘八十丈矮石塘一百丈接建新石
塘四十丈北首天字號塘盡頭一帶建築石塘共
一千三百六十五丈并小陡門一座搶修閘餘二
號舊石塘一十一丈又三澗寨塘盡頭各附石土
塘共四百五丈搶修珠稱珍李等號附石土塘四
百一十八丈加高幫闊劉王廟等處老塘一千三
十丈平湖縣獨山東西拆修石塘九十丈一尺加
高幫闊培厚土塘共一千二百九十一丈八尺并
作浦城西石街等處加高土塘一千一百四十丈

及錢塘縣徐村梵村等處修築坍裂江塘三百五
十三丈六尺均屬勘明確核應修應築工程除飭
取工料細冊送部一面動項給發工員速行辦料
乘此冬令潮小之候預爲興工攢辦統于完竣日
同上年歲修已完鹽邑之洪荒等字號報坍附石
土塘九百一十五丈平邑之茅竹寨黃姑坊沖坍
土塘三百五十餘丈等各
工一併分別造冊請銷　下部議行
是年分歲修錢塘海寧平湖江海石草塘工共
銀五萬三千三百三十兩零又搶修海寧平湖
縣石草塘工共銀一萬一千四百四十八兩零
以上歲搶修通共奏銷銀六萬四千七百七十
九兩零內除修江塘銀三千七百六兩零計海

塘項下實銷銀六萬一千七十三兩零

勅修兩浙海塘通志卷四

本朝建築二

雍正十年七月署巡撫王國棟題請於寧邑華家衖草塘止處至仁邑沈家埠迤西之潮神廟接築草塘二千二百二十餘丈又報仁和錢塘海寧平湖等縣石草塘坦坍塌段落情形請動帑修築疏曰寧邑沿海塘工外係活土浮沙本年春夏霪雨連綿山水驟發加之潮勢猛烈護沙衝卸以致東西草石各塘均多坍損經臣嚴飭工員上緊搶築堵禦惟華家衖以西之翁家埠接連仁邑之沈家埠迤西至萬家閘一帶地方歷來原無草石等塘本年閏五月十三四等日上游山水驟發滙注錢江搏擊

頂衝此段舊沙日被坍進以致危險異常應先將舊土塘加培高闊并接築草塘防護寧邑自華家衖以西至翁家埠接連仁邑之沈家埠等處先將舊土塘加培高闊又於華家衖西新倉周家壩翁家埠等處酌量外築土堤圈入以護廬舍但土堤鬆浮單薄恐未能抵禦朝汐且海塘形勢遷徙靡常原應隨時相度防護今此地歷年因離海尚遠外有沙地未足為虞不期自今夏水發以後晝夜衝刷遂至逼臨內地若不及早捍衛關係兩邑生靈匪淺應再於華家衖草塘止處接築柴草塘一帶至仁邑沈家埠迤西之潮神廟東首止計長二千二百二十餘丈相度緩急陸續開底建築并建盤頭下埽防護再寧邑春夏二汛坍陷草塘七百二十一丈七尺當飭分別修築再無腳草塘二百六十餘丈亦并開底拆築并於危險之草菴前一段建貼心盤頭一座以迎水勢及華岳廟錢家坂小壇前盤頭雁翅浦兒兜盤頭東西兩角張爲三門前坍塘一十九丈西南八圖孫家亭後坍塘二

十丈暫用草柴搶堵又東塘沈月明西塘湯月明堂等處坍卸塘身一百九十六丈六尺請照前督臣李衛題定條石塘坦之式修砌并築一二三四層條石坦水已飭先行興工又陸續坍卸之東塘新菴西等處舊塊石塘身工段共計二百一十七丈七尺西塘浦兒兜盤頭東塘身六丈及修補坦水并堵築白牆門秧田廟盤頭又霉伏二汛坍塌各段草塘共計七百二十六丈五尺飭員相度修築務期工有實效保護無虞再平湖縣獨山字號舊石塘一十四丈現在坍裂亦應一例拆築再錢邑江塘定北四圖俞士品地前坍塘四十一丈被潮沖刷亟應添樁加層又自徐梵二村并諸橋起至獅子塘頭止塘身上下間有翻倒叠石拔去石塊將來恐有衝坍亦應亟加修築　下部議行

按草塘工程自康熙六十一年巡撫屠沂奏稱

前撫臣朱軾題准於浦兒兜等處建築石塘一千三百四十丈內有土性虛浮不能安石者請暫築草塘以資堵禦遂於老鹽倉五百丈石工迤西另建草塘千餘丈歷年加修殆無虛日其地皆在寧邑故仁邑未嘗有修築草塘事至是署撫臣王國棟以上游水發西塘老沙衝刷題請接築草塘二千餘丈其塘半屬仁和半屬海寧此沿及仁和修築草塘工程之原委也

十二月總督程元章爲查勘海塘情形入奏奉

旨大學士鄂爾泰張廷玉朱軾會同總督李衛尹繼善詳議具奏欽此

是年分錢塘海寧平湖三縣歲修石塘工銀三萬八千九百七兩零又搶修仁寧二縣石草塘工共銀一十四萬四千六百七十八兩零以上歲搶修通共奏銷銀一十七萬三千五百八十六兩零内除修江塘銀二千二百五十兩零計海塘項下實銷銀一十七萬一千三百三十六兩零又雍正九十兩年分歲修海鹽縣塘工共

用銀六萬三千一十九兩零以上九十兩年江海塘工通共報銷銀三十萬一千三百八十五兩零後經部駁核減實准銷銀二十九萬八千四兩零

十一年正月大學士鄂爾泰等遵

旨集議奏請

欽簡大臣往浙詳細查勘疏曰臣等會議得浙江總督程元章奏稱海寧縣東西各塘近日潮勢危險實有倍於往昔查各處海潮俱係暗長獨浙江之海寧縣因江海相交之處尖山入口東監激起潮頭江水東來海潮西去席卷奔騰逆流而上故與他處情形迥異歷來東西兩塘各處工程因潮汐遷徙靡常故修築捍禦不一今據稱今年夏秋潮勢自東而西竟侵入仁和縣界二十里臣等查核檔案寧邑東塘向有修築石草條石塊石各塘西首現衝之仁和縣界内原係土塘歷年未有石草各工此離杭城後身僅二三十里且與長安壩下河向北一帶低窪之處相去不遠設有疎虞建瓴而下有關杭嘉湖蘇松常六郡利害是今日之險以西爲急自應速爲修築以備春伏大汛但各處塘工止有土石之分獨寧邑又有草工者益緣潮勢沙性俱與北首之海鹽平湖南首之蕭山會稽山陰餘姚等縣不同其地沙活土浮根脚既不堅實潮頭又從根脚之下横逼深刷來去蕩摇晝夜兩次快水回溜專搜塘脚即使大石鋪砌塘身堅厚而脚根一鬆上重下虛最易傾側故土性堅實之處尚可修築石塘遇沙土浮鬆只得修築草塘暫爲堵禦此三項工程在石塘則苦於辦石艱難河海轉運曠日遲久土塘又苦於取土之處遠則工費浩繁近則塘身單薄且多民間

農桑廬舍無曠土可採草塘則止堪堵禦一時每年必須加鑲而潮汐鹹水夏秋霉黰數年之後易至墊朽是三者各有難處而因時設法分别緩急隨地制宜又皆必不可少之事應逐一詳加查勘趁春間潮小之時將應行補葺修築工段即於藩庫内酌動正項錢糧相機儹築多備物料以禦潮汐其通盤相度形勢籌畫機宜應作何修築以垂久遠之處應俟

欽簡大臣前往詳細查勘再行定議又據奏稱今歲增修添築塘工用帑十五六萬晝夜搶修始保無虞庫存捐項用完動支歷年用存

恩賞備公現在添築草塘及補修各工動用浩繁莫如照從前海塘事例仍開捐納以資經費查浙江海塘從前原有捐納貢監一途但恐捐納者少於事無濟應酌量許浙江福建二省之人就近赴捐並於貢監之外增添封典加級紀録及雜職吏員即用等項令該督酌定條款具題到日再議再查各項工程俱應及時修築所需經費甚屬緊要若俟開

捐交收動用誠恐緩不濟事應於藩庫先動正項
錢糧一面奏
聞一面即行辦理所動藩庫錢糧即以捐納之項抵補又
據奏稱塘工尤須熟練強幹之員現任杭捕同知
李飛鯤塘工尚屬諳練令專管海塘以專責成查
西塘工程甚急李飛鯤應令專管西塘庶為相宜
又據奏稱分撥之佐雜千把總等員若臨時委調
者非係熟諳於事無益今在工數員再加揀選發
工効力俟有功績另請議敘委用查海塘關係重
大該督身任責成一應在工道廳佐雜千把等官
俱聽該督選擇改換委任將來
不致推卸庶於工程有益矣　奉
旨依議隨
命內大臣海望總督李衛赴浙查勘海塘大理寺卿汪漋
原任內閣學士張坦麟前往承辦　二月內大臣

海望等題明增修海鹽乍浦土備塘現在興工疏
曰臣海望臣李衛於二月初八日抵浙江省會同總
督程元章由杭州南門外至海寧縣沿塘履勘其
翁家埠萬家閘緊要塘工已委專員搶修保護春
汛至通盤工程應如何設法料理之處俟將對岸
形勢查勘明悉另行確議具奏外又查海鹽一帶
塘工自澉浦起至乍浦止內有海鹽近城一段舊
築之塘全用大石縱橫疊砌最為堅固惟塘脚下
間有微露樁頭之處似應添補坦石保護塘址其
上下兩頭新築石塘石塊雖小尚屬整齊惟附塘
之土稍覺卑薄應行加高培闊以護塘身其塘內
相去數十丈有土備塘一道臣等逐段查閱有塘
面雖闊而塘身尚低者有塘身雖高而塘面甚窄
者俱應分別增修其有未築土備塘之處亦應一
例補築此項工程較之海寧仁和似可稍緩而體
察民情比他處為獨急查上年海鹽平湖等縣偶
被蟲災秋收歉薄乏食窮黎雖賑恤而米糧未能

充裕小民謀食尚屬艱難幸而今年春苗暢茂麥
熟可期二三月間正值青黃不接之候藉此工程
庶可接濟民食臣等仰體
聖懷業經派出專員興工修築俾窮民得以傭工餬口不
特於塘工有益且於民食有資所需工價銀兩約
計二萬有奇可以敷用又查海寧米價每石一兩
六七錢不等今夫役畢集工所恐致市價益昂現
將永濟倉存貯米穀二十餘萬石內酌量撥運海
塘給工價銀兩扣除藩庫俟秋收後買補還
倉庶米價可以漸平而小民更沾實惠矣　下所
司知之計海鹽土備塘自行素菴起至澉浦西山
脚止加高幫闊一萬四百七十九丈五尺附石土
塘北自赤家港起南至三澗寨止加高幫闊二千
八百十七丈五尺共用銀二萬二千三百七十二

兩零又建築石塘脚下坦水十二段自落水寨起
南至三澗寨止長三百六十六丈五尺又拆修壹
體字號石塘二十六丈共用銀一萬三千三百二
十兩零又修平湖縣舊土塘自乍關鎖鑰起至海
鹽縣交界止共長一千五十九丈附石土塘長一
千九十七丈三尺共用銀二千二百六兩八錢零
三月內大臣海望等備陳江海情形請於尖塔
兩山間建立石壩并請改建大石塘又於舊塘內
添築土備塘一道又請添設道員同知守備千把

總等官增兵八百名〔疏曰〕臣等渡江由紹興府所屬之蕭山縣并河莊山等處將浙省江海情形詳加查閱看得江海之門户不同水性各異水道之遷徙靡常其中有人力所能為者有人力所不能為者凡人力所能為者自宜分別緩急次第興修今將臣等管見敬為我

皇上陳之伏查江海之門户有三省城東南龕赭兩山之間名曰南大亹禪機河莊兩山之間名曰中小亹河莊之北寧邑海塘之南名曰北大亹此三亹形勢橫江截海實為浙省之關閫也再查江海水性凡海皆有潮潮皆晦長惟浙省之潮與他處不同蓋緣海潮自東而西江水自西而東每遇春秋朔望潮汐盈滿江流陡發之時互相搏擊突起潮頭勢甚雄捍若再遇颶風勢必洶涌故歷來為患者雖在於潮而所以助潮為患者又在於江與風也再查江海水道惟中小亹適當南北兩岸之中江水海潮若由此出入則兩岸無虞但中小亹地面不及南北兩大亹之半且山根餘氣似若綿聯潮

過沙淤偶涌旋塞所以不從而南即從而北然從南則南岸尚有龕常等山連絡捍衛蕭山一帶或有沖刷之處為患猶輕若從北則北岸僅有塘堤為之備禦倘有潰溢關係甚鉅今查南大亹早已淤為平陸數十年前尚有中小亹出入嗣後逐漸徙至北大亹故年來北大亹之桑田廬舍已成滄海若欲遏抑江海之狂瀾使其仍歸中道恐非人力所能為者臣等出京時曾面奉

諭旨爾等到浙詳細踏勘如果工程永固可保民生即帑金千萬不必惜費欽此臣等凜遵

聖訓細加詳勘凡於海塘有益而人力可施者靡不悉心籌畫以仰副

聖懷今公同看得海寧之東南有尖山聳峙鎮鎖海口其西有一小山俗名塔山相去百有餘丈水底根脚相連尖塔兩山之間相傳向有石壩堵截水道有此壩石北岸護沙時坍時漲後被修塘人役偷取其石修補塘工北岸之沙至今有坍無漲臣等相度情形現在江水大溜緊貼北塘直趨尖山塔山

之間而出引入海潮衝激塘身護沙日卸伏思水來沙去水去沙來理固有之若於尖塔兩山之間照舊堵塞使江水海潮仍向外行則北岸護沙可望復漲果能北漲自必南坍水道亦可望其南徙但春夏之交潮汛正大難以興工俟冬初水落擬用石塊設法填塞似猶人力所能為者至於仁和海寧二邑海塘所有應修應築工程甚多一時難於並舉自應分別先後逐漸興修其自華家衖以東尖山以西一帶塘工有草塘并條石塊石塘不等內有大學士朱軾於巡撫任內修築之石塘五百丈完固無損又新建之條石塊石塘雖小尚屬整齊均無庸修補其餘塊石柴草各塘以及翁家埠萬家閘去年沖塌之處有已經粘補者有現在動工修築加謹保護者但草塘易於朽爛塊石舊塘亦易坍塌若使僅僅粘補年年搶修歲需錢糧盈千累萬積至數年不可勝算而塘工之單薄危險如故非經久奠安之計似應改建大石塘庶可垂之永遠所需工料約銀一百八十餘萬兩所用夫役

木石及運送船隻等項甚多即使用力趲修非歷數年之久不能告竣伏查總督臣程元章業經奏准開捐以資經費若儘其所收銀兩按年動支修築塘工漸次可以告竣而

國帑亦不致靡費且臣等現議堵塞尖山水口若既堵之後果能沙漲護塘則石塘可以不必改建倘尖山既堵仍無漲沙再行改建似亦未遲惟是翁家埠一段草塘其地脚係活土浮沙恐難釘樁砌石或仍用草工堵禦雖須時加粘補而地面不過十餘里每年所需無多至塘內地勢低窪及塘背附土單薄之處現今即應培補所需培補之工沿塘或無官地挖取應照河工之例交與地方官徵段確查酌量購買民田應用仍將所買民田額徵錢糧查明題豁又查雍正二年風潮偶大海水漫溢塘面損傷民田廬舍臣等切思驟雨狂風不能預測若僅此一層隄岸未為萬全且現在石草舊塘一時未能改築應請於海塘之後添築土備塘一道比舊塘再高五六尺務令於今年秋汛以前

上緊趲築完工萬一風潮泛溢有此備塘抵禦可
以護衛再查仁和至乍浦一帶海塘不下三百里
若無專管人員將來不無廢弛之患前經題委杭
嘉湖道一員帶管工員非其專責所設杭嘉海防
同知二員千把總各一員兵二百名亦恐照料難
周應請專設道員一員添設同知一員守備二員
千總三員把總七員兵八百名巡查照看隨時修
補可以保固塘工除現在搶修工程并粘補石草
舊塘以及萬家閘外修築衛卸水口所用錢糧仍
令於本年歲修案内核銷外所有堵塞尖山水口
約需工料銀六萬三千五百餘兩新築土備塘一
道約需工料銀十三萬五千四十餘兩培補舊塘
土身約需工料銀二萬一百九十餘兩三項共約
需銀二十一萬七千七百三十五兩又添設官弁
每年約需俸餉銀一萬三千七百九十八兩餘米
二千八百八十石以上議修工程及請設官弁之
處如蒙
皇上俞允臣等另行逐細核估具奏奉

旨恭紀首卷允行并
命於中小亹開挖引河以分水勢計新築土備塘一道自
寧邑龜山脚下起至仁邑李家村止共長一萬四
千四十八丈五尺塘身底寬五丈頂寬二丈四尺
内建石閘四座東塘閘道菴念里亭各一座西塘
董石灰橋荆煦廟後各一座涵洞十七座東塘擬
轉廟二座陳文港車子路尖山運河雙叉港蘇木
港各一座西塘楊家莊天開河各二座馬牧港翁
家埠杬宅壩三角田曹殿壩萬家埠各一座木橋
二十六座東塘十一座西塘十五座塡河池坑瀆
湊長一千八丈五尺又自李家村至接塘頭老鹽
塘加土四千九百五十六丈内修建舊閘四座雙潭閘萬善閘王家閘潮安閘舊涵洞三座陸家跳涵洞太平涵洞青龍涵洞
共分七段第一段溫州府同知徐崑承築第二
段原任玉環同知胡啟敏承築第三段遂昌縣知
縣許蓋臣承築第四段原任永嘉縣知縣羅秉禮
承築第五段寧紹分司汪德馨承築第六段候補
同知施上治承築第七段即培築李家村老鹽塘

杭州府通判張偉承築閘座涵洞東塘原任翰林
院侍讀學士陳邦彥溫州府同知徐崑承築西塘
原任翰林院檢討陳世侃候補同知施上治承築
塡塞坑瀆縣丞劉世傑場員張蒝等委辦於雍正
十一年十月開工十二年三月報竣用過工料銀
一十三萬六千七百二十九兩零　四月内大臣
海望等條奏浙省塘工修築事宜請將本省廢員
及紳衿子弟情願效力者令督臣揀選派委一應
給發工價銀兩請採買米石兼放其添設官兵轄

隸道廳營弁分管分派駐劄處所并建衙署營房
令督臣揀選諳練人員補用又題估應築石草各
工工料銀兩下部議行〔部覆〕內大臣海望等奏稱
臣等前將浙省仁寧二邑
海塘應修工程繕摺具奏奉
旨准行令臣等伏思浙省海塘工鉅費繁關係重大必須
經理得宜始於塘工有益謹將修築事宜酌議數
條恭呈
睿覽一分管工程添員宜揀選酌派也查浙省現任佐雜
等官各有別項差遣即發往委用人員亦恐不敷
調派臣等在浙時有本地廢員及紳衿子弟情願
自備資斧請効力者其中不無可用之人應令總
督程元章酌量派委應如所奏令程元章揀選家
道殷實才堪辦事之人酌量派委果能實心辦事
於工竣之日該督分別等第出具考語具題請
旨議敘一給發工價銀兩宜採買米石兼放也查上年浙省

仁寧等縣秋收歉薄現在米價未平今興修大工
夫匠雲集恐致市價益昂應令總督程元章即於
臣等估計修塘工價銀內酌量動支銀數萬兩遴
員於米賤地方採買糧食運送工所搭放人夫既
得均霑實惠而本地米價不致昂貴應如所奏令
該督作速給銀委員採買搭放仍將搭放銀米數
目於題銷冊內分晰造報一添設官兵宜專責成
也臣等現議設立道員一員應加以海防兵備銜
俾道職銜凡海塘文武官兵俱聽調用其沿海州
縣等官亦令兼轄兵役新設守備二員應分左右
二營將原設添設之千總四員把總八員外委[illegible]
六員兵一千名分隸二營管轄應准其將新設道
員一員加以海防兵備道銜將海塘文武官兵聽
其調用並兼轄沿海州縣等官其官弁兵丁分管
事宜仍令造冊送部查覈一官兵駐劄所宜分派
也查海寧為沿海州縣適中之地應令道員駐劄
寧城以便查閱工程至同知三員除管理海鹽乍
浦塘工同知一員仍照舊駐劄乍浦外應將原設

同知一員駐劄寧邑添設同知一員駐劄仁邑各
就近經管不時查看左營守備一員駐劄海寧之
東右營守備一員駐劄海寧之西酌量分界管理
千把總等官各照要緊地方分段汛防至兵丁俱
于附近海塘處所均派居住應准其將新設道員
駐劄海寧其餘官弁駐劄地方兵丁派防汛界址
仍令逐一分晰造冊咨部查核一官員衙署營房
宜建設也道員同知守備等官衙署應令總督程
元章查明官房撥給如無官房之處另行估計建
造千把總外委兵丁營房共應建一千六百二十
八間再於仁寧一帶建造堡房四十間海鹽乍浦
建造堡房二十間共需銀一萬三千三百八十四
兩着該督酌量動支藩造至所需器械軍裝應名
募齊全令該督照例料理應如所奏道員同知守
備等官衙署令該督查明撥給或另行估建器械
軍裝俟名募齊全照例製造工完之日一并造冊
題銷一宜揀選諳練人員以收實效也浙省海塘
現在興工必得熟練之員方能辦理妥協查杭嘉

湖道王欽福題委兼管塘工已經五年請調補海
防兵備道俾得駕輕就熟似於工程有益其杭州
海防同知吳弘曾乍浦海防同知盧承綸令照舊
供職所有新設海防同知一員查杭州捕盜同知
李飛鯤在工年久熟諳情形請即調補再新設左
營守備一缺查千總尹世忠歷練勤勞請以陞授
所遺千總員缺即以現在塘工之把總張明拔補
尚有右營守備一員千總三員把總八員并外委
弁員令該督於通省武弁內揀選應准其將杭嘉
湖道王欽福調補新設海防兵備道杭州總補同
知李飛鯤准其調補新設海防同知尹世忠張明
並准其補授其右營守備千把外委等官俱令該
督於通省內揀選一所用錢糧宜核實報銷也臣
等現議修築石土塘壩所需工料銀兩俱係約略
估計如所估工料等費或有不敷令該督程元章
題明加增如有餘剩俟工程告竣據實報銷其應
用錢糧款項亦令該督題明動用仍將估計工料
銀兩數目另繕清單恭呈

御覽省工料單內自尖山起至萬家閘新築大石塘共長
一萬四千二百九丈內除舊有石塘四千二百八
丈六尺不築淨長一萬丈四尺共用物料工價銀
一百七十萬一千七百四十四兩九錢零又自尖
山起至李家村新築土備塘共長一萬四千二十
七丈六尺又李家村至斷塘頭舊有老塘四千二九
百五十六丈今酌量地勢增高加闊新建閘四座
新建涵洞六座新建木橋六座以上五項共用銀
十三萬五千三十九兩零又堵塞尖山水口自尖
山至塔山約一百二十丈俱用石塊堵砌其塊石
須用木筏裝載共用物料工價銀六萬二千四百
九十一兩零又尖山起至萬家閘石草塘共長七
千九百丈八尺背後附土加寬增高計二百二十
八段共長一萬四千六百四十七丈五尺其附塘
各段低薄不等酌議加寬增高取土買民地共用
地工價銀二萬一百七十四兩五錢九分零通共
約估銀一百九十一萬九千四百四十九兩四錢
二分零應如所請行令該督將浙省應修應築石

土塘閘橋座涵洞等工遵照所奏事理酌量工程
緩急分別先後照依所估銀數一面動支給發承
修各員上緊辦料募夫修築務期如式堅固以垂
永久一面將動支錢糧款項聲明具題如所估工
料等費不敷應用亦令將不敷銀數題明加增倘
有餘剩於工程告竣之日據實照例造具清冊於
題銷疏內聲明
具題查核可也
八月內大臣海望奏請揀發旗
員協辦塘工（疏曰）臣等往浙查勘海塘情形相機
修築前經定議覆奏昨接浙江督臣
程元章寄臣字內稱本年六月二十一日潮水撲
上塘面以致草石舊塘間段坍卸現於塘身後面
加高培厚未致冲淹看此情形總因從前工未堅
固監修人員每多草率所致凡修築堤工必須夯
硪如式樁釘長密培石堅固管工人員時刻不離
工所親身坐守工程始得堅固前臣帶往浙江監
修海塘之內務府御史偏武員外郎訥青額因不
服水土隨臣回京只留員外郎穆克登額一人在

浙臣思工程甚多雖有前派官員恐未敷用若仍
委內務府人員前去又恐道途遙遠耽延時日臣
前在浙時見旗員內尚有可用之員仰懇
勅諭浙江將軍阿里衮副都統隆昇就近選派旗員數人
與在工人員一同坐守監修仍令將軍副都統協
同總督等不時稽查則做工人役不致怠玩而工
程亦得
永固矣　奉
旨允行監修土備塘自斷塘頭至李家村滿洲鑲紅旗防
禦雅森秀李家村至翁家埠滿洲鑲藍旗佐領佛
寶往翁家埠至老鹽倉漢軍正藍旗防禦董大德
老鹽倉至海寧縣西門漢軍正白旗驍騎校富魁
海寧縣西門至九里橋蒙古正黃旗佐領桑格九

里橋至東新倉漢軍鑲黃旗防禦汪有言東新倉
至尖山脚下滿洲鑲黃旗佐領巴金太監海寧縣
東至尖山石草土各塘滿洲正紅旗佐領長壽西
至萬家埠石草土各塘漢軍正藍旗防禦劉志奇
十二月總督管巡撫事程元章題報本年仁和
海寧平湖錢塘四縣江海各塘坍塌段落情形請
動帑修築（疏曰）浙省仁和海寧等縣石草塘工濱
臨大海潮汐江溜晝夜冲刷兼係浮沙
活土根脚鬆虛最易坍陷且海中漲有南沙一道
橫亘東西以致潮溜日迫塘身大汛屢有坍塌工
程甚關緊要經臣屢次會同大理寺卿汪漋內閣
學士張坦麟詳加察看行令趕築土堤加築柴塘

草壩以資捍禦查海防同知吳弘曾員下自本年春季起至夏季六月十八日共報坍矬草塘七十餘段共長三千一百九十餘丈又盤頭雁翅七段共長二百餘丈其塊石塘自本年春季起至七月二十一日共計坍矬一百八十餘段共長一千二百餘丈又潑壞坦水共長七百七十餘丈盤頭五座共長八十餘丈又杭州府通判張偉員下萬家閘沖卸水口接築柴塘至俞蔣英竹園計長一百三十餘丈又吳宏曾員下自六月十八日起至秋汛九月底續報坍矬草塘三十餘段共長一千四百九十餘丈又盤頭雁翅六段共長一百七十餘丈又自七月二十一日起至九月底坍矬東塘塊石塘十段共長五十餘丈又史家廟東至邢家門前加築防風隄一帶共長三百七十餘丈又築土隄一道共長二百四十餘丈又平陷許鳳其門前等處中條石塘六段改築草壩共長二百三十餘丈又西塘海防同知李飛鯤員下自六月二十一日起至九月底坍矬草塘四十段共長七千一百餘丈又盤頭雁翅四段共長五十餘丈又接築俞爾英竹園起至李家村草塘共長二百五十餘丈又坍石塘四十餘段共長三百五十餘丈報坍段落俱遵照營造尺量算將來估計工料亦照營造尺估算再平湖縣報修服字號石塘一十五丈零又自益山腳起至獨山司城加培土塘十四段計長七百八十餘丈又六月二十等日風潮沖損獨山文乃位讓等各號土塘二十餘段共長三百餘丈俱不在欽差內大臣海估計加培土塘案內之工應在歲修案內報銷又仁和縣總管廟前坍矬工塘一十餘丈錢塘縣梵村午山地前等處各有坍矬江塘共七十餘丈以上各處工程俱屬緊要嚴飭在工各員上緊修築保固毋許疎虞浮冒并飭取勘估確冊另行咨部　下部議行

十二年二月總督程元章奏稱尖塔兩山間難以築壩堵塞中小亹難以開挖奉

旨大學士鄂爾泰會同海望閱看欽此隨經大學士鄂爾泰等議上議曰浙省海塘偶被潮患仰蒙

睿慮念切海疆特命臣海望李衛前往浙江會同程元章踏勘情形相機修築隨看得海寧之尖山水口爲海塘致患之由請於冬初水落擬用石塊設法堵塞旣堵之後如果沙漲護塘則石塘可以不必改建奉

諭旨石壩建後即有漲沙石塘仍應改建此誠我

皇上加惠浙民務期永遠奠安之至意是堵塞尖山水口與改建石塘理應詳悉籌畫分別緩急次第興修者也乃該督程元章於上年水落之時旣不遵照辦理又不預行奏明今稱石塘現在辦運物料擇吉開工其尖山水口勢難堵截查尖山水口旣不能堵截則江溜海潮勢必緊貼塘身奔騰沖激即欲改建石塘亦難釘樁疊砌縱使塘身建就而塘脚之下洪濤巨浪晝夜刷洗又何以保固此不塞水口而遽議建塘實屬先後失宜緩急倒置事之斷不可行者若該督以前原估石塊六萬餘方不敷堵築之用查原估工料本係約計之數已於前奏辯明該督何難再行確估題請加增若以塊石散拋恐其隨波漂蕩查原奏內原有設法堵截之語或製造木籠竹簍或購買舊船中貯石塊外用鐵鍊聯成一片是纍小石而成大石亦難輕易撼搖至該督奏稱堵塞之後江海迴溜兩邊過抑尖山之後必有泛溢臣海望等赴浙時查勘尖山至塔山延長不過一百餘丈外面即係大洋如果堵塞此口不獨大溜將歸中道必不至有泛溢而水去沙留石壩即轉資以爲固修建石壩原創自前人繼毀於官役今欲復舊制具有成規似較之謀始者難易猶有間也其開挖引河之處係奉

諭旨相度地勢酌量辦理今該督程元章等旣稱引河難於開挖尖山難於堵塞則如何捍禦潮勢保護塘工之處是應及早商辦以備不虞乃漫無成見並不置一辭是意本畏難遂束手無策恐事再遲延

成功愈不易矣臣等公同酌議應仍令程元章等再於中小亹詳加踏勘如何施工疏濬即令妥確定議具奏至尖山水口實係海塘受患之由不獨臣海望御史偏武翁藻等親勘形勢以爲應行堵塞即訪之紳士并土着居民亦衆論僉同若不亟爲舉行則歷年徒費錢糧於塘工無補亦應交與程元章等於今年九月以前將應用物料購辦齊全仍俟冬初水落遵照原議設法堵塞其應需工料銀兩如原估數目不敷即詳細確估奏明加添毋存惜費省工之見致悞與修堵築之期奏

旨（恭紀首卷）依議因命副都統隆昇總理海塘事務御史偏武協辦　三月總理海塘副都統隆昇等題請派撥旗員兵丁分別段落丈尺開挖引河務期速爲完竣又言南港河一道施工較易應并疏濬隨經大

學士鄂爾泰等議覆議曰近據浙督程元章等奏報尖山水口勢難堵截中小亹引河亦難開挖經臣等議令程元章等再於中小亹詳加踏勘如何施工疏濬即妥確定議具奏至尖山水口亦令程元章等於今年冬初水落遵照原議設法堵塞奏

旨依議程元章毫無確見今將海塘一應工程着隆昇總理欽遵在案今副都統隆昇等稱河莊等山東首舊有南港河一道岸滷船隻不時往來今西首沙淤者僅一十五里挑濬甚易所費甚小當同總督商酌游移未定隨傳齊固山章京等商酌不獨各旗員情願効力即兵丁等俱踴躍爭先如開挖成港自應開報錢糧倘無成效昇等情願捐資查海塘工程向係交與程元章總統料理而程元章遲疑瞻顧不肯擔承是以隆昇等有議令滿兵開挖之請今一應塘工業奏

諭旨着隆昇總理其南港河如果可施工疏濬毋庸資藉駐防兵力應令隆昇酌量僱募夫役相機挑挖仍令將軍阿里袞派撥弁兵督查其所費工價錢糧事竣核實報銷至所稱海塘各工惟尖塔兩山爲最險自宜并力堵塞與臣等原議脗合應令仍照前議行奏

旨允行　五月總理海塘副都統隆昇題報開濬中小亹南港兩處引河工竣　同日奏引河善後事宜請造混江龍鐵篦子等器具並用夫撈淺陸續疏刷又於是年八月請將添設海防通判一員駐劄河莊山專司疏濬兼資彈壓并請撥外委千總一員馬步兵二十四名輪流防守疏濬議覆准行至次年三月浙閩總督郝玉麟復題撥海塘兵四百名

駐劄引河常川挑濬計開挖中小亹引河一道西自淡水埠起東至鹽滷埠止共長三千七百九十餘丈面寬十二丈底寬二丈深一丈至一丈四五尺不等北大亹南港一道西自大坍灣起東至分金埭止共長二千七百丈面寬四丈至十丈不等底寬六尺深四五尺至六七尺不等共用銀五萬五百五十兩三錢　八月總理海塘副都統隆昇御史偏武監督汪漋張坦麟等題請於尖山西首文武菴左右先築雞嘴挑水浮壩以攩水勢疏曰查勘

兩河工竣之後西塘自萬家閘翁家埠老鹽倉至
楊家莊一帶險工貼塘沙漲五十餘里現今霉汛
大雨以來西塘平穩尖山水口尚未堵塞查原奏
內有設法堵塞之語臣等預爲設法在于貼接尖
山外口由東南而至西北用樹木紮筏橫斜先暫
築雞嘴挑水浮壩一道以順攩潮水之入再就尖
山西首于文武菴左右由西北而至東南用樹木
紮筏橫斜亦先暫築雞嘴挑水浮壩一道以順攩
江水之出應用大樹掛錨用柴捲埽內帶石土釘
砌使兩道浮壩相對于外尖山塔山包羅于中以
便在尖山脚下用竹簍盛石挨砌層層施工堵塞
但臨期或有因時變通修用物料之處容臣等設
法料理奏
可也
旨辦理俱屬妥協欽此計雞嘴壩一座自雍正十二年九
月開工至本年十二月工竣長一百十九丈用過
工料銀四千三百四十九兩零　十月總理海塘
副都統隆昇御史偏武監督汪漋張坦麟等題報
堵塞尖山水口石壩於九月二十二日開工并奏
明江溜湍急淺深難定請增估石料夫工俟工完
另報（疏）曰尖山之工謹擇於九月二十二日祀神
開工第原估自尖山脚下至塔山約長一百
二十丈內三十丈均深四丈八十丈均深九丈底
寬俱十丈頂寬俱三丈上年潮量係潮塞之時從
水面核算今臣等相度水勢情形當以滿潮尺寸
爲準再共丈量實長一百八十二丈其頂應加寬
一丈均深應加高二丈其底應加寬四五丈不等
較原估石料夫工須得增添今儘現運石料先行
堵塞在內山水口豎插標竿于水中用船下石於
尖山脚下或用塊石或用竹簍盛石挨砌推墊若

遏急溜處用鐵錨鐵鏈角掛纜酌量安放但勢處
海口潮汐往來江溜湍急水口下石淺深不一俟
難按方定準容俟催辦齊全奏
堵塞工完另行奏報可也
旨（恭紀首卷）允行所築石壩於雍正十二年九月開工至十三
年十一月大學士嵇曾筠奏請停止共堵一百二
十丈用過工料銀五萬一千五兩五錢零
十一二兩年分修築仁海鹽平四縣江海石草
塘坦各工共奏銷銀八萬三百六十一兩零
十三年三月總督銜兼管巡撫事程元章題報十二
年仁和海寧等縣石草塘工陸續坍塌段落情形
下部議行
（部覆）總督程元章疏稱浙省仁和海寧
等縣石草塘工潮汐晝夜沖刷塘脚多
係活土浮沙最易坍塌工程甚關緊要臣屢次親
往察看行令及時搶修鞏固以資捍禦今據署東
塘海防同知張偉等冊報雍正十一年十二年坍
塌草石塘工又據杭州府知府秦炌冊報轉塘上
前等處坍卸江塘除經嚴飭在工各員及時上緊
搶修保固毋許疎虞浮冒并飭取勘估確冊另行
咨部俟工竣取造實用細冊報銷外所有江海各
塘坍塌段落情形理合先行題報查仁和海寧等
縣坍塌應修應築草石雁翅各項塘工共長六千
二百八十餘丈該撫既稱嚴飭在工各員及時上
緊搶修保固毋許疎虞應如所題行令該撫一面
將前項坍塌塘工應用工料細數先行據實確估
造冊送部一面飭令承修之員作速上緊
修理堅固工完照例造冊具題查核可也　五月
總督銜管巡撫事程元章題請海塘事宜定例以

便永遠遵守〔疏曰〕浙省海塘關係重大全藉塘工
堅固以資捍禦該撫布政司張若震
條議具詳臣詳細籌酌逐一確議敬爲
皇上陳之一海塘錢糧宜分案具領也查塘工錢糧關係
國帑而修築工程亦各有段落丈尺若將數案銀兩
任由承辦之員一總領回通融辦料則工程遠近
不一貯料地方不同那東掩西易滋弊竇應請嗣
後凡承修工程務須專案赴司具領不得將數案
銀兩彙成一處亦不許借通融辦料名色任意那
動領回之後已辦何等物料存貯通報上司以便
不時委官盤查倘有虧空那掩情弊立即嚴參治
罪一海塘保固宜分別定限也查築塘捍禦潮汐
自應明立保固限期以專責成但近日仁和海寧
地方江海直逼塘脚潮汐晝夜兩次往回冲刷又
加以土鬆沙浮坍卸靡常實屬險要且塘堤有土
石鑲草之不同工程有平險最險之各異若不逐
一分晰止以平穩險工定一年二年之限尚有疎
漏查新築之土備塘係在石塘之内既不擋抵潮

沙亦無江水搜刷應照不險工程例保固三年其
舊築條石塊石各塘皆因海潮江溜日夜衝激塘
身坍塌始行改築均係險要處所應仍照原議各
保固一年再折底草塘緣下係活土浮沙不能建
築石塘而柴草非木石可比日浸海水易於朽爛
勢難經久又附石土塘緊靠塘身每遇夏秋潮涌
加以東南風勢猛力潮頭直潑塘面塘身稍有坐
卸土塘亦因以坍塌均屬險要工程應各保固半
年至搶修之加鑲草塘係江海急流頂衝之地坍
矬處所不及拆築應即隨時搶堵補救一時實爲
最險工程應保固三月統於收工之日扣起如限
内坍塌即着承修之員賠修如遇異常潮汐非人
力可施者查明工程原係堅固錢糧俱歸實用取
具保題免其賠補庶工程緩急攸分工員知所遵
守一估計冊籍宜令承修官會同估造以免推諉
也查海塘物料冊籍向來先由地方官估計後經
海防同知領銀辦料承修原因承修之員恐有浮
冒是以責令止印官據實估計乃不肖之員或修

築不能合式或報竣已逾定限一經上司駁查非
稱原估舛錯即諉地方官造冊遲延輾轉推卸未
免遲悞嗣後一切塘工冊籍均令承修之員會同
該地方官估計查造由兵備道確核轉詳既可杜
浮冒之弊而工程亦不致推卸矣一海塘緊要處
所宜酌量預備物料以資接濟也查海塘數百里
内凡危險處所若不預先購備物料分貯待用一
遇坍矬則風濤緊急臨期猝辦未免措手不及應
先發銀備料以應急需但同知二員既有工程專
責若再委辦物料勢難兼顧應照例酌動銀兩分
發產柴各縣上緊購買預期解交塘工委員驗收
加謹分貯遇有緊要工程一面詳報一面撥用將
所用物料造入搶修案内報銷仍照依原貯之數
發銀預備俱責令兵備道不時稽查又海寧塘工
每遇大汎潮汐洶涌異常所以石塘之下復築坦
水數層以資保護若任其坍卸不歲爲修整則潮
溜直逼塘脚晝夜冲刷脚根既虛塘身豈能堅固
是坦水實爲保護塘身之根本請嗣後遇有坦水

石塊衝卸椿木欹斜承修官即詳報兵備道確勘估計轉請興修尅期完固以護塘身下部
議行　六月初二三等日風潮大作海寧海鹽等
縣石草各塘所在報坍總督銜管巡撫事程元章
具摺奏
聞　七月十九日
欽命内閣大學士朱軾總理浙江海塘工程事務

敕修兩浙海塘通志卷五

敕修兩浙海塘通志卷六

本朝建築三

雍正十三年八月二十六日奉
旨將浙江海塘工程事務交與內閣大學士江南河道
總督嵇曾筠總理　九月巡撫程元章題報仁和海
寧海鹽等縣六月中風潮沖卸石草各塘現在搶
築完工下部議行省部覆浙江巡撫程元章疏稱浙
本年六月初二日夜陡遇颶風大作雨驟潮湧沖
潑塘堤石草塘身并附石土塘坍卸甚多兼之沖
有缺口臣據報即會同督臣郝玉麟等星夜前赴
塘工逐一詳加察勘一面繕摺奏
聞一面動支銀兩飛飭在工各員多集人夫撈取舊石
上緊搶修堵禦又飛調道府知縣標員及佐雜各
員會同旗員分段趕辦柴樁料物上緊搶修晝夜
趕辦查仁和海寧二縣共坍草塘三千九百五十
一丈零盤頭一百二十四丈東西石塘五千六百
五十六丈零又海鹽縣共坍附石土塘二千五百
六十丈零沖卸大石塘面并裏外攔水石二百四
十八堍土備塘坍卸涵洞一個小坍二十五丈仁
錢二縣江塘間有坍卸多寡不等亦隨飭辦料搶
修又仁和海寧二縣海塘自雍正十三年正月起
至六月初二日陸續坍矬草塘并盤頭雁翅共二
千三百八十八丈零石塘五百六十七丈零潮溝
作壩三丈三尺今俱搶築完工但目下正當秋汛
防護不容稍懈除現在復又派委佐雜等二十餘
員相度形勢幫築高闊加謹保護并多備物料分
貯緊要處所以資濟用外所有仁和海寧海鹽等
縣石草各塘坍卸段落丈尺情形理合具題查仁
和海寧等縣風潮坍卸石草各塘共一萬二千二

百九十七丈并雍正十三年正月起至六月初二
日以前陸續坍矬草塘等工共二千九百五十八
丈五尺該撫既稱搶築完工但目下正當秋汛防
護不容稍懈應如所題行令該撫將前項工程飭
令在工派委各員上緊幫築并多備物料
運貯濟用工完之日造冊具題查核可也　十一月
大學士總理海塘嵇曾筠奏請於舊塘之後相度
基址次第建築魚鱗石塘并請先將舊塘幫築裏
戧修補坦水擇險搶修塘身再於草塘加鑲高厚
南門外先築石工五百餘丈疏曰臣欽遵
恩命總理浙江海塘事務周歷上下各工詳加查勘間
於本年九月二十八日接到大學士朱軾寄字內
開雍正十三年八月初八日面奉
諭旨浙江海塘關係民生最爲緊要因隆昇與程元章意
見不合以致遲悞工程特差爾前往督率之隆昇等聽
爾節制如何修築之處爾做過浙江巡撫自必諳練但
工程浩大需用錢糧斷斷不可吝惜舊塘先須修築完
固以資捍禦切不可因塘身臨水那動尺寸那移一步
即衝塌一步何時是已至修魚鱗大石塘乃一勞永逸
之計不可因塘外沙漲停止修築縱使沙漲數十百里
民人居處耕種亦不可恃必須大工完竣方可垂之久
遠於地方有益其石料夫工價值照時給發若扣剋留
難則利民之事反以病民如有此等情弊務嚴參重處
毋得姑容欽此仰見
聖謨廣運洞悉機宜伏查海寧東西兩塘延袤一百餘里
多係海潮江溜潆洄衝激搜刷塘根在在險要雍
正十一年間仰蒙
欽差內大臣海望等赴浙會勘奏請改建大石塘垂永
利賴而經始維艱尚未舉行本年六月內風大水
湧舊塘坍卸雖撫臣督臣等分頭搶築堵禦一時
但累石鑲柴暫爲粘補現今塘外坦水工程潑卸
歪斜比比皆然塘身卑矮單薄背後盡係淒坑內

外空虛實屬可虞杭嘉各府濱海帶江沙情以禦
水患者惟一綫殘塘若不速為修治恐轉瞬春潮
踵至關係匪輕查從前估築魚鱗石塘原議將舊
塘坍卸之處逐段改建今海潮直逼塘根往來衝
刷萬難拆去舊工開槽改築且臨水做工一日兩
潮油灰漿汁無所施用斷不能如式堅固臣再四
思維惟有照歲修之例速將舊塘工程上緊勘估
修築以固外面籓籬另於舊塘背後相度基址建
築魚鱗石塘方可垂之久遠其新塘未竣以前數
年之內全資舊塘抵禦海潮以便施工俟石即新
塘既成之後留作重門外障更屬有備無患除建
築魚鱗石塘工程容臣詳勘塘基確估工料酌定
章程另行條晰奏陳請
旨訓示遵行謹將修築舊塘事宜敬為
皇上陳之一塘身卑薄宜幇築裏戧也查海寧縣迤西
浦兒兜至迤東念里亭一帶塘工悉係海潮頂衝
必須塘身寬厚方可藉資捍禦雍正十一年奏請
加高附土歷今兩載風雨淋漓漸次塌卸今年又

被風潮沖漫現在通身單薄內外受險倘再遇風
浪衝擊難免潰決之虞臣請通盤查丈於塘身裏
面幇築土戧培卑培薄一律高寬所需幇戧土方
沿塘現無官地且多係坑漊不能取用應照河工
例交與地方官按段確查離塘數十丈外酌量可
以取土之處購買民地應用即將所買民地額徵
錢糧題請豁免一坦水工程宜修補完整也查海
寧塘工多屬活土浮沙潮水搜齧脚根易致空虛
從前於塘身外面每歲補釘排樁修砌石塊二三
四五層不等名曰坦水藉以禦浪護塘立法甚善
其如年久樁木損折石塊潑卸近今又乏歲修猝
遇風浪撞擊殘圮殆盡憑何保護塘根臣請購辦
粗大樁石將東西兩塘坦水逐段修補完整以資
護衛至需用木石等料移催撫臣多募夫匠船隻
公平給價星赴各山產地上緊採運以便備修一
塘身石工應擇險修砌也查塊石壘塘既無灰漿
灌砌又無錠鋦鈎聯率用零星碎石逐層堆垛一
經雨水淋漓處處滲漏脹裂設遇風潮抽擊必致

通身矬塌殊屬危險臣請多方購運條塊大石將
現在頂衝首險地方所有坍卸塘工分別段落陸
續改砌整齊方保無虞又查石工坍裂之後多於
塘身上面用柴鑲築雖層土層柴加鑲鋪墊而鹽
箭枝幹粗浮難於壓實容易漏縫且因下有石土
未便簽樁全不聯絡結實勢難經久亟須擇險拆
修仍用大石塊逐層鋪砌庶為穩固一柴草工程
宜加鑲高厚也查海寧迤西翁家埠一帶塘根沙
土虛浮難以釘樁砌石從前修做埽工用柴堵禦
綿亘二十餘里隨修隨蟄危險異常現今潮平之
時埽工出水僅有一二尺不等設遇伏秋大汛勢
必漫埽潰塘甚為可慮臣請購運柴料普例加鑲
務與附土塘身一律高平外用長樁簽釘堅實再
於險要處所多貯柴束土方豫備搶修以資保護
一南門石工應早為建築也查海寧縣南門外塘
工五百餘丈俯臨江海貼近城垣當首險之地受
全海之衝工程殘缺難資保障設有疎虞水勢建
瓴而下關係甚大現在三冬水減亟宜及時建築

臣請上緊購辦料物即貼近舊塘先築魚鱗石塘
五百餘丈遴委幹員分段承辦預為指示做法俾
令如式墊砌儹築完竣庶可保固城池以上舊塘
工程必須乘此水落潮平頂底畢露之時逐段查
勘通盤修築以禦來春潮汛勢難再為遲緩致滋
貽悞臣相度情形會同在工諸臣詳悉商酌指示
機宜現在逐一飭估辦料鳩工次第興修務期帑
不虛糜工收實効臣欽承
恩命竭力督催倘有木石柴草船隻不齊并給發夫價
虛冒扣尅等弊臣不時查察嚴參斷不敢稍有容
隱至動用錢糧容臣會同撫
臣等核實確估造冊題銷
下王大臣等議覆奉
旨允行十二月初八日大學士嵇曾筠敬陳海塘事
宜請於南岍沙洲梳挖陡岍并請將需用條石樁
木柴土各項俱立章程給發工價効力官員兵弁

勤加訓飭俾知勸懲欽此[illegible]前浸蝕[illegible]以致因循
貽悞上屢
天心不但工程辦理不善而習氣錮蔽亦復難除誠如
上諭至聖至明臣到工以來仰遵
聖訓剔弊釐奸不敢纖毫瞻顧審海潮江溜之勢酌緩
急先後之宜核定章程申明紀律務期洗除習氣
有裨鉅工謹將現在辦理工務恭爲
皇上陳之一寧邑塘工之患雖在北岸而致患之源則
在於南岸長有沙灘綿亘百餘里又有沙嘴挑溜
逐至江海水勢全向北趨塘工日加危險是欲治
北岸之水患必先治南岸致患之源無如所謂引
河與地勢不合兩年以來並無評益臣再三相度
惟有借水攻沙之法在於南岸沙洲用鐵器具梳
挖陡岸俾沙岸根脚空虛乘冬季西北風多海潮
往來使之自爲冲刷隨勢坍卸已有數十里之遠
查江湖河海形勢雖殊而東坍西漲理無二致且
海灘沙性虛鬆因勢利導費少功多現今自仁和

至海寧翁家埠老鹽倉一帶日夕漲沙亦有數十
里仰賴
皇上福德隆盛水勢已向南趨北岸漸臻平穩新舊塘
堤可以次第施工一塘工需用條石甚多非一山
一宕所能採辦足用必須於江浙兩省產石地方
廣爲開採方能有濟工程而道里遠近不一運費
多寡不同從前所定價銀不能斟酌合宜宕户苦
於賠累以致年來並無一人承應採辦者臣悉心
察訪山陰武康二縣距海寧就近蘇州洞庭等處
路程較遠所有應給山價水脚分別道里量爲增
減自七錢三釐至七錢七分三釐不等俱用部頒
銅尺一律量收檄飭布政司發帑委員前往各產
地方將所需條石上緊辦運其修理坦水所需大
塊石多募工匠於就近尖山各宕開採儧運又督
令塘兵并僱募人夫將沿塘外灘冲潑石塊儘數
揀撈湊用現在一面釘樁一面鋪砌可無遲悞一
浙省從前辦理樁木雖經分別等次定價而圍圓
不循則例任意高下易於作弊且奸商壟脅中飽

居奇每至辦運稽遲不能應手濟用臣酌量修理
塘身坦水需用樁木自一尺二寸起至一尺六寸
止循照舊例給發價值其查量之處核定於二尺
以下圍圓不得高下其手多委幹員秉公量收臣
仍不時查察毋許侵漁滋弊咨會撫臣動支帑銀
就近發交仁錢二縣於江口內河一帶計照圍圓
星速運工又委員賫銀分頭前往產木之上游嚴
州衢州以及下游蘇州常州江寧等處廣爲購辦
可得樁木二十餘萬株源源接濟現在修理塘坦
工程所需料木可以足用無虞一翁家埠一帶草
塘需用加鑲柴束於富陽分水建德桐廬等四縣
地方購辦交工向例責成沿塘殷户經管收支既
非經制人役又無額給工食守法者包賠頂詐者
舞弊柴販縣胥串同殷户朋比作奸或任意短少
觔兩侵蝕價銀或攙雜嫩幹青枝不適工用種種
弊竇不一而足臣抵工之始查閱各塘所貯柴束
零星數堆全無儲備隨咨會撫臣動支帑銀飭發
各該縣實力辦運所有舊設管柴殷户盡行革除

遴委旗漢幹員分住東西兩塘秉公查收又於沿
塘建造板房三十餘間派撥塘兵看管柴廠責令
廳營文武員弁與守稽查現今運柴船隻銜尾到
塘酌量工程平險分別堆垛鱗次櫛比一望崇墉
足以有備無患一塘身帮築裏戧一萬三千餘丈
需土浩繁舊塘之外徧係坑漊不便就近開挖惟
土塘河以北壤地平衍但取土較遠小民畚鍤
維艱臣酌量每方價銀自一錢三分五釐至一錢
八分不等定爲規則檄調仁和蕭山諸暨海寧等
縣印官分段承修業經發帑鳩工上緊儧築務期
增卑培薄一律高堅以資捍禦一尖山採辦塊石
應給工價銀兩向緣扣除雜費夫匠人等所領工
食不能餬口相繼逃亡各處匠役聞風遠避裹足
不前又派撥商竈船户裝運石料所給脚價不敷
船工水手日用之資兩年以來沿海船户拖累難
支臣訪查既確嚴飭該管員弁將應給夫匠工價
照依庫平紋銀實數支發毋許仍前扣尅絲毫所
發商竈船隻公同酌議量添僱值并飭令於海潮

大汛聽其載滷燒鹽小汛俱赴各山運石公私兩
便小民樂於從事可濟要工一海防經制官兵原
爲修守塘工而設自應勤加訓飭分派兩塘巡查
照管遇有應修工程督令兵丁常川力作隨時粘
補方爲有益乃從前該管道員不能實力整頓積
久罷玩相習成風以致備弁不諳修防兵丁不事
畚鍤且應營歧視呼應不靈廢弛已極臣飭令兵
備道將兩營塘兵詳加甄別汰其老弱募補壯丁
責令該營守備會同海防同知嚴行督率照管料
物巡防險工其揀撈石塊滿一百方者賞給銀十
兩以示鼓勵其行走懈怠辦事不前者遞行降革
以昭懲戒庶不致虛糜俸餉有名無實一修築舊
塘身並坦水工程甚爲喫緊必須遴委幹員分工
搶築庶幾衆擎易舉臣會同撫臣遴調本省同知
通判知縣等官並移咨江南督撫揀調松江海塘
練習工員及浙江本地殷實紳士在工効力者將
舊塘身應擇險拆砌之處分委領帑承修更於江
南河工内挑選熟諳工務之河官三十員咨調來

浙委令監工如式修理至兵備道經管料物錢糧
事務殷繁隨調嘉湖道金衢道協同辦理催工又
南河學習部郎完顏偉臣看其行走勤力實心學
習因遣帶到寧一并委令赴塘催儹工程復咨會
撫臣程元章都統隆昇分管東西兩塘不時赴工
督催臣每日往來指示機宜董率查辦務期協力
共濟早竣要工以仰副
聖主軫念海塘奠安億兆至意所有應行事宜酌定章
程并江海水勢
情形條晰具奏　奉
旨恭紀首卷允行　同日又奏開挖引河無禪塘工請停疏
濬疏曰開挖引河必須看河頭有吸川之形河尾
有建瓴之勢因高就下一氣貫注方能掣溜成
功今浙省所開引河於中小亹外灘淡水埠安設
河頭並非頂沖不能吸引江溜中段黄山廟一帶
界於河莊禪機兩山之間北河頭地面較高江水
豈能自下而上挽流注海而河尾又在蔣帝堰地

方一派沮洳全無建瓴之勢每日海潮夾帶流沙
漫入河頭河尾中高溜緩潮退沙存日漸淤塞雖
復疏通山水開挖南港一河又當北大亹之中挑
溜仍歸海寧對面是不能引之使去而乃導之使
來有損無益查開挖引河兼陸續疏濬計用過銀
五萬五千五十兩隨濬隨淤迄無成效臣由錢塘
渡江周歷河道詳細查勘現在三千餘丈間段淤
淺江溜不通即使再動帑銀大加挑濬而潮汐往
來流沙仍復漲滿實係無禪塘工相應請
旨將引河工程停止疏濬庶有用之金錢不致糜費於
無用之地矣再引河地方原設通判一員經管疏
濬事宜今引河既無禪益通判應宜裁汰查仁和
二邑海塘延袤一百餘里向設東西海防同知二
員分段管轄工多汛險不無鞭長莫及之虞現今
修舊建新二工並舉正在需員辦理請將引河通
判調駐海寧查明華家衖以東浦兒兜以西所有
柴草塘工分交該通判管理修防以專責成實爲
有益其調撥引河塘兵四百名應請一并撤回仍

歸塘工以供力作　下部議行　同日又奏請暫停堵塞尖
山水口工程將採買堵壩之塊石移修塘坦疏曰海寧
東南尖塔兩山鎮鎖海口相去二百餘丈從前原
係接聯嗣後水勢沖開海潮江溜出入其中附近
尖山一帶海塘未免當沖受險查河工建築挑水
大壩每長一丈挑溜十丈今尖山壩工若能照舊
堵塞約長二百餘丈計算挑水二千餘丈則依山
一二十里之内可望沙漲於就近工程尚爲有益
或言堵築尖山通工沙漲不用修塘者固屬虛張
之語或言因尖山既堵致令海塘受累者亦非持
平之論惟是口門溜緊必須多備料物堆貯現成
誠如
世宗憲皇帝諭旨一舉而就方能合龍收效查該工自上
年九月迄今一載有餘雖經築完一百餘丈而未
堵之處尚寬七十餘丈潮汐往來溜勢日加湍激
合龍甚是艱難零星拋擲塊石隨波漂淌所積者

少所坍者多曠日持久告竣無期况值修築舊塘
坦水所用塊石又須於尖山各宕内就近分撥運
用以濟急需採辦石料不能兩工兼顧緣坦水工
程必當乘此冬季水落潮平底灘畢露之時上緊
修築稍有遲延春潮一長底灘俱在水中難以措
手施工則百里危塘無所捍衛關係甚大况尖山
水口一時不堵猶可留爲後圖臣悉心相度情形
酌量緩急請將尖山採辦堵壩之塊石擇其大者
儘數運赴東西兩塘儧修坦水俟坦水工竣之後
再爲廣貯石料預備齊全另行設法堵截尖山務
期一舉合龍庶塘壩工程先後得宜兩無貽誤臣
因坦水工程緊要除移行在工諸臣撥運尖山大
塊石上緊修砌外謹將尖山
壩工暫緩緣由繕摺奏明　下部議行
是年分修補仁寧二邑草塘共用銀八千五百
兩零又搶修仁寧等縣風潮案内石草塘工六

用銀九萬五千七百九十餘兩以上通共報銷
銀一十萬四千二十九兩零又歲修仁錢二縣
江塘共用銀二千一百九十兩零
乾隆元年正月大學士總理海塘兼總督巡撫事嵇
曾筠以舊塘幫築土戧修補坦水擇險搶築塘身
等工程業將告竣春汛水勢必得平穩具疏報
聞（疏曰）臣欽奉
恩命總理浙江海塘相度機宜前築坦水後幫土戧並
將塘身擇險興修當令庀材鳩工趁此水落潮平
并日儧築以便抵禦春汛業經恭疏奏明惟是時
屆嚴冬誠恐海濱風雪易致水凍則物料夫匠濡

滯不前荷蒙
皇上德敷宇宙仁政流行海澨山陬陽和廣被自興工
迄今經歷隆冬天氣晴和今萬餘丈之坦水已築
七分計於二月初告竣其通塘土戧以及擇險重
修之塘身晝夜催趲期於三月内一律完工庶伏
秋大汛得資保護其應需歲修保固之處亦須爲
籌畫儲備總之舊塘工程如營室之第一層門户
必得高其閈閎厚其垣墻以爲外禦斷不可畏難
苟簡臣惟有恪遵
聖諭督率工員愈加勉勵勤事修防務期補偏救弊先
將塘工首險工程趕築完竣然後將次險各工逐
漸修整舊塘固而新塘方可創建統容次第辦理
所有現在江海水勢工
程平穩情形理合具題　二月大學士嵇曾筠以
南岸切沙漸已沖刷北岸護沙日漲具疏報
聞（疏曰）切思海寧一帶塘身坐當險要致被連年沖刷
受患固在海寧地方而致患之由必須窮源探本臣

於二月初八日由錢塘渡江至蕭山山陰會稽上
虞等縣閲勘江塘又從曹娥江至瀝海所夏蓋山
閲勘海塘周環徧歷悉心相度益知海寧之險要
實緣上游紹興地方皆長有寬闊沙灘是以海潮
奔注海寧地方遂成頂衝但此坍彼漲江海之情
形無定惟有將海寧新舊塘工次第修築一律高
堅藉資捍禦并於沿江沿海嚴飭各員加謹修防
疏通港汊分洩水勢而於海寧對面南岸沙洲竭
力挑切因勢利導大溜日向南趨北岸自臻平穩
現在東西兩塘漲沙更加寬廣雖春潮浩瀚而江
海安瀾塘堤鞏固可以保護無虞矣　八月大學士嵇曾筠題報幫
築沿塘土戧修補坦水擇險搶築石塘工料銀兩
部覆准行（部覆）大學士嵇曾筠疏稱仁和海寧二
縣東西兩塘捍禦海潮江溜保護七郡
民生攸關緊要臣抵浙後目擊塘身坦水傾欹潑
卸單矮殘缺在在受險查舊塘工程逼臨江海風

浪易於衝擊必得高寬堅厚以爲外禦臣即董率文武員弁鳩工購料分段搶築指示做法上緊儹辦本年五六月間霪雨連綿上游山水驟漲海潮洶涌舊塘一律高厚足資捍衛除應築魚鱗大石塘容臣保固秋汛後詳審水勢通盤酌估次第興舉外所有修築舊塘土石各工應用工料銀兩帮築沿塘土戧共長一萬三千九百九丈計用土方埽料銀八萬七千三百六十兩三錢七分三釐零修補坦水共長八千四百四十四丈二尺計用工料銀七萬一千五百二兩一錢七分六釐零擇險搶築石塘共長一千一十二丈三尺五寸計用工料銀五萬七千八百四十六兩五錢九釐零通共工料銀二十一萬六千七百九兩六分零內塘坦各工塊石一項需用繁多採自各山路途遠近不等運脚多寡不一統俟報銷時查明數目分別報造至於加帮土戧需用土方酌量宜於取土之處購買民田應用仍將所買民田額徵錢糧照例查明題豁再查沿塘民舍緊貼塘身其有估碍加帮土戧之處照例給銀移建所用錢糧與購買民田價值一并確核題銷除寧邑南門外貼近城垣之石塘五百餘丈并翁家埠一帶加鑲柴草工程需用物料銀兩現在另行確估詳報外再查東西石塘均擇險搶築外凡尚可支撐之處一時不能全行築砌伏秋大汛屆臨督飭東西兩塘同知暨在工文武人員分段防護遇有樁朽石𨂐處所查勘明白彙入歲搶案內相機修守隨時粘補以禦汛水應如所奏行令該督將前項應修應築各工照數動支銀兩發給承修各員上緊辦料修築務期如式堅固工完將用過銀兩照例造册題銷至所需塊石應於題銷册內將路途遠近運脚多寡詳晰聲註以憑查核其加帮土戧需用土方應令該督酌量於取土之處購買民田應用其所買民田應徵錢糧照例題請豁免至於沿塘民舍有碍加帮土戧處所照例給與銀兩令其遷移其給過銀兩數目及購買民田價值一併入於題銷册內據實核銷其東西石塘內凡可支撐之處該督飭令

東西兩塘同知并在工文武人員速行分段防護遇有樁朽石𨂐之處立即查勘明確相機修守隨時粘補以禦汛水仍將修過工段彙入該年歲搶册內聲明具題所有寧邑南門外石塘并翁家埠一帶加鑲柴草工程需用物料銀兩應俟該督造册題估到日再議可也　計仁寧二邑沿塘土戧自寧邑念里亭迤西至浦兒兜止又自浦兒兜迤西至仁邑李家村止又自念里亭迤東至尖山石塘馬頭下坡往南止共長一萬三千九百九丈東防同知林緒光等九十八員承築用過工料銀八萬七千三百六十兩零修砌坦水自九里橋分江界牌起至浦兒兜大草盤頭止共長八千四百四十四丈二尺內除三十四丈四尺改建盤頭毋庸修砌外餘長八千四百九丈八尺同知林緒光等二十七員承築用過工料銀七萬五百三十三兩零擇險修砌石塘共長一千十二丈三尺五寸同知林緒光等三十一員承築用過工料銀五萬八千二百四十六兩零以上三項通共用過工料銀二十一萬六千一百三十九兩零於雍正十三年十月開工乾隆元年五六月一律報竣

又乾隆二年九月大學士嵇曾筠題請續帮李家

村沈家盤頭九里橋等處土戧共長四千六百一
十丈五尺効力州同章起顗等承築用過工料銀
三萬四千二百一十七兩零　八月大學士嵇曾
筠題奏建築魚鱗大石塘請即於舊塘基址兊砌
不必擇基另建之處疏曰舊塘坦水及塘身傾圮單薄
臣業經勘修堅固又全塘建
築土戧以爲倚靠以資捍禦亦於本年四月間儹
築完竣現在伏秋大汛藉以護衛至大魚鱗石塘
乃經久保固之工自應於霜降後次第興工以垂
永遠臣於上年九月間抵工之始目擊江海形勢
奔趨北岸日夜沖刷危險異常實難臨水施工再
四思維議於舊塘背後另度基址建築魚鱗石塘
業經奏明但查舊塘之後越築大塘需帑浩繁積
日持久如果水勢仍前危險萬不得已必須擇基

另建自不敢惜費因循今春夏以來仰賴我
皇上德福隆盛精誠昭格江海形勢漸向南趨海寧東
西兩塘日夕漲沙較上年情形已不啻逕庭之別
辦理工程貴在審度形勢因地制宜庶幾帑不虛
糜工收實效今水勢既已條順塘根又漲護沙則
所議魚鱗大石塘應即在於舊塘基址清槽釘樁
如式兊砌不必於舊塘之後擇基另建更覺費省
功倍謹遵
世宗憲皇帝不可那移寸步之
諭旨以成一勞永逸之鉅工實爲萬全無弊臣往來仁寧
二邑塘工悉心相度衝要之地暨海寧南門外遶
城險工共應改建魚鱗大石塘六千餘丈查蘇州
紹興各山宕一年內所採條石可供塘工二千餘
丈之需每年於伏秋潮大之時購備木石料物鳩
工鑿鑿合式乘冬春水落之際開工儹築通計六
千餘丈塘工三年之內可以全竣從此長塘堅厚
永資保衛沿海民生永
慶平成於億萬斯年矣下部議行　九月大學士

嵇曾筠題報寧邑南門外遶城魚鱗大石塘五百
五丈二尺共約估工料銀八萬一千四十四兩五
錢零下部議行　十二月大學士嵇曾筠題明建
造運石海船五十隻採辦石料疏曰修築塘坦工程所用條塊石料
甚多必由海洋轉運需船緊要從前俱係僱調商
民船隻撥發應用無如沿海漁船板片單薄難以
捍禦風潮每有漂失之虞各場滷船長年在工運
石不能回場載滷多致煎辦稽遲既苦累民間又
貽誤鹽務究於大工石料仍不能應手接濟實無
裨益將來修建魚鱗大石塘約用條石五六十萬
丈需船更殷與其僱調維艱滋弊悞工不如建造
船隻便宜適用且採辦石料原定有水腳銀兩如
用官船載運則前項水腳即可按數扣存除支給
舵水工食并更換篷索修艌船隻等費外餘剩銀

兩儘數存公將來塘工告竣仍可撥發各場變價
運滷庶帑不虛糜工收實效臣因海塘運石急需
船隻檄行五十隻每隻估需工料銀二百六十八
兩九錢二分零業經先後報竣動支銀一萬三千
四百四十六兩三錢零
陸續給發合行題明
下部議行
是年分仁寧二縣歲修石草塘并加鑲盤頭雁
翅共報銷銀四萬七千六百五十三兩零又海
鹽縣修築石塘平湖縣修築衣字號石塘又修
補舊塘加幫獨山等處土塘又錢塘縣修築徐
村橋等處江塘共奏銷銀九千九百二十二兩
零

二年三月大學士總理海塘兼總督巡撫事嵇曾筠咨部請將仁海鹽平四縣石草各塘照千文編立字號部覆准行

按石草各塘向遇坍塌以某家東西起至某家東西止開報沿海居民疎密不齊每多弊混雍正十三年海塘監督汪漋張坦麟等議將各塘編立字號至是大學士嵇曾筠咨部將各塘照千文編立號次統以二十丈爲一號建竪碑碣免移卸換段之弊計仁和縣塘工長一千四百

二十三丈五尺編七十二號海寧縣塘工長一萬二千七百九十四丈編六百四十號海鹽縣塘工長四千六百七十三丈五尺編二百三十四號平湖縣塘工長二千九丈八尺編一百號

六月大學士嵇曾筠題明續估魚鱗大石塘丈尺及工料銀兩部覆准行

部覆大學士嵇曾筠疏稱浙省海塘自浦兒兜大石工尾起至尖山段塘頭止共應建築魚鱗大石塘五千九百三十丈二尺內自寧邑遶城石塘迤西地勢稍爲卑下應估用條石一十七層計砌高一丈七尺內首險工一千四百二十丈一尺估需工料銀二十五萬三千二百五十三兩九錢七分五釐零次險工九百八十三丈九尺估需工料銀一十七萬五千七百六十兩六釐零自寧邑遶城石塘迤東地勢更爲卑下應估用條石一十八層計砌高一丈八尺內首險工二百九十一丈五尺估需工料銀五萬二千九百六十二兩一錢九分四釐零次險工三千二百三十四丈七尺估需工料銀五十八萬七千七百七兩七錢一分七釐零通核料物夫工總共估用銀一百六萬九千六百八十三兩八錢九分三釐零查估建工程雖經陸續委員承築一時未能普例完竣并未經派委承築各工如伏秋大汛石上鑲柴不無矬墊之處關係緊要隨遴委廳印効力等官三十一員先行分修大石塘二千九百七十四丈一尺其餘應修大石塘二千九百五十六丈一尺容臣次第興舉以垂久遠應如所奏將先修大石塘二千九百七十四丈一尺上緊催修其餘應修大石塘二千九百五十六丈一尺陸續次第興舉可也

閏九

月大學士嵇曾筠題請改建遶城條石坦水

疏曰海寧縣南門外一帶塘隄保護城垣攸關綦重經臣奏請建築魚鱗大石塘五百五丈二尺委員領帑承辦於本年五六月內陸續告竣但遶城石塘捍禦潮汐全賴坦水相爲保護查雍正十二年冬底歲修塊石坦水潮汐往來易於潑卸必須加築條石坦水庶能捍禦海潮茲據布政司張若震等詳估除將坦水舊有條石抵用外共需工料等銀一萬五千三百三十兩三錢零已飭委原築石塘各員領銀承辦理合具題

下部議行計南門外遶城魚鱗大石塘自西土備塘頭起至東土備塘頭止共長五百五丈二尺自元年九十月開工至次年四六月陸續報竣至是又外加護塘大條石坦水五百五丈二尺內工員西海防同知張永熹會稽縣知縣楊沛

東海防同知林緒光海寧縣知縣崔雲龍石門縣知縣倪琯蕭山縣知縣潘重庚平湖縣知縣王之琪金華府通判張在浚原任翰林院侍讀學士陳邦彥原任翰林院檢討陳世侃候補光祿寺署正陳球等分段承築遶城石塘共用工料銀八萬三千七百二十四兩七錢三分零坦水共用工料銀一萬五千五百九十二兩八錢三分零又幫築鎮海廟塔根圍牆并馬頭踏步一座工料銀五百二十九兩一錢零以上共報銷銀九萬八千四十六

兩六錢七分零

是年分搶修仁海鹽平四縣土石草塘土戧各工共奏銷銀三萬九千七百五十三兩零又歲修仁錢二縣江塘共奏銷銀三千八百四兩零

三年正月大學士總理海塘兼總督巡撫事嵇曾筠咨稱蕭山縣所轄西江塘之洪家庄汪家堰荷花池談家浦天開池等五段塘隄界薄俱係緊要險患當飭縣趕築又鮑家池塘裏陳廟西塘新塘口雙潭灣陳家埠墩上陳（另見江塘門）北海塘之富家池等七處塘隄俱有坍削請僨修以資捍禦經部議准共奏銷銀三百九十六兩零　十月大學士嵇曾筠題請改築山陰縣新城村等處石塘并加幫土戧及修丁家堰等處土塘填補洞缺下部議行共用過銀一萬二百二十八兩零

是年分歲修海寧縣圖字等號石塘一千四百二十五丈二尺改字號石塘并戴家石橋盤頭共三百七丈七尺五寸仁寧二縣藏字等號柴塘一千五百六十二丈一寸又建築海鹽縣三

澗寨堂字等號條石坦水五十四丈五尺修砌聽因二號石塘九丈四尺又修築仁錢二縣江塘報銷銀三萬四千七百二兩零

四年正月巡撫盧焯題請停止草塘歲修（疏曰臣自乍浦至杭州相度江海情形原估建石塘五千九百三十餘丈已完工者一千餘丈未完工者二千八百餘丈未經派築者二千三十餘丈臣親履各工逐細查勘石塘高寬堅固足以垂諸久遠惟仁和海寧二縣交接地方草塘一帶通共四千二百一十八丈零經大學士嵇曾筠移駐通判一員專管草塘工程每年約費歲搶修銀一二萬兩不等所用夫工銀兩通判支給應需柴薪派定仁和錢塘富陽建德桐廬分水等縣分辦歲以爲常切思水勢之遷徙隨時更易工程之緩急亦隨時變通從前潮水）

貼塘而來自應築堤攔阻今水勢日南漲沙綿亘數十里刮滷煎鹽已成原野每年猶事歲修殊屬糜費似應將草塘歲修暫行停止 下部議行 四月巡撫盧焯題

請將浦兒兜馬牧港等處草盤頭九座改建石工 疏曰海寧縣濱臨大海向係土塘於潮汐頂沖之處建築柴草盤頭以挑大溜暫爲抵禦原非經久之圖而水鹹草朽修補所在不免迨乾隆二年改建石塘以資保障萬年鞏固民慶更生其時潮水尚激塘身猶藉草盤頭挑溜是以水緩之地皆改建石塘其有草盤頭處所仍是土塘未在題估之內今水勢南遷漲沙日遠塘根之外皆成平陸則無溜可挑草盤頭已屬無用而每年於旱地之上鑲填柴草殊屬無謂臣之愚見草盤頭不必加鑲其後身土塘一律改建石塘不但柴草工程停止節省浮費而東西兩塘夫工可以接連愈加堅固可以一勞永逸查草盤頭原設十座除陳文港一

座已於查勘江海等事案內搶築石塘外尚有浦兒兜馬牧港戴家石橋秧田廟賣魚橋小墳前鄭九皋門前白牆門念里亭等九座通計塘身共一千百六十八丈六尺倘蒙

俞允飭令兵備道確估修築則錢糧俱歸實用大工始得一律完竣矣 下部議行 八月巡撫盧焯題請改築山陰縣四十四都一二三圖江海塘隄 疏曰山陰縣四十四都一二三圖地方江海塘隄先年原有老沙外護近因仁寧二縣北沙遠漲海潮日漸南徙老沙悉行坍盡潮溜頂衝以致危險內除二三圖最要之新城村丁家堰等處塘隄已經易石改築加幫土戧業經完工外其一圖塘隄上年春潮暴漲日漸坍塌較二三圖更爲險要自小石橋起至寺直河夾棚村廢臺基止一帶塘外護沙沖刷殆盡目下沙脚一二丈不等皆塘界薄頻多坍陷兼值北潮南趨直射塘身應請改建石塘幫戧以資保護四十

四都一圖石塘六段湊長三百四十五丈估需工料銀一萬三千一十九兩三錢六分三釐又修建童家墳石塘工一百七十七丈估需工料銀六千八百九兩五錢二分又自馬鞍山西首舊炮臺起至新石工西頭止計十段加幫土戧湊長五百二十丈估需工料銀一千五百一十四兩二錢六分八釐通共估需工料銀二萬一千三百四十三兩一錢五分一釐俟工竣取造冊結核銷 下部議行共奏銷銀二萬八百六十三兩零 十月巡撫盧焯請將尖山未堵工程八十丈續行接築 疏曰尖山壩口爲江海出入之處有未竣工程數十丈原因其險不能堵塞故前大學士嵇曾筠奏稱請暫行停止第查尖塔兩山之間原有石壩爲前人拆壞以致潮浪洶涌直衝東西兩塘今水勢南趨經由父子山外壩口僅通洄溜已化險爲平矣但水性何常前之北走者今可南趨則今日南趨者

安知不仍北走以今日觀之堵塞尖山在所可緩以善後計之實在所急也大學士嵇曾筠議請暫停者以溜勢日加湍激合龍甚艱所用塊石兩工不能兼顧儘數運至東西兩塘攢修坦水俟工竣之後另行設法堵截原未嘗以尖山壩工可以竟置不議今湍激之勢已平坦水工程已竣一舉合龍似在此時查尖塔兩山相去二百丈已築壩工一百二十丈未竣者僅有八十丈從前原深九丈至一十二三丈不等今現在中泓深一丈九尺近壩頭深一丈六尺近塔山深一丈三尺則覓處僅有三分之一深處僅有十分之一遵照原議以塊石裝入竹簍由淺至深可免飄流之患築高五丈即足以資捍禦 臣謹繪圖恭奏 下部議行 十二月巡撫盧焯題

請開濬備塘河以便工程以利商民 疏曰浙省魚鱗大石塘現在建築惟是築塘全資石料向由海運直達工所今漲沙一望無垠石船不能攏塘搬運艱難人皆

東手不但工費浩繁亦且耽延時日不得不熟籌
挽運之法以濟鉅工查尖山迤東海鹽縣境內三
澗寨高𡑞石塘之外海船可以抵塘塘內舊有河
形計長一千五百三十六丈可達海寧縣西寧邑
之東西土備塘內外從前取土築塘已挖成河形
自尖山以至天開河計長一萬四千三百七十餘
丈即達仁和縣之范家木橋又自范家木橋至硃
勝橋皆有舊河計長六千五百六十丈即達省城
若循故道一律深通舟楫往來風濤無阻不特到
工石料可免沙地損擡一應柴草木植皆可由內
河轉運誠屬至便且在工官弁夫匠人等需用米
糧食物甚多水路易行可以聚集商賈四野田連
阡陌宣洩有地灌溉有資可以利益田疇附近許
村西路等場柴滷鹽艘遄行不滯可以有裨鹽務
除東塘段內各工員已捐濬一千七百一十三丈
又現在深通二千七百四十五丈西塘段內有原
任大學士臣嵇曾筠動用塘工餘平銀兩已經開
濬二千八百六十七丈外通計仁寧海三縣共應

開一萬五千一百四十丈築壩車戽挑濬夫工需
銀九千四百一十五兩零議撥乾隆二年咨報節
存鹽務引費一項原係留充海塘工用此河乃海
塘所必需實爲緊要工用隨即委派弁員乘農隙
之候分股開濬遴選大員督催儹竣將見大
工物料挽運便益商竈兵民永資利賴矣　奉
旨知道了此應行之事也欽此　是月又題請興築仁
和錢塘山陰會稽蕭山上虞等縣江海塘塊疏曰仁錢
山蕭等縣江海塘塊均爲民生捍衛今仁寧二縣
海塘水勢南趨漲沙日遠北塘一帶已如磐石之
安現在嚴督催趕以竣已工但海沙北漲潮汐南
趨以致仁錢等縣江海塘工在在險要惟在先事
圖維以期有備無患業將飭行確估分別緩急次
第修築緣由具摺奏明欽奉
硃批先事預防正當及早圖維者也欽此又經飭行勘
估仁和縣自總管廟起至化支廟等處江塘七段

共長七十六丈錢塘縣自流芳嶺起至俶子口叢
介凡等門首江塘二十一段共長九百二十丈坍
矬脹裂俱係險工共估需工料銀五萬九千七百
六十六兩九錢九分五釐零又山陰縣大林村之
大樋樹新城村等四段湊長石塘六百一十五丈
小石橋等十六段湊長土塘一千四百七十六丈
會稽縣蟶浦等五段湊長石塘三百九十六丈宋
家漊等六段湊長一千四十八丈蕭山縣了又塘
等三段湊長石塘二百九十四丈上虞縣潭村呂
家埠等十段湊長土塘一千四百三十九丈又貼
建防風埽工二段計長一百四十一丈又蕭山山
陰二縣所轄之麻溪壩一座矬裂坍卸有關啟閉
俱屬險工共估需工料銀七萬三十兩七錢四分
八釐零亟應乘時上緊興築請於撥存乾隆四年
地丁等款內動支陸續給發　各
員辦料趕築完固以禦潮汛　下部議行共估需
銀一十二萬九千七百九十七兩零內仁錢二縣

江塘估需銀五萬九千七百六十六兩零山會蕭
上四縣石土塘奏銷銀六萬七千六百五十二兩
零紹興府通判張鐸等十五員承築
是年分歲搶修海寧縣韓家池等處柴塘三百
三十二丈一尺尖山大盤頭四十八丈平湖縣
獨山冬藏字號石塘一十七丈五尺共報銷銀
六千二百四十兩零又開濬塘河報銷銀九千
二百一十二兩零
五年二月巡撫盧焯咨稱海寧縣東塘小墳前盤頭

改建石工內讓出錢氏祖墓計應添修石塘二丈
三尺應添工料銀四百二十九兩零部覆准行
閏六月巡撫盧焯題報續堵尖山水口於乾隆五
年二月開工至閏六月工竣共堵工程八十丈用
過銀一萬六千一十三兩零并請將承辦各員交
部議叙奉
旨恭紀卷卷允行巡撫盧焯以下暨効力文武員弁議叙各
有差　九月巡撫盧焯奏江海大溜往來回測尖
山塡壩雖有漲沙環護善後之計當先事預圖請

將此項修築節省銀兩留存縣庫爲久遠歲修計
部覆准行　是月巡撫盧焯題請將緩修工內舊
塘六十九丈五尺一律改建大石塘下部議行部覆
巡撫盧焯疏稱海寧縣一帶海塘殘缺單薄難資
捍禦者通行改建魚鱗大石塘先後委員承築今
查東塘緩修工內有潘介山屋前舊塘三十九丈
五尺又洪文舍西舊塘三十丈現在椿朽石卸塘
身雖墊亟須一律建築魚鱗石塘以垂永久照例
砌石一十八層計高一丈八尺共估需工料銀一
萬二千九十一兩八錢三分零查浙省海寧縣東
西一帶塘工先據前任總督嵇曾筠分別緩急先
後與工其塘身殘缺單薄者題請改建魚鱗大石
塘五千九百餘丈委員陸續派委經臣部於乾隆
二年八月內覆令次第興舉今東塘緩修案內有
潘介山屋前并洪文舍西舊塘等處共六十九丈
五尺該撫既稱現在椿朽石卸塘身雖墊亟須建
築魚鱗石塘應如所題准其動支工料銀兩建築
魚鱗石塘以資捍禦可也　是月巡撫盧焯咨稱寧邑東塘李
富祥門前等處應建魚鱗石工一百一十二丈乃
當日坍塘之所接修柴塘原坐灣曲必須取直開
槽先幫土戧以便釘椿建砌應加幫築新土五千
三百方八分增工料銀七百九十五兩零原估越
壩毋庸建砌節省工料銀二百二十四兩部覆准
行　十一月閩浙總督宗室德沛題請寧邑老鹽
倉以西至仁邑章家菴一帶柴塘共四千二百餘

丈改建石工先試築樣塘二十丈部覆俟大石塘
工竣日再議部覆閩浙總督鎮國將軍宗室德沛疏稱仁寧二縣東西兩塘既已改建
魚鱗大石塘而寧邑之老鹽倉以西至仁邑之章
家菴止一帶仍係柴塘未經議改蓋柴塘之設因
康熙五十六七年間潮水沖刷外沙坍塌報險頻
仍欲建石工迫不及待經原任撫臣朱軾用柴搶
築一千餘丈暫爲保護原止堵禦一時並非一勞
永逸之計是以雍正十年十三年及乾隆元年風
潮大汛易於坍墊分頭搶堵始獲平安今雖外沙
復漲竊恐海潮南北不常浮沙去來無定伏讀
世宗憲皇帝諭旨海塘雖漲沙數百里亦不足恃惟堅築
大石塘始可經久
聖明論定誠爲不易之良規也從前東西兩塘改建石工
而柴塘仍舊者彼時潮勢洶湧塘外水深難以釘
椿建石是以未經議改今則沿塘沙漲人力易施
此誠時不可失千載修築之良會也臣等悉心相

度必得一律改建石塘方可永久又恐土性虛浮
難於釘樁甃石未敢冒昧舉行先於海龍洋等處
最爲險要之地遴員試築樣工二十丈以覘地勢
完工數月堅固特立是柴塘之可改石已有明驗
臣等細矚情形公同集議應自寧邑老鹽倉石塘
至仁邑章家菴止照依現在試塘式樣改築石塘
計長四千二百餘丈約需工料銀九十餘萬兩此
項工程自應趕竣但各山所採石料除浙江各工
需用外所餘無幾應請分限五年内庶得從容辦
理至應動庫項查浙江鹽課正課之外有公費一
項每年徵解銀二十餘萬兩請以此項銀兩撥充
改築石塘之用如蒙
俞允容臣等督率司道將一切物料價值如有不敷酌
核加增確估題報其餘因時審勢以及經修經管
人員分隸兼轄調遣委用之處臣等另行奏
聞查浙省海塘工程先於雍正十一年正月内荷蒙
世宗憲皇帝欽命内大臣海望等前往浙江會同總督程
元章將海塘工程通盤相度形勢籌畫事宜應作

何修築之處詳細查勘悉心定議具奏隨經内大
臣海望等欽遵確勘將應修應築石土塘閘等工
共約估銀一百九十餘萬兩經工部覆准酌量工
程緩急先後興修續於乾隆四年正月該撫盧焯
奏稱仁和海寧二縣交界地方草塘一帶通計四
千二百一十八丈今水勢日南漲沙綿亘數十里
刮滷煎鹽已成原野每年猶事歲修殊屬糜費況
塘在平陸不用搶修應將草塘歲修暫行停止今
該督德沛等勘得仁寧二縣一百里塘隄修防盡善
惟老鹽倉以西至章家菴止一帶仍係柴塘一遇
風潮易於坍塌勢難保固久遠必得改建石塘四
千二百餘丈約需工料銀九十餘萬兩以垂永久
臣等伏思水勢之遷徙原係隨時更易而工程之
緩急亦宜隨時變通今仁寧二縣一帶柴塘該督
等奏請改建石工固屬圖維經久之計但查先經
該撫盧焯以現在水勢日南前項塘工漲沙綿亘
數十里歲加修補殊屬糜費業經奏請停止是柴
塘之歲修猶且可停而石工之改建尤非急務且

查内大臣海望勘估之石塘一萬餘丈現在陸續
興修未據完工所需各山石料江浙兩省塘工購
買出產不能充裕未獲剋期完竣臣等再四酌議
沿塘沙漲已成平陸又有柴塘捍禦工似可緩應
將該督等所奏老鹽倉以西一帶改建石塘之處
俟現今已估應建石塘各工修築完竣後該督等
再行詳勘形勢相度機宜應
否改建具奏到日再議可也奉
旨依議 十二月護浙江巡撫張若震咨稱溫州府玉
環江北十四都等處塘外漲塗一片堪以墾田請
先建塘閘部議准行共奏銷工料銀三千一百三
十六兩零食米二百四十八石零 是年尖山壩
工告成鑄鎮海鐵牛四座分置福寧宮前大塔山
各一座新築石壩中二座

是年分搶修仁寧二縣露結等號草塘四百八
十丈又寧邑擇險搶修之石塘及緩修舊塘高
止一丈四尺至一丈一二尺不等比新建魚鱗
石塘形勢卑矮巡撫盧焯題請一律改建復於
歲修案内題請外用條石加高内加頂土共長
一千三十五丈八尺又於舊石塘加築子堰長
一千三百五十二丈一尺修過海鹽縣附石土
塘自落水寨至三澗寨共長一千三百六十三

丈五尺以上仁寧鹽三縣共修石草土塘[illegible]千
二百三十一丈四尺報銷銀四千七百三十一
兩零
六年三月閩浙總督宗室德沛續題請將老鹽倉以
西一帶柴塘改建石工不必俟魚鳞石塘完工後
舉行下部議准（部覆閩浙總督宗室德沛奏稱寧邑之老鹽倉迤西至仁邑之章家
菴一帶塘隄前因被潮沖刷異常危險斯時欲建
石工緩不可待隨經陞任撫臣朱軾用柴搶築原
爲保護一時並非一勞永逸之計年來仰荷
皇上敬誠昭格海不揚波通塘漲沙綿亘數十里石草
各塘悉屬平穩是以撫臣盧焯奏請暫停歲修草
塘益就目前情形而論也但海潮南北不常淤沙

坍漲無定臣悉心相度必得一律改建石塘方可
垂諸永久又慮土性虛浮難於釘樁甃石先將險
要之地遴員試築樣塘二十丈完工數月堅固特
立隨公同集議應自老鹽倉起至章家菴止改建
石塘四千二百餘丈約估工料銀九十餘萬兩動
支鹽務公費銀兩分限五年從容辦理會摺具奏
廷議以應俟現今估建石塘各工修築完竣再行
勘議伏思浙省海塘攸關七郡生民東西兩塘俱
經改建石工不因漲沙停止獨草塘仍循其舊萬
一風潮不測衝去護沙水勢由此直趨浸灌內地
不但臨時搶堵不及爲患匪淺即使費盡周章恐
所費更無算矣前此撫臣盧焯但請暫停歲修乃
一時之節省臣請改建石工實萬世之利賴臣因
目擊柴塘之歲修固應暫停石工之改建斷不宜
緩今不支正項而動鹽務公費於
國帑無損現在東西兩塘魚鱗大工漸次興築陸續
報竣石料日見充裕况原議分年辦理已分別緩
急並行無礙乘此沙漲則人力易施蚤爲經營則

事半功倍查海塘綿亘百有餘里原以抵禦潮汐
捍衛城社田廬倘一處潮水灌入則全塘工程俱
屬虛設應如所請准其自老鹽倉以西一帶草塘
改建石工四千二百餘丈分限五年完竣其所需
工料銀九十餘萬兩亦准其在於鹽
務公費銀內動支給發辦理可也）奉
旨着傅森伊拉齊公同監修餘依議欽此旋因左都御
史劉統勳奏稱改建石工不必過急
廷議請
欽差大臣一員親往確勘十二月二十日奉
旨查勘浙江海塘着劉統勳去會同總督德沛新任巡
撫常安詳議具奏德沛俟此案定議之後再起身來

京欽此嗣於乾隆七年四月左都御史劉統勳等覆
奏臣等親履南北兩岸逐一查勘知柴塘改建石
工誠經久之圖但須寬以時日周詳辦理請將料
物預期備辦俟水緩沙停可以施工之候乘機興
築每年先以三百丈爲率部議以新任督臣那蘇
圖將次到任應令一併查勘明確如果意見相同
自應准其改建是年六月督臣那蘇圖奏請先於
老鹽倉汛至東石塘界最險處間段排築石簍外
捍潮汐內護塘基俟石簍根脚堅實再照原議建

築石塘部覆准行又於乾隆九年吏部尚書公訥

親奉

命來浙勘視海塘奏稱仁寧二邑柴塘外護沙寬廣實

屬穩固石工不必改建若慮護沙坍漲無常第將

中小亹故道開濬俾潮水循規出入上下塘俱可

安堵經部議覆事遂寢　十二月閩浙總督署巡

撫宗室德沛題請修築山陰縣夾竈大林村宋家

漊柴土各工又會稽縣車家浦等處加幫土塘又

蕭山縣潭頭等處修培土石塘工下部議行共奏

銷銀五千五百二十四兩零

是年分搶修仁寧二縣柴石塘一千一百九十

五丈一尺海鹽縣石塘欄水面石九百一堍平

湖縣石土塘五百八十丈四尺共報銷銀五百

七十三兩零

本朝建築四

乾隆七年三月閩浙總督宗室德沛題請將海塘効力人員照河工例按員缺多寡工程多少酌量需用人數著為定額下部議行准將効力知州吳三復等五十七員留工委用即將五十七員之數著為定額此外不准收錄　四月左都御史劉統勳於會勘海塘情形事疏内請將柴薪價值照時價每百觔九分報銷下部議行（部覆左都御史劉統勳奏稱搶修柴工需柴正殷柴價時值九分部定則例止准六分前大學士嵇曾筠行令據實造報每百觔給價九分緣較部價不符屢奉駁減今次購辦柴薪商民觀望不前若不照時價給發誠恐貽悞要工請准照實價九分報銷庶緊要工需辦運不致遲悞於修防實有裨益應如所請浙省塘工所需柴薪准照每百觔給銀九分但柴薪價值時有低昂今因價昂貴每百觔加至九分原不得著為成例嗣後如遇柴薪充裕之年即行嚴飭承辦之員減價購買據實估銷毋得以少報多任意加增致滋浮冒）

十二月巡撫常安疏稱紹興府屬山會二縣交界之宋家漊土塘迤處兜灣江水逼溜潮汐沖刷以致護沙坍卸土塘卑薄危險應建築護塘埽工一百四十丈以衛正塘下部議行奏銷銀二千五百

二兩零

是年分搶修海寧縣老鹽倉觀音堂二汛草塘一千八百三十丈并塞毛洞共報銷銀一萬九千七百九十二兩零又搶修馬牧港等處大石塘外條塊石坦水遶城石塘外坦水并築土柴一道共報銷銀五千八百三兩零

是年正月閩浙總督那蘇圖奏請於海寧縣觀音堂等處柴塘外間段築竹簍石壩於浙塘基先是前督臣德沛先後奏請將仁寧交界地方柴塘改建石工至是督臣那蘇圖等覆奏自仁和縣章家菴起至海寧縣之華家衖止約計二千四百餘丈舊築柴塘外俱已漲有老沙綿亘數里並非海潮頂衝無煩改建石塘華家衖迤東至浦兒兜石塘交界一千八百餘丈本年伏秋二汛潮水臨塘加鑲完固惟老鹽倉汛至東石塘界四五百丈地居頂衝修防宜加嚴密今擇其最險之觀音堂汛坐字號一十丈老鹽倉汛伏字號共一百二十丈又及字等號共四十七丈又蓋字等號共一千八丈七

尺通計建築竹簍壩四段工長一百七十七丈七
尺又伏字等號一段工長一百二丈中段用鳳尾
順簍毗連接筍斜釘關擱順簍樁木部覆准行工
竣報銷工料銀三千六十八兩零
是年分修築海寧縣金家木橋緩修工內舊石
塘二十一丈報銷銀一百八十二兩零又搶修
海寧縣觀音堂老鹽倉一帶柴塘共長七百二
丈一尺并塞毛洞五十個報銷銀五千二百二
十六兩零

九年正月巡撫常安咨稱山會二縣交界之宋家漊
護塘埽工東西兩頭坍塌三十四丈急應搶修部
覆准行奏銷銀五百七十四兩零　二月巡撫常
安疏報海寧縣魚鱗大石塘於乾隆二年四月初
七日開工至八年六月初九日一律告竣通共建
築大石塘計長六千九十七丈六尺八寸加幫土
戧計長一百一十二丈應銷銀一百一十二萬七
千一百一十兩有零督撫羣臣及紳衿士民具表
奏

謝巡撫常安等謝表畧得海濱城社全藉隄防澤國
田廬恒資塘岸惟杭城當江海交會而寧邑尤潮
汐頂衝雪浪排山民有沮洳之患銀濤激顙人多
路溺之虞七郡徬徨三吳震恐蒙
世宗憲皇帝痌瘝在抱屢
勅興修[illegible]
皇上繼述為懷發帑建築
特簡大臣以資區算廣選羣吏以効趨蹌擇險搶修隨
宜補築既竭一時之碩畫復籌久遠之大圖爰奉
允廷議創建石工築塘六千餘丈計里一百有奇排樁
若馬齒之毗連疊石似魚鱗之櫛比根基鞏固儼
若長城表裏堅凝直同峭壁大工全竣遠邇歡呼
鉅鎮安堵兵民忭舞此實
廟謨廣運[illegible]昭奠定之功
聖澤覃敷丕著平成之績從茲閭閻康阜永沐
雨露洪仁宜其兆庶歡歌共切
高深頌戴深荷
一人有慶顒祈

萬壽無疆茲據紳衿士民陳世倕等呈請代
題恭謝
天恩臣謹會同閩浙總督臣那蘇圖恭疏代
題　又紳衿士民陳世倕趙殿最等謝表竊惟仁寧
鹽平四邑大海汪洋非築塘豈能捍禦長隄綿遠
惟壘石庶固根基前蒙
世宗憲皇帝念切民生雖千萬帑金不惜恭惟我
皇上德隆繼述至八年鉅工告成一百里浪擊潮衝盡
荷金城之固六千丈蟬聯櫛比皆成鐵塹之堅排
樁若馬齒之齊壘石似魚鱗之次大僚持籌運算
錙不虛糜執事竭力殫心工多堅實衆夫應募窮
黎藉力役以贍其家庶職投工多士共馳驅而勤
厥事茲者欣歌底定不煩挽弩以射潮快覩成功
何用禳沙而塹水萬姓頌安瀾之慶
聖德開天千秋懷已溺之恩
神功奠定白馬息銀濤之浪黃龍卧錦漲之波世倕等
世隸[illegible]
皇圖鞏固[illegible]

闔澤覃敷爲此羣抒誠悃籲請代題
効力人員分別等第議敘給咨赴部引
見三員原任知府呂大雲原任同知潘銓胡士圻留浙
委用十員知縣惲良瀚羅守仁何昇州判黃宜載
呂明縣丞熊安通判黃歷州同施行義張治戴椿
又題請留浙補用裁缺官一員原任同知田勳發
往南河委用二員州同張廷樂程光賓比照高堰
石工三等議敘之例准於補官日加一級給咨赴
部各歸原班補用三十六員原任知府徐崑知州

吳三復知縣蔡錦主簿李慧州同朱騰龍仲尚瑛
沈如駿沈昌宸張廷鏞章繼倫汪之淞王昆汪文
鳳李昌樟張銘渭程式馮旭楊兆正陳鈞楊策楊
詮周元禮徐淵宋正元蔡洪垂唐治蔣君錫韓世
業金永錫方錫稷李世球程師孔縣丞楊謹賈科
斗楊炳咸正八品吳熙咸又原題案內未經入額
照額內人員減等議敘准於補官日紀錄二次十
九員州同趙駿烈鄒廷楫杜鄒祁尹琦范選章起
穎湯紹宗林炳南應魁州判葉而恭縣丞胡方恒
伍銓光祿寺署正陳球光祿寺典簿保培基從九
品蔡昭銘沈永乾監生錢振德王蔵寅

按海寧大石塘自康熙五十九年大學士朱軾
撫浙時題准於浦兒兜至姚家堰等處建築一
千三百四十丈工未竣既任巡撫屠沂奏稱老
鹽倉迤西不能釘樁砌石改築草塘故惟老鹽
倉所築五百丈係石工厥後風潮屢作塊石脩
石柴土等塘日漸坍矬而五百丈之大石塘獨
完雍正七年總督李衛題請於草塘內一律改

建石塘復因鉅石採辦需時至雍正十一年塘
身坍矬益甚
世宗憲皇帝命內大臣海望直督李衛來浙查勘塘工請
將全塘一律改建大石庶可垂之永遠并聲明
現議堵塞尖山水口倘既堵之後漲有護沙石
工或可不必改建隨奉
世宗憲皇帝諭旨(恭紀首卷)石壩建後即有漲沙石塘亦當漸
次改建欽此至雍正十三年八月大學士朱軾復面奏
世宗憲皇帝上諭(恭紀首卷)修建魚鱗大石塘乃一勞永逸之

詎不可因塘外沙漲停止修築欽此我
皇上御極之初
命大學士嵇曾筠總理海塘事務奏請於寧邑南門外
先築遶城大石塘五百五丈二尺至乾隆元年
八月奏建大石塘五千九百三十丈二尺四年
九月巡撫盧焯請將小墳前浦兒兜等處草盤
頭九座一律改築石塘共增一百六十八丈六
尺五年二月因小墳前盤頭改建石工內讓出
民塚添築石塘二丈三尺九月因緩修工內舊

塘矬墊六十九丈五尺一律改建石塘又舊係
柴塘今改石工其逢灣取直節省丈尺共七十
二丈九尺二寸又爲酌增海運等事案內兩山
石料每丈原估山價水脚銀七錢三釐嗣因海
運艱難不敷採辦奏請加增又爲飭知事尺五
圍圓樁木照原估核減每根二分歷年題咨事
件塘身丈尺工料價值各有增減原計應築石
塘五千九百三十丈二尺實建六千九十七丈
六尺八寸原估工料銀一百六萬九千六百八

十三兩零實銷一百一十二萬七千一百一十
兩零先後題奏綿年備列茲複彙述以備稽攷
八月巡撫常安咨請修築山陰縣新城村等處沿
海石土塘隄奏銷銀二百九十九兩零　十一月
巡撫常安咨稱山會二縣交界之宋家漊土塘外
海內池現在矬墊最爲險要貼塘內池應需填築
堅實中段矬埽亟應加鑲俾內外寬厚方無捜刷
之虞奏銷銀六百六十兩零又題准修築蕭山縣
北海塘之瓜瀝塘二處石塘一百九丈又新林周

塘缺鑲築柴工五丈并修張神殿等處土塘三百
六十一丈二尺奏銷銀七百五十四兩零
是年分加高海寧縣念里亭汛舊石塘一百五
丈五尺尖山壩西舊石塘九十五丈鑲築浦兒
兜舊石塘一丈五尺又加修西塘眉土三百三
十九丈一尺加築大小山圩土隄七百七十四
丈六尺搶修海鹽縣行素菴舊陳圩等處土塘
三百五十六丈九尺鹽澉二汛附石土塘三百
六十三丈五尺修補瀾水面石七千九百二十

五塊又修過大坍中坍石塘二百丈五尺又歲修平湖縣金山土隄一條長三千一百六十五丈五尺挑填龍王堂石塘後尾土長三百五十丈又搶修茅竹寨等處附石土塘五百二十丈天后宮乍閘鎖等處土塘一千三十九丈通共報銷銀三千七百六十九兩零

十年五月巡撫常安題請修築山陰蕭山諸暨三縣石土隄埂以工代賑（疏曰浙省各屬乾隆九年秋被水沖塌塘隄壩經臣題報分別動項興修又經大學士陳世倌將衢損堰壩酌量修建今查山陰蕭山諸暨三縣堤埂所關緊要向來雖係民修但偶被偏災民力未免難請照以工代賑之例將衝決險要及坍卸單薄之處動帑塘築嗣後仍責里民歲加修補所有應修隄埂共需石土工料銀二萬三千五百二十五兩五錢零在司庫存剩備公項內動給俾少壯貧民傭工趁食並委署紹興府同知田勳協力州同戴椿州判呂明等分段督修俟工竣核實題銷）下部議行共奏銷銀二萬三千三百八十八兩零　又巡撫常安疏稱山陰會稽蕭山三縣江海塘隄於乾隆九年七月初三四等日風雨狂驟潮水漫溢以致石土各塘間段衝裂題請興修下部議行奏銷銀三千五百六十七兩零

是年分搶築海寧縣浦兒兜秧田廟柴盤頭一座又搶築將軍殿前柴塘一道長九丈殿東搶築柴盤頭一座搶築浦兒兜東塊石塘二丈五尺池家墳前塊石塘五丈五尺萬家街前石塘鋪釘排樁二十丈復建將軍殿前石塘九丈三尺搶修海鹽縣舊陳圩七備塘二百二十七丈五尺勅海廟閘道等字號附石土塘一百一十丈又羽翔等號攔水面石二千七百六十九塊又修過平湖縣天后宮等處附石土塘獨山脚至茅竹寨等處土塘共一千二百丈共報銷銀五千五百三十六兩零又搶修海寧縣觀音堂老鹽倉二汛柴塘共長八百五十丈報銷銀八千九百八十七兩零

十二年二月護巡撫唐綏祖咨報中小亹引河故道開挖工竣先是乾隆九年吏部尚書公訥親來浙查勘情形奏請將中小亹故道開濬深通隨經部議中小亹原有故道不可因淤塞已久難以施工即行停止應令該撫隨時斟酌辦理是年巡撫常

安委員設法疏濬因於蜀山一帶用切沙之法相
機疏刷於蜀山南挑溝引溜以順水勢於北岸安
放竹簍石壩挑溜掛淤至乾隆十一年春夏間蜀
山已經落水潮汐漸向南趨北岸漲沙日見寬廣
但偃鳳山尚未落水河莊巖峰等山積沙尚厚而
蜀山之南原有舊時引水河道本年挑挖工長六
千二百四十七丈五尺面寬三四五六丈底寬五
三四丈深六七尺不等實用民夫兵丁工價飯食
等銀一千一百七十七兩零又以河身雖已開成

應隨時挑切疏濬咨部於引費項下動支銀兩爲
逐年疏濬工費照例造冊報銷
是年分搶修海鹽縣米公寨南昃宿等號并常
字號石塘四丈塘面攔水石共九千五百七十
九塊平湖縣乍關鎖頭踏步等處土塘二百九
十九丈修補茅竹寨等處石塘陷洞二百三十
五丈茅竹寨石塘頭加土一百九十八丈又修
補天字等號石塘二十四丈五尺又於土塘內
釬柯塞縫共二百三十五丈兩縣共報銷銀六

百七十三兩零又爲引河善後事宜挑挖中小
亹淤沙工長九百四十丈并開濬東口沙嘴共
銷銀二百九十八兩零
十三年正月大學士高斌題請於東西柴石各塘後
身加築土堰攔護潮頭爲經久善後之計〔疏曰〕錢塘江中
小亹引河沖刷深通臣等查勘海塘南岸情形俱
屬完整實可不費修築其北岸塘工仁和海寧二
縣自章家菴至尖山脚止新舊大石塊石柴草土
塘共長一萬九千數百餘丈並皆鞏固整齊塘外
向日洪濤巨浪之區今則遍成場竈遙望新漲淤
灘綿亘四五十里而中小亹引河導引江溜暢流
直下全塘得保無虞臣等覩江海之安瀾遡成功
之匪易善後之策誠宜審愼恐偶遇大潮上灘或

值颶風湧起潮頭濺水上塘不可不慮但得塘後
土堰攔護周匝則坡土不傷即無妨礙除八仙石
起至章家菴老土塘四千七百餘丈另有外護土
堰現議加高原塘無須加築土堰今應自章家菴
起至尖山脚下凡石柴草塘項上後邊一律加築
土堰底寬一丈二尺頂寬八尺高四尺共長一萬
四千數百餘丈將舊有存塘土牛抵用外約估爲
銀六千六百餘兩係善後緩工限以二年爲期於
農隙之時陸續築成以資保衛再自仁和縣江塘
迤東至章家菴民築土堰量長六千二百餘丈原
爲八仙石迤東老土塘之外護惟是堰身原有高
下厚薄不齊不足禦異常潮患必須統體加培高
厚與東西兩頭塘身平接包裹老塘在內庶爲有
恃無恐但若派民工作力有難齊約估需土方銀
一萬二千八百餘兩亦限二年完竣連前項通塘
加堰約共估需銀一萬九千四百餘兩毋庸動銷
正帑並請在於節省引費留備海塘工用經大學
項下動支其間或有盈縮工完核實另題

士會同工部議准施行　是月巡撫顧琮咨稱餘姚縣臨山西門外石塘於乾隆十二年秋汛被潮沖坍請加修築經部准行用過工料銀一百二兩零　二月巡撫顧琮題奏餘姚縣榆柳利濟兩塘向係民竈修築者今風潮沖卸請以工代賑官給半價代修疏曰浙省沿海縣場上秋偶被風潮之食貧民經臣題明分別賑恤并聲明沖損城坦衙署墩臺營房塘堤等項另行勘估興舉臣查餘姚縣之鳴鶴石堰二場逼近海濱大塘之外復有榆柳利濟二塘外禦海潮內衛田廬實爲緊要工程向係有業民竈自行分段興修自乾隆九年以來三被風潮民力拮据上年秋間風潮驟起兩塘在在沖決以致田禾被淹即未經坍卸之

處亦被刷沖浪擊悉皆低陷亟宜興修堅固以資捍衛而災祲之後民力未逮伏查餘姚二場災黎仰邀賑恤冬春之交雖得稍資生計第二三月間麥秋尚遠未免乏食臣再四思維若將前項塘工循照舊案官爲代修則力役窮民皆得藉以接濟實於隄工民食兩有裨益據勘榆柳塘計長一萬六千二百六十四丈零坍損應修者四千五百二十七丈零利濟塘計長一萬一千四百八丈零坍損應修者二千三百五十二丈零其餘九千五十五丈零俱皆低薄應行加築照以工代賑例給發半價共估需銀一萬七千五百八十五兩零查有歷年存剩備公銀兩足敷動用應請照例委員督修工竣之後責令民竈業户隨時自行修并所有辦理緣由理合奏明　經部議准奏

旨依議速行　三月巡撫顧琮奏稱自乾隆十二年十一月初一日以後中小亹沖開引河大溜經由故

道南北兩岸皆成坦途其附近村庄民田猝被沖坍者於冬底查明户口給以口糧疏曰中小亹引河故道於十一月初一日以後江流直趨大溜今歸衛刷河身甚爲深寬沙地居民有拆屋移徙者經臣等酌照災賑坍房給修之例按户給發銀兩以資遷費并飭加意撫恤寬裕俾各得所伏念中小亹暢流則南北兩岸水遠沙長塘隄鞏固實可慶幸惟是沙地居住之民田縣被衝坍雖已給與遷徙之費而時屆歲暮不無因拆屋搬移致有拮据臣等仰體

皇上子惠元元至意擬查無力之户給與口糧以資卒歲現查明無力者六百五十户每户酌給米五斗如動穀碾米未免需遲今以銀兩按照時價折給約需銀五百兩動支公項散給除已飭行查實給發俾無失所外所有辦理緣由臣謹會同閩浙總督喀爾吉善恭摺奏明　計遷拆民房共七百八十户瓦房草

舍共二千二百七十間給銀一千三百四十五兩五錢內除一百三十户稍可度日毋庸給與口糧外共發口糧六百五十户每户給米五斗准折銀七錢七分五釐用過銀五百三兩七錢五分奉

旨覽奏俱悉欽此　四月大學士公訥親具題海塘善後事宜請於北塘設竹簍滚壩堵禦潮溝南塘設專司塘汛員弁兵丁以資防護再派兵弁於中小亹北之河莊山巡視水勢其仁和縣迤東至章家菴所築土堰再展年限陸續修理疏曰臣同巡撫顧琮於本月初

一日渡江由白鶴浦登陸前至新開引河又迴舟往紹興應宿閘至姚家埠宋家漊一帶看閱海塘南岸復由杭城起查看北岸一應土石塘工至海寧尖山等處臣看得現在江水大溜悉歸中小亹暢流直下北大亹漲沙已成平陸臣等從翁家埠下隄前往相對葛嶴山北沿水之處約計二十餘里皆係老嫩沙灘老鹽倉隄外老嫩淤沙約二十里直接蜀山北面自葛嶴山至蜀山約長二十餘里其山北一帶西通江水東接海潮雖非大溜經由其水面尚寬八九里許大汛水深五六尺小汛水深二三尺不等附近載滷運柴小船可以乘汛往來其海寧南門石塘外亦漲有老嫩沙灘約寬一十五里大小尖山脚老沙約寬一十三里至十五六里不等以上老沙多有生草者較之乾隆九年臣閱視北塘溜經蜀山之北沙護塘根之勢迥不相同又勘得南大亹老沙綿亘自塘至水近者六七里遠者至二十餘里現在亦無險處至中小亹引河自上年十一月內冲開以來初寬二十餘

丈今已至四百五十餘丈是年至四五月內已冲刷三里之寬合之江海形勢若至大汛北岸仍不能無瀋塘之水南岸文堂山脚現已落水其勢已向南趨文堂禪機山以南應相機利導使兩山全落水中則中亹寬展經臨大汛庶可分北岸之潮水至于錢江大溜雖行葛嶴山以南而逼近山脚之水仍復從山後一帶漫流現在刷有堰溝長五六里深五六尺不等江溜初向南行當防其仍復故道此處應設一竹簍碎石滚壩以禦冲刷使江水仍由壩漫流不致奪流且可殺江海汛漲之水其蜀山至尖山一帶中有堰溝數道尚有乘潮汛行舟往海寧者亦不便任潮水冲刷深長應酌看形勢或於水口或於中段溝尾稍加堵禦預防直抵塘根以期潮退沙淤漸成灘地又南岸會稽縣屬宋家漊地方東有曹娥江西有三江閘水俱滙歸北流入海而海潮汛發即逕江流從前錢塘江走北亹相去尚遠今江水改由中亹較前已近遇潮水長發過抑曹娥江水二水并漲難免隄岸不

致漫溢亦應加意防護臣與顏琮俱詳悉指示海防道鄂敏令其相機辦理再查南岸一帶海塘因安瀾已久並未設有專司塘汛之員弁兵丁今江水雖離塘遠近不等然既向南趨當派官兵駐宿不時查勘全岸塘工應移駐官弁相度沙之坍漲有無裨益並潮水長落情形一一熟知隨時調劑可免與修大工兩岸數部居民共受安瀾之益應請

勅交該撫於海防兩營內派撥官兵於南岸塘工及附近臨河一帶駐宿隨時查看再分派兵弁於中亹江之河莊山居住就近在葛嶴山蜀山一帶上下巡視江海水勢以便先事預防俟今年六七八月大汛過後水勢全局已定于南塘工所酌量分建營房以爲官兵駐宿之所查前經大學士高斌奏准將仁和縣江塘逶東至章家菴民築土堰動支舊存塘工銀兩加培高厚此原係防禦異常潮患所以分作二年修理今奏請營造官兵房屋應需工料即移此項先爲動用其修築民堰銀兩再展

年限陸續修理奏

旨大學士公訥親所奏勘過海塘善後事宜一摺着抄寄巡撫方觀承令其悉心查辦欽此　九月巡撫方觀承遵

旨覆奏請於北塘北大亹故道及三里橋撥轉廟等處設竹簍滚壩堵禦潮溝大小山圩改建塊石塘工以資捍禦南塘石上各工分別緩急預籌防護請將各營員弁兵丁調派南塘分汛防駐其南岸江海塘各工歸紹興府水利通判管理疏曰臣恪遵

聖訓覆查原奏悉心辦理謹將善後事宜各條詳加籌
酌並有應須及者逐一開陳恭呈
聖鑒一北塘大小潮溝宜分別堵禦以防冲刷也查北
塘外漲出老塗沙塗直接河莊巖峯蜀山乃江海
經由之北大亹舊道今自五月以來日漸淤墊河
莊山後有沙南北橫亘如脊細看此處因潮以爲
長落其江身正溜由引河直下已深五尺有餘似
不至虞其改溜但江海之冲刷靡定若設竹簍碎
石滾壩以殺汛勢俾水退沙留易於淤積更屬有
益緣在秋汛水勢方盛且新漲子沙未實時有潮
水滲浸工力難施應請俟冬月後酌勘水勢及沙
漲情形再行相機辦理又查北塘八仙石汛起至
尖山一帶共有堰溝六道其在馬界塘將軍殿二
處潮溝均隔扶基圩民堰不能到塘似可無庸築
堵其在曹將軍殿小墳前等處潮溝祗係小水漫
流未至冲刷深長亦可暫緩堵禦惟三里橋塘外
潮溝一道長二千二百丈口門寬一百八十丈迎
引潮汐應於口門進內阨要處所設立竹簍碎石

勑修兩浙海塘通志　卷七　本朝建築　四　七七

滾壩一道長四十丈以禦汛水冲刷約估需銀五
百五十一兩零又援轉廟塘外潮溝一道長二千
一百丈口門寬衍遠出大尖山外順迎潮汐溝尾
仍寬十五六丈深二三尺不等今於口門進內七
百丈之小尖山潮神廟前就其地勢坌起處所建
築竹簍碎石滾壩一道以截內灌之水並可爲尖
山石壩之外護壩外寬闊平衍潮勢迴轉甚順壩
長二百三十丈內一百三十丈應築土壩兩面用
柴鑲墊上加頂土迎水簽樁其橫截溝身之一百
丈應先用柴墊高再排築竹簍碎石滾壩共約估
需銀一千一百四十餘兩又小尖山至大尖山大
尖山至石宕山二處逼近海濱各有民築土隄一
道保護田廬共長一千一百五十六丈每于秋潮
大汛漲多漫溢乾隆九年曾經動帑修築又復兩
被潮災屢蒙賑恤民力未敷難以修竣臣詳加看
閱非建石塘不足以資捍禦而垂永久且現議於
潮神廟前截築竹簍滾壩其不過壩之潮水回溜
趨東則大小山圩正當其衝應請於二處各建碎

石塘一道與滾壩工程同時並舉約估需工料銀
二千八百二十餘兩但此處原屬民工應照民隄
民捻如民力實有不敷應照給發半價之例就近
交尖山汛弁員稽查管理如有殘缺即令民竈各
户隨時修補以資保障一南塘石土各工宜分別
緩急預籌防護也查南塘地勢較高于北數十年
來水行北亹是以均無險患今江海全溜改由中
亹東南掠近龕山過三江口會曹娥江誠恐潮過
江流致虞漫溢其石土各工之在山陰會稽境內
者自應一律加高培厚以資防護仍令相度平險
分別辦理查山邑各工自李王如屋後起至四十
五都交界碑止石塘五十六丈眉土淋卸又自趙
爾瀆滷地起至石塘頭止土塘五十八丈邊坡殘
缺又自夾竈起至夾棚止石塘五百四十八丈塘
頂面石歪斜均應加工修整又宋家漊亞出土塘
圍長三十五丈適當潮汐之衝將低缺處酌加培
築再於塘內取直添築堅厚土塘一道計長十六
丈新舊二層以爲重門保障又會邑各工自大園

勑修兩浙海塘通志　卷七　本朝建築　四　七八

交接外園龕塘起至宣港樓底止土塘六百九丈
四尺塘身高下不平邊坡殘缺又接前工至七都
舊石塘止計四段二長三百九十七丈塘身俱甚
單薄應行加幫又自章神殿起至沈則明田止石
塘四十五丈塘身矬陷應加石二層俾成一律並
培尾土又接前工三十八丈塘身臌裂歪斜應行
拆修又接前工三十八丈塘身低矮應加石二層
並加面土又接前工至塘灣止二百三十四丈塘
身單薄應幫又自徐家堰起至青山止土塘五百
一十丈內二百丈塘身單薄應幫以上山會二邑
各工通共約估需銀六千四百八十七兩零內急
工銀三千三百一十八兩零緩工銀三千一百六
十八兩零應請分年辦理一南塘應派駐防員弁
兵丁分汛巡防隨時經理也查南塘各工因安瀾
日久並未設有專員今議分派員弁兵丁駐宿其
地專司巡防實爲因時制宜之要務應請即於北
塘各緩工內量行調撥查海防兵備道管轄守備
二員千總四員把總八員外委十六名兵丁六千

名列爲左右二營分防十二汛除左營之海鹽澉
浦平湖尖山鎮海五汛右營之老鹽倉翁家埠二
汛或係要工或當衝道未便抽撥外其餘左營之
念里亭右營之八仙石章家菴觀音堂靖海五汛弁
現在塘外沙塗遠漲工程穩固應即將此五汛把總
兵全行撤撥南塘按汛分防計撥八仙石汛把總
一員外委一名兵丁五十名章家菴汛千總一員
外委一名兵丁八十一名觀音堂汛把總一員外
委一名兵丁七十八名靖海汛把總一員外委二
名兵丁六十八名念里亭汛千總一員外委一名
兵丁六十七名令右營守備一員移駐管轄設立
專汛五處分防五處自蕭山縣西興關起至航塢
山西瓜瀝爲第一汛派把總一員外委一名自航
塢山西瓜瀝至山陰縣夾𥴠爲第二汛派千總一
員外委一名自夾𥴠至會稽縣宋家漊宣港爲第
三汛派把總一員外委二名自宣港至小金爲第
四汛派千總一員外委一名自小金至曹娥江文
昌閣爲第五汛派把總一員外委一名通共實在

兵丁三百名其守備一員應於會稽縣之三江城
駐劄東西兩路塘工巡查俱便其餘弁兵各按本
界巡防又此塘各汛除調撥外念里亭汛尚餘外
委把總一名並養廉守餉一名應請歸入尖山汛
協防差操又餘各汛馬兵五名應歸入鎮海汛內
管轄又餘戰兵五名守兵一十名共兵十五名公
糧守餉一名查平湖汛工長四十四里在在險要
原設兵五十一名不敷應用請俱撥入該汛操防
力作又議於河莊山分駐弁兵巡視中小亹水勢
情形應即於對岸之翁家埠汛內分派外委一名
帶兵一十五名前往駐劄將河莊葛嶴蜀山一帶
上下水勢按日摺報如當夏秋大汛水勢盛漲仍
即隨時摺報海防道不時稽查巡閱至撤撥弁兵
之北塘五汛就近分歸各汛管理之處查八仙石
章家菴二汛工程應歸於翁家埠汛經管觀音堂
汛工程應歸於老鹽倉汛經管靖海汛工程應歸
於鎮海汛經管念里亭汛工程應歸於尖山汛經
管將令汛弁按工巡防其右營守備既已調撥南

塘所有原管之北塘柴石工程均應統歸左營守
備管轄以專責成一調撥南塘官兵應請建給衙
署營房以便棲止也查北塘弁兵既議抽撥南塘
分汛防駐自應就地建造衙署營堡各房分給棲
止守備衙署二十二間千把外委住房共五十二
間合共估需銀九百九十二兩零又馬步戰守實
兵三百名共需營房五百一十六間沿海堡房四
十座每座三間共一百二十間二共營堡房六百
三十六間共估需銀五千七十五兩二錢八分其
營堡各房應令地方官查明建造如無就近官基
即買民地建造至守備衙署應需之項查有北塘
所遺衙署營房應飭令據實估變充用毋庸另請
動項或需移用舊料核實開除一移駐右營守備
請鑄給關防以昭信守也右營守備向駐北塘一
應支給錢糧俱用左營關防今既移駐南塘專司
防護蕭會山等縣工程以及兵馬錢糧俱爲該備
專責應請飭部鑄給浙江海防道標右營守備關
防以重職守一南塘應照北塘之制并歸廳員管

轄以昭畫一也南岸紹屬江海塘工因海防道駐
劄海寧縣隔大江歷係各該縣經管經收由布政
司衙門查核請銷今既議撥海防道標營弁防守
不可無專管之廳員互相稽查查有紹興府水利
通判會稽山陰蕭山三縣皆其所屬應即將紹屬
南岸海塘江塘各工專令該通判管理遇有一切
應修工程地方官報明該倅會同營備確勘報明
海防道轉詳請修工竣造冊由道核銷所有紹興
府水利通判關防并請添海防字樣動部鑄給以
昭信守以上堵塞潮溝二處建築竹簍碎石滚壩
又南塘修築石土各工又調撥備弁兵丁添建衙
署營堡各房又改建大小山圩塊石塘工通共需
銀一萬六千六百五十餘兩內除守備千總外委
衙署住房銀九百九十二兩零即以北塘所遺衙
署營房估變抵項外實需銀一萬五千六百六十
兩零內竹簍滚壩兵丁營堡各房大小山圩塊石
塘工共估需銀九千一百七十餘兩均須同時並
舉其南塘修築石土各工共估需銀六千四百八

十餘兩應請按其平險分作二年次第與修又部覆大學士高斌條奏仁和縣江塘迤東至章家菴民築土隄加培高厚並自章家菴起至尖山脚下石柴草塘頂上加築子堰等工共實需銀一萬三千餘兩臣查藩庫舊存塘工引費銀八千一百八十餘兩又現據鹽驛道詳解司庫共實存引費銀一萬八千六百五十餘兩堪以動用今將現在應辦兩案工程揆度情形酌分緩急現在引費已敷動支其以後分年各工應需錢糧均於每年節省引費銀兩動支所有兩案應修分年各工統行造具估册送部查核仍按已竣之工分年題銷如分二年三年之工屆期水勢隄工情形或有改異應行增修之處容按年勘估確實奏請至各工除竹簍碎石滚壩係于海内水沙之上施工例無保固外其石土塘工並營堡房間仍按照工竣分別年限照例保固再移駐官弁兵丁分管事宜俟覆准後另行造册送部查核隨經大學士等會議准行

勅修兩浙海塘通志　卷七　本朝建築　四

十四年四月巡撫方觀承咨准拆修蕭山縣洪家庄舊石塘并先搶築孔家埠漁浦街柴塘等工用過銀一千二百五十兩零

欽修兩浙海塘通志卷八

工程

興大工者必有章程垂永遠者宜昭法守前代修築海塘之法歷久失傳宋有王安石所築定海塘著稱志乘明楊瑄黃光昇承修海鹽塘工遵其法而神明之名爲樣塘我
朝制度超軼前朝至魚鱗大石塘之建則未嘗不參酌往製而工尤加倍法益加詳苟不詳爲記載後將靡稽他若坦水木櫃截沙土戧皆築塘所必需事宜附列至盤頭竹簍雖止權宜之計而倉卒抵禦亦備費經營因并錄之志工程

明坡陀塘

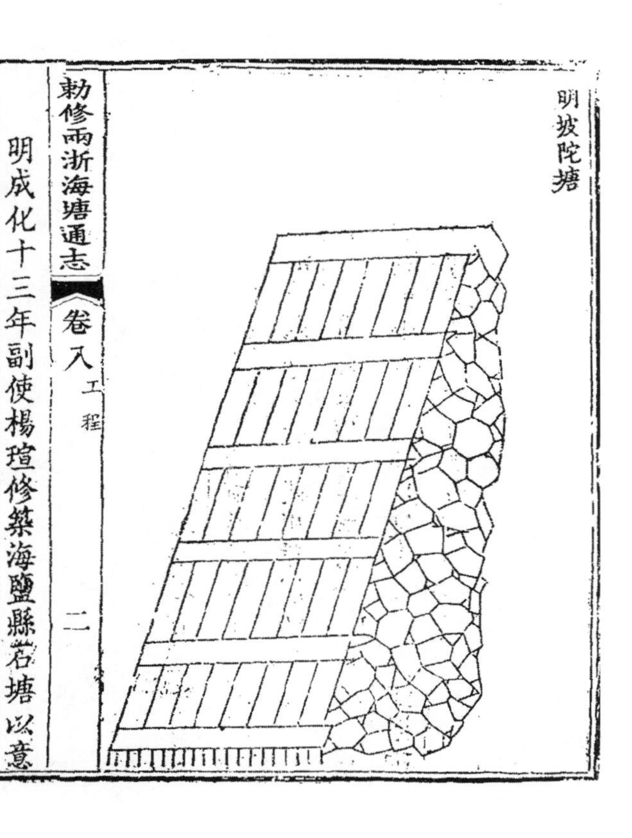

明成化十三年副使楊瑄修築海鹽縣石塘以意改爲坡陀形因名坡陀塘先是塘石皆疊砌勢陡子瑄以爲潮激之生怒易潰乃彷宋王安石居鄞修築 海塘式砌法如斜坡用殺潮勢石底之外俱用木 固其基初下石塊用一橫石爲 循次豎砌裏用小石塡心外用厚土堅築今鄞塘砌法不可考瑄之坡陀塘具載海鹽圖經

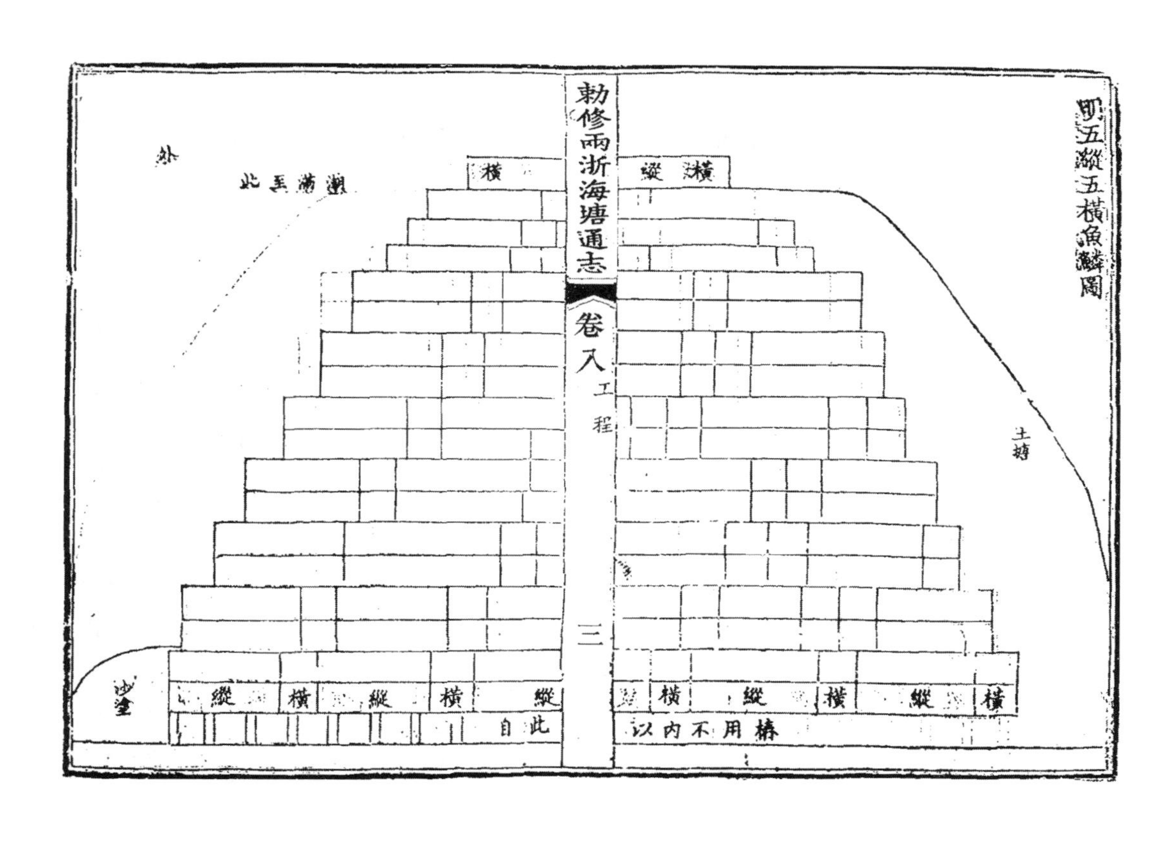

明嘉靖二十一年僉事黃光昇修築坡陀塘嵗久仄壓宏治中巡撫侍郎彭韶委知府徐霖通判蹇霆偕邑令譚秀重築仍疊石如舊法而畧彷坡陀意内橫外縱以漸減縮令斜十三年知縣王重繼之備講縱橫之法其法有一縱一橫二縱二橫下闊上縮内齊而外陂因名樣塘至嘉靖二十一年僉事黃光昇築法尤備先去沙塗之浮者四尺許見實土乃入樁與土平仍旁築令實乃置石爲層者二是二層者必縱橫各五令廣擁以土使沙塗

出於上令深層之三若四則縱五之橫四之層之五若六縱四之橫五之層之七若八縱橫並四之層九十縱三之橫五之層十一層十二縱橫又並三之層十三層十四縱三之橫二之層十五縱二橫三層十六縱橫並二層十七縱二橫一層十八是爲塘面以一縱二橫終焉石之長以六尺廣厚以二尺琢必方砥必平層表裏必互縱橫作丁字形以彌直罅之水層中橫必稍低昂作幞頭形以彌橫罅之水層相架必跨縫而置作品字形以自

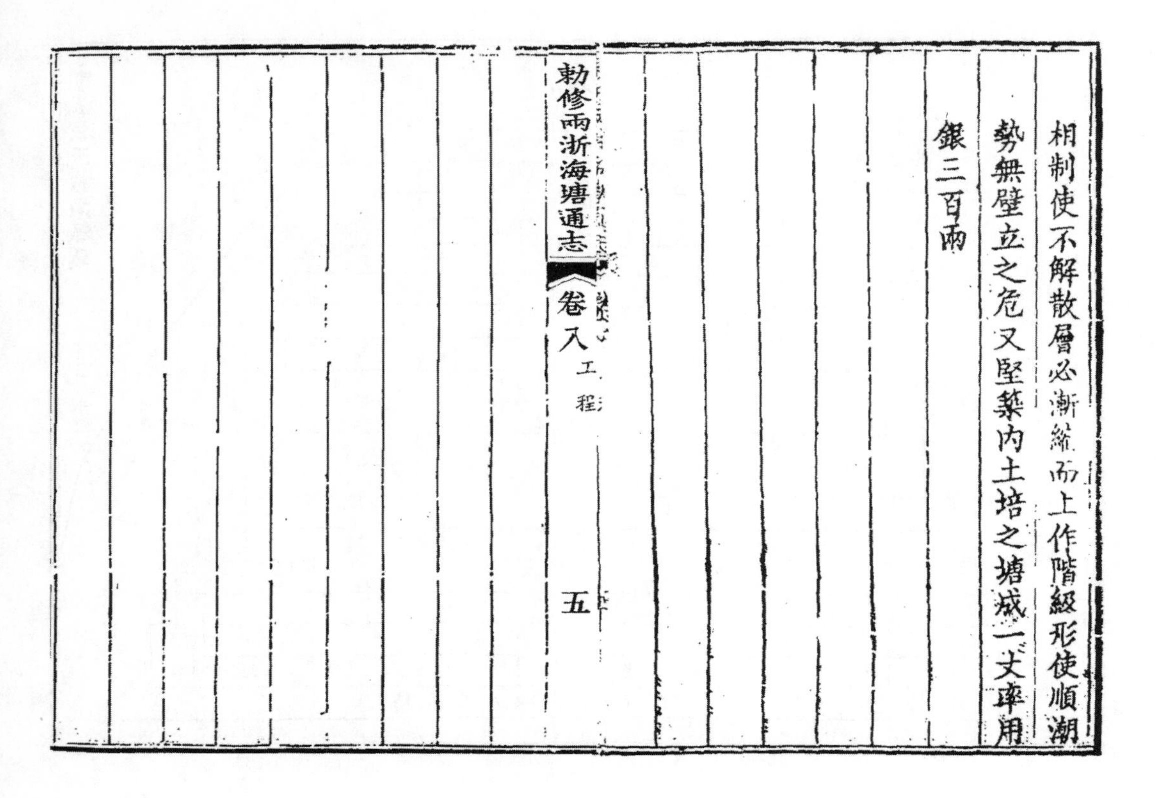
相制使不解散層必漸縮而上作階級形使順潮
勢無壁立之危又堅築內土培之塘成一丈率用
銀三百兩

欽修兩浙海塘通志　卷八　工程　五

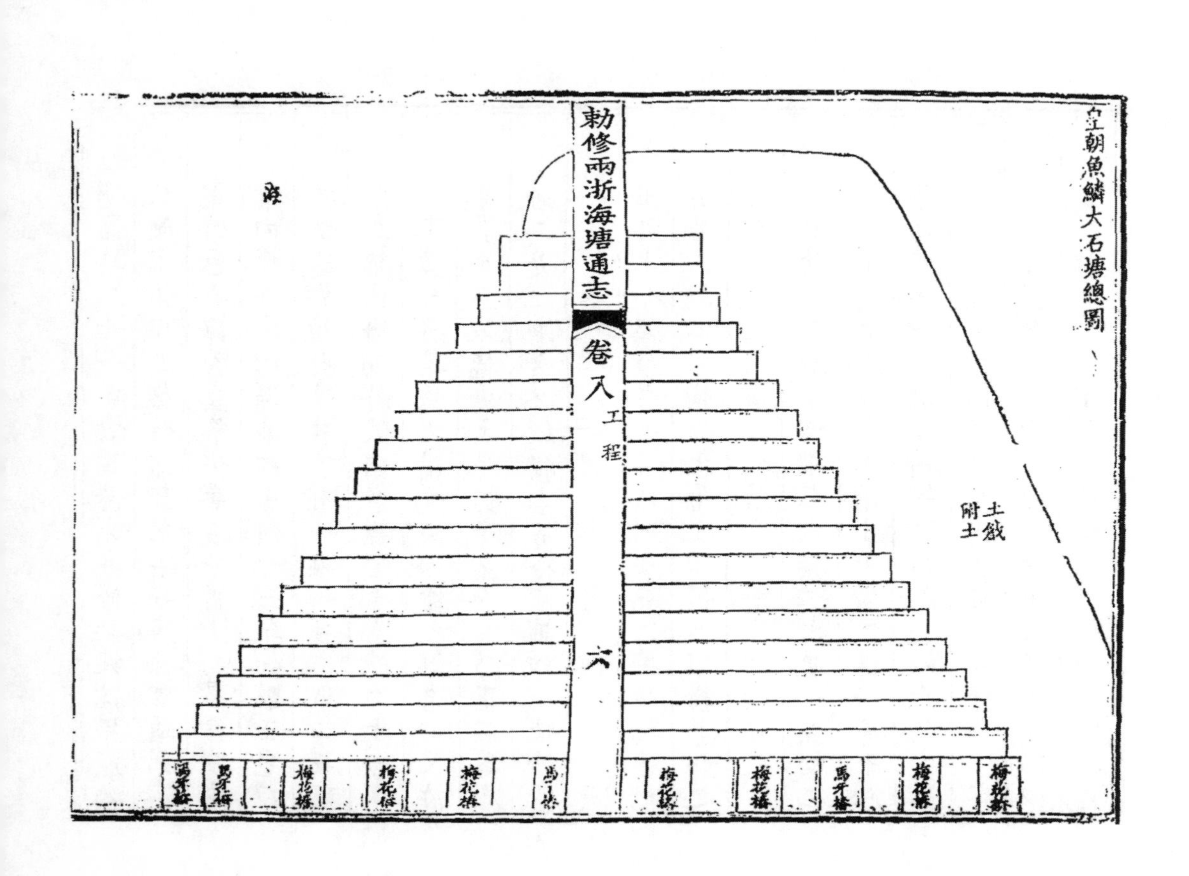

雍正十年潮勢洶涌加以上游江水驟長老沙汰
刷潮頭直逼內地
世宗憲皇帝特命內大臣户部侍郎海望直隸總督李衛
赴浙相度機宜議於尖山起至萬家閘統建大石
塘疊奉
恩綸雖帑金千萬不惜不可因塘外漲沙停止修築煌煌
天語所以爲海隅生民計者至周且密
恩至渥也我
皇上御極特命大學士嵇曾筠總理修築於乾隆元年

先築海寧遶城魚鱗大石塘五百五丈二尺寧城
迤東迤西二處測量地勢高下分別首險次險於
乾隆二年開工八年告成計長六千九十七丈六
尺八寸合前巡撫朱軾所建老鹽倉五百丈大石
塘共七千一百二丈八尺八寸其築法塘身高十
八層者每丈用厚一尺寬一尺二寸條石一百一
十八丈三尺三寸三分石有厚薄不等以丁順間
砌參差壓縫計高一丈八尺爲準頂寬四尺五寸
底寬一丈二尺內除收頂葢面石以及鋪底葢樁

石各一層不留收分外自底上第二層至十二層
每層外留收分四寸內留收分一寸又自十三層
至十七層每層外留收分三寸內留收分一寸共
留收分七尺五寸底寬一丈二尺外口釘馬牙樁
二路以禦潮刷樁縫中心重石之下擔負全力釘
馬牙樁一路及後一路共四路每路用樁二十根
共樁八十根尚餘底空釘梅花樁七路每路用樁
一十根共樁七十根二共樁一百五十根俱一木
一樁馬牙樁用圍圓一尺五寸長一丈九尺之木

梅花樁用圍圓一尺四寸長一丈八尺之木塘身
九層以下外砌坦水保護不扣錠鍋外自第十層
十二層十四層十六層每層每丈扣砌生鐵錠二
個熟鐵鍋二個又收頂葢面石一層前後扣砌生
鐵錠一十六個每條石一丈用砌灰五斗每砌灰
一石用汁米五升其餘應需築壩器具以及匠夫
工價備載物料門
寧城迤東地勢卑下建築十八層魚鱗大石塘四
千六百二十丈一尺七寸俱頂寬四尺五寸底寬

一丈二尺統高一丈八尺每丈估需料工銀二百八十一兩六錢八分八釐寧城迤西地勢稍卑建築十七層魚鱗大石塘一千四百七十七丈五尺一寸俱頂寬四尺五寸底寬一丈二尺統高一丈七尺每丈估需料工銀一百七十六兩二錢九分一釐迤城地勢稍平建築十六層魚鱗大石塘五百五丈二尺俱頂寬四尺底寬一丈三尺統高一丈六尺每丈估需料工銀一百六十二兩三分八釐內條石產處不一或採自江南洞庭等山有過壩之費或採自紹郡羊大等山過沙塗遠漲船難抵工均於定價七錢三釐之外每丈加給運脚銀七分

大石塘底樁式

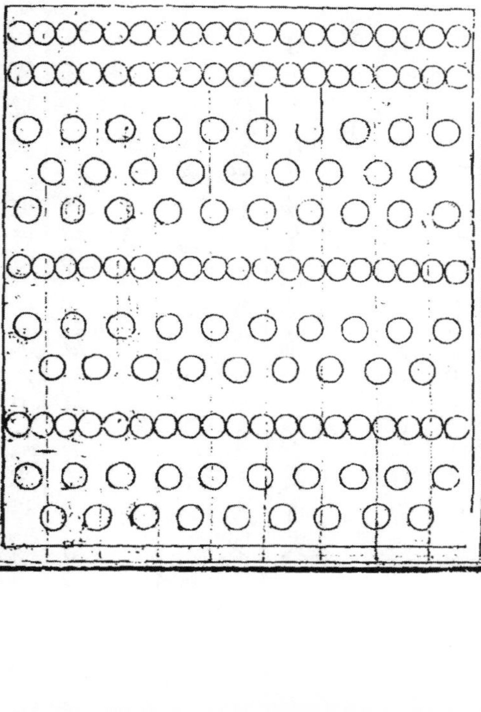

右底樁一十一路共二百五十根內馬牙樁四路計八十根每根用圍圓一尺五寸長一丈九尺梅花樁七路計七十根每根用圍圓一尺四寸長一丈八尺

大石塘第一層砌式

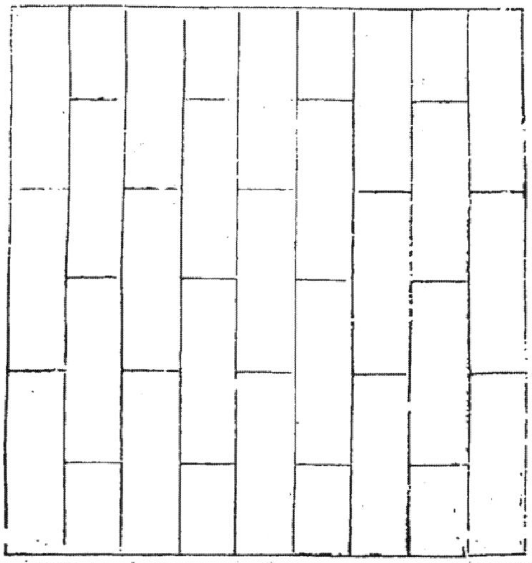

右第一層寬一丈二尺俱丁砌蓋於底樁之上計用折正厚一尺寬一尺二寸條石一十丈外砌做細丁石二丈五尺裏砌做粗丁石七丈五尺砌灰五石汁米二斗五升

大石塘第二層砌式

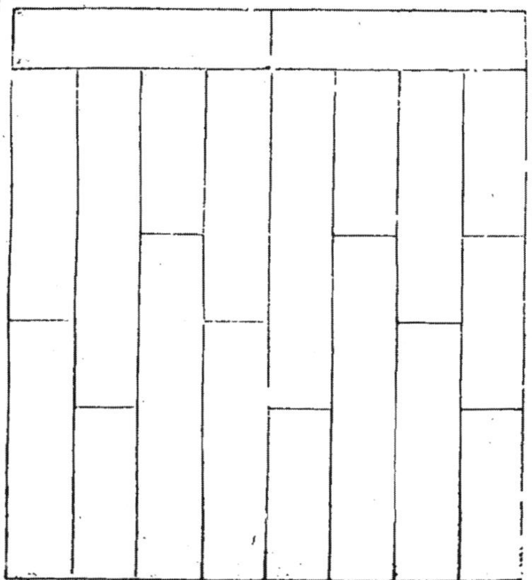

右第二層寬一丈一尺五寸外順砌內丁砌外收分四寸內收分一寸計用折正厚一尺寬一尺二寸條石九丈五尺八寸三分三釐外砌做細順石一丈裏砌做粗丁石八丈五尺八寸三分三釐砌灰四石七斗九升一合六勺汁米二斗三升九合六勺

大石塘第三層砌式

右第三層寬一丈一尺外丁砌內順砌外收分四寸內收分一寸計用折正厚一尺寬一尺二寸條石九丈一尺六寸六分七釐外砌做細丁石二丈五尺裏砌做粗順石六丈六尺六寸六分七釐砌灰四石五斗八升三合三勺汁米二斗二升九合一勺

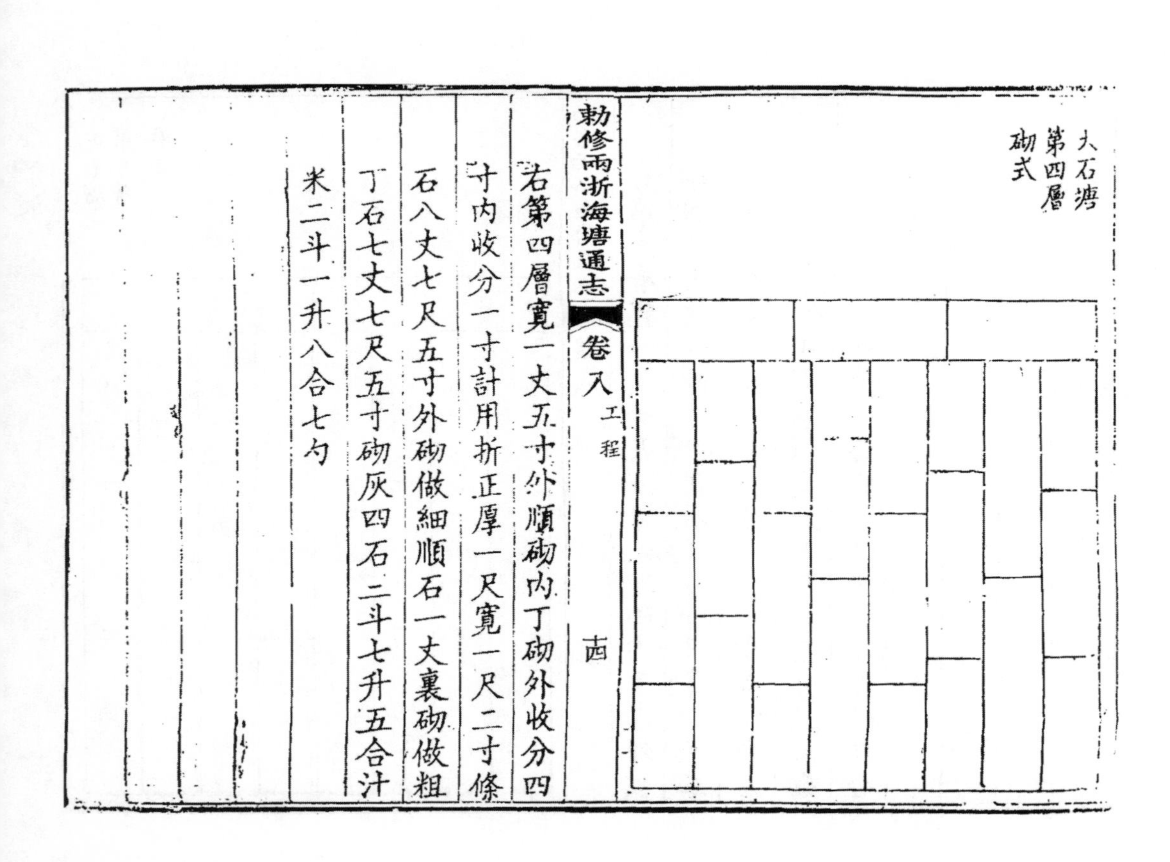

大石塘第四層砌式

右第四層寬一丈五寸外順砌內丁砌外收分四寸內收分一寸計用折正厚一尺寬一尺二寸條石八丈七尺五寸外砌做細順石一丈裏砌做粗丁石七丈七尺五寸砌灰四石二斗七升五合汁米二斗一升八合七勺

大石塘第五層砌式

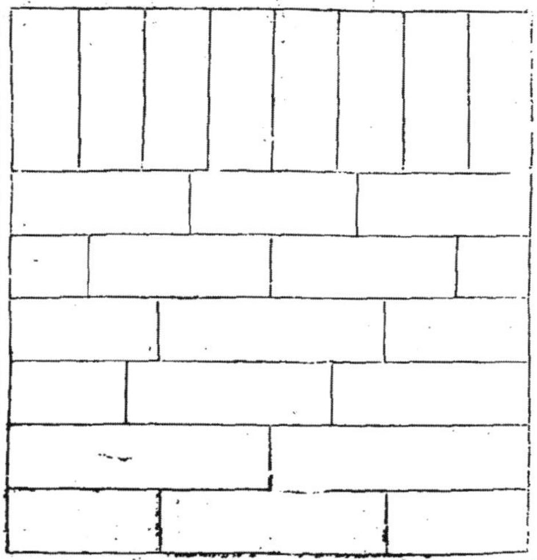

右第五層寬一丈外丁砌內順砌外收分四寸內收分一寸計用折正厚一尺寬一尺二寸條石八丈三尺三寸三分三釐三毫外砌做細丁石二丈五尺裏砌做粗順石五丈八尺三寸三分三釐三毫砌灰四石一斗六升六合七勺汁米二斗八合三勺

大石塘第六層砌式

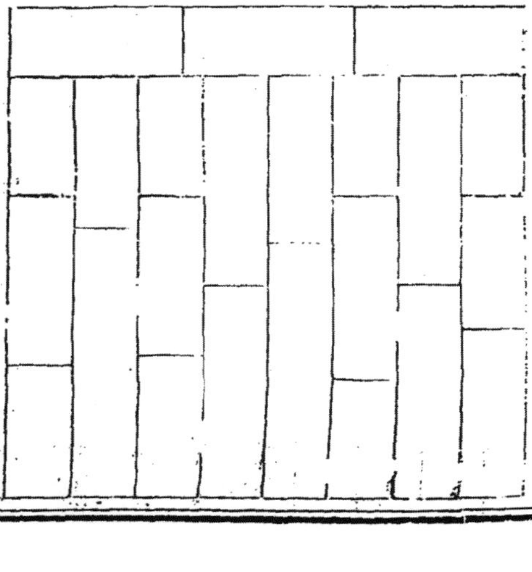

右第六層寬九尺五寸外順砌內丁砌外收分四寸內收分一寸計用折正厚一尺寬一尺二寸條石十丈九尺一寸六分六釐七毫外砌做細順石一丈裏砌做粗丁石六丈九尺一寸六分六釐七毫砌灰三石九斗五升八合三勺汁米一斗九升七合九勺

大石塘第七層砌式

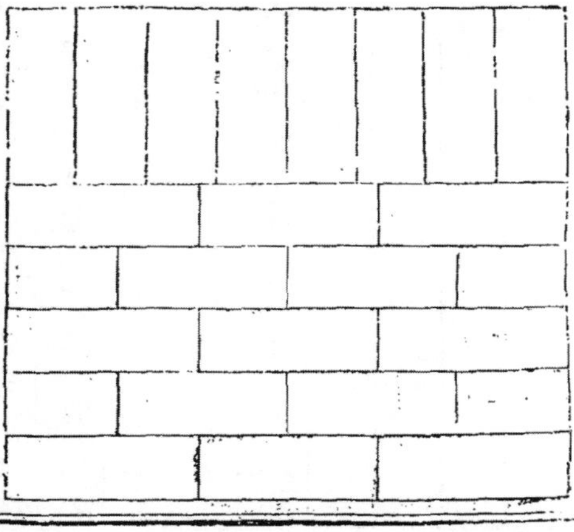

右第七層寬九尺外丁砌內順砌外收分四寸內收分一寸計用折正厚一尺寬一尺二寸條石七丈五尺外砌做細丁石二丈五尺裏砌做粗順石五丈砌灰三石七斗五升汁米一斗八升七合五勺

大石塘第八層砌式

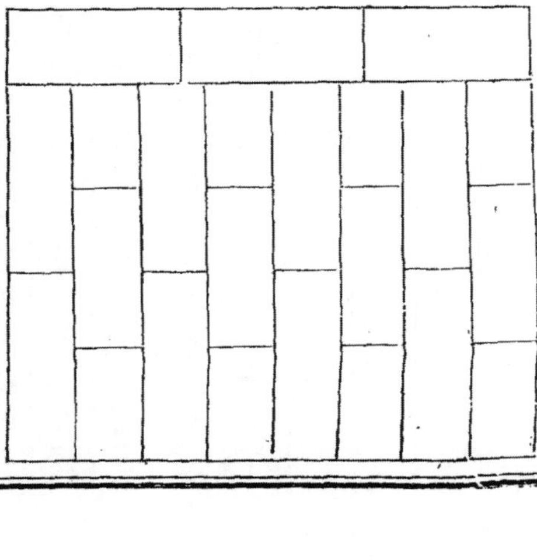

右第八層寬八尺五寸外順砌內丁砌外收分四寸內收分一寸計用折正厚一尺寬一尺二寸條石七丈八寸三分三釐四毫外砌做細順石一丈裏砌做粗丁石六丈八寸三分三釐四毫砌灰二石五斗四升一合七勺汁米一斗七升七合一勺

大石塘第九層砌式

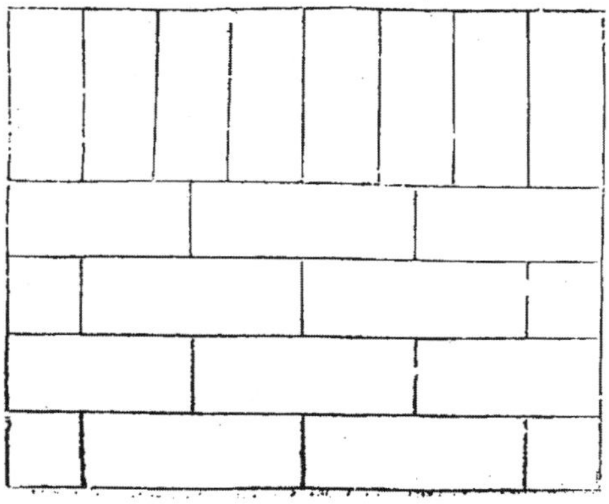

右第九層寬八尺外丁砌內順砌外收分四寸內收分一寸計用折正厚一尺寬一尺二寸條石六丈六尺六寸六分六釐六毫外砌做細丁石二丈五尺內砌做粗順石四丈一尺六寸六分六釐六毫砌灰三石三斗三升三合三勺汁米一斗六升六合六勺

大石塘第十層砌式

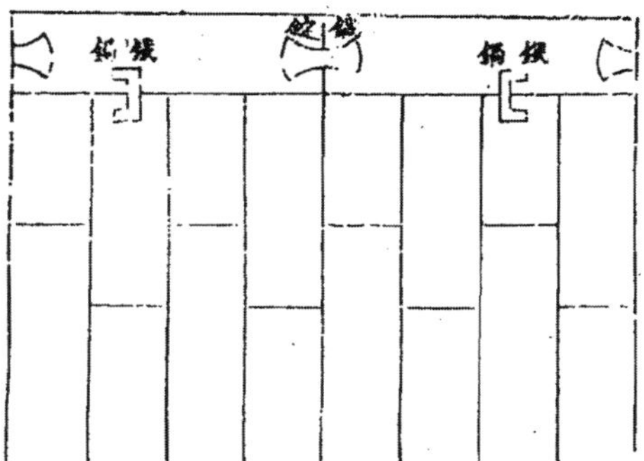

右第十層寬七尺五寸外順砌內丁砌外收分四寸內收分一寸計用折正厚一尺寬一尺二寸條石六丈二尺五寸外砌做細順石一丈裏砌做粗丁石五丈二尺五寸砌灰三石一斗二升五合汁米一斗五升六合二勺鑿嵌生鐵錠兩個熟鐵鋦兩個

大石塘第十一層砌式

右第十一層寬七尺外丁砌內順砌外收分四寸內收分一寸計用折正厚一尺寬一尺二寸條石五丈八尺三寸三分三釐三毫外砌做細丁石二丈五尺裏砌做粗順石三丈三尺三寸三分三釐三毫砌灰二石九斗一升六合六勺汁米一斗四升五合八勺

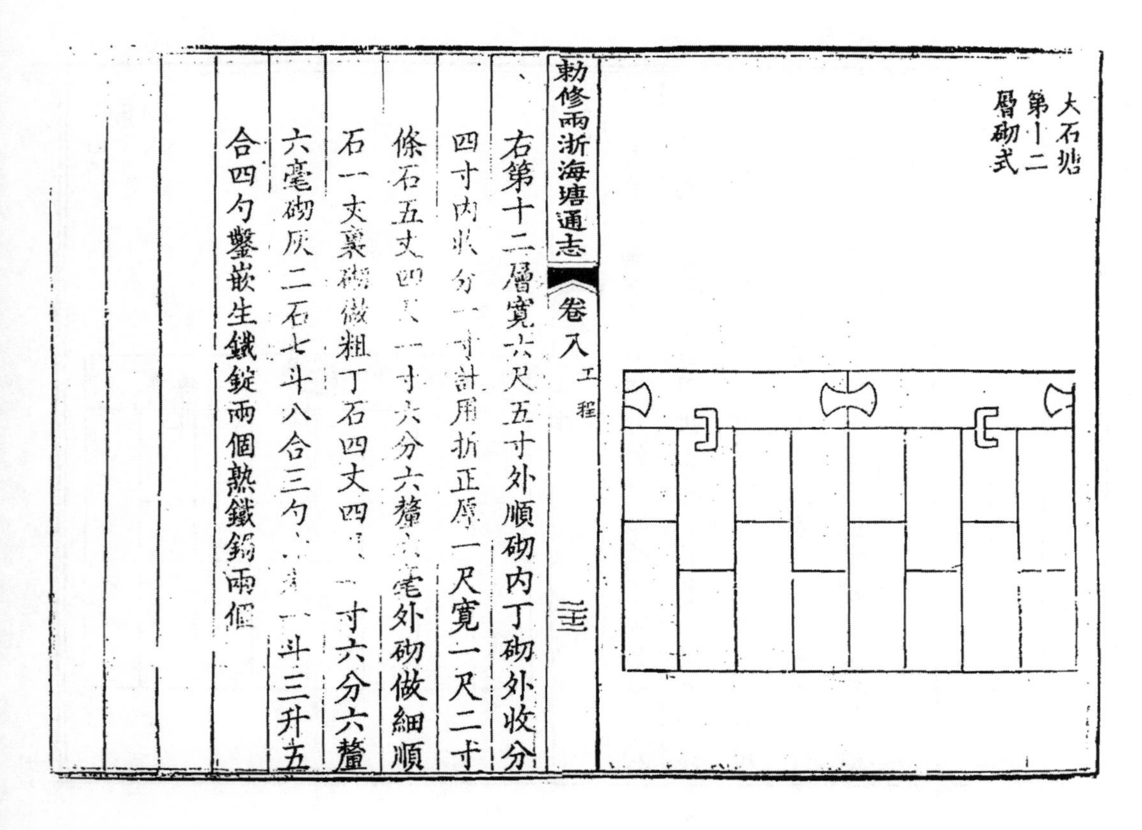

大石塘第十二層砌式

右第十二層寬六尺五寸外順砌內丁砌外收分四寸內收分一寸計用折正厚一尺寬一尺二寸條石五丈四尺一寸六分六釐六毫外砌做細順石一丈裏砌做粗丁石四丈四尺一寸六分六釐六毫砌灰二石七斗八合三勺汁米一斗三升五合四勺鑿嵌生鐵錠兩個熟鐵鋦兩個

大石塘第十三層砌式

右第十三層寬六尺外丁砌內順砌外收分三寸內收分一寸計用折正厚一尺寬一尺二寸條石五丈八寸三分三釐三毫外砌做細丁石二丈五尺裏砌做粗順石二丈五尺八寸三分三釐三毫砌灰二石五斗四升一合七勺汁米一斗二升七合一勺

大石塘第十四層砌式

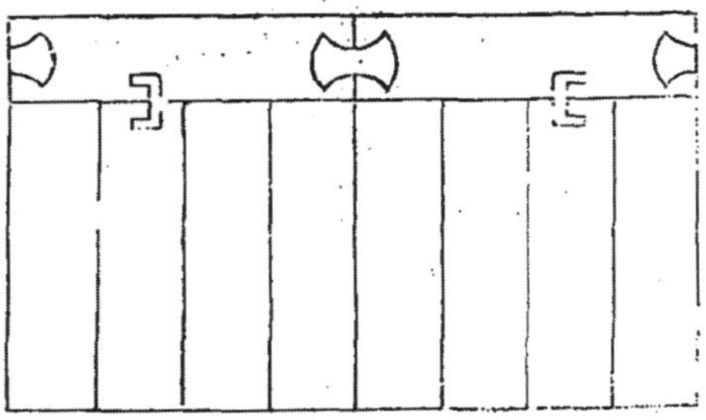

右第十四層寬五尺七寸外順砌內丁砌外收分三寸內收分一寸計用折正厚一尺寬一尺二寸條石四丈七尺五寸外砌做細順石[illegible]丈裏砌做粗丁石三丈七尺五寸砌灰二石三斗七升五合汁米一斗一升八合八勺鑿嵌生鐵錠兩個熟鐵鍋兩個

大石塘第十五層砌式

右第十五層寬五尺三寸外丁砌內順砌外收分三寸內收分一寸計用折正厚一尺寬一尺二寸條石四丈四尺一寸六分六釐六毫外砌做細丁石二丈五尺裏砌做粗順石一丈九尺一寸六分六釐六毫砌灰二石二斗八合三勺汁米一斗一升四勺

大石塘第十六層砌式

右第十六層寬四尺九寸外順砌內丁砌外收分三寸內收分一寸計用折正厚一尺寬一尺二寸條石四丈八寸三分三釐三毫外砌做細順石一丈裏砌做粗丁石三丈八寸三分三釐三毫砌灰二石四升一合七勺汁米一斗二合一勺鑿嵌生鐵錠兩個熟鐵鍋兩個

九石塘

第十七層砌式

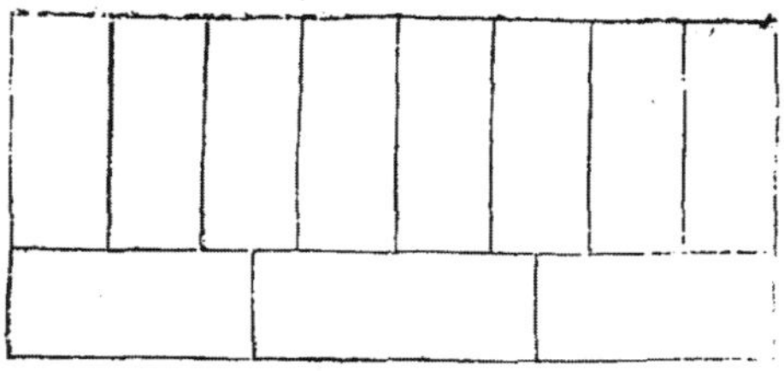

右第十七層寬四尺五寸外丁砌內順砌外收分三寸內收分一寸計用折正厚一尺寬一尺二寸條石三丈七尺五寸外砌做細丁石二丈五尺裏砌做粗順石一丈二尺五寸砌灰一石八斗七升五合汁米九升三合七勺

九石塘

第十八層砌式

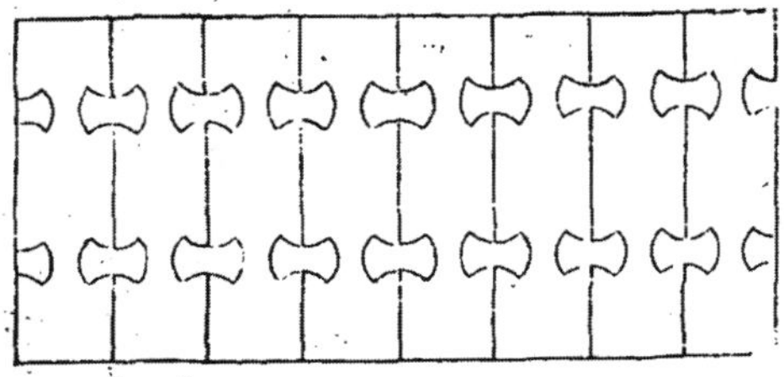

右第十八層寬四尺五寸此層收頂蓋面俱用做細丁砌內外不收分計用折正厚一尺寬一尺二寸條石三丈七尺五寸砌灰一石八斗七升五合汁米九升三合七勺石縫前後鑿嵌生鐵錠兩路計一十六個

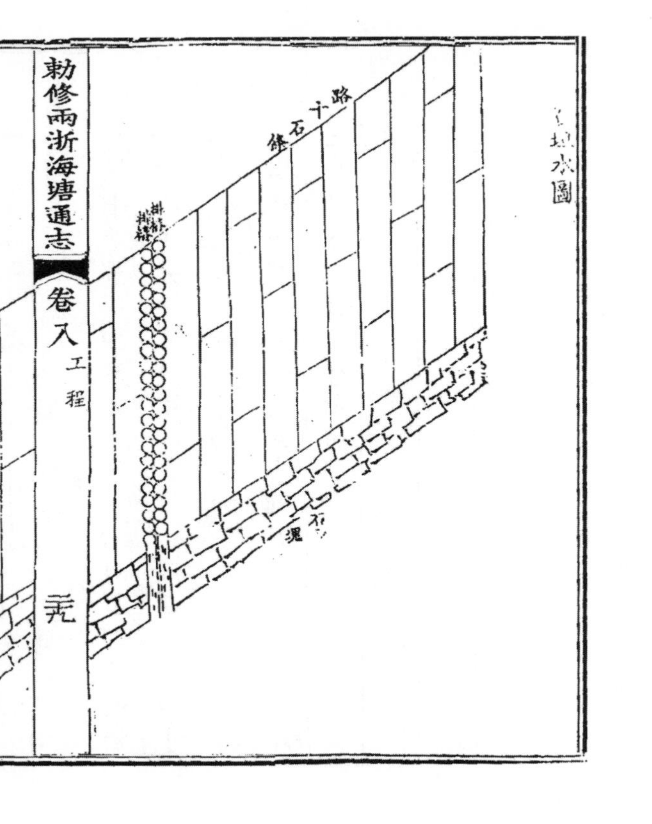

海鹽潮水暗長沿塘一帶又間有鐵板沙但令塘身堅固足資抵禦惟海寧東自尖山一束江水又從上順下潮與江鬬激而使高遂起瀾頭斜搜横嚙勢莫可當又潮退之時江水順勢汕刷苟非根脚堅厚難保無虞是以寧塘歷來修築既重塘身更重塘脚坦水但從前用塊石鋪砌雖多至三四五層不等易於潑卸以致修補頻仍終非經久之策大學士嵇曾筠建築大石塘於繞城五百五丈二尺塘脚外鋪砌條石坦水二層裏高外低斜披而下每丈每層寬一丈二尺下用塊石砌高上用條石蓋面每層石口各釘排樁二路每路用樁二十根以圍圓尺四五六之長木間釘下砌塊石每層牽高三尺計石三方六分每方重一萬四千觔二層共一十萬八百觔上蓋條石每層寬一丈二尺用厚七寸寬一尺二寸條石十路計折正石七丈二層共一十四丈或有舊存合式之樁石酌量添用委西防同知張永熹等如式砌築乾隆八年大工告成議請一律鋪砌會塘外沙漲停止所有

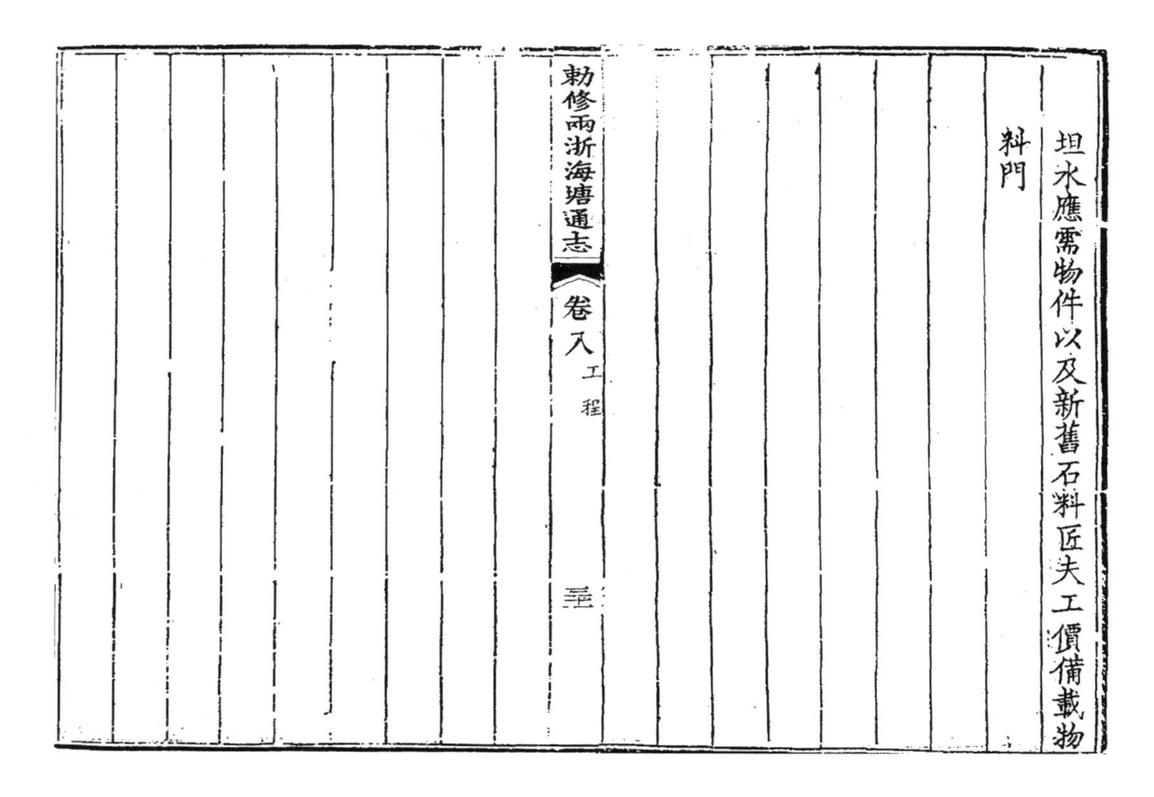
坦水應需物件以及新舊石料匠夫工價備載物料門

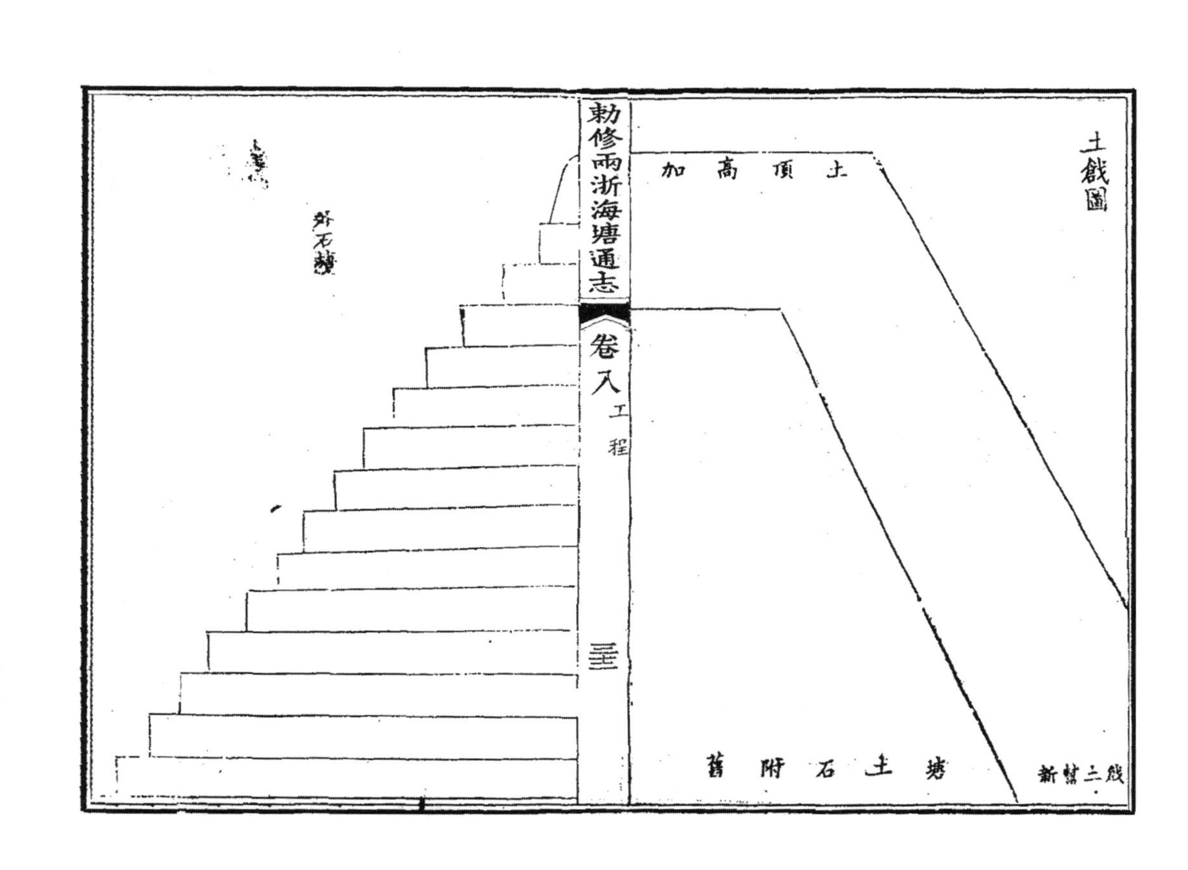

海寧石工之後舊有附石土塘高低寬窄不一又經風雨淋漓漸次塌卸大學士嵇曾筠題請幫築土戧增卑培薄務使一律高寬所需土方購買備塘迤北民田挑取按畝給價谿糧塘内水坑用柴樁幫護民房佔礙給價遷移其土分別遠近乾濘計方授價復慮泥土硬燥夯硪不實潑水堅築東自寧邑尖山石塘馬頭起西至仁邑李家村止丁長一萬三千九百九丈委東防同知林緒光等九十八員分段承築塘後幫寬自一丈以内至三四丈以外高自一丈以内至一丈以外塘頂之上普倒加高三尺總以新舊頂寬三丈底寬六丈爲凖後建大石塘開槽築壩亦賴土戧衛護不患海潮内溢其土方工價以及柴樁埽料備載物料門

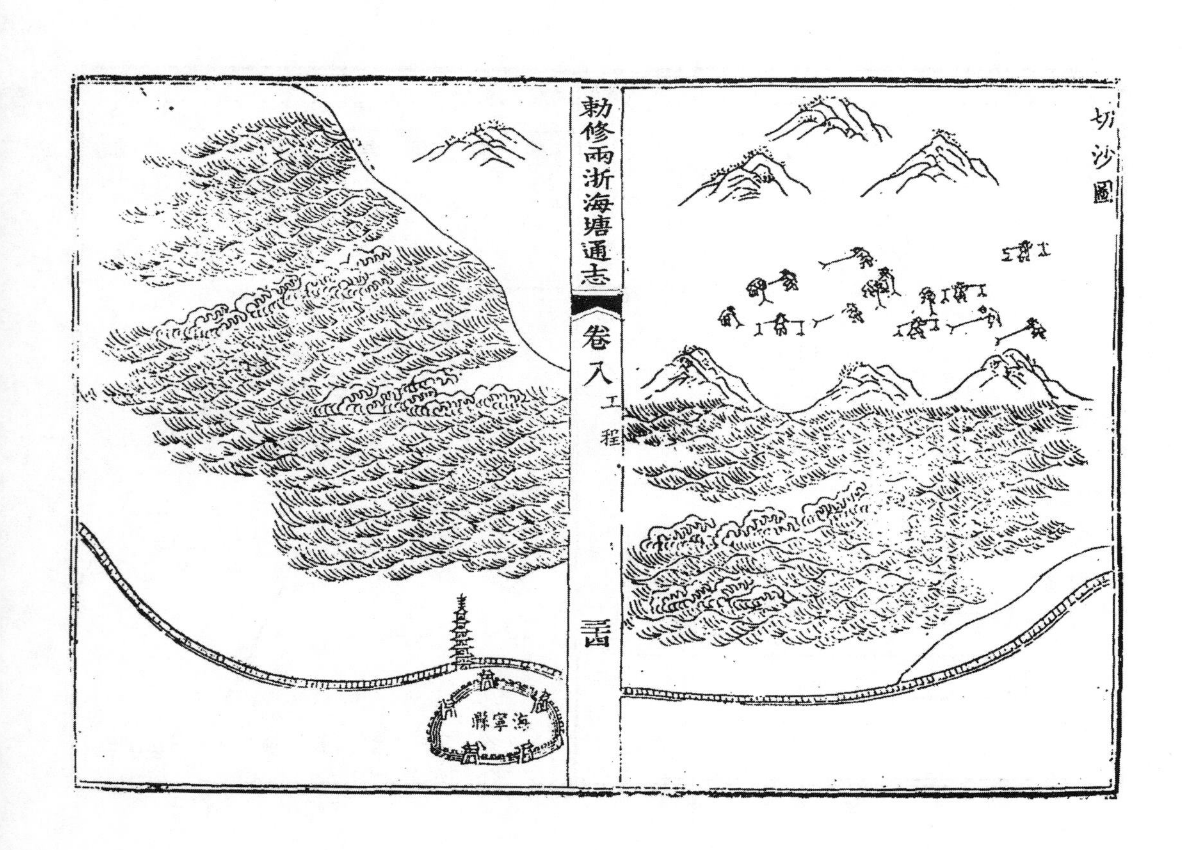

寧邑塘工之患雖在北岸而致患之由則在南岸緣南岸常有沙灘漲起挑溜北趨塘工日加危險江河湖海形勢雖殊而東坍西漲理無二致大學士嵇曾筠創爲借水攻沙之法於南岸沙洲用鐵器隨勢挑挖或順溜截根或迎潮挑溝使江水海潮晝夜往來自爲冲刷江溜日趨南岸北岸淤沙日漲大工得以告成至乾隆十一年重疏中小亹仍用切沙法内則疏挖外則挑切十二年中小亹大通未必非切沙法相與有成也

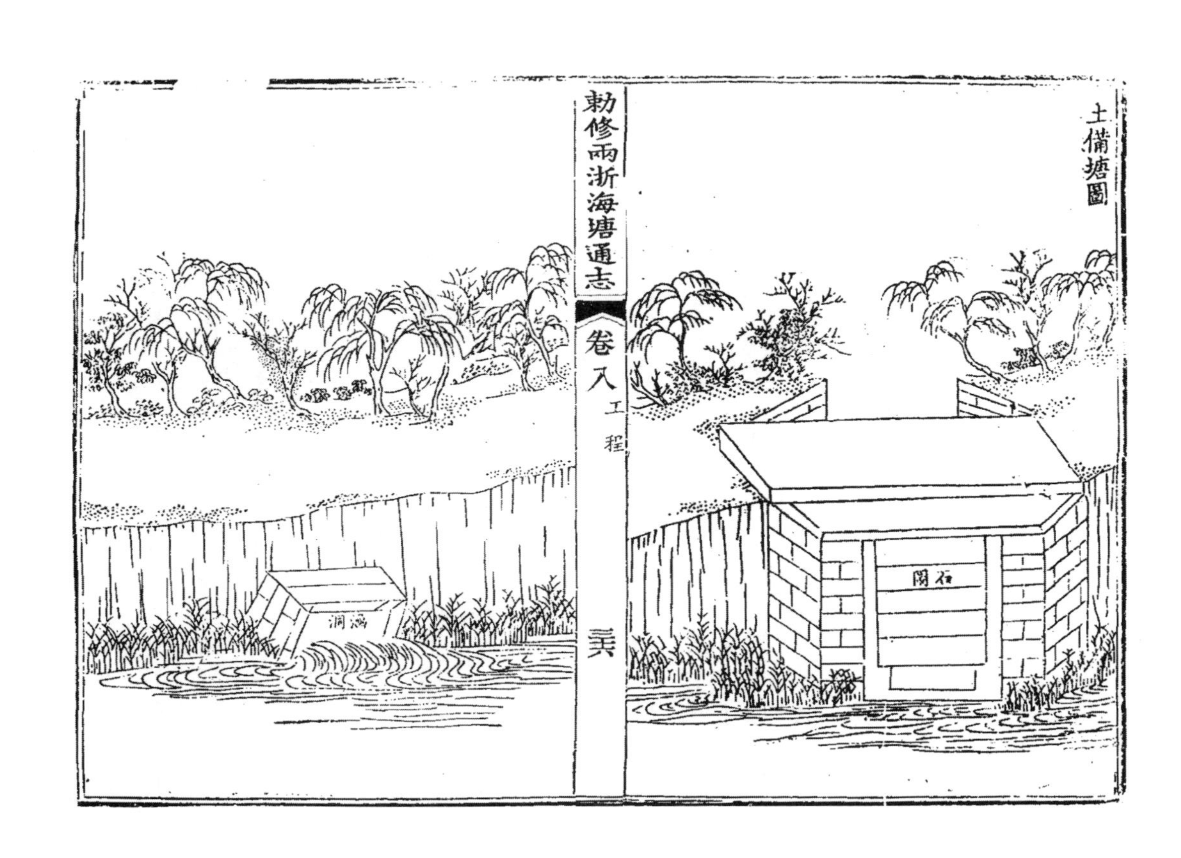

仁和海鹽平湖舊爲土塘惟海寧從前未建雍正
十一年内大臣戶部侍郎海望直隸總督李衛議
建魚鱗大石塘工大工繁數年不成舊塘又到處
坍損請先築土備塘一道離外塘或二里半里不
等間遇海水稍稍漫過外塘藉以攔阻不致内灌
民田計東自海寧之龍山南麓起西至仁和之李
家村止長一萬四千四十八丈五尺購買民地取
土築塘按畝給價豁糧如遇神祠古墓皆讓出繞
築塘底水坑三百一處用椿柴幫護塘長百里地

勢高下不齊原估築高一丈二尺實築高自一丈
二尺以外至一丈二尺以内塘頂通寬二丈四尺
塘底通寬五六如築實高一丈二尺者每丈需虛
土五十五方五分永三旱七按方給工委同知徐
昆等六員承築於本年十月興工至十二年三月
告竣凡築塘塡坑及買民田地蕩共銀一十萬六
千三百三十九兩有奇又恐土塘既築外有石塘
内有備塘民居其間雨水無從渲洩因於東塘最
低積水之間道菴後念里亭東二處各築石閘一

座蘇木港陳文港車子路掇轉廟尖山河雙汊港
等七處各築涵洞一座又於西塘之董石灰橋荆
煦廟二處各築石閘一座楊家莊馬牧港杭宅壩
三角田翁家埠曹殿壩天開河萬家埠等十處各
築涵洞一座共築石閘四座涵洞十七座涵洞所
以洩水石閘兼通船隻又於備塘河内建木橋二
十六座東塘十一座西塘十五座以通行人每石
閘一座金門闊八尺高一丈四尺兩邊金剛牆并
前後雁翅各長四丈上鋪大石爲橋下砌墊底瀉

水石閘下釘梅花樁一百一十一根牆背搯砌塊
石寬四尺共用寬厚一尺條石二百三十五丈三
尺五寸二分塊石二十三方七分六釐灰漿抿縫
鍋片墊撬嵌鐵錠四層以聯絡牆石置閘板十六
塊以備啓閉每座料工銀四百四十兩三錢三分
四釐二毫六絲二忽四微共築石閘銀一千七百
六十一兩三錢三分七釐四絲九忽六微每涵洞
一座長五丈高三尺五寸寬四尺六寸洞身過路
寬厚一尺條石六十一丈二尺五寸釘梅花抱石

二樁二百九十九根前後雁翅洞身牆背共塊石七十塊每座料工銀七十一兩一錢九釐二毫二絲如洞身高二尺五寸寬長同前者每座料工銀六十五兩六錢九分六釐四毫二絲共築涵洞銀一千一百六十兩一錢四分一釐五毫四絲每木橋一座高一丈二尺闊四丈八尺計五空用長三丈五六尺徑六七寸大木十株連運夫木匠鐵釘工銀二十二兩九錢三分七釐二毫共建木橋銀五百九十六兩三錢六分七釐二毫以上海寧新

築土備塘并新建石閘涵洞木橋及地價共銀一十萬九千八百五十七兩有奇

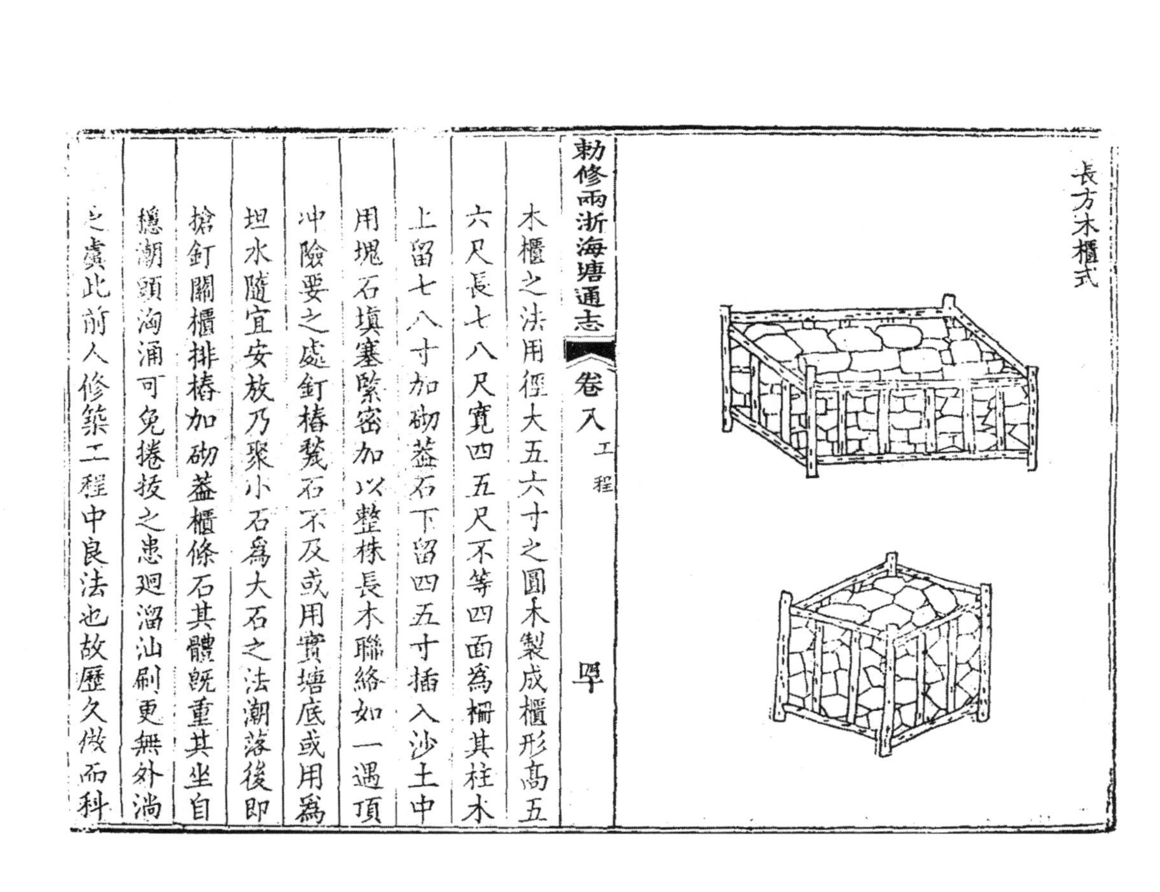
長方木櫃式

木櫃之法用徑大五六寸之圓木製成櫃形高五六尺長七八尺寬四五尺不等四面為柵其柱木上留七八寸加砌蓋石下留四五寸插入沙土中用塊石填塞緊密加以整株長木聯絡如一遇頂沖險要之處釘樁甃石不及或用實塘底或用為坦水隨宜安放乃聚小石為大石之法潮落後即搶釘關櫃排樁加砌蓋櫃條石其體既重其坐自穩潮頭洶涌可免捲拔之患廻溜汕刷更無外淌之虞此前人修築工程中良法也故歷久倣而科

之

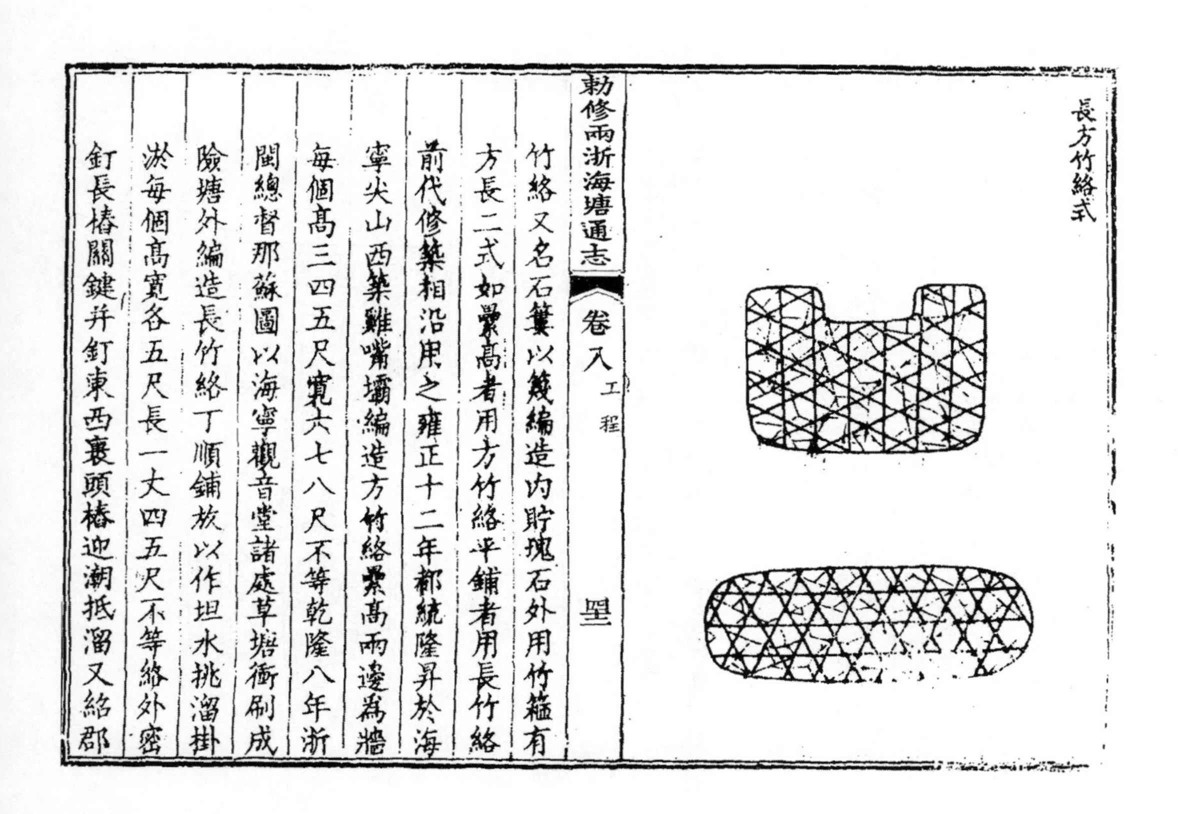

長方竹絡式

竹絡又名石籠以篾編造內貯塊石外用竹箍有方長二式如纍高者用方竹絡平鋪者用長竹絡前代修築相沿用之雍正十二年都統隆昇於海寧尖山西築雞嘴壩編造方竹絡纍高兩邊爲牆每個高三四五尺寬六七八尺不等乾隆八年浙閩總督那蘇圖以海寧觀音堂諸處草塘衝刷成險塘外編造長竹絡丁順鋪放以作坦水挑溜掛淤每個高寬各五尺長一丈四五尺不等絡外密釘長樁關鍵并釘東西裹頭樁迎潮抵溜又絡郡

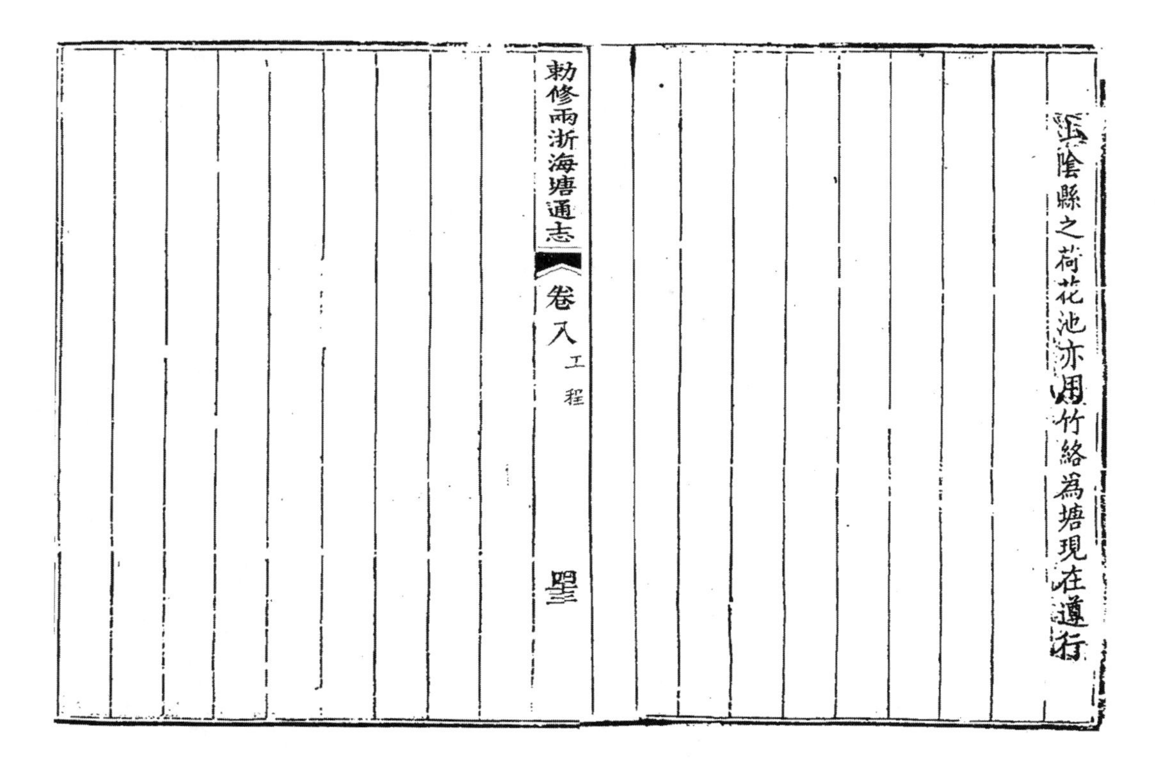

山陰縣之荷花池亦用竹絡爲塘現在遵行

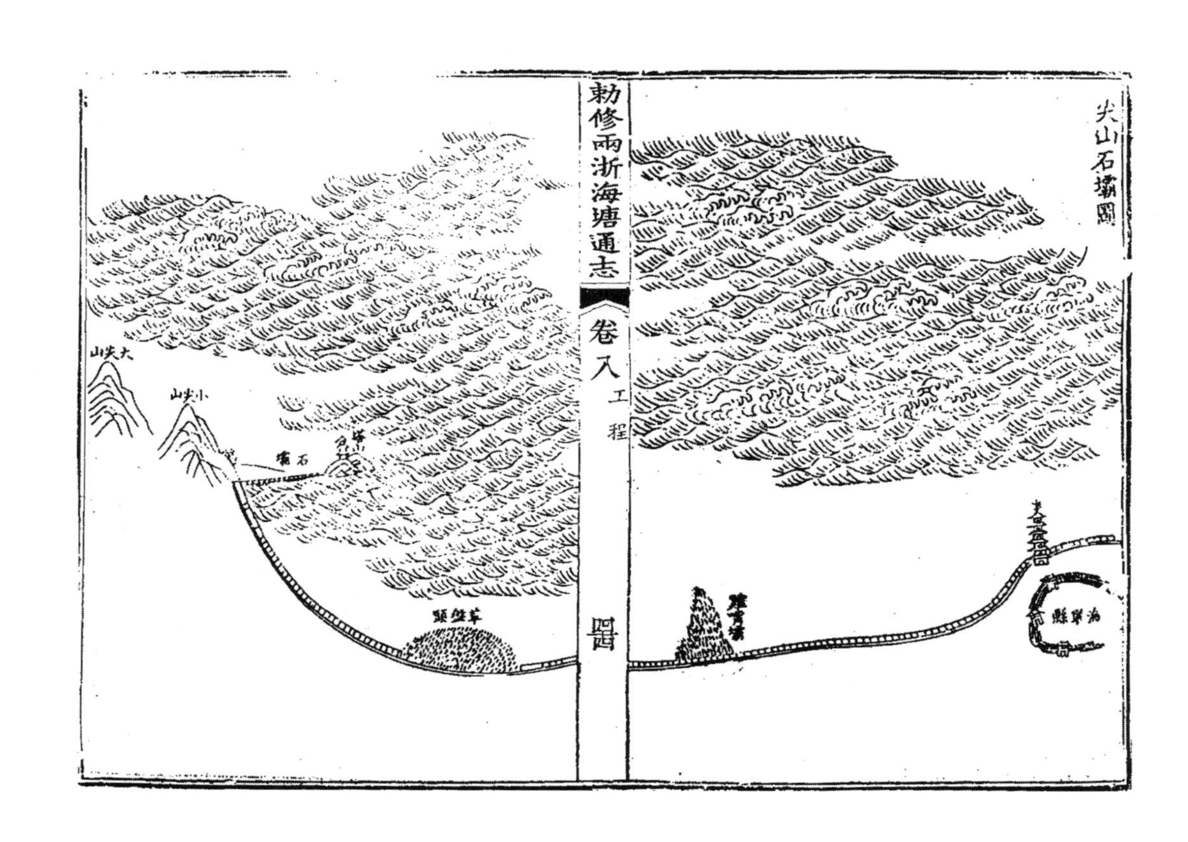

尖山石壩圖

雍正十一年內大臣戶部侍郎海望直隸總督李衛請於海寧迤東尖塔兩山之間築石壩一道分殺水勢俾潮勢南趨北岸護沙可望復漲都統隆昇等於潮平時測量應築石壩長一百八十二丈淺處深四五六丈中流深一十二三丈不等調撥滿漢員弁採辦石塊水陸並運編篾爲簍盛石沉放又於尖山之西文武菴前築雞嘴壩一座以挑迴溜而波濤洶湧難於合龍十三年大學士嵇曾筠奏請停工計堵過石壩四段共長一百二十丈用銀五萬一千五百兩零乾隆四年巡撫盧焯閱視未堵口門八十丈已經積有浮沙最深之處不過丈八九尺與從前測量迥別疏請仍用竹絡裝石乘勢接築一舉合龍於五年二月開工至閏六月告竣用銀一萬七千三百三十一兩零所有前後堵築料工備載物料門

中小亹引河圖

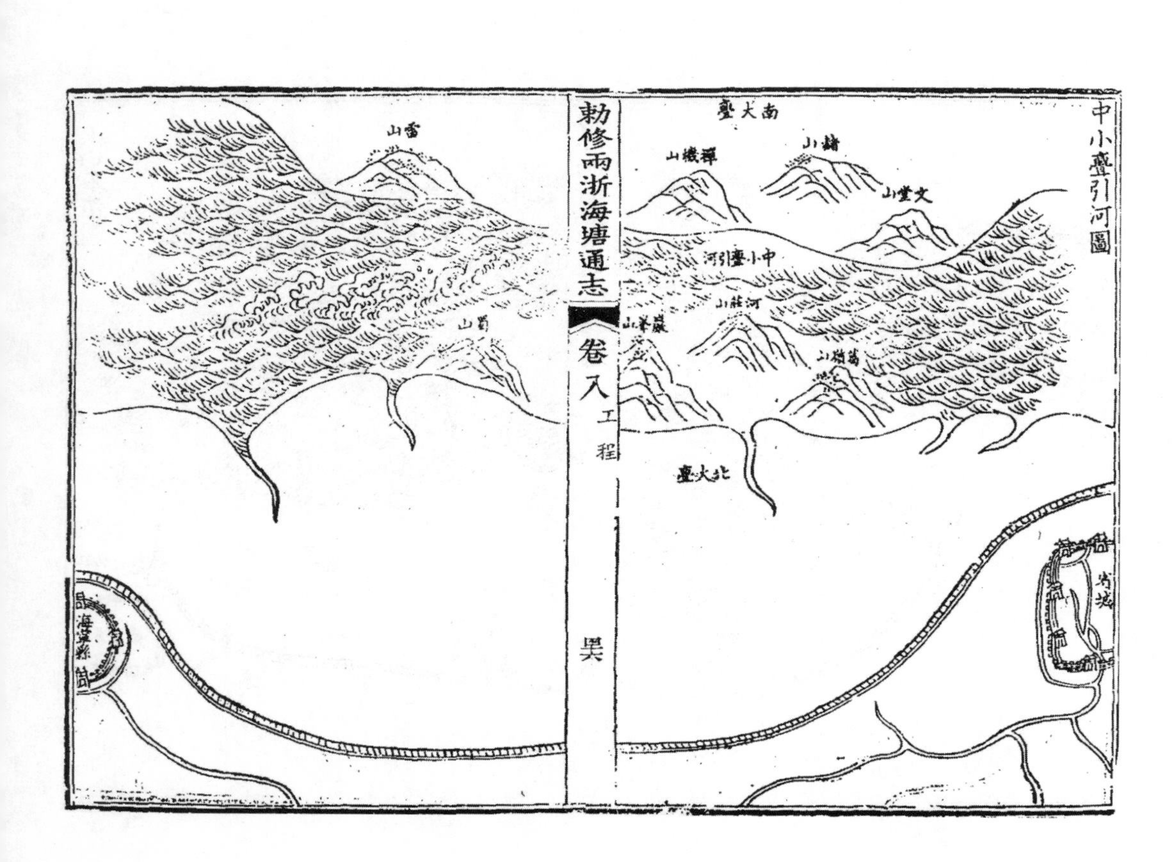

引河即中小亹中間所濬之河也江海之門戶有三在龕赭兩山之間者爲南大亹在禪機山之北河莊山之南者爲中小亹河莊山之北海寧海塘之南爲北大亹水勢南徙賴有紹郡龕赭諸山捍衛其患猶輕水勢北徙則直逼仁和海寧塘身爲害最劇惟中小亹適當南北兩岸之中江水海潮若由此出入兩岸得資鞏固前總督滿保巡撫朱軾會勘開濬潮過即淤迄無成效雍正十一年副都統隆昇等調撥滿漢員弁分段攢挖又設立

員隨時疏濬未幾復塞大學士嵇曾筠因有請停開濬之奏我

皇上旰食宵衣廑念海隅黎庶

特命大臣詳加閱視准令隨時斟酌相機挑挖并用切沙之法於蜀山之南開溝引溜以順水勢又於北岸安放竹簍挑溜掛淤至乾隆十二年十一月朔江流直趨大溜全歸衝刷河身通暢此皆我

皇上睿慮精詳至誠昭格之所致從此江海效靈南北兩亹漲沙日積濱海億萬生靈永無驚濤駭浪之虞矣

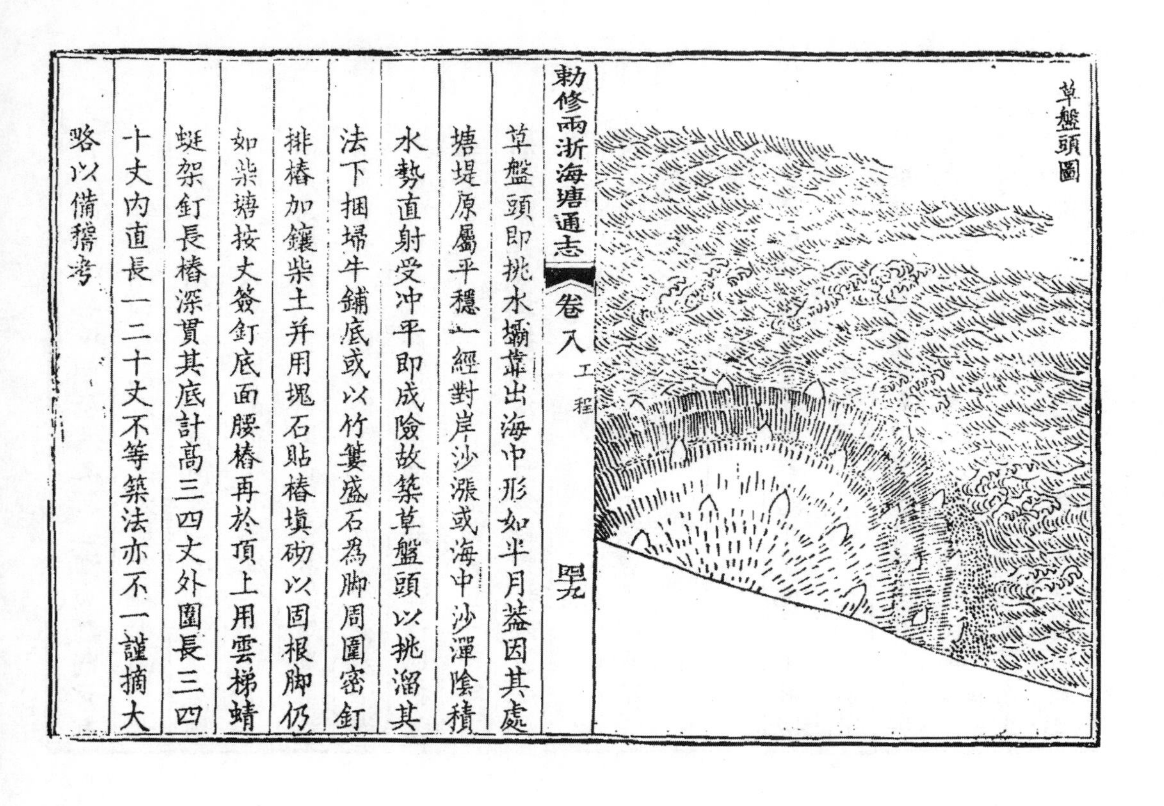

草盤頭即挑水壩靠出海中形如半月蓋因其處塘堤原屬平穩一經對岸沙漲或海中沙渾陰積水勢直射受冲平即成險故築草盤頭以挑溜其法下捆埽牛鋪底或以竹簍盛石為脚周圍密釘排樁加鑲柴土并用塊石貼樁填砌以固根脚仍如柴塘按丈簽釘底面腰樁再於頂上用雲梯蜻蜓架釘長樁深貫其底計高三四丈外圍長三四十丈內直長一二十丈不等築法亦不一謹摘大略以備稽考

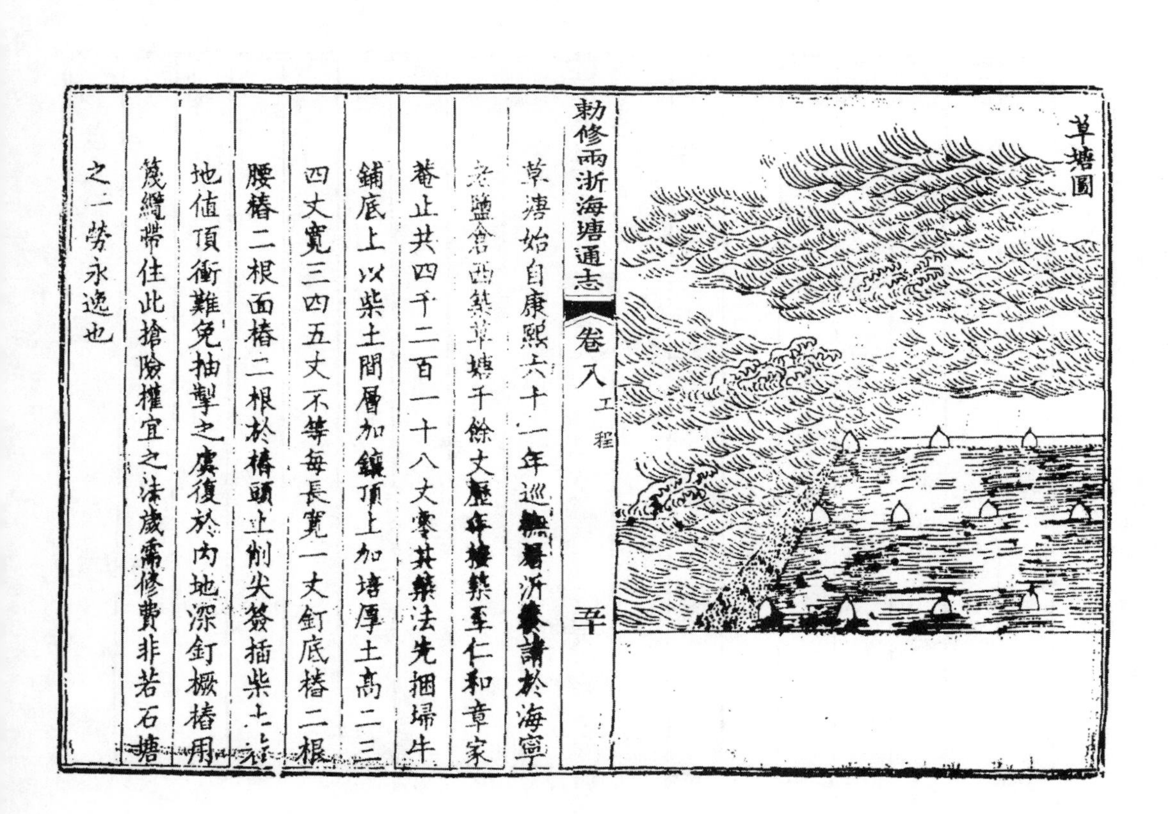

草塘始自康熙六十一年巡撫屠沂奏請於海寧老鹽倉西築草塘千餘丈歷年接築至仁和章家菴止共四千二百一十八丈零其築法先捆埽牛鋪底上以柴土間層加鑲頂上加塘厚土高二三四丈寬三四五丈不等每長寬一丈釘底樁二根腰樁二根面樁二根於樁頭上削尖簽插柴土於地值頂衝難免抽掣之虞復於內地深釘檔樁用篾纜帶住此搶險權宜之法歲需修費非若石塘之一勞永逸也

勅修兩浙海塘通志卷九

物料

海塘修築歷代不同惟明時五縱五橫塘木石價値畧備志乘焉

皇朝鉅工屢建共講於隄防捍禦之法進而益精石必長短厚薄之合宜木必圍圓尺寸之中度盈丈之塘椿木幾何十層之築夫工有數大小工程犂然在目詳紀之以備稽考志物料

明五縱五橫魚鱗塘

五縱五橫石塘高二丈八尺八寸計十八層底寬二丈八尺九寸面寬九尺三寸每丈需用物料如左

椿木三百二十個用長三丈木一百六十株每株銀七分共銀一十一兩二錢

條石四百八塊每塊長五尺闊厚一尺六寸價銀五錢共銀二百四兩

拽石蔴索五十觔每觔銀一分共銀五錢

擡石扛索一副價銀六錢二分

鐵孔一根用熟鐵八觔價銀一錢六分

鐵鍬山鎚各一把用熟鐵六觔價銀一錢二分

竹揁二根每根銀二分共銀四分

木孔二根每根銀五釐共銀一分

做椿每個銀五毫共銀一錢六分

下椿每根銀一分共銀三兩二錢連砌底石四十塊

砌手砌十七層塘石計三百六十八塊每塊工銀二分共銀七兩三錢六分

琢洗條石每塊工銀五分共銀二十兩零四錢

擡運條石四百八塊每塊牽銀一錢二分二釐共銀四十九兩七錢七分六釐

扒沙清脚工銀三兩

漁户絞索五十觔工銀一分五釐

以上每塘一丈用銀三百兩五錢六分一釐

四縱四橫疊砌十五層者較十八層省用椿六十四個條石一百十八塊并匠夫等銀八十四兩八錢一分一釐每丈用銀二百一十五兩七錢五分

皇朝魚鱗大石塘

魚鱗大石塘築高十八層計高一丈八尺塘頂石寬四尺五寸塘底石寬一丈二尺每塘一丈需用物料如左

馬牙樁八十根每根圍圓一尺五寸長一丈九尺價銀二錢六分共銀二十兩八錢

梅花樁七十根每根圍圓一尺四寸長一丈八尺價銀二錢三分共銀一十六兩一錢

大條石一百一十八丈三尺三寸三分折正厚一尺寬一尺二寸爲準每石一丈價脚銀七錢三釐共銀八十三兩一錢八分八釐九絲九忽如採自江南并沙塗遠漲每丈加運脚銀七分

砌灰每條石一丈用灰五斗共灰五十九石一斗六升六合五勺每灰一石價銀一錢五分共銀八兩八錢七分四釐九毫七絲五忽

汁米每灰一石用米五升共米二石九斗五升八合三勺二杪五撮每米一石價銀一兩二錢共銀三兩五錢四分九釐九毫九絲

生鐵錠二十四個每個重四觔共重九十六觔每觔銀一分五釐共銀一兩四錢四分

熟鐵鍋八個每個重一觔共重八觔每觔銀四分共銀三錢二分

雜料凡塘十丈搭廠二座塘五丈用鐵繩一條塘二丈用汁鍋一口汁缸一隻石硪一部硪肘一副灰籮五隻灰篩三面塘一丈用汁桶二隻樁箍鐵四觔高櫈一架木鍬一把鈴鐺一個竹筏三觔煤炭二斗蘇皮五十觔計每塘一丈用銀二兩四錢七分一釐三毫

釘馬牙樁八十根每根樁手銀五分梅花樁七十根每根樁手銀三分共銀六兩一錢

剷樁每根給工匠銀一釐計馬牙梅花樁一百二十根共銀一錢五分

鏨細各層牆面丁順條石三十四丈二尺五寸每丈用石匠三名又鏨粗丁順裏石八十四丈八寸三分每丈用石匠一名六分二共二百三十七名三分八釐二毫八絲每名銀五分共銀一十一兩八錢六分四釐一毫四絲

運砌條石毋論粗細每丈用夫三名計石一百一十

八丈三尺三寸三分共夫三百五十四名九分九
釐九毫又搗灰搗汁灌漿夫三十五名每名銀四
分共銀一十五兩五錢九分九釐九毫六絲
鏨錠眼二十四個每個工銀五釐鏨鍋眼八個每個
工銀三釐共銀一錢四分四釐
煊圍接鐵用鐵匠六名每[illegible]銀三分共銀一錢八分
箍缸箍桶用圓作匠三名[illegible][illegible]分每名銀三分共銀一
錢五釐
開挖槽底深一丈八尺面寬三丈六尺底寬一丈六

尺計挖土四十六方八分每方給挑夫銀九分共
銀四兩二錢一分二釐
開挖槽底先於塘外築攔水草土壩一道高寬各八
尺用軟草八層與土搭鑲釘梢樁十四根其樁土
二項本工措用不計錢糧用軟草一千七百六十
觔每百觔銀九分釘梢樁十四根每根銀四釐運
鑲夫九名每名銀四分三釐共銀二兩
填還尾土深一丈八尺面寬二丈五尺六寸底寬四
尺計還土二十六方六分四釐每方連夯杵給銀

一錢一分一釐六毫共銀二兩九錢七分三釐二
絲四忽
祭禮開工完工計每丈用銀一分六釐
以上石塘一丈用銀一百八十兩八分八釐四
毫八絲八忽
十七層魚鱗大石塘計高一丈七尺塘頂石寬四
尺五寸塘底石寬一丈二尺較十八層工料省用
條石四丈五尺八寸三分并灰漿汁米土方匠夫
銀五兩三錢九分七釐六絲三忽每塘一丈用銀

一百七十四兩六錢九分一釐四毫二絲五忽
十六層魚鱗大石塘計高一丈六尺塘頂石寬四
尺塘底石寬一丈二尺較十七層工料省用條石
一十二丈八寸四分并灰漿汁米土方匠夫銀一
十四兩二錢五分二釐七毫八絲九忽每塘一丈
用銀一百六十兩四錢三分八釐六毫二絲六忽
坦水
大條石坦水二層每層寬一丈二尺共寬二丈四
尺各深三尺七寸每長一丈需用物料如左

關石排樁上層二路下層二路共四路每路用樁六十根共樁八十根用圍圓尺四尺五尺六木內尺四木長一丈八尺者二十七根每根銀三錢三分尺五木長二丈九尺者二十七根每根銀二錢六分尺六木長二丈者二十六根每根銀二錢九分

蓋面條石上層一十丈下層一十丈共二十丈折正厚七寸寬一尺一寸為準每丈價脚銀四錢九分二釐一毫如採自江南者每丈加運脚銀四分九釐

整底塊石上層深三尺下層深三尺每層砌石三[illegible]方

六分二層共石七方二分每方重一萬四千觔共重一十萬八百觔山宕遠近不同定價多寡不一按實給價

竹鐵蘇皮雜料銀二錢四分

釘樁每根銀五分

剷樁每根銀一釐

石料新舊兼用匠夫不同每新條石一丈用鏨鑿石匠七分運砌夫七分舊條石一丈用安砌石匠一分四釐運砌夫一分四釐新塊石一萬觔用安砌

沙匠三名擡運夫三名舊塊石一萬觔用安砌沙匠一名擡運夫一名

以上坦水一丈如全用新料計需銀五十六兩零海寧遠城坦水有舊樁舊石添用約用銀[illegible]十兩零

土戧

加幫土戧在附石土塘之後務取一律寬平緣附石土塘低窄不齊幫寬加高需土多寡不一今以頂寬三丈底寬六丈裏高一丈爲率需用物

左

每丈除舊有附土牽寬一丈五尺高一丈計土一十五方外幫新土三十方底有水坑牽寬一丈牽深五尺應先補土與地相平計補土五方共土三十五方其取土在土備塘河北離工自數十丈至一百餘丈照河工成例按出土遠近計方給價并給潑水夯硪夫工銀每方自一錢一分一錢二分五釐至一錢三分六釐不等

填塞水坑用柴絭埽每丈埽高二尺用柴四百觔釘

樁五根將圍圓一尺木截用

以上土戧一丈約計用銀六兩零

土備塘

土備塘築高一丈二尺頂寬二丈四尺底寬五丈每丈用虛土五十五方五分築實四十四方四分需用物料如左

旱土三十八方八分五釐每方用刨運夫一名五分築打夫一名平墊夫二分計夫二名六分共夫一

百一名二釐每名銀三分六釐共銀三兩六錢三分六釐三毫六絲

水土一十六方六分五釐每方用刨運夫一名五分車水夫五分築打夫一名平墊夫一分計夫三名一分共夫五十二名六分一釐五毫每名銀三分六釐共銀一兩八錢五分八釐一毫四絲

石礅木夯蘇皮雜料銀六分

以上土塘一丈用銀五兩五錢五分四釐五毫

附　填築河漊

凡跨河築塘必於南北兩面釘樁鑲柴衛護但河漊水流寬深不一今以寬五丈深五尺爲準每丈需用物料如左

每面釘三號樁一十根兩面共二十根每根長一丈五六尺價銀一錢六分共銀三兩二錢

每面鑲柴五百觔兩面共一千觔每百觔銀六分共銀六錢海塘需用柴薪乾隆七年以前每百觔銷銀六分後經左都御史劉統勳奏准每百觔銷銀九分此項工程與後雜嘴壩皆在雍正十一年十二年興築故仍舊例

蔴竹雜料銀六分

河面寬五丈河底寬三丈勻寬四丈深五尺填實土

二十方按虛土二十五方每方照水方例用夫三名一分共夫七十七名五分每名銀三分六釐共銀二兩七錢九分

釘樁一根給銀一分五釐共銀三錢

削樁二十根給銀一分九釐四毫

鑲柴夫一名給銀三分六釐

以上填築水坑一丈用銀七兩六釐

附　石閘

石閘金門闊八尺進深一丈高一丈四尺迎水雁

翅長二丈瀉水雁翅長一丈上鋪石橋每座需用
物料如左
近水樁一百五十根用徑大四五寸長二丈七八尺
木七十五根每根銀三錢二釐四毫共銀二十二
兩六錢八分
梅花樁一千一百八十三根用徑大三四寸長一丈
五六尺木五百九十一根半每根銀一錢三分九
釐四毫四絲共銀八十二兩四錢七分八釐七毫
六絲

金剛牆十七層并墊底荅椿橋面等石共用寬厚一
尺條石二百三十五丈三尺五寸二分每丈價銀
六錢三分九釐二毫共銀一百五十兩四錢三分
六釐九毫九絲八忽四微
牆背裏石并搯砌丁擋共用塊石二千三方七分六
釐每方價銀八錢九分四釐六毫共銀二十一兩
二錢五分五釐六毫九絲六忽
金剛牆雁翅共條石一百九十丈四尺每丈用白灰
六十觔江米七合五勺白礬十二兩塊石二十三

方七分六釐每方用白灰六百觔地脚刨槽計長
二十一丈三尺二寸每丈用白灰六百觔共用白
灰三萬八千四百七十二觔每百觔銀一錢五分
江米一石四斗二升八合每斗銀一錢八分白礬
一百四十二觔十二兩八錢每觔銀一分五釐三
共銀六十二兩四錢二分四毫
生鐵錠四層共五十六個重八百四十觔每觔銀三
分共銀二十五兩二錢
搥牆鍋片二十一觔每觔銀五釐共銀一錢五釐

閘板十六塊釘提環三十二個每塊銀三錢五分共
銀五兩六錢
大蘇索四百觔綮縛繩二百觔共六百觔每觔銀一
分四釐六毫共銀八兩七錢六分
釘近水樁每五根用夫一名計夫三十名梅花樁每
六根用夫一名計夫一百九十七名二共夫二百
二十七名每名銀三分六釐共銀八兩一錢七分
二釐
剅樁一百根用木匠一名共一十三名五分每名銀

三分八釐八毫共銀五錢二分三釐八毫

做細條石二百一十丈七尺五分每丈用石匠三名五分共七百四十一名每名銀五分共銀三十七兩五分

做糙條石二十三丈六尺四寸七分每丈用石匠二名共二十七名三分每名銀三分八釐八毫共銀一兩八錢三分五釐二毫四絲

砌塊石每方用砌匠一名共二十三名七分六釐每名銀三分八釐八毫共銀九錢二分一釐八毫八

絲八忽

拽運寬窄條石一百五十六丈每二丈用運夫一名五分灌漿夫五分共夫一百五十六名塊石每方用運夫二名共夫四十七名五分二釐地脚刨槽每丈用夯硪夫七名共夫一百四十九名二分牆背還土一十八方二分每方用築打夫三分共夫五名四分六釐四共夫三百五十八名一分八釐每名銀三分六釐共銀一十二兩八錢九分四釐四毫八絲

以上石閘一座用銀四百四十兩三錢三分四釐二毫六絲二忽四微

附涵洞

涵洞高三尺五寸寬四尺六寸長五丈每座需用物料如左

抱石樁七十二根用徑大四五寸長二丈七八尺木三十六根每根銀三錢二釐四毫共銀一十兩八錢八分六釐四毫

梅花樁二百二十七根用徑大三四寸長一丈五六

尺木一百一十三根半每根銀一錢三分九釐四毫四絲共銀一十五兩八錢二分六釐四毫四絲

底面牆過路共用寬厚一尺條石六十一丈二尺五寸每丈價銀六錢三分九釐二毫共銀三十九兩一錢五分一釐

雁翅牆背塊石共七十塊每塊價銀一分二釐共銀八錢四分

紮縛繩四十六觔八兩每觔銀一錢四分六釐共銀六錢七分八釐九毫

釘抱石樁每五根用夫一名梅花樁每六根用夫一
名共夫五十二名每名銀三分六釐共銀一兩八
錢七分二釐
剷樁用木匠三名每名銀三分八釐八毫共銀一錢
一分六釐四毫
砌條石每二丈用石匠一名共三十名六分每名銀
三分八釐八毫共銀一兩一錢八分七釐二毫八
絲
運條石每二丈用夫半名共夫一十五名三分每名

銀三分六釐共銀五錢五分八毫
以上涵洞一座用銀七十一兩一錢九釐二毫
二絲
高二尺五寸涵洞較高三尺五寸者省用條石八
丈并匠夫等銀五兩四錢零計每座用銀六十五
兩六錢九分六釐四毫二絲
附木橋
木橋高一丈二尺長四丈八尺計五空中空寬一
丈二尺餘空寬九尺橋面寬四尺每座需用物料
如左
橋柱十二根內八根各長三丈五尺四根各長二丈
箍頭穿擋十二根各長八尺橋面四十根內八根
長一丈三尺三十二根長一丈一尺計用徑大六
七寸長三丈五六尺木十根每根銀八錢三分又
用徑大五六寸長二丈六七尺木四根每根銀六
錢一分六釐又用徑大四五寸長一丈八九尺木
二十四根每根銀三錢三共銀一十七兩九錢六
分四釐

揞頭釘二百八十八根重二十八觔每觔銀二分八
釐共銀七錢八分四釐
釘橋柱十二根每根牽用夫八名共九十六名每名
銀三分六釐共銀三兩四錢五分六釐
鋸剷木匠一十五名每名銀三分八釐八毫共銀五
錢八分二釐
運木小夫四名二分每名銀三分六釐共銀一錢五
分一釐二毫
以上木橋一座用銀二十二兩九錢三分七釐

二毫

木櫃

木櫃之式長寬不一今 以長八尺寬五尺高五尺者爲準需用物料如左

柱木四根各長六尺五寸 長欓木四根各長九尺短欓木四根各長六尺栅木二十六根各長五尺五寸共單長二十二丈九尺用圍圓一尺五寸長一丈九尺木八株半每株銀二錢六分共銀二兩二錢一分

塊石二方計重二萬八千觔每萬觔牽價銀一兩二錢共銀三兩三錢六分

關櫃排椿八根穿銷木一根用圍圓一尺六寸長二丈木九根每根銀二錢九分共銀二兩六錢一分

做櫃木匠二名每名銀五分共銀一錢

運石安櫃夫四名每名銀四分共銀一錢六分

釘排椿八根每根椿手銀五分共銀四錢

以上木櫃每個用銀八兩八錢四分如木櫃內用舊塊石填積并櫃身長無八尺者按數減價

又於櫃面加益條石者亦另加添料工銀

竹簍

竹簍之式方長不同今 以長六尺寬五尺高五尺者爲準需用物料如左

篾八十觔每觔篾價并匠工銀五釐共銀四錢

塊石一方五分每方重一萬四千觔共重二萬一千觔每萬觔牽價銀一兩二錢共銀二兩五錢二分

關簍排椿每長一丈寬二三丈釘排椿二十根每個牽椿二根用圍圓一尺五寸長一丈九尺木每根

銀二錢六分共銀五錢二分

運石裝簍每方用夫二名計夫三名每名銀四分共銀一錢二分

釘椿二根每根給銀五分共銀一錢

剗椿二根每根給銀一釐共銀二釐

以上竹簍每個用銀三兩六錢六分二釐

尖山石壩

尖山石壩先後堵築需用物料如左

初堵尖山石壩長一百二十丈內第一段長三十丈

頂闊四丈底闊十四丈深四丈填塊石一萬八百方第二段長二十丈頂闊三丈底闊一十丈深四丈七尺填塊石六千一百一十方第三段長五十丈頂闊三丈底闊八丈深六丈八尺填塊石一萬八千七百方第四段長二十丈頂闊三丈底闊八丈深一十一丈填塊石一萬三千一百方共用塊石四萬七千七百一十方內四萬三千九百二方三分六釐每方價銀八錢九分四釐六毫三千八百七方六分四釐每方於八錢九分四釐六毫之

外奉

特旨加增銀六分共銀四萬二千九百九兩八錢二分四釐四毫

竹簍三千五百二十個每個長九尺寬五尺高二尺價銀四錢六分共銀一千六百一十九兩二錢

木筏三十架每架長四丈寬二丈紮木三層每層用直木八十根橫木六十根共一萬二千六百根在於塘工樁木內措用不計錢糧每架每層用紮縛篾纜九條共八百一十條每條銀八錢四分五釐

又每架掛鐵貓四個鐵鹿角兩個共一百八十個每個重八十觔共重一萬四千四百觔每觔銀三分二釐又每架用掛貓扯簍大篾纜六條共一百八十條每條銀一兩計鐵器篾纜共銀一千三百二十五兩二錢五分

搭蓬設廠并蘇皮竹擯雜料銀一百六十六兩零

運石堆堵每方用夫二名八分共夫一十三萬三千五百八十八名內十二萬二千九百二十六名六分八釐每名給銀三分六釐一萬六百六十一名三分九釐二毫每名於三分六釐之外奉

特旨加給銀一分四釐共銀四千九百五十八兩四錢二分七釐四毫八絲八忽

紮筏運木每架用夫二十四名共夫七百二十名每名銀三分六釐共銀二十五兩九錢二分

以上初次築堵用銀五萬一千五兩五錢三分六釐七毫六絲六忽一微九渺一漠三埃七纖

接堵石壩合龍長八十丈內接出一段長六十丈頂闊三丈底闊六丈深四丈二尺填塊石一萬一千

三百四十方又一段長二十丈頂寬三丈底寬六
丈深三丈四尺塡塊石三千六十方共用塊石一
萬四千四百方每方價銀九錢五分四釐六毫共
銀一萬三千七百四十六兩二錢四分
搭蓬設厰并蘇皮竹攅雜料銀四十兩零
運石堆堵每方用夫二名八分共夫四萬三百二十
名每名銀五分共銀二千一十六兩
鎮壩鐵牛四座內三座各重三千觔一座重三千五
百觔共重一萬二千五百觔每觔銀一分五釐每

座做塑并油漆銀五兩五錢七分三釐七毫五絲
共銀二百九兩七錢九分五釐
以上續堵壩工用銀一萬六千一十三兩二分
六毫六絲
附雞嘴壩
雞嘴壩長一十九丈壩根十四丈用樁埽釘鑲水
口五丈用樹筏竹簍塡築需用物料如左
壩根十四丈底寬一十七丈五尺面寬一十三丈均
深二丈五尺計單長五千三百三十七丈五尺每

丈用柴六百觔挑土夫三名釘底樁三十五根腰
樁一十七根每寬一丈釘面樁一根
柴三百二十萬二千五百觔每百觔銀六分共銀一
千九百二十一兩五錢
夫一萬六千一十二名半每名銀三分六釐共銀五
百七十六兩四錢五分
樁八百五十四根內底樁四百九十根用圍圓一尺
四寸長一丈八尺之木每根銀二錢三分腰樁二
百三十八根用圍圓一尺五寸長一丈九尺之

每根銀二錢八分面樁一百二十六根用圍圓二
尺長二丈四尺之木每根銀五錢六分三共銀二
百四十九兩九錢
釘底腰樁七百二十八根每根樁手銀五分面樁一
百二十六根每根樁手銀一錢五分共銀五十五
兩三錢
刨樁每根銀一釐共銀八錢五分六釐
水口五丈底寬八丈面寬七丈高二丈六尺下用大
樹紮筏上用竹簍盛石築高

樹筏八架每架用大樹三十株共樹二百四十株每株圍圓三尺長一丈六七尺價銀一兩二錢又龍骨木十路每路五根共木五十根每根圍圓一尺六寸長二丈價銀二錢九分又紮筏中篾纜十路每路二條共二十條每條銀八錢四分五釐又絆筏大篾纜一十六條每條銀一兩又勾纜樁三十二根每根圍圓二尺長二丈四尺價銀五錢六分五共銀三百五十三兩三錢二分

竹簍六百個每個裝塊石一方共石六百方每五個用絆簍小篾纜一條共纜一百二十條每纜一條用勾纜樁二根共樁二百四十根竹簍每個銀四錢六分塊石每方銀八錢九分四釐六毫小篾纜每條銀三錢二分勾纜樁尺四木每根銀二錢三分五共銀九百六兩三錢六分

檯運大樹二百四十株每株夫一十二名裝運塊石六百方每方夫六名二共夫六千四百八十名每名銀三分六釐共銀二百三十三兩二錢八分

釘勾纜大樁三十二根每根樁手銀一錢五分小樁二百四十根每根樁手銀五分二共銀一十六兩八錢

剷樁二百四十根給銀二錢四分

蓬廠蘇皮土箕竹揁雜料銀一十五兩二錢零

以上築雞嘴壩用銀四千三百二十九兩二錢八分七釐三毫九絲五忽

開挖引河南港

引河長三千七百九十丈南港長二千七百丈開挖引河面寬十二丈底寬二丈深自八九尺至一丈四五尺不等開挖南港面寬五丈底寬六尺深自二三尺至五六尺不等需用物料如左

挖土一方用夫二名共挖土三十二萬四千四百二十方五分共夫六十四萬八千八百四十一名每名給銀六分共銀三萬八千九百三十兩四錢六分

搭蓋夫廠六百座每座五間闊六丈二尺進深八尺脊高九尺用架木三十七根蘆蓆一百五十一張毛竹一十三株蘇皮一十二觔木棍一十三觔搭

匠八名開濬小夫二名共用長木一萬四千四百
根每根税銀一分運脚銀五釐短木七千八百根
每根税銀八釐運脚銀四釐蘆蓆九萬六百張每
張價脚銀一分五釐毛竹七千八百株每株價銀
三分蘇皮七千二百觔每觔價銀一分三釐八毫
木棍七千八百觔每百觔價銀九分搭匠四千八
百名每名銀五分小夫一千名每名銀三分八釐
計銀二千二百九十四兩五錢八分
土箕四萬二千隻每隻銀八釐共銀三百三十六兩

箕繩四萬二千根用蘇皮二萬一千觔每觔銀一分
三釐八毫共銀二百八十九兩八錢
匾挑二萬一千根每根銀五釐共銀一百五兩
鐵鈀二千四百把每把重四觔鐵鍬鐵鏟各一千六
百六十六把每把重三觔共用熟鐵一萬四千五
百九十八觔每觔銀三分二釐共銀六百二十七
兩七分二釐
號旗四百七面內大號旗三十七面每面布四尺小
號旗三百七十面每面布二尺共用布八十八丈

八尺每尺價工銀一分二釐共銀一十兩八錢五
分六釐
號燈六百盞每盞銀一分五釐共銀九兩
賞給各廠官兵銀共五百二十八兩
開工祀神銀四兩七錢零
以上開挖引河南港用銀四萬三千一百三十
五兩四錢八分二釐零

附
疏濬挑淤

引河南港既開以後恐潮汐往來淤土停壅撥兵

募夫疏濬挑淤需用物料如左
鐵篦子二十八具每具重一百八十九觔八兩鐵齒
混江龍十具每具重四十一觔鐮刀混江龍二十
五具每具重五十一觔八兩風車混江龍二十具
每具重一百三十五觔如意鐵輪車一座計重一
千四百三十三觔龍爪鈀一百五個每個重一十
三觔杏葉鈀一百一十個每個重六觔道冠鈀九
十一個每個重三觔共用熟鐵一萬三千四百三
十四觔半每觔銀三分二釐共銀四百二十九兩

九錢四釐

八花篾纜四十四根每根圍圓五寸長一十六丈重一
一百五觔十兩六花篾纜四十根每根圍圓三寸
二分長一十丈重四十觔每觔篾價并匠工銀八
釐共銀四十九兩九錢八分

繂索蘇皮一百觔每觔銀一分三釐八毫共銀一兩
三錢八分

蓬厰草苫測水竹竿共銀四兩七錢二分三釐五毫

挑夫每名日給銀三分八釐舵水每名日給銀三分

六釐共銀六千九百二十八兩八錢五分四釐

以上疏濬挑淤用銀七千四百一十四兩八錢
四分一釐五毫

草塘

草塘相度平險高寬不齊今以面寬二丈底寬三
丈高一丈一尺爲準每塘一丈需用物料如左

鑲柴十層每層高五寸寬一丈用柴六百觔共柴六
萬五千觔每百觔銀九分共銀一十三兩五錢

壓柴土十層每層高五寸寬一丈用土五分共土一
十二方五分又壓頂土高一尺係寬二丈計土二
方二共土一十四方五分取土離工一百餘丈不
加夯硪每方銀一錢二分共銀一兩七錢四分

底樁五根用圍圓一尺四寸長一丈八尺木每根銀
二錢三分腰樁五根用圍圓一尺五寸長一丈九
尺木每根銀二錢六分面樁五根用圍圓一尺七
寸長二丈木每根銀二錢九分三共銀三兩九錢

土箕區挑蘇皮雜料銀五分

運柴六千觔用夫十名計柴一萬五千觔共夫二十

五名每名銀四分共銀一兩

鑲柴係塘兵力作不計錢糧

釘底腰樁十根搭屏風架每根樁手銀五分面樁五
根搭雲梯架每根樁手銀一錢五分二共銀一兩
二錢五分

剷樁每根給銀一釐共銀一分五釐

以上草塘一丈用銀二十一兩四錢五分五釐

草盤頭

草盤頭大小不一其按層鑲填柴土以及加益頂土

箌釘底面腰樁料物工價均與柴塘無異不復重載

勅修兩浙海塘通志卷十

坍漲上　陞除附

刮沙瀝滷煮海成鹽東南財賦之所出亦海濱人民生計之所藉也然其性東坍西漲遷徙不常擧奪隱漏弊即隨之

聖朝定爲以漲抵坍而賦不加增閭閻惟知食府海之利良法度越千古矣志坍漲附志陞除

仁和場　仁和倉　錢塘倉

仁和倉原額課蕩六萬一千八百八十六畝九分零

徵丁課銀三千三百六十兩四錢二分零

各則稅蕩共四千八百二畝八分零內除官塘牛路水浦九十八畝六分例不陞科外徵稅銀二百五十九兩七錢二分零

各則備荒稅蕩共九千五百一十畝六分零共徵備荒稅銀四百四兩五錢五分零

按各場有課蕩有稅蕩有備荒蕩三項分徵灘場沙蕩可以刮鹵煎鹽者爲課蕩徵丁課各則蕩地塗田倉圍基地堪種植者爲稅蕩徵商稅皆係解京正課備荒蕩地爲稅最寡存留鹽憲爲閑款撥餉等用此原額定例然也各場課蕩原係分給竈丁煎辦因每年坍漲靡常分給不等故歷來計丁徵課後灘場被潮冲没而丁數仍存雍正四年撫臣李衛遂題准將丁課銀按畝均攤以免兆下苦累其各場攤場計畝徵銀定符原徵丁課之數者後有新陞課稅撥補附近各場坍課至如清泉大嵩等場雖有灘場係荒沙磽地攤派無幾又如穿山杜瀆等場但有

竈丁原無給丁蕩地俱議於本場各則稅田地蕩之上均攤完納第稅田地蕩業已按則完稅復加攤丁課出于一時權宜題明嗣後如有漲墾地畝仍行抵除稅田地蕩及備荒蕩其報陞在雍正四年前者俱歸本場額徵在雍正四年後者遇有本場及各場坍課即行撥補如本場有坍無漲將別場新陞地畝互相抵除至如仁和許村等場坍没過多別場漲陞抵補不敷者始題明豁除俟有新漲沙塗再行展復今將各

場原額備列于前坍漲陞除互相撥抵者按年
列載而以乾隆十四年各場現存蕩地現徵額
數詳記于後以便稽覽
康熙六年丈陞各則蕩共八百七十八畝三分零徵
稅銀一十八兩四錢四分零
康熙十六年丈陞蕩一十七畝零徵稅銀三錢五分
零
康熙十九年至四十二年報陞各則沙蕩共四千四
十八畝八分零陞稅銀五十三兩三錢五分零

康熙三十二年報陞中下則蕩三千九百二十九畝
五分零陞稅銀八十二兩五錢二分零
康熙三十八年報陞新墾車路八畝三分零陞稅銀
五錢四分零
以上通共銀四千一百七十九兩九錢二分零
內蕩稅銀四百一十四兩九錢四分零備荒銀
四百四兩五錢五分零丁課銀三千三百六十
兩四錢二分零雍正四年丁歸地徵計本倉課
蕩共攤丁課銀三千三百六十兩四錢二分零

符合原徵課丁之數
雍正四年被坍課蕩一千三十四畝二分零缺課銀
五十六兩一錢五分零被坍稅蕩九十畝六分缺
稅銀四兩四錢六分零共缺課稅銀六十兩六錢
一分零議以新陞蕩地稅銀抵補是年報陞下下
則沙蕩共七千一百五十三畝一分零陞稅銀一
百二十四兩二錢四分零除抵補前項坍缺課稅
外尚存新陞稅銀六十三兩六錢二分零撥補錢
塘倉坍課是年又被坍課蕩一萬七千七百六十

八畝三分零缺課銀九百六十四兩八錢零被坍
稅蕩七百四十二畝九分零缺稅銀三十四兩三
錢四分零共缺課稅銀九百九十九兩一錢五分
零
雍正七年報陞備荒蕩六百六十三畝零陞稅銀二
兩六分零撥抵前項坍課外實坍缺課稅銀九百
九十七兩九分零將雍正八年西興場丈陞稅銀
二千五百三十六兩二分數內撥補本場課稅銀
九百九十七兩九分零

雍正十年被坍課蕩四千六百四十二畝七分零被課銀二百五十二兩九分零被坍稅蕩共三百九十畝七分零缺稅銀一十八兩七錢六分零又被坍剩地減則銀七兩三錢五分零共被坍課稅蕩五千三十三畝五分零共缺課稅銀二百七十八兩二錢二分零將各則存蕩加則銀十兩九錢八分零抵補外又本年丈陞各則蕩共三千九百四十二畝一分零陞稅銀七十九兩七錢五分零再抵前項坍缺實缺課稅銀一百八十七兩四錢八

分零是年又坍備荒稅蕩共二千一百三十六畝一分零計缺備荒稅銀一百三十七兩二錢四分零又坍剩備荒蕩減則銀七錢六分零共坍缺減則備荒稅銀一百三十八兩零將備荒存蕩加則銀三兩九錢五分零抵補外實坍缺備荒稅銀一百三十四兩五分零計正備通共坍缺銀三百二十一兩五錢三分零于雍正十年爲始停其徵追

雍正十二年被坍築塘掘廢課蕩共三千四百七十八畝五分零計缺課銀一百八十一兩七錢六分零又被坍掘廢稅蕩一百六十一畝七分零缺稅銀一十兩五錢一分零又被坍掘廢備荒稅蕩五百六十二畝八分零缺備荒稅銀三十六兩六錢四分零計正備通共坍缺銀二百二十八兩九錢二分零于雍正十二年爲始停其徵追

乾隆元年至乾隆六年掘廢課蕩六十八畝四分缺課銀三兩七錢四分零先後掘廢稅地共二百七十七畝四分零缺稅銀一十八兩四分零共缺課稅銀二十一兩七錢五分零統于乾隆六年豁免

以上自雍正十年至乾隆六年被坍掘廢正備課稅蕩共一萬一千七百一十九畝五分零先後豁免正備課稅銀共五百七十二兩二錢一分零

乾隆八年報陞沙蕩共三千四百四十五畝二分零陞稅銀六十七兩九錢四分零報陞備荒蕩三千五百九十七畝三分零陞稅銀一十一兩五錢一分零抵補前項坍課外其尚未抵銀四百九十二兩七錢六分俟各場續報新陞蕩地稅銀另行撥

抵
乾隆十一年報陞刮淋地二萬六千二十八畝九分零陞稅銀二百二十一兩二錢四分零浮沙地六萬六百七十一畝二分零陞稅銀一百九十四兩一錢四分零通共徵銀四百一十五兩三錢九分零撥補東江三江兩場坍課

錢塘倉原額課蕩一萬六千七百二十五畝八分零

徵丁課銀一千五百三十七兩三錢五分零

各則稅蕩共八千一百六十五畝三分零徵稅銀三百七十一兩五錢九分零

各則備荒蕩共一萬一千六百一十三畝七分零

實徵備荒稅銀二百七十五兩三錢二分零

康熙六年丈陞中下則蕩四百六十九畝八分零陞稅銀九兩八錢六分零

康熙十六年丈陞沙蕩一千五百五十二畝一分零陞稅銀二十七兩一錢六分零

康熙十九年至六十年報陞新漲下下則沙蕩共九千二百三十八畝七分零陞稅銀二百六十一兩六錢七分零

康熙十九二十兩年報陞下下則蕩塗共六百二十畝七分零陞稅銀一十兩五錢五分零

康熙三十二年報陞中則沙蕩一十四畝一分零陞稅銀五錢四分零

康熙三十二年至四十九年報陞下則沙蕩共三百五十六畝三分零陞稅銀一十兩一錢五分零

以上通共徵銀二千四百四兩二錢二分七釐零內蕩稅銀五百九十一兩五錢五分零備荒

銀二百七十五兩三錢二分零丁課銀一千五百三十七兩三錢五分零雍正四年丁歸地徵計本倉課蕩應攤銀一千五百三十七兩三錢五分零嗣因課蕩屢經坍卸議將坍缺丁課加攤稅蕩之上復以稅蕩亦多被坍前項坍課俟有各場新陞稅銀撥抵

雍正四年被坍課蕩四千四百三十畝七分零計缺丁課銀四百七兩二錢五分零坍缺稅蕩四百六十九畝八分零計缺稅銀九兩八錢六分零又坍

缺各則備荒蕩二千一百九十六畝零計缺備荒稅銀三十五兩二錢六分零共坍缺正備課稅銀四百五十二兩三錢八分零是年報陞各則沙蕩一千七百一十八畝七分零陞稅銀二十三兩七錢六分零抵補前項坍課外尚缺課稅銀四百二十八兩六錢二分零將仁和倉許村鮑郎橫浦西興錢清石堰鳴鶴各場抵剩新陞稅銀共三百六十一兩三錢七分零抵補再有未抵坍課銀六十七兩二錢四分零仍于本倉現存稅蕩之上按則均攤

雍正七年報陞各則沙蕩共二千二百一十六畝六分零陞稅銀四十九兩四錢九分零

雍正八年報陞荒沙一千二百一十六畝四分零陞稅銀三兩七錢八分零

計雍正七八兩年共新陞稅銀五十三兩二錢七分零再抵前項坍課外其未抵灘缺稅銀一十三兩九錢六分仍于現存稅蕩之上按則均攤

雍正十年被坍課蕩一千八百六十五畝二分零缺丁課銀一百七十一兩四錢四分零坍缺各則稅蕩三千九百九十六畝六分零缺稅銀七十四兩四錢五分零共坍缺課稅銀二百四十五兩八錢九分零

雍正十年丈陞各則蕩共二千七百一十畝八分零陞稅銀六十兩八錢七分零撥抵前項坍缺其未抵銀一百八十五兩一分零于雍正十年爲始停其徵追

雍正十二年被坍課蕩二百二十五畝二分零計缺丁課銀二十兩七錢零被坍稅蕩九百八十六畝九分零缺稅銀一十七兩三錢七分零共缺課稅銀三十八兩八錢零于雍正十二年爲始停其徵追

以上自雍正四年後未抵坍課共二百三十七兩八分零

雍正十二年報陞下下則蕩五百三十九畝四分零陞稅銀九兩四錢四分零報陞備荒蕩一百八十

三畝五分零陞稅銀五錢七分零

雍正十三年報陞下下則漲沙四百五十畝陞稅銀

七兩八錢七分零報陞影沙三百九十七畝五分

陞稅銀一兩二錢七分零

以上雍正十二三兩年共新陞稅銀十九兩一

錢五分零抵補前項坍[illegible][illegible]缺課稅銀二百

一十七兩七分零

乾隆元年被坍課蕩二千九十八畝九分零缺課銀

一百九十二兩九錢二分零坍缺各則稅蕩二千

六百八十一畝一分零計缺稅銀五十九兩二錢

九分零共缺課稅銀二百五十二兩一錢九分零

乾隆四年被坍課蕩八百五十三畝五分零計缺丁

課銀七十八兩四錢五分零又被坍各則稅蕩共

二千一百二十八畝二分零缺稅銀五十兩一錢

六分零共缺課稅銀一百二十八兩六錢一分零

將石堰鮑郎鳴鶴黃巖各場新陞稅銀一百九兩

七錢一分撥抵外計本倉先後坍缺課稅未經抵

補者四百八十八兩九分零

乾隆四年湖淹沙益荒廢各則課稅蕩共一萬六千

七百二十四畝零減徵銀七百九兩一分零

乾隆十年十一年報陞各則沙蕩影沙共八千四百

六十二畝三分零陞稅銀五十一兩五錢四分零

丈陞備荒荒沙一千二百六十七畝四分零陞稅

銀四兩六分零又墾復各則[illegible][illegible]十一百九十畝

徵復稅銀三十二兩五錢一分零共新陞墾復正

備蕩稅一萬一千九百二十一畝六分陞復稅銀

八十七兩五錢七分零撥抵本倉坍課

乾隆十一年奉准部覆修築江塘挑廢錢塘倉永清

圍竈地二畝九分零應免銀八分零自乾隆九年

爲始照數豁除

乾隆十二年報陞影沙一千四百五十三畝二分零

陞稅銀四兩六錢五分零又下下則蕩一千五百

一十二畝七分零陞稅銀二十六兩四錢七分零

乾隆十三年新陞影沙一千二十畝八分零陞稅銀

三兩二錢六分零

以上乾隆十二三兩年共新陞稅銀三十四兩

三錢九分零再抵前項其未抵坍缺銀三百六
十六兩一錢二分零俟各場續報新陞稅銀另
行撥抵
仁和倉現存課稅備荒蕩共十五萬八千二百
二十七畝七分零現徵正備課稅銀五千一百
六十九兩一錢零內六十三兩六錢一分零撥
補錢塘倉坍課
錢塘倉現存課稅備荒蕩共三萬四千三百三
十九畝二分零現徵課稅銀九百二十四兩三

錢二分零
許村場東倉 西倉
東倉原額城東西沙蕩共六千四百五十八丈九尺
九寸零徵丁課銀三百七十四兩一錢零後因旋
坍旋漲已失故址將現在漲沙積弓計算共得沙
地五萬三千七百六十畝丁課按畝均攤仍如前
額今沙地全坍課項全缺內城西三則沙蕩二百
二十八丈係元大德間撥給張九成瞻墳祭祀例
不陞科

西倉原額各則沙蕩共二千八百五十二丈零內丈
實沙蕩三萬三千四十二畝零分段短沙埰四千
五百七十八丈三尺零徵丁課銀一千八十九兩
七錢四分零
各則稅地蕩共四千三百七十二畝七分零徵稅
銀二百四兩九錢零
備荒稅地二千七百三十二畝九分零徵備荒銀
一百四十三兩七錢五分零
康熙十六年報陞沙蕩七十四畝九分陞稅銀二兩

四錢七分
康熙十九年報陞水漊二畝一分陞稅銀七分零
康熙四十年報陞新墾沙蕩三十三畝陞稅銀九錢
二分零
康熙四十年四十一年報陞荒蕩沙地共四百八十
六畝陞稅銀八兩二錢六分零
以上西倉通共徵銀一千四百五十一兩錢九
分零內蕩稅銀二百一十六兩六錢九分零備
荒銀四十三兩七錢五分零丁課銀一千八十

九兩七錢四分零雍正四年丁歸地徵因本場課蕩坍後復漲已失故址將現在漲沙丈實得沙地三萬九千九百六十畝按畝均攤符合本場原徵丁課之數嗣因被坍沙地三萬八千九百三十四畝八分零計缺課銀一千六十一兩七錢零又坍缺蕩稅銀一百七兩零備荒稅地全坍課項亦缺

雍正四年報陞地二萬九千七十八畝二分零徵銀四百九十四兩三錢三分零撥補西路仁和兩場

坍課

以上東西兩倉原額新陞課稅各蕩共一十三萬五百畝七分零共徵銀二千三百一十八兩六錢八分零內康熙四十年四十一年雍正四年新陞沙地共二萬九千五百九十七畝二分零因係錢塘江南漲沙本非場地經督臣題明改歸杭同知經收扣撥歸還前項陞科外其東西二倉先後被坍各則課稅地蕩共九萬八千一百八十六畝三分零缺課稅銀一千六百八十六兩六錢九分零隨經題明將鮑郎西興錢清各場新陞稅銀撥抵外尚缺課稅銀一百三十九兩四錢零其兩倉存剩蕩地二千七百一十七畝一分零又于雍正十年盡數被坍停其徵追

乾隆五年西倉報陞漲沙儘西歸民三分地六百七十八丈三尺零計地一萬四千八百三十九畝四分零迤東歸竈七分地二千一百七十三丈六尺八寸零除留護塘沙一百丈計地三萬四千六百

二十五畝四分零內除車路圍基及影沙暫停輸租外實存地一萬九千五百九十九畝二分零徵銀一百六十六兩五錢九分零乾隆五年按數徵收旋即報坍經撫臣題准于六年爲始照數豁免

西路場

原額沙塗四千八百六十五丈八尺徵丁課銀八百二十九兩五錢五分零

倉基地二十二畝六分徵銀三兩

康熙五十四年報陞地二畝徵銀一錢八分八釐零

以上通共徵銀八百三十二兩七錢四分零內倉基地稅銀共三兩一錢八分零丁課銀八百二十九兩五錢五分零查該場向設九圍有東三圍西六圍之分西六圍沙塗三千二百三十三丈九尺又陞地二畝共課稅銀五百五十一兩五錢零後沙地被坍康熙六十一年鹽臣題請攤同所之海沙蘆瀝二場代納銀三百八十六兩三錢零餘銀一百六十五兩一錢零虛懸無補東三圍沙塗一千六百三十一丈九尺丈

地一萬二十三畝六分零徵銀二百七十八兩二錢零因後日漸冲坍現存地一千三百四十八畝六分零徵銀三十七兩四錢零東西九圍共坍缺課銀四百五兩九錢零將雍正四年許村場新陞銀四百九十四兩三錢零扣如坍額抵補又海沙蘆瀝二場代納課銀于乾隆五年額請題豁攤課事案內照數豁除

乾隆五年分西路場東三圍并尖山以內之四圍及五圍之一二三四五六團爲黄灣場

西路場額存沙塗向已坍卸應徵課銀係許村場新陞稅銀撥補

乾隆十一年漲復沙塗二千六百三十九丈八尺零徵復課銀四百五十兩六分零漲復地二畝徵復稅銀一錢八分八釐零共徵復課稅銀四百五十兩二錢五分零

黄灣場乾隆五年西路場新分

額分現存沙地一千三百四十八畝零徵銀三十七兩四錢一分零倉基地二十二畝六分徵銀三兩

乾隆十一年二三兩圍共漲復沙地一千四百七十三畝五分零徵銀四十兩九錢零又四圍起至五圍止漲復橫濶沙塗五百九十四丈三寸徵復課銀一百一兩二錢五分

現存沙地二千八百二十一畝五分又沙塗五百九十四丈三寸現共徵銀一百八十二兩五錢九分零

天漲沙塗

按沿海沙田蕩地俱分隸各場給竈徵課乾隆

七年督臣德沛陳奏沿海有天漲沙塗乃國家之公地非竈户之原產除孤懸海外向係封禁者不准墾種外其餘附内地不論民竈准其開墾竈則移場經理民則歸縣管辦編列字號分别高下計年陞科

乾隆十四年仁和縣民竈認墾沙地共七百一十七頃四十九畝八分零内民安物阜四字號開墾沙地四百八十九頃九十八畝五分零每年應徵銀二千五百二兩五錢一分零本係荒沙題定六年

後起科海宴河清茶槽扶基等字號開墾沙地共二百八十七頃五十一畝三分零每年應徵銀一千六百七十三兩三錢二分零其地稍高題定三年後起科

海寧縣民竈認墾時和年豐風調雨順恩施普遍等字號沙地共二千八百三十頃六十六畝五分零每年應徵銀一萬六千四百七十四兩四錢七分零均係荒沙題定六年後起科

鮑郎場

原額灘場四千三百五十弓一尺二寸草蕩埻埰倉團基竈山蘆薪共一萬五千九百七畝一分零共徵丁課銀三百五十兩八錢零

熟蕩埻埰蘆薪倉團基五千四十畝二分零父子山四十二畝共徵稅銀一百十兩二錢零

備荒埻埰五百三十四畝五分零徵備荒銀三十一兩六錢四分零

康熙六年丈出熟草蕩埻埰共二百一十七畝零陞稅銀六兩六錢四分零

康熙十八年丈出新漲蘆薪二百七十三畝七分零陞稅銀二兩七錢三分零

康熙十九年報陞新墾舍基五畝三分零陞稅銀三錢九分零又報陞各則埻埰共五十四畝九分陞稅銀一兩八錢二分零

康熙十九年至四十一年報陞上則埻埰共二十七畝一分零陞稅銀一兩六錢二分零

康熙十九年至六十一年報陞下則埻埰熟草蕩沙地共一千一百五十三畝七分零陞稅銀三十四

兩六錢一分零

康熙十九年至四十四年報陞下則蘆薪草蕩共二百四十一畝八分零陞稅銀二兩四錢一分零

康熙二十四年至五十年報陞熟蕩地共二十二畝四分零陞稅銀四錢六分零

雍正二年報陞墳山埣塽一十四畝八分陞稅銀四錢四分零

以上通共徵銀五百四十三兩九錢二分零內蕩稅銀一百六十一兩四錢零備荒銀三十一

兩六錢四分零丁課銀三百五十兩八錢七分零雍正四年將丁課銀按畝均攤計海灘竈山草蕩共攤丁課銀三百五十兩八錢七分零符合原徵丁課之數

雍正四年報陞熟蕩六十四畝二分零陞稅銀一兩三錢二分零撥抵仁和場錢塘倉坍課

雍正七年報陞次下則埣塽五十三畝零陞稅銀一兩五錢九分零撥補許村場坍課

雍正九年報陞下則埣塽墳山共一百九十六畝二分零陞稅銀五兩八錢八分零又報陞蘆薪二畝陞稅銀二分撥補許村場坍課

乾隆二年報陞熟蕩一十五畝一分零又報陞次下則埣塽墳山共三畝五分零又報陞乾隆三年爲始新陞熟蕩一百四十九畝[illegible]分零又報陞上則埣塽一畝二分共陞稅銀三兩五錢八分零撥補仁和場坍課

乾隆三年報陞南澤墳山一畝稅銀三分撥補仁和場錢塘倉坍課自乾隆四年爲始

乾隆五年報陞各則草蕩改墾熟蕩一百九十二畝二分零又報陞墳山一畝五分共陞稅銀四兩二分零撥補仁和場錢塘倉坍課

乾隆七年報陞各則草蕩改墾熟蕩一百六畝三分零又報陞墳山三畝共陞稅銀二兩二錢九分零撥補仁和場錢塘倉坍課

乾隆八年報陞草蕩改墾熟蕩三十四畝九分零陞稅銀七錢二分零撥補仁和場錢塘倉坍課

乾隆九年報陞草蕩改墾熟蕩八畝八分零又報陞

墳山一畝共陞稅銀二錢一分零撥補仁和場錢
塘倉坍課
乾隆十年報陞墳山二畝陞稅銀六分撥補仁和場
錢塘倉坍課
乾隆十一年報陞草蕩改墾熟蕩一百一十三畝九
分零又報陞各則埣塚墳山墳地共七畝五分通
共陞稅銀二兩六錢四分零撥補三江東江兩場
坍課
乾隆十一年報陞草蕩改墾熟蕩二十三畝九分零

又報陞各則埣塚四畝共陞稅銀六錢七分零撥
補三江東江兩場坍課
現存灘場四千三百五十弓一尺二寸課稅備
荒蕩共一萬九千四百九十一畝七分零現徵
正備課稅銀共五百六十七兩零內二十三兩
七分零撥補仁和許村三江東江等場坍課
海沙場
原額課蕩地倉團方柴灰場共六萬三千九百八十
五畝三分零除海灘一萬三百九十四弓四寸衙

署場基一十畝八分零例不陞科外實徵丁課銀
一千二百五十六兩九錢零
各則稅蕩三萬二千七十五畝五分徵稅銀七百
九十一兩六錢零又原額丈陞各則稅蕩三千三
百畝六分陞稅銀五十二兩六錢零
備荒下則蕩三千九百一十七畝五分徵備荒銀
五十八兩七錢零
康熙六年丈陞稅蕩四百五畝二分零徵銀三兩六
錢零

康熙十九年二十六年報陞存荒上則蕩一百五畝
九分零陞稅銀三兩一錢七分零
康熙十九年報陞存荒中則蕩一百七十七畝一分
陞稅銀三兩九錢八分零又報陞新墾倉基八畝
七分徵銀一兩六錢
康熙十九年三十五年報陞新墾團基三十六畝一
分零徵銀一兩二錢七分零
康熙十九年至六十一年報陞下則埂路荒草蕩灰
場海灘共七千一百五十九畝零陞稅銀一百七

兩三錢八分零

康熙二十二年三十年報陞中則蕩油草墩蕩共一百三十三畝四分零陞稅銀三兩八錢零

康熙三十三年報陞中則水灘蕩地三畝九分零陞稅銀八分八釐零

雍正三年報陞蕩一百一十五畝四分零陞稅銀一兩七錢三分零

以上通共徵銀二千二百八十六兩六錢四分零內蕩稅銀九百七十兩九錢七分零備荒銀五十八兩七錢六分零丁課銀一千二百五十六兩九錢零雍正四年將丁課銀按畝均攤計

舊熟課蕩弓柴存荒草蕩海灘共攤丁課銀三百五十兩二錢零各則稅蕩暫攤丁課銀九百六兩六錢九分零俟有新漲地畝即行抵除

雍正四年報陞草蕩一千三百七十五畝四分零陞稅銀二十兩六錢三分零

雍正九年報陞蕩地海場共三百五十四畝零陞稅銀五兩三錢零

雍正十一年報陞灰場草蕩共八十四畝一分零陞稅銀一兩二錢六分零

雍正十二年報陞草蕩七十七畝四百零陞稅銀一兩一錢六分零

乾隆四年報陞草蕩四十六畝零陞稅銀六錢九分零

乾隆七年報陞草蕩九十二畝六分零陞稅銀一兩三錢八分零

乾隆八年報陞草蕩一十三畝八分零陞稅銀二錢零

乾隆十年報陞草蕩一百六畝零陞稅銀一兩五錢九分零

乾隆十年報陞草蕩六十七畝二分零陞稅銀一兩零

乾隆十三年報陞草蕩三分九十七畝七分零陞稅銀五兩九錢零

乾隆十四年報陞草蕩五十二畝五分陞稅銀七錢八分零又報陞草蕩四十二畝零陞稅銀六錢三

分零

以上雍正四年以後共陞稅銀四十兩七錢三分零抵除前項暫攤丁課外各則稅蕩實攤丁課銀八百六十五兩八錢零符合本場原徵丁課之數

康熙六十一年代納西路場坍課一百二十四兩六錢于乾隆五年豁免

現存課稅備荒蕩共一十一萬四千一百三十二畝八分零除海灘場基例不陞科外現徵正

備課稅銀共二千二百八十六兩六錢四分零

蘆瀝場

原額各則蕩地共九萬九千一百八十七畝六分零徵丁課商稅銀共四千六百四十九兩四錢八分零

按本場丁課先于明萬歷間因竈户逃亡殆盡歸蕩地徵輸

備荒蕩四千六百五十四畝一分零徵備荒銀三百七兩八錢三分零

康熙六年丈陞海灘蕩地共二百二十一畝零陞稅銀一十兩五錢

康熙十六年丈陞沙蕩六十九畝四分零陞稅銀一兩七錢八分零

康熙十八年報陞沙蕩一畝陞稅銀一錢

康熙十九年報陞新墾沙蕩共二百三十六畝一分零陞稅銀六兩四錢七分零

康熙五十一年報陞灰蕩四畝七分零陞稅銀六分零

康熙五十八年報陞基蕩五畝陞稅銀二錢

康熙五十九年報陞灰蕩四十一畝陞稅銀一兩八錢零

康熙六十一年報陞灰蕩九十九弓陞稅銀二兩一錢五分零

康熙六十一年代納西路場坍課銀二百六十一兩六錢九分零於乾隆五年豁除

現存正備蕩地共一十萬四千四百四十一畝三分零又新陞灰蕩九十九弓現共徵正備課稅

銀四千九百八十二兩六錢三分零

勅修兩浙海塘通志卷十

坍漲下 陞除附

西興場

原額灘場七千六百六十九畝三分徵丁課銀一千五兩二錢二分零

各則蕩田九千六百一畝四分零徵稅銀一百七十八兩八錢六分零

備荒中下則塗田一千二百一十四畝五分徵備荒銀一十二兩一錢四分零

康熙六年報陞下則塗田六千六百二畝一分零徵稅銀三十三兩一分零

康熙十六年報陞中下則塗田六千五百八十六畝一分零徵稅銀六十五兩八錢零

康熙十八年報陞續墾蕩地一十六畝二分零陞稅銀一錢六分零

康熙十九年丈陞各則蕩田地池共三百九十九畝六分零陞稅銀七兩二分零

康熙十九年至三十六年丈陞下則蕩田地池塗田共四萬一千九百畝九分零陞稅銀二百九兩五錢零

康熙二十二年至四十六年丈陞下則蕩田地池塗田沙地共二百二畝九分零陞稅銀二兩二分零

雍正元年報陞下下則地七百七十畝陞稅銀三兩八錢五分

雍正二年報陞下下則地二百三畝九分零陞稅銀一兩一分零

以上通共徵銀一千五百一十九兩二錢五分

零內蕩稅銀五百一兩八錢九分零備荒銀一十二兩一錢四分零丁課銀一千五兩二錢二分零雍正四年將丁課銀按畝均攤計原額攤場共攤丁課銀一千五兩二錢二分零符合原徵丁課之數

雍正四年報陞下則下下則蕩田七千五百五十六畝三分零陞稅銀四十五兩四錢一分零撥補仁和場錢塘倉坍課

雍正六年報陞下下則蕩地二千四百九十一畝五

分零共陞稅銀一十二兩四錢五分零撥補仁和
場錢塘倉坍課
雍正八年查丈西興場竈地實在丈實各則田地草
蕩共十九萬九千八百七十畝零應徵銀四千一
百一十三兩一錢五分零內除原額新陞正備課
稅銀一千五百七十七兩一錢三分零外實丈陞
稅銀二千五百三十六兩二分零撥補仁和許村
兩場坍課
雍正九年報陞上則蕩地八畝六分陞稅銀二錢五

分零撥抵長亭場無地丁課
乾隆六年被坍各則田地共三萬七千五百九十七
畝三分缺課銀五百三十九兩七錢四分零於乾
隆六年照數豁除俟有各場新漲蕩地抵補
乾隆十二年報陞下則沙田二百二十一畝九分零
陞稅銀二兩二錢一分零
乾隆九年被坍各則田地一十五百三十八畝八分
零缺課銀五十九兩四錢六分零又乾隆十一年
被坍上則田地一百六十一畝六分零缺課銀六

兩四錢八分零又本年新陞稅二兩二錢一分零
又[illegible]陞銀六十三兩一錢六分零抵補缺
乾隆十[illegible]年被坍上則田地六百一十七畝一分零
缺課銀四十四兩五錢零以杜瀆場抵剩新陞課
銀照數
現存課額各荒蕩地共一十六萬一百八十六
畝零現徵正備課稅銀三千四百八十五兩四
錢九分零內二千五百九十四兩一錢四分零
撥補仁和許村長亭等場坍課

錢清場
原額灘場七千五百三十二弓六寸徵丁課銀一千
七百六十七兩四錢七分零
各則蕩地共一萬三千九百三十七畝八分零徵
稅銀一百二十三兩三錢四分零
備荒蕩地一千五百五十畝三分徵備荒銀五十
兩二錢一分零
康熙六年丈陞各則蕩地共二百二十一畝一分零
陞稅銀一兩五錢二分零

康熙十六年報陞沙地共三百七十一畝三分零陞
税銀四兩二錢九分零
康熙十八年報陞沙蕩一百二十二畝零陞税銀七
錢零
康熙十九年報陞新墾減地水溝弃地共三十三畝
七分零陞税銀一錢四分零
康熙三十一年報陞沙地二千一畝二分零陞税銀
一十一兩六錢九分零
康熙三十二年報陞沙田一千九百三十畝一分零

陞税銀一十一兩六錢七分零
康熙三十四年報陞下下則沙田四百畝陞税銀二
兩三錢二分零
康熙三十九年報陞下下則沙地一千二百二畝二
分零陞税銀六兩九錢八分零
康熙四十二年報陞荒地三十九畝三分零陞税銀
二錢九分零
康熙四十三年報陞荒墩地沙田共三十畝四分零
陞税銀四錢二分零

以上通共徵銀一千九百五十一兩一錢零內
蕩税銀一百六十三兩四錢一分零備荒銀三
十兩二錢一分零丁課銀一千七百六十七兩
四錢七分零雍正四年將丁課銀按畝均攤計
原額灘場共攤丁課銀一千七百六十七兩四
錢七分零符合原徵丁課之數
雍正四年報陞各則地共三萬二千八百二十一畝
一分零陞税銀四百五十三兩八錢五分零撥補
長亭場無地丁課并仁和場錢塘倉坍課

雍正八年報陞上則地四十三畝七分零陞税銀七
錢八分零撥補許村場坍課
現存課蕩七千五百三十二弓六寸税蕩備荒
蕩共五萬四千六百五畝零現徵正備課税銀
共二千四百五兩七錢四分零內四百五十四
兩六錢三分零撥補仁和許村長亭等場坍課
三江場
原額灘場一萬六千四百六十六弓草蕩一萬七千
一百六十七畝八分零共徵丁課銀一千九百六

十二兩二錢零各則蕩稅田地共七千六十六畝
五分零徵稅銀四百二十一兩六錢八分零
備荒下則稅地共二千九百四畝九分零徵備荒
銀六十三兩一錢五分零
康熙六年丈陞各則田地共四百五十畝一分零陞
稅銀一十二兩一錢八分零
康熙十六年至五十二年報陞稅蕩地二千五十六
畝二分零陞稅銀二十兩五錢六分零
康熙十九年至四十七年報陞稅蕩地四百二十八

畝二分零陞稅銀八兩五錢六分零
以上通共徵銀二千四百八十八兩三錢五分
零內蕩稅銀四百六十三兩零備荒銀六十三
兩一錢五分零丁課銀一千九百六十二兩二
錢零雍正四年將丁課銀按畝均攤計灘場草
蕩共攤丁課銀一千九百六十二兩二錢零符
合原徵丁課之數
乾隆五年分三江場東隅爲東江場
三江場額存灘場八千七百四十　□草蕩九千二

百八十一畝七分零共徵丁課銀一千五十一兩
八錢五分零
各則蕩稅田地共三千六百一十七畝零共徵稅
銀二百一十五兩四分零
備荒稅地一千四百五十二畝四分零徵備荒銀
三十一兩五錢七分零
乾隆五年被坍灘場六千六十八弓九尺二寸零被
坍草蕩六千三百二十七畝六分零共缺課銀七
百二十三兩二錢一分零乾隆五年爲始照數豁

除
乾隆八年被坍灘場二千七百三十七弓五尺一寸
零被坍草蕩二千八百五十四畝一分零共缺課
銀三百二十六兩二錢二分零將曹娥金山鳴鶴
鮑郎清泉仁和場仁和倉黃巖場正鑑等倉新陞
課銀抵補外尚未抵銀二十七兩七錢二分零俟
各場續漲沙塗稅銀撥抵
現存草蕩稅地共五千一百七十畝一分零現
共徵正備課稅銀二百四十九兩四分零

東江場乾隆五年三江場新分

額分灘場七千七百一十八弓草蕩七千八百八十六畝一分零共徵丁課銀九百一十兩三錢四分零

原額各則課稅田地共三千四百四十九畝五分零徵稅銀二百六兩六錢三分零又康熙六年丈陞稅地并康熙十六年以後陞續報陞稅地共二千九百三十四畝五分零共徵稅銀四十一兩三錢零

備荒稅地共一千四百五十二畝四分零徵備荒銀三十一兩五錢七分零

乾隆八年被坍灘場一千九百五弓二尺八寸零被坍草蕩一千九百八十六畝四分零共缺課銀二百二十七兩四分零以曹娥金山鳴鶴鮑郎清泉仁和場仁和倉各場新陞銀照數分抵

現存灘場五千八百一十二弓零存稅地備荒地共五千八百五十畝零現共徵正備課稅銀九百六十二兩八錢二分零

曹娥場東扇　西扇

東西兩扇原額灘場一萬八千九百七十八弓徵丁課銀一千三十六兩三錢五分零

各則蕩田地池共二萬四千二百三十六畝八分零徵稅銀三百二十五兩三錢七分零又車輛木棱拖船徵稅銀一十六兩五錢五分共徵稅銀三百四十一兩九錢二分零

備荒塗田四百三畝一分零徵銀八兩五錢九分零又備荒車輛木棱稅銀五十一兩共備荒銀五

十九兩五錢九分零

康熙六年丈陞下則蕩地四百四十四畝零徵稅銀三兩三分零

康熙十六年報陞各則塗田地池共三千四百一畝三分零陞稅銀五十一兩九錢零

以上通共徵銀一千四百九十三兩二錢一分零內蕩稅銀三百九十七兩三錢二分零備荒銀五十九兩五錢九分零丁課銀一千三十六兩三錢五分零雍正四年將丁課銀按畝均攤

計東西兩扇灘場共攤丁課銀一千三十六兩三錢五分零符合原徵丁課之數

乾隆五年分曹娥場東扇爲金山場

曹娥場額存西扇灘場一萬三百五十弓二寸零徵銀五百三十四兩八錢五分零

各則蕩塗田地共八千五畝三分零徵銀一百二十八兩八分零又存康熙六年丈陞稅地并康熙十六年以後陸續報陞塗田地池共三千九百一十二畝一分零徵銀五十五兩三錢九分零

備荒塗田四百三畝一分零徵銀八兩五錢九分零

乾隆九年報陞下則塗地一千三百一十四畝一分零陞稅銀九兩一錢九分零又原報下則蕩地三百六十一畝六分零今改上則陞稅銀四兩零共新陞稅銀一十三兩二錢零撥補三江東江兩場坍課

乾隆十一年報陞下則塗地五百五十八畝陞稅銀三兩九錢零撥補三江東江兩場坍課

現存灘場一萬三百五十弓二寸現存稅地備荒蕩共一萬四千一百九十二畝六分零現徵正備課稅銀七百五十三兩二錢二分零內一十七兩一錢零撥補三江東江兩場坍課

金山場 乾隆五年曹娥場新分

額分曹娥場東扇灘場八千七百二十七弓九尺七寸零徵丁課銀五百一兩四錢九分零

各則蕩田塗地共一萬六千二百三十一畝四分零徵銀一百九十七兩二錢八分零又車輛木棱

拖船稅銀一十六兩五錢五分共徵稅銀二百十三兩八錢三分零

備荒車輛木棱稅銀五十一兩

乾隆九年報陞下則塗地二千三百七十六畝七分零陞稅銀一十六兩六錢三分零撥補三江東江兩場坍課

現存灘場八千七百二十七弓九尺七寸零現存蕩田塗地共一萬八千六百八畝一分零現徵正備課稅銀共七百八十二兩九錢六分零

內一十六兩六錢三分撥補三江東江兩場坍

課

石堰場

原額各則蕩地共七萬七千八百五十五畝七分零

徵丁課銀四千一百四十八兩三錢九分零裁冗

公費徵銀一十六兩四錢二分零共徵丁課銀四

千一百六十四兩八錢一分零

蕩田塗地并先後報墾蕩塗共五萬七百八十五

畝七分零徵稅銀六百五十四兩一錢六分零

備荒沙塗共四萬二千三百五十九畝二分零徵

備荒銀一千四百二十五兩四錢三分零

康熙六年丈陞新漲浮塗共一萬五千三百六十畝

六分零陞稅銀一百五十三兩六錢零

康熙十八年報陞荒蕩三十六畝陞稅銀一兩二錢

三分零

康熙十九年至四十四年報陞下則沙地草蕩共一

千一百八十八畝三分零陞稅銀三十五兩六錢

五分零

康熙二十二年至二十四年報陞下則荒蕩共三十

畝二分零陞稅銀一兩三分零

康熙二十六年報陞各則蕩地五畝陞稅銀二錢一

分零

康熙三十七年至四十七年報陞新漲浮塗共四千

二百六十四畝七分零陞稅銀四十二兩六錢四

分

康熙二十八年至四十七年報陞各則蕩地八十二

畝六分陞丁課銀四兩一錢七分零

康熙二十八年至四十七年報陞新墾地塗共三千

六百四十八畝一分零陞稅銀五十四兩七錢二

分零

以上通共徵銀六千五百三十七兩七錢零內

蕩稅銀九百四十三兩二錢七分零備荒銀一

千四百二十五兩四錢三分零原額新陞丁課

并裁冗公費共四千一百六十八兩九錢九分

零雍正四年將丁課銀按畝均攤計各則蕩地

共攤銀四千一百六十八兩九錢九分零科合

原徵丁課之數

雍正四年報陞蕩塗沙地共三千六百三十六畝零陞稅銀五十五兩九錢六分零撥補仁和場錢塘倉坍課

乾隆元年報陞漲墾蕩塗共一萬三千六百三畝九分零陞稅銀一百三十六兩六錢五分撥補長亭場無地丁課及仁和場錢塘倉坍課

現存課稅備荒蕩共二十一萬二千八百五十五畝八分現徵正備課稅銀共六千七百三十兩三錢一分零內一百九十二兩六錢一分零撥補仁和場錢塘倉坍課

清泉場

原額灘場二萬二千二百四十六弓海灘三千四百八十七畝七分零徵丁課銀一千三百六十七兩九錢零

竈田各則蕩倉基共四萬一千三百九十九畝六分零徵稅銀六百七十八兩七錢三分零

中則備荒蕩二十八畝九分零徵備荒銀六錢六分零

康熙六年丈陞蕩地四十四畝二分零陞稅銀八錢二分零

康熙十六年丈陞各則沙蕩四十六畝八分零陞稅銀一兩五分零

康熙二十三年展復竈田二百八十一畝七分零展復各則蕩一百五十六畝九分零共展復稅銀七兩一錢三分零

康熙四十七年至五十七年報陞新墾新漲蕩二十二畝二分零陞稅銀三錢六分零

雍正四年報陞下則蕩一百五畝陞稅銀一兩七錢四分零

以上通共徵銀二千五十八兩四錢零內蕩稅銀六百八十九兩八錢四分零備荒銀六錢六分零丁課銀一千三百六十七兩九錢零雍正四年將丁課銀按畝均攤計灘場海灘攤丁課銀六百一十七兩五錢三分零又竈田各則稅蕩共攤丁課銀七百五十兩三錢六分零共攤

銀一千三百六十七兩九錢符合原徵丁課之
數
乾隆十年報陞各則蕩一千四十八畝四分零陞稅
銀三十八兩七錢五分零撥補三江東江兩場坍
課
現存灘場二萬二千二百四十六弓海灘竈田
備荒蕩共四萬六千六百二十一畝四分零現
徵正備課稅銀二千九十七兩一錢五分零內
三十八兩七錢五分零撥補三江東江兩場坍

課
鳴鶴場
原額各則蕩地共二萬六千一百二十三畝一分零
徵丁課銀二千六十二兩七錢四分零
塗地柴灘圍基共四千畝零徵商稅銀八十四兩
九錢七分零
備荒塗蕩圍沙圩灘共七千七百八十六畝九分
零徵備荒銀一百五十五兩一錢八分零又徵商
稅銀四十八兩九錢一分零

康熙六年丈陞沙地六百四十八畝四分零陞稅銀
七兩三分零
康熙十六年報陞塗地六百九十五畝六分零陞稅
銀六兩九錢五分零
康熙十九年至六十一年共報陞新漲灘塗五千三
百四畝八分零陞稅銀五十三兩四分零
康熙三十二年至五十七年報陞沙蕩漲地共四十
畝九分陞稅銀一兩二錢二分零
康熙四十三年報陞沙蕩一千一百三十五畝八分

零陞稅銀一十一兩三錢五分零
康熙四十四年報陞荒地共五百七十七畝二分陞
稅銀五兩七錢七分零
雍正元年報陞沙地二百四十九畝四分陞稅銀二
兩四錢九分零
以上通共徵銀二千四百三十九兩七錢二分
零內蕩稅銀二百二十一兩七錢九分零備荒
銀一百五十五兩一錢八分零丁課銀二千六
十二兩七錢四分零雍正四年將丁課銀按畝

均攤計各則蕩地共攤丁課銀二千六十二兩
七錢四分零符合原徵丁課之數
雍正四年報陞沙蕩備荒蕩共二千二百三十畝四
分零陞商稅銀備荒銀共二十八兩八分零撥補
長亭場無地丁課及仁和場坍課
雍正九年報陞蕩三千一百六十三畝九分零陞稅
銀三十一兩六錢三分零撥補長亭場無地丁課
雍正十二年報陞沙地一萬四千三百八十七畝二
分陞稅銀一百四十三兩八錢七分零撥補長亭

場坍課
乾隆三年報陞地四百五十畝陞稅銀四兩五錢撥
補仁和場錢塘倉坍課
乾隆十年報陞地一千九百七十四畝陞稅銀一十
九兩七錢四分撥補三江東江兩場坍課
乾隆十一年報陞地三百九十一畝二分陞稅銀三
兩九錢一分零撥補三江東江兩場坍課
現存課稅備荒蕩共四萬八千一百三十七畝
零現徵正備課稅銀共二千六百七十一兩四

錢五分零內二百三十一兩七錢三分零撥補
仁和三江東江長亭等場坍課
龍頭場
原額灘場一萬二千九百五十六弓徵丁課銀五百
六十一兩一錢八分零
各則竈田蕩地倉基共一萬八千八畝九分零徵
稅銀六百三十二兩九錢七分零
石塘山籽粒徵備荒銀六錢八分零
康熙十六年至二十三年報陞中則蕩一百二畝零

陞稅銀二兩二錢七分零
康熙十六年至四十四年報陞下則蕩二百七十四
畝八分零陞稅銀一兩六錢五分零
康熙二十二年至五十七年報陞下則蕩五百一十
一畝九分零陞稅銀三兩三錢一分零
以上通共徵銀一千二百二兩一錢七分零內
蕩稅銀六百四十兩二錢零備荒銀六錢八分
零丁課銀五百六十一兩一錢八分零雍正四
年丁歸地徵計本場灘場攤丁課銀七十九兩

七錢一分零尚餘丁課銀四百八十兩四錢六分零暫攤各則稅蕩之上俟有新陞地畝抵除

雍正四年報陞下則蕩一百三十九畝七分零陞稅銀一兩四錢四分零抵補前項暫攤丁課外餘存丁課仍俟續漲抵除

現存灘場一萬三千九百五十六弓稅蕩地一十萬八千九百三畝六分零現徵正備課稅銀一千二百二兩一錢七分零

穿山場

原額丁課銀四百一十五兩八錢八分零

竈田八千九百九十七畝三分零徵稅銀一百四十三兩九錢五分零

康熙二十一年至五十一年展復丁課銀一百四十九兩六錢一分零

康熙二十一年至五十四年展復竈田地五千九百四十五畝一分零陞稅銀九十五兩一錢二分零

康熙二十一年至五十一年展復下則老蕩一千八百八十九畝六分零陞稅銀二十七兩四錢零

雍正二年展復竈田地八畝陞稅銀一錢一分九釐零

以上通共徵銀八百三十二兩一錢零內蕩稅銀二百六十六兩六錢零丁課銀五百六十五兩五錢零按穿山等場按丁徵課原無給丁蕩地雍正四年丁歸地徵將丁課銀加攤於各則稅蕩之上復題明稅蕩業經按則完稅今再攤加丁課終出一時權宜俟有漲陞地畝即與抵除

雍正四年丈陞蕩六十畝九分徵稅銀八錢八分零

雍正八年報陞蕩地一百九十畝一分零徵稅銀二兩七錢五分零

乾隆十一年報陞灘場三千五百六十一畝七分零徵銀五十一兩六錢四分零

各年展復竈田共一萬四千九百四十五畝零展復銀三百七十三兩六錢二分零又各年展復下則老蕩共一千八百九十五畝一分零展復銀一百三十六兩五錢八分零

以上自雍正四年以後報陞展復竈田蕩地共一萬六百五十三畝一分零徵銀五百六十五兩五錢零符合原徵丁課之數按數抵補將稅蕩所攤丁課豁除

現存竈田蕩地共三萬七千四百九十二畝八分零現徵課稅銀八百三十二兩一錢零

長山場

原額灘塗一千九百六弓九分徵丁課銀四百五十五兩一錢六分零

竈田蕩地共一萬七千四百六十一畝六分零徵稅銀二百八十一兩九分零

備荒蕩六千五百二十六畝五分零徵備荒銀二百三十六兩零

康熙六年丈陞蕩田七百二十二畝七分零陞稅銀二十二兩六錢七分零

康熙十七年報陞沙蕩三百六十五畝三分零陞稅銀一十一兩一錢一分零

康熙二十三年展復竈丁徵丁課銀一十四兩二錢三分零展復各則蕩八十七畝四分零展復稅銀二兩八錢一分零

康熙三十五年報陞蕩地水池一十五畝三分陞稅銀三錢三分零

康熙六十一年報陞蕩一畝一分陞稅銀三分零

雍正二年報陞蕩三畝二分零陞稅銀八分零

以上通共徵銀一千二十三兩五錢六分零內蕩稅銀三百一十八兩一錢五分零備荒銀二百三十六兩零丁課銀四百六十九兩四錢零

雍正四年丁歸地徵計本場灘塗攤丁課銀一百六兩七錢八分零尚餘丁課銀三百六十二兩六錢一分零分攤各則竈田蕩地之上俟有新陞地畝抵除

雍正四年報陞各則蕩六十八畝二分零徵稅銀二兩三錢八分零抵補前項暫攤丁課外餘存丁課仍俟續漲抵除

現存灘塗一千九百六弓九分各則竈田蕩地備荒蕩共二萬五千二百五十六畝九分零現

共徵正備課稅銀一千二十三兩五錢六分零

大嵩場

原額灘塗草蕩六百五十二弓二分徵丁課銀二百四兩九錢一分零

各則免田共二萬五千一百五十六畝三分零倉基地一十二畝一分零徵稅銀四百八十二兩八錢六分零

備荒塗田地一千五百一十畝七分零徵備荒銀四十八兩三錢七分零

康熙六年丈陞塗地七百四十六畝二分零陞稅銀二十三兩七錢零

康熙十九年報陞新墾稅地一百二十五畝陞稅銀二兩八錢四分零

康熙二十二年報陞塗田一百五十七畝零陞稅銀五兩一錢八分零

康熙二十二年至四十年報陞新墾地三千九百三十三畝四分零陞稅銀九十四兩四錢零

康熙二十三年展復丁課銀七十三兩七錢九分零

康熙二十三年至三十五年展復中則鹽田墾荒蕩地共六千七百六十九畝六分零陞稅銀一百三十兩六錢九分零

康熙二十五年至三十五年報陞新墾塗田二千二百六十二畝五分零陞稅銀六十九兩九錢一分零

康熙二十七年至五十四年報陞蕩田浮沙共八百九十七畝三分零陞稅銀一十七兩九錢四分零

以上通共徵銀一千一百五十四兩六錢五分

零內蕩稅銀八百二十七兩五錢六分零備荒銀四十八兩三錢七分零丁課銀二百七十八兩七錢一分零雍正四年將丁課銀按畝均攤計灘塗草蕩攤丁課銀五兩三錢八分零又於各則稅田地蕩攤丁課銀二百七十三兩三錢三分零俟有墾漲地畝抵補丁課仍將稅地所攤豁除

雍正四年報陞塗田蕩地共二百七十二畝三分零陞稅銀五兩四錢四分零

雍正十一年報陞塗田蕩地五百五十九畝九分零
陞税銀一十一兩一錢九分零
以上新陞税銀共一十六兩六錢三分零抵除
前項暫攤丁銀外各則税田地蕩實攤丁課銀
二百五十六兩六錢八分零符合原徵丁課之
數
現存課蕩六百五十二弓税地備荒蕩地共四
萬二千四百二兩三錢零現徵正備課税銀共
一千一百五十四兩六錢五分零

玉泉場
原額丁課銀五十八兩二分零
竈田老蕩共四千六百三十七畝三分零徵税銀
九十二兩七錢三分零
康熙六年報陞蕩地一百六十九畝一分陞税銀三
兩三錢八分零
康熙二十二年至三十四年報陞新墾荒田三千三
百七十畝零陞税銀三十三兩七錢零
康熙二十三年至四十四年展復丁課銀五十兩八

錢九分零
康熙二十三年至五十六年展復竈田地一萬四百
二畝六分零展復税銀二百八兩五分零
康熙五十五年展復竈田地九畝四分展復税銀二
錢八分零
以上通共徵銀四百五十九兩一錢八分零内
蕩税銀三百五十兩二錢六分零丁課銀一百
八兩九錢二分零雍正四年丁歸地徵將丁課
銀攤於各則税蕩之上俟有漲墾地畝抵除

雍正四年報陞地五十一畝六分徵銀一兩三分零
雍正十一年報陞新墾地一百六十五畝九分零徵
銀三兩三錢一分零
雍正十三年報陞海墩蕩地三百五十二畝一分零
徵銀七兩四分零
以上自雍正四年後新陞税銀一十一兩三錢
九分零抵除前項暫攤丁課外各則税蕩實攤
丁課銀九十七兩五錢二分零符合應徵丁課
之數

現存各則竈田蕩地共一萬九千七百六十三畝二分零現徵課稅銀共四百五十九兩一錢八分零

長亭場

原額丁課銀三百三十九兩六錢五分零

康熙二十三年至五十七年展復竈丁徵丁課銀三百五十二兩二錢九分零展復倉基一所各則沙蕩地共二千一百五十七畝二分零展復稅銀二十一兩九錢六分零

以上通共徵銀七百一十三兩九錢零內蕩稅銀二十一兩九錢六分零丁課銀六百九十一兩九錢四分零雍正四年丁歸地徵緣本場並無蕩地可攤將鄰近鳴鶴錢清西興石堰等場逐年新陞稅銀撥補符合本場原徵丁課之數

乾隆十四年報陞田一百三十一畝五分零陞稅銀二兩六錢三分零撥補三江場坍課

現存蕩田沙地共二千二百八十八畝七分零

現徵稅銀二十四兩五錢九分零

黃巖場

原額無地丁課銀一千四十八兩九錢八分零

各則備荒地二百二十三畝七分零徵備荒銀七兩一錢九分零

附徵杜瀆場稅銀九十一兩七錢七分零

按康熙三年杜瀆場場界遷棄海外額課無徵借墾黃巖場南北兩岸民地丁坦徵課稅銀九十一兩七錢七分零康熙二十年杜瀆場題明展復此項稅銀歸本場徵解

順治十四年丈出各則蕩二百八畝徵稅銀一十七兩四錢二分零

康熙六年丈出中則地一百畝二分零徵稅銀二兩零

康熙二十三年展復竈丁徵丁課銀五百二兩八錢五分零展復各則老蕩七千九十八畝零下則山二百畝倉基二十畝共展復稅銀一百三十五兩二錢零

康熙五十四年報陞各則蕩山一百一十畝八分零

塗稅銀一兩五錢九分零
康熙五十四年至五十七年報陞下則荒蕩一千三百四十六畝四分零陞稅銀一十三兩四錢六分零
以上通共徵銀一千七百二十八兩七錢二分零內蕩稅銀一百六十九兩六錢八分零備荒銀七兩一錢九分零丁課銀一千五百五十一兩八錢四分零雍正四年丁歸地徵因本場原無給丁蕩地止有種植稅蕩又屬下多蕩少難

以攤派仍令照舊輸納俟有新漲地畝即行抵除
雍正六年報陞中則新蕩共二萬四千六百七畝零陞稅銀七百三十八兩二錢零
雍正四年報陞下則新蕩一千一百二十三畝三分陞稅銀一十一兩二錢三分零
以上雍正四六兩年新陞稅銀共七百四十九兩四錢四分零抵補前項無地丁課外尚餘無抵丁課銀八百二兩三錢九分零議攤民買竈田項下徵收
乾隆六年報陞塗蕩四千二百八十九畝二分零陞稅銀八十五兩七錢八分零撥補仁和場仁和倉坍課
乾隆七年報陞新墾竈田蕩地坦灘墩塘共三萬三千六百二十二畝六分零陞稅銀六百七兩二錢一分零撥補下砂一二三場坍課
乾隆十三年報陞下則竈蕩田地塘共六百七十九畝三分零陞稅銀一十兩六錢七分零撥補三江

場坍課
現存稅蕩備荒蕩共七萬二千七百二十八畝五分零現徵課稅備荒銀共二千四百三十二兩三錢八分零內七百三十兩六錢六分零撥補仁和下砂三江等場坍課
杜瀆場
原徵無地丁課銀三百一十三兩三錢九分零
各則蕩田坦地共七千三百二十三畝六分零
稅銀二百一十三兩七錢零

又包補借墾黄巖場民地徵丁稅銀九十一兩七
錢七分零歸黄巖場徵解
康熙二十三年招徠竈丁展復丁課銀一十一兩二
錢三分零展復各則蕩田倉基地共三千七百六
十八畝零展復稅銀九十一兩四錢八分零
康熙二十四五兩年招徠竈丁展復丁課銀共一百
一十九兩五錢零
康熙五十九年報陞新蕩三百四畝六分零陞稅銀
六兩五分零

以上通共徵銀八百四十七兩二錢五分零內
蕩稅銀三百二十四兩四錢二分零丁課銀五
百二十二兩八錢二分零雍正四年丁歸地徵
因本場稅蕩地少丁多不能承攤暫行照舊輸
納俟有漲墾地畝抵除
雍正四年報陞浙蕩三百四十六畝五分陞稅銀六
兩八錢九分零
雍正七年新陞各則蕩田竈地共一萬四千七十二
畝六分零陞稅銀五百二十一兩零

以上雍正四七兩年新陞稅銀共五百二十七
兩八錢九分零抵除前項丁課符合原徵丁課
之數
乾隆十二年新陞竈田地共七千六百五十九畝八
分零陞稅銀一百七十七兩一錢七分零撥抵西
興下砂三場坍課
現存蕩稅田地共三萬三千四百七十六畝五
分零現徵課稅銀共一千二十四兩四錢三分
零內一百七十七兩一錢七分撥補西興下砂

等場坍課
雙穗場
原額丁課銀一千八十五兩七錢六分零
康熙四年會同永嘉場於瑞安縣飛雲渡內地開煎
計地九百八十畝分辦課銀七十七兩七錢四分
零續經展復故址内地各竈俱行犂毀地已還民
原認飛雲渡課銀現在認納
康熙六年丈出沙地七分七釐零徵稅銀五分零
康熙二十三年至三十三年展復各則蕩地共一萬

二千九百三十九畝九分零展復稅銀二百八十
一兩三分零
康熙二十三年至三十八年展復下則蕩塗地四百
八十三畝零展復稅銀八兩八錢三分零
康熙二十三年至六十一年招徠竈丁陞丁課銀六
百二十五兩一錢三分零
雍正元年至雍正三年招徠竈丁陞丁課銀一十七
兩六錢六分零
以上通共徵銀二千九十五兩七錢三分零內
蕩稅銀二百八十九兩九錢二分丁課銀一千
八百五兩八錢一分零雍正四年丁歸地徵將
丁課銀暫攤各則稅蕩之上俟有新陞蕩地稅
銀抵除
雍正四年報陞各則蕩田地共一萬五千六百九十
四畝四分零陞稅銀一千二十一兩八錢三分零
雍正十一年報陞坦地四十六畝二分零陞稅銀九
兩三錢二分零
雍正十三年報陞坦地二十九畝三分零陞稅銀五

兩八錢四分零
乾隆二年報陞坦地二十畝八分五釐零陞稅銀四
兩一錢五分零
乾隆三年報陞坦地三十一畝三分零陞稅銀六兩
二錢三分零
以上自雍正四年後新陞稅銀共一千四十七
兩二錢九分零抵除前項暫攤稅蕩丁課外又
長林場自雍正十一年至乾隆四年展復新陞
稅銀共三十兩二錢二分零再行抵除前項其
各則稅蕩實攤丁課銀七百二十八兩二錢七
分零符合應徵丁課之數
現存各則蕩田坦地共二萬九千二百四十五
畝五分零現徵課稅銀共二千六十五兩五錢
一分零
長林場
原徵無地丁課銀六十六兩九錢九分零
康熙四年展復坦地一百五十六畝零徵稅銀一十
兩三錢六分零

康熙六年至二十年展復坦地六百五十八畝七分
零徵稅銀四十三兩七錢四分零
康熙二十三年至雍正元年招徠竈丁陞丁課銀一
百二十二兩三錢五分零
以上通共徵銀二百四十三兩四錢四分零內
蕩稅銀五十四兩一錢零丁課銀一百八十九
兩三錢四分零雍正四年丁歸地徵將原徵丁
課於辦稅蕩上加攤其新陞丁課俟有新漲抵
除查本場實無新漲可抵照南監場丁課攤歸

民條統徵
康熙二十三年至五十八年共展復坦地四百五十
三畝九分陞稅銀三十兩一錢六分零
雍正元年二年展復坦地共四十五畝三分陞稅銀
三兩三分零
雍正十一年十三年展復坦地共二百八十七畝五
分零陞稅銀一十九兩一錢零撥補雙穗場稅蕩
加攤丁課
乾隆二年四年展復坦地共一百六十七畝六分零

陞稅銀十一兩一錢三分零撥補雙穗場稅蕩
攤丁課
現存坦地共一千二百六十九畝零現徵課稅
銀共三百六兩八錢七分零內一百二十二兩
三錢五分零攤歸民條徵納三十兩二錢四分
零撥補雙穗場無地丁課
永嘉場
本場原額丁地順治十八年遷棄無存
康熙四年會同雙穗場於瑞安縣飛雲渡内地開煎

計地九百八十畝分辦課銀九十三兩六錢五分
零嗣因展復故址内地各竈俱挈毀原認飛雲渡
課銀現在認納又茅竹嶺內地開煎坦地一百一
八五分徵丁課銀一十兩九錢五分零
康熙二十年展復坦地七百畝徵課稅銀八十八兩
二錢三分零
康熙二十三年展復蕩地五十畝徵丁課銀六兩三
錢零
康熙二十四年至六十年招徠竈丁展復丁課銀四

百八十六兩八分零

康熙二十九年至四十五年展復稅蕩八百九十三畝六分零徵稅銀二十三兩六錢八分零

康熙四十二年招徠竈丁展復丁課銀二兩九錢七分零

雍正元年招徠竈丁展復丁課銀二兩三錢九分零

以上通共徵銀七百一十四兩二錢九分零內蕩稅銀二十三兩六錢八分丁課銀六百九十兩六錢一分零雍正四年丁歸地徵計坦地蕩

地共攤丁課銀一百九十九兩一錢五分零再於原徵各則稅蕩之上加攤二十三兩九分零餘尚存無地丁課四百六十八兩三錢六分俟有漲陞蕩地抵補

雍正四年報陞蕩地共八千一百一十三畝七分零陞稅銀四百三十五兩六錢九分零

雍正十三年報陞末則蕩地八百二十五畝三分零陞稅銀三十兩四錢四分零

乾隆三年報陞末則坦地三十畝陞稅銀一兩一錢零

乾隆四年報陞末則坦地三十畝零陞稅銀一兩一錢零

乾隆十一年報陞蕩地六千四十五畝四分零陞稅銀一百六十兩二錢零

以上自雍正四年後共報陞稅銀六百二十八兩五錢三分零抵補前項無地丁課外尚存新陞稅銀一百六十兩二錢零

現存課稅蕩共一萬六千六百八十八畝零現

徵課稅銀共八百七十四兩五錢零

南監場

本場並無場地止納丁課雍正四年丁歸地徵將本場丁課攤歸民條統徵

北監場

白沙倉原徵丁課銀一十九兩四錢

備荒銀八兩二錢

本場並無場地借荒銀亦係按丁徵課

康熙二十三年展復竈丁徵丁課九兩五錢四分零

康熙二十六年展復竈丁徵丁課銀二兩九錢一分
零
岳頭倉原徵丁課銀一十二兩九錢零
內備荒銀五兩三分零
康熙四十三年至五十二年展復竈丁徵丁課銀七
兩九分零
康熙二十七年至三十四年展復竈丁徵丁課銀二
兩六錢五分零
以上白岳二倉共徵銀六十七兩七錢五分零

內備荒銀一十三兩二錢三分零丁課銀五十
四兩五錢一分零雍正四年丁歸地徵二倉原
無給丁蕩地亦無種植稅蕩議將丁課攤歸民
竈徵

卷十一 坍漲下

嶼門倉原徵丁課銀九錢一分零
康熙三十三年至六十一年展復竈丁徵丁課銀二
十二兩九錢七分零
雍正元年展復竈丁徵丁課銀三錢零
康熙二十七年至三十五年展復蕩田四百四十五

畝八分零徵稅銀一十九兩七錢九分零
康熙二十七年至四十八年展復蕩地二百二十六
畝五分零徵稅銀五兩八錢九分零
華巖倉原徵丁課銀七錢零
康熙三十三年至六十一年展復竈丁徵丁課銀六
兩六錢五分零
雍正元年展復竈丁徵丁課銀二錢二分零
以上華峽三倉共徵銀五十七兩四錢六分零
內蕩稅銀二十五兩六錢八分零丁課銀三十

勅修兩浙海塘通志 卷十一 坍漲下 四十

一兩七錢七分零華巖原無給丁蕩地亦無種
植稅蕩峽門止有稅蕩亦無給丁蕩地二倉無
著丁課俱攤民買竈田項下徵收
現存稅蕩六百七十二畝四分零現徵稅銀二
十五兩六錢八分零外應徵丁課備荒銀共九
十九兩五錢二分零歸民條並民買竈田項下
完納

勅修兩浙海塘通志卷十一

勅修兩浙海塘通志 卷十一 坍漲下

敕修兩浙海塘通志卷十二

場竈

鹽務本司鹺專掌無與海塘而亭場蕩竈介塘內外潮水衝刷沙塗湧漲遷移攺併勢所不免故志海塘不得不兼及場竈至表浦青村等場界隸江南鹺志備載茲不闌入志場竈

杭州府 仁和場 許村場 西路場 黃灣場

仁和場在仁和縣臨江鄉東北二十都距運司一十五里場有三塘北爲石箭官塘自浮山迤邐而東

至海寧武肅王錢鏐建外有護水塘嘉熙二年築以護塘者南又有范公塘塘以外即錢塘江也場設仁和錢塘二倉因縣分土本場稅課各爲徵輸舊額團扇二十有三錯處塘之內外易於集私雍正三年巡鹽都御史謝賜履題請聚團并團爲五竈舍八十有三

舊倉團扇額

仁和倉

茶[illegible]倉 一團 二團

三團 四團 五團

六團 東扇 西扇

水鄉 無基 新扇

錢塘倉

一團 二團 三團上扇

三團下扇 四團上扇 四團中扇

四團下扇 五團 新上扇

新下扇 山鄉 水鄉

新聚團額 共五團煎竈八十三座

觀音堂團 六十七竈

二團 四竈

三團 三竈

五團海豐庵西 三竈

五團海豐庵東 六竈

許村場在海寧縣安化坊去運司五十五里宋太平興國四年以舊臨平監置買納官總八場鹽課之出入如上管下管蜀山巖門南路袁花黃灣新興皆隸於此元時兩浙鹽場凡三百一十四所海寧

居其二曰許村曰西路許村者并蜀山巖門上管下管爲一場者也明初因之洪武時設場於時和鄉徐家壩莊置東西二倉廨宇一所永樂九年毀於海患復建西倉於場之西南東倉則在縣南鎮海門外場署移置安國寺東即今縣治之北寺巷也南瀕海有塘距城百武東抵海鹽西接錢塘舊制團額一十有八今聚爲十六團竈舍一百九十有二東西倉廒共五百一十五間

舊倉團額

東倉

一團　二團　三團

四團　五團　六團

七團　八團

西倉

一團　二團　三團

四團　五團　六團

七團　八團　九團

十團　水鄉

新聚團額　共十六團煎竈一百九十五座

天字保墻裏南一團十一竈

墻裏北一團十八竈

元字保老鹽倉南一團九竈

老鹽倉前一團十三竈

黃字保忠盛倉一團二十二竈

龍苦嘴一團八竈

地字保海慧庵一團十七竈

洒橋倉一團十六竈

孫家亭一團二十一竈

宇字保謝家倉一團十四竈

楊家東昇倉中一團五竈

大金倉一團五竈

老相公殿西一團四竈

了义塘一團四竈

宙字保南門倉一團六竈

九里橋一團二十一竈

西路場在海寧縣東六十里去運司一百五十里即

宋淳祐間所置南路場也元併袁花黃灣新興南路四場立今名明初設於海寧縣東六十里之黃灣寺置東西二倉廒宇一所萬歷三十九年移置新倉今仍之貯鹽倉有黃灣廟新倉舊倉四所其南爲捍海塘即唐之太平塘宋曰海晏自宋迄今屢有興廢

本朝修建完固百倍往昔團舍列處塘北蟬聯保聚無衝溺之患矣場内舊設東西二倉乾隆五年分設黃灣場自黃灣倉一二三團起并尖山以内之四

團及五團之一二三四五六團共計煎竈一百三十八連劃歸新場管轄其五團内之七團起并六七八團共計煎竈一百九十八連仍歸西路舊場管理

舊倉團額

東倉

一團 二團 三團

西倉

四團 五團 六團

七團 八團 九團

新聚團額 共三十九團煎竈三百三十六座乾隆五年分設黃灣場本場新分二十二團煎竈一百九十三座

五團七團十四竈

八團九竈

九團六竈

十團九竈

十一團九竈

六團一團十六竈

二團八竈

三團十四竈

四團四竈

五團五竈

七團一團九竈

二團十竈

三團十五竈

四團八竈

五團九竈
六團三竈
七團六竈
八團四竈
八團一團五竈
二團六竈
三團十八竈
四團六竈

黃灣場乾隆五年西路場新分場東三十里有黃灣

浦圖經有黃灣閘建鹽倉即舊時之黃灣倉也

新分團額　共十七團煎竈一百四十三座

一團一團十一竈
二團五竈
三團一團六竈
二團六竈
四團一團八竈
二團九竈
三團十一竈

四團九竈
五團十一竈
六團六竈
七團十二竈
五團一團五竈
二團八竈
三團七竈
四團十竈
五團十竈

六團十三竈

嘉興府　鮑郎場　海沙場　蘆瀝場

鮑郎場在海鹽縣南澉浦地方去運司一百九十六里按宋地里志海鹽止載沙腰蘆瀝二場而不載鮑郎元史三場具載今澉浦城内通江橋側有宋時廨址碑記可考是場非始於元矣又按其地有鮑郎浦宋志云故老言昔鹽場初開於此有鮑姓者鑿浦煮鹽因名其浦又宋志身浦在澉浦鎮東海水透入東北至嶺頭門汲之煮鹽場東爲秦駐

山相傳始皇駐此圍基原額五十五畝今視地勢之便移竈以少就多聚爲一十九圍竈舍一百五十有九貯鹽倉厫二百五十四間南至海洋北至運河水塘

舊圍額

南圍　北圍　東圍

西圍

新聚圍額　共二十九圍煎竈一百五十九座

東圍正東圍九竈

東寨圩圍四竈

北圍北正圍十一竈

北備圍十竈

新圍六竈

常川圍六竈

頭圍六竈

西圍小海圍五竈

湯家圍十三竈

顧家圍九竈

周家圍七竈

軍圍七竈

南圍長山圍五竈

總寨圍六竈

老舍圍六竈

中立圍十竈

金家塘鈌圍十四竈

南寨前圍十一竈

李家圍十四竈

海沙場在海鹽縣十六都沙腰村去運司一百五十里按漢志海鹽有鹽官三國吳設校尉於海鹽司鹽唐置十監嘉興居其一領海鹽是設官置場惟海鹽爲最古宋立場於沙腰村明道時罷景祐間復置又分爲海鹽場在縣東一里元并爲一因名海沙場東爲乍浦城自明初築屬平湖縣界西接秦駐山山下爲長川壩南至海僅里許沿海爲石塘塘連秦駐山二十里内有土塘正統間築以備不測者故名備塘又名複塘竈舍皆聚於塘之内

外團額二十有一煎舍一百九十九倉厫七十八
間

舊團額

一團　二團　三團

南四團　北四團　五團

六團　七團　八團

九團　十團　轉塘團

九里團

新聚團額　共二十一團煎竈一百九十九座

南四團　五竈

南四團　五竈

北四團　四竈

北四中坊團　八竈

北四中北團　四竈

北四北坊團　九竈

五團　七竈

轉塘團　五竈

九里團　十五竈

六團　九竈

八團　二十二竈

一團　十三竈

東一團　三竈

西七團　十三竈

二團　十三竈

東七團　五竈

西九團　十五竈

東九團　十一竈

西十團　十三竈

東十團　五竈

三團　十五竈

蘆瀝場在平湖新倉鎮去運司三百二十里南至海塘一十八里宋元皆以蘆瀝場隸海鹽縣明初裁併獨山場洪武元年復置宣德五年始以蘆瀝屬平湖南爲捍海塘竈聚於塘外宋置権場於廣陳明改置蘆瀝故有運鹽河十二里後土積水淤農商俱病嘉靖間郡倅陳守義修復之有蘆瀝浦宋

元祐八年本路提刑羅適開地中得古泥寺碑移置松江白牛寺後於此地立鹽場又熙寧六年土人傅肱欲導海寧之蘆瀝浦以分吳淞入海即此

團額一十有三竈舍一百十七厫房三十二間

舊團額

東正　泹一　泹二

中上　中正　南備

西下　南正　江門

南中　山東　山西

新聚團額　共十二團煎竈一百一十七座

山西團六竈

山東團八竈

中正團十四竈

江門團八竈

南正團十四竈

西下團十一竈

南備團十三竈

南二團七竈

中正團七竈

泹二團八竈

泹三團六竈

泹一團十竈

東正團五竈

紹興府　西興場　錢清場　三江場　東江場　曹娥場　金山場　石堰場

西興場在蕭山縣西興鎮去運司三十里洪武初設鹽課司竈額六團雍正二年據兩浙巡鹽御史題稱西興場竈舍無幾止配蕭邑肩引星散海濱不能聚甲不能詰私售販應將竈舍舉毀其丁蕩甫單歸附近之錢清場辦理

舊團額

永昌團　永泰團　永豐團

永寧團　永盛團　永盈團

本場煎竈雍正二年奉裁故無新聚團額

錢清場在蕭山縣鳳儀二十四都與山陰界接壤比至海塘十里元至正間以蕭山縣興善寺為運米倉明初以寺基為鹽場近錢清江故名距山陰縣

五十里初隸蕭山後屬山陰自龜山至西興皆海
塘塘曰瓜瀝外有鼈子山與海寧之赭山對峙名
鼈子亹是也場舊額十一團今聚為八竈舍五十
二厫房一百六十八間

舊團額

梅仙一團　梅仙二團　二四一團

瓜西一團　瓜西二團　屬南團

屬北團　上扇團　下扇團

瓜東團

新聚團額　共八團煎竈五十二座

龕山一團　六竈

中插一團　五竈

瓜瀝一團　九竈

九墩一團　五竈

盛陵一團　六竈

安昌一團　八竈

湖門一團　四竈

戴家橋一團　九竈

三江場在山陰縣陡亹鎮地[illegible]南至姚山運踰河一
十里北至大海十里鎮舊有閘以蓄洩鑑湖之水
明郡守湯紹恩建閘於三江以時啓閉陡門閘遂
廢因呼為老閘云閘口有三江城城西北隔為海
口西連浙江通澉浦舊十二團竈舍散漫今聚為
八煎竈二百五十有一厫房四所又後續建四倉
乾隆五年分設東江場將姚宋新安新寧偁浦四
團分屬新場管轄計竈舍九十七條其新鳳陳顧
寶盆童家四團計竈舍一百五十三條仍歸三江

場管轄

舊團額

孫家團　嵩灣團　宋家團

姚家團　周家團　任巖團

塋浦團　璜頏團　朱柘團

寶盆團　甲馬團　童家團

新聚團額　共八團煎竈二百五十一座乾隆五年
分設東江場本場新分四團煎竈一百四十五座

新鳳團　二十一竈

陳顧團 十八竈

寶盆團 六十四竈

童家團 四十二竈

東江場乾隆五年三江場新分在會稽縣姚家埭以

地處三江場東隅故名東江

新分團額 共四團煎竈一百六座

姚宋團 三十七竈

新安團 十五竈

偁浦團 十四竈

新寧團 四十竈

曹娥場在會稽縣曹娥鎮東至曹娥江百官渡一里

按十道志曹娥江即浦陽江也以孝女曹娥溺于此故易今名江中有落星石江上有埭去縣治八十里上有孝女廟漢置迤東臨江爲鹽課司場東爲百官渡北通大海海口纂風鎮有瀝海所城江左右皆鹽場近場者惟本倉團及屠家埠團其西扇諸團皆會稽地與三江場接乾隆五年分設金山場將百官雁步南團屠家埠等四團歸新場管轄計竈舍二十四條其塘角賀東小金三團計竈五十條仍歸曹娥場管轄

舊團額

東上團 東下團 南上團

南下團 雁步團 前江團

後廊團 百官團 梁湖團

本倉團 屠家埠團 塘角團

賀東團 小西團 賀西團

小金團

新聚團額 共七團煎竈六十五座乾隆五年分設金山場本場新分三團煎竈五十五座

塘角團 四竈

賀東團 二竈

小金團 四十九竈

金山場乾隆五年曹娥場新分在上虞縣百官鎮其地有金雞山故名

新山團額 共四團煎竈十四座

百官團 二竈

雁步團二竈

南團三竈

屠家步團三竈

石堰場在餘姚縣龍泉一都二堡地方去運司三百七十里北至海三十五里舊名買納場宋分石堰爲東西場慶元初置倉設官監後并東場於鳴鶴而西場獨存元至正十四年置鹽課司於流亭山明仍其舊北爲大塘築於宋巳而潰決至正元年州判葉恒作石堤東抵慈谿西接上虞綿亘一百

四十里名蓮花塘成化間復於海口築禦潮塘天順間分司胡琳請以新塘至海口之地盡給於竈辦鹽輸課宏治初推官周進隆於新塘之下築塘界之塘以南與軍民共利北惟竈是業竈舍向無定額今聚爲五團二十八舍

舊倉額

埋馬上倉　埋馬下倉　柏山上倉

柏山下倉　梁堰上倉　梁堰下倉

新聚團額　共五團煎竈二十八座

埋上團六竈

埋下團四竈

梁上團五竈

梁下東團七竈

梁下西團六竈

寧波府鳴鶴場　清泉場　龍頭場　穿山場　長山場　大嵩場　玉泉場

鳴鶴場在慈谿縣市鎮地方去運司四百一十里宋咸平間置場於慈谿縣西北六十里之鳴鶴鄉明洪武二十五年重置宏治時侍郎彭韶題改折鹽

倉上倉基在市中天啟二年縣令李逢申請納價助建學宮中倉基募民納價爲民廬下倉基即建祠以祀彭公餘給鄉兵哨官俸場界廣三十里袤二十里場内有松浦古窰浦淹浦洋浦四水通官河注大海置四閘於官塘内以障杜湖之水以捍海潮之勢臨丁戴凟悉由於此以地皆在塘外鎮聚六團煎竈四十舍

舊團額

杜家團　蘆潭團　新浦團

淹浦團　附場管　古窰團
松浦團　雙廟管　賈墓管
新聚團額　共六團煎竈四十座
杜家團六竈
蘆澤團三竈
新浦團三竈
淹浦團五竈
古窰團十七竈
松浦團六竈

清泉場在鎮海縣崇邱鄉去運司五百二十里宋崇寧三年置去縣治十里南至布陣嶺及青峙之孔墅嶺東北皆際海北有招寶金雞二山對峙海口水勢紆迴旋繞直抵寧波場界因海波衝溢遷内地煎燒聚額十五團竈舍二百五十有七後裁龍頭歸併清泉改名清龍乾隆五年復設爲二

舊團額
王家南團　王家北團　翁浦東團
翁浦西團　後沙團　戴家團
葫蘆團　渡頭團　司後團
洪橋南團　洪橋東團　洪橋西團
石橋團　清浦團　新鹽團
漲浦東團　漲浦中團　銀新團
新聚團額　共十五團煎竈二百五十七座
王北團五十一竈
葫蘆團二十二竈
後沙團二十五竈
戴家團四竈

翁家團十二竈
渡頭團九竈
石橋團六竈
洪東團三十四竈
洪西團六十九竈
清浦團八竈
新鹽團　[illegible]竈
漲東團二竈
漲中團四竈

洪南團 二竈

司後團 五竈

龍頭場在鎮海縣靈緒鄉宋開熙間置明天啟時併入清泉乾隆五年題請復設場廨在九龍山之東山左右及施公山下皆有倉俱毀西連松浦司爲鳴鶴場界自松浦至蟹浦官塘綿亘名靈緒塘北又有護塘廻繞龍山城城即石塘團舊址洪武間湯和築北逾伏龍山臺爲大海場中團額今聚爲十三竈舍七十有七

舊團額

山居管團　中甲東團　中甲西團

施公山東管團　施公山東管團　施公山西管團

齊家埠上管團　齊家埠下管團　石埠東中團

石埠中團　梅林大團　梅林中團

梅林西團　梅林小團　新中北管東團

新中北管西團

新聚團額　共十三團煎竈七十七座

中甲西團 五竈

山居管團 三竈

中甲東團 五竈

施公山西管團 五竈

施公山中管團 四竈

施公山東管團 二竈

齊家埠上管團 十三竈

齊家埠下管團 十竈

石塘西團 七竈

石塘東團 三竈

梅林團 五竈

北管西團 二竈

北管東團 十三竈

穿山場在鎮海縣海宴二都地方去運司五百九十六里北至海一里即宋乾道中所立清泉子場開禧二年易今場名竈舍向已遷棄今聚爲四團竈三十有二東有霩衢城洪武間築後又城穿山駐兵守之即今後千户所是也

舊團額

山門團　傅東團　傅西團
嚴東團　康頭團
新聚團額　共四團煎竈三十三座
傅東團 十五竈
山門團 五竈
嚴東團 六竈
康頭團 七竈
長山場在鎮海縣東南羅山城去運司五百六十里
洪武時設天啟二年裁併於場東之穿山舊址遷

棄今惟內地可以煎煮團聚爲七竈舍六十有七
場內有五龍汊蛇浦橫浦算山浦諸水皆海水分
流各置硤以時堵禦浦之左右即爲團舍
舊團額
楊清團　妙林團　槎舊團
槎大團　槎東團　槎上團
丁西團　宋塘團
新聚團額　共七團煎竈六十七座
楊清團 七竈

妙林團 六竈
槎舊團 十竈
槎大團 二十四竈
槎上團 八竈
丁西團 六竈
宋塘團 六竈
大嵩場在鄞縣十一都一圖去運司六百六十里東
至大海按宋王應麟七觀云漢郡設官三十有六
會稽海鹽居一句章三縣猶未置也攷諸唐志鄮

始有鹽晏巽管榷法寖以嚴亭監棋布牢盆歲增
負塗山積熬素雪凝是鄞鄮魚鹽之利實始於唐
迨宋置明州監明洪武三年置大嵩場於鄞之十
一都去縣治八十里我
朝因之設大使以董場事又設甬東巡司以緝私煮私
販康熙三十九年裁巡司場竈自遷徙後鬻鹽甚
少今聚爲四團煎舍二十有九
舊團額
一團　二團　三團

四團　五團　六團

新聚團額　共四團煎竈二十九座

大嵩港南團 十竈

黃口港南團 五竈

蔡家港北團 五竈

大嵩港北團 九竈

玉泉場在象山縣十六都二圖去運司七百八十里

康熙十八年巡鹽御史孫必振題併大嵩場兼轄

乾隆五年復設玉泉團團竈舍照舊分理按象山

縣環邑皆山山外三面際海惟西壤與台之寧海

接壤縣治東南十里置鹽場東嚮溪城西昌國城

皆依山瀕海竈舍十六聚爲三團

舊團額

一團　二團　三團

四團　木瓜團　下莊團

厥一團　厥二團　浦東團

浦西團　馬岡團　定山團

前洋　後峻　番頭

新聚團額　共三團煎竈一十六座

浦東倉千門團 五竈

下三倉番頭團 三竈

浦西倉仇家山東團 八竈

台州府 長亭場　黃巖場　杜瀆場

長亭場在寧海縣東一百三十里去運司九百三十

里宋時本場在縣之港頭大觀三年徙於長亭明

洪武初設鹽課司竈戶編定里甲場分八團外有

五小團附焉

本朝順治年間鹽場遷徙僅存小竈康熙九年遷復竈

丁今聚爲四團十六竈

舊團額

楓林團　東團　東井團

靈嶼團　東浦團　東粤團

青嶼團　塗下團　義粤團

西團　郣嶼團

新聚團額　共四團煎竈一十六座

東井團 四竈

青嶼團 四竈
楓林團 四竈
靈嶼團 四竈
黃巖場在太平縣十都去運司一千二百九十里東
至海十里宋熙寧五年置迂浦監於太平縣之南
監街去黃巖縣六十里元改爲黃巖場元貞元年
陞鹽司大德三年設團竈團户明洪武初置百夫
長掌鹽課二十二年始給銅記凡九倉黃巖太平
二縣各隷其四惟赤山團倉屬臨海今場屬於黃

巖而舊址則仍在太平縣之十都場廨倉廒自遷
徙以來盡廢康熙四十一年建大使署而還場棄
沙後地不產鹽止存一十八竈在內地沿港開煎
配黃太二千二百餘引今展復久竈舍遞增雍正
三年聚爲十一團五十七竈加舊額不啻三倍

舊倉團額

高浦倉 青林倉 平溪倉
第四倉 正監倉 鮑浦倉
沙南倉 沙北倉 赤山倉

新聚團額 共十一團煎竈五十七座

恒豐團 八竈
恒茂團 六竈
恒興團 六竈
廣發團 五竈
廣泰團 四竈
廣成團 二竈
通裕團 五竈
通源團 五竈
通順團 六竈

通盈團 五竈
通和團 五竈
杜瀆場在臨海縣東一百五十里承恩鄉去運司一
千一百七十里東至大海十里昔時海水漲入遂
成瀦澮因以瀆名廣袤數里可溉田民利之宋熙
寧五年置場於東洋鑑羅地方傍桃渚所康熙三
年場界遷棄海外課額無徵題併黃巖場兼理後
復設今場內惟東洋連盤輕盈塗下大芬數處可

橵沙起竈聚團五煎竈一百二十有四

舊倉團額

東洋團　塗下團　大芬東團

連盤團　輕盈團　大芬西團

新聚團額　共五團煎竈一百二十四座

東洋團十八竈

連盤團二十六竈

輕盈團二十九竈

塗下團十八竈

大芬團二十三竈

温州府雙穗場　長林場　永嘉場　南監場　北監場

雙穗場在瑞安縣五都長橋去運司一千四百九十六里宋嘉定二年麥生雙穗遂以名鄉明設鹽課司領團事順治十八年場竈遷棄海外康熙四年議於飛雲渡兩岸借民間地開坦陞課團聚爲五竈舍二十有九厫房一所附縣治

舊團額

仁字團　義字團　禮字團

智字團　信字團

新聚團額　共五團煎竈二十九座

天字團四竈

地字團五竈

人字團六竈

東浦團九竈

信字團五竈

長林場在樂清縣六都去運司一千三百九十六里縣東西兩鄉原有九團坦地一千七百餘畝康熙

三年題令於界内自沙芳林大小芙蓉數處開坦嗣各團坦漸次墾復竈舍百餘今聚爲五團五十四竈

舊倉扇團額

東倉　西倉　南一扇

南二扇　北一扇　北二扇

天團　地團　大日團

小日團　永安團　連盤團

沙角團

新聚團額　共五團煎竈五十四座

天字團十一竈

大日團十八竈

小日團十二竈

永安團四竈

星字團九竈

永嘉場前明時在永嘉縣之華蓋鄉設大使一員督稽竈户煎輸

本朝順治十八年題豁場課裁大使康熙三年題令內

地開煎遂開坦於茅竹嶺按科納課九年遷界展復第逼近大海處尚未全復惟永興堡城至沙村一帶實墾六百八十畝設竈六十有九聚爲四團

舊扇額

南一扇　南二扇　上一扇

上二扇　中一扇　中二扇

北一扇　北二扇

新聚團額　共四團煎竈六十九座

一都股團十七竈

南門股團十八竈

北門股團十五竈

沙村股團十九竈

南監場先設於平陽縣之東鄉宋乾道時遷置十一都元至正間徙市東河西明洪武八年又徙蘆浦有百夫長二十五年始置官吏俱經久圮

本朝不設竈舍止徵課蕩康熙三十五年裁併雙穗

北監場先在太平縣之王環鄉明初其地屬樂清設監場洪武間遷於白沙建倉置盤而太平之峽門

得字華巖清港四團屬焉

本朝設大使董場事後因竈舍遷棄康熙三十九年奉裁大使併入長林

舊倉額

白沙倉　岳頭倉　峽門倉得新湍歸併

華巖倉清港倉歸併

勅修兩浙海塘通志卷十二

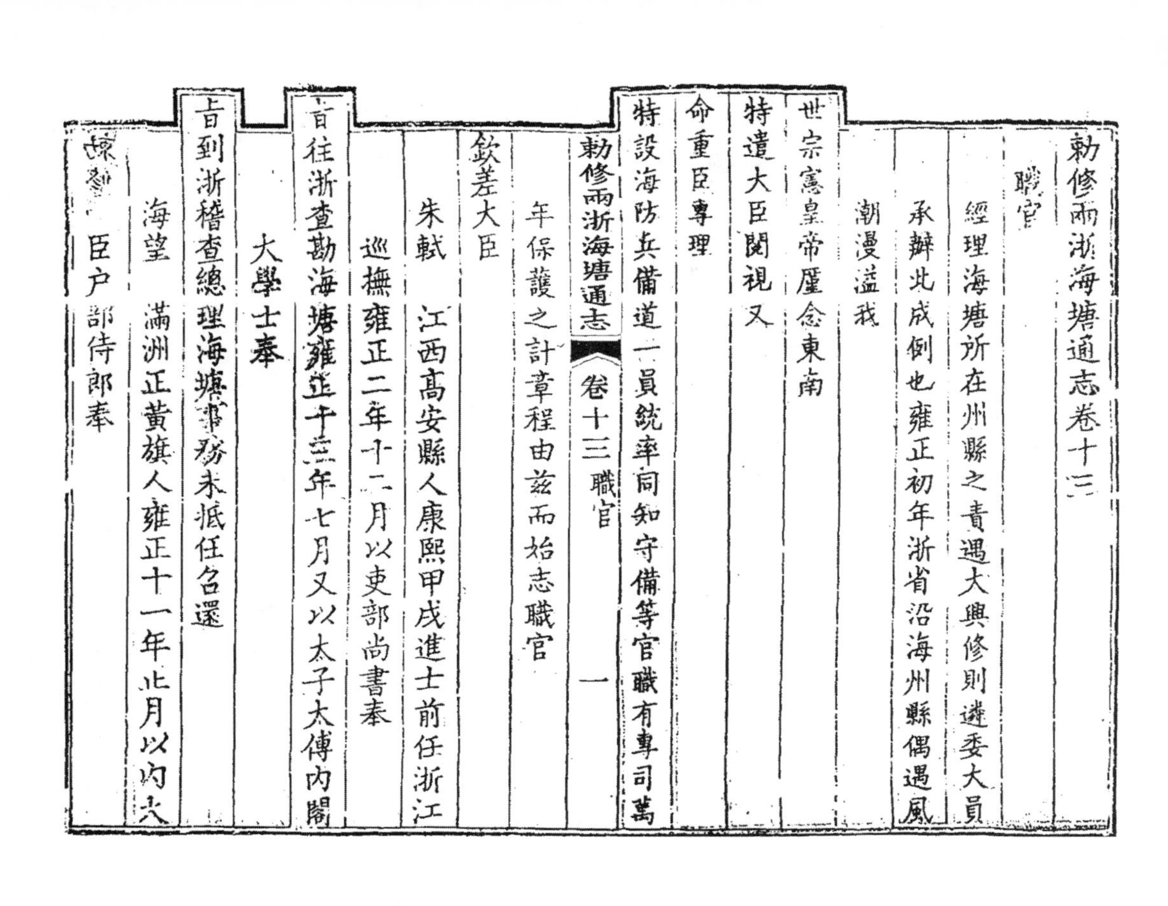

敕修兩浙海塘通志卷十三

職官

經理海塘所在州縣之責遇大興修則遴委大員承辦此成例也雍正初年浙省沿海州縣偶遇風潮漫溢我

世宗憲皇帝廑念東南

特遣大臣閱視又

命重臣專理

特設海防兵備道一員統率同知守備等官職有專司萬年保護之計章程由茲而始志職官

欽差大臣

朱軾　江西高安縣人康熙甲戌進士前任浙江巡撫雍正二年十二月以吏部尚書奉

旨往浙查勘海塘雍正十三年七月又以太子太傅內閣大學士奉

旨到浙稽查總理海塘事務未抵任名還

海望　滿洲正黃旗人雍正十一年正月以內大臣戶部侍郎奉

旨赴浙查勘督理海塘事務

李衛　江南豐縣人前任浙江總督雍正十一年正月以直隸總督奉

旨赴浙查勘海塘事務

汪漋　湖廣籍江南休寧縣人康熙甲戌進士雍正十一年正月以大理寺卿奉

旨同內大臣海望總督李衛赴浙辦理海塘修築工程事務

張坦麟　湖廣漢陽縣人康熙辛卯舉人雍正十

一年正月以原任內閣學士奉

旨同內大臣海望總督李衛大理寺卿汪漋即於本籍起程赴浙辦理修築工程事務

偏武　滿洲　旗人監察御史雍正十一年正月內大臣海望奏請帶往浙江奉

旨赴浙協辦海塘工程

穆克登額　滿洲　旗人雍正十一年正月以內務府員外郎隨內大臣海望赴浙辦理海塘五月內大臣海望奏請留浙監督海塘事務

阿里衮　滿洲鑲黃旗人浙江將軍雍正十一年
奉
旨督催辦理海塘事務
隆昇　滿洲鑲白旗人浙江副都統管杭州織造
事雍正十二年二月奉
旨總理海塘一應工程
程元章　河南上蔡縣人康熙辛丑進士雍正十
年以浙江總督管巡撫事奉
旨總統料理海塘事務

嵇曾筠　江南無錫縣人康熙丙戌進士雍正十
三年八月以內閣大學士江南河道總督奉
旨總理浙江海塘事務旋奉
旨兼管總督巡撫鹽政事
劉統勳　山東諸城縣人雍正甲辰進士乾隆元
年隨大學士嵇曾筠來浙學習工程乾隆六年
十二月以都察院左都御史奉
旨查勘浙江海塘
海防兵備副使道雍正十一年准內大臣海望奏浙
省海塘既添設官兵宜設大員以專責成請設海
防兵備副使道一員海塘文武官兵聽其調用沿
海地方州縣等官亦令兼轄
王斂福　山東諸城縣人康熙辛丑進士翰林院
庶吉士歷任吏部考功司郎中浙江溫處道調
杭嘉湖道雍正十一年六月任
署任成貴　滿洲鑲白旗人翰林院筆帖式翻譯舉
人國子監助教乍浦理事同知雍正十二年七
月任

署任秦炌　奉天鑲黃旗人康熙丁酉舉人浙江錢
塘縣知縣陞杭州總捕同知溫州府知府調杭
州府知府雍正十三年八月任
王柔　山東福山縣人歲貢生湖南永州府同知
陞衡永郴道調辰沅靖道雍正十三年八月任
署任靳樹德　奉天鑲黃旗人副榜貢生雲南府同
知陞浙江衢州府知府乾隆元年正月任
朱定元　貴州都勻府麻哈州人舉人山盱通判
陞江南淮安府知府署淮揚道乾隆元年九月

任

完顏偉　滿洲鑲黃旗人內務府筆帖式補主事陞户部員外郎辦理浙江海塘乾隆二年正月任

署任 林緒光　福建閩縣人舉人乾隆四年四月任

莊柱　江南武進縣人雍正丁未進士翰林院庶吉士改大興縣知縣陞浙江温州府知府乾隆四年十月任

署任 姚淮　江南桐城縣人縣丞歷任知州同知陞

浙江嘉興府知府調杭州府知府乾隆六年十二月任

德希壽　滿洲正紅旗人都察院左副都御史後夫任起補廣西蒼梧道調浙江杭嘉湖道乾隆七年正月任

署任 劉晏　江南亳州人監生乾隆十一年十月任

鄂敏　滿洲鑲藍旗人雍正庚戌進士翰林院編修改授杭州府知府乾隆十二年十二月任

署任 [illegible]　雲南昆明縣人蔭監生兵部員外郎補

寧波府知府調杭州府知府乾隆十三年五月任

陳樹蓍　湖南湘潭縣人生員

特賜正一品廕生刑部廣東司員外郎四川司郎中授福建汀漳龍道調延建邵道補直隸天津河道乾隆十三年六月任

海防同知康熙五十九年准巡撫朱軾奏請將金華府同知一員裁去添設杭州府海防同知一員又將嘉興府同知添給海防字樣關防移駐乍浦又

雍正十一年五月准內大臣海望等題奏仁和至乍浦一帶海塘不下三百里再請添設海防同知一員同原設同知二員分管塘工兼轄兵役其原設同知一員駐劄寧邑分防西塘添設同知一員駐劄仁邑分防東塘乍浦海防同知仍令駐劄乍浦以專責成

東海防同知

劉汝梅　奉天鑲黃旗人監生浙江金華府同知康熙六十一年四月任

署任唐叔度　四川綿竹縣人貢生軍功議叙授浙江海寧縣知縣雍正二年八月任

谷確　直隸灤州人生員歷官知縣雍正三年二月任

李飛鯤　江南華亭籍宜興縣人康熙癸巳進士慶元縣知縣雍正五年九月任

馬日炳　奉天鑲紅旗人監生廣東文昌縣知縣陞杭州府總捕同知雍正六年四月任

吳弘曾　江南徐州人戊子舉人南河效力檄調浙江委用雍正十年三月任

署任張偉　奉天鑲紅旗人監生杭州府糧巡通判雍正十二年四月任

林緒光　籍貫見前已卯舉人平湖縣知縣署海寧縣知縣乾隆元年五月任

何煟　浙江山陰縣人州同南河効力檄調浙江協辦東海防同知乾隆四年正月任

署任田勳　順天昌平州人州同南河効力調赴浙江協辦西海防同知乾隆九年十二月任

劉晏　籍貫見前監生補小京官歷任浙江蕭山山陰縣知縣乾隆六年十一月任

署任鮑鈐　奉天正紅旗人貢生乾隆十二年十二月任

署任董仁　江南陽湖縣人監生廣西州同陞杭州府通判乾隆十三年八月任

署任魏崞　籍貫見前乾隆十三年十月以杭州府知府攝任

署任張鐸　直隸青縣人監生乾隆十四年九月任

西海防同知

李飛鯤　籍貫見前雍正十一年六月任

署任靳樹德　籍貫見前雍正十三年十月任

張永熹　奉天正藍旗人監生餘姚縣知縣乾隆元年正月任

署任胡士圻　江南長洲縣籍震澤縣人縣丞補高郵州州判調赴浙江辦理海塘乾隆二年三月任

趙應名　奉天遼陽縣人貢生浙江試用乾隆二

年九月任

署任王緯　奉天鑲黄旗人舉人揀發浙江補海寧縣知縣乾隆十一年八月任

張鐸　籍貫見前監生鎮江府水利通判補浙江紹興府水利通判乾隆十二年任

乍浦海防同知

署任李天植　山東　人監生紹興府通判康熙五十七年任

王沛闇　河南睢州人監生康熙五十七年任

黄肇南　奉天正紅旗人監生康熙五十九年任

署任王以和　奉天正白旗人監生石門縣知縣康熙六十年任

曹秉仁　陝西富平縣人監生康熙六十一年任

廖坤　福建汀州府人監生嘉興府通判雍正五年任

署任白環　山西平定州人監生平湖縣知縣雍正六年任

署任趙德望　人杭州府通判雍正七年任

張若震　江南桐城縣人雍正癸卯副榜天台縣知縣雍正七年九月任

署任成貴　籍貫見前雍正九年任

盧承綸　奉天鑲黄旗人監生雍正九年十二月任

張國昌　奉天鑲白旗人監生衢州府通判雍正十二年十二月任

署任富紳　滿洲正藍旗人監生乍浦理事同知乾

隆元年任

何煟　籍貫見前乾隆二年任

林緒光　籍貫見前乾隆三年八月任

署任宋雲會　山東膠州人進士乾隆七年任

署任陳同善　陝西三原縣人舉人杭州府通判乾隆八年任

林緒光　乾隆十年再任

高國楹　奉天鑲紅旗人監生平湖縣知縣乾隆十二年任

署任葉彝　廣西雒容縣人監生紹興府水利通判
題陞東海防同知乾隆十四年三月任
宗紹奐　湖廣漢陽縣人乾隆丙辰進士鄞縣知
縣乾隆十年任
協辦海防同知乾隆元年三月大學士嵇曾筠以現
在工程浩繁海防東西兩同知不敷辦理題請添
設協辦東西同知各一員乾隆七年五月裁
協辦東海防同知
何熠　籍貫見前乾隆元年三月任

田勲　籍貫見前乾隆四年十二月任
協辦西海防同知
胡士圻　籍貫見前乾隆元年三月任
蔡秉義　江南長洲縣人州同河工効力檄調赴
浙乾隆四年十二月任
海防水利通判雍正十二年五月准總理海塘織造
隆昇題請添設通判一員駐劄河莊山專司疏濬
引河給海防水利通判關防以昭信守乾隆元年
大學士嵇曾筠題將引河通判調駐海寧柴草塘
工交該通判管理
署任李宗典　江南懷寧縣人監生仁和場大使雍
正十三年九月任
楊威芳　奉天正白旗人河工効力檄調赴浙乾
隆五年二月任
署任李培厚　廣東東莞縣人嚴州府總捕同知乾
隆五年十月任
宋雲會　籍貫見前雍正丁未進士歷任雲和江
山縣知縣乾隆六年十一月任

署任伍鉞　順天大興縣人監生縣丞署海寧縣知
縣乾隆八年十二月任
署任查延掌　湖廣漢陽縣人監生通判陞溫州府
同知乾隆十一年二月任
鮑鈐　奉天正紅旗人貢生歷任長興嘉興縣知
縣調海寧縣知縣乾隆十一年四月任
署任劉祖佑　安徽南陵縣人監生候補鹽運司運
副乾隆十三年八月任
紹興水利通判乾隆十三年准巡撫方觀承題復紹

屬江海塘工議撥海防道標營弁防守不可無嵩管廳員查有紹興府水利通判山會蕭三縣皆其所屬南岸塘工專令該通判管轄關防添給海防字樣以專責成

黃鳳　江蘇崇明縣人貢生乾隆十二年任

海防武職雍正八年十一月准總督李衛題請設立西塘千總一員東塘把總一員兩塘外委千把總二名十一年三月內大臣海望等題請添設守備二員千總二員把總七員其守備二員應分左右

二營將原設及添設之千把總八員外委十六員兵一千名分隸二營管轄左營守備一員駐劄海寧之東右營守備一員駐劄海寧之西聽海防兵備道管轄乾隆十三年九月准巡撫方觀承奏請將海防右營員弁兵丁調派南塘分汛駐防右營守備移駐三江城原辦北塘工程統歸左營守備管轄

海防左營守備

尹世忠　江南宿遷縣人南河効力把總撥調浙江雍正十一年六月任

張天衡　直隸宣化縣人本營千總乾隆七年六月任

薛尚智　江南山陽縣人本營千總乾隆十二年十二月任

海防右營守備

陳堯年　浙江上虞縣人寧海左營千總雍正十二年二月任

曹鵬飛　江南吳江縣人康熙辛丑武進士河工

効力調浙補用乾隆九年八月任

尹世忠　籍貫見前以事離職乾隆十年八月復任

王世昌　江南宿遷縣人中河把總撥調浙江補授本標左營千總乾隆十二年十月任

念里亭汛千總

張天衡　籍貫見前雍正十二年正月任

薛尚智　籍貫見前乾隆五年十一月任

張士傑　浙江山陰縣人本營把總乾隆十三年

八月任

海鹽汛千總

趙國宰　陝西固原州人雍正十三年正月任

熊培麟　浙江秀水縣人本標右營把總乾隆十年二月任

章家菴汛千總

張明　江南宿遷縣人南河百總調浙補用雍正十一年六月任

孟舉　江南安東縣人本標左營把總乾隆六年十一月任

李芬　浙江仁和縣人本標左營把總乾隆十二年八月任

老鹽倉汛千總

楊光　浙江建德縣人杭協把總雍正十二年正月任

王銑　江南嘉定縣人本標左營把總乾隆元年六月任

何國柱　江南長洲縣人本營把總乾隆八年正月任

鮑賡　江南山陽縣人南河効力把總調浙補右營把總乾隆十二年五月任

大林汛千總

李芬　籍貫見前乾隆十五年二月任

徐家堰汛千總

張士傑　籍貫見前乾隆十五年二月任

鎮海汛把總

王銑　籍貫見前雍正十一年十二月任

孟舉　籍貫見前乾隆元年六月任

張士傑　籍貫見前乾隆六年七月任

陳昺　浙江石門縣人乾隆十三年八月任

尖山汛把總

陳嘉政　浙江錢塘縣人雍正十二年四月任

黃光鈺　福建羅源縣人乾隆元年七月任

范國祥　浙江海鹽縣人乾隆七年十一月任

澉浦汛把總

胡琮　山東濱州人雍正十二年正月任

薛尚智　籍貫見前雍正十三年四月任
李芬　籍貫見前乾隆五年十一月任
周世元　江南宿遷縣人乾隆十二年八月任
郁禹文　浙江海寧縣人乾隆十三年七月任

平湖汛把總

陳大勳　浙江秀水縣人雍正十二年正月任
朱山　江南山陽縣人乾隆八年九月任

八仙石汛把總

熊培麟　籍貫見前雍正十二年正月任

潘文第　江南沭陽縣人南河兵丁調浙乾隆十年二月任
郁禹文　籍貫見前乾隆十二年八月任
周世元　籍貫見前乾隆十三年七月任

翁家埠汛把總

薛尚智　籍貫見前雍正十一年九月由杭協百總陞
胡琮　籍貫見前雍正十三年四月任
何國柱　籍貫見前乾隆元年六月任

景明　江南宿遷縣人左營外委乾隆八年正月任
張麟　江南沛縣人南河兵丁調浙乾隆十三年九月任

觀音堂汛把總

胡清鶴　浙江嘉興縣人嘉協右營外委把總雍正十二年正月任
金斗　浙江錢塘縣人武舉補海防左營外委千總乾隆七年正月任

靖海汛把總

李成基　浙江錢塘縣人撫標外委雍正十二年任
武定國　河南洛陽縣人外委千總乾隆四年四月任
鮑濬　籍貫見前乾隆七年三月任
張得榮　浙江麗水縣人行伍乾隆十二年四月任

龕山汛把總

金斗　籍貫見前乾隆十五年二月任

三江汛把總

張得榮　籍貫見前乾隆十五年二月任

梁項汛把總

周世元　籍貫見前乾隆十五年二月任

敕修兩浙海塘通志卷十三

敕修兩浙海塘通志卷十四

潮汐

海水晝夜兩潮多暗長浙屬之嘉寧溫台各郡類然獨海寧之尖山與南岸紹興諸山一束激起潮頭雪浪銀濤排牆而進至龕赭二山又加一束而錢塘之潮遂為巨觀然江水順下海潮逆流强弱不相敵江水折而西行而兩旁回潏之捜刷非長椿巨石不能抵禦此各府之塘皆重塘身而杭紹兩府之塘尤重塘根也志潮汐

水經注 錢塘縣東有定已諸山皆西臨浙江水流於兩山之間江川急濬兼濤水晝夜再來來應時刻常以月晦及望尤大至二月八月最高峨峨二丈有餘吳越春秋以為子胥文種之神也昔子胥死於吳而浮尸於江吳人憐之立祠於江上名曰胥山文種忠於越而伏劍於山陰越人哀之葬於重山文種既葬子胥從海上負種俱去游夫江海故潮水之前揚波者伍子胥後重水者大夫種 越絶書 胥死之後吳王聞以為妖言甚咎子胥王使人捐於大江口勇士執之乃有遺響發憤馳騰氣若奔馬威凌萬物歸神大海彷彿之間音兆常在後世稱述蓋子胥水仙也 王充論衡 傳書言吳王夫差殺伍子胥煑之於鑊乃以鴟夷橐投之於江子胥恚恨驅水為濤以溺殺人今時會稽丹徒大江錢塘浙江皆立子胥之廟蓋欲慰其恨心止其猛濤也夫言吳王殺子胥投之於江實也言其恨恚驅水為濤者虛也屈原懷恨自投湘江湘江不為濤申徒狄蹈河而死河水不為濤世人必曰屈原申徒狄不能勇猛力怒不如子胥且投於江中何江也有丹徒大江有錢塘浙江有吳通陵江或言投於丹徒大江無濤欲言投於錢塘浙江浙江山陰江上虞江皆有濤三江有濤豈分橐中之體散置三江中乎人若恨恚也仇讐未死子孫遺在可也今吳國已滅夫差無類吳為會稽立置太守子胥之神復何怨苦為濤不止欲何求索吳越在時分會稽郡越治山陰吳都今吳餘暨以南屬越錢塘以北屬吳錢塘之江兩國界也山陰上虞在越界中子胥入吳之江為濤當自吳上界中為何入越之地怨恚吳王發怒越江違失道理無神之驗也 抱朴子 子胥始死耳天地開闢已有潮水矣

燕肅海潮論 觀古今諸家海潮之說亦多矣或謂天河激涌 葛洪潮說 亦云地機翕張 見洞真正一經 盧肇以日激水而潮生 封演云月周天而潮應 挺空入漢山涌而濤隨 施師謂僧隱之言 析木大梁月行而水大 見竇叔蒙海濤志 源殊派異無所適從索隱探微宜伸確論大率元氣噓翕天隨氣而漲斂溟渤往來潮隨天而進退者也以日者重陽之母陰生於陽故潮附之於日也月者太陰之精水乃陰類故潮依之於月也

是故隨日而應月依陰而附陽盈於朔望消於朏魄虛於上下弦息於輝朒故潮有小大焉今起月朔夜半子時潮平於地之子位四刻一十六分半月離於日在地之辰次日移三刻七十二分對月到之位以日臨之次潮必應之過月望復東行潮附日而又西應之至後朔子時四刻一十六分半日月潮水俱復會於子位其小盡則月離於日在地之辰次日移三刻七十三分半對月到之位以日臨之次潮必應之至後朔子時四刻一十六分

半日月潮水亦俱復會於子位是知潮常附日而右旋以月臨子午潮必平矣月在卯酉汐必盡矣或遲速消息之小異而進退盈虛終不失其期也

或曰四海潮平來皆有漸惟浙江潮至則亘如山岳奮如雷霆氷岸橫飛雪崖旁射澎騰奔激吁可畏也其漲怒之理可得聞乎曰或云夾岸有山南曰龕北曰赭二山相對謂之海門岸狹勢逼涌而爲濤耳若言狹逼則東溟自定海吞餘姚奉化二江侔之浙江尤甚狹逼潮來不聞濤有聲也今觀

浙江之口起自纂風亭北望嘉興大山水闊二百餘里故海商舶船畏避沙潭不由大江惟泛餘姚小江易舟而浮運河達於杭越矣蓋以下有沙潭南北亘連隔礙洪波蹙遏潮勢夫月離震兌他潮已生惟浙江潮氷不同月經乾巽潮來已半濁浪堆滯後水益來於是溢於沙潭猛怒頓涌聲勢激射故起而爲濤耳非江山狹逼使之然也〔朱中有潮頤〕或問燕龍圖潮論是耶非乎荅曰試與子於一溝之內觀之引水滿溝則其水必平進於溝之半累碎石爲齟齬從上流傾水勢必經齟齬而斗瀉於下水之激涌無怪也燕公所謂潭者水中沙也錢塘

海門之潭亘二百里大水盈科而後進潮水未及潭則錢塘之江尚空也及既長而冒之自潭斗瀉入江又江沙之漲或東或西無常地潮爲沙岸所排助其激涌震天動地峩峩而來水之理也曷足怪乎愚所謂齟齬者猶之潭耳故錢塘潮候率遲於定海者定海平進而錢塘必俟登潭而後至於江其初來也從浙江亭望之僅若一綫非潮小也目力遠所見微耳漸近則漸大非潮大也所見漸近則漸大固宜及夫潮退則或由潭中低處或從潭兩尾滔滔以至於海蓋潭中高而兩頭漸低高處適當錢塘之衝其東稍低處乃當錢清曹娥二江所入之口錢清江口潭最低潮頭甚小曹娥江口潭稍高於錢清故潮頭差大是說也習於海道者莫不知之

〔高麗圖經〕潮汐往來應期不爽爲天地之至信古今嘗論之在風俗記以爲海鰌出入之度浮屠書以

爲神龍之變化竇叔蒙海濤志以爲水隨月之盈虧盧肇海潮賦以爲日出於海衝擊而成王充論衡以爲水者地之血脉隨氣進退率未之盡大抵天包水水承地而一元之氣升降於太空之中地乘水力以自持且與元氣升降互爲抑揚而人不覺亦猶坐於船中而不知船之自運也方其氣升而地沉則海水溢上而爲潮及其氣降而地浮則海水縮下而爲汐計日十二辰由子至巳其氣爲陽而陽之氣又自有升降以運乎晝由午至亥其

氣爲陰而陰之氣又自有升降以運乎夜一晝一夜合陰陽之氣凡再升再降故一日之間潮汐皆再焉然晝夜之攻擊乘日升降如應乎月日臨於子則陽氣始升月臨於午則陰氣始升故也汐潮之期日皆臨子晝潮之期月皆臨午焉又日行遲月行速以速應遲每二十九度過半而月行及之日月之會謂之合朔故月朔之夜潮日亦臨子月朔之晝潮日亦臨午焉且晝即天上而言之天體西轉日月東行自朔而往月速漸東至於漸遲而潮亦應之以遲於晝故晝潮自朔後迭差而入於夜此所以一日午時二日午末三日未時四日未末五日申時六日申末七日酉時八日酉末也至夜即海下而言之天體東轉日月西行自朔而往月速漸西至於漸遲而潮亦應之以遲於夜故夜潮自朔後迭復而入於晝此所以一日子時二日子末三日丑時四日丑末五日寅時六日寅末七日卯時八日卯末也以時有交變氣有盛衰而海潮之所至亦因之爲大小當卯酉之月則陰陽之

交也氣以交而盛故潮之大也獨異於餘月當朔望之後則天地之變也氣以變而盛故潮之大也獨異於餘日今海中有魚獸殺取皮而乾之至潮時則毛皆起豈非氣感而類應之自然歟（史伯璿管窺外編）是篇所論既以爲氣有升降又以爲地有沉浮既以爲乘日升降又以爲如應乎月初無的見但務臆度正醫家所謂譬猶獵不知兎而廣絡原野冀一人之獲術之疎也甚矣況皆以升降屬之氣又以升降屬之日所謂升降一與二與且地之與水俱爲有形之物則氣有運動形皆隨之可也今乃氣之一升一降獨地爲之一沉一浮而水則皆與氣不相干惟因地之浮沉而有溢有縮焉豈理也哉況形隨氣動則氣升而地浮氣降而地沉可也今乃氣升而地反沉氣降而地反浮是地與氣

亦不相干矣不但水也凡此又皆病之小者獨地有浮沉之說其病最大浮沉則動上動下無寧靜時矣吾聞天動地静矣未聞地亦動也意者地本不動特論者無以爲潮汐之說故強之使動耳又何足辨乎唯篇末時有交變氣有盛衰之言似有可取當存之以備一說

朱子語類潮之遲速大小自有常舊見明州人說月加子午則潮長自有此理沈存中筆談說亦如此謂月在地子午之方初一卯十五酉性理大全問子午則潮長未識其說潛室陳氏曰此說不可曉今海居者但云月上潮長月落潮退誠驗其言是乃日加卯酉方位非子午也朔日之潮可驗朔日月與日會日才出卯方即潮長才入酉方即潮又長是月與日相隨出没

吳與壽答高起巖論潮書坎者月之體月者水之精月與水一而已矣在天爲月在地爲水天有陰陽太少而月爲太陰地有剛柔太少而水爲太柔古人以方諸取水於月其氣類固相感也而况夫子午之位乃陰陽之始於其所始而月加焉則陰與陽感而陰以升陰與陰遇而陰以盛水陰類也當其所加之時涌而逆上從其類也月一晝夜凡一加午故潮一日再生月一日退天十三度十九分度之七故潮日遲於一日所以初三之潮晝遲而

入十八之夜十八之潮夜遲而入初三之晝也一月之間生明生魄潮亦再盛焉生明之潮則自前月二十六長水謂之起信歷晦朔至月三日謂之大信初四潮勢漸殺謂之落信歷上弦至月十日謂之小信生魄之潮則自十一始長歷望至十八而盛自十九始殺歷下弦二十五而竟其起落大小之信亦如之天下之至信者莫如潮今落盛衰各有時刻故潮得以信言也月於一月之間漸遲而縮一日潮於兩信之内漸遲而縮兩潮秋月最

明秋潮最盛亦其理然也又嘗即易考之坎爲月魄離爲月魂震生明也兑上弦也乾望卦也巽生魄也艮下弦也坤晦卦也生明之盛非無故而盛也坤一索而得長男故盛過兑少而往則衰矣生魄之盛亦非無故而盛也乾一索而得長女故盛過艮少而往則衰矣驗之於月參之於卦潮之理其殆庶幾乎或曰誠如是則陽之盛莫如乾陰之盛莫如坤潮不於是焉大而顧大於震明巽魄何耶曰兹又先天後天之說也不本諸先天無以見

造化之全體不參諸後天無以見造化之妙用先天之卦體也乾坤離坎位於四正震巽艮兌位於四維而月之行天實配之後天之卦用也退乾於西北退坤於西南父母老而不用而長男代父長女代母居東南生長之方天地間萬物萬事咸於此乎權輿故其爲氣也莫盛焉而潮之大信實配之月配其體則陽爲明陰爲魄而乾坤當望晦之位乃陰陽之極也潮配其用則長爲盛少爲衰而震巽當大信之候乃陰陽之長也夫如是則其不

乾坤而震巽也有由矣或又曰亦何以知其必取於卦耶曰以納甲家啟之納甲者如生明之月昏出於庚震則納庚生魄之月晨見於辛巽則納辛之類是也陰陽者流用之率驗則月與卦相爲用也審矣潮而有取於月也不亦有取於卦乎哉或又曰月之説然耶則潮之爲候亦宜月半以前由微漸大月半以後由大漸微以象夫三五而盈三五而虧可也今乃與明魄之生而盛焉何哉曰明魄之盛固已如前所云然月一月一周天而一日之内則一加子一加午者也潮於月加子午之時一日再盈故亦於月生明魄之日一月而再盛焉月之一潮之再若不相似而實相感召非深於理者未易以語此或又曰子所論浙江潮也他江亦有潮其遲速不同何歟曰潮之生必生於月出之海浙江之去海爲近故其至也如時他江所去有遠近故所至有遲速耳或又曰古今言潮者必推浙江亦謂銀山雪屋有頭數丈此爲異耳他江之潮第如涌水復與此不同何歟曰浙江去潮生處

近掀天沃日之勢方盛而不可遏赭山龕山橫鎖江口頓然斂寬就窄其勢必至於衝激奔射也他江去潮生處遠遠則必殺故但涌水而已又何疑焉

潮賾元氣一晝夜小升降故一日之間潮凡再至一月之間大升降故十五日而易一節以律管候氣驗之管之長短不同其氣至則莩管應元氣升降有小有大審矣天地之數奇而不齊者也故月有小盡大盡歲有一閏再閏潮之爲大汛也隨大小

盡與閘亦未嘗差焉驗潮之大小莫若錢塘西興也雖以朔望爲大汛之候然晦前二三日望前一二日潮益有登閘者或朔日二日三日四日不登閘至五日而始大或十五十六十七十八十九二十不登閘至二十一而始大西興之閘稍低於錢塘或至二十三日潮亦登此無他節氣參差不齊則潮亦爲之進退如前所云或攙前在二十九三十及十四十五或落後在初四初五初九二十二十一其大概固如是也

（就日錄）東海漁翁海潮論云地浮於大海隨氣出入上下地下則滄海之水入於江謂之潮地上則江河之水歸於滄海謂之汐浙江發源最近江水少海水多其潮特大潘洞浙江論曰海門有二山曰龕曰赭夾岸潮之初來亦慢將近是山岸狹勢逼始涌而爲濤

（宣聣浙江潮候圖說）大江而東凡水之入於海者無不通潮而浙江之潮獨爲天下奇觀地勢然也浙江之口有兩山焉其南曰龕山其北曰赭山並峙於江海之會謂之海門下有沙潬跨江西東三百餘里若伏檻然潮之入於浙江也發乎浩渺之區而頓就斂束逼礙沙潬回薄激射折而趨於兩山之間拗怒不洩則奮而上躋如素蜺橫空奔雷殷地觀者膽掉涉者心悸故爲東南之至險非他江之可同也原其消長之故者曰天河激涌曰地機翕張揆其晨夕之候者曰依陰而附陽曰隨日而應月地志濤經言殊旨異胡可得而一哉蓋圓則之運大氣舉之方儀之靜太水承之氣有升降地

有浮沉而潮汐生焉月有盈虛潮有起伏故盈於朔望虛於兩弦息於朓朒消於朏魄而大小準焉月爲陰精水之所生日爲陽宗水之所從故晝潮之期日常加子夜潮之候月必在午而晷刻定焉卯酉之月陰陽之交故潮大於餘月大梁析木河漢之津也朔望之後天地之變故潮大於餘日寒暑之大建丑未也一晦一明再潮再汐一朔一望再虛再盈天一地二之道也月經於上水緯於下進退消長相爲生成歷數可推毫釐不爽斯天地

之至信幽贊於神明而古今不易者也杭之爲郡枕帶江海遠引甌閩近控吳越商賈之所輻輳舟航之所駢集則浙江爲要津焉而其行止之淹速無不畢聽於潮汐者或違其大小之信爽其緩急之宜則必至於傾墊底滯故不可以不之謹也某承乏兹郡屬兵革未弭之秋信使之往來師旅之進退雖期會紛紜邊陲警急必告之曰謹候潮汐毋躁進以自危然而迹累肩摩晨馳夕騖有不能人喻而户說之者考之郡志得四時潮候圖簡明

可信故爲之說而刻石於浙江亭之壁間使凡行李之過是者皆得而觀之以毋蹈夫觸險躁進之害亦庶乎思患而預防之之意云

春秋同

初一日	十六日	午末	夜子正	大
初二日	十七日	未初	夜子末	大
初三日	十八日	未正	夜丑初	大
初四日	十九日	未末	夜丑末	大
初五日	二十日	申正	夜寅初	下岸
初六日	廿一日	寅末	晚申末	漸小
初七日	廿二日	卯初	晚酉初	漸小
初八日	廿三日	卯末	晚酉正	漸小
初九日	廿四日	辰初	晚酉末	小
初十日	廿五日	辰末	晚戌正	交澤
十一日	廿六日	巳初	夜戌末	起水
十二日	廿七日	巳正	夜亥初	漸大
十三日	廿八日	巳末	夜亥正	漸大
十四日	廿九日	午初	夜亥末	漸大
十五日	三十日	午正	夜子初	極大

夏

初一日	十六日	午末	夜子正	大
初二日	十七日	未初	夜子末	大
初三日	十八日	未正	夜丑初	大
初四日	十九日	未末	夜丑正	大
初五日	二十日	申初	夜丑末	下岸
初六日	廿一日	寅初	晚申正	小
初七日	廿二日	寅末	晚申末	小

初八日　廿三日　卯初　晚酉初　小
初九日　廿四日　卯末　晚酉正　小
初十日　廿五日　辰初　晚酉末　交澤
十一日　廿六日　辰末　夜戌初　起水
十二日　廿七日　巳初　夜戌末　漸大
十三日　廿八日　巳末　夜亥初　漸大
十四日　廿九日　午初　夜亥末　漸大
十五日　三十日　午末　夜子初　大

冬
初一日　十六日　午末　夜子初　大
初二日　十七日　未正　夜子末　大
初三日　十八日　未末　夜丑初　大
初四日　十九日　申初　夜丑末　大
初五日　二十日　申正　夜寅初　下岸
初六日　廿一日　寅末　晚申末　漸小
初七日　廿二日　卯初　晚酉初　小
初八日　廿三日　卯末　晚酉正　小
初九日　廿四日　辰初　晚酉末　小

初十日　廿五日　辰末　夜戌初　交澤
十一日　廿六日　巳初　夜戌正　起水
十二日　廿七日　巳正　夜戌末　漸大
十三日　廿八日　巳末　夜亥初　漸大
十四日　廿九日　午初　夜亥正　漸大
十五日　三十日　午正　夜亥末　漸大

毛先舒答潮問　問浙江何以有潮也答曰地勢爲之也天下之水皆有潮然多暗長水或涌水而已惟錢塘之潮澎湃奔騰如爐鼓釜沸以自海入江與

他水絶殊蓋地勢使然也何以晝夜再至且以漸遲也曰應月候也月行較日以漸遲一日常不及日十二度故潮至亦以漸遲也其晝夜再至則應月之中也月一晝夜則再中或中於天或中於地之下月中則潮至月以朔之午正刻中於天以子未刻中於地初二日則以午末刻中於天以丑初刻中於地其後中期以次漸遲至望則以子正刻中於天午初刻中於地十六日則復如朔朔日潮至以午正子末初二日潮至以午末丑初望日潮

至以子正午初十六日則復如朔其漸遲之期無不如月之中天中地也秋則壯何也亦應月也月華至秋則益壯所謂地勢者可詳歟曰其勢有三錢塘之江將入海處有龕赭二山焉屹相峙如門下有沙攔江流至此則一束故海潮至此亦一束海水長欲入江東於山不得騁則怒警人之欲入門也人多門狹則喧動抨擊以爭門唯水亦然此山勢也北水悍南水緩而錢塘之水發丹陽經睦杭紹與諸州透迤曲折以入於海故曰浙江浙者

折也則水尤緩他江悍到口與海力敵敵則潮至不敢逞爲暗潮浙江緩到口不能與海力敵是則海壓江而陵出其上潮至敢逞則爲怒潮此水勢也浙之方爲巽象曰剛巽乎中正而志行柔皆順乎剛江柔巽海讓潮逞怒此方勢也此三者浙江之所以有潮與他水殊不足怪也紛說無當徒益滋惑客曰潮何以名爲潮也曰潮者朝也朝月也曰海百谷王矣而何以朝爲曰月者萬水之天子也故海臣水而君月月中於天中於地猶天子之

涖於明堂也故海朝之或曰朝江也書云江漢朝宗於海江朝海也潮者海朝江也故窮歸宿則海大江小潮源本則江高海卑可以互爲尊則亦可以互爲朝也然則名潮復名汐者何故得毋潮取其朝至而汐取其夕至耶曰配以汐名或主此然潮之義不繫焉審以其朝至而名潮也則十二時皆有潮奚止朝夕且夕至者亦未嘗不名潮故曰晚潮曰暮潮曰夜潮故潮者統辭也汐加之辭也而實非可以配潮故統潮與汐皆名潮是朝會之

義非朝晨之義也此其所以名潮者也

楊魁見潮論　余嘗登海寧城樓見海潮薄岸怒濤數十丈若雪山駕鼇雷奔電激昔人謂龕赭二山峙爲海門故激而爲濤今觀洶溢之勢却在海門之外非龕赭二山所爲明矣抱朴子曰取物多者其力盛來遠者其勢大潮水從東來地廣道遠乍入狹處陵山觸岸從直赴曲其勢不泄故隆崇涌起而爲濤理或如此未登海上不知果爾否也既數日登虞山嶮山巔眺望則見海在浙東西者兩岸

有際水勢洄曲旁多山峙海中亦犖犖星列彼自浩渺之區入於阻隘安得不衝擊而爲濤乎即此推之定海松江之裏逶迤曲折兩岸有際元非溟渤望洋無際者實大海之汊入於浙中者爾故觸山薄岸震撼擊撞勢從内溢而無外泄所以來遠勢大愈進愈激未抵海門洶濤已甚矣此理之常無足怪者或曰潮盛於八月十八日者又何也余曰此邵子從月之論可信也日激水而潮生月離水而潮大是也或又曰地浮於水天在水外日入則晚潮激於左日出則早潮激於右日隨天旋水因灼激於月何與也余曰月者水之精也八月金盛於酉水之沐浴也於此而水月從陰其勢盛矣月離水而潮大亦氣使然也或者曰強弩射潮水不近城則又何也余曰此非其精誠之感果能與神抗也余嘗於捕魚者詢之夫水激而上水族從之上者其勢然也捕魚者於潮頭初過不敢投網待大魚三過之後乃網其細者又時至於割網放其不能舉者水族乘潮而上者衆矣水族在海中

者多歷年所強食弱肉受精不少則精靈有知逢射知避者物性之靈則然也或又曰宋之末年潮多不振近日浙江亦鮮怒濤則又何也余曰氣有盈怯息於彼則消於此古來由然所以有自南而北自北而南之說杜鵑之鳴洛陽邵子言之矣嗟乎吾浙中文勝而鮮實人繁而物索奸宄盛而正氣消此潮勢之所以不振也操造命之責臨涖斯土者盍反其本以固元氣庶幾其可救乎

郭濬寧邑海潮論

寧邑海潮必自東起先阨於近洋八山之内勢已洶涌錢塘江濤必自西來阨於龕赭海門而出相值在寧邑之南百餘里之内勢益湍怒安得無淜騰潰溢之患幸江濤輕淡而剽疾海潮鹹重而沉悍江水朝宗之性終不勝大海怒張之氣由是海潮仍挾江濤過海門更西抵嚴灘而後退故潮汐之大小有常期寧潮自東而西有常道至於江濤之緩急鹹水淡水之相值無常期亦無常處若更挾以颶風之怒號上流之添漲不免駭浪横飛怒濤旁射吾寧實逼處此不可謂横

過之潮可長恃以無恐也

海鹽縣圖經　此縣潮頭奇猛絶異他處候迺稍不殊爾日朔望子午再至餘日遞退半月復月三日十八日至再王餘日遞退亦半月復

平湖縣志　海潮東北自金山來西北至浙江爲土潭自浙江回歷海寧黄灣至澉浦海鹽爲下潭皆可泊舟

紹興府志　蕭山潮候率遲於餘姚昔人謂餘姚平來蕭山者必登潭而後至非也地勢高下然耳

萬歷寧波府志　海潮自定海入鄞江六十里至府治東北分爲二江西北通慈谿東南通奉化潮汐往來各有候其在鄞初一十六日子末午末平初二十七日丑初未初平初三十八日丑正未正平初四十九日丑末未末平初五二十日寅初申初平初六二十一日寅正申正平初七二十二日卯初酉初平初八二十三日卯正酉正平初九二十四日卯末酉末平初十二十五日辰初戌初平十一二十六日辰正戌正平十二二十七日辰末戌末平十三二十八日巳初亥初平十四二十九日巳正亥正平十五三十日巳末亥末平定海以次而早慈奉以次而遲

慈谿縣志　潮候每月逐日晝夜相對初一十六日子午初潮漲寅申初潮平辰戌初潮洄初二十七日子午中潮漲寅申中潮平辰戌中潮洄初三十八日子午末潮漲寅申末潮平辰戌末潮洄初四十九日丑未中潮漲卯酉中潮平巳亥中潮洄初五二十日丑未末潮漲卯酉末潮平巳亥末潮洄初六廿一日寅申初潮漲辰戌初潮平子午初潮洄初七廿二日寅申中潮漲辰戌中潮平子午中潮洄初八廿三日寅申末潮漲辰戌末潮平子午末潮洄初九廿四日卯酉中潮漲巳亥中潮平丑未中潮洄初十廿五日卯酉末潮漲巳亥末潮平丑未末潮洄十一廿六日辰戌初潮漲子午初潮平寅申初潮洄十二廿七日辰戌中潮漲子午中潮平寅申中

潮洄十三廿八日辰戌末潮漲子午末潮平寅申末潮洄十四廿九日巳亥中潮張丑未中潮平卯酉中潮洄十五三十日巳亥末潮漲丑未末潮平卯酉末潮洄

嘉靖定海縣志　潮汐定候初一初二初三十六十七十八日辰戌長丑未退初四初五十九二十日巳亥長寅申退初六初七初八二十一二十二二十三日子午長卯酉退初九初十二十四二十五日丑未長辰戌退十一十二十三二十六二十七二十八日寅申長巳亥退十四十五二十九三十日卯酉長子午退

象山縣志　潮候初一十六子午平初二十七子午平初三十八丑未平初四十九丑未平初五二十寅申平初六廿一寅申平初七廿二卯酉平初八廿三卯酉平初九廿四卯酉平初十廿五辰戌平十一廿六辰戌平十二廿七巳亥平十三廿八巳亥平十四廿九子午平十五三十子午平

勅修兩浙海塘通志卷十五

祠廟上

捍災禦患凡有功德於民者列之祀典海塘之築障衛民生城郭田廬利賴非細如海神潮神龍王各廟肸蠁千秋宜矣至一州一邑之間或修築有功載在志乘或聲靈赫濯上俗尊崇所在祠廟亦宜一律編纂以昭崇報之義其廟貌雖去塘近而無與海塘事者概不列入志祠廟

杭州府

錢塘縣

英衛公廟（咸淳臨安志）忠清廟在吳山神伍氏名員字子胥吳王夫差入越句踐使大夫種行成於吳王許之子胥諫不聽賜之屬鏤以死吳人憐之爲立祠江上名曰胥山唐元和十年刺史盧元輔修（盧元輔胥山祠銘）元和十年冬十月朝散大夫使持節杭州諸軍事杭州刺史上柱國盧元輔視事三歲塵天子書上畏羣靈下懈蒸人乃啓忠祠銘而敘曰維唐數祀典於天下廢淫置明資父事君罔有不衆寢廟既設我命厥新有周行人伍公字子胥踣吳之職得死直言國人求忠者之屍禱水星之舍騎鯨鴟革遂臨浙江千五百年廟貌不改漢史遷曰胥山今曰青山者謬也吁善父爲

孝記曰父仇不與共戴天諫君爲忠經曰諸侯有諍臣不失國當阨於宋鄭絕楚出疆在乎爲末宦臣在奢爲既壯子坎壈仗節乞師於吳軍鼓丁寧五戰至郢鞭墓走昭非逆施也夫差既王宰嚭受賂二十年內越祀又顯泰伯廟血將乾闔閭劍光先失公入則諫焉雖言屢出口而車甲已困於齊矣蠻稻已奪於歲矣屬鏤之賜竟及其身鴟夷盛屍投於水濆憤悱鼓怒配濤作神迄今一日再至來也海鴟飛陽侯夾從聲遠而近聲近而遠奮於吳怫於越汐於楚乃退於是仲秋朏望杭人以旗鼓迓之茄簫和之百城聚觀大耀威靈捲沙墨裂地灰截若岸圻城坑迎潮氏格之如呂梁丈人爲靈戈威不激浪百里渚塞不先跳檣揭舷再飯之間絕其音聲蕩莽千里洪波砥平有滑有脂有鹽有腥遙實乎下庭山海梯航雜林扶桑交臂於節階金狄在户雷鼓在堂魏樽漢豆六代笙簧可謂奉天爵之馨香獲神人之盛禮佐皇震怒驅叱大邪萬里永清人觀斗氣銘曰武王鉞紂子胥鞭平爲人爲父十死一生矯矯伍員執弓挾矢仗其寶劍以謁吳子稽首楚罪皆中紂理蒸報子妻蠶鉏直士赫赫王閭實聽奇謨錫之金鼓以號以誅黃旗大舉右廣皆朱戮墓非赭瞻昭乃烏後王嗣立執書不泣顛越言潤宰嚭讒輯步光欲飛姑蘇待執吾則切諫抉眼不入投於河上自統波濤晝夜兩至懷沙類騷洗滌南北簸蕩東西蠻夷卉服罔敢不來雖非命祀不讓瀆齋帝帝王王代代明明表我忠誠

景福二年封廣惠侯宋大中祥符五年海潮大溢衝激州城詔本州每歲春秋醮祭賜忠清廟額封英烈王九年馬亮知杭州禱祠下明日潮殺又出橫沙數里隄岸乃成康定九年守蔣堂重建（王安石伍子胥廟銘）予觀子胥出死亡逋竄之中以客寄之身卒以說吳折不測之楚仇報恥

雪名震天下豈不壯哉及其危疑之際能自慊既不顧萬死畢諫於所事此其事與夫自恕以偷一時之利者異也孔子論古之士大夫若管夷吾臧武仲之屬苟志於善而有補於當世者咸不廢也然則子胥之義又曷可少耶康定二年余過所謂胥山者周行廟庭歎吳亡千有餘年事之興壞廢革者不可勝數獨子胥之祠不徙不絕何其盛也豈亦子胥之節有以動後世而遺愛尤在吳也後九年樂安蔣公爲杭使其州人力而新之臨川王安石與之銘曰烈烈子胥發節窮逋遂爲冊臣奮不圖軀諫合謀行隆隆之吳厥發不遂邑都俄墟以智死昏忠則有餘胥山之巔殿屋渠渠千載之祠如祠之初孰作新之民歡而趨維忠肆懷維孝肆乎我銘祠庭示後不誣　嘉祐七年

太守沈遘修〔王安國忠清廟記〕胥山廟者吳人奉事已千百餘年至於今天子命祀而使之歲時祈祝未嘗懈也嘉祐七年長興沈公作藩於杭政以大成下畏以愛既而雨暘或愆躬禱

於廟歲仍大熟於是邦人皆以爲神之賜也乃相與告於公曰願治廟堂以安神靈公既樂諾敎之施能媚于民而又嘉民之不忘神惠而思爲報也故聽之八年六月廟成公遂祭享者稚嗟歎咸願刻石以詩題之而使人來請詞於臨川王安國乃作詞曰維此勾吳大伯肇居其後綿綿享有邑都闔閭夫差力欲圖霸有臣子胥才實剛者報楚入郢遂棲越君使國爲雄我志獲伸彼何宰嚭冒貨奸究我憤于忠國亦旋毀武林之墟胥山之崗立廟以祀民思不忘既歷年久報祀不懈以迄於今常遺祈拜公作邦伯實治廟民每祝必誠獲應於神卒是逾歲風雨順節謂非神休有或菑孽人乃告公廟堂將傾願易而新不戒遽成嚴嚴之堂有翼其廡憑依之威觀者俯僂衆曰迄事公即大祭賓贊肅虔簫鼓喧沸豕羊具肥桂酒香醇神顧享之醉飽欣欣衆願具石刻載厥美繫之銘詩肅告紙上

政和六年加封威顯廟燬於建炎兵火興於紹興二十二年至三十年加封忠壯乾道五年周安撫淙重修嘉定十七年累封爲忠武英烈威德顯聖王紹定四年再燬賜緡錢重建嘉熙三年趙安撫與懽又易而新之〔杭州府志〕俗名伍公廟元改封順祐忠孝威德顯聖王明正統十四年重修萬歷八年重建〔浙江通志〕

國朝雍正三年

勅封英衛公其廟宇修葺動正項帑金每歲春秋致祭

昭貺廟〔咸淳臨安志〕在候潮門內渾水閘東故司

封郎官張夏祠〔四朝聞見錄〕杭州江岸率多薪土潮水衝激不過三歲輒壞夏令作石堤一十二里以防江潮既成杭人德之慶歷中立廟於提上嘉祐十年又因功贈太常少卿政和二年八月封寧江侯改封安濟公併賜額曰昭貺〔浙江通志〕

國朝雍正三年

勅封靜安公春秋致祭

東安濟廟〔萬歷錢塘縣志〕在馬坡街祀宋司封郎中張夏俗名祖廟又名太平院〔錢塘縣志〕初夏治

潮患築石塘自六和塔至東清門今名太平門與

清泰門相距里許今馬坡街在清泰門旁是廟或

即舊時堤上所立後入城奉爲土穀者也

潮神廟（江塘志略）

國朝康熙四十三年江塘工成督修同知甘國奎建潮

神廟於江干之善利院設主祀諸有功於江塘者

又建觀潮樓於其旁四十四年

聖祖仁皇帝

賜御書恬波利濟之額國奎敬摹製匾恭懸樓上

協順廟（西湖遊覽志）在石塚其神陸圭昭慶軍人

宋宣和中引兵攻方臘敗之歿而爲神紹興間海

塘衝激江岸神擞陰兵却潮潮勢遂平淳祐間江

潮衝激尤甚隨築隨圮神與三女揚旗空中浮砥

江面以顯其靈岸賴以成浙西帥臣徐㮚以聞於

朝賜廟額曰協順封神爲廣陵侯三女爲顯濟通

濟永濟夫人旁有小廟祀十二潮神各主一時

仁和縣

順濟聖妃廟（成化杭州府志）在艮山門外艮山有

祠自商份感夢始開禧寶慶一再創建又有别祠

在候潮門外蕭公橋（丁伯桂艮山順濟聖妃廟記）神莆陽湄州林氏女少能言

人禍福歿廟祀之號通賢神女或曰龍女也莆臨

海有堆元祐丙寅夜現光氣環堆之人一夕同夢

曰我湄州神女也宜館我於是有祠曰聖堆宣和

壬寅給事路公允迪載書使高麗中流震風八舟

沉溺獨公所乘神降於檣遂獲安濟明年奏於朝

賜廟額曰順濟紹興丙子以郊典封靈惠夫人逾

年江口又有祠祠立二年海寇憑陵效靈空中風

掩而去州上其事加封昭應其年白湖童邵一夕

夢神指爲祠處丞相陳公俊卿乃以地券奉神立

祠於是白湖又有祠時疫神降曰去湖丈許脉有

甘泉我爲郡民續命於天飲斯泉者立痊掘泥坎

甘泉涌出請者絡繹朝飲夕愈鶩爲井號聖泉郡

以聞加封崇福越十有九載福興都巡檢使姜特

立捕寇遥禱響應上其事加封善利淳熙甲辰民

菑葛侯郛禱之丁未旱朱侯端學禱之庚戌夏旱

趙侯彦勵禱之隨禱隨荅具狀聞於朝易爵以

妃號惠靈慶元四年加助順之號嘉定元年加顯

衛十年加英烈神之祠不獨盛於莆閩廣江浙淮

甸皆祠也艮山之祠舊傳監丞

商公份尉崇德日感夢而建（杭州府志）天妃林

氏世居莆之湄洲嶼五代閩王時都巡檢林愿之

第六女也宋太平興國四年三月二十三日妃始

生有異徵幼悟玄理既長能乘席渡海乘雲島嶼

間人呼爲神女居室三十年默與神契雍熙四年

卒里人祠之雨暘有禱輒應屢著靈異於江湖間

宣和中賜廟號曰順濟元海運時加封天妃明洪

武間改封聖妃永樂七年復改今額加封洪仁普
濟護國庇民明著天妃賜寶旛諭祭〔浙江通志〕
國朝康熙十九年封天妃爲護國庇民妙靈昭應宏仁
普濟天妃遣禮部司官致祭

天后宮〔浙江通志〕在武林門內城東北隅亦祀順
濟聖妃
國朝雍正九年總督李衛毀西洋天主堂改建

顯忠廟〔仁和縣志〕在長生橋西宋紹興初建祀漢
博陸侯霍光初廟在秀州宣和間賜額紹興時妙

建於杭禱祠應若影響嘉泰紹定間有反風滅火
之異元元統初火延清湖岸焦土者萬有餘區死
者無算神復顯靈如初於是士民葺廟以答明貺
潛說友舊碑無存惟浙江鄉進士葉森所撰碑記
在橋〔葉森顯忠廟記〕傳曰聖王之制祭祀也禦大
患捍大災則祀之有功於民則祀之其所以
祀之之意答明貺也若山川社稷之炳靈故在在
尸祝之皆有功於民能禦患捍災者也是以書名
太常勒功丹史而天下羣祀焉杭之清湖開元宮
西有廟曰顯忠土人稱霍使君祠漢大將軍博陸
侯也按舊志云吳孫皓時神降於庭自言漢霍光
求立祠千金山之鹽場以捍水患宋紹興初建行
廟於錢塘左三廂之長生橋仍加封忠烈順濟昭
應王質諸宋會要秀州華亭縣小金山漢霍光祠
宣和間賜額曰顯應忠烈順濟公廟紹興之封異
其名號耳初廟基屬民家乃鳩錢券其地定爲神
居棟宇既完禱祠日盈事無巨細咸請於神應若
影響至嘉泰紹定間兩有反風滅火之異紀事傳
信廟碑具存國朝元統初夏六月甲申火自朝至
於日中昃始市西坊至清湖岸而止焦土者萬有
餘區死如焚如棄如者不可以數計民窘急駭慴
震怛望廟以呼如嘉泰紹定之時神赫赫厥靈飈
風遽轉隻瓦不毀廟貌如故暨左右民克保厥居
錢塘縣學去廟爲最近時有司新刊會要於學予
忝校讐將完約費五萬餘緡亦賴以存神之功能
如是者不一推而廣之則禦大患捍大災不難矣
詎止有功於民而已耶於是杭之士民聚金葺廟
以答明貺猶以未盡其誠將謀刻祠以紀靈異宏
文輔道粹德眞人眉叟王公捐粟爲助承務郎遂
昌縣達魯花赤阿剌帖太公施金若干采飾神像
奉議大夫會昌州知州管公彥清爲之勒石請文
於予辭不獲故得紀其實爲他時守土之臣能以

神功申請奉常載在祀典與百神受職則國家
愛民禮神者至矣神之福斯民者宜何如也哉

周宣靈王廟〔仁和縣志〕在褚家堂廣豐倉側神姓
周名雄字仲偉杭之新城淥渚人宋嘉定四年爲
母疾走婺源祈佑於五顯廟回至衢而卒附童言
曰五顯靈威需我輔翼生不封侯死當廟食郡人
於是立廟有所祈禱輒應屢顯靈進封王爵〔錢養廉周
宣靈王像贊并序〕王生於宋季銳志恢復抑鬱以
歿其忠誠激烈固宜與日月爭光矣碑載幼蛙事
尤奇每歲三月四日傳王降生之辰蛙於時倏來
倏去光彩特異豈望帝之魂千載未泯耶至捍災
禦患數著靈應里人香火甚虔與褚僕射岳武穆
相鼎峙余感其事并係以贊髯如戟兮目如炬嬌

嬀如龍兮桓桓如虎大業未酬兮壯心獨苦寧死爲厲鬼兮毋生而爲鼠英風漠漠兮香雲楚楚享俎豆于千秋兮永爲我生靈恤災而禦侮

周宣靈王（浙江通志）杭之新城縣太平鄉淥渚人浙省是處立廟其在杭城者錢養廉序稱生於宋季銳志恢復抑鬱以歿其在新城者方回廟記止載歿後靈爽不言神生前事徐士晉碑記稱神賈於衢聞母病破浪而行爲水所沒顯神於衢敕爲江神其在衢州者志在肉身斂布加漆現今植立廟中餘與徐記同至錢廣居建德縣神廟記則云初名雄後改名繆宣少授仙

指失足墮水溯波而上香聞數十里因而建廟塑像於衢城之西詳觀諸記或稱孝或稱忠或稱仙顯不相侔又方回記錢廣居記封爵年代亦各不符然現祀爲江神其肉身現在衢府廟中則爲孝子無疑應以徐記及衢志爲正

晏公廟（萬歷杭州府志）在武林門北夾城巷內祀元晏戌仔戌仔江西清江鎮人元初輸文錦於上都因而尸解人以爲神立祠祀之後顯靈江湖閒洪武初封平浪侯二十三年浙江都指揮儲傑以

督漕獲庇捐建今祠

茶槽廟（仁和縣志）在會城東當錢塘盡界沿江七十里北至皋亭山屢受潮患永樂閒新城茶商陳旭出橐中金築新塘後乙未皋亭山洪水與江潮相接沿江俱沒塘壞旭思資蓄已盡功不成遂躍身入潮屍隨潮浮至皋亭山沙隨屍而漲塘乃成屍隨葬焉巡撫入告敕封茶槽土地與福明王迄今二百餘年無潮患士民戴德奉其神各方建祀有上新中新下新等祠

潮王廟（仁和縣志）在芳林鄉又名石姥祠其神爲唐石瑰後爲釋氏所有建昭化寺而廟附焉（僧本誠潮王廟記按晏殊輿地志古有石姥祠舊碣載石姓瑰名生於唐長慶三年錢塘古稱濤江民苦潮害王奮力築堤以捍水勢祁寒劇暑不輟功未就竟死於潮後爲神咸通中官爲立廟封潮王宋宣和閒睦寇犯順時朝廷以韓世忠禦敵陰雲四合聞空中叱咤聲仰見旗幟書石姥潮王之號軍士奮勇大破寇兵嘉熙閒潮水復作潰堤衝岸漂蕩民居人力不能禦京尹趙公與篡躬禱祠下潮復故道有司上其事加封忠惠顯德王皇慶二年主僧宗禮率其徒即寺剏毘盧閣）

廣靈廟（成化杭州府志）在石塘壩宋景定四年九月潮壞江塘里人耆老因立東嶽溫太尉廟請於

朝賜廣靈爲額咸淳五年封正佑侯餘自李將軍以下九神皆錫侯爵李孚佑錢靈佑劉顯佑楊順佑康安佑張廣佑岳協佑孟昭佑章威佑

潮神廟　在沈家埠塘西祀

敕封靜安公張夏寧江王宋恭護國隨糧王運德海潮神金文秀平浪侯捲簾使大將軍曹春廟剏自明季順治中僉事楊樹聲修築石篰塘屢築屢坍禱於神始得告成遂重新廟貌雍正十年總督程元章委州同李宗典督修益拓而大之乾隆三年大學

士嵇曾筠委通判楊盛芳重修

順濟龍王廟　仁和縣志　在湯村鎮政和五年郡守李偃以湯村巖門白石等處江潮侵嚙奏請同兩浙運使劉既濟措置用石版砌岸因建廟累封靈應昭應嘉應三王廟後陷於海遂廢

惠順侯廟　仁和縣志　在江塘宋嘉定五年二月江潮衝嚙石塘帥漕建廟以禱咸淳二年賜忠順額四年七月壽和聖福皇太后布金重建廟址陷於海遂廢

海寧縣

敕建潮神廟　在小尖山之麓

國朝康熙五十九年浙江巡撫朱軾題請於海寧縣小尖山建立潮神廟六十一年

敕封運德海潮之神春秋祭祀

欽頒協順靈川

御匾恭懸廟中其旁爲舊時石墩司基地今歸潮神廟管業歲收息爲守僧薪水

敕建海神廟　在春熙門内

國朝雍正七年九月奉

上諭（恭紀首卷）敕建浙江總督李衛奏請委原任布政使張适原任知府蔣杲王坦監修擇海寧縣治之東購買民地四十畝啟建正殿五楹崇奉

敕封寧民顯佑浙海之神以唐誠應武肅王錢鏐吳英衛公伍員配享左右配殿各三楹以越上大夫文種漢忠烈公霍光晉橫山公周凱唐潮王石瑰昇平將軍胡暹宋宣靈王周雄平浪侯捲簾使大將軍曹春護國宏佑公朱彝廣陵侯陸圭靜安公張夏

轉運使判官黃恕元平浪侯晏戌仔護國佑民永
固土地彭文驥烏守忠明寧江伯湯紹恩茶槽土
地陳旭從祀周廻夾以修廊中爲甬道前爲儀門
三楹大門三楹左鐘樓右鼓樓門臨河承以石梁
曰慶成橋橋南歌舞樓三楹繚以粉垣闢左右爲
廣衢表以二石坊殿後爲重門進内正中恭建
御碑亭敬勒
聖製海神廟碑文後爲寢殿上搆岑樓東西配殿由正殿
之東啟門而入爲天后宫前爲齋宿廳後爲道院

正殿之西爲風神殿後有池有亭池上爲平橋三
折而度内爲高軒爲重門後爲水仙閣規制崇閎
氣象軒翥經始於雍正八年三月明年十有一月
訖工十一年正月
欽頒
御書福寧昭泰四字一幅製額恭懸正殿二月
遣内大臣海望直隸總督李衛告祭乾隆四年六月
欽頒
御書清晏昭靈四字匾額恭懸正殿

恭紀
世宗憲皇帝御製碑文
國家虔修祀典以承上下神祇嶽瀆海鎮之神秩祀惟
謹規前代爲加隆朕臨御以來夙夜以敬
天勤民爲念明神之受職於
天而功德被於生民者昭格薦歆敬禮尤至其爲民禦大
災捍大患合於祭法所載則尊崇廟貌以昭德報功益
所以遂斯民瞻仰之願而動其敬畏祇肅之心使無敢
慢易爲非以得永荷

明神之嘉貺意至遠也皇輿東南際大海而浙江海寧
居瀕海之衝龕山赭山對峙其南颶風怒濤潮汐震蕩
縣治去海不數百步資石塘以爲捍蔽雍正二年潮湧
隄潰有司以聞朕亟遣大臣察視修築且念小民居恒
罔知敬畏慢神褻天召災有自爰切諭以修省感應之
道命所司家喻戶曉警覺衆庶比年以來徼
明神庥佑塘工完固長瀾不驚民樂其生閭井蕃息越
七年秋汛盛長幾至泛溢吏民震恐已而風息波恬隄
防無恙遠近懽呼相慶謂惟

大海之神昭靈默佑惠我烝黎以克濟此朕惟滄海含
納百川際天無極功用盛大
神實司之海寧爲海壖劇邑障衛吳越諸大郡海潮內
溢則昏墊斥鹵咸有可虞
神之禦患捍災莫此爲大特發內帑金十萬兩勑督臣
李衛度地鳩工建立
海神之廟以崇報享經始於雍正八年春三月迨雍正
九年冬十有一月告成門廡整秩殿宇深嚴丹雘輝煌
宏壯鉅麗時展明禋典禮斯稱爰允督臣之請勒文穹

碑垂示久遠俾斯民忻悚瞻誦共喻朕欽崇
天道祇迓
神庥懷保兆民之至意相與嚮道遷善服教畏神則
神明之日監在茲顧荅歆饗其炳靈協順保護羣生奠
安疆宇與造物相爲終始有永弗替朕實嘉賴焉雍正
十年六月初一日

恭紀

世宗憲皇帝御祭文

維雍正十一年歲次癸丑二月朔越　日

皇帝遣內大臣海望直隸總督李衛等致祭於
寧民顯佑浙海之神曰
明神受職於
天恩覃澤國禦災捍患利賴宏深凡茲東南黎庶所得保
室家而安耕鑿者
神之賜也朕躬膺
天命撫馭寰區夙夜敬共以承上下神祇之祀所期海宇
蒼生永蒙庇祐惟浙西郡邑實爲瀕海要衝比年以
來仰荷

神靈嘉貺頻昭安瀾共慶迺者風潮鼓盪衝潰隄防近
逼民居吏人震恐朕痌瘝在念軫惻惟殷專遣重臣周
行相度涓日鳩工爲海疆圖久遠奠安之計用是潔誠
致禱虔命在工大臣敬展祀事昭告悃忱惟
明神俯念海壖億萬生靈城郭田廬於茲託命隄工木
石皆出脂膏力役所需民衆勞苦伏冀
宏昭福佑默相大工綏靜百靈風恬波息俾工作得施
長隄孔固克底厥績護衛烝民保聚生全安享樂利則
東南列郡溥被庥祥朕實拜

明神之功德於無疆矣謹告

天妃廟〔杭州府志〕舊在縣東二里今移置縣治西三十步元泰定四年海患庸田副使張子仁立〔海寧縣志〕海寧天妃十廟分建千百户所營内明初所官以分汛海道故各建廟祀天妃萬歷間五廟併慶善寺順治間秦令嘉系毁八廟今改爲駐防公署止存八天妃廟云

朝宗王廟〔海寧縣志〕廟在縣西七十里〔宋高宗祝文〕諸侯之朝王孰敢不欽子孫之宗祖罔有不尊江漢之朝宗於海無以異此廟號以是神之德大矣乃緣初郊舉此祀典尊酒俎肉以祈來格

鎮海廟〔海寧縣志〕距南城百步負郭面塘内祀捍海諸神明崇禎戊辰海決潮水高丈餘廟内獨不入人咸異之

伍公廟〔海寧縣志〕祀吴大夫伍員背南城在捍海塘之陽

胡令公廟〔杭州府志〕在長安鎮祀唐胡暹〔元杭州路鹽官州儒學教授徐圓胡令公廟碑〕令公姓胡名暹字進思婺州東陽義烏人唐憲宗朝佐中丞裴度平淮西以功陞武任將軍宣宗時奉命至海昌名禪門齊安國師師演法謝恩就坐而化將軍回至長

河過海神祠亦立化於庭有司申聞宣宗遣桑稱二御帶追封齊安爲悟空禪師進思爲昇平將軍與海神共祀至宋康王南渡乘駿過長河無船可渡入廟叩之出門忽有大舟迎王王問其名居曰桑稱二姓本里胡進思家人也建炎元年王遣官名胡進思併桑稱二人里中並無因廟中有胡將軍碑載將軍往海昌名齊安國師事蹟州官申復降詔勅封令公海神與桑稱皆進王號並祀土穀廟號威烈赫靈之殿泰定間復有方太守入廟禱祀蝗不入境之異其父方虛谷任婺州路條備知令公事蹟婺州見有永康縣胡公祖廟太守命里人重立碑石云〔海寧縣志〕至正二十年被毁明嘉靖十四年重立宋圖經云令公未詳其始臨安志智果院彌勒閣註云晉天福四年錢王遣令公胡進思往婺州五代史胡進思以舊將廢吳越王倧而立俶致郡志總圖赭山北有令公塘豈吳越王時令公曾築運塘故有祠廟歟

英濟侯廟〔海寧縣志〕俗稱捍沙王廟在縣東三十里相傳蕭山布衣張其溺海爲神或曰宋張夏築堤捍江人賴以安爲之立祠

朱將軍廟〔成化杭州府志〕在縣東三十六里黄岡〔海寧縣志〕按朱彝力能拔牛尾倒行宋治平初溺海爲神著靈應寳祐三年十月勅封佑靈將軍元大德二年以捍海立廟黄岡西進封護國宏佑公

勅曰爵有德祿有功夙著禮經之訓祭大災捍大
患載遵祀典之文爰示褒崇庸彰顯應鹽官州海
神闡靈浙右安宅海隅江漢朝宗無遠弗屆雨暘
時若有感必通比聞高岸之傾權能免下民之墊
溺導水波而潛復益固隄防足財計以阜通仍輸
斥鹵嘗閱省臣之奏具知神力之雄肇錫嘉名丕
昭令問聿嚴廟貌特俾恩封可賜號靈感宏佑公
其廟在袁化東北者後羽流增飾仙真俗因呼爲
天仙府

周宣靈王廟　（海寧縣志）在硤石鎮審山（嘉靖間邑人沈友儒碑記侯生淳熙三月四日嘉定辛未爲母疾未瘥源祈佑五顯回至三衢而卒附童言曰五顯靈威需我輔翼生不封侯死當廟食衢於是立廟新城繼之旱潦禱之輒應疾疫祈之遂瘥初稱四七太尉端平二年德興祁門陰捍常山土寇饒州表請封翼應將軍嘉熙元年神威揚邊強敵遠遁兩淮表請加封威助忠翌大將軍淳佑四年改封翊應侯寶祐五年加封助順咸淳七年加封正烈十年加封廣靈舊制神祠封錫自二字至八字止侯兼之蓋渥恩也侯今廟食於硤遠近嚴祀之殆與三衢新城亞故摭記侯之生平俾刻於石焉）

曹將軍行祠　（海寧縣志）祀宋封潮神邑人曹春在
縣西南四十五里巖門山元潘萬選撰記明初顯
聖於五都二圖羽流募建崇禎間沈如初重修

昭烈王祠　（海寧縣志）神以捍海封宋慶元三年主
簿趙希楢建附葆眞菴後在縣東二百五十步嘉
定元年宜興丞趙彥摺又立祠於安國寺東見圖
經後祠廢列其像於雙仁祠明嘉靖二十八年縣
令高尚志移祀鎮海門外今廢

古彭烏廟　在教場祀元勅封護國佑民永固土地
彭文驥烏守忠康熙五十九年從祀尖山潮神廟
雍正九年從祀海神廟

彭烏廟　在春熙門外七里海塘上亦祀彭烏二神（衢州府知府白豐碑記雍正三年余奉委修築海塘往來塘工去寧邑東七里有廟曰彭烏詢祀何神土人爲余言一姓彭諱文驥字德公一姓烏諱守忠字子樸世同里閈家素封元泰定三年海溢朝命築塘費不給二神罄家貲助之坍陷不已時有遷民內地之議神曰生不助其成死必捍其患何內徙爲未幾陷于海大顯靈異海患頓息塘成而民卒不徙聞于朝立廟以祀明嘉靖三十年塘大圮神又顯靈勅封護國佑民永固土地明王至
國朝康熙三年憲副黃岡熊公督理塘務感異夢遂捐俸修葺三十七年邑宰王任以海患躋廟齋祝不逾時海即漲沙督撫具題奉
勅同諸海神建廟尖山之陽其七里海塘及教場二廟仍聽土俗奉祀）

鎮海塔　（海寧縣志）舊名占鼇在邑治巽隅萬歷間

邑令郭一輪經始築基一級有奇後令陳揚明議
竟舊令之緒會嵯直指張惟任司理孫穀廉得施
金所贏者一千兩畀揚明襄厥事萬歷四十年壬
子正月鳩工九月告成其高一百五十尺廣周九
十有六尺圍廊翼欄達七級之頂明末邑人陳內
翰之遴孝廉之暹重修後復傾圮康熙丙辰秋邑
令許三禮鳩工重葺邑人都御史陳敱永撰記

嘉興府

海鹽縣

海神廟 海鹽縣圖經 亦名龍王廟永樂三年左通
政趙居任築海鹽塘成建景泰六年僉事陳永叅
政謝輔重建於東門外海上

楊公祠 海鹽縣圖經 楊憲使瑄築塘有功既卒民
祀之東門海塘上與龍王廟並萬歷七年巡撫徐
栻疏請移建二廟於白洋河上歲春秋及八月十
八日有司致祭 陳諮楊公報功祠記 公諱瑄字廷
獻江西豐城人舉景泰進士試御
史再疏曹石之奸謫戍嶺表茂陵即位復公官陞
浙江按察司憲副巡視海道癸巳甲午風潮大作
乙未丙申繼之塘大圮公篤意籌畫定海城北捍
海塘縣西走馬堤霸衛所裹外海塘健跳所海鹽

海塘皆公修築海鹽塘踰二千三百丈工最鉅捍
患最大隨陞按察使司半載病亟語寮寀惓惓惟
築海塘法不及私鹽民戴公德肖公像祀之海濱
萬歷乙亥之變祠宇漂沒而公神像洎二三侍衛
自移百步外踞高曠間儼如廟貌土人異之余自
奉命綜理塘務巡海上訪公政績率有司謁公禱
以默相予督石桐江公白晝見夢授以修築之
法出人意料塘既完白之撫院疏請建廟賜額崇
旨名報功祠有司春秋致祭遂於白洋河內擇高
爽善地負城面海創建神宇設以几筵侍以衛從
環以垣牆區以勅旨永鎮洪波與海神埒夫公直
聲在朝廷勳名在史冊區區一祀胡能重公顧萬
頃溟渤一線隄防自非藉公精誠孰克鎮定遐思
美報百代不磨宜矣然余復有感焉邇偕少府張
君增修前續而張君內做縱橫樣塘外做荆公陂
塘堅鞏可久覆之往牒鹽之有荆公陂塘自公始
也其有縱橫樣塘自葵峯黃公始今第修二公之
業兼而用之績以䍐儷今公入祀典而黃未叅一

豆人心歉焉矧丈尺段分次第字號迄今皆遵黃
公法視公懇懇惓惓良亦無忝晉祀何疑余雅意
欲請於朝凡捍災禦患法施民勞定國一言一事
茍合祀典皆乞侑食廡間用勸來者而黃公爲急
乃匆匆滇南之行未果也
書以識之蓋亦公所許矣

三公祠 海鹽縣圖經 祀僉憲晉江陳公諮郡丞弋
陽黃公清縣令進賢饒公廷錫並萬歷七年築塘
有功在楊公祠旁

黃道廟 海鹽縣圖經 一在縣西南四十里鸕鷀湖
上一在澉浦鎮黃道山上宋志長牆山之阿有黃
道神祠初在石帆村因陷於海建炎二年僧若中

遷之山寶慶三年都運諸大卿奏請廟額稱顯應侯廟中有神曰楊太尉尤靈客舟渡海必禱之

續澉水志顯應侯廟在龍眼潭之上宋時番舶皆聚於此廟神甚靈自禁海之後潭湮塞爲平沙不復可泊廟廢爲荒基者二百年嘉靖癸丑倭奴入犯叅將盧鏜以舟師守澉方患無所灣泊有一卒登巖伐廟前柏爲舵幹神忽憑之言曰汝敢伐吾柏耶盧異焉乃祀之議刱新祠令揮使徐行健董役越月祠成俄而潮衝沙磧内徙里餘龍眼潭復

故迹古岸宛然測之無底戰艦畢集祠下矣其異如此

金山顯忠行廟（海鹽縣圖經）祀漢大將軍霍光永樂志云一在縣東北九十里廣陳鎮元至大二年建一在縣東北五十五里當湖市宋建炎三年建今並析屬平湖縣矣本縣行廟在東關外一里海上宋宣和六年建紹熙中縣令李直養重修

海寧衛聖妃廟（海鹽縣圖經）在縣西北二百五十步十字街北洪武二十九年建成化嘉靖萬歷等年並重修

澉浦聖妃宮（海鹽縣圖經）舊設南門外操備廠前天順初移門内大街區額摹張即之書

平湖縣

顯忠廟（嘉興府圖記）在縣治東一里當湖旁祀漢大將軍霍光（曾詹顯忠廟碑記）大觀庚寅冬詹廣陵秩滿臘中歸省覲道經吳江寒甚一夕震澤冰合既抵家鄉人皆言曰昔湖中冰厚幾尺有物自東北趨西南轟然有聲冰辟如粉夕即還如是三日乃已此何異耶詹曰異哉不得而知之第聞吳主孫皓當被疾時有神降於小黄門云華亭鹹塘風濤爲害非人力能防古海鹽縣一旦陷爲湖無大神護臣漢之功臣霍光也臣部黨

有力當鎮之可安翊日疾瘳立廟小金山鄉人盡相與築宮湖上竭虔昭惠以鎮此土乎僉曰然衆所祈禱者即卜爽闓之地占湖山之勝乃營廟宇乃嚴神棲自是遠近翕然結社會拜者舳艫相御也竊嘗謂生爲偉人則歿爲明神必有大功德於民隨其所向而追想世奉祀之惟忠烈公兼名孝武擁昭立宣厥功懋焉是時漢都長安距吳會遠甚公之歿更兩漢歷三國已數百年乃托吳主之疾肇建金山之祠敷錫陰貺宏庇海邦此何理耶其神如月在天有水則現舟行月移東西南北隨所向而見之若黄石公之於仙舟張漁陽之於鄮邑民猶尸祝之矧夫忠烈嚴嚴精爽稟稟發祥炳靈感應如響曾何久且遠之間耶時愈久而民之祀愈崇詎容議哉我宋重熙百神受職宣和二年始賜額曰顯忠後三年誥封忠烈公雖冠五等之爵尚遲顯忠之令庶致崇樞而移神貺也丙午春詹歸自京師祇凝祠下至未就緒慨歎久之而職其事者與議弗允亟告縣大夫而易之明年冬闓

郡司還朝過家上冢乃見廟宇屹然擁以虛亭翼以修廊旁列攸司各有次第高明輪奐庭植翬飛徘徊諦觀目駭而心肅焉因裒始末書之石式告來者

（沈懋孝重建顯忠祠碑記）顯忠祠在當湖東門外相傳爲鎮海神以乍浦地界金山海濤從波上流來故亦稱金山之神其小像作負扆狀如漢武所賜大將軍博陸侯之圖則余聞之先大父言自番舶入貢顯靈海濤間而尊置之者其在三國吳王時夢感小黃門稱鹹塘颶作非人力可防余漢之博陸侯也奉帝之勅率所部作鎮鹽官至晉代因武原縣治一朝忽沉爲當湖始立祠湖之上宋大觀中兩浙提舉魯詹感其靈應請于朝始封忠烈公宣和二年賜額爲顯忠祠紹興中知湖州魯可封是詹之子勒石紀其事始末如此云本朝載在邑乘旱乾水溢禱之輒應至嘉靖中海寇徐海陳東葉麻三酋者窟穴松江之柘林無月不掠我湖邑先後七八年督撫續溪胡公宗憲臨鎮湖邑解攜其黨盡殲三酋之衆於我沈家莊是時金

山神明効靈爽督撫公如將見之親致祭焉始公先受降渠酋繼有逆謀復繳永順麻沙諸部蕩平之益島氛濁屬終始結局於此邦明神佑助之功焉可誣也余時總丱爲諸生日夜編于垣埤抱鼓間一一親見其事如癸丑三月倭千餘從乍浦登岸蟻結于讀書堆上者五日彼時未有城堞市人揭竿湖畔以禦之此一帶水耳終不能渡取道竟從金山去後有田父數人被拘逸還者言彼中見有金冠金袍白馬翩翩巡湖之滸戈戟如雪或作虎象形嗚呼無城無兵何恃能守此非神之力而何也如乙卯二月倭駕千艘萬人來攻城其酋乘輿先上流矢向城中者如雨邑侯襄陽劉公存義連發三矢酋遂殪於艘由武塘以去後有從艘中脫歸者競言酋見神人仗劍擊之諸艘檣纜多折斷者以爲不利吐舌連宵遁鳴呼咆吼而來奪魄以去此又非神之力而何也自倭寇來今且五十餘年海波安瀾時和歲登我父母延陵毛公加意乎境內應祀之神於是父老同聲願新顯忠神之祀呈舉帖行樂趨者衆故工力速成規模閎拓於舊余爲述明神之顯聲濯靈於耳目間者眞實如是使邑士民皆敬焉夫湖邑僅百里而去海甚近島汛無期颶災時作斯時也有邊海之防焉有蕩析之虞焉天人幽明間所爲協奠此土者功叅半矣乃若子孟先生受遺擁立持傾保大事在前史堂堂巍巍神行天壤無所不在吾聞其事今天下未見其人

閩人英烈錢侯附焉

（趙孟堅顯忠廟英烈錢侯碑記）吳國備史載漢博陸侯霍公附小黃門謂吳主曰國之疆土東鄙海濤虧蝕侵尋臣漢舊輔今當爲臣駐小金山爲禦海斥使不衝盪全護國封當爲建祠于彼全山示所旌顯自時厥後封祀不絶今爲忠烈王顯濟廟焉維英烈侯家閩氏錢行位居七航海而商舶帆經從入廟致禮儼觀威爽虐浪東行一山若岸巖巖殿宇卓冠山椒地勢坤靈軒赫斯稱又諗王忠存漢社稷歆生敬慕若曰浮沉罔利轇轕迷途汨澳塵中何終底止歿事忠臣愈浪生死猛念

倏發幽明洞符玉立廡間乂手瞻視不敢不倚省然化歸異哉於是驚怪顯迹塑貌附祀老宿相傳幾百年矣季夏之月二十二日維侯生辰沿海祭祀在在加謹廣陳鎮金山祠祀尤嚴常歲是日海商海賈寨户亭丁社鼓喧迎香華羅供然前無位號未應秩經仗隊弓刀遥稱太尉殆幾野廟殊闕贊獻屬青齊向化之年困獸猶競東鄙興師侯能助順虛無之際神證用彰霧消雲飛陰兵千萬排空而下旌旗著號華亭太尉智識昭明逮及交鋒賊勢披靡風驅電埽冥助維多主兵上之公朝訪尋允合爰加封勅謚以英烈肅答靈休端笏垂紳榮披章服從飾仗衛一變魚雅孟堅母弟孟淳今嗣秀安僖王曾元孫巽居里日嘗誦言曰英烈神靈國勲如是其偉况志于文盍爲紀述其永聲聞當備樂石以奉刻詞兹以書石旣礱紀弗可後

（海鹽縣圖經）宋建炎三年將仕郎曾壽淵宣教郎致仕賜緋魚袋曾壽寧建

天后宫（平湖縣志）在乍浦苦竹山宫右有觀濤閣

明天啟七年過京兆庭訓建樓五間背山面海華

亭董其昌有跨鯉觀濤之額今改建平房匾額猶

存又一處在東門内

勅修兩浙海塘通志卷十五

祠廟下

紹興府

山陰縣

任太尉祠（山陰縣志）祀宋浙江捍江指揮使任班慶元中浙江塘壞班率兵修築行泥淖中不惜勞瘁當事嘉之嘉定中山陰餘姚大水漂民居五萬餘家壞民田十萬餘頃山陰後海塘潰決五千餘丈班修築請賑民賴以安及歿鄉人感德立祠一在山陰後海塘一在餘姚臨山衛與潮神並祀

張大帝廟（山陰縣志）去縣東北三十三里陡亹閘上祀宋漕運官張行六五者嘉靖十六年知府湯紹恩築三江閘以神有捍海滅倭功立廟新閘堤上祀之（會稽縣志）初廟在蕭山之長山今城鄉所建甚多在山陰江橋者最顯應因獨當南門兩縣來水之衝爲郡城水口壅塞則多火災康熙十一年里中紳士更爲開闢

天妃廟（山陰縣志）去縣西北十五里在城者四一在府山後一在大營一在水溝營一在光相橋西官建

會稽縣

湯太守祠（浙江通志）在開元寺內祀知府湯紹恩（毛奇齡循吏傳）紹恩字汝承安岳人嘉靖五年進士十四年以郎中出知紹興府山陰東南有浦陽江爲三江之一上接金華浦江諸水北流至諸暨與東江合北過硤山東匯山陰之麻溪然後盡注錢清江而入於海是時浦陽已通浙第口臨浙常高水反入浦陽而灌麻溪其錢清之入海者勢若建瓴又傾瀉不可止所以既苦潦又苦暵紹恩至相浦陽上流故前守戴琥所開績堰使浦陽之通浙者坦而易洩乃塞麻溪以遏其來不使浦陽之水得復入山陰東南於是相其尾閭凡在紹諸水溢則易浙瀉則易竭者爲水坊海濱以伺瀦瀉而定啟閉初錢清江下流原有二閘歲久堙廢紹恩相下流三江之口其地夾兩山爲浦陽入海故道下有石峽橫亘數十丈洄水得之乃伐石於山依峽建閘石牝牡相銜烹秫和炭以膠之石之激水者刻其首使不得與水爭下有檻而上有梁施橫坊其中刻平水之則於柱石閘而啟閉之兩堤築土冶鐵而澆其根凡二十八閘應二十八宿堤數百丈而大閘之內又置備閘數重曰經漊曰撞塘曰平水閘一年工成共得良田百萬畝魚鹽斤鹵桑竹場畷亦不下八十萬畝初紹恩築堤堤潰有豚魚千頭乘潮而上衆驚告紹恩曰此堤成之兆也在易之中孚豚魚吉利涉大川立令入水築人多怨讟又其時潮大至見者洶洶紹恩不顧禱於海潮忽下望堤而卻後以次遷去歷官布政使明萬歷初建其生祠在三江閘口明嘉靖中建

國朝雍正三年六月浙江巡撫法海以紹恩創築三江閘有功紹郡題請封號

敕封寧江伯春秋致祭

按湯太守祠内附祭木姓龍其名者公之隸人稱木皂云傳公建閘時工成輒毀衆束手無策龍奮激自投閘底身死而鉅工成邑人德之設像二一隸服侍公旁一彩服坐閘上有司春秋致祭必別設品物先祀之府縣志皆失載惟程鶴翥三江閘務全書有木皂名又云即公夫頭建角字頭洞即大顯靈異以助因設像於三江城外西堰土穀祠及天妃宫二處是夫是隸姑

存俟考

蕭山縣

寗濟廟（蕭山縣志）在西興鎮沙岸之東祀浙江潮神宋政和三年賜今額六年高麗入貢使者將至而潮不應有司請禱潮即至詔封順應侯紹興十四年徽宗靈駕渡江加武濟忠應公三十年顯仁皇太后合祔加武濟忠應翊順公淳熙十五年高宗靈駕之行顯應尤異先數日太守侍郎張杓躬視漲沙沿御舟入浦處盡護以紅竹詰朝方集萬夫迨潮落沙已蕩盡水去所立之竹纔尺許及虞祭畢沙復漲塞莫不驚異於是詔加武濟忠應翊順靈佑公慶元四年憲聖慈烈太皇太后歸祔永思將渡江會大雨震電隨禱而止遂賜王爵是爲孚佑王明初令有司常以八月十五日致祭（視詞）一氣通彼百川孕靈勢傾山岳聲震雷霆素車白馬出没杳冥實錢塘之壯觀固海若之憑陵時維八月天高氣清某等躬率僚屬駿奔靡寧釃酒臨江伐鼓以迎神其來格慰我凡誠

護堤侯廟（蕭山縣志）在長山之麓宋時建以祀漕運官張行六五歲淳間賜額祈禱甚應尤有功於

海堤（今俗謂之長山廟又謂之張老相公廟）春秋有司致祭後又建別廟新林鋪之北謂之護堤侯行宮有司即祭於其所又沿山川橋閘要害之所皆有行宮民各私祀之

按王多吉集張氏先塋碑記云吳越王時刑部尚書張亮厥後一傳護堤侯十一稅院龔爲長山海神則前行六五者即指十一言也郡志云神諱夏宋景祐中浙江塘壞神時爲工部郎中受命護堤置捍江五指揮各率兵士四百人採

石修塘隨損隨築人賴以安郡人爲之立祠朝廷嘉其功封寧夏侯又云山陰三江閘有廟稱英濟侯王不知何代所錫封號然本邑諸廟皆稱英濟侯天啟時封靈應英濟侯

餘姚縣

永澤廟 〈餘姚縣志〉在儒學旁元州判官葉恒築海堤民思其功請於朝廟祀之後廢邑人於開元鄉龍王堂私祀其像〈王至廟記〉至正二十有七年詔封故餘姚州判官葉恒爲仁功侯賜廟額爲永澤侯字敬常四明人以國子高第釋褐官餘姚餘姚北際大海當潮水之衝齧者六十里有司役其民楗籠竹木而築土石以爲堤風濤不可測或始成而即壞壞則內移以爲堤歲或三四焉民之力日益罷財日益耗而並海之地日益削矣侯至治視堤乃曰欲去此患非石堤不可然爲費固鉅但併其數爲土堤之費則石堤可成矣於是請計田出粟擇人以司之而侯則往來相度苦心勞力而督治之越三年爲至元改元之歲而堤始成常具其事請國子監丞陳公旅爲之記以刻諸石矣是後侯入官翰林轉職太學卒於鹽城縣今則去州已十年民皆欲建廟祀而未有卒其事者越十五年而浙江分樞密院經歷鄭公珩以分省命來督州事民以廟事告公公遂白諸分省而率其民即州學之旁建屋四楹以祀侯又合民之詞以請於朝故有廟額之命命下則鄭公已去太守李公樞乃屬州人王至記其事繫以詩曰海於兩間爲物最鉅洪濤奔衝土不能禦熒嗟業侯官此海歛禦海以石紓民之憂維此宏功曠古未有侯當廟食百世非久心乎斯民繼有其人民

爲報功廟食是勤煌煌封侯奕奕廟額昭我民請自天寵錫民之報妥乖厥子孫斯廟斯祀與隄永存

助海廟 〈餘姚縣志〉在治西北半里許莫詳何名傳其有功海上祀之

斷塘廟 〈餘姚縣志〉祀桑神在治西北六十里蘭風鄉斷塘村考桑神兄弟生於姚仕於唐戌神於古虞羅巖絕頂顯靈於宋助濬黃河有功建炎間勅封王侯先代立廟於石山奉祀甚盛蘭風地界海陬潮數爲患明初推官周復築蘭塘以抵怒潮里民部百常等以塘逼海坍塌靡常非神鎮之難以永固請徙顯順侯顯文侯文學侯黎陽郡王四神祠於斷塘邱壠之上

上虞縣

石窟廟 〈萬歷上虞縣志〉亦祀桑神在羅巖山麓神嘗助宋兵有功封郡王明張秋河決嘗顯陰靈助築至今客江湖者遇險難呼號求救輒護持有訴禱其應若響

天妃宮 〈萬歷上虞縣志〉去縣二十里

笠浩九神廟〔萬歷上虞縣志〕在牛步傳爲潮神其子姓及鄉人祀之

張神廟〔萬歷上虞縣志〕在縣南塔嶺上

伍子胥廟〔萬歷上虞縣志〕在山川壇前

嵊縣

靈濟侯祠〔嵊縣志〕在縣東門外百數十步神姓陳諱賢故有祠在浦橋明洪武十七年增建於邑之南門成化二年知縣李春重[illegible]十三年縣丞齊倫拓大之嘉靖二十三年詔春秋崇祀三十四年知縣吳三畏徙今所萬歷十五年知縣萬民紀更拓之雍正十二年知縣傳珏重修〔宋淳祐十二年勅〕巨浸所惜視無端倪洶涌須洞窮東極西於是而能回狂瀾迄無呑嚙非神之功豈人之力式俾侯爵聊慰輿情特封爲善應侯〔宋寶祐元年勅〕兩浙洪水爲患尤深幸錢塘潮神靈濟侯大顯神通逆風退浪不壞民居不傷民命祠宇臨江水波不入嚴衢近郡亦賴保全是用重褒封號旌異靈聰宜改靈濟侯爲善應侯載諸祀典〔俞浙靈濟侯祠記〕剡之浦橋有神曰陳侯諱賢者生于乾道戊子歿於紹定庚寅既沒禦災捍患所在響答侯生能爲神不問晝夜遇假寐輒神遊江海間拯護舟楫嘉定庚辰潮怒齧堤乎一一竹植沙塗上誓之曰神有靈無使潮越吾竹以焉神至潮至望竹伊邐卽勢伏逶邐折而東行未幾西岸漲沙岸旱畚鍤就緒而長堤屹若山繞矣一日忽之鄉丈人趙公炎來道侯之孫其將

築于墓上奉祀事求文爲記吾少時舟行浙江中流浪涌篤公仰天呼侯數四浪輒平卅渡善濟吾時常有祈禱之語久未克償遂爲記之〔趙由喬請褒封疏〕浙省錢塘江逼近杭城潮汎洶涌最爲險急上年秋汛大潮一日兩至衝刷日甚危險堪虞束手惶惶計無所出查康熙三十八年八月紹興府嵊縣詳稱浙省錢塘江乃萬艘輻輳之會實諸道衝要之津怒浪狂濤不時發作早潮晚汐一日雙馳捲長堤而碎裂排高岸以傾頹沃壤良田半隨雲浪朱門白屋盡逐銀濤誠所謂威激雷霆勢亘山嶽者也按惟宋進士陳賢者嵊邑奇人浙東間氣生具神通力拯陷溺每潮神之有祭魂輒與其馨香凡牲醴之所歆嚭卽見諸哇吐植竹誓禱力成西岸沙堤假寐神遊躬護中流覆楫厥後淳祐之歲障川迴瀾寶祐之元逆風殺水爰是廷臣表異宋室褒封由太尉而進靈濟恒膺爵秩之榮轉善應而加協惠頻易公侯之等夫何元明代往數百年來久虛誥勅之頒僅享春秋之祀然而神威毅赑屭久常新每當濟揖揚帆颶驅蓬裂惟搶呼之一聲賴神明之立應宜沿江以爲司命而嵊民尊稱太公者也恭遇

聖治休明

皇恩廣被及河喬嶽既懷柔乎百神崇德報勳更優渥乎萬古伏祈俯順輿情詳請題封臣查江神陳賢屢著靈異舊膺封祀似非荒誕無稽隨卽齋戒三日虔設牲醴自撰祝文備告以

聖天子德隆功盛海晏河清神果有知安瀾效順爲

朝廷保障生靈自當題請褒封以答神庥因率司道等親赴江干祭告齋心默禱祭甫畢而潮已至風狂浪激如排山擁陣而來觀者如者踉蹌奔避乃潮距祭所百餘丈卽止如有阻遏之者此康熙四十一年九月十三日事也杭城大小屬員併築塘員役近塘居民無不目擊嗣後每日潮汐俱不逼塘得以及時施功是皆我

皇上愛育萬民懷柔百神之德化所致而江神効靈有呼卽應其功似難泯沒臣彼時卽擬題請緣一時恐

出偶然未敢遽嗇
宸聽旋蒙
恩轉撫湖南至本年二月趨迎
聖駕見浙來諸臣僉云塘外頓起沙洲數里江濤離岸其
遠可保無虞是江神既鑒臣一日之誠而不負臣
則臣何敢自渝前日之約而重負江神身雖離浙
言猶在耳不得不瀆陳於
君父之前倘蒙
皇上俯念浙省江塘關係民生不以臣言爲荒謬伏祈
勅下部議將錢塘江神陳賢援例給封則波臣水吏常邀
萬世殊榮而報功崇
德共仰千秋曠典矣

寧波府

鄞縣

海神廟 延祐四明志 在東渡門裏 舊浙江通志 相

傳神姓羅名清宗好修黃白飛昇之術職統海中
諸龍王祈雨輒應

遺德廟 嘉靖寧波府志 縣西南五十里俗稱它山
廟唐太和中鄮令王元暐築堰捍江引他山水入
小江湖灌溉甚溥民德而祠之奏封善政侯宋咸
平四年重修乾道四年賜今額縣令楊布書郡守
張津立 蘇爲重修善政侯祠堂記 瑯琊王公元暐
唐太和中出佩銅章字人海徼時屬承寬
之後躬行阜俗之化以勤儉誡游惰以誠慤崇孝
慈貧夫斂手於袖間暴客屛迹於境外能使婚嫁
有序惸獨有依他民愁歎我則民懷乎燕樂他民
凋瘵我則民豐乎衣食詩所謂豈弟君子民之父
母者歟先是厥土連江厥田宜稻每風濤作沴或
水旱成災採石於山爲隄爲防迴流於川以灌以
溉通乎潤下之澤建乎不拔之基能於歲時大獲
民利非所謂法施於人者乎能禦大災者乎太博
王君嚮侯之德聲謁其祠庭門榛砌蕪暴露尤甚
乃歎曰將何勸乎我將新之吏忻民歡風動草偃
擇木揆日經之營之於是遷祠之基於堰之上使
泛舟者賴其德力農者懷其恩遺愛之道載彰嚴
祭之禮斯備在江之滸佑我蒸民庶使享斯
廟者知仁政之可尚也俾旌如在無愧直書

顯德廟 嘉靖寧波府志 縣北三里桃花渡北神姓
姚名器凡海艘遇颶者有禱輒應故稱顯德之神
元大德間都漕運萬户盧榮感神效靈運道捐址
建祠久圮明成化乙酉盧瑋大加修葺郎中洪常

有記

靈應廟 嘉靖寧波府志 縣南二里許畫錦橋北舊
名永泰王廟祀晉鮑蓋自宋以來屢封爲忠嘉神
聖惠濟廣靈英烈王歲久廟圮正統間知府鄭珞
復徹新之 尚書胡濙碑畧 王鮑氏世居會稽之鄮
郎山至王父去隱鄮之青山母晝寢夢
吞日而孕凡三歲當晉太始三年九月十五日王
乃生有神光耀室之異遂名曰圖照後更名蓋建
興四年七月十五日醉終於家葬鹿山之原邦人
因立廟鹿山塑王像併二夫人及王子歲奉祠之
梁大通間加封永泰侯唐神功元年縣令柳惠古
請以甬東水村楊給事舊宅更置王祠聖歷中始
立今廟宋崇寧中尚書豐稷奏犯哲宗陵名改廟
額曰靈應政和八年詔封惠濟宣和三年加封威

烈宣和六年侍郎路允迪奉使高麗卞庇於王若
行平陸奏加封忠嘉建炎四年高宗航海王陰護
之風濤不作帝乃御書加封廣靈紹定間丞相吳
彌遠作新其廟端平三年太傅越國公鄭青之奏
改威烈為神聖嘉熙元年資政殿大學士沿海制
置使趙善湘奏加忠嘉神聖威烈惠濟廣靈王元
武宗至大三年六月詔重建廟宇順帝至正二十
年中原梗塞由海道漕運萬户倪可久奏言藉王
陰庇扶護糧艘風波不興舟人無恐竟抵直沽以
濟國用請加封忠嘉神聖惠濟廣靈英烈王廟額
見存

靈慈廟 嘉靖寧波府志 即天妃宮在縣東二里東
渡門外宋紹興二年建元延祐元年封護國庇民
廣濟明著天妃至正末燬洪武三年中山侯湯和

重建天順五年知府陸阜命主奉沈祐修葺及創
寢宇程端學為之記謂沈自紹興以來世奉祠云
別廟一在縣東八十里大嵩所亦名天妃宮

慈谿縣

靈應廟 慈谿縣志 縣東北一里祀晉鮑王蓋明嘉
靖三十五年燬三十七年重建
國朝康熙八年重修

洋山殿 慈谿縣志 縣西北四十里古窑閘西祀海
神慈餘鎮三縣民虔奉之

湖頭廟 慈谿縣志 縣西北五十里鳴鶴場祀海神

鎮海縣

龍神廟 浙江通志 在縣東鎮遠門外十里海山洞
口
國朝雍正五年
勅封涵元昭泰鎮海龍神發帑銀二千五百兩剏建祠宇
八年知縣張廷督建 李衛蛟門龍神廟碑記寧波為浙東首郡其屬鎮海距海
十里山曰蛟門巉巖聳峙環鎖海口潮汐吞吐波
濤掀涌最稱險要傳其下為老龍窟宅興雲雨以
潤澤生民著靈異以捍禦灾患父老歷歷能道之
鎮海士庶屢荷庥蔭思欲仰邀

聖恩錫之封號彰厥績以垂不朽余按龍神之績顯於前
代者不具述惟我
本朝順治八年大師征討舟山戰艦出蛟門風浪恬息
逮至螺頭門忽雲霧蔽空使逆不及備遂破降之
其餘孽蟠踞海島每乘風犯境龍輒波騰浪激俾
不得前以致卒就殲滅是我師克復舟山海疆肅
清龍實與有功也雍正二年秋颶風暴發海潮奔
溢浸灌鎮民自分魚鼈矣既而潮忽漸退居民登
堠濤山望見龍身橫截海中潮因之不能入是時
沿海多被漂溺而鎮獨安堵無恙是又為龍神捍
禦保障之功也用允鎮民之籲請於
朝蒙
恩勅封涵元昭泰鎮海龍神旋發帑金卜邑鎮遠門之東
立廟崇祀翬飛跂翼美輪奐焉復於郡屬山川若
雁潭烏沙鰻井桃花釣巖箬雷陳山灌門蠃嶼李
家堰天井峰北雪諸龍神施惠於民者配位兩廡
以廣
聖恩得享祀勿替夫向者望洋以祭疎而不覩今則廟

貌崇嚴得所憑依且沐封號
恩寵優渥龍神之效靈以維護斯土者宜益力寧直風雨
以時年書大有而已哉廟之作鳩工於雍正八年
四月落成於九年三月郡守曹秉仁來乞余文紀
諸石因識其歲月俾後人無忘剏始且以知
聖主之念切民依苟有利於民社雖僻處海隅而皆不遺
恩寵若是司民牧者其亦
知所觀感也夫

助海顯應侯廟（延祐四明志）在縣西五里侯姓孔
象山童翁浦人行第七性剛烈死於海有劉贊者
夢侯曰上帝錄我善命爲境神已籍水府吾屍泛
於沙浦君能收葬翔數楹俾有棲托必爲民利贊
訪問果如夢即所居奠而祠之錢氏有吳越乃立

廟宋高宗幸海道賜額顯應（嘉靖寧波府志）在縣
西孝門巷

治水判官黃公祠（嘉靖定海縣志）在縣西北靈緒
鄉武功村祀宋浙東轉運司判官黃恕（宋元祐九年勅）朕惟
紹休聖緒必資靖恪之臣翼勵世風尤貴忠貞之
節疇咨浙東轉運司判官黃恕賢勞王事不避險
巇目擊時艱甘心殉國憫一方生靈之陷溺聊試
利器於盤根抱志墊淵浮屍獻異旋除水患永利
農民今特贈爾爲江東宣撫司判官聽民立祠表
塋禮葬勳階高陟危荅前勞民祀慎茲尚期後庇
鄭清之黃公祠記慶元之屬縣曰定海者東濱滄
溟世苦潮患治北走二舍則莊北村之新土塘也
稍北則武功村之和尚塘也界中有流淖淤蕩浮
莫測其底南北相距百餘丈延袤數里橫亘阡陌
之間前哲若制帥陳君韋令唐君叔翰俱嘗聚土
列石鶩之比將成水從下涌汎溢無際功簇攸措
時或靜夜有聲如鼓翌日必大決海潮外應揚濤
洶入桑田殫爲斥鹵歲或十餘決逾年尤數衆共
神之望洋蹙額束手浩歎而已值太府卿知府事
兼沿海制置使章君大淳蒞職大濬湖渠百廢具
舉乃共以狀控之時公領轉運判官素以廉幹聞
章君遂屬以厥事公慨然任之即日單騎詣其所
露處野宿躬荷鍤督役運土石衆亦猛奮兩涯蟻
集垂成而復決者屢焉每決必先期有聲水涌如
沸役再越朔弗就乃廣募良策有術士衣麻衣自
稱從武夷來排衆直前謁公曰是地也無物而聲
無風而濤變態不常淺深莫紀龍罔象所蟄也投
以生人彼畏陽而縮功可立奏公色愈然瞋目視
曰修此以爲民也殺人以求成功何心哉必爾捐
我身耳厥明齋沐具少牢以奠再拜爲民請命少
頃其下復有聲衆駭懼擾亂旁有峻崖公策馬臨
之諗於衆曰吾死於此若輩奮力語未究崖崩如

雷公併馬溺焉衆號擗聲震原野已而波濤恬然
乃如公命投土不復淖決三日封土與兩塘連接
比旦具祭告成忽塘右數十步外水起如注衆方
懼復決俄涌公屍出據鞍攬轡顏色怡然如生民
爭出資具衣冠歛焉時淳祐戊申夏四月八日也
公舍人欲歸其柩閩臨安兵據未果民攀輿泣曰
我公祛百世之害當享百世之報願乞衣冠葬而
祠之且請於章君以聞於朝勅進秩宣撫判官表
其墓聽民立廟祀之民捐產競赴三旬廟成章君
扁其門曰勅賜治水判官黃公永利之祠因命鄉
老歲時敬祀如儀公諱恕字文撰別號東浦襄人
也應嘉定癸未制舉歷官簿丞令長所至以仁斷
稱歲淳祐丙午來領右職委身王事余少時旅循
北海欲涉患所淤淖弗克今閱中書得公績簡册
嘉久之既而章君又爲
狀來請遂爲之記云

靜波廟（成化四明郡志）一名薛將軍廟在縣西世

傳唐將薛仁貴征遼道經於此撫安人民後鄉人
立行祠焉（嘉靖定海縣志）縣西富德街裔孫淮東
安撫使居實重修宋高宗航海賜額靜波
惠應廟（嘉靖定海縣志）縣東昌國城內世傳廟神
茹侯本邑人今茹侯村其所居也生有殊異歿而
人祀之建炎四年宋高宗航海賜額迄今民崇祀
焉
覺海威顯侯廟（嘉靖寧波府志）縣南十里崇邱鄉
舊稱山仙廟宋高宗航海賜今額開禧二年令商

逸卿修建新閣爲之記
昭利廟（嘉靖定海縣志）縣東北五里宋宣和五年
侍郎路允迪給事傅墨卿出使高麗涉海有禱因
而建廟燬紹興五年重建
忠應侯廟（嘉靖定海縣志）縣南十五里陳山下祀
海神舊稱陳相公廟宋建炎中高宗航海賜封
晏公廟（嘉靖定海縣志）在縣南半里祀海神又一
在縣西舊水關內
龍王祠（嘉靖定海縣志）舊縣南城外祀東海龍神

嘉靖四十一年海道宋守志都督盧鏜知縣何愈
改建威遠城內更名海神祠
海角廟（嘉靖寧波府志）在縣治西又一在縣南二
十里小浹港嶺上俱祠海神
靖海營祠（嘉靖定海縣志）在東北城外一里舊名
海神壇正德十四年改祭江亭嘉靖三十八年鎮
守都督盧鏜展營堡環二百四十丈增建舍宇六
十餘楹爲海口屯戍祈祀海神之所因名靖海營
祠

象山縣
普濟廟（嘉靖浙江通志）祀龍神宋南渡初賜額曰
靈濟明改賜今額蔣景高普濟廟記象山踞海而邑去縣東南三十五里山勢垂盡入大海中抑而復昂島嶼角立山之下巖竇空洞中垂石柱如鋸龍湫宅其內潮汐衝撞旦夕不息惟暮春之三日水退人可遊焉石乳巖花繽紛欲墜蓋龍之所居云歲旱禱祈即應故立廟以祀之廟在東山之隈赤巖之陽宋熙寧間縣令黃顏爲記及高宗南渡舟幸海道風濤震驚神之功曹柳氏昆弟三人顯忠效靈以濟艱危由是賜靈濟廟額元之季年屋久而圯宏治癸丑冬主簿孫德仁經始謀度縣丞賈行簡典史張克己從而贊襄爰出稍廩以先士民甲寅孟夏新廟告成
姜毛廟（象山縣志）縣南中市二神姜姓毛姓古稱

爲唐進士棄官隱此施藥濟人卒而有靈乃立廟祀焉神多著靈異至今渡海者或值風濤號神望救每獲濟無恙

定海縣

天妃聖母祠〈定海縣志〉在治南岑港奧明萬歷間建（屠隆天妃聖母祠記州治南去里許阻山下即南關津渡處山之陽天妃聖母宅焉額垣敗宇棼參久廢登覽者凄然夫東南恃舟師以寧舟師恃神庥以濟厥靈弗妥當事者之過已萬歷辛巳參戎袁侯來守是邦登山謁聖母祠頎而歎曰澤國洪濟實式憑之我軍民所共乞靈者其屑越之也輒捐俸如干聚材鳩工塗墍完整洪流滙前蓉峰環錯朝暾夕暉頓成勝覽於是人具瞻而神庥普矣甲辰春仲告成）

台州府

臨安縣

晏公廟〈台州府志〉在觀橋東北

黃巖縣

岱石廟〈萬歷黃巖縣志〉在縣西一十七里舊志南宋永祐景平中建世傳神家婺州好遊觀至岱石山而死是夕大雨震電山土剝落巨石屹立高百餘丈聳如人形里人以神顯異於此奏得王封又傳神與錢塘江神競分其潮三分今廟北港潮生則怒濤驚浪高可五六尺頗類錢塘因名斷江

福祐廟〈萬歷黃巖縣志〉在縣治西北神號王總帥即唐尚書右丞王維也元和三年婺源令陳英夫奉神香火道經永寧縣值江溢舟覆賴神拯救得全英夫遂籍於茲塑神像立廟祀之元至正間本州王仲祥以樞密院都事運糧赴京海道遇颶風危甚仲祥號於神獲濟具奏勅封護國忠烈顯應侯明嘉靖壬子燬於倭士民遂於舊址建廟及翊贊玄功唐室忠英二門凡災疫水旱有禱輒

應

太平縣

聖妃宮〈太平縣志〉在新河城內

溫州府

永嘉縣

橫山周公廟〈萬歷永嘉縣志〉在廣惠坊洪武初詔定廟號歲二月朔致祭（宋濂橫山周公廟碑神諱凱字公武姓周氏世居臨海郡之橫陽生而奇偉身長八尺餘髮垂至地善擊劍能左右射博聞而強記家貧耕以養父母及

司馬氏平吳與陸機兄弟入洛張華薦之神知晉室將亂辭不就而臨海屬邑曰永寧曰安固曰横陽地皆瀕海海水沸騰蛇龍雜居之民罹其毒神還自洛乃白於邑長隨其地形鑿壅塞而疏之遂使三江東注於海水性既順其土作乂永康中三江逆流颶風挾怒潮爲孽邑將陸沉民咸懼爲魚神奮然曰吾將以身平之即援弓發矢大呼衝潮而入水忽裂開電光中見神乘白龍東去但聞海門有聲如雷而神莫知所在矣哉而水勢平沍禍乃絕邑長思其功號其里曰平水且建祠尸祝之初在城之西郊及更永寧曰永嘉郡郭璞相土遷之於西洋遐邇遹靈者繇虛日神功益用顯著陳至德間閩寇章大寶侵分水嶺其氣勢張甚民爭逃遁神見天兵于雲間戈甲耀日盜驚而潰唐武德中輔公祏爲亂其黨入寇民依華蓋山築城而拒守之時當嚴冬神降大雨雹寇弗敢近城因得不陷天寶中河決澶州怒暴不可制神見黃旗驚濤間河復故道光化末天台饑神化形爲商以米貸人已而投祚於江變爲赤龍騎而升天宋景德初契丹同其母蕭氏南侵宰相寇準殿前指揮使高瓊奉真宗親征車駕過河至北城天際見力士數萬旌旗上彷彿有平水王字虜懼請盟而退大中祥符初詔營玉清昭應宮取材於溫之樂成使者以重山不可致走禱於神忽風霆凌厲龍湫震蕩巨石皆起立大木斯拔截江流而下神之靈異或見諸記載或相傳於父老之口如此者益不一而足今則粗舉其槩而已神初封於唐爲平水顯應公尋陞王爵賜袞冕赤舄宋累加通天護國仁濟之號從祀郊壇兼賜仁濟爲廟額元復加以威惠晉號太和冲聖帝遂易廟爲宮迨入國初當以誠事神以爲數加溢美之辭非所以敬恭明神詔禮官定議爲橫山周公之神仍命守土臣歲修祀事至於廟宇之建修皆郡守任其責可考見者自陳毛喜迨元左答納失里凡一十三人云秦王府紀善林君溫徵濂文勒諸石濂既爲序其事復作歌一篇使郡人歌以祀神其佐神張銈字子元

郡人宋右科進士忠簡公闢之族孫任至閤門宣贊舍人剛烈正直嘗上疏言事忤史嵩之被斥而歿既歿而顯靈太守吳泳因并祀之元封協惠侯進正肅英烈王法當附書歌曰東甌之地大海濱兮斥鹵噴蝕成荒堙兮有時魚龍或怒嗔兮蹴翻鉅浪高嶙峋兮懷襄勢殷莽無垠兮惟神我憫眉屢顰兮帥衆疏鑿不憚勤兮夜從陰兵直達晨兮三江順流若拖紳兮盡化魚鼈爲衣巾兮一旦颶母號秋旻兮江流逆上波插雲兮城廬沉溺在逡巡兮神知事急如救焚兮彎弓注矢肯顧身兮眼不見水惟見民兮衝濤直入勇絕倫兮海水壁立左右分兮赤電飛射光相㵎兮神乘白龍赴海門兮號號似聽驚雷奔兮水禍頓弭神具欣兮有室可居田可耘兮僉言曷以酬大勳兮有廟肇祀西洋漬兮漸周吳越洎七閩兮神功彌甚海宇聞兮天兵建隊向空陳兮旌旗上著鳥篆文兮敵氣讋盡去解屯兮況茲狗鼠視欲吞兮河道遄復流沄沄兮投杵化龍靈蹟存兮疏封直至帝王尊兮冕旒袞衣佩瑞璘兮神之正氣塞乾坤兮下上日月摩星辰兮元化汝燮合神人兮甌民戴神忱且恂兮遐邇奔湊川之臻兮如見靈旗降繽紛兮牲牷肥腯酒苾芬兮驅斥厲鬼黍稌蕃兮太史造文勒堅珉兮後千百載期無諠兮

正德間增建兩廡嘉靖乙卯正殿圮次年鼎建并新廟門兩廡及佐神孚德廟邑人王健有記歲久復圮萬歷二年里人重建門廡〔溫州府志〕

國朝康熙丁未年重建

海壇平水王廟〔溫州府志〕亦祀橫山周公在海壇嶺側

海神廟（溫州府志）在海壇山麓唐咸通二年建宋元祐五年守范峋夢神自言姓李唐武宗時宰相以事南遷而歿今在城東北隅叢薄中范寤疑爲衛公德裕作新廟貌上其事崇寧元年賜額善濟封侯爵

龜山廟（溫州府志）祀惠民周侯在德政鄉張嶴即三港廟竹浦羅浮諸處多有之

天妃宮（溫州府志）在城内八字橋

晏公行祠（溫州府志）在城内北市街西

樂清縣

天妃宮（溫州府志）在盤石巖頭順治三年大兵次盤石不得渡禱於神乃縛筏以濟總統范紹祖因新其廟

忠烈侯廟（樂清縣志）在館頭神曰田居部唐乾符間王郢之亂詔十道兵討之神奉命以行力戰而死邦人爲立祠觀察使表其事大順二年贈右驍衛將軍宋皇祐四年新其廟曰忠烈海濱舟楫往來風濤起滅皆神是司祀事甚虔明洪武初禮官奏稱歲以五月二十日致祭

平水王廟（隆慶樂清縣志）祀橫山周公一在界嶼一在林家鼻

惠民廟（隆慶樂清縣志）在東安橋俗名三港廟

瑞安縣

惠民廟（溫州府志）在嘉嶼鄉三港即郡三港廟也神陳氏逸其名唐時人世居瑞邑之洪口宅旁有大竹母令取竹陳兩指握之皆破今有破竹林及長行舟於海當歲除尚在南閩同舟者思家陳令

但各閉目來日可到衆惟聞舟戛林木有聲達旦已抵其鄉矣既歿鄉人商海值暴風舟幾覆忽帆檣間有聲言其姓氏及濟還立祠於三港宋宣和方臘犯境神顯異寇不敢入民賴以安邑令王濟上其事封護國惠民侯進福善王元至正間加莊濟洪武間海艘數十捕魚至晚颶風大作巨浪排山檣摧柁折衆號救於神俄見桅木火光奕然風浪頓息遂克濟（嘉靖瑞安縣志）後以三港地遠不便祈禱故於西門外莧山下及月井九里安祿巖

鳳林中俱建行祠以其每著靈異於海上故沿
海之民事之惟謹

廣濟廟（嘉靖瑞安縣志）一在永豐橋上一在城東
門内（曹睿廣濟廟記）神姓林氏名三益字友直生
宋熙寧戊申五月初四日幼時岐嶷長而聰
明沈毅勇摯才器過人遇鄉里有不平事直詞剖
決間者靡不信服崇寧間閩人吳必大秦勝識賈
方物及崑陽白沙民陳先轉粟於海遇賊艘引避
峴江賊順流而下將乘便寇城邑吏民驚駭莫知
所措神踊躍奮呼于衆曰今狂寇兇逆敢奪上供
之物且虐及吾土不殄此寇何以生爲乃歸白其
母仗劍率猛士張伯殷沈大有駕船往擊之神中
流矢不顧與之搏戰數合殪厥渠魁餘黨攸溺其
義皆出於天性蓋如此嘗憩永豐橋亭面發赤汗
流浹背人問其故乃曰吾方在海中捍舶船勞甚

數日後榕城舶商踵門以謝之人益信其神一日
忽語人曰可於許右丞閣上取團花錦袍白玉帶
及皂帽來翌日吾其逝矣及期沐浴更衣端拱而
化鄉人異之告於長吏具實蹟上聞立廟於東郭
豐湖之南凡水旱疾疫隨禱輒應咸淳初封廣濟
侯宋革命後至元丁丑隣寇剽掠勢張甚俄而神
威效靈有大旗現於雲端居民鼓勇力戰賊黨震
讐奔命邑賴以寧至大戊申朔方流民假道入閩
癘氣傳染死者相枕籍鄉人憂懼禱於神獨吾邑
獲免疾疫未幾海寇近境同知州事張成謁款祠
下而賊鋒卒不敢犯後州倅李愷漕運出海遇風
濤惡甚搶惶呼號舟人仰瞻檣末神火焜燿遂得
善達朝廷聞之乃錫封昭惠廣濟公癸卯冬有虎
入市搏人衆莫敢近頃間至廟側乃帖服受擒人
以爲神力所拘云知州趙崇祖以其事聞特封忠
武孚祐昭惠廣濟王由是靈異益彰邑人奉之如
考妣歲時致祭刑牲釃酒列廷下廟貌嚴肅過者
下馬馬廟久舊記殘缺余方歸自吳中項通甫等

來以是請姑述其顛末刻於
石以貽後人俾其久永不忘

天妃行祠（溫州府志）在西南隅峴山一在清泉鄉
東山

晏公行祠（溫州府志）在城内東北隅一在崇泰鄉
龜山

平陽縣

平浪廟（隆慶平陽縣志）在抗雲橋神晏氏

聖妃廟（隆慶平陽縣志）在嶺門至正間知州周嗣
德建洪武七年改今額宏治三年丞李選率鄉人

重建

勅修兩浙海塘通志卷十七

兵制

海塘修築向役民夫工程既非素習又或東作方殷鳩集非易雍正八年設兵二百名以備隨時工作至九年

特設海防兵備道經理六郡塘務增兵八百名統以守備千把平時則往來巡察遇有興修一呼羣集工有專責搶築亦不致後時矣至關隘逼處海塘設兵初意原有防護海濱私運米鹽之責義應及之志

兵制附志關隘

雍正八年准浙江總督李衛之請設立海塘經制千總一員經制把總一員有馬戰兵六名內設外委把總二名外委百總二名無馬戰兵十四名守兵一百八十名並聽杭嘉湖道海防同知管轄疏曰寧邑塘工向從鄉民僱覓來則一時烏合去則四散歸農既非熟嫻做工之人更當民間蠶農兩忙或值昏暮風雨巨潮猝至鄉夫僱募不前躭延時日均貽悞緊工又如沿塘看守不過總甲地保安能晝夜在於海濱瞭望巡查請做照河營兵丁之例設海塘千把總二員兵二百名分於東西兩塘常川做工看守於現在各夫內挑選補入兵額內馬戰兵六名步戰兵十四名守兵一百八十名千總給以馬一守四把總給以馬一守三養贍隨丁外委把總二名百總二名各給以馬戰餉二分管隊四名頭目十名各給以步戰餉一分其餘皆是守糧仍聽道廳管轄附入杭協水師營制造報題銷冬月如有閒時亦可操練防護海濱私運米鹽等類三年之內勤勞無過千總加以署守備職銜把總加以千總職銜以示鼓勵如有事故即于本營把總外委隊目下以次揀選頂補其官兵俸餉銀兩仍於本項歲修海塘銀內支給所需米石在於額征地丁內支給十一年四月准內大臣海望直隸總督李衛之請添設海防兵備副使道一員同知二員守備二員經制千總三員經制把總六員有馬戰兵五十四名內設外委千總六員外委把總六員無馬戰兵二百四十六名守兵六十名其原設添設海防同知俱令分管塘工兼轄兵役添設守備分左右兩營將原設添設之千總四員把總八員外委千把總十六員兵一千名分隸兩營管轄其一千名內左營駐劄海寧縣之東右營駐劄海寧縣之西屬海防兵備道統轄海防同知兼轄海防兵備道駐劄海寧縣城內同知三員除海鹽乍浦同知照舊駐劄外將原設同知一員駐劄寧邑添設同知一員駐劄仁邑左營守備駐劄海寧縣之東右營守備駐劄海寧

縣之西千把總等官各照緊要地方分段汛防兵丁俱於附近海塘處所設立堡房均派居住每千總一員給營房八間把總一員給營房六間外委給營房三間兵丁二名合給營房三間再於仁寧一帶建造堡房四十間海鹽乍浦建造堡房二十間兵丁除原設二百名外其新設八百名名募充補十二年八月總理海塘副都統隆昇題請將添設海防通判一員駐劄河莊山再於海塘左右兩營内撥外委千總一員帶馬兵四名步兵二十名

前往駐防以供疏濬聽該通判約束差遣次年三月浙閩總督郝玉麟又請酌撥海塘兵四百名挑濬引河嗣於乾隆元年四月經大學士嵇曾筠請停疏濬引河將調撥開挖引河塘兵四百名撤回

乾隆十二年九月巡撫方觀承以南塘各工並未設有耑員今北塘現在穩固江海大溜有日趨於南之勢請分派員弁兵丁駐宿其地左營之念里亭右營之八仙石章家菴觀音堂靖海五汛員弁兵丁全行撤撥南塘設立專汛五處按汛分防計千總二員把總三員外委六名馬步戰守兵壹百名右營守備一員移駐管轄其北塘各汛除調撥外尚餘外委把總一名歸入尖山汛内管轄又餘各汛馬步兵五名歸入鎮海汛内管轄又餘無馬戰兵五名守兵一十名歸入平湖汛内協防工作翁家埠汛内派撥外委一名帶兵一十五名分駐河莊葛嶴蜀山一帶巡視中小亹水勢情形五日一次摺報查核北塘八仙石章家菴三汛工程歸於翁家埠管理觀音堂汛工程歸於老鹽倉汛管

理靖海汛工程歸於鎮海汛管理念里亭汛工程歸於尖山汛管理右營守備所管北塘柴石工程統歸左營管轄右營守備向駐北塘一應支領錢糧俱用左營關防今既移駐南塘專司防護請飭部另鑄右營守備關防以重職守又以南塘江海各工向係山會等縣經管由布政司衙門詳核今既調撥海防道標營弁防守不可無耑管之廳員請即將紹興府水利通判關防添入海防字樣其南岸一應工程令該倅會同營備查報由道轉詳

現在遵行

分防汛地

八仙石汛　自省城慶春門外接塘頭起至宣家埠止計程二十六里半係土塘長二千六百六十八丈五尺駐劄把總一員外委千總一員有馬戰兵六名無馬戰兵一十三名守兵六十三名乾隆十三年移駐南塘所轄工程歸翁家埠汛經管

章家菴汛　自宣家埠起至潮神廟止計程二十一里内土塘長三千五十九丈柴塘長六百七十四丈共長三千七百三十三丈又土備塘長六百六十六丈駐劄千總一員外委千總一員有馬戰兵六名無馬戰兵一十三名守兵六十三名乾隆十三年移駐南塘所轄工程歸翁家埠汛經管

翁家埠汛　自潮神廟起至華家衖止計程一十四里半内仁邑柴塘長七百四十九丈五尺寧邑柴塘長九百七十五丈共長一千七百二十四丈五尺又仁邑土備塘長八百五丈寧邑土備塘長一千七十八丈四尺駐劄把總一員外委把總二員

有馬戰兵八名無馬戰兵二十名守兵一百名乾隆十三年分調外委把總一名守兵一十五名駐劄河莊山巡視中小亹水勢

右營守備駐劄於此後乾隆十三年移駐南塘

觀音堂汛　自華家衖起至西武廟止計程一十里係柴塘長一千二百五丈又土備塘長一千二百六十九丈駐劄把總一員外委千總一員有馬戰兵四名無馬戰兵一十三名守兵六十二名乾隆十三年移駐南塘所轄工程歸老鹽倉汛經管

老鹽倉汛　自西武廟起由老鹽倉至戴家石橋止計程一十四里内柴塘長六百二十五丈石塘長一千三百四十六丈七尺共長一千九百七十一丈七尺又土備塘長一千七百二十三丈駐劄千總一員外委把總一員有馬戰兵五名無馬戰兵一十四名守兵七十名

以上自八仙石接塘頭起至老鹽倉止土塘柴塘地方係杭州府海防水利通判管轄

靖海汛　自戴家石橋起至海寧縣南門止計程一

十四里係石塘長一千九百七十五丈二尺一寸又土備塘長一千七百四十丈駐劄把總一員外委把總二員有馬戰兵四名無馬戰兵一十一名守兵五十六名乾隆十三年移駐南塘所轄工程歸鎮海汛經管

以上六汛係海防右營守備汛地乾隆十三年右營移駐南塘所轄汛地統歸左營經管

鎮海汛　自海寧縣南門起由九里橋至念里亭止計程二十四里係石塘長三千四百九十一丈五

尺又土備塘長三千三百六十六丈九尺駐劄把總一員外委千把總二員有馬戰兵一十名無馬戰兵二十名守兵九十二名乾隆十三年因八仙石等五汛弁兵移駐南塘共餘有馬戰兵五名歸該汛管轄左營守備駐劄於此

以上自老鹽倉起至九里橋止石塘地方係杭州府西海防同知管轄

念里亭汛　自念里亭起至戞家廟止計程二十二里係石塘長二千六百六十四丈四尺七寸又土備塘長二千七百丈二尺駐劄千總一員外委把總二員有馬戰兵六名無馬戰兵一十四名守兵七十名乾隆十三年移駐南塘所轄工程歸尖山汛經管

尖山汛　自戞家廟起至談山嶺止計程二十七里內石塘長一百七十丈九尺柴塘長四百六十一丈一尺共長六百三十二丈又土備塘長七百丈外石壩二百丈駐劄把總一員外委千總一員有馬戰兵五名無馬戰兵一十四名守兵七十名乾

隆十三年因念里亭汛弁兵移駐南塘餘外委把總一名歸該汛協防操作

以上自九里橋起至談山嶺止石塘柴塘地方係杭州府東海同知管轄

澉浦汛　自談山嶺起至二寨止計程二十八里係石塘長一千二百二十八丈五尺又土備塘長五千八十丈五尺駐劄把總一員外委把總一員有馬戰兵三名無馬戰兵一十名守兵四十八名

海鹽汛　自二寨起至行素菴止計程三十九里係

石塘長二千四百四十五丈又土備塘長四千九百四十九丈又舊陳圩土隄長四百五十五丈駐劄千總一員外委千總一員有馬戰兵三名無馬戰兵二十二名守兵六十六名

平湖汛　自行素菴起至江南金山縣交界止計程五十里內石塘長二千八丈九尺土塘長四千三百一十一丈二尺又土備塘長一千五十九丈駐劄把總一員外委把總一員有馬戰兵三名無馬戰兵一十名守兵四十四名乾隆十三年因八仙石等五汛弁兵移駐南塘共餘無馬戰兵五名守兵一十名統歸該汛管轄

以上自談山嶺起至金山縣交界止石塘土塘地方係嘉興府乍浦海防同知管轄

以上六汛係海防左營守備汛地

右營移駐南塘分防汛地

龕山汛　自蕭山縣西興關起至航塢山西瓜瀝止計程六十里內石塘長三百九十五丈土塘長五千五百九十七丈六尺共長五千九百九十二丈

六尺駐劄把總一員外委千總一員有馬戰兵一名無馬戰兵五名守兵四十八名

大林汛　自蕭山縣航塢山西瓜瀝起至山陰縣夾棚止計程四十里內蕭邑石塘長八百三十三丈山邑石塘長二千七百二十丈土塘長一千七十一丈共長四千六百二十四丈駐劄千總一員外委千總一員有馬戰兵一名無馬戰兵五名守兵四十八名

三江汛　自山陰縣夾棚起至會稽縣宋家漊宣港止計程三十五里內山邑石塘長一千四百二十二丈土塘長一千六百五十三丈會邑土塘長七百四十九丈共長三千八百二十四丈又宋家漊土塘之內添築土塘一十六丈駐劄把總一員外委把總二員有馬戰兵四名無馬戰兵十二名守兵六十八名右營守備移駐於此

徐家堰汛　自會稽縣宣港起至小金止計程三十五里內石塘長一千五百二十五丈三尺土塘長二千三百五十八丈四尺共長三千八百八十三

丈七尺駐劄千總一員外委把總一員有馬戰兵一名無馬戰兵五名守兵四十八名

㴾項汛　自會稽縣小金起至曹娥江文昌閣止計程三十五里内石塘長一千二百四十一丈七尺土塘長二千六百八十五丈五尺共長三千九百二十七丈二尺駐劄把總一員外委千總一員有馬戰兵三名無馬戰兵五名守兵四十八名

曹娥汛　自蕭山縣西興關起至會稽縣曹娥江文昌閣止石塘土塘地方係紹興府水利通判管

轄

駐劄河莊山　外委把總一名守兵一十五名

營堡間數

海防右營

八仙石汛　宣家埠把總住房六間兵丁營房五十七間乾隆十三年裁

下新廟外委住房三間兵丁營房一十五間乾隆十三年歸翁家埠汛管轄

八仙石下新廟彭家埠永樂橋四處堡房四間乾隆十三年歸翁家埠汛管轄

章家菴汛　章家菴千總住房八間外委住房三間兵丁營房一百一十三間乾隆十三年裁

萬家閘後土備塘營房三間乾隆十三年歸翁家埠汛管轄

宣家埠雙潭橋章家菴三處堡房三間乾隆十三年歸翁家埠汛管轄

翁家埠汛　翁家埠把總住房六間外委住房三間兵丁營房六百六十五間其原建守備衙署二十

一間外委住房三間兵丁營房三十間乾隆十三年裁

凌家壩後土備塘營房三間

潮神廟翁家埠凌家壩三處堡房三間

觀音堂汛　觀音堂把總住房六間兵丁營房九十間乾隆十三年裁

曹將軍廟外委住房三間兵丁營房二十二間乾隆十三年歸老鹽倉汛管轄

觀音堂後土備塘營房三間乾隆十三年歸老鹽

倉汛管轄
華家衙曹將軍殿觀音堂三處堡房三間乾隆十
三年歸老鹽倉汛管轄
老鹽倉汛　老鹽倉千總住房八間兵丁營房一百
三間乾隆十三年添移建馬牧港營房一間
馬牧港外委住房三間兵丁營房二十三間內營
住房二十五間乾隆十三年裁營房一間乾隆十
三年移建者鹽倉
鎮海菴後土備塘營房三間
西關帝廟老鹽倉鎮海菴戴家石橋四處堡房四

間
靖海汛　秋田廟把總住房六間外委營房三間兵
丁營房九十九間內營房八間乾隆十三年裁又
內營住房一十八間乾隆十三年歸鎮海汛管轄
教場外委住房三間兵丁營房二十四間內營住
房一十間乾隆十三年裁止存營房一十七間歸
鎮海汛管轄秋田廟後土備塘營房三間乾隆十
三年歸鎮海汛管轄

秋田廟黃泥港鎮海廟堡房三間乾隆十三年歸
鎮海汛管轄
海防左營
鎮海汛　教場守備衙署二十二間把總住房六間
外委住房三間兵丁營房一百七十一間
陳文港西外委住房三間兵丁營房三十間內營
住房一十八間乾隆十三年裁止存外委住房三
間兵丁營房九間
九里橋後土備塘營房三間
南門外大石橋五里亭九里橋賣魚橋小墳前鄭

家衙七處堡房七間
念里亭汛　念里亭千總住房八間兵丁營房九十
六間內營住房七十六間乾隆十三年裁止存外
委住房三間兵丁營房二十五間歸尖山汛管轄
新倉前外委住房三間兵丁營房一十五間乾隆
十三年歸尖山汛管轄
掇轉廟外委住房三間兵丁營房一十五間乾隆
十三年裁

念里亭後土備塘營房三間乾隆十三年歸尖山汛管轄

念里亭東章家坂普濟菴五條圩梁家墩掇轉廟陳家塢七處堡房七間乾隆十三年歸尖山汛管轄

尖山汛　石墩司城把總住房六間兵丁營房一百一十一間乾隆十三年將營房二十二間移建平湖汛

黃灣外委住房三間兵丁營房一十五間乾隆十三年裁

殳家廟後土備塘營房三間

殳山廟尖山李家廟葛家橋葛家嶺談山嶺六處堡房六間

澉浦汛　巡檢司城把總住房六間兵丁營房七十二間澉浦東門内外委住房三間兵丁營房一十五間

葦山寨總寨黃泥寨圩丫义塘三澗寨二寨六處堡房六間

海鹽汛　鹽邑東門外千總住房八間兵丁營房一百二間

白馬廟外委住房三間兵丁營房一十五間

頭寨鮑家橋定海觀音堂新涼亭檀樹墳白馬廟麥庄涇行素菴八處堡房八間

平湖汛　乍關鎖鑰把總住房六間兵丁營房六十九間乾隆十三年又添移建尖山汛營房二十二間

獨山司城外委住房三間兵丁營房一十二間

教場南乍關鎖鑰天后宮梁庄城獨山司城茅竹寨六處堡房六間

右營移駐南塘

龕山汛　龕山把總住房六間兵丁營房六十六間

西興外委住房三間兵丁營房一十五間

牛塢蕩錢家塘富家塔轉塘頭新林閘新發工後龕山塘西瓜瀝八處每處堡房三間共堡房二十四間

大林汛　大林千總住房八間兵丁營房六十六間

夾棚外委住房三間兵丁營房一十五間

三祇菴後渡廟龜山寨西永福菴三官殿東大林

西潘家橋夾竈八處每處堡房三間共堡房二十

四間

三江汛　三江城守備衙署二十二間把總住房六

間兵丁營房九十六間

童家塔外委住房三間兵丁營房一十五間

宋家漊外委住房三間兵丁營房一十五間

夾棚東寺直河廻龍殿西丁家堰巡司嶺三江城

西塘灣橋真武殿八處每處堡房三間共堡房二

十四間

徐家堰汛　徐家堰千總住房八間兵丁營房六十

六間

宣港外委住房三間兵丁營房一十五間

栢樹墳大園宣港鎮塘殿東桑盆張神殿西四株

樋樹下偁浦車家坡八處每處堡房三間共堡房

二十四間

梁項汛　梁項把總住房六間兵丁營房六十六間

曹娥江外委住房三間兵丁營房一十五間

枯株塘如意菴瀝氷賀盤塘角中項塘白米堰文

昌閣八處每處堡房三間共堡房二十四間

江塘

江水從西南來過仁和而入海海潮從東北至逆錢塘而滙江海面廣濶江岸低仄冲激之虞時所不免又近在省城西南稍有潰決則浸入内河所繫之重與海塘等塘既毗連修築之法亦約畧相似志海塘附志江塘

漢郡議曹華信議立防海大塘工成名錢塘（水經註）防海大塘在縣東一里許郡議曹華信議立此塘以防海水募有能致土一斛者與錢一千旬月之間來者

雲集塘未成而不復取於是載土石者皆棄而去塘以之成故改名錢塘焉

唐萬歲登封六年富陽縣令李濬修築春江隄（宣德富陽縣志）春江隄在縣南臨江自莧浦至觀山三百餘丈皆壘以石武后萬歲登封六年縣令李濬修築

梁開平四年八月武肅王錢鏐始築捍海塘製強弩以射潮（吳越備史）王將築捍海塘因江濤衝激命強弩以射濤頭遂定基復建候潮通江等城門又親祝胥山祠爲詩一章函鑰置於海門既而濤頭遂趨西陵王乃命運巨石盛以竹籠植巨材捍之塘基始定其重濠壘塹通衢廣陌亦由是而成焉（錢塘縣志）錢王欲築捍海塘怒潮急湍晝夜衝激版築不就王乃採山陽之竹命矢人造箭三千隻羽以鴻鷺之羽飾以丹砵煉剛火之鐵爲鏃命強弩五百人以射濤頭人用六隻每潮一至射以一隻射及五隻潮乃退東趨西陵餘箭埋於候潮通江門浦濱鎮以鐵幢誓云鐵壞此箭出又以大竹破之爲籠長數十丈中實巨石取羅山大木長數丈植之橫爲塘依匠人爲防之制又以木立於水際去岸二丈九尺立九木作六重象易既濟未濟卦由是潮不能攻沙土漸積岸益固也（江塘志畧）錢塘江錢氏時爲石隄外又植大材十餘行名曰滉柱蓋以折水之勢不與水爭力故隄得無患也寶元康定間有人獻議取滉柱者謂可得良材數十萬杭帥然之木出皆不可用而隄爲濤激寖就摧決矣

宋大中祥符七年發運使李溥内供奉官盧守懃修築江塘用竹籠椿木以捍潮勢（宋史河渠志）大中祥符五年杭州上言浙江潮激西北岸益壞稍逼州城居民危之即遣使者同知杭州戚綸轉運使陳堯佐畫防捍之策綸等因率兵力籍梢楗以護其衝七年綸等既罷去發運使李溥内供奉官盧守懃經度以爲非

便請復用錢氏舊法實石於竹籠倚疊爲岸固以椿木環亘可七里斬材役工凡數萬踰年乃成而鈎末壁立以捍潮勢雖湍激數丈不能爲害

九年知杭州馬亮修江岸成

天聖四年侍御史方謹請修錢塘江岸斗門二所

景祐三年四月知杭州俞獻卿築隄數十里奉詔褒諭（宋史俞獻卿傳）獻卿以諫議大夫集賢殿學士知杭州一日暴風江潮溢決隄大發卒鑿西山石作隄數十里民以爲便

景祐中工部侍郎張夏以浙江石塘積久不治人患墊溺令作石隄一十二里自六和塔至東青門因

置捍江兵士五指揮專採石修塘隨損隨治衆賴以安（四朝聞見錄）杭州江岸率多薪土潮水衝激不過三歲輒壞張夏令作石隄一十二里以防江潮既成杭人德之慶歷中立廟隄上

慶歷初夏六月大風驅潮隄再壞郡守楊偕轉運使田瑜協力築隄二千二百丈（丁寶臣石隄記）江介吳越間杭據其右而地勢下生聚數十萬廬舍隱轔號天下最盛而歲苦海潮爲患於夏秋尤暴常與隄平城中望隄不數百步其勢反在高仰處不幸一壅而潰其猶決山而注於井沛然其可禦哉故其病於民也數矣初景祐中轉運使張公伯起善爲捍禦之策謂故隄率薪土雜治不一二歲輒壞雖勤繕構卒不足恃而重勞吾民乃作石隄袤一十二里民賴以安後七年夏六月大風驅潮晝夜不落勢益湍怒隄

之十石齧去殆半時知府翰林楊公偕轉運使田公瑜急議耕築條上方畧約工四十萬計及籍吏之可使者以驛聞詔以隄事付兼命通判屯田君尚余君貢兵馬都監閤門祗候杜君正平分董其役發江淮南二浙福建之兵調十縣丁壯合五千人輦石於山畚土於邱持鍤節杵之役相屬於數十里之外方苦盛寒無一告勞者是歲冬十二月新隄成用人之力三十萬減元調度一十萬費又乘其羨贏益畜護治之備隄長二千二百丈崇五仞廣四丈自龍山距官浦二千丈修舊而成增石五版爲三十級自御香亭下創爲二百丈石堅上厚柤爲膠固網上而方下外強而內實形勢遂安可恃而無恐矣最堅悍激處更爲竹絡實以小石布其下及圖析其岸勢務以分殺水怒大率究前之謀所未盡者益以新意而爲之也是隄也由伯起明厥初二公克厥終合而成績以爲萬世利後之爲政者其念前人之勤俾勿壞則斯民無窮之賜也春秋之義有濟於民者志之其預見本末不敢無紀云

政和二年兵部尚書張閣奏請修江塘從之（宋史河渠志）張閣言臣昨守杭州聞錢塘江自元豐六年泛溢之後潮汐往來率無寧歲而比來水勢稍改自海門過赭山即回薄巖門白石一帶北岸壞民田及鹽亭監地東西三十餘里南北二三十餘里江東距仁和監止及三里北趨赤岸瞰口二十里運河正出臨平下塘西入蘇秀若失障禦恐他日數十里膏腴平陸皆潰於江下塘田廬莫能自保運河中絕有害漕運詔急修築之

六年知杭州李偃請依六和寺岸用石砌疊從之命劉既濟修治（宋史河渠志）李偃言湯村巖門白石等處皆並錢塘江通大海日受兩潮漸至侵齧乞依六和寺岸用石砌疊乃命劉既濟修治

紹興十四年臨安府修錢塘江岸

二十年修石隄

紹興末以錢塘石岸毀裂潮水漂漲民不安居令轉運使同臨安府修築

乾道七年帥臣沈夏復修石隄成增石隄九十四丈

九年錢塘廟子灣一帶石岸復毀於怒潮詔令臨安府築填江岸增砌石塘

淳熙元年令有司自今江岸衝損以乾道修治爲法

慶元中浙江塘壞捍江指揮使任班率兵修築

嘉熙戊戌知臨安府趙與懽築江港口壩一道近江築捺水塘六百丈咸淳臨安志嘉熙戊戌秋潮由海門擣月塘頭日侵月削民廬僧舍坍四十里已亥六月詔趙與懽隣郡明殿學士知臨安府任責修築與懽奏先於傍近築土塘爲救急之術然後於內築石塘又奏日役殿步司官兵五千五百餘人并募夫工及修江司軍三千餘人已貼砌石倉夾濤笆版木晝夜運土填築自水陸寺之下江家橋之上近江港口築壩一南北長一百五十丈自聚頭石塘近江築捺水塘一長六百丈自六和塔以東一帶石隄添新補廢四百餘丈閱三月畢工水復其故

寶祐二年十二月監察御史兼崇政殿説書陳大方請修築江塘宋史河渠志陳大方言江潮侵齧堤岸乞戒飭殿步兩司帥臣本府守臣措置修築留心任責或有潰決咎有攸歸

三年十一月監察御史兼崇政殿説書李衢奏捍江兵額置四百人今所管纔三百人乞下所司拘收選武臣鈐束令隨時修補江塘宋史河渠志李衢言國家駐驆錢塘今踰十紀惟是浙江東接海門胥濤澎湃稍越故道則衝齧隄岸蕩析民居前後不知凡幾慶歷中置捍江五指揮兵士每指揮以四百人爲額今所管纔三百人乞下臨安府拘收不許占破及從本府收買樁石沿江置場樁管不得移易他用仍選武臣一人習於修江者隨其資格或以副將或以路分鈐轄繫銜專一鈐束修江軍兵值有摧損隨即修補或不勝任以致江潮衝損隄岸即與責罰

紹定二年浙江隄成

明洪武十年七月海潮齧江岸浙江布政使安然躬率民夫伐石砌築隄成民獲安業

三十二年江潮壞西興塘田廬淹沒主簿師整增築隄岸四十餘丈蕭山縣志蕭山縣西興塘在治西十里錢武肅王建

永樂元年十月修築江岸明實錄永樂元年八月癸亥浙江風潮決江塘萬四百餘步壞田四十餘頃湯鎮方家塘江隄爲風浪衝決淪於江者四百餘步溺民居及田四千頃冬十月修築江岸

九年七月修仁和塘岸明實錄永樂九年七月辛未浙江潮溢衝決仁和黃濠塘岸三百餘丈孫家圍塘岸二十餘里工部上言請發軍民修築從之仍命戶部遣官巡恤被災之家

十一年五月工部侍郎張名失監築江塘用竹木爲籠納塊石於中壘砌隄岸萬歷杭州府志永樂十一年夏五月江潮平地水高尋丈仁和十九都二十都居民陷溺田廬漂沒殆盡守臣申奏朝命工部侍郎張某監築隄岸役及杭嘉湖嚴諸府軍民十餘萬採竹木爲籠櫃伐皋亭山塊石納其中壘砌隄岸以禦江潮修築三年費財十萬

正統四年十月富陽縣知縣吳堂修築富陽江隄成陳觀吳公隄記吳公隄古春江是也不言春江而言今名縣令吳侯所築民爲是名示不忘也按志富春居杭上游背山面江下通錢塘潮汐往來上接衢婺睦歙諸水會流每天風撼濤奔潰激射號爲險絕別自觀山起至莧浦橋止東西三百餘丈適當邑城之南其捍潮禦浪惟築隄爲可備前代

興廢未暇究論自唐萬歲登封六年縣令李濬所築者去舊城一百步許迄今數百餘年而雨洗風淘隄因以壞漸逼城居爲患不小民日以憂前爲縣者多後其事宣德乙卯侯始來治兹邑撫字之暇顧兹頹圮慨然興懷因與僚佐議政治所先莫此爲最當亟修舉乃具詞上聞得允所言會歲歉未遑也正統四年秋穀既登方將鳩工督匠値所司別築錢塘江岸徵役徒伐鉅石動以千計幾寢是事獨富春以侯請得允遂專力修築民大懽悅經始於是年十月八日仍率父老遍歷江滸驗里分圯瘠限以丈尺多寡使得人平力均於是夫匠雲集椿石山積復親授方畧定立三級下承以椿上壘以石布置得宜事易工省不再閱月厥工告成上堅下固儼若天造竣事之日里父老子弟相與語曰昔爲狂瀾百尺之衝今遂安居樂土之願伊誰之力與我侯之力也語竟因以侯姓易隄之名余曰宜然復徵余文以記其興築顛末竊惟官府起大興作用大力役事有便於民利於衆者雖勞不怨築隄重事也然在防遏水患奠安民居出於衆人之所同願故用工雖大而民不勞成功雖速而人不忘使數百年已壞之遺業一旦爲千百人家之保障蓋有以見侯之舉在於爲民而不在於爲名也雖然地不自名必因人而後名昔蘇子瞻守杭築隄西湖名曰蘇隄亦因人而得名今隄從侯姓由前人起之也庸害於理乎侯名堂字允升饒州樂平人由進士發軔仕途凡見諸行事一本於明體適用興廢舉墜境内一新皆民事所當爲者他日人思侯績因而得名者多又不限一隄也荆州府學教授致仕陳觀記

成化七年九月江潮大溢塘壞朝命工部侍郎李顒督築始復其舊明實錄成化七年九月二日風潮決錢塘江岸十餘丈近江居民房室田產皆爲渰沒守臣以聞工部尚書王復等奏乞如永樂事例遣大臣往祭海神修江岸上命李顒時湖水衝塌江岸計四百九十餘丈顒議修築工料合用銀七萬三千二百餘兩今官庫收貯十不及五如侯續收贓罰解補恐潮復作前工盡棄欲取布政司存留糧銀支給充用量起杭州府衛人夫修築從之

正德十四年六月蕭山西江水溢塘傾邑市浸者數日司府以鄉官錢鉉議發倉粟募民築之

嘉靖十八年六月江水決蕭山塘壞山會俱爲巨浸邑進士黃九皐以書上巡按傅鳳翔傅爲感動大興塘工檄通判周表督其事築成基闊七丈收頂二丈身高三丈有奇南起傅家山嘴北盡四都半爿山橫亘二十餘里黃九皐書竊觀蕭山地方紹興府之西北隅錢塘江之東南濱也傍海爲縣隄東南自桃源十四都臨浦而至四都褚家墳南北四十里所以防上江之水在縣之西謂之西江塘江至四都則折而東矣故自四都而至龕山東西六十餘里所以禦大江之潮在縣之北謂之北海塘皆沿浙江爲之也浙江上流蓋自三衢之水東流龍游經蘭溪嚴州桐廬富陽直抵蕭之地名漁浦而滙於錢塘此上江之經流也其所受支流尤多金華溫處之水自蘭溪入嚴州之水自嚴州入新城分水之水自桐廬入皆東注之漁浦之南則概浦江也受諸暨浦江義烏之水經臨浦磧堰而北注之漁浦又合諸府山水曲折而北經四都西北十餘里則又自北而東滙于錢塘是謂浙江蕭人呼爲大江蕭山正在其東南轉屈之間此江流之曲逆水勢所必衝其害一也大江兩涯相去一十八里江面汪洋水有休息故左右蕩波寬緩而不迫上江之面不盈一里則

窄隘而不容泛濫而難洩此上江之不寬水勢所以必溢其害二也蕭山在江東南地頗低窪杭嚴徽信金衢溫處八府在江之西崇山峻嶺凡遇霪雨山水奔騰而東俯視蕭山若建瓴然此地形之高卑水勢所必趨其害三也方山水之初漲也西江塘面去水無幾杭桓之勢惟恐不支然山水自上而下海潮自下而上朝潮夕汐應時而至勢如排山逸於奔駟東風駕濤一息千里時方小信猶有落水之候若遇大信潮水有升而無降山水有加而無已上下衝激彼此怒號頃刻之間沸涌尋丈塘土幾何而能當此此際既無洞庭彭蠡之滙則必有衝潰泛溢之勢此潮信之加漲江塘之反卑其害四也國初上江洪流在漁浦西北十餘里東北入大江若夫縣浦江之水經臨浦麻溪是謂小江東至三江入海大江在縣西北小江在縣東南縣以一江爲界素不相涉成化間浮梁戴公琥來守紹興見山會蕭山三縣之田歲被小江之害且小江兩涯皆斥鹵之地萑葦之場可以田而耕

也相度臨浦之北漁浦之南各有小港小舟可通其中惟有磧堰小山爲限因鑿通磧堰之山引縣浦江而北使自漁浦而入大江由是縣浦江與大江合而爲一乃大築臨浦之麻溪壩使縣浦江之水不得由小江而下以爲山會西北蕭山東南之害又於濱海之地修築三江柘林夾蓬褊拖四所陡門節潮水之上下由是附近小江之民反藉小江爲利而兩涯之斥鹵者今民居矣萑葦者今桑田矣戴公之功也小江居民實受其福而西江水患從此滋甚考功記曰善溝者水齧之善防者水淫之蓋謂上水湍流峻急則自然下水沙泥齧去矣戴公之初心惟恐漁浦磧堰之砂不能一朝齧去以通縣浦江之水而濬滌之尤拳拳焉豈知數十年來日漸月洗決齧流移漁浦江塘屢被衝壞日徙而東曠爲巨浸里冊之圩江不知凡幾貧民之賠米了無紀極戴公豈知有今日哉漁浦受累蓋亦久矣是以上江洪流亦徙而南混爲一區以漁浦爲滙國初洪流之在北者漲爲高沙乃在錢

塘縣境今之所謂新江嘴俗呼爲沃貴沙即此地也自磧堰既開江流日劇而東南其害五也受此五害蕭民日以西江爲患嵗嘗訪之江濱西江之塘從古有之不知其始自四都至漁浦十五里古塘也古塘之式崇高三丈基闊五丈其面半之間有內外灌港抵塘之處甃以巨石拼之一木樁樹之榆故縣之民居歷代雖久尚有存者若漁浦而至臨浦麻溪壩二十五里則磧堰既開之後江水泛溢沂以戴公彷古式而爲塘崇賡之數一如古焉是眘謂之西江塘也夫何時平決玩歲久不修而塘之三蠹生焉一則蠹於私窪之穴竇也二則蠹於刜塘以通貨也三則蠹於上都之偷掘也蓋近塘高田凡遇旱乾則掘塘鑿霪以通車戽汲引江水以灌田禾苟辦目前之急不虞身後之患江流漲時霪穴通水涓涓之泉勢將滔天禾固無收而家亦蕩廢矣此爲塘之蠹者一也在臨浦義橋倪家壩則有木簰引鹽之出入在汪家堰楊家浜閘家堰則有薪柴磚瓦之出入射利商人削去塘土

以便搬運凡此之地不知幾所客貨既過而塘土不增但知用時而不顧後患矣此爲塘之蠹者二也大雨之後西江水漲大汛之後江濤洶湧時有桃源鄉田在西江之西爲水注溺計出無奈則百十爲羣賁夜偷掘江塘使水從內而灌桃源始得蘇息不知一鄉之害雖去而三縣之害無紀極矣此爲塘之蠹者三也凡此三蠹塘長知而不敢言告諸官而不加禁一經霪雨三蠹畢生即出不意踰塘而入自正德己卯大水入嘉靖元年水再入六年丁亥水又入十二年癸巳水又入今年六月大水又入凡江漲也必以梅雨水之入也多以六月自己卯至己亥首尾剛二十年而爲大水漂流者五度矣是豈水之罪哉地勢卑而不振隄防決而不修三蠹集而不知人心懈而不守遂使滔天之勢排空而入不惟巨浸蕭山而且流毒山會茫無垠岸連爲一壑流徙我桑田漂泊我廬舍汨溺我士女損蝕我農工斯民之不爲魚鼈者能幾何哉惟時蕭山山會三縣洩水之處惟三江陡門而

已連年陸門久閉海道堙塞我府尊篤齋湯公發
置三江城外建應宿閘多張水門二十八洞賴此
而水有所歸始易疏洩然是閘也本以疏內河之
水當洪水大發之時猶懼患難盡去計出無奈則
決北海塘許家缺二都瀝東河三都股堰大堰等
處分殺水勢徐俟旬月然後水落土見降邱宅土
而一年之生理去矣交秋之候買苗插田而播種
失時必無西成之望卑濕且如疫疾繼發而無和
藥之需待哺嗷嗷羣聚爲盜而無垣墉之蔽家無
儋石野無青草服食之物腐爛一空啼哭之聲達
於四境目擊其害誰不痛心然則西江無塘蕭民
難保其生塘弗崇廣猶無塘也十年之前憲副丁
公沂僉憲蔡公乾相繼來督水利慨然動慮加意
窮民乃準近年之水痕尋先朝之故迹謂塘非高
二丈不足以當江漲也謂基非濶五丈不足以爲
巨防也乃出舍於江皋責山陰之助役又作樣塘
十餘所制準架一座預期塘成之後使人挽曳而
前有不如式即治其罪甚盛心也民方樂於赴功

擬觀厥成不意二公陞秩繼去執事之人不皆二
公之心竟托空言良可歎也嗣後張侯選王侯聘
相繼來尹蕭山愷悌之心民豈可忘而工役浩煩
非一邑可辦措置艱難而銀錢有限督理心勞而
民力易竭是以塘之高廣不如古式而補塞罅漏
終非永圖故曰不一勞者不永佚不暫費者不大
獨然則大興工役必何如而可蓋西江之害小江
之害移之也然西江塘必朝浸蕭山而夕達山會
唇亡齒寒裘破而毛無所傅害每相因竟未嘗免
蕭山既爲山會而受害則山會當助蕭山而築塘
近聞小江新漲之田年來三縣從輕科糧漁浦之
民欲將此糧湊抵西江之坍江今非所及也亦且
未暇以小江之利爲辦近年湯侯之築三江塘閘
也本在山會之地而蕭山水利亦賴疏洩是以民
皆樂從而助費助工未嘗有失今西江之塘雖在
蕭山而山會之民同其休戚然則築西江塘之費
應倣三江閘之故事而行之夫豈不可蓋三江閘
三縣之下流也水患所由洩西江塘三縣之上游

也水患所由來水脉流通本同一地利害相因事
同一體防江捍海罔非民功我往彼來罔非己事
請以蕭山山陰會稽三縣連年庫存修塘銀兩僱
倩築塘丁夫并力合心共興大役分授地里各效
其能在山會所不能辭在蕭山亦不爲恭理所相
因情所必至也恭惟明公在上俯念斯民之窮彌
縫天地之缺尋按舊跡講自古今利害之原相度
原隰務爲萬世永賴之利以三縣之田丁興四十
年之工役秉獨斷以致決而百堵皆興禁三蠹於
將萌而五害屏息是謂佚道使民雖勞不怨愼終
如始不惡而嚴其間經畫區處之方明公自有成
算矣侯於贊詞哉

〔吳〕鼎重建西江塘記畧蕭山邑
於紹興府之西鄙北濱鉅海南當太末東陽富春
諸川之水西漸錢塘江水波尤惡前代三面環設
長隄以防患亦隨時救弊策也然隄外諸暨之民
利于隄壞則彼無壅遏田多收往往竊來毀隄隄
故卑薄又苦商旅蹂躪不戒爲日久矣嘉靖十八
年夏五月天連雨至於六月上游諸郡水大至咸

滙於下流江海泛溢決壞西江塘四十餘里水高
於防三倍湛溺官寺人民盧舍田稼畜藏無慮數
千萬百姓嗷嗷流散懷襄之勢未止時部使者應
山傅公按越聞之瞿然失席曰天實以儆我二三
有位何敢不傾府庫平糶作堙塞洪流以紓元元
之命乎顧茲役甚大惟通判周表職司治水宜益
奮貞亮秉節爲民禦患於是周君日夜圖上方畧
愼簡諸執事而博謀於鄉士大夫深論便宜分别
利害擇善而從衆獻議曰計築西江塘萬有百餘
丈程之合役六千人人三十日日受米僦不過費
白金百二十鎰亦可以事請失業浮民衣食縣官
而爲作治兩便五堰通商尤爲要害計作石隄墪
必完安發邑中諸豪坐法者代買薪石贖罪夫喜
免刑辱而自爲除疾亦人情也其董役官各有分
地庶可考驗成功議上報曰善亟行之乃閏七月
朔周君如策率吏民事事凡八旬西江塘成崇於
故防四之三基廣於舊十之四其濶二丈
屹如崇墉限隔江海越民知免於昏墊矣

萬歷十四年七月十八日江潮大作洗入沙地千餘丈室廬衝壞者數百間蕭山縣知縣劉會力請改築石塘其制先溝三尺每丈以松樁徑七寸長九尺者五十根花釘沒土尋以羊山等宕石長一丈厚八寸兩塊連接丈有六尺縱次直壓樁上爲脚石壘至十六層高一丈二尺九寸每二層縮尺許至塘面廣一丈用統石蓋下每層止用兩塊直接自官巷至永興閘用此制自閘南至官埠俱因舊塘基增築不用樁石用八尺者直壘十六層自官埠至股堰北偏仍用樁壘石一如官巷制特每層縮八寸作階級以便上下官巷中衖口塘外釘鑿浪樁二匹共長六十餘步計塘延袤三百三十二丈工費一萬六千一百六十八兩

劉會築塘議畧　蕭山爲塘者二分捍江海向並時修葺彼北海塘無論已若西江者時值安波吏民恬習如慮近塘情夫濫冒築費修築科價徒叢奸弊一旦難作悔何及哉竊謂此役終不可已在矯其弊而救之耳莫若派該圖得利田户身操版鍤守其所分遇大造而更則事有專任如慮丁夫削舊塘冒新功莫若分都挨里修葺工竣輒以石表識其處責有所歸如慮樁節洗出居民拾之爲薪莫若僉近塘殷户爲長察之其工洗出即責其工復之不唯斷拾取之弊而塘日益堅矣知是則里長各供門户知利害且葺塘即

自蕃稼也設有不虞一呼即至孰有情竊敗事者哉溫純西江塘記畧在越紹興郡蕭山縣西十里許爲西興鎮鎮被錢塘江江被海起鎮以達郡者運河也錢武肅王鏐故建塘以鎮海潮日再至歲久寖決寖修至丙戌大決民居漂數百家江且及河害且及郡郡守蕭良幹邑令劉會上狀余因同直指使者傅公好禮李公天麟請於朝而各以贖鍰佐之發郡若邑倉粟半不足取於山會蕭三縣田畝量工授食以通判卜鐘總領郡幕陳策縣丞王箕典史徐闓分任其事六閱月而工竣又復故鎮海樓余渡江中流觀塘壁立樓峯峙榜人則指中流謂余曰此錢氏故塘所也余悵然太息者久之既還武林署會有客過余言塘自武肅歷守吳茀氏而來畚鍤之役畧可得而言洪武中遣尚書郎暨藩大夫治而周文襄公功最著于宣德間至于今波流極矣石非因于故也而下者以爲捷朝下則潮夕推之夕下則朝潮推之雖鞭之長不及馬腹毋論武肅舉一國之力損數百萬緡集强弩射潮即洪武之役取材他郡藉力他邑而文襄周公便宜括贖鍰數莫可詰難矣今上神靈嶽瀆抶盻蠻而左右相之守祭潮潮退判令幕丞身攊樺經營費不盈二萬工不及三時人力不至於此豈禹廟在越而陰以濬川刊木之烈導耶何成之易也越自是有裨益而公之中流興嘆者何也余曰今天下大患在失時在護事及時則事半功倍踰時則事倍功半不待智者而後知也今之守令無能名一錢費以萬計不效則有文法效則亦有唇吻以故事即不可已苟可緩目前即遺大費于後曰後人之責也文法唇吻我無與耳今日之役益迫于江且及河害且及郡而爲之也語曰議穴不塞將成江河余故臨流而嘆客曰善因記之以告後之守令毋若此役之迫于江且及河害且及郡而爲之也

按蕭山縣志西江塘在縣治西南三十里跨苧

蘿新義安養諸鄉橫亘五十餘里計十有六處曰諸暨墳曰潭頭曰上塘嘴曰閘家堰曰項家缺曰于家池曰張家堰曰上落埠曰汪家堰曰大門柏曰吳家堰曰方家堰曰周老堰曰傅家山曰義橋曰新壩各設塘長看守但不言設于何時查此條萬曆十四年知縣事劉會有僉近塘殷户爲長之議則設於是時無疑也

三十三年錢塘縣令聶心湯築錢塘寶船廠一帶塘隄萬曆錢塘縣志錢塘寶船廠一帶舊無隄塘田土傾圮邑令聶心湯鳩工叠實樁石堅鉅爲久

遠計費六千餘金

四十年築蕭山縣西江塘患缺任三宅議西江塘作稱患缺數處亟宜增修所謂患缺者由内邊池蕩或接溝河外既衝激内復不支塘土日薄漸以成缺故池蕩不塡塞河溝不塡潤則雖用篰石障之於外泥土培之於上目前或幸無事一遇淫潦仍復傾圮矣其親閱此塘惟方家塘孔家埠汪家堰張家堰逼處池河塘土漸薄當急議修築其他尚可稍緩耳

崇正十五年五月梅雨江水泛溢壞蕭山縣西江塘田禾盡淹六月復溢道府及山會兩縣親勘塘缺督修

皇朝順治十一年蕭山縣令韓昌先集議分段修築江家堰大門柏丁家庄于家池楊樹灣閘家堰潭頭諸暨墳等處江塘

十七年修築蕭山縣西江塘自大門柏上落埠起至于家池止

康熙四年蕭山縣江水泛溢大修江塘周之冕西江塘議西江塘爲金衢嚴婺暨陽諸水所經易於衝決前人言之詳耳而獨惜其無永久之策何哉邑之捍海塘最爲要害然潮水平漲雖澎湃而不傷其根故易土以石可一勞而永逸矣西江之水發若建瓴每遇屈曲則回湍激射旁搜下注輒成潭穴深至數十尋亘數十尋雖上有堅砌之石僅等飄萍敗葉耳

故即易土以石難言底績也然今日之患更不在湍急之難防而在修築之無實往例西塘派各都里長分段修築俱苟且塞責無實心實力之人以任之値全圮者費百餘金不能成功徒相爲欺隱値稍圮者僅賄差役以免苛責所以小民歲有修塘之費而無修塘之功僉謀有識謂莫若于得利田畝派出椿篰人工之費公舉誠實者民專任修理不用催督則人有專責而無差役之需索里長金錢一分有一分之實濟一歲省數歲之虛糜塘政莫善於此然而此法多不行者則以縣間恐受加派之名里長率多頑抗之輩輸將不前任事者不能爲無米之炊耳夫修築江塘費無額設不過以蕭山之民力禦蕭山之水災原非加派亦何嫌何忌也試使縣父母加意嚴徵孰敢怠抗但可畏者蕭山得利田原有定額而數年之間缺額至萬餘畝豈曰悉變滄海邪猶當嚴諭總書確合其實毋使規避斯爲盡善耳

十三年蕭山縣項家缺圮邑人周之冕躬任督修舊
時殘缺悉完固
十五年五月江水泛溢蕭山縣張家堰楊樹灣于家
池上落埠等處坍塘共一百三十餘丈各里於得
利田按畝徵錢建築計費二千餘金
二十一年五月連雨蕭山縣王家池諸暨墳及聞家
堰周家堰孫家埭等處江塘相繼坍圮督撫檄行
道府及山會蕭三縣酌估修築自十月興工至二
十二年未竣民力已竭邑人福建總督姚啟聖計

三邑已經修築用過工費捐貲還民其未興工處
命弟姚起鳳親督畚鍤選材加工延袤數十里四
閱月告成計費萬有餘金
二十五年上江洪水泛漲蕭山縣西江塘坍毀百有
餘丈邑令劉儼捐貲修築時巡撫檄紹興并山會
蕭三縣會議修築於蕭山縣得利田輸銀二千兩
山會輸銀二千兩巡撫以下各輸銀若干二十六
年正月興工三月工竣
三十一年蕭山縣西江塘楊樹灣于家池項家缺等
處塘陷三百二十八丈邑令劉儼捐貲預築小塘
時督撫檄紹興山會蕭三縣會議修築閱兩月報
竣塘脚濶七丈塘面濶二丈塘身高一丈五尺
三十八年巡撫張敏具題捐修錢塘縣江塘自望江
樓起至雲林下院并古頭埠共三十九丈一尺顯
應廟起至大郎巷共六十三丈又梵村蜈蜂嶺等
處共三百五十三丈仁和縣江塘自大郎巷起至
來家埠景家埠共七十九丈五尺又銀杏埠等處
一百六十二丈五尺

四十年巡撫張志棟具題捐修錢塘縣江塘自三郎
廟起至顯應廟中沙井永福橋至節婦牌坊李家
橋止又銀杏埠阮家埠等處共二百七十一丈三
尺又續報坍塘自凉亭起至中沙井一帶及放生
菴共修二百八十七丈又關帝廟至永福橋等處
共築子塘五百九十八丈四尺仁和縣江塘自下
泥橋起至盧家橋鎮海菴止共四十一丈三尺時
布政使趙申喬請專委溫州府同知甘國奎修築
阮家埠三郎廟李家埠景家埠六和塔華光樓諸

塘議用堅厚大石嵌砌使渾成一片後加築子塘
共修過石塘六百六十七丈子塘八百九十五丈
張泰交修江塘記杭州東南大都會也而錢塘一
江世爲之患蓋其流勢汎疾異於他水而海水上
潮經龕赭二山自廣入狹逆江而西與江水相激
射江不勝海爲潮所却怒號搏擊山摧地拆聲息
燀赫而仁錢適當其衝雖有神禹疏瀹無所施功
故修塘以捍漢以前無可考按武林志郡議曹華
信議立塘以防海水始募有能致土一斛者予錢
一千人貪厚値皆擔負而至來者雲集比至江上
詭云已不復用皆棄土江濱而去塘以之成至梁
開平間再修于錢氏宋大中祥符間錢氏塘壞轉
運使陳堯佐築然自武肅以來率用薪土屢築屢
圮景祐三年兪獻卿知杭州始鑿西山石作隄數
十里民用便之下詔褒諭四年轉運使張夏作石
隄十二里因置捍江兵士五指揮採石修塘隨損

隨治杭人德之作廟隄上此石塘之所由始也然
由元而明捍江兵士不復設事無專責往往因循
推委至于坍塌而莫之惜不得已而修之大都苟
且報完而已故常有公私費財不止十萬而潮患
如故今康熙三十八年仁錢二縣所修江塘不踰
年而潰前撫趙公申喬時爲藩伯請於前撫張公
志棟集浙之僚屬謀所以治之者溫州郡丞甘國
奎議曰自宋景祐間築石塘今將七百年雖幾經
斷續而終賴石土以足恃但荒石薄小不耐衝突
且砌法亦未盡善今欲圖久遠必購巨石選良工
每塘一丈用石一縱一橫嵌以油灰鎔以鐵錠深
根堅杵加築子塘以爲重障俟其沙漲可恃永久
因繪圖以進張公與前制府郭公世隆合疏以聞
下部即以甘丞領之未幾張公調江右趙公撫浙
而郎方伯廷極適來相與益勵其事倡義首捐士
商繼之期年而工已半時予方視學江左明年趙
公移撫南楚而以予承乏茲土予下車亟至江上
觀所經營則自六和塔迤西工程尚鉅於是努力

捐貲期有成功復自六和塔修至善龍嶺開山路
三百餘丈又自嶺腳砌塘六十二丈至華光樓止
又善利院龍潭上有各郡山溪之水奔滙於江埽
望江門一帶而入海海潮怒激挾江流而上捲刷
徽塘素稱險要特築石磯狀如偃月使海濤噴薄
而來者與磯相觸不得直逼徽塘即上流山溪之
水湍瀉而下遇磯迴環勢遂渙散無復疾騁席捲
之力徽塘及望江門沿江一帶烟火萬家雉堞千
尋恃爲磐石砥柱矣工既竣客有謂予曰自明府
下車以來潮勢日減此政尚寬和之所致也使如
曩者驚濤泊天晝夜再至雖欲此塘觀成其可得
乎明府之德與此塘俱長矣予曰是何言哉古云
中國有聖人則海不揚波方今治際隆平幽明感
格百靈效順必有陰相其成者焉可誣也乃作廟
江干以祀潮神使凡職司水府及生而有功江塘
沒者靈異者俱得憑爽於斯享血食以捍民社爲
萬世無疆之休是則予之志也夫是役也始於康
熙辛巳初秋竣於丙戌春月共築石塘六百六十

七丈子塘八百九十五丈共費銀五萬二千六百
三兩有奇皆出官斯土者及士商之所捐未嘗派
民間一錢一夫故勒諸石使後之
君子得以考其終始有所踵事焉

四十一年江塘圮布政使郎廷極力任修築勸議助
濟以罰鍰成三郎廟險工建潮神祠於上

五十五年七月連雨江漲自徐梵二村至轉塘頭石
塘衝壞總督覺羅滿保會同巡撫朱軾委杭州知
府張恕可修築錢塘縣江塘自天字一號起至三
十七號止共六百八十一丈六尺潮神廟海月橋
鹽兒路等處共八十丈二尺龍王廟起拆砌總管

廟老塘共二百二十七丈又三郎廟前子塘二十二丈五尺小橋頭老塘子塘共八十丈一尺兵馬司前十七丈又仁和縣中二下節地方老塘子塘共二百二十九丈竣工於五十七年三月内三郎廟前子塘尤險要三築弗成布政使段志熙親勘相度鳩工選石縱横砌築工始堅固民獲安居段志熙修三郎廟子塘法用石一縱一横每層將石鑿眼貫以木梢合五六塊爲一塊以重鎮水勢也又恐水入縫中每層合縫處用鐵錠横扣又慮面前水入豎處用鐵錠二尺一錠上下扣住益欲合二十丈石爲一塊石也其交搭處即以本石扣筍合縫爲之成塘二十丈共用工料價銀一千兩

雍正五年二月巡撫李衛題修仁和錢塘蕭山等縣江塘蕭山縣西江塘内堰陡孫家槐樹下了义塘孔家埠談家浦等處土塘加椿加土增高添闊并鎮潮菴王家池閘家堰一帶石塘應拆造添築數處錢塘縣午山一帶葛家墳六和塔等處坍塘二十五丈四尺又善利院左側三郎廟老塘衝坍五丈又轉塘上首汪家地等處坍塘一十四丈柵外二圖小橋地方坍塘六丈又轉塘至横江埠應築坍塘三百三十三丈横江埠至曹家埠應築坍塘

七十五丈仁和縣總管廟前經坍江塘七丈應拆郎補築四丈

五年巡撫李衛修築錢塘縣江塘善利院左側三郎廟前坍塘及午山一帶葛家墳六和塔轉塘頭等處坍塘共五十丈四尺又王伯鄉地五雲牌坊蕭靄然地前及定北四圖雞鵞塲等處一百三十九丈仁和縣江塘總管廟大郎巷及化智廟黄童廟等處共四十三丈九尺

六年總督兼巡撫事李衛題修錢塘縣江塘自曹家

埠起至斷頭一帶共一百七十四丈諸橋起至新工交界加築石塘四百一丈坍塘五十丈俞家界牌石前五十三丈一尺葛家地前十八丈八尺午山前四丈張家門首二十三丈五尺諸橋邊十四丈五尺自雍正五年先後興工至六年陸續全完於十二月題銷江海塘工共用銀三萬九千七百三十一兩零　十二月總督巡撫李衛又疏請接築錢塘縣斷塘尾江塘一百六十五丈諸橋一帶江塘加築大石一層計長四百一丈拆修一百六

十九丈用過銀四千五百七十九兩零
八年總督兼巡撫事李衛題修仁和縣臨江七圖周家橋一帶官塘堅民柴世魁張道濟等捐夫助修
九年十二月總督兼巡撫事李衛題修錢塘縣徐村梵村等處坍裂江塘三百五十三丈六尺用過銀三千七百六兩零
十年七月署巡撫王國棟題修錢塘縣江塘定北四圖俞士品地前坍塘四十一丈又自徐村梵村并諸橋起至獅子塘頭止應添椿加層砌築經部議

行實銷銀二千二百五十兩零
十一年十二月總督兼巡撫事程元章題修仁和縣總管廟前坍塌江塘一十餘丈錢塘縣梵村午山等處坍塌江塘七十餘丈經部議行用過銀一千六十二兩零
十二年總督兼巡撫事程元章題修錢塘縣坍裂江塘用過銀七百三十七兩零
十三年總督兼巡撫事程元章題修仁和錢塘二縣坍卸江塘實銷銀二千一百九十兩零

乾隆元年大學士總督兼巡撫事嵇曾筠題請修築錢塘縣徐村橋等處坍裂江塘又三郎廟妝稅前石磡共長五百四十七丈一尺用過銀三千八百七十九兩
二年大學士總督兼巡撫事嵇曾筠題修仁錢二縣江塘共用過工料銀三千八百四兩零　又咨請修築蕭山縣洪家莊汪家堰荷花池談家浦天開河等處五段土塘湊長一百六十一丈鮑家池等處七段土塘湊長三十七丈五尺於乾隆元二兩

年備公項內支辦共用銀三百九十六兩零
三年十月大學士總督兼巡撫事嵇曾筠題修仁和縣支聖林等處江塘一百六十八丈錢塘縣徐村等處江塘九百四十七丈五尺塡補尾土八百一丈五尺共用銀一萬八千一百九十二兩零　又題修蕭山縣西江塘聞家堰荷花池等處石土塘隄共長八十丈荷花池柴塘六十五丈共用銀二千六百十兩零
四年十二月巡撫盧焯題修仁和縣自總管廟起至

化智廟坍裂江塘共長七十六丈錢塘縣自流芳嶺起至獅子口坍裂江塘共長九百二十丈共用銀五萬四千二百五十六兩零　又咨請修築蕭山縣陳家堰坍坍土塘一十四丈用過銀一十五兩零修築了义塘洪家莊談家漓等處石塘湊長二百九十四丈用過銀一萬四千七百七十五兩零

五年二月巡撫盧焯題修仁和縣自余志千門首起張秀臣門首止拆底修築共長三十五丈錢塘縣

三郎廟西善利院東等處驗工一十四丈又梵村水元亮等處拆築石塘一百丈加幫尾土二百二十三丈又朱橋至碑亭止拆築石塘二十三丈一尺蕭山縣荷花池等處柴塘六十丈五尺共用銀九千四百六十八兩零

六年閩浙總督署巡撫宗室德沛題修蕭山縣西江塘潭頭聞家堰等處石塘一百六十二丈二尺用過銀二千三百七十五兩零

七年四月巡撫常安咨請加培蕭山縣孔家埠土塘九十丈用過銀三百六十四兩零　八月巡撫常安又咨請修築蕭山縣荷花池洪家莊等處柴土各塘改建石簍壩以資捍禦用過銀四百三兩零

九年巡撫常安題修錢塘縣雞鵝場等處江塘二百一十六丈共用工料銀一千六百六十五兩零

五月又咨請修築蕭山縣西江塘聞家堰石塘一十三丈用過銀三百八十八兩零題修蕭山縣河南坂鄉塘係南江桃源二鄉沿江土隄共長二千五百五十七丈用過銀一千六百二兩零

十年四月巡撫常安題請修築錢塘縣等處坍坍江塘用過銀九百三十七兩零

十一年七月巡撫常安咨請修築蕭山縣西江塘洪家莊石塘三十五丈又修築洗牛池桃樹灣漁浦街土塘一百三十丈用過銀一千八百七十三兩零

十三年八月巡撫方觀承咨請修築蕭山縣西江塘洪家莊舊石塘一十三丈六尺又搶築孔家埠漁浦街柴塘六十七丈共用銀一千二百五十四兩

零

按先後所築江塘大半江海並題文體不應割裂故但載砌築丈尺報銷銀兩疏稿部覆詳

本朝建築門茲不備錄

三江閘附

明嘉靖十六年紹興府知府湯紹恩建三江應宿閘於三江所城西門外凡二十八洞亘隄百餘丈蓄山會蕭三縣之水三縣歲共額徵銀若干兩爲啟閉費（陶諧建閘記紹興屬邑惟山陰會稽蕭山土田最下霖雨浸淫則陸田成淵民甚苦之昔之明守置玉山扁拖二閘以洩其水水潦盛昌又權宜設策決捍海塘岸數道以疏其流其爲水慮悉矣然二閘之口石砭如疊水郤行自湝出浸數百里而田卒汙萊決岸則激湍漂駛決齧流移而田亦淪沒其功未全也迺嘉靖丙申蜀篤齋湯公紹恩由德安更守茲土下詢民隱實惟水患於是相厥地形直走三江江之滸山嘴突然下有石巉然其西北山之址亦有石隱然起者公圖其狀以歸議諸寮屬皆往相視之掘地取驗下及數尺餘果有石如甬道橫亘數十丈公曰兩山對峙石脈中聯則閘可基矣遂毅然排衆論而身任之白於巡按御史周公汝員暨諸藩臬長貳僉曰俞如議公于是祭告海瀆諸神又書土方屬賦役規堰瀦授之吏而訪諸同寅孫君全周君表朱君儼陳君讓而周董事實嚴復命三邑尹方廷璽牛斗暨丞尉等慮財用簡夫役屬功義民百餘十人量事期仞厚薄陳畚挶分任効勞命石工伐石于山礱重如役且授以方畧使用巨石牝牡相銜煮秫和灰

固之其石激水則剡其首使不與水爭其下有檻其上有梁中受障水之板板橫側捩之石刻水平之準使啟閉惟時隄築以土其淖莫測先沉以鐵繼用箘簬發北山石投之兩傍甃石彌縫峭格周施隄厚且堅水不得復循故道其近閘磐折參伍之使水循涯以行其財用出於田畝每畝科四釐許計三邑得貲六千餘兩其丁夫起於編氓更番事事部署既定乃即工工方始月夕向晦有神燈數十往來于隄若爲指示區畫之狀既役工隄再潰決復有豚魚百餘比次上浮衆疑且懼奔告於公適拾遺錢公渙在坐曰是易之中孚豚魚吉利涉大川之義也聞其殆成矣乎閘經始於丙申秋七月六易朔而告成洞凡二十有八以應天之經宿塘始于丁酉春三月五易朔而告成以丈計長四百丈有奇廣四十丈有奇仍立廟以祀玄冥計其費數千餘兩其羸羨又於塘閘之內置數小閘曰涇溇曰撞塘曰平水以節水流以備旱乾嗚呼偉哉繼是水無復郤行之患民無復決塘築隄之苦矣閘之內去海漸遠潮汐爲閘所遏不得上漸可得良田萬餘畝隄之外復有山巽之淤爲浮壤可稽田數百頃其沮洳可蒲葦其瀉鹵可鹽其澤可漁其疆可桑其途可通商旅噫公之舉匪直水患是除而利之遺民者溥矣

萬歷十二年紹興府知府蕭良榦增石修之改其近岸旁四洞爲常平閘用洩漲水（張元汴修閘記前太守富順湯侯紹恩之閘三江也蓋舉三邑之水而節宣之其爲利甚大語具陶莊敏記中至於今幾五十年無以苦潦告者膠石以灰秫久而剝水日夜震盪石漸泐水益走罅中勢岌岌且就圮民始歲歲以苦旱告矣萬歷癸未同年宛陵蕭侯良榦以戶部郎來守越凡諸興革先所大後所小故忭得以閘告侯亟往觀悉得所當舉狀白兩臺報可遂以通判楊君莊董其役而佐以縣丞鄭日輝千戶陶邦璧銀工

三百有奇役夫若干人始築堰以障水乃視舊埶所歸泐決以錫令固其內已又益發巨石凹凸其兩頭凸以當上流令殺水怒凹以衛舊埶令水不得內攻石每方丈自下而上以次衰之又竅石及其底悉爲牝牡相鈎連令水不得外撼又覆石其上令平衍可馳蓋視湯侯所建如車益輔如齒益脣倍壯且久總其費費於築堰者十之六於石若工者十之四侯時時挐小艇往督勞凡予直晝髮必躬吏不得有所侵牟衆悅而勸時值久不雨工旦夕就凡三閱月而事成成而記諂忭者山陰令張君鶴鳴會稽令曹君繼孝也余固願有說也蓋聞父老言曩湯侯時以民苦潦甚故役三江及役而民又爭以病告此猶可諉曰初不知其利若此也而今則知之矣最可諉又不過曰湯費則課畝役則發丁民未覩其利先嘗其害也而今蕭侯費則括帑羨役則日予直三分役兵兵已受直則予二不課一畝發一丁矣而尚有以不急議蕭侯者然則居室者棟已撓矣必待其盡頹而後葺之其可乎甚哉下之難調也始麛裘繼衮衣始病諸伍繼美誦殖蓄自昔然矣閘潦而啟不時則海畝者竊決塘竊則罪故海民謗無閘則海魚入湖河魚入汐閘則否故內外漁通閘者謗他則宅是者謂閘阻潮汐吞吐改水順逆關廢興故宅是者亦謗非是三者而謗則又或以私臆揣其喙而無意於民瘼者也夫誠有意於民瘼即百口謗且不避況湨日必萬口頌邪夫謗安足言也而或者謂閘啟閉固有準乃萬不可爽爽有微甚則畝害亦視之此其弊在掌啟閉費者或靳與私則然其致涸以害畝則外漁賂掌閘者乘公啟以滯閉則然茲二者誠有之則非謗之類矣噫斯亦可謂下之難調邪夫造物之生人也勞矣生而病則資醫無醫猶無生也故醫之勞與造者等今閘造者誰湯侯也醫者誰蕭侯也病雖已不可廢醫繼蕭侯而醫者知爲誰勞則等也醫之劑凡幾室漏於甃一也靳而滯啟賂而滯閉者痛砭之二也凡記者爲須而已矣蕭侯曰吾太守視民所疾苦而時療之奚須焉雖然醫者既已療疾必有藥以貽來者余之記是也亟須也與哉

崇正六年三江閘圮學士余煌修築（余煌修閘記畧）

自湯公篤齋建三江閘而山會蕭無水旱之憂殆百年然以一重門限外禦連山噴雪之潮內瀉峇崖轉石之水其砥之不能無齧而址之不能無圮勢也加以戊辰海溢漂沒田廬以千萬計而閘設當厥衝其不至摧盡亦幸耳尾閭洩之歲每苦旱利之源翻爲害之藪矣會邑臺雷孺張公按部至越勤問疾苦而予與守道浴元林公指陳閘弊倡義增修於是張公親詣三江經營相度庀材鳩工先築巨堰以障洪流繼築小隄以決瀦水推箕尾透迤而西諸洞最深旋涸旋瀦僉欲中止時林公篤湖舫齋牛酒犒勸役夫晝夜併作遂終決之又濬泥沙丈餘直窮根底固以灰鐵向創閘時下鑑上梁犬牙相錯如柱栟桊栱環互鈎連歲久漂壞十不存一則更其朽泐補其殘缺前人未及修者又加固焉至於塘閘交會更爲要害雖疊石如城日漸魚爛悉撤之甃以巨石使水不得內攻而塘尤閘之鎖鑰舊制廣四十丈有奇樹蘗桑楊根株盤結以禦水衝豪右侵漁陊隘者皆爲恢復俾脣齒輔車相依爲固如是而閘之工庶乎全紀其時不能兩易晦朔自興工及竣事無一怨咨者予觀陶莊敏之記湯公曰排衆論而身任之張文恭之紀蕭公曰時有以不急議公者然則當時民情之難調如此豈昔之民怨讟今之民忠愛哉請以近事徵之昨壬申夏不雨井泉枯禾苗槁涓滴餘流直走巨壑土人具畚鍤悉力以塞然石罅注射勢如攢矛朝堙而夕潰矣土膏寖竭田穫漸微然猶有可諉者曰旱今癸酉水潦時降占宜得豐而潰決莫支桔槔滋困農家皇皇於水利甚矣然則今日之舉功驗較著若使瞭然昔爲修禿治瘍今爲解懸拯溺有頌無怨固其所已夫任天下之德者不避怨況乎其無怨也雖然予少時已聞諸大夫謀舉是役遲之十餘年而不即就無他長吏不肯受勞民瘍財之

名且潮汐風雨淫溢袖手相矜以爲持重夫蟻穴
漏卮古人深戒況坊敗而水費爲農事憂如此哉
斷而行之鬼神避之則今諸大夫軫念民瘼
之所格也其經營供億詳載别簡以貽來者

皇朝康熙二十一年福建總督姚啓聖重修三江閘姜希

轍記吾紹郡三江應宿閘之建也早有蓄潦有洩
啓閉有則山會蕭三邑之田去汙萊而成膏壤者
富順湯侯之賜也水齧石罅久之罅漸蹠水益駛
以次剝蝕有岌岌就圮之勢越五十年而宛陵蕭
公爲之沃錫以塞其内甃石以蔽其外視昔稱壯
觀矣再五十年守道林公以鹺使張公之命親董
斯役倍加固焉大率相距五十年則堅者必潰而
修築之功不能已其庀材鳩工或課之田畝或括
羨羨或捐俸秩陶莊敏張文恭余學士記之詳矣
嗚呼是皆守土者之責而鄉士大夫之所憂也比
來水旱洊至復患漏卮旱則易涸潦則易沒諸公
咨嗟告語爰以時考之亦及其期矣辛酉壬戌間

西江塘沒三邑田畝再歲不登民力告病當事者
議興工役躊躇未決吾郡大司馬憂菴姚公時方
總師閩越一聞輿論慨然以斯役爲己任而并有
事于三江走札于予謂水得順從閘出不得横從
塘入以爲我父母之邦憂即惟力是視竊所願也
公賦性慷慨戮力疆場爲
聖天子東南倚重之臣日討軍實而問罪於波濤震蕩間
乃能顧念維桑不遺餘力如此哉蓋公之忠體
國與敦本篤親其心若一故睠拮攜敵愾靖亂安
邦如其身家之事即睠捍災禦患保護鄉閭如其
當官之事心之所至力無不殫於是歎公之度量
宏遠爲不可及矣公之介弟侯選别駕君起鳳屬
員侯選縣令張君錆受公委任來董其事吾紳仕
之在籍者侍御余公縉主政何公天寵大參陳公
必成咸精思慮勤視履以協助之九月之望郡侯
王公有事於神而興役焉再易朔而告竣凡用夫
匠以萬千工計灰鐵以數萬鈞計竹木以萬頭計
置田起土以百萬擔計昔之築隄以衛閘也内外

各二今則内外各一爲費較省昔之補罅也先下
而後上今則先上而後下爲期較速斯固董事者
之授方任能而致有成效也邪是役也秋濤獨盛
入冬而砰礴澎湃之聲循聞數十里議者謂工未
易舉今且落成而頌興焉非公濟物之懷協於神
明陟降而式憑之烏能致此同里諸大夫不以予
言不文將勒之碑石非敢曰足以
記公之功聊以慰父老惓惓云爾

二十四年紹興府知府胡以渙置田三十畝以歲入
修補閘板鐵環

四十七年山陰人李師曾等言閘座將圮請改修估
費一萬三千五百八十餘兩均之山會蕭三縣里
人毛奇齡持議不可議三上事遂寢閘座後竟無

患毛奇齡罷修三江閘議月日閘到以三江閘改
修等事竊以爲三江一閘關係極大其應修與
否以未可妄下斷語而患則斷曰此不必修且必
不可修何也大抵地方最要在興利除弊然必有
利始興有弊始除若無利而求利原無弊而指爲
弊是揠禾作苗剜白肉而使瘡痏鮮有不大僨乃
事者紹興本澤國以古越千巖萬壑之水而山陰
會稽蕭山三縣當之無尾閭去水則巨浸滔天所
以前朝嘉靖十七年紹興守成都湯公相度形勢
建閘於三江之口北臨海門以專司洩水其閘高
三丈三尺徑長四十六丈列二十八洞以上應周
天列宿於以捍三縣民田數百萬畝迄於今相距
約二百年然而閘座巍然如長虹亘天一若有神
物護持其間凡各洞各梓並無有纖毫傾仄而忽
報將圮動言改修是狂夫也故曰不必也夫不必
修即不可修然而又曰必不可修者從來有壞始
有修今不壞而稱修不合因變爲改修且名徹底
改修顧改修則萬萬不可崇伯築余隄尚不可改

未有大禹鑿龍門疏積石而可改疏改鑿者向在史館見湯公建閘明載之循吏傳中當公生時其父布政公命名紹恩一似當有恩於吾紹者斯已奇矣及守紹而晉謁禹廟則山川林麓如熟識者故方其建閘曾鑿山根叱海潮犁壅沙十餘里驅江豚水蟲出之下洋然後伐大石運大木妝苗山之材與羊山硊磈以門以捷凡於梭礅剡硅牝牡卻結必和糜烹秫鎔金冶鐵以堯灌其中此其神力爲何如者而大言可改是猶折已補之天而改立天柱雖媧皇復生勢必不能萬一爲民心切當事誤聽或偶涉輕舉以致擾亂成蹟則三縣魚鼈誰任其咎然且私估修費限一萬三千五百有奇考府誌湯公造費祇六千三百有奇雖湯公神功原難測度餖木有修費而其數反加於創造至一倍半者愚故曰必不可修也以展轉商之而有不可也可斷也〔再議〕乃既罷改修安用小修據其立說不過以閘底歲久不無滲漏爲辭此又大謬不然者按三江之爲閘也司洩不司蓄宜通不宜塞故閘之利害祇在剡其柱削其楹以利奔瀉而罅漏之害不與焉乃議修不得援及罅漏必以爲天塹之險傷於螻蟻一隙雖微恐積漸之至或有妨閘座云耳殊不知閘工研密其礲石轃合雖不如天衣一片純縫盡泯然牝牡交螚爲力甚鉅其綰結之處縱有離迸亦千牛莫掣是以啟閉舊法但勒五字於石牌而掛之水中每霖可閉字則二十八洞循次下版然而版隙漏水流離四垂即閘傍石罅亦有從而漱洩者以視閘底之小隙何止十倍乃晝夜淋漓而究無所患以爲滲漏涓滴原不足以越如山如嶽之閘況罅在水底則內外兩水相持不流即遇泌沸亦水勢無力此雖沙礫作底猶疏渤所不及儼然磊磈何所穿穴把人縱有云不足慮也無已則或曰旱暵豈無害而實又不然從來蘊隆之咎不關水閘何況閘底故山陰有兩閘麻溪上閘所以救旱可仰接上流之水而三江下閘則止得救澇苟閘可見底則牌字盡露内河龜坼必不能以山川滌滌責此石罅所以閘傍父

老謂閘原有罅然自建閘以來約一百七十餘年從無有以閘底漏水傷禾稼成暵災者乃遇即以目前論計議修所始在四十七年十月歷今四十九年九月已及兩年即此兩年間去年夏旱今年秋澇澇固勿論而即以旱言在呼雩禱雨時雖閘罅未露而去底不遠假使滲漏足患則不塗不塞何難以涓涓不撿竟成大災而兩年旱澇並鮮低仰則是石隙無所關而區區滲漏總無事修補而勿煩顧忌有明驗矣又況海口沙高流不盡出但苦咽而不苦豁故民諺曰三江咽民口絕三江豁民口活今塗罅修法則直與湯公犁沙民諺苦咽之說兩兩相反又且塗罅無益舊朝曾捐修不知何法若近年姚宦捐貲修補則鄉人相傳亦曾鍊羊毛石灰墁諸硅隙然不期月而罅豁如故前車足鑒也愚故曰此閘無大修并無小修此非故爲妄言也有驗之者也然則必無有修之者乎曰圯則修之愚之言此正以待夫後此之修之者也可斷也〔再議〕夫既不大修又不改修業經勘驗閘座閘墩俱無絲毫損壞是閘有漏水亦無患害況並不損壞何處着漏此亦不必再議者乃自四十七年迄今五載府縣詳俱謂閘底歲久不無石隙宜築壩戽涸露底塗隙爲修法以致制府范公委曲商量做治河故事倡逐洞挨修之法用排樁板障貼閘洞而釘之水中於以戽板水而窺底罅則事逸功倍然且受民迫切惟恐失此不修必致他日重議改修反傷民力是以屢經督催而不謂府主因循既不遵依又不回繳祇築舍數年而仍未決也愚謂閘洞之底斷無石罅者閘本依山足爲門限明明有石骨橫亘水底石骨豈有罅即或閘洞分甃或另有削平磐石仰受閘板然亦不能罅使直罅耶則黃泉非受漏之所橫罅耶平石安能有橫石橫漏之理無已則仍指之閘墩之石而閘墩不損在憲勘有明驗矣且閘墩非閘底也是閘底必無罅即罅亦無關閘座所應直告之大憲無煩顧慮者況大憲修法專爲底罅底罅無慮則自可稍緩且此中亦自有可商者竊法不明云貼閘上

下用排樁板障釘水中乎向使此地水底如削以
塗泥楗竹可下則不論貼閘離閘皆能受樁板以
立根腳無如閘底山足總是石骨即或山足不容
亦大抵石多土少石不受樁則樁不能以豎板板
不入土則板不能以截水今此樁板實有不能入
土者即使離閘下樁可避山足而沙中礙石所在
都有石苟礙板即如拳之石皆足爲梗何況磽确
且欲窺底罅則貼閘之樁究所難免是樁板釘水
歷嵾之此地而有未協也凡此利弊在當事奉行
者宜採擇衆議直陳以可行不可行之故則大憲
虛公定無我見而乃故作懞昧姑置不理迄於今
秋霖綿遡內水洋溢忽山陰閘到擇日興工已估
直一萬餘兩三縣公派應徵蕭山民錢三千餘兩
付司事聽用縣民大駭實不知是上憲行文抑府
主新檄正丐集議而署縣以他事無暇方遷延間
會颶風大發巖壑震動內河既須洞而海潮外齧
三縣民田百萬畝悉沒水底雖開閘二十八洞通
身洩瀉無救陷溺頼江豚肆擾蕭山北海塘與山

陰瓜瀝塘盡崩於水初猶內水與外潮相持既而
潮退則洩口既瀾而內河之水隨之而瀉夫然後
民田稍露屋廬無恙則是此閘止司洩並不司蓄
止宜去水不宜留水歷有成驗浸假此時此日無
而塘之崩則雖鑿二十八洞洞洞折裂亦絲毫無
用而乃司事者尚欲征民錢一萬迴溟海之波露
東洋之底以窺此徑尺徑寸之石罅此愚所以大
聲疾呼雖身叢怨尤而不敢狥也今海塘未築而
文五河塘又崩內水盡退勢必有重檄修閘者因
不憚扶病亟成此議以爲後來司事者備一省覽

藝文上

文章管轄國之大典鋪張揚厲潤色鴻業浮夸者勿尚焉茲志謹擇其有關興建詳悉機宜者用昭千古之良法美意其他遊覽登臨之作文采非不斐如而於治道無補槩從刊落志慎也至若工程告竣刊石紀功業已分隸專門附見本事不復贅述尚體要以選詞庶免慚於挂漏爾志藝文

議

海寧縣海塘議

明　趙維寰

鹽東面距海塘自北而南潮則自東而西濤頭直衝塘脇故塘易圮而爲害劇若寧則南面距海塘自東而西潮亦自東而西濤頭直衝龕赭海門寧特其經行處耳當經過時未免隙竇之引潮以入此寧患之似小於鹽而其爲力又易於鹽者也乃當事者重憂金錢不繼夫寧自嚴尹寬建議後額設海塘夫一百五十名年儲役銀三百兩爲修築費亦既著爲令矣倘能以此三百金隨時補葺小

有潰決即圖堵塞亦何至一潰不可支乎乃今一議工役非請給上司則加派編戶益塘不修而民以海病塘修而民又以塘病此其故難言之矣

海鹽縣防海議

明　陳所學

海患關切浙西諸路故永樂之役計協蘇松九府獨念防止末流事先有備如必待既溢而後捍如物力民患何與昔治塘無定額額自宏治始均派各邑夫里七千兩嘉靖以來則約四千而下之矣然猶藉邑帑中縣各邑日久弊生徵解不齊臬憲黃公光昇督令貯府嗣乃以修郡城權一用之然猶關白水利職官嗣則又以軍旅用矣已乃沿視爲羨餘而贅疣之矣吁嗟乎百姓生靈藉此抵捍即今風濤叵測日夜澎湃計又安能一日忘哉爲今議請必各邑依時解府府仍發縣督委專官募夫採石隨到隨築或增補或拆修縱橫曲折相時經營每歲率以爲常自非大汎溢此外不必另議則下無侵牟之奸塘有修築之實用以漸不費役以時不勞久之屹然砥柱矣貯之於官寧若貯之

於塘爲愈乎或者曰若是工幾無寧歲矣曰供有定額役有定值非厲也且自有塘至今金粟固栝海塡卬矣亦惟此民命國脉耳茍圖玩愒以重後艱可乎曰然則各役徭征後時者何曰期而督之是在當道加意耳父老僉謂此議尤民瘼所亟嗚呼挽回造化誠有望於今之軫國是者

修蕭山縣北海塘議　明　任三宅

我蕭捍海土隄近十年來費緡錢不啻千百萬兩派山會協濟銀四百餘兩三縣或以害不及己求

助無名由今思之未盡然也常爲臚陳其害在我蕭什之三在山陰什之七在會稽什之四在餘上新嵊及寧台溫什之六何言之我蕭疆域共止二十四都自五都至十五都縣西南境也有浦陽富春二江限隔於外海患絕不相及自二都至四都十六都至二十都亦縣西南境雖無一江限隔而去海尚遙亦無潮患獨縣東境廿二都新林諸村落正當潮水之衝耳即旁溢不過一都内之一二圖廿一都内之一二圖廿三都内之一二圖耳而廿四都更在鳳凰山迤北海與山隔潮不能入其無害明甚且水性東流勢必不能折而西此所謂害在蕭什之三也邑東小江南岸非山陰十餘都所横亘耶潮自新林衝入小江自小江衝入十餘都則十餘都桑田淪而爲滄海者殆不知幾萬頃也十餘都居民斥鹵不可饔飧殆不知幾萬家也吾蕭有若是甚乎此所謂害在山陰什之七也會稽又居山陰東界離海頗遠然由山陰達會稽共一水道潮勢東奔不極不止亦必有斥鹵苦鹹之

患此所謂害在會稽什之四也海塘内即運河浙東四府之人往來會城及兩京各省舳艫相望近年因運河爲潮所齧假途西江水徑紆迴絕無縴路操楫之勞幾倍疇昔客商以僱值頻增行程復緩彼此稱苦然猶曰小江可行也使後海沙日壅洪流漸成涸轍則陸行甚艱剣淺不易道路爲梗行旅增憂此所謂害在四府之人什之六也前賢莅蕭者灼見斯塘之害不耑一方爲力疏於朝而均其役非僅派山會而已何近年吾蕭耑受此

役之苦也萬歷十四年潮齧西興舊隄請派山會協築三院僉請奏聞更發司道贖鍰及郡邑倉鏹之半事乃克濟此耳目所覩記未聞吾邑專任其費也今者浙東郡邑晏然而山會僅輸協濟尚謂無名猝遇興作蕭獨受殃當事者能勿愓然動念乎

上虞縣海塘湖塘要害議　明　濮陽傅

縣治西北三十里之外有曹娥江江東一帶南自十都起至九都八都七都六都五都北抵餘姚縣

界約地一百餘里其沿泊江岸海潮泛漲則有漂没之患内有上妃白馬夏蓋等湖隄防廢弛則有旱乾之憂故沿江之岸當築埂以防潮汐田上之湖當蓄水以防旱乾但海塘湖塘年久低塌及至修理圩長閘鄰堰鄰皆係無産棍徒嗜酒貪利不能號召服衆以至富豪有田者倚强高卧貧困無田者枵腹爐應公差紛爾催勾完狀徒爲虚紙或湖塘遭旱或海塘被衝不唯害稼且致溺民公私俱困今當勘得各該堰閘壩埂等處如西踏浦荷花池思湖前庄鵲子查浦番花廟董家灣張家堰大河口花宫王家潭潭村賀家埠趙村河口龔家埭備塘者隨即酌處照産田丁派工修築著令居民種插細柳桑柘等樹毋得將漉水草絆剗削糞田抵浪蘆荻竊挑供爨等因又勘得原有會稽縣三十三都犬牙相參本縣七都之間最爲崩損低薄者自章家墓起至西滙嘴灣底瀝海所北門馬路頭纂風寺五里墩邊止約計一十餘里雖係會稽實與上虞同此一岸海塘相應協力修築此會

稽三十三都有關於六都之緊要者合無申請督會稽水利官知會照例修築并行瀝海所重禁剗蘆之條方可無碍今後照該田丁每田三十畝派夫一名無田寡丁十丁攢夫一名士宦不得優免其圩長閘堰等躃各要田産居上公道能幹者爲之則庶乎役均而任當矣

國朝

海寧縣海塘議　范　驤

寧邑海患每東北風漲怒濤乘之大概與海鹽同

而鹽塘止一面受敵寧則三面受衝其患與海鹽異其潮患之在東南者潮水朝夕至怒如震雷瀉若建瓴木華所云天輪膠戾而激轉地軸挺拔而爭迴者也水患之在西南者江水出三天子都東北經建德又北至新城又東北至富陽過錢塘反濤奔軼水勢折歸故云浙江也龕赭巖門而外江水與東南之水合寧邑獨受其衝枚乘所云似神而非者三疾雷聞百里江水逆流海水上潮日夜不止是也故寧邑海塘受衝其害倍急於鹽不寧

惟是鹽塘隄岸去城根半里而近隨決隨築譬如衣敗壞一以相補寧故隄去城根五六十里而遠當其無事亭竈熬沙漉白視爲沃壤樵者芟芻彌望漁者瀐鰭贏蛤人人得其所欲如燕巢幕如厝火坐積薪平時築塘工費積之五年十年者那爲他費一旦颶風激射木石茫無所措不浹旬而五六十里浮沙潰決驚濤直薄城下浙西之田漸鹵而東吳之地幾墊乃始倉皇議採石蘇湖議發里夫郡丁議徵歲額議加派田賦議藩餉郵傳贏金

議七郡贖鍰議監築官議倣鋸子一房下淇園竹揵倣王荆公鄞塘陂陀倣黃僉事幞頭品字勢如救焚議同築舍訏已晚矣故鹽塘之患在眉睫寧塘之患在五年十年或二三十年所謂無形之痛一發不相補救當事者必未雨綢繆徵塘工歲額於無事之時貯木石銀糧爲緩急之用海口大決則用黃公縱橫之法不可惜小費而妨大工小決則用楊公陂陀之法下石櫃以隄水勢此全浙咽喉東南門户無漫視爲一方之利害金錢畚鍤徒

苦我父老爲也

海寧縣築塘議　許三禮

築塘之法有一世利之或十世利之百世利之如石囤木櫃隨坍修築取石有術用民不勤此利在一世者也其愼選幹吏如徐撫臣栻者塘式隨宜如楊副使瑄黃僉事光昇者治連平江嘉湖議先修鹹塘淡塘表花塘以防盤越北向如劉提舉㙜者作副隄十里採石備用斂不及民如錢僉事山者此十世之利也夫先事之圖如顏設捍海塘大

歲編銀三百兩若嚴令寬者城南抽分竹木存留銀七分充工料者徵九郡力役三府工徒如保定侯孟瑛者豈非百世之利乎與驅一方之民爲不終日之計以邀一時之功相去蓋有間矣

海寧縣海潮議一　陳訦

訦少時見城南海沙數十里或廿年一坍或廿五六年一坍潮雖直至塘下然止一潮頭自東而西繼以急水一股如追奔逐北全海震動二三年即漲如是而已庚子七月蒙

恩歸里到家十餘日即輿疾至城西五里東望尖山有兩潮頭一在尖山之南一在尖山之北相距頗遠似乎諸山隔斷其間漸西一二十里則見北潮有白浪迤邐而南方及南潮則南潮頭趨而與北相合仍爲一潮頭奔騰過西至城尚未分爲二也其長水則皆自南而北矣八月初於城外看潮則但見南潮頭南潮已西北潮稍後竟分爲二不能復合土人名爲二潮頭竟不復見有所爲急水者但北潮之勢甚於南潮意即急水之變而爲潮者九月

間又舁疾至尖山觀潮起處則南潮已去西南甚遠而尖山復微起白浪過西漸高約至二十里亭潮頭不復過西竟自南而北直薄塘根其後遂不能復見十月初乃復至二十里亭則見南潮先行至城東數里忽又分一潮頭奔騰至北竟反而趨東而北潮頭方自東來至二十里亭兩潮相搏勢若奔雷樁木漂流竟爲從未見聞之事矣夫尖山在城巽地迤北並無斷缺七月中所見隔斷者則中有淤沙之故也然至城仍復爲一則沙之東高

西下可知八月初兩潮不復合而西沙亦高矣然南沙尚狹海身猶寬尚足以容南潮閱月餘而沙愈闊海愈狹南潮之北邊行沙上者前不能去則又分爲二而反逆行是潮之變遷皆沙爲之而不知沙之變遷實潮爲之也蓋海沙性鬆以隨爲質遇水即沖稍緩即漲聞尖山塔山之間向有一隄攔水故止一潮頭後去此一隄其中一百六十餘丈潮即搊入貼塘而行有百六十丈之潮即刷百六十丈之沙自城西至尖山沿塘三五丈外刷成深坎七月間使人測之淺者二丈深者三丈或

云尚是沿邊探中不可測打北洗百六十丈之沙即南成百六
十丈之漲愈刷愈深南高北下潮頭不能復出於
是始沖老鹽倉繼沖二十里亭東西橫決反覆失
常譬如賊入門中閉不能出害必及人矣施治之
法必使潮頭合而爲一而欲令合一非導之使出
必攔之使不入導之之法莫如開中小亹而沙水
變遷朝疏夕壅既不能效則惟有攔之一法耳夫
攔之之法其言似迂其理實確治病必求其原彀
弩必審其括提綱挈領用力少而成功多如兵扼

險過險即莫能禦矣今塘之潰北潮頭不能出爲
之也北之有潮頭小塔山之關口爲之也知小塔
山之何以有關口即知所以禦之之道矣謹陳其
梗概如此而更爲之繼述焉

海寧縣海潮議二　陳訏

或曰寧邑海塘延袤百里朝潮夕汐處處危險豈
築一塔山隄可禦曰知其要者一言而終不知其
要者流散無窮昔者黃河之未治也高寶州縣患
其陸沉釜底清河口子患其淤塞不通然是河臣

開張福溝三引河以濟運旋通旋塞歲歲興工河
身高墊黃水灌入運河河之高與淮城等
皇上於是大奮乾斷
命大臣十人督修高家堰橫截淮流使淮刷黃而張福溝
三引河滙爲巨浸淮水直逼黃水東行重運無阻
又淮流隔斷不入白馬寶應諸湖七州縣水底田
廬盡爲沃壤海口深通黃河大治故一築高堰而
功已成矣今海塘之患由於塔山隄去大潮攔入
一股直衝塘身此潮既入外沙即漲南潮行速北

潮行遲沙水漲之不能復出潰裂沖突終無去路
直至潮落方始東瀉於是或分爲二或分爲三或
北流或東流既衝老鹽倉復沖陳文港（即二十里亭）反
覆潰亂失其常度如人闇穢氣不能透達霍亂嘔
逆無所不至欲行施治豈可不究其源哉築塔山
隄所以塞其源也既塞其源流自無不治矣或曰
今尖山築隄未及六十丈而水勢湍急盤旋廻薄
俱在隄邊更爲洶湧將若之何曰此尤不可不築
隄之驗也潮之起由大尖山與馬鞍山相夾而成

既已起潮又有小尖山與塔山東之西行約二里許不使散漫故潮頭向南直衝赭山譬如鉛丸在鎗炮中火藥已發空行炮中數尺故能及遠斯出塔山壩是火藥與炮口相齊出口即散安能前行今築尖山隄而隄邊之潮勢更甚則此隄之爲要害可見矣尖山隄既爲要害則塔山隄更爲要害益可見矣禦敵者必禦諸險要之外縱敵入險而欲禦諸險中所謂延敵入寇未見有能保境者也

或又曰塔山隄固宜築矣而其底甚深恐非人所能爲屢用人而屢不效今何施而可曰以治河之人治海是猶以山居之人操楫以水居之人馭馬其爲不善何疑今浙閩濱海郡縣甚多寧波漳泉之間其地必有沿海石塘築隄成法良工自相傳襲如鐵索橋五鳳樓非世所輕構而欲造鐵索橋五鳳樓必有人焉應之詩曰維鵜在梁不濡其翼此用失其人之過非無人之謂也

海寧縣海潮議三　陳訦

或曰塔山隄築老鹽倉可無患矣而中小亹不開將如之何曰古來治河唯疏濬塞三策而三策之中唯濬之說爲難疏則分爲引河塞則築爲金隄至於濬或作木鵞或作木龍置爬其下乘潮往來上下疏刷可僅通海口若夫邳宿以上開歸以下河身高填非人力所施則唯以水刷沙如梁有滎濟之水徐有睢湖諸水宿虹有泗沂淮汴諸水皆節節入河清水愈多則濁流愈迅故河身不濬自深今大尖山與赭山東西相對向時唯尖山一潮頭故直衝中小亹或南大亹今塔山内另一潮頭則勢分力弱故南沙漸淤遂移南趨北而中小亹塞中小亹塞則北大亹開而老鹽倉坍矣若塔山閉則潮南潮南則尖山大潮正衝中小亹日衝日刷中小亹不挑自通而海底之沙亦徹底可去夫以潮頭衝淤沙較之人力不啻萬倍而潮頭所向其勢直而不斜衝中小亹必不又轉之北故中小亹開則南北俱係旁流旁流激雖泛濫而不深入海底故時南時北而無累歲不漲之沙所謂塔山塞而海無餘事者也此以水治水之法有確然不

易者也

海寧縣海潮議四　陳訦

或曰塔山之隄與城遠不相及如果築成能保城沙之必漲否曰沙之坍漲不常豈人力可保然塔山之東隔十餘里爲新倉海中有沙曰無名鎮煎鹽刈草聚居千家其來已久近俱灘去夫聚居成鎮非一日之積千家非尺寸之地有此在城之東自可恃爲藩蔽塔山去此不遠築隄以攩其前十里之間其沙必聚則此鎮似乎可復又城東二十里亭其先舊塘凸出里許又爲近城左臂曾於城西從老君堂東歸適大潮西落勢極崩湧東南大風相薄白浪滿海有伍公祠塘凸出數武與老君堂相隔二里二里之内則平波恬輭全無白浪何數武之間遂能作二里之障蓋海面寬廣稍有阻攩水便南行不似江河闊不過二十里湍流所至猝不能回以此度之有攩則水即遷水遷則沙即壅沙壅而此漲彼坍勢所必至故塔山塞則無名鎮可復無名鎮復則廿里亭塘可拓廿里亭塘拓

則城不危城不危而中小亹可開老鹽倉可復矣曰小塔山亦常漲矣漲則應遲而西何以時漲時決乎曰黄河決口有一時不能塞者作挑水壩以攔之則埽可下口可閉今兩亹捐隄六十丈在決口之南此塔山之所以漲也其決則隄下於水潮滿越隄復沖漲處嫩沙未老是以又復決也若隄高於潮豈能又復進乎曰向尖山隄未築時塔山口亦有漲者此何以故曰大尖山邑之天然大挑水壩也稍過西北又有小尖山又一小挑水壩也有此兩壩塔山口退居其北故其沙自凝前人因其沙凝而築之故新鹽倉至二十里亭皆在脅下而不復築石塘乃爲高必因邱陵之法今小尖山又增築隄則更爲重門之險豈可以昔之漲疑今之隄哉曰然則小尖山壩可久乎曰此壩東牴小尖山而西邊無著勢不可久但藉以障塔山則塔山隄可築塔山隄築則由近及遠自北及南漲一條沙即去一條水去一條水則又漲一條沙此日積月累之法也若茫茫大海欲雜然興工前

沙未漲後沙復刷誠不知從何著手處也

海寧縣海潮議　　陳詵

或曰築隄之法向用木櫃近用排樁兼用草壩乃排樁時築時傾而草壩經年不動豈石之堅反不如草之柔與曰治水之法河不同於湖海又不同於河湖之水渟滀無風時不動有風時輙浪磅礴勢緩而弱故坦水石可禦河之水湍急挾沙而行沙淤則流必遷故時有潰決然不過頂沖之處而已餘皆平溜中行故用柴卽可無虞若海則朝潮

夕汐呼吸排蕩非僅湖之波瀾河之湍流已也古人以木櫃治之固不得已蓋潮非隻木可枝亦非拳石可抵拳石之大不過萬觔萬觔之重百夫可舉隻木之長不能十丈十丈之深人力可搖若潮之勢人力所能舉者潮無不舉人力所能搖者潮無不搖唯以木櫃鉤連使十里二十里連而爲一則雖潮亦有不能移者矣今以十木置土中一人拔之以次可舉若中有橫銷使十木爲一則非十人不能舉矣水之性不唯海不同於河抑且海不

同於海海鹽之塘直當大海故須鉅石爲塘以塘身當大海之潮海寧之潮自東而西潮初來時勢雖衝激然沙低於塘潮又低於沙搜刷之患在於沙底及其旣滿雖至塘身潮頭已去水勢已平自非春秋大汛終在塘根之下塘身不過闌攔而已非如海鹽之全恃塘身也至於錢塘則其勢已殺有潮頭而無急水唯江海相遇時有衝齧故以石板側砌亦可經久石板之力殺於木櫃木櫃之力殺於海鹽石塘然而足以抵禦者以不恃一石之

木之力也今者鹽倉草壩雖虞朽爛然糾結纏束合而爲一鑲墊三層厚有丈餘大潮之來不能分折故經年不壞排樁雖入海底樁根一搜則壘石壘壓愈壓愈重樁身先摧樁不壞於潮而折於石樁折而石亦隨之然則石豈不能及草哉孟子所謂一鈎金與一輿羽之謂也曰然則木櫃亦有倒卸者何曰木櫃倒卸不過一櫃兩櫃孤而無輔是以不能獨完若五櫃一聯大木亘之則合五櫃爲一櫃矣又以十櫃一聯大木亘之則以十櫃爲一

櫃矣由此而一里十里與夫數十里鉤連不斷豈尚有崩摧之患哉且木櫃禦潮原非平列自近而遠自高而低故曰陂陀塘即湖隄之大坦水石也湖之水静故坦水石順之使平潮之水動非木櫃層壘不能禦也且木櫃漸收下濶上狹則以櫃壓櫃勢如累棊即架空尚不能墜況又可横木爲之底哉成法具在事非刱設擇其善者而從之可也

海寧縣海潮議六　陳訦

或曰從來東邊之沙易坍易漲西邊之沙漲則不

坍故坍在潮來之時猶可坍在落潮之時更甚似乎險在西而不在東曰此拘墟之見非通人之論也葢鄉人各處一方居東者以東爲險居西者以西爲險東當潮起之初在尖山臨口塔山稍偏在内秋冬潮小水竟西行不復到北則沙即漲一遇潮大旁溢至北沙即復衝故衝漲不一老鹽倉迤西去東八九十里潮勢已弱塔山衝時勢或遠及老鹽倉及其既漲則老鹽倉自不復坍老鹽倉人但見漲不復坍以爲西沙甚壯東沙附會其說謂

落潮併江水而下勢更洶涌不知西沙漲時東沙之漲已久西沙不知東沙之漲在先故謂西沙爲可久東沙不知西沙之漲在後故疑東沙爲難憑東西不相往來孰能馳騖於東西之間哉若斯言果然則五六年來聞東之漲有矣何未聞有西之漲也此即東西先後之大凡也

海寧縣海潮議七　陳訦

或曰潮之爲患以一分爲二又分爲三且逆行也潮之變幻如是塞一塔山何能盡之曰此扼要之

策也潮之變幻不常猶兵之變詐無定然而城有所不攻地有所不取何也得其要則敵自斃也九月初尖山之潮南者先去北者後起其時塔山口漲二潮頭在尖山貼南滚起前去約二三十里自南趨北其時塔山口尚無水後乃東回此即塔山塞而二十里無潮之明驗矣其趨東者前沙日漲之故非潮之必欲趨北也惜尖山之隄尚矮潮大漫入故塔山復沖耳使塔山永塞則二十里皆成實沙漸淤漸遠潮頭將併爲一氣旺力盛何患前

沙之不開哉夫靜專動直乾之性也潮乃天之動
氣必無好曲惡直之理曲者不得已而然也知不
得已而曲則知直之之道似亦無難旣塞其源流
自無不直矣唯工料甚鉅非他處可比必如海鹽
石塘方可抵禦而效非手目可指故人莫敢任然
觀古之成大功者必有不易之策灼於幾先堅固
守之迄於有成適如始之所言故必須先有成算
然後乃可從事築舍道傍三年不成長計遠慮固
非他人所能與謀者也燭微見遠於當道大人竊

有厚望焉

海鹽縣修塘議　毛一駿

鹽邑公事累官不一海塘爲甚葢以二十里人力
敵億萬頃颶風少不堅緻近而本境皆魚遠則隣
國爲壑考之邑志每塘一丈計費三百餘兩經始
之人至今俎豆不替誠重之也職到任以來波濤
近在枕席何日敢忘徹桑查歷年請修舊案約耗
費數千餘兩無案不借修化被草木塘號爲名偏
不及致雨等號心竊怪之及親閱塘勢致雨逼處

門庭按費計功在人耳目無術解閃化被草木帶
山披沙淤齧難及距城稍遠急修之無利緩築之
亦無害蠹胥奸匠便於侵牟所以曠日遲久糜費
金錢仍留未竟之功爲請益之地一經查勘不過
聚數游民點綴畚鍤事過復停嚴究所冒工銀不
由縣給領石匠之死者死經承之逃者逃止拘責
現在承役空勒限狀申報憲臺何益成毁之數哉
此職撫膺浩歎請修之文日上不敢輕請各邑協
濟父老之議日集不敢輕徵本縣塘夫葢不欲以

身合汙貽笑海若耳今欲爲國家財賦計爲萬民
身家計先端發銀之本使分毫畢歸海塘次重專
官之托使出入賴有成算次嚴經承之選使積滑
不敢再生覬覦次嚴募匠之令使老弱不得濫冒
廪餼次滅承催之差使工匠不苦無名需索次審
險夷之勢使緩急不仍紊其次第如此興工縣官
不經手錢糧立破從前染指之嫌自可督率佐貳
日省月試告厥成功雖鼛鼓時撾當工匠騰飽亦
動子來之義而不怨其勞也

寧鹽二邑修塘議　陳　訏

竊惟杭屬之海寧嘉屬之海鹽兩邑地俱瀕海縣治去海不及半里又當蘇松上流一有衝決患誠非細然寧鹽兩邑雖均以海爲患而潮有横衝直衝之異地有輭沙硬沙之别其横衝而沙輭者患在根脚搜空雖有極堅極固之塘不能存立法宜加意塘根之外堅固牢密使沙土不虚即塘身或少單薄可以無慮其直衝而沙硬者塘根之沙不患其坍止患直衝勢大非極堅極厚之塘不能抵

禦法宜精講修砌塘身之法而塘根以外加功稍次則是潮患兩海雖同而所以捍潮之法不同也今以海寧言之海寧之潮與杭城江干之潮無異俱起有潮頭俱横衝而過其實皆爲浙江入海之尾閭然而海寧之海沙又與江干微别江干地皆近山其沙性硬故江塘之沙坦而不陡即有衝刷捍禦猶易爲力海寧近城無山遠者江干之山相去百里近者袁花之山亦五六十里故沙土率皆性輭且海塘以外之沙從來此坍彼漲其所漲之

沙又皆潮頭去遠急水已過而長水停蓄日漸淤積性浮體輕衝刷甚易故當平常沙漲之時塘外不下三四十里之遠及至沙坍三數月即可到塘蓋其積之也由於潮過之長水性平氣緩浮沙沉積故所長之沙低於海塘者不過三四尺其坍之也由於潮頭與急水之横刷潮當初至之時水尚未長恒低舊沙丈許有餘灌漱衝激皆在沙底搜進故不但沙岸陡峻而沙面反凌空蓋出其外職頃之間縫如毛髮轉瞬而坼裂傾頹如山之崩蕩

爲濁流杳無蹤影矣漸至塘脚日搜日進雖使鞭石爲塘豈能憑空穩立故海寧之塘必於塘脚之外沙土之中砌出十有餘丈以固其根舊法用木柵爲櫃中積小石層層排置塘外蓋用木櫃則化小石爲大石而排置塘外土中則可預防衝刷立法誠善但其置櫃也宜深而不宜淺蓋沙漲之後潮來之所衝刷必在舊沙根脚之下置櫃若淺則衝刷所及反在櫃下之沙而櫃之根脚亦虛豈能自固惟置櫃必深或三櫃四櫃層疊而起則衝刷

之勢櫃能抵之而沙無崩塌之患其排櫃也宜遠而不宜近鹽水之滲灌無隙不入若自塘根排出有十餘丈之遠則水即善刷不能浸灌以至塘根而塘根之土常得乾堅牢固不至根脚虛鬆而塘身因之而傾至於櫃外則用長木椿密釘入地鉗束其櫃櫃外有椿椿外復有櫃層層密釘即使潮衝無一櫃隨流他櫃因以欹倒之患而櫃之自下壘上自近及遠俱用品字排置兼如陂陀之坦近塘稍高漸遠漸深旣禦潮來之所衝刷并護塘根

可堅久矣塘外之沙旣不坍及塘根則潮頭旣殺之後急水旣緩之餘即有長水浸及塘身而勢緩力舒無慮衝齧不必如海鹽之鉅石鱗壘屹然如山而後無患故海寧之塘功力全在塘根以外人但知塘之裂缺而不知根脚鬆而裂缺也至於海鹽之海則與海寧又異南有秦駐山北有乍浦山相去止三十餘里南北山趾角張而海鹽邑治居中獨以東面受大海潮汐之對衝與海寧橫過不同而海中之沙又近山多硬不坍不漲故從來洋船不便泊塘亦由潮來則水溢而潮退則爲砂攔故也故塘外不患坍沙惟是全海所衝勢雄力猛而潮汐之來一衝一吸其衝也固有排山之勢而其吸也亦有拔山之力故必極大極厚之石縱橫鱗壘内復幫以土塘而後可以捍禦若使壘砌之石稍不極其厚重則水力排擊輕如弄丸且古云石之附土如人骨之附肉海水之來不但畏衝實尤畏吸鹽水旣無隙不入其吸而拔之也塘土俱出若土塘空洞即石亦頹滑不固故古人于海鹽

勅修兩浙海塘通志　卷十九　藝文上　卅六

之塘講之甚精旣須極大之厚石而其取材也不可頭大頭小其壘砌也不用石塊墊襯其程式也必方方相合面面相同（白洋河向多棄石皆昔之不合式者）其驗工也不於已砌而於攏砌之時先置平地驗視其層壘也頭頭向外以攖潮之衝吸而復制之以縱橫之法聯之以品字之形務使潮水之來其入也由石縫而曲折以進其吸也亦由石縫而曲折以出則潮之呼吸其力漸殺而後石塘有磐石之安土塘罕搜空之患且頂石之椿必長必多必掘深生

勅修兩浙海塘通志　卷十九　藝文上

土二尺而後釘入而塘外亦排置木櫃以護其樁略如海寧之法不使樁根宣露易朽頂衝之地不遺餘力次衝之地工力少減然亦百倍海寧皆由海鹽之海直當大洋之衝且沙又鐵板潮從沙上奔騰而至并無海鹽之輭沙少爲抵當惟恃塘身直抵潮之正衝非屹然如山必不能禦昔時用王荆公寧波陂陀塘法元末明初猶衝決屢告至後有疊砌之法而後數百年無患良不得已也即今二十年前上憲因塘石碎泐委員修理而承辦之

員不能仰體德意反取塘身完整之石加於塘面而以塘面碎泐之石委之塘中如築牆之用墊堵一時雖飾美觀其實速之圮矣若慮塘身延袤不能一式則原有頂衝次衝之別約共止十餘里況今之坍側傾卸止勅海廟數十丈之頂衝豈可惜一時之小費而遺不數年後之大患乎故海鹽之塘全在塘身捍禦異於海寧也至於兩海之塘雖極修砌得法而大潮大汛狂風駕浪不能保無扇溢淹沒橫流則兩海又天生有近塘之河消納海

水而不使淹入內地蓋海水性鹹若淹及腹內之田則田秧浥爛非兩三年雨水浸潤不能復其淡性以便耕種惟河身之水日夜流動數番大雨即鹹性盡減故可使之消納以不波及於腹內之田在海寧則爲六十里塘河在海鹽則爲白洋河皆天造地設古之所謂備塘河是也寧邑之六十里塘河即杭城之上河發源於江干諸山與北關下河之發源天目者兩水各自分消下河由苕溪入于太湖上河由海寧黃灣出閘達於嘉興松江今

黃灣閘久廢薛家壩久阻臨平市河久淺下流不通而上河之水俱從半山之金家堰（離杭城三十里）入於下河不但天旱之年海寧沿海涓滴不來如火益熱水澇之年上河諸水涓滴不去盡出金家堰而塘棲德清上下河兩水齊到昏墊愈甚如水益深即今海塘潰決潮水直入內地而六十里塘河毫無分洩之處至於鹽邑之白洋河起於秦駐山由藍田廟而達於平潮河外近海之地類多斥鹵河內皆禾稻之鄉今雖不甚全淤然淺阻日久河身

已高潮水屢溢河不能容便恐漫入田畝及今開
此二河流通深廣則即海塘修築運輸木石無患
艱阻而日後大風駕浪泛濫之患藉以分洩但此
二河勢居其僻非仕宦商旅之所經由地居其界
無富貴膏腴之所置產膜視者多然於隄防海洋
亦切要之務也

勅修兩浙海塘通志卷十九

勑修兩浙海塘通志卷二十

藝文

考

捍江塘考　　明　陳　善

杭地枕江負海茫茫水國而龕赭兩山夾峙於江海之交潮水自兹而入由廣入隘奔騰衝激雷擊霆硑有呑天沃日之勢晝夜再至山摧地圻塘易崩潰乃築石隄以障其流沿江隷錢塘瀕海則仁和海寧之地海寧縣治去海甚近前者海失故道衝決隄岸爲患滋廣甚則百餘里少亦不下數十里興役修築工費浩穰延引歲時始克就緒間値颶風陡作洪濤西激旋復没於巨浸甚爲浙西民患一勞永逸上下數千載間不聞有長策焉即東南之患未已也按前史江挾海潮爲杭人患其來已久唐大歷八年秋七月大風海水翻潮溺民居五千家船千艘白樂天刺杭日江塘壞嘗爲文禱於江神然版鍤未興無裨民患至梁開平四年八月錢武肅始築捍海塘在候潮通江門之外潮水

晝夜衝激版築不就因命强弩數千以射潮頭又致禱於胥山祠仍爲詩一章函鑰置海門山既而潮水避錢塘擊西陵遂造竹絡積巨石植以大木隄岸既成久之乃爲城邑聚落凡今之平陸皆當時江也此吳越舊史所傳予閒錢塘名縣自有取義由漢迄今皆仍其舊或以爲州人華信以私錢築塘捍海故名錢塘初以爲妄頃閲杜氏通典引錢塘記云防海大塘在縣一里郡功曹華信議立此塘以防海水始開募有能致土石一斛予錢一千人賫負而至來者雲集比至江上詭云已不復用皆棄土石江濵而去塘以之遂成杜君卿素稱博雅且自唐距漢時未甚遠雖說近荒僻當有所傳信而筆之于書也今臨安志乃謂自武肅始且引强弩射潮之說以爲信而神其事豈舊嘗有塘至錢氏時乃大壞而更築之邪唐書地理志曰鹽官海塘長一百二十里開元時重築則前此有塘可知按海寧四境東至嘉興府海鹽縣金牛山界八十三里西至仁和縣上舍涇界四十

七里不應錢塘江塘獨無矧錢塘江潮洶湃洶涌震撼衝突比之鹽官勢尤危峻又都會重地防護更切苟無塘岸以爲隄防浸淫所至杭城悉爲洪流茲豈武肅時始築哉又案江塘傾決不常在宋時特爲吾杭之患錢氏所築之塘至大中祥符間遂決五年轉運使陳堯佐築之七年詔江淮發運使李溥復依錢氏制專其事九年郡守馬亮禱於子胥祠下築之明日潮爲之却景祐四年轉運使張夏築隄十二里因置捍江兵士杭人德之作廟

隄上慶歷初再決郡守楊偕築之丁寶臣爲記政和六年前守杭州張閣奏言錢塘江塘若失捍禦恐他日數十里膏腴平陸皆潰於江詔命劉旣濟更築之淳熙元年四月間大決一歲再決嘉熙戊戌之變命知臨安趙與懽修治乃就近江處所先築土塘然後於內更築石塘越三月畢工水復其故嘉定十年江潮大溢不聞有築之者豈塘岸固無恙乎抑舊志所遺也入國朝來洪武十年江水大溢特命大臣來杭修築自後永樂元年一修五

年九年再修至十八年大修塘始有成及成化八年沿江隄岸傾圮特甚乃命工部侍郎李顒來杭祭告江神修築隄岸迄今百有餘年不聞有修治之者夫江濤之患雖亞於海然錢塘之潮直當海門者湍激洶湃山摧地搖茲幸江塘之外尚有淺沙數百丈可以捍截江流故茲塘稍不爲患一旦沙徙而直薄塘下濵江桑田廬舍豈不岌岌乎危哉今按六和塔之南潮勢稍緩塘可無虞惟望江樓以北數十里直當潮衝此宜急事修築而當事

者幸其無患苟安目前失今不治後將有百倍工力而無濟者矣夫今築塘之患有二曰估價太廉也責成太急也往者萬歷乙亥塘決六和塔之下數百丈命人修築予嘗一至其地詢諸工匠每石一塊止銀八分每人一工止銀二分夫官以廉直而覔工人以刻期而供役故事圖苟完不爲久計所築之塘惟用爛石草草壘成不實以土潮水一至尋築尋圮其何以善厥後哉必也於近隄淺沙之上立蕩浪木樁數百千以捍之而其壘砌之法

不恤工力務爲遠圖多委廉幹之吏分役察視或編立字號各任其責所任已完更番代換毋令其久役思歸怠於將事至於樁木必須易杉以松庶可永久而又倣宋人捍江兵士之意每歲編置巡江夫數十名令其往來察視江塘少有傾頹即加修治庶乎修理及時而工力可省顯患既弭而隱憂可消百世可久之策也

國朝

海寧縣築塘考　陳之遲

凡海之臨大洋者潮汐皆以漸長鮮爲民害惟海寧之海南有上虞餘姚逼處於前東有大尖鳳凰諸山角張於左海身既隘海口復窄乃潮由海鹽大洋騰涌而入無異於帶水而納彌天之浸此怒濤橫奔高逾數十丈所由來也乃西去不五十里又有鼈子門爲錢塘江流入海之口廣僅七八里夫以數百里之海面復納於七八里之口中而江流又逆遏於上則受阻之迴溜其湍激更雄於潮矣故陽侯稍不戒洪潮即薄塘下塘之土石朝夕供其盪漱未有不傾覆相繼者爰考唐宋元明海患相循不已其鳩庀之費動盈萬億計其籌畫堵塞之方皆當事爲之徬徨而籌度者載在史策班班可考也請得而臚陳之一曰海塘潰決之烈宋史嘉定十一年海失故道潮衝平野二十餘里侵入鹵地鹽課不登蘆洲港瀆蕩爲巨壑十二年遂侵縣治上下管黃灣岡等鹽場皆圮蜀山淪入海中聚落田疇失其半而禾稼之壞者凡四郡焉十五年縣南四十餘里盡淪爲海其捍海古塘東西

纍石並就淪毀海水侵入縣之兩旁各三四里止存中面古塘十餘里當時議者以爲水勢衝激不已不惟本縣不可復存而向北地勢卑下且慮鹹流入蘇秀湖三州田畝不可復種又縣西有二十五里塘上徹臨平若海水入塘兩岸田畝必致決壞并裹河隄岸亦有橫裂之憂矣十七年海潮復壞縣地數十里計六年而始平元史大德三年塘岸崩潰虛沙復漲不可修築延祐六年七年海汛失度屢壞民居陷地三十餘里泰定元年二月海

水大溢壞隄塹侵城郭三年八月大風海溢捍海隄崩廣三十餘里袤二十里至徙居民千二百五十家以避之四年正月潮水大溢捍海塘崩二千餘步二月風潮復大作衝捍海小塘壞郭外地四里四月捍海塘復崩十九里又縣志載縣西南舊有鹹塘元泰定間海坍不存先是嘗築備塘以防衝激塘之外有沙場二十餘里塘內陸地草蕩及桑棗園一百六十餘頃至泰定四年悉崩於是建天妃大廟命僧用秘法鑄深沙鐵神以厭勝之致

和元年三月海隄復崩元主遣使禱祀更命西僧造浮圖二百一十有六實以七寶珠玊半置海畔半置水中以鎮海災終不能止又志載寓公貢師泰詩序稱當時潮決南岸州治將盡入於海城隍漫無存者迨至正十九年而始克築城則知元時吾邑之海患更酷於宋矣故明洪武初海潮衝毀赭山巡司及宋置瀨澤園至二十三年衝毀石墩巡司永樂九年海潮復決有司不時治民流移者六千七百餘户淪田一千九百餘頃毀許村鹽場

成化十年海決至城下十三年二月潮水橫溢衝圮隄塘逼蕩城邑轉盼曳趾一決數仞祠廟廬舍淪陷畧盡復治新隄至宏治五年新隄漸坍嘉靖七年新隄大坍復至城下九年海復決逼城自是以來屢有海患崇正元年七月其禍更甚天下瀕海之地晏然安堵者不乏未有如吾寧之獨當險阨者五代以前無可考據故斷自宋以來海塘潰決之烈如此一曰歷代工費之繁唐書開元元年重築捍海塘一百二十四里夫曰重築則修築有

前乎此者矣其後先工役雖逸而不傳但延袤如許則勦民畚鍤浩費當不下數十萬當時司國計者亦孔瘁矣考之於宋潮水橫決終宋世凡四罹其災不特縣治徧地傷殘至併四郡之田並遭淹毀而山淪於海抑更異矣當時下浙西諸司條具築捺之策亦逸而不傳懸計拮据鉅費何可量哉元河渠志泰定四年風潮爲患都水庸田司奏請速差丁夫當水衝堵閉其不敷工役差倩於附近州縣當時朝議擬比浙江立石塘爲久遠計興役

省數月發丁夫二萬餘人用鈔七十九萬四千餘錠糧四萬六千三百餘石致和元年省臣奏修築海塘合用軍夫除戍守州縣關津外酌量差撥從便添支口糧又誌載貢師泰所爲序云潮決南岸民吏驚懼捍以數郡之力而決猶不止觀此則元季之頻舉大役其費更不訾矣明禮垣張寧著障海塘記云永樂中海決供力役者蘇湖等九郡嘗累鉅萬積十有三載始弭其患成化中以舊塘衝圮分巡錢公修築障海塘其役徒以三府萬二千

人七越月而告成又載嘉靖中邑令嚴寬撰水利圖志序云考石塘之築自唐宋以來皆舉數郡財力始克有濟葢以地據蘇常之上流爲嘉湖之鎖鑰各與有責故均任其勞若驅一方之民以治之則東興西廢財竭力疲矣其自嘉靖以後修築頻仍工費無算茲以邑乘闕如未敢傳疑而前此之九郡力役三府工徒十三載之奏功七閱月之報竣其所縻公帑並彰彰可據也合唐宋元明而計之金錢等河沙矣歷代工帑之繁如此一曰命官

經理之重宋嘉定十二年臣僚言鹽官潮勢深入萬一春水驟漲海風佐之則百里之民俱葬魚腹遂下浙西諸司條具捍隄堅壯之策十五年都省以海塘衝決上聞命浙西提舉劉垕專任其事垕言縣治境連平江嘉興湖州之爲利害議修縣東六十里鹹塘縣西淡塘及袁花塘以防大潮盤越流注北向之患從之元大德三年塘岸崩都省委禮部郎中游中順洎本省官相視焉泰定四年二月風潮大作衝塘壞郭外地杭州路言與都水庸

田司議於北岸築塘莫若先修鹹塘江浙省準下本路修治工部議海岸崩摧重事也宜移文江浙行省督催庸田使司鹽運司及有司發丁夫治之五月平章秃滿迭兒等奏江浙省四月内潮水衝破鹽官州海岸令庸田司徵夫修堵遂命都水少監張仲仁往治其役本省左丞相脫歡等議置石囤以抵禦之致和元年三月省臣奏江浙省并庸田司官修築海塘倘得堅久之策移文具報臣等集議本年差户部尚書李家那工部尚書李嘉賓

樞密院屬衛指揮青山副使洪灝宣政僉院南哥班與行省左丞相脫歡及行臺行宣政院庸田使司諸臣會議修治之方合行事務提調官移文稟奏施行縣志故明永樂九年海決事聞遣保定侯孟瑛往治十六年十一月明主親製祭文遣禮部侍郎易英同保定侯孟瑛致祭海神力役十三載始告成事成化十年大潮衝決隄岸用崇德即今石門縣沈丞惜逸其名築法隄始成十三年十二月潮勢益橫縣上其事於府府守陳讓上其事於巡按御史

隨檄布政使杜謙按察使楊瑄參政李嗣副使端宏參議盧雍僉事梁昉咸集寧邑周視協謀區畫會計悉以託分巡僉事錢山嵩董其役乃命杭嘉湖三府官屬轉輓木石物用舟楫蔽河而至分命指揮李昭通判何某兼總其工自是以後每遇興築必上勤憲府下萃羣司祇以載籍無聞未容臆贊而自南宋迄于明初炳著汗册者或以牧伯蒞事或以公輔宣猷或聚藩臬而僉謀或簡通侯而底績慰其咨而安胥墊即下吏在所必甄凡以重

民命也命官經理之重如此一曰採辦修築之宜宋志嘉定十五年浙西提舉劉垕嵩任修築海塘首以鹹潮泛溢有盤越流注之患建議袁花塘及淡塘基趾近裏未至與潮爲敵施功較易宜先就二塘修築以禦縣東鹹潮其縣東近南六十里鹹塘亦應取次修築萬一又爲海潮衝損則當用椿木修築袁花塘以捍之其縣南去海一里餘幸存古塘縣治民居盡在其中未可棄之度外合將見管椿石就古塘加工壘砌里許爲防護縣治之計

報曰可元志鹽官州去海岸三十里舊有捍海塘二後又添築鹹塘仁宗延祐間潮壞民居陷地三十里其時省憲官共議宜於州後北門添築土塘然後築石塘東西長四十三里後以沙漲而止泰定元年二月海水大溢有司以石囤木櫃捍之不止四年二月風潮衝捍海小塘壞州郭四里杭州路言與都水庸田司議欲於北地築塘四十餘里而工費浩大莫若先修鹹塘增其高闊填塞溝港濬深近北備塘濠塹用椿密釘庶可護禦至八月

水勢愈大本省左丞相脱歡等議安置石囤四千九百六十抵禦鍥齧以救其急於是簡用都水少監張仲仁總理工役於沿海三十餘里復下石囤四十四萬三千三百有奇木櫃四百七十餘致和元年三月省臣奏江浙省并庸田司官修築海塘作竹籧篨内實以石鱗次壘疊以禦潮勢淪陷入海四月奏委戶部尚書李家那等洎行省臺院及庸田司等官議大德延祐間欲建石塘未就泰定四年春潮水異常增築土塘不能抵禦議置板塘

以水涌難以施工遂作竹籧篨木櫃間有漂沉欲踵前議置石塘以圖久遠爲地脉虛浮比定海浙江海鹽地形水勢不同由是造石囤於其壞處壘之以救目前之急所置石囤二十九里餘不曾崩陷暑見成效庸田司與各路官同議東西更疊石囤十里其六十里塘下舊河就之取土築塘鑿東山之石以備崩損至明年爲文宗天歷元年水勢漸平二年海患息於是改鹽官州爲海寧州縣志故明成化十二年二月僉事錢山重築障海塘公

策騎行邑斂不及民量材度宜因時立法採石於臨平安吉諸山備物用於浙西三府舟楫輸輓銜尾相屬乃斷木爲大櫃緼竹爲長絡引而下之中實以石此化小石爲大石法也汎濫稍定時盛暑公念邑民蕩析未寧農稼方急饑勞野聚必有疾疫由是作治雖巖間輙拊循勞來失次者徙寓空舍惠以薪米大集醫藥以療病者復作副隄十里以防泄鹵之害至八月塘成此後修築都無所考得於父老傳聞及覩坍出椿櫃宛然石囤舊制果

良法不可更歟抑區畫猶有未盡也至宋元治塘雖有效有不效而其法屢變亦既殫厥心而弭厥患矣採辦修築之宜如此

書

與楊令論蕭山縣北海塘書　明　王三才

敝邑三面距江潮水湍激北海一塘最爲民害塘壞水溢蕭之受害者僅鳳儀等兩都而其水直注於山會等處與蕭之上都毫無干涉益水雖湍甚未有逆流而上者倘恐內河滲洩則於新林地方

築一土埂不過彈丸可塞而內者不洩外者不入蕭之安堵如故夫何以塘爲焉特以地在我蕭勢難坐視故山會往往推委攀扯額然蕭民負救不暇安能竭自已之脂膏爲他人堪巨浪乎聊仁者亦不應如此之愚矣累歲小小土築費已不貲隨築隨塌民窮財盡則工築之無益明甚民力之不堪再舉亦明甚惟望主議題請創建石塘悉發公帑不煩民力是爲上策若欲計畝而派萬惟相地形之高下酌被害之輕重而大爲低昂其間山

陰作一股而會稽與蕭山作一股庶人情兩平其所造福無涯矣況北海之患原無涉于蕭而派修之費不獨重于山會誰則甘之敢僭陳其概若此其中曲折自有通國之公論在惟照察幸甚

覆耆民汪源論設塘長書

明　任三宅

連年修西北二塘責重塘長而空名應役漫不經心以致漸成大患愈難捍禦呈院乞將附塘殷實戶丁報充塘長十二名每名於帶征七分之內取給工食七兩二錢量分塘岸着令巡管遇坍便修

如遇風潮巨測縣照例分築而宅以爲未盡善也夫北塘之所禦者海也海沙旋漲輒十餘里潮遠不及而塘自不坍往歷數十年可以無議修築迨海潮對塘一衝則沙泥蕩漾而塘即潰壞延袤幾千餘丈邇來頻年修築官費其一民費其十度支奚下萬金即今名曰告成方且役民增補嗣今而後不知作何底止倘海沙仍漲而塘果不坍天之賜民之福也雖不設塘長不給工食無害也倘潮又對衝而塘又決天之災民之禍也必非十二名

之塘長所能支吾以捍禦也爲今之計廿二鄉廿三都附塘居民似不當概責以西塘迨役以待殷實遠年令其專力分管北塘遇有線隙隨即修葺猝遇風潮大患自當通力合築并移山會協濟不可專責管塘人戶也

議修築海寧縣海塘書

明　張次仲

衆水皆滙而歸於海海不見其盈海一衝決則大地皆被其害如吾寧邑之海不過大海之一支流耳而潮崩沙齧人民田廬立見湮沒者蓋右承宣

歙以下衆流之水左納蘇松外洋諸海之流西則龕赭二山南北對峙，夾爲海門爲海入江之口東又有石墩大小尖山遥立海隅爲海入寧之口潮自東起歷乍澉二浦而來阨於近洋八山之内江自浦陽西瀉歷嚴灘至錢江而出巖亹阨於龕赭海門之際其進甚狹勢迫束而相擊其來既遠勢洶涌而必怒夫是以湍激潮湃而有衝決之患也邑治瀕海適當交衝之會城南百武即界爲海塘塘起仁和至海鹽相距百里其近城數十里之間

以尖山東鎖赭山西鍵拱抱而突出於外邑城在兩山中之北三隅昂立邪衝注射而城外爲海之隩隈且潮奔入巖亹扼於江流之淦注則激而復北不可遏禦此數十里者三面受敵故塘之潰壞恒見於此也予幼嘗閲邑乘宋寧宗嘉定十二年潮衝平野二十餘里蜀山淪於海十五年又城南陷地四十餘里元仁宗延祐元年海溢陷地三十餘里明成祖永樂六年海決至成化十三年海決前後陷地六七十里必竊恐之幅員雖廣而可屢

蹙於洪濤之滔割乎及年逾弱冠南望漲沙三十餘里桑麻成林去海遠甚越十年臨海僅百步矣嗣是或漲或決屢屢改觀始歎桑滄遞變亦勢之無可如何者吾謂天下大患有莫可如何者三如邊患河患海患是也自古治之無有上策蓋勢處於不可測而患生於不及料惟有來則禦之去則備之先事而隄防者計畫之周耳其計畫之最要者莫先於儲餉餉不預儲一旦變生東支西應補苴無策欲待給於朝廷則緩不濟事欲派費於編

氓則散而難紀遂欲借支庫銀以濟急需徐用派徵田畝以償那移而朝三暮四中多乾沒而民受其病矣海寧地形踞嘉湖蘇松常鎮六郡之上流寧受海患六郡亦不得安枕無憂也故各郡皆有協濟之銀輸以儲用昔嘉靖時邑尹嚴寬建議歲儲備役銀以備修築額設捍海塘夫百五十名歲編儲役銀三百兩以此二者存貯不爲他用幸遇天祐十年無患可積金萬有數千一旦患作不爲無備當平居無患時每遇潮汛遣廉幹吏民巡視

遇有沙瀨洊浸小隙即須鋃窒補以杜其隙千丈
之隄敗於蟻穴若九河盈溢非一由所防宜早爲
之慮也其次則在制度昔之善於爲備者慮海濤
之衝激爲盪浪木樁以砥之慮潮勢之剝蝕爲壘
石斜階以順之故所取之石不必盡大斲木爲櫃
廣長尋丈納石其中則小石[illegible][illegible]爲大織竹爲筏
環筏爲囤聯絡牽掣少亦可代[illegible]多此漢武帝伐
竹爲揵填實土石以塞瓠子河之遺意也綫緪以
投海中斥鹵浸漬糾交不解外箔以盪浪木樁而

上鎮以博厚之石如廉司楊瑄之制崇厚以捍其
勢斜披以順其流近視之横亘如虹遠望之崇峙
若墉庶可弭災而捍患乎至於酌用民力臨十家
牌循環更代必人與薪米節其勤苦而恤其寒暑
民亦樂爲効力矣所慮任事之人惜功愛財苟且
而不爲長久計故弭患而患日生必殫心華力使
吏不作奸民不偷苟期於實濟而後已如是稍有
潰決隨時塗鋟亦易爲也夫海之決也有內河可
開以殺之庶不汜濫而多虞今近北邑城無內河

可開而備水土塘可堅築培高以護其內地疏通
七里三里陳文馬牧達卜河諸支港置閘遮減以
殺其橫流此亦因地制宜之法也聞建議者有欲
以新椿易舊椿舊椿深固不拔易之則撥其基矣
有欲以土石改修舊塘者新加土石不若舊之堅
固改則有間可乘矣此說之斷不可行者也築塘
以石自吳越王始石必培之以土人貪近便每剝
附塘之土加之使高是猶剜肉醫瘡瘡究無補徒
增潰爛耳深濬運鹽河亦可殺潮勢然河址與塘

址相比深濬則海鹵滲入而易潰此皆治塘者所
當戒也至於財用多寡視主治之人當巡撫徐栻
時海決塘傾始議費三十萬行海料度約十六萬
衆議駭譁新尹蘇湖初至廉敏有材四閱月功成
止用十萬有奇由是觀之財用多寡豈有定乎視
善爲謀者酌用之耳夫海患雖多不測人事修足
以勝之昔吳越王錢鏐率衆董治潮怒急湍版築
不就採山陽之竹以爲箭煉剛火之鐵以爲鏃命
強弩五百人射潮潮乃退雖其德不及成康治不

若文景而割據自雄帝制數郡要非高義足以服
人何克致此若嵩恃其强武即用五千人海若其
畏之哉此事在省會近而可微者也若夫神道之
說昔人不廢惟在立誠以動之無感不應奉訓大
夫杭州路判官張仲儀海寧潮溢田畝廬舍多遭
陷沒仲儀憂之以特牲禱於海神曰民非田不食
非廬無以居神忍化民爲魚鼈宮邪即爲魚鼈宮
神將何依吾恐神不自寧也禱畢親沉石水中健
卒繼之未幾海復爲地張眞人裔孫與材朝覲歸

至寧適潮患大作沙岸百里蝕齧殆盡延及城下
與材投鐵符於海中踊躍而出者三雷電晦冥殲
一魚首龜身長丈餘者於水面岸復故常浙省右
丞相脫驩因海岸崩決民心甚恐躬詣上天竺祈
禁於大士仍請普福法師宏濟建水陸冥陽大會
七日夜宏濟冥心觀想取海沙詛祝之率徒衆徧
擲其處足跡所及岸不爲崩此皆寧之已事也要
由精誠所格神亦感通理之固然無足異者蓋前
事爲後事之師弭患當預防其備誠得明敬無私

之人實心經理而廸德省愆以格天心亦何海患
之足慮哉

國朝

與巡撫范承謨論修塘書　柴紹炳

愚聞天下有三塘河南有防河之塘湖廣有防江
之塘浙江兼有防江海之塘此皆大利大害所在
也而在浙言浙又於今日之事則海塘爲切塘之
遠者勿論若圮而重修則唐之開元宋之淳熙元
之泰定致和其事徵諸郡乘至明初及季海變凡

六永樂辛巳成化甲午宏治壬子嘉靖戊子萬歷
乙亥崇正巳巳或溢或決屢費修築可得而紀者
乙亥之役爲詳焉顧塘在沿海唯鹽官頼之而識
者以塘大決裂即嘉湖而下不免波及者何與按
志稱海寧於吳爲陲於越爲首地形最高故境内
麻涇落塘長水塘諸水皆從北流一從東北由浙
泖趨滬瀆江入海一從正北過吳江趨白茅港入
江俗因指吳江塔巔與長安壩址相並則海寧之
地高於他郡邑甚明故海寧之塘一決不止水注

彼諸處如建瓴然將松蘇猶恐被殃而嘉湖屬邑其剝膚之災矣然則障海昌者即所以保列郡塘之關於東南利害豈不鉅哉乃者仲秋之朔颶風陡作連數晝夜海波由是怒注陡塘橫決沿海土田廬舍沒爲巨浸人民失業誠斯土之一阸會也執事惻然念之亟圖修繕以寧邦宇而因詢及芻蕘集思廣益愚本杜門寡聞且未嘗親履其地不能揣畫形便聊據往牒揣近事粗陳末議以資博採之萬一可乎一曰集貲方今公帑不敷民力更

竭故工役估費不可浮縮太過過於浮則爲胥吏冒破過於縮則其事難辦苟且完工未幾輒壞必有任其咎者至酌定所須若干奏支官銀外不無量派民間宜倣舊例協濟勸輸蘇松隔屬姑置之嘉湖諸邑於此塘利害相關自當檄令捐貲助役大率海寧任十之七諸邑共任十之三可耳二曰聚財蓄修築之用木石爲先泥土可隨地而給木石必預購轉運不能猝備也如慮海濤湍激必須遏浪木樁以砥之其樁宜松不宜杉惟松入水經

久也故事采石一塊長五尺二寸高闊各一尺八寸者其工價水腳應照時估給發仍匠役樂趨石採於近山木購於上江他物料俱應時取辦則興工無乏矣三曰任人此一大役雖執事躬督其工猶藉廉幹有司相與協理并就佐貳胥吏及邑之耆老解事者選擇委之俱以禮貌遣厚畀廩糈其夫匠使什伍相司按籍有考計工給值勿容侵尅總理者約塘若干里每人各認丈尺以難易爲多寡查照字號給銀董役刻期齊作以其勤怠堅瑕

分別賞罰庶事有責成無築舍道旁之弊也四曰鳩工工有難易不等如水勢方橫決口難塞委以草土辟諸精衛填東海直無何有耳舊用漢揵絙法不就乃斷木爲大櫃編竹爲長絡中實以石引而下之汎濫有定築塘之法外當先植木樁其壘石下則五縱六橫上則一縱二橫石齒鉤連若絙貫然即有計撼之不搖也又恐潮之直薄堤岸則爲斜階以順其流而於內復堅築土塘以爲護如此則海波雖壯且惡有汎濫而無衝決比於金城

之固矣雖然此特遥度言之耳若土著耆舊當有灼知事勢詳悉便利者執事能下車咨訪得其説擇而行之如宋尚書禮采老人之畫徐武功有正依道者之規是役也可以萬全豈不一勞永逸爲吾浙世世賴哉

序

海塘事略序　明　吳　禺

余讀河渠諸書而三歎治水之難也夫閭寝爲海諉諸天數民則謂司我者何不仁起而塞之頽林竹楗石菑與於負薪之役者又微文刺譏當世多言亦可畏哉鄙語云溺則丐命出則索錢甚哉黎民不可爲深長計也悲夫余嘗東望海壖北俯三吳循行錢塘石防天塹父老曰微武肅茲其湯湯乎彼錢鏐亦丈夫也眞能射潮東邪顧撫駕方略何如爾他日遺民過其墓毋滯尸祝祠之孰與當時任怨之多哉余於是又歎其言立功者終不昧大海鹽視錢塘爲下流海益善決騷擾及郛時非無武肅之智也而拘文牽俗之人媮安不事猥曰

毋動爲擾譬之敗垣居水寢處其下土未及崩爾謂之安海鹽之塘何以異此往聞長老言永樂中海溢漂溺人民壞良田廬舍以萬計官民遷徙崎嶇救患累歲言之於邑有足傷心者嗟乎向使早爲之所捐數萬金竭三吳力猶將爲之涓涓弗塞竟成滔天悔可及邪竊嘗籌之[illegible]海郡縣數數捍患無已如出數年修築之費一大治之塹山堙壑起三江之口南屬海鹽西南至於海寧接於錢塘延袤數百里石隄鱗比自非懷山襄陵之勢未易敗也是雖勞費不貲而晏然百世之利誠爲上計不然及患未深繕完要害故隄而穿渠疏鹵海塘既堅民食亦便去害興利而費約日寡若焦廉訪之爲海鹽計者亦可以百年安哉苟俟氾濫甚猝發閭左之豚搏沙聚灰欲過洪流此與以手障何異可謂無策嗚呼難言哉余曩辱焦公同官雅知其大非常之功而不惑人言者海塘方略具如左云後有君子欲推而行之得覽觀焉

海塘工竣序　明　沈懋孝

浙西屬邑在海壖者二十餘城獨鹽官之城去海甚近海外秦駐諸山箕列囊東吞納巨洋之水地勢窄而湍迴急溯汐遂上其勢獨險異於他處夏秋間時有颶風先數十夜有聲潮乘風沸蕩崩擊不一瞬間室廬物產人畜立盡此捍海石塘所由設而塘在鹽官屢築屢潰[illegible][illegible]爲東南患所從來矣萬歷三年五月晦鹽官海溢中夜風雨挾潮以上勢高於城幸而返風乃定於是捍海之塘盡破塘石漂入海者無算始議修築謂歷十餘稔費數

百萬緡未有已也會中丞徐公始至經度工事藩伯舒公素以才望視河徐沛間膺簡任守浙之西遂相中丞經茲大役凡石塘之創建修築幾三千丈內爲土塘以附石塘又疏內河以防衝決始於萬歷四年七月至五年九月訖工其費僅踰十萬於是嘉興太守黃君率其僚與其屬紀公之功屬言於余予惟天下有三大防疆圉之吏守在邊防轉漕之吏守在河防東南守土之吏守在海防此三防者天子之守也河之防疏塞非若海之不可以負薪捧土而下之揵也邊陲飄忽震撼鋒鋭罔甚然其來有候其去有形乃海之患豈人力禁禦之者哉故塘之捍海其備甚於邊牆急於河隄萬一塘未及成成不若是速東南數十郡漂沒滄蕪之患豈可勝道故稱禹之明德遠矣吾與爾正冠整衽弁而峨日夕者誰之賜哉嘗推公之功不在防河防邊下者非諛也公敏達精練年力方剛剔歷內外久嘗一爲典屬國具知邊瑣再爲治河使者有績河漕今又施之捍海天下有三大防公策

之審矣日者登樞銓參大政亦以治河治海之道施之籌邊何異垣之於牛皋之於馬也不佞揚吐而樂言之

海鹽縣全修海塘錄序　明　馮皋謨

邑長老云鹽有塘以來不知修築凡幾先朝有發帑金百萬少五十萬者有特勅京朝官趙通政林郎中者有伐石寧紹併力蘇常諸郡者葢亦重其事矣夫非以事關切全吳五六郡民命而又國家六軍萬馬委輸根底於斯塘失時久玩愒不至大

敗極壞卒然不能出力肩任其事者萬歷乙亥潮大溢吳幾魚侍御徐公興土石工勠力築者什之三爾丁亥颶風共七晝復壞於是有今築築成邑令謝君百需攸責始末獨詳輯其言屬余序余不佞士人無能救功竊能言工之自矣夫興建大事非成功之難能得人而任之難也非任事之難能實心而效之難也當議起時督院甌寧公篤中愷切勅誡廉廉謀全築令觀察龔公守來久於郡按故實條上咸中窾一時在事羣公議僉合重得人

爲請於朝得水衡夏公又擇屬以曾公權知水府事諸執事分曹而任咸慎使亡何中丞傅公起家來公汪度恢廓不設町崖羣策畢效値歲災旱異常公甚急塘尤重念時艱戛公宏宣德意慰勞有加其視塘圯若墊溺之切於巳其斢算食緡不漏察於纖微其貽損服用躬約爲屬收先邑中若不知其建節者旦莫行視工觸目灾危藥者藥檮者檮督促程課不篤於拊呼懷來無奢費不僅縮費諸執事役作之人爭矢力無敢不力較往稱功審

時度事其時難倍其勢勞倍其築堅倍上與下皆實之效也實心者不速成見功而以允功爲實頌禹功者曰成允成功八年不爲久胼手胝足不言勞公即功幾兩越戴櫛甚風沐甚雨夏公面貌黧黑皸裂　公目爲　監察兩臺三稱君勞夏公不有拜手言微督院發謀出書何以有此成事公讓不居適本事始具言甌寧勞最不敢蔽覃及藩臬諸大夫郡守王公而下贊一謀領一事並荷陞賞有差大臣謀國開誠心布公道集衆思廣忠益其

道固如此矣上悼念甌寧蔭錄後裔至恤厚矣非以能蔽全三吳民命且力裨輸委六軍萬馬有大功於國家哉奈何目爲一郡一縣之塘而以吾一郡一縣力當之也余敢略稽事蹟爰告來茲

國朝

海塘節略總序　朱定元

郭璞所註山海經云水出歙縣玉山過建德合婺溪至富春爲浙江入於海盧肇曰浙者折也潮出海屈折而倒流也總之四海皆有潮獨浙江潮與

江水關激即亘若山嶽奮如雷霆雪浪橫飛銀濤旁射縱無風雨潮頭震撼塘多潰卸再加海風助虐時雨添威人其爲魚田將爲壑宋唐迄今代厪宸慮然浙江潮患又以海寧爲最蓋以寧城南門不數武即瀕大海全賴塘隄保障而寧塘又居杭嘉湖蘇常等府上游測水平者謂長安壩底與吳江塔頂相平保海寧即所以保嘉湖七府此所以浙省以海塘爲首務也塘長百餘里皆係浮土浮沙東自尖山西至仁和界翁家埠綿聯曲折塘之

外爲北大亹約闊三十餘里有河庄山爲界河庄之南爲中小亹約闊八里有赭山爲界赭山之南爲南大亹約闊三十餘里有紹郡之龕山爲界水若由中小亹出入當適中之地杭紹兩府皆慶安瀾第中亹地面窄小難以容納江潮且山根餘氣似隱相聯絡偶通旋塞所以不徙而南即徙而北徙南尚有龕常等山捍衛爲患猶輕徙北僅借塘隄一綫倘有潰溢爲害甚鉅康熙三十六年以前水出中小亹杭紹相安無事迨至康熙四十二年

水勢北趨寧城迤南之桑田漸成滄海康熙五十四年潮汐直逼塘根寧邑南門之外最爲受險遂依舊式捐措添修塊離石塘三千丈此

本朝興工修築之始也康熙五十七八兩年以後寧城迤西之秧田廟普兒兜及迤東之陳文港念里亭在在坍塌報險時巡撫朱軾相度老鹽倉一帶建築大石塘五百丈過此迤西土性虛浮不能安石又築草塘一千餘丈此建築石草塘之原委也嗣後設立海防同知歲加修治殆無虛日雍正六年

塘腳護沙冲刷殆盡移至海中堆起沙洲挑溜直注寧塘爲害愈烈經督臣李衛題明將已坍之工改建條石塘坦復於險要處圈築草盤頭以殺潮勢此建築條石塘坦及草盤頭之原委也雍正十年五月內上游水發又將西塘觀音堂翁家埠等處老沙洗盡潮勢直逼內地署撫臣王國棟題明接築草塘二千餘丈其地半屬海寧半屬仁和此又沿及仁邑修築工程之原委也江潮日漲工程愈急雍正十一年

世宗憲皇帝特命内大臣海望同直督李衛赴浙相度機宜添設海防兵備道增置官兵築土備塘一萬四千二百二十餘丈加培附石土塘一萬餘丈又因舊塘易於坍塌年年修補終非長策議於尖山起至萬家閘止改建大石塘一萬丈永垂利賴誠爲保固海疆至計適值當事者專事開濬引河堵塞尖山遂將議建大工因循怠忽並將舊有工程不加修理以致雍正十三年六月初三日猝遇風潮全塘潰決始盡經督撫大臣親率文武疊石鑲柴

暫爲粘補而塘身之單薄如故坦水之潑卸如故塘之裏身又係坑漥一線殘隄内外受險是年九月二十三日大學士嵇曾筠到浙總理塘工凛遵
世宗憲皇帝聖諭循照歲修之例先保舊塘以禦大汛後修鉅工以垂永久如幫築通塘土戧擇險修砌塘身以及修補坦水加鑲草塘並建遶城石塘等工於本年十月内奏陳奉
旨允行即鳩工集料分段興修將舊存塊石危塘改建修[illegible]塘一千一十餘丈修整坦水八千四百四十餘丈幫築土戧一萬三千九百餘丈塘内坑漥酌量填補俱於雍正十三年冬間工乾隆元年五月告竣伏秋大汛賴此無虞元年冬又將仁邑境内李家村沈家盤頭寧邑境内九里橋等處未幫土塘四千三百三十餘丈再行加築俱於乾隆二年六月内完工其海寧遶城石工五百五丈亦于元年八月内分委承築於乾隆二年季夏報竣至續估魚鱗石塘嵇曾筠抵工之始見江海全勢直逼北岸實難臨水興工議於舊塘後另度基址建築

業經奏允惟是舊塘之後綿亘一萬四千餘丈需帑浩繁爲日遲久自上年春夏以來仰賴我
皇上福德隆盛江海形勢漸向南趨自李家村至尖山中沙突起聯成外障至乾隆二年五六月間東西兩塘日夕漲沙較比昔年形勢不啻逕庭嵇曾筠審度水勢因時制宜議將舊塘基址圍築越墻開槽釘樁改建大工謹遵
世宗憲皇帝不可挪移寸步之
旨以歲一勞永逸之鉅工元自元年八月初一日奉

命由分巡淮揚調補海防兵備道不辭勞瘁奔走襄事親受督臣指示石土工程並垣水作法表裏完固高堅足恃外以障滄海之狂瀾內以保桑田之物產近以拯一邑之墊危遠以捍三吳之沮洳上以裕國家之經賦下以蕃生民之稼穡塘工一成朝野交賴元雖衰絰奔馳奔喪旋里亦與吳越人民共慶平成也矣

記

沙塘斗門記

宋　宋之才

平陽溫之大邑萬全平陽之近鄉北枕瑞安材落連亘水之源於山者八十有四支分派散溉民田四千頃先是走潦惟沙塘一埭決於既溢塞於將涸雨暘微愆農不穫者居半其患非一日也吳君蘊古紹興乙丑捐材爲斗門以便蓄洩明年秋大水迅流怒濤交攻而圮又明年范文正公曾孫寅孫來丞是邑民以病告丞曰水利不修咎將在我爰度地稍徙舊址之北前直大浦楗松爲防累版爲閘深空而度者四十尺浦之上下實以巨石外以殺潮流怒噬之勢內以受所洩水使鑑旋洄洑曲赴於海經始於是年仲春十七日落成於季夏二十日役工於千縻錢百餘萬皆二邑民輔之相其事者吳蘊古協其力者周端夫周誠也既成之六月復大浸奔騰之勢若將破山裂軸者已而風恬雨息防峙水渟雖神造鬼設不是過也鄉之少長喜而相慶曰大哉功乎今而後謹啟閉節流止旱魃不吾虞矣乃屬予書其事因記其本末且系以詩俾鄉人歌之其辭曰楗松入水兮鐵不如石

扞水兮溫不渝截然一閘兮衆流郛啟乃洩兮閉乃瀦潦不沒兮旱不枯秀我苗兮實我稌丞則范兮士則吳子子孫孫兮永誌諸

跋餘姚海隄記

元　黃溍

書敘禹治水備著濬導之功其於海惟曰入而已太史公河渠書班孟堅溝洫志於海則存而不論餘姚居天下之東南地訖於海居人數有海患其故爲縣時宋慶歷間知縣事謝景初嘗爲隄二萬八千尺慶元間知縣事施宿爲隄四萬二千尺而

其中爲石隄者五千七百尺其用力於海皆古所未及可謂難矣國朝易縣爲州四十餘年而葉君恒來爲州判官作石隄以尺計者前後總二萬四千較前人不愈難哉胡安定公以經義治事分齋教學者所治之事畢備水利其重也自世儒務爲高論而不屑於事爲之末又或者指經義爲無用之言以相詬病其惑不已甚乎君以經義釋褐入官而善於治事至於水利又能用力於古所未及大書深刻登載已爲詳悉余獨推其能爲人之所難能者由其知先儒爲學之道而使經義之昭垂於世果不爲空言也

象山縣塘田記　明　毛德京

桑田變海昔之坍江是也滄海成田今之諸塘是也其膏腴豐美者較之附郭良疇反爲過之然地有內外圩有堅脆勢有安危其當湍流處山外而抵風潮者一朝颶發海溢衝激所及湮爲泥塗蕩成巨浸矣今日記此夫亦以昭聖代瀚海澄波桑田稠叠之盛耳固不可恃以爲永業也後之爲鑒

科圖文度者尚其別之

國朝

重築捍海塘碑記　沈珩

康熙甲辰秋八月海寧捍海塘潰勢浸淫無所砥下流迄嘉湖常蘇咸震恐總督趙公巡撫朱公惻然爲民命國計憂親巡閱坐鄉之士大夫於堂進其耆老於庭諮詢周密畫籌乃定爰簡備兵熊公來督修十一月隄垂成是時巡撫蔣公甫莅浙輒復重軫厥歩降檄鼓勵方略載新於是植頹築虛增卑補缺堅者砣砣隆者翼翼度越於舊觀備兵公之始來視海也民老幼數萬環車遮且曰是役也費難工鉅任勞可奈何公則慷慨誓曰吾奉天子命監茲土民溺則誰溺也況督撫兩臺至仁極德屢爾民憂設吾恭然畏難辭鉅避勞上貽兩臺之勤閔而下諉咎於僚吏縱得以具文報塞詎吾志哉爰駐節躬畫率興敏築沉算潛計覃精焦思始治役觀浩浩湯湯曰匪神曷佑旦必陳牲醴禱郭門而南且呼且惻果遏怒汛乃利版築僉曰神鑒格

矣曰匪人曷摉功即決口判列爲號若散屬若庶
耆分曹置監靡長勿褻其材若石櫕囤櫃槫櫨竹
絡其工若礪鍛畚鍤防丁㨗户冬懲乃司戊夜猶
手降敎相諭荅問日命廚傳慰勞罔弗激弗勵僉
曰人工修矣曰民勞勿恤曷勸哉諸卒夫乏者賙
寒者絮孱者餔㾓瘵疾者急鍼餌人人忘勞死僉
曰民氣優且勸矣而公每念必惕然勿忍瀆民力
捐槖金萬司計必親蠹蝕盡絶致鳩庀罔漏隄廣
厚什半加舊按𡨕塘歷唐宋元明一罹厥災至乃

淪山陷城崩地數十里漂禾稼數郡當宁傍徨公
御駢胝費金錢幾百萬徭役連十餘郡歷歲時且
十年或二十年猶未盡底績甚不得已而或徙民
居以避之或令方士用秘法鑄深沙鐵神造浮圖
實以七寶珠玉爲厭勝之具然訖不效不亦訏窮
而術踈哉所謂難與鉅與勞今且什九倍昔而上
不糜帑下無困㞷千載之功不日告成然則常變
會乎勢安危係乎人彼難與鉅與勞之倍昔勢也
其事半功倍則人也是魚腹之遺黎得安堵而康
食俾之生全者誰德也陸沉之疆土得井耕而土
貢予之奠麗者誰力也邑之人曰勿可忘其數郡
之命係乎塘者皆曰勿可忘士民乃請記之以勸
諸石茲塘長鞏功且不朽云

修兩浙海塘通志卷二十

［清］楊鑅 纂

整理説明

《海塘擥要》爲曾任杭州東防海塘同知楊鑅纂修，於嘉慶十三年成書。

楊鑅字振齋，合州（重慶）人，乾隆六十年恩科出身，先補富春令，再知錢塘，嘉慶十年任東防海塘同知，十四年任温州知府，隨後調任廣西柳州知府。楊鑅以能治、嗜學著稱。

《海塘擥要》之前清代海塘專著已有乾隆十六年《勅修兩浙海塘通志》（以下簡稱《通志》），乾隆二十九年《海塘録》。乾隆五十五年覺羅琅玕巡撫浙江，正值改柴塘六千七百餘丈，工竣匯志六卷，是爲《海塘新志》（以下簡稱《新志》），使《通志》後四十年修築得所考。嘉慶六七年間，時任浙江巡撫阮元以翟均廉《海塘録》一書之外，《新志》缺而未備，屬門生陳壽祺纂成《海塘全志》（以下簡稱《全志》）三十卷，續《通志》後五十餘年事，皆補前所未備，未及梓行而調任。嘉慶十年，楊鑅履任東防同知，職任修防，躬操畚鍤，慮前志卷帙浩繁參考不便，取前志有裨於塘工者臚爲《海塘擥要》八卷，又請《全志》稿於阮元，加以删纂，別爲《海塘擥要》十二卷。其書彙前志之全，且以修築工程爲要而考古次之，浙江修守海塘者以此可識坍漲之形勢，工用之準則，是爲『擥要』之意也。

本書卷帙簡約，子目賅備。首列宸翰以尊聖謨，是爲卷首，收録康熙、雍正、乾隆三朝有關海潮、海塘詩文，未録具體修防之旨。

卷一爲圖説，錢塘江海塘圖説自方觀承《海塘通志》始，琅玕《新志》又分段圖之，本書合兩志之圖爲一卷且各附其説於後，以使江海、源流、三亹、山川形勢、潮汐消漲瞭如指掌。並於每段海塘之型製及修築過程詳加解説，使初涉海塘者亦可快速入門。

卷二潮賾上爲統論潮理之説，卷三潮賾下爲浙潮薈説（江源附），輯録前人潮情、潮理之論述，爲當時潮論之全。

卷四沙水，錢塘江沙水遷變於海塘修防至關重要，乾隆二十八年有兩月一奏沙水情形圖，至三十七年改爲按月比較奏報。此卷非僅記述坍漲之變化，亦簡録《沙水情形狀》及幾次人工開挖引河，開浚中小亹之努力。

卷五爲列代修築，本卷詳細記載海塘修築工程之沿替，而有關塘型塘式、施工技術及方法等内容，尤爲加意收集甚而全文引用，以使後來者有所稽考。

卷六、卷七、卷八爲國朝修築，卷六所輯内容爲順治元年至乾隆二十六年，卷七自乾隆二十七年至五十三年，所涉内容前志多有記載。然因本書焦點在仁和、錢塘、海寧三州縣，並未概及全省且有補偏救弊之志，故而所録更爲詳盡且用語精煉。卷八自乾隆五十四年至嘉慶十三年，此間潮趨中小門，故而未興大工，海塘工程以修理埽工、柴塘爲主。

卷九工程門，海寧塘工有别於海鹽，海鹽患潮直衝，塘下沙硬不慮其坍，而塘身非極堅極厚之塘不能抵禦，故宜精講修塘身之法。海寧潮水横衝塘身，塘下沙軟患在根脚空虚，雖有極堅極厚之塘，不能虚立，故宜加意塘根，務須隨時修補坦水。其講求保障，職在司修防者，本卷詳載各種海塘型式，並加意於坦水之不同型製且繪詳圖以示，爲前此所無。

卷十職官（附兵制）門，防海設官、設兵，其制與漕運、河防等，惟浙江海塘爲然，始於雍正初年。本卷列歷任欽差大臣至總督、巡撫其有功於塘者，如朱軾、李衞、嵇曾筠等，而同知、守備等職級較低然無曠厥職者，亦爲之入。其時額設弁兵六百二十五名分防七汛，以守備爲之長，防潮汐兼防奸宄矣。本書將職官、兵制合於一卷。

卷十一神祠，仁和、海寧二州縣當潮汐之衝，瀕海億萬生靈賴神之保護。本卷收録有功於生前或顯靈於身後，能捍大灾、禦大患，爲當地百姓祈報之神及祠廟。

卷十二藝文門，史志藝文但載書目，其載及詩文實始於郡縣志，其初猶附在山川古蹟下不專列一門，此時乃不厭其多繁蕪滋甚，此前海塘志仿郡縣志，採載頗富。本書擇其必有關於海塘修築之文且被奉爲圭臬者，如明黄光昇《築塘記》、陳善《捍海塘考》、陳詵《海潮議》

等文，其他文雖佳不過遊覽登臨之作，概不收録。

本書由楊鑅纂修，時任海寧、錢塘、仁和三縣知縣出資襄助刊行。由於纂修人親歷海塘修建，故於編纂門類綱舉目張，俾萬丈修防瞭如指掌，於海塘規程及技術有嚴謹的考訂和精準的案語，爲探究海塘歷史沿革極爲重要之文獻。

目録

海塘擥要序

杭為江海之滙濤汞龕赭之交勢激者二百餘里隄延者萬八千丈所以審度潮汐保護井廬地至險工誠要矣哉
朝
列聖纘承
廟謨垂裕
純皇帝詔舉六巡
恩敷兩浙竹簍木櫃之添修魚鱗石塘之加築出自
睿裁頒以鉅帑俾司扞禦者咸

奉準繩焉
皇上俯念海隅勤披圖奏重防守之責嘉循卓之聲令柳州太守振齋楊公固舊為東防司馬者也籌深障澤功邁監隄陋運土於版倉擬驅浪於石囤利罔不興瀾以永恬爰輯海塘擥要一書卷帙簡約子目賅備精覈成法用裨來茲首列
宸翰尊
聖謨也次標圖說綜地勢也溯潮蹟沙水之遷移揆形便也詳

修築工程之沿替資捍衛也臚職官以課勤記神祠以答貺森然兵制之增防燦乎藝文之臚實非特遐搜博引洵如挈領提綱矣公昔出宰富春誥遷奉諱故里託棠蔭以銘心聆輿誦之

三

在口競娟杜母頒借寇公嗣以移治横陽考㝡武林書名於黼座晉秩於海防蓋欽領郡之才而展砥柱之績爲近將莅守西粵重遇春明恵覽成書如披治譜夫治水而順水之性猶治民而導民之情防海者弭患於未形防民者奏效於丕變上慰宵旰下軫閭閻宏保障之奇飭備禦安之良法矣由是畀岳牧簡封圻務擘其要樂觀厥成將報政而未艾僅籌海云乎哉故

四

於贈行而爲之序

嘉慶十有六年正月既望

經筵講官　太子太師　文華殿大學士　文淵閣領閣事總理刑部事務　尚書房總師傅軍機大臣世襲騎都尉軍功加

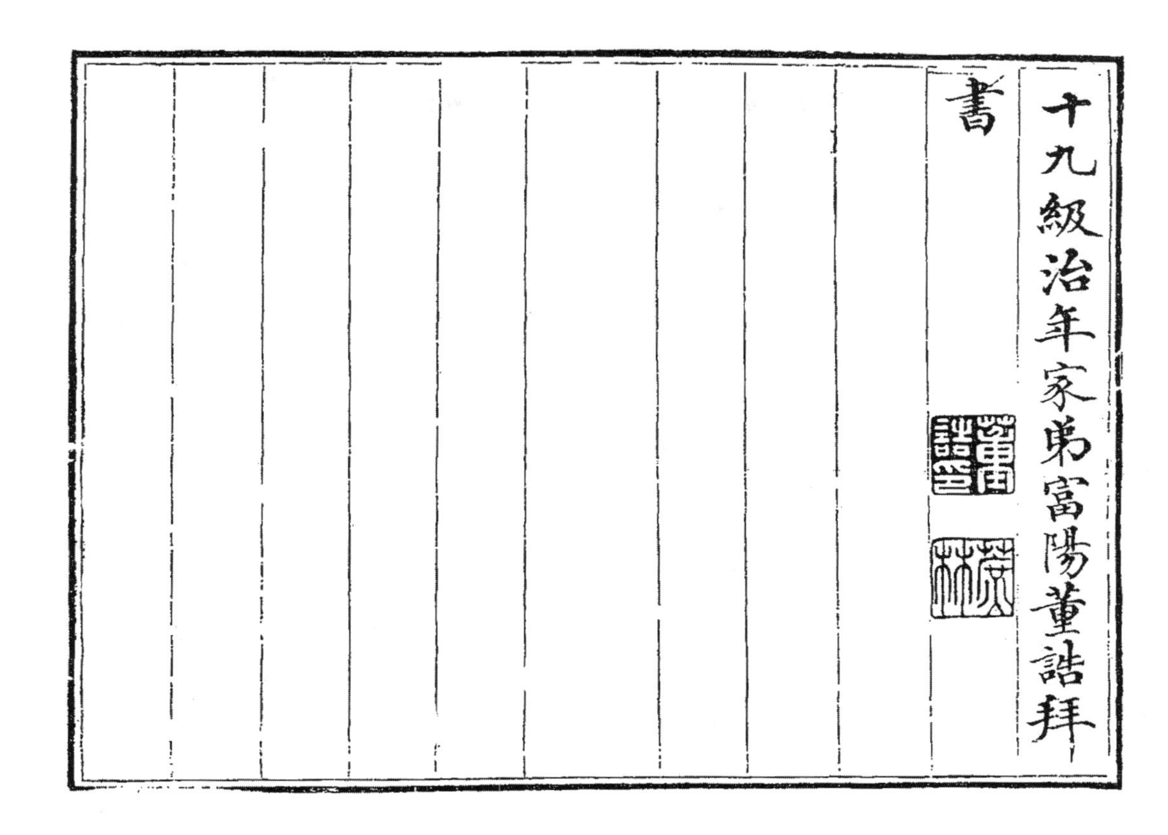
十九級治年家弟富陽董誥拜書

董誥

蔗林

海塘擥要序

浙江海塘爲杭嘉湖蘇松常六郡民田廬舍所關國計至重晉唐以後南江道塞南宋嘉定以前潮由中亹出入南北兩岸俱無所害自嘉定十二年潮失故道水力直趨於北海寧州南四十餘里淪入海水而禪機河莊兩山間中小亹旋通旋淤不能不籍塔山石壩以殺其北衝之勢且使大潮不得闌入以爲汕刷之資斯萬世不易之良法也

乾隆二十七年
翠華南幸
純皇帝軫惜民瘼親臨閱視見其橫截海中直偪大溜因斷自
宸聰添設坦水竹簍水櫃隨時鑲築且不惜數百萬帑金加築魚鱗石塘遂爲東南永奠之基夫海猶河也治海而不安其性猶弗治也恭讀
聖製閱海塘記諸碑文知東南六郡數十年安恬之福非
大聖人不能總其樞要者可耕鑿而

罔知
帝力乎元自庚申撫浙捍禦多年今
北沙漸漲
聖天子廑念要工月披圖奏繼
先志也元嘗慮治河有書治海無書治
河如潘季馴之河防一覽靳文

襄之治河奏績雖用力不必盡
同皆能發明水理確然措諸施
行而治海自翟均廉海塘錄一
書之外新志缺而未備是亦未
窺今
廟謨之所在矣爰於嘉慶六七年間

屬門生陳編修壽祺纂成全志
三十卷繼因奉諱去官未及梓
行東防同知合州楊君蒞任後
究心志乘請其稿於元而加以
刪纂別輯爲海塘擥要十二卷
以續長白琅公所輯新志歲戊

辰元復來撫浙又期年而此書
刋適成來請序之其書以修築
工程爲要而攷古次之浙之人
士可仰識
聖澤之高深且知坍漲之形勢工用
之準則矣時

嘉慶十四年秋八月

賜進士出身

誥授光禄大夫兵部侍郎兼都察院

副都御史浙江廵撫揚州阮元

序

海以東南為墟而河亘西北後世趨而東南則防海尤要故自漢以後言水利者河防之外兼重海防而繕完修築僅出於守土臣其績弗大我
朝
列聖相承睿謨指畫發帑修防俾東南民生咸臻樂利非常之功猗歟盛哉言河防者有靳文襄治河奏績一書最稱賅備而言海塘者舊海塘通志成於乾隆十五年續海塘通志成於乾隆五十四年前浙撫儀徵阮公復定為新修海塘通志今陞任粵西柳州太守浙江東防海塘同知楊君振齋又即三書而擘其要成書十二卷梓行而問序於余余謂伊古哲王究心於治河者有之而治海之悉歸於
廟算惟
國朝為獨隆學者於治河首稱神禹禹貢一書實能挈其樞要綱舉目張嗣是史遷作河渠書孟堅作溝洫地理志均原本經文通

以訓詁而禹功昭著於萬世政治之待發於文章如此欽惟

高宗純皇帝御製閱海塘記諸碑文發言為經功則遠續神禹言亦上媲夏書涵泳

聖涯億萬斯年奉行無斁惟是修築之有後先也職官之有專司也欲縷承之則又專在乎志蓋

聖製為經志以傳述之傳述不詳無以存掌故備考稽志之宜有增續顧不重歟余膺

命視學此邦愧不能以文章揄揚

聖天子之經畫而揚君勤於編晉述為此書於以著

廟謨之所在以示治海之要歸豈第為一人之職守言歟近者河流淺滯

皇上指示機宜屢須

訓諭繼文襄而編輯者必有其人而是書之載非唐宋以來守土臣區區補苴之所及又豈僅如方志家以敘述簡要為能哉

浙學使者吏部右侍郎吳淞周兆基謨

海塘擥要序

浙江海塘之有修築也始見唐書地理志鹽官縣開元元年一役而已他無所攷宋史河渠志言及海塘者較多亦止紀其畧元史明史皆然限於體例也至浙江通志海鹽圖經言較詳終不能大備乾隆十四年桐城方敏恪宫保撫浙適值魚鱗石塘六千餘丈大工告成始創爲兩浙海塘通志二十卷凡歷代興修我

朝建築南北坍漲潮汐源流工料程式等類靡不畢載可謂賅備矣五十五年長白琅中丞撫浙

又值改柴塘六千七百餘丈爲石塘工甫竣復彙志六卷俾通志後四十年修築得攷焉亦可謂有功於海塘者也顧兩浙海塘雖上及寧紹溫台下暨海鹽平湖其至險且要尤重仁寧二境爲杭嘉湖紹蘇松常七郡民田廬舍所關甚鉅故修防以杭郡爲要而紀載亦宜於仁寧獨詳通志竝及浙東諸邑不專於杭郡後志雖專及若沙水形勢官職兵制俱未能備且體例各殊不能與通志合是補遺輯略端賴後之增訂也久矣嘉慶四年儀徵

阮大中丞節鉞是邦閱三年政通人和輯新志十六卷續通志後五十餘年事皆補前志所未備眞防海之圭臬不徒集二志之成已也未及刊行即奉諱旋里僉以罕見此書爲惜十年秋東防楊丞履任後輯有海塘擥要八卷遣使維揚就正里第

中丞因授以新志俾資參訂楊丞既得是書如見元圃夜光無非積玉因擴擥要爲十二卷後八年之沙水修築亦幷續焉書成適

中丞重撫之江呈請鑒定爰命付梓西防路丞

海寧孫牧仁和巴令錢塘黃令樂觀其成咸願出貲襄厥事楊丞問序於余余自嘉慶十一年

春奉

命分巡杭嘉湖道兼管海防則塘務是予專責深虞講求未精今覽楊丞是書門分類別綱舉目張萬丈修防瞭如指掌眞能擥海防之要其貺余也良多矣余亦嘉其留心補輯庶能無曠厥職者且使後人有所考據循而行之其裨益于塘工也豈淺尠哉敬樂識數言於簡端

時

嘉慶十三年歲次戊辰仲夏之吉

誥授中憲大夫

欽命分巡浙江杭嘉湖兵備道兼理海防事務加三

級長白岳慶序

海塘擥要序

海塘擥要十二卷合州楊振齋司馬著也歲己巳余奉
命觀察甌栝仲夏旣望越三日涖事司馬時攝温守匝月矣政通人和百廢具舉暇出是書相質余受而讀之竊歎司馬之殫心竭慮爲
國計民生至深遠也司馬任東防已秩滿例卽選擢是書之輯不惟於櫛風沐雨之餘自抒其保障修防之要葢誠恐後之官海防者無所遵守而新舊諸志卷帙浩博閱者憚於參考爰爲删

繁就簡搜羅綜括始
宸翰迄藝文其間圖經程式源流興廢莫不條舉件繫朗若列眉書旣付梓他日
翠華臨幸上呈
乙覽用備採擇其有裨於塘工豈淺鮮哉司馬嘗謂余言宰平陽時濱海多盜購募義勇埋置暗樁盗舟誤觸俘獲甚衆余巡歷之便往來金鄉蒲門間居民猶盛稱之司馬行擢大郡去其更舉平日所區畫者勒爲一書以爲防海要略於以殄鯨鯢而安井牧是又余之所厚望也夫時

嘉慶十四年九月望日
賜進士出身
誥授中憲大夫分巡温處兼管水利兵備道加三級
汾陽韓克均序

海塘擥要序

乾隆五十六年春鳴由江蘇青浦調任宿遷閼三月睢寧河溢衝決三百餘丈奉制軍書河憲蘭檄委搶築凡採青購料堵禦抽溝等要務躬冒溽暑從事三匝月而工竣鳴竊幸河防之道得其一二嗣荷大憲議功以宿虹同知

奏升因催科于吏議奉　部帶領引

見

命往浙江以知縣用五十七年抵省補紹之會稽其地有蒿壩堤工尚非險要繼調台之黃巖名曰

海疆亦無修防之責嘉慶六年以拿獲安南僞官倫貴利量移海寧州牧濱海邃闊夙稱難治所轄海塘自東徂西幾百里潮汐驚濤鱗工互有平險雖設專司文武員弁而城隣塘右億萬姓廬井桑麻繫之每聽風送潮聲刻以修防之道爲兢兢十一年秋　楊振齋司馬捧檄蒞東防任　公以文學爲政事浙東西歷著循聲其防海也建築有術承修工程久而彌固廳州官廨相望每風雨過從復重之以婚媾於沙水捲石等講論至詳始審　公之籌辦大塘坦水悉準諸先達參以時宜未嘗以無本治之鳴深幸三載同城又於海防之道得其一二矣且　公廣採羣書提綱挈領手著海塘擥要一十二卷出以示鳴鳴讀之具徵比事屬辭由博返約其嘉惠後之防海者深且遠也庚午春　公秩滿銓授粵西柳州太守行有日矣佇見破浪飛騰鵬程萬里鳴讀其書如見其人而迴念翦燭西窗看劍檢書之日何可得哉爰珥筆而誌於簡末

嘉慶歲庚午秋七月

誥授奉直大夫晉奉政大夫知浙江杭州府海寧州事加同知銜姻愚兄孫鳳鳴序

海塘擥要序

經濟與著述二者不易得兼也有非常者起力能以餘事爲文而著述旁暇又傳其政事之表表者使後之人參互循覽卓然想見其才之鉅學之深識之遠以周而規畫之裨益實用貽利百世又足令人流連興起拱手而贊歎若歸熙甫之三吳水利錄謝在杭之北河紀皆是已而今乃得之振齋楊公公以乾隆乙卯大挑試吏浙中是時同班者四十人教與焉始至大憲即倚重之補富春令遷橫陽又以上考遷錢江秩

滿擢東防司馬三年咨吏部注選籍以次授粤西柳州太守將行大憲謂公守東防時治理肅清茲縉雲民譊極滋訟非公莫能理復檄權處州府事於是公之宦浙蓋十有六年於茲所蒞守令皆號稱難治然才壯以遠從容以敏得藉手即蒸蒸治發奸摘伏如神明而性又嗜學遍知古今公餘進諸生口講指畫或試一藝或成一詩無少勌與人交洞達無城府凡咨以事者上下其議論　準乎經世濟物之大鮮不滿其意以去教遂迄無能爲役顧得步後塵免隕越藉公指示爲多焉初公令橫陽地瀕海因得周覽形勢於潮汐之往來地方之逆順尤所究心既蒞東防遂總其塘堤大凡爲擥要一書受而讀之歎其綜核今古洞中窾要爲熙甫在杭所未逮而

聖澤之高深工用之準則於是乎在公宦程達大異日張而翼之勒政書佐史志爲不朽盛業者勵水利云乎哉獨是教受公知最深其所以左右提挈之者備至茲公戒行有日教亦將卸錢塘篆北上飽德感遇忽不自己又親見公之勤勤

懇懇於茲而平昔之經濟著述復愉懌而懃服之彌甚用敢綜舉梗槩贅數行於末覽者以爲公之浙宦蹟紀也可即以爲教之感知贈別也可

嘉慶庚午夏五月既望

陞授浙江杭州府總捕同知前知錢塘縣事愚弟黃友教頓首拜序

海防輯要序

杭州東防楊丞著海防輯要一十二卷既成付剞劂氏矣余讀之一再過不禁憮然興也余與丞均有防海之責而東甌之域並海多山山之下率皆平原曠野舊有塘堤之處開設水門堤閼衝決之患自古無之非若杭爲江海滙流之區在在稱險工也丞謂江面不過十餘里海面亦不過數十里潮來時過江流使不得下以致上激塘身下捜塘底沙淤即足護塘沙去則塘易圮非夫躬親畚挶有年者豈易及此按潮發

自海寧之尖山由是而至仁錢凡二百餘里其間捍海之塘或柴或石袤延萬有八千餘丈距直杭之人恃以備湓溢無爲魚憂其自嘉湖以北迄於江南蘇松常各郡地不爲鯷壑人不爲波臣胥於是乎賴焉自有唐以來歷歲綿遠隨時補苴從未有體沙水之性情抒

廟堂之謨畫𠀤於一勞永逸爲長久之計者我

朝

列聖相承醲綱翔洽然且勤軫民隱不惜數千萬帑金舉前所爲或柴或土或石者因其形便量爲沿革巨石長樁寄鑲深砌料芟辮竹培薄增卑誠所謂億萬載丕丕基哉是書於塘之廢興沙之坍漲潮汐源流工料程式稽之於古則自經史圖志以及脞說叢談擇錄之無取冗長按之於今則自

睿謨

宸製以及文移檔冊備登之罔敢遺闕丞之意將使覽之者知左强右傷之勢自有兩利之圖而後之有防海之責者得所遵守其亦深足嘉也已

嘉慶歲在己巳春正月

誥授中憲大夫

欽命分巡浙江温處兵備道加三級海康陳昌齊序

海塘擥要序

治海之有成書也自翟均廉海塘錄始其書二十六卷凡浙海形勢由漢唐迄乾隆二十九年一一臚載最稱詳贍嗣桐城方宮保輯通志長白琅中丞作新志可謂集大成矣合州振齋楊司馬官東防以新舊志篇帙浩繁刖編海塘擥要十二卷書成問序於余憶余自嘉慶十三年署杭嘉湖兵備道兼海防事嘗至尖山見江海門戸有三龕赭兩山間曰南大亹禪機河莊兩山間曰中

小亹河莊之北寧邑海塘之南曰北大亹自潮不由中亹出入南大亹復淤水勢不能不趨於北水趨北岸既無連崗峻嶺不能不籍一線塘堤爲之保障故浙杭之潮寧爲鉅築塘之工亦寧爲至險塘治而寧邑安塘圮而寧邑病卽嘉湖以及蘇松常各郡均受其害然則有海防之責者宜講求治法求治法而不綜覽古今形勢與治海塘之所以得失如燭照數計而欲秩然就理其道無由我

朝重熙累洽綏靖鯨波

高宗純皇帝六巡江浙多方指畫以柴塘不足資鞏固也庚子則改築石塘以土塘不足資捍禦也甲辰則接築石塘以尖山橫截海中爲海塘扼要關鍵也則改建石壩以成砥柱之勢覽集中所載仰見

聖天子宵旰精勤不惜費億百萬緡爲海隅蒼生樂利計者胥在於是司馬留心考輯非獨括新舊志之全凡修築程式先後利病其確然驗諸施行而不徒托諸空言槪可見已司馬今攝溫郡篆余適權浙東觀察獲與溯源竟委上下其議

論且樂其浙之人民涵泳

帝澤於無涯也後之官海防者其亦奉是書爲圭臬可乎

誥授中憲大夫署理浙江分巡溫處兼管水利兵備道候補道盧陵彭人傑序

海塘擥要序

元葉恒撰海堤錄塘始有專志明黃光昇仇俊卿繼撰海塘錄堤工始備皆僅詳餘姚海鹽兩邑仁寧之塘殊未專及至

國朝乾隆十五年桐城方敏愘宮保

奏請編輯海塘始有通志提綱標目燦若列眉萬載安瀾可展卷求之矣乾隆五十五年長白琅中丞復作新志釐爲六卷其形勢興修物料暨原辦續添等項亦斐亹可觀考通志兼及六郡若嘉寧溫台既不當江海交滙又有連岡抵禦

地非險要保護易周卽紹郡北岸內有馬鞍洋大諸峯外有龕赭禪機文堂等山中復有蒿壩河莊巖蜀各蟂沙渾綿亘百里而遙潮旣趨北修築無工是以新志於杭郡日受冲激之區繪圖列敘按年備載博引詳徵倘未易擥其要則親土石以揵菑者不能瞭如指掌也我

朝

列聖相承不惜數千萬帑金爲生靈謀久遠乂安之計沿海居民咸享樂利亦旣重熙累洽矣鏻職任修防躬操畚挶慮其卷帙浩繁參考未便爰取新舊兩志凡有裨益塘工者臚爲八卷旋得

阮大中丞新志攟而續之列門十二起於圖說迄於藝文博稽檔冊廣爲旁搜稍加節刪歸於簡要誠以潮汐發自尖山奔赴州東之念里亭汛扼於中沙激起潮頭岐而爲兩加以回溜激滌始覺駭浪旁飛怒濤橫射由海寧而仁錢二百餘里獨當其衝且柴石各工迤邐萬有八千餘丈嘉湖蘇松常各郡境旣毗連勢尤窪下所有民田廬舍皆恃此一綫危堤爲之保障則地險而工鉅惟在承辦之員得其要領庶要工易

於施力則是書或稍有裨補云爾

嘉慶十四年歲次屠維大荒落皋月署溫州府事杭州府東防海塘同知合州楊鏻序

海塘擥要序

有唐大歷間海水翻潮大爲民患白香山刺杭
日江塘壞爲文祈禱而版鍤未與海塘罕就梁
開平四年錢武肅始築捍海塘塘于是著宋大
中祥符時屢圮屢修明洪武至隆萬海五變塘
五修廢與亦屢宋史河渠志僅傳其略明史如
之兩浙海塘通志始于我
朝桐城方敏恪宮保所撰是時石塘鉅工告成
奏請編輯綱舉目張最稱詳贍厥後阮大中丞撫
浙又輯新志十六卷以續通志非獨蕭規曹隨

特補前志所未及今柳州太守楊公前攝溫州
事又分防海塘親諳潮瞶沙水修築工程之故
撰擥要十二卷講究利病得之躬歷實扼諸志
之要以余忝同好共事多年猥謬諉作序言余
于歲丙寅及己巳兩攝杭嘉湖道兼管海防塘
務責成攸寄方愧尋求未逮無裨要工今得是
譬如聚米畫沙瞭如指掌益服擇精語詳見諸
事者紀諸言爲之躍然與憬然契也夫杭郡枕
江負海龕赭二山夾峙江海之交潮水由廣衍
入溢[illegible]數十里間奔騰衝擊萬馬驟馳綜兩浙

大勢論之寧紹溫台及海鹽平湖在在有堤堰
而其最要隘處則在錢塘仁和海寧之地錢塘
逼江仁和瀕海海寧與海密邇往往颶風陡作
洪濤迅激電掣霆砰衝隄爲害三境脩防稍後
將杭嘉湖紹蘇松常七郡田廬幾成巨浸惟密
審潮汐之性勤施捍禦之能者乃濟半壁利賴
于無窮也欽惟
高宗純皇帝乾隆辛未南巡而後六巡浙水臨視海塘
既築石隄三千九百四十丈仍置柴塘以資重
門保障其間深悉南亹北亹形勝見大溜直趨

中亹兩岸沙渾鱗起民居稠密川原膏沃可耕
可桑
聖訓所垂貽萬姓樂利爲之建廟立碑永傳億載茲
擥要一書首紀
列聖宸翰稟
睿謨以昭宣臣庶其餘分門區類爲牧民之指南後人
遵而行之庶防海得有軌轍不敏如下走忝守
武林而仁錢寧三要境皆杭所隸其啟迪裨益
不更有私幸乎謹樂綴數行以報
賜進士出身

誥授朝議大夫知浙江杭州府事前署分巡杭嘉湖

兵備道兼管海防事務鐵嶺愚弟廣善拜序時

嘉慶十有五年歲次庚午立夏後十日

海塘擥要

凡例

一書名擥要有所因也舊海塘通志長沙陳觀察於乾隆十四年間開局纂修十五年告竣其後琅中丞有海塘通志乾隆五十四年所續嘉慶八年阮中丞新修海塘通志書成未刊今彙三書之全斯得擥其要矣

一首宸翰尊
王言也
天章奎畫照耀日星軼漢超唐冠堯佩舜俾海隅萬世臣民咸瞻
聖藻

一海塘形勢非圖不明圖系以說尤爲詳盡勒成一卷庶觀者如披東坡指掌圖

一海塘之有修築所以捍潮汐也故圖說之後即次以潮頣有潮汐而後有沙水故次沙水沙水有坍漲斯修防有緩急故次修築有修築斯有工程故次工程而所以督修築稽工程者惟職官是賴塘兵則爲官守防者也故次職官而附兵制盡人事而後致力於神故次神祠論說諸篇皆所以講究修防之利弊者也故以藝文終焉

一是書成於嘉慶十三年同後續有修築萬年鞏固之模尙需後人增載

海塘擥要目錄

海塘擥要卷首

浙江巡撫臣阮元恭錄

宸翰

聖祖仁皇帝御製詩

錢塘江 康熙二十八年

雪後春烟澹澹浮揚舲擊楫向中流江通潮汐分吳地路入溪山隱越州振武戈矛皆駐馬 憶用武時大兵屯駐江干 省方旂旐此乘舟風帆沙鳥看何限遠近雲霞望裏收

望錢塘江 康熙三十八年

江流幾折勢灣環指點遙岑是越山南朔東西無一事春風浩蕩奉

慈顏

錢塘江潮 康熙四十二年

相傳冰岸雪崖勢滾滾掀翻洶怒濤風靜不聞千里浪三臨越地識江臯

復由江上幸雲棲舟中 康熙四十六年

烏道沿江問信潮石尤恬靜有歸橈轉移至險看洄洑盡得人防莫失調

世宗憲皇帝御製海神廟碑文 雍正十年六月初一日

國家虔修祀典以承上下神祇嶽瀆鎮海之神秩祀惟謹覜前代為加隆朕臨御以來夙夜以敬

天勤民爲念明神之受職於

天而功德被於生民者昭格薦馨敬禮尤至其爲民禦大災捍大患合於祭法所載則尊崇廟貌以昭德報功葢所以遂斯民瞻仰之願而動其敬畏祇肅之心使無敢慢易爲非以得戾荷

明神之嘉貺意至遠也皇輿東南際大海而浙江海寧居瀕海之沖龕山赭山列峙其南颶風怒濤潮汐震蕩縣治去海不數百步資石塘以爲捍蔽雍正二年

潮湧堤潰有司以聞朕立遣大臣察視修築且念小民居恒罔知敬畏慢神褻天召災有自爰切諭以修省感應之道命所司家喻戶曉警覺衆庶比年以來邀

明神庥佑塘工完固長瀾不驚民樂其生閭井蕃息越七年秋汛盛長幾至泛溢吏民震恐已而風息波恬隄防無恙遠近歡呼相慶謂惟

大海之神昭靈默佑惠我烝黎以克濟此朕惟滄海合納百川際天無極功用盛大

神實司之海寧爲海壖劇邑障衞吳越諸大郡海潮內

溢則昏墊斥鹵咸有可虞
神之禦患捍災寔此爲大特發內帑金十萬兩勅督臣
李衛度地鳩工建立
海神之廟以崇報享經始於雍正八年春三月洎雍正
九年十有一月告成門廡整秩殿宇深嚴丹雘輝煌
宏壯鉅麗時展明禋典禮斯稱爰允督臣之請勒文
穹碑垂示久遠俾斯民忻悚瞻誦共喻朕欽崇
天道祗迓
神庥懷保兆民之至意相與嚮道遷善服敎畏神則神
明之日監在茲顧答歆饗其炳靈協順保護羣生奠

安疆宇與造物相爲終始有永勿替朕實嘉賴焉

高宗純皇帝御製尖山觀音廟碑文 乾隆二年

我
皇考世宗憲皇帝廑念浙江海塘爲瀕海諸郡保障先
後遣大臣相度形勢鳩工庀材動發帑金二百餘萬
繕舊葺新俾居民有所倚恃尖山者海隅之一山也
以石爲址矗立滄濤朝潮夕汐必經其麓因卽其上
建大士廟用以棲神靈來景貺經始於雍正十三年
冬十月越乾隆元年八月告成所司以勒石記事上
請朕惟海於天地間爲物最鉅非有神靈默相人力
將無所施功而佛法不可思議恒能贊助造化庇佑
蒼黎有感必通捷於影響釋氏所稱觀音大士以慈
悲爲體以救度爲緣普濟衆生隨聲應現其功用大
矣我
皇考爲民祈福之心無乎不至神之能爲民禦大災捍
大患者敬而禮之浙中名山若普陀若天竺皆大士
道場靈應夙著尖山之名雖未顯於古而與靈鷲落
伽遠近相望層巖巀嶪近接潮音實爲神明之宅寶
坊旣建將見風檣琛船出入於煙波浩渺之中雲旃
翠旆往來擁護而馮夷息警颶風不興並海之民安

居樂業熙熙然耕田鑿井以詠歌
皇考之聖澤於無疆者神之庥也爰鐫之貞珉以誌緣
起

尖山壩工告竣碑文 乾隆五年

浙之海寧縣東南濱海之境有尖塔二山相去百有
餘丈臨流聳峙根址毘連爲江海門戶潮之自三亹
入者北亹爲最大二山其首衝也舊有石壩捍禦洪
潮積久漸毀我
皇考世宗憲皇帝廑念瀕海生靈
特命重加修築厥後以湍急暫停朕仰承

先志勤恤民依諄諭封疆大吏盡心籌畫遡年以來沙之坍者日以漲潮之北者日以南度可興工爰命撫臣及時完整兹乾隆五年夏撫臣奏二月閒庀材興役子來雲集踴躍爭先兼以風日晴和程工倍速届今閏月之初工已告竣一望崇墉屹如磐石向之惴惴恐懼慮爲波臣者安耕作而荷平成恭請勒石紀載垂諸無窮夫禦災捍患貴先事而爲之防海波浩瀚際天潮汐出入高如連山疾如風霆瞬息數千百里非人力倉卒所能禦居民恃石塘以爲安石塘恃二山以爲障而連絡二山之勢延袤横亘若戸之有

閾閾之有鍵翳墉工是繫今者隄岸堅完沙塗高阜藩籬既固石塘可保無虞廬舍桑麻綺分繡錯東南七郡咸登衽席之安非特寧邑偏隅而已是役也施力於煙濤不測之區奏功速而民不勞艮用嘉慰繼自今守土之臣其益恪勤奉職共體此事事有備之意以保我烝黎海疆其永有賴諸

登開化寺六和塔記　乾隆十六年

杭州月輪峯六和塔宋開寶中創建以鎮江潮開化寺其塔院也自宋以來屢燬屢復燬則有驚浪之虞復則有安瀾之慶是以雍正十三年我

皇考世宗憲皇帝特發帑金命有司鳩工庀材是輪是奐越二年而告成又十有四年而朕以南巡之便親陟其頂且爲之記焉蓋浙之潮人所共知爲雄鉅浙之塘人所共知爲要害然非目擊終爲耳食且沿江而來亦不辨其曲折之形也造塔巓而後審其所以稱浙江者潮流東睇又悉其鼉龕赭亘濵渤頓挫渟蓄迭蕩掀激斯所以爲廣陵之潮者我

皇考居九重之穆淸運萬寓於几席留意海塘福彼蒼赤葺新穹塔兹佑相予小子景仰

前烈深惟愛民之心既誠故爲民之慮無所不至而必

中其窾夫必待身悉而始圖之斯不已遲乎是

皇考之聖神而予小子蹕乎其後者也故勒貞珉以識之

浙海神廟碑文　乾隆二十三年

浙西地濵海扼其衝者先海寧次錢塘錢塘距海門尚一舍而遠然天下言觀潮之奇者獨推廣陵之胥毋蓋檄歙衆山水自新安江下富陽而金衢嚴處數郡千巖萬壑復滙入錢塘必得海潮逆之坌涌拗怒軋盤鬱裔然後流益急而軌益順故江之歸壑非濤不爲功然其北擊南蕩生民農桑之業繫焉斯恃塘

堰爲保障漢書注始紀郡議曹華信作塘捍潮唐書捍海隄凡二百二十四里宋元二史並誌袁花諸塘之修築及石囤木櫃之防禦如世所傳斛土千錢之諺其勤且難如此雍正八年我

皇考世宗憲皇帝以海塘告成維

神效靈助順

特勅建廟海寧褒封秩祀用申昭報近海州縣不知有水患者二十餘年於兹然其時潮尚循北亹也乾隆辛未丁丑朕兩巡浙江登觀潮樓乃悉所爲趨北亹而有軼則仁錢迤西害不可言趨南亹則蕭會諸邑

之戴山者藩籬略具猶間有移齧之虞比年來大溜直趨中亹兩岍沙渾鱗起如左右引從民居其間川原膏沃可耕可桑曾不知白馬胥濤足以動心而駴目夫人之情久則忘而逸則淫今之居樂土作息者非昔之日夜怵惕懼爲魚之民也耶則我

皇考之深宮宵旰謀建塘以衞生靈與

明神之肹蠁垂鳌嘉祐是邦其何可以弗紀觀潮樓當錢塘都會之地東瞻中亹爲尤悉爰視海寧祠宇之例命守臣鳩工庀材崇[illegible]設而展時祀夫元氣灌輸端委相成無感勿假又[illegible]一二之可區分哉因爲迎神送神歌俾肄之工祝以揚虔妥靈其詞曰

赭龕閧兮翼尸戢紫瀾兮蒼螭冰夷導兮江婓扈兩旍毶毨兮金支中樹

神之來兮按部迴水犀兮萬弩虹隄一綫兮安堵福我民兮於昭揚詡傳芭兮鼕鼓紛配蔡兮神靈雨

右迎神

擥若木兮留暉欄雲解駮兮頳霞罨幃鐏鐲滌兮俎腯肥聆繁會兮叶呼豨

神之去兮載祈波恬羅刹兮石平磯潤千里兮涵郊圻引晦濁兮歸墟是歸式歆饗兮庶幾朝潮夕汐兮

長無違

右送神

閱海塘記 乾隆二十七年

隆古以來治水者必應以神禹爲準神禹乘四載隨山濬川其大者導河導江胥入於海禹之蹟至於會稽會稽者即今浙海之區所謂南北互爲坍漲遷徙靡常地神禹親歷其間何以未治豈古今異勢爾時可以不治治之乎抑海之爲物最巨不可與江河同人力有所難施乎河之患既以隄防海之患亦以塘壩然既有之莫能已之已之而其患更烈仁人君子所弗忍爲也故[illegible]補偏救弊亦云盡人事而已施隄

防於河已難而況措塘壩於海乎海之有塘壩李唐以前不可考可考者蓋自太宗貞觀間始歷宋元明屢修而屢壞南岸紹興有山爲之禦故其患嘗輕北岸海寧無山爲之禦故其患嘗重乾隆乙丑以後丁丑以前海趨中亹浙人所謂最吉而最難獲者辛未丁丑兩度臨觀爲之慶幸而不敢必其久如是也無何而戊寅之秋雷山北首有漲沙痕已卯之春遂全趨北大亹而北岸護沙以漸被刷是柴塘石塘之保護於斯時爲刻不可緩者易柴以石費雖巨而經久去害爲民者所弗惜也然有云柴塘之下皆活沙不

能易石者有云移內數十丈則可施工者督撫以斯事體大不敢定議夫朕之巡方問俗非爲展義制宜措斯民於衽席之安乎數郡民生休戚之關孰有大於此者可以沮洳海濱地險僻而不爲之悉心相度以期乂安吾赤子乎故於至杭之翼日卽減從遵程策馬隄上一一履視測度然後深悉夫柴塘之下不可施工以其實係活沙樁橛弗牢訖不可以擊石也柴塘之內可施工而倉卒不可爲以其拆入廬墓桑麻塡塹未受害而先驚吾民也卽云成大利者不顧小害然使石塘成而廢柴塘是棄石塘以外之人矣如仍保柴塘則徒費帑項爲此無益而有害之舉滋弗當也於是定議修柴塘增坦水加柴價一經指示而海塘大端已具守土之臣有所遵循卽隨時入告亦以成竹素具便於進止也議者或曰有損者少而全者衆柴固不如石堅何爲是姑息之論然吾聞古人云井田善政行於亂之後是求治行於治之時是求亂吾將以是爲折中而不肯冒昧以舉者此也踏勘尖山之日守塘者以漲沙聞後數日漲沙又增命御前大臣誌石簍以驗之果然自初三日親臨閱塘後卽命都統努三額駙福隆安立標於石簍之上以驗增長今復遣往視回奏云十日以來沙漲至三尺餘土人以爲神佑

斯誠

海神之佑耶但丁丑以前已趨中亹者尚不可保而況今數尺之漲沙乎然此誠轉旋之機是吾所以默識靈貺益勵敬

天勤民之心也是吾所以望神禹而怵然以懼慙無貸定之良策也至海寧日卽虔謁

海神廟

皇考御製文在焉因書此記於碑陰以識吾閱塘咨度者如是固不以已見爲必當也

視塔山誌事碑文乾隆二十七年

尖山塔山之間舊有石壩朕今親臨閱視見其横截海中直逼大溜猶河工之挑水大壩實海塘扼要關鍵波濤衝激保護匪易但就目下形勢而論或多用竹簍加鑲或改用木櫃排砌固宜隨時經理加意防修如將來漲沙漸遠宜卽改作條石壩工俾屹然成砥柱之勢庶於北岸海塘永資保障該督撫等其善體朕意於可興工時一面奏請一面動帑儹辦并勒石塔山以誌永久

御製廣陵濤疆域辨 乾隆三十年

枚乘七發觀濤廣陵之曲江註云廣陵國屬吳自是詠潮數典者概舉廣陵而於其封域則姑舍而未詳酈道元水經注於漸江引海水逆流江水上潮似神而非爲江流兩山間潮來高大之據亦不定云廣陵所屬自元時錢惟善試羅刹江賦始云惟羅刹之巨江實發源於太末人皆知此語始自惟善而不知惟善實祖元稹爲問西州羅刹岸濤頭衝突近何如之句於是以浙江爲曲江而浙江潮廣陵潮遂溷而爲一矣夫乘漢人也其舉方域不能違漢制攷漢書地理志廣陵國高帝六年屬荆州十一年更屬吳所治廣陵江都高郵安平四縣而錢塘在當時爲餘姚隸

會稽郡雖顏師古注有景帝四年屬江都之文劉敞駮其非是敞長於考訂其說必有可信則會稽之不屬廣陵明甚然以今日濤形論之楊子之潮雖亦應朝夕期候若七發所侔揣刻劃目爲似神者固究於浙江之潮爲近然其理又實有不可強爲比附者卽以乘所云弭節伍子之山通厲胥母之場而言不特越絕書所云旦食於鮔山晝游於胥母其文與姑胥之臺相屬卽胥山之見於史記及吳越春秋者注一以爲在吳縣西四十里一以爲太湖邊皆不出今蘇州境於揚於杭又皆風馬牛不相及矣楊子固不能遠踰吳松以通潮汐具區雖連亘數郡而去海甚遠浙江之潮又安能指數百里外之湖濵而弭且厲哉是乘之言已不免自相矛盾矣蓋七發之作不過文人托事抒藻之爲如子虛亡是騁其贍博非必若山經地誌專供考資者之脈絡分明也又唐李紳詩云揚州郭裏見潮生而蔡寬夫詩話亦以爲潤州大江與楊子橋對岸瓜州乃江中一洲疑曩時大江之潮揚州固嘗見之又何必以文人怪異詭觀之辭本無確據而拘墟亭帝定以廣陵古國屬之餘杭抑亦刻舟膠柱之甚矣

臣等伏見
御製廣陵濤疆域辨考據精博思力高健實足以破羣
書之疑而乃
聖懷沖挹爰
命臣等看詳臣等學識淺陋何能仰贊
高深憶臣等少時讀書至枚乘七發所稱觀濤廣陵之
曲江一語心竊疑之夫廣陵之名始於周顯
王三十五年楚并越置廣陵縣秦屬九江漢
屬荆楚既而屬吳景帝四年爲江都國元狩
六年爲廣陵國是廣陵歷楚至漢不易也而

秦之會稽郡兼有吳越之地漢時雖亦同屬
荆州然景帝四年以後江都易王非廣陵厲
王胥皆都廣陵並得鄣郡而不得吳則漢之
廣陵國疆域不能至吳明甚旣不能至吳豈
能越二郡而兼有會稽之錢塘乘乃漢人以
漢地證漢文其非錢塘之潮而爲廣陵自有
其濤審矣乘何以云廣陵之曲江耶按水經
注浙江逕錢塘定包諸山水流兩山之間江
川急濬兼濤水晝夜再來二八月最高峩峩
二丈有餘吳越春秋以爲子胥文種之神也

此與枚乘所言濤之情狀相似葢本七發爲
註故於岷江條下語不及濤或酈道元泥於
乘語耳至弭節伍子之山通厲胥母之場地
皆在吳然吳錄所云胥山在太湖邊去江不
百里是猶未至錢塘而闔閭之旦食鯉山晝
游胥母與鷗陂石城長洲並稱則實近蘇之
地而錢塘之濤亦不能至也再如篇內南山
朱汜藉藉之口諸地名今亦未能確指其處
文人之筆縱其所之無乎不可誠如
聖論况楚太子吳客問答原與子虛亡是相匹不足深

泥而廣陵之曲江五字終難强合竊謂江皆
有潮非獨浙江潮之壯卽不如浙何妨鋪張
揚厲以作文瀾乘七發內似此者甚多豈能
一一求其指實臣等惟有詠歎
鴻文莫能妄置一喙臣莊有恭臣于敏中臣錢汝誠臣
李因培恭跋

南巡記乾隆四十九年

舉大事者有宜速而莫遲有宜遲而莫速於宜速而
遲必昧機以無成於宜遲而速必草就以不達能合
其宜者其惟敬與明乎敬者敬

天明者明理敬
天斯能愛民明理斯能體物千古不易之理也予臨御
五十年凡舉二大事一曰西師一曰南巡西師之事
所爲宜速而莫遲者幸賴
天恩有成二十餘年疆宇安晏茲不絮言若夫南巡之
事則所爲宜遲而莫速者我
皇祖六度南巡予藐躬敬以法之茲六度之典幸成亦
不可以無言我
皇祖蕩蕩難名予藐躬瞠乎景仰巡且弗能作於何有
然而宜遲莫速之義則不可不明示予意也葢南巡

之典始行於十六年辛未是卽遲也南巡之事莫大
於河工而辛未丁丑兩度不過勅河臣愼守修防無
多指示亦所謂遲也至於壬午始有定清口水誌之
諭向來河臣皆靳折清逕于多費工料之議洪湖盛漲則開下河下河一帶無歲不被偏災自壬午年三次南巡始定高堰五壩水誌高一丈清口卽放十丈爲準俟秋汛後洪湖水勢既定仍如接鑲口門錮是河臣恪守此法數十年來下河免受水患田廬並資保護丙申乃有改遷陶莊
河流之爲向來清口每慮黃水倒漾康熙己卯春
皇祖南巡親莅河干閱視形勢命於清口迤西隔岸挑陶莊引河導黃使北因河臣董安國開放過早旋卽淤墊其後庚辰辛巳壬辰甲午以及雍正庚戌歷
命大臣會同河臣籌勘迄未就緖以黃水倒灌
命開陶莊引河更無善策丙申春諭令河臣薩載詳悉履勘繪圖貼說往返指示於是年秋興工至丁酉仲春蕆事開放新河大溜暢達既免黃河倒漾之虞兼收清水刷沙之益因
命建河神廟以答
神佑詳見御製碑記
庚子遂有改築浙江石塘之工浙江石塘自戴家橋迤西皆柴塘不足資鞏護庚子南巡親臨閱視因飭該督撫於老鹽倉一帶改建魚鱗石塘仍諭令存留舊有柴塘以爲重門保障辛丑壬寅等年陸續採辦石料勘估建築至癸卯八月後督撫富勒渾福崧等奏報石塘三千九百四十丈全行告竣今甲辰更有接築浙江石塘之諭浙江海塘老鹽倉一帶魚鱗石塘雖已全竣而章家菴以西惟籍范公塘土隄一道衞護形勢單薄不足以資捍禦因先期傳諭詳晰籌畫採石鳩工茲甲辰南巡親臨指示不惜百餘萬帑金降旨一律接築石隄俾濱海黎永資樂利至於高堰之增卑易磚庚子南巡閱視高家堰據薩載請將三堡六堡等卑矮磚工加高余以磚工究不若石工之經久因
命毋惜帑費一律改作石工八年修甃以冀永遠鞏固徐州之接築石隄並山丁丑壬午乙酉三次南巡均至徐城閱視河工形勢

次第籌辦添甃石隄俱用石十七層以資鞏固其舊有石工三段長九百七十餘丈較之辛丑新建石隄短少二三層於庚子南巡時命稽璜薩載會勘一律加高十七層又自韓山至奎山一帶向止土堰茲亦一律接築石隄四百五十丈直連山腳俾濱河永保安居無不籌畫咨諏得宜而
後行是皆遲之又遲不敢欲速之爲夫臣之事君其
有知不可而強諍者鮮矣河工關係民命未深知而
謬定之庸碌者惟遵旨而謬行之其害可勝言哉故
予之遲之又遲者以此而深懼予之子孫自以爲是
而後之司河者之隨聲附和而且牟利其間也與其
有聚歛之臣寧有盜臣在他事則可在河工則不可
河工而牟利宣洩必不合宜修防必不堅固一有疏

虞民命繫焉此而不愼可乎然而爲君者一日二日萬幾胥待躬親臨勘而後剔其弊日不暇給焉則仍應於敬天明理根本處求之思過半矣予之舉兩大事而皆幸以有成者其在斯乎若夫察吏安民行慶施惠羣臣所頌以爲亟美者皆人君本分之應爲所謂有孚惠心勿問元吉予嘗以此自勗也至於克己無欲以身率先千乘萬騎雖非扈蹕所能減而體大役衆俾皆循法而不擾民亦亟其難矣斯必有以提其綱而挈其要然後可以行無事而胥得宜矣實總不出敬明兩字而已故茲六度之巡攜諸皇子以來俾視予躬之如何無欲也視扈蹕諸臣以至僕役之如何守法也視地方大小吏之如何奉公也視各省民人之如何瞻覲親近也有不如此未可言南巡而西師之事更不必言矣敬告後人以明予志

高宗純皇帝詩

錢塘江潮歌 乾隆十六年

向聞錢塘潮最奇江樓憑几今觀之更聞秋壯春弗壯弗壯已匪夷所思兩山夾江龕與赭疊束長流逼東瀉海潮應月向西來恰與江波風牛馬江波畢竟讓海波迴瀾退舍如求和洪濤拗怒猶未已卻數百里時無何於今信識海無敵包乾括坤浴淵魄何處無潮此處雄雄在奔騰旋盪激蓂莢三葉及落三皆最勝日期無淹我來正值上巳節晴明遙見尖山尖須臾黯䵝雲容作似是豐隆助海若天水遙連色暗昏忽然空際橫練索旁人道是潮應來一彈指頃堆銀堆疾於風檣白於雪寒勝冰山響勝雷砰磕礌硠礴磅礚紞紞哼哼吼濊濊流離頓挫無不兼迴斡旁噴極滂沛地維天軸震撼掀天吳陽侯挾飛廉蛟龍鼓勢魚蟹遯長鯨昂首噓其鬐榜人弄潮偏得意金支翠旂簫鼓沸忽出忽入安其危但過潮頭寂無事

因悟萬理在人爲持志不定顧患隨遲疑避禍反遭禍多應見笑於舟師

渡錢塘江 乾隆十六年

斛土千錢詎就塘風恬日暖棹舟方一江吳越分疆界三月煙花正豔陽航葦誰曾見神異射潮未免詫荒唐漲沙南陡民居奠海潮向逼北岸海寧仁和二邑塘工頗以爲患近年來北岸漲沙潮汐南徙遂慶安瀾永賴神庥敬倍常

閱海塘作 乾隆二十二年

騎度錢塘閱海塘閭閻本計

聖謨良雍正年間海潮直逼北岸大爲杭嘉郡縣之患皇考特命大臣鳩工築塘以捍之潮頭遂

漸徙南岸海寧一帶沙漲數十里迄今廿餘年全塘永固民安其業長江已輯風兼浪
萬戶都安耕與桑南北由中賴
神佑生靈永奠為民慶漲沙百里誠無事莫頌惟增敬
不遑

觀江潮作歌 乾隆二十二年

樓名望潮江岸旁既到弗登有底忙登矣不俟潮一
望殺風景事誠何當哉生魄為潮盛候因緣恰值聊
相徉是日未刻潮應至歷申那見濤乘江駕山蓋海
徒想像詩消醮退眞荒唐江山小船迎潮慣船名出江山縣地方吏備迎潮者用之解鞠略仿羯鼓腔金支翠旂光錯落攙

金擊革聲鏜鏜俄頃江面潮亦至恬風輯浪非礌硠
惟覺兩岓隱增溜賈船好趁輕帆揚陽侯靜歛滄波
細一雯依舊天水蒼昔聞座沓戰藉藉欺入慣是文
人長或云乘輿百靈護伍胥文種心早降土人謂潮頭奮振者為靈胥潮其後如綿絮而少弱者為文種潮云或云江走中亹後潮汐非比
曩時強其然豈然付一笑漲沙惟喜資耕桑

觀海塘誌事示總督楊廷璋巡撫莊有恭 乾隆二十七年

明發出慶春馮言指海寧海寧往何為要欲觀塘形
浙海沙無常南北屢變更北坍危海寧南坍危紹興
惟趨中小亹北南兩獲平然苦中亹窄其勢難必恒
紹興故有山為害猶差輕海寧陸且低所恃塘為屛
先是常趨南漲沙率可耕兩度曾未臨額手謝神靈
庚辰忽轉北海近石塘行接石為柴塘易石自久經
費帑所弗惜無非為民生或云下活沙石隄艱致擊
或云量移內接築庶可能切忌道旁論不如目擊憑
活沙說信然尺寸不可爭塘邊試下木樁始苦沙溢用二百餘觔之硪一築率不及寸許待樁下既深又苦沙散不能齧木樁搖搖無着也移內似可為閭閻櫛
比并在柴塘內向數十丈其土似宜樁可以即工然所皆田廬此處為塘必致毀棄田廬患未至而先缺民心復有所不忍其無室廬處又復多池阬固云舉大事

弗顧小害應然以衞民心忍先使民驚且如內石建
寧聽外柴傾是將兩隄間生靈竭滄瀛如仍護外當去聲
奚必勞內營以此吾意決致力柴塘成坦水簍石
置可固隄根撐柴艱酌加價毋俾司農程命行在戶部及該督撫詳議加柴價補苴示大端推行宜殫誠

謁海神廟瞻禮有作 乾隆二十七年

鹽官駐馬先虔謁
廟貌枚枚
皇考修捍患禦災宜
祀典恬風靜浪賴

神庥即今南漲方坍北尚此春逢兇値秋黍稷非馨在
明德是吾所愧敢忘愆
壬午三月朔恭依
皇祖巡幸杭州詩三疊韻乾隆二十七年
三度南巡侍
大安江山介祉奉
巖觀風輕日麗臨雄郡蹕接肩摩逈御鑾蹕館暫居幾
有飭海塘言念志難寬修防要合籌全善那覺西湖
景助歡
駐陳氏安瀾園即事雜詠六首乾隆二十七年

名園陳氏業題額曰安瀾至此緣觀海居停暫解鞍
金隄築籌固沙渚漲希寬總屢萬民戚非尋一巳歡
兩世鳳池邊高樓
睿藻懸樓中恭懸皇考林泉耆碩御書是編修陳邦直之父原大學士陳元龍予告時
賜額也
渥恩賚耆碩適性愜林泉是日亭臺景春風角徵絃觀
瀾遂返駕供帳漫求妍
隅園舊有名以是園爲閱塘暫憩之所因賜今額隅園其舊名也巖壑窈而淸
城市山林趣春風花鳥情溪堂擅東海古樹識前明
世守猶陳氏休因擬奉誠

別業百年古喬松徑路尋梅香聞不厭竹靜望偏深
瑞鶴舞淸影時禽歌好音最佳泉石處𣛮帖玩懸針
元臣娛老地内翰肯堂年賭墅碁聲罷木天磚影捐
竹堂致瀟灑月閣揖淸娟竹堂月閣皆園内名勝信宿當迴蹕
池邊坐少延
天朗惠風柔臨溪禊可修是日上巳趣眞如谷口姓不讓
岡頭意以延淸永步因覓韻留安瀾祝同郡寧爲暢
巡遊
睡醒乾隆二十七年
睡醒恰三更喧聞萬馬聲潮來勢如此海晏念徒縈

徵禹之良策傷文多愧情明當陟尖嶠廣益竭吾誠
題土備塘乾隆二十七年
土備塘名海望修意存未雨旱綢繆石塘誠賴斯重
障是謂忘唇守齒謀
塘上四首乾隆二十七年
西塘尚有沙塗護既至東塘沙總無石不能爲柴欲
朽防秋要計可徐圖
鹽官從不曉迎鑾古樸民風致可觀郤勝杭嘉多飾
禮綵棚鼓樂擁河干
葦廬竈戶日煎鹽辛苦蠅頭覓潤霑嘘爇胼胝耐燥

涇厚資原是富商兼
隄柳青青畦菜黃村梅遮隝遠聞香徐行咨度周防
計懶惰無心問景光

登尖山觀海 乾隆二十七年

輿圖早已識尖山地設天開障海關東北岡巒捍猶
易西南柴石禦爲艱虔心所視資坍漲蒿目無方計
剔釐大吏載咨補偏策盡吾誠耳敢云閑

尖山禮大士 乾隆二十七年

秋水精神滿月相峯顛妙演海潮音普陀天竺何遙
近無礙隨緣應感心

視塔山誌事 乾隆二十七年

尖山實捍海塔山舒右翼翟村當挽灣賴此雄潮逼
條石未可築塊石先救急其下布石簍射溜圖根立
策馬視簍痕云沙漲數尺（浙撫臣言竹簍貯石下護塘基數日來沙漲掩簍四尺許遂命立標以驗增長尺寸）是爲轉旋機其然談何易（叶）詎當俟
天佑而弗盡予責叮嚀示方伯吾意知應悉斯時工
難施沙遠當易石魚鱗一例接方爲經久策

閱海塘疊舊作韻 乾隆二十七年

今日海塘殊昔塘（丁丑南巡時海潮大溜向走中亹己卯以來潮勢復趨北亹現飭大吏相度修築以爲民衞）補偏而已策無良北坍南漲嗟燒草水
占田區竟變桑老父常談寧可諉（土人以三亹海潮之行不南即北此因任之論與河徙天數語同非治水者所宜出也）
明神顯佑詎孤慶（雍正七年海寧勅建海神廟近復命錢塘崇飾祠宇以昭）
靈貺尖山跋馬非探勝萬井安全慮不遑

上巳 乾隆二十七年

尖塔（二山名）攬全形陳圜蹕暫停佳時逢上巳隨地可
稽亭綠水澄而照春梅靜以馨託波杯不泛惡旨有
芳型

觀海潮作歌 乾隆二十七年

辛巳觀潮潮已奇杭人猶稱其力微丁丑觀潮潮未

至作歌高樓聊紀事似神而非者曰三逮茲六度潮
眞酣却非江樓觀約略彷得乃在柴塘尖我閱柴塘
籌禦海詎圖快覽驚濤駭因緣大汎三日三洪瀾有
若將予待跋馬指東向鹽官一條銀線天際看捲江
倒海須臾至迎來底藉江山船（江山船迎潮見前詩）色猶未睹
先聞聲礌硠磅礚輷訇訇徐行按轡覽其狀大哉觀
矣誰與京胥母弭節倏奔騰並驅素車而白馬淋淋
汨汨浩蕩盪踰跚配蔡白鷺下一空前此初遇奇銳
欣旋復生愁思長菱厚石弗預固秋來轉瞬奚當之

觀潮樓紀事 乾隆二十七年

跋馬萬松嶺言尋觀潮樓樓祀
江潮神繄吾
禋典修（戊寅歲命浙省守土臣修建祠於觀潮樓並製文勒石以紀其事）神前兩度
臨茲江從樓下流今番乃漲沙羣慼頌
神庥然吾別有思無非為民謀迤東利漲沙庶望桑麻
稠迤西本弗藉石塘鞏金甌從古樓臨江濤觀八月
秋觀濤固非要況昨暢吟睟利者乃致敗柴石捍禦
籌弗藉者反然泥塗艱行舟試看西來薪轉運以車
牛（觀潮樓下沙未漲時富陽等邑柴船運檣東下直抵江岸今漲沙既遠率用牛車轉運輓致頗艱）
合郡供爨薪弗屬寧免愁謂此為昭假實益吾懷羞

自石門縣跋馬度城易輕舟至陳氏安瀾園即景雜詠（乾隆三十年）

艤舟跋馬度由拳心喜觀民緩著鞭更有閱塘予正務遂循溪路易輕船
夾溪萬姓喜迎鑾桑柘盈郊入畫看廿四將過風帆駛（去聲）片時新壩到長安（郎壩名）
壩隔高低換絲舟絲舟致重櫓聲柔仍圖迅利策予馬蓄眼韶光面面酬
鹽官三載重經臨兩字安瀾實廑心駐輦春風乘清暇果然城市有山林

駐陳氏安瀾園疊舊作即事雜詠六首韻（乾隆三十年）

如杭第一要籌奠海塘瀾水路便方舸（前巡抵杭城由陸路赴海寧閱塘今年舟次石門即從別港水道前進先駐是園取便程急先務也）江城此稅鞍汐潮仍似舊宵旰那能寬增我因心懼慙其載道歡
隅園城角邊新額與重懸意在安江海心非躭石泉喬柯皆入畫好鳥自調絃有暇詩言志雕蟲不尚妍
鹽官誰最名陳氏世傳清詎以簪纓赫惟敦孝友情春潮尋勝重（去聲）
聖藻賜褒明（原任大學士陳元龍請老時皇考書賜林泉耆碩額以寵其行今恭奉懸樓正中）來日尖山詣祈

庥盡我誠
書堂橋那畔熟路宛知尋既曲越延趣惟幽不礙深風翻花動影泉出峽留音古栝無榮謝森森青玉針
園以梅稱絕盤根數百年古風度迴別時勢態都捐春入香惟淨月來影亦娟閒吟將對寫消得意為延
溪泛櫓聲柔溪涯有竹修獺時看伏翼（是園水中有獺）魚並育樣頭似此真佳處無過信宿留觀塘吾本意詎可恣遨遊

謁　海神廟瞻禮疊舊作韻（乾隆三十年）

庚辰之歲潮趨北柴石塘工重事修亟籲施仁斯益
切不更平聲為患仰
貽厤漲沙雖縱聞增渚汎水無過幸晏秋
廟貌欽崇緬
皇考中疊未復祗懷愁
命添建海寧縣城石塘前坦水石詩以誌事乾隆三十年
柴石兩塘工前巡大端定前巡閱視海塘時有以老鹽倉一帶柴塘恐難經久請易柴為石者及親臨度試則塘內沙活不可下樁再移內數十丈雖工作可施勢必毀棄田廬未弭患而先殃民又豈保衛之道因決意修築柴塘勅部議增薪值俾採購裕足並命添置坦水簍石捍護隄根

茲來重相視事無不用敬念茲古縣城萬民所託命
城南即石塘魚鱗固綿亘但潮今北趨已近塘根迎
坦水縱兩層潮來惟一騰設使久盪激塘根將致病
去歲雖添建六十丈而竟尚欠久安策俾增一律稱去歲撫臣請建坦水六十餘丈止就險要而言於全塘形勢尚未籌及因命增建四百六十餘丈並視二層舊坦水之樁殘石缺者令補易繕完使護塘根以資鞏固
殺牂勢護石工費帑
吾寧聽何當復中疊額手斯誠慶
塘上三首乾隆三十年
尖山將往閱潮淤塘上清晨發步輿一帶隄根皆疊
水撫斯安得暫心紓

魚鱗誠賴此重隄隄裏人家屋脊齊土備都稱守重
障土備塘海望所修欲以為重關保障夫石塘外如果可為重障尚可今為之塘內且置人家於外豈有土更堅於石之理譬之防盜者舍牆門而扃屋扉甚無足取也
一行遙見柳煙低
竈戶資生釜海存刮沙煎鹵事牢盆茅棚葦竇何妨
覽欲悉吾民衣食源
登尖山觀海乾隆三十年
岧嶢淨土普門憑觀海因之棧道登愧我敢云希績
底負茲惟是賴仁能臺臨上下空無際舟織往來波
不與俯視塔山資射浪謾言沙漲有明徵
視塔山誌事疊舊作韻並示地方督撫及司

事者乾隆三十年
壬午視塘後沙漲伸如翼不久復致坍溜仍塘根逼
自茲月據報㙟基下有護根石簍前巡臨閱時沙漲掩簍痕四尺許因命標誌其處驗增漲尺寸浙撫每月奏報
時緩亦時急即今石簍下又見漲沙立較
之昔立標乃更增五尺漲沙時有盈縮茲親臨勘驗較舊誌復增五尺大吏皆謂江海效靈然坍漲靡常實不敢即以為慰也
效靈漫致頌安保無更易夫
惟君與臣均有安民責為民籌保障可弗此心悉何
時沙坂堅魚鱗易條石惟俟
天默佑斯誠乏良策
閱海塘再疊舊作韻乾隆三十年

依舊潮頭近偪塘自乾隆戊寅潮勢復漸趨北亹恃魚鱗大石塘及坦水竹絡壩爲鞏護益

貽謀昔日計深長仰

皇考定制實爲萬世利賴

成規敬守修柴石先是建議築者擬易柴塘爲石工壬午親臨相度塘下活沙既汕湧不受樁而內徙又妨田廬因命專修柴塘且增料值其條石各工隨宜加甃俾資捍禦古語誠符

變海桑南坍北漲北坍南漲惟浙省爲然蓋無百年不易之事思復中亹亦過去聲望便由故道敢私慶盡人事俟

神庥耳蒿目一勞念未遑

觀潮四首乾隆三十年

鎮海塔傍白石臺觀潮那可負斯來塔山濤信須與

至羅刹江流爲去聲倒迴

橐籥堪輿呼吸隨混茫太古合如斯伍胥文種誠司

是之二八前更屬誰

候來底藉鳴雞伺朔望六時定不差斫陣萬軍馳快

馬飛空無轍轉雷車

當前也覺有奇詭闊後本來無事仍我甫廣陵辨方

域枚乘七發觀濤廣陵之曲江註未詳其所在後世乃指浙江爲曲江以浙江濤爲廣陵濤溷而爲一蓋未深考漢書地理志餘杭屬會稽而不屬廣陵相習傳譌耳且如篇內伍子之山胥母之場並在吳境於揚於杭皆風馬牛不相及猶難強爲比附因作廣陵濤疆域辨以正之漫重七發述枚

乘

觀潮樓乾隆三十年

前度沙平漲樓原陸地陵壬午登眺時樓前漲沙頗遠江船不能近岸多以牛車輓運今來則深水近在隄下舟可泊塘蓋遠則衝囓無虞而艱於估舶近則帆檣稱便而潮溜或侵塘根似茲遷漲靡常益爲全塘厪念今來江又近舟可跨瀾乘變幻有

如此晏清竟底憑水師呈技藝總督蘇昌攜閩省水師於樓前呈演水操諸技頗爲嫺熟因行賞以獎之行賞命旌能

駐蹕安瀾園再疊前韻六首乾隆四十五年

觀海較前異石塘貼近瀾州臨因繫舫城入更乘鞍

熟路原相識名園頗覺寬就瞻任民便雷動夾塗歡

沙坍遠北邊數歲爲心懸塘外漲沙南北坍漲靡常北漲則塘工鞏固壬午閱

視篗誌情形命撫臣每月勘驗具圖奏報自壬辰春以來沙痕漸覺北坍實爲厪念不置到此蒿

增目懟其言湧泉急愁塘與堰嬾聽管和絃對景惟

惕息摘詞那復妍

安瀾易舊名舊名隅園重駐蹕之清御苑近傳蹟圓明園會仿此爲之卽以安瀾名之并有記

海疆遙繫情來觀自親切指示慚去聲

分明行水緬神禹惟云盡我誠

石徑雖詰曲步來那用尋無花不具野有竹與之深

磵戶開生面泉紳振舊音

御書樓好在

垂露護葦針

溪上三間屋棲遲似昔作非圖燕寢適頗覺犀麈捐老栝詩中畫古梅靜裏娟別來十六載可不意爲延拂岸柳絲柔出檐竹个修重來亦儻耳昔事憶從頭南北漲坍屢（自乾隆戊寅後潮勢漸趨北亹恃魚鱗大石塘及坦水竹絡埽爲之捍護丁丑南巡時值南坍北漲大溜已向南己卯以後潮復趨北壬午乙酉兩經親閱溜勢或南或北遷改不常隨時指示大吏添用坦水竹簍防護並有詩紀事）愁欣詩句留（北漲則爲之欣南坍則爲之愁亦經屢矣）即今值愁際那得愜情遊

觀潮四首疊乙酉韻 乾隆四十五年

穹塔依然峙迴臺十餘年別此重來海潮欲問似神者幾度東西茲往迴

雷鼓雲車聲應隨自宜神物式憑斯設非之二人司是（乙酉詩云伍胥文種誠司是之二人前更屬誰見雖高而語似近於慢其後北坍南漲至今潮勢乃逼近石塘意甚悔之故反前句意）如是雄威更合誰

石隄上略肩輿駐報道未時潮不差（是日潮以未時至）枚客賦成擬閣筆周郎宿寄換推車

流光瞥眼誠云速潮信茲來試覽仍審至奇中至靜在一時得句與堪乘

登尖山觀海 乾隆四十五年

尖山更在塔山北潮所弗到勢猶遠以之觀海斯邇近鐵版（尖山東至乍浦一帶向無塘堰因其地係鐵版沙不畏潮勢衝）沙護東城堰

（翻無庸防護）山頂舊有大士宮竭誠瞻禮登雲棧所祝安瀾佑萬民寧圖玩景供遊眼亭臺點綴夫何爲惆然爲之意不滿

謁海神廟瞻禮再疊舊作韻 乾隆四十五年

閱十六年重巡狩虔瞻
廟貌潔禋修況逢坍北方南漲益切竭誠仰籲
庥遍地耕桑艱讓水禦潮堤堰願安秋
御碑拱讀增欽慕一例勤民不解愁

視塔山誌事再疊舊作韻 乾隆四十五年

塔山塘入江竹簍以爲翼壬午視之次沙漲略弗逼

乙酉詩誌幸其後勢漸急茲閱三層簍一層已露立（壬午閱視塔山塘工有竹簍貯石下護塘基其時沙漲掩簍四尺許遂命立標以誌增長尺寸諭撫臣按月繪圖奏報乙酉臨閱沙漲增至五尺衆皆欣頌但坍漲靡常實不敢即以爲慰並有詩誌事茲復親臨相視不但所增之五尺漲沙盡坍且三層竹簍之上層已經顯露因竹簍年久朽敝撫藩諸臣另籌換砌於保護雖屬有益然切望漲沙之漸長耳）其何禦三秋不啻減五尺前巡所慶幸茲番頓變易扼腕民之艱撫膺吾之責於無可如何敢不籌詳悉欲圖安墊民遑吝增鞏石補偏救獘耳愧無永逸策

閱海塘三疊舊作韻 乾隆四十五年

乙酉潮頭纔逼塘退潮沙尚護塘艮（乙酉臨閱時潮頭雖漸有趨北）

之勢而潮退後塘外漲沙較壬午所閲標誌頗覺增長然亦未敢以為慰也卽今坍盡江水切巳愁廛萬井桑何日中亹復故道爾時合郡祝同慶

神祠咫尺申瞻拜祈

佑不遑慗不遑

命老鹽倉上下相地仍建石塘詩以誌事乾隆四十五年

壬午視海塘長言曾誌事爾時雖北坍塘外尚沙地未若此時甚水竟塘根至老鹽倉一帶惟賴柴塘峙向亦經親臨下樁目所視沙散弗釘樁條石魚鱗砌

海寧恃塘工爲屏蔽嗣因潮近石塘復接石爲柴塘然柴不如石之完固壬午親臨老鹽倉一帶擬易以石試下木樁苦沙活不能釘樁難於砌石其柴塘向內數十丈似可下樁又皆民田弗忍毁棄因罷石塘之議移內又弗可遂罷石塘議茲來細周閲未可前言必柴塘四千丈豈盡活沙寄不無受樁處石塘終可恃石塘迤上柴塘四千二百餘丈未必槩係活沙難以受樁因復飭該督撫派委誠妥大員據實逐段勘估凡柴塘可以改建石塘之處悉令易石毋惜工費俾瀕海羣黎永享安恬之福申命重相勘莫慮國帑費庶幾永安瀾爲民籲

天庇

觀潮樓疊乙酉詩韻乾隆四十五年

南坍與北漲幻若谷和陵江尚岈之近樓如舫以乘暢懷忘景問廛念在欄憑遥指中亹陸通流何日能

駐蹕安瀾園三疊前韻乾隆四十九年

北坍今次永塘尚近洪瀾春月來觀海古稀仍據鞍魚鱗期越固鑾市較蘇寬鄉語分疆異民心一例歡塔山巳近邊踏勘慰心懸竹簍喜增漲蟻坯惕漏泉

隅園且暫憩比戶有歌絃自是文章邑然當戒藻妍舊家原有迹熟路不須尋世業傳來久國恩受巳深翰林茲挂籍書圀勉繩音重展蔡襄蹟依然懸古鍼安瀾詎祗名永祝晏而清明日觀形勢一宵廑慮情前吟巡壁舊

聖藻額檐明載語世臣者承家在敬誠是園有紫竹不計歲和年畫格應爲創吟情詎可捐松非自稱直梅亦捨其娟三益於斯盍都因靜以延一溪春水柔溪閣向會修月鏡懸檐角古芸披案頭去來三日駐新舊五言留六度南巡止他年夢寐遊

恭依

聖祖巡幸杭州詩六疊韻乾隆四十九年

石塘接築俾民安爲報功成此歷觀庚子巡視海塘

命於老鹽倉上下接築魚鱗石塘爲永遠安瀾之計其舊有柴塘仍

命留爲重門保障昨歲癸卯八月內據督撫奏報魚鱗石塘三千九百四十丈一律工竣今來躬親歷視所砌石工整齊堅實洵可永資保障云窮尾

溯源暫紆蹕尖山在塔山之北自此北至乍浦一帶向無塘堰以其地係鐵版沙不畏潮勢衝齧而西自海寧沿塘觀海窮尾溯源一切塘工形勢可以一覽而得故自壬午乙酉庚子及今甲辰皆紆蹕登尖山頂觀海觀塘而返杭州衢歌巷舞此迎鑾欲尋南宋宮庭泯究是偏都街道寬杭州街道較蘇州甚寬知爲南宋偏安之都會也敬仰

奎章六依韻悵然思昔侍

遊歡

觀潮四首再疊乙酉韻 乾隆四十九年

鎭海寺傍臨海臺行春觀處正潮來逮今三度詩十二不擬石塘重往迴

詠事酉年信筆蹤悔愆子歲亦於斯謂當鑑我漲沙矣仍看北坍更顧誰

李嵩妙蹟攜行笈相證雄觀信弗差詩讀張楊刺南宋風霜二帝忘行車

一帶石塘工已就魚鱗擬築向西仍亦惟此日盡人力敢冀他年幾可乘

塔山誌事三疊舊作韻 乾隆四十九年

兩山接石壩恃竹簍外翼條石未可築潮汐日夜逼乙酉沙護簍庚子坍漸急今幸護以全並無簍露立北漲期難望邉此論寸尺乙酉卽有言安保無更易顧佑未蒙庥誠弗假予責接築魚鱗塘工料籌詳悉玆更有後議欲接築堅石斧項非所靳然斯亦下策

登尖山觀海詩 乾隆四十九年

尖山迤北弗資塘鐵版沙比石猶固尖山迤西乃賴塘閭閻必藉石爲護天時地利自古然人事弗和斯致誤所謂和亦匪云同盡心籌民保障固我登玆山亦已屢不爲觀瀾暢神遇漲沙靡定不可恃每因蒿目乏良慮

謁海神廟瞻禮三疊舊作韻 乾隆四十九年

庚子重來屢晏冀石工一律命堅修勤劬雖曰不遺力護佑仍惟賴

賜庥

神廟載瞻申九叩

御碑欽仰示千秋敢云塘固民安枕未翕中臺未解愁

閱海塘四疊舊作韻 乾隆四十九年

己卯以來潮近塘廿餘年未漲沙艮雖然救槃柴易石尚未獲安海變桑縱看魚鱗一律鞏慚聽額手萬民慶范公隄更應籌固暇日民艱廑弗遑

命於新築石塘尾柴塘內接築石塘越范公塘直抵烏龍廟卽以范公塘爲外護之土塘詩以誌事 乾隆四十九年

江南范公塘久傳仲淹義浙省范公塘乃自承謨置范公土塘乃本朝閩浙總督范承謨所建承謨即仲淹後裔也一家兩大工先後勤民事在浙斯言浙石堅土易潰迴年沙北坍迴瀾漱齧恣范塘東北尾內奠已有事昨歲癸卯四月據福崧奏范公塘原築埽工自二月以來因迴溜汕刷致有間段殘蟄現用船沉石以護塘根尚屬穩固等語朕以該處既係頂衝且迴溜汕刷即用石沉船亦係暫時防護非一勞永逸之計因傳諭富勒渾福崧通盤籌畫是否應照老鹽倉之例一律接築石塘詳悉繪圖貼說具奏并諭令於所呈圖內硃筆圈處添築挑水石壩以期挑溜南趨仍俟今歲南巡親臨閱視指示機宜再行定奪沉舟下石蔞幸保目前計鹽倉石塘建繼此誠當議柴塘補范公率已允大吏該督撫等請於新築石塘工止處現做埽工柴塘之尾接築柴塘八百餘丈直抵范公塘以爲外護即允

所請茲來細斟酌建石難再遲發帑五百萬分年物料備茲親臨閱視所建築柴塘及范公塘一帶亦必須一律接建石工方於省城足資永遠鞏護因諭令自新建石塘尾起越范公塘直抵烏龍廟止范公塘盡處一體添築石塘撥給部庫銀五百萬兩予限五年自東而西分段陸續修築並諭先行備辦工料擇日興工一如章菴東外柴內石暨柴即代坦水庚子前巡諭令將章家菴以東柴塘內普建石工茲來親閱見石塘之前柴塘之後有溝槽一道現存積水並無去路恐致淹滲塘根又石塘上堆積土牛無裨實際諭令將土牛填入積水溝槽之內仍將柴塘後之土順坡斜做並於其上栽種柳樹俾根株盤結益資鞏固且令外柴內石連爲一勢即以柴塘爲石塘之坦水且令柴塘亦時見本有坦水也柴接土塘比即范公塘土內石相倚烏龍廟齊至柴塘石塘中間將土牛填入種柳互相倚恃聯絡鞏護最爲得力范公塘後接築石塘直抵烏龍廟范公塘盡處均令照式修築堅固俾海疆永慶

安恬民生益資樂利永以保杭城千年安晏遂六巡塘事舉五字始終誌

賦得南坍北漲得心字　乾隆四十九年

紹海對相峙江潮自古今中亹誠最美兩界幻難諶坍漲事無定北南勢有斟與猶山作禦寧祇峙虞侵壬午溜遷後甲辰水尚深築塘圖久計射弩罷雄心無往思不復斯升覩彼沉

神祠恭致拜籲

佑愧爲欽

老鹽倉一帶魚鱗石塘成命修

海神廟謝貺并成是什誌慰用壬午觀海塘誌事詩韻　乾隆四十九年

壬午觀海塘無非求民寧並攜督撫臣時總督楊廷璋巡撫莊有恭疇咨閱情形憶自庚辰年沙勢已漸更然尚去塘遠未致大工興壬午至庚子北坍水鋪平略帶漲沙意日夕縈念恒長此其奚窮民生關匪輕戴家橋迤東猶有魚鱗屏迤西惟柴塘安足護桑耕庚子我重來

崇祠籲佑靈[illegible]興歷歷觀旣觀慮且行其間老鹽倉下椿我所經[illegible]沙旋出椿海塘自戴家橋迤西皆柴塘不足資保衛因擬改築石塘

司事者輙稱老鹽倉一帶活沙難於下樁若移內接築又有碍田廬壬午親臨試下樁木始苦沙澀用二百餘觔之硪一築率不及寸許樁下既深又苦沙散不能䜝木樁搖搖無着是活沙之說信然彼時既未能接築石塘因藉坦水石簍為固迨庚子南巡沙坍簍露始決計接築魚鱗石塘云蒿目乏計
生申命築魚鱗竊念樁難擊然事在人為未可謝不
能老鹽倉一帶活沙難以釘樁然事在人為未可遽謝不能庚子南巡復申命改建魚鱗塘初開工時仍有已釘復起之患旋有老翁指示云云用大竹探試俟扦定沙窩再下樁木加以夯築入土甚易因依法扦築又梅花樁以五木攢作一處同時齊下方能堅緊不致已釘復起試之果有成效迨後跟尋老翁已無蹤跡現據富勒渾福崧等奏詢之盛住及在工員弁兵役等皆稱老人指點傳為　神助請勅修該處　潮神廟以答靈貺因命所請並賦詩以紀其事日月具圖報心懸如目憑
大小吏胥勤民夫盡力爭老鹽倉一帶石塘竟築行

外仍護柴塘內無害溪阬却聞夯樁時老翁言信應
竹扦試沙窩成效免變驚因下梅花樁堅緊無欹傾
魚鱗屹如峙潮汐通江瀛功成翁不見詎非
神所營贊天福萬民竟得鉅工成臨塘新
祠宇複棟煥支撐肅拜致虔謝五言得行程迤西更
易為仍欲殫吾誠老鹽倉石塘三千四百九十丈鉅工已竣而章家菴迤西僅有范公土塘一道難資衛護因令該督撫等悉心籌畫一律改建石塘較之老鹽倉一帶更易施工亦惟殫吾愛民之誠不惜再費數百萬帑金俾闔郡黔黎永慶安枕耳

今上御製詩從味餘書屋詩集中恭錄

安瀾園四首乾隆四十九年

安瀾欽　賜額海寧城內隅園前大學士陳元龍別業也乾隆二十七年賜名安瀾
佳勝喜探求園甲東南郡春歸十二樓園內有十二樓景光
逢霽日氣象俯瀛洲　又迓龍旌駐
宸衷愜豫遊
閒步幽深徑棲遲綠沼邊樓臺相掩映鏡水漫淪漣
已過平橋畔迴看曲檻前蓬萊有真境底事更求仙
凝望長廊外詩情或可尋修篁紛聳老古樹綠苔侵
雨浥青葱色風搖鸞鳳音漫求桃李豔淡泊足明心
別業開佳境承　恩世澤長園無俗客到堂有　賜
書香勝地滄溟近　奎文日月光千秋欽

帝德六度紀　天章

登尖山觀海

危峯頂上俯瀛洲渺渺南溟萬古流氣象滄茫涵日
月波濤吞吐自春秋雷轟天外寒潮捲島絕雲根宿
雨收世界大千同芥子迴看一勺本浮漚

吳山大觀歌

臨安伊古山水藪未覽風景傾心久恰過清明候正
芳探幽豈獨尋花柳凌晨策騎登吳山攀躋石蹬沿
岡阜振衣直上大觀臺大觀域中所僅有左挹錢塘
波茫茫海門龕赭雄扼守怒潮高捲煙霧奔白馬靈

胥奮鯨吼石塘捍禦民燕安萬家盧井風淳厚一奩
清漲現西湖城障東南山環右六橋簫管咽春波三
竺雲煙接戸牖金主遐懷空寄兹立馬峯頭羌自負
從來佳境屬詩人白傅風流名不朽

登六和塔

浮屠作鎮大江干春日登臨倚曲欄山影含空雲影
亂鈴聲滴破雨聲寒乾坤指顧形全覽吳越興亡蹟
早殘一自高僧重建後遂令千載永安瀾

海塘擥要卷一

圖說

輿地之有圖也周則夏官司險掌九州之圖周知山林川澤之阻達其道路漢則蕭何至咸陽收秦圖書具知天下阸塞地之必待圖而明也久矣隋書經籍志有冀州齊州幽州各圖經唐宋藝文志所載郡縣圖經尤多海寧則宋嘉定中有海昌圖經十卷皆不可得見其僅存者唐李吉甫元和郡縣志諸圖而已兩浙海塘圖說自撫臣方觀承通志始撫臣琅玕續志又分段圖之圖乃益詳茲合二志圖爲一卷各附其說於後俾江海源流兩岸三亹山川形勝潮汐消漲瞭如指掌焉志圖說

錢塘縣

自獅子口身字號起至大郎巷添字號止石塘二千八百六丈九尺土塘一千五百八十七丈八尺

仁和縣

自大郎巷添字號起至八仙石商字號止石塘一十九百三十三丈五尺

自烏龍廟至章家菴止土堤九十一丈

埽工自西不字號起至西添字號止四千九百十五丈乾隆四十五年起至嘉慶八年陸續接建

埽工之後月堤四百三十四丈坐落西常字號西貞字號乾隆五十八年建築

魚鱗石塘自西黃字號起至西鳴字號止二千一百二十丈乾隆四十九年興工五十二年工竣

埽工之外西添字號西元字號柴盤頭二座乾隆四十二年建

石壩十二座坐落西黃字號及西往字號西閏餘字號西騰致字號西金字號西巨字號西夜字號西珍字號西芥字號西師字號西育字號西蓋字號乾隆四十六年至五十六年陸續建築五十八年河道總督李奉翰蘭第錫起浙會勘議九座存第二第十第十二石壩三座將來遇有坍損改建柴壩

自八仙石至章家菴西段土塘四千四百六十七丈五尺內石閘六座青龍太平潮安黃家萬善雙潭

東段柴塘二百丈乾隆四十五年建

塘後條塊石塘一百三十八丈乾隆四十六年建築

自章家菴添字號起至翁家埠烏字號止柴塘一千四百二十三丈五尺雍正五年建築

柴塘之外黃字號秋字號柴盤頭二座潮神廟前

裹頭一座乾隆四十三年及四十六年建築

柴塘之後西黃字號起至寒字號止條塊石塘三百六十二丈乾隆四十六年建築

魚鱗石塘自來字號起至烏字號止一千一百二十三丈五尺乾隆四十五年建築

海寧州

自翁家埠烏字號起至老鹽倉因字號止柴塘二千八百十六丈五尺康熙五十九年至雍正五六年陸續接築

柴塘之外因積字號柴盤頭一座乾隆四十七年建築

柴塘之後魚鱗石塘自烏字號起至因字號止二

千八百二十六丈五尺乾隆四十五年及四十八年建築

自老鹽倉積字號起至韓家池柴塘界逍字號止石塘九千五百五十三丈七尺八寸康熙五十九年及雍正七八年乾隆元年陸續建築

石塘之外普兒兜馬牧港曹殿前柴盤頭三座康熙五十九年乾隆元年十年陸續建築

石壩二座坐落好爵字號肆筵字號乾隆五十八年勘議將來遇有坍損改建柴壩

自韓家池逍字號起至根字號止柴塘四百六十八丈一尺雍正十一年建築

自尖山根字號起至飄字號止條塊石塘九十五丈雍正十一年建築

尖塔二山之中自添字號起至收字號止石壩二百丈雍正十二年至乾隆元年二次堵築

壩外安砌竹簍一百十丈乾隆二十五年建四十四年加砌而簍一層

老鹽倉起至尖山止塘後土備塘九千七百九十八丈五尺雍正十一年幫築

土備塘內石閘四座在閘道菴念里亭董石灰橋荊煦廟

涵洞十七座在掇轉廟陳文港車子路尖山運河雙乂港蘇木港馬牧港翁家埠杭宅壩三角用曹殿壩萬家埠各一座楊家莊二座天開河二座

海鹽縣

西山脚起至長牆山止土塘一千五百三十丈雍正十一年築

長牆山曰字號起至青山脚非字號止石塘二百十八丈五尺雍正五年築

青山脚下起至秦駐山止土塘二千二百二十二丈雍正十一年築

秦駐山壁字號起至朱公寨添字號止石塘四千四百五十五丈

朱公寨起至行素菴舊陳圩止土塘二千九百三十五丈

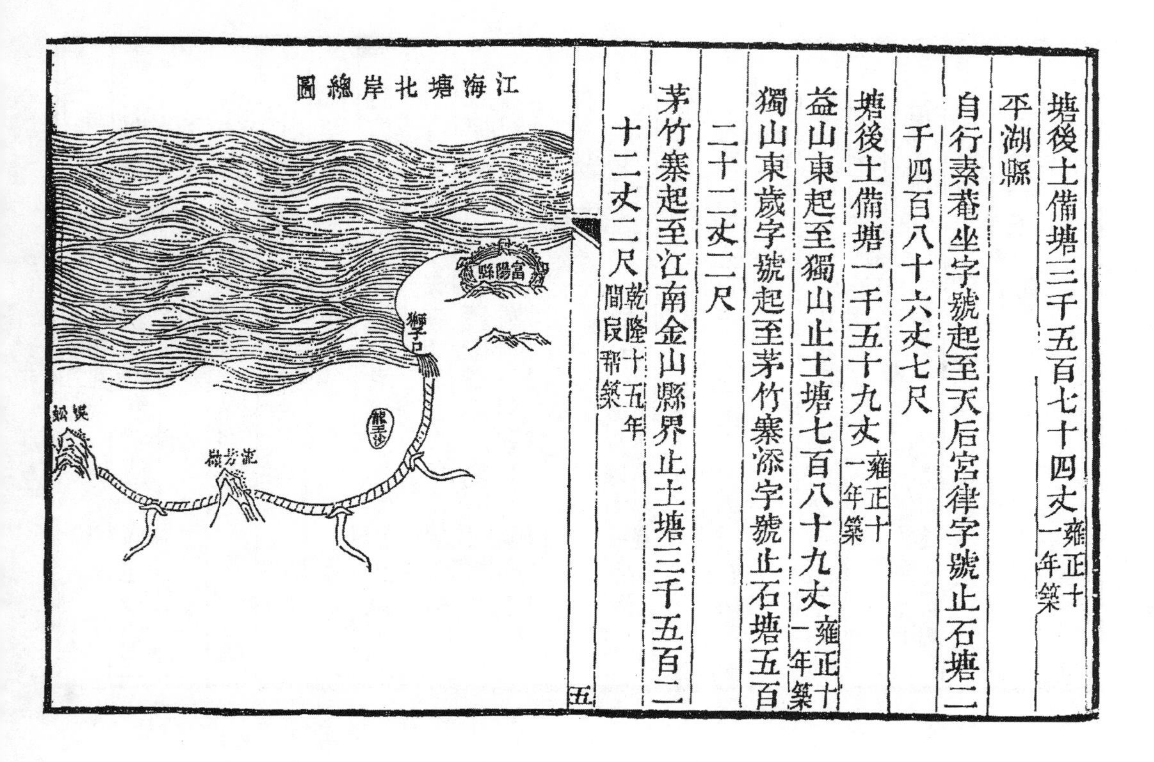

塘後土備塘三千五百七十四丈雍正十一年築

平湖縣

自行素菴坐字號起至天后宮律字號止石塘二千四百八十六丈七尺

塘後土備塘一千五十九丈雍正十一年築

益山東起至獨山止土塘七百八十九丈雍正十一年築

獨山東歲字號起至茅竹寨祭字號止石塘五百二十二丈二尺

茅竹寨起至江南金山縣界止土塘三千五百二十二丈二尺乾隆十五年間段帮築

五

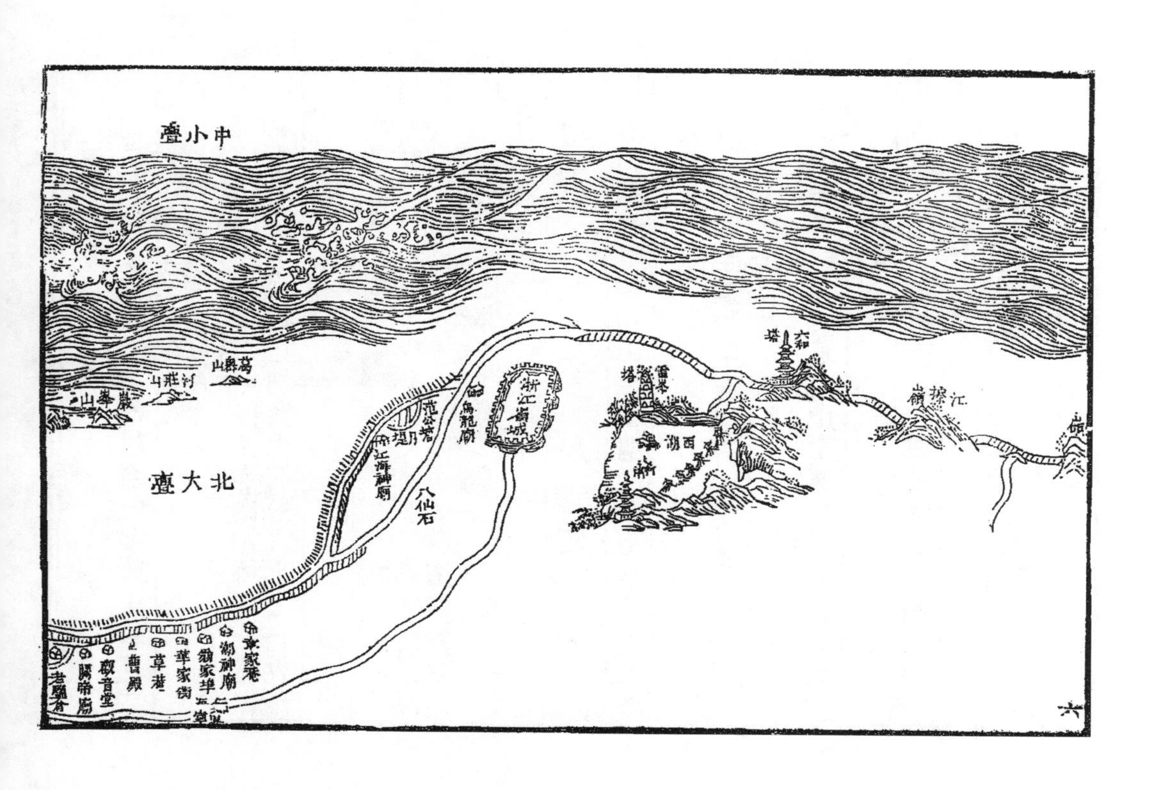

大尖山
小尖山
塔山
鳳凰山
永安湖
司城
海鹽縣
東防廳乍浦
海寧界
金星亭
鎮海塔
海寧州
七

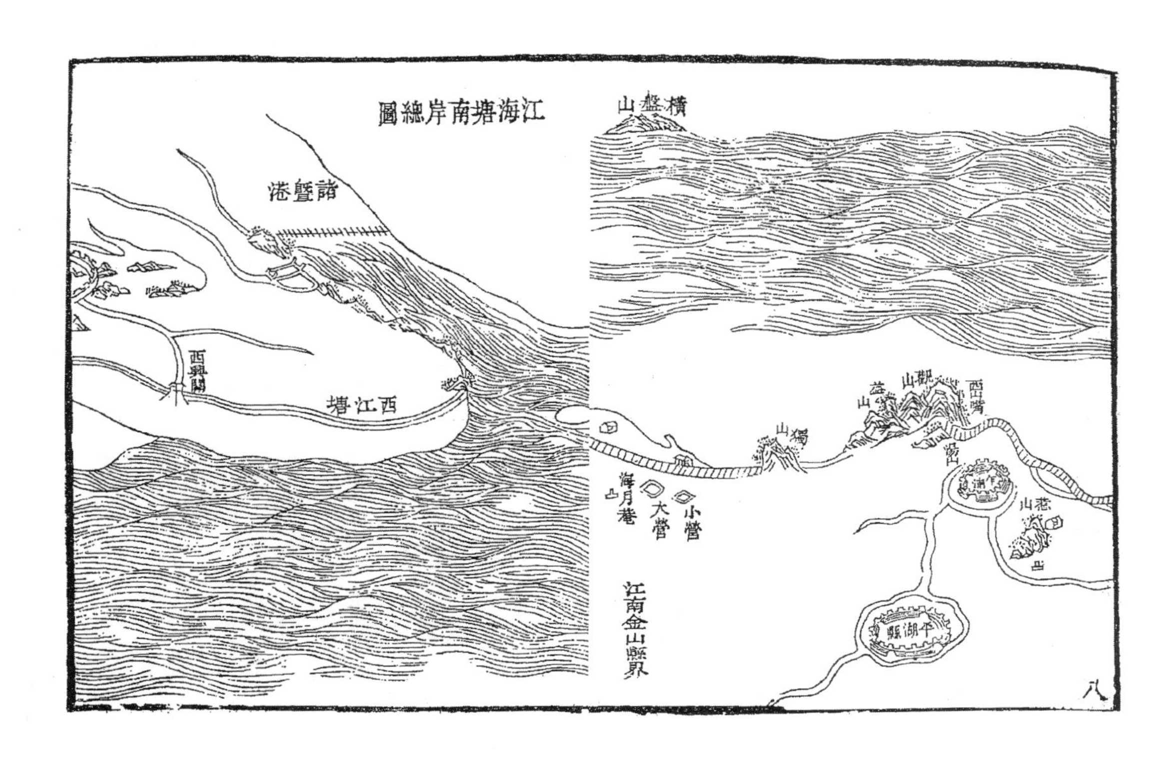

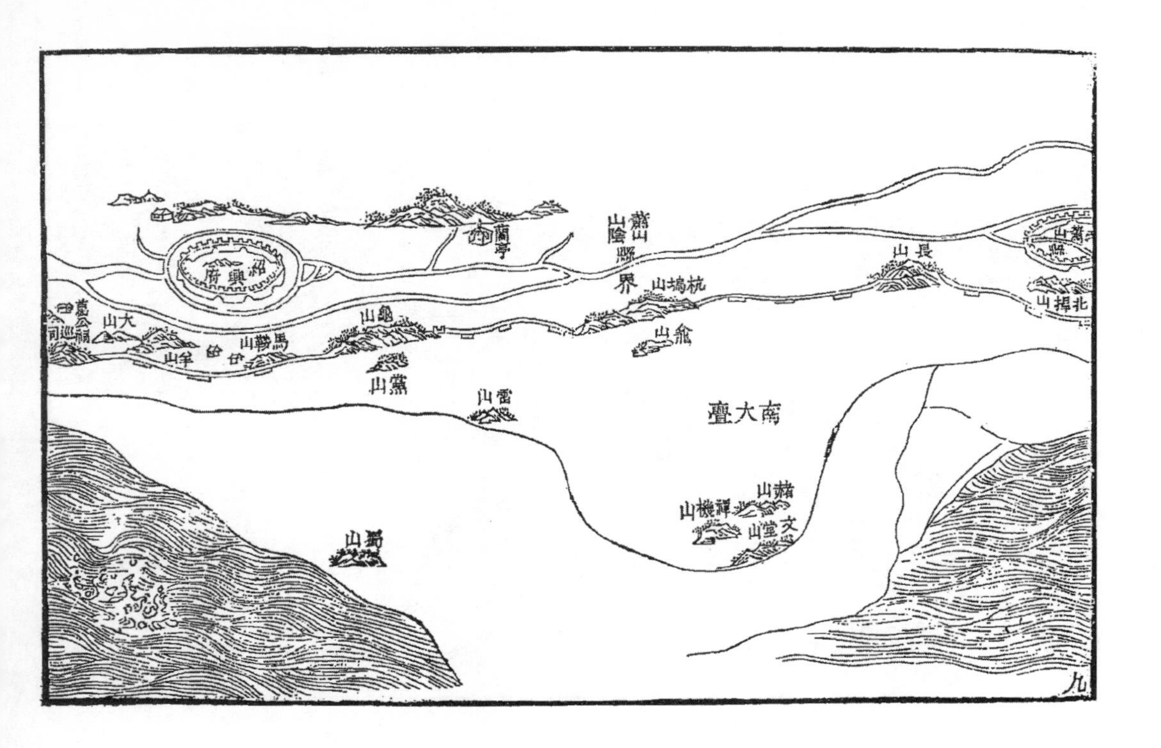

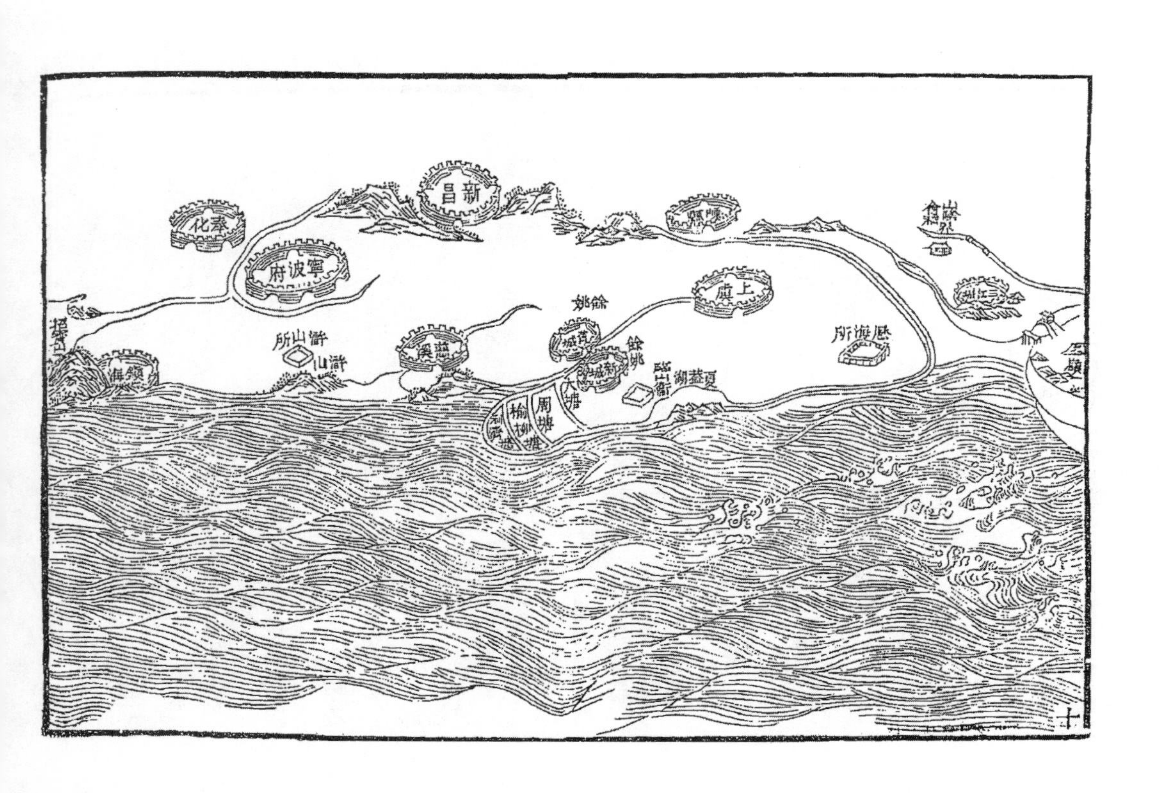

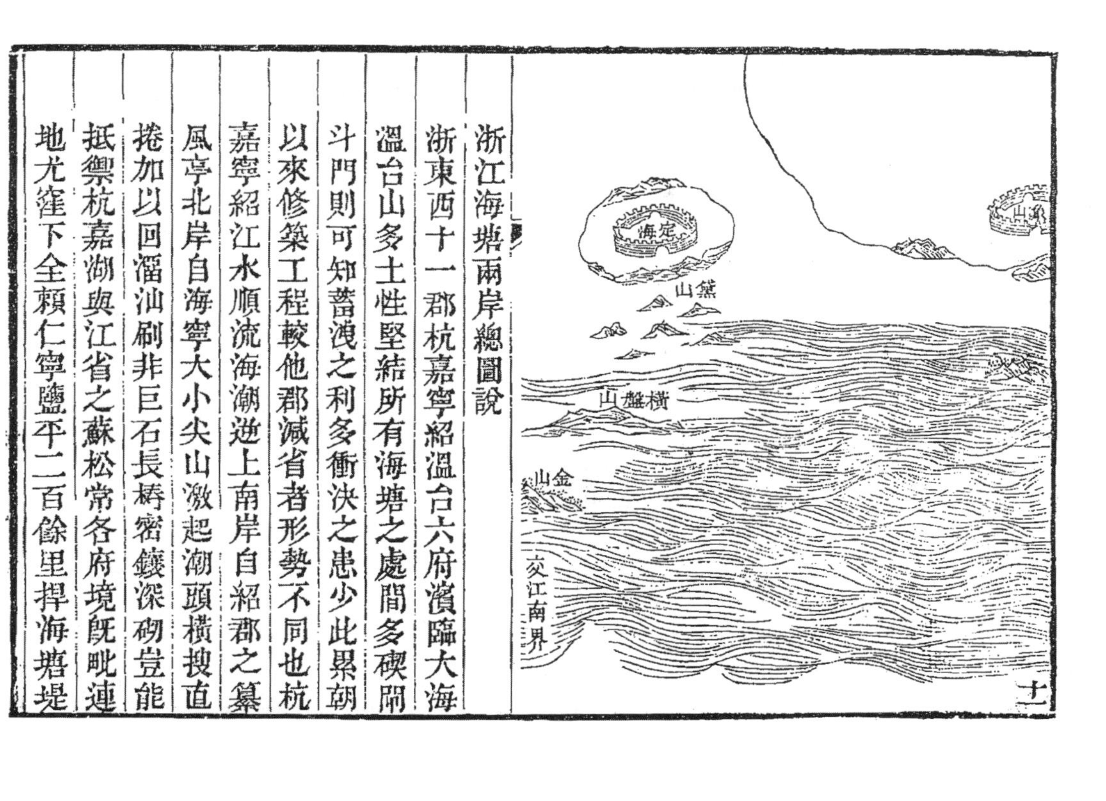

浙江海塘兩岸總圖說

浙東西十一郡杭嘉寧紹溫台六府濱臨大海溫台山多土性堅結所有海塘之處間多碶閘斗門則可知蓄洩之利多衝決之患少此累朝以來修築工程較他郡減省者形勢不同也杭嘉寧紹江水順流海潮逆上南岸自紹郡之纂風亭北岸自海寧大小尖山激起潮頭橫搜直捲加以回溜汕刷非巨石長椿密鑲深砌豈能抵禦杭嘉湖與江省之蘇松常各府境既毗連地尤窪下全賴仁寧鹽平二百餘里捍海塘堤爲之障蔽測量家有言准以水平長安壩與吳江浮屠尺寸相等堤防不固泛溢之患且波及江南我

世宗憲皇帝不惜數百萬帑金爲建魚鱗大石塘我

高宗純皇帝御極之初

欽命閣臣綜理經畫選材集事庶民子來數百里一線長堤至今鞏如磐石焉

臣鑅謹按志乘仁和以西稱江仁和以東至海寧稱海今仁和烏龍廟以西猶稱江塘江海神廟以東卽石塘皆稱海塘其屬錢塘之江塘三郎廟以西昔稱險工三築勿成乃用大石縱橫法貫以大木鎔以鐵錠塘始堅實其工亦與海塘相似矣江面寬不過十餘里海面亦不過數十里潮來之時遏江流使不得下以致上激塘身下搜塘底沖溢之地遂爲險工沙淤卽足護塘沙去則塘易圮江塘海塘一也海塘東起自尖山江塘西起自獅子口或石或土各因地勢並繪於圖其建築修防均易攷云

十二

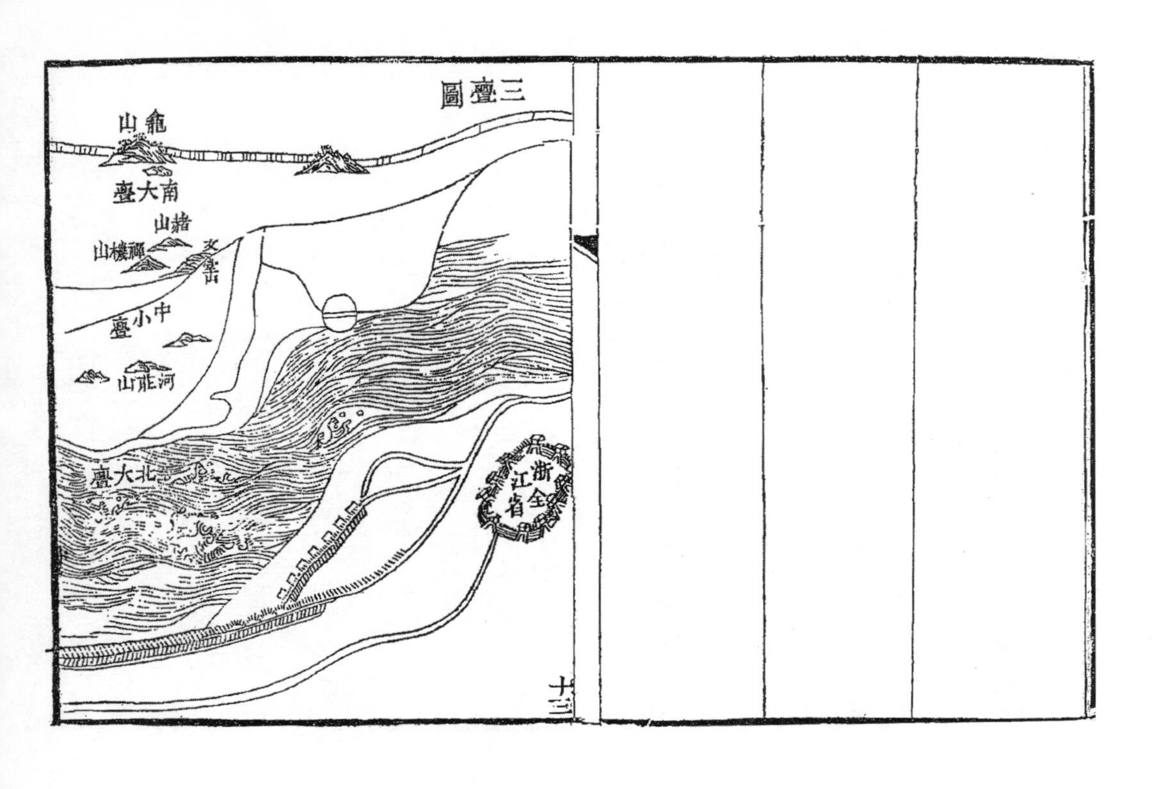

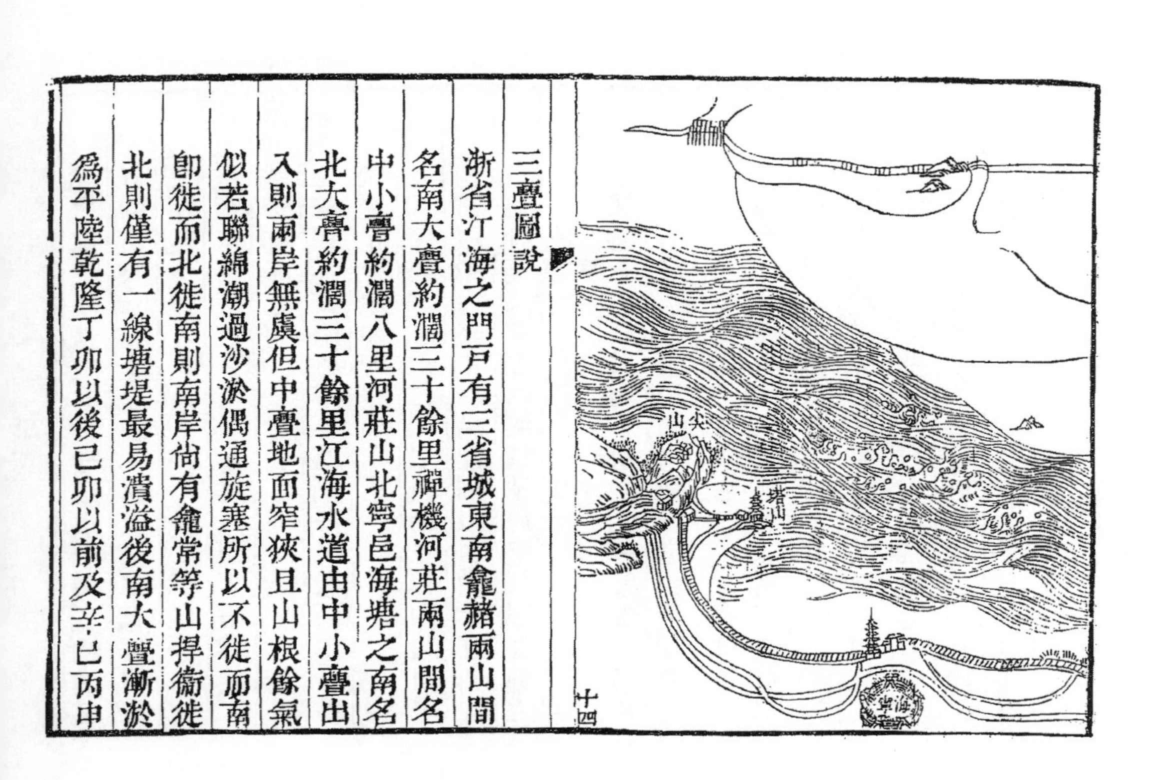

三壘圖說

浙省江海之門戶有三省城東南龕赭兩山間名南大壘約濶三十餘里禪機河莊兩山間名中小壘約濶八里河莊山北寧邑海塘之南名北大壘約濶三十餘里江海水道由中小壘出入則兩岸無虞但中壘地面窄狹且山根餘氣似若聯綿潮過沙淤偶通旋塞所以不徙而南即徙而北徙南則南岸尚有龕赭等山捍衛徙北則僅有一線塘堤最易潰溢後南大壘漸淤爲平陸乾隆丁卯以後己卯以前及辛巳丙申

問潮尚由中亹出入者數年丁酉以後則全趨北大亹矣

潮由中亹圖

龕山
南大亹
赭山
文堂山
禪機山
中小亹
河莊山
北大亹
浙江省城

十五

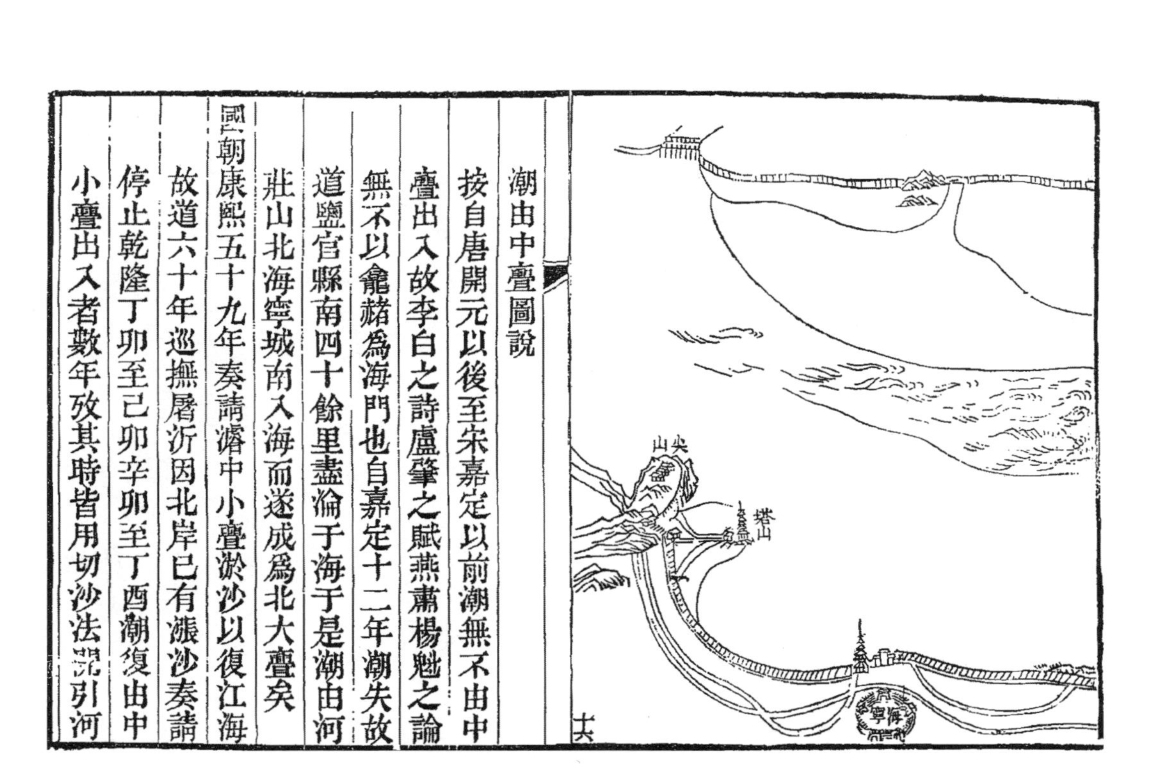

潮由中亹圖説

按自唐開元以後至宋嘉定以前潮無不由中亹出入故李白之詩盧肇之賦燕肅楊魁之論無不以龕赭爲海門也自嘉定十二年潮失故道鹽官縣南四十餘里盡淪于海于是潮由河莊山北海寧城南入海而遂成爲北大亹矣

國朝康熙五十九年奏請濬中小亹淤沙以復江海故道六十年巡撫屠沂因北岸已有漲沙奏請停止乾隆丁卯至己卯辛卯至丁酉潮復由中小亹出入者數年攷其時皆用切沙法混引河

以導之故時亦有效然大勢所趨不久旋淤恐
終難以人力勝也

江塘圖

半山
西巫山
虎爪山
獅子山
獅子口
龍王沙

十七

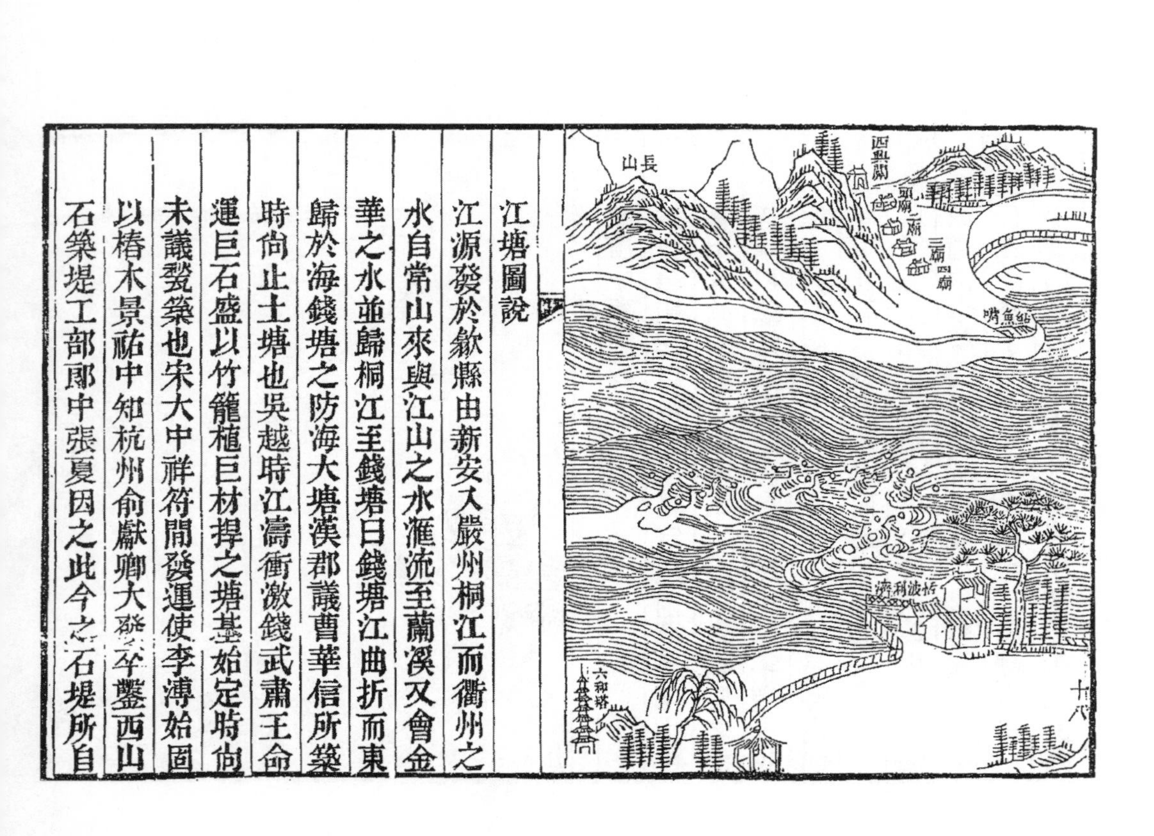

十八

江塘圖說

江源發於歙縣由新安入嚴州桐江而衢州之水自常山來與江山之水滙流至蘭溪又會金華之水並歸桐江至錢塘曰錢塘江曲折而東歸於海錢塘之防海大塘漢郡議曹華信所築時尚止土塘也吳越時江濤衝激錢武肅王命運巨石盛以竹籠植巨材捍之塘基始定時尚未議甃築也宋大中祥符閒發運使李溥始圖以椿木景祐中知杭州俞獻卿大發卒鑿西山石築堤工部郎中張夏因之此今之石堤所自

始也富陽之春江堤自莧浦至觀山計三百餘丈唐萬歲登封六年邑令李濬甃以石明正統四年邑令吳堂重築之遂名吳公堤蕭山之西江塘東南自桃源十四都臨浦而至四都赭家墳南北四十里以其在縣之西故謂之西江江至四都則折而東矣自四都而至龕山東西六十餘里在縣之北則謂之北海塘皆沿江勢曲折爲之興築始末志乘缺略至明鄉官錢鋐邑進士黃九皐始有重築議其初蓋無考矣

杭州府海塘圖

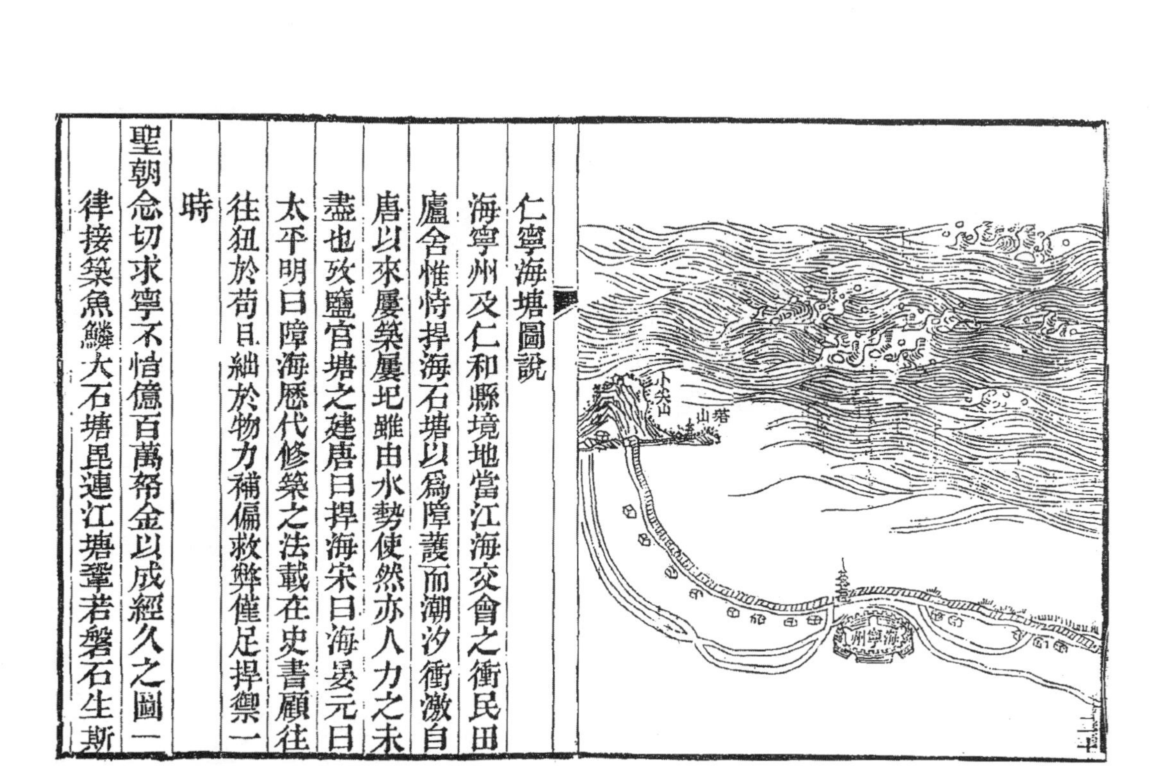

仁寧海塘圖說

海寧州及仁和縣境地當江海交會之衝民田廬舍惟恃捍海石塘以爲障護而潮汐衝激自唐以來屢築屢圮雖由水勢使然亦人力之未盡也攷鹽官塘之建唐曰捍海宋曰海晏元曰太平明曰障海歷代修築之法載在史書顧往往狃於苟且絀於物力補偏救弊僅足捍禦一時

聖朝念切求寧不惜億百萬帑金以成經久之圖一律接築魚鱗大石塘毘連江塘鞏若磐石生斯

土者不復知有海患塘之形勢自尖山蜿蜒而下斜趨西北念里亭迤西其勢徑直於章家菴又少折而南走數百里屹若崇墉自此農䆮恬熙耕鑿利賴斯民之有備無患皆仰荷
列聖宵旰勤勞精詳籌畫之所致也

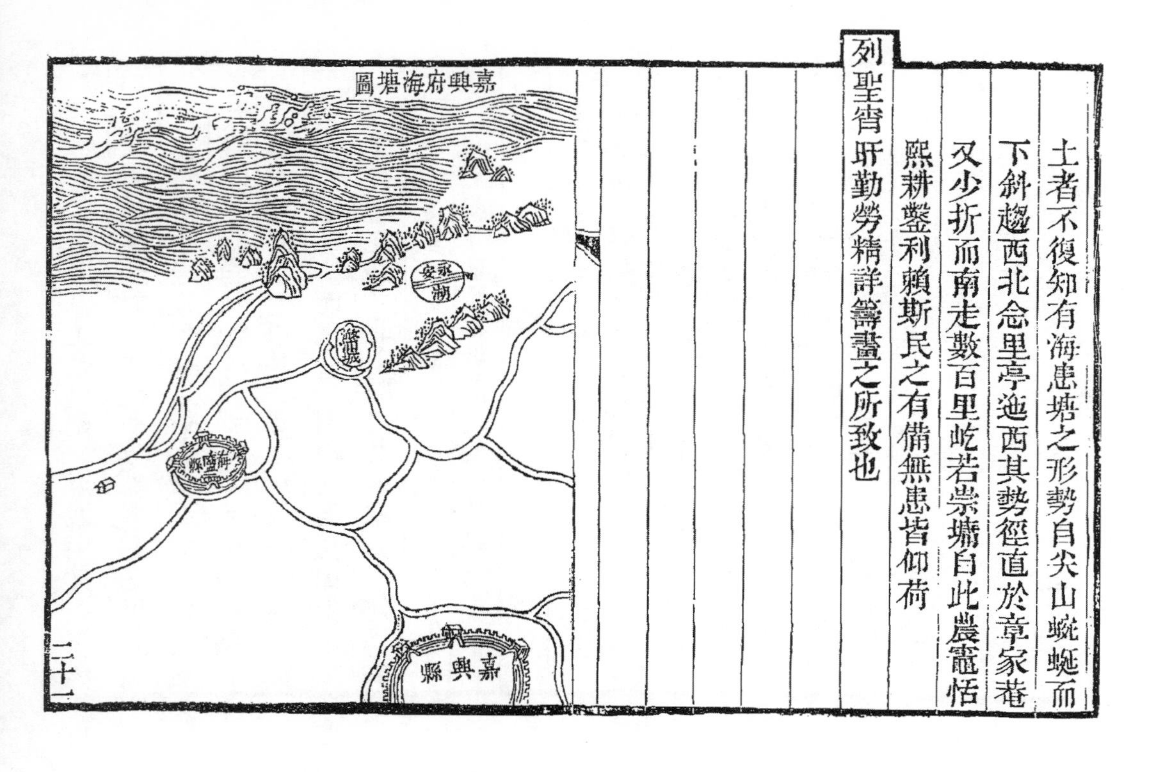

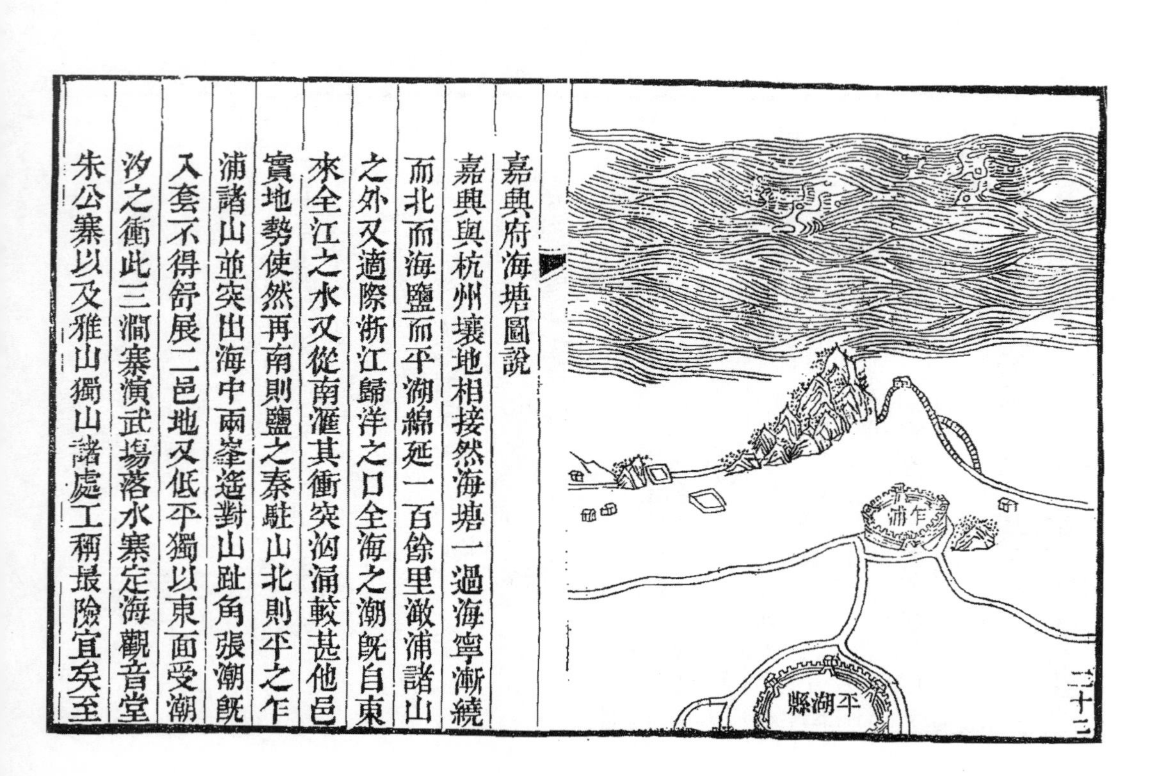

嘉興府海塘圖說

嘉興與杭州壤地相接然海塘一過海寧漸繞而北而海鹽而平湖綿延一百餘里澉浦諸山之外又適際浙江歸洋之口全海之潮既自東來全江之水又從南漲其衝突洶湧較甚他邑實地勢使然再南則鹽之秦駐山北則平之乍浦諸山並突出海中兩峯遥對山趾角張潮既入套不得舒展二邑地又低平獨以東面受潮汐之衝此三澗寨演武埸落水寨定海觀音堂朱公寨以及雅山獨山諸處工稱最險宜矣至

奏駐以南去澉浦二十餘里悉皆土塘乍浦以北至江南金山界五十里亦皆土石相間則又地近山脚或沙皆鐵版土性不同工非一律此又在山川形勢之外也

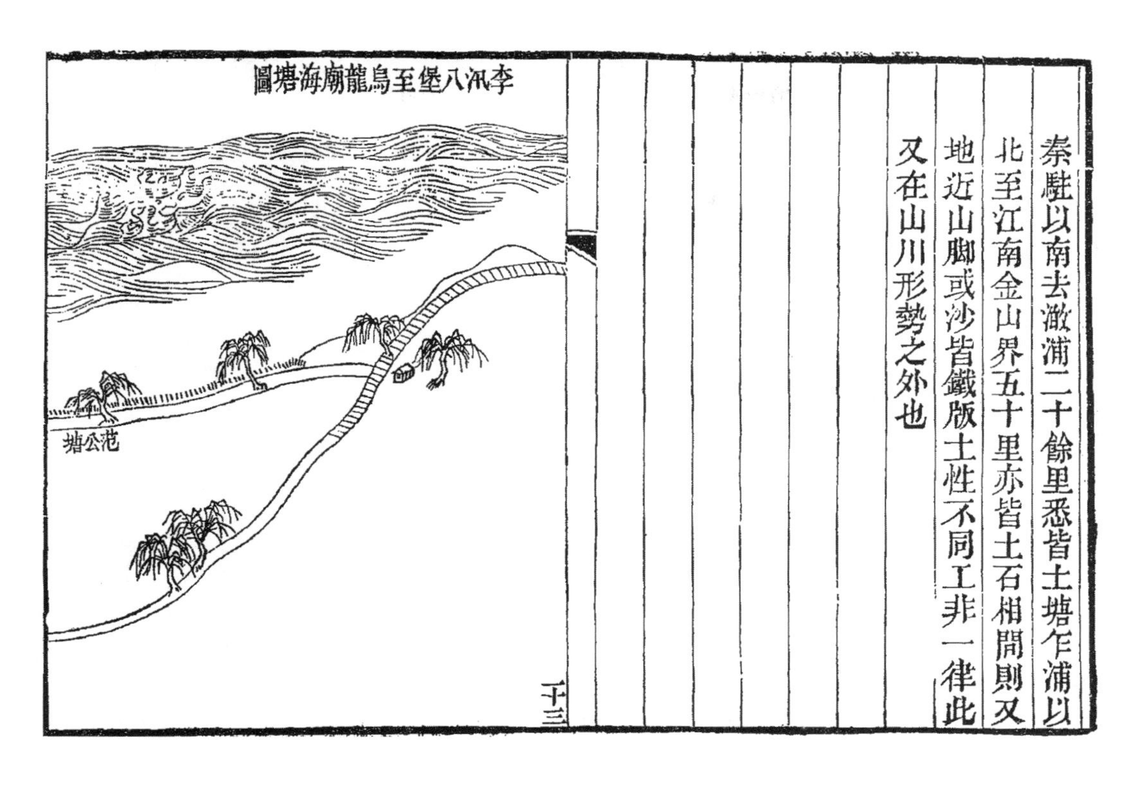

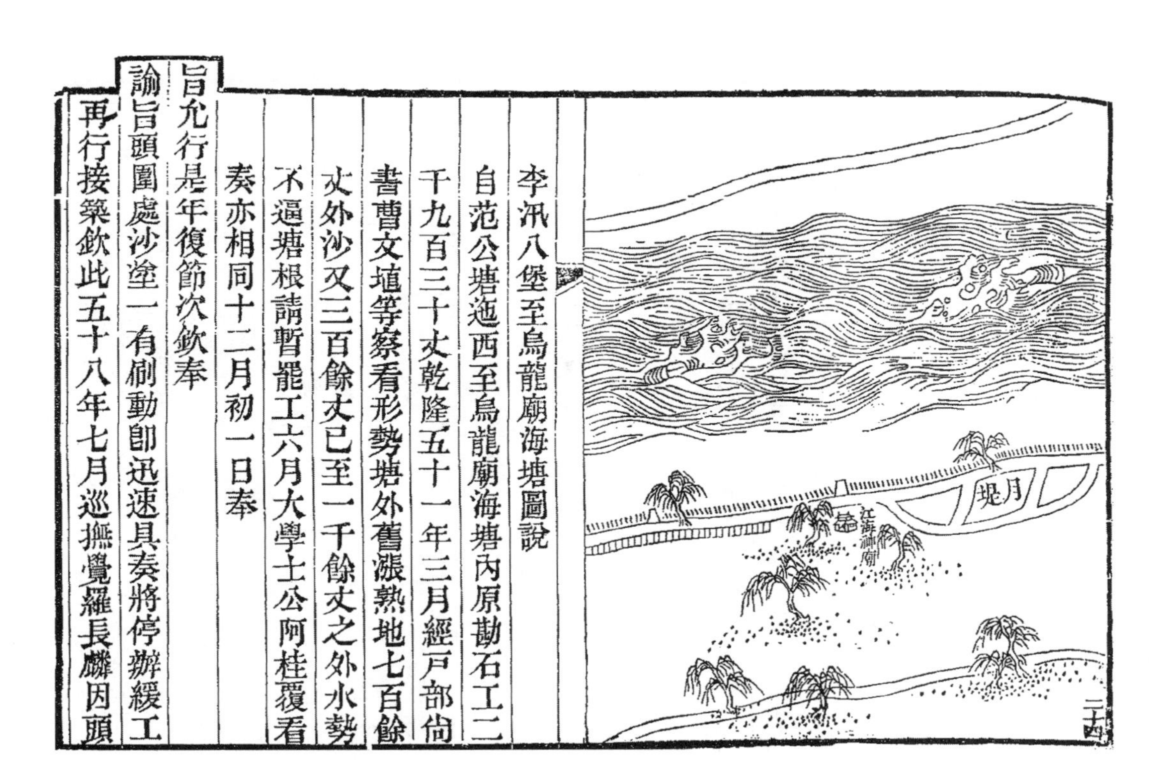

李汛八堡至烏龍廟海塘圖說

自范公塘迤西至烏龍廟海塘內原勘石工二千九百三十丈乾隆五十一年三月經戶部尚書曹文埴等察看形勢塘外舊漲熟地七百餘丈外沙又三百餘丈已至一千餘丈之外水勢不逼塘根請暫罷工六月大學士公阿桂覆看奏亦相同十二月初一日奉

旨允行是年復節次欽奉

諭旨頭圍處沙塗一有刷動即迅速具奏將停辦緩工再行接築欽此五十八年七月巡撫覺羅長麟因頭

圍迤東漲有中沙一段停淤不動恐逼溜北趨
請將頭圍建築魚鱗大石塘未幾山水漲發將
中沙全行刷去讓出洋面溜勢仍得南趨於九
月中仍請從緩辦理至今撫臣每月察沙塗寬
廣俱復如前眞荷
聖朝之福庇也

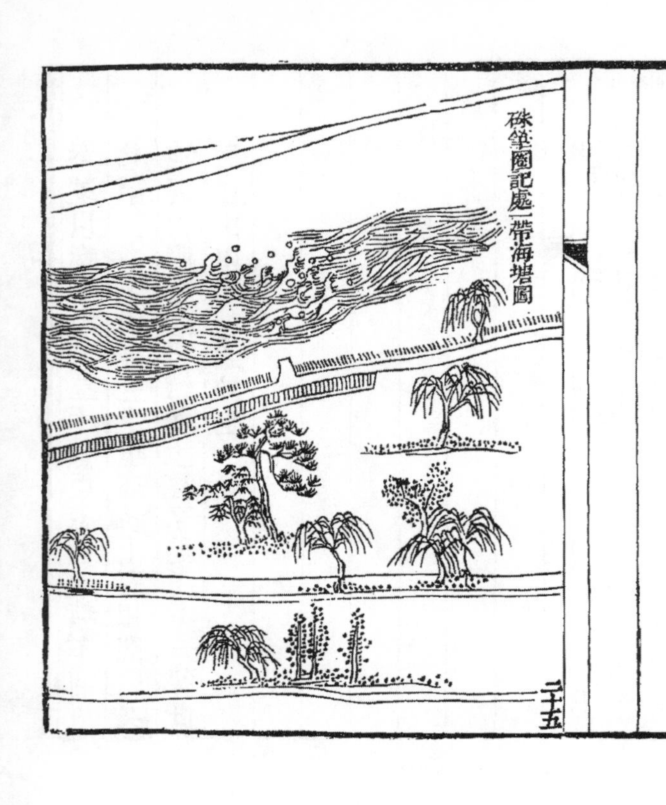

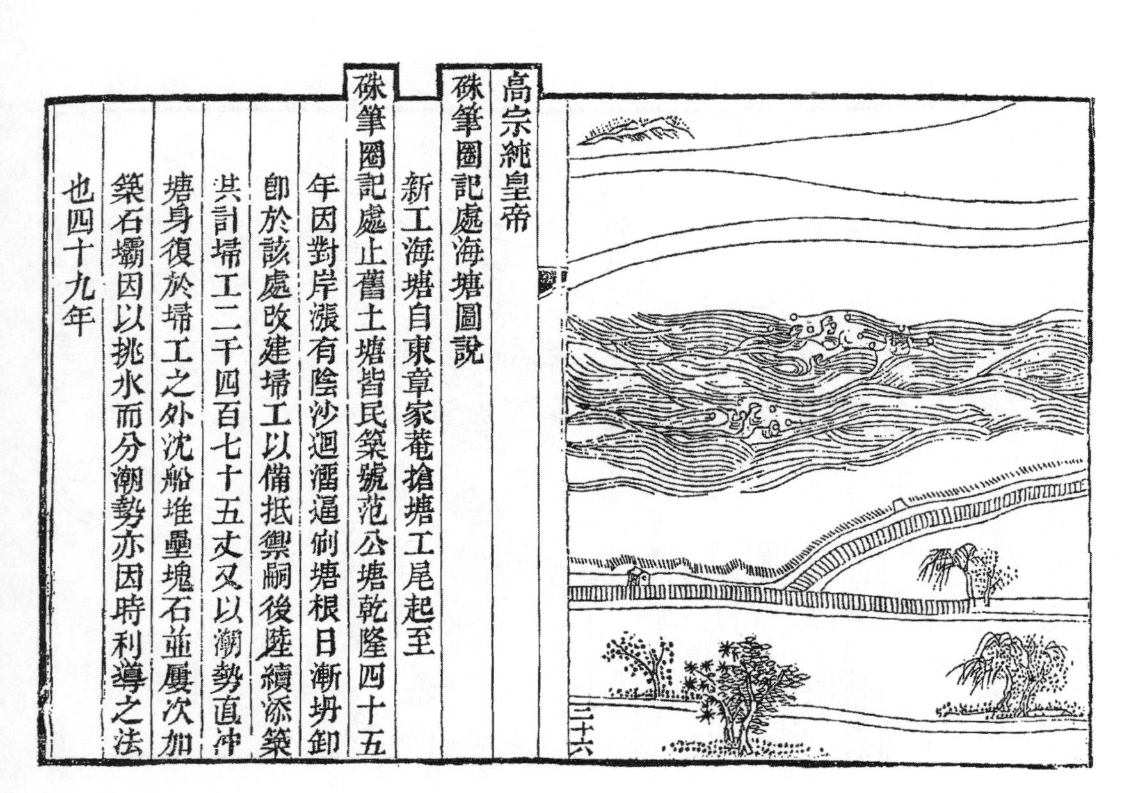

高宗純皇帝
硃筆圈記處海塘圖說
新工海塘自東章家菴搶塘工尾起至
硃筆圈記處止舊土塘皆民築號范公塘乾隆四十五
年因對岸漲有陰沙迴溜逼側塘根日漸坍卸
卽於該處改建埽工以備抵禦嗣後陸續添築
共計埽工二千四百七十五丈又以潮勢直沖
塘身復於埽工之外沈船堆壘塊石並屢次加
築石壩因以挑水而分潮勢亦因時利導之法
也四十九年

特命一例接築魚鱗大石塘分急工二千一百二十丈緩工二千九百三十丈急工於四十九年十月興工五十二年十二月工竣緩工於五十一年經大學士阿桂等勘奏塘外沙塗緜遠潮汐向不到塘奏請停止是塘形勢斜趨西南適當江海滙流之界向藉范公塘土堤一道以爲捍衛勢甚單薄自接建大石塘省城之外皆資其鞏護今塘外新漲陰沙緜亘數十餘里不特保護塘根亦以次變成沃壤瀕海生靈咸享樂利矣

章家菴一帶海塘圖

二七

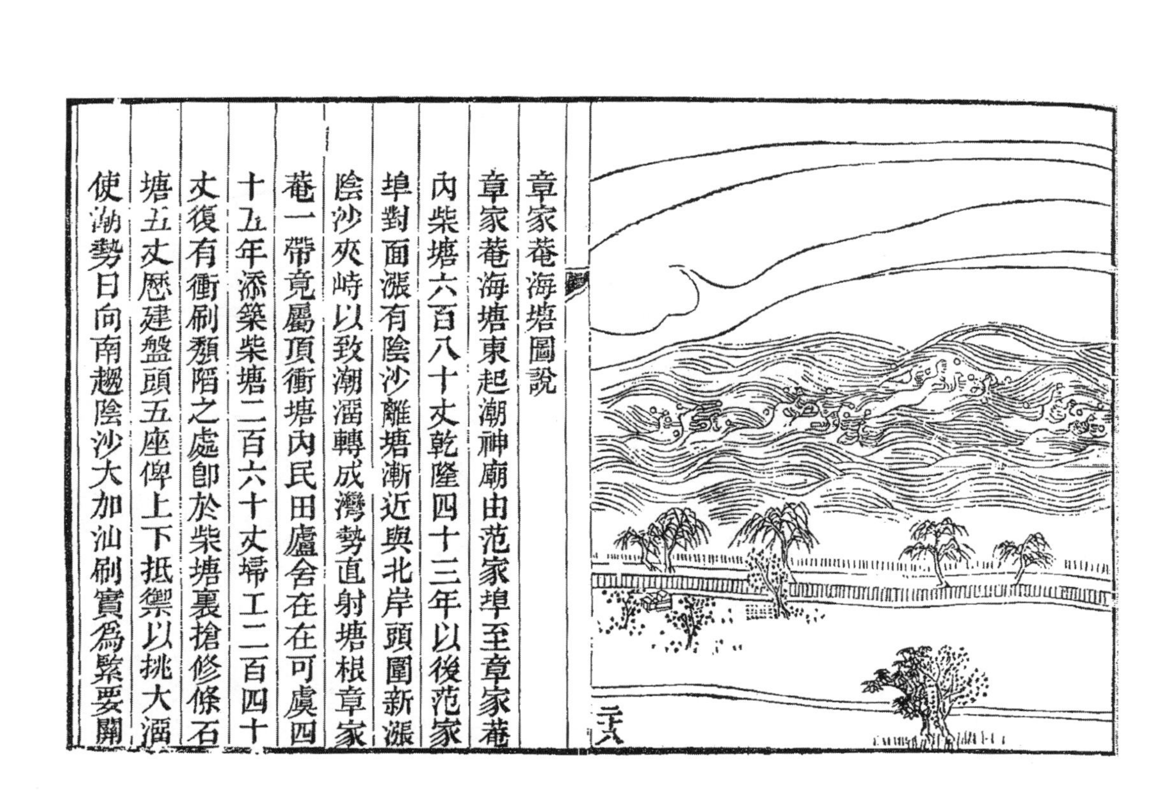

二六

章家菴海塘圖說

章家菴海塘東起潮神廟由范家埠至章家菴內柴塘六百八十丈乾隆四十三年以後范家埠對面漲有陰沙離塘漸近與北岸頭圍新漲陰沙夾峙以致潮溜轉成灣勢直射塘根章家菴一帶竟屬頂衝塘內民田廬舍在在可虞四十五年添築柴塘二百六十丈埽工二百四十丈復有衝刷頹陷之處即於柴塘裏搶修條石塘五丈歷建盤頭五座俾上下抵禦以挑大溜使溜勢日向南趨陰沙大加汕刷實爲緊要關

鏈今有魚鱗石工足以資保障而垂久遠汀水海潮永無侵軼居民長保乂安矣

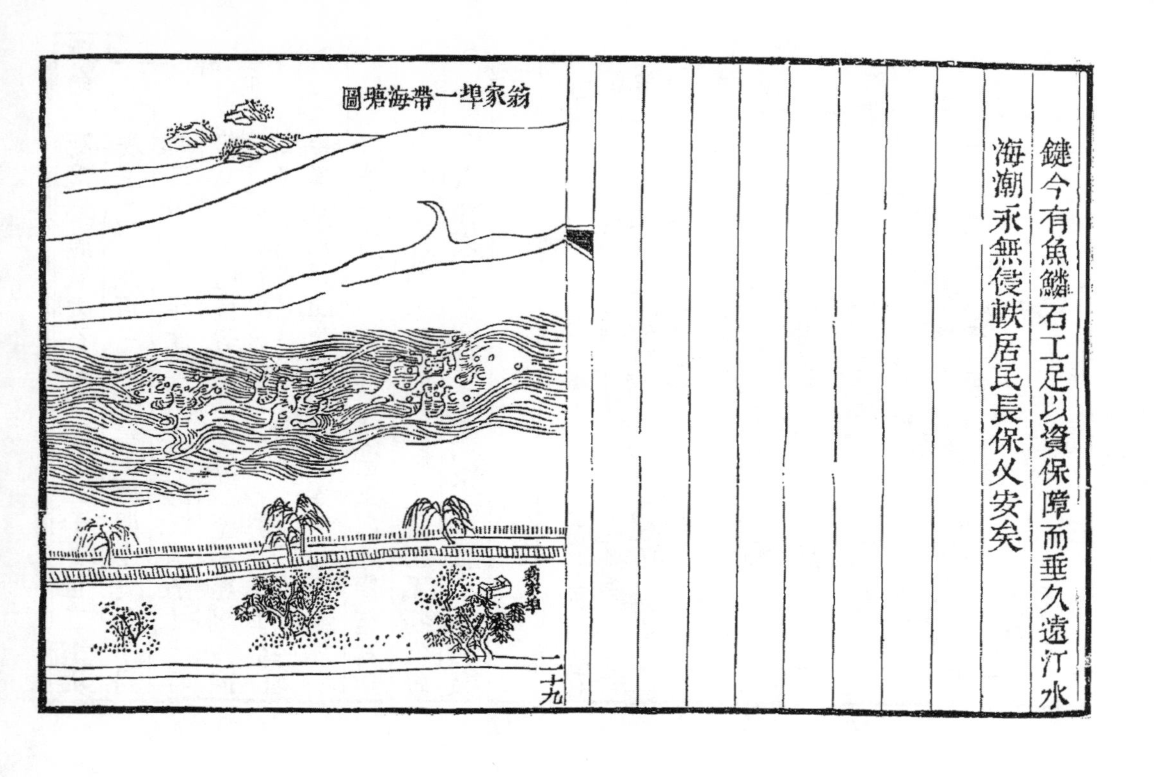

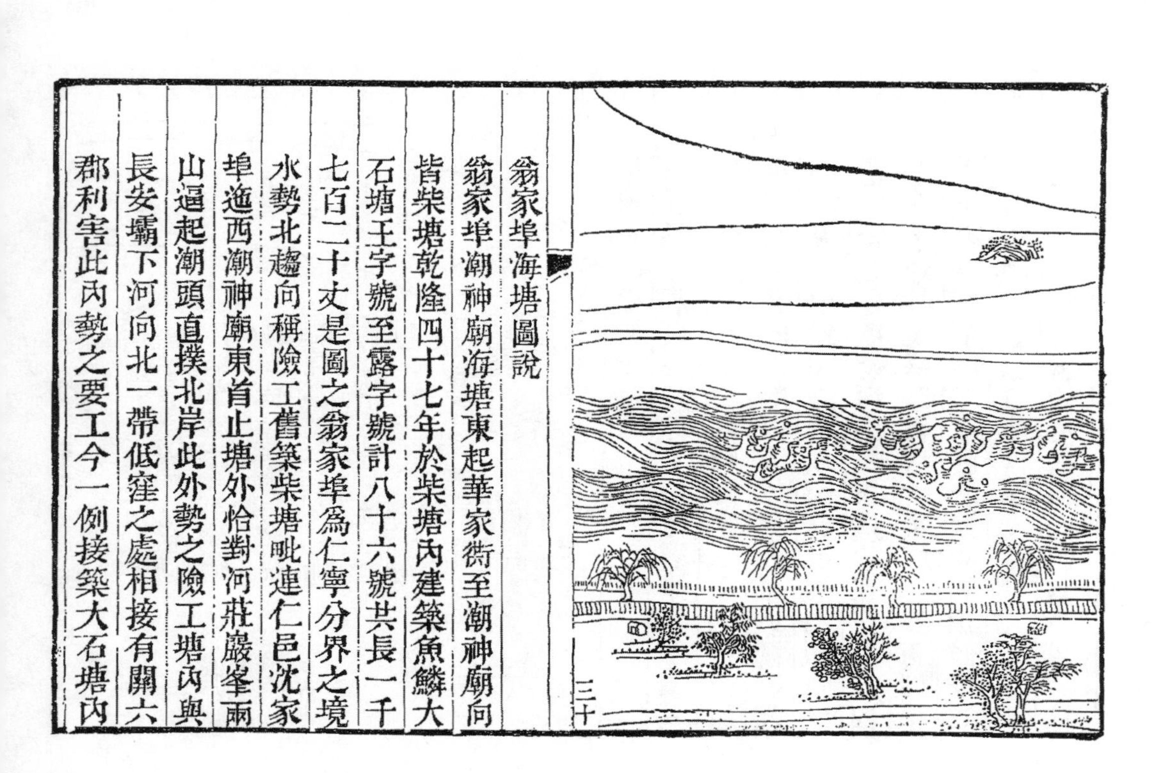

翁家埠海塘圖說

翁家埠潮神廟海塘東起華家衖至潮神廟向皆柴塘乾隆四十七年於柴塘內建築魚鱗大石塘王字號至露字號計八十六號共長一千七百二十丈是圖之翁家埠爲仁寧分界之境水勢北趨向稱險工舊築柴塘毗連仁邑沈家埠迤西潮神廟東首止塘外恰對河莊巖峯兩山逼起潮頭直撲北岸此外勢之險工塘內與長安壩下河向北一帶低窪之處相接有關六郡利害此內勢之要工今一例接築大石塘內

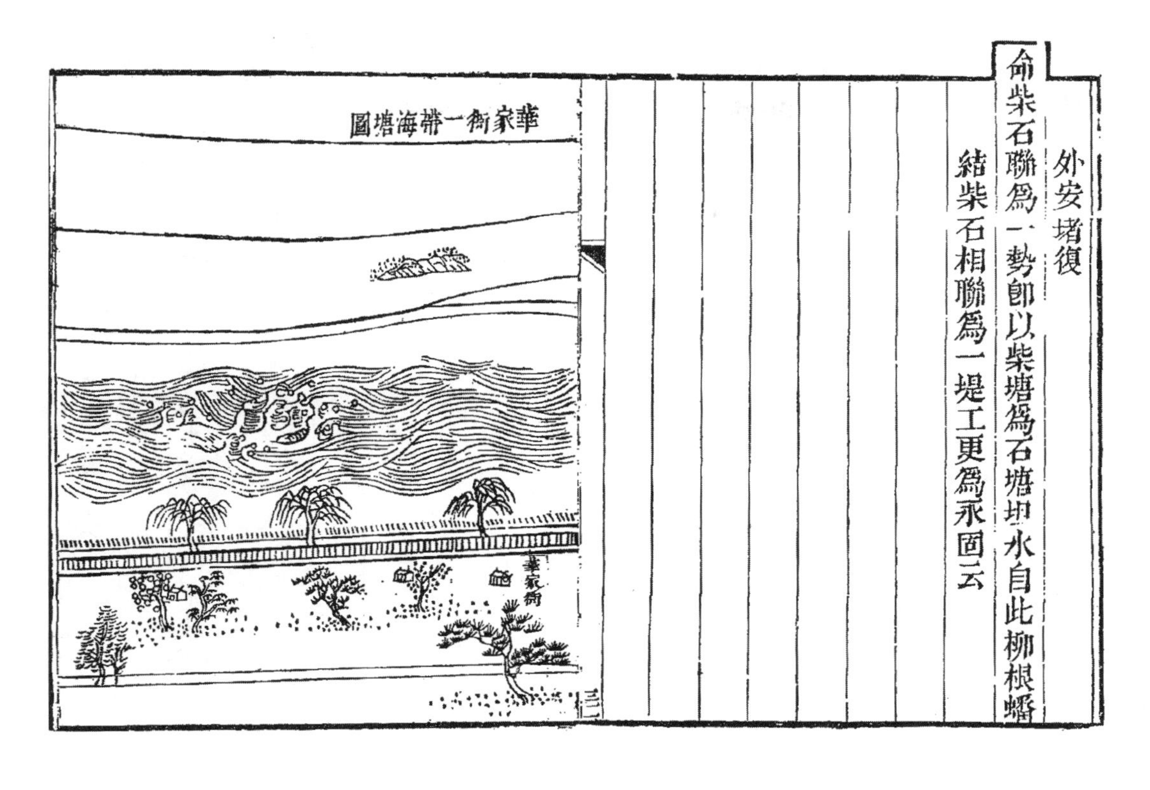
外安堵復

命柴石聯爲一勢卽以柴塘爲石塘坦水自此柳根蟠

結柴石相聯爲一堤工更爲永固云

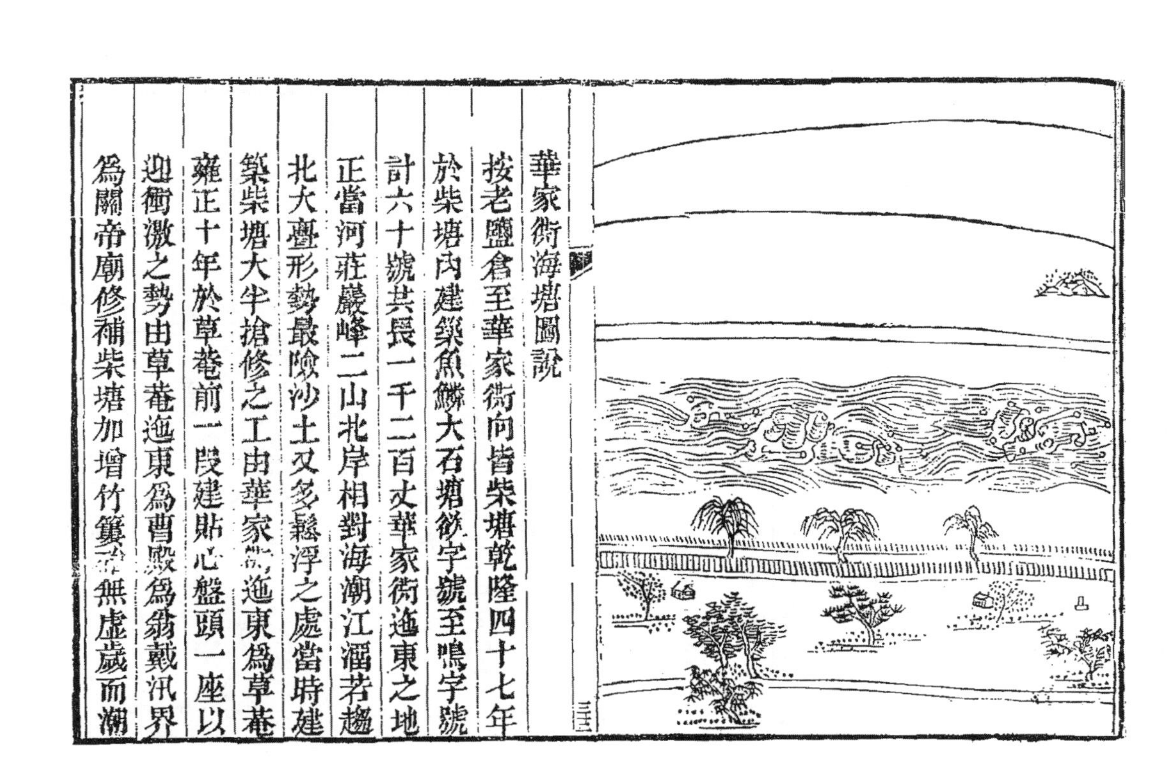
華家衖海塘圖說

按老鹽倉至華家衖向皆柴塘乾隆四十七年

於柴塘內建築魚鱗大石塘欲字號至鳴字號

計六十號共長一千二百丈華家衖迤東之地

正當河莊巖峰二山北岸相對海潮江溜若趨

北大亹形勢最險沙土又多鬆浮之處當時建

築柴塘大半搶修之工由華家衖迤東爲草菴

雍正十年於草菴前一段建貼心盤頭一座以

迎衝激之勢由草菴迤東爲曹殿爲翁戴汛界

爲關帝廟修補柴塘加增竹簍等無虛歲而潮

勢衝激雖有柴塘保護危險如故
高宗純皇帝聖明燭照先事預圖
念民廬田畝僅隔一塘而內河水勢又易直瀉江蘇
宸衷獨斷
頒發帑金一例接築大石塘使潮汐頂沖之地化險爲
平薄海編氓咸登衽席矣

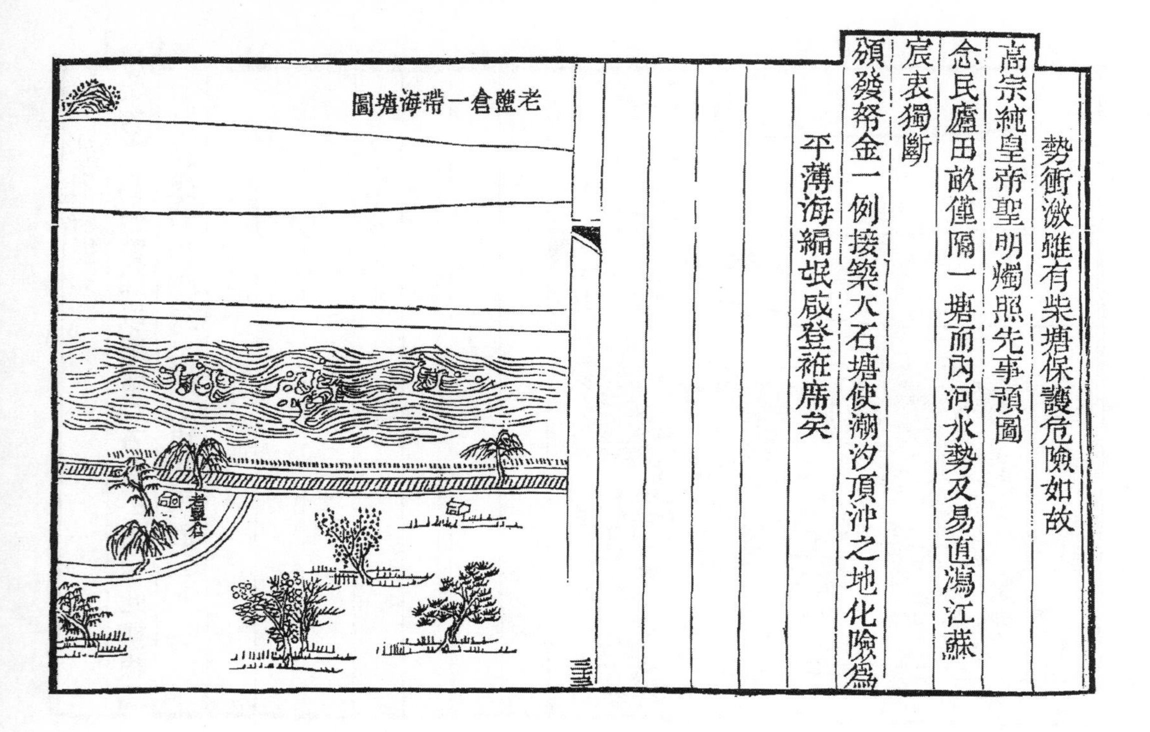

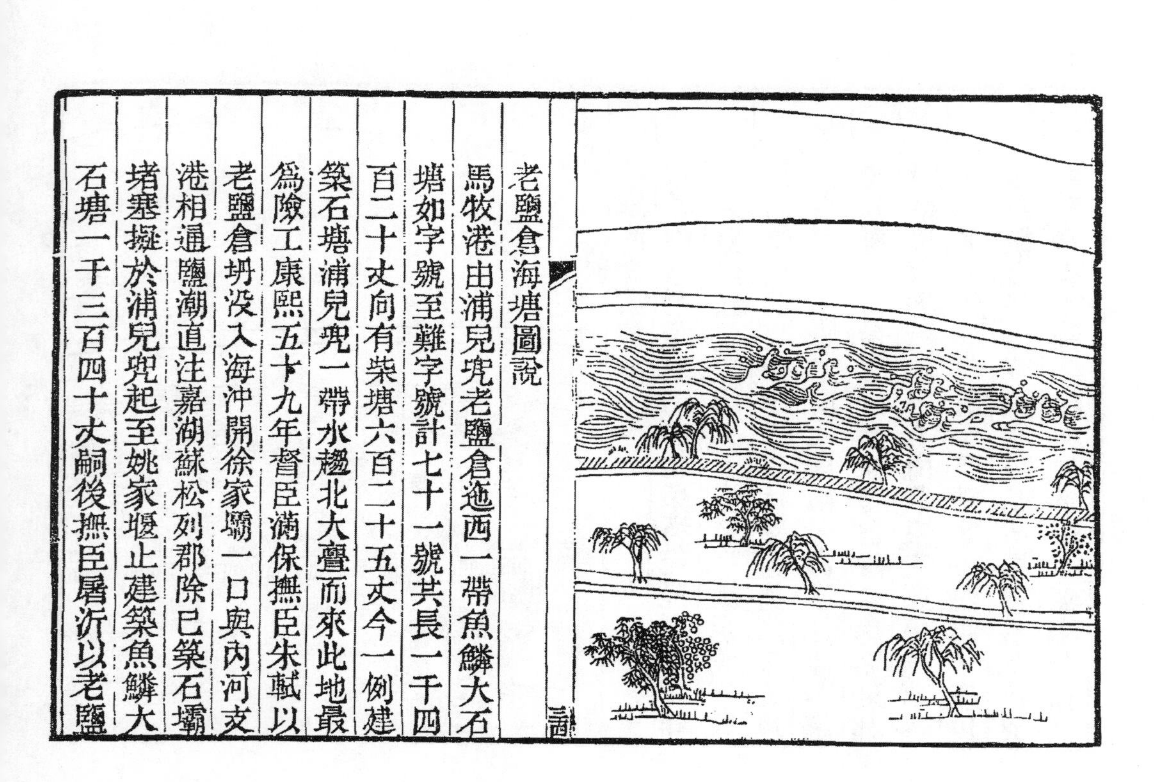

老鹽倉海塘圖說
馬牧港由浦兒兜老鹽倉迤西一帶魚鱗大石
塘如字號至雞字號計七十一號共長一千四
百二十丈向有柴塘六百二十五丈今一例建
築石塘浦兒兜一帶水趨北大亹而來此地最
爲險工康熙五十九年督臣滿保撫臣朱軾以
老鹽倉坍没入海沖開徐家壩一口與內河支
港相通鹽潮直注嘉湖蘇松列郡除已築石壩
堵塞擬於浦兒兜起至姚家堰止建築魚鱗大
石塘一千三百四十丈嗣後撫臣屠沂以老鹽

倉各段有土性鬆浮樁石難施之處先後改築草塘八百四十丈其土實沙堅之處仍築大石塘五百丈此大石塘與草塘聯築之始也乾隆四十五年

高宗純皇帝南巡

親臨相度

指示柴塘之內接築大魚鱗石塘四千餘丈爲萬年經久之計云

馬牧港一帶海塘圖

蜀山

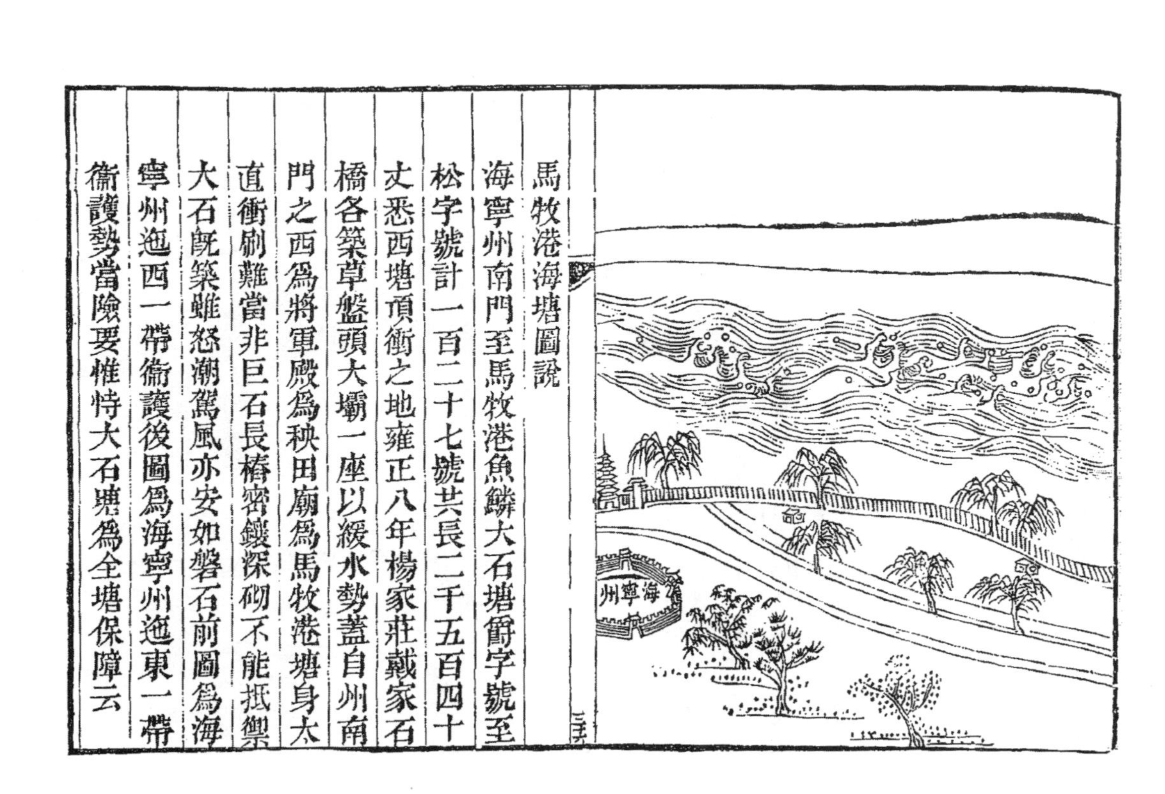

馬牧港海塘圖說

海寧州南門至馬牧港魚鱗大石塘爵字號至松字號計一百二十七號共長二千五百四十丈悉西塘頂衝之地雍正八年楊家莊戴家石橋各築草盤頭大壩一座以緩水勢蓋自州南門之西爲將軍殿爲秧田廟爲馬牧港塘身太直衝刷難當非巨石長樁密鑲深砌不能抵禦大石既築雖怒潮駕風亦安如磐石前圖爲海寧州迤西一帶衛護後圖爲海寧州迤東一帶衛護勢當險要惟恃大石塘爲全塘保障云

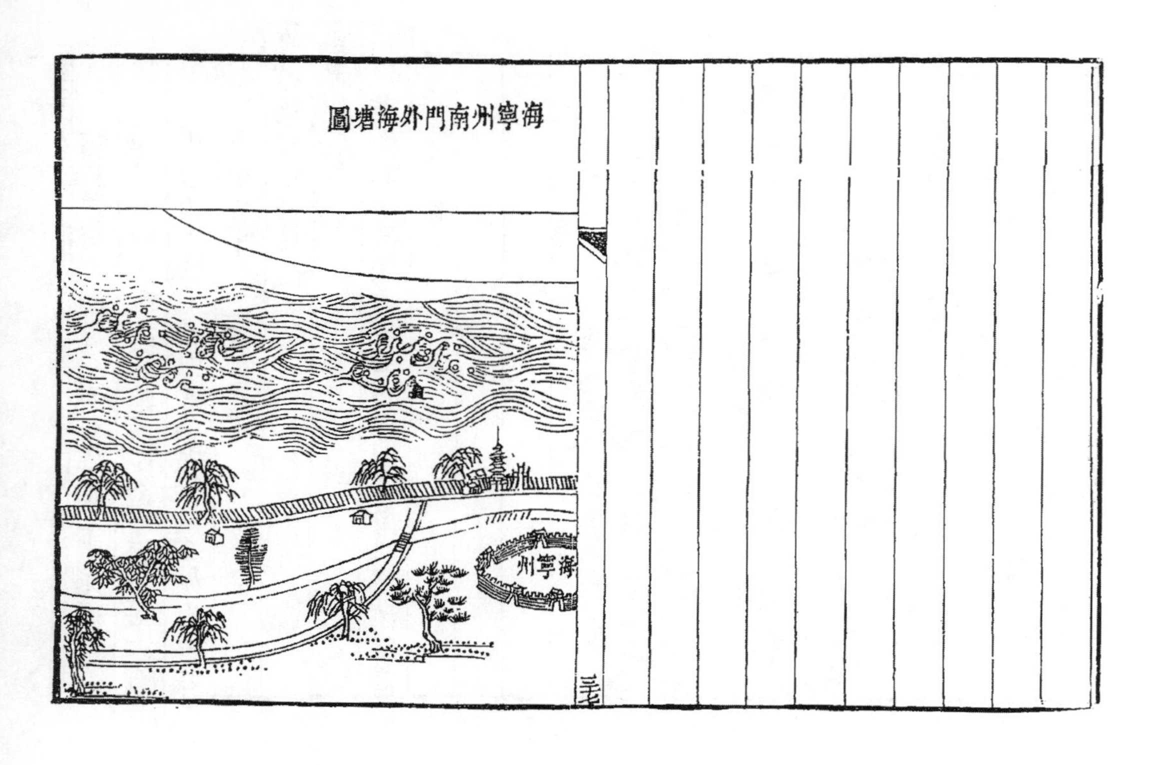

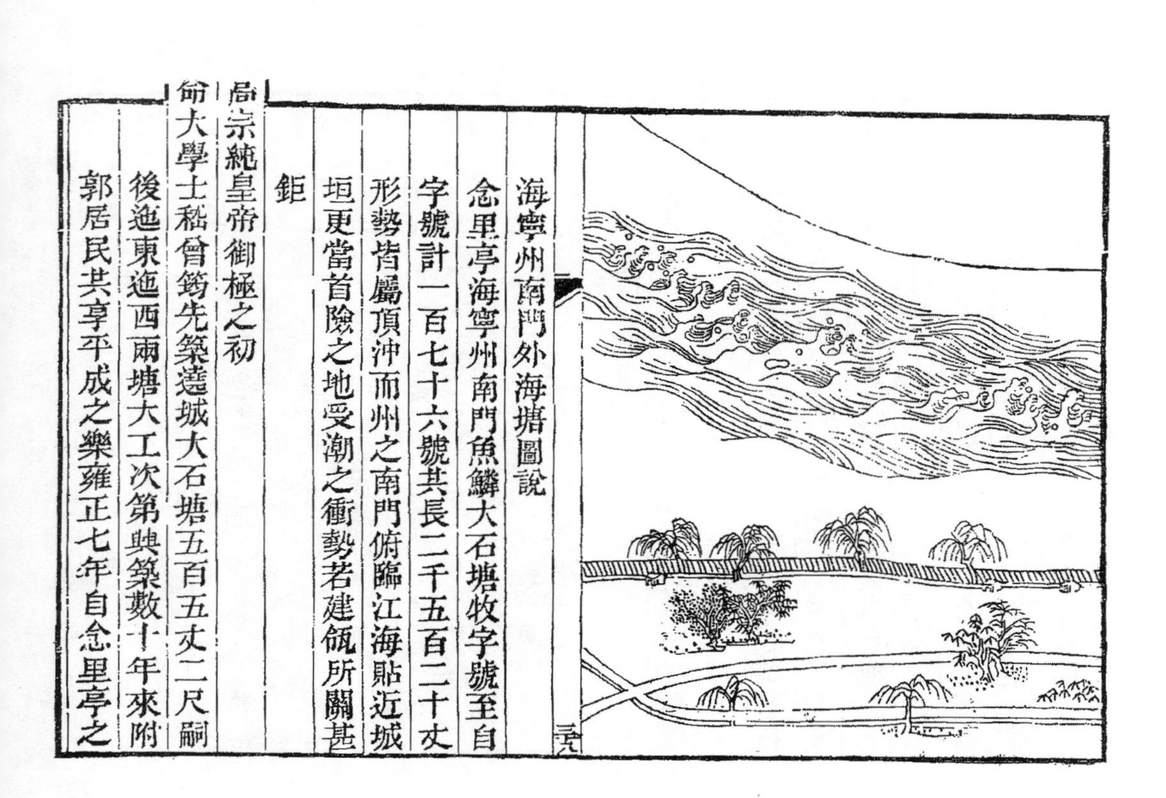

海寧州南門外海塘圖說

念里亭海寧州南門魚鱗大石塘收字號至自字號計一百七十六號共長二千五百二十丈形勢皆屬頂沖而州之南門俯臨江海貼近城垣更當首險之地受潮之衝勢若建瓴所關甚鉅

高宗純皇帝御極之初

命大學士嵇曾筠先築遶城大石塘五百五丈二尺嗣後迤東迤西兩塘大工次第興築數十年來附郭居民共享平成之樂雍正七年自念里亭之

西曰白墻門曰陳文港曰小文前曰薛家壩各建草盤頭一座則當日沖刷之勢實爲險急而十里亭九里橋七里廟四里橋鎮海塔亦皆險急之處今有魚鱗大石塘爲之保障永保乂安無事築柴盤頭以挑水禦沖云

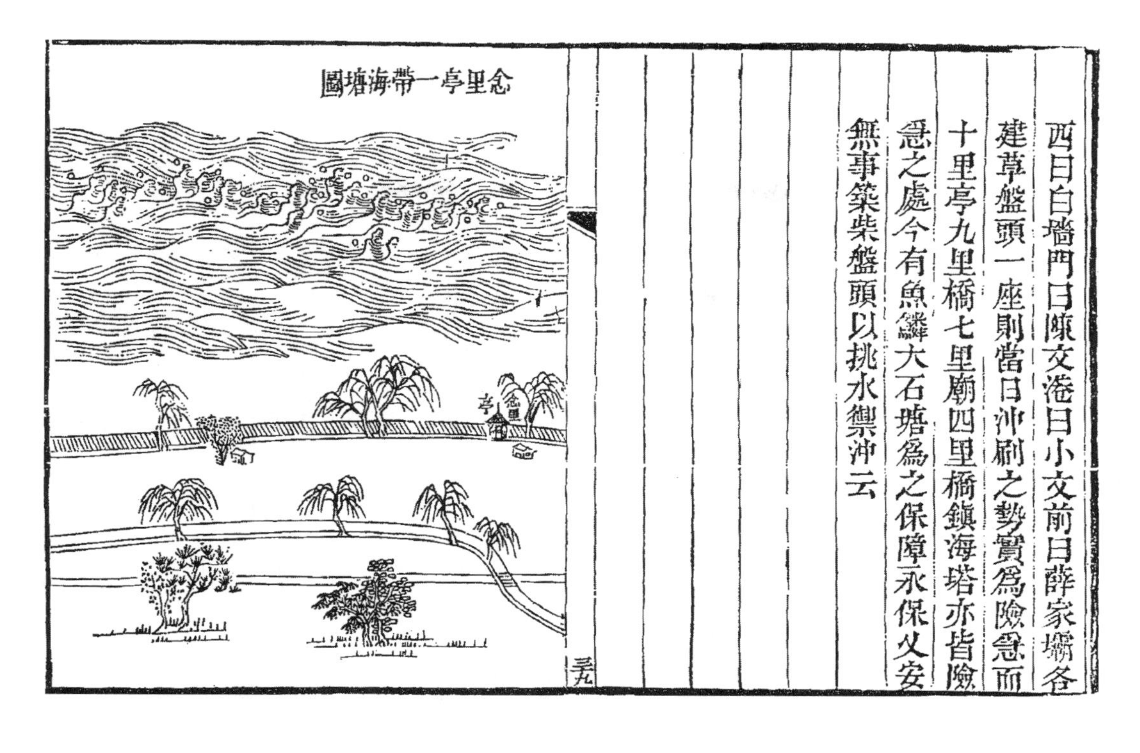

三十九

念里亭海塘圖說

念里亭海塘東起殳家廟至念里亭魚鱗大石塘自求字號至用字號計一百三十一號共長二千六百二十丈海潮入尖山斜趨西北而來念里亭正爲頂沖之首由此而西勢最洶湧在在沖激全恃魚鱗大石塘爲之保障云

四十

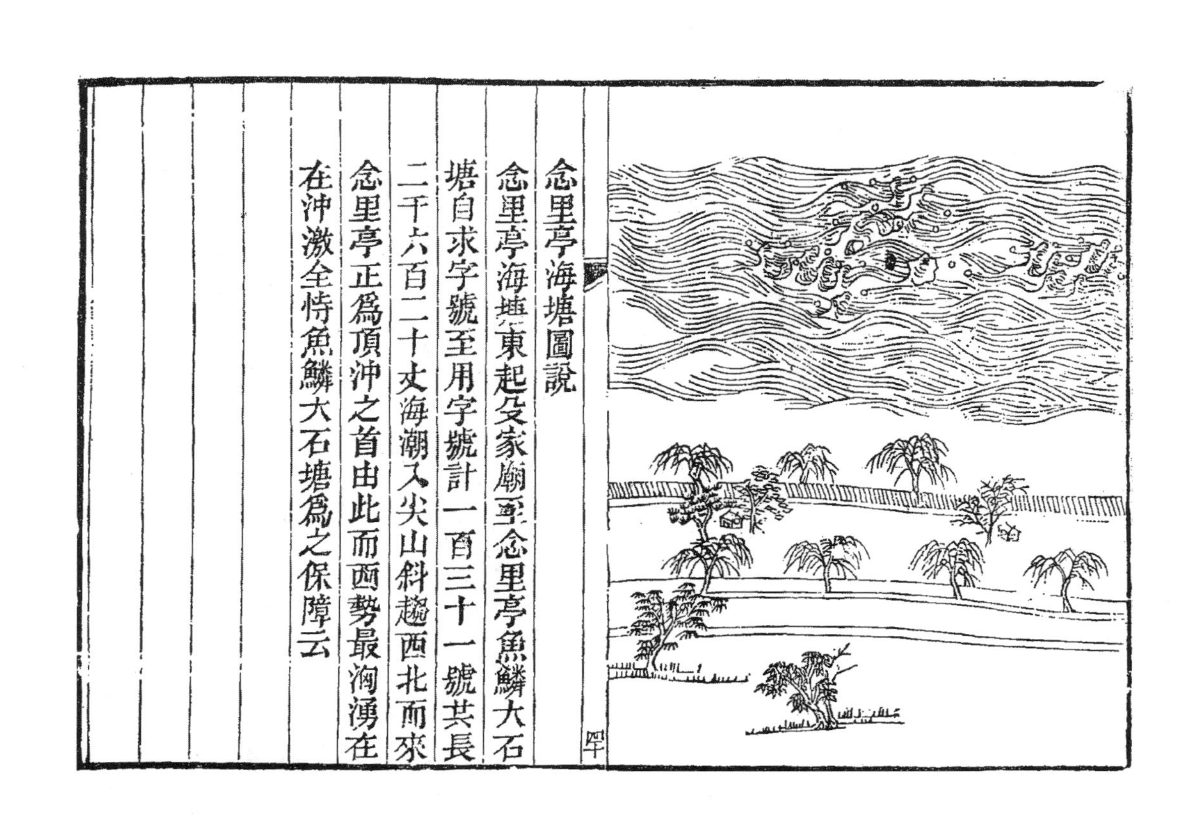

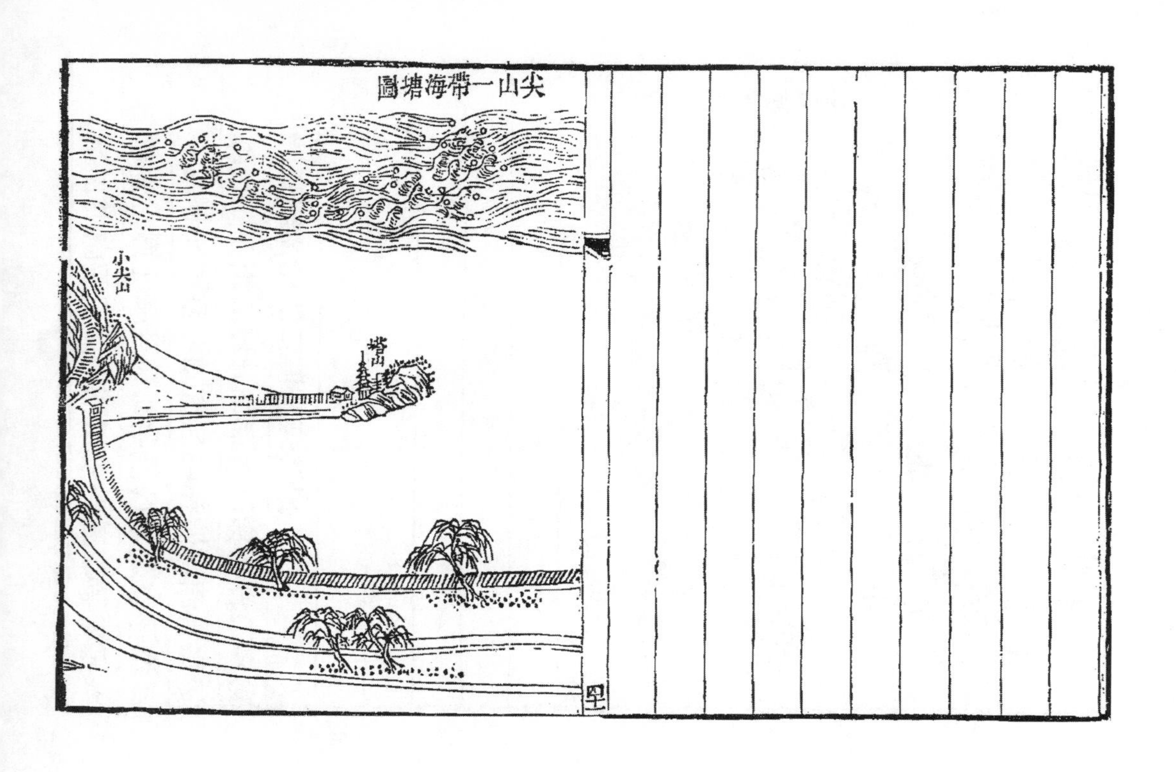

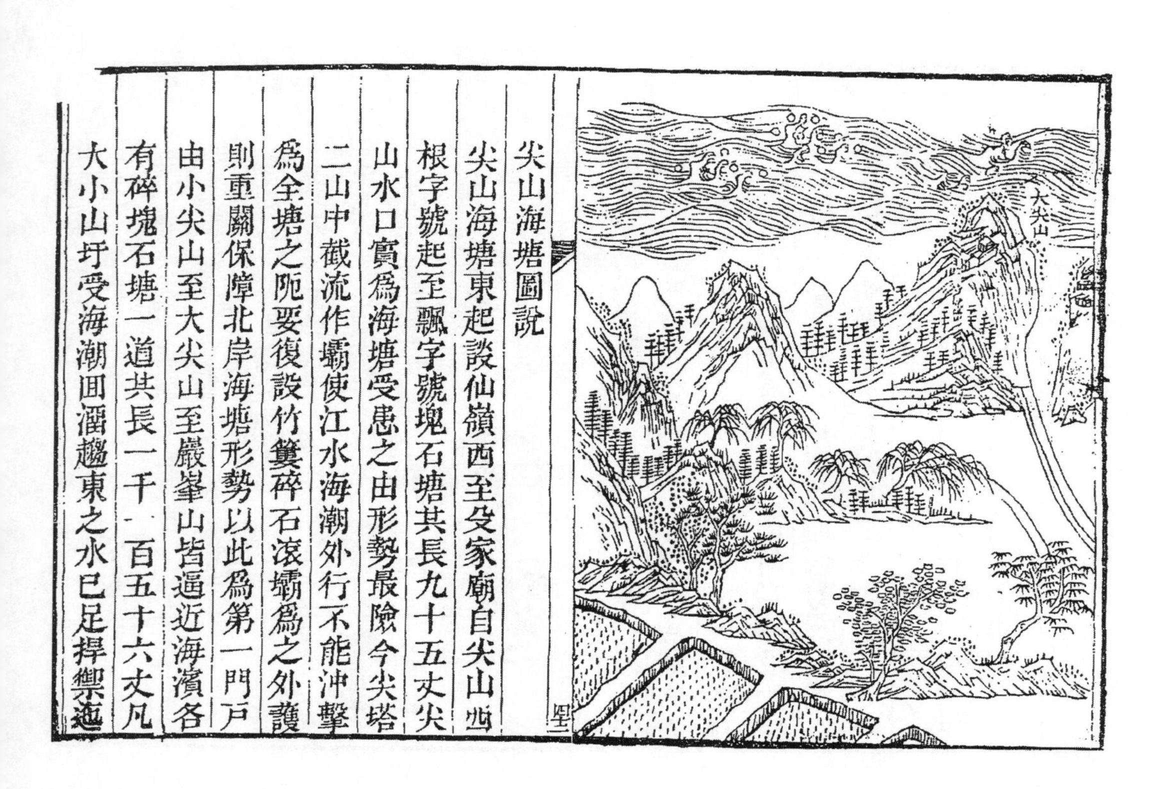

尖山海塘圖說

尖山海塘東起談仙嶺西至殳家廟自尖山凶根字號起至瓢字號塊石塘共長九十五丈尖山水口實爲海塘受患之由形勢最險今尖塔二山中截流作壩使江水海潮外行不能沖擊爲全塘之阨要復設竹簍碎石滾壩爲之外護則重關保障北岸海塘形勢以此爲第一門戶由小尖山至大尖山至巖峯山皆逼近海濱各有碎塊石塘一道共長一千一百五十六丈凡大小山圩受海潮回瀰趨東之水已足捍禦遮

西而韓家池及家廟在尖塔二山石壩石腋之下尙存柴塘之舊過此去山漸遠急溜斜衝全恃大石塘爲固壩工始於雍正十一年內大臣海望奏請建築至十三年暫停乾隆五年撫臣盧焯奏請續行接築閏六月工竣

尖山石壩圖

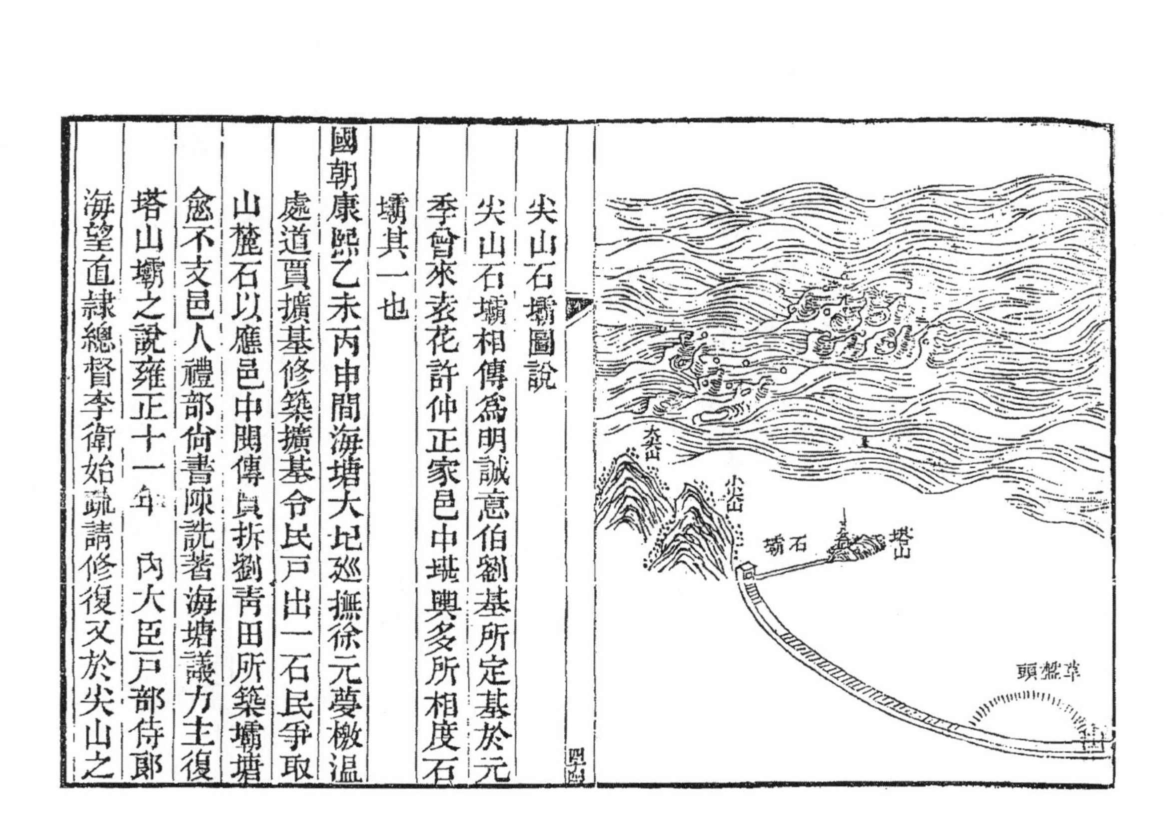

尖山石壩圖說

尖山石壩相傳爲明誠意伯劉基所定基於元季曾來袁花許仲正家邑中堪輿多所相度石壩其一也

國朝康熙乙未丙申間海塘大圮巡撫徐元夢檄温處道買擴基修築擴基令民戶出一石民爭取山麓石以應邑中閧傳負拆劉青田所築壩塘愈不支邑人禮部尙書陳詵著海塘議力主復塔山壩之說雍正十一年　內大臣戶部侍郎海望直隸總督李衛始疏請修復又於尖山之

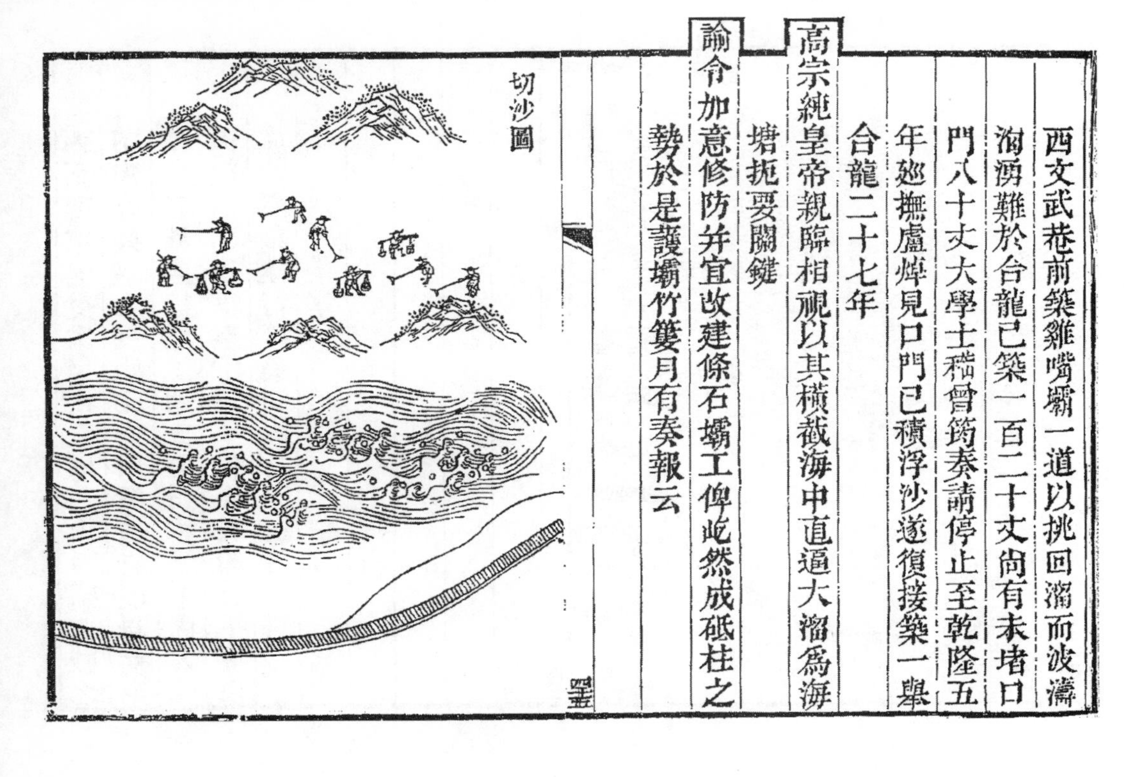

西文武巷前築雞嘴壩一道以挑回溜而波濤洶湧難於合龍已築一百二十丈尚有未堵口門八十丈大學士嵇曾筠奏請停止至乾隆五年廵撫盧焯見口門已積浮沙遂復接築一舉合龍二十七年

高宗純皇帝親臨相視以其横截海中直逼大溜爲海塘扼要關鍵

諭令加意修防并宜改建條石壩工俾屹然成砥柱之勢於是護壩竹簍月有奏報云

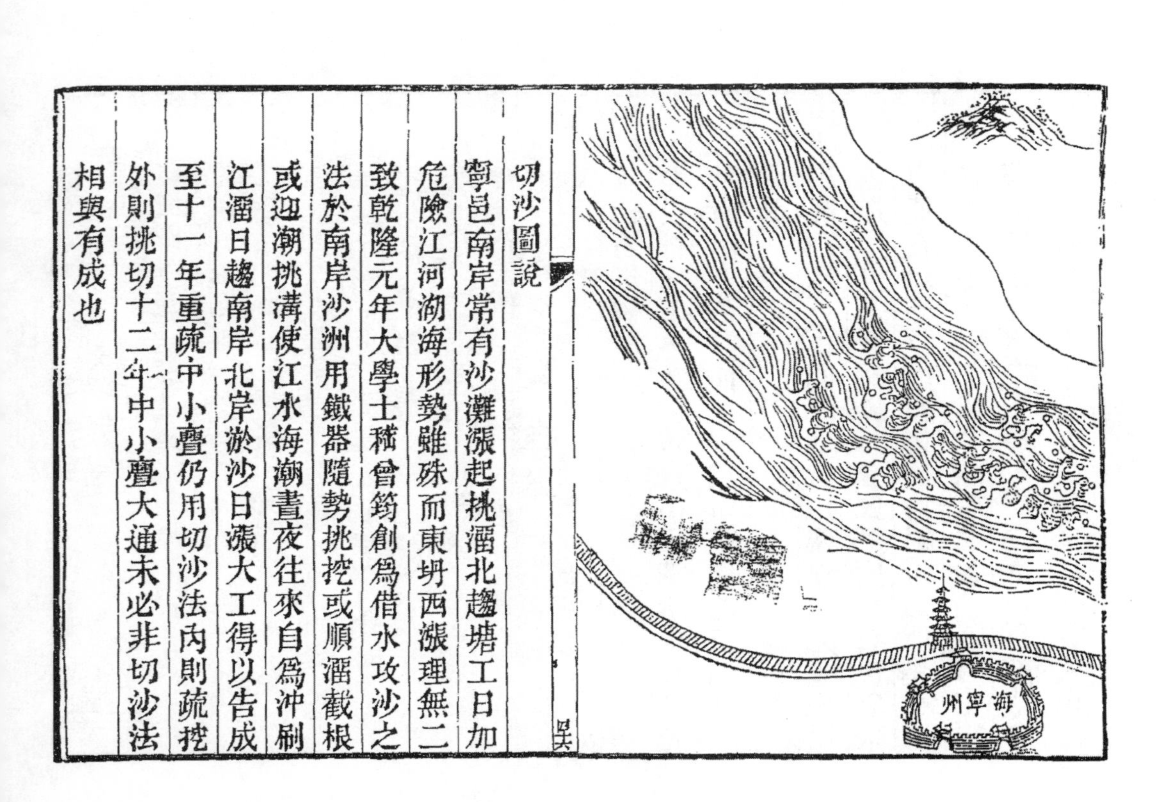

切沙圖說

寧邑南岸常有沙灘漲起挑溜北趨塘工日加危險江河湖海形勢雖殊而東坍西漲理無二致乾隆元年大學士嵇曾筠創爲借水攻沙之法於南岸沙洲用鐵器隨勢挑挖或順溜截根或迎潮挑溝使江水海潮晝夜往來自爲沖刷江溜日趨南岸北岸淤沙日漲大工得以告成至十一年重疏中小亹仍用切沙法内則疏挖外則挑切十二年中小亹大通未必非切沙法相與有成也

海塘擥要卷二

潮賾上 統論潮理

塘之傾圮沙之坍漲皆潮汐爲之而潮汐之奔騰惟浙江爲甚海寧首當其衝故其工爲尤險唐開元元年始有重修捍海塘之文見於地理志鹽官縣下前此不聞有修築之役或以爲史乘失載非也夏時潮盛於冀州故導河有逆河以迎潮水徐堅初學記所言是也春秋時潮盛於青州故齊桓公欲至轉鮒觀潮舞左思齊都賦云轉鮒朝舞奇觀所悅金履祥注孟子謂潮至如舞是也漢時潮盛於廣陵枚乘七發云觀濤於廣陵之曲江是也六潮以後潮始盛於浙江酈道元水經注所言是也費錫琮云此地氣自北而南有莫知其然者故捍海亦始於唐初也吳嚴畯有潮水論見國志本傳今不傳嗣後著錄者日多兹取其說之著者存之

易習坎有孚　大象傳水洊至習坎　彖傳習坎重險也水流而不盈行險而不失其信　說卦傳坎爲水爲月

易緯乾鑿度月坎也水魄也水天地脈周流無息

在上曰漢在下曰潮月陰精水爲天地信順氣而潮潮者水氣往來行險而不失其信者也

虞集就日錄月陰也潮水也皆應於易之坎卦爲用故易說卦坎爲水爲月

枚乘七發吳客問楚太子曰將以八月之望往觀濤乎廣陵之曲江至則未見濤之形也徒觀水力之所到則卹然足以駭矣觀其所駕軼者擢拔者揚汩者溫汾者滌汔者雖有心略辭給固未能縷形其所由然也恍兮惚兮聊兮慄兮混汩汩兮忽兮慌兮俶兮儻兮浩瀇瀁兮慌曠曠兮秉意乎南山通望乎東海虹洞兮蒼天極慮乎崖涘流攬無窮歸神日母汨乘流而下降兮或不知其所止或紛紜其流折兮或繆往而不來臨朱汜而遠逝兮中虛煩而益怠莫離散而發曙兮內存心而自持於是澡溉胸中灑練五臟澹澉手足頮濯髮齒揄弃恬怠輸寫淟濁當是之時雖有淹病滯疾猶將起而觀之也太子曰然則潮何氣哉客曰不記也然聞於師曰似神而非者三疾雷聞百里江水逆流海水上潮山出內雲日夜不止衍溢漂疾波涌而濤起其

始起也洪淋淋焉若白鷺之下翔其少進也浩浩澧澧如素車白馬帷蓋之張其波涌而雲亂擾擾焉如三軍之騰裝其旁作而奔起也飄飄焉如輕車之勒兵六駕蛟龍附從太白純馳浩蜺前後絡繹顒顒卬卬椐椐彊彊莘莘將將壁壘重堅沓雜似軍行訇隱匈磕軋盤涌裔原不可當觀其兩旁則滂渤怫鬱闇漠㦬突上擊下硉有似勇壯之卒突怒而無畏蹈壁衝津窮曲隨隈逾岸出追遇者死當者壞初發乎或圍地名之津涯荄軫谷分迴翔青篾地名銜枚檀桓地名弭

節伍子之山通厲胥母之場淩赤岸篲扶桑橫奔似雷行誠奮厥武如振如怒沌沌渾渾狀如奔馬混混庉庉聲如雷鼓發怒庢沓清升踰跇庢礙止也言初發怒礙止而涌沸少選之頃清者上升遞相踰跇也侯波奮振合戰於藉藉之口鳥不及飛魚不及迴獸不及走紛紛翼翼波涌雲亂蕩取南山背擊北岸覆虧邱陵平夷西畔險險戲戲崩壞陂池決勝乃罷瀄汩潺湲披揚流灑橫暴之極魚鱉失勢顛倒偃側沈沈湲湲蒲伏連延沈沈湲湲魚鱉顛倒之貌蒲伏匍匐也連延相續貌沈禹牛切神物怪疑不可勝言直使人踣焉

洄闇悽愴焉此天下怪異詭觀也太子能強起觀之乎太子曰僕病未能也

王充論衡海之潮水之溢而泛行者喻人血脈循環周作上下於支體間蓋營衛之氣耳潮之衍漾進退亦隨海之氣耳　水者地之血脈隨氣進退而爲潮

張君房曰王充謂潮隨海氣之出納於宗月之談遼其遠矣蓋知其一而不知其二者也

謝頤素曰充謂潮隨海氣進退則近理也言若營衛循環上下則非也蓋不知潮因二氣下入海

則水漲爲潮見地下也氣上出虛而潮退見地上也

許慎說文江海之水朝生爲潮夕生爲汐

抱朴子天河從北極分爲兩條至於南極其一經南斗中過其一經東井中過兩河隨天轉輪入地而與地下水相得又與海水合三水相蕩而天轉排之故涌激而成潮天之兩河一日一夜各一入地故一旦一夕而有兩潮也一月之中天再東再西故潮再大再小也又夏時日居南宿陰消陽盛天高一萬五千里故夏潮大也冬

時日居北宿陰盛陽消天卑一萬五千里故冬潮小也春時日居東宿天高一萬五千里故春潮漸起也秋時日居西宿天卑一萬五千里故秋潮漸減也

又曰海濤噓吸隨水消長濤者據朝來也汐者據夕至也故月盛則潮大

高似孫緯略抱朴子言天河晝夜各一入地故有兩潮志曰詳潮水之所起若鼎釜之沸沸則煎沫而溢出究其本祇乎於鼎釜若沸溢則加倍之也則是陰陽二氣交變而作日月爲二氣之母潮隨二曜蓋不虛耳

周處風土記俗說鯢一名海鰌長數千里穴居海底入穴則水溢爲潮出則潮退出入有節故潮水有期

趙自勔造化權輿潮者陰陽氣所激五月無潮陰氣微也八月最大則陰盛也 太平御覽

竇叔蒙海濤志乃天地之本始不知根荄孰先蓋自坯樸卵胎並鼓於太素地靈之推運水德之經緯則天之常數與天並騖探而究之可得歷數而計也夫陰陽異儀而相違以其相違賴以相資故天與地違德以相成剛與柔違功以相致男與女違性而同志造化何營蓋自然耳夫凝陰以結地融陰以流水鍾而爲海派而爲川或配天守雌或制火作牝觀其幽通潛運非神謂何故潮汐作濤必符於月百川不息以經地理猶三光不息行健於天也晦明牽於日潮汐係於月若煙自火若影附形有由然矣地載乎下羣陰之所藏焉月懸乎上羣陰之所係焉太瀛水府也百川之所會焉北方陰位也滄海之所歸焉天運晦明日運朔望錯行以經大順小異以合大同夜明者太陰之所主也故爲漲源

月與海相推海與月相期苟非其時不可強而致也時至自來不可抑而已也雖謬小準不違大信故與之往復與之盈虛與之消息矣 右第一章

濤之潮汐並月而生日異月同蓋有常數矣盈於朔望消於朏魄虛於上下弦息於朓朒輪廻輻次周而復始自太初上元乙巳歲日南至甲子朔宵分七緯俱起北方至唐寶應元年癸卯南至積年七萬九千三百七十九積月九十八萬七百八十餘八日積日二千八百九十九萬二千六百六十四積濤五千六百二萬一千

九百四十四也（右第二章論濤數） 濤時之法圖而列之上致月朔朏上弦盈望虛下弦魄晦以潮汐所生斜而絡之以爲定式循環周始乃見其統體焉亦其綱領也（右第三章論濤時） 甲之日乙之夜日月差五月差十三度日差遲月故濤不及期一晦一明再潮再汐一朔一望載盈載虛一春一秋再漲再縮蓋天一地二之通率也天動地應約爲差率十三度一寒一暑後歲期是故日至之期建子午寒暑之大建丑未月周之期極朔望潮汐之期極朏魄凡潮汐之期也一日之期

期日中在陰日加子在陽日臨午盈虛之期也一月之期期月極在陽朔於朔在陰期於晦漲濤之期也一歲之期期河漢在陽期析木在陰期大梁（右第四章論潮期） 夫日以一致而月體盈虧君臣之義斯在矣月以有素而晦明殊質將相之業斯分矣月朔譬諸相月望譬諸將相朔以合故附親將望以遠故分權附親故受其任分權故專夜明是故推日月知君臣體朔望知將相將相臣之貴也朔望月之盛也是乃潮大於朔望焉（右第五章論朔望體象） 二月之朔日月合辰於

降婁日差月移故後三日而月次大梁二月之望日在降婁月次壽星日差月移故旬有八日而臨析木矣八月之朔日月合辰於壽星日差月移故後三日而月臨析木之津八月之望月次降婁日在壽星日差月移故旬有八日而月臨大梁矣仲月臨之季月經之故三月九月抑其次也夫析木漢津也大梁河梁也陰主經行濟於河漢乃河王而海漲也（右第六章春秋仲濤漲解）

張君房潮說唐大歷中浙東賓叔蒙撰海濤志凡六章詳覆於潮最得其旨諸家依約而言皆不

適其妙也然多假立過當之法（謂以朔望譬諸將相之類數） 致臆述之言（謂積濤五千六百二萬一千九百四十四之類） 遠不探月之宮分（月一日行十三度差而一月一周天潮卽隨而應之） 近不識日之辰刻（凡潮一日行三刻三十六分三秒忽差二日半行一時一月一周辰位與月之行度相準） 茲爲類矣今備舉六章之說著爲中篇觀其指標準的卽見諸家之說皆叢脞焉叉曰潮之爲體也父天母地依陰附陽其本則系屬於月焉何以言之夫月之經天若水之漲海以躔次於河漢猶奔激於川流月之循環不離於天海之潮汐亦常在海此其大旨也月之行運者天

之十二宮分潮之泛歷者地之十二辰位月周於次舍惟三百六十五度潮湊於晝夜乃計一百刻之間此又其世所共見矣夫天體西轉而日月東行陰陽之經也地勢東傾而潮濤西上往還之道也日遲月速二十九日差半而月一周天辰遷刻移二十九日差半而潮一復位謂十有二辰位以此揆彼候月知潮又奚遠哉凡月周天則及於日日月會同謂之合朔合朔則敵體敵體則氣交氣交則陽生陽生則陰盛陰盛則朔日之潮大也自此而後月漸之東一十五日與

日相望相望則光偶光偶則致感致感則陰融陰融則海溢海溢則望日之潮猶朔之大也斯又體於自然也月以遲疾而爽度或舛於數也潮以往來而差期或後於時也今循竇氏之法以圖列之月則分宮布度潮則著辰定刻各爲其說行天者以十二宮爲準泛地者以一百刻爲法月右天以東行會諸陰也潮循地而西轉本諸陽也月有盈虛朒朓潮有浮沃奔衝形諸地也若有側陂運行諸刻略無毫氂之差耳

又曰自唐寶應元年癸卯歲月南至距宋大中祥符八年乙卯歲十一月丁未朔四日庚戌日南至又積年二百五十二積月三千一十七積日九萬二千一百六潮倍日之數文獻通考潮說一卷知錢唐縣張尹房撰然宋史藝文志明永樂大典俱作君房故仍之

歐陽修集古錄有海濤志竇叔蒙撰其書六篇一曰海濤志二曰濤歷三曰濤日時四曰濤期五曰朔望體象六曰春秋仲月潮濤解余向在揚州得此誌甚愛之張於座右之壁冀於朝夕見也已而夜爲風雨所壞其後求之十五年而後得斯本以示好事者皆云未見也

謝顧素潮說唐竇叔蒙有濤志六章并時圖言潮雖備於諸家詳其大旨惟以符於月爲本以月能牽水上朝於月此亦非矣且月初三日生巳於酉時前庚上見三分之明若水能爲月所牽合是酉時前潮來其潮却到子時後方來可驗不由月所牽也今史館張君房撰潮說惟師尚叔蒙以宗月爲致謂月十五與日相望則光偶光偶則致感致感則陰融陰融則海溢海溢則望日之潮猶朔之大也夫十五日果日月致感而陰融陰既融而潮大水不逾時而退又何所

歸而四海之水便能消散也晚潮再來如故又復有何致感也十五日前後二三日潮亦大日月光不偶未知亦有感致否觀數子之說皆只言朔望潮大全不曉初三十八是潮之居中而極大蓋不辨二氣進退來復之理按謝氏不知月中潮乃至之理故所論皆非是

華嚴經一切大海水皆從龍王心願所起四天下內有八十億龍王雨大海中及其所住淵池涌出流入大海倍復過前波涌流水青琉璃色盈滿大海涌出有時是故海潮常不失時

封演見聞記余少居淮海日夕觀潮大抵每日兩潮晝夜各一假如月出潮以平明二日三日漸晚至月半則月初早潮翻爲夜潮夜潮翻爲早潮矣如是漸轉至月半之早潮復爲夜潮月半之夜潮復爲早潮凡一月旋轉一匝周而復始雖月有小大魄有盈虧而潮常應之無毫釐之失月陰精也水陰氣也潛相感致體於盈縮也

盧肇海潮賦序夫潮之生因乎日也其盈其虛係乎月也肇始窺堯典見歷象日月以定四時乃知聖人之心蓋行乎渾天矣渾天之法著陰陽之運不差萬物之理皆得其海潮之出入欲不盡著將安適乎近代言潮者皆驗其及晦而絕過朔乃興弦乃小盈月望乃大至以爲水爲陰類牽於月而高下隨之也遂爲濤志定其朝夕以爲萬古之式莫之逾也殊不知月之與海同物也物之同能相激乎譬諸烹飪置水盈鼎而不爨之欲望膳羞之熟其可得乎潮亦然也天之行健晝夜復焉日傅於天右旋入海而日隨之日之至也水其可以附之乎故因其灼激而退焉退於彼盈於此則潮之往來不足怪也其

小大之期則制之於月大小不常必有遲有速故盈虧之勢與月同體何以然日月合朔之際則潮殆微絕以其至陰之物邇於至陽是以陽之威不得肆焉陰之輝不得明焉陰陽敵故無進無退無進無退乃適平焉是以月之與潮皆隱乎晦此潮生之實驗也其朒其朓則潮亦隨之乃知日激水而潮生月離日而潮大斯不刊之理也夫日之入海必然之理自朔之後月入不盡晝常見焉以至於望自望之後月出不盡晝常見焉以至於晦見於晝者未嘗有光必待

日入於海隔以映之受光多少隨日遠近近則光少遠則光多至近則甚虧至遠則大滿此又足證夫日至於海水退於潮尤較然也　渾天法地浮於水天在水外日入則晚潮激於左日出則早潮激於右

賦開圓靈於混沌包四極以永貞蘊至陽之元精作寒暑於晦明截穹崇而高步涉浩漾而下征迴驅烏於兩至曾不忒乎度程其出也天光來而氣曙其入也海水退而潮生何古人之守惑謂茲濤之不測安有夫虞泉之鄉沃焦之域

棲悲谷以成暝浴濛汜而改色巨鰌隱現以作規介人呼吸而爲式陽侯玩威於鬼工伍胥洩怒乎忠力是以納人於聾昧遺羞乎後代曾未知海潮之生兮自日而太陰裁其小大也於是抉其所迷而論之乃知夫言潮之初心遊六虛索蜿蜒乎乾龍駕轇轕乎坤輿知六合之外洪波無所洩識四海之內至精有所儲不然何以使百川赴之而不溢萬古揆之而靡餘也是以察乎濤之所由生也當夫巨浸所稽覛無巓倪海湧瀕洞窮東極西浮厚地也體定（謂地浮於水天在水外也）半圓天而勢齊（謂陰陽上下各一半也）謂無物可以激其至故有識而皆迷及其碧落右轉陽精西入抗雄威之獨燥郤衆柔之繁溼高浪瀑以旁飛駭水洶而外集霏細碎以霧散兮屹犇騰以山立巨泡邱浮而迭起飛沫雹烻以驚急且其日之爲體也若爍堅金圓徑千里土石去之稍邇而必焚魚龍就之雖遠而皆靡何海水之能逼而不澎濞沸渭以四起其始也漏光迸射虹截寓縣拂長庚而尚隱帶餘霞而未殄若后羿之彍平林截馳驅貙虎與兕象懾千熊及萬羆其

少進也若兆人銜紛塡城溢郭蹄相蹂蹙轂相摩錯鬩鬪澶漫陵強侮弱及其勢之將極也若牧野之師昆陽之衆定足不得駭然來犇騰千歷萬蹴搏沸亂雄稜後闕懦勢前判懾仁兵而自僵倏谷呀而巘斷此皆海濤遇日之形聞者可以識其畔岸也賦末畢有諷之者曰伊潮之原先賢未言枚乘循涯而止記其極木華指近而未究其垠焉有末學後塵遽荒唐而敢論苟由日升當若準若繩何春夏差小而秋冬勃興（第一問）其逾朔也當少進何遽激而斗增其過望

也當少退何積日而憑凌第二第三問晝何常微夜何常大第四第五問何錢塘洶然以獨起殊百川之進退第六問何仲秋忽爾自與異三時之霶霈第七問日之赤焉猶火之烈火至水中其威乃絶入洪溟以深瀆何日光而不滅第八問潮之往來既云因日日惟一沉潮何再出第九問萬流之多匪江匪河發自畎澮往成天波終古不極盍沉四國何成彼潮而小大一式第十問爲潮之外水歸何域第十一問又云水實浮地在海之心日潛其下而逢彼太陰且其土厚石重山峻川深投塊置

水靡有不沉豈同其芥葉而泛以蹄涔縏块丸之至大何水力之能任第十二問吾聞天地噫氣有吸有呼晝夜成候潮乃不踰豈由日月之所運作誇誕以相諲第十三問先生於是謂客徐坐善聽厥詞夫日北而燠陽生於復離南斗而景長邇中都而夜促當是時也氣蒸川原潤歸草木既作雲而澠雨乃襄陵而溢谷其散也爲萬物之腴其聚也歸四海之腹歸則視之而有餘散則察之而不足春夏當氣散之時故潮差而小也及其日南而涼陰生於姤退東井而延夕遠神

州而減晝當是時也草木辭榮風霜入候水泉閉而上涸滋液歸而下湊瘁萬物以如燖空大澤而若漏縮於此者盈於彼信吾理之非謬秋冬當氣聚之時故潮差而大也答第一問兩曜之形大小維敵既當朔以制威陽雖盛而難迫始交綏而並鬪終摩壘而先釋日阻其雄水凝其液既冒威於一朝信畜怒乎再夕且潮之所恃者月所畏者日月違日以漸遥水避威而乃溢此潮之所以逾朔二日而斗增也答第二問自朔而退退爲順式自望而進進爲干德稍稍近日若伊來干犯之也

坎精之既全將就晦而見逼勢由望而積壯故信宿而乃極此潮之所以後望二日而方盛也答第三問自曉至昏潮終復始陽光一潛水腹迸起復來中州逾八萬里其勢涵瀋無物能弭分晝於戌作夜於子子之前日下而陰滋子之後日上而陽隨滋於陰者故鑠之於水而不能甚振隨於陽者故迫之爲潮而莫肯稍衰此潮之所以夜大而晝稍微也答第四第五問嘗信彼東游亦聞其揆賦之者究物理盡八謀水無遠而不識地無大而不搜觀古者立名而可驗何天之造物

而難酬且浙者折也蓋取其潮出海屈折而倒流也夫其地形也則右蟠吳而大江潭其腹左挾越而巨澤灌其喉獨茲水也夾羣山而遠入射一帶而中投夫潮以平來百川皆就折入既深激而為闘此一覽而可知又何索於詳究答第六問羣陰既歸水與天違當宵分之際避至烈之輝因圓光之既對引大海以羣飛夫秋之中而陰盛猶春之半而陽肥事苟稽於己著理必辨於猶微故濤生於八月之望者猶岌岌而巍巍也答第七問萬物之中分日之熱謂三才之中各有其火也卬琢

鑽研其火乃烈附於堅則難銷焚於槁則易絕所依無定遇水乃滅太陽之精火非其匹至威無焰至精有質入四海而水不敢濡照入錠而物不能屈其體若是豈比夫寒灰死炭遇物而同漂泊哉答第八問方輿之下陽祖所迴歷亥子而右盛逾丑寅而左來右激之遠兮遠為潮左激之遠兮遠為汐既因月而小大成亦隨時而前後隔此日之所以一沉而潮之所以兩析也答第九問天地一氣也陰陽一致也其虛其盈隨日之經界寒暑之二道將無差於萬齡故小大可法

而乾坤永寧也答第十問惟坤與乾余常究焉清者浮於上濁者積於淵濁以載物為德清以不極為元載物者以積鹵負其大鹵鹽水也所以能浮厚地不極者以上規員其圓謂北辰不動之上規故知鹵不積則其地不能載元不運則其氣無以宣夫如是山嶽雖大地載之而不知其重華夷雖廣鹵承之而不知其然也答十一問子以天地之中元氣噫嘘為汐為潮且登且沒浮辭波而甚雄處童蒙而未發孰觀地喙乎深泉之涯孰指天根乎巨海之窟既無究於滋源寧有因其呼吸而騰勃哉

答第十三問客謝曰詞既已矣欲入壺奧願申一問先生幸以所聞教之嘗居海裔觀潮之勢或入往而方來或合沓而相際曷舛互之若斯今幸指乎所制先生撥屨旁盼亦窮其變吾因訊夫墨客當大索其所見彼亦告余曰日往月來氣迴天轉其激也大則體甚而相疎其作也小則勢接而相蹉惟體勢之可準故合沓而有羨其何怪焉客乃跽軀斂色交袂而辭歎載籍之不具恨象數之尚遺方盡迷於閫域非先生親得於學者而孰肯論之於是乎形開夢云醒至醒

離乃避席而稱詩曰噫哉古人迷潮源兮昔之論者何其繁兮意揣心摩祗爲譊兮陰陽數定水長存兮進退與日游混沌兮一升一降兮寒暑成下凝濁兮上浮淸隨盈任縮兮浮四濵釜鬵蒸爨兮擬厥形願揚此詞兮顯爲經高誇百氏貽億齡

海潮賦後敘夫以璿樞顯視周四七而成文玉琯潛聆載十二而分繞肇有憑翼生乎象先雖迷放屬之源終識逡驪之數是以迎推洞乎三合分至貞乎四禽既測洪荒瞭分淸濁於是九

圍所沓必揆於靈臺萬古無差可徵於幽贊且形車白馬先命羲和紫極黃龍次分甘石雖東流不溢天問猶疑而北戸承陽地維何隱稽夫儒氏之業也莫不咸思蟻轉盡愧雞如安可命曰三靈或且迷其二大愚以始聞方數則揆元黃亦嘗以大寶酬嘲敢云早惠既不用蛉膠習戲自鄙童心及竊譽里中拘塵長者執經堂奧避席嚴師自悟牖間媿非胡廣頻依廡下盧感伯通而日月居諸榆槐屢改管窺之心妄切聱史之學難修而又爛額焦頭方思馬禍捉襟見肘久困牛衣颯垂頷以若驚顧生髀而增歎信天人之際難可究思考經緯之文固有宗旨竊以海潮之事代或迷之今於賦中盡抉疑滯輒依洛下閎張平子何承天等以渾天爲法水與地居其半日月繞乎其下以證夫激而成潮之理并納華夷郡國環以二十八宿黃道所交及立北極爲上規南極爲下規以正乎日月之所由升降其理昭然可辨謂之潮圖施諸粉繢庶將無闕緗螢囊之巳久撫魚網而多慙敢避譏者之譏固受不知之罪云耳　日至海成潮入

圖法八月之望日在翼軫之間此時潮最大今立此望之夕日入初於時在戌見潮初生之候

渾天載地及水法地浮於水天在水外天道右轉七政左旋日入則晩潮激於左日出則早潮激於右潮之小大則隨於月月近則小月遠則大朝散大夫守歙州刺史賜紫金魚袋臣盧肇進

勅盧肇文學優贍時輩所推窮測海潮出於獨見徵引有據圖象甚明足成一家之言以祛千載之惑其賦宜宣付史館

沈存中筆談補盧肇論海潮以爲日出沒所激而成此極無理若因日出沒當每日有常安得復有早晚乎考其行節每至月正臨子午則潮生候之萬萬無差月正午而生者爲潮則正子而生者爲汐正子而生者爲潮則正午而生者爲汐

張君房曰盧肇之說且破竇氏宗月之談而專以日入海而激灼海水乃爲潮也不知海月同物而自相感致譬諸方諸向月而水滋豈待陽乎且海亦天地中一區物也豈能外包其地易曰

日在地中則日隨天運下絡於地未聞其轉入於海又焉能激灼而成潮耶

朱中有曰肇未識晦前兩日潮已七八分或晦日已及十分朔日正屬大汎而云合朔之際潮殆微絕可乎肇以月之盈虧爲潮之大小合一月兩汎之潮獨歸之望謂潮始大至不知朔與望均大至也　又曰肇謂日激水而潮生亦非也日之西沒東出悉有定時如肇所論則一晝夜合一潮今一日一夜凡兩潮隨十二時遞爲轉移正晝當午日固麗天未嘗入海潮之大至固自若也肇之不識潮審矣

釋隱之泛海記隱之嘗自日本國泛舟將往扶餘求見觀音忽遇暴風所飄信帆而去僅一日風止寓泊一山下朔日初上風波恬然四顧海水清澈下盼無際且不知其所也瞰望間見海底一山如銀若千萬丈灘涌直突海面聳然挺空漸入雲漢卽時波濤渤潏隨之而上因其所泊山岍之下水痕志之已減數丈方歎異間經三時久其山忽忽而下波濤亦隨之走沉於海下如潮日間了無所見又三時間復涌而出如初

狀又三時間復沉於海如初時翼日又如是因與舟人雜然評之有老柁師曰此卽世所謂海潮也蓋靈長之精魄上朝太陰晝夜而再覲矣隱之灑然知其爲潮也

洞眞正一經地機在東南之分九泉之下則滄海之口吐納呼吸之靈機也上通天源之淘注旁吞九州之淵瀆十二時以紀推四會之水東迴一晝一夜則烝載盈載虛逝湊於滄海之機凡三十三日機轉西北迴東北漲西南吐則溢隃則虧周於四會天源下流九泉波涌是爲一轉

張君房曰此卽道家祖述潮之宗本也
謝頤素曰此說似是而非夫潮之來四海同時俱漲非止東南也氣之呼噏乃二氣自東西二門交相出入而潮有時刻大小之數海水本無增減因氣漲而有進退若謂自天源下流亦乃誣矣應非聖哲之談乃道家流增益之詞
張子正蒙地有升降日有修短地雖凝聚不散之物然二氣升降其中相從而不已也陽日上地日降而下者虛也陽日降地日進而上者盈也此一歲寒暑之候也至於一晝一夜之盈虛升

降則以海水潮汐驗之爲信然間有小大之差則係日月朔望其精相感
邱光庭海潮論東海漁翁訪於西山隱者曰余生於海上若雨風雲霞雷電霜雪之自余皆略知宗旨矣至於海潮之來朝聞夕見終莫知其所由然也退觀竹帛博考古今海經論衡之文竇氏盧侯之說雖多端指喻咸於義未安吾子志學能文精智辨物願爲余明白陳之西山隱者曰僕巖居林處遙海遠江安能知潮濤之所起乎且天地廣大誰能覩其根源請爲子遠取諸

經近取諸物以考之雖至廣至大亦不能逃其理矣按易稱水流溼書稱水潤下俱不言水能盈縮則知海之潮汐不由於水盖由於地也地之所處於大海之中隨氣出入而下上氣出則地下氣入則地上地下則滄海之水入於江河地上則江河之水歸於滄海入於江河謂之潮歸於滄海謂之汐此潮汐之大略也問曰古今言潮汐者多矣皆謂海水盈縮而爲之未有言地之上下者也子從何理以知之答曰覩百川則知之矣百川亦水也不能盈縮海獨能盈縮

乎假令海異百川獨能盈縮則海水既盈地亦隨盈而升百川隨地而上彼此俱上則無潮矣海水旣縮則地亦隨縮而降百川隨地而下彼此俱下則無汐矣固以百川居地之上地居海之上地動而海靜動靜相違則潮汐生矣以斯知海水之非盈縮也漁翁曰吾聞地道安靜子云隨氣出入而上下何也答曰易言坤元亨利牝馬之貞傳言牝馬地類行地無疆觀其所象地非不動之物河圖括地象云地常動而不止春東夏南秋西冬北冬至極上夏至極下其故

何哉由於氣也夫夏至之後陰氣漸長而盛於下氣盛於下則海溢而上故及冬至而地隨海俱極上也冬至之後陽氣漸長而盛於上則海斂而下故及夏至而地隨海俱極下也此一年之動息上下也繫辭云坤其靜也翕其動也闢翕者氣之收斂闢者氣之散出氣收斂則地上氣散出則地下此一日內之動息上下也問曰一晝一夜兩潮兩汐則是一晝夜兩闢兩翕矣將何驗之曰詩疏言魚獸之皮乾之經年每天陰及潮來則毛皆起若天晴及潮還則毛伏如

故雖在數千里外可以知海水潮然則潮之去來與天之陰晴相類氣散出則天陰而潮來氣收斂則天晴而潮落魚獸之毛起伏者非識天之陰晴及潮之去來蓋自應氣之出入耳毛起者氣出也氣出則地下而潮來毛伏者氣入也氣入則地上而潮落魚獸之皮一晝一夜兩起兩伏足以驗其氣之兩闢兩翕矣問曰此翕闢之氣何氣也曰地中之氣也故此氣一出一入則地獨上獨下不由於水也若一年之氣則是天之元氣其氣周於水故水隨於地而地氣於

水也問曰地之廣厚不知幾千萬里也言能隨氣動息不亦誣乎曰坤無方豈論巨細天大於地逾數倍尚能空中旋運況地比於天殊爲小者豈不能隨氣動息哉吾子覩日月之迴則信天之能旋覩潮濤之至不信地之能動豈不昧哉問曰若如所論地有動息上下人不覺之何也曰河圖括地象云人居大舟之中閉牖而坐則不知舟之動也人居大舟中尚不知舟動而況地之廣大曾不覩其邊際何以知其上下也漁翁喜曰問少得多聞潮聞汐又聞天地之元

理也

余靖海潮圖序古之言潮者多矣或言如槖籥翕張或言如人氣呼吸或云海鰌出處皆無經據唐盧肇著潮賦謂日入海而潮生月離海而潮大自謂極天人之論世莫敢非嘗東至海山南至武山旦夕候潮之進退弦望視潮之消息乃知盧氏之談出於胸臆蓋所謂不知而作者也夫陽燧取火於日陰鑑取水於月從其類也潮之漲退海非增減蓋月之所臨則水往從之日月右轉而天左旋一日一周臨於四極故月臨

卯酉則水漲乎東西月臨子午則潮平乎南北彼竭此盈往來不絕皆係於月不係於日何以知其然乎夫晝夜之運日東行一度月行十三度有奇故太陰西沒之期常緩於日三刻有奇潮之日緩其期率亦如是自朔至望常緩一夜潮自望至晦復緩一晝潮若因日之入海激而爲潮則何故緩不及期常三刻有奇乎肇又謂月去日遠其潮乃大合朔之際潮殆微絕此固不知潮之準也夫朔望前後月行差疾故晦前三日潮勢長朔後三日潮勢極大望亦如之非

謂遠於日也月弦之際其行差遲故潮之來去亦合沓不盡非謂近於日也盈虛消息一之於月陰陽之所以分也夫春夏晝潮常大秋冬夜潮常大蓋春爲陽中秋爲陰中猶月之有朔望也故潮之極漲常在春秋之中濤之極大常在朔望之後此又天地之常數也

馬子嚴潮汐說禮記致日曰朝致月曰夕江海之水朝生爲潮夕生爲汐日太陽也歷一次而成月月太陰也合於日以起朔陰陽消息晦朔弦望潮汐應焉由朔至望明生而爲息自望至晦魄見而爲消水陰物也而生於陽潮汐依日而滋長隨月而推移日起於朔月盈於望一朔一晦天西運一周有奇月東行迎日之所次月合於地下之中則日所次也故潮平於地下之中而會於月潮於寅則汐於申潮於巳則汐於亥兩辰而盈兩辰而縮日百刻刻爲三分時得八刻三分刻之一周天三百六十五度四分度之一分十二次次得三十度八十分度之三十五日行一度月行十三度有奇漸遠於日故潮汐之期浸移日後三刻三分刻之一一朝夕而再

至故一晦朔而再周朔後三日明生而潮壯望後三日魄見而汐湧每歲仲春月薄水生而汐微仲秋月明水落而潮倍減於大寒極陰而凝弱於大暑畏陽而縮陰陽消長不失其時故曰潮信經濟文衡馬子嚴字莊父號古洲因朱子論潮遂廣其義作潮汐說朱子稱之曰吾言所未及者古洲盡之矣

性理大全註或依余襄公之意爲之說曰日爲陽精君之象也月爲陰精臣之象也水爲陰物月之屬也月常向日而水從之此潮汐之所由名也則遲速大小可以理推矣是故朔日月出於

卯則東海卯時潮左旋在午則南海午時潮左旋在酉則西海酉時潮左旋在子則北海子時潮上弦月右轉在子則北海卯時潮左旋在卯則東海午時潮左旋在午則南海酉時潮左旋在酉則西海子時潮望日月右轉在酉則西海卯時潮左旋在子則北海午時潮左旋在卯則東海酉時潮左旋在午則南海子時潮下弦月右轉在午則南海卯時潮左旋在酉則西海午時潮左旋在子則北海酉時潮左旋在卯則東海子時潮左旋一日而周右轉一月而周朔則

日月相會望則日月相對故潮勢大月弦之際日月不相會相對故潮勢小又潮春則盛於西海夏則盛於南海秋則盛於東海冬則盛於北海此又以一年之日月會次言之也

史伯璿云余氏所譏盧氏之失當矣所誌東南二海潮候亦可謂詳審非不知而作者也但其所謂月之所臨水往從之之說則亦盧氏日之所至水不可附之見也月所在之處與海水不知相去幾萬里曾謂水有可以從月之理乎至曰潮漲潮平皆係於月亦未必然謂之皆與月相應可也謂係於月則拘矣及其論朔望春秋潮之極漲極大則又皆歸之氣數然後知向也水往從月潮係乎月之說未得爲通論也何則朔望兩弦月行有遲疾故潮之大小因之以爲皆係於月似矣春陽中秋陰中潮當其時而極漲豈亦係於月乎

又曰余氏謂潮與月相應則可謂水往從月則不可何則水爲陰物乃陰氣之成形者月爲陰精乃陰氣之成象者同爲一陰氣固宜有相應之理所以海潮朔望則大兩弦則小而每月潮

之長落與月之升降其數皆合然不過同此一氣自爲流通初非形相從而勢相格也若謂水之與月相從相係則二者何嘗相及哉

又曰余氏候東南二海之潮平於東者常先平於南者常後每以三時爲差但不知其所以差之故因博詢海上之行舟者皆謂惟近海堧有潮處可以測潮之長落巨海之中茫無畔岸欲知長落不過以北水南水候之而已北水南來則爲長南水北來則爲落是則潮之長必自北而南也潮之必自北而南者河圖以一六水居

北而文王卦位亦以坎爲北方之卦則北固水之定位也豈必外此而他求哉

又曰天地之有水猶人之有血也水由氣以往來於地猶血之以氣往來於脈皆一氣之所致也故有潮有不潮者如人身之血有行脈有不行脈者也時刻之不爽者卽一息四至之期也大小之不同者卽春弦夏洪之道也日止於一潮或半月東流半月西流者亦猶兩蹻之與兩手遲速大小所見之不同也是脈雖皆由於一身而經絡所屬自異耳至於潮必東起者東乃

生氣之方陰陽之義始於此也百川之水赴於東返本之義存焉如人身之氣血必歸原於中焦亦起於寅時生氣之際也東方辰卯之位卯爲生氣之盛辰爲龍變之鄉是以潮起於東不在他方也

徐兢高麗國經潮汐往來應期不爽爲天地之至信古書以爲神龍之變化竇叔蒙海濤志以爲水隨月之盈虧盧肇海潮賦以爲日出於海衝激而成王充論衡以爲水者地之血脈隨氣進退卒未之盡大抵天包水水承地而一元之氣升降於大空之中地乘水力以自持且與元氣升降互爲抑揚而人不覺亦猶坐於船中而不知船之自運也方其氣升而地沉則海水溢上而爲潮及其氣降而地浮則海水縮下而爲汐計日十二辰由子至巳其氣爲陽而陽之氣又自有升降以運乎晝由午至亥其氣爲陰而陰之氣又自有升降以運乎夜一晝一夜合陰陽之氣凡再升再降故一日之間潮汐皆再焉然晝夜之晷係乎日升降之數應乎月日臨於子則陽氣始升月臨於午則陰氣始升故夜潮之

期月皆臨子晝潮之期月皆臨午焉又日行遲月行速以速應遲每二十九度過半而月行及之日月之會謂之合朔故月朔之夜潮日亦臨子月朔之晝潮日亦臨午焉且晝卽天上而言之天體西轉日月東行自朔而往月速漸東至午漸遲而潮亦應之以遲於晝故晝潮自朔後迭差而入於夜此所以一日午時二日午末三日未時四日未末五日申時六日申末七日酉時八日酉末也至夜卽海下而言之天體東轉日月西行自朔而往月速漸西至子漸遲而潮

亦應之以遲於夜故夜潮自朔而往迭復而入於晝此所以一日子時二日子末三日丑時四日丑末五日寅時六日寅末七日卯時八日卯末也以時有交變氣有盛衰而海潮之所至亦因之爲大小嘗卯酉之月則陰陽之交也氣以交而盛故潮之大也獨異於餘月當朔望之後則天地之變也潮以變而盛故潮之大也獨異於餘日今海中有魚獸殺取皮而乾之至潮時則毛皆起豈非氣感而類應之自然與

史伯璿管窺外編徐明叔高麗録旣以爲氣有升

降又以爲地有浮沈旣以爲乘日升降又以爲如應乎月初無的見但務臆度譬猶獵不知兎而廣絡原野冀一人之獲術之踈也甚矣況旣以升降屬之氣又以升降屬之地所謂升降一與二與且地之與水俱爲有形之物則氣有運動形皆隨之可也今乃氣之一升一降獨地爲之一沈一浮而水則皆與氣不相干惟因地之浮沈而有溢有縮焉豈理也哉況形隨氣動則氣升而地浮氣降而地沈可也今乃氣升而地反沈氣降而地反浮是地與氣亦不相干矣不但水也凡此又皆病之小者獨地有浮沈之說其病最大吾聞天動地靜矣未聞地亦動也意者地本不動特論者無以爲潮汐之說故強之使動耳惟篇末時有交變氣有盛衰之言似有可取當存之以備一說

又曰徐氏謂水隨氣而往來可謂水因氣而溢縮不可凡天地間有形之物未有不隨氣而運動者潮特有形之物非有氣以運之亦不能以自行也然氣卽水之氣耳是故氣有翕張則潮有長落方其氣之始張於地則水爲氣所擁而

南犇是爲潮長張之極則水益南而潮以平張極而翕翕則水北還而潮落矣氣之一翕一張如循環然無停機也潮之一往一來應期不爽此理之常無足怪者至於潮有大小早晚之異則姑信與月相應之言可也

蠡海集海潮之說多矣蓋潮本屬陰陰極則動月亦陰也與之同類月行過於子午極處則潮起初一初二日卯時月在卯自卯順數一時一位午時卽在午位故午時潮初三初四日卯時月在寅以寅加卯順數至未而值午故未時潮初

五初六日卯時月在丑以丑加卯順數至申而値午故申時潮初七初八初九日卯時月在子以子加卯順數至酉而値午故酉時潮初十十一日卯時月在亥以亥加卯順數至戌而値午故戌時潮十二十三日卯時月在戌以戌加卯順數至亥而値午故亥時潮十四十五十六日卯時月在酉以酉加卯順數至子而値午故子時潮下半月與此同凡月臨子午海水必起但上半月晝爲潮夜爲汐下半月夜爲潮晝爲汐皆月行於子午之位也波濤洶涌者由江勢曲折沙渾深淺激之使然也

朱子語類潮之遲速大小自有常舊見明州人說月加子午則潮長自有此理沈存中筆談說亦如此謂月在地子午之方初一卯十五酉性理大全

陳潛室木鐘集晦翁謂月加子午則潮大此說不可曉今居海者但云月上潮長月落潮退誠驗其言是乃月加卯酉方位非子午也朔日之潮可驗朔日月與日會日才出卯方卽潮長才入酉方卽潮又長是潮與日相隨出沒

鼂補之七述先生曰江源所起濫觴之虛泓泓汪汪不漏不虛淤而行之冒於川渠繚繞縈行左掖越右截臾以散以敷然後滙爲大江以東合乎尾閭而潮生焉古今所論潮者日月伏見之所爲也嘗讀渾天之說曰地在天中天在水外水之消息坱圠無際一闔一闢若開天地一呼一吸若出元氣其始來也若毛若線若帶若練堂堂沓沓合聚離散須臾之間萬化千變其少進也敲磕礰碻石號木鳴越岸包陵在谷滿谷在坑滿坑其爲氣也或煦或呵或噫或噦瀰茫淼漫澎濞沸渭澒洞滉瀁渤潏滂沛涵澹淋滲

濼瀸淫泄跳珠湧沫百里紛會沃集蕩洶汩毋陵背縱橫絡繹飄忽爭逝徐則按行緩則就隊連氛累祲暘景朝昧周天而旋踰八萬里不知其所憩於時元冥收威海若振吼千溪萃立萬浦却走絕維摧軸神母不守左驅天吳右拂九首淵客拒扉冰夷潛扃江神海豨絕脰傷肘陽侯馬銜顚蹶前後其爲象也則紛紜參差萬頃一迹禹不能知契不能識承光露怪不復潛匿或駛或踣或森或戟或美或旛或張或翼洶涌而奔以沃海門若土囊風怒驅屯雲辟易而征

以擊西陵如井陘戰酣出奇兵宛兮改容若蓐收素服駕白龍忽兮當前如歸墟泛溢浮山巔一北一追一僨一起突然而逝餘勇未已於時兵兒獠工引檣掛席鐃鳴鼓動去若飛鷁風止雨息江晴海碧此潮之大凡也傳曰上善若水又曰水幾於道故古之人見大水必觀善利萬物似仁不畏疆禦似勇能方能圓似智萬折必東似信若是者孺子欲聞乎孺子曰幾矣先生之所陳五事之上也節錄

南懷仁坤輿圖說潮汐各方不同地中海迤北迤西或悉無之或微而難辨迤東迤南則有而大至於大滄海中則隨處皆可見第大小遲速長短各處又不同近岍見大離岍愈遠潮愈微矣地中海潮水極微又呂宋國莫路加等處不過二三尺他如大西拂蘭若第亞國潮水長至一丈五尺亦有一丈八尺至二丈之處安理亞國隆第諾府現長至三丈其國之他處長至五六丈阿利亞國近滿直府長至七丈近聖瑪諾府間長至九丈此各方海潮不同之故由海濱地有崇卑直曲之勢海底海內之洞有多寡大小

故也况月之照臨各方不同則其所成功亦不能同其長退之度或每以三候或長以四候或其長極速卽騎馳猶難猝脫則一候倏掩覆四百餘里而又一候倏歸本所又始起長之時亦不同大槩每日遲約三刻朔望所長更大嘗推其故而有得於古昔之所論者則以海潮由月輪隨宗動天之運也古今多宗之其證驗有多端一日潮長與退之異勢多隨月隱顯盈虧之勢葢月之帶運一晝夜一周天其周可分四分自東方至午自午至西自西至子自子至東而潮一晝夜槩發二次卯長午消酉長子消若隨處隨時或略有不同是不足爲論別有其所以然也二日月與日相會相對有遠近之異勢亦使潮之勢或殊假如望時月盈卽潮大月虧而潮漸微三日潮之發長每日遲三刻必由於月每日多用三刻以成一周而返原所葢月之本動從西而東一日約行十三度從宗動天之帶動自西而東必以一日零三刻方可補其所逆行之路而全一周也四日冬時之月多強於夏時之月故冬潮槩烈於夏潮五日凡物屬陰者

槩以月爲主則海潮旣出溼氣之甚無不聽月所主持矣卽月所以主持海潮者非惟光也葢晦朔時月之下面無光至與吾對足之地亦無光海當是時猶然發潮不息則知月尚有他能力所謂隱德者乃可通遠而成功矣是月以所借之光或所具之德致使潮長也如磁石招鐵琥珀拾芥然或生多氣於海內使其發潮也如火使鼎水沸溢然此篇載在圖書集成內

阮元海潮輯說序海寧俞子思謙老於海濱邃於經余初至浙卽於片言閒識之俞子出所撰海

潮輯說以質余余觀其引據浩博辨論詳晳可謂賅備矣竊謂人知潮汐之應乎月而未知其所以應月之理也人知潮汐之盛於朔望前衰於朔望後而未知其所以盛衰之理人知月當正南北子午位而潮汐生而不知其所以生於子午之理也所以應月者何也月生水日生火火本燥及其炎上也必苦水雖淡及其潤燥也必鹹故鹹訓大苦海水有火蜀中火井鹽井同其淺深鹹苦每相因也日光鑠地積熱成燥得水卽鹹故以水沃灰必有鹹鹵其明驗也是以

日燥大地地中有火水歸於地海所以鹹鹹者重而下沈沈則無潮汎矣然而月生水月之水淡淡入於鹹鹹者必輕而浮矣海以水類從乎月氣騰若沸亦必輕而浮矣故海雲作雨雨水必淡月水入海海水必輕輕則必浮浮所以有潮汐也此潮汐應月之理也所以盛於朔望前衰於朔望後者何也日月合朔相距最近月行之天最附於地日行之天更遠於月月近而日遠燥氣不敵溼氣溼氣盛而陰水入海則潮汎生若生明之後日月漸相差以至相距至一象

限則日燥乎月而潮汐衰矣至望又盛日月相望相距最遠遠則日不及燥月而月之溼氣又盛若生霸之後日月漸相近以至相距一象限則日又燥乎月而潮汐衰矣朔望後二三日潮汎尤盛於朔望者譬之寒水在釜薪火方盛當火之盛驗水之沸旣而火雖稍衰水轉大沸火大衰矣水乃不沸此朔望盛衰之理也所以生於子午位者何也水性就下止者必平平者其性橫橫則當卯酉位以月行卯酉位是在水之側不能使之升降故潮汐未生惟行至南北之

中在天當午在地當子水準地平爲横月正地心爲縱其氣全以相感月之水精入於海海之水氣應乎月此潮汐生於月當子午位之理也至於一年之中月與潮并盛於八月者四五六月日光太燥月之陰溼不敵之至秋日燥減而月溼生以溼沃燥而地味鹹以溼入鹹而水氣升所以盛也譬之初熄之灰以水沃之其味與氣烈於寒灰遠矣所以冬日之潮反不及秋中也海外諸書紀潮生之候一日之内或有遲早里差故也至於朔望盛衰則天下同之唐宋諸

部性理諸書惟高陳其理而不實驗其事西洋天學諸書略能於事求理而未抉其微余觀古人之書兼採泰西之説妄爲扣槃捫燭之論惟期其理明事實而已嘉慶二年八月十八日余至海寧觀海塘且候大潮舟次書此以諗諸俞子俞子以爲然否耶

泰瀛海潮輯説序海寧俞君潛山撰海潮輯説成學使儀真阮公爲之序復問序於余余惟古人不兩序且阮公博通古人之書兼明西洋泰西之説所以論潮汐盛衰之理著於篇者甚備尚何待於余言顧余方爲海防道講求於潮汐之盛衰者又宜莫如余盍古今論潮汐者不下數十家而説者俱以應月之説爲長以余論之要皆元氣之所嘘吸也淮南子云積陰之寒氣爲水水氣之精者爲月水也月也其所以宰乎水與月者氣也無氣并無月又安有水惟天地之元氣無乎不之故上積氣而成月下積氣而成水水也月也皆氣之陰者也陰氣之所結著爲象月有盈縮潮有消長所以盈縮消長者皆氣也夫水如人之血脈然氣生血脈血脈又生氣

有氣斯有嘘吸而潮卽水之嘘吸也或曰潮信有常一日兩至而早暮不愆其期者何也余應之曰天無言也而四時行寒暑之不忒晝夜之不差問之天而天不知也䏻令應寒而暑應暑而寒應晝而夜應夜而晝則天行乖而天道亦息如是而水之有潮盈於朔望虚於上下弦息於朒朓消於朏魄其與時盛衰者亘古弗易又何疑乎夫雞應潮而鳴蟹隨潮而解甲物類之相感乎氣者尚然而又何疑於潮之消長乎俞君是書甄綜博而採擇精其論固亦主應月之

說而謂潮之所以往來則氣之升降爲之則君之言似與余論相脗合古今論潮無專書是書出其必傳於後無疑君少工詩爲人倜儻有氣節晚治經海寧之言學者必稱周先生松靄與君二人松靄亦交於余云

俞思謙海潮輯說按易傳以水洊至釋習坎潮汐之象也以水行不失其信釋有孚潮汐有侯之象也坎爲水又爲月潮侯應月之象也葢圜則九重月輪最近地秉陰竅於山川播五行於四時和而後月生焉故凡風雨潮汐鱗介之類其

氣皆與月相通洪範言月之從星則以風雨周禮以方諸取水於月呂覽謂月行乎天羣陰化於淵皆是潮汐之至必月麗子午爲侯者子午坎離也坎爲水月之本方以同氣而相求離爲陰陽之正配以交感而相應也極大於初三十八日避朔望之正合正衡陰不敢當陽故稍退也

海塘擥要卷二終

海塘擥要卷三

潮賾下 浙潮萶說 江源附

越絕書外傳胥死之後吳王聞以為妖言甚咎子胥王使人捐於大江口勇士執之乃有遺響發憤馳騰氣若奔馬威凌萬物歸神大海彷彿之間音兆常在後世稱述蓋子胥水仙也

吳越春秋吳王賜伍子胥死乃取其屍盛以鴟夷之革投之江中子胥因隨流揚波依潮來往蕩激隄岸又越王賜文種死葬於國之西一年伍子胥從海上穿山脅而持種去與之俱浮於海

故前潮來審候者伍子胥也後重水者大夫種也

論衡書虛篇傳書言吳王夫差殺伍子胥煮之於鑊乃以鴟夷橐投之於江子胥恚恨驅水為濤以溺殺人今時會稽丹徒大江錢塘浙江皆立子胥之廟蓋欲慰其恨心止其猛濤也夫言吳王殺子胥投之於江實也言其恨恚驅水為濤者虛也屈原懷恨自投湘江湘江不為濤申徒狄蹈河河水不為濤世人必曰屈原申徒不能勇猛力怒不如子胥夫衛菹子路而漢烹彭越子胥勇猛不過子路彭越然二士不能發怒於鼎鑊之中以烹湯菹汁瀋漎旁人子胥亦自先入鑊乃入江在鑊中之時其神安居豈怯於鑊湯勇於江水哉其何怒氣前後不相副也且投於江中何江也有丹徒大江有錢塘浙江有吳通陵江或言投於丹徒大江大江無濤或言投於錢塘浙江浙江山陰江上虞江皆有濤豈分橐中之體散置三江中乎人若恚恨也仇讎未死子孫遺在可也今吳國已滅夫差無類吳為會稽立置太守子胥之神復何怨苦為濤不止

欲何求索吳越在時分會稽郡越治山陰吳都今吳餘暨以南屬越錢塘以北屬吳錢塘之江兩國界也山陰上虞在越界中子胥入吳之江為濤當自吳界中何為入越之地怨恚吳王發怒越江違失道理無神之驗也且夫水難驅而人易從也生任筋力沒用精魂子胥之生不能從生人營衛其身自令身死筋力消絕精魂飛散安能為濤使子胥之類數百千人乘船渡江不能越水一子胥之身煮湯鑊之中骨肉糜爛成為羹菹何能有害也俗語不實成為丹青丹

青之文聖賢惑焉天地之有百川也猶人之有血脈也血脈流行汎揚動靜自有節度百川亦然其朝夕往來猶人有呼吸氣出入也天地之性上古有之經曰江漢朝宗於海唐虞之前也其發海中之時漾馳而已入三江之中殆小淺狹水激沸起故騰爲濤廣陵曲江文人賦之大江浩洋曲江有濤竟以隘狹也吳殺其身爲濤廣陵子胥之神竟無知也溪谷之深流者安洋淺多沙石激揚爲瀨一也謂子胥爲濤誰居溪谷爲瀨者乎按濤入三江岸沸涌中央無聲必

以子胥爲濤子胥之身聚岸漼也濤之起也隨月盛衰小大滿損不齊同如子胥爲濤子胥之怒以月爲節也三江時風揚疾之波亦溺殺人子胥之神復爲風也秦始皇渡湘水遭風問湘山何祠左右對曰堯之女也始皇大怒使刑徒三千人伐湘山之樹而履之夫謂子胥之神爲濤猶謂二女之精爲風也

抱朴子濤水者潮取物多者其力盛來遠者其勢大今潮水從東來地廣道遠乍入狹處陵山觸岸從直赴曲其勢不洩故隆崇涌起而爲濤俗人云濤是子胥所爲妄也子胥始死耳天地開闢已有濤水矣太平御覽

虞喜志林今錢塘江口浙山正居江中潮水投山下折而曲一云江有反濤水勢所歸故曰浙江太平寰宇記

水經注錢塘縣東有定包諸山皆西臨浙江流於兩山之間江川急濬兼濤水晝夜再來來應時刻常以月晦及望尤大至二月八月最高峩峩二丈有餘吳越春秋以爲子胥文種之神也昔子胥死於吳而浮尸於江吳人憐之立祠於江

上名曰胥山文種忠於越而伏劍於山陰越人哀之葬於重山文種既葬一年子胥從海上負種俱去遊夫江海故潮水之前揚波者伍子胥後重水者大夫種是以枚乘曰濤無記焉然海水上潮江水逆流似神而非於是處焉

錄異記夫差殺子胥煮之於鑊乃以鴟夷橐投之於江子胥恚恨驅水爲濤以溺殺人今時會稽丹徒大江錢塘浙江皆立子胥之廟蓋欲慰其恨心止其猛濤也時有見子胥乘素車白馬在潮頭之中因立廟以祠焉廬州城內淝河上亦

有子胥廟每朝暮潮時泖河之水亦鼓怒而起至其廟前高一尺廣十餘丈食頃乃定俗云與錢塘潮水相應焉

高僧傳唐靈隱寺釋寶達者以持密咒爲務往時江潮大至激射湖上諸山達爲誦咒咒之一夜江濤中有偉人至元冠朱衣導從甚繁謂達曰身是子胥復仇雪恥者非他也師慈心爲物已聞命矣言訖而滅明日寺僧怪其車馬之喧因言其事自爾西岸漲沙彌年

神州古史考三江稱子胥之濤猶夫七里著嚴陵

之瀨耳謂子胥不爲濤將毋嚴陵不爲瀨乎且濤瀨居前胥陵在後山川之靈神或憑焉枚叔有云似神而非斯言得之且夫石雞清響以應濤牛魚懸皮以奮旌據朝而至旁魄而生亦未必伏彼鯀門同茲鯤穴者也若必在吳都不登越境則子胥不當恚越鼓鬣於胥山之傍文種不必怒吳帶甲於重山之下歎故國之狐祥學江神之牛鬬此亦盡有三江之地而云伍相居前南陽附後惟其似之無分疆界耳且祀神以弭江濤之害非假神以鼓水波之惡列山崇棄

配食三廟祝融句龍見稱二紀鮑君桑季猶或有靈天吳海童不肆其虐感乎人心通乎帝聽而謂江潮之神不爲子胥也乎

孫宇台集駱丞之詠靈隱而及浙江潮也人咸疑之而余以爲無可疑也乃治潮者出於靈隱僧又何奇也錢王時以萬弩射潮而潮不能卻也僧都統贊寧與知覺禪師延壽建塔創寺於江干以鎮之而潮循故道焉是其一也前南齊時驚濤爲害寶達誦祕咒累日吳行人形見於夢而潮擊西與東岸以平又其一也洪武初海潮

沖岸壞民廬舍照菴慧炬時居理公巖爲潮神說三皈戒楊枝灑處卽止不決又其一也然則靈隱之有關於浙江潮而靈隱僧能治潮也所從來久矣而又有異者往者六和塔災火出於北高峯而焚之夫北高峯爲水山而能飛火於六和塔者何也吾是以知靈隱之有關於浙江潮也

朱襄觀潮說海濱之地莫不有潮浙江潮爲最奇康熙辛巳二月觀於杭之候潮門潮頭自海門踴躍奔迅而來地爲之震後一年四月又於海

寧觀潮殷如雷白如雪橫亘如匹練從南北徐徐而西入龕赭兩山之門卽所謂海門也始知海門外之潮與海門之內潮其大小遲疾不侔矣若夫潮之一日兩至以四時之信較之時刻不移而相尋於無窮余嘗疑其未必與日應也謂與月應可謂與日應不可淮南子不云乎積陽之熱氣爲火火氣之精者爲日積陰之寒氣爲水水氣之精者爲月而盧肇海潮賦序直謂潮與日應此昧於陰陽之理者也乃若潮之消長葛洪所謂自天地開闢已有之世傳浙江之

潮謂子胥怒氣所激而成然乎哉國語史記皆謂浮子胥於江惟越絕書浮於大江大江今之楊子江也蓋子胥諫赦越不聽曰可抉吾眼懸東門之上以觀越兵入吳王惡其妖以爲越兵入必不由大江故殺而浮之大江及文種被害旣瘞一年子胥穿西山脇持其尸俱浮於海此見於吳越春秋或子胥由大江入海乘潮而來浙江忠魂相感乃一時之變異豈若世傳之謂哉王充論衡以爲子胥所浮之江不知何江失考矣

元和郡縣志浙江潮每日晝夜再至常以月十日二十五日最小月三日十八日極大小則水漲不過數尺大則濤涌高至數丈每年八月十八日數百里士女共觀

太平寰宇記定山突出浙江數百丈按郡國志云濤至此輒抑聲過此便雷吼霆怒上有可避濤處行者賴之云是海神婦家

蘇軾乞開石門河狀潮自海門東來勢如雷霆而浮山峙於江中與漁浦諸山相望犬牙錯入以亂潮水洄洑激射其怒自倍沙磧轉移狀如鬼神往往於淵潭中涌出陵阜十數里旦夕之間又復失去雖舟師漁人不能知其淺深錢惟善云山嶼浮江如盤石潮出海門中分爲二派東派沿越岸向富春西派直抵茲山怒激而回諺謂之回頭潮

潘峒浙江論海門有二山曰龕曰赭夾岸潮之初來亦慢將近是山岸狹勢逼涌而爲濤

燕肅海濤論曰觀古今諸家海潮之說亦多矣或謂天河激涌葛洪潮說亦云地機翕張見洞眞正一經盧肇以日激水而潮生封演云月周天而潮應挺空入漢山涌而濤隨施師謂僧隱之之言析木大梁月行而

水大（見竇叔蒙海濤志）源殊泒異無所適從索隱探微宜伸確論大率元氣嘘翕天隨氣而漲斂溟渤往來潮隨天而進退者也以日者重陽之母陰生於陽故潮附之於日也月者太陰之精水乃陰類故潮依之於月也是故隨日而應月依陰而附陽盈於朔望消於朏魄虛於上下弦息於朓朒故潮有小大焉今起月朔夜半子時潮平於地之子位四刻一十六分半月離於日在地之辰次日移三刻七十二分對月到之位以日臨之次潮必應之過月望復東行潮附日而又

西應之至後朔子時四刻一十六分半日月潮水俱復會於子位其小盡則月離於日在地之辰次日移三刻七十二分半對月到之位以日臨之次潮必應之至後朔子時四刻一十六分半日月潮水亦俱復會於子位是知潮常附日而右旋以月臨子午潮必平矣月在卯酉汐必盡矣或遲速消息之小異而進退盈虛終不失其期也或曰四海潮平來皆有漸惟浙江潮至則亘如山岳奮如雷霆冰岸橫飛雪崖旁射澎騰奔激吁可畏也其漲怒之理可得聞乎曰或云夾岸有山南曰龕北曰赭二山相對謂之海門岸狹勢逼涌而爲濤耳若言狹逼則東溟自定海吞餘姚奉化二江侔之浙江尤甚狹逼潮來不聞濤有聲也今觀浙江之口起自纂風亭北望嘉興大山水闊二百餘里故海商舶船畏避沙潬不由大江惟泛餘姚小江易舟而浮運河達於杭越矣蓋以下有沙潬南北亘連隔礙洪波蹙遏潮勢夫月離震兌他潮已生惟浙江潮水不同月經乾巽潮來已半濁浪堆滯後水益來於是溢於沙潬猛怒頓涌聲勢激射故起

而爲濤耳非江山狹逼使之然也

王仲言揮麈前錄姚寬令威著西溪殘話其間一條云舊於會稽得一石碑論海潮依附陰陽極有理不知其誰氏予以眞宗實錄考之大中祥符九年以燕肅提點廣東刑獄遂取兩朝史燕公傳觀之果嘗自知越州移明州著海潮圖論行於世則知爲燕無疑

宣昭浙江潮候圖說大江之東凡水之入海者無不通潮而浙江之潮獨爲天下奇觀地勢然也浙江之口有兩山焉其南曰龕山其北曰赭山

並峙於江海之會謂之海門下有沙渾跨江西東三百餘里若伏檻然潮之入於浙江也發乎浩渺之區而頓就斂束逼礙沙渾回薄激射折而趨於兩山之間拗怒不洩則奮而上躋如素霓橫空奔雷殷地觀者膽掉涉者心悸故爲東南之險非他江之可同也原其消長之故者曰天河激涌曰地機翕張揆其晨夕之候者曰依陰而附陽曰隨日而應月地志濤經言殊旨異何可得而一哉蓋圓則之運大氣舉之方儀之靜大水承之氣有升降地有浮沈而潮汐生焉

月有盈虛潮有起伏故盈於朔望虛於兩弦息於朓朒消於朏魄而大小準焉月爲陰精水之所在日爲陽宗陰之所從貴潮之期日當加子夜潮之期月嘗在午而晷刻定焉卯酉之月陰陽之交故潮大於餘月朔望之後天地之變故潮大於餘日寒暑之大建丑未也一晦一明再潮再汐一朔一望再盈再虛天一地二之道也月經於上水緯於下進退消長相爲生成歷數可推毫釐不爽斯天地之至信幽贊於神明而古今不易者也杭之爲郡枕江帶海遠引甌閩近控吳越商賈之所輻湊舟航之所駢集則浙江爲要津焉而其行止之淹速無不畢聽潮汐者或違大小之信爽其緩急之宜則必至傾墊底滯故不可以不之謹也某承乏茲郡考之郡志得四時潮候圖簡明可信故爲之說而刻石於浙江亭之壁間使凡行李之過此者皆得而觀之以毋蹈夫觸險躁進之害亦庶乎思患而預防之之意云

按宣昭字伯聚漢東人薛應旂浙江通志作聚伯宣者誤

潮候圖

日		春秋	夏	冬
初一	十六	午末 子正 大	午末 子正 大	午末 子初 大
初二	十七	未初 子末 大	未初 子末 大	未正 子正 大
初三	十八	未正 丑初 大	未正 丑初 大	未末 丑初 大
初四	十九	未末 丑末 大	未末 丑正 大	申初 丑末 大
初五	二十	申正 寅初 下岸	申初 丑末 下岸	申正 寅初 下岸
初六	廿一	寅末 申末 漸小	寅初 申正 小	寅末 申正 漸小
初七	廿二	卯初 酉初 漸小	寅末 申末 小	卯初 酉初 小
初八	廿三	卯末 酉正 漸小	卯初 酉初 小	卯末 酉正 小
初九	廿四	辰初 酉末 小	卯末 酉正 小	辰初 酉末 小

初十　廿五　辰末戌正交澤　辰初酉末交澤　辰末戌初交澤
十一　廿六　巳初戌末起水　辰末戌初起水　巳初戌正起水
十二　廿七　巳正亥初漸大　巳初戌末漸大　巳正戌末漸大
十三　廿八　巳末亥正漸大　巳末亥初漸大　巳末亥初漸大
十四　廿九　午初亥末漸大　午初亥末漸大　午初亥正漸大
十五　三十　午正子初大　午末子初大　午正亥末漸大

吳貴誠曰海濱人言大信澤海小信澤江所謂澤者水淺而見其沙大信澤海謂滄海潮小而百川潮溢乃氣盛而潮多涌乎上小信澤江謂滄海潮溢百川潮小乃氣弱而潮多滯乎下交

澤者謂潮甚微與江流相等也

輟耕錄浙江晝夜二潮甚信土人以詩記之曰午未未未申申卯卯辰辰巳巳巳午午朔望一般輪此晝候也初一日午末初二日未初十五日如初一夜候則六時對衝子午丑未之類

吳亨壽答高起巖論潮書坎者月之體月者水之精月與水一而已矣在天爲月在地爲水天有陰陽太少而月爲太陰地有剛柔太少而水爲太柔古人以方諸取水於月其氣類固相感也而況夫子午之位乃陰陽之始於其所始而月加焉則陰與陽感而陰以升陰與陰遇而陰以盛水陰類也當其所加之時涌而逆上從其類也月一晝夜凡一加子一加午故潮一日再生月一日退天十三度十九分度之七故潮日遲於一日所以初三之潮晝遲而入十八之夜十八之潮夜遲而入初三之晝也一月之間生明生魄潮亦再盛焉生明之潮則自前月二十六日長水謂之起信歷晦朔至月三日謂之大信初四潮勢漸殺謂之落信歷上弦至月十日謂之小信生魄之潮則自十一始長歷望至十八

而盛自十九始殺歷下弦至二十五而衰其起落大小之信亦如之天下之至信者莫如潮生落盛衰各有時刻故潮得以信言也月於一月之間漸遲而縮一日潮於兩信之內漸遲而縮兩潮秋月最明秋潮最盛亦其理然也又嘗即易考之坎爲月魄離爲月魂震生明也兌上弦也乾望卦也巽生魄也艮下弦也坤晦卦也生明之盛非無故而盛也坤一索而得長男故盛過兌少而往則衰矣生魄之盛亦非無故而盛也乾一索而得長女故盛過艮少而往則衰矣

驗之於月參之於卦潮之理其殆庶幾乎或曰誠如是則陽之盛莫如乾陰之盛莫如坤潮不於是焉大而顧大於震明巽魄何耶曰兹又先天後天之說也不本諸先天無以見造化之全體不參諸後天無以見造化之妙用先天之卦體也乾坤離坎位於四正震巽艮兌位於四維而月之周天實配之後天之卦用也退乾於西北退坤於西南父母老而不用而長男代父長女代母居東南生長之方天地間萬物萬事咸於此乎權輿故其爲氣也莫盛焉而潮之大信實配之月配其體則陽爲明陰爲魄而乾坤當望晦之位乃陰陽之極也潮配其用以長爲盛少爲衰而震巽當大信之候乃陰陽之長也夫如是則其不乾坤而震巽也有由矣或又曰其亦何以知其必取於卦耶曰以納甲家啟之納甲者如生明之月昏出於庚震則納庚生魄之月晨見於辛巽則納辛之類是也陰陽者流用之率驗則月與卦相爲用也審矣潮而有取於月也不亦有取於卦乎哉或又曰月之說然耶則潮之爲候亦宜月半以前由微漸大月半以

後由大漸微以象夫三五而盈三五而虧可也今乃於明魄兩盛焉何哉曰明魄之盛函已如前所云然月一月一周天而一日之內則一加子一加午者也潮於月加子午之時一日再至故亦於月生明魄之日一月而再盛焉月之一潮之再若不相似而實相感召非深於理者未易以語此或又曰子所論浙江潮也他江亦有潮其遲速不同何與曰潮之生必生於月出之海浙江之去海爲近故其至也如時他江所去有遠近故所至有遲速而或又曰古今言潮者必推浙江亦謂銀山雪屋有頭數丈此爲異耳他江之潮第如涌水復與此不同何與曰浙江去潮生處近掀天沃日之勢方盛而不可遏赭山龕山橫鎖江口頓然斂寬就窄其勢必至於衝激奔射也他江去潮生處遠遠則必殺但涌水而已又何疑焉

朱中有潮賾元氣一晝夜小升降故一日之間潮凡再至一月之間大升降故十五日而易一節以律管候氣驗之管之長短不同其氣至則其管應元氣升降有小有大審矣天地之數奇而

不齊者也故月有小盡大盡歲有一閏再閏潮之爲大汛也隨小大盡與閏亦未嘗差焉驗潮之大小莫若錢塘西興也雖以朔望爲大信之候然晦前二三日望後一二日潮蓋有登閘者或朔日二日三日四日不登閘至五日而始大或十五十六十七十八十九二十不登閘至二十一而始大西興之閘稍低於錢塘或至二十三日潮亦登此無他節氣參差不齊則潮亦爲之進退如前所云或攙前在二十九三十及十四十五或落後在初四初五十九二十二十一

其大槩固如是也

楊魁見潮論嘗登海寧城樓見海潮薄岸怒濤數十丈若雪山駕鰲雷奔電激昔人謂龕赭二山峙爲海門故激而爲濤今觀洶湧之勢却在海門之外非龕赭二山所爲明矣海在浙東西者定海松江之裏逶迤曲折兩岸有際水勢洄曲旁多山峙海中亦峷兀星列元非溟渤望洋無際者實大海之汊入於浙中者耳彼自浩渺之區入於阻隘故觸山薄岸震撼擊撞從內溢而無外泄所以來愈遠勢愈大進愈激永抵海門

洶湧已甚此理之常無足怪也

郭濬寧邑海潮論寧邑海潮必自東起先阨於近洋諸山之內勢已洶湧錢塘江濤又向西來阨於龕赭海門而出相値於寧邑南百餘里之內勢益湍怒然江濤輕淡而剽疾海潮鹹重而沈悍江水朝宗之性終不敵大海怒張之氣由是海潮仍挾江濤過海門更西抵嚴灘而後退故潮汐之大小有常期寧潮自東而西有常道至於江濤之緩急無常期鹹水淡水之相値無常處若更挾以颶風之怒號上流之添漲不免駭

浪橫飛怒濤旁射吾寧實偪處此不可謂橫過之潮可長恃以無恐也又曰浙江源自桐江富陽三折而至寧邑之西南則有赭山龕山對峙實爲江門東流合海汪洋浩瀚吾邑之東南則大小尖山黃灣石墩諸山穹窿聳峙爲大捍門於是東西相阨百四十里之間海濤洶湧往來激盪海水自海鹽逆潮而至挾江流而西返自江門歷錢塘富陽桐江以上而止復自吾邑東南而退

毛先舒答潮問浙江何以有潮也曰地勢爲之也

天下之水皆有潮然多喈長水或涌水而已惟錢塘之潮澎湃奔騰如爐鼓釜沸以自海入江與他水絕殊葢地勢使然也所謂地勢者有三錢塘之江將入海處有龕赭二山焉屹相峙如門下有沙檻江流至此則一束海潮至此亦一束海水長欲入江束於山不得駛則怒譬人之欲入門也人多門狹則喧動捽擊以爭門惟水亦然此山勢也北水悍南水緩而錢塘之水發丹陽經睦杭越諸州逶迤曲折以入於海故曰浙江浙者折也則水尤緩他江悍到口與海力敵敵則潮至不敢遏爲暗潮浙江緩到口不能

與海力敵是則海壓江而陵出其上潮至敢遏則爲怒潮此水勢也浙之方爲巽易曰剛巽乎中正而志行柔皆順乎剛江柔與海讓潮遏怒此方勢也此三者浙江之所以有潮與他水殊不足怪也

又答潮問潮者朝也朝月也或曰海爲百谷王矣而何以朝爲曰月者萬水之天子也故海臣水而君月其晝夜再至則應月之中也月一晝夜則再中或中於天或中於地之中猶天子之莅於明堂也故海朝之月以朔之午正刻中於天子末刻中於地初二日則以午末刻中於天丑初刻中於地其後中期以次漸遲至望則以子正刻中於天午初刻中於地十六日則復如朔朔日潮至以午正子末初二日潮至以午末丑初望日潮至以子正午初十六日則復如朔其漸遲之期亦無不如月之中天中地也

顧炎武日知錄白易居詩早潮纔落晚潮來一月周流六十回白是北人未諳潮信杭州之潮每月朔日以子午二時到每日遲三刻至望日則

子潮降而爲午午潮降而爲子以後半月復然故大月之潮五十八回小月則五十六回無六十回也月之麗天出東入西大月二十九回小月二十八回亦無三十回也

吳自牧夢粱錄八月潮怒勝於常時十八日杭人無賴之徒以大綵旗小青涼傘紅綠小傘各係色繡段子滿竿伺潮出海門百十爲羣執旗泅水以迓子胥治平五年郡守蔡襄作戒弄潮文云斗牛之分吳越之中惟江濤之最雄乘秋風而益怒乃其習俗於此觀遊厥有善泅之徒競

作弄潮之戲以父母所生之遺體投魚龍不測之深淵自為矜誇時或沈溺精魄永淪於泉下妻孥望哭於水濱生也有涯盍終於天命死而不弔重棄於人倫推予不忍之心俾爾無窮之戒所有今年觀潮並依常例其軍人百姓輒敢弄潮必行科罰熙寧中兩浙察訪李承之奏請禁止然終不能遏

烏臺詩案弄潮之人為貪官中利物致其間有溺死者故朝旨禁斷

周密乾淳起居注淳熙十年八月十八日上請德

壽宮往浙江亭觀潮修內司於浙江亭兩旁縛席屋五十間並用綵纈幕𦅸先是澉浦金山都統司水軍五千人抵江下至是命殿司防江水軍臨安府水軍並行閱試軍船布西興龍山兩岸近千隻管軍官於江面分布五陣弄旗舞刀如履平地奉旨自管軍以下並行支犒市井弄水人如僧兒留住等凡百有餘人皆手持十幅綵旗蹈浪爭雄直至海門迎潮又有踏混木水傀儡水百戲撮弄等各呈技藝太上喜見顏色上起奏曰錢塘江潮天下所無有也太上宣諭侍宴官令賦酹江月一曲既晚進呈太上以吳琚為第一至月上還內

又乾淳歲時記浙江之潮天下之偉觀也自八月既望至十八為最盛方其遠出海門僅如銀線既而漸起則玉城雪嶺際天而來聲如雷霆震撼激射吞天沃日勢極雄豪楊誠齋詩海闊銀為郭江橫玉繫腰是也吳兒善泅者數百人赤身持綵旗爭先鼓勇泝迎而上出沒鯨波騰身百變旗尾略不霑溼以此誇能而豪民貴官江干上下十餘里間羅綺溢目車馬塞途僦賃

看幕雖席地不容閒也禁中例觀潮於天開圖畫閣高臺下瞰都民遙瞻黃繖雉扇於九霄之上真若瑤臺蓬島也武林舊事所載悉同

咸淳臨安志浙河之水每日晝夜潮再上常以月十日二十五日最小月三日十八日最大小則水漸漲不過數尺大則濤山浪屋雷擊霆碎有吞天沃日之勢吳越春秋夫差內傳載吳王賜伍子胥死乃取其屍盛以鴟夷之革浮之江中子胥因隨流揚波依潮來往蕩激隄岸又越王外傳越王賜大夫種死葬於西山之下一年伍

子胥從海上穿山脇而持種去與之俱浮於海故前潮來審候者伍子胥也後重水者大夫種也其說荒誕無稽諸家所論惟姚寬西溪殘話及徐明叔高麗錄有可採者

方輿勝覽錢塘潮八月十八日尤大漁子泝濤觸浪謂之迎潮朱中有曰錢塘風俗喜遊二月花時競集潮山間非獨不暇觀潮而天色尚寒弄潮兒難以久狎於水故是月之潮無所稱道八月作凉而天氣猶熱弄潮得盡其技人情久厭城居空巷出觀以此獨稱八月潮大耳

四季須知八月十八日杭人謂之潮生日

元史河渠志參釋老傳大德二年潮齧鹽官州爲

患最甚詔眞人張與材以術治之一日大雨震電廣信府志與材投鐵符海中符躍出者三乃雷作明日見有物魚首龜形磔於水裔潮患遂息張師正括異志海鹽資聖寺有塔極高峻層層用燈點照東海行舟望此爲標的有海濱業戶兄弟俱溺於海其家日夕號泣一日夢其夫歸曰我今在海潮鬼部中極苦每日皆我輩推擁而來他佛事祭享皆爲諸鬼奪去惟有資聖寺塔燈功德浩大妻驚家資入寺設燈次夕又夢其夫來謝云今得升一等矣

宋史瀛國公紀德祐二年二月元軍駐錢塘江沙上潮三日不至咸淳十年八月庚午錢塘江潮失期不至

陶宗儀輟耕錄德祐二年正月甲申范文虎安營浙江沙滸潮汐三日不至軍馬晏然

吳貫誠曰宋祚終於德祐之丙子卽元之至元十三年元師屯於浙江之沙際射潮三矢而潮不至者三日無他氣也元祚終於至正之丁未卽本朝之吳元年潮亦不至但略見江水微長而已

楊穆西野雜記錢塘江隣海口有子午潮不爽諺云潮過夷亭出狀元宋末過之果出衢涇自嘉靖甲午以來不惟不過夷亭錢塘江邊或旬日不至時人謂之凍死潮

海潮輯說按淮南子烏有沸波者河伯爲之不潮

畏其誠也編珠引潛居錄云崔文子能吹反潮之笛吹已積潮橫下險於廣陵之濤夫烏之誠樂之至尚能感通如此況錢王之志在衞民元兵之方乘旺氣乎其避而不至也固宜

江源

酈道元水經注漸江出三天子都山海經謂之浙江也地理志云水出丹陽黟縣南蠻中北逕其縣南又北歷黟山縣又北逕歙縣東又東逕遂安縣南又東北逕建德縣南又東逕壽昌縣南又東逕烏傷縣北又北逕新城縣又東北入富

春縣又東北逕富春縣南又東北逕亭山西又北逕餘杭縣左又東逕餘杭縣故縣南新縣北又東北至錢塘縣又逕固陵城北又逕會稽山陰縣又逕越王允常冢又東北逕重山西大夫文種之所葬也又東逕柴辟南舊吳楚之戰地備候於此故謂之辟塞越絕書稱吳從由拳辟塞渡會稽湊山陰是也又東注於海

唐六典浙江水有三源一出歙州一出衢州一出婺州歷睦今嚴州杭越三州界入海

通志開化壽昌導歙西來流入於江導新安水自遂安達淳安絕分水下於桐溪紫溪道天目之南過新城下富陽皆東南流以入於江

海防纂要浙江之源始於黟之林歷山一綫之微合流萬壑終於錢塘江之鼈子門而入海焉故鼈子門乃省城第一門戶石墩鳳凰外峙爲第二門戶此外無山惟羊許獨立海中東接衢洋西控吳淞江口爲第三門戶羊許二山有防然後石墩鳳凰有蔽而錢塘鼈子門可寧此其大略也

齊召南水道提綱浙江水有二源北曰徽港南曰衢港至嚴州府城東南會而東北經杭州府城南又東北數折至海寧縣入海　徽港亦曰新安江源出徽州府歙縣之黃山東南流至府城西會東界河南港河東南入浙江嚴州府界又東逕淳安縣又東北至建德縣西南與衢港會而北流，衢港亦曰信安江源出開化縣之馬金嶺經縣城東又東北至衢州府城西會文溪源出江山縣仙霞嶺東北流經龍游縣至蘭谿縣與婺港會　婺港亦曰東陽江源出東陽縣之大盆山經義烏縣城南又西南經金華府城又西北至蘭谿縣城南與衢港合流至嚴州府城東南與西來之徽港合而北流經嚴陵山又東經桐廬縣城東南又東北至富陽縣界有溪自新城縣來注之又東北至富陽縣城南又北經蕭山縣境有浦陽江來注之又東北經杭州府城東南其南岸卽蕭山縣之西興驛也又東北五十里至龕山與北岸海寧縣之赭山相對如門入於海海口闊五十里曰鼈子門

按浙江源流水經注所述與今水道多不符酈道元係北人未至南中故也惟齊少宗伯水道提綱敘述最爲詳晰今節錄其大略於

此

曲江考附

朱彝尊與越辰六書七發廣陵之曲江卽浙江曲與折義均也故其詞曰弭節伍子之山通厲骨母之場注以爲胥母胥母之譌也水經注浙江水流兩山之間江川急濬兼濤水晝夜再至二月八月最高潮水之前揚波者伍子胥後重水者大夫種是以枚乘日海水上潮江水逆流似神而非於是處焉其詮釋最確曾鞏序鑑湖圖有所謂廣陵斗門者在今山陰縣西六十里去

浙江不遠而錢塘郭外有廣陵侯廟迄今猶存至若江都之更名廣陵在元狩三年時乘已卒不應先見之於文是七發之廣陵非江都也明矣又元至正元年省試羅剎江賦試者三千人獨錢惟善以錢塘江爲曲江遂聞於時號曲江居士載記歷歷可證顧世人以廣陵二字遂誣曲江在揚州指城東小水以實之可笑也比見足下榜門書廣陵濤字流俗相沿無足怪特不宜誤自足下故以奉聞惟垂察

汪中廣陵曲江證枚乘七發將以八月之望與諸侯遠方交遊兄弟並觀濤乎廣陵之曲江廣陵漢縣今爲甘泉及天長之南竟江北江也本篇李善註引山謙之南徐州記京江禹貢北江春秋分朔輒有大濤至江乘北激赤岸尤迅猛南齊書地理志南兗州廣陵郡土甚平曠刺史每以秋月多出廣陵觀濤與京口對岸江之壯闊處也二文並明覈可據本篇凌赤岸篲扶桑李善因扶桑之文並赤岸疑在遠方然郭璞江賦鼓洪濤於赤岸淪餘波於柴桑正承用七發文則七發扶桑當作柴桑字之誤也今潮猶至湖

口之小孤山而回目驗可知江賦注赤岸在廣陵輿縣寰宇記赤岸山在六合東三十里高十二丈周四里土色皆赤因名顧祖禹方輿紀要引南兗州記潮水自海門入衝激六七百里至此其勢始衰郭璞江賦所謂鼓洪濤於赤岸也今按此山府縣志所載土俗所稱均無異議故曲江之爲北江非孤證矣往者吾鄉越閭辰六以廣陵濤榜其齋閣秀水朱檢討與書爭之以爲七發所云在錢塘其言實繆檢討所據者本篇弭節伍子之山通厲骨母之場依註以骨母

為胥母之譌而不言二地所在又節酈氏水經漸江篇註以為證不知吳之北竟至今之石門浙江非吳地故越語句踐之地北至禦兒韋昭注今嘉興語兒鄉也吳語大夫種謀伐吳曰吾用禦兒臨之韋昭注禦兒越北鄙在今嘉興是也爾雅釋地吳越之間有具區其言審矣於時戰地並在今蘇州嘉興二府之竟故春秋定公十四年於越敗吳於檇李杜預注吳郡嘉興縣南醉李城傳吳伐越越子句踐禦之陳於檇李又闔廬還卒於陘去檇李七里哀公元年傳吳

王夫差敗越於夫椒注吳郡吳縣西南太湖中椒山越語句踐卽位三年與師伐吳戰於五湖不勝是也吳越交兵凡三十二年內外傳所謂江並吳江也故春秋傳哀公十七年越子伐吳吳子禦之笠澤夾水而陳吳語越王句踐乃率中軍泝江以襲吳入其郛韋昭注江吳江也又吳王起師於江北越王軍於江南韋昭注江松江去吳五十里是也吳殺子胥投其尸於江亦吳江也七發注引史記吳王殺子胥投之於江吳人立祠於江上因名胥母山史記伍子胥列

傳吳王殺子胥盛尸以鴟夷革浮之江中吳人憐之為立祠於江上張晏曰胥山在太湖邊去江不遠百里故曰江上正義引吳地記曰越軍於蘇州東南三十里又向下三里臨江北岸立壇殺白馬祭子胥杯動酒乾盡後立廟於此江上吳太伯世家正義引吳俗傳子胥亡後越從松江北開渠至橫山東北築城伐吳子胥乃與越軍夢令從東南入破吳越王卽移向三江口岸立壇殺白馬祭子胥杯動酒乾盡越乃開渠子胥作濤蕩羅城東開入滅吳至今號曰示浦

門曰鱄鯚是也吳投子胥豈有舍其本國南境五十里之吳江乃入鄰國三百餘里投之浙江哉然則伍子之山胥母之場固與浙江無涉不得引以為證吳越春秋句踐殺大夫種葬於國之西山一年伍子胥從海上穿山脇而持種去與之俱浮於海故潮水前揚波者伍子胥後重水者大夫種也其言固誕然但言海潮而不言浙江也論衡書虛篇吳王殺子胥投之江中子胥恚恨驅水為濤以溺殺人今時會稽丹徒大江錢塘浙江皆立子胥之廟蓋欲慰其恨心止

其怒濤也二江並祭子胥乃在東漢之世水經淮水篇注引應劭風俗記江都縣有江水祠俗謂之伍相廟也子胥但配食耳歲三祭與五岳同子胥之配食大江是惟命祀漸江篇注據吳越春秋以七發所云專屬之浙江則誤矣檢討又云會肇序鑑湖圖有所謂廣陵斗門者在今山陰縣西六十里去浙江不遠今以其地準之實在浙江之東自吳至浙不經其地且係堰牐小名何取於是而以之冠曲江之上哉是時吳王濞都廣陵北江在國門之外故強太子往觀之若踰越江湖千二百里以至浙江則病未能也檢討又云江都之更名廣陵在元狩三年時乘巳卒不應先見之於文則尤謬史記五宗世家江都王建自殺國除地入於漢爲廣陵郡據漢書諸侯王表地理志並在元狩二年其時所更名者廣陵郡也而廣陵郡自有廣陵縣爲郡治爲吳江都廣陵三國都其名則在楚在秦在荆在吳在江都皆有之故史記六國表楚懷王十年城廣陵項羽本記廣陵人召平於是爲陳王徇廣陵樊酈滕灌列傳灌嬰度淮盡降其城

海塘擥要　卷三　三十三

邑至廣陵吳王濞列傳孝景前三年正月甲子初起兵於廣陵不得謂元狩三年之前無廣陵之名也漢所置郡國若宏農陳留平原千乘丹陽桂陽零陵武都安定朔方皆取縣名名郡廣平真定信都廣陽高密皆取縣名名國此例甚多故江都之爲國廣陵之爲郡爲國皆以縣也檢討不根持論離越俗好鬼錢塘廣陵侯之淫祀舉子所業元人錢惟善之試卷皆備舉之而於經史正文反屏而不觀及一引漢書而其謬若是亦後學之大戒巳至廣陵城本在蜀岡上邗溝環其東南江卽在其外故水經淮水篇注云昔吳將伐齊自廣陵城東南築邗城城下掘深溝謂之韓江亦曰邗溟溝今自廣陵驛而北爲舊城之市河北至堡城折而東至黃金壩會於運河是其故址自此入淮一名中瀆水故云中瀆水首受江於廣陵郡之江都縣縣城臨江是也晉以後江益徙而南故沔水篇注云毘陵縣丹徒北二百步有故城舊去江三里岸稍毀遂至城下城北有揚州刺史劉繇墓淪於江是也今揚州城外運河唐王播所開事見播傳其

海塘擥要　卷三　三十四

時江猶至於楊子橋而東闢以外在漢則江許也然則城東小水之稱廣陵濤固非無據也凡檢討所云惟水經承酈氏之誤其餘無一是者恐後人習謬而不知故爲正之

俞思謙廣陵曲江考按王充論衡云丹徒大江無濤廣陵曲江有濤文人賦之大江浩洋曲江有濤竟以隘狹也徐堅初學記云七發觀濤乎廣陵之曲江今揚州也又始與郡有曲江今韶州也司馬相如賦臨曲江之隑州此長安也以其水曲折甚類廣陵之江李頎詩揚州郭裏見潮

生李紳入揚州詩序云潮水舊通揚州郭內大歷以後潮信不通矣蔡寬夫詩話云潤州大江本與今楊子橋爲對于瓜州乃江中一洲耳故潮水悉通揚州城中今瓜州與楊子橋相連距江三十里不但潮水不至揚州亦不至楊子橋矣據此諸說則唐以前廣陵自有曲江當在今瓜州之北而曲江自有其濤宋以後漸爲沙所漲沒江之不存濤於何有元和志云江都縣大江南對丹徒之京口舊闊四十餘里今闊十八里是也但曲江漲沒雖在唐時而江潮之微則自南北朝已然故酈道元注水經以枚乘所言係諸浙江篇內而於岷江條下語不及濤蓋據當時所聞偶未深考耳後人泥於酈注遂以廣陵之濤移諸錢塘 國初毛氏奇齡朱氏彝尊閻氏若璩皆然蓋亦未思及川流改易今古殊觀也至伍子之山胥母之場皆在蘇州境內文人與到推廣言之不必泥也

阮元廣陵詩事江都汪辰六闇以曲江濤榜其齋閣觀枚乘七發曲江之在廣陵甚明辰六正未誤也自朱竹垞以爲浙之錢塘江學者嗜其新

奇而從之汪明經容夫中有廣陵曲江證辨竹垞之誤近日老經生俞潛山思謙舉論衡初學記以證曲江濤之在廣陵引據更爲精確潛山居海寧當浙潮最盛處乃力反竹垞之說歸此於吾鄉無安石爭墩之習賢於昔人遠矣

海塘擥要卷三終

海塘擥要卷四

沙水

唐元和郡縣志鹽官下注云海在縣南七里宋史河渠志載嘉定十二年潮失故道鹽官縣南四十餘里盡淪於海竊疑唐時距海僅七里迄宋轉有四十餘里蓋誤以漲沙為實地也不知南北沙勢坍漲靡常今邑南門距海不過數武自乾隆初增築大石塘至庚辰辛巳間始有沙水之奏乙酉春又於塔山設漲沙丈尺標記癸丑春兩塘沙水每百丈立樁誌之其坍漲有月報後改為季報旋又定為月報如初志沙水

西湖志餘潘同漸江論云胥山西北舊皆鑿石以為棧道唐景龍四年沙岸北漲地漸平坦桑麻植焉司馬李珣始開沙河胥山者今吳山也而俗訛為青山其時沙河去西山未遠故李紳詩曰猶瞻伍相青山廟又曰伍相廟前多白浪景龍沙漲之後至於錢氏隨沙移岸漸至鐵幢今新岸去胥山已逾三里皆為通衢至宋紹興間紅亭沙漲其沙已遠在胥山西南矣

成化杭州府志秦王纜船石在錢塘門外相傳秦始皇東遊泛海艤舟於此陸羽武林山記云自錢塘門至秦皇纜船石俗呼西石頭北關僧思淨刻大石佛於此舊傳西湖本通海東至沙河塘南向一岸皆大江也故始皇纜舟於此

神州古史考云杭州郡城乃古江水所逕者舊所傳內築海洋之壩外有江漲之橋猶前志也今城中猶存漾沙坑洋壩頭前洋街通江橋等名武陵門外有江漲橋潮王廟舊與江通可知仁和縣志秦以前杭城內外皆海之溢流所及是以衆安橋西北塊進路澄清坊卽古之前洋街

稍北往西純禮坊卽古之後洋街其西湖昔通海故秦始皇嘗繫纜於河濱之巨石卽今之大佛頭也今之小北門卽宋之天宗水門其門外大河古謂之泛洋湖正德年其居民啟土掘出一大船乃是泛海之舟規制甚異艮山門外其地謂之沙田蓋以海沙之所漲也武林門外亦是海水所及故一則曰江漲務二則曰江漲橋北新橋往北近曰三里洋遠曰十里洋由是觀之乃知杭城悉是海水所溢井水味鹹不堪汲飲自李鄴侯鑿六井以引西湖之水民始便焉

故杭人至今祠之
海鹽縣續圖經寧鹽兩邑均以海爲患而潮有横衝直衝之異地有軟沙硬沙之别其横衝而軟沙者患在根脚搜空法宜加意塘根之外堅固牢密其直衝而沙硬者塘根之沙不患其坍止患直衝勢大非極堅極厚之塘不能抵禦宜精講修砌塘身之法而塘根以外加功稍次則是潮患兩海雖同而所以捍潮之法不同也今以海寧言之海寧之潮與杭城江干之潮無異俱起有潮頭俱横衝而過其實皆爲浙江入海之

尾閭然而海寧之海沙又與江干微别江干地皆近山其沙性硬故江塘之水坦而不陡即有衝刷捍禦猶易爲力海寧近城無山遠者江干之山相去百里近者袁花之山亦五六十里故沙土率皆性軟且海塘以外之沙從來此坍彼漲其所漲之沙又皆潮頭去遠急水已過而長水停蓄日漸淤積性浮體輕衝刷甚易故當平常沙漲之時塘外不下三四十里之遠及至沙坍三數月即可到塘蓋其積之也由於潮過之長水性平氣緩浮沙沈積故所長之沙低於海

塘者不過三四尺其坍之也由於潮頭與急水之横刷潮當初至之時水尚未長恒低舊沙丈許有餘灌潄衝激皆在沙底搜進故不但沙岸陡峻而沙面反凌空蓋出其外俄頃之間縫如毛髮轉瞬而坼裂頃刻傾頽蕩爲濁流杳無踪影矣漸至塘根日搜日進雖使鞭石爲塘豈能憑空穩立故海寧之塘必於塘脚之外沙土之中砌出十有餘丈以固其根舊法用木柵爲櫃中積小石層層排疊則可豫防衝刷立法誠善
朱定元海塘節略寧城南門不數武即濵大海仝

賴塘隄保護而寧塘又居杭嘉湖蘇常等府上遊保海寧即保嘉湖七府此所以浙省以海塘爲首務也塘長百餘里皆係活土浮沙東自尖山西至仁和界翁家埠綿聯曲折塘之外爲北大亹約闊三十餘里有河莊山爲界河莊之南爲中小亹約闊八里有赭山爲界赭山之南爲南大亹約闊二十餘里有紹興之龕山爲界若由中小亹出入當適中之地杭紹兩府皆慶安瀾第中亹窄狹難以容納江潮偶通旋塞徙南尚有龕常等山捍衛徙北僅藉塘隄一綫水勢

直逼塘根爲受險之地

康熙五十有九年秋七月浙閩總督覺羅滿保浙江巡撫朱軾請濬中小亹淤沙以復江海故道

疏言南大亹久已淤成平陸江海不循故道直沖北亹而東并海寧之老鹽倉亦皆坍沒入海而赭山以北河莊山以南乃江海故道近因淤塞以致江水海潮盡歸北岸今雖砌築石塘然中小亹淤塞不開則回潮沖刷一日兩度土石塘工終難穩固今將中小亹淤沙挑濬計已挑一千九十丈大汛時潮水亦可由此出入使江

海盡歸故道有司議以爲已挑者再加深寬未挑者速行開濬則土塘石塘得免潮勢北沖之患

六十有一年秋八月巡撫屠沂請中小亹淤沙止勿濬

疏言中小亹沙地因北岸沖決甚險前巡撫朱軾題明挑挖以分水勢今北岸塘脚現漲沙塗塘身穩固無容再爲挑濬有司議同

雍正十有一年春三月內大臣海望直隸總督李衛陳江海水道形勢

疏言江海之門戶有三省城東南龕赭二山之間名曰南大亹禪機河莊二山之間名曰中小亹河莊山之北海寧海塘之南名曰北大亹三亹形勢橫江截海實爲浙省關鍵而江海水道惟中小亹適當南北兩岸之中江水海潮若由此出入則兩岸無虞但地面不及南北兩大亹之半且山根餘氣似若綿聯潮過沙淤偶通旋塞所以不徙而南卽徙而北然徙南則南岸尚有龕赭諸山連絡捍衛或有沖刷爲患猶輕若徙北則北岸僅有塘堤潰溢甚鉅今南大亹早

已淤爲平陸數十年前尚有中小亹出入後漸徙至北大亹比年北大亹之桑田廬舍已成滄海伏思水來沙去水去沙來理固有之若於海寧尖塔二山之間依前築石壩堵截水道使江水海潮仍向外行則北岸護沙可望復漲果能北漲自必南坍水道亦可望其南徙

十有二年春二月大學士鄂爾泰等議覆濬中小亹引河及南港河事宜

議曰近奉

諭旨海塘工程令副都統隆昇總理今隆昇言河莊等

山舊有南港河一道柴滷舟楫不時往來西首沙淤僅一十五里挑濬甚易已同總督商酌遊移未定隨召固山章京等酌議各旗員兵丁咸願効力踴躍爭先如開挖成河自應報銷儻無成效情願捐資案海塘工程程元章遲疑瞻顧不肯擔承是以隆昇有議遣滿兵開挖之請今塘工業令隆昇總理其南港河果可施工無庸資藉駐防兵力應令隆昇酌量僱募夫役相機挑挖所費錢粮事竣核實報銷

夏五月總理海塘副都統隆昇題報濬中小亹門

南港二引河竣

濬中小亹引河西自淡水埠東至鹽滷埠長二千七百九十餘丈面寬十二丈底深二丈水深一丈至一丈四五尺北大亹南港引河西自大坍灣東至分金埭長二千七百丈面寬四丈至十丈底寬六尺水深六七尺

十有三年冬十有二月大學士嵇曾筠陳海塘事宜

疏言海寧塘工之患雖在北岸而致患之原則在南岸常有沙灘綿亘百餘里又有沙嘴挑溜遂至江海水勢全向北趨塘工日加危險是欲治北岸之水患必先治南岸致病之原無如所開引河與地勢不合惟有借水攻沙之法於南岸沙洲用鐵器梳挖陡崖俾沙岸根脚空虛乘冬季西北風多海潮往來使之自爲沖刷隨勢坍卸已有數十里之遠今自仁和至海寧翁家埠老鹽倉日夕漲沙亦有數十里水勢已向南趨北岸漸臻平穩至所開引河於中小亹門外灘淡水埠爲河頭並非頂衝不能汲引江溜中段黃山廟界於河莊禪機二山間北河頭地較

高江水豈能自下而上挽流注海而河尾又在茅草堰地盡沮洳每日海潮挾流沙漫入河頭河尾中高溜緩潮退沙存日漸淤塞雖復疏通山水開挖而南港一河又當北大亹之中挑溜仍歸海寧對面是不能引之使去而仍招之使來有損無益請罷引河疏濬

按海塘志云嵇曾筠勑借水攻沙之法於南岸沙洲用鐵器隨勢挑挖或順溜截根或迎潮挑溝使江水海潮晝夜往來自爲沖刷江溜日趨南岸北岸淤沙日漲大工得以告成

迨乾隆十一年重濬中小亹仍用切沙法內則疏挖外則挑切十二年中小亹大通未必非切沙法相與有成也

乾隆元年春二月大學士兼總督巡撫事嵇曾筠奏報南北沙勢

疏言海寧塘身坐當險要連被沖刷實緣上遊紹興地常有寬闊沙灘是以海潮奔注遂成首衝但此坍彼漲情形無定惟有將海寧塘工次第修築一律高堅并於沿江沿海疏通港汊分洩水勢而於南岸沙洲竭力挑切因勢利導大溜日向南趨北岸自臻平穩現東西二塘沙漲益廣雖春潮浩瀚而江海安瀾塘堤可保無虞矣

十有二年春二月署巡撫事布政使唐綏祖奏報濬引河故道工竣

疏言乾隆九年吏部尚書公訥親察勘形勢請將中小亹引河故道開濬深通部議報可是年巡撫常安用切沙之法相機疏刷於蜀山南岸挑溝引溜以順水勢復於北岸安置竹簍石壩挑溜掛淤至十一月春夏間潮汐漸趨南向北

岸外漲沙日見寬廣但偃鳳山尚未落水河莊巖峯二山積沙尚厚而蜀山之南有舊時引河故道今年挑挖工竣計長一千二百四十七丈五尺面寬三四五六尺底寬二三四丈水深六七尺

十有三年春正月大學士高斌奏請加築土堰抵護潮頭

疏言北岸西塘自章家灣至小尖山足沿塘新漲沙灘綿亘四五十里而中小亹引河導引江溜暢流直下全塘得保無虞惟是善後之策誠宜審慎恐偶遇大潮上灘或值颶風湧起潮頭濺水上塘不可不慮今應自章家菴至小尖山之足止凡石柴草塘面及背皆加築土堰以抵潮頭

夏四月大學士公訥親請堵禦潮溝

疏言北岸尖山江水大溜悉歸中小亹暢流直下北大亹沙漲已成平陸葛岙山北沿水之處約計二十餘里皆係老嫩沙灘老鹽倉堤外老嫩淤沙約二十里直接蜀山北面其海寧南門石塘外亦漲有老嫩沙灘約一十五里大小尖

山之足老沙約寬一十三里至十五六里其前大亹老沙綿亘自塘至水近者六七里遠者至二十餘里中小亹引河自上年十一月內沖開以來初寬二十餘丈今至四百五十餘丈月內已沖刷三里之寬錢江大溜雖行葛嶴山以南而逼近山足之水仍復從山後漫流現刷有堰溝江溜初向南行當防其仍復故道應設竹簍滾壩以禦沖刷使仍由壩漫流其蜀山至尖山中有堰溝數道不宜任潮水沖刷深長應加堵禦以期潮退沙淤漸成灘地

秋九月巡撫方觀承請堵禦潮溝

疏言北塘外漲出老嫩沙塗直接河莊巖峯蜀山乃江海經由之北大亹故道今自五月以來日漸淤墊河莊山後有沙南北橫亘如脊第恐因潮長落沖刷無定若設竹簍碎石滾壩以殺汛勢俾水退沙留易於淤積更屬有益至於北塘八仙石汎至小尖山共有堰溝六道其在馬界塘將軍殿者潮溝均隔基圩民堰不能到塘其在曹殿小文前者祇係小水漫流不致沖刷深長惟三里橋塘外潮溝一道長二千二百丈口門寬一百八十丈迎引潮汐應於口門內向阨要所設立滾壩以禦汛水沖刷

二十有四年夏六月巡撫莊有恭奏報海水趨北大亹

疏言西柴塘老鹽倉迤西之華家衖翁家埠與南岸河莊巖峯二山相對現江溜海潮俱由二山外之北大亹往來水勢北趨北岸塘外漲沙不致沖決成堰進臨塘脚

二十有六年夏四月巡撫莊有恭奏報沙漲

疏言塔山石壩外漲沙原標記第一竹簍二百

個自十三日福隆安等三續勘除增漲外露高一尺一寸五分者今增漲六寸五分僅露出竹簍五寸第二竹簍三百個續勘除增漲外露高一尺三寸五分者今增漲一寸五分尚露出竹簍一寸二分第三竹簍之臨水六十九簍未有增漲

二十有八年夏六月江蘇巡撫莊有恭浙江巡撫熊學鵬奏覆繪沙水圖

疏言前請建修坦水荷蒙

硃批知道了許久未畫圖來是何故耶欽此按東石塘

福寧宮前迤西新舊漲沙共一百三十四丈鐵牛盤頭斜對小尖山脚止沙寬八十九丈小尖山石壩外西北面沙寬一百五十五丈東南面沙寬八十九丈第一標記方竹簍計四層共高八尺上層竹簍漲沙擁滿沙護通高八尺第二標記長竹簍計三層共高一丈二尺上層竹簍漲沙擁滿沙護通高一丈二尺第三標記第六十七簍中層竹簍漲沙擁滿沙護通高八尺西柴塘外念頭股直出老沙寬二千三百四十六丈東西橫長二千二百五十丈外聯新漲嫩沙

一千六百一十丈翁家埠老沙寬一千六百四十一丈磯高一二尺下有新漲嫩沙四百三十四丈又迤東至楊家莊潮退時沿塘新漲嫩沙長二十餘里寬自六七百丈至十餘丈華家衖迤東至曹殿老沙寬自三百三十八丈至二十七丈沙水往來坍漲無常嗣後按月比較奏報沙水形勢有無坍漲繪圖呈進奉

硃批亦不必每月兩月一次可也欽此

秋七月江蘇巡撫莊有恭浙江巡撫熊學鵬奏報沙水狀

疏言東石塘曹殿塘外海內嫩沙迤西漲連與念股頭沙相接迤東至秧田廟止漲長一千餘丈於北塘大有裨益其餘沙水形勢與前無異

臣鑅謹按乾隆二十八年巡撫莊有恭奏覆繪沙水圖

上諭兩月一奏沙水之報始此迨三十七年五月六月七月間撫臣按月比較形勢奏

聞自是循行至今

二十有九年春二月江蘇巡撫莊有恭浙江巡撫熊學鵬奏報沙水狀

疏言東石塘念里亭迤東潮退時沿塘新漲嫩沙一道約長二千七百餘丈寬自八百餘丈至二百餘丈

冬十有二月江蘇巡撫莊有恭浙江巡撫熊學鵬奏報沙水狀

疏言東石塘觀音堂迤東至馬牧港潮退時沿塘新漲嫩沙一道約長一千二百餘丈寬自四百餘丈至十餘丈撥轉廟迤西至陳文港潮退時沿塘新漲嫩沙一道約長一千餘丈寬自三百餘丈至三十餘丈

三十年春閏二月嚮道大臣奢三奏覆塔山建立

標記

疏言新定第一標記仍立方竹簍計四層共高八尺漲沙高九尺沙護一尺第二標記長竹簍第四十個計三層共高一丈二尺漲沙高一丈一尺七寸簍露三寸第三標記長竹簍第八十個計三層共高一丈二尺漲沙高一丈一尺二寸簍露八寸第四標記長竹簍第一百二十個計三層共高一丈二尺二寸簍露八寸

三十有二年夏四月巡撫熊學鵬奏報沙水狀

疏言西柴塘將軍殿迤西至老鹽倉塘外潮退時海中新漲嫩沙一道長三千三十餘丈寬自八十丈至一十餘丈水勢分行南北

三十有三年春二月巡撫熊學鵬奏報沙水狀

疏言東石塘三里橋迤東潮退時沿塘新漲嫩沙一道長一千八百餘丈寬自六百餘丈至三百餘丈

三十有四年春正月巡撫永德奏報沙水狀

疏言東石塘陸家場迤東至尖山脚下潮退時沿塘新漲嫩沙一道長六千九百二十餘丈寬自八百餘丈至一千八百餘丈

三月巡撫永德奏報沙水狀

疏言西柴塘普兒兜迤東至陸家場西潮退時沿塘新漲嫩沙一道長二千一百丈寬八百丈

三十有五年春正月巡撫熊學鵬奏報沙水狀

疏言西柴塘普兒兜至陸家場西塘外海中潮退時新漲嫩沙一道長二千一百餘丈寬自五百丈至三百餘丈水勢分行南北

三月巡撫熊學鵬奏報沙水狀

疏言東石塘七里廟迤東至小尖山足沿塘潮

退時新漲嫩沙一道長五千二百八十餘丈至二千四百餘丈

夏六月巡撫熊學鵬奏報沙水狀

疏言西柴石塘外念股頭迤東至關帝廟塘外前漲嫩沙長二千九百餘丈西寬一千餘丈東連中漲嫩沙寬八百餘丈水仍合流

三十有六年春二月巡撫富勒渾奏報沙水狀

疏言西柴石塘外念股頭迤西頭圍之外潮退時露出陰沙一道聯接老沙長二百餘丈寬自一十餘丈至一百餘丈

夏六月巡撫富勒渾奏報中小亹沖成引河

疏言蜀山南面之沙前奏報時坍寬八百三十餘丈今又坍去三十餘丈其中沙磡三段東西橫長一千九百餘丈四月以前第三段爲首沖沙尖挑開大溜潮勢不能直抵磡根五月朔望二汛大溜由蜀山南面中道而行潮勢直抵第一段沙尖與中小亹東口相近應將中小亹內自東至西挑疏水漞一道並將雷山以下瀉水處堵塞使上游之水盡歸漞溝借勢沖刷今自六月初旬以來連得大雨山水驟發中小亹自西至東沖成引河一道寬十丈深六七尺水勢隨潮長落東西通流

秋八月巡撫富勒渾奏報潮水分入中小亹

疏言大汛之後潮頭分入中小亹東口至巖峯山兩路分流一由引河西口而出一繞河莊山北面而出

三十有七年春二月巡撫富勒渾奏報海潮分行

疏言正月中海寧南門外東西塘下漲沙寬八百九十餘丈中間刷成水溝一道起有沙痕原由蜀山分行之潮溜改從新漲沙痕以此逼近

北岸漲沙而行二月大汛以後一股自蜀山南面分入中小亹引河與巖峯山西分入之溜會流激撞一出西口一出巖峯山西之足入大溜而行湍流較緩一股自新漲嫩沙之外由東南斜向西北行至鎮海塔大石橋近依坦水至秧田廟楊家莊復折向西南斜趨巖峯山西之足一入中小亹引河一入河莊山北面分溜而行湍流甚急二水分流之中新露中沙一道東西橫長一千餘丈其東口門外蜀山南岸三段沙尖之處並無坍動第三段磡下淤有陰沙西口門外沖有水漞與海面通西口門內所挑引溝二十餘道緣地勢稍高潮過淤墊現設法疏濬冀分潮溜暢流無滯奉

上諭止當實力保衛隄塘以待潮汐之自循舊軌不必執意急爲開溝引溜之計必欲以人力勝海潮也欽此

夏五月巡撫富勒渾奏報沙水狀

疏言四月以來起潮大溜仍由東南斜趨西北至海寧四里橋之東八里支地近依新漲沙痕北面向西抵馬牧港折向西南而行回瀾大溜

由西南斜趨曹殿亦循新漲沙痕北面過四里
橋東八里文折向東南近依陳文港普濟菴外
漲沙而行所有新漲沙痕一千五百餘丈今於
東南面增漲二百餘丈西首刷低一百餘丈其
西塘沙勢念殷頭直出老沙之外新露陰沙現
存四百餘丈馬牧港迤西漲沙現存一千五百
四十餘丈其東塘沙勢四里橋迤東至尖山足
漲沙現存四千九百餘丈
六月巡撫富勒渾奏報沙水狀
疏言近月潮回溜轉急趨東北其西塘沙勢念

殷頭直出老沙之外新露陰沙俱已刷低無存
章家菴老沙存寬自一十六丈至一千六百六
十餘丈關帝廟漲沙存寬自三百餘丈至一千
一百餘丈馬牧港漲沙存長一千二百四十餘
丈普兒兜至海寧城東華岳廟塘外漲沙刷低
無存坦水呈露潮溜往來逼近沙痕北面而行
其東石塘沙勢八里文迤東至尖山足漲沙存
長四千二百九十餘丈
秋七月巡撫熊學鵬奏報沙水狀
疏言西柴石塘外念殷頭西頭圍之外新露陰
沙刷低無存老鹽倉至海寧城東陳文港塘外
漲沙刷低無存坦水呈露離塘三四里外潮退
時海中新漲沙痕一道約長一千六百餘丈水
分南北其中小亹東首漲沙八百三十餘丈水
勢隨潮長落西首漲沙五百四十丈墊有陰沙
九月巡撫熊學鵬奏報沙水狀
疏言海寧南門外海中漲沙刷低無存其西塘
黃山廟東塘八里文塘外潮退陰沙仍露
冬十有二月巡撫熊學鵬奏報沙水狀
疏言西塘黃山廟至東塘沈家坂塘外沿塘新

漲陰沙一道長八千餘丈寬自一千餘丈至八
百餘丈
三十有八年春閏三月巡撫三寶奏請留沙護隄
疏言海寧沈家坂迤東塘外高阜漲沙長二千
五百九十餘丈寬自二十餘丈至二千四百餘
丈係西路黃灣二場竈地乃竈戶乘便附近塘
根刮土煎淋以致內沙日低外沙日高恐於塘
工有害應請於塘坦舊基五丈之外量留內沙
一十五丈以護塘隄挑埂釘樁為界界內永禁
刮淋

三十有九年夏五月巡撫三寶奏報東西沙平

疏言四月以來潮來平緩水勢走南其西柴石塘之章家菴潮神廟翁家埠華家衖塘外沙長二千七百九十餘丈寬自一千六百六十餘丈至一千餘丈念股頭曹殿翁臧汛觀音堂關帝廟林茂舍塘外漲沙長二千八百九十餘丈寬自一千八百六十餘丈至一千餘丈老鹽倉普兒兜馬牧港及東石塘之戴家石橋秧田廟將軍殿伍公祠鎮海塔四里橋十里亭小文前陳文港念里亭沈家坂塘外漲沙長八千餘丈寬

自一千餘丈至一千四百五十餘丈其東石塘之沈家坂普濟菴掇轉廟陳家塲韓家池塘外漲沙長二千五百九十餘丈寬自一千四百七十餘丈至二千四百餘丈東西基址內外沙塗綿亘百里一律漲平往來潮汛悉向南岸之蜀山南面大溜暢流蜀山之南水面約寬一千七百餘丈

六月巡撫三寶奏報水勢

疏言南岸之禪機葛嶴河莊三山西口門外舊有陰沙沖刷無存蜀山之南巖峯山之西起有滬瀆一道蜀山以東水勢分行一由蜀山南面過巖峯山北面而行一繞巖峯山南面經巖口過河莊山麓而出

四十年春二月巡撫三寶奏報水勢

疏言春汛以來中小亹引河積有陰沙河莊山左右巖口滬瀆漸就淤塞水勢往來仍分行蜀山南北二面不繞巖峯山南面

夏五月巡撫三寶奏報沙水狀

疏言西塘之關帝廟林茂舍老鹽倉柴塘外前漲陰沙潮溜刷斷不相連屬

冬十月巡撫三寶奏報沙水狀

疏言范公塘念股頭外及曹殿翁臧汛觀音堂之柴塘外前漲陰沙潮溜刷斷不相連屬

四十有一年春正月巡撫三寶奏報沙水狀

疏言河莊山前漲陰沙今寬一千三百五十餘丈巖峯山前漲陰沙今寬一千一百二十餘丈水勢祇由蜀山之北而行

夏五月巡撫三寶奏報沙水狀

疏言西塘之普兒兜馬牧港柴塘外及東塘之戴家石橋秧田廟石塘外前漲陰沙潮溜刷斷

不相連屬惟沈家坂普濟菴掇轉廟陳家塢韓家池漲沙尚皆聯絡

秋七月巡撫三寶奏報沙水狀

疏言南岸河莊巖峯二山之北陰沙袤延致水勢直向北趨北岸東西二塘柴石塘外間叚刷低念股頭迤東外口漲沙存長一千八百餘丈西寬一千餘丈東寬一十餘丈章家菴迤東至華家衖塘外老沙存長二千三百九十餘丈寬自一千二百六十餘丈至二三丈鎮海塔迤東至四里橋塘外漲沙存長一千餘丈寬自二三

丈至七十餘丈小文前迤東至沈家坂塘外漲沙存長一千六百餘丈寬自二百餘丈至九百餘丈沈家坂迤東至韓家池塘外漲沙存長二千五百九十餘丈寬自一千四百七十餘丈至一千六百餘丈小尖山石壩老沙西北面存寬二百一十餘丈東南面存寬一十五丈餘皆沖刷無存

四十有二年春二月巡撫三寶奏報沙水狀

疏言東石塘四里橋迤東至沈家坂沿塘內外新舊漲沙聯絡一片計長三千四百餘丈寬自二三丈至一千餘丈其南岸蜀山南北二面陰沙淤塞水由北趨

冬十月巡撫王亶望奏報沙水狀

疏言北岸塘外新舊漲沙皆有刷低西柴塘章家菴迤東至翁家埠塘外老沙存長一千二百餘丈寬自七百五十餘丈至二三丈念股頭外口漲沙存長四百餘丈西寬二百餘丈東寬一十餘丈東石塘韓家池迤東塘外老沙存長三百八十餘丈寬自二三丈至四十餘丈餘皆沖刷無存塔山三面水臨山脚

四十有三年春二月巡撫王亶望奏報沙水狀

疏言東塘潮勢仍由小尖山流向西北中流漲有陰沙一道東首與南岸陰沙相接聯絡蜀山潮退之時稍注北岸

夏四月大學士兩江總督高晉浙江巡撫王亶望奏覆沙水狀

疏言南岸之禪機葛嶴二山西口門外漲沙一道約長十有餘里中小亹引河舊址二山夾峙已成高阜刮淋耕種巖峯山東口門外漲沙二道約長四十餘里內係老沙外係嫩沙至於南

岸蜀山之東頭沙尖與北岸海寧城東之掇轉
廟斜對中有一泓形如岔口測量東西約長一
千二百餘丈水深僅有數尺潮長時大溜約有
九分斜趨西北過海寧循塘而行南岸僅有一
分旁行於陰沙之上今蜀山圖內欽奉
硃批點誌起訖所自東南至西北計長三千四百二十
丈漲沙雖嫩勢甚綿亘挑挖試驗開至尺許卽
現活沙嫩輭浮膩且有水出近裏之蜀山臨腳
嫩沙開至三四尺亦現活沙挑挖皆難施力且
潮溜趨向西北南邊漲沙形勢不定並無河頭

可以喻流導引縱使開寬潮過卽淤難望引溜
暢注惟有欽遵四次
南巡屢奉保護北塘之
聖諭勤加修繕以爲補偏救弊之法
秋八月巡撫王亶望奏報沙水狀
疏言春汛以來大溜仍由小尖山向西南而來
至海寧之鎮海塔前潮歸中流專向西行其西
柴塘念股頭口外前有漲沙沖刷無存章家菴
至潮神廟塘外老沙存長六百五十餘丈寬自
五百三十餘丈至一二丈東石塘韓家池迤西

至十里亭之東塘外陰沙存長四千六百八十
餘丈寬自七百三十餘丈至十餘丈至南岸之
葛嶴山西口門外漲沙長十餘里巖峯山東口
門外漲沙二道長四十餘里河莊山陰沙寬一
千餘丈外有水沙寬二百二十餘丈巖峯山陰
沙寬九百餘丈外有水沙寬二百二十餘丈蜀
山東南岔口至西北港邊陰沙長三千四百二
十餘丈岔口以內東西陰沙長四百五十餘丈
四十有四年春二月巡撫王亶望奏報沙水狀
疏言西柴塘章家菴至潮神廟塘外老沙存長

五百八十餘丈寬自五百八十餘丈至一二丈
東石塘迤西至陳文港之東塘外陰沙存長三
千九百餘丈寬自四百五十餘丈至十餘丈其
南岸蜀山嫩沙外之陰沙自東南迤邐至西北
港邊共長四千二百餘丈前有岔口今成一片
夏四月巡撫王亶望奏報沙水狀
疏言東石塘韓家池塘外陰沙存長三百五十
餘丈寬自一十餘丈至一二丈塔山口外潮退
時有陰沙一道自東南斜向西北直至小文前
塘外約長三千四百餘丈東約寬五百餘丈西

約寬八百餘丈中約寬一千六百餘丈離北岸
四五里離南沙八九里潮長時水勢分南北而
行趨南者十之六趨北者十之四
四十有五年秋七月巡撫李質穎奏報沙水狀
疏言范公塘外念股頭漲沙以漸沖刷無存舊
址半臨水腳西柴塘章家菴范家埠之西塘外
老沙存長二百七十餘丈寬自一百二十餘丈
至一二丈東石塘韓家池塘外陰沙存長三十
餘丈寬自一十餘丈至一二丈其塔山口外前
漲陰沙入春以來漸刷低數百丈今俱沖刷無

存水仍合流
九月巡撫李質穎督理海塘王亶望奏報沙水狀
疏言念股頭裏頭二處老沙坍盡舊址盡入海
中章家菴塘外亦坍二百餘丈范公塘外頭圍
接連北岸老沙處潮退時新漲陰沙一區直對
南岸長山南岸溜水直沖北岸其西柴塘范家
埠潮神廟之中離塘二里有餘對向海中潮退
時漲露陰沙一區翁家埠華家衖草菴之間離
塘三里有餘對向海中潮退時漲露陰沙一區
三所陰沙日漸寬增潮溜轉成灣勢直射塘根

冬十有一月閩浙總督富勒渾督理海塘王亶望
奏覆切沙事
疏言西柴塘章家菴之對面陰沙漸闊迤西頭
圍新漲陰沙一道二沙夾峙欽奉
上諭朕意或從南岸港邊一帶漲沙施工橜行切去沙
頭使溜勢得南直瀉未始非引溜之一法但其事是否
能行朕意亦不能懸定已於圖中點出著傳諭富勒
渾王亶望即公同悉心籌畫據實迅速覆奏欽此惟
是現漲陰沙潮來浸蓋潮退顯露下係活沙嫩
軟浮膩挑切自難施工兼之晝夜潮汛往來無

定水挾沙行隨切隨淤恐難取效前臣富勒渾
曾經挑挖中小亹引河未能奏功嗣臣王亶望
會同大學士兩江總督臣高晉復加勘議切沙
又以不能辦理奏請停止今惟有於首衝所添
築柴盤頭一座以挑水勢使大溜稍遠塘根庶
為防護周密
四十有六年春正月巡撫李質穎奏報沙水狀
疏言西柴塘之范家埠離塘里許前漲陰沙一
道中沖水溝分為二區北首沙小南首沙大而
南沙日漸北趨相接北沙致水勢臨塘搜刷其

翁家埠華家衖之中海中前漲陰沙以漸南首增寬北首刷低相近南岸與河莊山水沙接連翁家埠離塘一百餘丈之外潮退時又新漲陰沙一道東西橫長七百餘丈寬自一百餘丈至一百五十餘丈水勢分爲南北兩路而行其沙之北水約深三四餘尺南自新築萬嘉廟迤東至華家衖循塘水勢僅深一二尺其下俱有嫩沙擁護

三月大學士公阿桂閩浙總督兼署浙江巡撫陳輝祖奏報沙水情形

疏言章家菴東西二處新建柴盤頭以來漸有嫩沙回護溜勢漸向南趨范家埠塘外前漲陰沙北首小者刷去無存南首大者亦已刷低潮退時亦不甚見翁家埠塘外海中前漲陰沙亦皆刷去水深三四丈勢仍合流

夏四月閩浙總督兼浙江巡撫陳輝祖奏報沙水狀

疏言東石塘之韓家池塘外前有陰沙四十餘丈後皆以漸刷去今自塔山之足斜向西北經韓家池陳家塢掇轉廟普濟菴沈家坂急里亭鄭家衖沿塘潮退時新漲陰沙一道約長一千六百餘丈寬自四百餘丈至三十餘丈惟韓家池陰沙中起有水溝一道其西柴塘翁家埠對面前漲陰沙南首大沙已與南岸西口門外水沙聯成一片

六月閩浙總督兼署浙江巡撫陳輝祖奏報沙水狀

疏言五月以來范公塘外頭圍舊有陰沙之東新漲陰沙一區約長二里餘橫闊一里餘今自十八十九兩日狂風大雨波濤洶激沿海陰沙多有消長西石柴塘外章家菴對面潮退時海中新漲陰沙一區逼近搶建石塘約長四里闊自一二丈至三四十丈水勢分爲南北其迤北一道水面僅寬一百餘丈潮溜逼近范公塘及將軍殿前又塔山之西南潮退時海中新漲陰沙一區斜長五里餘橫闊二里餘遂分海水爲二道其東石塘韓家池塘外陰沙中前有水溝一道今則自陳家塢塘外迤邐南行繞韓家池經塔山斜趨東南起有漚溝一道而掇轉廟迤西之新築鎮海廟塘外亦起有漚溝一道柴滷

諸船皆可出入至於南岸之西口門外漲沙存長一十餘里東口門外漲沙二道存長四十餘里河莊山北面之陰沙存長一千一百餘丈外有水沙存寬二百二十餘丈巖峯山北面之陰沙存寬九百餘丈外有水沙存寬二百二十餘丈蜀山北面之陰沙自東南迤邐至西北港邊存長四千二百餘丈至海寧塔山之老沙西北面存寬二百一十餘丈東南面存寬一十五丈外接陰沙存寬六十餘丈斜長二百餘丈石壩竹簍三層沙皆擁護

秋七月閩浙總督兼署浙江巡撫陳輝祖奏報沙水狀

疏言西柴石塘外頭圍舊有陰沙之東新漲陰沙徙而東橫漲海中又徙而東與南岸之西口門外水沙聯接章家菴塘外前有海中漲沙今已刷低無存水仍北面合流

九月閩浙總督兼署浙江巡撫陳輝祖奏報沙水狀

疏言西柴石塘外章家菴迤東小汛時海中新漲陰沙一道長四百二十餘丈寬八十餘丈水勢分流南北東石塘韓家池迤西至鄭家街塘外前漲陰沙三千六百餘丈今已漸沖刷無存其海寧塔山之西東南三面皆臨水內塔山之西南面海中漲沙斜長十二三里橫闊三四里沙身以漸增高水勢仍分行南北

冬十有一月閩浙總督兼署浙江巡撫陳輝祖奏報沙水狀

疏言西柴石塘章家菴迤東之新漲陰沙向北增寬二十餘丈徙而南與南岸舊沙西礀之外水沙聯成一片仍向北合流

四十有七年夏四月閩浙總督兼署浙江巡撫陳輝祖奏濬西塘頭圍引河

疏言海潮自東而西直趨入江自西而東直趨入海必須中無阻隔始克順軌安瀾乃潮汛由北大亹經行以來非若前此自南大亹及中小亹之遷徙在南其濱岸有龕赭禪機三山可以聯絡捍蔽不患潮沖今北流已成偏注臨岸僅恃一綫塘堤以為排護而南流則水緩沙移歲多淤漲如北岸仁和縣西柴石塘外頭圍為江海交接之處乃前於老礀之外添漲沙塗一道

綿亘十餘里橫江截海阻阨水道致沙回溜轉形勢垙灣且潮神廟迤東至華家衖塘外潮退時海中新漲陰沙一道長八百二十餘丈寬自六十餘丈至一百一十餘丈水勢分流北多南少則是范公塘以東受江水之迴瀾日漸搜刷章家菴以西被海潮之巨浸時沖灘礀爲患無窮㡳惟挑溜庶可暢流無如南岸之沙綿延數千丈難以疏瀹導引且沙性無常旋開旋淤從前歷辦引河迄無成效卽使北岸開河亦慮潮過沙停徒致費工糜帑因思范公塘外頭圍形

勢挺出海灘甚長若順江海往來之勢於溜行直注之處漲沙適中刨挖成河待至山水暴注卽爲開放借其趨江奔騰之勢導之由西而入直出東江并南注岸沙亦得刷滾順流且攻沙惟山水最爲得力自可期日漸沖刷直達暢行遂於二月初八日興工三月十九日竣事頭圍漲沙適中開成引河一道長七百五十丈寬二十丈深七尺適於二十一日山水漲發江潮大溜直趨引河迄今一月有餘兩岸漲沙日加沖頹前之寬二十丈者今已寬三百五十餘丈至

五百餘丈矣前之深七尺者今已深三丈有餘矣其引河東門口斜對之南岸水沙挖坍三百餘丈刷長一千餘丈轉下一段挖坍二百餘丈刷長四百餘丈漸有南坍北漲之機北岸東西二塘雖處首衝而大溜順行中道臨塘庶可無虞

秋七月閩浙總督兼署浙江巡撫陳輝祖奏報沙水狀

疏言西柴石塘潮神廟迤東至華家衖塘外前漲陰沙今被潮溜以漸刷低無存旋於新築天

字號迤東至范家埠塘外離柴塘水面約計七十餘丈潮退時新露水沙一道橫長四百五十餘丈寬自一十餘丈至四十餘丈不等

九月署巡撫王進泰奏報沙水狀

疏言西柴石塘天字號迤東至范家埠塘外水面前漲水沙今大汛漫溢往來沖刷漸已無存

冬十有二月巡撫福崧奏報沙水狀

疏言范公塘外頭圍引河其東口北面老沙之外潮退時新漲陰沙一道長一百八十餘丈寬四十餘丈其東塘外塔山之西海中前漲陰沙

漸徙而西今自普濟菴迤西至鎮海塔止長三十餘里横闊三四里水勢分行北多南少潮來漫蓋潮退顯露前奉

硃筆點誌開切之處頭圍引河東口斜對之南岸陰沙原長二千四百丈内東段一千三百餘丈寛二百餘丈以漸被潮刷薄下存洋沙難以施工其西段稍高之處亦因潮汐往來隨挖隨淤未見功效

四十有八年夏六月閩浙總督富勒渾巡撫福崧奏報沙水狀

疏言西塘頭圍沙塗中段引河一道大溜直趨日逐坍寛東口河面計寛六百二十餘丈西口河面計寛六百四十餘丈水深二丈有餘東口北面老沙之外前漲陰沙長一百一十餘丈寛一十餘丈現被潮水刷低不露其引河東口門外斜對之南岸水沙寛一千一百餘丈長一千八百餘丈轉下一段原墊水沙寛二百五十餘丈長四百一十餘丈悉行刷去前奉

硃筆點誌開切之南岸陰沙不待開切悉皆坍刷無存其塔山内護壩竹簍上中二層現俱顯露底層

竹簍仍係陰沙擁護

冬十月閩浙總督富勒渾巡撫福崧奏報沙水狀

疏言引河南岸老沙之外墊有水沙聯接南岸長山老沙其引河東口門外斜對之南岸水沙潮退時復漲陰沙一道聯接南岸西口門外老沙長一千一百餘丈寛一千二百餘丈

四十有九年春正月閩浙總督富勒渾巡撫福崧奏報沙水狀

疏言東塘塔山之西海中前漲陰沙長三十里横闊二三里今刷短一十餘里漸徙而西現自

秧田廟迤東至將軍殿伍公祠鎮海塔七里廟十里亭華岳廟止祗長二十里横闊一二里東塘外韓家池迤西至殳家廟陳家塢掇轉廟普濟菴沈家坂念里亭陳文港小文前止潮退時沿塘新漲陰沙一道長三千二百餘丈寛自二三十丈至八百二十餘丈中有水溝一道由念里亭外斜趨東南其小尖山東南面老沙寛九丈外接陰沙寛二十餘丈又有水沙寛五十餘丈斜長一百八十餘丈西北老沙寛二百一十餘丈至塔山内護壩竹簍三層俱有陰沙擁護

夏四月巡撫福崧奏報沙水狀

疏言東石塘秧田廟迤東至華岳廟海中前漲陰沙今俱刷低無存水仍合流韓家池迤西沿塘前漲陰沙今西首小文前陳家港塘外刷短三百九十餘丈自念里亭止存長二千四百一十餘丈寬自一二十丈至五百二十餘丈中仍有水溝一道

五月巡撫福崧奏報沙水狀

疏言東石塘念里亭沿塘漲沙西首刷低一千二百一十餘丈刷窄三百八十餘丈今自撥轉

廟止存長一千二百二十餘丈寬自一二丈至一百二十餘丈水溝刷平

秋九月閩浙總督富勒渾巡撫福崧奏報沙水狀

疏言東石塘撥轉廟沿塘漲沙刷低無存

九月閩浙總督富勒渾巡撫福崧奏報沙水狀

疏言范公塘外頭圍沙塗中段引河大溜直趨東口河面現寬六百八十餘丈西口河面現寬七百一十餘丈水深二丈有餘其引河東口門外斜對之南岸水沙寬一千一百餘丈長一千八百二十餘丈外口今又新起洋灘一道向西增漲旋於洋灘外潮退時又聯漲陰沙一道長一千二百餘丈寬七八百丈東石塘外塔山之西自伍公祠迤東至沈家坂潮退時海中新漲陰沙一道長三十餘里橫闊二三里水勢分流北多南少塔山內護塘竹簍上中二層皆顯露底層仍有陰沙擁護

冬十有一月閩浙總督富勒渾巡撫福崧奏報沙水狀

疏言塔山之西伍公祠海中前漲陰沙刷低無存水仍合流

五十年秋八月巡撫福崧奏報沙水狀

疏言頭圍引河東口門外斜對南岸之沙陰沙洋灘共長三千二十餘丈共寬一千九百餘丈今以漸刷低存長三百四十餘丈存寬二百三十餘丈

冬十有一月巡撫福崧奏報沙水狀

疏言頭圍引河東口門外斜對南岸之沙增長一千二百三十餘丈增寬七百二十餘丈

五十有一年春二月戶部尚書曹文埴刑部侍郎姜晟工部侍郎伊齡阿奏覆海塘形勢

疏言東石塘老鹽倉以西近年淤沙南漲大溜北趨沙塗齧入潮汐逼近塘根其范公塘外沙塗由烏龍廟以往沿塘漲沙已寬至四百餘丈迤東至三官堂一帶舊漲熟沙七百餘丈現爲居民耕種外又聯漲沙塗三百餘丈尋常潮汐不能漫蓋

夏六月大學士公阿桂奏勘海塘形勢

疏言范公塘頭圍以下溜勢漸開塘外沙塗情形高厚寬至一千三百餘丈

五十有三年夏五月巡撫覺羅琅玕奏報沙水狀

疏言東石塘外小尖山石壩東西面舊有老沙寬九丈外接陰沙寬二十餘丈今於潮退時又新漲陰沙一道聯接老沙長一百九十餘丈寬三百八十餘丈其西北面老沙寬二百一十餘丈護壩石簍自第一標記至第四標記漲沙增高四五尺至八九尺三層竹簍各二百個現俱漫蓋至東石塘念里亭沿塘迤東至小尖山東南面比潮退時新漲陰沙一道斜長三千五百二十餘丈寬自一二丈至六百三十餘丈

秋八月巡撫覺羅琅玕奏報沙水狀

疏言東石塘念里亭迤東沿塘前漲陰沙西首刷低一千四百二十餘丈今自普濟菴東以往存長二千一百三十餘丈寬自十餘丈至六百四十餘丈

九月巡撫覺羅琅玕奏報沙水狀

疏言東石塘普濟菴迤東沿塘前漲陰沙西首刷短八百一十餘丈刷窄一百五十餘丈今自掇轉廟以往存長一千三百二十餘丈寬自一十餘丈至五百五十餘丈

五十有四年春二月巡撫覺羅琅玕奏報沙水狀

疏言東石塘掇轉廟沿塘前漲陰沙西首刷短八百四十餘丈今自陳家塢迤西以往存長五百五十餘丈寬自十餘丈至三百餘丈

夏五月巡撫覺羅琅玕奏報沙水狀

疏言東石塘陳家塢迤西沿塘前漲陰沙西首刷短三百一十餘丈刷窄二百二十餘丈今自韓家池起存長二百二十餘丈寬自十餘丈至一百三十餘丈

閏五月巡撫覺羅琅玕奏報沙水狀

疏言東石塘韓家池沿塘前漲陰沙刷去無存

五十有五年春三月巡撫覺羅琅玕奏報沙水狀
疏言西柴石塘潮神廟迤西自去年春間以來潮退時沿塘漲出陰沙一道約長五千餘丈雖經伏秋二汛未曾刷動然未過冬令恐尚不能堅實今春汛已過日見高阜無虞沖刷其自潮神廟范家埠章家菴塘外至范公塘烏龍廟止計長五千七百三十餘丈范家埠塘外寬二百丈第一壩外寬七百五十丈范公塘迤東
硃筆圈出處寬一千五百九十丈烏龍廟塘外老沙寬一十丈外接新沙寬四百四十丈頭圍內老沙

寬六百三十丈外接新沙寬三百九十丈十一座石壩及章家菴柴草盤頭皆得擁護
五十有六年夏六月巡撫福崧奏報沙水狀
疏言東石塘念里亭迤東沿塘至塔山外口潮退時新漲水沙一道三四月內微露形迹以漸增長霉汛水旺之時並未刷動自西北斜向東南長三千四百二十餘丈寬自二十餘丈至八百二十餘丈其西柴石塘潮神廟迤東沿塘前漲陰沙東首刷短三百五十餘丈刷窄自一百九十餘丈至九百四十餘丈今自范家埠以往存長五千四百四十餘丈寬自十餘丈至五百六十餘丈
秋七月巡撫福崧奏報沙水狀
疏言西柴石塘范家埠沿塘前漲陰沙東首刷短七百八十餘丈刷窄二百七十餘丈今自章家菴迤西以往存長四千八百二十餘丈寬自十餘丈至二百九十餘丈
九月巡撫福崧奏報沙水狀
疏言西柴石塘章家菴迤西沿塘前漲陰沙間段刷短一千五百七十餘丈刷窄七十餘丈今

自新築石壩外迤東以往存長三千五十餘丈寬自十餘丈至二百二十餘丈
五十有七年春三月巡撫福崧奏報沙水狀
疏言東石塘念里亭迤東沿塘前漲陰沙今自華岳廟迤東至念里亭潮退時沿塘又漲水沙一道聯接陰沙長一千四百二十餘丈寬自四五十丈至二三百丈
夏六月巡撫福崧奏報沙水狀
疏言西柴石塘新築石壩外迤東間段前漲陰沙東首刷短三百五十餘丈刷窄六十餘丈今

自范公塘江海神廟起存長二千七百五十餘丈寬自十餘丈至一百六十餘丈

秋八月巡撫福崧奏報沙水狀

疏言范公塘江海神廟沿塘前漲陰沙東首刷短六百五十餘丈刷窄六十餘丈今自江海神廟迤西起存長二千八十餘丈寬自七八丈至一百餘丈其東石塘華岳廟迤東至念里亭塘外前漲水沙刷短二百二十餘丈刷窄四十餘丈自小亥前以往存長八百三十餘丈寬自十餘丈至二百五十餘丈

冬十有一月巡撫福崧奏報沙水狀

疏言范公塘江海神廟沿塘前漲陰沙之外潮退時今又聯漲水沙一道長二千一百二十餘丈寬自十餘丈至一百六十餘丈

五十有八年春二月巡撫覺羅長麟奏釘南沙誌椿

疏言潮汛大溜斜向南趨離北岸約自一二里至四五里之遠柴石各工大為有益西柴石塘烏龍廟迤東至江海神廟去年立冬後潮退時於范公塘頭圍老沙之外新漲水沙一道長二千二百餘丈寬自十餘丈至一百六十餘丈東石塘七里廟迤東至塔山外口沿塘舊有漲沙二道正月望汛以後增長聯接通長四千九百二十餘丈寬自十餘丈至一千一百餘丈小尖山石壩西北面老沙寬二百一十餘丈東南面老沙寬九丈外接陰沙寬二百二十餘丈斜長二百三十餘丈護壩竹簍三層皆有漲沙漫蓋其西塘十二壩外潮退時對面海中新漲陰沙一道約長一千二百餘丈沙南海水約有六七分其勢急沙北海水約有三四分其勢較緩大

溜現在中沙之南而東石塘塔山外口迤西潮退時對面海中新漲陰沙一道約長二千四百餘丈沙南海水約有七八分其勢甚急沙北海水約有二三分其勢較緩大溜現在中沙之南至於南岸漲沙西與迤東至童家灣脫去舊沙長一千七百五十餘丈寬五百二十餘丈西口門外脫去舊沙長六千一百七十餘丈寬三百一十餘丈河莊山外脫去舊沙長一千四百一十餘丈寬二百八十餘丈巖峯山外脫去舊沙長六百四十餘丈寬二百四十餘丈蜀山外迤西脫去舊沙長三百四十餘丈寬

二百九十餘丈黨山河埠外脫去舊沙長一千一百六十餘丈寬二百三十餘丈大溜南趨日逐脫損實爲南坍北漲之機應於南岸舊有沙面上逐細丈量於每寬一百丈處請自二月爲始各釘標記誌樁一根以便一目了然易於核實察驗其頭圍外舊有引河一道疏通水勢今中沙已經沖刷海內寬暢並無河形無庸開報

西興迤東至童家灣現在存老沙寬有一千三十餘丈陰沙寬四百四十餘丈誌樁一十四根

長山外現存老沙寬一千九百二十餘丈陰沙寬三百三十餘丈誌樁二十二根

西口門外現存老沙寬一千八百四十餘丈陰沙寬三百二十餘丈誌樁二十一根

河莊山外現存老沙寬一千八百二十餘丈陰沙寬二百四十餘丈誌樁二十根

巖峯山外現存老沙寬一千七百三十餘丈陰沙寬二百四十餘丈誌樁一十九根

蜀山外迤西現存老沙寬一千四十餘丈陰沙寬三百二十餘丈誌樁一十三根

黨山河埠外現存老沙寬一千一百餘丈陰沙寬八百七十餘丈誌樁一十八根

秋七月巡撫覺羅長麟奏報沙水狀

疏言范公塘江海神廟迤西頭圍之外前漲陰沙以漸沖刷短窄存長五百二十餘丈寬自二三十丈至一二丈此外如三官堂至烏龍廟塘外尚有高厚老沙長一千八百五十餘丈寬自三百二十餘丈至一百六七十丈西柴石塘十二墩外海中前漲陰沙以漸刷低無存水仍合流其東石塘七里廟迤東沿塘至塔山外口前漲陰沙刷短九百二十餘丈刷窄三百三十餘

丈今自普濟菴起存長二千五百二十餘丈寬自十餘丈至五百二十餘丈塔山外口迤西海中前漲陰沙以漸沖刷短窄存長一千三十餘丈

冬十月巡撫覺羅吉慶奏報沙水狀

疏言范公塘頭圍外舊有陰沙自六月內刷減三百餘丈之後秋潮大汛並未損動老沙外現存漲沙長五百五十餘丈東石塘普濟菴迤東沿塘前漲陰沙刷短五百五十餘丈刷窄一百餘丈今自撥轉廟至韓家池存長五百六十餘

丈寬自二三丈至一百三十餘丈殳家廟外沿塘起有水溝一道其塔山外口迤西海中前漲陰沙今俱沖刷無存水仍合流大溜自東南小尖山入口斜向西北至范公塘漸向西南至南岸漲沙河莊山及巖峯山誌樁各沈沒一根

五十有九年春二月巡撫覺羅吉慶奏報沙水狀

疏言東石塘撥轉廟迤東沿塘漲沙刷去無存其南岸漲沙西興迤東至童家灣誌樁一十四根外新漲水沙寬四百三十餘丈長山誌樁二十二根外新漲水沙寬五百六十餘丈

冬十月巡撫覺羅吉慶奏報沙水狀

疏言塔山內護壩竹簍第一標記坍低三尺第二標記坍低二尺五寸第三標記坍低二尺第四標記坍低一尺五寸其南岸漲沙黨山河埠外誌樁沈沒二根

嘉慶元年夏五月巡撫玉德奏報沙水狀

疏言南岸漲沙西興迤東至童家灣誌樁沈沒一根

二年春二月巡撫玉　奏報沙水狀

疏言范公塘江海神廟迤東至潮神廟迤西潮退時沿塘新漲陰沙一道長二千四百五十餘丈寬自一十餘丈至四百二十餘丈其南岸漲沙西興迤東至童家灣誌樁沈沒一根

夏五月巡撫玉　奏報沙水狀

疏言南岸漲沙西口門外誌樁沈沒一根河莊山外誌樁沈沒二根巖峯山外誌樁沈沒一根黨山河埠外誌樁沈沒二根

秋八月巡撫玉　奏報沙水狀

疏言東石塘韓家池迤西至念里亭迤東潮退時沿塘新漲陰沙一道長二千七百二十餘丈

寬自十餘丈至二百三十餘丈其南岸漲沙西口門外誌樁沈沒一根

三年春二月巡撫玉　奏報沙水狀

疏言南岸漲沙西口門外誌樁沈沒一根河莊山外誌樁沈沒一根

秋八月巡撫玉　奏報沙水狀

疏言南岸漲沙西口門外誌樁沈沒二根河莊山外誌樁沈沒四根巖峯山外誌樁沈沒四根蜀山外迤西誌樁沈沒三根

四年春三月巡撫玉　奏報沙水狀

疏言南岸漲沙西口門外誌樁沈沒一根河莊山外誌樁沈沒一根

秋七月署巡撫事布政使謝啓昆奏報沙水狀

疏言東石塘念里亭迤東沿塘前漲陰沙潮汛沖刷以漸短窄今㕜家廟韓家池存長四百二十餘丈寬自一二丈至一十餘丈

六年秋七月巡撫阮元奏報沙水狀

疏言范公塘頭圍外迤西至烏龍廟沿塘新漲陰沙以漸沖刷短窄今存長二百六十六丈寬自一二丈至三十餘丈江海神廟迤東沿塘前

漲陰沙坍卸無存東石塘㕜家廟迤東沿塘前漲陰沙以漸沖刷短窄今自韓家池存長二十餘丈寬自一二丈至六七丈小尖山東南面老沙寬九丈外接舊漲陰沙寬六十餘丈斜長九十餘丈西北面老沙寬二百一十丈塔山內護壩竹簍中底二層漲沙擁護上層竹簍現俱顯露其南岸漲沙西與迤東至童家灣誌樁一十二根外接漲水沙寬五百一十餘丈長山誌樁二十二根外接漲水沙寬九百二十餘丈西口門誌樁一十五根外接漲水沙寬七百三十餘丈河莊山誌樁一十二根外接漲水沙寬九百四十餘丈巖峯山誌樁一十三根外接漲水沙寬七百一十餘丈

冬十有一月巡撫阮　奏報沙水狀

疏言范公塘潮退時沿塘新漲陰沙一道間段約長一千餘丈其南岸漲沙西與迤東至童家灣前漲水沙外增漲水沙二百餘丈長山前漲水沙外增漲水沙二百餘丈西口門前漲水沙外增漲水沙一百餘丈

七年春二月巡撫阮　奏報沙水狀

疏言范公塘沿塘間段漲沙刷去無存

夏四月巡撫阮　奏報沙水狀

疏言東石塘十里亭東字號迤東至普濟菴石字號潮退時沿塘新漲水沙一道約長二千二百餘丈寬自一十餘丈至四百餘丈

冬十月巡撫阮　奏報沙水狀

疏言東石塘十里亭迤東潮退時沿塘新漲水沙一道約長一千六百餘丈寬自十餘丈至二百餘丈其念里亭汎迤東沿塘前漲陰沙增長八百餘丈增寬三百餘丈新舊二沙相爲聯接

八年春二月巡撫阮　奏報上月沙水狀上月沙水皆係下月奏報下同

疏言東塘自陳文港東至韓家池塘外一帶新漲陰沙現共量長三千三百六十餘丈寬自十餘丈至七百餘丈不等潮來漫溢潮退顯露因南潮逼溜逐漸減刷較上月短一千六十丈其尖山及范公塘等處俱與上月相同

閏二月巡撫阮　奏報沙水狀

疏言東塘自十里亭西起至小文前止塘外新漲沙一道計長九百丈寬自十餘丈至四百五

十餘丈不等餘俱與上月相同

三月巡撫阮　奏報沙水狀

疏言東西兩塘沙水俱與上月相同

夏四月巡撫阮　奏報沙水狀

疏言東塘十里亭一帶新漲水沙逐漸增漲東接陳文港之沙連至韓家池共長四千七百六十餘丈寬自十餘丈至七百餘丈不等較上月奏報時加長五百餘丈保護東塘甚爲有益尖山石壩東西舊沙與上月相同范公塘至烏龍廟一帶老沙現長二百九十餘丈因春潮搜刷較上月刷短十餘丈其餘各處俱與上月相同

五月巡撫阮　奏報沙水狀

疏言俱與上月相同

六月巡撫阮　奏報沙水狀

疏言俱與上月相同

秋七月護撫清安泰奏報沙水狀

疏言俱與上月相同

八月護撫清安泰奏報沙水狀

疏言東塘新漲陰沙現長四千六十餘丈較上月刷短七百餘丈其餘各處俱與上月相同

九月總督玉德奏報沙水狀

疏言東塘自念里亭至韓家池一帶前漲陰沙現存二千七百二十餘丈寬自四丈五尺至三百餘丈不等較從前刷短一千三百餘丈至西塘因近年南岸之西與長山外西口門河莊山巖峯山蜀山等處續漲新沙均有加增自一二百丈至五六百丈不等以致水勢漸向北趨范公塘一帶原存舊沙日漸刷去

冬十月巡撫阮　奏報沙水狀

疏言東塘普濟菴東至韓家池塘外新漲陰沙

現長一千九百餘丈因被秋潮沖刷致較上月短八百二十餘丈窄一百餘丈其餘俱與上月相同南岸黨山河埠外舊沙寬一千餘丈陰沙寬六百餘丈誌樁十六根今九月又增接漲水沙較上月寬八百餘丈其西與及河莊山等處俱與上月相同

十一月巡撫阮　奏報沙水狀

疏言東塘普濟菴東至韓家池塘外陰沙現長一千七百餘丈寬自一二丈至三十餘丈不等較上月刷短二百餘丈刷窄一百七十餘丈其

餘俱與上月相同

十二月巡撫阮　奏報沙水狀

疏言東塘普濟菴至韓家池陰沙一千七百餘丈現在陸續刷去無存尖山石壩上層竹簍護沙被潮刷薄現露竹簍七十九個其底層中層竹簍各二百個俱有漲沙擁護壩身並無妨碍其餘均與上月相同

九年春正月巡撫阮　奏報沙水狀

疏言俱與上月相同

二月巡撫阮　奏報沙水狀

疏言俱與上月相同惟尖山石壩上層竹簍二百個之外面護沙被潮刷去現在增露竹簍八十三個連前共露竹簍一百六十二個尚於壩身無碍

三月巡撫阮　奏報沙水狀

疏言俱與上月相同

夏四月巡撫阮　奏報沙水狀

疏言東西塘外舊沙俱與上月相同南岸西與東至童家灣原存舊沙寬一千餘丈陰沙寬二百八十餘丈現存接漲水沙寬六百餘丈較上

月刷窄水沙一百餘丈又長山外原存舊沙寬一千九百餘丈陰沙寬三百餘丈續漲水沙寬一千餘丈較上月刷窄水沙二百餘丈黨山河埠外原存舊沙寬一千餘丈陰沙寬六百餘丈續漲水沙寬五百餘丈較上月刷窄水沙三百餘丈其西口門河莊山巖峯山蜀山等處沙塗暨錢塘江六和塔一帶新漲沙塗俱與上月相同

五月巡撫阮　奏報沙水狀

疏言尖山石壩上層竹簍二百個護沙均被刷

去較上月增露竹簍三十八個與壩身尚無妨
碍黨山河埠外接漲水沙較上月刷窄二百餘
丈其餘俱與上月相同
六月巡撫阮　奏報沙水狀
疏言俱與上月相同惟南岸西口門外現存舊
沙寬一千餘丈接漲水沙寬一千餘丈較上月
刷窄水沙一百餘丈河莊山外舊存沙寬一千
二百餘丈接漲水沙寬一千三百餘丈較上月
刷窄水沙一百餘丈巖峯山外存舊沙寬一千
三百四十餘丈接漲水沙九百五十餘丈較上

月刷窄水沙五十餘丈黨山河埠外舊存沙寬
一千餘丈陰沙寬六百餘丈水沙寬一百餘丈
較上月刷窄水沙二百餘丈其餘西與至蜀山
等處並無增減
秋七月巡撫阮　奏報沙水狀
疏言俱與上月相同
八月巡撫阮　奏報沙水狀
疏言尖山石壩東南面舊沙寬九丈外接舊沙
陰沙寬四十餘丈斜長六十餘丈較上月刷窄
二十餘丈刷短三十餘丈其餘俱與上月相同

九月巡撫阮　奏報沙水狀
疏言俱與上月相同
冬十月巡撫阮　奏報沙水狀
疏言俱與上月相同惟尖山石壩竹簍底層二
百個尚有淤沙擁護其中層上層竹簍各二百
個護沙俱刷去較上月增露中層竹簍二百個
十一月巡撫阮　奏報沙水狀
疏言俱與上月相同
十二月巡撫阮　奏報沙水狀
疏言俱與上月相同

十年春正月巡撫阮　奏報沙水狀
疏言俱與上月相同
二月巡撫阮　奏報沙水狀
疏言俱與上月相同
三月巡撫阮　奏報沙水狀
疏言東西塘外俱與上月相同惟南岸西與至
童家灣存舊沙寬一千餘丈水沙寬八百餘丈
較上月增漲水沙寬二百餘丈長山外現存舊
沙寬一千九百餘丈陰沙寬三百餘丈外續漲
水沙寬一千三百五十餘丈較上月增漲水沙

寬三百五十餘丈河莊山外存舊沙寬一千二百餘丈接漲水沙寬一千二百五十餘丈較上月刷窄水沙五十餘丈其餘亦與上月相同

夏四月巡撫阮　奏報沙水狀

疏言范公塘迤西至烏龍廟塘外舊沙一道被潮衝刷現長九十餘丈較上月刷短一百餘丈刷窄十餘丈南岸西與至童家灣現存舊沙寬一千餘丈陰沙寬二百八十餘丈接漲水沙寬七百餘丈較上月刷窄水沙一百餘丈長山外存舊沙寬一千九百餘丈陰沙寬三百餘丈續

漲水沙寬一千一百餘丈較上月刷窄水沙二百五十餘丈西口門外存舊沙寬一千三百四十餘丈水沙寬八百餘丈較上月刷窄水沙二百餘丈河莊山外存舊沙寬一千二百餘丈水沙寬九百餘丈較上月刷窄水沙三百五十餘丈巖峯山外存舊沙寬一千三百四十餘丈水沙七百餘丈較上月刷窄水沙二百五十餘丈蜀山迤西存舊沙寬一千餘丈陰沙寬四百餘丈水沙寬三百餘丈較上月刷窄水沙二百餘丈其餘並無增減

六月巡撫阮　奏報沙水狀

疏言與上月相同

閏六月署巡撫清安泰奏報沙水狀

疏言與上月相同

秋七月巡撫清　奏報沙水狀

疏言與上月相同

八月巡撫清　奏報沙水狀

疏言與上月相同

九月巡撫清　奏報沙水狀

疏言與上月相同

冬十月巡撫清　奏報沙水狀

疏言與上月相同

十一月巡撫清　奏報沙水狀

疏言烏龍廟迤東至江海神廟止於十月朔汛後現出新沙長二千餘丈至七八百丈不等但係新露嫩沙不足深恃如果來年春夏積漸加高沙身老結於塘甚有裨益又南岸西興至童家灣存舊沙寬一千餘丈陰沙寬二百八十餘丈水沙寬六百餘丈較上月刷窄水沙一百餘丈長山外存舊沙寬一千九百餘丈陰沙寬二

百八十餘丈水沙寬九百餘丈較上月刷窄水沙二百餘丈查此段水沙接漲在舊漲陰沙之外歷年旋坍旋漲離塘甚遠現被刷窄似有南坍北漲之機其西口門等處並無增減

十二月巡撫清　奏報沙水狀

疏言東西兩塘俱與上月相同南岸西與至童家灣存舊沙寬一千餘丈陰沙寬二百八十餘丈水沙寬五百餘丈較上月刷窄水沙一百餘丈長山外存舊沙寬一千九百餘丈陰沙寬三百餘丈水沙寬八百餘丈較上月刷窄水沙一

百餘丈其餘各處亦無增減

十一年春正月巡撫清　奏報沙水狀

疏言俱與上月相同

二月巡撫清　奏報沙水狀

疏言俱與上月相同

三月巡撫清　奏報沙水狀

疏言南岸西與至童家灣存舊沙寬一千餘丈陰沙寬二百八十餘丈水沙寬三百餘丈較上月刷窄水沙二百餘丈西口門外存舊沙寬一千五百餘丈水沙寬六百餘丈較上月刷窄水沙二百餘丈河莊山外存舊沙寬一千二百餘丈水沙寬八百餘丈較上月刷窄水沙一百餘丈巖峯山外存舊沙寬一千三百餘丈水沙寬六百五十餘丈較上月刷窄水沙五十餘丈蜀山迤西存舊沙寬一千餘丈陰沙寬四百餘丈水沙寬二百五十餘丈較上月刷窄水沙五十丈其餘各處亦無增減

夏四月巡撫清　奏報沙水狀

疏言尖山石壩東南面舊沙寬九丈外接漲陰沙寬八十餘丈斜長九十餘丈較上月增漲陰

沙寬四十餘丈斜長三十餘丈護壩竹簍中層底層俱有漲沙擁護較上月增護中層二百個南岸西與至童家灣存舊沙寬一千餘丈陰沙寬二百八十餘丈水沙寬一百五十餘丈較上月刷窄水沙一百五十餘丈長山外存舊沙寬一千九百餘丈陰沙寬三百餘丈水沙寬五百餘丈較上月刷窄水沙一百餘丈西口門外存舊沙寬一千五百餘丈水沙寬五百五十餘丈較上月刷窄水沙五十餘丈河莊山外存舊沙寬一千二百餘丈水沙寬七百五十餘丈較上月

刷窄水沙五十餘丈巖峯山外存舊沙寬一千三百餘丈水沙六百餘丈較上月刷窄水沙五十餘丈蜀山迤西存舊沙寬一千餘丈陰沙寬四百餘丈水沙寬二百餘丈較上月刷窄水沙五十餘丈其餘各處俱與上月相同

五月巡撫清　奏報沙水狀

疏言俱與上月相同惟南岸西口門外存舊沙寬一千五百餘丈水沙寬五百餘丈較上月刷窄水沙五十餘丈河莊山外存舊沙寬一千二百餘丈水沙寬七百餘丈較上月刷窄水沙五

十餘丈

六月巡撫清　奏報沙水狀

疏言南岸西興迤東至童家灣舊沙寬一千餘丈陰沙寬二百八十餘丈較上月刷窄水沙一百五十餘丈其餘俱與上月相同

秋七月巡撫清　奏報沙水狀

疏言南岸西興至童家灣存舊沙一千餘丈陰沙寬百餘丈較上月刷窄陰沙一百八十餘丈及誌樁一根長山外存舊沙一千九百餘丈陰沙三百餘丈水沙四百五十餘丈較上月刷窄水沙五十餘丈西口門外存舊沙一千五百餘丈水沙四百餘丈較上月刷窄水沙一百餘丈其餘俱無增減

八月巡撫清　奏報沙水狀

疏言尖山石壩竹簍底層二百個尚有漲沙擁護其中層上層各二百個現俱顯露較上月增露中層二百個西塘苑公塘迤西至烏龍廟舊沙與上月相同烏龍廟迤東至江海神廟塘外新沙長一千八百餘丈寬自一二十丈至七百餘丈較上月刷短二百餘丈刷窄一百餘丈南

岸西口門外存舊沙寬一千五百餘丈水沙寬三百五十餘丈較上月刷窄五十餘丈其餘各處並無增減

九月巡撫清　奏報沙水狀

疏言烏龍廟迤東至江海神廟塘外新沙長一千四百餘丈寬自一二十丈至七百餘丈較上月刷短四百餘丈南岸西興至童家灣現存舊沙寬一千餘丈陰沙寬四十餘丈較上月刷窄陰沙六十餘丈刷去誌樁一根西口門外存舊沙寬一千五百餘丈水沙二百五十餘丈較上

月刷窄水沙一百餘丈河莊山外存舊沙寬一千二百餘丈水沙寬六百五十餘丈較上月刷窄水沙五十餘丈其餘俱與上月相同

冬十月巡撫淸　奏報沙水狀

疏言尖山石壩東南舊沙寬九丈外接漲陰沙寬六十餘丈斜長八十餘丈較上月增漲陰沙寬二十餘丈斜長三十餘丈其餘俱與上月相同南岸西興迤東至童家灣存舊沙寬一千餘丈較上月刷窄水沙四十餘丈其餘並無增減

十一月巡撫淸　奏報沙水狀

疏言尖山石壩東南舊沙寬九丈外接漲陰沙寬八十餘丈斜長一百二十餘丈較上月增漲陰沙寬二十餘丈斜長四十餘丈護壩竹簍俱有漲沙擁護惟上層現在顯露較上月增護中層竹簍二百個其餘俱與上月相同

十二月巡撫淸　奏報沙水狀

疏言俱與上月相同

十二年春正月巡撫淸　奏報上月沙水狀

疏言俱與上月相同

二月巡撫淸　奏報沙水狀

疏言南岸蜀山迤西存舊沙寬一千餘丈現漲陰沙寬四百餘丈接漲水沙寬一百餘丈較上月刷窄水沙一百餘丈其餘俱與上月相同

三月巡撫淸　奏報沙水狀

疏言俱與上月相同

夏四月巡撫淸　奏報沙水狀

疏言尖山石壩底層中層上層俱有漲沙擁護較上月增護上層竹簍二百個其餘俱與上月相同

五月巡撫淸　奏報沙水狀

疏言尖山石壩外東南舊沙寬九丈接漲陰沙寬一百餘丈斜長一百七十餘丈較上月增漲陰沙寬二十餘丈斜長五十餘丈其餘俱與上月相同南岸蜀山迤西存舊沙寬一千餘丈現漲陰沙寬三百餘丈較上月刷窄陰沙一百餘丈其餘並無增減

六月巡撫淸　奏報沙水狀

疏言俱與上月相同惟南岸蜀山迤西存舊沙寬一千餘丈較上月刷去陰沙三百餘丈黨山河埠外存舊沙寬一千餘丈陰沙寬六百餘丈

較上月刷去水沙一百餘丈

秋七月巡撫清　奏報沙水狀

疏言東塘尖山石壩西北東南二面舊沙并外接舊漲陰沙及竹簍護沙情形均與上月奏報時相同西塘范公塘迤西至烏龍廟塘外舊沙及迤東至江海神廟塘外新沙均與上月奏報時相同至南岸西與迤東至童家灣長山西口門河莊山巖峯山蜀山黨山河埠等處沙塗暨錢塘江六和塔一帶前漲新沙亦並無增減再查北岸范公塘自烏龍廟東至江海神廟於嘉

慶十年十月間驗有新沙二千餘丈歷過三汛已臻堅實節經恭摺奏報嗣於上年七月刷短二百餘丈八月刷短四百餘丈僅存一千四百餘丈亦經附於月摺奏明在案迨至上年冬間自江海神廟起東至潮神廟止露有貼塘新沙一道長三千九百餘丈寬一二十丈至八百餘丈不等又自潮神廟起東至戴家汛止露有中沙一道長五千餘丈寬一百餘丈至五百餘丈不等又塔山外自韓家池起西至曹將軍殿止露有新沙七千餘丈寬四五十丈至一千餘丈不等或係貼近塘根或在海中大溜之北潮來漫蓋潮退微露惟沙質嫩薄每月坍漲無常不足深恃今伏汛已過尚無刷動若再過秋汛即已堅實可靠在貼塘者固北漲南坍之轉機即中沙漸漲緊貼塘根亦與北岸甚有裨益

八月巡撫清　奏報沙水狀

疏言東西塘俱與上月相同南岸巖峯山外存舊沙寬一千三百四十餘丈水沙寬四百五十餘丈較上月刷窄水沙一百五十餘丈其餘並無增減

九月巡撫清　奏報沙水狀

疏言查得江海神廟一帶露有貼塘新沙一道潮神廟一帶露有中沙一道塔山外一帶露有貼塘及中沙一道自上年冬間至今年伏汛並無刷動現往查勘各段新沙之內潮神廟東至戴家橋汛中沙一道被秋潮全行刷去餘亦間有刷減外現自江海神廟起東至潮神廟存有貼塘新沙一道計長三千九百餘丈寬一二十丈至五百餘丈塔山外自韓家池西至鎮海塔存有新沙一道內貼塘沙長二千三百餘丈沙

性業已堅定似不致再有刷動其餘東西二塘
俱與上月相同南岸各處新沙亦並無增減
冬十月巡撫清　奏報沙水狀
疏言南岸西口門外較上月奏報時增漲水沙
二百五十餘丈河莊山外較上月增漲水沙一
百五十餘丈巖峯山外較上月增漲水沙一百
五十餘丈蜀山迤西較上月增漲水沙二百餘
丈黨山河埠外較上月刷去陰沙三百餘丈并
外口誌樁三根其餘各處俱與上月奏報時相
同

十有一月巡撫清　奏報沙水狀
疏言南岸黨山河埠外較上月奏報時刷窄陰
沙三百餘丈刷去誌樁三根其餘各處俱與上
月相同
十三年春正月護巡撫崇祿奏報上月沙水狀
疏言東塘塔山外自韓家池西至鎮海塔前塘
外新沙暨尖山石壩外舊沙及竹簍護沙均與
上月相同西塘范公塘迤西至烏龍廟塘外舊
沙及迤東至潮神廟塘外新沙亦與上月相同
南岸西與至童家灣長山西口門河莊山巖峯

山黨山河埠等處漲塗暨六和塔一帶漲沙並
無增減
二月護撫崇　奏報沙水狀
疏言東西兩塘及南岸各處沙水情形均與上
月相同
三月護撫崇　奏報沙水狀
疏言東西兩塘及南岸各處沙水情形均與上
月相同
夏四月巡撫阮元奏報沙水狀
疏言東塘塔山外自韓家池起西至華嶽廟止

上年前撫臣清安泰奏報新沙中沙日漸添漲
與北首塘身及鎮海塔迤東之貼塘新沙接連
如伏秋不爲潮水所衝即可收南坍北漲之益
惟海寧州迤西曹將軍殿至潮神廟一帶現無
護沙之處正當潮頭頂衝更爲緊要　臣　飭該道
暨廳備等加緊防護其該處貼塘新沙及尖山
石壩外舊沙并接漲陰沙及竹簍護沙情形均
與上月相同西塘范公塘迤西至烏龍廟塘外
舊沙及迤東至潮神廟塘外新沙亦與上月相
同南岸西口門外舊沙之外接漲水沙寬八百

餘丈較上月增水沙三百餘丈河莊山外舊沙之外接漲水沙寬一千餘丈較上月增水沙二百餘丈嚴峯山外舊沙之外接漲水沙寬一千餘丈較上月增水沙四百餘丈蜀山迤西舊沙之外接漲水沙寬五百餘丈較上月增水沙三百餘丈蕭山河埠外現存舊沙寬八百餘丈誌樁八根較上月刷去舊沙二百餘丈并外口誌樁二根其西與迤東至童家灣長山二處沙塗暨錢塘江六和塔一帶前漲陰沙並無增減

五月巡撫阮　奏報沙水狀

疏言東西兩塘及南岸各處沙水情形均與上月相同

閏五月巡撫阮　奏報沙水狀

疏言東西兩塘及南岸各處沙水情形均與上月相同

六月巡撫阮　奏報沙水狀

疏言東西兩塘及南岸各處沙水情形均與上月相同

秋七月巡撫阮　奏報沙水狀

疏言東西兩塘新舊漲沙均與上月相同南岸河莊山外現存舊沙寬一千二百餘丈外接漲水沙寬九百餘丈較上月刷窄一百餘丈嚴峯山外現存舊沙寬一千三百四十餘丈外接漲水沙寬一千一百餘丈其西與迤東至童家灣長山西口門蜀山蕭山河埠等處沙塗錢塘江六和塔一帶前漲新沙並無增減

八月巡撫阮　奏報沙水狀

疏言東西兩塘及南岸各處沙水情形均與上月相同

九月巡撫阮　奏報沙水狀

疏言東西兩塘及南岸各處沙水情形均與上月相同

冬十月巡撫阮　奏報沙水狀

疏言東西兩塘及南岸各處沙水情形均與上月相同

十一月巡撫阮　奏報沙水狀

疏言東西兩塘及南岸各處沙水情形均與上月相同

十二月巡撫阮　奏報沙水狀

疏言東西兩塘及南岸各處沙水情形均與上

月相同

十四年春正月巡撫阮　奏報沙水狀

疏言東西兩塘及南岸各處沙水情形均與上

月相同

海塘擥要卷五

修築

海塘之事修築為先加意隄防所以虞泛溢也唐書載鹽官有捍海塘開元元年重築夫曰重築則不始開元矣顧氏郡國利病書云錢武肅王始築海寧捍海石塘則前此所築未必皆石石塘當自此始唐宋以來屢有興築我
朝雍正間
世宗憲皇帝因朱文端撫浙時所築魚鱗大石塘五百餘丈捍潮有效大發帑金做其式增築數千丈

高宗純皇帝親臨閱視指授機宜將柴土塘悉改石塘為萬世永賴計奠斯民於衽席安耕鑿而樂生全海隅蒼生何幸而遭逢
聖世也志修築

漢郡議曹華信立防海塘

水經注錢唐記曰防海大塘在縣東一里許郡議曹華信議立此塘以防海水始開募有能致一斛土者即與錢一千旬日之間來者雲集塘未成而不復取於是載土石者皆棄而去塘以之成故改名錢塘焉

後漢書朱儁傳註錢唐記云昔郡議曹華信議立此塘以防海水始開募有能致土石一斛與錢一千旬日之間來者雲集塘未成而謡不復取皆遂棄土石而去塘以之成也

元和郡縣志杭州錢塘縣錢塘記云昔州境逼近海縣理靈隱山下今餘址猶存郡議曹華信乃立塘以防海水募有能致土石者即與錢及塘成縣境蒙利乃遷理此地於是改為錢塘按華信漢時為郡議曹據史記始皇至錢塘臨浙江秦時已有此名疑所說為謬

太平寰宇記杭州錢塘縣劉道眞錢塘記云昔一境逼近江流縣在靈隱山下至今基址猶存郡議曹華信乃立塘以防海水募有能致土石者即與錢及成縣境蒙利乃遷此地因是為錢塘縣

翟均廉海塘錄按水經注及太平寰宇記元和郡縣志皆云錢塘因華信築塘得名通典引郡縣志其說亦同考史記秦始皇二十五年置會稽郡為縣二十六斯時已有錢塘豈待華信而後名哉又潛說友謂唐字本不從土舊志引詩

中唐有甓釋云唐途也至唐塼始加土字則錢塘以華信得名之説未可信也

唐開元元年重築鹽官捍海塘

唐書地理志鹽官注武德七年省入錢塘貞觀四年復置有鹽官有捍海塘堤長一百二十四里開元元年重築

翟均廉海塘錄案唐書地理志鹽官之下注云云竊謂四年復置云者言鹽官縣自省入錢塘後至此復置也有鹽官云者鹽官如鐵官銅官之類正與漢書地理志武原鄉有鹽官之文相

似有捍海塘云云者始言及塘也浙江通志引唐書云長二百四十二里詳閲新舊唐書並無此文實誤百二十四里爲二百二十四里也海塘通志兩引唐書以二百二十四里爲開元重築以一百二十四里爲貞觀復置而又指舊志以築塘始開元者爲非繹其致悞之由乃以貞觀四年復置鹽官縣爲復置捍海塘其實貞觀未嘗築塘止開元元年一役耳至潛説友臨安志載開元九年築塘而不載元年成化以後郡縣志皆從之此又譌元年爲九年之謬也今據唐書只載開元元年重築一役而貞觀四年重築一役刪置不錄顧唐書旣言重築知不始於開元第其始建無考耳

唐大歴十年七月杭州海溢

咸通三年杭州刺史崔彦曾開錢塘三沙河

唐書地理志錢塘縣舊縣之南五里潮水衝擊江奔軼入城勢莫能禦咸通三年刺史崔彦曾開三沙河以決之曰外沙中沙後沙

梁開平四年秋八月吳越王錢鏐築捍海塘

吳越備史武肅王以開平四年八月築捍海塘

怒潮急湍晝夜衝激板築不就表告於天云願退一兩月之怒濤以建數百年之厚業禱胥山祠云願息忠憤之氣暫收洶湧之潮函詩一章置海門云傳語龍王并水府錢塘借與築錢城因採山陽之竹令矢人造爲箭三千隻羽以鴻鷺之羽飾以丹砂鍊剛火之鐵爲鏃旣成用葦敷地分箭六處幣用東方青九十丈南方赤三十丈西方白七十丈北方黑五十丈鹿脯煎餅時菓清酒棗脯茅香淨水各六分香爐布置以丙夜三更子時屬丁日上酒三行禱云六丁神

君玉女陰神從官兵六千萬人鏐以此丹羽之
矢射蛟滅怪渴海枯淵千精百鬼勿使妄干惟
願神君佐我助我令我功行早就禱訖明日募
強弩五百人以射濤頭人用六矢每潮一至射
以一矢射至五矢潮乃退
吳越備史錢武肅王命強弩數百以射濤頭又
祝胥山祠仍爲詩一章函至海門旣而濤頭遂
趨西興乃運巨石盛以竹籠植巨材捍之城基
始定其重濠壘塹通渠廣陌亦由是而成焉
咸淳臨安志江挾海潮爲杭人患其來巳久白

樂天刺郡日嘗爲文禱於江神然人力未及施
也至梁開平四年八月錢武肅始築捍江塘在
候潮通江門之外潮水晝夜衝激版築不就因
命強弩百千以射濤頭據吳越備史又致禱於胥山
祠仍爲詩一章函鑰置海門山旣而潮水避錢
塘擊西陵造竹絡積巨石隄岸旣成乃爲城邑
聚落凡今之平陸皆昔時江也
錢塘外紀梁開平中築捍海塘以大竹破之爲
籠長數十丈中實巨石取羅山大木長數丈植
之橫爲塘依匠人爲防之制又以木立於水際

去岸二丈九尺立九木作六重象易旣濟未濟
卦由是潮不能攻沙土漸積岸益固也
臣鑅謹按五代時卽有竹絡之制宋以後多
沿用之
本朝乾隆八年督臣那蘇圖以海寧及觀音堂諸處
草塘衝刷成險塘外編造竹絡以作坦水挑
溜捍淤前志謂前代修築相沿用之是也
高宗純皇帝特沛殊恩自老鹽倉至線條街先後成石
塘六千三百餘丈魚鱗之石重壘馬齒之樁
比連萬載奠安一勞永逸凡竹絡石櫃爲一

時補苴之計者不足言矣
錢塘縣志王命強弩五百人以射濤頭潮水退
東趨西陵餘箭埋於候潮通江門浦濱鎭以鐵
幢誓云鐵壞此箭出
宋大中祥符五年春正月知杭州戚綸兩浙轉運
使陳堯佐修錢塘江隄
臣鑅謹按咸淳臨安志古今郡守表繫是年
正月甲戌事
七年江淮發運使李溥築石塘
九年知杭州馬亮修江岸成

東都事畧錢塘江隄以竹籠石而潮齧之不數歲輙壞而復理兩浙轉運使陳堯佐議實薪土以易之或言其不可後隄久不成仍用薪土

臣鐩謹按堯佐所議實以薪土此柴塘之始也

乾道臨安志江濤大溢調兵築隄而工未就詔問亮所以捍江之策亮至禱於伍員祠下明日潮爲之卻又出横沙數里隄遂以成

咸淳臨安志潮水衝突不常隄岸屢壞大中祥符五年郡守戚綸與兩浙轉運使陳堯佐申請

遣使自京師部埽匠濠寨赴州（謹按咸淳臨安云詔從之令馳驛而往命轉運互相檢校）以埽岸易柱石之制雖免水患而泉頗非其變法七年詔江淮發運使李溥同內供奉官盧守懃按視復依錢氏立木積石之制仍令守懃專掌其事是時水方大溢九年郡守馬亮禱於子胥祠下明日潮爲之卻又漲横沙數里隄遂以成

臣鐩謹按以埽岸易柱石使緩潮勢而分其衝也後世坦水之制大約師其意而用之

宋史河渠志大中祥符五年潮激西北岸逼州城知杭州戚綸轉運使陳堯佐率兵力藉稍楗以護其衝七年發運使李溥內供奉官盧守懃復用錢氏舊法實石於竹籠倚壘爲岸固以樁木環亘可七里工成而鉤末壁立以捍潮勢雖湍湧數丈不能爲害

天聖四年侍御史方謹請修錢塘江岸

玉海方謹言請修江岸二斗門

景祐三年夏四月知杭州俞獻卿築江隄

咸淳臨安志郡守表景祐三年四月獻卿知杭州事一日暴風江潮溢決隄勢不可禦獻卿大

發卒鑿西山作隄數十里民用便之賜詔褒諭（宋史本傳畧同）

四年夏六月杭州江潮溢岸六尺壞隄千餘丈工部侍郎張夏作石隄自六和塔至東青門一十二里

四朝聞見錄杭州江岸率多薪土潮水衝激不過三歲輙壞夏令作石隄一十二里以防江潮既成杭人德之慶歷中立廟隄上

宋史河渠志景祐中以浙江石塘積久不治人患墊溺工部侍郎張夏出使因置捍江兵士五

指揮專採石修塘隨損隨治衆賴以安邦人爲之立祠

臣鑅謹按咸淳臨安志謂張夏爲兩浙轉運使宋史作工部侍郎四朝聞見錄作工部郎中互異

七修類藁張夏作隄一十二里碑文曰四千六百四十丈

寶元康定間轉運使杜偉長修江塘或獻策建月隄不果

夢溪筆談錢塘江錢氏時爲石隄隄外又植大

木十餘行謂之滉柱寶元康定間人有獻議取滉柱可得良材數十萬杭帥以爲然旣而舊木出水皆朽敗不可用而滉柱一空石隄爲洪濤所激歲歲摧決杜偉長爲轉運使人有獻說自浙江稅場以東移退數里爲月隄以避怒水衆水工皆以爲便獨一老水工以爲不然密諭其黨曰移隄則歲無水患若曹何所衣食衆人樂其利從而和之偉長不悟其計費以鉅萬而江隄之害仍歲有之近歲乃講月隄之利濤害稍希然猶不若滉柱之利但所費至多不復可爲

臣鑅謹按滉柱之制植木於水潮激易朽故後世不復用之至月隄之分怒水亦衞捍塘隄之一法宋以後仍屢行之云

慶歷四年六月知杭州楊偕轉運使田瑜築江隄

咸淳臨安志秩官表六月大風驅潮江岸土石齧去殆半偕與運使田瑜急督人徒負土以置斷防卒免墊溺遂議全築條上方畧約工四十萬計及藉吏之可使者以驛聞詔以隄事付之兼命通判等分董其役發江淮南二浙福建之兵調十縣丁壯合五千人輦石畚土持臿節杵

之役相屬於數十里之外方苦甚寒無一告勞者十二月新隄成

丁寶臣石隄記二千二百丈崇五仞廣四丈自龍山距官浦二千丈修舊而成增石五版爲三十級自御香亭下創爲二百丈石堅土厚相爲膠固網上而方下外强而內實最堅悍激處更爲竹絡實以小石布其下又圓折其岸勢務以分殺水怒

六年漕臣杜杞築錢塘隄

政和三年兵部尚書張閣請修海塘從之

宋史河渠志政和三年張閣守杭州言錢塘江
自元豐六年泛濫之後潮汐往來率無寧歲比
年水勢稍改自海寧過赭山即回薄巖門白石
一帶北岸壞民田及鹽官監地東西三十餘里
南北二十餘里江東距仁和監止及三里北趨
赤岸𤬪口二十里運河正出臨平下塘西入蘇
秀若失障禦恐他日數十里膏腴平陸皆潰於
江下塘田廬莫能自保運河中絕有害漕運
六年知杭州李偃請築湯村等江岸詔命劉既濟
修治

宋史河渠志李偃言湯村巖門白石等處並
錢塘江通大海日受兩潮漸至侵齧乞依六和
寺岸用石砌壘乃命劉既濟修治
八年杭州湯村海溢降鐵符十道鎮之
宣和四年十月降鐵符十道鎮鹽官縣海塘
洎宅編政和丙申杭州湯村海溢壞居民田廬
凡數十里朝廷降鐵符十道以鎮之宣和壬寅
鹽官縣亦溢縣南至海四十里而水之所齧去
邑聚纔數里邑人甚恐十一月鐵符又至其數
如湯村每一符重五百觔正面鑄神符及御書
咒貯以青木匣府遣曹官同都道正管押下縣
縣建道場設醮投之海中
紹興十年招塡捍江軍額
咸淳臨安志以兩浙轉運副使張滙之請招塡
捍江軍額
十四年臨安府修錢塘江岸
二十年修石隄
二十二年置修江司遂修六和塔
玉海吏部尚書林大鼐建言潮爲吳患民以不
寧宜專置一司究利病而後興工

咸淳臨安志林大鼐建言乞選擇諳曉之士專
置一司詢故老究利病脈絡而後興工且言羅
刹江濱舊傳有三浮圖唐末神僧創以鎮潮脈
名六和塔積年不修乞付有司營葺從之
紹興末轉運使及臨安府修錢塘石岸
宋史河渠志錢塘石岸毀裂令轉運使及臨安
府修築
乾道七年帥臣沈夏復增修石堤
玉海沈夏修石隄成增石塘九十四丈
九年詔臨安府增築江塘

宋史河渠志錢塘廟子灣石岸復毀詔令臨安府築塡江岸增砌石塘

淳熙元年命有司治江岸

宋史五行志風濤沖決江隄一千六百六十餘丈令有司修之以乾道修治爲法

宋史五行志淳熙元年秋七月壬寅錢塘潮決江隄一千六百六十餘丈漂民居六百三十餘家仁和縣瀕江二鄉壞田圃四年五月乙亥夜江濤大溢敗臨安府隄八十餘丈庚子又敗隄百餘丈九月丁酉戊戌海濤敗錢塘縣隄三百

餘丈

臣 錄謹按宋史載淳熙中連年敗隄水趨北大亹所致後嘉定時亦同

四年築鹽官海塘

文獻通考淳熙四年五月錢塘江濤大溢敗隄一百八十餘丈九月大風雨駕海濤錢塘敗隄溺人

趙維寰寧邑備考淳熙四年臨安府築海塘二百餘丈

慶元中浙江塘壞捍江指揮使任班率兵修築

嘉定十二年鹽官海漲下浙西諸司條具築捍之策

宋史河渠志鹽官海失故道潮衝平野二十餘里至侵縣治蘆洲港瀆及上下管黃灣黃岡等鹽場皆圮蜀山淪入海中聚落田疇幾失其半鹹水滲及四郡臣僚言鹽官去海三十餘里舊無海患縣以鹽竈頗盛課利易登去歲海水泛漲湍激橫衝沙岸每一潰裂常數十丈日復一日浸入鹵地蘆洲港瀆蕩爲一壑今聞潮勢深入逼近居民萬一春水驟漲怒濤奔湧海風佐

之呼吸蕩出百里之民莫不俱葬魚腹況京畿赤縣密邇都城内有二十五里塘直通長安牐上徹臨平下接崇德漕運往來客船絡繹兩岸田畝無非決壞若海水徑入於塘不惟民田有鹹水滲沒之患而裏河隄岸亦將有潰裂之憂乞下浙西諸司條具築捍之策務使捍隄堅壯土脉充實不爲怒潮所衝從之

臣 錄謹按史言舊無海患蓋以故道經中小亹出入也其時水勢始直趨北大亹故史載蜀山淪入海中

十五年命浙西提舉劉垕於鹽官縣治南北各築土塘以捍鹹潮

宋史河渠志都省言鹽官縣海塘衝决命浙西提舉劉垕專任其事既而劉上言鹽官東接海鹽西距仁和北抵崇德德清境連平江嘉興湖州南瀕大海原與縣治相去四十餘里數年以來水失故道早晚兩潮奔衝向北遂致縣南四十餘里盡淪爲海近縣之南原有捍海古塘亘二十里今東西兩段並已衝毀侵入縣之兩旁又各三四里止存中間古塘十餘里萬一水勢

衝激不已不惟鹽官一縣不可復存而向北地勢卑下所慮鹹流入蘇秀湖三州等處田畝皆不可種其爲害非獨一邑也詳今日之患大概有二一日平地陸沉一日鹽潮泛溢陸沉者固無力可施其泛溢者乃因捍海塘衝損每遇大潮必盤越流注北向今亟宜築土塘以捍鹹潮其所築塘基南北各有兩處在縣東近南則爲六十里鹹塘近北則爲袁花塘在縣西近南亦日鹹塘近北則爲淡塘嘗驗兩處土色虛實則袁花塘淡塘差勝鹹塘且各近裏未至與海潮爲敵勢當東就袁花塘西就淡塘修築庶可以禦縣東鹹潮泛溢之患其縣西一帶淡塘連縣治左右共五十餘里合先修築兼縣南去海一里餘幸而古塘尚存縣治民居盡在其中未可棄之度外今將見管樁石就古塘加工築疊一里許爲防護縣治之計其縣東民戶日築六十里鹹塘萬一又爲海潮衝損則盡棄前工當計用木石修築袁花塘以捍之朝以爲然

程珌鹽官禱海青詞天相民居奠於下土海鎮神坊長於百川凡有阽危敢忘哀籲伏念鹽官

之境省罹潮汐之菑閭縣千廬惴惴爲魚之慮良疇萬頃駸駸淹鹵之虞臣食息熏心匍匐請命仰神龍之有位暨水府之羣司鑒此微衷降之大惠風濤受令寂無衝齧之憂浦溆還沙永賴扞防之固嗣新祠宇祗答靈休

臣鑅謹按宋史珌本傳珌嘗官浙西提舉常平當於此時致祭而作海昌外志作鹽官禱海文本集作青詞

紹定中海鹽縣令邱來築海塘二十里

開總括異志海鹽縣捍海塘凡十八條自縣去

海九十五里有望海鎮歲久波濤衝齧盡為洋海紹興中知縣陳某嘗於江塘五里建望月亭迨今則亭基在水中不可復見十八條捍海岡岸無一存者縣治去海無三百步而獨山一帶歲歲鹹潮透入可以曬鹵耕者苦之前政史寺亟卿親督畚鍤移入數百步別築一塘

臣鏻謹按海鹽縣海塘在城東半里南抵澉浦北抵乍浦修築事前此無考可見者始於是云

嘉熙三年知臨安府趙與懽築近江港口堨一百

五十丈水塘六百丈修石隄四百餘丈

咸淳臨安志嘉熙戊戌秋潮由海門搗月塘頭日朘月削民廬僧舍坍四十里已亥六月詔趙與懽除端明殿學士知臨安府任責修築與懽奏先於旁近築土塘為救急之計然後於內築石塘又奏近觀潮勢忽睹異物非龍非魚什什伍伍鼓鬣揚鬐欲望奏上帝施強弩火炮以絕其妖又奏日役殿步司官兵五千五百餘人并募人工及修江司軍兵三千餘人已貼立石倉夾植樁笆版木晝夜運土塡築自水陸寺之下

江家橋之上近江港口築堨一南北長一百五十丈自團圍頭石塘近江築捺水塘一長六百丈自六和塔以東一帶石塘添新補廢四百餘丈越三月畢工水復其故

趙與懽請移苗稅額入修江所

咸淳臨安志嘉熙間江潮衝突臨江太平金浦安仁西安仁東上五鄉趙安撫與懽申請於朝盡蠲苗稅後水仍故道耕鑿漸復與懽申請撥稅額入修江所為修築塘岸之費凡為錢二萬四千四百五十八貫四百三十七文絹三百三

十二匹緜二千二十六兩苗米二千四百七十石八斗二升每歲本所經行催納

寶祐二年冬十二月監察御史陳大方請修築江塘

宋史河渠志陳大方言江潮侵嚙隄岸乞戒飭殿步兩司帥臣同本府守臣措置修築

三年冬十一月監察御史李衢請稽捍江兵額令隨時修補江塘

宋史河渠志李衢言國家駐蹕錢塘今踰十紀惟是浙江東接海門胥濤澎湃稍越故道則衝

𡸁隄岸蕩析民居前後不知凡幾慶歷中置捍江五指揮兵士每指揮以四百人爲額令所管纔三百人乞下臨安府拘收不許占破及從本府收買樁石沿江置塲樁管不得移易他用仍選武臣一人習於修江者隨其資格或以副將或以路分鈐轄繫銜專一鈐束修江軍兵值有摧損隨卽修補或不勝任以致江潮衝損隄岸卽與責罰

景定二年浙江隄成

咸淳中兩浙轉運使常楙築海鹽縣新塘三千六

百二十五丈名海晏塘

宋史常楙傳海鹽歲爲鹹潮害稼楙請於朝捐金發粟復輟已帑築新塘是秋風濤大作塘不浸者尺許民得奠居歲復告稔邑人德之

元至元二十一年海鹽縣令顧泳重築捍海塘

至元嘉禾志太平塘舊名捍海塘在縣東二里西南至鹽官縣界東北接華亭縣界防海水漲溢故名捍海塘後改名太平塘至是縣尹顧泳重修改今名立扁於上

大德三年鹽官州塘岸崩議修不果

元史河渠志鹽官州去海岸三十里舊有捍海塘二後又增築鹽塘宋時亦嘗崩陷成宗大德三年塘岸崩都省委禮部郎中游中順洎本省官相視尋以虛沙復漲難於施力其事中止

延祐七年有司集議於鹽官州後北門增築土塘不果

元史河渠志仁宗延祐已未庚申間海汛失度累壞民居陷地三十餘里時省憲官共議於州後北門添築土塘東西長四十三里後以潮汐沙漲而止

泰定元年十二月鹽官州海水溢有司請築石塘不許

元史泰定紀海水溢壞塘隄遣使祀海神有司請疊石爲塘詔曰築塘是重勞吾民也其增石囤捍禦

三年八月海溢鹽官隄徙居民避之

四年興修鹽官州鹹塘

四月議建石塘

海寧縣志泰定元年十二月海水大溢壞隄塹浸城郭有司以石囤木櫃捍之不能止二年八

月大風海溢捍海堤崩廣三十餘里徙民居千二百五十餘家避之四年正月海潮大溢捍海塘崩二千餘步四月復崩十九里時發丁夫二萬餘人以木柵竹絡甎石塞之不止乃命都水少監張仲仁往治沿海三十餘里下石囤四十四萬三千三百有奇又木櫃四百七十有奇工役萬人

元史河渠志泰定四年二月間風潮大作衝捍海小塘壞州郭四里杭州路言與都水庸田司議欲於北地築塘四十餘里而工費浩大莫若

先修鹽塘增其高濶填塞溝港且濬深近北備塘濠塹用椿密釘庶可護禦江浙省準下各路修治都水庸田司又言宜速差丁夫當水入衝堵閉其不敷工役於仁和錢塘及嘉興附近州縣諸色人戶內斟酌差倩工部議海岸崩摧宜發文江浙行省督催庸田使司鹽運司及有司發丁夫修治毋致侵犯城郭貽害居民五月五日平章禿滿迭兒茶及史參政等奏江浙省四月內潮水衝破鹽官州海岸令庸田司官徵夫修堵又臣等集議世祖時海岸嘗崩遣使命天

師祈祀潮卽退今可使直省舍人伯顏奉御香令天師依前例祈祀制曰可既而杭州路又言八月以來秋潮洶湧水勢愈大見築沙地塘岸東西八十餘步造木櫃石囤以塞其要處本省左丞相脫歡等議安置石囤四千九百六十抵禦鑱嚙以救其急擬比浙江立石塘可爲久遠計工物用鈔七十九萬四千餘錠糧四萬六千三百餘石接續興修

致和元年三月鹽官州海岸崩四月海溢詔發軍民塞之

海寧縣志初詔天師張嗣成醮禳之不驗復詔遣使禱祀造浮圖二百十六蓋用西僧法謂潮可鎮壓也亦不驗至是以石囤塞之

元史河渠志致和元年三月省臣奏浙江省幷庸田司官修海塘作竹籧篨內實以石鱗次壘疊以禦潮勢今又淪陷入海見圖修治今差戶部尚書李家奴工部尚書李家賓樞密院屬指揮青山副使洪灝宣政僉院南哥班與行省左丞相脫歡及行臺行宣政院庸田使司諸臣會議修治之方合用軍夫除戍守州縣關津外酌

量差撥從便添支口糧合役丁力附近有田之民及僧道也里可溫荅失蠻等戶內點倩凡工役之時諸人毋或阻壞違者罪之合行事務提調官移文禀奏施行有旨從之四月二十八日朝廷所委官洎行省臺院及庸田司等官議大德延祐欲建石塘未就泰定四年春潮水異常增築土塘不能抵禦議置板塘以水湧難施工遂作蘧篨木櫃間有漂沈欲踵前議疊石塘以圖久遠爲地脉虚浮比定海浙江海鹽地形水勢不同由是造石囤於其壞處疊之以救目前

之急已置石囤二十九里餘不曾崩陷略見成效庸田司與各路官同議東西接疊石囤十里其六十里塘下舊河就取土築塘鑿東山之石以備崩損

天歷元年詔改鹽官州爲海寧州

元史河渠志天歷元年十一月都水庸田司言八月十日至十九日正當大汛潮勢不高風平水穩十四日祈請天妃入廟自本州嶽廟東海北護岸鱗鱗相接十五日至十九日海岸沙漲東西長七里餘南北廣三十步或數十百步潮見南北相接西至石囤巳及五都修築捍海塘與鹽塘相連抵巖門障禦石囤東至十一都六十里塘東至東大尖山嘉興平湖三路所修處海口自八月一日至二日探海二丈五尺至十九日二十日探之先二丈者今一丈五尺先一丈五尺者今一丈西至六都仁和縣界赭山雷山爲首添漲沙塗巳過五都四都鹽官州廊東西二都沙土流行水勢俱淺二十日復巡視自東至西岸脚漲沙比之八月十七日漸增高闊二十七日至九月四日大汛本州嶽廟東西水

勢俱淺漲沙東過錢家橋海岸原下石囤木櫃並無頹圮水息民安於是改鹽官州曰海寧州

明洪武三年海鹽縣潮水泛溢圮毀故岸民人潘允濟言於朝遣署令宋舊志失名監築石塘二千三百七十丈

海鹽縣圖經邑南潮汐盛長逆流灌入浙江之口入之不盡入者激爲洄波緣海岸盪激鹽既當其衝而鹽北南苦竹秦駐山距角張不受激則激其坳中土疎易崩者於是東南五十里外之貯水陂南三里之藍田浦東北三十里之横

浦與所謂九塗十八岡三十六沙舊爲海潮限者盡淪爲巨洋鐫蝕一綫之岸以及城根僅半里許每東北風稍張怒濤乘之輒溢殺禾稼湛漂亭舍人民甚而都鹹流三吳窪縣中患如鹽同壑矣夫欲存鹽亟堤鹽欲存鹽以無壑吳尤亟堤鹽其事易築也役未可已

鹽邑志林海鹽一帶海塘外以捍海潮之入循塘拒守墩堠相望可以禦海寇之登犯塘以裏皆良田富室烟火相望所恃以爲外護者一塘而已石塘縷砌者用石方尺餘長八尺或六尺

縱而𥗼之取海潮衝撼不動內厚築黃土以襯之高與之齊厚必五倍之若少工力石可衝撼潮必內侵石塘有罅土塘必壞土塘內潰石塘不能獨存矣

十一年秋七月左布政使安然築江岸石堤

成化杭州府志海潮齧江岸安然躬率民夫伐石砌築

十四年海鹽縣捍海塘成

二十五年左布政使王鈍修築江岸

成化杭州府志江岸潮汐爲害鈍率民夫伐石

捍江

永樂元年冬十月修築江岸戶部尚書夏原吉奉命來治水

明實錄永樂元年八月癸亥浙江風潮決江塘萬四百餘步田四十餘頃湯鎮方家塘江堤衝決淪於江者四百餘步延袤四千餘步溺民居及田四千頃冬十月修築江岸

三年海鹽縣石塘復圮浙江布政使司參議閻察監修

宏治嘉興府志永樂三年海鹽縣石塘復爲風

潮圮毀通政使司右通政趙居任等官按治起倩蘇州松江等九府民夫增土修築雖堅固歲久復頹

五年命右通政趙居任築江岸

明實錄永樂五年夏六月浙江布政司言杭州府沿江堤岸復圮於江遣官督民修築

六年發軍民修築仁和海寧二邑江海塘

海寧縣志海寧海決陷沒赭山巡檢司請發軍民修築從之仍命戶部遣官巡被災之家九年秋七月修築冬十一月塘成時合仁寧二邑江

海塘及海鹽縣土石塘共修過萬一千一百八
十五丈
九年秋九月修仁和海寧塘岸冬十一月戍
明實錄永樂九年七月辛未江潮溢衝決仁和
黄濠塘岸三百餘丈孫家園塘岸二十餘里工
部上言請發軍民修築從之仍命戶部遣官巡
恤被災之家修仁和海寧江海塘海鹽土石塘
岸一萬一千一百八十五丈
海寧縣志按陳善海塘議永樂九年海大決保
定侯孟瑛奉命徵九郡之物力歷十三年而始

奏功陳之遲築塘考亦言永樂九年海决命瑛
往治陳祖訓修塘記言永樂中役民夫十萬費
帑金十餘萬兩遣保定侯孟禮部侍郎易本省
南北叅副各二員董成之則是役也孟易二公
實終始其事矣
十一年夏五月遣使監築江塘
萬歷杭州府志永樂十一年夏五月江潮平地
水高尋丈仁和十九都二十都居民陷溺田廬
漂没殆盡守臣申奏朝命工部侍郎張某監築
隄岸役及杭嘉湖嚴諸府軍民十餘萬採竹木

爲籠檻伐臯亭山塊石納其中壘砌堤岸以禦
江潮修築三年費財十萬
十六年遣保定侯孟瑛禮部侍郎易英以太牢祭
東海神
明實錄朝廷以浙江瀕海諸縣風潮衝激堤岸
墊溺居民連年修治迄無成功乃齋戒遣保定
侯孟瑛等以太牢祭東海之神既祭水患頓弭
十八年三月命有司修築邊海塘岸
明實錄浙江海寧等處言潮水淪没邊海塘岸
二千六百六十餘丈延及吳家等壩命有司量

起軍民修築之
九月修築海塘
明實錄通政司左通政岳福言浙江仁和海寧
二邑今年夏秋霪雨風潮壞長安等壩淪於海
者千五百餘丈東岸赭山巖門山蜀山故有海
道近皆淤塞故西岸潮勢愈猛爲患滋大乞以
軍民修築從之
獻徵錄知杭州陳讓言海水勢漸內徙逼海寧
城牽築不能治乃請去城一里支河渠內堤延
袤十里以寬制猛不與海爭利海果至隄而止

宣德五年浙江巡撫侍郎成均築捍海堤

宣德中海鹽縣石塘又潰巡撫侍郎周忱募郡民七百八部分更築

海鹽縣圖經時以石堤內虛始築土五丈實其裹且著令不時巡護加葺無待大壞

正統五年蟄海寧蠣巖決堤口

成化五年平湖縣知縣李翥請比例海鹽縣境修築石塘奏聞命下三司督同府同知楊冠通判張永等相視經度

宏治嘉興府志計條石樁木等料價銀二萬五千九十三兩備工甃砌

七年秋九月江潮大溢塘壞命工部侍郎李顒築之

明實錄成化七年九月二日風潮決錢塘江岸十餘丈近江居民房室田產皆為淪沒守臣以聞工部尚書王復等奏乞如永樂事例遣大臣往祭海神修江岸上命李顒往時潮水衝毀江岸計四百九十餘丈顒議修築工料合用銀七萬三千二百餘兩今官庫收貯十不及五如俟續收贓罰補解恐潮復作前工盡棄欲取布政司存留糧銀支給充用量起杭州府衛人夫修築從之

命工部侍郎李顒築江堤

是年平湖縣知縣郝文傑重修海塘

平湖縣志七年七月初三日颶風大作海潮泛溢平湖縣自雅山東至楊樹林俱為衝浸縣令郝文傑計量修築圯壞者一百五十丈九月一日風濤復作內塘古岸修完者自周家涇東至獨山等塘皆為衝圯其害視前尤甚縣簿陳善奉府檄重修八百一十九丈其未完者宏治二年計費備工買石甃砌

按平湖縣捍海塘在平湖縣東南三十四里至金山衛華亭縣界周涇西至海鹽縣界長二千二十丈其地本統隸鹽官宣德五年始分平湖為縣疆域各隸

十年海寧縣海決至城下用崇德縣縣丞沈丞築法堤始成

按是年築堤史乘失載陳之遲著築塘議乃言及之查崇德縣志成化中有維揚人沈讓於十六年涖丞任前此尚未至也築法既無

可考其人亦逸其名矣

十二年修治海塘

明實錄浙江鎮守巡按及都布按三司奏言杭嘉紹三府所屬海寧海鹽山陰蕭山上虞等縣海塘衝塌數多修築財用不足乞照上年例以杭州城南抽分竹木存留七分賣銀解部者以備築塞工料庶寬民力工部謂內府造供應器皿并清江衞河造運船皆取給抽分所係亦重宜令各府先以在官物料支用不足則於附近無災府分借倩協濟從之

十三年海寧海堤決僉事錢山重築障海塘

成化杭州府志成化十三年二月海寧海溢決堤傴盪城邑鎮巡因命採石臨平安吉諸山初用漢楗組法不就乃斲木爲大櫃編竹爲長絡引石下之泛濫乃定仍築副堤十里以防泄鹵凡七越月而役竣

臣鏻謹按漢武帝塞瓠子河伐竹爲楗塡竇木石縱絙以板用以止水後世竹絡之制大約師其意而稍變其法然皆一時權宜之計也

十三年副使楊瑄改築海鹽縣舊塘爲坡陀形凡二千三百丈

海鹽縣圖經先是侍郎周忱修築海鹽縣塘謀甚豫顧未十年海溢塘復壞時知府黃懋議大採木石別築複塘度用銀二十六萬有奇正統九年奏聞報可會懋去僉事陳𣲖與叅政謝輔繼至改議因舊趾役里甲雜用瓦礫塡中包巨石爲之省費十九塘亦成後成化八年大風駕潮至塘不足禦平地水丈餘民溺死無筭乃思黃公議悔不用之後叅政邢簡僉事趙銘以府

同知楊冠補葺麤完海復連歲四溢塘又盡圮不存至是楊公來司水利講興作功甚銳遂以意改舊塘爲陂陀形

宏治元年重築海鹽縣陂陀塘

海鹽縣圖經宏治初海鹽縣陂陀塘就圮知縣譚秀言楊公用石斜甃歲久仄壓內向勢也請改築便於是巡浙侍郎彭韶以知府徐霖通判蹇霆偕秀築仍疊石如舊法而略彷陂陀意內橫外縱以漸減縮令斜用殺潮勢時重築者九百餘丈他未壞者仍舊

五年海寧縣海溢

十二年海鹽縣知縣王璽接修海塘

海鹽縣圖經王公塘築於故龍王廟前砥方石縱横交錯爲之其法有一縱一横有二縱二横者下濶上縮内齊而外陂形勢隆固屹立潮衝不壞

嘉靖初郎中林文沛奉命修海鹽縣石塘

浙江通志正德中通判韓士賢水利郎中朱袞凡再修悉依王公法而嘉靖初海連溢郎中林文沛奉命修塘以王公塘獨無恙因呼爲樣塘益遵用之

林文沛海塘紀略嘉靖壬午秋海潮大作癸未繼之塘圮視昔倍泛濫災及百里時文沛督工治之舊制石多縱少横今使縱横交錯連屬不可解又必擇其廉隅之石布置必穩稽計四千八百石計一萬六千或拾於海壖之遺或運於數程之外北自了义南抵宋莊因其舊而增之計七百五十七丈逼舊隄爲一千三百七十丈是役也費銀蓋五千五百兩有奇

七年海寧縣新堤圮

九年秋海寧海決逼城

十年僉事蔡時增築海鹽縣敎場塘一百七十丈

十二年海寧縣知縣嚴寬議設歲儲海塘役銀

海塘通志宏治五年海寧縣海溢新堤漸圮嘉靖七年海寧縣新堤大圮復至城下九年秋七月海決逼城十二年海寧縣知縣嚴寬建議準海鹽例歲儲均徭役銀以備海塘修築之用自後寧邑設海塘夫一百五十名歲儲役銀三百兩者爲令自寬始也

十四年海溢僉事焦煜築海鹽縣塘二百餘丈土塘二千七百丈

海鹽縣圖經分督者通判陳文昌知縣董玶及平湖縣知縣黎循典華亭徐階爲記是役也成未幾而即崩布政司吳昂疏稱謂碑文尚未入刻塘岸先已傾頹云

十七年海又溢僉事張文藻築海鹽縣塘三百二十餘丈土塘二千四百三十四丈及四陡門

二十一年僉事黃光昇築海鹽縣石塘若干丈悉因縣令王璽之法益詳究之

海鹽縣圖經率塘一丈如議築若石木若人徒

用銀三百云黃公亦曰余築塘所不盡尚八九則財詘故矣初海塘無字號今自天字起至木字二十里共一百四十號每號二十丈共二千八百丈皆公所編也公督工有法所用者悉副任使嘗有言曰海塘如欲盡築非四五十萬金不可工役大興諸夫匠奸詭百出須得通判官五六員縣丞主簿等二十餘員專駐於此朝夕巡之方可隄防卽臨之仍須耳目瞬息不離苟頃刻恍惚卽奸弊乘之蓋巨石一疊內藏疏畧更難移驗矣況事權不一此委彼奪既奉命以

去另代者經手不一遂難稽考又況所委各官賢否不同上下扶同塗抹了事者常十而六七可輕議哉

三十年風潮復作海鹽縣塘壞僉事胡堯臣治之邑人錢薇記畧是役也胡公以憲司提其綱雖風雨率卯出申入又節蹋從供應以身儉先故一時從官咸奮若林丞士儀楊簿繼蘭及劉經衛國學章知事林以至使揮在役者罔不勸恪云

隆慶四年海溢海鹽縣塘圮水利僉事李文續督湖州府同知藍偉修築用黃光昇法縱橫稍殺之費銀萬五千成塘九十餘丈

李文續修海塘事宜洪武以來初築頗簡有以石斜豎貼土者有橫砌一縱者後來築法漸詳有二縱二橫者三縱三橫者亦有五縱五橫者計築一丈用銀三百餘兩歷年風潮衝塌猶屹然如故今欲砌如五縱五橫之式勢必不能酌量見在金錢將龍王塘天關要害處定爲三縱三橫其餘往秋等字號潮勢稍緩定爲二縱二橫

隆慶六年五月海決有司議築江塘

萬歷三年浙江巡撫徐栻同知黃淸修海鹽縣大石塘成

海鹽縣圖經時三年乙亥之五月晦夜大風駕潮來水出地二丈餘溺死者三千餘人內縣河皆成鹹流田不可灌塘則盡崩先是嘉靖中邑人布政使吳昻嘗一再上疏奏大發金錢築故塘豫備海災之一旦隆慶之役助敎仇俊卿仿昻意亦以爲言前後皆中格至是變果大作昻之議曰成大功者必計久遠惜小費者反傷財

力海塘之役每歲均徭闔郡計銀七千兩自正統七年至嘉靖十五年僅百年已費銀七十萬兩矣其他承迎之費借倩之力又所不計今若能費銀十萬兩併舊有石料大爲修築可保百年無事是謂一勞永逸暫費永寧功之垂於後也久而民陰受其利益於無窮矣不然譬鼓日繁財力日詘海患日深因循既久縱棄海鹽一縣田土於波浪之中一縣人民於魚鱉之腹旁縣恐亦未得安枕而卧也昔年名臣大興九郡之役殆亦有見於此爾時撫臣謝鵬舉按臣吳

從憲採知府李椽知縣饒廷錫言俱奏大指謂鹽提浙省鉅役縣官宜無惜小費爲東南計永奠意甚愷切既得報而兵部侍郎徐栻代撫集僉事陳詔張予仁同知黃淸議之淸考故時築法得黃光昇前牘上之遂仿其法改用大石以淸督丞幕諸官三十餘人分築淸勤於帥先且相度潮緩急衡稍增殺其縱橫石凡用銀十二萬有奇成塘七百五十丈土塘三倍之又開白洋河三千丈而餘塘欹且裂未盡圮者始理砌之理砌者砌層之上不及址以節費役竣建海神祠及前憲使楊公瑄祠以昭祈報鑄鐵象牛鎮壓之又植木菑盪浪糞淤沙塗護塘有詔褒之賜栻等金帛陞秩俸有差淸得超格擢同知鹽運使

陳善海塘議畧築塘之法余竊有取於海鹽乙亥之決其修築也慮湍激之爲害有蕩浪木樁以砥之慮其直瀉堤岸爲斜階以順之其累石也下則五縱五橫上則一縱一橫石齒鉤連若組貫然卽百計撼之其能搖乎修寧塘者一準海鹽新塘之式是則一勞永逸之計也

臣鑅謹按海寧縣志論明嚴寬水利圖誌序謂石堤之築創於唐添築於宋增修於明今攷史乘石塘乃江塘非鹽官塘也鹽官塘自宋以來皆用石囤木櫃至元代始議立石塘又以地脉虛浮前議遂格仍造石囤接疊無所謂石塘也明代修築亦用木櫃竹絡惟萬歷五年通判張繼芳定議有採石一塊長五尺二寸濶一尺八寸者給費若干之語然明季戊辰之役仍用木櫃而陳祖訓作記亦云鹽以石寧以土則知張所採石亦供木櫃竹

絡中用非壘石爲堤也陳善之議亦謂準鹽
塘之式則一勞永逸可知萬歷乙亥之修築
尙非石塘矣
三年海溢平湖縣塘壞自海鹽敎場迤北至於乍
浦一帶皆開河取土築塘以費不給中止
萬歷五年海寧縣知縣蘇湖修海塘成
海寧縣志萬歷三年夏五月颶風大作海嘯漂
溺民居塘圮鹹水湧入內河壞田地八萬餘畝
時縣官估計應修塘凡二千三百七十丈計修
築工料銀五千二百二十八兩四年九月會知

海塘擥要　卷五　卅九

縣蘇湖蒞任巡撫徐栻察其才可任事遂以塘
付之湖定議以五年二月十三日興工至四月
而役竣計費纔一千九百七十六兩時通判張
繼芳定議採石一塊長五尺二寸高濶一尺八
寸者給銀四錢七分以三錢給工價一錢給船
價七分充扛擡又議以船價六千兩造船三百
隻行仁錢二縣五區綱手每十人領銀二十兩
造船一隻運石完日即以船給之當其値
十五年七月海溢海鹽縣理砌塘蠹圮
十六年春三月巡撫都御史滕伯倫巡按監察御

史傅孟春奏築海塘
疏言爲異常海潮衝坍海塘急圖修築以固財
賦重地事看得海鹽縣捍海石塘係吳越五都
之屏障關係國家財賦地方民命至大且切者
也臣等自被灾以來夙夜營度務出萬全今將
事屬切要條例十欵冐昧呈奏伏乞敕下該部
查議俯賜允行一議委官塘工大役總大綱者
水利道臣之責移駐該縣督理其董率官役工
匠收放錢糧本府同知一員專理之次則蘇湖
二府採石合委府佐二員分管塘工應用官十

海塘擥要　卷五　卌

六員分管採石應用官四員俱合委衛經縣丞
主簿等職於通省選取庶足充任使二議錢糧
嘉興府屬原歲派塘夫銀七千積今十五年豈
不綽然有餘而有司視爲緩圖任意那借今除
搜括本項外動支該府驛傳積餘銀七縣預備
倉穀銀并衢州府驛傳支餘銀金衢嚴溫處五
府見貯糴穀銀共足原估之數免令加派地方
三議塘式舊塘惟典史吳允隆所築及三監生
罰修者自嘉靖至今不壞堪以爲式蓋砌以魚
鱗叉二而收縮石堅土細故也今議以四縱六

横起脚二層濶二丈七尺五寸自第三層漸收而上每層内外各收七寸至第十八層結面濶九尺三寸石必六面方平砌必縱横相制蓋面之石又必内外皆縱以順水勢仍於安砌之時每層必先鋪地驗過面面相同縱横相合方許擡砌以袪偏斜貼襯虚飾草率之弊四議採石舊議塘石長六尺濶厚二尺二寸不如數者亦爲折算以致虚冒生弊兹議蓋面用大石外其餘以長五尺濶一尺六寸者爲準每塊給價五錢出山麤料仍多二寸以備鏨削不許别開大

小折補之端致生弊竇其驗石必取六面方平稍不合式卽行揀退運石船隻上次杭嘉湖三府編沠打造共三千五百六十九號費至三萬餘金及工完變賣所補無幾今莫若令採石宕戸包運諒亦樂從又或廣示招募宕戸有力者自載合式之石赴塘驗收照前給價採買招買並行事可兼濟五議木樁海塘之築全賴樁木入土之深則爲基孔固議用中三丈木徑四寸者截作二樁各長八尺或委官在本處廣招木商截至平買或於杭州南關聚木地方招商收

買每塘一丈釘樁二百五十九箇又必先於塘基内去浮沙數尺見實土方如法密釘縻樁堅基固石塘賴以無虞六議工程海塘大役必有分任方可責成功今議全築石塘三百六十五丈每官分理三十丈以十二員管之修築補砌石塘七百九十九丈每官分理二百丈以四員管之每新塘一丈限十日修補者二日斯事無推諉功可期就七議收支海塘錢糧支放頭緒甚多稽察密則弊無所容放給時則入速需惠舊議委嘉秀二縣司收海鹽縣司放管工官造

册送總理官總理官造册送水利道道行府府行縣給發中間吏書輾轉查覈刁蹬躭延爲弊反滋夫匠艱難到手未免揭債豪門苦不可訴今議銀俱解發海鹽縣貯庫聽縣官收掌總理同知備將各該採石買木管理塘工委官每官置簿二十扇送院印鈐發各收領採石官日開採運到石塊若干買木官日開運到木樁若干應給銀若干總理官驗收訖卽行該縣照數支銀封送總理官驗散應找給者找給應全給者全給毋令宕戸木商守候其管理塘工各官每

日將領過木樁若干木匠削過釘過若干應給銀各若干開塡簿內每五日送總理官查閱無弊卽行該縣照簿依數將銀兌准封送總理官同各委官當面鑿鑿包封喚集夫匠逐名唱給遂造冊送水利道稽考仍同原發塡過簿送院查閱庶稽考有法支放及時夫匠旣得速霑實惠而衙門人役之弊亦清及查夫匠向有計日償工之說大爲冒破今惟計工定價如削樁釘樁琢石砌石折溲扒沙等項俱照工給銀則老弱夫役不堪匠作雖欲浮食其間自不可得此又

考工節財一法八議土塘石塘外當風濤內必依於土岸此貼備土塘所不容緩往年土塘隨石塘並築故石塘工作麤疎無從詳驗今宜俟石塘築完之日閱視內外如式委管工官督率人夫挑取實土緊貼石塘塡築斜坡近塘者畝與塘等築令極實土始不散庶水過直瀉石塘益固九議體恤塘工興作之際委官必須朝夕不離塘所乃可照管櫛風沐雨勞苦萬狀每日給銀二錢每官除撥驛船住止外又各設蓬廠一座仍撥夫二名聽其差用俾日給稍充而風

雨有蔽役使不乏乃得盡心所事匠作人夫多係各縣應募或係外府投充今議令於每官廠側各起搭草蓬四五區各安歇炊爨庶物件得看守之便赴工無往返之勞而居停亦免苛索之苦十議稽查築塘工役非小惟恃賞罰以爲勸懲除在工各官有偷安誤事及侵尅不檢者卽時分別發落外其塘工通完之後容令嚴行查閱如果經畫得宜修築如法有裨保障者將各司道府佐以下大小委官據實薦請優錄勞苦功高破格擢用庶賞罰嚴明人心自相戒勉

大功之就可期矣

海鹽縣圖經十五年海溢理砌塘盡圮巡撫滕公伯倫行閱日理砌所以省費也費卒不得省令新築之條上方畧十得報允行於是以副使夏艮心同知曾維倫視工而公數馳涖之程督甚勞歿於任傅公孟春代之終其功凡成塘全築者七十一丈半築者六百餘丈又土塘二千四百餘丈用銀六萬八千有奇奏聞如三年例賜金帛壓秩俸有差而滕公特予一子蔭旌勤事實異數也

十八年巡撫都御史傅孟春奏報海塘成

疏言恭報海塘工完永固重地以奠民生事據浙江按察司水利道副使夏艮心呈稱本道於萬歷十六年二月初十日移駐海鹽經營督理轉行同知會維倫總理塘工議留塘夫驛傳穀價等銀共七萬四百五十三兩七錢動支辦料與工隨委杭州府通判陳表等督採蘇石後陳表奉文取回改委紹興府通判卜鎧接管溫州府通判許知新等分採湖石經歷劉世傑收買樁木委官四員管修半坍稍坍舊塘十二員管

築全坍新塘續據各官呈稱新舊塘工均搭分管為便呈允均為一十六作鬮定分管本道看得往往築塘務速成者鮮經久之工務節省者多飾虛之弊以致塘方築而圮隨之今次一遵條議悉除前弊如收放石料或量驗稍疏弊端百出今設關收石皆總理官親行稽察後委海鹽縣縣丞張汝翼兼同各管工官更番驗量必方正堅實合式方准收用經始之工開塘基最要而亦最難今嚴督委官必盡去浮沙濶近三丈開見深土方許下樁深入及查塘之壞也多

因樁木稀疏原估每塘一丈用樁一百九十五箇今加至二百九十五箇樁既長丈加以密釘塘基永固起塘底石往時有外雖補砌而內多就土為基全不用石及潮浪過塘裏脚衝開頹圮殆甚今無分內外選取長濶堅厚舊石一式平鋪極稱穩實此上十餘層石六面光平層層縱橫緊密既無圓碎小石塡補於中亦不必灌糯米漿抿油灰致多虛費舊有監生塘數丈屹立無壞惟上面一二層用石方正今築一帶新塘上下表裏石皆長厚方平視監生塘更為

堅固接撑舊石實足濟工省費查前坍塘比原計之數欠石三萬餘塊如盡取之新石採運甚艱為費且鉅今督各委官遍搜每官給簿一扇逐日登記五日送道一查以石之多寡為官之勸懲爭相搬運得石頗多及查海鹽沿城積遺蘇石議三等給價用濟塘工全砌半修勘估雖有定數然有外若完固而中實空疎卽未估亦應起築或上雖坍損而脚尚穩固卽議拆應免改修如碉字等號稍坍塘加修二十餘丈潛羽等號半坍塘加修一二丈多拆三四層湯字號

一十餘丈邦潤加高文字號南陡門應拆砌裂字號中陡門應添砌霜虞民伐等號應免拆修砌舊塘結面原以橫石鑲邊恐橫石承水易於衝動乃逐塊鑿成嵌筍相連如一遐邇等號塘其先因石塘未成恐內塘衝壞鹹水內灌乃先築備塘一十七丈預爲捍禦此皆酌量增省誠難以原議拘也全砌塘式近議以十五層爲準查駒食場三號五十八丈在海塘將盡之處原議全築估銀一萬二千五十三兩零外有羌遐等號二百餘丈素稱大天關最爲險要內羌字

號塘一十七丈有餘原未議修遐邇率賓等號一百八十餘丈止議補砌估銀一千一百兩零二項共估銀一萬三千一百五十九兩零今查駒食場三號地形頗高潮勢稍緩不必高至十五層而羌遐等號地勢較低俱應全砌續議自羌遐以至駒食等號共二百六十餘丈俱照彼中舊塘式樣全築十層共計工料銀一萬二千九百五十四兩六錢零仍恐潮患難測復加二層計十二層塘既加築費復減省塘工用石數多兩廠採運不給出示招買廣行訪採如海鹽

之葛家山武康之郁家山等石俱堅兼採運用至於錢糧之放給如木石料價夫匠工銀日以實數登簿覈明驗給絕無剋索冒破之弊工程之稽查委官居止塘所日夕不離本道復發稽工簿一扇令各官每日做工各照塡入如扛夫擡若干釘樁若干石匠琢洗某號石鋪砌第幾層親詣閱視中有工不精堅者夫匠責懲委官戒諭改正絕無飾虛草率之弊官役久事海濱勞苦萬狀宜爲體恤每官給驛船聽其住止蓋蓬廠便其監工給夫二名供其使令蓋草廠九

十六座以安夫匠暑月則周其茶湯時疫則療其藥餌間有病故則瘞以衣棺工作繁興擡石路遠則加其工食以故各相勸勉絕無偷惰誤事之弊經用必慎毫無輕給續據各夫匠告稱往年築塘止將外出海石琢光其附內等石俱不細築今次遵將石琢洗六面光平合縫安砌用工倍多且補砌底石未蒙估計工銀年荒米貴乞憐加給及據各山宕戶告稱歲歉水涸運石艱難俱行總理官酌議全砌大塘每丈加給琢洗內匠工銀一兩五錢中塘每丈四錢八分

鋪砌底石每塊給夫工銀二分及查十六年四五六三個月米價甚貴在工夫匠每名加給賞銀一錢八分又武康石每塊加價銀三分各山大石每塊加銀三分六厘拆補石並免十分之三星允給免入心悅從其估用錢糧該布政司吳自新知府王貼德督催塘夫等銀解發海鹽縣貯庫知縣黃之俊謝吉卿先後各司收放其備用石料該分府杭嘉湖道左叅政蔡廷臣萬文卿嘉湖兵巡道僉事史旌賢鄒廸光相繼監督錢糧石料俱無缺乏祗因塘工本鉅兼值年

荒工作採石種種多艱而續議羌字等號塘二百餘丈在原估之外況今次修塘一遵明旨不敢苟簡完報上年五月内又因亢旱河水乾涸各廠運船難行工作暫停至九月内河水漸通復行興工十二月内嚴督官匠上緊修築務期堅固經久又海塘工將就緒在事官員久効勤勞年終合行獎賞仍行令勉勵底績該本道遵依一面獎賞一面催督間又催在塘各該員役作速攢工修築如式堅固萬悉十八年二月内閱視新塘堅固經久行道將在工員役量行獎

賞依奉通行據總理同知會維倫呈稱查得築一作管工官嘉興縣典史余偕第二作秀水縣典史江夢熊第三作海寧縣典史馮載讓第四作海寧衛經歷張文烇第五作觀海衛經歷吳潮第六作樂清縣北鹽巡檢司巡檢李證第七作崇德縣皂林驛驛丞周繼芳第八作蕭山縣縣丞王箕第九作諸暨縣主簿李思誠第十作海寧縣縣丞鮑槐第十一作上虞縣典史程世舉第十二作杭州前衛經歷劉世傑第十三作會稽縣主簿浦謨第十四作富陽縣典史朱軏

第十五作崇德縣典史鄧一鑑第十六作永康縣主簿徐武思共計修築過原題并續議全砌塘五百七十一丈五尺八寸半坍塘一百三十四丈稍坍塘五百三十五丈八尺九寸陡門一座天關備塘一十七丈土塘一千三百九十六丈九尺二寸俱於本年二月二十一日工完過共砌用過採買蘇湖等新石共十萬二千餘塊搜尋海外沉埋遺石及沿海舊石共八萬二千餘塊樁木九萬八千九十個除用過錢糧細數一面查覈造冊外約計於原估數内節省銀一

千兩有餘本道會同分守杭嘉湖道左叅政萬文卿嘉湖兵巡道僉事鄒廸光看得鹽邑東逼大海諸山對峙夾爲海門若大塊之闕然故稱天闕一望海面較高邑若居下流焉卽常時潮汐吞吐已莫可支矧巽颶鼓濤翻奔內地呼吸滄桑則非止一邑爲壑而浙西東吳諸郡皆爲滷區矣所恃以出一方生靈於波濤而衽席三吳者獨此塘也然輒爲巽潮衝圮一圮一築糜公錢百千萬緡萬歷十七年七月塘圮凡千餘丈此尤海塘要害處也各院會題修築守巡各

道相繼監督後先畢集克濟大功緣過求堅築事難速成况兩歲洊災或雨久或旱久以致採石難工作難不能如期完報而夫匠宕戶苦於米貴控訴不休議加工銀加犒賞加石價幾二千二百餘兩又免拆補石數千及總理量石書算委官募夫工食幷廠料醫藥等項約銀一千七百餘兩又加築備塘及陡門續議全塘加高二層幷大塘加用新石共二萬一千餘塊約銀六千餘兩加樁木銀六百八十餘兩夫匠月賞委官廩給原議一年爲止今支費兩年除量議

減免外又該銀二千餘兩率原估未及並無加派尚剩銀約計一千兩有餘雖不務節省以苟工仍然徧搜舊石用補新石而隨處裁酌經費無濫加增之數存餘之銀皆從節省中來也今計修築過石塘一千二百一十餘丈陡門二座備塘土塘一千四百一十餘丈歲月雖若稽延而工程絕無苟簡樁石雖見多用而錢糧不踰原估費不加昔工實倍前卽一方士民僉謂自來築塘稱難未有如今次之難而築塘取堅亦未有如今次之堅者去年六月間風潮大作是

時塘且未成一無衝壞此亦可驗矣除用過錢糧細數幷効勞官員另行呈請外今將完工緣由合先開報等因到臣據此臣親詣閱視委果石料堅方結砌如式表裏完固高堅足恃屹如磐石可以砥柱乎奔濤鞏若金城有以隄防乎巨浸是役也溯經始以迄告成積勞已逾二載役全築以及半修計工不止千丈外以障滄海之狂瀾內以保桑田之物產近以拯一邑之墊危遠以捍三吳之沮洳上以裕國家之經賦下以蕃生民之稼穡其立陡門也因通潮而獲鹽

潏之息其募夫役也因拯溺而寓救荒之仁塘工一成而民胥賴之此皆由各官調度有方羣工競勸所致縱有颶風足堪捍禦而東南財賦重地從此永固矣

萬歷三十三年錢塘縣知縣聶心湯築錢塘竇船廠塘堤

萬歷錢塘縣志錢塘竇船廠一路舊無堤塘田土傾圮邑令聶心湯鳩工覈實樁石堅鉅爲久遠計費六千餘金

三十九年六月十六日夜颶風大作海鹽縣海塘

又圮知縣喬拱璧申請修築凡修石土塘一千四百七十丈次年又接築一百二十二丈

天啟二年知縣樊維城以塘圮裂者二十八丈爲請遣縣丞李莞築之費銀二千九百塘卒賴以不壞

海鹽縣圖經大抵海潮歲惟夏秋兩時大月惟初三十八日大天闕宋莊以及龍王廟皆直潮衝最急闖武場以北爲差緩先時築塘發郡民丁築之不足得發之旁郡民丁出錢代徭始宏治中知府徐霖議條鞭之法行遂派爲畝稅郡七邑歲合徵銀七千嘉靖中半之今復故額

崇禎三年三月同知劉元瀚修海寧縣捍海塘成

寧邑備考崇禎元年七月二十三日午前風日清朗纔過午狂飇卒發雷雨如注申酉間忽報海嘯登城望之見潮頭直架樹杪廬舍蕩析瀕海居民有舉家避者有一家十九口止存二口者延至夜半風濤稍殺厥明縣官出勘城東西被災者凡四千餘戶橫屍路隅殆不忍見事聞於朝議修築海塘時縣令謝紹芳屬衙官張瑞徠董其事張第以修河堤法從事未幾潮嚙之

旋築旋圮於是三臺畢臨相視議工費撫按會題預徵糧銀每畝一分合計之得九千餘金道府捐助各有差命郡丞劉元瀚董其役仍用石囤木樁之法工稍就緒

海塘擥要卷六

國朝修築

順治五年冬十月署海鹽縣事張世欒承修石塘

調陽二字號石塘一十八丈

八年春二月海鹽縣知縣郭尙信承修石塘及結面塘石陡門

月字號石塘二十丈并修張成二字號結面塘石陡門

十有二年冬十有二月嘉興府水利通判韓範海鹽縣知縣毛一駿承修石塘

化草木三字號石塘三十丈

十有六年冬十有二月禮科給事中張惟赤請修海鹽石塘

疏言海塘築自唐開元中至明始易以石編列字號沿海郡縣皆有海塘海鹽兩山夾峙潮勢尤爲洶涌昔之縣治已沒海中蓋嚙而進者七十餘里矣前明特編海塘夫銀以事歲修他郡無論卽就海鹽一處之編銀六千九百九十九兩九錢一分內派嘉興縣一千七百五兩一錢零秀水縣一千三十五兩三錢三分零嘉善縣九百三十四兩八錢一分零海鹽縣九百二十三兩六錢三分零崇德縣七百八十七兩一分零桐鄉縣七百兩一錢八分零徵貯府庫以爲協濟載在賦役全書及海塘餘自明末至我

朝十六年以來並未修築此塘基址今盡圮壞縣治百步外已有坍口倘一旦風濤大作則滔天之勢潰於蟻穴伏乞嚴察數年額編之銀作何銷算并

敕撫按勒限報竣仍定限歲修則防患未然東南士民幸甚

致雨字號石塘二十一丈嘉興府推官尹從王督修

十有七年秋八月海鹽縣知縣雷騰龍承修石塘

閏餘成歲四字號石塘共六十丈

康熙三年秋八月總督趙廷臣巡撫朱昌祚請修海寧縣海塘

八月初三日颶風三日夜海嘯沖潰海寧縣海塘二千三百八十餘丈委兵巡道熊光裕督修明年九月石塘成并築尖山石堤五千餘丈

附估用銀二萬七千六百三十七兩零

四年春三月巡撫嵇曾筠委嘉興府通判殷作霖

修海鹽縣石土塘

露結盈三字號石塘共五十三丈土塘六百四

十丈

六年夏四月海鹽縣知縣蘇碧升承修石塘

冬木二字號石塘共一十八丈日字號石塘四

丈五尺及小修月盈二字號結面石塘

十有一年秋閏七月海鹽縣知縣張素仁承修石

塘

大埒石塘日字號九丈月字號六丈三尺盈字

號二丈化字號一十二丈啟字號一十丈

二十有四年巡撫趙士麟委海鹽縣知縣陳鈍修

石塘一千丈

三十有八年巡撫張敏奏報捐修仁和錢塘江堤

凡捐修仁和江塘自大郎巷迄來家埠景家埠

共七十九丈五尺及銀杏埠諸所一百六十二

丈五尺錢塘江塘自望江樓迄雲林下院幷古

頭埠共三十九丈一尺自顯應廟至大郎巷共

六十三丈梵邨蜈蚣嶺諸所共三百五十三丈

四十年巡撫張志棟奏報捐修仁和錢塘江塘及

建錢塘石子塘

凡修仁和江塘自下泥橋至盧家橋鎮海菴共

四十一丈三尺錢塘江塘自三郎廟至顯應廟

中沙井永福橋節婦坊李家橋放生菴銀杏埠

阮家埠共五百五十八丈三尺幷於錢塘關帝

廟永福橋二所建築縱橫石子塘共五百九十

八丈四尺

時溫州府同知甘國奎議每塘一丈用石一縱

一橫嵌以油灰鎔以鐵錠深根堅杵加築子塘

以爲重障布政使趙申喬請專委甘國奎修築

阮家埠三郎廟來家埠景家埠六和塔華光樓

塘堤用堅石嵌砌之後加築子塘四十年秋興

工四十五年竣共築石塘六百六十七丈子塘

八百九十五丈

附用銷銀五萬二千六百三兩零

五十年巡撫王度昭奏修海鹽縣石塘

海鹽石塘收字號一十九丈六尺冬字號九丈

六尺藏字號七丈四尺餘字號一十五丈四尺

歲字號一十三丈二尺呂字號一十四丈五尺

調字號一十六丈四尺雲字號一十六丈露字

號五丈一尺結字號三丈爲字號一十丈九尺及小修張陽出玉四字號二十三丈共計一百五十四丈一尺

附估銀一萬六千八百三十九兩零

五十有二年秋八月巡撫王度昭奏修海鹽縣石塘

八月初三日初四日颶風大作沖潰海鹽縣露陽二字號石塘二十四丈五尺又壞餘成歲律呂調陽雲騰致雨露一十二號附石土塘並請修築

附請發帑銀二千四十九兩零

五十有四年秋九月巡撫徐元夢奏修海寧縣石塘

疏言海寧地濱海潮汐往來惟恃石塘堤防捍禦入秋以來潮勢洶湧塘堤潰陷應修築三千三百九十七丈五尺委金衢嚴道賈擴基主之明年三月擴基竣工劾罷以鹽驛道裴𢔶度代五十七年秋閏八月竣

附估用銀三萬七千七百五十兩零

五十有六年巡撫朱軾奏修海鹽縣石塘

海鹽縣敕海廟南北石塘裂陷修築霜金二字號石塘一十二丈來暑成歲玉五字號石塘三十四丈七尺

附請發帑銀九百九十四兩零

五十有七年春三月巡撫朱軾奏修海寧縣石塘及濬備塘河

疏言海塘自五十四年巡撫徐元夢奏請修築五十六年六月中連日風潮洶湧新工未竣舊工復圮迄今未完工程二百餘丈按沿塘俱屬浮沙潮水盪激日浸月削塘脚空虛雖有長樁

巨石終難一勞永逸臣數至工所相度形勢博采輿論惟有用前人木櫃之法以松杉宜水之木爲櫃貯碎石橫貼塘底以固塘根乃用大石高築塘身附塘別作坦水高及塘身之半斜壁四丈亦用木櫃貯碎石爲幹外砌巨石二三層縱橫合縫以護塘脚如此雖不能永遠保固亦不遽至圮毁又塘内故有備塘河一道以洩潮汛不致驟溢自明季居民貪利節節築壩遂淤爲陸今形勢尚存應去壩濬河即以挑河之土培岸則濬河以備塘培岸以防河是亦有備無

患之一法也

計修石塘九百五十八丈四尺九寸坦水三千九十七丈五尺土塘五千一百六丈濬備塘河七千七百五十六丈四尺建閘一座令布政使叚志熙率杭州府知府張爲政等協同鹽道裴律度治之以糧儲道劉廷琛採買木石交發帑銀是年某月經始五十九年正月竣

附奏銷銀一十五萬一千三百一兩

秋八月閩浙總督覺羅滿保浙江巡撫朱軾奏修海鹽縣石塘

八月初一日風潮漫溢海鹽縣壞衣遐邇率歸場六字號石塘五十一丈四尺張菜重芥翔龍師衣國賓十字號石塘九十九丈五尺題請修築

附請發銀四千一百四十兩零

五十有九年秋七月閩浙總督覺羅滿保浙江巡撫朱軾奏建海寧縣魚鱗大石塘

疏言海寧縣老鹽倉正當江海交會今土塘隨浪坍頹現沖開徐家壩口與內河支港相通已築石壩堵塞老鹽倉北岸皆係民田廬舍支河汊港甚多皆與上河通連東即長安鎮與下河官塘僅隔一壩萬一土岸坍盡決入上下運河則鹹潮直注嘉湖蘇松諸郡關係甚鉅今擬於老鹽倉北岸東自浦兒兜西至姚家堰共一千三百四十丈建築石塘始可護杭嘉湖三府民田水利築石塘之式就於塘岸用長五尺濶二尺厚一尺之大石每塘一丈砌作二十層共高二十尺於石之縱橫側立兩相交接處上下鑿成槽筍嵌合聯貫使其互相牽制難於動搖又於每石合縫處用油灰抿灌鐵鋦嵌口以免滲

漏散裂塘身之內培築土塘計高一丈寬二丈使潮汛大時不致泛溢塘基根脚密排梅花樁三路用三和土堅築使之穩固又請以藩庫原貯捐監羨銀爲寧邑海塘每年歲修之資下部議行

附石料銀九萬二千兩樁木人工難以預定工完之日覈驗另銷

附五十九年歲修海寧塘工奏銷銀一萬六千一百七十九兩海寧塘工自康熙五十八年新修告成後特設海防同知逐年修補自

五十九年始每歲終統計所用銀巡撫題銷
此歲修所由來也

六十年冬十有二月巡撫屠沂奏修海寧縣老鹽
倉舊石塘

海寧老鹽倉舊塘新工沙塗漸漲水勢瀉注舊
工低處受沖以漸修補

附奏銷銀二萬二千一百七十七兩九分零

六十有一年春二月巡撫屠沂請建海寧草塘

疏言海寧老鹽倉浦兒兜迤西五十九年勘定
實土處所縱橫實砌石塘其土鬆之處樁石難

施者請量築草塘五百四十丈今春潮勢洶湧
隨築草塘三百丈仍於實土處又築石塘并前
五百丈暨姚家堰西續毀處亦築草塘二百一
十五丈

附老鹽倉所建大石塘巡撫朱軾題自浦兒
兜至姚家堰共長一千三百四十丈工未竣
遷去巡撫屠沂改建草塘故石塘祗五百丈
外八百四十丈尚屬草塘又自姚家堰西續
毀處築草塘二百五十丈共計一千五十五
丈

附奏銷銀九萬一千六百五十兩

附六十一年歲修海寧塘工部銷銀二萬二
千八百九十六兩零

附中小亹引河康熙五十七年巡撫朱軾委
官開濬費銀九百兩尋淤塞五十九年復請
開濬費銀三千一百六十兩零未幾又淤塞
至是巡撫屠沂奏明停止

雍正元年九月十七日王大臣等欽奉
上諭錢鏐時所築塘堤中間雖被沖壞至今尚有存者
數年來督撫等所修塘堤俱虛冒錢糧於不當修築

處修築以致隨修隨壞又聞得赭山有三處海口今
一處淤沙壅塞水不通流若濬治疏通使潮汐不致
留沙壅塞則海寧一帶塘工方可保固有言之者雖
未必稔知不可不留意或地方大臣恐糜費錢糧將
此等處雖明知而不顧也爾等傳諭該督撫知之欽
此

海寧東塘新沙復洗沖決塘身共修築三千六
百一十四丈二尺

附奏銷銀八千六百一兩零

二年秋七月嘉興府知府江承玠署海鹽縣知縣

陳充禮董修海鹽塘

七月十八日海潮大溢飄溺廬舍人民縣沿塘決八十三所圮成騰等字號石塘一百五十丈天地等字號石塘一千四百三十八丈五尺陷附土石塘一千五百四十五丈五尺署縣事陳充禮及紳士先捐築決口八百四十三丈一尺費銀九百七十五兩六錢零充禮又以演武場北舊有官土塘堤直接平湖縣界其外爲土埂屏障堤內有白洋河淤塞淺狹水無由分洩詳請取土於河以培官土塘堤增高三四五六尺增廣一丈三四尺計長二千八百五十丈江承玠捐挑白洋河自石屑圩至白馬廟長二千七百九十三丈

附二年歲修海寧塘工奏銷銀八千八百二十四兩零

八月十五日欽奉

上諭朕思天地之間惟此五行之理人得之以生全物得之以長養而主宰五行者不外夫陰陽陰陽者卽鬼神之謂也孔子言鬼神之德體物而不可遺豈神道設教哉蓋以鬼神之事卽天地之理故不可偶忽

也小而邱陵大而川嶽莫不有神焉主之故當敬信而尊事況海爲四瀆之歸猶乎使以爲不足敬則堯舜之君何以柴望秩於山川文武之君何以懷柔百神及河喬嶽今愚民昧於此理往往信淫祀而不信神明傲慢褻瀆致干天譴夫善人多而不善之人少則天降之福卽稍有不善者亦蒙其庇不善之人多而善人少則天降之罰雖善者亦被其殃近者江南報上海崇明諸處海水泛溢浙江又報海寧海鹽平湖會稽等處海水沖決堤防致傷田禾朕痛切民隱憂心孔殷水患雖關乎數或亦由近海居民平日享安瀾之福絕不念神明庇護之力傲慢褻瀆者有之夫敬神固理所當然而趨福避禍之道卽在乎此能敬則謂之順天不敬則謂之褻天褻天之人顧可望綏寧之福乎詩曰敬天之怒無敢戲豫又曰畏天之威于時保之朕固當朝乾夕惕不遑寧處以敬承天意亦願爾百姓其凜此言內盡其心外盡其禮敬神如神在質以至誠昭事而不徒尚乎虛文人意卽神意一念之感格自足以致庥祥豈獨一家一鄉之被其澤哉爾百姓果能人人心存敬畏必獲永慶安瀾著該督撫將此諭旨令該地方官家諭戶曉俾沿海

居民一體知悉特諭

是月二十四日戶部欽奉

上諭前因浙江督撫等摺奏七月十八十九等日驟雨大風海潮泛溢沖決堤岸沿海州縣近海村庄居民田廬多被漂沒朕即寄諭速行具本奏聞賑恤但思被災小民望賑孔廹若待奏聞方行賑恤恐時日躭延災民不能即沾實惠朕心深為憫惻著該督撫委遣大員踏勘被災小民即動倉庫錢糧速行賑濟務使災黎不致失所其應免錢糧田畝即詳細察明請蠲凡海潮未至之村庄不得混行冒蠲至於緊要堤

岸沖決之處務使速行修築無使鹹水流入田畝朕念切痌瘝務令早沾實惠該地方官各宜實心奉行加意撫綏俾凋瘵得蘇生全速遂以副朕勤恤民隱至意該部即行各該督撫遵奉速行特諭

九月二十二日欽奉

上諭湖廣總督楊宗仁江西巡撫裴徫度今歲各省收成大有惟浙江江南沿海地方七月十八九等日海潮泛溢近海田禾不無損壞朕軫念災黎惟恐失所業經嚴飭兩省督撫發倉賑濟多方撫恤但杭嘉蘇松等府人稠地狹向來出米無多雖豐年亦仰給於

湖廣江西等省今沿海被災恐將來米價騰貴小民艱食湖廣江西地近上流今歲豐收爾可速動司庫銀兩湖廣買米十萬石江西買米六萬石選委廉幹賢員陸續押送浙江交浙江巡撫平糶所糶之銀仍移還補庫其米應於何處交卸爾即咨會浙江巡撫酌議速行務使浙民有益毋得怠緩遲悞特諭

三年春正月吏部尚書朱軾奏修海寧海鹽塘

疏言仁和縣翁家埠迤東至海寧城東陳文港七十餘里歷年修建石塘塘外淤沙三四十里高處平塘低處露出塘身約三四尺無庸議修

自陳文港至小尖山二十餘里草塘七十四丈亂石砌邊土塘三千七百二十六丈塘外淤積沙塗尚薄潮水猶注塘下應將土塘加寬一丈五尺高三尺上蓋條石一尺以防泛溢其草塘七十四丈並如式改修再塘外原有亂石子塘約寬三四尺外加排樁年久欹斜大半零落應修砌完固堤前原無子塘之處亦如式與修其海鹽縣自秦駐山三澗寨迤西至演武場石塘二千八百丈乃明時修建塘身高濶瑑石見方縱橫合縫最為堅固因年久水浸塘根樁木朽

壞南首漸坍八十餘丈今應移就實地修築又去秋風潮沖潰八處共七十丈附石土塘盡洗成坑均應如式補築四年七月工竣

附海寧加修陳文港亂石塘并修補子塘估用銀共七千七百二十六兩零海鹽石塘估用銀七千六百兩零共估用銀一萬五千三百二十六兩零

附三年歲修海寧塘工奏銷銀七千六百九十九兩零

附四年歲修海寧塘工奏銷銀一萬五千七

百兩零

五年春二月巡撫李衛奏請修海寧草塲及建草塘

疏言海寧縣海塘有康熙五十九年所建之浦兒兠草塲四十丈老鹽倉姚家堰草塘一千五十五丈年來草爛塘矬急宜加鑲填補又姚家堰迤西至草菴計長七里原係土塘近因沙刷僅存土埂一條須改建草塘八百二十六丈四尺八月工竣

附奏銷銀一萬五千八百八十七兩六錢六分零

又言仁和縣總管廟前圯江塘七丈應拆卸補築四丈錢塘縣午山葛家墳及六和塔圯塘二十五丈四尺善利院左三郎廟前圯老塘五丈轉塘汪家池圯塘一十四丈柵外二圖小橋圯塘六丈轉塘至横家埠圯塘三百三十三丈横家埠至曹家埠圯塘七十五丈海鹽縣閏字號敧側石塘一十三丈計一十六層收冬藏餘歲五字號圯損石塘二十八丈五尺木字號石塘以南除先經接築一百丈外今又接築矮塘一

百八十丈以上塘堤自康熙五十七年即據所司先後勘詳請築嗣因他所塘工浩繁此地秋汛已過暫可緩圖但仁和錢塘塘工附近省城民田廬舍所關不能再緩且海鹽石塘係對面首沖尤屬危險江海各塘延袤千有餘里此修彼圯歷年皆有接續之工請自今歲修海寧塘工銀遇他縣江海塘圯損皆給如例下部議行

附估用銀一萬一千七百餘兩

秋七月巡撫李衛請修海鹽土塘

海鹽附土石塘風潮刷矬一千六百六十二丈

附請發帑銀七百三十八兩
冬十月巡撫李衛奏修海寧塘
疏言海寧沿海塘堤東西綿長潮汐侵嚙有東塘之錢家坂迤西樁坂老塘護沙刷去直射塘脚板片年久朽爛欹斜亂石沖卸頽廢應行改砌加築又西塘之馬牧港亂石土塘直至大石塘外沙高塘身大汛漫溢過塘泥土矬陷應加土石培築今勘得錢家坂最險工二十四丈亂石塘內險工六丈應改築堅厚又錢家坂東西各段共樁板塘身一千六十五丈應改築亂石塘以固根底亂石塘西七十五丈應面加條石一層共計應行改築東塘一千一百七十丈再堤身下外加坦水一層計一百七十丈其西首大石塘五百丈應加培築馬牧港塘堤一千四百八十八丈內五百丈應加條石一層并增亂石培土高濶五百丈應上加條石培土濶厚其餘四百八十八丈止須加土共計應修西塘一千九百八十八丈通計東西二塘應築應修塘身三千一百五十八丈案海塘歲修每於歲終題報察核此役改築工程非尋常歲修整補可
比請給費急乘冬季修作
附估用銀共二萬九千九百五十兩九錢三分
附五年分歲修仁和錢塘海寧海鹽塘工奏銷銀共三萬八千二百七兩零
六年春三月浙江總督兼巡撫事李衛奏修海寧縣老鹽倉柴塘
疏言正月中春潮勢猛海寧老鹽倉迤西三官堂草塘沖坍五丈裂縫二三十丈隨即搶修堵禦培築鑲釘其時塘外護沙尚有箇至二三丈及十餘丈者塘身猶藉捍蔽二月中連朔大汛又兼東南颶風震撼蕩刷護沙即陷無存塘身根脚搜空先後坍裂欹斜共六百六十餘丈此地潮水晝夜沖嚙非如黃河水性徑直可以建壩分勢又數里皆活土浮沙若承載巨石即致底陷雖用木樁加釘俄頃仍復拋起向來籌酌形勢不得不於要口築草壩草塘爲堵禦計今先築圮塘六百六十餘丈即多備物料以防伏秋二汛
附賚海塘歲修銀八千兩

冬十有二月浙江總督兼巡撫事李衛奏修江海塘

疏言海寧南門外河安二字號漲沙坍卸潮水直逼塘根民阜二字號石塘根脚年久外樁坦水冲洗欹斜塘身傾矬并有倒卸之處華岳廟前及平橋西小石塘亦有塘身矬陷坦水外卸楊家莊亂石塘前經議令加土培澗但塘身原屬低窪應加築高厚馬牧港樁板亂石土塘一千丈前止加條石一層今潮水平塘亦應一律築高其翁家埠原無官塘臨海月牙灣不能保

固應量地勢接建草塘與舊草塘相續計勘南門外河安民阜四字號及華岳廟平橋西楊家莊馬牧港翁家埠應修築塘四百五十三丈坦水四千四百六十四丈三尺此外搶修海寧平橋西諸所殘壞塘身一千三十三丈坦水一百六十三丈海鹽白馬廟諸所增高土塘一千七百三十餘丈錢塘斷塘尾接築江塘一百六十五丈諸橋江塘增築塘石一層計長四百一丈拆砌江塘一百六十九丈委杭嘉湖道王溯惟董其事

附佑用銀共二萬八千四百二十三兩二錢九分五厘

附六年歲修錢塘海寧海鹽塘工部銷銀共一萬七千九百九兩零又八月風潮案內搶修海寧塘工部銷銀二萬二十五兩零共奏銷銀三萬七千九百三十四兩零

七年秋八月二十三日欽奉

上諭朕維古聖人之制祭祀也凡山川嶽瀆之神有功德於生民能爲之捍災禦患者皆載在祀典蓋所以薦歆昭格崇德報功而并以動斯人敬畏祇肅之心使之無敢慢易而爲非也雍正二年浙江海塘潮水

冲決朕特發帑金命大臣察勘修築念居民平日不知敬畏明神多有褻慢切諭以虔誠修省之道令地方官家喻戶曉警覺衆庶比年以來塘工完整災沴不作居民安業已默叨

神佑矣今年潮汛盛長幾至泛溢官民震恐幸而水勢漸退堤防無恙此皆

神明默垂護佑惠我烝民者也兹特發內帑十萬兩於海寧縣地方敕建海神之廟以崇報享著該督遴委賢員度地鳩工敬謹修建務期制度恢宏規模壯

麗崇奉祀事用答
明神庇民禦患之休烈且令遠近人民奔走瞻仰興
起感動庶莫不盡消其慢易之私而益振其恪恭之
志相與服教畏神遷善改過永荷庥祥則於國家事
神治人之道庶有賴焉其一應事宜著該督等詳悉
定議具奏特諭
冬十有一月浙江總督兼巡撫事李衞奏建海寧
縣石塘及東塘盤頭草壩
疏言海寧沿塘東自尖山西至翁家埠綿亘百
里皆臨大海非舊工段僅數百餘丈險塘可比

若欲盡建鉅石大塘費實不貲往者皆於不用
石工之次險所議築草塘抵禦其時塘外尚有
護沙潮水不致侵齧塘根歲修加鑲猶可保護
今則南岸中突有漲沙阻阨潮頭直射北岸護
沙無存岸邊水深二三十丈若非塘裡增砌石
工難以保固西塘除老鹽倉迤東原有大石塘
五百丈外自此至翁家埠俱係險工內荆漗廟
至草菴向有先後修築草塘一千九百餘丈此
時俱係土塘今就草塘之內收進二三丈開深
根脚用大樁排釘深入沙底儹辦巨料砌築石

工仍於舊草塘根脚虛浮處加椿簽釘鑲砌高
厚其原無草塘者酌量增之仗此舊草塘以護
其外使內向之石工人力可施保至三年即草
塘或有損壞而石工亦已告成矣至東塘潮頭
自尖山直趨而來勢猛溜急在在危險今於陳
文港小墳前薛家壩念里亭分築挑水盤頭大
草壩五座周圍簽釘排樁中填塊石竹簍深入
軟泥之下留為根底上加埽料壓蓋堵禦首沖
使水勢稍緩可引漲沙漸聚并於東西兩塘圮
損所竭力修補遠年塊石各塘有不足捍禦者

亟改作之
附七年海寧歲修塘工銀八萬七千四十五
兩零又搶修海寧石草塘工銀三萬一千三
百四十七兩零共奏銷銀一十一萬八千三
百九十二兩零
臣鑅案歲修工程自康熙五十九年巡撫朱
軾題准役每歲加修以丈尺工料銀兩據實
報銷雍正六年八月潮勢洶湧沿塘護沙沖
洗殆盡工程緊要始將丈尺先行題報仍照
每年加修之例至七年總督李衞題報海塘

衝卸不可緩待者應隨時搶堵自後最急工隨時搶堵其應行改築條石塘坦之原坍工段於每年秋後估計詳定給帑辦料於次年興作按歲修報銷此搶修歲修之分所由來也

八年夏五月浙江總督兼巡撫事李衛請建海寧西塘盤頭草壩及修東塘坦水

疏言海寧西塘塘身太直致溜水往來搜刷如故春汛又多坍損應如東塘之例於老鹽倉戴家石橋楊家莊增築草盤頭大壩三座抵禦夏

霉秋汛東塘自普濟菴至尖山塘身共二千二百餘丈原係遠年碎石疊砌塘外坦水僅止一層從前尚有漲沙擁護得以無恙今春潮汛所至直掃塘身已圮數段現裹塘酌量簽釘樁木帮潤塘面五六尺窄處帮潤一丈塘外坦水逐段修砌完備其塘石塊有鬆浮殘缺并現坍卸者亦加拆築堅固以防秋汛

六月浙江總督兼巡撫事李衛奏修海鹽矮石塘及官土備塘

六月風潮大作海鹽縣坍卸演武場洪荒二字號至三澗寨矮石塘三十丈請修築又謝家灣至雪亥亭秦駐山官土備塘一段加高二三尺帮潤一丈計長九百一十五丈

附矮石塘請發銀二千二百八兩零官土備塘請發銀九百五十六兩零共請發銀三千一百六十四兩零

附八年分歲修海寧石塘工奏銷銀四萬六千一百三十二兩零搶修海寧石草塘工奏銷銀二萬五千四百四十二兩零共奏銷銀七萬一千五百七十四兩零

九年冬十有一月浙江總督兼巡撫事李衛奏修江海塘

疏言海寧潮水橫過患在搜刷沙土根脚空虛海鹽潮來對沖患在因風助勢撼擊難禦而錢塘大江直接海寧潮頭阻遏江水逆回沖突堤岸亦與他處不同今勘海寧鎮海塔前塘身低狹俱應帮潤增高念里亭諸所潮刷塘脚必須加築坦水以護塘身普濟菴諸所有應修塘坦處海鹽南首三澗寨爲石塘盡頭當海中韭黃門潮汐對沖最稱險汛雍正四年捐築矮石塘

一百丈稍爲抵禦今塘脚沙土被潮洗刷露出椿木應仍依原基接建四十丈而捐築之矮石塘及附石土塘底面窄狹必須因地加濶北首添字號塘盡處海潮直逼土塘每遇東北風高潰決可慮急應酌量首次沖險加築石工此外閏餘二字號夏汛裂縫石塘并劉王廟至朱公寨及珠稱等號低狹坍壞土塘俱應搶修培護平湖獨山東西石土各塘上年毛竹寨黃姑坊已沖坍三百五十餘丈應行補築隨察寧邑海塘城西草塘盤頭坍矬塘身一千三十一丈八

尺鎮海塔前諸所帮濶培高塘身共一千四十三丈忩里亭草盤頭諸所一百五十五丈應加築大條石坦水一層計一百五十五丈并舊塊石坦水三十五丈應築大條石坦水二層共三百八十丈其東塘七里廟諸所五百餘丈議將中條石築塘身大條石築坦水内有首險之處塘身亦用大條石砌築普濟菴迤東梁家浥塘身二百二十餘丈并西塘庴子千門前五丈仍用塊石修築海鹽南首三澗寨改築舊石塘八十丈矮石塘一百丈接建新石塘四十丈礼首

添字號塘盡處建築石塘共一千三百六十五丈并小陡門一座搶修閏餘二字號舊石塘一十一丈又三澗寨塘盡處各附石土塘共四百五丈搶修稱珠珍李四字號附石土塘四百一十八丈加高帮濶劉王廟諸所老塘一千三十丈平湖獨山東西拆修石塘九十一丈一尺加高帮濶培厚土塘共一千二百九十一丈八尺并乍浦城西石街諸所加高土塘一千一百四十丈其錢塘徐村梵村諸所修築坍裂江塘三百五十三丈六尺均屬勘明確核給費速辦

附九年歲修海寧海鹽平湖石草塘工銀四萬九千六百二十四兩零歲修錢塘江塘工銀三千七百六兩零搶修海寧平湖石草塘工銀一萬一千四百四十八兩零共奏銷銀六萬四千七百七十八兩零

十年秋七月署巡撫事王國棟請建修江海塘疏言海寧華家衖迤西之翁家埠接連仁和之沈家埠迤西至萬家閘原無草石等塘今閏五月中旬上游山水驟發滙注錢江搏擊沖突舊沙坍進危險異常應先將舊土塘加培高濶又

於華家衖西新倉周家壩翁家埠塘堤外築土堤圈又以護廬舍但土堤鬆浮單薄恐未能抵禦潮汐應再於華家衖草塘止處至仁和沈家埠迤西至潮神廟東首接築柴草塘二千二百二十餘丈并建盤頭下埽防護再海寧春夏二汛矬陷草塘七百二十一丈七尺分別修築無脚草塘二百六十餘丈亦并開底拆築并於危險之草菴前建築貼心盤頭一座以迎水勢及華岳廟錢家坂小文前盤頭雁翅浦兒兜盤頭東西兩角張爲三門前坍塘一十九丈西南八

圖孫家亭後坍塘二十丈俱暫用草柴搶堵又東塘沈月明門前西塘月明菴坍卸塘身一百九十六丈六尺請依前督臣李衛題定條石塘坦之式修砌并築一二三四層條石坦水又陸續坍卸之東塘新菴西舊塊石塘身共二百十七丈七尺西塘浦兒兜盤頭東塘身六丈及修補坦水并築白墻門秋田廟盤頭又霧伏二汛坍矬各段草塘共七百二十六丈五尺飭員修築平湖獨山矬裂舊石塘一十四丈一例拆築又錢塘定北四圖俞士品地前坍矬江塘四十

一丈亟應添樁加層又自徐梵二村并諸橋至獅子塘頭塘身上下間有翻倒蓋石拔去石塊亦應亟加修築

冬十有二月浙江總督程元章請復開海塘捐例

疏言今歲增修塘工用帑十五六萬庫存捐銀已盡現添築草塘及補修各工所需浩繁莫如循前海塘事例仍開捐納以資經費

附十年歲修海寧平湖石塘工共銀二萬六千六百五十七兩零歲修錢塘江塘銀二千二百五十兩零搶修仁和海寧石草塘工銀

一十四萬四千六百七十八兩零又雍正九年十年分歲修海鹽塘工共銀六萬三千一十九兩零通共報銷銀三十萬一千三百八十五兩零後經部駁核減實准銷銀二十九萬八千四兩零

臣鑅按草塘工程自康熙六十一年巡撫屠沂奏稱前撫臣朱軾題准於普兒兜諸所建築石塘一千三百四十丈內有土性虛浮不能安石請暫築草塘以資堵禦遂於老鹽倉五百丈石工迤西別建草塘一千餘丈歷年

加修其地皆在海寧故仁和未嘗脩修築草塘事至是署巡撫王國棟以上游水發西塘老沙沖刷題請接築草塘二千餘丈半屬海寧半屬仁和此沿及仁和修築草塘工程之原委也

十有一年春正月內大臣海望總督李衛等

陛辭赴浙查勘海塘面奉

諭旨爾等到浙詳細踏勘如果工程永固可保民生卽帑金千萬不必惜費欽此

是月大學士鄂爾泰等議奏請

欽簡大臣至浙江勘視海塘以十年十二月浙江總督程元章奏江海形勢議修築也

二月內大臣海望直隸總督李衛大理寺卿汪漋原任內閣學士張坦麟奏修海鹽土塘及平湖土塘

疏言海鹽近城大石塘內相遠數十丈有土備塘一道逐段勘閱有塘面雖濶而塘身尙低者有塘身雖高而塘面甚窄者俱應分別增修其有未築土備塘之處亦應一例補築去年海鹽平湖偶被蟲災秋收歉薄今春二三月間青黃不接之候藉工糊口且於民食有資計海鹽土備塘自行素菴起至澉浦西山脚止加高帮濶一萬四百七十九丈五尺附石土塘北自赤家港南至三澗寨加高帮濶二千八百一十七丈五尺石塘脚下坦水北自落水寨至三澗寨共十二段計三百六十六丈五尺拆修壹體二字號石塘二十六丈又修平湖舊土塘自乍關鎖鑰至海鹽交界共一千五十九丈附石土塘一千九十七丈三尺

附海鹽土備塘附土石塘請銷銀二萬二千

三百七十二兩零石塘脚下坦水壹體二字號石塘請銷銀一萬三千三百二十兩零平湖舊土塘附石土塘請銷銀二千二百六兩八錢零共請銷銀三萬八千八百九十八兩八錢零

三月內大臣海望等奏請於尖塔兩山之間建立石壩以堵水勢又請漸次改建大石塘等因四月初一日欽奉

諭旨此所議俱屬妥協著交部照所奏行朕思尖塔兩山之間建立石壩以堵水勢似類挑水壩之意所見

固是若再於中小亹開挖引河一道分江流入海以減水勢似更有益從前雖經開挖旋復壅塞者皆因惜費省工之故今若倍加工力開挖兩工並舉更覺妥備石壩建後即有漲沙而石塘亦當漸次改建以為永久之利其開挖引河之處著程元章會同汪漋張坦麟等相度地勢酌量辦理該部知道欽此

是月內大臣海望直隸總督李衛大理卿汪漋原任內閣學士張坦麟奏改建海寧大石塘修土備塘

疏言海寧東南尖山聳峙鎮鎖海口其西有塔山相去百有餘丈水底根脚相連二山之間相傳舊有石壩堵截水道有此石壩故北岸護沙時坍時漲後為修塘人役誤取其石修補塘工北岸之沙至今有坍無漲若於二水之間依舊堵塞使潮水仍向外行則北岸護沙可望復漲其自華家衖以東尖山以西有草塘并條塊石塘內有前巡撫朱軾修築之石塘五百丈完固無損其餘草塘易於朽爛塊石舊塘亦易坍壞似應改建大石塘庶可垂之永久但所需工料約銀一百八十餘萬而所需人役木石及運送

舟楫即使竭力儹修非歷數年不能竣現議堵塞尖山水口若既堵之後果能沙漲護塘則石塘可以不必改建倘尖山既堵仍無漲沙再行改建似亦未遲惟翁家埠草塘地脚係活土浮沙恐難釘樁砌石或仍用草工堵禦雖須時加粘補而地面不過十餘里每年所需無多至塘內地勢低窪及塘背附土單薄之處即應培補而沿塘或無官地取土應如河工之例逐段確勘酌量購買民田應用仍豁額賦但現在石草舊塘一時未能改築應請於塘後增築土備塘一道比舊塘再高五六尺務於秋汛以前儹築竣工計自尖山至萬家閘新築大石塘共一萬四千二百九丈內除舊有石塘四千二百八丈六尺不築實長一萬丈四尺自海寧龜山至仁和李家村新築土備塘共一萬四千二十七丈六尺又李家村至斷塘頭舊有老塘四千九百六十五丈今酌量地勢增高加濶新建石閘四座東塘閘道菴一座念里亭一座西塘董石灰橋一座荆聰廟後一座修建舊閘四座雙濟閘萬喜閘王家閘潮安閘建涵洞一十七座東塘撥轉廟二座陳文港一座車子路一座尖山一座運河雙乂港一座蔴木港一座西塘楊家莊二座天開

河二座馬牧港一座翁家埠一座杭宅壩一座三角田一座曹殿壩一座萬家埠一座修建舊涵洞三座陸家跳涵洞太平涵洞青龍涵洞木橋二十六座東塘一十一座西塘一十五座塡河池坑湊長一千八丈五尺自尖山至塔山木筏裝載塊石堵砌水口約一百二十丈又尖山至萬家閘石草塘共七千九百丈八尺背後附土加寬增高計二百二十八段共一萬四千六百四十七丈五尺其附塘各段低薄不一酌議購買民地取土加寬增高丈尺不計

附新築尖山至萬家閘大石塘銀一百七十萬一千七百四十四兩九錢零新築龜山至李家村土備塘加老土塘及建修閘橋涵洞銀共一十三萬五千三十九兩零尖山水口堵壩銀六萬二千四百九十一兩零新築尖山至萬家閘石草塘增加附土塘及買民地銀共二萬一百七十四兩五錢九分共湊銷銀一百九十一萬九千四百四十九兩四錢九分零

冬十有二月浙江總督兼巡撫事程元章奏修江海塘疏言仁和海寧石草塘工案海防同知吳宏曾員下自本年春季至夏季六月十八日共報坍矬草塘七十餘段長三千一百九十餘丈盤頭雁翅七段長二百餘丈自本年春季至七月二十一日坍矬塊石塘一百八十餘段長一千二百餘丈潑壞坦水七百七十餘丈盤頭五座長八十餘丈自六月十八日至秋汛九月末續報坍矬草塘三十餘段長一千四百九十餘丈盤頭雁翅六段長一百七十餘丈自七月二十一日至九月末續報坍矬東塘塊石塘十段長五

十餘丈又殳家廟迤東至邢家門前加築防風堤一道長三百七十餘丈建築土堤一道長二百四十餘丈又平陌許鳳岐門前中條石塘六段改築草壩二百二十餘丈西塘海防同知李飛鯤員下自六月二十一日至秋汛九月末共報坍矬草塘四十段長七千一百餘丈盤頭雁翅四段長五十餘丈石塘四十餘段長三百五十餘丈又接築俞爾英竹園前至李村草塘共二百五十餘丈杭州府通判張偉員下自萬家閘沖鄖水口接築柴塘至俞爾英竹園前計長

一百三十餘丈平湖報修服字號石塘一十五丈自益山脚下至獨山司城加培土塘十四段長七百八十餘丈六月二十一日風潮沖損獨山交乃位讓各字號土塘二十餘段長三百餘丈皆不在內大臣估計加培土塘案內之工應在歲修案內報銷又仁和總管廟前坍𢓱江塘一十餘丈錢塘梵村午山地前坍𢓱江塘共七十餘丈以上工程俱屬緊要嚴飭工員速爲修築

十有二年春二月大學士鄂爾泰內大臣海望議

建海寧尖山石壩及濬中小亹引河

議曰臣海望李衛前至浙江會同程元章履勘形勢擬於尖山堵塞水口次第改建石塘今程元章稱石塘儲辦而尖山難以建壩按尖山水口不能堵截則江溜潮勢必緊貼塘身奔騰沖激即欲改建石塘亦難釘樁砌石縱塘身可就而塘脚洪濤晝夜刷洗何以保固此不塞水口而遽議建塘先後失宜緩急倒置事必不可行元章又稱堵塞之後江海回溜兩旁遏抑尖山之後必有泛濫按尖山至塔山延長不過百餘丈外即大洋果塞此口不獨大溜將歸中道必無泛濫而水去沙留石壩轉資以爲固石壩本創於前人毀於官役今欲復舊制具有成規較之謀始者難易猶有間也至開濬中小亹引河乃奉

諭旨相度地勢酌辦今元章又稱引河難於開挖則應早商捍護以備不虞乃不置一詞束手無策恐事再遲延成功愈不易矣臣等以爲應令元章再於中小亹詳勘如何施工疏濬定議具奏尖山水口亦令元章於今年九月以前悉備物料

冬初水落遵依原議堵塞

秋八月總理海塘副都統隆昇御史偏武監督大理寺卿汪漋原任內閣學士張坦麟請先築尖山浮壩

疏言兩河工竣之後西塘自萬家閘翁家埠老鹽倉至楊家莊傍塘沙漲五十餘里今霉汛大雨以來西塘平穩東塘尖山水口尚未堵塞請於附接尖山外口由東南至西北用樹木紮筏橫斜先暫築雞嘴挑水浮壩一道以順抵潮勢之入再就尖山西首文武菴左右由西北至東

南用樹木紮筏橫斜先暫築雞嘴挑水浮壩一道以順抵江水之出

臣鑅按是年九月經始明年十二月竣計長一百一十九丈

冬十月總理海塘副都統隆昇御史偏武監督汪漋張坦麟奏報九月興建尖山石壩

疏言尖山之工於九月二十二日興工第原估自尖山至塔山約長一百二十丈內三十丈均深四丈九十丈均深九丈底寬皆十丈面寬皆三丈去年測量係潮塞之時從水核算今相度

水勢當以滿潮尺寸爲準再丈量實長一百八十二丈其面應加寬一丈均深應加高二丈其底應加寬四五丈核原估石料夫工宜增今以現運石料先行堵塞於內山水口竪標竿於水中用船下石於尖山脚下或用塊石或用竹簍盛石堆填若遇急溜用鐵貓鐵鹿角挂纜酌量安置

臣鑅按尖山石壩至十三年十一月大學士嵇曾筠奏罷共堵一百二十丈

附奏銷銀五萬五百五十兩三錢

附十一年及十二年歲修仁和海寧海鹽平湖江海石草塘坦各工奏銷銀共八萬三百六十一兩零

十有三年夏五月總督銜理巡撫事程元章奏定海塘事例

疏言一海塘帑銀宜分案具領也修築工程各有段落丈尺凡承修者須當案赴司具領不得以數案用銀彙而爲一亦不許借通融辦料之名任移他用領囬後已辦何等物料存貯通報監司得以不時驗察倘有虧空那掩情弊立即

嚴叅治罪一海塘保固宜分別定限也案築塘捍禦自應明立保固限期以專責成但塘堤有土石鑲草之不同工程有平險最險之各異若不逐一分晰止以平穩險工定一年二年之限倘有疎漏援新築土備塘係在石塘之內既不抵禦潮汐亦無江水搜刷應照不險工程例保固三年其新築條石塘及塊石塘皆因海潮江溜日夜冲激塘身坍塌始行改築均係險要處所應如原議各保固一年其拆底草塘緣下係活土浮沙不能建築石塘而柴草非木石可比

日浸海水易於朽爛又附石土塘緊靠塘身每遇夏秋潮涌加以東南風勢猛烈潮頭直逼塘面塘身稍有蟄卸土塘亦因以頹圮均屬險要工程應各保固半年其搶修之加鑲草塘係江海急流首沖之地坍蟄處所不及拆築應即隨時搶堵補救實爲最險工程應保固三月統於收工之日扣起如限內坍毀即令承修之員賠修倘遇異常潮汐非人力可施者驗明工程原係堅固金錢俱歸實用取具保題免其賠補庶工程緩急攸分工員知所遵守一估計冊籍宜

令承修官會同估造以免推諉也海塘物料冊籍向來先由地方估計後經海防同知領銀辦料承修乃不肖之員或修築不能如式或報竣已逾定限及長吏駁察非稱原估舛錯即稱地方官造冊遲延輾轉推卸未免遲誤自後塘工冊籍均令承修之員會同地方官估造由兵備道確核轉詳一海塘緊要處所宜預備物料以資接濟也海塘數百里凡危險處若不預購物料分貯待用臨期猝辦何及應先發銀備料以應急需但同知二員既有工程專責勢難兼顧

應如例發銀產柴各縣分買預期解交塘工委員驗收分貯遇有要工同時且詳報且給發人搶修案內報銷仍依原貯之數發銀預備悉令兵備道不時稽察

秋七月十一日奉

上諭前聞浙省海塘于六月初二日風潮偶作沖決之處甚多朕心甚爲軫念已降旨詢問情由並令速行搶修以防秋汛今朕訪聞得今歲風潮不過風大水涌並非昔年海嘯可比且爲時不久未有連日震撼沖汕情形若平日隨時補苴防護謹密自不致潰決

如此之多總因數年來經理官員將舊日工程視同膜外並不隨時修補且將原題准其在於歲修案內報銷之工不許修築以致根脚空虛處處危險不能捍禦風浪又海防兵備道乃特設專司之員責任綦重從前隆昇程元章等請將同知成貴題補朕因其平日不曾經歷河工誠恐不能勝任且陞用太驟是以姑令署理試看今聞伊于工程並未諳練兼之患瘧經年不能辦事東塘同知張偉爲人軟弱安坐海寧西塘同知李飛鯤存心狡猾日在省城奔競俱非實心任事之員而隆昇與程元章等意見又不相同

汪漋張坦麟但知隨聲附和不顧國家公事前因虐
使民夫兢減工料經朕降旨申飭署知收斂然每石
萬觔尚折減六七折不等欲符原估六萬兩之數一
任石匠包賠逃亡惧工平時入事廢弛若此何以抵
禦狂瀾况朕不惜數百萬帑金冀以保全一方民生
而各官懷挾私意不知爲國爲民宜乎
上天垂象以示儆也兵備道係緊要之員今成貴患
病溺職如此隆昇程元章汪漋張坦麟總理協辦所
司何事郝玉麟既在浙江豈無聞見何以俱不題叅
著伊明白回奏兵備道員缺卽著伊等在於知府中

揀選題委目今秋汛正大搶修保護最爲急務一切
事宜俱交與隆昇程元章汪漋張坦麟等悉心料理
倘仍蹈前轍再有疎虞致傷田廬民命必將伊等從
重治罪不稍寬貸郝玉麟既不據實奏聞亦不能置
身事外至於雇募人夫採辦物料務須公平給值聽
從民便俾閭閻踴躍從事不得涉於勉强或繩以官
法刑驅勢迫擾累地方致辜朕愛養民生至意特諭

是月十五日奉

上諭浙江海塘工程原在平日隨時補葺防護謹宻始
可禦猝然之風潮乃近年以來經理官員將川工
程以爲非己身經手者視同膜外不加修補以致今
年六月初二日風大水漏遂潰決塘工如此之多此
朕訪聞最確者朕爲浙省海塘宵旰焦勞無時或釋
且不惜多費帑金登斯民於衽席年來所降諭旨不
下數十百次矣隆昇程元章汪漋張坦麟皆朕特簡
之大員委以防川之重任且訓諭諄諄望其實力叅
行勉以和衷共濟豈料伊等私心蔽錮意見參差便
分彼此之形全無公忠之念安有身在地方目覩堤
岸空虛而不督屬員先事預防急爲修補者隆昇程
元章汪漋張坦麟俱著交部嚴察議奏目今江南塘

工告竣王棨著補授浙江海防兵備道速赴新任欽
此

是月十九日奉

上諭浙江海塘工程關係民生最爲緊要朕宵旰焦勞
不惜多費帑金爲億萬生民謀久遠乂安之計所以
告誡在事臣工者已至再至三矣不料經理諸臣各
懷私意彼此參差以致乖戾之氣上干
天和有今年六月風潮潰隄之事今雖勉力搶修尚
不知能捍禦秋潮否至於建築石塘工程浩大若諸
臣陋習不改仍似從前則大工何所倚賴朕再四思

惟大學士朱軾秉慎持躬昔曾巡撫浙江諳練河工
今雖年逾七旬精神不遜而董率指示似尚能爲朕
以此詢問之伊自稱情願効力著由水路乘船前往
令該部給與水程勘合並令沿途撥兵護送伊子朱
必増著隨伊父去朱軾到浙之日稽查指授總理大
綱至一切工程事務仍著隆昇程元章汪漋張坦麟
等照前辦理俱聽朱軾節制若大臣中有懷私齟齬
者著朱軾據實叅奏朕必嚴加處分文武官員有營
私作弊或怠玩因循者朱軾卽行糾叅從重治罪朱
軾未到之先所有應辦工程物料著隆昇程元章等

上緊辦理毋得藉口等候欽差徘徊觀望以致稽遲
欽此

八月初八日朱軾面奉
上諭浙江海塘關係民生最爲緊要因隆昇與程元章
意見不合以致遲悞工程特差爾前往督率之隆昇
等聽爾節制如何修築之處爾做過浙江巡撫自必
諳練但工程浩大需用錢糧斷斷不可吝惜舊塘先
須修築完固以資捍禦切不可因塘身臨水那動尺
寸那移一步卽沖塌一步何時是已至修建魚鱗大
石塘乃一勞永逸之計不可因塘外沙漲停止修築
縱使沙漲數十百里民人居處耕種亦不可恃必須
大工完竣方可垂之永久於地方有益其石料夫工
價値照時給發若扣尅留難則利民之事反以病民
如有此等情弊務須嚴叅重處毋得姑容欽此

是月二十六日奉
旨將浙江海塘工程事務交與內閣大學士江南河道
總督嵇曾筠總理

九月巡撫程元章奏修仁和海寧海鹽石草塘
疏言本年六月初二夜颶風大作雨驟潮涌沖
潑塘堤石草塘身及附石土塘坍卸甚多兼有

缺口臣卽會同督臣郝玉麟等馳赴塘工察勘
急飭員晝夜搶修案仁和海寧共坍草塘三千
九百五十一丈零盤頭一百二十四丈東西石
塘五千六百五十六丈零海鹽共坍附石土塘
二千五百六十丈零沖卸大石塘面并內外攔
水石二百四十八方土備塘坍卸涵洞一座小
坍二十五丈又自本年正月至六月先後坍矬
仁和海寧草塘并盤頭雁翅共二千三百八十
八丈零石塘五百六十七丈零潮溝作壩三丈
三尺今悉築竣又仁錢二邑江塘間有坍卸亦

隨飭修
冬十有一月大學士江南河道總督總理海塘事
嵇曾筠奏建海寧魚鱗大石塘及修東西二塘
坦水柴塘
疏言十一年内大臣海望直隸總督李衞奏請
海寧塘改建大石塘垣永垂利賴而經始惟艱
尚未舉行本年六月内風大水涌舊塘坍卸雖
一時壘石鑲柴暫爲粘補而塘外坦水潑卸欹
斜塘身單薄其背盡係坑漊内外空虚急宜修
治按前估築魚鱗石塘原議於舊塘坍卸處逐

段改建今潮勢直逼塘根往來沖刷萬難拆去
舊塘開槽改築惟有依歲修之例速將舊塘修
築以固籓籬別於舊塘之背相度基址建築魚
鱗塘新塘未竣以前數年中全資舊塘捍禦海
潮始可施工即新塘既成之後留爲重門外障
尤有備無患容詳勘塘基確估工料再行條奏
又言修築舊塘事宜一塘身單薄宜幫裹戗也
海寧縣迤西浦兒兜迤東至念里亭舊有塘工
悉係海潮首沖十一年間奏請加高附土迄今
兩載風雨淋灕漸次坍卸今年又被風潮沖漫
通身單薄内外受險請於塘身之内幫築土戗
增卑培薄一律高寛於離塘數十里外酌買民
地取土豁免額賦一坦水宜修補完整也前於
塘身外面每歲補釘排樁修砌石塊二三四五
層不齊名曰坦水賴以抵浪護塘立法甚善無
如年久樁木損折石塊潑卸請購辦粗大樁石
於東西二塘坦水逐段修補完整以資護衞所
需木石有司多募夫匠船隻平均給值星赴諸
山採運一塘身石工應擇險修砌也塊石壘塘
既無灰漿灌砌又無錠鍋鉤聯率用碎石逐層

堆垛一經雨水淋灕處處滲漏脹裂設遇風潮
抽掣必致逼身坐塌殊屬危險請購運條塊大
石於今首沖之地坍卸塘工分別段落改砌整
齊始保無虞又按石工坍裂之後多於塘身上
面用柴鑲築雖層土層柴加鑲墊鋪而鹽筍枝
榦粗浮難於壓實易於滲漏且因下有石土未
便簽釘全不聯絡結實勢難經久急需擇險拆
修仍用大石塊逐層鋪砌庶爲穩固一草塘工
程宜加鑲高厚也海寧迤西翁家埠塘根沙土
虚浮難以釘樁砌石前修埽工用柴堵禦綿亘

二十餘里隨修隨墊今潮平之時埽工出水僅有一二尺許請購運柴料悉爲加鑲務與附土塘身一律高平外用長樁簽釘堅實一南門石工應早建築也海寧縣南門外塘工五百餘丈俯臨江海逼近城垣工程殘鈌難資保障請即附近舊塘先築魚鱗石塘五百餘丈如式甃砌庶可保固城池

十有二月大學士總理海塘事嵇曾筠奏罷築尖山石壩移修東西塘坦水并罷濬引河詳沙水又請定條石樁木柴工則例

疏言海寧塘東南尖塔二山鎮鎖海口相去二百餘丈前本接聯後水勢沖開海潮江溜出入其中附近海塘當沖受險按河工建築挑水大壩每長一丈挑溜十丈今尖山壩工若能依舊堵塞約長二百餘丈計挑水二千餘丈則依山一二十里之內可望沙漲於就近工程尙爲有益或言堵築尖山通工沙漲不用修塘者固屬虛張之語或言因尖山旣堵致令海塘受累者亦非持平之論惟是堵塞口門自十二年九月迄今一載有餘雖經續完一百餘丈而未堵之處尙寬七十餘丈溜勢湍激合龍甚難零星塊石隨波漂淌積少圮多告竣無期現修築舊塘坦水所用塊石又須於尖山各宕內分移運用以濟急需採辦石料不能兩工兼顧坦水必乘冬季水落灘露之時修築尖山水口一時不堵猶可後圖請將尖山採辦堵壩之塊石擇其大者運赴東西二塘儹修坦水俟工竣後再行設法堵截尖山務期一舉合龍庶塘壩工程先後得宜兩無貽悞

附十三年修補仁和海寧草塘工銀八千五百兩零歲修仁和錢塘江塘工銀九萬五千七百九十兩零共奏銷銀十萬六千四百八

十兩零

乾隆元年春三月初五日工部欽奉

上諭朕聞浙江紹興府屬山陰會稽蕭山餘姚上虞五縣有沿江海堤岸工程向係附近里民按照田畝派費修築而地棍衙役於中包攬分肥用少報多甚爲民累嗣經督臣李衛檄行府縣定議每畝捐錢二文至五文不等合計五縣共捐二千九百六十餘千計値銀三千餘兩民累較前減輕而胥吏等仍不免有

借端苛索之事朕以愛養百姓爲心欲使閭閻毫無
科擾著將按畝派錢之例即行停止其堤岸工程遇
有應修段落著地方大員委員確估於存公項內動
支銀兩與修報部核銷永著爲例特諭

夏六月二十一日欽奉
上諭朕聞濱海之鄉土地坍漲不常田無定址於是豪
强得恣侵占而爭端日興其責在地方有司熟悉土
宜按制定法弭釁於未然而平其爭於初發則可謂
良吏矣夫州縣有司非盡不知愛民者特以田土情
形未能稔悉不得不寄耳目於胥吏而猾吏奸胥又

往往與土豪交通變亂成法予奪任意弱肉强食爲
厲無窮獄訟繁興端由於此至若沿海新漲之沙鄰
邑互爭有司又各袒所屬益滋紛擾此皆狥私而未
識大體朕以天下爲一家而州縣官各膺子民之責
亦當體朕之心以爲心又焉忍伸此屈彼長其奸而
導之攘奪哉前此海濱要地增設大員彈壓果其秉
公查看經理得宜應即令界址劃然各歸其產不當
遷延歲月仍假奸胥之便而使窮黎久致失業也夫
奸豪不懲則無以安良善經界不正則無以杜爭端
該督撫應飭所屬親民之員毋以姑息怠緩從事庶

令民業各正而爭訟亦自是少息矣特諭

秋八月大學士兼總督巡撫事嵇曾筠奏海寧舊
塘成
修築舊塘土石工雍正十三年十月始乾隆元
年六月竣計自海寧念里亭迤西至浦兒兜又
自浦兒兜迤西至仁和李家村又自念里亭迤
東至尖山石塘馬頭下坡南沿塘土戧長一萬
三千九百九丈自九里橋分工界牌至浦兒兜
草盤頭修砌坦水長八千四百四十四丈二尺
內除三十四丈四尺改修盤頭無庸修砌外餘

長八千四百九丈八尺擇險修砌石塘長一千
一十二丈三尺五寸
附沿塘土戧用銀八萬七千三百六十兩三
錢七分三厘零修補坦水用銀七萬五百三
十三兩零擇險搶築石塘用銀五萬八千二
百四十六兩零共奏銷銀二十一萬六千一
百三十三兩零

是月又奏魚鱗大石塘請即舊基甃砌
疏言臣去年九月議於舊塘後擇基別建魚鱗
石塘但察舊塘之後越築大塘需帑浩繁曠日

持久治工之道貴在審度形勢因地制宜今江海水勢已順塘根又漲護沙則所議魚鱗大石塘應即在舊塘基址清槽釘樁如式甃砌不必於塘後別建更爲費省功倍

九月初九日欽奉

上諭今年伏秋交會之際南方雨多水勢甚大朕深爲黃運海塘等處工程縈念昨據江南河道總督高斌摺奏時過白露黃運湖河各處工程在在保護平穩且毛城舖北岸於六月間有天開引河一道不費人力自然化險爲平人民莫不歡忭等語又據大學士

嵇曾筠摺奏今年伏秋海塘水勢雖大因先期修整坦水建築土戧得以保護平安且江海形勢潮向南趨海寧東西兩塘日夕漲沙將來易於施工比較上年情形已不啻逕庭之別等語又據河東總河白鍾山奏秋汛已過河東兩省南北兩岸一切堤埽工程均屬穩固等語南北河工與浙江海塘關係國計民生最爲緊要且朕當即位元年仰荷

神明默佑數處重大工程俱各循流順軌共慶安瀾

朕心不勝感慶理宜修祀典以答

神貺所有應行禮宜該部察例具奏此三處總理之大臣督率有方在事各員殫心防護俱屬可嘉著分別議叙具奏欽此

冬十有二月大學士兼總督巡撫事嵇曾筠奏造運船五十艘

疏言修築塘坦所用條塊石料甚多必由海洋轉運舊皆雇調商民船隻然沿海漁船板片單薄難禦風潮每有漂溺之虞各場滷船長年運石不能回場載滷多致煎辦稽遲既累民間又悞鹽務究於大工石料仍不能應手接濟將來修建魚鱗大石塘約運條石五六十萬丈不如

官自造船便益且採辦石料原定有水脚銀如用官船載運則此銀即可按數扣存除支給舵水工食更換篷索修驗諸費外餘銀貯官今檄造海船五十艘塘工既竣仍可發各場變價運滷庶不虛糜

附元年分歲修仁和海寧石草塘并加鑲盤頭雁翅用銀四萬七千六百五十三兩零修築錢塘徐村橋江塘海鹽石塘平湖衣字號石塘并修補舊塘如帮獨山土塘用銀九千九百二十二兩零又海塘運石船五十艘銀

二百六十八兩九錢二分零用銀一萬三千
四百四十六兩三錢零共奏銷銀七萬一千
二十一兩零

二年春三月大學士兼總督巡撫事嵇曾筠奏編
仁和海寧海鹽平湖四縣海塘字號

臣鏌按仁和海寧海鹽平湖石草各塘向遇坍矬每以某家東西起止開報而沿海居民疏密不齊遷徙無定開報時輒多弊混雍正十三年海塘監督汪漋張坦麟議以各塘編立字號尚未舉行至是大學士嵇曾筠請將

千字文編列號次統以二十丈為一號建竪碑碣以免移卯換段之弊計仁和縣塘工長一千四百二十三丈五尺編七十二號海寧縣塘工長一萬二千七百九十四丈編六百四十號海鹽縣塘工長四千六百七十三丈五尺編二百三十四號平湖縣塘工長二千九丈八尺編一百號

夏五月大學士兼總督巡撫事嵇曾筠奏報海寧
遶城魚鱗大石塘成

海寧南門外遶城魚鱗大石塘自西土備塘頭至東土備頭長五百五丈二尺元年十一月經始二年四月竣

附估用銀八萬二千七百二十四兩七錢三分零

六月大學士兼總督巡撫事嵇曾筠奏估海寧魚
鱗大石塘丈尺工料

疏言海塘自浦兒兜大石塘工尾至尖山段石塘頭共應建築魚鱗大石塘五千九百三十丈二尺內自遶城石塘迤西地勢稍為卑下應估用條石一十七層計砌高一丈七尺內首險工

一千四百二十丈一尺次險工九百八十三丈九尺繞城石塘迤東地勢更為卑下應估用條石一十八層計砌高一丈八尺內首險工二百九十一丈五尺次險工三千二百三十四丈七尺以上魚鱗大石塘共五千九百三十丈二尺一時未能併工先行分修二千九百七十四丈一尺其餘二千九百五十六丈一尺次第修築以垂永久

附估遶城石塘迤西首險工用銀二十五萬三千二百五十三兩九錢七分五厘零次險

工用銀一十七萬五千七百六十兩六厘零
邊城石塘迤東首險工用銀五萬二千九百六十二兩一錢九分四厘零次險工用銀五十八萬七千七百七兩七錢一分七厘總估用銀一百六十萬九千六百八十三兩八錢九分三厘零

秋九月大學士兼總督巡撫事嵇曾筠奏修仁和沿塘土戧

仁和李家村沈家盤頭九里橋諸所續帮沿塘土戧四千六百一十丈五尺

附估銀三萬四千二百十七兩零

閏九月大學士兼總督巡撫事嵇曾筠奏建海寧邊城石塘坦水

疏言海寧南門外塘堤保護城垣前請建築魚鱗大石塘五百五丈二尺本年五六月間次第告竣但石塘捍禦潮汐全賴坦水相為保護按雍正十二年冬歲修塊石坦水潮汐往來易於潑卸必須改築條石坦水五百五丈二尺以固塘基

附奏銷銀一萬五千五百九十二兩八錢三分零

附二年歲修仁和錢塘江塘共奏銷銀三千八百四兩零搶修仁和海寧海鹽平湖土石草塘及土戧共奏銷銀三萬九千七百五十三兩零又帮築海寧鎮海廟塔根圍墻併馬頭踏步一座奏銷銀五百二十九兩一錢共奏銷銀四萬四千八十六兩一錢零

三年冬十有一月巡撫盧焯奏修柴石塘盤頭坦水

疏言仁和海寧聯界藏字諸號柴塘一千五百

六十二丈一尺海寧圖字號石塘一千四百二十五丈二尺改字號石塘幷戴家石橋盤頭共三百七丈七尺五寸海寧聽因二字號石塘九丈四尺三淵藂堂字諸號條石坦水五十四丈五尺皆係底樁霉朽面土蹲矬均應一例修築完固仁和錢塘江塘現已殘損亦請鑲築

附奏銷銀共三萬四千七百二兩零

四年春正月巡撫盧焯奏罷草塘歲修

疏言仁和海寧聯接草塘共四千二百一十八丈經大學士嵇曾筠移駐通判一員專司每歲

歲搶修約費一二萬兩往者潮水逼塘而來自
應築堤攔阻今水勢日南趨塘外漲沙緜亘數
十里刮滷煎鹽已成原野猶自歲修殊屬糜費
請暫罷草塘工

夏四月巡撫盧焯請改海寧草盤頭爲石塘

疏言海寧土塘於潮汐首沖之處建築柴草盤
頭以挑大溜迨乾隆二年改建石塘其時潮水
尚激塘身猶藉挑溜是以水緩之地皆改建石
塘盤頭處所仍是土塘未在題估之內今水勢
南遷塘外漲沙皆成平陸無溜可挑草盤頭已

屬虛設按草盤頭原置十座除陳文港一座已
於察勘江海塘堤時改築石塘外尚有蒲兒兜
馬牧港戴家石橋秧田廟賣魚橋小文前鄭九
皐門前白牆門念里亭九座通計塘身一百六
十八丈六尺應請不必加鑲其後身土塘一律
改築石塘不惟柴草之工節省浮費而東西二
塘可以接聯愈固

冬十月巡撫盧焯請續塞尖山水口

疏言海寧尖山壩口爲江海出入之處有未竣
工程數十丈因其險不能塞故大學士嵇曾筠

奏請暫罷俟坦水工竣之後别圖堵截今水勢
南遷經由父子山外壩口僅通回溜湍激之患
已平坦水之工已竣按尖塔二山相去二百餘
丈已築壩工一百二十丈未築者僅八十丈曩
深九丈至一十二三丈今中泓深一丈九尺近
壩頭深一丈六尺近塔山深一丈三尺寬處僅
有三分之一深處僅有十分之一請遵前議以
塊石裝入竹簍由淺至深築高五丈以資捍禦

十有二月巡撫盧焯請濬備塘河

疏言塘工石料向由海運直達工所今漲沙一
望無垠石船不能泊塘舁運艱難人皆束手不

得不熟籌挽運之法以濟鉅工按尖山迤東海
鹽境內三澗寨高矮石塘之外海船可以抵塘
塘內舊有河形長一千五百三十六丈可達海
寧而海寧之東西土備塘內外往來取土築塘
已挖成河形自尖山以至天開河計長一萬四
千三百七十餘丈即達仁和之范家木橋又自
范家木橋至殊勝廟皆有舊河計長六千五百
六十丈即達省城若循故道一律深通舟楫往
來風濤無阻一應石料木草皆可由內河轉運

誠屬至便且在工官并夫匠需用米食物甚多水路易行可以聚集商賈四野田連阡陌宜溉有地灌溉有資可以利益田疇附近許村西路諸場柴滷鹽艘遄行不滯可以有裨鹽務除東塘段內各工員已捐濬一千七百一十三丈及現深通二千七百四十五丈西塘段內有故大學士嵇曾筠已濬二千八百六十七丈外通計仁和海寧海鹽三縣共應濬備塘河一萬五千一百四十丈築壩車戽挑濬夫工需銀議撥乾隆二年咨報節存鹽務引費原係留充海塘工

用者

附奏銷銀九千二百一十二兩零

是月巡撫盧焯請建仁和錢塘江海塘堤

疏言仁和江塘自總管廟至化戈廟共七段長七十六丈錢塘江塘自流芳嶺至獅子口張介凡門前共二十一段長九百二十丈俱屬險工

附奏銷銀共五萬九千七百六十六兩零

是月巡撫盧焯奏修海寧柴塘平湖石塘及尖山盤頭海寧韓家池諸所柴塘三百三十二丈一尺平湖獨山冬藏二字號石塘一十七丈五尺尖山大盤頭四十八丈

五年春二月巡撫盧焯請改海寧小文前盤頭為石塘

疏言海寧東塘小文前盤頭建築魚鱗大石塘內讓出錢氏祖墓一方應增修魚鱗石塘計二丈三尺

附估增銀四百二十九兩零

夏閏六月巡撫盧焯奏報尖山石壩成

疏言尖山水口石壩續堵八十丈二月經始閏六月工竣請將承辦各員交部議敘奏可

附奏銷銀一萬六千一十三兩零

秋七月巡撫盧焯奏修仁和海寧柴塘及海鹽附石土塘

疏言仁和海寧聯界露結二字號草塘四百八十丈樁木霉朽請拆底鑲築并修海鹽落水寨至三澗寨附石土塘共一千三百六十三丈五尺

附奏銷銀共四千七百三十一兩零

九月巡撫盧焯奏悉改海寧緩修舊塘為魚鱗大石塘

疏言海寧東塘緩修工內有潘介山屋前舊塘三十九丈五尺洪文舍西舊塘三十丈現皆樁朽石卸塘身坐蟄擇險搶修之石塘一千三十五丈八尺塘基高止一丈四尺至一丈一二尺難資捍禦請悉改建魚鱗大石塘一千一百五丈三尺并於舊石塘加築子堰一千三百五十二丈至李富祥門前應建魚鱗大石塘一百一十二丈乃當日坍塘之所接修柴塘原坐灣曲必須取直開槽先帮土戧以便釘樁建砌

附估用銀共一萬二千八百八十六兩八錢

三分

是月巡撫盧焯請以修築節省銀存海寧縣庫為久遠歲修計從之

六年春三月閩浙總督鎮國將軍宗室德沛奏海寧柴塘復議建石塘

疏言海寧之老鹽倉迤西至仁和章家菴塘堤曩因潮水沖刷外沙坍頹欲建石工緩不及待前巡撫朱軾用柴搶築一千餘丈本暫為保護非一勞永逸之計今沿塘漲沙縣亘數十里是以巡撫盧焯請暫停草塘歲修盡就目前形勢而論也但海潮南北不常浮沙漲坍無定必得一律堅築石塘始可垂久又慮土性虛浮難於釘樁砌石先於海龍洋諸所最為險要之地試築樣塘二十丈以覘地勢完工數月堅固特立是柴塘之可改石塘已有明驗臣等公同集議應自老鹽倉至章家菴改建石塘四千二百餘丈約估工料銀九十餘萬兩移用鹽課公費銀分限五年從容辦理會於五年十一月內會摺具奏廷議以應俟現估石塘各工修築完竣再行勘建伏思東西二塘俱經改建石工不因漲

沙停止獨草塘仍循其舊萬一風潮不測沖去護沙水勢直趨浸灌內地搶堵不及為患匪淺前撫臣盧焯但請暫停歲修乃一時之節省臣請改建石工實萬世之利賴現東西二塘魚鱗大工次第興築報竣石料日見充裕況原議分年辦理已別緩急可以並行無礙乘此沙漲則人力易施早為經營則事半功倍部議報可奉

旨著傳森伊拉齊公同監修餘依議欽此尋因左都御史劉統勳奏稱改建石工不必過急廷議請

欽差大臣一員親往確勘十二月二十日奉

旨查勘浙江海塘著劉統勳去會同總督德沛新任巡撫常安詳議具奏欽此乾隆七年四月左都御史劉統勳覆奏臣親履勘海塘南北兩岸知柴塘改建石工誠經久之圖但須寬以時日周詳辦理請將物料預期備辦俟水緩沙停可以施工時候乘機興築每年先以三百丈為率部議以新任總督那蘇圖將到任令并察勘明確六月總督那蘇圖奏請先於老鹽倉汛至東石塘界最險處間段排築石簍外捍潮汐內護塘基俟石簍根脚堅實再如原議建築石塘部覆准行至

九年吏部尚書公訥親奉
命來浙勘視海塘奏稱仁和海寧柴塘外護沙寬廣實屬堅固石塘不必改建若慮護沙坍漲無常第將中小亹故道開濬流通俾潮水從此循規出入上下塘俱可安堵無虞事遂寢

附六年搶修仁和海寧柴石塘共一千一百九十五丈一尺海鹽石塘攔水面石九百一塊平湖石土塘五百八十丈四尺共報銷銀五百七十三兩零

七年夏四月左都御史劉統勳請定塘工薪價

疏言柴價時值九分部定則例每柴百觔止准六分前大學士嵇曾筠行令據實造報每百觔給價九分緣較部價不符屢奉駁減今購辦柴薪商民觀望不前應准時值每百觔給價九分從之

附是年搶修海寧老鹽倉觀音塘二汛草塘一千八百三十丈并塞毛洞又搶修馬牧港諸所大石塘外條塊石坦水三十丈及遶城石塘外坦水四十丈并築土牛一道

附奏銷銀共二萬五千五百九十五兩零

八年春正月閩浙總督那蘇圖奏建海寧柴塘外竹簍石壩

疏言仁和章家菴至海寧華家衙舊柴塘約二千四百餘丈漲有老沙緜亘數里並非首沖無庸改建石塘其華家衙迤東至浦兒兜石塘交界柴塘一千八百餘丈本年伏秋二汛潮水臨塘加鑲完固惟老鹽倉至東石塘界柴塘四五百丈地居首沖惟有建置竹簍以護塘根加鑲石壩以挑水溜今擇其最險之觀音堂汛坐字號一十丈老鹽倉汛伏字號一百二十丈及字

諸號四十七丈蓋字諸號一十八丈七尺通計建築石簍石壩四段長一百七十七丈七尺又伏字號一段長一百二丈中段用鳳尾順簍毗連接筍然後斜釘關欄順簍椿木更爲完固

附報銷銀三千六十八兩零

是年歲修海寧金家木橋緩修工内舊石塘二十一丈又搶修觀音堂老鹽倉柴塘共七百二丈一尺并塞滲漏毛洞五十個

附報銷銀共五千四百八兩零

九年春二月巡撫常安奏報海寧縣魚鱗大石塘

成

疏言海寧東塘改建魚鱗大石塘於乾隆二年四月初七日興工至八年六月初九日竣通工如式高厚完固原估五千九百三十丈二尺今實建六千九十七丈六尺八寸加帮土戧長一百一十二丈

附原估銀一百六萬九千六百八十三兩零

實銷銀一百一十二萬七千一百一十兩零

是年增高海寧念里亭汛舊石塘一百五丈五尺尖山壩西舊石塘九十五丈鑲築浦兒兜舊石塘一丈五尺增築大小山圩土堤七百七十四丈六尺增修西塘眉土三百三十九丈一尺搶修海鹽行素菴舊陳圩諸所土塘三百五十六丈九尺鹽澉二汛内附石土塘三百六十三丈五尺修補攔水面石七千九百二十丈五尺又修大坍中坍石塘一百丈五尺又歲修平湖金山土堤一道長三千一百六十五丈五尺挑塡龍王堂石塘後尾土長三百五十丈又搶修茅竹寮諸所附石土塘五百二十丈天后宫乍關鎖鑰諸所土塘一千三十九丈

附奏銷銀共三千七百六十九兩零

十年

是年搶築海寧曹將軍殿柴塘九丈觀音堂老鹽倉柴塘八百五丈浦兒兜東塊石塘二丈五尺池家交前塊石塘五丈五尺萬家衖前石塘鋪釘排樁一十丈浦兒兜秧田廟柴盤頭二座曹將軍殿東盤頭一座復建將軍殿前石塘九丈三尺又搶修海鹽舊陳圩土備塘二百二十七丈五尺救海廟問道等字號附石土塘一百一十五丈羽翔等字號攔水面石二千七百六

十九塊又修平湖天后宮諸所附石土塘獨山脚至茅家寨共計長一千二百丈

附報銷銀共一萬四千五百二十三兩零

十有二年春二月護理巡撫事布政使唐綏祖咨報濬中小亹引河故道竣

先是乾隆九年吏部尚書公訥親來浙請濬中小亹故道議中小亹原有故道不可因淤塞已久難以施工卽止應令撫臣隨時斟酌辦理是年巡撫常安於蜀山一帶用切沙之法南岸挑溝引溜以順水勢北岸置竹簍石壩挑溜挂淤

十一年春夏閒蜀山水落潮汐漸向南趨北岸漲沙日廣但偃鳳山尚未落水河莊巖峯二山積沙尚厚而蜀山之南舊有引水河道本年挑挖工竣計長一千二百四十七丈五尺面寬三四五六丈底寬二三四尺水深六七尺

附報銷銀一千一百七十七兩零

是年搶修海鹽朱公寨南昃宿諦等字號石塘四丈塘面攔水石九千五百七十九塊平湖乍關鐵鑄馬頭踏步諸所土塘二百九十九丈修補茅竹塞石塘陷洞二百三十五丈茅竹塞石塘頭加土一百九十八丈添字號石塘二十四丈五尺又土塘內甘柯塞縫二百三十五丈挑挖中小亹引河淤九百四十丈并開濬東口沙嘴一道

附報銷銀共一千一百七十一兩零

十有三年春正月大學士高斌奏築仁和海寧柴石塘後土堰

疏言仁和海寧新舊石柴草土塘長一萬九千數百餘丈並皆鞏固整齊塘外向來洪濤巨浪之區今則徧成場竈新漲沙灘綿亘四五十里

而中小亹引河亦暢流直下臣等覩江海之安瀾溯成功之匪易善後之策誠宜審愼恐偶遇颶風大潮濺水上塘不可不慮但得塘後土堰抵護周匝則坡土不傷卽無妨碍除八仙石之章家菴老土塘四千七百餘丈已有外護土堰無須加築今請自仁和章家菴至海寧尖山脚凡石柴草塘頂背一律加築土堰底寬一丈二尺頂寬八尺高四尺共長一萬四千數百餘丈再自仁和江塘迤東至章家菴民築土堰量長六千二百餘丈原爲八仙石迤東老土塘之外

護惟是堰身高下厚薄不齊不足禦異常潮患
必須通體加培高厚與東西兩首塘身平接包
裹老塘於內庶爲有恃無恐加高土堰抵護潮
溝均係善後緩工限以二年於農隙之時次第
築成以資保衛
附估用銀共一萬九千四百餘兩
九月巡撫方觀承奏置北塘竹簍滚壩及建尖山
塊石塘
疏稱北塘自仁和八仙石汛至海寧尖山共有
堰溝六道惟三里橋外堰溝二千二百丈口門

廣一百八十丈迎引潮汐應於口門向內阨要
所置竹簍碎石滚壩一道長四十丈以禦汛水
沖刷掇轉廟塘外潮溝長二千一百丈口門寬
衍遠出大尖山外溝尾廣十五六丈深二三尺
今于口門向內七百丈之小尖山潮神廟前就
其地勢坌起置竹簍碎石滚壩一道以截內灌
之水並可爲尖山石壩之外護壩外寬濶平衍
潮勢迴轉甚順壩長二百三十丈內一百三十
丈應築土壩兩面用柴鑲墊上加頂七迎水簽
樁其橫截溝身之一百丈應先用柴墊高再排

築竹簍碎石滚壩以爲關欄其小尖山大尖山
至石宕山逼近海濱各有民築土堤保護田廬
一千一百五十六丈每於秋潮大汛輒多漫溢
現築竹簍滚壩其不過壩之水由溜趨東則大
小山圩正當其沖應各改建塊石塘一道
附估銀共四千五百一十一兩零
臣
鐩謹案十三年以後海沙漸漲塘身穩固
間資修補不與大工至二十四年以後漲沙
頹卸工作復興
十有四年冬十月二十日內閣奉

上諭浙江總督喀爾吉善署理浙江巡撫永貴奏請臨
幸浙省閱海塘一摺前因江南督撫等奏請南巡特
命大學士九卿會議詢謀僉同業經降旨俞允浙江
隣封接壤均係
聖祖屢經巡幸之地且海塘亦重務也今既據該省士
民感恩望幸羣情踴躍督撫合詞代奏宜允所請於
辛未年春南巡便道至浙省臨視塘工慰黎庶瞻依
之意所至不煩供億勿事興修勿尚華靡已詳具前
旨其共喻焉欽此
二十有二年春三月二十八日奉

上諭浙海之神自雍正八年海塘告成時
特加褒封
敕於海寧縣地方建廟崇祀邇年以來海波不揚塘工鞏固朕省方浙中親臨踏閱見大溜直趨中小亹兩岸沙灘自爲抵禦海濱諸邑得慶安瀾利及生民實賚
神明顯佑應於杭州府之觀潮樓敬建海神之廟以昭朕崇德答佑至意應行事宜該部查例具奏欽此

二十有四年夏六月巡撫莊有恭請預備柴塘物料

疏言海寧老鹽倉迤西至章家菴有柴塘四千二百二十八丈五尺往曾屢議接建石塘始以土活沙浮難施樁石而止繼以塘外護沙接漲廣遠而止然江海坍漲倏忽靡常安流十餘年之中小亹可以數月而全淤平陸千百丈之北大亹可以數月而通開則難必者天時宜盡者人事溯柴塘停修越今已十四年現塘身雖蟄底柴自必霉朽應先酌購柴薪存貯備用計百觔給價九分發銀四千兩可購柴四百四十餘萬觔

附請發預備柴薪銀四千兩

又請建海寧附塘土堰

疏言海寧南門外遶城大石塘五百餘丈舊因逼近城垣無地可建備塘而東至七里廟西至小荆場雖有備塘但石塘之內田廬鱗次倘遇異常風潮潑塘之水亦復可虞今議此處長二千三百一十九丈應於現存舊土之上加高三尺以六尺爲準又舊堰底寬一丈二尺面寬八尺今于堰底帮寬二尺上至堰頂仍寬八尺計自南門外迤東薛家壩迤西至西土備塘頭建築土堰三千二十二丈一尺至新舊石塘之外層石坦水亦應勘實增建

附估銀一千四百八十三兩零

閏六月十六日奉
上諭莊有恭奏東西海塘柴石塘工預備事宜一摺已
批該部速議具奏矣江溜海潮全勢旣趨北大亹則一切應行修築事宜正關緊要現在將屆立秋防汛不宜遲緩而部臣議覆不無尙需時日且定議諒亦無可駁詰著傳諭該撫速就勘明籌辦之處一面卽行發帑興工上緊趕築無庸聽候部覆致悞要工欽

此

是年七月修築曹將軍殿前盤頭十月建海寧東九里橋西至曹將軍殿盤頭盤頭之外向無護沙建築條石坦水六百二十三丈三尺十二月加鑲秧田廟盤頭

二十有五年夏五月巡撫莊有恭奏置尖山石壩竹簍

疏言海寧尖山石壩爲全塘關鍵急須設法防護其地椿木難施惟有造用寬長竹簍塡貯石塊用篾纜聯絡順貼壩身庶可抵浪護根

是年築東塘十三段長三百十五丈三尺西塘九段有半長四百六十二丈五尺韓家池柴塘自斷塘東至大盤頭西長二百八十丈

二十有六年

三月海寧小文前緩修條塊石塘改建魚鱗大石塘二十丈白墻門東條塊石塘拆築四丈念里亭盤頭西側條塊石塘增高面土一尺計長二十五丈小文前念里亭白墻門石塘外坦水建築一十丈

四月拆鑲海寧老鹽倉廸西柴塘三百七十丈

修馬牧港盤頭一座尖山石壩陷一十一丈東南岸壩身邊石及雁翅陷一百七十一丈西北岸邊石卸二十七丈仍用竹簍裝石疊砌緊貼壩身高出水面簍後修築邊石

九月拆鑲海寧韓家池柴塘二百八十丈又修胡家兜隨塘坦水六段長一百二十三丈八尺

十月拆築海寧薛家壩前條塊石塘三丈并修塘外坦水四丈五尺又修戴家石橋汛塘外坦水二段長四十六丈七尺

海塘擥要卷七

國朝修築

乾隆二十有七年春三月初二日奉

上諭朕稽典時巡念海疆爲越中第一保障比歲潮勢漸趨北大亹實關海寧錢塘諸邑利害計於老鹽倉一帶柴塘改建石工卽多費帑金爲民永遠禦災捍患亦所弗惜而議者率以施工難易彼此所見紛歧昨於行在先命大學士劉統勳河道總督高晉巡撫莊有恭前往工所簽試樁木朕抵浙次日簡從臨勘則柴塘沙性澀汕一樁甫下始多扞格卒復搖動石

工斷難措手若舊塘迤內數十丈許土卽宜樁而地皆田廬聚落將移換石工毀拆必多欲衞民而先殃民其病甚於醫瘡剜肉矣朕心不忍并且外塘而棄之乎抑兩存而贅疣可乎以茲蒿目熟籌所可爲吾民善後者惟有力繕柴塘得補偏救弊之一策耳地方大吏其明體朕意悉心經理定歲修以固塘根增坦水石簍以資擁護庶幾盡人事而荷

神庥是朕所宵旰廑懷不能刻置者至繕工欲固購料不得不周現在採辦柴薪非河工秫萁之比爲額定官價所限未免拮据應酌量議加俾民樂運售而官易集事其令行在戶部會同該督撫詳加定議以副朕爲浙省往復咨度之苦心其詳具見誌事一詩督撫等可並將此旨於工次勒石一通永志遵守毋忽欽此

同日又奉

上諭尖山塔山之間舊有石壩朕今親臨閱視見其橫截海中直逼大溜猶河工之挑水大壩實海塘扼要關鍵波濤衝激保護匪易但就目下形勢而論或多用竹簍加鑲或改用木櫃排砌固宜隨時經理加意防修如將來漲沙漸遠宜卽改作條石壩工俾屹然

成砥柱之勢庶於北岸海塘永資保障該督撫等其善體朕意於可興工時一面奏請一面動帑儹辦并勒石塔山以誌永久欽此

是月十九日奉

上諭朕奉

皇太后安輿涖茲南服所以省方觀民勤求治理其各處舊有行宮淸蹕所駐爲期不過數日但須掃除潔淨以供憩息足矣固無取乎靡麗飾觀也而名山勝蹟尤以存其舊規爲各得自然之趣從前屢降諭旨至爲明晰乃今自渡淮而南凡所經過悉多重加修

建意存競勝卽如浙江之龍井山水自佳何必更興土木雖成事不說而似此踵事增華伊於何底轉非朕稽古時巡本意且河工海塘爲東南民生攸繫朕厪懷宵旰時切紆籌地方大吏果加意修防永資捍禦則茲之親臨閱視其欣懌當何如者而田疇豐潤井里熙恬卽所以愜朕懷覽不在彼而在此也嗣後每屆巡幸之年江浙等處行宮及名勝處所均毋庸再事增葺徒滋靡費卽汚墁裱飾不致年久剝落亦可悉仍其舊此實不僅愛惜物力起見也該督撫等其各善體朕諭敬謹遵守欽此

是月大學士公傅恒等遵

旨議增海塘薪價

疏言海塘柴價乾隆七年

欽差劉統勳會同前督撫德沛等業已奏請增加每百觔定價九分今蒙

聖恩念及邇日柴價稍昂恐小民購運或爲額定官價所限不無拮据令臣等酌議增加請於原定九分之數再加一分每百觔統以一錢報銷

夏四月巡撫莊有恭奏修海寧柴塘及竹簍坦水

疏言海寧老鹽倉柴塘自舊建魚鱗大石塘頭迤西至觀音堂長九百四十五丈內除修二百七十丈外實應拆築六百七十五丈今請築高塘身二丈除頂土二尺外鑲柴高一丈八尺頂寬二尺底寬一丈四尺牽一丈七尺雖較之原高二丈三尺闊二丈之數量從節減然核之去年修竣柴塘其寬厚均屬有加足資捍禦所需樁木數仿依原案每丈簽釘密釘其柴塘外應設護塘竹簍九百四十五丈亦一律置竹簍二層底簍用長一丈二尺面簍用長一丈高寬各五尺內有塘工二十丈塘外底沙衝刷最深應

加竹簍一層至舊建魚鱗大石塘四百六十丈塘外未建坦水現在塘身底樁呈露新建坦水須砌過塘身底石二尺方資保護

附估用銀共六萬五千二百九十九兩零

秋九月三十日奉

上諭浙江海寧一帶塘工最關緊要今春巡幸抵杭之次日卽赴老鹽倉尖山等處相度指示勅令修築柴塘并建設竹簍坦水各工用資保護今據莊有恭奏查勘工程俱已陸續完竣餘工並皆穩固等語該撫督飭各員儹辦蕆工甚屬盡心深可嘉予莊有恭著

交部議敘所有在工勤事各員並著查明分別咨部議敘以示奬勵欽此

冬十月巡撫莊有恭奏海寧四里橋改建魚鱗大塘及修柴石塘坦水

海寧四里橋綴修石塘改建魚鱗大石塘一百四十三丈又華嶽廟東條塊石塘拆築五丈又陳文港東西盤頭二座及秧田廟盤頭一座潮汐往來柴木易朽改建條石坦水一層計六十丈并於陳文港塘外添築裏頭一道計四丈八尺以挑水勢又觀音堂迤西接築柴塘三百丈

俾東西聯絡更資捍衛

二十有八年春正月江蘇巡撫莊有恭浙江巡撫熊學鵬奏修海寧柴塘及盤頭埽工

海寧西塘老鹽倉至觀音堂柴塘拆築九百四十五丈又建曹將軍殿馬牧港浦兒兜盤頭三座又修東塘面土間段共一千九百四十七丈一尺西塘埽工間段共一百四十八丈四尺

附是月請發預備條石銀一萬兩預備柴薪銀一萬兩共請發銀二萬兩

二月江蘇巡撫莊有恭浙江巡撫熊學鵬奏建海寧東塘石簍坦水及修土堰

疏言前築海寧觀音堂迤東柴塘外簍工九百四十五丈緊貼塘身故塘脚安穩柴無外移抽掣之患今續修觀音堂迤西柴塘四百丈亦應一律接築石簍坦水四百丈以護塘根其海寧城東自念里亭至薛家墹向有土堰一道長一千四百四十五丈五尺捍遏潑塘之水俾得速退今應加土以高五尺面寬二尺爲度

夏四月江蘇巡撫莊有恭浙江巡撫熊學鵬奏建海寧東塘坦水及修尖山石簍

是月築海寧東塘小文前建坦水一十六丈鑲砌尖山石壖小簍五十二丈五尺

五月江蘇巡撫莊有恭浙江巡撫熊學鵬奏建海寧東塘坦水

海寧東塘念里亭汛魚鱗大石塘一十六丈其塘外係舊廢盤頭未建坦水所存基址日被潮溜汕刷塘身現露計十六七層又建築坦水一十六丈

附估用銀九百五十兩一錢

六月江蘇巡撫莊有恭浙江巡撫熊學鵬奏接築

海寧柴塘

海寧觀音堂迤西至華家衖漊淌外老沙較前刷卸八十餘丈再接鑲新柴塘一百丈

秋七月江蘇巡撫莊有恭浙江巡撫熊學鵬奏改建海寧戴家石橋魚鱗大石塘

疏言海寧戴家石橋汛內石塘二十丈五尺塘身微覺脹凸塘後附土續矬此係從前緩修之工內用塊石堆塡外用條石包裹其工本難經久且勢當首沖請改建魚鱗大石塘以垂鞏固惟是現值伏秋二汛風信靡常潮汐甚大若此

時遽將塘身拆改不特截土單薄難資捍禦且潮盈水滿亦未便圈築石壩清底開槽先請撥條石二千餘塊堆貯坦水上緊貼堵禦其塘後附土矬裂之處釘樁一路樁後用柴貼鑲柴後挑土夯實俾內外鑲夾堅固至所需石柴毋庸另請開銷俟九月後改建魚鱗大石塘之時即將拆出之柴樁仍移塘工應用堆貯之條石即於本工應用

九月江蘇巡撫莊有恭浙江巡撫熊學鵬奏改建海寧緩修石塘爲魚鱗大石塘及隨塘坦水

疏言海寧戴家石橋前築魚鱗大石塘二十丈五尺外勘有接西石塘九丈又第七十七段緩修石塘二十九丈五尺及東塘之陳文港迤西小文前第六十八段緩修石塘三十五丈五尺第七十段緩修石塘一十三丈二尺根脚俱有脹凸後矬之勢應一律改建魚鱗大石塘共長七十七丈二尺其第四十七段隨塘坦水亦應修補完固以護塘根

冬十有二月十七日奉

上諭兩江總督尹繼善等合詞具奏請於乾隆乙酉年

再舉南巡之典以慰臣民瞻望一摺朕惟江浙地廣民殷一切吏治農功均關要計且襟江帶河濱湖近海之區籌護澤國田廬無一不重縈宵旰前以壬午歲恭奉

安輿時巡周覽凡淮河水誌節宣牐壩啓閉以及杭屬塘工勘建柴石料段諸事宜曾與封疆大吏目擊手畫以期利濟羣生年來疊經督撫等疏報下河郡邑汛水恬流並無漫溢惟是浙江海潮漲沙雖有起機大溜尚未趨赴中亹是深所廑念而新修柴石諸塘亦當親閱其工以便隨時指示又近日特遣大臣督

修水利如濰河荆山橋等處亦爲數省灌輸喫緊關鍵所以驗前功而程後效正惟其時矧東南歲事頻告豐登洪惟

聖母皇太后福履康寧彌增純嘏於是承

歡行慶答士民望幸之忱稽典實爲允協著照所請於乙酉之春諏吉南巡其河工海塘應親臨省視者即行先期預備至前次燈綵繁文暨扈從人員僱覓巨舟發佔公館諸禁已屢頒諭旨即朕所過行宮道路距上屆爲日匪遙祇須灑掃潔淨足供頓憩不得稍事增華勞費副朕仰承

慈豫俯順輿情之至意將此通諭各該衙門知之摺並發欽此

是年工部題柴塘歲修保固例

疏言據撫臣言海塘沙土鬆浮恐經年累月潮汐來往汕刷塘根雖有簍坦捍衛不致外浮而底沙虛鬆易於低陷且行人踐踏雨雪淋漓未免間有蹲矬亦應遵例歲修以資捍衛應如所題准其歲修至保固限期定例加鑲柴塘保固三月拆築柴塘保固半年其竹簍並未定有保固例限今巡撫稱柴塘之外俱有簍坦衛護毋庸分別保固請將加鑲拆築俱定保固半年其竹簍雖係臨水施工然竹簍應與塘身一律保固應亦如所題辦理仍行令巡撫遇有應修工段委員據實查勘如限內損壞之工令原辦工員如例賠修如在限外應修工段即行核實估計每年於霜降後彙造清冊具題估銷并以所需銀在引費內動支處聲明仍報明戶部可也

二十有九年春正月江蘇巡撫莊有恭浙江巡撫熊學鵬奏建海寧東西塘坦水及接築翁家埠柴塘

海寧城東之念里亭汛內第五十四段六十四段六十六段及城西之戴家石橋汛內第三十三段三十四段四十五段七十二段魚鱗大石塘外估築坦水一道長一百七十七丈七尺翁家埠汛內柴塘接鑲一百丈

夏六月修海寧繞城坦水

海寧南門外塘外有間段坦水三十六丈東塘念里亭緩修塘外坦水二十丈又繞城東西二段緩修塘外坦水共六十八丈九尺並以本工舊石理砌加釘樁木修築完整

秋八月巡撫熊學鵬奏建海寧東塘坦水

疏言海寧東塘戴家石橋汛內之第七十段第七十八段鎮海汛內之城東第二段城西第七段念里亭汛內之第五十五段五十六段各工內有係大石塘而未建坦水者護沙漸刷塘身已露至一十五六層有舊建坦水年久樁木殘朽石料殘缺者有本係盤頭舊址應改建坦水者共建修坦水九十八丈六尺

附八月請發預備柴薪銀五千兩

九月增建海寧繞城坦水

東西二塘險要之處塘外坦水有接築至三四層者而海寧南門外繞城塘工近日形勢頂沖汕刷內有二層坦水六十餘丈樁木高懸必須於二層坦水之外加築一層坦水六十二丈

冬十月江蘇巡撫莊有恭浙江巡撫熊學鵬奏改建海寧魚鱗大石塘

海寧東塘念里亭第九十二段東西俱係魚鱗大石塘中間有緩修石塘二十九丈年久樁朽塘腳虛鬆塘後土戧蹲殘改建魚鱗大石塘并築隨塘坦水

十有一月刑部尚書管理江蘇巡撫事莊有恭浙江巡撫熊學鵬奏修海寧柴塘及東西塘盤頭

鑲築海寧東塘老鹽倉柴塘計長一千四百四十五丈韓家池柴塘長二百八十丈拆建曹將軍殿前馬牧港浦兒兜盤頭三座

十有二月建海寧遶城坦水及修西柴塘

鑲砌海寧繞城塘外應須添釘樁木之坦水三十餘丈又修繞城坦水五十丈一尺二層坦水之外亦加築坦水一層長六丈五尺接築老鹽倉至三官堂西柴塘長一百四十五丈塘外修換竹簍三百一十四個

三十年春閏二月初五日內閣奉

上諭海寧石塘工程民生攸繫深廑朕懷連年潮汛安瀾各工俱屬穩固茲入疆伊始即日就近親臨相度先行閱視遶城石塘五百三十餘丈實為全城保障而塘下坦水尤所以捍衛石塘但向來止建兩層今潮勢似覺頂沖外沙漸有汕刷二層之外應須預籌保護該撫等上年所奏加建三層坦水六十餘丈止就險要處而言於全城形勢尚未通盤籌畫若一例普築三層石坦則於護城保塘尤資裨益著將應建

之四百六十餘丈均卽一例添築其二層舊坦內有
樁殘石缺者亦著查明補換該督撫等其董率所屬
悉心籌辦動帑興修務期工堅料足無濫無浮以收
實濟副朕爲民先事預籌至意欽此
是月鑾道大臣努三奏建立塔山標記奉
旨交熊學鵬照新建標辦理詳沙水
三月巡撫熊學鵬奏增海寧繞城坦水
海寧南門外遶城石塘外遵
諭旨添建三層坦水四百六十五丈七尺並於二層坦
水內有樁殘石卸者現俱察明補換

夏四月增建海寧東塘坦水
海寧城外迤東鎮海塔汛第十叚魚鱗大石塘
東西俱建坦水二層中五十丈塘外補築二層
坦水計一百丈
秋八月修海寧東柴塘竹簍及石塘坦水
海寧東塘之柴塘外竹簍共長一千三百四十
五丈內林茂舍迤東至石塘頭修三百二十四
丈又補修戴家石橋鎮海塔念里亭三汛塘外
坦水
冬十月刑部尚書理江蘇巡撫事莊有恭浙江巡
撫熊學鵬奏改建海寧戴家橋魚鱗大石塘
海寧西塘戴家石橋汛內有緩修石塘二十九
丈八尺改建魚鱗大石塘并修築隨塘坦水一
層其迤東第四十九叚魚鱗大石塘外增建坦
水一層
三十有一年春三月修老鹽倉柴塘石簍
海寧老鹽倉迤西柴塘外修換竹簍長三百二
十四丈底面竹簍計一千二百九十六個
夏四月修海寧韓家池柴塘
海寧東塘韓家池迤西柴塘拆修二百八十丈

秋八月改建海寧念里亭汛魚鱗大石塘及坦水
海寧東塘念里亭汛內第八十五叚緩修石塘
二十丈第八十九叚緩修石塘二十丈改建魚
鱗大石塘共四十丈并建築隨塘坦水一層又
鎮海塔汛大石橋魚鱗大石塘三十二丈增建
坦水二層計長三十二丈念里亭汛內各叚坦
水補釘樁木
三十有二年春正月修海寧老鹽倉柴塘
老鹽倉自柴石塘頭至孫茂舍拆鑲柴塘三百
八十丈

二月修海寧東西盤頭
鑲築海寧東西二塘內曹將軍殿馬牧港浦兒兜盤頭三座
附二月請發預備柴薪銀三千兩
秋八月浙江巡撫熊學鵬奏改建海寧念里亭汛大石塘及坦水
疏言海寧東塘念里亭汛內緩修石塘三段共長五十八丈六尺五寸建自雍正八九年間日久底樁霉朽塘身絏凸請改建魚鱗大石塘并隨塘坦水二層至鎮海塔汛內大石塘十丈七

尺搶修塘六丈外止有一層坦水念里亭汛內大石塘二十六丈亦止一層坦水均須加建一層又有大石塘二十七丈向未建坦水亦應建築一層共建築魚鱗大石塘五十八丈六尺五寸坦水二百八十七丈
附十一月請發柴薪銀四千兩
冬十有二月修老鹽倉西柴塘
接鑲海寧西塘老鹽倉柴塘一百丈
三十有三年夏四月建曹殿東坦水及修老鹽倉西柴塘
海寧城西曹將軍殿盤頭一座形勢凸出海寧南門外遶城石塘前已加築三層坦水獨沛字號至情字號坦水不齊今於舊有二層坦水之外增建三層坦水四十四丈與東西二工齊平至老鹽倉迤西柴塘係乾隆二十六年鑲築二十九年加鑲樁木柴埽俱稍霉朽今於絲字號至彼字號拆鑲三百丈
附曹將軍殿坦水估用銀一千一百六十四兩零老鹽倉柴塘估用銀一千九兩零共估用銀二千一百七十三兩零

秋八月巡撫永德奏修海寧塘坦水及曹殿以西柴塘
疏言海寧城西曹將軍殿盤頭西首廉字號魚鱗大石塘二十丈地勢凸出形似盤頭係乾隆四年建築因外有坍砌舊塘石塊擁護是以未建坦水本屬首沖險要之地九年間曾拆卸九丈三尺經前巡撫常安于歲修案內題請復築并於東首建築盤頭一座以挑潮溜現間段塘腳虛鬆底樁霉朽擬共拆建魚鱗大石塘一十一丈又自浦兒兜東至小亥前迤西沿塘石工

原有坦水之處近因潮溜沖刷有慈惻情逸虆鍾隸曲阜微一十字號石塘共長一百一十八丈零或椿殘石鈌或石塊外移并有坦水椿木間段零星殘鈌應添補椿木之處又念里亭汛內英杜富車策功茂七字號石塘因塘外向有舊廢塘基遮護是以未建坦水今塘基逐漸沖刷必須增建坦水二層長五十九丈五尺其自曹將軍殿東首恭字號至觀音堂彼字號未鑲柴塘四百七十五丈係乾隆二十八年拆鑲二十九年加鑲之工柴埽霉朽椿木殘鈌亦應一律拆築完固

附八月請發預備柴薪銀四千兩

三十有四年冬十有一月增建海寧東塘坦水

海寧南門外鎮海塔念里亭二汛內猶相二字號魚鱗搶修石塘間段長一百十丈五尺一寸增建隨塘坦水二層通計二百三十丈二寸并補釘間段坦椿零星殘鈌計二千八十九根

三十有五年春二月修海寧西柴塘

海寧西塘老鹽倉內賢字號至因字號柴塘鑲修二百三十七丈五尺

附估用銀七百七十九兩零

秋八月修海寧西塘盤頭及尖山壩土東塘坦椿

海寧西塘曹將軍殿馬牧港浦兒兜盤頭三座俱拆修又塡築尖山石壩補釘海寧城西隱字號至城東令公堂樓字號坦水椿木

附是年正月請發預備柴薪銀三千兩

三十有七年春正月修海寧繞城坦椿木櫃

修釘海寧南門外繞城坦水椿木并造木櫃一十四個

二月二十四日奉

上諭據富勒渾奏海塘沙水大勢自正月望汛以後分溜漸逼北面漲沙而行現在飭屬於西口門外內加緊開溝挖寬俾經中亹引河暢行無滯等語浙省海潮溜水趨向靡常朕兩次親臨閱視令將海寧一帶柴塘坦水加意培修用資防護至尖山等處漲沙形勢惟令較原勘釐誌按月報聞驗其消長深知潮汛遷移乃其自然噓吸之勢非可以人力相爭施工于無用之地也邇年漸欲循赴中亹固爲可喜今復改趨向北亦其溜逼使然惟當於北岸塘工勤加相度修繕俾無沖齧之虞瀕海田廬藉其保障方爲切實

要務若開挖引河雖亦尋常補苴之策而當濬趨沙激豈能力挽迴瀾正恐挑港釁沙徒勞無益況浙潮靈奇非他處可比必有
神默司其契豈能强施人事妄與爭衡富勒渾止當實力保護堤塘以待潮汐之自循舊軌不必執意急為開溝引溜之計必欲以人力勝海潮也將此傳諭知之仍將此後潮勢情形逐月詳晰具奏欽此

三月十二日奉
上諭富勒渾奏報海塘沙水情形一摺以新舊圖比較
上月海寧南門外有漲沙一片此次全行刷去相距

不過一月而形勢不同若此可見海潮往來靡定非人力所能爭前次富勒渾欲開引河冀圖分導恐其徒勞無益曾為明白切諭今潮勢既趨北亹則北岸堤防自關緊要隨時察勘葺護勿使稍有疎虞此則所當盡力者至南岸蕭山一帶前歲熊學鵬奏請改建石塘朕以自古南岸無塘且該處偶被風潮事非常有不應仿北岸魚鱗塘坦之規恐於事無濟徒為奸胥壘吏中飽開銷因不允所請昨召見侍郎周煌偶詢及海塘之事據奏南塘自井亭徐至蘆蕨河及自蘆蕨河至富家池兩工沙地去海甚近為最險自富家池至長山頭土塘為次險其意亦以為宜建石塘朕以浙海向本無塘自吳越王錢鏐因建都臨安始築錢塘捍衛其後遂相沿修繕甃石日增藉為北岸保障亦因海潮大勢趨北時多不得不倍加防護耳至南岸向係土塘自古及今未聞其時有沖齧且水勢所趨貴乎因勢順導若亦束以石塘使其勢不得游衍自非所宜即如直隸之永定河兩岸築堤議者尚有束牆過水之論況海濤鼓盪噓吸不可端倪者乎朕於關係民生之事雖數百萬帑金亦所弗惜正恐徒事更張行之無益而有損不得不加慎重耳

若以為塘身距海漸近不可不預為籌備亦正未必盡然蓋潮趨南亹則蕭山一帶必當其衝然數百年來豈無一趨南岸之時未聞蕭山一帶受其害也或潮由中亹慮與南岸近則乾隆十六年朕南巡時潮正由中亹彼時南岸之塘去海遠近若何現在潮趨北亹中亹尚未至何即慮及蕭山乎著富勒渾即行查明據實具奏又周煌稱石塘之說非倡自地方官乃該處民人自願捐修赴省具呈果爾又不當過于拘泥小民如果灼見利弊所在欲圖自衛原可聽從其便亦如民間堤堰陂塘隨宜築治果屬輿情便利

有司自不當禁遏不從朕亦斷不因有前旨稍存成見也著富勒渾一併確查據實覆奏欽此

夏五月建海寧東塘坦水

海寧城西秋田廟受字號城東七里廟英字號石塘間段湊長一百六十五丈一尺五寸前因塘外舊有塘基擁護未建坦水今舊基刷低塘脚底樁呈露建築坦水二層共長三百三十丈三尺戴家石橋汛內自和字號至東土備塘頭卯字號間段殘缺坦水樁木共補釘二千四百二十六根

秋八月修海寧東塘坦水及西塘盤頭

海寧東塘三里橋迤東至念里亭石塘外坦水修築一百八十四丈七尺加鑲西塘浦兒兜馬牧港盤頭二座

附九月請發預備柴薪銀三千兩

三十有九年秋九月巡撫三寶奏修仁和江塘

仁和觀音堂內號巨闕珠四字號石塘修建六十九丈五尺

附估用銀九百九十兩零

四十年夏六月巡撫三寶奏修海寧西柴塘

海寧西塘老鹽倉因字號至林茂舍克字號柴塘鑲修長三百八十丈

附六月請發預備柴薪銀五千兩

冬十月修海寧西柴塘

鑲築海寧西塘林茂舍迤西賢字號至仁和觀音堂能字號柴塘共六百丈又觀音堂得字號至養字號柴塘共三百二十丈其迤西鞠字號至身字號柴塘修一百八十丈

附估用銀三千三百三十四兩零

附十月請發預備柴薪銀八千兩

附十二月請發預備柴薪銀五千兩

四十有一年夏六月巡撫三寶奏修海寧西柴塘

海寧西塘華家衖迤東白字號至伏字號柴塘加鑲三百丈

附六月請發預備柴薪銀五千兩

秋九月修海寧西柴塘

海寧西塘華家衖伏字號至遁字號柴塘接鑲二百丈

附九月請發預備柴薪銀五千兩

冬十月增置海寧西塘竹簍

柴塘之外舊仿石塘坦水之例建設竹簍內貯碎石以備塘根今拆修海寧西塘自老鹽倉至曹將軍殿柴塘一千二百七十五丈塘外舊有竹簍其曹將軍殿迤西至華家衖恭字號柴塘外增築竹簍七百個

附估用銀一萬六千兩零

附是年四月請發預備柴薪銀五千兩

四十有二年春正月增置海寧西塘竹簍

海寧西塘華家衖恭字號迤西接建之伏字號至道字號柴塘二百丈東首建築竹簍二百丈

夏五月修海寧西柴塘及建竹簍

海寧西塘華家衖內道字號至陶字號柴塘二百丈係雍正九年閒搶修乾隆十年停修今始修築并於塘身之外接築竹簍二百丈

附五月請發預備柴薪銀五千兩

六月修海寧西柴塘

海寧西塘華家衖內陶字號至鳥字號柴塘三百六十八丈均係乾隆十年停修今拆底鑲築

冬十有一月修仁和西柴塘

仁和西塘鳥字號至鹹字號柴塘二百丈均係乾隆十年停修今接鑲完固

附估用銀五千四百八十一兩零除恊辦柴薪外應銷銀一千六百四十一兩零

附十一月請發預備柴薪銀八千兩

十有二月巡撫王亶望奏改建海寧東塘爲魚鱗大石塘及修西柴塘

疏言海寧東塘云亭二字號緩修舊石塘長一十九丈五尺係雍正九年建築外用條石作牆內填塊石迄今樁底霉朽塘身裂縫宜改建魚鱗大石塘一十九丈五尺并建隨塘坦水一層

長一十九丈五尺旦孰二字號魚鱗大石塘一十三丈係乾隆四年建築因屬裘頭形勢凸出地當首沖以致塘身裂縫蹲矬應拆修并於塘外添建坦水一層長一十三丈西塘鹹字號至號字號柴塘三百丈自乾隆十年停修迄今柴樁霉朽應拆修陶字號至謫字號前建柴塘三百六十八丈未建石簍現水臨塘腳請增建石簍三百六十八丈

附東塘石工估用銀五千六百八十七兩零

西塘柴工估用銀一萬六千三百一十五兩

零除協辦柴薪外應銷銀一萬九百五十八兩零共請銷銀一萬六千六百四十五兩零

是年冬十月十五日浙江布政使孫含中奏仁和海寧塘工柴薪向來預期奏明發買原係通工撥用近報銷之案總隨各工分冊核銷並不彙總銷算設有上年存餘之柴爲下年添用之料散在各冊一時驟難稽攷應請自乾隆四十二年爲始將某次發銀若干辦柴幾萬觔內某工用若干觔存柴若干觔別造彙總一冊按年咨部俾買柴用柴各數與塘工銷冊兩相脗合似於海塘錢糧並昭愼重奉

硃批交撫臣酌議欽此嗣經巡撫王亶望議應如所奏又按每年各工報銷案內塘工經費銀舊於正冊之外別造銀欵細冊附送而柴薪報銷止籠統聲明用柴數目一條並不分晰指明恐易牽混請仿經費銀別造柴欵細冊附送庶某年某案開除實數與年底四柱欵冊相符奉

硃批依議欽此

四十有三年四月初八日奉

上諭王亶望奏三月分海塘沙水情形一摺并繪圖同

進朕細加披閱現在潮勢逼近北岸塘外已不復有漲沙其自浦兒兜以東俱係石塘足資防禦至老鹽倉一帶沙性鬆浮斷不能下樁砌石朕南巡時屢經親臨閱試實非石塘所宜不得已築建柴塘保護然柴塘究不及石塘堅鞏倘有疎虞所係匪細不可不早爲籌畫但潮信久不經由中亹其陰沙積久堅硬恐非急切所能沖刷閱圖中相近蜀山一帶陰沙潮退始見似其處漲沙尚嫩因用硃筆點誌兩處若照硃筆起訖自東南至西北寬開引河一道似可令潮勢改趨久之或可冀漸刷老沙雖不能復中亹之舊而令潮漸南趨冀可北漲亦未可知自屬補偏救弊之法但係就圖指示難於懸定著傳諭高晉速赴浙江會同該撫王亶望親往相度若果可行卽一面奏聞一面施工趕辦以待秋汛大潮通行卽或工程稍大需費較多朕亦斷不靳惜況柴塘終不足恃倘有衝損必致侵礙田廬所費當更不止此且民生利病所關其輕重尤較然可見又豈得不爲相度乎此旨著由五百里發往諭令高晉王亶望知之仍卽將查勘可否辦理情形迅速由驛覆奏欽此

是月大學士兩江總督高晉浙江巡撫王亶望奏

增築西柴塘及置竹簍盤柴裹頭

疏言海寧西塘潮神廟前號字號至騰字號築柴塘三百丈章家菴內章字號至號字號已新築柴塘五百丈未建竹簍請於章家菴章字號至潮神廟騰字號增築竹簍八百丈并於柴塘西首接築盤柴裹頭一座挑溜南趨至安設竹簍向以石塊攊砌並無樁木關閘請於竹簍之外加佑圍圓五六寸長一丈五六尺樁木排列兩層簽釘到底則簍不搖動不致坍卸

五月建鎮海塔汛塘外坦水

海寧東塘鎮海塔汛內箴規二字號魚鱗大石塘三十一丈建築坦水二層共長六十二丈

六月欽奉

上諭王亶望奏海塘工程沙水情形一摺據稱鎮海塔汛箴規二字號內魚鱗石工塘外請建築坦水二層等語坦水保護塘工最爲有益從前塔山等處坦水俱用竹簍頗覺得力此處添建坦水似應亦用竹簍自更足資捍衛著該撫妥酌辦理仍一面據實奏聞至又據稱岔口外面陰沙漸見刷塌而七里廟一帶新漲陰沙此係極好機會從此日漸南趨亦未可定向來海塘情形每兩月奏報一次現當緊要轉關之時朕心甚爲厪念著該撫於下月繪圖再奏一次以慰懸注又披閱該撫進到之圖未爲清晰該撫從前節次進呈之圖塘內用深綠中泓用深藍陰沙用水墨各色繪畫分明今此次所進之圖僅用淡水勾描不分深淺未能一目了然著并諭該撫嗣後進圖仍照舊式分別顏色繪畫將此由四百里傳諭王亶望知之欽此

附六月請發預備柴薪銀八千兩

閏六月修海寧西柴塘

海寧西塘老鹽倉因字號至克字號拆鑲柴塘三百八十丈

附九月請發預備柴薪銀五千兩

冬十有一月修海寧西柴塘

海寧西塘潮神廟迤西騰字號至藏字號二百丈柴塘自乾隆十年停修今拆建

四十有四年春三月修海寧西塘盤頭

海寧西塘浦兒兜馬牧港盤頭二座乾隆三十七年鑲修今拆築

附佑用銀二千九十五兩零除協辦柴薪外

應銷銀四百九十九兩零
附六月請發預備柴薪銀八千兩
秋七月修海寧西柴塘及東西石塘坦水
海寧西塘老鹽倉賢字號至賴字號柴塘間段鑲築長七百二十丈東西二塘接聯之積字號魚鱗大石塘外坦水間段修砌四百六十丈三尺
附估用銀共八千一十八兩零
八月增置尖山竹簍
海寧尖山石壩竹簍自乾隆二十七年間修築

年久竹簍大半朽壞今鑲修并加砌面簍一層更爲有益又壩工向來備儲塊石一千餘方今存五百餘方亦購足存貯壩面
附估用銀一千一百五十五兩零
九月修海寧東柴塘
海寧東塘韓家池道字號至莽字號柴塘修二百八十丈
附估用銀九百四十五兩零
四十有五年春三月初三日奉
上諭海寧州石塘工程所以保衛沿海城郭田廬民生攸繫從前四次親臨指授機宜築塘保護連年潮汛安瀾各工俱爲穩固今朕巡幸浙江入疆伊始卽親往閱視石塘工程尚多完好惟繞海寧城之魚鱗石塘內有工二十餘丈外係條石作牆內塡塊石歷年久遠爲潮汐沖刷底樁霉朽兼有裂縫蹲矬之處又城東八里文將字號至陳文港密字號止有石塘工程七段約共長一百五六十丈地當險要塘身單薄亦微有裂縫此塘爲全城保障塘下坦水所以捍護塘工皆不可不預爲籌辦著將兩處塘工均改建魚鱗石塘俾一例堅穩並添建坦水以垂永久該督撫

卽派委員確勘估計具奏又石塘迤上前經築有柴塘四千二百餘丈現尚完整究不如石塘之鞏固雖老鹽倉有不可下樁爲石塘之處經朕親見然不可下樁處未必四千餘丈皆然朕於民瘼所繫從不惜帑省工俾資保護著督撫卽將該工內柴塘可以改建石塘之處一併派委誠妥大員據實逐段勘估奏聞辦理如計今歲秋間可以辦竣卽發帑趕緊興修若秋間不能完竣則竟是秋後辦理該督撫其董率所屬悉心經畫以期工堅料實無濫無浮務期濱海羣黎永享安恬之福以副朕先事預籌至意欽此

夏四月初七日奉
上諭朕巡幸浙江由海寧閱視塘工至杭州老鹽倉一帶有柴塘四千二百餘丈雖因其處不可下樁爲石塘然柴塘究不如石塘之堅固業經降旨將可以建築石塘之處一律改建石塘以資永久保障兹忽憶及該地方官及沿塘居民見該處欲建石塘或視柴塘爲可廢之工不但不加防護甚或任聽居民拆毁竊用致有損壞則石塘未蕆工之前於該處城郭田廬甚有關係且改建石塘原爲保衛地方之計若留此柴塘以爲重關保障俾石塘愈資鞏固豈不更爲

有益况當石工未竣以前設使潮水大至而柴塘損壞無可抵禦不幾爲開門揖盜乎著該督撫卽嚴飭地方文武官將現有柴塘仍照前加意保固勿任居民拆損竊用將來石工告竣遲之數年朕親臨閱視爾時柴工倘有損壞惟該督撫是問欽此

是月閩浙總督署巡撫事三寶奏修海寧西柴塘

疏言海寧西塘老鹽倉柴塘四千二百餘丈蒙
聖主親臨閱視
諭令改築石工實爲萬年經久之至計今惟潮神廟前大盤頭西藏字號至暑字號舊時柴塘朽腐外沙坍盡潮水臨塘現石工採辦料物興建尙需時日請先鑲修柴塘一百丈

附估用銀二千三百八十五兩零

秋七月釘海寧西塘樁木

海寧西塘潮神廟迤西調字號至藏字號柴塘一百五十三丈三尺簽釘大樁

冬十月巡撫李質穎奏修仁和西柴塘及置木櫃

疏言初旬以來潮汛水勢往來甚大仁和西塘章家菴柴塘間段潑損坐陷竹簍俱被沖失且中沙既漲潮汛匯逼近塘根不能再下竹簍

現俱急下木櫃以資抵禦而章家菴迤西范公塘卽係民築土埂沙性浮鬆塘身低薄又活水流沙不能建築柴工倘逐日沖刷竟至老土塘根則塘內下游在在可虞請卽將前停修之宿字號至添字號柴塘二百二十丈補築添字號迤西之老土塘舊無柴石塘脚今應接築柴塘五百丈海寧西塘潮神廟迤西調字號至往字號柴塘之外原議建築竹簍今塘外水勢湍激非竹簍所能衛護請改建木櫃以護塘根往字號迤西至宿字號已鑲柴塘一百三十餘丈宿

字號迤西至黃字號新鑲柴塘二百二十餘丈
又添字號迤西土塘改建柴塘五百丈均無衞
護請一律接建木櫃共計長一千八十餘丈

十有一月十九日奉

上諭據王亶望奏十月下旬潮勢漸減各工穩固惟章家菴一帶對面新漲陰沙日漸寬闊距塘僅二里餘迤西頭圍地方又新漲陰沙一塊以致潮水轉成灣勢直射塘身回溜搜刷根脚所有黃字等字號竟屬頂沖水深二丈有餘木櫃恐難穩固現擬先從天字號柴塘以內先行趕辦石工并於天字號以內酌量

添建石塘數十丈以備險工等語所辦甚是已於摺內批示矣海塘工程從前該撫等原奏請從辰字號辦起今章家菴一帶既成頂沖則是應先從天字號一帶起所謂急則治標之法該撫等務須迅集石料晝夜趕築以防春汛將臨至閱圖內章家菴對面新漲陰沙離塘僅二里有餘則或竟可望其直向北漲與塘相連逼溜南行誠爲不幸中之幸此則全賴海神嘉祐非人力所能勉强若果陰沙北漲則溜勢可望改趨朕意或從南岸淤邊一帶漲沙施工概行切去沙頭使溜勢得從南直瀉未始非引溜之一法但其事是否能行朕亦不能懸定於圖內點出著傳諭富勒渾王亶望即公同悉心籌畫據實迅速奏覆亦不必因奉此旨有心遷就也仍具圖說奏來將此由六百里傳諭知之並令速行回奏欽此

是月閩浙總督富勒渾浙江巡撫李質穎總理海塘事王亶望奏建仁和石塘盤頭及修海寧東塘坦水

疏言仁和西塘黃字二字號柴塘已成首衝現已蟄陷請於添字號柴塘後建築搶險條塊石塘迤西一百丈迤東二百丈共三百丈再于後

面加培土戧以作柴塘後護其章家菴外中沙阻隔溜貼塘根應於添字號迤西添建盤頭一座以挑水勢其木字號柴塘年久停修柴埽蟄朽樁木欹斜請間段拆鑲二百八十丈以禦春汛至海寧東塘晝字號魚鱗大石塘間段長五十六丈五尺塘外原有舊基擁護未建坦水今樁木朽壞石塊沖刷所存無幾請建築坦水二層共一百十三丈

十有二月總理海塘事王亶望奏修仁和石塘及修柴埽工

疏言仁和西塘范家埠添字號至辰字號柴塘現溜勢湍激搶修石塘三百丈勢猶不足應于添字號迤西增建一百丈迤東增建一百丈以資捍衛其日字號柴工一百二十三丈七尺范公塘埽工四百九十六丈樁木朽壞均請一律鑲修

四十有六年春正月建仁和西塘埽牛及盤頭

疏言仁和西塘章家菴迤西塘外護沙埽牛接鑲三十丈范公塘盤頭迤西接築護沙埽牛五十丈并於范家埠增築盤頭一座

是月閩浙總督富勒渾奏建仁和范公塘石壩

仁和范公塘搶修石塘盤頭迤西建築挑水大石壩一座

附奏銷銀一千五百二十六兩八錢一分一厘

二月十三日奉

上諭據阿桂等奏海塘沙水形勢旬日以來北岸范公塘一帶老沙已不復坍卸水勢稍爲南趨對面近北陰沙日見刷低逼塘大溜亦稍平緩此皆轉機佳兆因往來察看除從前所築上下盤頭二座外現於黃字號趲築盤頭一座章家菴盤頭迤西七十丈再添築盤頭一座俾上下幫助以挑來往大溜使潮勢日向南趨陰沙大加刷汕等語所辦甚是應速爲之已於摺內批示矣漲沙原無一定今水勢既漸已南趨北岸老沙不復坍卸此誠

神顯佑大有旋轉之機朕心深爲欣慰此時所築盤頭既甚得力自應督率在工各員上緊儹辦使大溜日漸開遠其趲築護沙柴埽二百丈亦應照辦以爲保護之計至所刨驗樁木緣沙黏樁牢用盡人力終不能拔動若刨驗又恐傷動過多是以不復刨驗

等語所奏是亦於摺內詳悉批示從前所釘樁木現既不能刨起則其結實可知轉不必復行刨掘致多損折也將此六百里發往並將現在籌辦塘工情形迅速由驛馳奏欽此

是月大學士公阿桂閩浙總督兼巡撫事陳輝祖奏建仁和西塘盤頭

疏言仁和西塘章家菴迤西并萬嘉廟迤東增築盤頭二座首沖形勢誠如

聖諭尚未十分得力現欽遵

皇上指示於章家菴潮神廟東首黃字號內急築盤頭

一座酌勘形勢擬於現築章家菴盤頭迤西七十丈外再增築盤頭一座以挑來冚大溜實爲關鍵

是月大學士公阿桂閩浙總督兼巡撫事陳輝祖奏覆改建海寧魚鱗大石塘

疏言海寧西塘老鹽倉迤西至章家菴柴塘四千二百四十丈前曾屢議接建石塘始以活土浮沙難施樁石而止繼以塘外護沙接漲廣遠而止去年

皇上南巡軫念海疆

親臨閱視

諭令將可以改建石塘之處勘估辦理經王亶望奏明先從辰字號至伏字號改建魚鱗大石塘一千丈每丈用條石一百十三丈釘樁一百五十根條石在德清武康山陰會稽餘杭等縣及江南省分辦樁木在金華衢州嚴州三府屬購辦方興工間忽范家埠對岸漸漲陰沙日漸北趨水勢貼塘搜刷柴塘間段屢致矬陷恐屆春汛更難抵禦而魚鱗石塘採石較艱釘樁不易因復議於寒字號首沖之地搶修石塘五百丈其魚

鱗石塘暫行停辦至李質穎到京面奏改建石塘徒費無益不若於現在柴塘一律改築坦水

臣等相度形勢稽查舊案柴塘之外止用竹簍木櫃從無修築坦水之事且石塘坦水互爲依倚方能堅固若以石鑲柴表裏浮鬆憑何存立况章家菴既屬首沖迤東亦在在險要改建石工刻不容緩臣等前奏或仿條塊石塘酌增工料丈尺期施工易而成功速但條塊石塘不如魚鱗石塘之固前奏止就大概形勢而論今悉心履勘按日計工按工計料辦理魚鱗石塘二

千二百四十丈均可於四十七年冬竣除富勒渾所辦搶修條塊石塘五百丈內自添字號迤東至寒字號三百丈添字號迤西二百丈外自來字號迤東至食字號二千二百四十丈俱擬改建魚鱗大石塘仿東塘之例量地勢高下或用十六層以至十八層應需條石二十五萬餘丈樁木三十五萬餘根至下樁處所逐段簽試自來字號至師字號一千餘丈八尺之樁打至二時全行入土而自師字號至率字號即有打至四時始能入土者其自北字號至老鹽倉積

字號一千七百丈試樁三處誠如
聖諭沙性澀汕難於下樁附近老鹽倉立字號至積字
號二百餘丈不能打樁之處應仍留柴塘外其
餘一千五百丈安樁一丈八尺用硪夯打至四
時半打下一丈四尺週圍沙土即合龍平樁不
能再打至現築石塘柴塘土二三四丈酌留坦
水地步緣保護塘根實賴坦水方能經久俟塘
工竣酌量地形水勢或用坦水或用木櫃竹簍
其新工未竣以前柴塘仍前保衛俟石塘坦水
築成即將柴塘歲修停止再海寧繞城石塘二

十餘丈外係條石作墻內塡塊石年久底樁霉
朽兼有裂縫蹲矬之處又城東八里文將字號
至陳文淡密字號石塘計一百五六十丈地當
險要塘身單薄石面裂縫去年欽奉
諭旨令於兩處俱改建魚鱗大石塘俾一律堅穩請仍
先修築完整俟前件工程告竣再行改建
附估用銀九十一萬兩零
是月二十一日奉
上諭據阿桂等奏勘辦浙省改建石塘一摺內稱前奏
請仿照條塊石塘酌增工料加添丈尺以期施工易

而成事速今遵旨悉心履勘通盤籌酌條塊石塘究
不如魚鱗石塘之堅固按工計料辦理魚鱗石塘二
千二百四十丈工料腳價估銀三十餘萬兩督率工
員上緊趕辦計四十七年冬間可以完工應如所奏
辦理惟在實力妥爲以期久安黎庶已於摺內批示
矣至所稱老鹽倉立字號至積字號二百餘丈不能
釘樁處所應請仍留柴塘其餘一千五百丈用樁夯
打至四個半時辰打下一丈四五尺即不能再打沙
韜樁牢力能擎石或可一律築砌或應仍存其舊等
語俟阿桂到京時面奏亦於摺內批示又據另摺奏

稱樁架一副用夫十三名每日釘樁二根按例每樁
一根銷銀五分承辦各員須帮貼銀七八錢不等查
有上年浙省商捐銀二十萬一項除造船用銀約一
萬兩尚餘銀十九萬兩懇請賞給海塘以爲釘樁夫
役額外貼費無庸造入報銷等語自應如此辦理不
然此項何用至所請無庸報銷之處不報部可也總
不奏明則不可亦於摺內詳悉批示此項商捐銀兩
著即賞給該處工程交與陳輝祖嚴飭工員實力妥
辦不許絲毫累民俾稱其直而民樂於從事敷其用
而工易於告成方爲妥善且不特商捐一項即王亶

望前請認罰銀兩及王燧陳虞盛等查抄之項均應歸入塘工項下實用實銷如有餘存屆期陳輝祖另行請旨再陳輝祖以總督兼巡撫事務繁多自不能常駐工所王亶望又係革職之人呼應不靈署工部侍郎楊魁久任江南於江浙情形熟悉著派往浙江專駐海塘工所幫同陳輝祖辦理海塘事務於公務較為有益除明降諭旨外將此由六百里傳諭阿桂陳輝祖知之欽此

三月大學士公阿桂奏定建魚鱗石塘程期

疏言來字號迤東至食字號建魚鱗石塘二千

二百四十丈以四百丈為一段分為五限半辦按五日計工每限閱四月約來歲冬可告竣

夏閏五月十七日奉

上諭本年二月間據阿桂奏勘辦石塘工程二千二百餘丈督率工員上緊趕辦務於四十七年冬初完工至老鹽倉立字號至積字號二百餘丈不能釘樁處所應仍留柴塘外其餘一千五百丈安樁一丈八尺用碱夯打至四個半時辰打下一丈四尺週圍沙土即合龍平樁不能再打查樁木不能深入其底沙堅硬可知沙豁樁牢力能擎石或可一律築砌或仍其舊恭候臨幸指示機宜再行多分年限接續辦理等語已批令俟到京時面奏彼時原以老鹽倉一帶沙性遊汕難以下樁且改建要工尚多是可以緩非詢據富勒渾面奏老鹽倉一帶仍有可以施工之說即阿桂所奏沙豁樁牢力能擎石或可一律改築之語是其所見亦似謂此段工程可以辦理朕思現辦二千餘丈之石塘既於明歲可以完工且屆四十九年南巡之期尚遠此段要工既有益於民生即可及時接辦何必復待南巡親為相度前此令阿桂到京面奏原因此段工程應否辦理未能明晰是以欲面詢

明確再降諭旨現在阿桂督剿逆回到京尚需時日著傳諭阿桂即將老鹽倉一帶實在情形詳悉具奏如果有工費浩繁不能拘定開銷成例之處亦不妨據實奏明交陳輝祖接辦朕不惜多費帑金為民生謀一勞永逸之計也將此隨六百里加緊軍報之便傳諭知之仍著即行覆奏欽此

秋七月閩浙總督兼巡撫事陳輝祖奏修東西塘

疏言六月初旬風雨狂驟潮汛潑損塘堤除西塘新建魚鱗大石塘初限四百丈砌石八層二限四百丈砌石六層並無損動外其石塘之外

藏字號至賓字號柴塘共二十三號間段低矬一二尺至八九尺老鹽倉迤東賴字號至因字號柴塘共一十七號間段低矬七八尺至一丈餘尺共計長三千一百九十六丈三尺應請修築東塘韓家池追莽二字號柴塘潑損二百八十丈薛家壩祿字號迤東至雲字號石塘共一十四號有塘身裂縫面上蹲矬者有面石坍卸三層至十層及十餘層者潮神廟裏頭一處浦兒兜馬牧港盤頭二座均有下脚蕩空上面潑卸自三四尺至八九尺者鎮海塔汛曹將軍殿

前盤頭一座埽樁漂没尖山石壩東南盤頭坍卸其半均應鑲修

附請發銀三萬二千七十兩零

是月十三日奉

上諭據陳輝祖奏六月十八九日風勢狂猛沿海一帶被浪沖損堤工一摺已於摺内詳悉批示矣摺内所稱現辦西塘魚鱗新石工均一律整齊並無損動石工之外一帶柴塘有間段低矬一二尺至八九尺不等老鹽倉迤東各柴塘亦間有矬損七八尺至丈餘等語是日風勢猛厲該處新建魚鱗石工最關緊要乃據奏並無損動實堪慶幸其所稱東塘石工自薛家壩迤東有塘身裂縫面上蹲矬者有面石塌卸三層至十餘層不等又韓家池柴工及尖山石壩亦有潑卸塌損之處此段工程亟宜趕集物料加緊鑲築搶護以期迅速完固為要至平湖海鹽沿海各工有被潮浪沖激坍卸者亦著該督飭屬趕修妥為辦理若有成災者不可諱飾亟宜撫恤毋致失所至另摺内所奏是日風狂浪湧沿海陰沙多有消長變動之處如章家菴對面新漲陰沙一塊逐漸移近約長四里濶數十丈等語新漲陰沙因風潮變動漸行移近

塘工因此或轉可南坍北漲逐漸增長於保護新建石塘工程較為有益著將此由五百里傳諭陳輝祖仍將如何搶築補修完固情形迅速覆奏欽此

八月閩浙總督兼巡撫事陳輝祖工部侍郎署福建巡撫事楊魁奏增建海寧老鹽倉迤東魚鱗石塘

疏言西塘老鹽倉柴塘場字號至因字號一千七百丈西接現辦鱗塘之食字號東達老石塘之積字號相傳其地沙性溼油難以下樁春間臣阿桂等會同打樁試探其中一千五百丈下

樁一丈四五尺沙齧樁牢其相近老鹽倉之立
字號至因字號二百丈沙性尤爲涩汕是以臣
阿桂等亦以爲不能下樁今臣楊魁駐工三月
餘悉心體察並令工員再加簽試一丈八尺之
樁竭力硪打下一丈二三尺不復搖動力能擎
石是老鹽倉迤東一千七百丈之柴工皆可改
建鱗塘已有明驗若場字號至名字號一千五
百丈改建鱗塘而留立字號至因字號之柴塘
誠恐難資捍衛不如以一千七百丈一律改建
魚鱗大石塘爲一勞永逸之計俟現辦之二千

二百四十丈工竣再行續辦
附估用銀七十九萬八千八百兩零
冬十月閩浙總督攝巡撫事陳輝祖奏修海寧東
西柴塘坦水盤頭龍木櫃
疏言海寧東塘內得器二字號柴塘三百四十
丈應請加鑲鎮海塔念里亭二汛內畫字號緩
修石塘五十六丈五尺請修築坦水二層計一
百一十五丈其西塘范公塘潮溜首沖擬再接
築埽工一百四十丈仍於湍激之處建築盤頭
一座分挑溜勢潮神廟蒲兒兜馬牧港柴盤頭

三座底朽面殘亦應鑲築至章家菴柴土塘交
接之處添循往調四字號塘工之外前李質頴
建築木櫃以護塘根如式試辦旋即損卸前富
勒渾添建盤頭并接築護沙埽牛但木櫃實與
塘工無益當飭停止隨時相度形勢仍接築埽
牛及添建盤頭以保無虞
是年大學士公阿桂奏改建魚鱗大石塘費用
浩繁工程遲速不同今昔情形亦異有報銷正
銷斷斷不敷者即如樁架一副需用樁夫一十
三名現因沙性涩汕牽算每架每日止能釘樁

二根若按例每樁一根止准銷銀五分是一十
三名之夫役每日只得銀一錢實不敷食用承
辦各員均須幫貼六七錢不等他如木石料物
或爲額定官價所限辦運均爲拮据即使酌量
加增不便多至加倍有餘而藉端派累尤所不
可案有上年辦理塘工浙省商人呈請捐銀二
十萬兩內除造船需用銀約二萬兩外尚餘一
十八萬兩請賞給海塘以爲額外貼費無庸造
入報銷
四十有七年夏五月改建念里亭迤東石塘坦水

海寧東塘念里亭迤東至沈家坂祿富頗剪四
字號間段前加鑲築今底樁霉朽塘身裂縫改
建魚鱗大石塘六十八丈九尺并隨塘坦水六
十四丈九尺四里橋廣字號搶修石塘一十三
丈五尺塘身裂縫亦改建魚鱗大石塘并築隨
塘坦水一十八丈六尺四寸念里亭嶽宗二字
號塘身脹蟄復建魚鱗大石塘二十三丈并字
號及嶽宗二字號塘外舊基建築坦水四十二
丈

秋八月修海寧東西柴塘

海寧東塘木字號至歸字號柴塘潑損二百八
十丈仁和西塘范家埠藏字號至暑字號柴塘
潑損一百丈均拆底鑲築

冬十有一月十五日奉

上諭浙省海塘一律改建石工朕於前歲南巡時親臨
周閲指示以爲一勞永逸之計當據王亶望奏稱海
塘老鹽倉一帶若改建石塘猝遇潮汐較之柴塘鞏
固足資抵禦況浙省民間需用葦柴炊爨若改建石
塘完竣每歲即無需採辦此項柴觔於閭閻生計大
有裨益但地方官因緣爲利或欲因歲修柴塘以爲
開銷工料之地等語王亶望現在雖已伏法而其陳
奏此事自屬切當原不可以人廢言近召見大學士
嵇璜屢有柴塘不可去之說柴塘爲保護石塘原無
拆去之理若石工一律告竣則舊有之外層柴塘祇
可聽其自然不必照例仍留歲修爲地方不肖官吏
浮冒開銷地步且于民間日用柴薪亦爲有益但歲
修固可不必而竊毀則不可不防全在該督撫嚴飭
所屬派委員弁時加稽察毋使奸民私拆偷燒則柴
塘仍可長留爲外層擁護即有風潮汕刷亦尚可支
數十年彼時石塘工程愈益堅固更可無事重門保

障著傳諭富勒渾留心查察伊赴閩時即告知福崧
妥協經理俾得永資捍衛再自去年改建石塘以來
柴塘曾否添修有無開銷工料銀兩著該督等悉心
查明一併據實覆奏將此由四百里諭令知之欽此

是月續建仁和柴塘及海寧東塘坦水

仁和范公塘埽工之西接築柴塘二百丈海寧
城西隨外受三字號魚鱗大石塘間段長四十
一丈八尺建築坦水二層共八十三丈六尺

附是年二月請發預備柴薪銀一萬九千兩

四十有八年春正月十五日奉

上諭兩江總督薩載閩浙總督富勒渾等合詞陳奏以江浙兩省臣民望幸情殷且河工海塘以次告竣一切善後事宜尤冀親臨指示懇請於乾隆四十九年春六舉南巡盛典以愜輿情一摺朕自庚子南巡時巡閱高家堰石塘及徐州城外石堤鉅工俱逐一親臨指示玆據奏以次告成所有一切善後事宜自應臨涖閱視指授機宜俾河流永慶安瀾至浙省海塘前經降旨將柴塘四千二百餘丈一體改建魚鱗石塘爲瀕海羣黎永資捍衛今要工將竣亦不可不親爲相度且四十一年告功

闕里復閱時已久應行展謁孔林以伸景仰今據該督撫等合詞陳奏江浙兩省耆庶望幸悃忱尤爲肫切著照所請于乾隆四十九年正月諏吉啟鑾祗謁孔林巡幸江浙順道親閱河工海塘所有各處行宮座落俱就舊有規模畧加葺治毋得踵事增華致滋煩費該督撫等其善體朕意妥協辦理副朕省方問俗觀民孚惠至意摺並發欽此

三月初七日奉

上諭據永德奏海塘章家菴以西之老土塘形勢兜灣潮水頂衝最爲險要從前于迤西斜注一帶建築埽牛柴工四百九十餘丈因在沙上興工土性鬆浮不能堅實且坎下水深丈餘日修日損終不能保其穩固莫若于貼近之老土塘酌量添築柴工以爲護衛即將來日久稍有坍損亦易爲粘補不致如此時所做埽工費用較大等語此項所做埽工柴工正在潮水頂沖且在沙上建築其性自然浮鬆不能得力著傳諭富勒渾福崧是否如此情形即速查明應如何辦理之處據實覆奏至永德所稱於貼近之老土塘酌量添築柴工較爲省費並著該督撫等通盤熟籌

悉心酌議具奏再此項工程必須速辦即勘估奏聞辦理若非緊要之工即於明歲南巡時候朕親臨指示再行定奪亦無不可將此由四百里諭令知之永德原摺並圖俱著抄寄閱看欽此

是月巡撫福崧奏建仁和柴塘及沉船護塘

疏言仁和范公塘未建柴塘之地離水甚近前添築二百丈外又接築一百丈共三百丈尚有一千五百餘丈民竈自行捐築土堤藉資保衛但前築埽牛潮汐沖激間段挫蟄雖用竹簍木櫃沉石下水力量輕微難資抵禦且不能簽釘

關椿仍易沖失尋購長五六丈之大船滿載石塊沉至水底仍用塊石叠壓其上堆出水面藉護塘根自二月試辦以來已沉船三十四隻計長一百七十八丈用石四千五百餘方已過朔望二汛尚屬穩固

是月巡撫福崧奏建范公塘石壩

疏言仁和范公塘外現水深不能釘樁下薪建築盤頭前已立第一座石壩藉挑水溜今擬於沉船之處就其首沖復建挑水大石壩一座使往來潮溜不致逼近塘根

附請銷銀八千六十七兩六錢八分三厘部核銷銀七千八百二十三兩三分五厘

夏四月　奉

上諭據福崧奏辦理范公塘情形一摺內稱該處原築埽工因回溜汕刷致有間段矬蟄現在用船沉石以護塘根自二月試辦以來沉船三十四隻已過朔望二汛並無低矬尚屬穩固等語此事甚關緊要富勒渾福崧從前何以並未奏及直至今日福崧奏到朕今方知心中並無此事殊爲奇怪范公塘一帶既屬潮水頂沖其原做埽工本在沙上建築土性自然浮鬆不能得力且因回溜汕刷塘根易致矬蟄伊等現在用石沉船亦係暫時防護補救目前非一勞永逸之計看來章家菴迤東普建石工重重保障自可永遠安瀾而章家菴以西僅藉范公塘一道形勢單薄將來是否一律改建石塘以資捍衛之處俟明歲南巡時朕親臨閱視指示機宜再行定奪但目下情形如何將來伏秋大汛是否可以保護平穩著傳諭富勒渾福崧通盤熟籌詳細繪圖貼說迅速覆奏以慰懸注再福崧奏現擬於沉船處就其頂沖建做挑水石壩使來回潮溜不致逼近塘根亦係抵禦頂沖之

一法自應如此辦理但閱圖內所繪築壩之處稍覺偏北朕意尚應移築向南以挑水勢俾大溜日就南趨于刷沙方爲得力已於圖內用硃筆標記著將原圖發交福崧一併遵照妥協籌辦將此由六百里傳諭知之仍著將該處近日情形速行覆奏欽此

是月改建鎮海塔念里亭二汛鱗塘及坦水

海寧東塘鎮海塔汛內將相二字號緩修石塘一百八十八丈二尺念里亭汛內逸號踐三字號緩修石塘三十五丈二尺附土蹲矬均改建魚鱗大石塘將字號內塘身一百四十一丈九

尺埽牧二字號内塘身一百二十餘丈勒碑刻三字號塘身四十二丈均建築坦水西塘范公塘埽工前沉船三十四隻今又沉船八隻共沉船四十二隻

六月初六日奉

上諭據富勒渾等奏會勘海塘沙水工程情形一摺已于摺内詳悉批示矣據稱范公塘若一律添築柴塘不惟購辦物料需費浩繁而爲時甚迫亦趕辦不及况老土塘根脚同係淤沙土性浮鬆卽添築柴工一遇潮汛頂冲亦不足以資抵禦等語看來范公塘一

帶竟須一律改建石塘方可保護廬舍桑麻俾濱海黎元永資樂利朕於捍衞民生之事從不靳多費帑金况該處較現築魚鱗石工所費不過三分之一尚易辦理俟明歲南巡時朕親臨閲視指示機宜再行籌辦著富勒渾等將原摺抄錄一分並原圖發往阿桂閲看阿桂於該處情形素所熟悉著將應否如此辦理之處就聞見所及據實覆奏再富勒渾摺内有抵杭後卽會同福崧馳赴工所之語自杭城抵海塘不過十里安用馳赴此乃庸劣幕賓不通文義所致富勒渾等於具奏事件何不細心檢點若此耶將此一併諭令知之欽此

是月初七日奉

上諭浙江范公塘一帶看來竟須一律改建石塘以資捍衞昨已諭知富勒渾等矣本日據閔鶚元奏江蘇省續辦浙塘石料于四月二十九日全數起運其由浙省挑退者亦補運完竣等語前經該督撫奏稱建築魚鱗石塘分限辦理需用石料甚急江蘇隔省採運稍艱先儘浙省購辦應用前又經降旨富勒渾等令將各段塘工蓋面石塊不拘尺寸不妨搭配鋪墁以期迅速完工是此次已先鋪墁江省續辦石料運

至浙省必有存剩卽可留爲改建范公塘之用著富勒渾等細心履勘若該處塘工必須改築方可永資保護浙省亦應預行採辦免致臨時靡費周章况凡事豫則立若今歲物料齊全明春南巡時朕親臨閲視指示機宜降旨後卽可興工辦理一年之内無難告竣俾鉅工屹立海濱黎庶咸慶安瀾至富勒渾摺内有老土塘根脚同係淤沙土性鬆浮之語從前老鹽倉一帶亦稱沙性浮鬆難以開槽釘樁乃自改建石工一律穩固堅實可見事在人爲封疆大吏於民瘼所關斷不可存畏難之見該處改建石工所費不

過較前三分之一方今府藏充盈即多費數十萬帑
金捍衛民生使閭閻永臻樂利亦所不靳也著傳諭
富勒渾等善體朕意熟籌妥酌將此次江省運到石
料塘工完竣後尚存若干將來興工仍須添用石料
若干之處詳悉核算據實具奏將此由四百里諭令
知之欽此
秋七月改建念里亭汛鱗塘
海寧東塘念里亭汛內牧用二字號緩修石塘
共長一十八丈七尺九寸改建魚鱗大石塘
是月巡撫福崧奏建范公塘石壩

疏言仁和范公塘外水勢逼塘汕刷每有矬蟄
第二座石壩之外荷蒙
聖明指示迤南建築石壩一座以挑水勢壩基直長一
十一丈有餘橫寬一十丈以至一十二丈今已
工竣併接築埽工四百七十丈又接鑲柴塘連
接土堤一百七十丈至沉船四十二隻五月內
沉船二十二隻六月內沉船九隻共沉船七十
三隻下石一萬二千餘方計長一百六十丈八尺
附請銷銀六千七百八十二兩八錢三分二
厘部核銷銀六千六百一十一兩一分七厘

八月巡撫福崧奏報海寧老鹽倉魚鱗大石塘成
疏言海寧老鹽倉改建魚鱗大石塘原辦之來
字號迤東至食字號二千二百四十丈於四十
七年三月初五日興工分爲五限有半續辦之
場字號迤東至因字號一千七百丈於四十七
年三月二十四日興工分爲三限共三千九百
四十丈茲于七月二十四日大工悉竣恭候
春
聖駕巡幸親臨閱視
附原辦奏銷銀七十八萬九千八百二十二

兩九錢一分四厘內例估銀三十九萬一千
三兩三錢一分加貼銀三十九萬八千八百
一十九兩六錢四厘續辦奏銷銀五十三萬
九千二百二十四兩七錢六分一厘內例估
銀二十二萬五千一百五十兩九錢四分一
厘加貼銀三十一萬四千七十三兩八錢二
分工尾接築十丈奏銷銀二千九百二十九
兩五錢五分六厘內例估銀一千六百八十
一兩九錢四分一厘加貼銀一千一百四十
七兩六錢一分五厘又塘面滿槽奏銷銀三

萬二千二百六十七兩七錢六釐其奏銷銀
一百三十六萬四千二百四十四兩九錢三
分七釐
是月巡撫福崧奏續建范公塘石壩
疏言范公塘埽工建築石壩以來挑溜甚爲得
力其已經沉船之處三百八十餘丈俱已穩固
惟西首柴塘四百餘丈形勢兜灣大溜搜刷現
已沉船二十一隻疊石三千五百餘方應請於
迤西首沖處連接石壩二座并前築石壩共五
座

附第四石壩請銷銀八千九百九十二兩三
錢二分二釐部核銷銀八千五百一十八兩
九錢三分第五座石壩請銷銀五千八百三
十七兩一錢九分四釐部核銷銀五千五百
三兩一錢九分一釐共請銷銀一萬四千八
百二十九兩五錢一分六釐共部核銷銀一
萬四千二十二兩一錢二分一釐
九月初九日奉
上諭從前盛住來京陛見時面詢海塘石工情形據稱
老鹽倉一帶因沙性溜汕不能釘樁彼時在工籌辦
會有一老兵言及該工下樁必須衆樁合力同時齊
下方能堅實不致已釘復起後如其法試釘樁木果
有成効及訪查其人無可蹤跡似有神助等語現在
老鹽倉石塘已一律改築完竣其所稱老兵指點之
處是否實有其事富勒渾等即未經眼見不能深悉
而盛住係在工目覩之人及從前道府丞倅兵弁夫
役人等見此神靈助佑必羣相驚異傳述不忘如詢
其事屬實則係神祇効靈如分水龍王廟之自老人
故事或于該處建祠以答靈貺亦爲捍衛民生祀典
所應得也著傳諭富勒渾等詢問盛住並詳加採訪

此事究屬有無據實奏覆欽此
是月增建范公塘石壩
范公塘埽工第五座石壩外增建滚水石壩一
座
附估用銀五千一百八十二兩一錢一分三
釐
冬十月建鎮海塔念里亭二汛坦水
海寧東塘鎮海塔汛內訓字號念里亭汛內九
字號塘外建築坦水　層共三百十九丈五尺
是月增建范公塘石壩

仁和范公塘埽工第六座滾水石壩外增建石壩一座

附估用銀六千八百五兩一錢二分一厘

十有一月增建范公塘石壩

范公塘埽工第七座石壩外增建滾水石壩一座

附估用銀二千六百九兩五錢八厘

十有二月增建范公塘石壩

范公塘埽工第八座滾水石壩外增建石壩一座

附估用銀六千八百五兩一錢二分一厘

四十有九年春三月十二日奉

上諭據福崧奏兩浙商人何永和等欣逢翠華幸浙惠洽東南又於范公塘改建魚鱗石工永資保衞該商等情願依照老鹽倉改建鱗塘捐數共捐輸銀六十萬兩以効下忱等語兩浙商人資藉官鹽營運獲息今因范公塘一律改建石工閭閻得資保護永慶安瀾伊等桑梓情殷輸忱報効甚屬可嘉自應俯從所請所有此項銀兩連前次發交公項一併歸入海塘工程應用工竣照例核銷該商人等並著加恩交部議叙該部知道摺并發欽此

是月十六日奉

上諭浙江建築石塘所以保障民生關繫甚重前庚子南巡時朕親臨閱視指示機宜於老鹽倉舊有柴塘後一律添建石塘四千二百餘丈次第興修于上年七月間告竣因其砌築堅整如期蕆工原欲將該督撫及承辦文武官員交部分別議叙今抵浙後親臨閱看乃所辦工程不惟不應邀叙並多未協之處蓋朕於老鹽倉添建石塘固以護衞民生亦因浙省柴薪日益昂貴歲修柴塘採辦薪芻致小民日用維艱

是以建築石工爲一勞永逸之計庶於閭閻生計有益然石塘既改建自應砌築坦水保護塘根乃陳輝祖王亶望並未籌畫及此而後之督撫亦皆置之不論惟云柴塘必不可廢此乃受工員慫慂爲日後歲修冒銷地步況朕添建石塘原留柴塘爲重關保障並未令拆去柴塘前降諭旨甚明也若如該督撫所言復加歲修又安用費此數百萬帑金添築石塘爲耶又石塘之前柴塘之後見有溝槽一道現在積水並無去路將來日積日甚石塘根腳勢必淹浸滲漏該督撫亦並未慮及又石塘上堆積土牛甚屬無謂

不過為飾觀起見無當實際設果遇異漲又豈幾尺浮土所能抵禦耶所有塘上土牛卽著塡入積水溝槽之內仍將柴塘後之土順坡斜做祇須露出石塘三四層為度並于其上栽種柳樹俾根株蟠結塘工益資鞏固如此則石柴聯為一勢卽以柴塘為石塘坦水且令柴塘亦時見其有坦水也總之現在柴塘不加歲修二三十年可保安然無事卽如范公塘尙歷多年況此歷年添建工程更為堅實耶至范公塘一帶亦必須一律接建石工方於省城足資永遠鞏護著自新築石塘工止處之現做柴塘及挑水段落

起接築至𥁞筆圈記處止再接築至烏龍廟止亦照老鹽倉一帶做法於舊有柴塘土塘後一體建築石塘將溝槽塡實種柳並著撥給部庫銀五百萬兩連從前發交各項帑銀交該督撫據實核算分限分年董率承辦工員實力堅築仍予限五年分段從東而西陸續修築俟工程全竣後朕另行簡派親信大臣閱勘收工以期海疆永慶安恬民生益資樂利該部卽遵諭行欽此

夏六月巡撫福崧奏報增建范公塘石壩及埽工

疏言仁和范公塘遞

旨於第九座石壩之外迤西增建石壩一座現已用石堆出水面安置木櫃挑溜甚為得力并接築埽工一千五丈

附請銷銀九千三百九兩六錢一分三厘部核銷銀八千七百七十二兩九錢三厘

冬十月修念里亭汛石塘

海寧東塘念里亭汛內漠馳譽三字號魚鱗大石塘拆築三十七丈七尺

五十年冬十有一月修鎭海塔念里亭二汛坦水

海寧東塘鎭海塔汛及念里亭汛內諸字共一十二號石塘外間段修補坦水四十九丈四尺

五十有一年春正月改建念里亭汛魚鱗大石塘及修石柴塘

海寧東塘念里亭汛內約字號綏修石塘八丈法字號綏修石塘七丈九尺一寸改建魚鱗大石塘共一十五丈九尺一寸并築隨塘坦水二層共三十一丈八尺二寸又法字號迤東坦水內修補頭層四丈二層一十二丈九尺拆修青九字號舊魚鱗大石塘二十五丈五尺鑲築逍字號柴塘二百八十丈

三月戶部尚書曹文埴刑部侍郎姜晟工部侍郎伊齡阿奏覆建仁和魚鱗大石塘及暫罷范公塘以西緩修工

疏言乾隆四十五年

皇上親臨相度自老鹽倉至章家菴

命建魚鱗大石塘四千五百丈閱四載而成工四十九年復蒙

聖明指示於柴塘石塘之間所空溝槽填土種柳俾柴石二塘合爲一勢卽以柴塘爲石塘之坦水表裏完固其章家菴以西至范公塘續奉

諭旨一律添築石塘案章家菴工尾至范公塘迤東

硃筆圈記處止所有急工二千一百一十丈實爲沖要均須開建其外衞之柴塘應過石塘工尾迤西接築二三百丈並遵

旨於

硃筆圈記處塘外添築挑水大石壩一座以資捍衞復蒙

聖諭石工竣後亦卽以柴工爲坦水俾作重關保障隨時修補無須別建坦水若范公塘迤西

硃筆圈記處至烏龍廟原勘石工二千九百三十丈當時列爲緩工今察勘形勢塘外舊漲熟地七百餘丈外沙又三百餘丈是已至一千有餘丈水勢不逼塘根請暫罷工

夏六月巡撫伊齡阿奏建海寧尖山汛坦水

尖山汛內魚鱗大石塘自野字號九丈至遠字號一十六丈共長六十五丈建築坦水二層共一百七十丈

是月大學士公阿桂至浙江因按視范公塘緩工二千九百餘丈以狀

聞

秋閏七月修韓家池柴塘

海寧東塘韓家池道莽二字號柴塘二百八十丈遐字號柴塘七十五丈九尺拆鑲共三百五十五丈

冬十有一月巡撫覺羅琅玕奏建范公塘石壩及修尖山汛鱗塘

疏言范公塘迤東欽奉

硃筆圈記處於第十座石壩之外請添築挑水大石壩一座俾潮水至此挑溜南行東塘尖山汛內庭曠遠三字號魚鱗大石塘拆築間段長三十八

丈五尺

附石壩請銷銀九千三百九兩六錢一分二

厘部核銷銀八千七百七十二兩九錢三厘

是年戶部尚書曹文埴等奏老鹽倉迤東既以

柴塘爲坦水可省工料銀百數十萬兩緩辦石

工二千九百餘丈如蒙

俞允停止亦省銀百二十餘萬兩又藩司盛住去年面

奏餘銀六十萬兩共計餘銀一百八十餘萬兩

存帑頗爲充盈請撥銀五十萬兩交撫臣酌量

發商按引勻借每月行息一分計歲可得銀六

萬專爲老鹽倉以西舊柴塘歲修經費據實報

銷仍令歲杪專摺奏聞以昭慎重則柴工永資

外衛而庫帑亦不致多縻

十有二月初一日奉

上諭據瑯玕奏查勘海塘工程一摺內稱章家菴以西

接築柴工一千五丈塘外漲沙日漸坍卸現俱臨水

其中段迴溜更爲沖激應卽遵旨於硃筆圈記處添

築挑水大石壩一座等語該處形勢兜灣塘外漲沙

旣日漸坍刷回溜逼近塘根恐致著重自應遵照前

旨於硃筆圈記處所添建挑水大石壩一座俾潮水

至此分溜南行於塘工倍資保護幷將原建急工依

限上緊趕辦完竣毋致遲逾再閱圖內所繪頭圍迤

西一帶前此原因該處溜勢漸開沙塗寬廣且據阿

桂奏曾詢之該處老民俱稱潮水從未至此是以將

原定石壩緩工二千九百餘丈暫行停止該撫摺內

雖亦奏稱范公塘外沙塗仍屬寬廣石工可緩但思

沙性坍漲無常現在接連頭圍章家菴迤西一帶漲

沙坍刷大溜漸有趨近之勢恐頭圍處所沙塗亦不

免刷動所有停築石工二千九百餘丈著傳諭該撫

隨時履勘詳加體察如水勢漸近土塘難資捍衛卽

當奏明仍行接築永期保障若該處沙塗如前寬濶

溜勢不至逼近則當仍照前議停止惟在該撫酌量

情形相機妥辦不必稍存拘泥之見也將此由四百

里傳諭知之仍將現在情形速行回奏欽此

是月二十日奉

上諭據瑯玕覆奏查勘海塘情形一摺內稱頭圍沙水

形勢仍係如前現在遵旨添建挑水大壩並將急工

二千一百餘丈趕辦完竣足資保護所有緩工二千

九百餘丈實可停辦但沙性坍漲靡常惟有隨時履

勘相機籌酌如水勢漸近土塘卽將緩工奏請仍行

接築等語所見是已於摺內批示矣范公塘外沙塗仍屬寬廣所有原定緩工二千九百餘丈自可停止不辦該撫應督飭工員將原定急工二千一百餘丈上緊趕辦完竣以資捍衛但漲沙既有坍刷水性靡常倘日久頭圍處所沙塗一有刷動該撫即行一面集料鳩工一面將實在情形迅速具奏候朕降旨將停辦緩工再行接築以資保障惟在該撫隨時覈勘相機妥辦毋稍存拘泥之見將此諭令知之欽此

五十有二年夏五月十四日奉

上諭據瑔玗奏海塘石工加貼銀兩遵部駁删減十三

欵共銀五萬餘兩著令賠繳外其石匠夫工開槽還土架木挑板橋木三欵應減銀九萬八百餘兩查係實用實銷勢難删減等語浙省原續辦魚鱗塘工用過加貼工料銀兩經軍機大臣會同工部駁令删減共十六欵自屬照例駁減今據該撫奏稱已遵照删減十三欵其石匠夫工等三欵反覆查駁係實用在工並無浮冒開銷勢難删減自係實在情形若交部議未免格于成例仍致議駁而該省工員業經賠繳銀五萬餘兩無力再賠又須懇請具奏徒滋往返案牘於事無益且此項工程在瑔玗未到任以前辦理如果工員等有浮冒情弊該撫亦不值為之祖護奏請所有石匠夫工等三欵應減銀九萬八百餘兩著加恩准其報銷其另片奏稱新建塘工石價較續辦石工每丈加增銀一錢三分既據查明實係嚴深路遠不得不較舊工稍增亦皆按欵實給並無浮冒亦[illegible]併准其據實造報此後皆不得援以為例該部知道摺併發欽此

是月修西柴塘

仁和章家菴迤東至海寧老鹽倉迤西內地字號舊柴塘間段長一百四十七丈五尺呂字號舊柴塘間段長六百二丈五尺共拆修七百五

十丈

冬十月巡撫覺羅瑔玗奏修海寧東西柴石塘

疏言海寧西塘老鹽倉至東塘尖山石塘計長九千餘丈其中緩修石塘建自雍正七八年間魚鱗大石塘建自乾隆元年及七八年間潮汐沖突塘外舊基坦水樁石亦漸坍損今按念里亭汛內法韓頻石四字號魚鱗大石塘五十五丈尖山汛內索居閒三字號緩修石塘潮溜稍緩請改建條塊石塘四十二丈念里亭尖山二

汛塘外間段共二百八十九丈未建坦水今地
勢稍低請自州字號等共二十二號建築坦水
二層共五百七十八丈又舊坦水內有被潮潑
損者自何字號等八號間段應補修九十五丈
八尺又拆築西塘宿字號至聽字號柴塘計六
十四段間段共七百四十五丈范公塘埽工共
八十二丈五尺馬牧港盤頭一座

十有二月巡撫覺羅琅玕奏報范公塘以東魚鱗
大石塘成

疏言范公塘迤東形勢險要前奉

諭旨一律改建魚鱗大石塘當將章家菴石塘工尾斜
向西南至
硃筆圈記處止長二千一百二十丈前撫臣福崧奏明
分為四限於四十九年十月十三日興工今於
五十二年十二月十五日工悉竣

附新工奏銷銀八十四萬八千一十四兩一
錢二分三厘內例估銀三十五萬六千八百
十兩六錢四分加貼銀四十九萬一千二百
三兩四錢八分三厘溝槽塡土奏銷銀二萬
三千二百五十兩六錢一分八厘共銷銀八
十七萬一千二百六十四兩七錢四分一厘

五十有三年秋八月巡撫覺羅琅玕奏修范公塘
章家菴柴塘改建念里亭尖山二汛石塘及坦
水

疏言范公塘埽工內西辰字號至西水字號間
段共二百一十丈湯坐問三字號間段共四十
三丈章家菴老柴塘內地字號至正字號間段
共八百五十九丈總拆築一千一百一十二丈
又修補黃字號盤頭一座海寧東塘念里亭汛
內刑字號緩修石塘八丈州字號石塘一十一

丈五尺跡字號石塘一十四丈百字號一十七
丈塞字號石塘五丈雞字號石塘八丈尖山汛
內鉅字號三丈五尺均係建自雍正八年及乾
隆五六年間年遠樁木朽爛塘身沉陷請一律
改建魚鱗大石塘共一百三十丈其念里亭汛內
魏字號一十五丈橫字號二十丈號字號一十
三丈五尺踐字號四丈五尺假約沙漠馳譽青
九亭九字號間段共一百八丈二尺九寸塘外
應建條石坦水共一百六十一丈二尺九寸至念
里亭汛內沙岱雁城亭昆六字號尖山汛內遠

縣本農倣五字號間段塘外未建坦水應建築坦水一百五丈二尺

海塘擥要卷七終

國朝修築

乾隆五十有四年春二月護理巡撫事布政使顧學潮奏修仁和西柴塘及海寧東塘坦水

拆修范公塘迤西木頼及三字號埽工共三十八丈章家菴迤東自金字號四丈至老鹽倉固字號九丈五尺舊柴塘共一百六十一丈五尺浦兒兜盤頭一座海寧東塘鎮海塔汛潤字號至念里亭汛牧字號計一十五號修築坦水一層計二百一十八丈四尺

附請銷銀一萬八百八十二兩六錢一釐部核銷銀一萬六百五十九兩九分九釐

夏四月修海寧東塘盤頭

拆鑲海寧城西曹將軍殿盤頭一座

附奏銷銀一千二百一十七兩三錢二分四釐

是月巡撫覺羅琅玕入覲奏改范公塘石壩為柴盤頭

疏言范公塘首沖之處舊設石壩十一座以資捍禦但石壩係用碎石沈入海邊疊出水面上以柵欄木櫃裝載碎石排列再用碎石圍繞堆護根脚既不能排釘大樁又不能用灰漿澆灌與石工逈不相同一遇潮猛易於潑損碎石入海勢難撈取似不若柴盤頭可以釘木作樁根脚堅固且柴性柔軟耐於沖激與水性相宜隨時修築亦易為力現石壩一十一座有已沖損者請即改建柴盤頭尚完固者俟修築之時按照形勢一體改建不必再造石壩

是年巡撫覺羅琅玕奏請加貼塘工估價

疏言塘工例估不敷應請加貼老鹽倉原辦魚

鱗大石塘除江省石價外每丈例估銀一百二十九兩零加貼銀一百七十七兩零續辦魚鱗大石塘除江省石價外每丈例估一百三十兩零加貼銀一百二十九兩零辦魚鱗大石塘全用浙江石料每丈例估一百六十八兩零加貼銀二百三十一兩零報部核銷工員得敷辦理惟是東塘舊築石塘九千六百餘丈閱年久遠凡有坍損應修之工俱應改建魚鱗大石塘又護塘坦水及西塘柴埽各工大汛之後如有沖損均須隨時修築所有例估正項西塘柴埽各

工係支柴塘生息銀東塘石塘坦水各工係支
正項經費辦理是歲修工程止有例估一節而
加貼並未議給向來按照工程大小於同知州
縣中分別承辦現在雖無貽誤但輪辦日久卽
恐不肖之員藉辭賠累或啓侵挪短價勒買私
開派擾伏思海塘則例所定各價均係在數十
年前此時實難承仿而歲修必須加貼與建築
之石塘無異除石塘一節已有部覆准銷塘工
加貼之案應請卽察依辦理逐一按數加貼外
所有柴工埽工及盤頭坦水向未明定加貼銀

數今訪實必須價值幷將准銷石塘加貼確數
逐一彔酌另繕清單如蒙
俞允查有奉
旨賞給海塘經費各項除用去外計餘銀一百八十餘
萬兩其中雖有抄案未經變價養廉尚未扣繳
而現存實銀尚有一百餘萬惟有仰懇
皇上天恩卽於此內賞借銀五十萬按引核算均勻借
給各商按月一分生息本隨引轉每年可得息
銀六萬兩收貯司庫凡東西二塘每年應修工
程於例估之外按給加貼仍核實造冊附同正

銷冊咨部存案
柴薪每百觔例價銀一錢實需加貼銀九分
土方每方例價銀六分實需加貼銀三分
夫工每名例價銀四分實需加貼銀四分
坦水面石每丈定例價脚銀五錢四分實需加
貼銀三錢五分
塊石每萬觔定例價脚銀一兩二錢八分實需
加貼銀四錢
底樁每樁例價銀二錢三分實需加貼銀一錢
三分

腰樁每根例價銀二錢六分實需加貼銀一錢
五分
面樁每根例價銀二錢九分實需加貼銀一錢
六分
釘樁划樁雜料等件例估可以辦理毋庸加貼
柴工每丈共例估銀二十三兩八錢零今共實
需加貼一十九兩五錢三分零
埽工每丈共例估銀三十六兩五錢零今共實
需加貼銀三十兩三錢二分零
坦水二層每丈共例估銀四十五兩二錢零今

共實需加貼銀二十二兩九錢八分零
柴盤頭係各按形勢建築圜圓大小丈尺不一
應用柴薪夫工土方樁木等件均依柴埽工加
貼之數逐一核加

五十有五年春正月修海寧東塘坦水及東西柴
塘

東塘鎮海塔汛石塘自內字號五丈五尺至念
里亭汛俠字號八丈計七號間段共修築坦水
樁石六十丈五尺又府字號一十三丈至泰字
號一十一丈計三號間段共三十四丈五尺建

築坦水二層計六十九丈尖山汛韓家池柴塘
內自欣字號九丈五尺至立字號二十丈計八
號間段共修七十七丈西塘翁家埠汛柴塘內
自金字號一十六丈至戴家石橋汛賢字號一
十二丈間段共修一百五十二丈六尺
附請銷例估加貼銀共一萬四千七百九兩
九錢二分五厘部核銷例估加貼銀共一萬
四千六百四兩八錢八分九厘

夏四月十三日奉
上諭據琅玕奏西塘一帶自潮神廟迤西至烏龍廟止
隨塘漲出陰沙長五千七百餘丈寬自二百丈至一
千五百九十丈不等該處石柴各塘層層保障實爲
益加鞏固等語覽奏欣慰之至范公塘一帶爲杭州
省城之保障石柴各工全賴陰沙以爲外衛今該處
迤西隨塘漲出新沙寬長至數千丈沙灘堅實業成
高阜其迤西一帶自必逐漸漲長而對面南岸陰沙
日漸坍卸塘身鞏固更足以保衛民生此皆仰賴
海神默佑靈貺聿昭始得成此北漲南坍之勢實爲
瀕海民生額手慶著將內府藏香四十炷發交琅
玕即著該撫親賫至

海神廟虔誠告祭用答
神庥將此諭令知之欽此

秋八月巡撫覺羅琅玕奏建念里亭汛魚鱗大石
塘及尖山坦水修韓家池柴塘海寧東塘緩修
石塘

念里亭汛土字號一十九丈七尺九寸會字號
九丈一尺六寸共二十八丈九尺五寸改建魚
鱗大石塘并隨塘坦水二層計五十七丈九尺
又尖山汛石塘務字號五丈茲字號二十丈稼
字號二十丈穡字號三丈共四十八丈建築坦

水計九十六丈其韓家池柴塘內自道字號六丈二尺二寸至莽字號一十三丈七尺八寸計一十三號間段共修二百三丈

附請銷例估加貼銀共四萬五千六百七十二兩七錢四分四厘部銷例估加貼銀四萬二千五百二十七兩一錢一分四厘

九月巡撫覺羅琅玕奏修仁和西柴塘及海寧尖山汛石塘建坦水

仁和西塘翁家埠汛內闕字號一十二丈至戴家石橋汛內聽字號二十丈柴塘計二十二號

間段共修築三百六十三丈海寧東塘尖山汛石塘內閒字號一尺二寸處字號二十丈默字號九丈五尺共拆築二十九丈六尺二寸并建隨塘坦水二層

五十有六年春二月巡撫福崧奏修東西柴石塘

疏言西塘新建魚鱗大石塘外柴塘坦水共四千二百四十丈往鱗塘告竣之後仰蒙

聖明指示令將沿塘溝槽用土填實種植柳樹即以柴工為坦水無庸別建石坦層層保護實屬事半功倍除西塘自添字號至潮神廟致字號六百四十三丈漲沙擁護可緩修築忘字等號四十五丈修整完固不計外其餘臨水各工計三千五百五十一丈五尺現俱全行蹲矬自四五尺至一丈餘尺並有直沉水底附土坍卸者除將保固未滿之地字等號一千一百三十丈一尺著落承辦工員賠修外其餘已奏未修之闕字等號三百六十三丈及未奏之二千五十八丈四尺分別緩急次第興修其東塘石工夫唱精宣赤泰田七字號石塘間段共八十六丈五尺塘身底樁朽爛附土蹲矬今於塘後搶築柴壩

并連隨塘坦水二層計一百七十三丈藁肥駕輕策壩趙頗牧精州九岱禪一十四字號石塘間段共一百四十六丈塘外悉無坦水樁石地勢歸低塘身高露塘後附土蹲矬丈餘幸塘身穩固無須拆建今於塘後填壓層柴層土并建隨塘坦水二層計二百九十二丈懷兄弟何威柱紫塞雞城池碣鉅巖一十五號間段共二百一十四丈一尺六寸塘外舊基悉無坦水椿石塘身底樁高露補建坦水二層計四百二十三丈三尺二寸戴家橋汛內命字號至念字亭

汛內池字號計六十四號間段共九百一丈四尺塘外坦水樁石已空並有舊基未建坦水之處地勢刷深俱應補建坦水一層計九百一丈四尺又戴家橋汛內業字號至尖山汛黍字號計九十九號間段共一千三十八丈六尺一寸塘外坦水樁石缺損舊基沖刷亦應修補坦水一千三十八丈六尺一寸又念里亭汛內羣字號至尖山汛淑字號計四十七號間段共五百三丈四尺二寸塘外坦水潑損應修補坦水五百三丈四尺二寸此係保固年限未滿應令工

員賠修其西柴塘坦水長四千二百四十丈內除六百四十三丈五尺可緩修築外其餘三千五百九十七丈亟應興修又積因二字號盤頭一座馬牧港盤頭一座亦應修築以上石塘八十六丈五尺柴塘三千五百九十七丈坦水三千三百四十一丈七尺五寸盤頭二座均須一例修建以期鞏固

夏六月修仁和西柴塘及西塘盤頭范公塘埽工

仁和西塘潮神廟前騰字號柴塘鑲修二百五十丈又補築附近潮神廟之致字等號二百九十餘丈潮神廟前盤頭一座及秋字號盤頭一座范公塘埽工三百七十五丈

附奏銷例估加貼銀共三萬二千七百一十二兩三錢二厘

秋七月巡撫福崧奏改建念里亭魚鱗石塘及築坦水

東塘念里亭汛內河字號緩修石塘共一十二丈零四寸九字號魚鱗大石塘八丈戴家石橋汛內籍甚二字號條塊石塘二十丈悉改建魚鱗大石塘俾資捍衛并築隨塘坦水二層念里

亭汛內茂丁二字號石塘外坦水二十丈補築坦水二層

附請銷例估加貼銀共一萬六千五百三十兩二錢一厘部核銷例估加貼銀共一萬四千四百六十四兩八錢六分六厘

八月建仁和范公塘埽工

范公塘水臨塘脚此字等號工尾老沙单薄接築埽工一百丈

附部銷例估加貼銀共六千五百七十六兩一錢八分七厘

冬十有二月十三日奉
上諭福崧奏海塘應修各工業經一律完竣核計銀數分別著賠一摺據稱瑱玗任內延悞未辦各段其最要各工應賠銀八萬九千六百六十兩零又次要各工用過例估加貼工料銀十三萬七千六百五十一兩零亦應令瑱玗賠補五成其餘五成著落該司道廳員名下按數分賠等語此項海塘應修各工瑱玗前在巡撫任內延緩不辦現在用過例估加貼工料銀兩自應著落分賠但所奏最要各工從前辦理時未能堅實亦非瑱玗一人之咎其承辦之司道廳員

等豈能置身事外所有此項應賠銀八萬九千六百六十兩零亦著照次要工令瑱玗賠補五成其餘五成著落承辦之司道廳員等分賠完項以昭平允至瑱玗名下尚有節次自行議罰應交海塘及內務府銀兩除陸續完繳外尚有未完銀八萬兩著加恩概行寬免令其專力措繳現在海塘最要次要兩工應賠銀十一萬三千餘兩瑱玗務須倍加感激作速解交浙省歸欵毋再延緩干咎將此各傳諭知之欽此

五十有七年春二月巡撫福崧奏建范公塘石壩及修埽工坦水盤頭

疏言范公塘柴塘外坦水去年漲沙刷減水臨塘根業將此字等號險要各工搶築并於首沖所建築挑水石壩一座以分溜勢俾頭圍老沙不致刷動其歸字等號埽工四百五十一丈形勢險要現稭朽土卸請拆築以資抵禦其餘臨水之始字等號埽工六百六十六丈及章家菴迤東之添字等號柴塘外坦水三百二十四丈並西添字號盤頭一座西元字號盤頭一座現俱蟄塌應乘春汛以前次第接修

附部銷例估加貼銀共六萬六千八百五十

二兩二錢八分七厘

是月巡撫福崧奏修范公塘石壩

疏言范公塘建築石壩原因水深溜急不能釘樁下埽是以壘石築壩俾資挑溜其第二壩坐當首沖形勢最為扼要係蒙
皇上指示機宜凛遵修辦尋復接續增築藉保無虞嗣經前巡撫瑱玗以石塊易於沖失奏請停修如遇應行修築之時按依各處形勢一體改建柴盤頭臣按范公塘大小石壩共一十一座自停修以來大半坍損今若拘泥原奏一律改築盤

頭不特需柴甚多且第二第十兩座俱係大壩形勢首沖挑溜極爲得力現壩基尙屬堅固廢棄實屬可惜今已如式捐修以資捍衛無庸亟行改築盤頭徒滋糜費

是月二十四日奉

上諭據福崧奏范公塘一帶原係建築石壩嗣經瑯玕以石塊易於沖失奏請停修如遇應行修築之處一體改築柴壩今自停修以來石壩多已坍損若改築柴盤頭不特需柴甚多且石壩挑溜極爲得力現率同司道將石壩如式捐修以資捍衛等語范公塘一

帶石壩前經瑯玕奏稱石壩一項係用碎石裝入木櫃排列海邊復以碎石圍繞堆護根脚既不能排釘木樁又不能用灰漿澆灌一遇潮大之時易於潑損坍卸不若柴盤頭一項可以釘木作樁根脚堅固能耐潮水沖刷彼時朕以瑯玕所奏情形尙屬近理是以照議允行今福崧又以石壩挑溜較爲得力現在壩基尙屬堅固廢棄實屬可惜仍應將柴盤頭改築石壩爲詞與瑯玕所奏互異朕思柴盤頭一項鑲築既易卽遇有潮水沖汕坍損亦不難隨時修補而石壩以碎石堆積作基難以釘樁護脚豈能日久堅固且遇潮水沖卸石塊沉入水底無從查驗易啓工員浮冒之漸然以情理揆之柴薪爲民間日用必需之物若改築柴盤頭需柴甚多如每年壩工多費一萬柴觔民間卽缺少一萬柴觔之用柴價不無少增又似非民情樂從而建築石壩則需用工料較多承辦之員藉此爲開銷浮冒地步自以石壩爲便今若以石壩柴壩二項孰爲有益之處仍令福崧酌量定議則福崧既以修築石壩爲宜具奏豈肯自改前說是兩說皆各有理朕不能遙定大約官員喜於石工之多開銷而民間又喜於不作柴工則省於民間日用

柴薪爲有益大概出於此乎此事著交長麟前往查勘江蘇距浙江甚近現在該省並無應辦緊要事件卽著長麟親往杭州范公塘一帶逐細履勘體察該處情形究竟石壩柴壩兩項孰爲得力孰爲經久秉公據實覆奏並繪圖貼說呈覽總期塘工有裨不可稍有偏護也再該大小石壩十一座建築未久何以多有坍損是否從前經手塘工各員辦理不能堅實所致並著長麟一併查明具奏將此傳諭長麟並諭福崧知之所有瑯玕福崧原摺並著抄寄長麟閱看

欽此

三月江蘇巡撫覺羅長麟奏覆范公塘石壩形勢疏言范公塘原建大小石壩十一座高自一丈六尺至二丈七八尺深入水中自五丈至二十丈禦潮挑水保護塘工甚爲有益現在水浸塘根自三四尺至八九尺去年秋汛風潮較大撫臣福崧於第十一座壩之西捐增石壩一座塘工藉以平穩其餘壩基均屬鞏固惟自停修以來壩頂木櫃多有沖損其原建小壩頂上本無木櫃或汕刷壩頂石塊自四五尺至八九尺粘補修整尚易爲力今若改建柴壩最大之壩亦

不過深入水中五六丈而原築石壩入水至二十丈壩基愈長挑水愈遠是柴壩不如石壩之得力至海底流沙其性甚鬆柴工以樁埽爲基一經汕刷卽須搶鑲錐壓石壩係沉船載石爲基堆積石塊增高出水體重根牢平時潮浪無能搖撼卽遇風潮洶湧不過頂上木櫃及浮置碎石易於沖損斷不致盡歸漂沒卽如原築石壩已閱多年壩基峙立穩固依然尤堪徵信若柴壩一遇風排浪湧拔樁走埽漂蕩全無亦屬事所常有是柴壩不如石壩之經久況改建柴壩勢須釘樁下埽現壩基未除石堆高壘其坍塌石塊仍在壩基左右勢不能釘樁下埽卽欲移建舊時壩側而范公塘一路多有沉船載石之處其勢亦難辦理誠如

聖諭每年塘工多費一萬柴觔民間卽缺少一萬柴觔之用仰見

皇上愛惠黎民曲體入微至周至當范公塘一路自應仍用石壩酌量緩急增補粘修以收事半功倍之效其改築柴壩之處毋庸置議抑臣更有請者水性宜順不宜拂挑水壩宜斜不宜直現存

壩基上窄下寬堆作坦坡式樣周圍係屬圓形圓則已有斜向之勢斜向則水有去路是以原築壩基不致盡行坍損惟壩頂安設木櫃舊係三面排作四方形勢潮水由東奔西木櫃卽面向正東挺然壁立與水硬相排敵是以受傷較重多被沖損今若將壩頂一律改作圓形又恐但能護塘不能挑溜請嗣後粘修石壩將頂上木櫃排作三角形勢俾得側身讓水壩嘴又係尖形挑水自必更遠是於抵禦之中仍寓順流之意似與保護海塘較爲有裨

是月二十二日奉

上諭長麟奏查勘范公塘石壩係沉船載石爲基堆積石塊增高出水體重根牢卽遇風潮洶湧不過頂上木櫃及浮置碎石沖損斷不能搖動壩基若改作柴工一遇風排浪湧拔樁走埽漂蕩無存似應仍用石壩等語此事於乾隆五十四年四月內據琅玕奏稱范公塘一帶所築挑水石壩碎石堆積不能排釘木樁易於坍卸不若柴盤頭一項可以釘木作樁根脚堅固彼時朕以琅玕所奏情形尚屬可行本年二月內據福崧奏以此項石壩基址尚屬堅固廢棄可惜若改築柴壩不特需柴甚多且挑溜不能得力現將石壩如式捐修以資捍禦等語與琅玕所奏情形互異朕以兩說皆各有理但不能遙定因令長麟前赴杭州范公塘一帶逐細履勘究竟柴壩石壩兩項孰爲有益秉公據實覆奏今長麟既偏主福崧之說以石壩爲是則琅玕所議改築柴壩所見卽屬錯悞前此朕令長麟往海塘履勘原欲於福崧琅玕兩人所議孰得孰失之處確切指陳乃長麟摺內祇稱宜用石壩將柴壩無庸置議而於琅玕原辦錯悞之處並未逐細聲叙意存迴護調停殊屬非是至琅玕於五

十四年四月內奏請改用柴壩後迄今已及三年是否將此柴壩開工修築福崧於五十五年秋間抵任至本年二月亦已過年餘如何始將應行修築石壩之處具奏其五十五六兩年是否照琅玕所辦將柴壩仍行修理若云此項壩工全爲挑溜護塘所用則無論用石用柴自應隨時修整何以兩年以來任其坍卸若係無關緊要之壩又何必多此一舉徒滋糜費殊不可解著傳諭福崧卽將此項柴壩是否業經修築被水衝坍抑係竟未動工所請改作石壩現在曾否修建據實覆奏再細閱圖內挑水壩基上窄下寬堆作坦坡周圍係屬圓形儘可藉以挑溜又何須於壩頂安設木櫃舊制屬方形今長麟又欲改作三角雖長麟所奏側身讓水之言尚屬近理但設此木櫃究係何用亦著福崧一併覆奏至柴工自不如石壩之堅固經久況每年壩工多費一萬柴觔卽民間缺少一萬柴觔之用柴價不無稍增於小民日用多有未便自應照長麟所議行並著福崧悉照所議妥協修辦以副朕愼重海防保護民生至意除另降諭旨傳諭琅玕回奏外將此諭令知之欽此

夏四月十五日奉

上諭前據長麟覆奏范公塘一帶所築挑水壩柴工不
如石工之堅固經久應用石壩既省柴觔挑水又復
得力當經降旨令琅玕將從前何所見而率爲改用
柴工之奏又因何並未補修以致壩工現有坍損之
事據實明白回奏欽此

是月巡撫福崧奏建仁和范公塘石壩及修柴塘
坦水

疏言范公塘埽工前於乾隆四十八年春間因
形勢首沖隨鑲隨矬仰蒙
聖主指示機宜多方抵禦復因沿塘水深溜急不能釘

樁下埽建築盤頭壘石作壩俾挑溜勢塘工藉
以平穩至五十四年四月間巡撫琅玕雖經奏
請改築柴壩旋因潮神廟迤西陰沙增漲並未
動工迨去年五月內霉雨較多迴溜湍急漲沙
刷減臣伏思前件工程俱係年久未修一旦水
臨塘根急須搶護今伏秋汛內致字等號埽工
先後間段臨水俱經隨時修築完整續因江海
神廟迤東至
硃筆圈記處之石塘工尾舊築埽工亦俱臨水此地緊
接頭圍形勢險要當即搶築完固並於首沖處
捐建挑水石壩一座以分溜勢俾頭圍老沙不
致刷動其原建石壩後柴塘坦水間段共一千
一百餘丈現樁朽面卸勒限鑲修俾禦春汛此
琅玕雖曾奏請以石壩改作柴壩並未動工及
臣現因漲沙刷減仍請修築石壩之原委也

是月二十二日奉
上諭前據福崧奏范公塘一帶原係建築石壩嗣經琅
玕以石塊易於沖失奏請停修如遇應行修築之時
一體改築柴壩自停修以來石壩多已沖損若改築
柴盤頭不特需柴甚多且石壩極爲得力現將石壩

如式捐修一摺因查從前琅玕所奏內稱石壩一項
係用碎石裝入木櫃排列海邊復以碎石圍繞堆護
根脚既不能排釘木樁又不能用灰漿澆灌一遇潮
大之時易於潑損坍卸不若柴盤頭可以釘木作樁
能耐潮水沖刷等語朕以兩說皆各有理但建築石
壩易致工員浮冒之弊而改用柴工又虞民間日用
柴薪或致缺少是石壩柴壩兩項究竟孰爲得力孰
爲經久之處未能遙定因令長麟前赴范公塘一帶
逐細履勘體察情形秉公據實覆奏據長麟奏稱石
壩係沉船載石爲基體重根牢即遇風潮洶湧不過

頂上木櫃及浮簉碎石沖損斷不能摇動壩基若改築柴工一遇風排浪湧拔樁走埽漂蕩全無似應仍用石壩等語范公塘一帶大小石壩已閱多年現在壩基依然穩固止須略爲補修卽可收事半功倍之效若改用柴工偶遇風潮卽屬易於汕刷而基址尚存碎石釘樁下埽又復難以施工況每年多費柴薪於小民日用之需亦多未便是柴工不如石工之經久堅固有益於民顯而易見從前琅玕何所見而率爲改用柴工之奏輕議更張且改用柴壩後亦應卽爲修理加意保護以資捍衛何以並未補修以致壩

工現有坍損之事著傳諭琅玕令將從前何以請改柴工又何以並不修理之處據實明白回奏長麟福崧原摺俱著抄寄閱看欽此

閏四月二十七日奉

上諭據琅玕覆奏范公塘石壩前請改用柴工辦理實爲錯謬等語范公塘一帶石壩已閱多年現在壩基依然穩固若改用柴工偶遇風潮轉易刷汕自應仍用石壩爲是此項石壩向來係用碎石沉入海邊壘出水面上以柵欄木櫃裝載碎石排列但碎石大小不等若僅以小碎石子抛入水中恐根腳不能堅固自當檢取較大石塊作爲基址方能得力且用散碎石塊墊作壩基水底無所關束究未免易於沖卸不若將竹簍較前放大內裝石塊沉入海底壩基豈不更爲牢固是否可以如此辦理著福崧於應行修築時酌量情形遵照妥辦至福崧於本年正月奏請陛見摺內朕批令略遲待數月現在將屆伏汛之時沿海塘工一切防護搶修均關緊要如該撫尚未起程此時且不必赴京俟伏秋大汛平穩後於十月間到京陛見亦無不可若該撫現在業已起身於途次接奉此旨亦不必轉回俟陛見後卽速回浙省往返不

過月餘於塘工防汛事宜儘可無悞也將此諭令知之欽此

是月修海寧東石塘坦水

海寧城外迤西之惻字等號石塘修築坦水五十五丈五尺東塘戴家石橋汛及鎮海塔汛內松字等號石塘坦水一百六十八丈五尺

附請銷例估加貼銀共三萬二千七百三十八兩三錢八分六釐部核銷例估加貼銀共三萬二千六百二十二兩九錢五釐

六月修海寧石柴塘坦水

海寧東塘甲字等號內石塘坦水間段修築六十丈九尺九寸西塘元字等號柴塘坦水修築三百九十三丈五尺

附報銷銀數統叙閏四月分奏修坦水下

秋七月巡撫福崧奏建仁和范公塘埽工及海寧東塘坦水石壩

疏言范公塘此字等號埽工逼近頭圍老沙漸次刷薄接築埽工二百丈海寧東塘七里廟迤西至儀字等號因南岸漲有陰沙潮溜逼塘汕刷形勢首沖兼之六月中旬東南風大潮汛潑

損坦水間段共二千餘丈椿木衝卸今修整頭層坦水卽接築二層坦水幷於海寧城之東西首沖處所各建石壩一座以挑潮勢

附請銷例估加貼銀共八萬四千兩三錢八分二厘部核銷銀共八萬三千三百五十八兩二錢二厘

八月巡撫福崧奏修海寧東塘盤頭柴塘及仁和西柴塘坦水埽工

海寧東塘曹將軍殿前拆築盤頭一座又修築韓家池欣字等號內柴塘一百一十六丈仁和西塘章家菴迤東來字等號內柴塘外坦水五百九丈一尺范公塘西裳等號內埽工九十丈

附請銷例估加貼銀共二萬七千六百三十五兩九錢九分三厘部核銷例估加貼銀共二萬七千五百二十一兩六錢三分一厘

五十有八年春二月巡撫覺羅長麟奏修東西柴石塘罷修范公塘尖山石壩更定工員保固例

疏言去年秋冬溜勢直逼北岸多有潑損工員先後開報計仁和西塘自建字號至秋字號應修柴塘八百一十七丈九尺西宇字號至西首

字號應修埽工四百一十六丈海寧東塘母儀藁鍾隸五字號應修石塘六十三丈八尺三寸臣勘驗西塘內如間字等號柴塘五百九十四丈四尺西宇字等號埽工一百七丈五尺塘身均已衝卸應請速修至秋字等號柴塘二百二十三丈五尺西辰字等號埽工三百八丈五尺塘身雖有矬蟄根基尚屬穩固請俟春汛後察看形勢再行辦理東塘內如母儀藁鍾四字號四十二丈塘身全坍亟應恪遵前奉

諭旨改建魚鱗石塘其鍾字號東首八丈四尺四寸隸

字號內一十三丈三尺九寸塘身雖有閃裂異
加土戧尚可保護亦應請暫緩興修至范公塘
舊有石壩十一座五十六年間增建一座共壩
十二座所以保護柴塘去年五六月間圮損之
第二第三第九第十等壩捐修齊整其第一第
四第五第六第七第八第十一等壩尚未興修
又六月內海寧鎮海塔汛建築石壩二座亦應
隨時修葺按石壩原爲挑溜而設去年溜走北
岸形勢險要是以議請修築今年溜勢已向南
趨相距北岸遠至數十里無溜可挑所有未修

各壩請暫緩興修以節糜費至浙江省向來辦
理塘工多有工員承辦工程派令十一府知府
及所屬各州縣公同保固之例似覺不成政體
工員辦工即令工員保固庶幾責無旁貸而州
縣等亦不致藉口賠累於吏治頗有關繫請自
今保固各工一體更正俱令原辦工員照限保
固將十一府公同保固之例永行停止

附部銷例佑加貼銀共二萬兩

是月修仁和西塘埽工

鑲築仁和西塘宿字等號埽工二百七十六丈
五尺蓋字等號埽工一百十九丈

附報銷銀數統敘七月分奏建埽工下

三月初三日奉

上諭長麟奏海塘沙水情形及勘明應修應緩各工一
摺所辦尚妥惟披閱所進海塘圖內未將中泓大溜
繪出殊未明晰海潮大溜自東而西直走江心若溜
勢偏向北岸則北岸漲沙必致汕刷如溜勢逼近南
岸則北岸漲沙自應日漸加增是海塘沙水南坍北
漲情形全憑中溜所趨爲準今該撫既稱南岸漲沙
現因大溜南趨逐日俱有坍損實爲南坍北漲極好

機會而於圖內並未將中溜畫出是否南趨之處
竟未明白繪出反似江水連成一片彌望汪洋所謂
南坍北漲形勢更從何處辨別朕檢閱海塘上月舊
圖係將海潮中溜畫出向南向北便可一目了然著
將長麟此次所進之海塘圖發還並將舊圖一併發
交閱看令該撫將現在中溜向南向北之處每月照
舊繪於圖內呈覽毋得似此牽混至北岸挑溜石壩
現因溜勢南趨相距北岸甚遠其未修各壩自應暫
緩興修以節糜費再向來辦理塘工多有工員承辦
工程十一府屬公同保固辦理實屬錯悞今長麟奏

請責成工員將十一府公同保固之例停止甚是自
當如此著照該撫所奏辦理以昭平允將此諭令知
之欽此

秋七月巡撫覺羅長麟奏建仁和西塘埽工及月
堤

疏言六月望汛後潮汛較大山水漲發溜急浪
湧西塘十二埽對面南岸突漲新沙逼溜湍激
石壩迤西沿塘陰沙驟被刷減常字等號埽工
先後潑損一百三十餘丈現在搶修出水惟南
岸既漲新沙則西塘形勢較為險要若僅恃一

線新工難資捍禦應請於常字等號新鑲埽工
之背增築月堤一道俾作重圍保障倘埽工或
致再損尚有月堤圍護至常字號工尾三官堂
堤前陰沙亦被刷減水近堤根亦應於常字等
號內貞字號工尾三官堂接建埽工四百丈并
月堤一道俾於常字等號工後月堤形勢聯絡
首尾依傍以保無虞

附請銷例估加貼銀共七萬三千三十五兩
三分四厘部核銷例估加貼銀共七萬二千
七百二十七兩二分四厘

是月巡撫覺羅長麟奏建仁和范公塘頭圍魚鱗
大石塘

疏言乾隆四十九年欽奉
諭旨以范公塘頭圍一律接建魚鱗大石塘自
硃筆圈記處至烏龍廟計二千九百餘丈五十一年尚
書曹文埴履勘漲沙寬廣奏請暫行停止奉
旨允行是年復節次欽奉
諭旨頭圍處所沙塗一有刷動卽迅速具奏將停辦緩
工再行接築欽此按現刷減沙塗卽係頭圍此外自
三官堂至烏龍廟尚有老沙足資捍衛但海洋

沙水靡常沙塗坍漲難定且南岸既漲新沙將
來北岸似為著重所有鱗塘計自原建魚鱗大
石塘工尾至烏龍廟二千九百餘丈應否卽行
接築抑或察看老沙嗣後有無損動再行斟酌
出自
聖裁倘蒙
飭辦查老鹽倉章家菴前建石塘時均蒙
聖明指示卽以柴工為坦水頭圍接建石塘事同一例
計自原建石工塘工尾起至烏龍廟止應築石
工二千九百餘丈

附估用銀一百二十餘萬兩

八月巡撫覺羅長麟奏修東西石柴塘及埽工坦

水

時秋潮大汛風雨馳驟仁和西塘黄字等號埽

工六百一十六丈五尺秋字等號柴塘八百二

十九丈五尺海寧東塘子字等號石塘外坦水

五百一十七丈六寸韓家池逍字等號柴塘二

百一十五丈二尺二寸鍾隸二字號石塘二十

一丈八尺三寸先後潑損坍卸今並修築石塘

附請銷例估加貼銀共四萬四百九十九兩

二錢六分六厘部核銷例估加貼銀共三萬

八千八百九十一兩二錢五分二厘

九月巡撫覺羅長麟奏仁和范公塘及海寧東塘

石埽

疏言仁和范公塘江海神廟迤東章家菴迤西

柴塘之外修築大小石埽一十二座舊制埽身

連坦水直出寬十餘丈至五丈身高二丈八尺

至一丈五尺上置木櫃二層似覺過於高寬與

水抵禦未免有迎激潑損之虞蓋水以順其性

爲要順流之水其力小激盪之水其力大與其

高大無當與水爲敵多費金錢似不若收窄收

低讓出去路俾水得以順軌直趨不致迎激爲

患則金錢既可節省而柴塘亦免損傷倘蒙

俞允應請先將未修石埽七座一律改作入水寬五丈

圍圓斜坡收分到頂俾不致横直禦水其身高

均較柴塘約低四尺頂不必設木櫃但爲滚水

埽形勢俾潮來得以漫頂而過不致激怒損工

每埽一座不過需銀三四千兩較之前需一萬

五六千兩不及四分之一而柴工轉得化險爲

平其已修石埽五座現已有頹損之處將來修

葺時亦俱如式改作不必仍前高大修築工料

仍屬捐資辦理嗣後再有頹損應修依例報銷

其海寧東塘鎮海塔汛内石埽二座議建之時

因南岸漲有陰沙潮溜逼塘形勢險要地附州

城恐有疎虞是以建築藉資保護但埽身亦覺

過於高寬横禦水中而背又係石塘柴塘性軟

遇水沖激不過損工石塘質堅前有石埽横禦

後有石塘斜迎一遇秋潮汛大即致激水上塘

轉須於石塘之上加柴保護是埽身高大已屬

虛縻而塘上加柴又於虛費之中更滋縻費今

祇應增築滚水小壩俾石塘得有外戧亦可無
慮再圯應請將石壩十二座收作入水寬五丈
圍圓斜坡收分到頂身高較低石塘四尺不必
設木櫃護水護塘實屬兩有裨益

是月修海寧柴塘盤頭

海寧西塘普兒兜修築盤頭一座

附部銷例佑加貼銀共一千三百二十一兩
一錢二分四厘

是月巡撫覺羅長麟奏覆請罷建仁和范公塘頭
圍魚鱗大石塘

疏言仁和范公塘頭圍內魚鱗大石塘現形勢
並非急切惟海塘志內載有頭圍地方老沙一
有損動卽行題奏之
旨且二月內頭圍迤東漲有中沙一段停淤不動而六
月內南岸又突漲新沙倘中沙與南岸新沙日
漸增漲毘連勢必逼溜北趨則北岸形勢實爲
著重臣是以不敢不預爲陳奏今七月山水漲
發之際竟將中沙全行刷去讓出洋面溜勢仍
得南趨北岸自不致仍前緊要誠如
聖諭頭圍地方三官堂地方既有新接月堤又有老土
塘爲重圍保障此段石塘實可從緩辦理卽現
奉
硃筆圈出接築一半之處亦似可一併從緩毋庸急爲
接建嗣後察看北岸漲沙有無損動再行斟酌
辦理

是月巡撫覺羅吉慶奏覆罷建范公塘頭圍魚鱗
大石塘

疏言范公塘頭圍前擬建魚鱗大石塘欽奉
諭旨長麟奏范公塘頭圍沙塗刷動似應接築石塘但
該處漲沙足資捍衛且前有月堤後有老土塘保障

卽使刷減單薄或減半酌辦或現已漸漲新沙卽減
半塘工亦可從緩著傳諭長麟並諭吉慶知之欽此
臣察勘范公塘頭圍漲沙自六月內刷減三百
餘丈七八月間秋潮大汛並未損動老沙外尚
存漲沙五百餘丈對面海中前漲陰沙一道已
於七月內全行刷去洋面寬濶北岸尚不致著
重而三官堂接築埽工四百丈并工後月堤一
道圍護似爲得力至限後老土塘閱年雖久而
堅厚結實洵足資重圍保障實與
聖明指示毫髮不爽以現在形勢而論魚鱗石塘自可

無須亟辦即使將來灑沙刷動可於現築埽工
四百餘丈之尾再行接築埽工可以抵禦
冬十月初五日奉
上諭大學士九卿議覆長麟奏酌減海塘石壩工程一
摺從來治水之道以順其性為要水勢順軌直趨自
不致迎激為患若攔截抵禦則水勢激怒不免潑損
之虞浙省建築海塘原為保障地方起見然柴石塘
工已屬與水爭地今又添建石壩高二丈八尺至一
丈五尺直出十餘丈至五丈不等以十二壩總計縱
橫不下百餘丈逼近塘身是占水之地更多又何怪

水勢愈怒沖激損工福崧前在浙江巡撫任內於地
方事件尚不能整飭惟知婪索牟利其海塘工程不
過就屬員慫恿之詞即議添建石壩豈能籌辦得當
而長麟於海塘事務亦非素所諳悉不過為補救調
停之計擬減丈尺亦恐非真知灼見今據大學士九
卿會同核議請交與新任巡撫吉慶留心察看斟酌
辦理但吉慶平日辦事雖尚明白而於海塘工程亦
全未諳悉因思蘭第錫李奉翰辦理河務有年雖河
海情形不同而水性則一其如何因勢利導之處可
以推類而知現在早過霜降河工無事李奉翰即日
到京陛見俟該總河於陛見後即行赴江南會同蘭
第錫偕赴浙江與吉慶三人詳悉履勘公同商搉將
此項石壩應否照舊建築抑應照長麟所奏酌減丈
尺或竟可無需辦理之處斟酌定議速奏所有大學
士九卿核議一摺俟蘭第錫李奉翰等詳勘覆奏到
日再降諭旨庶此壩工應修應停得有定見不致無
益工程激怒水勢屢有潑損等事又須歲修糜費也
欽此
十有一月修范公塘埽工及土戧
范公塘江海神廟迤西三官堂新築埽工四百

丈并土戧一道加帮寬厚
是月江南河道總督蘭第錫河東河道總督李奉
翰浙江巡撫吉慶覆奏請罷范公塘石壩改建
柴盤頭
疏言范公塘既有土塘又築石塘石塘之外又
建柴塘復蒙
聖明指示將石塘之前柴塘之後所有隙地用土填滿
栽種柳株現在一律完固柳樹成行較之河上
鐵心盤頭更為寬廣層層保障已屬至周極備
追乾隆四十六年間復於柴塘之外建築石壩

一座四十八九等年又增建石壩十座五十六年又增一座共十二座按石壩既未簽釘木樁又無灰漿灌注祇用碎石鋪底高出水面後再用長寬一丈高五尺之木櫃或二層或三層排列碎石之上將塊石裝入鋪平頂面每逢大汛風潮木櫃損折碎石卽致倒卸前撫臣長麟請修之七座俱已殘損不堪卽五十七年新修之五座亦有殘損臣等議此十二壩內有九座其位置地方現非迎溜之區又無挑護之益應聽其廢去無庸修理惟五十七年新修之第二壩第十壩第十二壩適當迎溜處所大段尚屬完整就現在形勢而論頗資抵禦應請暫存將來大汛如有潑損亦不必再修石工按東西兩塘舊有柴盤頭九座每座建築不過需費二三千金卽有刷損亦易修理較之石壩每座需費一萬五六千金大相懸殊且柴性柔軟與水相宜石壩則橫亘水中怒激水勢一經損傷不能隨時搶護徒費無益卽如四十六年蒙

皇上於海塘圖內

硃筆圈記

指示於章家菴東首黃字號內增築柴盤頭一座已閱十餘年之久隨時修整尚屬完固應請將現在之石壩三座如有頹損卽行改築盤頭其東塘海寧城石塘外五十七年新築石壩二座俱在迎溜之地護塘尚為有益本年秋汛風潮甚大微有潑損而緊附石塘寬厚堅固亦應暫存嗣後汕刷殘缺應行修理之時亦一律改建盤頭以資捍衛

是月二十三日奉

上諭蘭第錫李奉翰等奏會勘海塘石壩一摺已交原議大臣議奏矣此事前據大學士九卿核議具奏時朕以水勢宜於順軌直趨方不致過激水怒浙省海塘已屬與水爭地今又添建石壩總計縱橫不下百餘丈是佔水之地更為加多潮汐往來不無阻碍長麟所奏酌減丈尺之處恐無真知灼見而吉慶甫經到浙於海塘工程亦未諳悉因李奉翰適來京陛見當卽面為詳晰指示令其會同蘭第錫偕赴浙江與吉慶三人詳細履勘公同商酌定議具奏今據該河督等奏到止稱石壩十二座內有九座並非迎溜之區應聽其廢去毋庸修理惟第二壩第十壩第十二

壩適當迎溜處所頗資攩護應請暫爲留存等語而於朕前此面諭此項石壩是否佔水地面以致沖激損工之處並未明晰聲叙是李奉翰並未領會朕意且此項石壩十二座均係福崧在浙時先後添建嗣經長麟查勘以石壩過於高寬與水抵禦易致潑損奏請收窄辦理是此項工程在長麟卽欲收減改辦而該河督等此奏乃稱長麟請修之七座均已殘損等語竟似此項石壩係長麟奏請修築措詞尤爲牽混前此福崧在浙江巡撫任內惟知婪索牟利於海塘事務更何暇親往履勘留心整頓其添建石壩不

過就屬員慫恿之詞率議興工朕明知此項工程必交官辦而採取石料等項旣可從中浮冒又可以建築石工蓋石工奏銷重柴工奏銷輕不用柴薪旣可從重冒銷更亦便小民生計外以博市惠之名而實以爲侵肥之計情弊顯然該河督等查勘時亦應將福崧從前率行建議緣由明白聲叙乃亦並無一字提及此事李奉翰到京曾經朕面加詳諭蘭第錫止係李奉翰轉向告知而吉慶不過隨同查勘乃李奉翰於朕面諭各情節全未領會摺中無一字道及不過聯銜一奏草率完事是李奉翰竟係一無用之人

又何用伊前往會同查勘耶李奉翰著傳旨嚴行申飭並著將此旨交長麟閱看想長麟亦必當心服也除原議大臣核議具奏另交吉慶遵照辦理外將此各諭令知之欽此

十有二月大學士公阿桂等奏覆請罷范公塘石壩

疏言乾隆五十八年十一月二十六日內閣抄出蘭第錫李奉翰吉慶奏覆罷范公塘石壩奉

硃批原議大臣議奏欽此案浙江省仁和章家菴迤西海塘壩十二座去年秋汛內福崧奏修五座尙

有未修七座海寧城外鎭海塔汛內去年六月間福崧奏建石壩二座經長麟以壩式大而無當奏請將章家菴未修七座及鎭海塔汛內增建二座一律改小奉

硃批大學士九卿詳議具奏欽此經臣等奏請交與撫臣吉慶詳加察勘妥協經理今據蘭第錫李奉翰吉慶所奏新建石壩橫出水中與水爲敵自不如柴薪柔軟與水相宜卽偶有潑損亦可隨墊隨鑲非若石工難於修補而所需錢糧柴工更爲節省應如所奏准將范公塘新修石壩內

第二第十第十二壩暫存如有潑損一律改築柴盤頭海寧石壩二座既稱現當迎溜護塘有益亦應准其存留俟將來應行修理時一併改築盤頭以資鞏固

五十有九年春正月巡撫吉慶奏覆罷范公塘石壩

疏言范公塘石壩橫出水中十餘丈適在迎溜之區以致激怒水勢易於潑損誠如

聖諭實屬與水爭地仰見

聖明洞鑒毫髮不爽臣前會勘范公塘十二座石壩內

第二第十第十二等壩均係附貼要工挑護尚屬得力是以擬請暫存如遇潑損改築盤頭以柔尅剛於工有益其餘九壩並非應設之處聽其廢去海寧東塘石壩二座察看形勢亦應暫留俟應修時一律改建盤頭以資捍禦

是月建仁和范公塘埽工及修西柴塘

范公塘新築已字號埽工之尾接築埽工一百丈西塘爲字等號柴塘拆鑲五百四十四丈

附部銷銀數統叙五十八年七月分奏修埽工下

二月巡撫覺羅吉慶奏覆罷范公塘石壩及建築埽工

疏言范公塘江海神廟迤東至章家菴計程一十五里相距甚近中間安設一十二壩多佔水面層層抵隔自易沖激損工今間段廢去九壩止留三壩則相離各有五六里之寬溜勢不致層疊激怒是以擬留第二壩第十壩第十二壩以資挑禦其海寧東塘石壩二座附近州城尚屬得力亦擬留存將來石壩潑損一律改築盤頭至范公塘老沙稍覺單薄前請接築埽工一

百丈今擬復於新築覆字號埽工之尾接築一百丈隨工沉石以資保護

附奏銷銀數統叙五十八年七月分奏建埽工下

是月巡撫覺羅吉慶奏覆范公塘及海寧東塘石壩形勢

疏言海塘形勢多係灣曲大溜由尖山入口自東南斜向西北直趨是以范公塘江海神廟迤東灣曲處所均關緊要凡逼塘身突出之處修築壩工挑溜俾水不能入灣方不沖激損工而

范公塘十二壩內惟第二壩第十壩第十二壩均係塘身突出處所實爲迴溜之區藉以挑溜保護灣曲塘工洵屬得力其餘九壩均在塘身灣進處所且相隔甚近有佔水勢應聽其廢去至海寧東塘石壩二座附貼州城左右塘身亦係突出藉以挑護應請留存以資捍衛

三月修西塘埽工東塘盤頭及改建魚鱗大石塘

拆築西塘宿字等號埽工二百七十六丈五尺蓋字等號埽工一百一十九丈東塘曹將軍殿前柴盤頭一座東塘樓字等號石塘改建魚鱗

大石塘三十九丈一尺九寸

附西塘埽工報銷銀數統叙五十八年七月分奏建埽工係下東塘盤頭魚鱗石塘請銷例估加貼銀共一萬五千九十二兩二分九釐部銷例估加貼銀共一萬三千七十七兩二錢七分

夏四月修范公塘埽工建東塘坦水

范公塘西五字等號鑲修埽工二百丈海寧東塘婦唱廉沛四字號長二十六丈建坦水二層

附請銷例估加貼銀共一萬四千九百一十九兩三錢八釐部銷例估加貼銀共一萬四千八百八十五兩四錢四分六釐

秋七月修海寧西塘柴埽工

西塘珠字等號柴工間段共三百九十八丈方字等號埽工共五十七丈

附部銷例估加貼銀共一萬九千七百四十四兩四錢六釐

八月建范公塘埽工修東塘坦水

范公塘舊沙尖被潮刷薄三丈於墨字號新築埽工之尾接築埽工一百丈海寧東塘伯字等號坦水間段共修築三百四十四丈二寸

附請銷例估加貼銀共二萬三千八百六十七兩八錢一分六釐部核銷例估加貼銀共二萬三千六百一十九兩九錢一分一釐

九月巡撫覺羅吉慶奏修東西柴石塘坦水盤頭埽工及建魚鱗大石塘

疏言東塘尖山汛內居索崩三字號條塊石塘形勢灣環坐當首沖八月望汛潮水搏激更兼風雨馳驟以致塘身坍矬現搶築柴壩堵禦復於工後添築月堤一道藉以護衛案索居閑三

字號石塘本屬搶修工程外面係石排砌內係碎石鑲築難以經久乾隆五十二年及五十五年曾經坍卸搶修而東西相接多係魚鱗石塘視搶修工程較爲堅實今應一律改建魚鱗大石塘二十九丈并建坦水二層計五十八丈俾資鞏固仁和范公塘外舊沙刷薄請於羔字號前築埽工之尾接築埽工一百丈至西塘唐字等號埽工七十四丈五尺出字號至因字號柴塘間段共四百八十五丈五尺馬牧港柴盤頭一座東塘傳字號至遠字號坦水間段共三百九

丈三尺六寸亦於八月望汛後被潮潑損均請分别修築

附部銷例估加貼銀共五萬五千八百八十三兩六錢一分六厘

冬十月修海寧東石塘坦水及尖山石壩竹簍

東塘臧家橋汛內而益二字號塘外舊石坦基二十九丈修建坦水二層計五十八丈尖山石壩增築上層竹簍二百個以護壩身

附請銷例估加貼銀共一千八百六十兩一錢八分五厘部核銷例估加貼銀共一千八百二十五兩二分

六十年春二月修仁和西柴塘坦水盤頭及埽工

西塘地字等號柴塘坦水間段共四百九十五丈五尺黄字號柴盤頭一座范公塘西及字等號埽工間段共一百一十丈五尺

附部核銷例估加貼銀共二萬七千六百三十三兩四錢六分五厘

三月修仁和西柴塘坦水盤頭及埽工

西塘黄字等號柴塘坦水間段共三百五十八丈秋字號柴盤頭一座范公塘西萬字等號埽

工間段共三百三十八丈五尺

附部核銷例估加貼銀共二萬七千三百九十六兩四錢九厘

夏四月建范公塘埽工

范公塘外舊沙於前築毁字號埽工之尾接築埽工二百丈

附部銷例估加貼銀共二萬一千七百六十一兩九錢九分五厘

五月修海寧東石塘坦水

海寧東塘卑字號至務字號塘外舊基坦水間

段共二百四十一丈九尺二寸修築坦水二層
附部銷例估加貼銀共一萬二千八十二兩
五分
六月建仁和范公塘埽工及修西塘埽工
范公塘迤西塘外護沙刷滅於端字號新築埽
工之尾接築埽工一百丈西塘覆字號至靡字
號修築舊埽工一百四十五丈
附部銷例估加貼銀共二萬四百四十五兩
一錢六分八厘
秋七月修海寧東石塘坦水

東塘殺字等號舊建坦水間段共一百二十丈
八尺修築坦水二層
附部銷例估加貼銀共六千一十二兩八錢
六分九厘
八月建范公塘埽工及修西柴塘埽工
范公塘聲字號埽工之尾接築埽工一百丈又
修築西商字等號埽工間段共二百九十九丈
黃字等號柴工間段共九十五丈
附部銷例估加貼銀共二萬六千八百六十
一兩七錢三分四厘

是月建范公塘埽工
范公塘老岸係屬土堤堤外舊沙刷窄止存十
餘丈今於前築積字號埽工之尾接築埽工一
百丈
附部銷例估加貼銀共一萬八百八十兩九
錢八分七厘
是月　奉
上諭吉慶奏六月分海塘沙水情形圖說朕詳細披閱
並將五月分沙水圖說逐一比較據吉慶奏到五月
分圖說內稱范公塘迤西至烏龍廟塘外舊沙一道

較上月刷短六十餘丈刷窄二十餘丈等語是迤北
一帶舊沙有刷卸之處范公塘等處塘工輿重自應
設法鑲築俾水勢南趨而此次吉慶奏到六月分圖
說則稱西興迤東童家灣現存舊沙較上月刷窄一
百餘丈等語是迤南一帶舊沙現有坍卸此正極好
機會又應趁勢挑切俾益加刷卸以收南坍之效乃
吉慶摺內俱未詳晰聲敘如何辦理所進圖說字畫
太小難以披閱朕再三諦視始獲明晰業將兩次圖
說用硃筆點出著傳諭吉慶此後奏報沙水情形圖
說將字畫畧為放大以便省覽並將五月分范公塘

迤西至烏龍廟塘外舊沙刷卸後如何設法鑲築及
六月分西興迤東至童家灣舊沙既經刷窄後曾否
施工挑切之處逐細聲叙據實具奏將此諭令知之
仍即速奏欽此

九月　奉

諭旨海塘沙水沖刷不常現在南岸童家灣一帶沙塗
既有刷動經該撫派委熟諳工員挑挖設能藉此向
南多坍實爲極好機會至范公塘迤西舊沙刷卸該
處塘工不免吃重益著該撫留心察看應行接築者
即行鑲築完備務期穩固仍將現在情形隨時具奏
欽此

是月修仁和西柴塘

西塘來字等號柴塘間段共修築三百八十八
丈

附部銷例估加貼銀共一萬六千三百一十
四兩三分

冬十有二月建范公塘埽工

范公塘西尺字號土塘形勢單薄於新築第一
千三百丈埽工之尾尺字號內接築埽工一百
丈

附部銷例估加貼銀共一萬八百八十兩九
錢八分七釐

嘉慶元年春二月巡撫覺羅吉慶奏修范公塘埽
工西柴塘坦水及海寧西柴塘盤頭

范公塘西化字號至西宙字號埽工間段西塘
日字號至立字號柴塘坦水間段并因積字號
內盤頭柴椿朽爛今拆築埽工三百二十三丈
五尺坦水三百五十丈盤頭一座

附部銷例估加貼銀共三萬一千六十二兩
二錢二分一釐

三月修海寧東石塘坦水及建魚鱗大石塘

海寧東塘聚字號至石字號塘外坦水間段共
一百九十一丈八尺九寸樁殘石缺今修建一
百九十一丈八尺九寸丁字號至精字號綏修
石塘間段及坦水建築年久底椿霉朽塘身[illegible]
裂今並改築魚鱗石塘五十四丈三尺一寸并
隨塘坦水三十八丈八尺一寸

附部銷例估加貼銀共二萬三千四百二十
五兩二錢一分七釐

夏四月修范公塘埽工及海寧東塘柴工盤頭

范公塘西靡字號至西貞字號埽工間段海寧東塘舊將軍殿前沛字號盤頭韓家池欣字號至杷字號柴塘間段三月內均被潮潑損柴埽朽爛今修築埽工三百一十七丈盤頭一座柴塘二百八十丈

附部銷例估加貼銀共二萬八千六十九兩一錢二分五厘

五月巡撫玉德奏修范公塘西塘埽工及柴塘坦水

范公塘迤西埽工二千七十餘丈塘後土戧寬

自一丈六尺至三丈稍覺單薄加築連舊戧共寬五丈及西塘西五字號至西麗字號埽工間段添字號至形字號柴塘坦水間段被潮潑損柴樁朽爛均屬已逾固限今拆築埽工一百三丈五尺坦水四百六十四丈

附部銷例估加貼銀共三萬八千二百七兩五錢八厘

六月巡撫玉　奏修仁和西塘柴埽工及海寧東塘坦水

疏言五月霉汛兼之連朝大雨山水泒發正值海潮大汛波濤洶湧仁和西塘西賢字等號埽工七百二十七丈五尺地字號柴塘九百一十三丈先後潑損坍卸自三四尺至一丈餘尺亦有柴埽全行沖刷僅存土戧之處請鑲築完固以資抵禦其海寧東塘同字等號塘外坦水間段共三百一十五丈六尺九寸亦被海潮山水互相沖激樁石殘缺未築坦水之舊基亦有刷壞以上悉係已逾固限之工請一律拆築以禦伏汛

附部銷例估加貼銀共八萬九千五百三十八兩五錢三分四厘

秋八月建范公塘埽工及修西塘埽工

范公塘外第一千四百丈是字號埽工之尾舊沙先後刷卸接築埽工一百丈西塘西及字號至西被字號埽工七月內被潮潑損今修築七十二丈

附部銷例估加貼銀共一萬三千八百兩二分七厘

九月初二日奉

上諭玉德奏七月分海塘沙水情形一摺據稱秋間潮勢較旺西塘范公塘一帶較上月刷短一十餘

丈等語海塘形勢總須南坍北漲塘工方能穩固今范公塘一帶舊沙刷短至十有餘丈是北岸轉有坍卸朕心深爲廑念特發去大藏香二十枝交與玉德於

海神廟虔誠禱祀以期北岸沙灘日益增漲而南岸漲沙日漸刷卸俾塘工益資鞏固並著玉德隨時察看情形留心保護有爲妥善將此諭令知之欽此

是月修范公塘埽工及海寧東西塘盤頭坦水

八月風汛猛裂潮勢較大柴埽各工間段被潮

潑損范公塘自西大字號至西字字號埽工間段共七百八十六丈西塘元字號至西因字號柴塘坦水間段共四百九十八丈西添字號盤頭一座普兒兜盤頭一座海寧東塘鎮海塔汛內舍字號至念里亭汛內威字號塘外舊建坦水間段共一百八十六丈椿石殘缺凡修築埽工七百八十六丈坦水六百八十四丈盤頭二座

附部銷例佑加貼銀共六萬二千九百五十四兩五錢四分四厘

冬十月修海寧東石塘坦水

海寧東塘鎮海塔汛內友分費爵都五字號塘外坦水夏秋以來潮汛潑損樁石殘缺其地坐臨海寧城外工程最要且已逾保固例限今均修築坦水七十三丈

附部銷例佑加貼銀共二千六百一十五兩五錢四分一厘

二年春二月修范公塘埽工及東西石柴塘盤頭坦水

范公塘內西自字號至西讓字號埽工間段共

八十一丈西塘草菴前化字號至海寧西塘老鹽倉汛內幣字號柴塘外坦水間段共六百五十七丈五尺馬牧港盤頭一座柴埽潑損東塘且字號鱗塘一十一丈底樁霉朽塘身嵌突樓字號至門字號塘外坦水間段共九十二丈樁石殘缺以上均逾保固例限之工今凡修築埽工八十一丈魚鱗大石塘一十一丈坦水四百四十九丈五尺盤頭一座

附部銷例佑加貼銀共一萬七千三百三十三兩五錢五分

夏四月二十九日奉
上諭玉德奏海塘沙水情形一摺內稱北岸范公塘一帶新漲陰沙二千餘丈南岸童家灣刷去舊沙一百餘丈并誌樁一根等語海塘情形總期南坍北漲今閱圖內范公塘一帶新漲陰沙雖僅二千餘丈而童家灣刷去舊沙亦止一百餘丈并誌樁一根但北岸漸漲南岸漸坍實是極好機會此後如章家菴迤東一帶倘能接續再漲陰沙其南面之長山西口門等處舊沙誌樁或可以次刷卸於塘工尤有裨益此實仰賴

神明默佑保護堤防欣感之餘益深乾惕特發去藏香二十枝著玉德虔誠祀謝以答
神貺該撫惟當隨時察看情形倍加敬慎辦理毋得稍有滿假以副委任將此傳諭知之欽此

是月修范公塘埽工及西柴塘坦水

范公塘西髮字號至西此字號埽工間段西塘出字號至黃字號柴塘外坦水間段春汛以來潮溜潑損矬卸且已逾保固例限今修築埽工一百五丈五尺坦水一百一十九丈

附部銷例估加貼銀共六千九百九十六兩五錢二分八厘

閏六月修范公塘埽工

范公塘內西絲字號至西墨字號埽工已逾保固例限柴樁潑損今修築二百十八丈

附部銷例估加貼銀共七千九十八兩二錢四分八厘

秋七月修范公塘埽工坦水及海寧東石塘坦水

閏六月二十八九等日大雨滂沱山水漲發兼東南風猛烈潮勢較大范公塘西聲字號至西暑字號埽工三百二十八丈五尺間段潑損秋

字號至立字號柴塘外坦水四百九十二丈五尺間段矬蟄海寧東塘自字號石塘外三層坦水二十丈高字號至倍字號石塘外坦水四十丈均有潑損矬卸並石料木樁間有沖失今凡修築埽工三百二十八丈五尺坦水五百二十五丈五尺

附部銷例估加貼銀共三萬六千六百四十六兩九錢九分七厘

八月初五日奉
上諭玉德奏閏六月間大雨滂沱風潮較大范公塘

工段間有潑損矬卸經工員分頭搶築均皆保護
無虞等語亦著發去大藏香二十枝交撫臣於
海神廟敬謹叩謝以答
靈貺仍著該撫督率工員上緊修築俾各工一律堅
固以資捍衛方爲妥善將此諭令知之欽此

是月巡撫玉　奏修東西柴石塘坦水埽工盤頭
疏言七月十八日巳刻忽起東南颶風風勢甚猛
烈至十九日雨驟風狂戌刻稍息正值大汛之
期潮汐洶湧直潑北岸致東西二塘柴埽石工
間段潑損范公塘西是字號至元字號埽工二

千二十二丈五尺幷元字號盤頭一座地字號
至積字號柴塘一千六百八十九丈幷盤頭三
座均潑損矬卸海寧東塘戴家橋汛內深字號
至下字號坦水九十丈鎮海塔汛內同字號至
明字號坦水四百一十六丈尖山汛內逍字號
至條字號柴塘一百五十七丈八尺間段潑損
矬卸請修築埽工二千二十二丈五尺柴塘一
千八百四十六丈八尺坦水五百六丈盤頭四
座

是月巡撫玉　奏修東西石柴塘
疏言七月十八九等日海塘猝被颶風潮汐洶
湧致東西二塘柴埽石工間段潑損所有西塘
最要之西形字等號埽工三百六十五丈商字
等號柴塘四百七十丈幷東塘深字等號坦水
九十丈均已搶修完固其西塘之西是字等號
埽工九百三十一丈五尺雲字等號柴塘七百
二十一丈幷因積二字號盤頭一座及東塘同
字等號坦水四百一十六丈均係次要之工應
請分段鑲築其餘西塘之西體字等號蟄陷潑
損埽工七百二十六丈地字等號柴塘四百九

十八丈幷元黃秋字三號盤頭三座及東塘逍
字等號柴塘一百五十七丈八尺尚非沖險之
區請俟要工完竣之後接續修築
所需銷例估加貼銀共一十一萬九千二百
七十兩七錢

是月十四日奉
上諭玉德奏海塘猝被颶風現督工員將潑損工段
趕緊搶修並沿海州縣被風情形一摺此次沿海
猝被風潮將東西二塘柴埽石工一千八百餘丈
間段潑損幸祇潑損矬卸並未走失居民得以無

虞此皆仰賴
海神默佑著發去大藏香二十枝交與玉德親詣
海神廟敬謹祀謝以答
靈貺連日天氣晴和趕卸各工現已鑲築堅固其有
加高培厚之處該撫務即飭工員如式妥辦以資
捍衛其沿海之黄巖太平定海象山等縣亦因颶
風居民房屋及低窪地畝並竈場鹽滷不免沖刷
該撫現已委令藩司前往查辦並當飭令詳悉履
勘如有應行撫卹借緩之處一面妥辦一面奏聞
不可稍存諱飾致貧黎或有失所至在石浦一帶

緝盜之兵船亦遇風沖損船隻守備鄭應昌幸而
飄至山根得以無事其淹斃兵丁三名著該撫咨
部照例優卹將此諭令知之仍即速行回奏欽此
是月改建海寧東塘爲魚鱗塘
疏言海寧東塘圖寫二字號內有乾隆元年搶
修石塘二十四丈五尺建築年久底樁朽爛大
汛之時塘身趕折請一律改建魚鱗大石塘以
資鞏固并先於塘後幫築柴塘壩 道暫爲抵
禦修築坦水一層以護塘根
附部銷銀數統敘奏分修東西石柴塘下

三年春三月修范公塘埽工及海寧東塘盤頭坦
水
范公塘內西均竹王三字號埽工間段潑損海
寧東塘沛字號盤頭柴埽趕陷性情二字號坦
水樁石亦多殘缺其地均當首沖且已逾保固
例限今修築埽工四百二丈五尺盤頭一座坦
水二十三丈五尺
附部銷例佑加貼銀共一萬八千二百七十
二兩七錢九分六厘
夏四月修仁和西柴塘坦水

仁和西塘黄字號至羊字號柴坦水潑損間段
已逾保固例限今凡修築四百三十四丈
附部銷例佑加貼銀共一萬七千六十九兩
四錢五分六厘
五月修仁和西塘柴埽工及海寧東石塘坦水
仁和西塘西賢字號至西絲字號埽工間段遐
邇二字號柴塘間段潮汐潑損柴埽坍卸海寧
東塘壁字號至史字號坦水間段樁石殘缺均
逾保固例限今修築埽工一百三十九丈柴塘
二十二丈坦水一百二十五丈

附部銷例佑加貼銀共一萬二千七百四十
九兩五錢五分四厘
是月二十七日奉
上諭玉德奏海塘沙水情形一摺從前因海塘關係
緊要曾頒發藏香令該撫等祈禱
海神佑護總期北漲南坍永資鞏固今閱所奏及圖
說情形北面漲沙仍與往時相彷未見續有增漲
或係該撫未能虔誠祈禱之故茲復發去大藏香
二十枝著玉德親詣
海神廟敬謹供獻齋心虔禱北漲南坍以迓

神貺而奠民生將此諭令知之欽此
六月修仁和西塘埽工及海寧東西塘坦水
仁和西塘西成字號至西月字號埽工間段共
八十三丈夜字號至堂字號柴塘外坦水間段
共八十七丈五尺潑損坍卸海寧東塘仕字號
至星字號坦水間段共一百一十六丈五尺椿
石殘缺均逾保固例限今修築埽工八十三丈
坦水二百四丈
附部銷例佑加貼銀共一萬一千三百五十
三兩九錢七分六厘

秋七月十四日奉
上諭玉德奏海塘沙水情形一摺覽奏欣慰前因海
塘北面漲沙仍與往時相彷是以特頒藏香令玉
德虔誠祈禱今據奏北岸東西二塘新漲陰沙各
長二千餘丈寬二三百丈近已漸次加高沙性已
見堅實實為極好機會此皆仰賴
神佑欣慶之餘益增敬感茲再發去大藏香二十枝
著玉德親往
海神廟敬謹祀謝以答
神庥嗣後仍應隨時察看情形齋心默禱以期北漲

南坍之迅速並將此諭令知之欽此
八月二十五日奉
上諭玉德奏海塘沙水情形一摺覽奏欣慰前因海
塘北岸東西兩塘新漲陰沙漸次加高沙性堅實
特頒發藏香令玉德虔誠祀謝今據奏南坍北漲
情形實為極好機會此皆仰賴
海神默佑欣慶之餘益加敬感茲再發去大藏香二
十枝交玉德親往
海神廟虔誠祀謝以答
靈貺嗣後如北岸陰沙續有增漲之處並著隨時具

奏但海塘柴石各工均關緊要仍當留心保護不
可因北岸沙漲日增稍存疎懈也將此諭令知之
欽此
是月建范公塘埽工并修海寧東石塘坦水
范公塘埽工尾舊沙刷去三十餘丈今於埽工
尾西均字號五丈至西孝字號十五丈接築埽
工一百丈隨工沉石以資抵禦其海寧東塘隨
字號至通字號坦水間段樁石殘缺凡修築一
百七十一丈九尺
附部銷例估加貼銀共一萬五千七百五十
八兩五錢六分四厘
九月修仁和西塘埽工及西柴塘坦水
西塘西此字號至西黎字號埽工間段周字號
至羔字號柴塘外坦水間段均已滿隙柴樁霉
朽今鑲修埽工三十九丈五尺坦水一百丈
附部銷例估加貼銀共八千四百一兩二錢
冬十月修仁和西塘埽工及西柴塘坦水
仁和西塘西賓字號至西首字號埽工間段共
三十四丈五尺西塘黎字號至駒字號柴塘外
坦水間段共五十八丈底樁霉朽柴草蝕卸今

海塘擥要　卷八　奎

並鑲修
附部銷銀數統敘八月分奏修埽工下
十有一月建修東西柴石塘坦水
仁和西塘食字號至西必字號柴塘外坦水間
段共一百九十七丈柴樁霉朽海寧東塘緣字
號至別字號石塘外坦水共六十七丈一尺樁
石殘缺並有舊基未建坦水者今修築坦水凡
二百六十四丈一尺
附部銷例估加貼銀共一萬一千六百五十
二兩三錢三分一厘
四年春正月修東西石柴塘坦水
仁和西塘烈字號至谷字號柴塘外坦水間段
共一百七十五丈柴樁霉朽海寧東塘弟字號
至聲字號石塘外坦水間段共三百二丈樁石
殘缺今修築坦水凡四百七十七丈
附部銷例估加貼銀共一萬七千二百三十
八兩五錢九分七厘
三月修東西石柴塘坦水
仁和西塘盈字號至聽字號柴塘外坦水間段
共二百八十四丈五尺海寧東塘鍾字號至隸

海塘擥要　卷八　圶

字號石塘外坦水間段共二百四丈均被潮沖
刷柴埽坍卸樁石殘缺且已逾保固例限今修
築坦水凡四百八十八丈五尺
附部銷例估加貼銀共一萬九千三百七十
二兩三錢二分九厘
夏四月修范公塘埽工西柴塘坦水
范公塘西大字號至西白字號埽工間段西塘
號字號至女字號柴塘坦水間段柴樁霉朽已
逾保固例限今修築埽工六十九丈五尺坦水
一十八丈

附部銷例估加貼銀共四千四百六十六兩
五錢四分一厘
五月修東西柴石塘坦水
仁和西塘兩字號至岡字號柴塘外坦水間段
共一百八丈柴樁霉朽被潮潑卸海寧東塘自
字號至圖字號石塘外坦水間段共一百二十
三丈五尺樁石殘缺均逾保固例限今修築坦
水凡二百三十一丈五尺
附部銷例估加貼銀共七千五百四十八兩
一錢六分三厘

六月修范公塘埽工及海寧東石塘坦水
范公塘西難字號至西往字號埽工間段柴樁
霉朽海寧東塘北字號至西字號石塘外坦水
間段樁石殘缺均逾保固例限今鑲築埽工八
十五丈五尺坦水二百三十八丈
附部銷例估加貼銀共一萬二百七十六兩
六錢八厘
秋七月修范公塘埽工及西柴塘坦水
范公塘西墨字號至西絲字號埽工間段西塘
出字號至大字號柴塘外坦水間段潮汐沖激

柴埽潑卸已逾保固例限今鑲修埽工一百六
十一丈坦水一百八十六丈
附部銷例估加貼銀共一萬四千七百五十
兩三錢三分六厘
八月修范公塘及海寧東石塘坦水
范公塘西均字號至西竹字號埽工間段柴樁
霉朽海寧東塘守字號至書字號石塘外坦水
間段樁石殘缺均逾保固例限今搶築埽工二
百二丈五尺坦水二百七十四丈一尺九寸
附部銷例估加貼銀共一萬五千一兩三錢

一分五釐

九月署巡撫事布政使謝啓昆奏修范公塘埽工及海寧東石塘坦水

疏言范公塘西堂字號至西宇字號埽工間段被潮潑損樁木朽爛海寧東塘造字號至轉字號石塘外坦水間段潮汐沖激樁殘石缺均逾保固例限今修築埽工二百五十丈建坦水四百一十一丈三尺一寸

附部銷例估加貼銀共二萬一千七百六十一兩五錢九分六釐

冬十月閩浙總督署巡撫事書麟奏修海寧東石塘坦水

疏言海寧東塘驅字號至孰字號石塘外坦水間段樁殘石缺已逾固限今修築三百三十四丈

附部銷例估加貼銀共一萬四千三百三十七兩三錢七分二釐

十有一月修仁和西柴塘坦水

西塘出字號至因字號柴塘外坦水間段潑損矬蟄柴樁霉朽已逾保固例限今修築二百九十四丈

附部銷例估加貼銀共一萬二千六十四兩四錢二分八釐

是月戶部侍郎署巡撫事阮元奏修范公塘埽工及東西石柴塘坦水

疏言范公塘西資字號至西拱字號埽工間段共四百四十五丈潮水潑損矬蟄柴樁霉朽西塘吕字號至賓字號柴塘外坦水間段共九十八丈五尺柴埽矬卸附土坍寬又往年潮汛八九月間最盛因明歲置閏節氣較遲本年潮水獨盛於九十月間向來潮自東南斜撲北岸今

年潮自南岸頂撞迴北正撲塘身詢之汛兵土民皆云頗爲著重海寧東塘仁字號至池字號石塘外坦水三百五十九丈五尺樁石皆多損壞實爲最要工程案各工段均逾保固例限現飭司道督同廳備各員分段急修以禦春汛

附部銷例估加貼銀共三萬三千八百五十七兩八錢三分三釐

五年春三月巡撫阮　奏修范公塘埽工及東西石柴塘坦水

范公塘西璧字號至西女字號埽工間段共一

百八丈西塘爲字號至傳字號柴塘外坦水間段共一百五十五丈柴埽潑損海寧東塘同字號至鴈字號石塘外坦水間段共二百四十九丈樁石殘缺均逾保固例限今修築一百八丈坦水共四百四丈

附部銷例佑加貼銀共一萬八千三百六十九兩九錢四分六厘

夏四月修范公塘埽工及西柴塘

范公塘西因字號至西恭字號埽工間段西塘律字號至羊字號柴塘間段因本年秋汛雨水

稍多復被潮汐潑激矬蟄今修築埽工一百三十三丈五尺柴塘二百二十一丈

附部銷例佑加貼銀共一萬六千三百九十六兩一錢四分三厘

閏四月建范公塘埽工及修海寧東石塘坦水

范公塘埽工之尾西孝字號迤西至西命字號土堤外老沙刷薄接建埽工一百丈隨工沉石以資抵禦海寧東塘子字號至黍字號石塘外坦水樁石殘缺且有舊基未建坦水者其工均逾固限今修築坦水二百九十六丈三尺六寸

五月修范公塘埽工及西柴塘

范公塘西均字號迤東至西駒字號埽工間段西塘飾字號迤東至正字號柴塘間段均逾固限柴樁霉朽兼本年春霉雨汛潮汐較旺柴埽潑卸矬蟄今修築埽工一百五十二丈柴塘二百六十三丈五尺

附部銷例佑加貼銀共一萬八千六百九十八兩九錢五分八厘

六月修范公塘埽工

范公塘西曰字號至西孝字號埽工間段已逾

固限霉汛以來天雨連緜山水長發坐當首沖潮溜搜刷塘根柴埽沉矬今搶修埽工六十三丈

附部銷例佑加貼銀共三千五百九十六兩三錢五分一厘

秋七月建范公塘埽工修西柴塘坦水

范公塘埽工之尾老沙刷薄迴溜沖激自西命字號五丈迤西至西鳳字號一十五丈共接築埽工一百丈隨工沉石以資捍衞又西曰字號至西王字號埽工間段西塘歲字號至敢字號

柴塘外坦水間段因六月十七八等日風雨較
大兼值大汛潮汐潑損且久逾固限今搶修埽
工三百一十一丈坦水二百六十三丈
附部銷例估加貼銀共三萬八千九十三兩
二分八厘
八月修范公塘埽工及東西柴塘
六七月間浙東金華處州山水大發順流東注
溜勢湍激貼塘刷汕多有矬蟄凡修築范公塘
西競字號至西鳴字號埽工間段共一百三十
九丈西塘閏字號至形字號柴塘間段共五百

三十八丈海寧東塘韓家池欣字號至歡字號
柴塘九十八丈
附部銷例估加貼銀共三萬二千九百一十
一兩一錢三分七厘
九月巡撫阮　奏建念里亭汛魚鱗石塘及修坦水
疏言今歲夏秋上游山水盛發滙流東注直逼
塘根臣嚴督道廳等員晝夜防護茲已節屆霜
降瀛海安瀾仰賴
聖主洪福全塘鞏固並無搶險要工至海寧東塘念
里亭汛內遵約二字號緩修石塘一十一丈八

尺四寸係雍正八年所建近歲底樁霉朽塘身
蹲矬請改築魚鱗石塘又伏秋潮汐潑損枝字
號至石字號坦水間段應修築二百二十九丈
附部銷例估加貼銀共一萬二千一百七十
兩三錢七分四厘
冬十月修海寧西石塘盤頭
西塘浦兒兜馬牧港盤頭二座久逾固限樁木
霉朽柴埽矬卸今並修築
附部銷例估加貼銀共三千八百九十三兩
八錢九分三厘

六年春正月修范公塘埽工及西柴塘坦水
范公塘西均字號至西墨字號埽工西塘出字
號至夜字號柴塘外坦水均逾固限柴埽坍卸
今修築埽工一百三十八丈坦水二百九十五
丈
附部銷例估加貼銀共一萬八千九百九十
七兩七錢九厘
三月修范公塘埽工及西柴塘坦水
范公塘一路漲沙日形短縮水勢漸逼塘根擇
其迎溜當沖最爲著重及工程年遠久逾固限

者凡修築西競字號至西場字號埽工間段共六十五丈五尺西塘䂊字號至因字號柴塘外坦水間段共二百五十一丈

夏六月修范公塘埽工及西柴塘坦水

范公塘西事字號至西辰字號埽工間段西塘添字號至習字號柴塘外坦水間段久逾固限入夏以來潮汐較旺兼霧雨連緜山水沖激坍頹今修築埽工二百二十六丈五尺坦水四百二十二丈

秋七月修海寧東石塘坦水

海寧東塘同字號至泰字號石塘外坦水久逾固限本年春霧大汛潮汐逼塘間段潑損椿殘石缺地勢埽深今修築三百八十六丈

八月修仁和錢塘江塘及西石塘盤頭

仁和號巨闕三字號江塘二十八丈五尺西塘觀音堂盤頭一座錢塘官弔食場四字號江塘三十三丈二尺均被風潮潑損今重修築

附估用銀共三千六百兩一錢九分四厘

是月十四日奉

上諭阮元奏浙省諸暨蕭山錢塘餘杭富陽等縣村莊因風雨之後山水下注田地間被淹浸桐廬地方有土厓被雨沖卸壓倒民房傷斃男婦等語該處地方伏秋之際山水猝發淹浸民田間斃人口殊堪軫念雖據該撫奏稱祇係一隅中之一隅但事關民瘼不可稍存輕視該撫惟當嚴飭所屬實力查勘如並未成災則已若業已成災有應行加

恩緩之處卽速據實奏聞候朕降旨不得稍有諱飾至另摺奏海塘風損工段分別修築該處雨後江水下注潮水上湧幸未過塘田廬無損覽

奏稍慰惟浙省海塘向賴南坍北漲方可保護無

虞今該撫所奏情形似北岸之沙間有坍卸頗為懸厪現在潮汛正盛該撫務宜督工員小心防護並將應行修築處所上緊施工以資捍衛轉瞬秋深潮落更可永期穩固也將此諭令知之欽此

是月修建范公塘埽工西柴塘坦水及海寧東石塘

范公塘土堤外老沙潮溜汕刷短窄今於西夙字號新築埽工之尾接築埽工一百丈隨工沉石以資保護又西塘西均字號至西宿字號埽工間段元字號至聽字號柴塘外坦水間段均

被風潮潑損海寧東塘高冠陪䃜横五字號石
塘塘身矬裂建築年久底樁霧朽今重修埽工
一千一百七十八丈坦水九百九十六丈石塘
六十一丈
冬十月初一日奉
上諭阮元奏八月分海塘沙水情形及築復潑損工
段一摺該處七月間風潮潑損東西兩塘柴石各
工現已敀築完竣一律穩固此皆仰賴
海神默佑當秋汛險要之後幸獲安瀾田廬無恙覽
奏實深欣慰著發去藏香二十枝交阮元前往敬

謹祀謝並默求
靈佑俾潮汐順軌南坍北漲永資捍衛所有新舊埽
工仍須加意防護並臻鞏固為要將此諭令知之
欽此
十有一月修范公塘埽工
范公塘西遡字號至西商字號埽工間段久逾
固限坍損太多今修築一百五十三丈
七年春二月修范公塘埽工及東西柴石塘坦水
盤頭
范公塘西薄字號至西重字號埽工三百四十
一丈五尺西塘字字號至堂字號柴塘外坦水
一百五十一丈五尺海寧東塘據字號至柱字
號石塘外坦水間段共四百一十丈九尺三寸
曹將軍殿前盤頭一座悉係去年秋汛潑卸殘
缺奏報在案今修築埽工三百四十一丈五尺
坦水五百六十二丈四尺三寸盤頭一座
夏四月修范公塘埽工
范公塘西鳳字號至西染字號埽工間段春潮
潑損久逾固限今修築共三百七十五丈五尺
六月修西塘埽工及柴塘

西塘西夙字號至西日字號埽工間段律字號
至谷字號柴塘間段均逾固限入夏雨多潮旺
山水漲發回溜撲刷塘根多有損卸今修築埽
工二百八十二丈五尺柴塘三百五十五丈
秋八月建修范公塘埽工及西柴塘坦水
范公塘埽工之尾本年伏秋二汛潮水回溜沖
激逼塘刷短舊沙六十餘丈今於西蘭字號五
尺逾西至西松字號一十五丈接築埽工八十
丈又西與字號至西塘宙字號埽工間段西塘
宇字號至因字號柴塘外坦水間段亦次第潑

損𡍼蟄均已滿限今修築埽工一百一十四丈五尺坦水五百九十八丈

九月修仁和西塘坦水及海寧東石塘坦水

仁和西塘西禍字號至西宇字號埽工間段共一百九十四丈西夜字號至西因字號柴塘外坦水間段共五十七丈潮汐沖激柴埽霉朽東塘圖字號至富字號石塘外坦水間段共四百九十三丈三尺一寸樁石殘缺東塘兵高二字號內魚鱗石塘三十三丈年久底樁霉朽面石𡍼卸今修築埽工一百九十四丈坦水五百五

十丈三尺一寸石塘三十三丈

冬十有二月修范公塘埽工西塘坦水盤頭及海寧東石塘坦水

范公塘西與字號埽工間段西塘闓字號柴塘外坦水間段秋字號盤頭海寧東塘友字號石塘外坦水間段均被潮汐沖激底樁霉朽樁石殘卸且已逾固限今修築埽工三百七十六丈坦水共五百八十七丈五尺盤頭一座

八年春二月修築東塘坦水及范公塘埽工

東塘氣字號至內字號坦水二百四十二丈五尺樁石殘缺范公塘西曰字號至西雲字號間段埽工共一百二十五丈又西塘宿字號至堂字號柴坦間段共四百九十九丈五尺𡍼蟄坍卸二處均久逾固限應乘時修築

三月修築鎮海塔汛石塘坦水及范公塘埽工

東塘鎮海塔汛爵字等號魚鱗石塘建築年久近因十里亭以東漲沙寬廣該處轉成頂沖蹲𡍼十二丈五尺應行拆築又塘外好爵字號坦水二十九丈五尺被潮沖激樁石全無應一併修築范公塘西松字等號埽工之尾迤西一帶

老沙搜刷單薄應行接築埽工五十丈并照例隨工沉石以禦霉伏大汛

夏五月巡撫阮　奏修東塘坦水及西塘柴埽工

疏言東塘益字等號坦水八十五丈六尺九寸樁石殘缺久逾固限西塘西競字等號柴埽各工間有潑損𡍼卸亦逾固限應請修築

秋七月護巡撫事清安泰奏修建范公塘埽工

范公塘西川字號埽工之尾迤西一帶老沙漸次刷薄原築土堤不足以資抵禦應請接築埽工五十丈并照例隨工沉石西寶字等號埽工

間段共長二百三丈五尺西添字等號柴坦三百六十五丈五尺柴樁霉朽附土坍卸急應趕築以禦大汛

八月總督玉德奏修建鎮海塔汛坦水及范公塘埽工

海寧鎮海塔汛肆字等號坦水一百八十七丈被潮沖激樁石脫落係屬緊要之工飭令上緊修築定限年内完工以禦春汛映字等號坦水三百四十一丈七尺樁石殘缺應於來年春汛之前趕緊修理限二月内完竣范公塘西蓋字等號埽工一百六十七丈柴樁朽爛飭令趕修務於年内辦竣以資捍禦其餘西事字等號埽工四百九十一丈五尺辰字等號柴工六百二十七丈間段潑卸情形稍次應於來春次第辦理一律完竣

九年春三月修築東塘坦水西塘柴坦埽工

東塘滿字等號坦水三百六十五丈五尺范公塘西蘭字等號埽工二百七十四丈五尺西塘雲字等號柴坦二百八十丈

夏五月修築范公塘埽工及柴塘

范公塘西夙字等號埽工二百二十三丈西塘秋字等號柴塘一百二十四丈五尺

六月修築東塘坦水及范公塘埽工

東塘仕字等號坦水二百九十二丈范公塘西嘗字等號埽工一百三十二丈五尺來字等號柴坦一百三十八丈五尺

冬十月修築范公塘埽工及東西塘坦水柴塘盤頭

范公塘西孝字等號埽工四百六十三丈西塘元字等號柴坦二百三十四丈五尺黄字號浦兒兜馬牧港柴盤頭三座又東塘靜字等號坦水四百五十一丈八尺韓家池逍字等號柴塘二百一十九丈二尺

十年春三月修築范公塘埽工東塘坦水

范公塘西不字號埽工尾迤西至烏龍廟止一帶老沙日漸刷窄現存沙寬二三丈至二十餘丈不等原築土堤難資抵禦應請接築埽工九十一丈幷隨工沉石西溫字等號埽工五百三十七丈西塘來字號至傅字號柴工五百二十三丈柴埽潑卸附土坍寬應請一律拆築東塘

内字號至楚字號坦水二百三十六丈五尺椿
石殘缺間有樁石全無之處亟應修築保護塘
根
夏六月修築范公塘柴埽工
范公塘西名字等號埽工九十九丈五尺西塘
兩字等號柴工九十三丈五尺
閏六月修築范公塘埽工西塘柴坦東塘坦水
范公塘西孝字號至西日字號埽工三百八丈
五尺西塘日字號至因字號柴坦七百二丈五
尺東塘神字號至韓字號坦水三百九十三丈

秋九月二十九日奉
上諭清安泰奏報八月分海塘沙水穩護情形一摺
據稱本年海塘伏秋大汛潮汐最爲平穩現已節
屆霜降全塘鞏固瀛海安瀾等語此皆仰荷
海神默佑俾沿海居民咸資保障著發去大小藏香
各五炷交清安泰敬詣各處虔誠祀謝以答
神庥並著該撫督飭各屬於一切應修工程次第認
眞趕辦以期來年春汛足資保護至邇年來全塘
各工據報均極穩固惟朕於該撫繪到圖說詳加
披閱現在南岸日露新沙似有北坍南漲之氣與

數年前情形不同究竟有無妨碍之處仍著清安
泰詳悉查勘遇便奏聞以慰厪注將此諭令知之
欽此
冬十月修築范公塘埽工西塘柴工東塘坦水柴
盤頭
范公塘西蓋字號至月字號埽工三百二丈西
塘月字號至正字號柴工三百四十丈東塘同
字等號坦水三百九十三丈二尺六寸曹殿前
沛字號柴盤頭一座
十有一年春正月奏請修築東塘坦水柴塘西塘

埽工柴工
東塘守字號至念里亭昆字號坦水三百八十
三丈三尺五寸韓家池荷字號至枇字號柴塘
一百二丈五尺
三月修築西塘埽工柴坦
西塘身字號至列字號間段埽工一百五十八
丈五尺元字號至形字號柴坦三百七十二丈
五尺
夏五月修築西塘埽工東塘坦水
西塘服字號至黃字號埽工二百七十三丈巨

字號至谷字號柴工一百八十七丈五尺東塘華字號至土字號坦水三百七十七丈

秋八月修築西塘埽工東塘坦水及拆修鱗石各工

西塘方字號至寒字號埽工四百七十丈雨字號至正字號柴工二百二十三丈五尺東塘深字號至池字號坦水六百八十二丈羣英二字號搶修鱗工九丈索字號拆建十二丈二尺并築隨塘坦水二層

冬十月修築西塘埽工柴工及柴盤頭

西塘場字號至列字號埽工一百七十五丈露字號至因字號柴工五百七丈因積字號柴盤頭一座

十有二年春三月修築西塘柴工東塘坦水

西塘讓字號至堂字號間段柴工三百九十五丈五尺東塘母字號至西字號間段坦水三百七十二丈

秋七月修築西塘柴工

西塘陽字號至因字號間段柴工共五百九十丈

九月巡撫清　奏修築東塘魚鱗石塘及坦水

疏言東塘惻造次性靜五字號魚鱗石塘共長五十七丈四尺建築年久底樁朽爛秋潮沖潑塘身坍卸又存字號起至逐字號止坦水間段共長五百九十四丈亦被潮沖樁石坍卸并有樁石全無之處久逾固限亟應修整以禦來年春汛

十三年二月護巡撫崇福奏修築東西塘盤頭及柴工

疏言東塘曹將軍殿前沛字號盤頭一座西塘馬牧港盤頭一座及寒字號起至能字號止間

段柴工長五百四十一丈俱被潮沖埽卸情形險要且逾保固限期請乘時修築以資捍禦

三月修築東塘坦水

東塘興字號起至奉字號止間段坦水共長五百六十二丈被潮沖激樁石殘缺已逾保固限期亟應乘時修築以資捍禦

四月修築西塘柴工

西塘騰字號起至正字號止間段柴工共長七百九十六丈五尺被潮沖潑損壞亟應修築勒限趕辦以資捍禦

六月修築西塘坦水東塘柴工
西塘律字號起至谷字號止柴坦間段工共長三百六十五丈東塘韓家池逍字號起至的字號止柴塘共長二百二十六丈二尺二寸椿木被潮潑損附土坍卸甚爲險要均逾保限亟應拆底修築以禦秋汛
七月修築東塘搶修魚鱗石塘
東塘運枝交三字號搶修鱗塘共長三十六丈五尺塘身被潮潑激沉陷該工建築已逾六十年之久底樁朽爛以致蹴裂亟應一律修建鞏

固
九月修築西塘柴塘及柴盤頭東塘坦水
西塘賓字號起至聲字號止柴塘間段工長二百五十九丈及普兒兜柴盤頭一座因秋潮旺盛潑損柴樁附土坍卸東塘緣字號起至宜字號止坦水間段工長四百七十九丈五尺亦因潮汐潑損樁石殘缺并有樁石全無之處均屬要工已逾保固期限亟應乘時修築以資捍禦
有二月修東塘戴汛坦工
戴汛夙字號起至造字號止間段坦水工長五百五十六丈樁石潑卸并有樁石全無之處情形險要久逾固限應乘時修築以禦春汛

海塘擥要卷八終

海塘擥要卷九

工程

塘工與城工殊海塘工則海寧與海鹽又有殊海鹽患潮直衝塘身非極堅極厚之塘不能抵禦故宜精講修塘之法塘下沙硬不慮其坍故塘根外之工次之海寧潮來横衝塘身塘下沙軟患在根脚空虚雖有極堅極厚之塘不能虚立故宜加意塘根昔之斜階今之坦水也坦水初設一層至二層而止乾隆三十三年遶城五百三十餘丈乃加至三層務宜隨時修補俾潮汐不至捜空塘根塘身廼得鞏固愼毋惜小費興大工其講求保障是在職司修防者今詳載程式幷爲之圖志工程

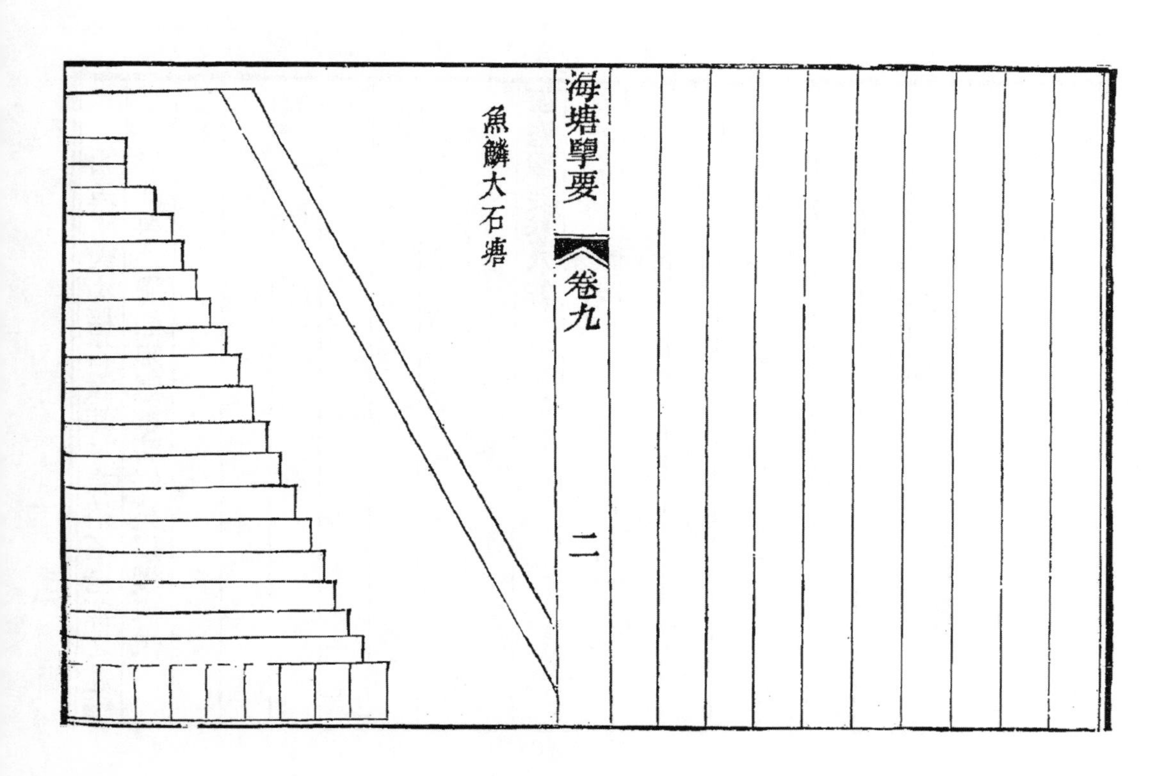

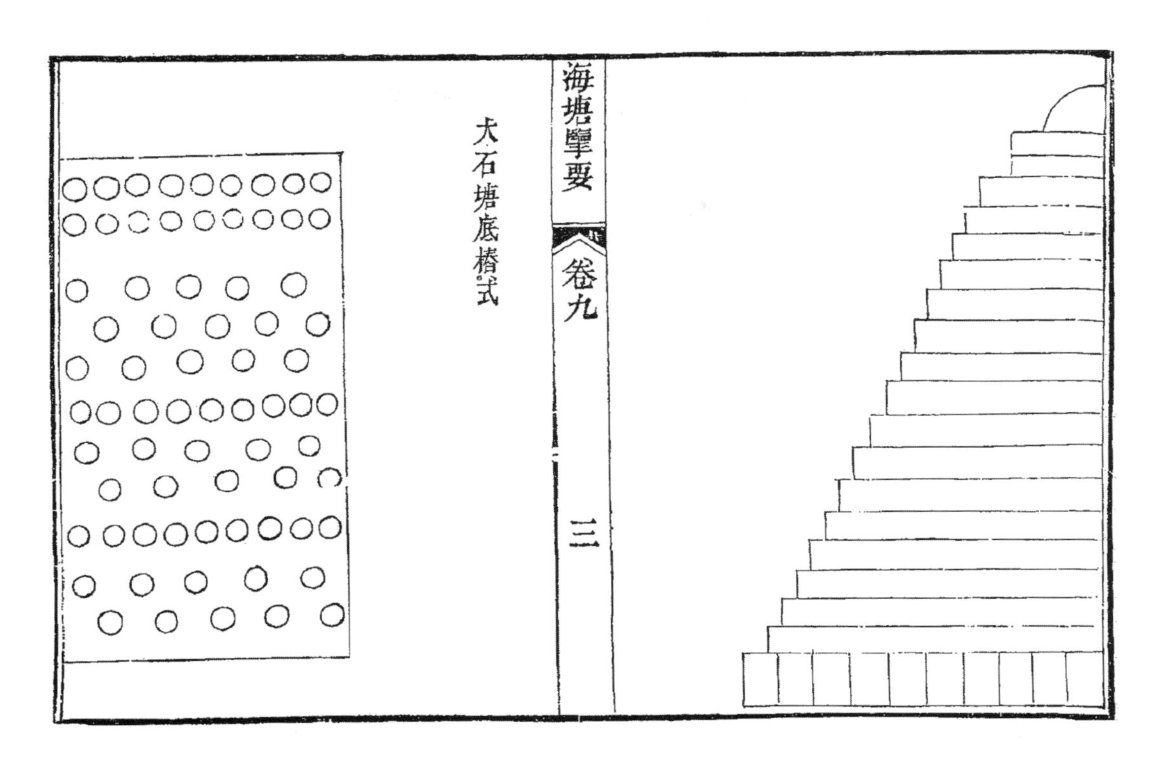
大石塘底樁式
海塘擥要
卷九
三

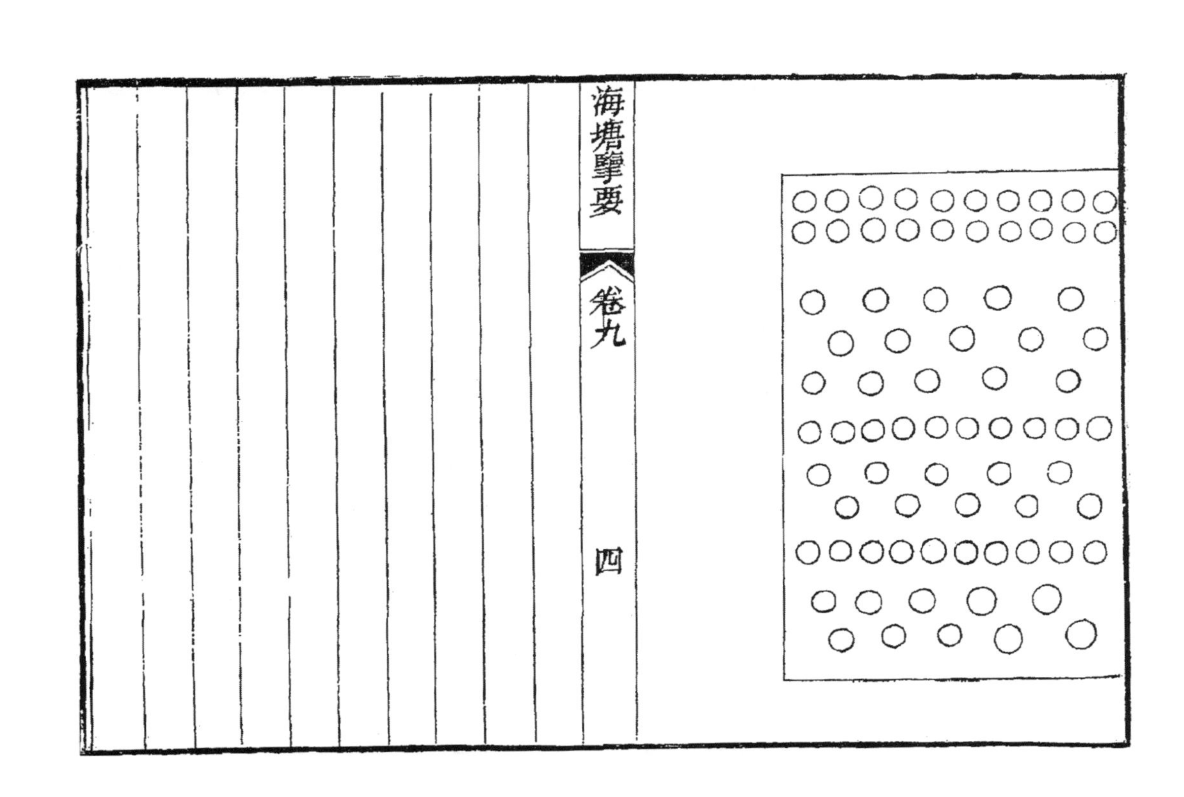
海塘擥要
卷九
四

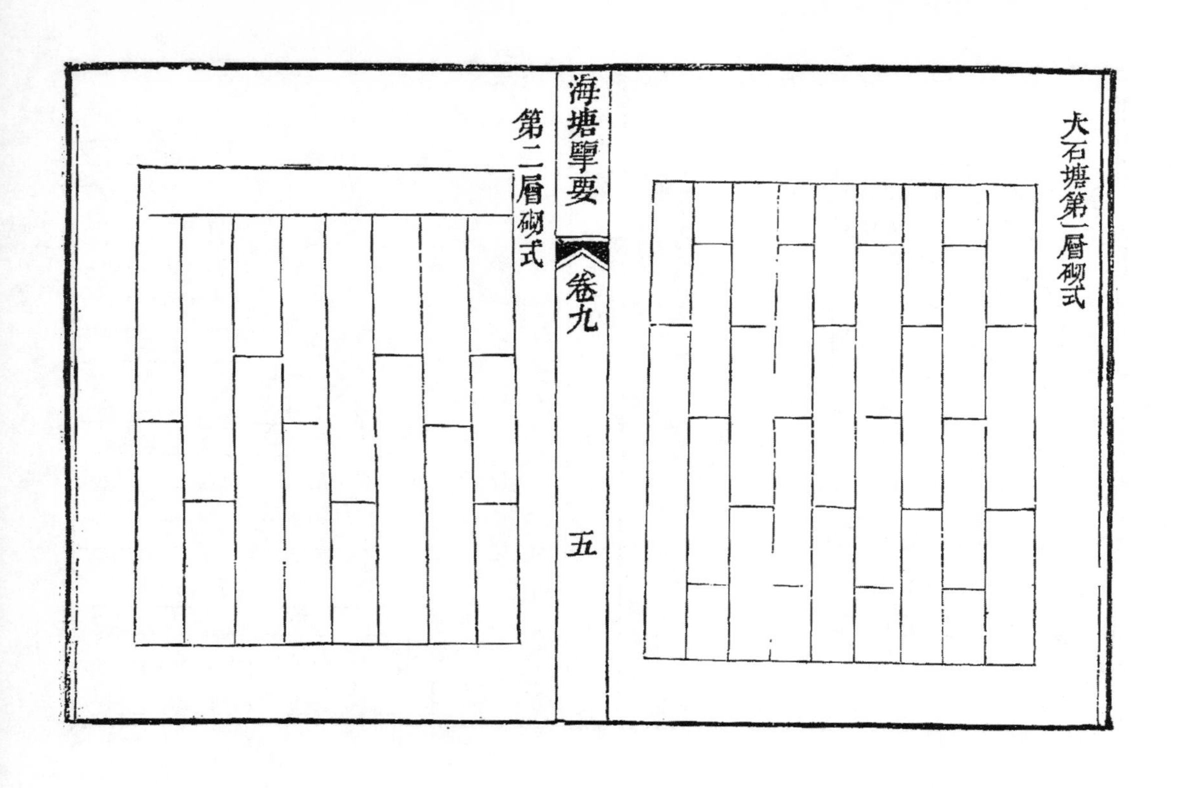
海塘擥要
卷九
五
大石塘第一層砌式
第二層砌式

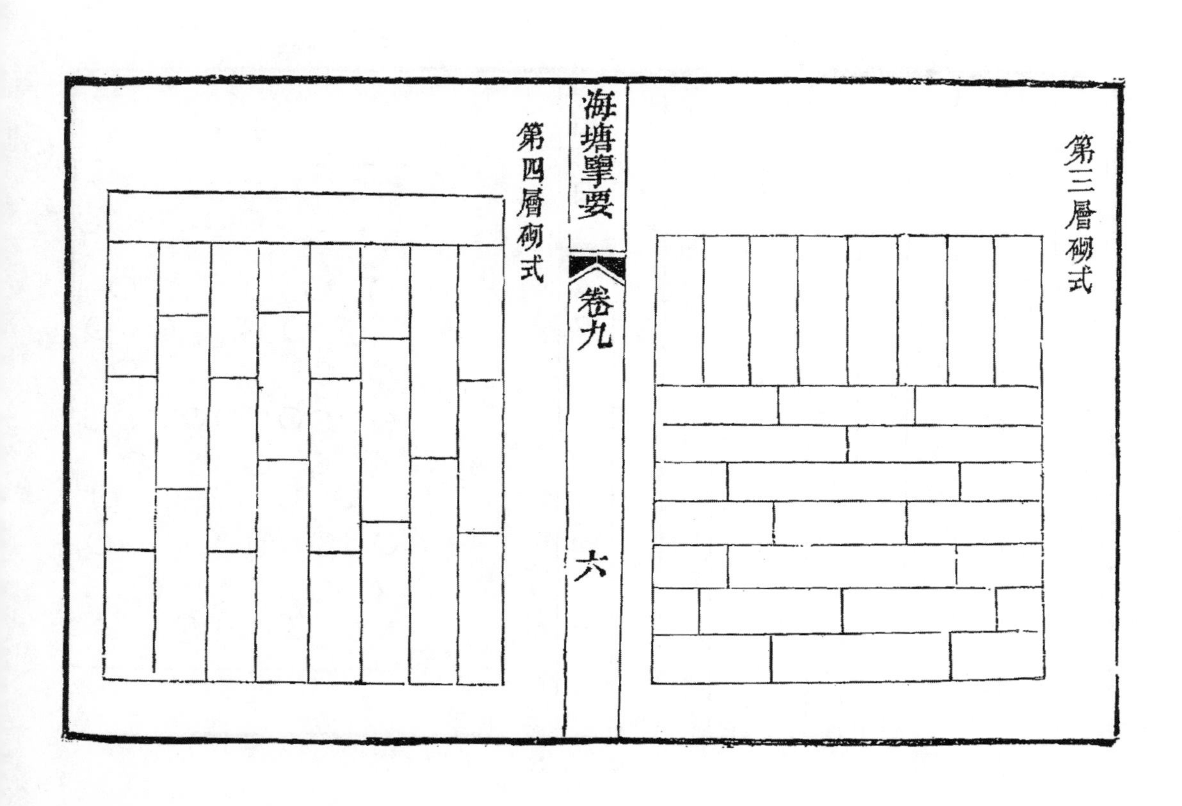
海塘擥要
卷九
六
第三層砌式
第四層砌式

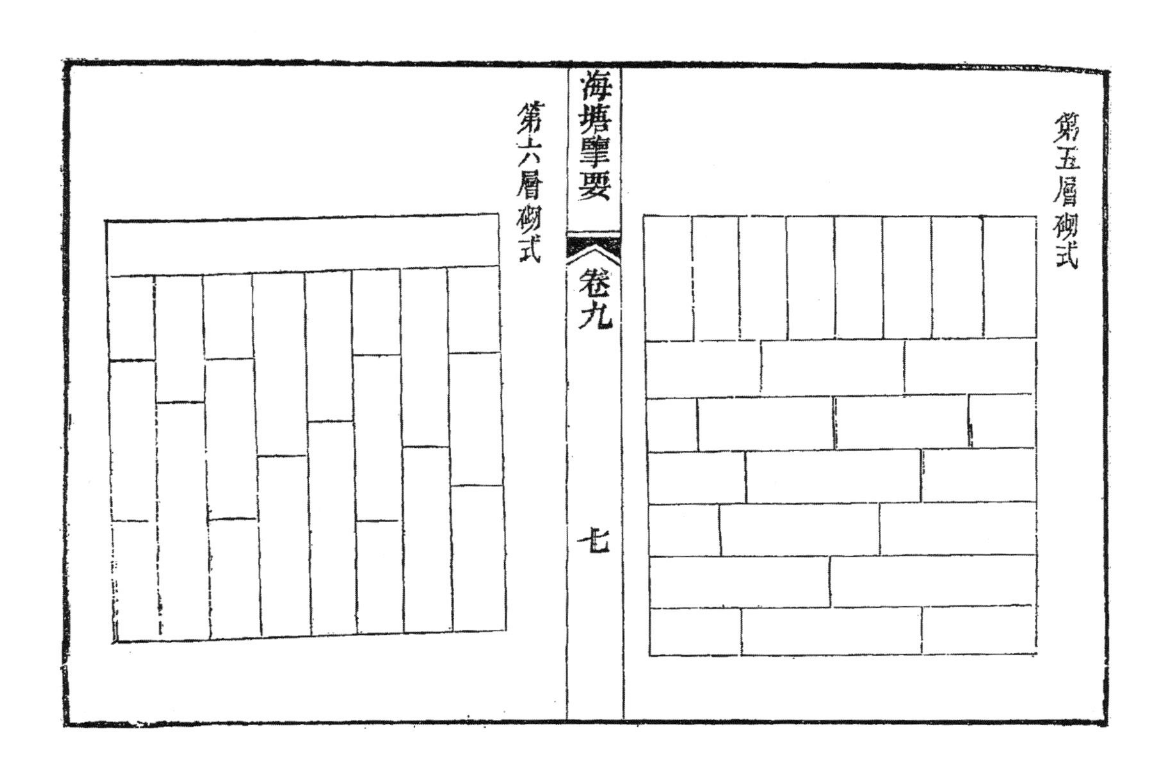
第五層砌式
海塘擥要
卷九
七
第六層砌式

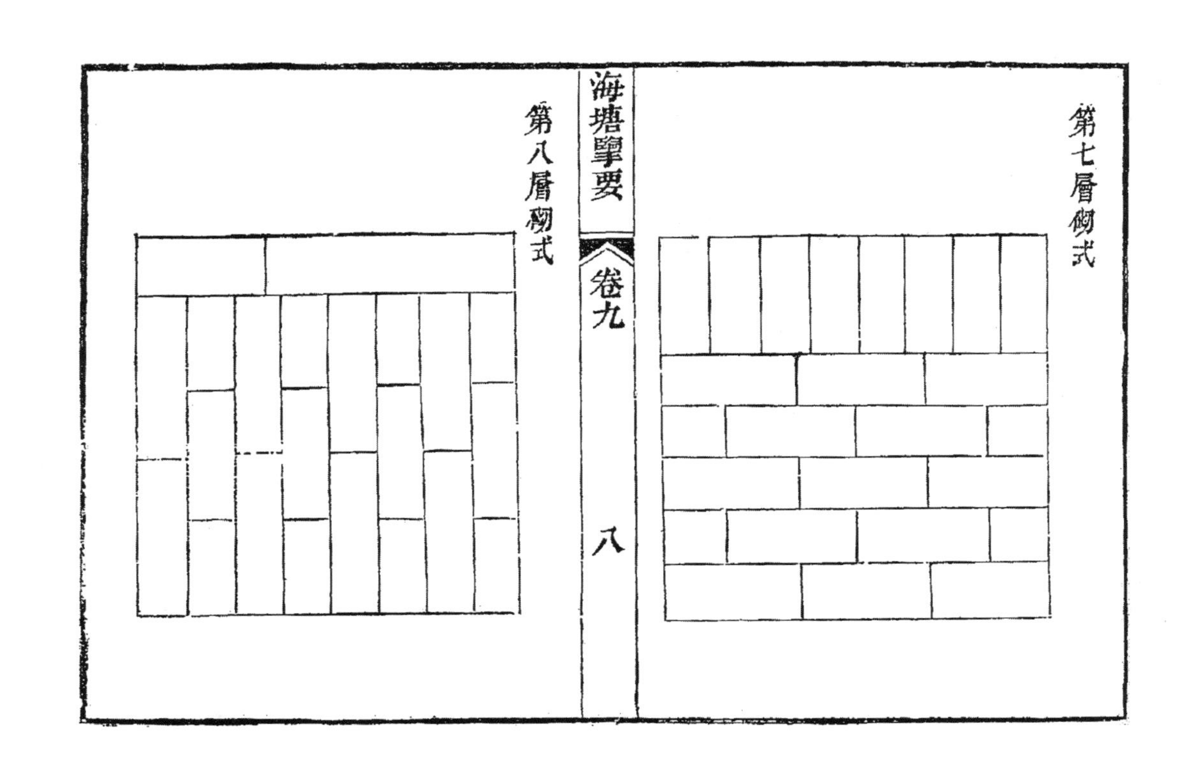
第七層砌式
海塘擥要
卷九
八
第八層砌式

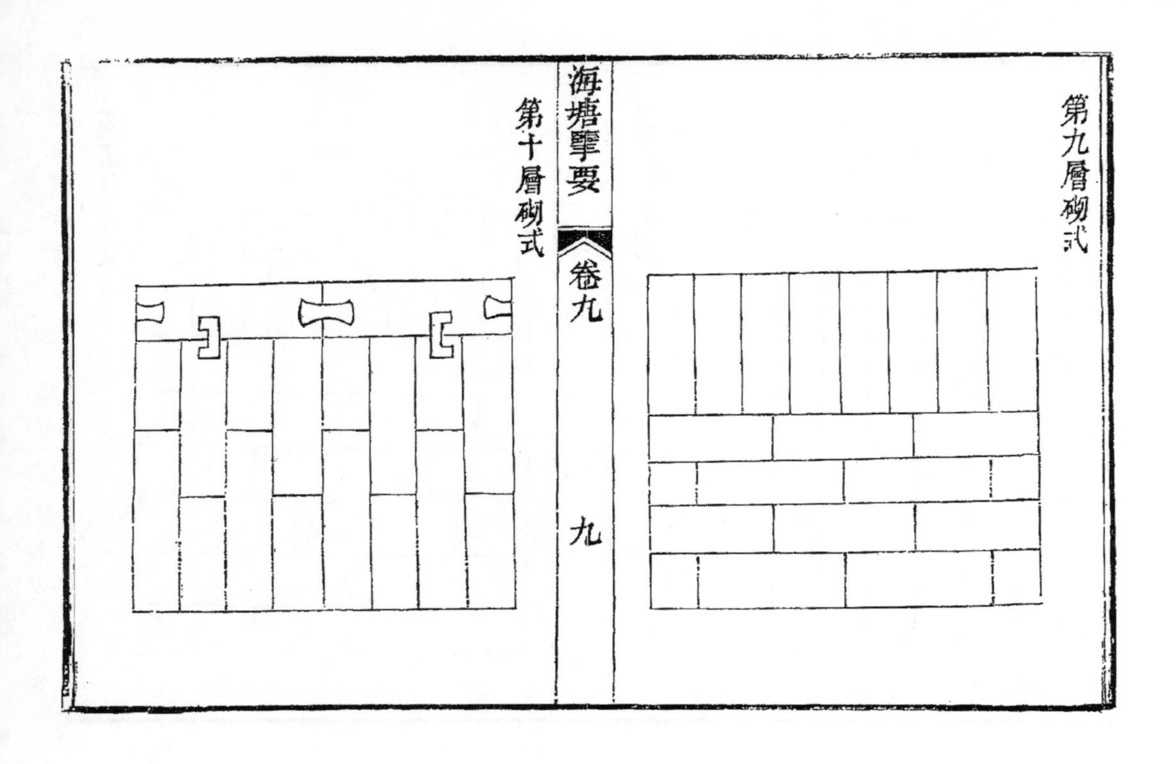
海塘擥要
卷九
九
第九層砌式
第十層砌式

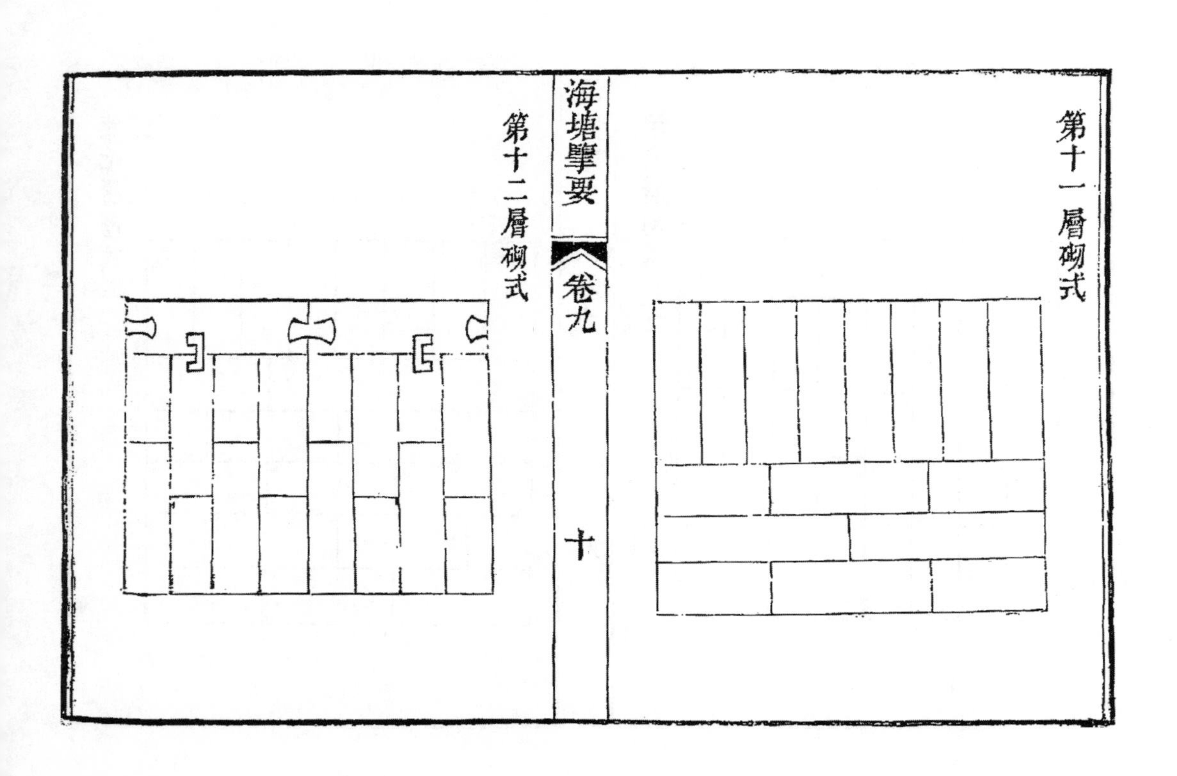
海塘擥要
卷九
十
第十一層砌式
第十二層砌式

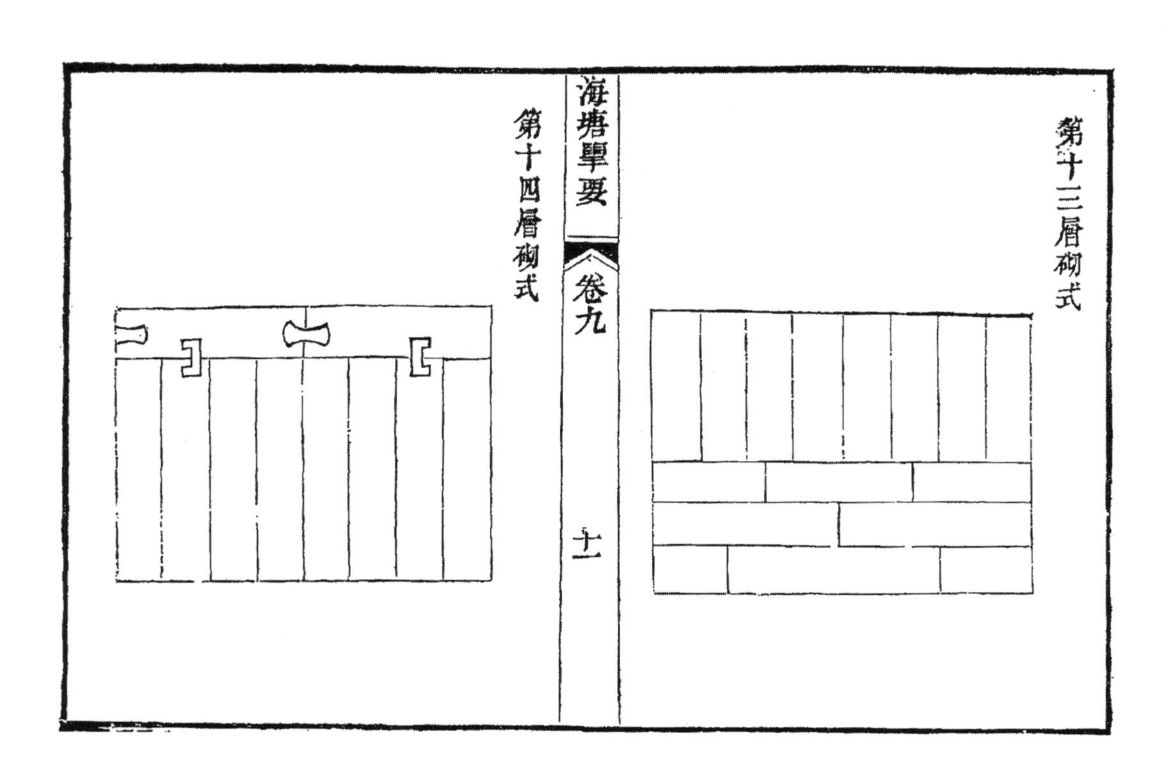
第十三層砌式
海塘擥要
卷九
十一
第十四層砌式

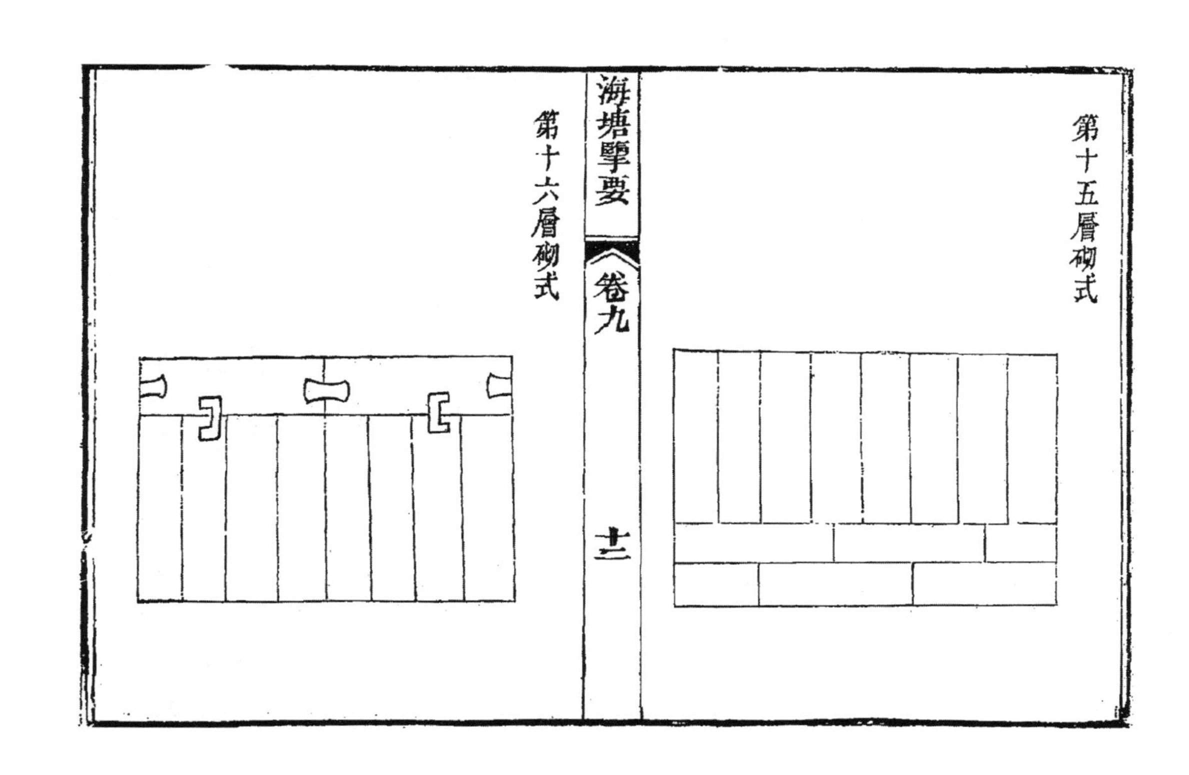
第十五層砌式
海塘擥要
卷九
十二
第十六層砌式

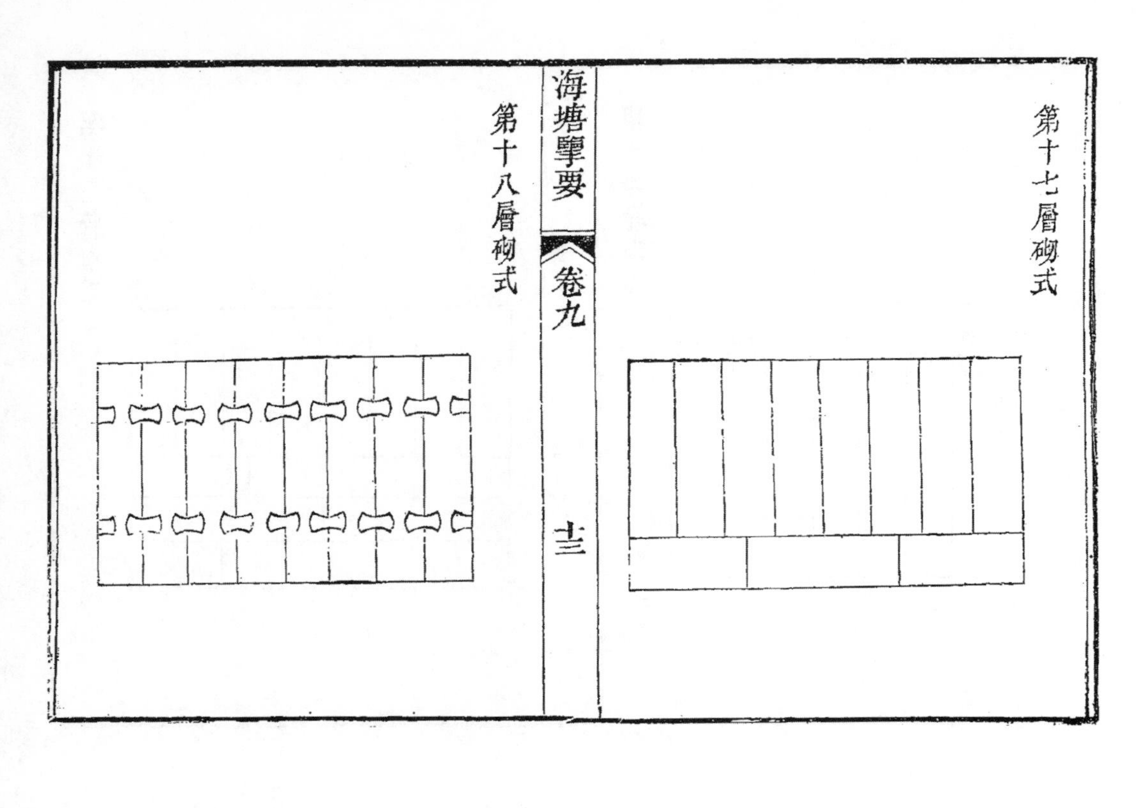

魚鱗大石塘式

肇自康熙五十九年巡撫朱軾建海寧老鹽倉魚鱗大石塘五百丈乾隆元年命大學士嵇曾筠先築海寧遶城魚鱗大石塘五百五丈二尺城之迤東迤西二所測量地勢高下分別首險次險於二年經始八年告成計長六千九十七丈六尺八寸合前建老鹽倉大石塘共七千一百二丈八尺八寸其築法塘身高一十八層者每丈用厚一尺寬一尺二寸條石一百一十八丈三尺三寸三分石有厚薄不齊以丁順間砌參差壓縫計高一丈八尺爲準頂寬四尺五寸底寬一丈二尺內除收頂蓋面石以及鋪底蓋樁石各一層不留收分外自底上第二層至十二層每層外留收分四寸內留收分一寸又自十三層至十七層每層外留收分三寸內留收分一寸其留收分七尺五寸底寬一丈二尺外口釘馬牙樁二路以禦潮刷樁縫中心重石之下擔負全力釘馬牙樁一路及後一路共四路每路用樁二十根倘餘底空釘梅花樁七路每

路用樁一十根二共樁一百五十根俱一木
一樁馬牙樁用圓圓一尺五寸長一丈九尺
之木梅花樁用圓圓一尺四寸長一丈八尺
之木塘身九層以下砌坦水保護不扣錠鍋
外自第十層第十二層第十四層第十六層
每層每丈扣砌生鐵錠二個熟鐵鍋二個又
收頂蓋面石一層前後扣砌生鐵錠一十六
個其地勢卑下建築一十八層地勢稍卑建
築一十七層地勢稍平建築一十六層
底樁一十一路共一百五十根內馬牙樁四路

計八十根梅花樁七路計七十根
第一層寬一丈二尺俱丁砌蓋於底樁之上計
用折正厚一尺寬一尺二寸條石一十丈外
砌做細丁石二丈五尺裏砌做粗丁石七丈
五尺砌灰五石汁米二斗五升
第二層寬一丈一尺五寸外順砌內丁砌外收
分四寸內收分一寸計用折正厚一尺寬一
尺二寸條石九丈五尺八寸三分三厘外砌
做細順石一丈內砌做粗丁石八丈五尺八
寸三分三厘砌灰四石七斗九升一合六勺

汁米二斗三升九合六勺
第三層寬一丈一尺外丁砌內順砌外收分四
寸內收分一寸計用折正厚一尺寬一尺二
寸條石九丈一尺六寸六分七厘外砌做細
丁石二丈五尺內砌做粗順石六丈六尺六
寸六分七厘砌灰四石五斗八升三合三勺
汁米三斗二升九合一勺
第四層寬一丈五寸外順砌內丁砌外收分四
寸內收分一寸計用折正厚一尺寬一尺二
寸條石八丈七尺五寸外砌做細順石一丈

內砌做粗丁石七丈七尺五寸砌灰四石三
斗七升五合汁米二斗一升八合七勺
第五層寬一丈外丁砌內順砌外收分四寸內
收分一寸計用折正厚一尺寬一尺二寸條
石八丈三尺三寸三分三厘三毫外砌做細
丁石二丈五尺內砌做粗順石五丈八尺三
寸三分三釐三毫砌灰四石一斗六升六合
七勺汁米二斗八合三勺
第六層寬九尺五寸外順砌內丁砌外收分四
寸內收分一寸計用折正厚一尺寬一尺二

寸條石七丈九尺一寸六分六厘七毫外砌做細順石一丈內砌做粗丁石六丈九尺一寸六分六厘七毫砌灰三石九斗五升八合三勺汁米一斗九升七合九勺

第七層寬九尺外丁砌內順砌外收分四寸內收分一寸計用折正厚一尺寬一尺二寸條石七丈五尺外砌做細丁石二丈五尺內砌做粗順石五丈砌灰三石七斗五升汁米一斗八升七合五勺

第八層寬八尺五寸外順砌內丁砌外收分四寸內收分一寸計用折正厚一尺寬一尺二寸條石七丈八寸三分三厘四毫外砌做細順石一丈內砌做粗丁石六丈八寸三分三厘四毫砌灰三石五斗四升一合七勺汁米一斗七升七合一勺

第九層寬八尺外丁砌內順砌外收分四寸內收分一寸計用折正厚一尺寬一尺二寸條石六丈六尺六寸六分六厘六毫外砌做細丁石二丈五尺內砌做粗順石四丈一尺六寸六分六厘六毫砌灰三石三斗三升三合

三勺汁米一斗六升六合六勺

第十層寬七尺五寸外順砌內丁砌外收分四寸內收分一寸計用折正厚一尺寬一尺二寸條石六丈二尺五寸外砌做細順石一丈內砌做粗丁石五丈二尺五寸砌灰三石一斗二升五合汁米一斗五升六合二勺鑿嵌生鐵錠二個熟鐵鋦二個

第十一層寬七尺外丁砌內順砌外收分四寸內收分一寸計用折正厚一尺寬一尺二寸條石五丈八尺三寸三分三厘三毫外砌做細丁石二丈五尺內砌做粗順石三丈三尺三寸三分三厘三毫砌灰二石九斗一升六合六勺汁米一斗四升五合八勺

第十二層寬六尺五寸外順砌內丁砌外收分四寸內收分一寸計用折正厚一尺寬一尺二寸條石五丈四尺一寸六分六厘六毫外砌做細順石一丈內砌做粗丁石四丈四尺一寸六分六厘六毫砌灰二石七斗八合三勺汁米一斗三升五合四勺鑿嵌生鐵錠二個熟鐵鋦二個

第十三層寬六尺外丁砌內順砌外收分三寸內收分一寸計用折正厚一尺寬一尺二寸條石五丈八寸三分三厘三毫外砌做細丁石二丈五尺內砌做粗順石二丈五尺八寸三分三厘三毫砌灰二石五斗四升一合七勺汁米一斗二升七合一勺

第十四層寬五尺七寸外順砌內丁砌外收分三寸內收分一寸計用折正厚一尺寬一尺二寸條石四丈七尺五寸外砌做細順石一丈內砌做粗丁石三丈七尺五寸砌灰二石

三斗七升五合汁米一斗一升八合八勺鑿嵌生鐵錠二個熟鐵鍋二個

第十五層寬五尺三寸外丁砌內順砌外收分三寸內收分一寸計用折正厚一尺寬一尺二寸條石四丈四尺一寸六分六厘六毫外砌做細丁石二丈五尺內砌做粗順石一丈九尺一寸六分六厘六毫砌灰二石二斗八合三勺汁米一斗一升四勺

第十六層寬四尺九寸外順砌內丁砌外收分三寸內收分一寸計用折正厚一尺寬一尺二寸條石四丈八寸三分三厘三毫外砌做細順石一丈內砌做粗丁石三丈八寸三分三厘三毫砌灰二石四升一合七勺汁米一斗二合一勺鑿嵌生鐵錠二個熟鐵鍋二個

第十七層寬四尺五寸外丁砌內順砌外收分三寸內收分一寸計用折正厚一尺寬一尺二寸條石三丈七尺五寸外砌做細丁石二丈五尺內砌做粗順石一丈二尺五寸砌灰一石八斗七升五合汁米九升三合七勺

第十八層寬四尺五寸此層收頂蓋面俱用做

細丁砌內外不收分計用折正厚一尺寬一尺二寸條石三丈七尺五寸砌灰一石八斗七升五合汁米九升三合七勺石縫前後鑿嵌生鐵錠二路計一十六個

每丈釘馬牙樁八十根每根圍圓一尺五寸長一丈九尺

每丈釘梅花樁七十根每根圍圓一尺四寸長一丈八尺

每丈砌大條石一百一十八丈三尺三寸三分折正厚一尺寬一尺二寸為準

每砌大條石一百一十八丈三尺三寸三分共
用石灰八十一石二斗
每砌石灰八十一石二斗共用汁米五斗三合
每丈嵌生鐵錠二十四個每個四斤共重九十
六斤
每丈嵌熟鐵鋦八個重一斤共重八斤
鑿細各層牆面丁順條石三十四丈二尺五寸
每丈用石匠三名共石匠一百二名七分五
厘
鑿粗各層丁順裏石八十四丈八寸三分每丈

用石匠一名六分共石匠一百三十四名五
分三厘二毫八絲
運砌條石無論粗細每丈用夫三名計石一百
一十八丈三尺三寸三分共夫三百五十四
名九分九厘九毫
撞灰撞汁灌漿夫每砌條石一百一十八丈三
尺三寸三分計用夫三十五名
煊圜接鐵每魚鱗大石塘一丈計用鐵匠六名
箍缸箍桶每魚鱗大石塘一丈計用圓作匠三
名五分

每丈開挖槽底先於塘外築攔水草土壩一道
高八尺寬八尺用輭草八層計一千七百六
十觔與土搭鑲釘梢樁一十四根運鑲夫九
名
每丈開挖槽底面寬六丈底寬二丈五尺牽深
八尺七寸三分二厘計運土三十七方一分
一厘每方用夫二名二分五厘共夫八十三
名四分九厘
每丈填還尾土底寬六尺五寸牽頂寬二丈四
尺八寸六分零牽深八尺七寸三分二厘計

填土一十三方八分三厘每方牽用夫二名
九分五厘三毫九絲共夫四十一名一分四
厘七毫八絲二忽
每丈加築附土牽底寬四丈五寸頂寬二丈五
尺五寸連脅土牽高一丈二寸六分八厘計
加土三十三方八分四厘每方牽用夫二名
九分五厘三毫九絲共夫九十九名六分五
厘二毫一絲八忽
每丈用汁桶二隻
每丈用樁箍鐵四觔

每丈用高櫈一架
每丈用木杴一把
每丈用鐵鍬二把共重六觔
每丈用鐵鋤二把共重六觔
每丈用鈴鐺一個
每丈用竹籤三觔
每丈用煤炭二斗
每丈用蔴皮八十觔四兩
每丈用土筐八隻
每二丈用汁鍋一口

每二丈用汁缸一口
每二丈用石碾一部
每二丈用碾附一副
每二丈用灰籮五隻
每二丈用灰篩三面
每二丈用鐵繩一條
每五丈安水車一架每架晝夜輪用盤踏夫四名
每十丈搭廠二座
每一百丈搭蓋官廠一座

每一百丈開挖灰池一十二個牽長三丈牽寬一丈八尺深四尺計挖土二十一方六分共用夫四十三名二分
每槽一百丈塘面跨槽搭木橋一座
業字號十三丈三尺起至神字號一丈九尺一寸止係城西十七層共工長一千六百九十五丈二尺一寸除緩修搶修條塊石塘不計外實魚鱗石塘一千二百五十一丈七尺一寸
神字號十八丈九寸起至洛字號十六丈一尺

一寸止係遶城十六層共工長五百三十四丈二尺
洛字號三丈八尺九寸起至逍字號十三丈七尺八寸止係城東十八層共工長五千九百七十七丈六尺七寸除緩修搶修條塊石塘不計外實魚鱗石塘五千四百七十七丈三尺四寸現在魚鱗大石塘實共七千二百六十三丈二尺五寸
臣鏶按東塘工程自戴家石橋分界起至談仙嶺止現在魚鱗大石塘七千二百六十三

丈二尺五寸　緩修舊石塘四百五十七丈七尺四寸　搶修石塘四百六十四丈零九寸　十八層條塊石塘二十二丈　韓家池柴塘四百六十八丈一尺　尖山脚下舊條塊石塘九十五丈　尖塔兩山開石壩一道長二百丈　通共工長八千九百七十丈一尺八寸　塘外坦水六千八百六十九丈七尺沛字號柴盤頭一座

以上俱係截至嘉慶十三年十月止

搶修石塘

搶修石塘始於乾隆元年因地處頂沖廹不及待立時搶堵故名搶修先是雍正七年督臣李衞題報海塘現在沖卸不可緩待者應隨時搶堵奉
旨允行

臣鐩按此搶修所由來也

其式每丈頂寬四尺底寬一丈四尺築高一丈八尺

搶修塘條石內

面石定例用厚一尺寬一尺二寸長四尺

順石定例用厚一尺寬一尺二寸長三尺八寸

丁石定例用厚一尺寬一尺二寸長三尺五寸

底石定例用厚一尺寬一尺二寸長四尺

塘底外口釘排樁二路計四十根裏釘梅花樁五路計四十根鋪底第一層外口用長四尺條石二路丁砌裏填塊石寬六尺第二層至十七層每層外口用長三尺五寸丁石二塊又長三尺八寸順石二塊逐層斗砌內填塊石第十八層用長四尺丁石一路蓋面每丈

共用椿木八十根條石三十九丈三尺一寸三分二釐
塊石十一方四分五釐
每丈報銷例估銀九十五兩零
加貼在外
現在搶修塘共四百八十七丈九寸
臣鏻按搶緩塘工於乾隆四十五年奏定奉
如有坍圮俱著改修爲魚鱗塘

緩修石塘
緩修石塘始於康熙五十九年因地非沖要可以
及時而辦故名緩修
其式每丈頂寛三尺五寸底寛八尺築高一丈
四尺塘底釘梅花椿四十根鋪底第一層用
長四尺條石二路丁砌第二層至十三層外
用順石單皮成砌內塡塊石第十四層用長
三尺五寸丁石葢面
每丈用椿木四十根
條石十九丈五尺二寸塊石七方八分二釐

每丈報銷銀五十二兩零
臣鏻按嘉慶十年十二月覲飛時俊乂各號
其搶緩各工修築俱不請鱗工之價亦無加
貼之例惟酌動外項閑欵每丈共加貼銀一
百六十兩零連正佑在內
現在緩修塘共四百五十七丈七尺四寸

石塘料價此項悉照撫臣琅海塘志原本

大石塘需用物料

馬牙排樁每根用尺五木長一丈九尺每根銀二錢六分加貼銀一錢五分共銀四錢一分

梅花樁每根用尺四木長一丈八尺每根銀二錢三分加貼銀一錢三分共銀三錢六分

紹興府採辦條石由海運工每丈脚價銀七錢七分三厘鏨鑿銀八分三厘零加貼銀六錢七分一厘零共銀一兩五錢二分八厘零

嚴州府採辦條石每丈脚價銀七錢七分三厘

鏨鑿銀八分三厘零加貼銀一兩三分八厘零共銀一兩八錢九分五厘零

金華府採辦條石每丈脚價銀七錢七分三厘鏨鑿銀八分三厘零加貼銀一兩一錢七厘零共銀一兩九錢六分四厘零

德清武康餘杭三縣採辦條石由內河運工每丈脚價銀七錢三厘鏨鑿銀八分三厘零加貼銀七錢八分七厘零共銀一兩五錢七分四厘零

撥新工條石除續辦餘石一萬九千四丈零外其紹興府承辦十九萬九千四十二丈八尺六寸六分五厘金華府承辦七千五百五十八丈嚴州府承辦二萬三千五十五丈九尺德清武康餘杭承辦一千三百九十八丈二尺四寸統計牽算已奉部議每丈加貼銀七錢二分零較原辦案內海運者加增一錢七分零內河運者加增八分零較續辦加增一錢三分六厘零臣與在工人員再四審酌因山深岩遠今昔情形不同據實入

奏每丈統計加貼銀七錢三分二厘零連例估價鏨

鑿銀八錢五分六厘零共約需實銀一兩五錢七分九厘零特奉

聖恩允准

石灰每丈用五十四石六斗每石例價銀一錢五分加貼銀一錢五分共用銀三錢

每丈添辦不敷石灰二十六石六斗每石例估銀一錢五分加貼銀一錢五分共銀三錢

汁米每丈用二斗七升三合每石例價銀一兩二錢加貼銀一兩二錢共銀二兩四錢

每丈添辦不敷汁米二斗三升每石例估銀一

兩二錢加貼銀一兩二錢共銀二兩四錢
生鐵錠每丈用二十四個重四觔每觔例價銀
一分五厘加貼銀一分五厘共銀三分
熟鐵鋦每丈用八個每個重一觔例價銀三分
三厘五毫加貼銀三分三厘五毫共銀六分
七厘
蔴皮每丈用四十四觔每觔例價銀一分三厘
八毫加貼銀一分三厘八毫共銀二分七厘
六毫
每丈添辦不敷蔴皮三十六觔四兩每觔例價

銀一分三厘八毫加貼銀一分三厘八毫共
銀二分七厘六毫
按新工用蔴皮較原辦節省五觔一二兩較續
辦節省十三觔十二兩因築塘之處土性各
異也
釘馬牙樁每根給工銀五分加貼銀三錢五分
共銀四錢
釘梅花樁每根給工銀三分加貼銀三錢五分
共銀三錢八分
按新工排樁梅花樁較原續辦各加長一尺以

貲鞏固
釘樁每丈一百五十根每八十根用木匠一名
每名例價銀五分加貼銀五分共銀一錢
牆石每丈用三十一丈七尺五寸每石一丈用
砌石密縫石匠一名每名工銀五分加貼銀
七分三厘共銀一錢二分三厘
每丈添辦石匠七十名每工銀五分加貼銀七
分三厘共銀一錢二分三厘
擡運石匠每名工銀四分加貼銀六分三厘共
銀一錢三厘

鏨鑿錠眼每個工銀五厘加貼銀五厘共銀一
分
鏨鑿鋦眼每個工銀三厘加貼銀三厘共銀六
厘
按石匠工價接准部議新工砌石擡運密縫等
項每丈合銀十九兩七錢三分零較原辦加
增銀七錢一分五厘零奉文删減臣與在事
工員審酌現在情形核明實用實銷據實入
奏特奉
聖恩允准

汁鍋每二丈用鍋一口價銀五錢
缸每二丈用缸一口價銀一錢六分
桶每一丈用二隻每隻價銀四分
鐵索每五丈用一條價銀九錢
椿箍鐵每丈用四觔每觔價銀三分
石硪每二丈用一部每部價銀五錢
硪肘每二丈用一副每副價銀七分五厘
高櫈每丈用一架計木價匠銀二錢
木楸每丈用一把每把價銀四分
夾籮每二丈用五隻每隻價銀四分八厘

夾篩每二丈用三面每面價銀四分
每丈開槽面寬六丈底寬二丈五尺牽深八尺
七寸三分二厘計土三十七方一分一厘每
方用夫二名二分五厘共夫八十三名四分
九厘還土每丈底寬六尺五寸牽頂寬二丈
四尺八寸六分零牽深八尺七寸三分二厘
計土十三方八分三厘加築附土牽底寬四
丈五寸頂寬二丈五尺五寸連㢨土牽高一
丈二寸六分八厘計土三十三方八分四厘
共土四十七方六分七厘每方牽用夫二名

九分五厘三毫九絲共夫一百四十名七分
以上通共用夫二百二十四名二分九厘每
名連例估加貼銀一錢六毫五絲五忽
按開槽還土夫價接准部議新工每丈較原辦
加增銀三兩二錢奉文删減臣與在工人員
審酌實在情形因槽底槽面必須開寬核明
實用實銷據實入
奏特奉
聖恩允准
架木每塘一百丈搭架一百二十五副每副用

杉木四根横檔木六根搭木四根共用圍圓
一尺三四寸長一丈七八尺木十四根每根
脚價牽給銀三錢三分計銀四兩六錢二分
一百二十五副共計銀五百七十七兩五錢
每丈計銀五兩七錢七分五厘工完四分變
抵銀二兩三錢一分實用銀三兩四錢六分
五厘
跳板每椿架一副用寬九寸長一丈跳板六塊
一木兩截對拷用圍圓一尺四寸長二丈木
六根每根價脚銀三錢六分計銀二兩一錢

六分每塊搏做匠工銀二分計銀一錢二分
一百二十五副樁架共計跳板木料匠工銀
二百八十五兩每丈銀二兩八錢五分工完
四分變抵銀一兩一錢四分實用銀一兩七
錢一分二厘共用銀五兩一錢七分五厘
按架木跳板各件接准部議新工每丈照原辦
價值加增銀二兩九錢六分零奉文刪減臣
與在工人員審酌辦理情形所有架木跳板
不能於樁木內通融移用據實覆
奏特奉

聖恩允准
搭橋每槽一百丈塘面跨槽搭木橋一座以便
往來巡查計槽寬六丈兩岸築塊各寬一丈
二尺卽用護槽樁護槽板欄定築實橋長三
丈六尺寬六尺中高一丈二尺用圍圓一尺
六寸長二丈二寸大橋樁八根每根銀五錢
計銀四兩橫檔木四根各長八尺幫釘小橋
樁四根各長一丈二尺用圍圓一尺五寸長
二丈木四根截斷分用每根銀四錢一分計
銀一兩六錢四分面鋪橋跳九乘每乘圍圓

一尺二寸木五根共用木四十五根每根銀
二錢四分計銀十兩八錢鐵釘鑻八觔每觔
銀七分三厘五毫計銀五錢八分八厘大橋
樁每根釘工銀一錢小橋樁每根釘工銀五
分共銀一兩木匠四名每名工銀一錢二分
計銀四錢八分共計銀十八兩五錢八厘橋
木於釘樁完竣後卽折卸安砌條石其橋樁
檔木移於次限六成抵用應抵除銀三兩三
錢八分四厘橋跳隨時分佈石塘跨槽行走
及擡石下槽之用工完朽壞不能抵變計實
銀十五兩一錢二分四厘每丈銀一錢五分
一厘

按橋木一件接准部議應照原續辦案內於現
辦樁木內通挪應用奉文全減臣與在工人
員謹將實在情由據實覆
奏特奉
聖恩允准開銷
鐵鋤鐵鍬每塘一丈用鐵鍬二把鐵鋤二把各
重三觔係熟鐵每觔價銀六分七厘又柄四
根每根銀一分九厘工完四成變抵

土筐每塘一丈開槽還槽土六十九方零每挑
土八方六分零用土筐一隻每隻筐價并麻
辮扁挑銀二分八厘每丈用土筐八隻共銀
二錢二分四厘
戽水夫每塘五丈安水車一架每架用盤踏夫
二名槽底開深四尺即有泉滲水難計方數
晝夜輪流掣戽不使存積以便刨槽釘樁砌
灌底石四層每日晝夜用夫四名每名工銀
一錢車脂銀一錢六分
安砌搯擋縫隙塊石計塘身一丈底寬一丈二

尺深一尺折見方丈一丈二尺除樁木分位
外砌塊石八分四厘七毫計石料灰價還土
銀一兩二錢一分七厘八毫搬運樁木挑送
雜料每丈樁木一百五十根計重九千八百
十五觔石灰八千一百二十觔米七十觔鍋
錠一百四觔塊石一萬一千八百五十八觔
用夫二名三分每名工銀一錢
搭蓋篷廠每塘一百丈蓋官廠一座以便往來
查工棲息及監巡員弁避風雨之所計三間
寬三丈六尺頂高一丈三尺進深一丈用柱

木二十根橫架木四根頂用椽木十五根四
角岔木四根前面兩次間用欄木二根背面
三間上下用欄木共六根共用圍圓一尺二
三寸長一丈三四五尺不等木五十一根每
根牽計銀二錢四分共銀十二兩二錢四分
頂用竹片四十五條用毛竹六枝劈用每枝
銀一錢二分共銀七錢二分上蓋細篾墊折
方五丈四寸兩旁釘篾墊折方二丈一尺背
面釘篾墊折方三丈二尺四寸前面兩次間
半截釘篾墊折方一丈二尺共用篾墊一十

一丈五尺八寸每丈篾價并匠工銀三錢二
分共銀三兩七錢五厘六毫平基搭蓋夫十
四名每名銀一錢共銀一兩四錢紮篾篠皮
鐵釘等料共銀四錢二分共計官廠一座用
銀十八兩四錢八分五厘六毫塘面搭蓋發
樁收籌廠二所寬八尺頂高九尺進深六尺
用柱架欄木十二根每根銀一錢六分六厘
五毫共銀一兩九錢九分八厘頂蓋篾墊折
方六尺四寸三面釘篾墊一丈五尺二寸共
篾墊二丈一尺六寸共銀六錢九分二厘二

毫平基搭蓋夫三名共銀三錢紮篾麻皮鐵釘竹片等料計銀一錢五分每所共計銀三兩一錢三分九厘二毫每塘一百丈椿木石匠計二千餘名應搭草厰令其棲止塘後搭夫匠草厰二十二所每所五間寬六丈頂高一丈一尺進深一丈二尺用柱木三十根橫架木六根樑木二十五根前後攔木十八根笨木四根共用木八十三根每根銀二錢四分九厘計銀二十兩六錢六分七厘頂用竹片毛竹十枝計銀一兩二錢頂蓋草扇三十

扇四面草扇三十三扇共六十三扇每扇長一丈二尺用稻草十二觔共用稻草七百五十六觔每觔銀一厘計銀七錢五分六厘前面一間用竹屏二扇用毛竹五枝計銀六錢平基搭蓋編草扇夫二十八名計銀二兩八錢紮篾麻皮等料計銀四錢二分每所共銀二十六兩四錢四分三厘除木植一項工完務於次限搭蓋四成抵用餘皆實銷

開挖灰池每一百丈開池十二個牽長三丈牽寬一丈八尺深四尺計挖土二十一方六分

用夫四十三名二分每名銀一錢計銀四兩三錢二分水車輻板每塘五丈用車一架每一晝夜賃價銀一分五厘計九十九晝夜半共銀一兩四錢九分二厘又添換輻板計一百十四塊每塊銀二厘計銀二錢二分八厘共銀一兩七錢二分每丈實需銀三錢四分四厘

築壩篾墊計湖蕩支港二十四處共長二百九十七丈九寸四分均高八尺兩面用粗篾墊三百三十五丈六尺七寸每丈銀二錢四分

共銀八十兩五錢六分每工長一丈實用銀三分八厘

遷拆民房平屋每間給銀四兩加貼銀二兩共銀六兩

草屋每間例給銀三兩加貼銀一兩共銀四兩

編千字文字號

乾隆二年大學士嵇曾筠請照雍正十三年監督汪㵽張坦麟等議將各塘編列字號照千字文以二十丈爲一號仁和塘工一千四百二十三丈五尺編七十二號海寧塘工一萬二千七百九十四丈編六百四十號此統柴石塘在內

巡撫院　海塘志定向圖節畧從十三堡章家菴西四十丈起天字號西至十二堡餘字號共二十一號內洪荒盈昃四字不列號又西至十一堡麗字號共十七號又西至十堡人字號共二十七號內水出關

海河鱗羽龍帝九字不列號又西至九堡湯字號共二十一號內皇伐弔罪四字不列號又西至八堡鳴字號共二十三號內戎羌二字不列號又西至七堡大字號共二十一號又西至六堡必字號共十九號內毀傷二字不列號又西至三堡資字號共六十四號內悲虛禍惡非五字不列號又西至二堡夙字號共十八號內竭盡二字不列號又西至頭堡烏龍廟映字號共十九號其自烏龍廟至觀音堂爲江塘另編爲十六號也　章家菴天字號東至十四堡藏字號共二十一號洪荒二字不列又東至十五堡霜字號共十六號又東至十六堡珍字號共十七號水字不列又東至十七堡鳥字號共十七號海河二字不列又東至十八堡民字號共二十號弔字不列又東至十九堡黎字號共十五號伐罪二字不列又東至二十堡場字號共二十一號又東至念一堡鞠字號共十九號又東至念三堡讚字號共四十號毀傷二字不列又東至念四堡谷字號共十九號空字不列又東至念五堡資字號共十九號禍虛惡非四字不列又東至念六堡與字號共十九號竭盡二字不列又東至念七堡若字號共二十一號又東至念八堡榮字號共十四號又東至念九

堡優字號共八號無字不列又東至三十堡上字號共二十一號去賤二字不列又東至三十一堡叔字號共十九號又東至三十三堡海寧州南門外會字號共五十一號離退顛沛逐移七字不列號又起一堡東至三堡丙字號共三十號靡浮驚禽獸五字不列號又東至四堡星字號共二十三號又東至五堡亦字號共十二號墳字不列又東至六堡戶字號共十九號壁字不列又東至七堡茂字號共二十五號俊字不列又東至八堡匡字號共二十四號又東至九堡更字號共二十號弱傾實三字不列號又東至十堡軍字號

共二十四號(困弊滅三字不列號)又東至十一堡泰字號共二十一號又東至十二堡逸字號共二十四號(漏字不列)又東至十三堡稅字號共十九號(杳冥二字不列)又東至十四堡察字號共二十五號(黜字不列)又東至十五堡兩字號共二十七號(抗辱恥三字不列號)又東至十六堡慮字號共十七號(解逼沉散四字不列)石塘止柴塘起東至十七堡眺字號共十七號又東至福寧宮防工所飄字號共十號(凋落二字不列號)尖山石壩起自福寧宮前西至塔山以十丈為一號天字至收字共二十號(洪荒二字不列)

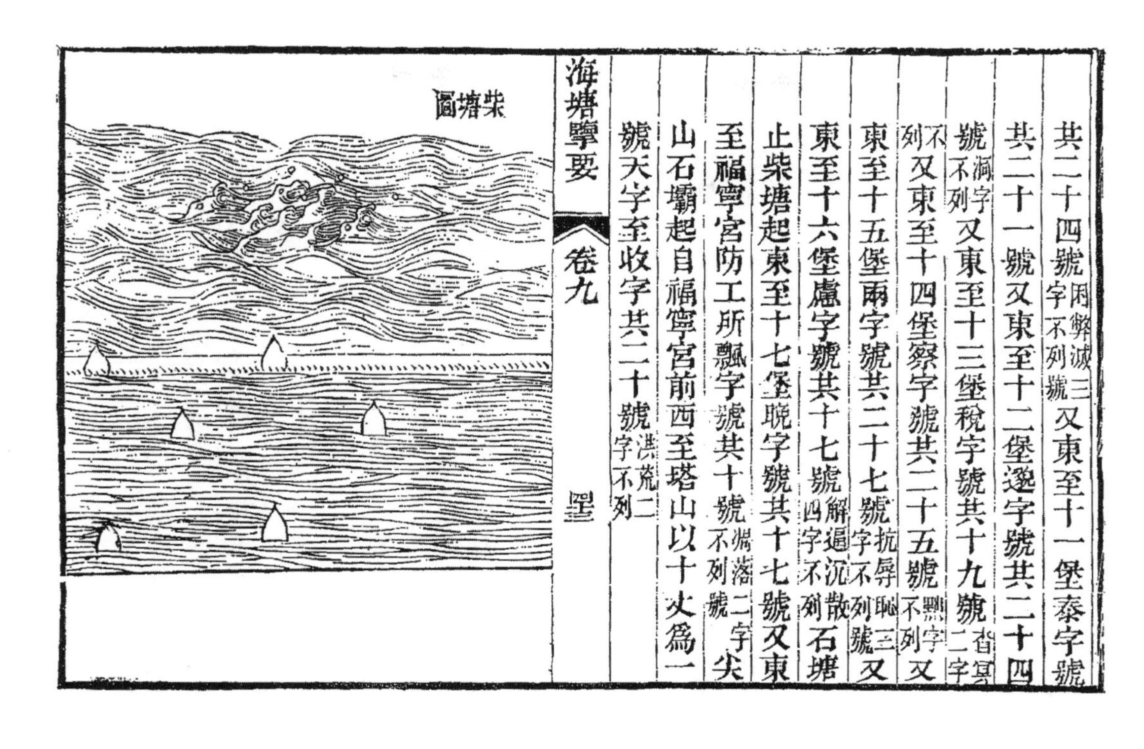

柴塘圖

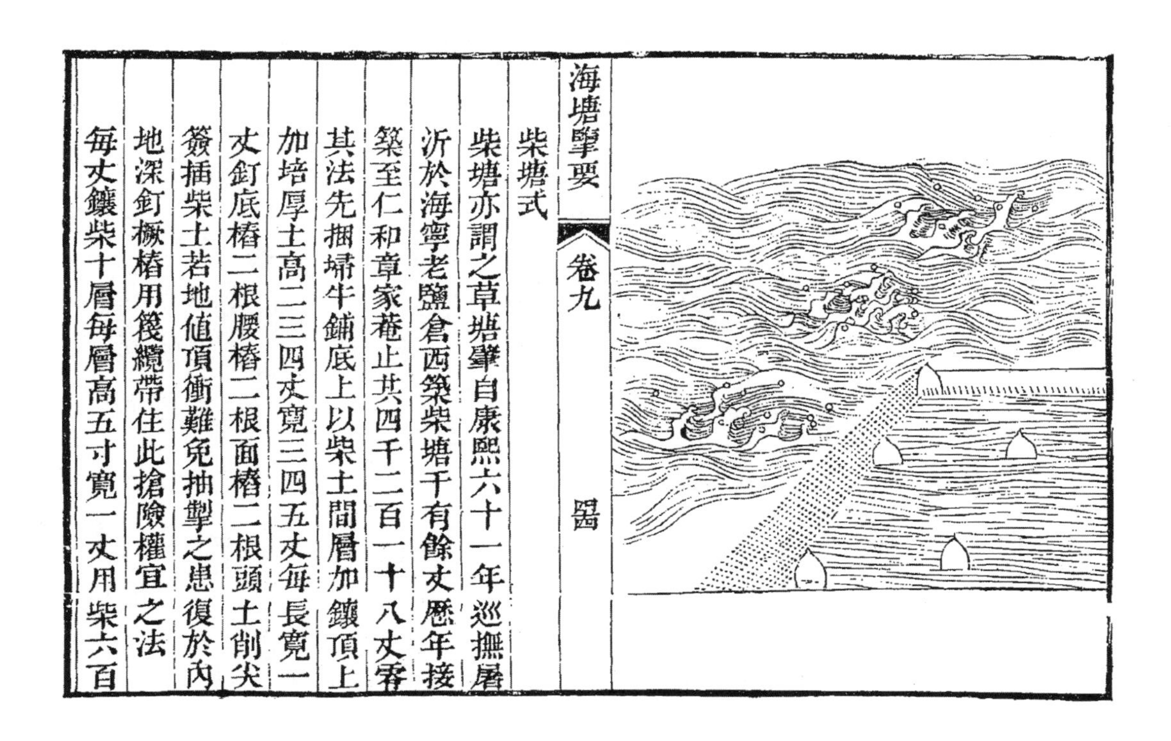

柴塘式

柴塘亦謂之草塘肇自康熙六十一年巡撫屠沂於海寧老鹽倉西築柴塘千有餘丈歷年接築至仁和章家菴止共四千二百一十八丈零其法先捆埽牛鋪底上以柴土間層加鑲頂上加培厚土高二三四丈寬三四五丈每長寬一丈釘底樁二根腰樁二根面樁二根頭土削尖簽插柴土若地值頂衝難免抽掣之患復於內地深釘橛樁用筏纜帶住此搶險權宜之法每丈鑲柴十層每層高五寸寬一丈用柴六百

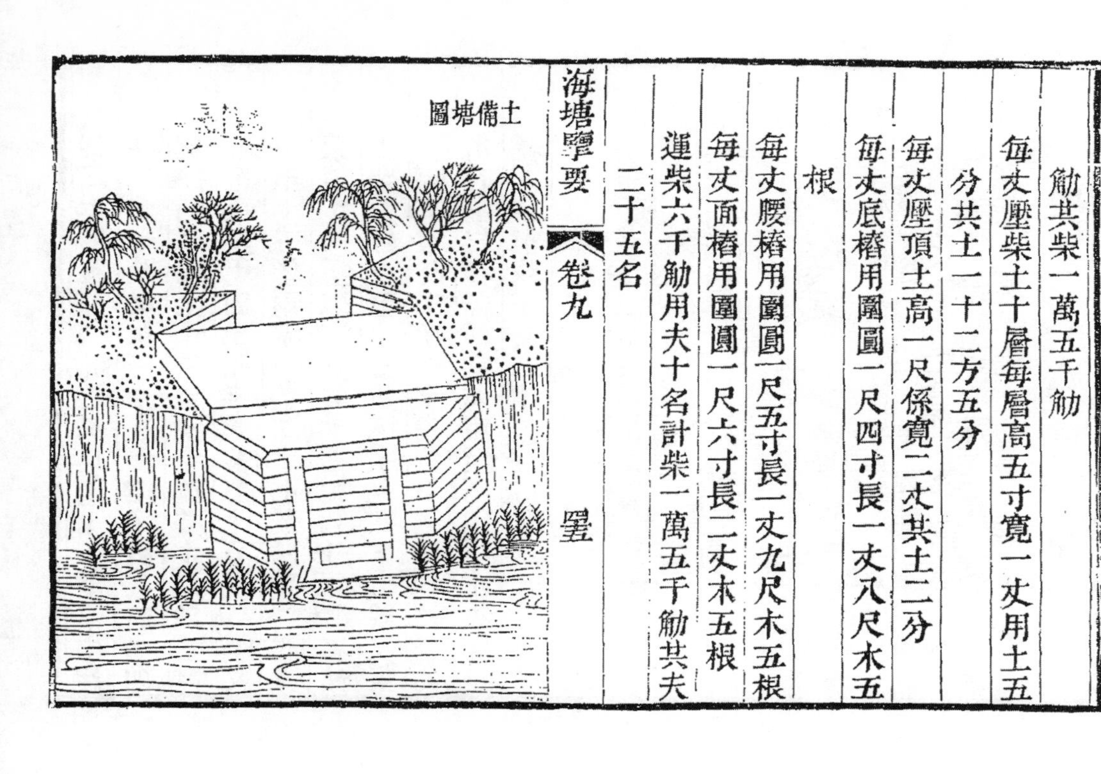

觔共柴一萬五千觔

每丈壓柴土十層每層高五寸寬一丈用土五分共土一十二方五分

每丈壓頂土高一尺係寬二丈共土二分

每丈底樁用圍圓一尺四寸長一丈八尺木五根

每丈腰樁用圍圓一尺五寸長一丈九尺木五根

每丈面樁用圍圓一尺六寸長二丈木五根

運柴六千觔用夫十名計柴一萬五千觔共夫二十五名

土備塘式

仁和海鹽平湖舊有土塘惟海寧未建雍正十一年内大臣戸部侍郎海望直隸總督李衛議建魚鱗大石塘但大工非數年不成舊塘又皆坍損請先築土備塘一道離外塘或一里或半里間遇潮大稍稍漫過外塘藉以攔阻不致内灌民田計東自海寧之龜山南麓起西至仁和之李家村止長一萬四千四十八丈五尺買民地取土築塘撥畝給價豁糧如遇神祠古墓皆讓出繞築塘底水坑三百一處用樁柴帮護塘

長百里地勢高下不齊原估築高一丈二尺實
築高自一丈二尺以外至一丈二尺以內塘頂
通寬二丈四尺塘底通寬五丈如築實高一丈
二尺者每丈需虛土五十五方五分水三旱七
築實四十四方四分按方給工委同知徐崑等
六員承築十一年十月興工十二年三月竣又
恐土塘既築外有石塘內有備塘民居其間雨
水無從瀉洩因於東塘最低積水之間道菴後
悆里亭東二所各築石閘一座蘇木港陳文港
車子路尖山河雙汶港各築涵洞一座擺轉廟

築涵洞二座又於西塘之董石灰橋荆撫廟二
所各築石閘一座楊家莊馬牧港杭宅壩三角
田翁家埠曹殿壩天開河萬家埠等十所各築
涵洞一座共築石閘四座涵洞一十七座涵洞
所以洩水石閘兼通舟楫又於備塘河內東塘
建木橋一十一座西塘建木橋一十五座以通
行人

旱土三十八方八分五厘每方用刨運夫一名
五分築打夫一名平墊夫一分計夫二名六
分共夫一百一名一厘

水土一十六方六分五厘每方用刨運夫一名
五分車水夫五分築打夫一名平墊夫一分
計夫三名一分共夫五十一名六分一厘五
毫

石閘

石閘一座金門濶八尺進深一丈高一丈四尺
迎水雁翅長二丈瀉水雁翅長一丈兩邊金
剛牆上鋪大石爲橋下砌墊底瀉水釘梅花
樁牆背摺砌塊石寬四尺灰漿抿縫鍋片墊
搘鍥鐵錠四層以聯絡牆石置閘板一十六

塊以備啟閉

每座近水樁一百五十根用徑大四五寸長二
丈七八尺木七十五根

每座梅花樁一千一百八十三根用徑大三四
寸長一丈五六尺木五百九十一根半

每座疊金剛牆一十七層并墊底蓋樁橋面等
石共用厚寬一尺條石二百三十五丈三尺
五寸二分每座牆背裏石并摺砌丁擋共用
塊石二十三方七分六厘

每座金剛牆雁翅共條石一百九十丈四尺每

丈用白灰六十觔江米七合五勺白礬一十
二兩塊石二十三方七分六厘每方用白灰
六百觔地脚刨槽計長二十一丈三尺二寸
每丈用白灰六百觔共用白灰三萬八千四
百七十二觔江米一石四斗二升八合白礬
一百四十觔一十二兩八錢
每座釘生鐵錠四層共五十六個重八百四十
觔
每座嵌擡牆鍋片二十一觔
每座設閘板一十六塊釘提環三十二個

每座用大麻索四百觔紮縛繩二百觔共六百
觔
釘近水樁一百五十根每五根用夫一名計夫
三十名
釘梅花樁一千一百八十三根每六根用夫一
名計夫一百九十七名
刨樁一千三百三十三根每一百根用木匠一
名共一十三名五分
做細條石二百一十丈七尺五分每丈用石匠
三名五分共七百四十一名

做粗條石二十三丈六尺四寸七分每丈用石
匠二名共二十七名三分
砌塊石二十三方七分六厘每方用砌匠一名
共二十三名七分六厘
搬運寬窄條石一百五十六丈每二丈用運夫
一名五分灌漿夫五分共夫一百五十六名
搬運塊石二十三方七分六厘每方用運夫二
名共夫四十七名五分二厘
地脚刨槽二十一丈三尺二寸每丈用夯硪夫
七名共夫一百四十九名二分

牆背還土一十八方二分每方用築打夫三分
共夫五名四分六厘
涵洞
涵洞一座長五丈高三尺五寸寬四尺六寸洞
身過路用寬厚一尺條石六十一丈二尺五
寸釘梅花抱石二樁二百九十九根前後雁
翅洞身牆共塊石七十塊
每座抱石樁七十二根用徑大四五寸長二丈
七八尺木三十六根
每座梅花樁二百二十七根用徑大三四寸長

一丈五六尺木一百一十三根半
每座底面牆過路共用寬厚一尺條石六十一
丈二尺五寸
每座雁翅牆背塊石共七十塊
每座紮縛繩四十六觔八兩
釘梅花樁二百二十七根每六根用夫一名共
夫三十七名六分
釘抱石樁七十二根每五根用夫一名共夫一
十四名四分
劄樁二百九十九根共用木匠三名

砌條石六十一丈二尺每二丈用石匠一名共
三十名六分
運條石六十一丈二尺每四丈用夫一名共夫
一十五名三分

木橋

木橋一座高一丈二尺長四丈八尺計五空中
空寬一丈二尺餘空寬九尺橋面寬四尺
每座橋柱一十二根內八根各長三丈五尺四
根各長二丈箍頭穿檔一十二根各長八尺
橋面四十根內八根長一丈三尺三十二根
長一丈一尺計用徑大六七寸長三丈五六
尺木十根徑大五六寸長二丈六七尺木四
根徑大四五寸長一丈八九尺木二十四根
每座搯頭釘二百八十八根重二十八斤
釘橋柱一十二根每根牽用夫八名共九十六
名
鋸劄木匠共一十五名
運木夫共四名二分

石壩式

雍正十一年內大臣戶部侍郎海望直隸總督李衛請於海寧迤東尖塔二山之間築石壩一道分殺水勢俾潮勢南趨北岸護沙可望復漲都統隆昇等於潮平時測量應築石壩長一百八十二丈淺處深四五六丈中流深一十二三丈不齊調遣滿漢官採辦石塊水陸並運編筏爲絡裝石沉放又於尖山之西文武菴前築雞嘴壩一座以挑回溜而波濤洶湧難於合龍十三年大學士嵇曾筠奏罷計已堵石壩四段共長一百二十丈乾隆四年巡撫盧焯行視未堵口門八十丈已積浮沙最深不過丈八九尺仍用竹絡裝石乘勢接築一舉合龍五年二月興工閏六月竣

初堵尖山石壩長一百二十丈內第一段長三十丈頂濶四丈底濶一十四丈深四丈填塊石一萬八百方第二段長二十丈頂濶三丈底濶一十丈深四丈七尺填塊石六千一百一十方第三段長五十丈頂濶三丈底濶八丈深六丈八尺填塊石一萬八千七百方第四段長二十丈頂濶三丈底濶八丈深一十一丈塡塊石一萬三千一百方共用塊石四萬七千七百一十方

竹簍三千五百二十個每個長九尺寬五尺高三尺木筏三十架每架長四丈寬二丈

紮木三層每層用直木八十根橫木六十根共一萬二千六百根

每架每層用紮縛篾纜九條共八百一十條

每架掛鐵貓四個共一百二十個每個重八十斤共重九千六百斤

每架掛鐵鹿角二個共六十個每個重八十觔共重四千八百觔

每架用掛貓扯簍大篾纜六條共一百八十條

運石堆堵四萬七千七百一十方每方用夫二名八分共夫一十三萬三千五百八十八名

紮筏運木三十架每架用夫二十四名共夫七百二十名

接堵尖山石壩合龍長八十丈內接出一段長六十丈頂濶三丈底濶六丈深四丈二尺塡塊石一萬一千三百四十方又一段長二十

丈頂濶三丈底濶六丈深三丈四尺塡塊石
三千六十方共用塊石一萬四千四百方
還石堆堵一萬四千四百方每方用夫二名八
分共夫四萬三百二十名

雞嘴浮壩

雍正十二年都統隆昇等始請築尖山雞嘴浮
壩二道在尖山外口由東南至西北用樹木紮
筏橫斜築雞嘴浮壩一道順擋潮水之入又就
尖山西首由北至東南用樹木如前築浮壩一
道順擋江水之出應用大樹掛錨用柴捲埽內
帶石土釘砌使兩道浮壩相對於外尖山塔山
包羅於中以便尖山脚下用竹簍盛石挨砌施
工是年九月開工十二月完竣

附雞嘴壩一座長一十九丈壩根一十四丈底
寬一十七丈五尺面寬一十三丈匀深二丈
五尺計單長五千三百三十七丈五尺水口
五丈底寬八丈面寬七丈高二丈六尺下用
大樹紮筏上用竹簍盛石築高

每丈用柴六百斤共柴三百二十萬二千五百
斤

每丈釘底樁三十五根共用圍圓一尺四寸長
一丈八尺底樁四百九十根

每丈釘底樁一十七根共用圍圓一尺五寸長
一丈九尺腰樁二百三十八根

每寬一丈釘面樁一根共用圍圓二尺長二丈
四尺面樁一百二十六根
每丈挑土夫三名共夫一萬六千一十二名五
分
樹筏八架每架用圍圓三尺長一丈六七尺大
樹三十株共樹二百四十株
龍骨木十路每路五根共用圍圓一尺六寸長
二丈龍骨木五十根
紮筏中篾纜十路每路二條共二十條
絆筏大篾纜共一十六條

勾纜樁共用圍圓二尺長二丈四尺木三十二
根竹簍六百個每個裝塊石一方共石六百
方每五個用絆簍小篾纜一條共纜一百二
十條每纜一條用勾纜樁二根共用尺四木
樁二百四十根
擡運大樹二百四十株每株用夫一十二名共
夫二千八百十名
裝運塊石六百方每方用夫六名共夫三千六
百名

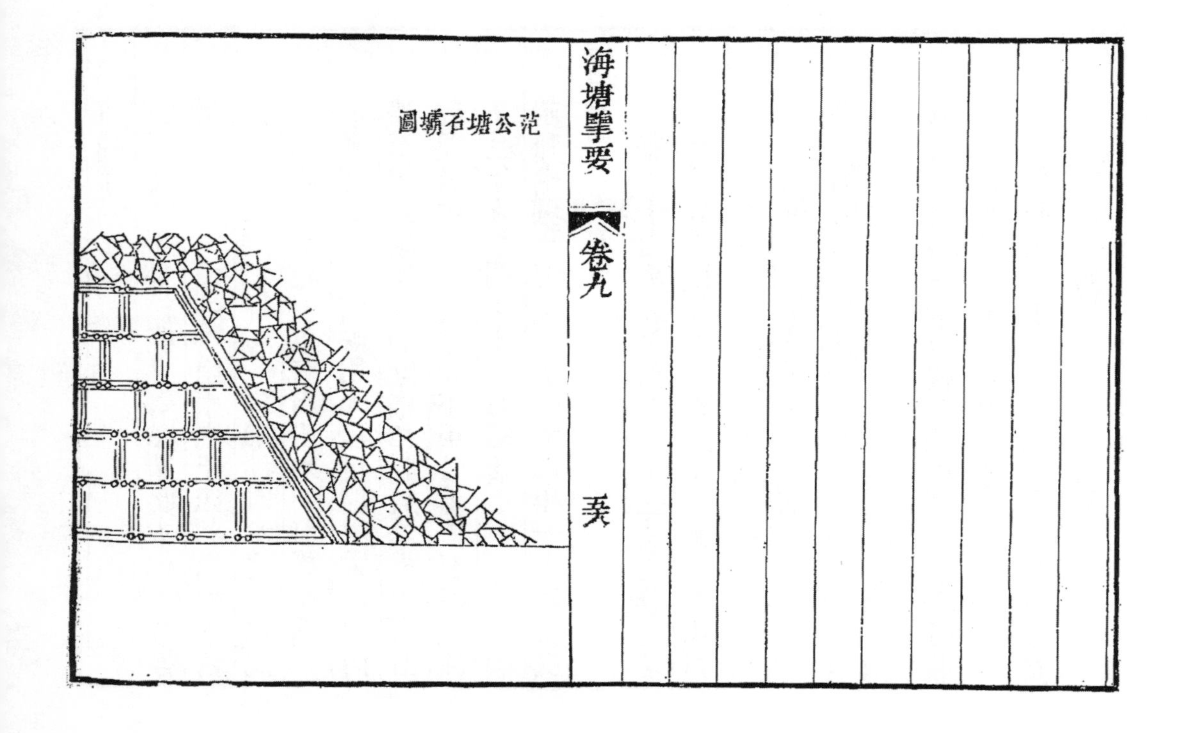
范公塘石壩圖

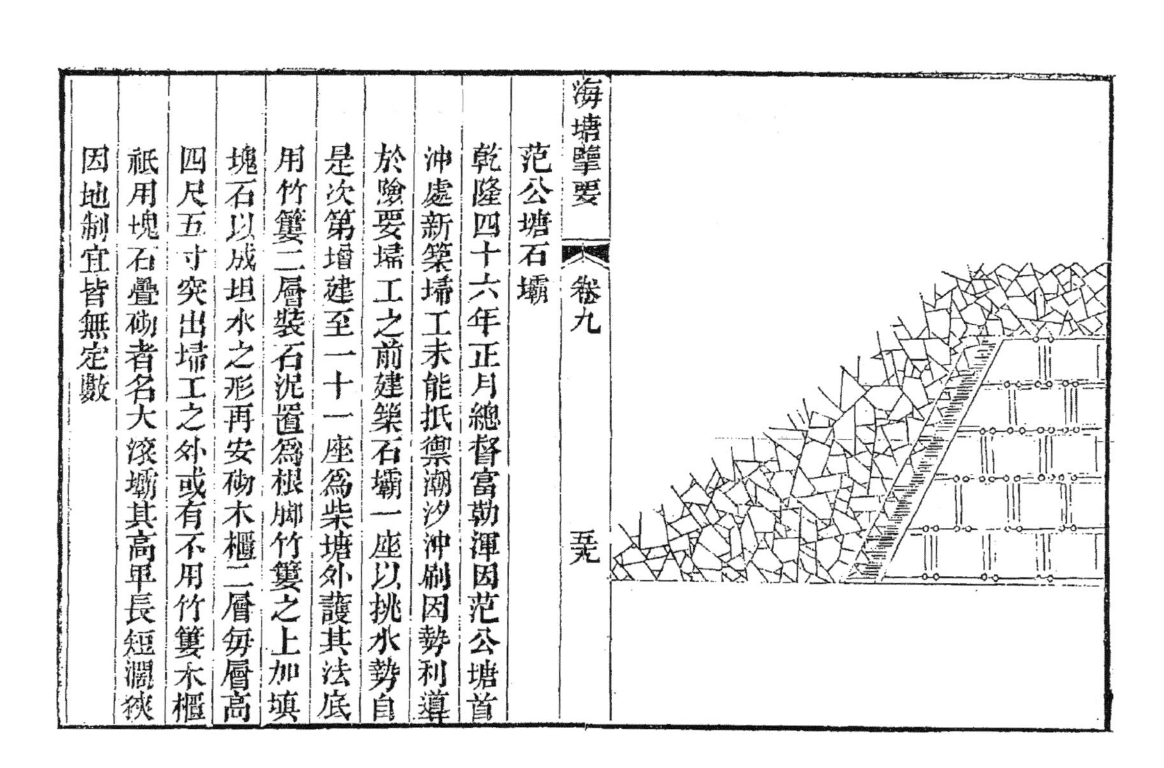

范公塘石壩

乾隆四十六年正月總督富勒渾因范公塘首沖處新築埽工未能抵禦潮汐沖刷因勢利導於險要埽工之前建築石壩一座以挑水勢自是次第增建至一十一座爲柴塘外護其法底用竹簍二層裝石泥置爲根脚竹簍之上加塡塊石以成坦水之形再安砌木櫃二層毎層高四尺五寸突出埽工之外或有不用竹簍木櫃祇用塊石疊砌者名大滚壩其高卑長短濶狭因地制宜皆無定數

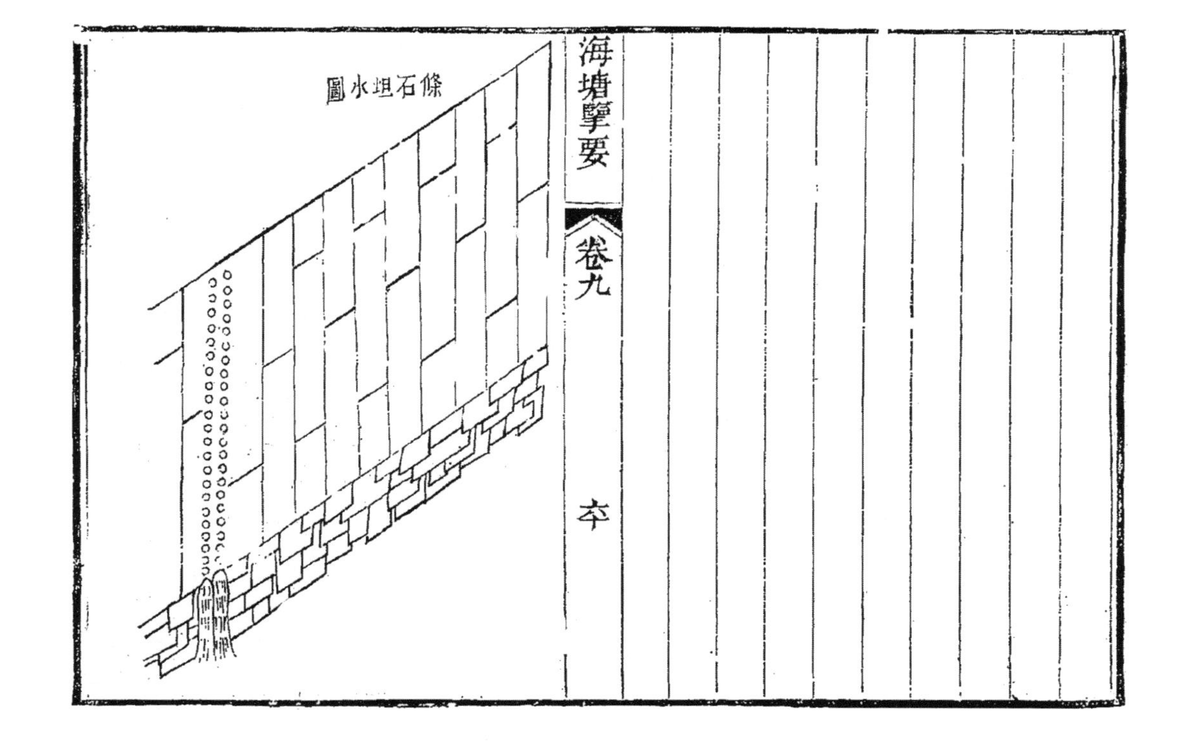

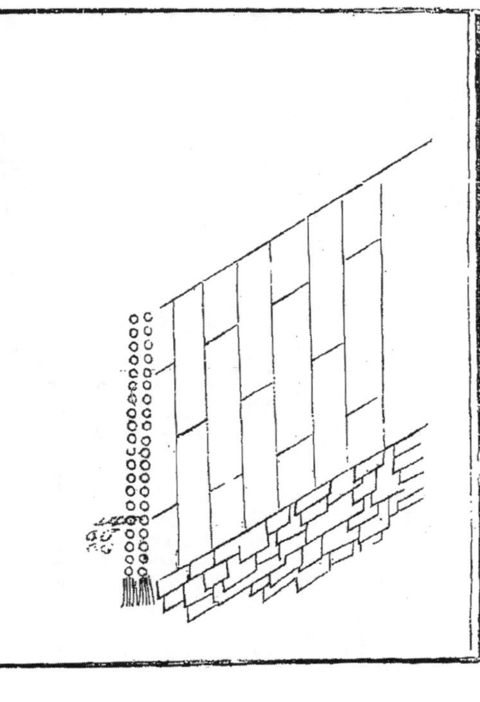

坦水式

海鹽潮水暗長沿塘一帶又間有鐵板沙但令塘身堅固足資抵禦惟海寧東自尖山一束江水又從上順下潮與江鬬激而使高遂起潮頭斜捜横醫勢莫可當又潮退之時江水順勢沺刷苟非根脚堅厚難保無虞是以海寧塘工歷來修築欲保塘身宜固塘脚坦水舊用塊石鋪砌雖多至三四五層易于潑御非經久之策乾隆元年大學士兼總督巡撫事嵇曾筠建築魚鱗大石塘于遶城五百五丈二尺塘脚外鋪砌

大條石坦水二層裏高外低斜坡而下每丈每層寬一丈二尺下用塊石砌高上用條石蓋面每層石口各釘排樁每路用樁二十根以圓圓尺四五六寸之長木間釘下砌塊石每層牽高三尺計石三方六分每方重一萬四千觔二層共一十萬八百觔上蓋條石每層寬一丈二尺用厚七寸寬一尺二寸條石十路計折正石七丈二層共一十四丈或有舊存合式之樁石酌量添用委西防同知張丞熹等如式砌築

關石排樁上層一路下層二路共三路用樁二十根共樁六十根

蓋面條石上層一十丈下層一十丈共二十丈折正厚七寸寬一尺一寸爲準

墊底塊石上層深三尺下層深三尺每層砌石三方六分二層共石七方二分每方重一萬四千觔共重一萬八百觔山宕遠近不同定價多寡不一按實給價

石料新舊兼用匠夫不同每新條石一丈用鑿石匠七分運砌夫七分舊條石一丈用安砌石匠一分四厘運砌夫一分四厘新塊石

一萬觔用安砌沙匠三名運夫三名舊塊石
一萬觔用安砌沙匠一名運夫一名
塘外坦水始於康熙五十九年建築
通志雍正九年浙撫李衛題奏續修海塘于念里
亭草盤頭等處一百五十五丈改築大條石坦
水一層并舊塊石坦水三十五丈改築大條石
坦水二層東塘七里廟等處五百餘丈將中條
石築塘身大條石築坦水內有頂沖之處塘身
亦用大條石砌築
又云坦水之制前用碎石鋪砌多至三四五層

不等後改用條石一二三層以大條石作坦水
始康熙五十九年修坦水三千九十七丈五尺
雍正五年改築東塘一千一百七十丈外加坦
水一層雍正六年修坦水四千四百六十四丈
三尺皆塊石砌築乾隆元年修補坦水共八千
四百餘丈于遶城五百五丈二尺鋪砌條石坦
水一層裡高外低斜坡而下每丈每層寬一丈
二尺下用塊石砌高上用條石蓋面　每層石
口各釘排樁每丈二十根以圍圓尺四五六長
丈八九之木間釘下砌塊石每層牽高三尺計

石三方每方重一萬四千觔二層上蓋條石
每層寬一丈二尺用厚七寸寬一尺二寸條石
十路計折正石七丈二層共一十四丈乾隆八
年大工告成議請一律鋪砌會塘外沙漲停止
二十四年潮溜仍趨北大亹巡撫莊有恭遵
旨于舊建大石塘四百六十丈外俱增築條塊石坦水
又修補東西兩塘舊坦水并改念里亭白牆門
陳文港秧田廟等處草盤頭爲坦水二十七年
奏
旨柴塘增坦水石簍二十八年巡撫熊學鵬奏請小文

前魚鱗塘外增坦水十六丈戴家橋鎮海塔念
里亭等處有未建坦水者六段一律添築二層
以護塘脚三十年閏二月
聖駕親臨相度以遶城石塘實爲全城保障而塘下坦
水尤所以捍衛塘身一律普築三層石坦水自
神字號起至洛字號止共五百二十四丈二尺
三十三年工成其式每丈砌築二層每層一丈
二尺寬共寬二丈四尺牽深三尺七寸
每丈用厚七寸寬一尺二寸蓋面條石二十路
計石二十丈

墊底碗石深三尺計石七方二分

頭層釘排樁一路二層釘臨水排樁二路每路

用樁二十根共樁六十根

每丈報銷例估銀四十四兩零

加貼銀二十二兩零

共銀六十六兩零

坦水條石每丈例估銀五錢四分加貼銀三錢五分共銀八錢九

分

塊石每方例估銀一兩六錢八分加貼銀五錢六分共銀二

兩二錢四分

樁木每根例估銀二錢六分加貼銀一錢五分共銀四錢一

分

釘樁每根例估銀五分並無加貼

割樁每根例估銀六毫二絲五忽加貼無

石匠每名例估銀五分加貼銀五分共銀一錢

土每方例估銀六分加貼銀三分共銀九分

夫工每名例估銀四分加貼銀四分共銀八分

按坦水始康熙五十九年至乾隆元年修補

三十三年加建始有八千四百餘丈自戴家

橋起至談仙嶺止塘外坦水計六千八百六

十九丈六尺韓家池柴塘四百六十八丈一

尺連柴石塘壩共工長八千九百七十丈一

尺八寸

塘工圖

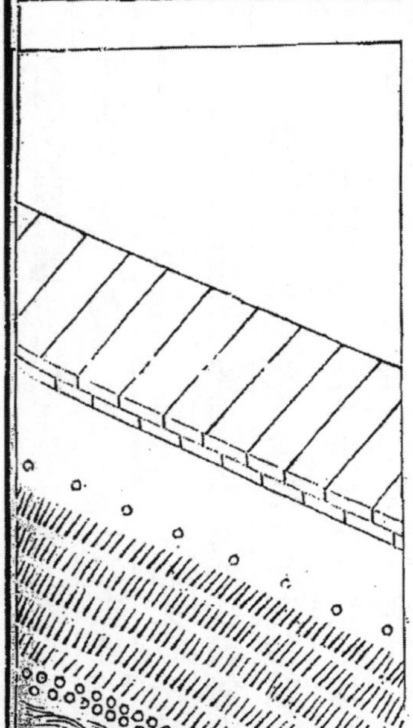

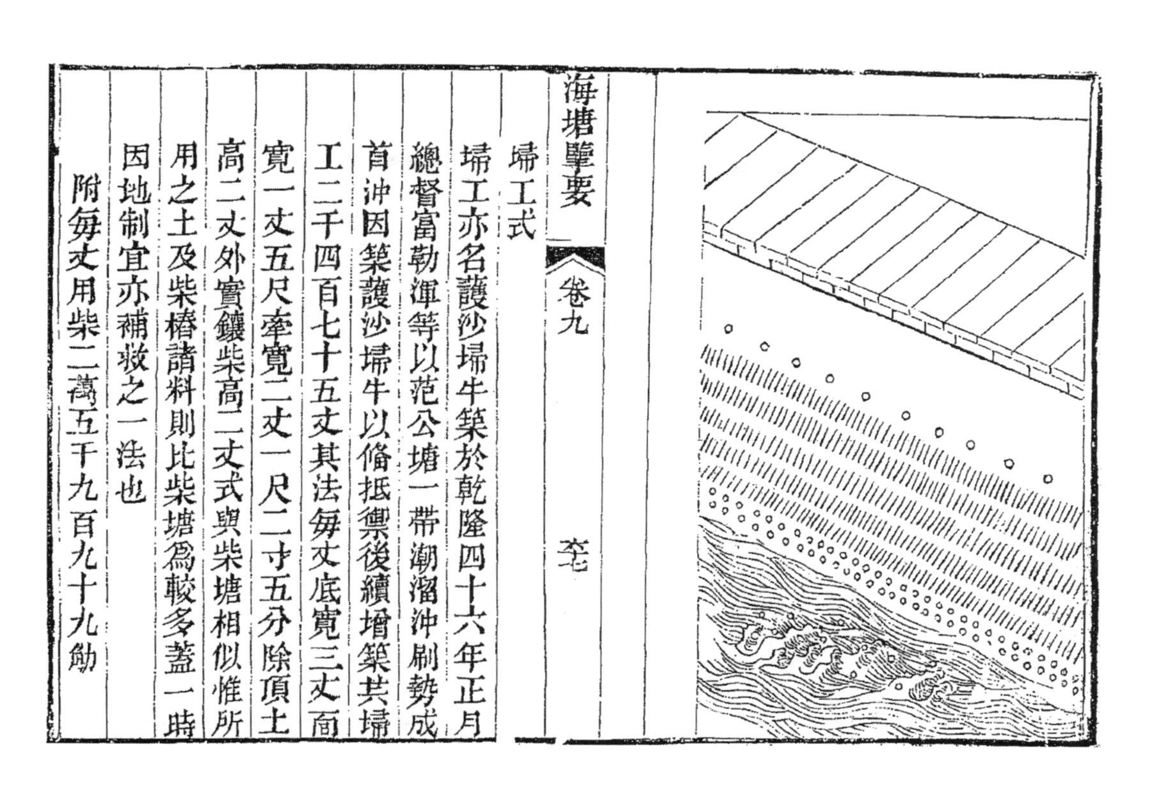

埽工式

埽工亦名護沙埽牛築於乾隆四十六年正月總督富勒渾等以范公塘一帶潮溜沖刷勢成首沖因築護沙埽牛以備抵禦後續增築共埽工二千四百七十五丈其法每丈底寬三丈面寬一丈五尺牵寬二丈一尺二寸五分除頂土高二丈外實鑲柴高二丈式與柴塘相似惟所用之土及柴樁諸料則比柴塘爲較多蓋一時因地制宜亦補救之一法也

附每丈用柴二萬五千九百九十九觔

每丈底樁五根

每丈腰樁五根

每丈面樁五根

每丈壓埽土二十方七分

每丈面土三方

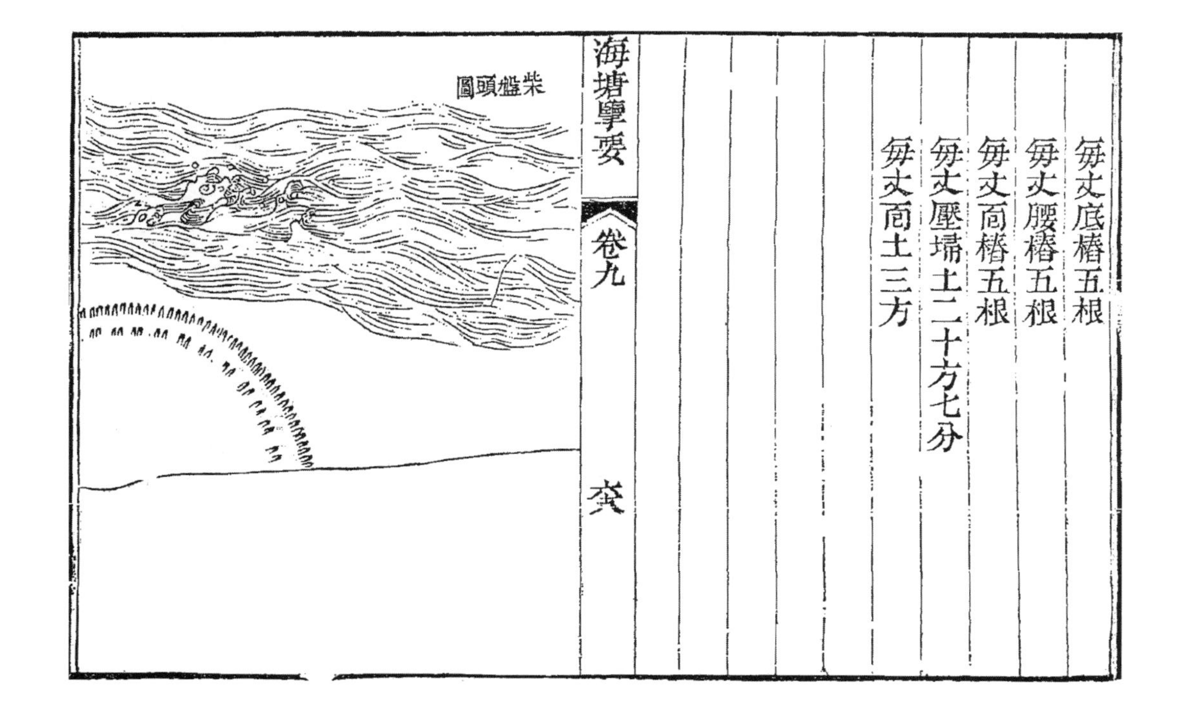

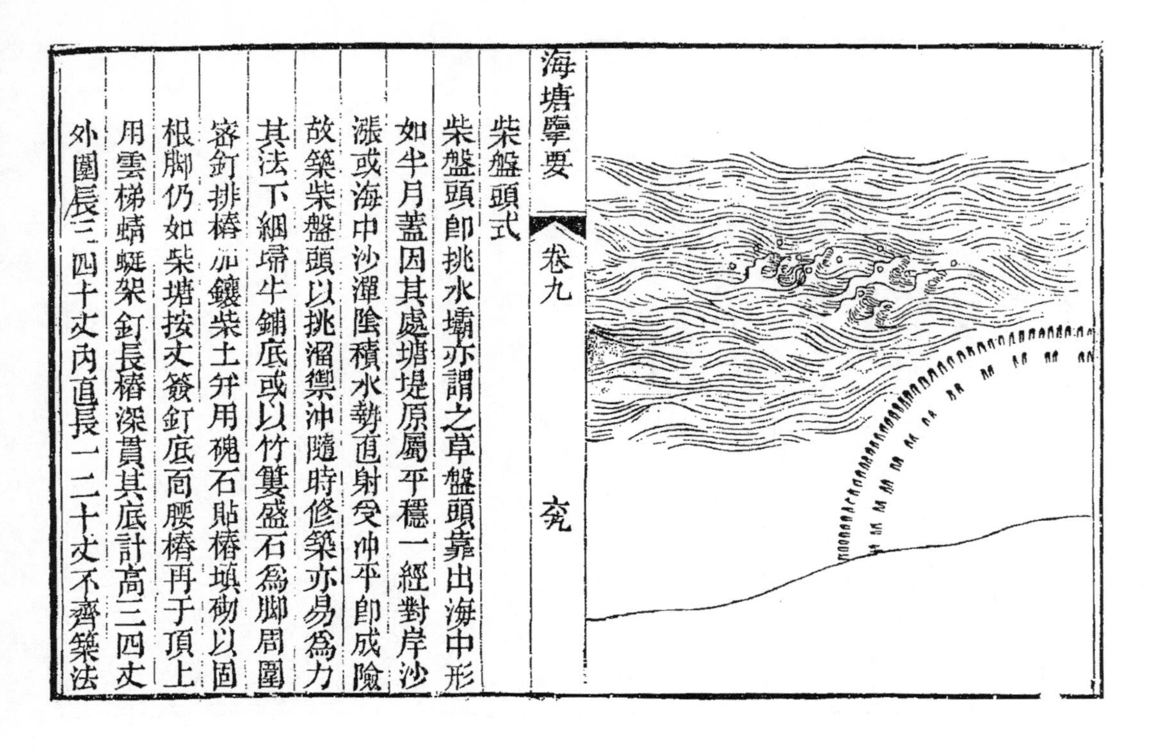
海塘攬要　卷九　九十六

柴盤頭式

柴盤頭卽挑水壩亦謂之草盤頭靠出海中形如半月蓋因其處塘堤原屬平穩一經對岸沙漲或海中沙渾陰積水勢直射受冲平卽成險故築柴盤頭以挑溜禦冲隨時修築亦易為力其法下細埽牛鋪底或以竹簍盛石為脚周圍密釘排樁加鑲柴土并用塊石貼樁塡砌以固根脚仍如柴塘按丈簽釘底面腰樁再于頂上用雲梯蜻蜓架釘長樁深貫其底計高三四丈外圍長三四十丈內直長一二十丈不齊築法

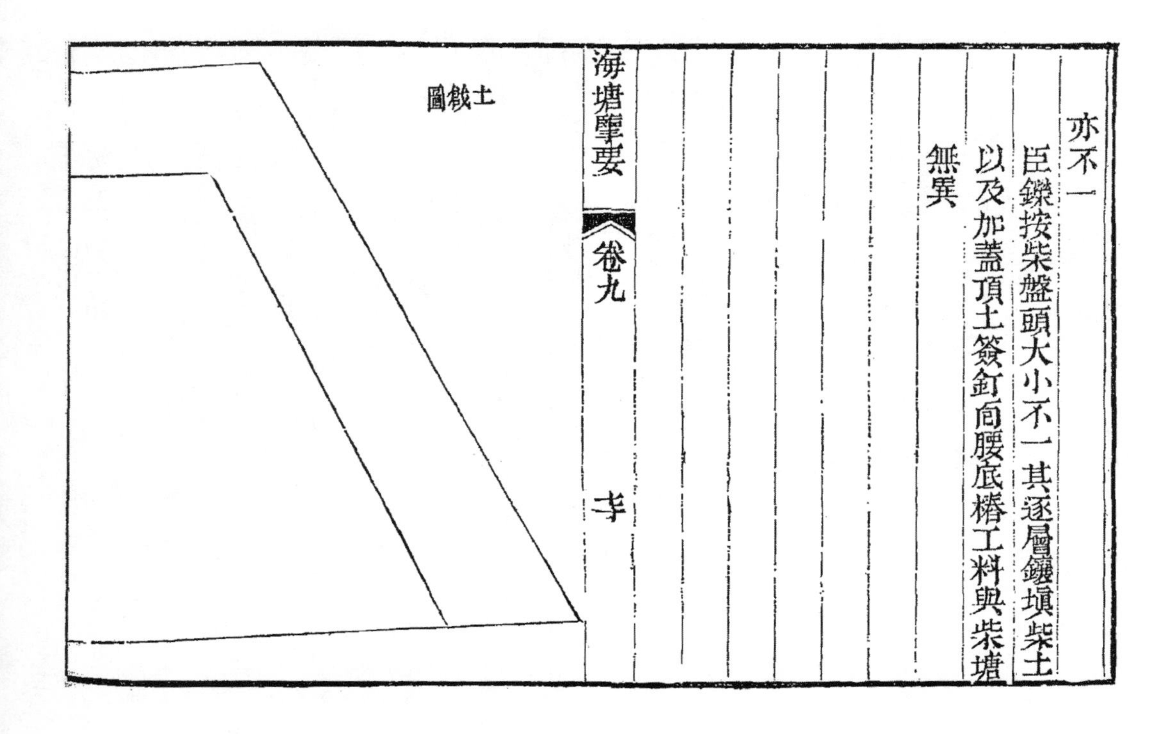
亦不一

臣鐷按柴盤頭大小不一其逐層鑲塡柴土以及加蓋頂土簽釘面腰底樁工料與柴塘無異

海塘攬要　卷九　九十七

土戧圖

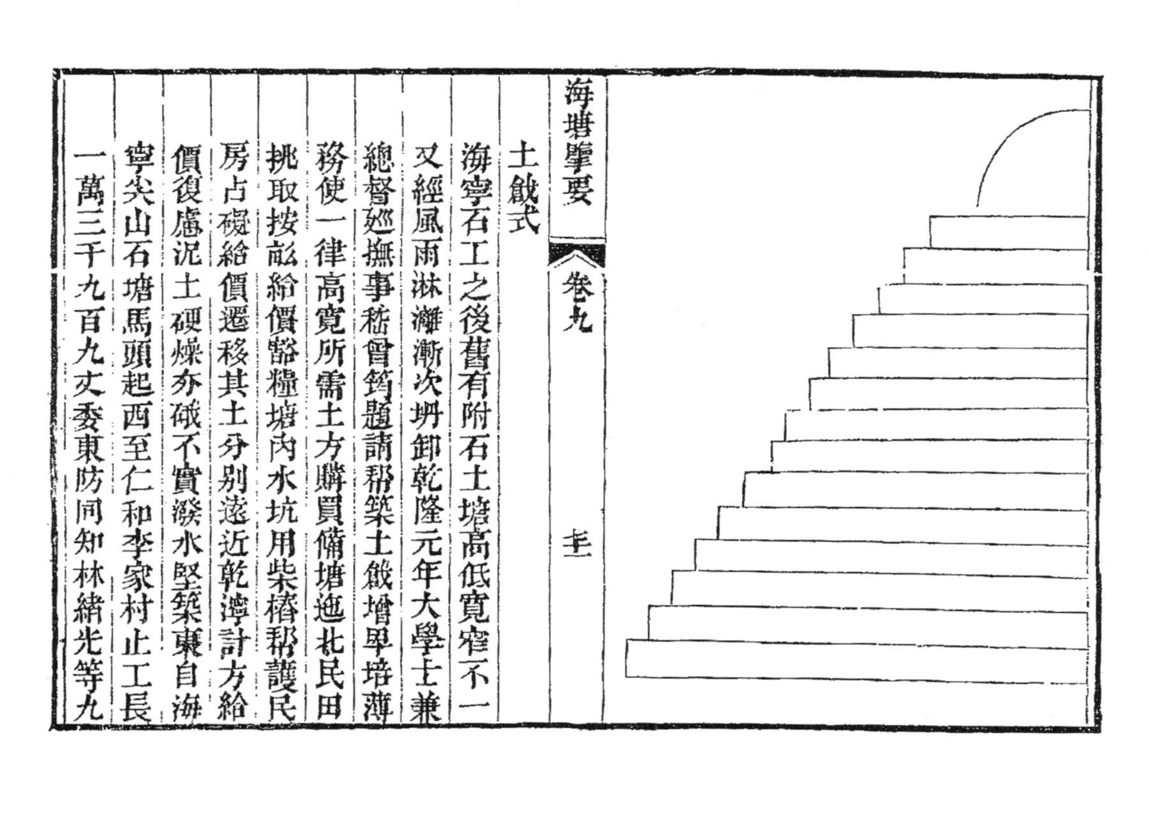

海塘擥要　卷九　圭

土戧式

海寧石工之後舊有附石土塘高低寬窄不一又經風雨淋灘漸次坍卸乾隆元年大學士兼總督廵撫事嵇曾筠題請帮築土戧增卑培薄務使一律高寬所需土方購買備塘迤北民田挑取按畝給價豁糧塘內水坑用柴樁帮護民房占礙給價遷移其土分別遠近乾濕計方給價復慮泥土硬燥夯硪不實潑水堅築東自海寧尖山石塘馬頭起西至仁和李家村止工長一萬三千九百九丈委東防同知林緒光等九

海塘擥要　卷九　圭

十八員分段承築塘後帮寬自一丈以內至三四丈以外高自一丈以內至一丈以外塘頂之上通例加高三尺總以新舊頂寬三丈底寬六丈爲準後建魚鱗大石塘開槽築壩亦賴土戧衛護不患海潮內溢

每丈除舊有附土牽寬一丈五尺高一丈計土一十五方外帮新土三十方底有水坑牽寬一丈牽深五尺應先補土與地相平計補土五方共土三十五方

填築水坑用柴紮埽每丈埽高二尺用柴四百觔釘樁五根將圍圓一尺木截用

長方竹絡式

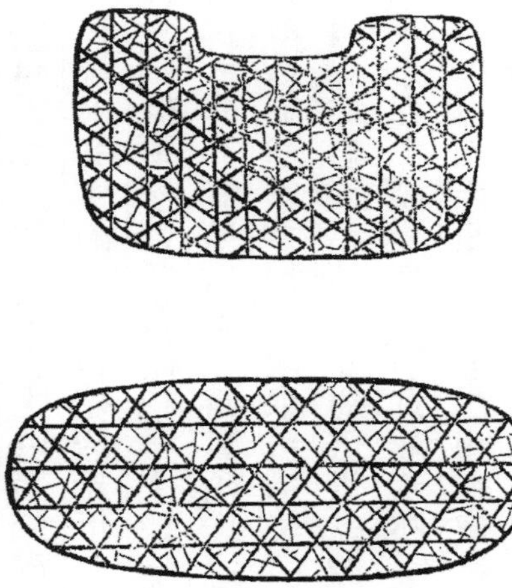

竹簍

竹簍又名竹絡以篾編造內貯塊石外用竹箍有方長二式如壘高者用方竹絡平鋪者用長竹絡前代修築相沿用之雍正十二年都統隆昇於海寧尖山西築雞嘴壩編造方竹絡壘高兩邊為牆每個高三四五尺寬六七八尺不齊乾隆八年總督那蘇圖以海寧觀音堂諸所草塘沖刷成險塘外編造長竹絡丁順鋪置以作坦水挑溜挂淤每個高寬各五尺長一丈四五尺絡外密釘長樁關鍵並釘東西裹頭樁迎潮

抵溜

附篾八十觔

塊石一方五分每方重一萬四千觔共重二萬一千觔

關簍排樁每長一丈寬二三丈釘圍圓一尺五寸長一丈九尺排樁二十根

運石一方五分裝簍共用夫三名

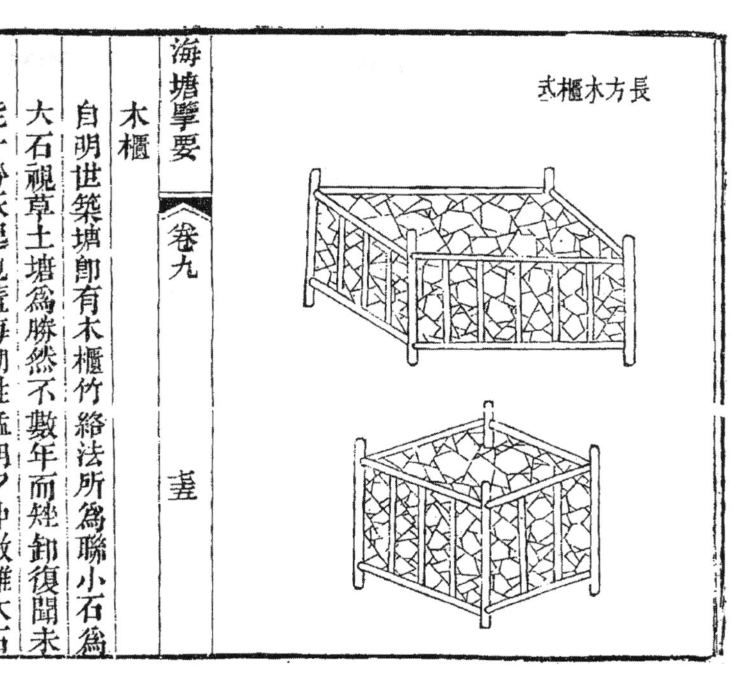

木櫃

自明世築塘卽有木櫃竹絡法所爲聯小石爲大石視草土塘爲勝然不數年而朽卽復闕未能一勞永逸也蓋海潮性猛朝夕沖激雖大石鑿筍鈌合扣砌鐵錠鐵鋦猶懼動搖木櫃竹絡則更易解散惟猝遇險工釘樁甃石不及用以堵塞一時庶乎其可

府志海寧知縣許三禮云築塘之法有一世利之或十世利之或百世利之如石囤木櫃隨坍隨修築此利在一世也作副堤十里更採石備用此十世之利也設捍海塘大徵九郡力役三府工徒此百世之利也

康熙五十七年廵撫朱軾復用前人木櫃之法橫貼塘底實以碎石以固塘根用松杉宜水之木長丈餘高寬四尺

木櫃有長方二式用徑五六寸之圓木製櫃形高五六尺長七八尺寬四五尺不等四面爲柵其柱木上留七八寸加砌蓋石下留四五寸入沙中用塊石填中加以整株長木聯絡如一或用實塘底或用爲坦水于潮落後搶釘關櫃排樁

加砌

舊志云木櫃中積小石層層排置五櫃十櫃一聯大木亘之則爲一櫃數十里鉤連不斷或三四櫃層疊而起橫木爲之底可無坍塌之患櫃外有樁樁外復有櫃層層密釘用品字排置兼如陂陀之坦蓋鹽邑之塘重塘身海寧之塘重塘根也

其式長一丈高寬各五尺用柱木四根各長六尺直檔木四根各長一丈一尺橫檔木四根各長六尺四面柵木三十八根各長五尺五

寸

每櫃用尺五木三十根 例銀十二兩三錢 內塡

䃭石二方五分 例銀五兩六錢 木匠 銀二錢

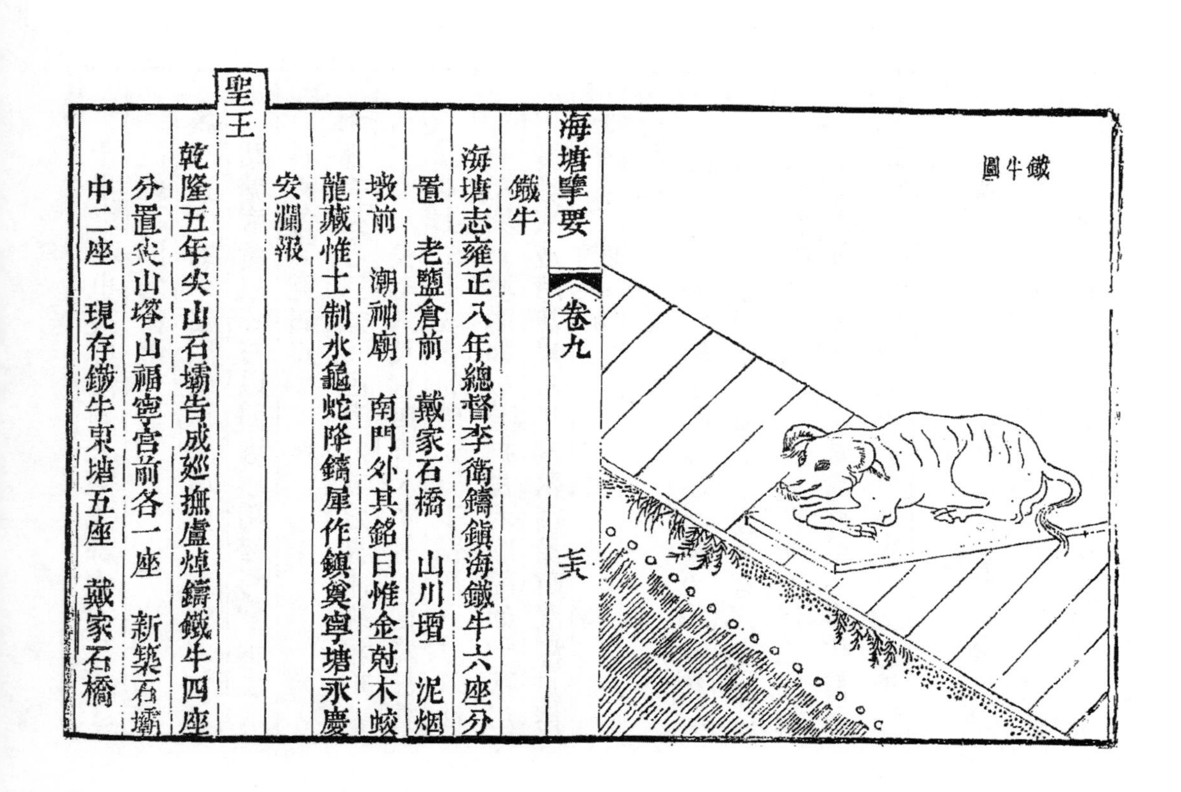

鐵牛圖

鐵牛

海塘志雍正八年總督李衛鑄鎮海鐵牛六座分置 老鹽倉前 戴家石橋 山川壇 泥烟墩前 潮神廟 南門外其銘曰惟金尅木蛟龍藏惟土制水龜蛇降鑄犀作鎮奠寧塘永慶安瀾報

聖主

乾隆五年尖山石壩告成巡撫盧焯鑄鐵牛四座分置尖山塔山祠宮前各一座 新築石壩中二座 現存鐵牛東塘五座 戴家石橋

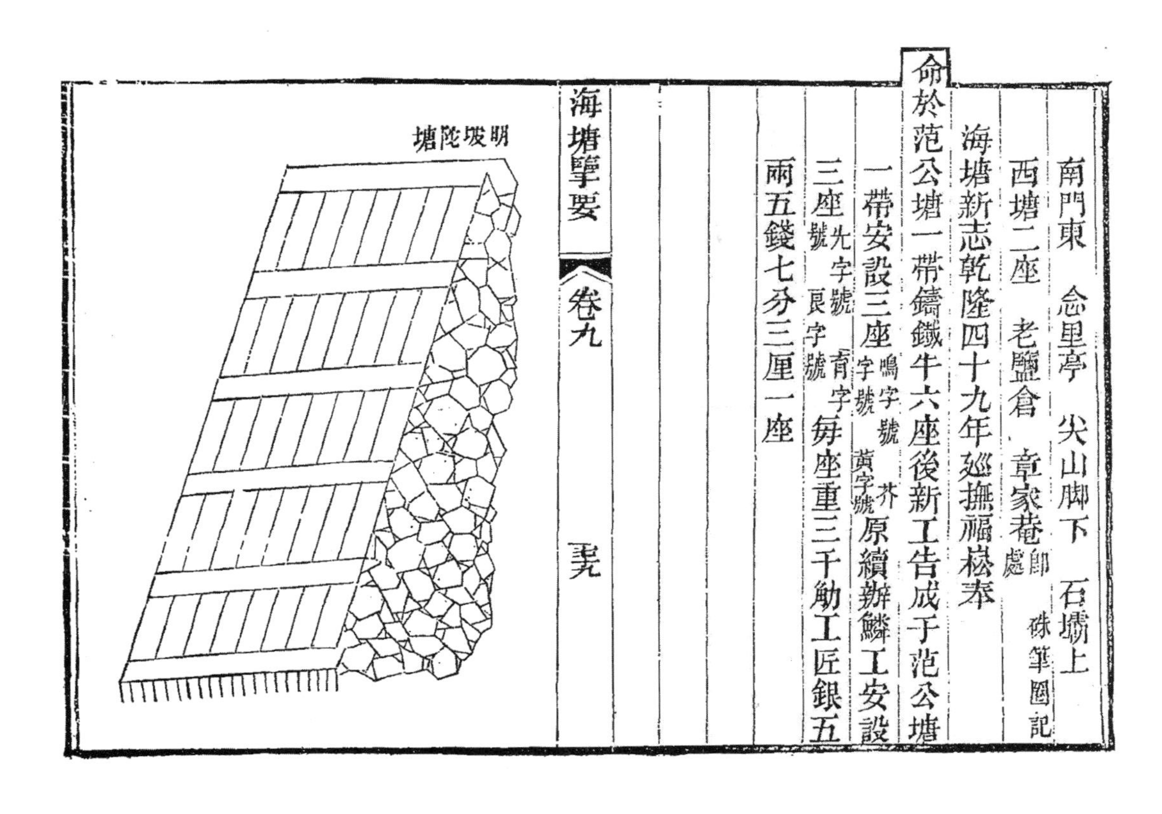

南門東　念里亭　尖山脚下　石墉上

西塘二座　老鹽倉　章家菴郎處　硃筆圖記

海塘新志乾隆四十九年巡撫福崧奉

命於范公塘一帶鑄鐵牛六座後新工告成于范公塘

一帶安設三座鳴字號芥字號黃字號原續辦鱗工安設

三座先字號艮字號育字號每座重三千觔工匠銀五

兩五錢七分三厘一座

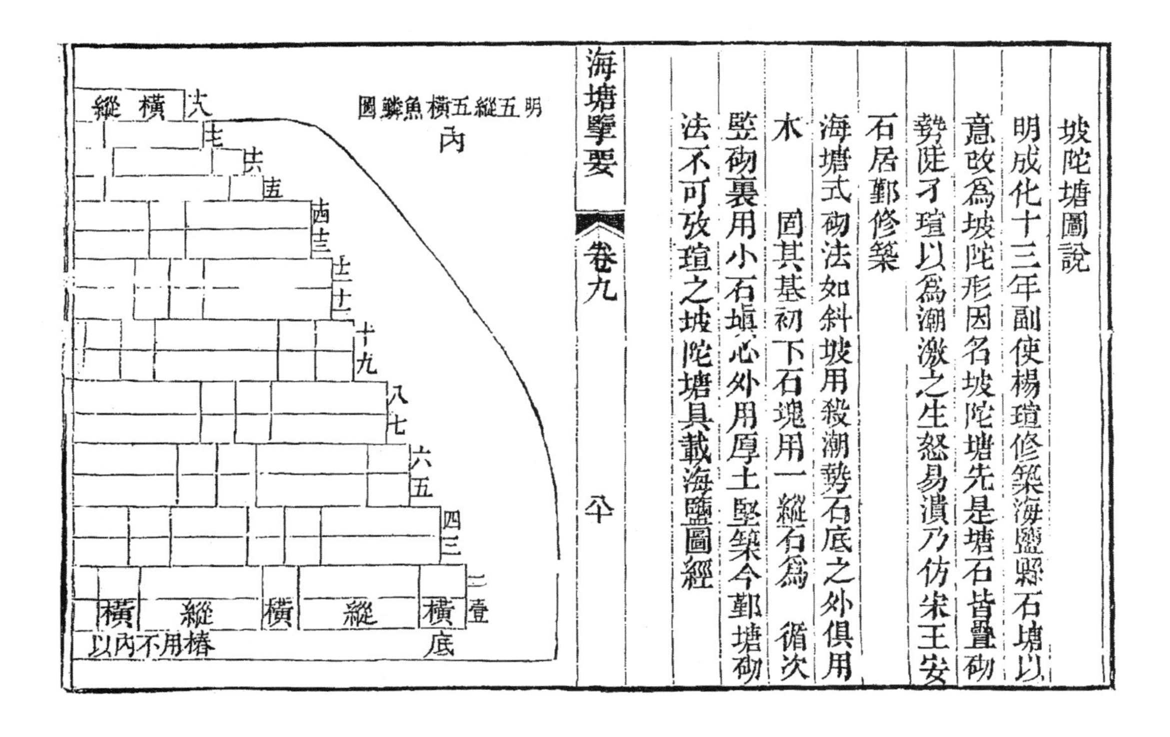

坡陀塘圖說

明成化十三年副使楊瑄修築海鹽縣石塘以意改為坡陀形因名坡陀塘先是塘石皆疊砌勢陡才瑄以為潮激之生怒易潰乃仿宋王安石居鄞修築海塘式砌法如斜坡用殺潮勢石底之外俱用木　固其基初下石塊用一縱石為　循次豎砌裏用小石塡心外用厚土堅築今鄞塘砌法不可攷瑄之坡陀塘具載海鹽圖經

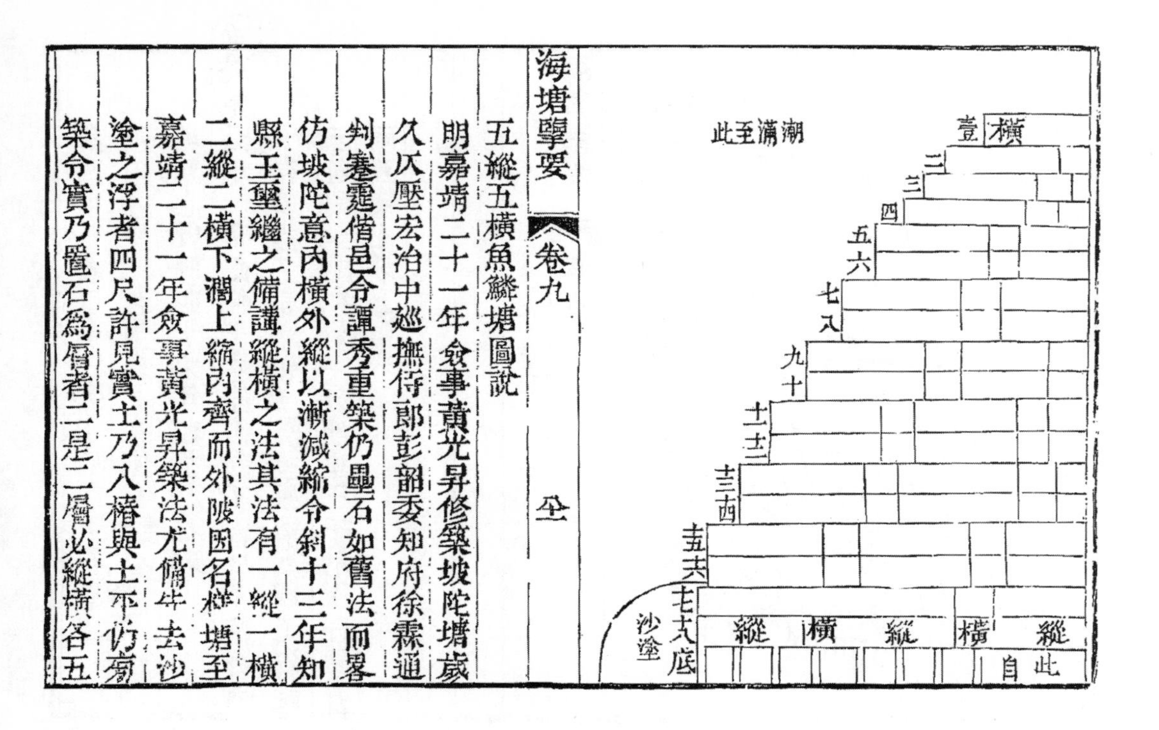

五縱五橫魚鱗塘圖說

明嘉靖二十一年僉事黃光昇修築坡陀塘歲久仍壓宏治中巡撫侍郎彭韶委知府徐霖通判蹇霆偕邑令譚秀重築仍壘石如舊法而畧仿坡陀意內橫外縱以漸減縮令斜十三年知縣王璽繼之備講縱橫之法其法有一縱一橫二縱二橫下濶上縮內齊而外陂因名陂塘至嘉靖二十一年僉事黃光昇築法尤備先去沙塗之浮者四尺許見實土乃入樁與土平仍旁築令實乃置石爲層者二是二層必縱橫各五令廣擁以土使沙塗出于上令深層之三若四則縱五之橫四之層之五若六縱四之橫五之層之七若八縱橫並四之層九十縱三之橫五之層十一層十二縱橫又並三之層十三層十四縱三之橫二之層十五縱二橫三層十六縱橫並二層十七縱二橫一層十八是爲塘面以一縱二橫終焉石之長以六尺廣厚以二尺琢必方砥必平層表裏必互縱橫作丁字形以彌直罅之水層中橫必稍低昂作幞頭形以彌橫罅之水層相架必蹻縫而置作品字形以自相

制使不解散層必漸縮而上作階級形使順潮勢無壁立之危又堅築內土培之塘成一丈率用銀三百兩

板塘

雍正五年李衛疏稱東塘錢家坂橇板老塘板片朽爛亂石沖卸改作亂石塘以固根底外加坦水一層攷椿板老塘即宋代貼立石倉夾植樁笆板木運土塡築之制元史所云議置板塘是也今魚鱗工成板塘可廢矣

石倉

宋嘉熙二年知府趙與懽先于旁近作土塘爲救急之計然後于內築石塘貼立石倉夾植樁笆板土運土塡築

石磯

府志康熙四十年張泰交修江塘記畧各郡山溪之水犇滙于江埽望江門一帶而入海海潮怒激挾江流而上素稱險要特築石磯狀如偃月使海濤噴薄而來者與磯相觸不得直逼徼塘即上流山溪之水湯瀉而下遇磯回環勢遂渙散無復疾驅席捲之力而徼塘及望江門沿江一帶恃如底柱矣

臣鏷按翁家埠舊有月牙灣今石磯狀如偃月亦師其意而變其制也

滉柱

夢溪筆談江塘錢氏時於石堤之外植大木十餘行謂之滉柱寶元康定間有獻議取滉柱可得良材數十萬杭帥以爲然旣而舊木出水皆朽敗不可用而滉柱一空石堤爲洪濤所激歲歲摧決又有人獻說自稅場以東移退數里爲月堤以避怒水皆以爲便獨一老水工以爲不然密諭衆曰移堤則歲無水患若曹何所衣食乎衆樂其利而和之工費以鉅萬江堤之害仍歲有之也

臣鏷按江塘志畧云錢塘江錢氏時於石堤外有植大木十餘行名曰滉柱蓋以折水之勢不與水爭力故堤得無患海鹽圖經言明萬歷三年嘉興府同知黃清督修海鹽縣大石塘成于塘外樹鑿椳椿無數以抵潮蓋即滉柱之遺意也然滉柱植木於水潮激易朽至月堤之外怒水亦捍塘之一法也

南岸石堤

丁寶臣石堤記宋慶歷四年知府楊公偕轉運使田公瑜築堤二千二百丈自龍山距官浦二千

丈修舊而成增石五版爲三十級自御香亭下創二百丈石壁土厚相爲膠固䌷上而方下外强而内實最堅悍激處更爲竹絡實以小石布其下及圜折其岸勢務以分殺水怒大率究前謀所未盡者益以新意而爲之也

裝運

雍正十三年大學士嵇曾筠奏尖山採辦塊石應給夫匠工價照依庫紋支發所派商竈船隻量添僱值飭令海瀕大汛聽其載滷燒鹽小汛俱各赴山運石公私兩便可濟要工

乾隆二年十二月大學士嵇曾筠題明建造運石海船五十隻採辦石料其疏云修築塘坦工程所用條塊石料甚多必由海洋轉運需船緊要從前調僱商民船隻撥發應用無如沿海漁船板片單薄難禦風潮每有漂溺之虞各場滷船長年在工運石不能同場載滷多致煎辦遲延究于工料無益不如建造船隻便宜適用將來塘工造竣仍可撥發各場變價運滷庶帑不虚縻工收實効臣因海塘運石急需船隻檄行五十隻每隻估需工料銀二百六十八兩九錢二分零業經先後報竣支銀一萬三千四百四十六兩三錢陸續給發合行題明

下部議行

購料

雍正十三年五月總督兼巡撫事程元章請海塘緊要處所宜酌量預備物料以資接濟也查海塘數百里內凡危險處所若不預購物料分貯待用一遇坍矬則風濤緊急臨期猝辦措手不及應先發銀備料以應急需　又坦水實為保護塘身之根本若任其坍卸則潮溜直逼塘脚潮汐沖刷塘身豈能堅固嗣後遇有坦水石䃑沖卸椿木欹斜承修官即詳報兵備道確勘估計轉請興修尅期完固以護塘根

採辦地方

雍正十三年大學士嵇曾筠奏明椿木在上游嚴衢下游蘇常江寧等處購運現在僅用嚴衢所產之木其蘇常等處轉運維艱久已停止　條石一項奏明在于山陰武康蘇州洞庭等處購辦現在山陰屬之羊大等山採運自南岸宋家樓裝船經山會上虞餘姚海鹽海寧六州縣始能抵塘又有風汛之阻海運不易到工其湖屬武康產石無多蘇州洞庭之石非鑿工不便奏請開採故亦中止　䃑石一項亦奏明在尖山外海鹽經管之葫蘆等山採辦由海運工現仍循例採運

雍正十三年十二月大學士嵇曾筠奏請塘工需用條石甚多非一山一宕所能採辦足用必須于江浙兩省產石地方廣為開採方能有濟請于山陰武康二縣蘇州洞庭等處分別道里遠近量為增減俱用部頒銅尺一律量收此採新條石也

柴塘需用柴束於富陽分水建德桐廬等縣動帑支發購辦交工所有舊設管柴殷戸盡行革除

又于沿塘造板房三十餘間派塘兵看管柴廠庶分别堆垛足以有備無患

揀撈舊石

雍正十三年大學士嵇曾筠奏請補修坦水所需大䃑石多募工匠於就近尖塔各宕開採僱運又督令塘兵并僱人夫將沿塘外灘沖瀽石䃑儘數揀撈湊用一面釘椿一面鋪砌可免遲悞

海塘志石料新舊兼用如坦水一丈全用新料計需銀五十二兩零海寧遶城坦水有舊椿舊石添用約用銀三十兩零

臣鐄按現估凡有舊樁石可以抵用者查明共樁幾丈石幾路除抵外再議估價應領每丈若干其全無抵用者方准按例全領

發商生息

乾隆五十一年曹文埴姜晟伊齡阿等奏查旣以柴塘爲坦水則緩辦石工二千九百餘丈如蒙停止省餘一百二十餘萬兩加以藩司盛住面奏餘銀六十萬兩其計餘銀一百八十餘萬兩帑項頗豐又籌修海塘經費商捐三十萬兩卽於存項下撥銀五十萬兩發商生息每月一分行息歲可得六萬兩專作老鹽倉以西柴修經費此第一次生息也

乾隆五十四年浙撫琅玕奏請海塘經費項下計應剩銀一百八十餘萬其中雖有鈔案未經變價養廉未扣繳等項現在實存銀兩尚有一百餘萬請於此中再借銀五十萬兩發給各商按月一分行息每年息銀六萬兩收貯司庫凡東西兩塘每年實在應修工程勘明奏辦題銷此第二次生息也

查先後兩次發商生息銀一百萬兩五十一年第一次息銀耑作西塘之用五十四年第二次息銀作東西兩塘之用惟兩塘柴埽盤頭石塘坦水等工工段綿長遇有潮汐頂沖

應修段落繁多竊恐年額歲修經費不敷動
用而工程險要未便因循遲悞更有待于籌
議矣
籌議經費
浙省海塘上廑
宸衷下關保障歷蒙
聖主不惜帑金修建柴石塘坦等工其所以爲捍衛民
生計者無不至周且備總使閭閻永安衽席民
舍田廬藉資樂利是浙省塘工一事有不得不
爲愼重者溯查從前辦理海塘欽奉

上諭着動正項錢糧卽於藩庫內隨時題撥地丁銀兩
作爲塘工經費此外尙有
恩賞罰賠各欵撥充海塘之用經費裕如凡有修築工
程無虞掣肘總酌量工程險緩隨時
奏請辦理其每年動用銀兩原無限制迨自范公
塘緩工停止將餘存石工經費內初次撥銀五
十萬兩發商生息以爲西塘歲修之用二次又
撥銀五十萬兩發商生息以爲東西兩塘之用
嗣後不復
題撥正項錢糧以致年額支欵嘗有透用不能歸
欵今塘坦各工坍損情形工段正復不少惟藉
此年額引費銀兩縱使格外撙節爲數懸殊勢
難敷用若因無欵可動竟將險要之工不爲修
復必致續損愈重設有疏虞又非所以仰體
列聖保衛民生之意伏查石工經費一欵除兩次發商
生息之外尙有餘存嘉慶十年
奏辦兩塘工程因商息不能臨期濟用曾奉撫臣
阮　隨工
奏明在于此欵內先行墊支俟有本欵歸抵今動
用引費一欵本屬不敷是係無欵指墊若將年

額經費不敷情形據實
奏明請于前項石工經費欵內量爲支給作正開
銷是以塘工之存欵作爲添補海塘之歲修似
亦通融調劑之法第海潮遷變靡常設使將來
工程平緩積存引費已敷動用再請停支石工
經費如此辦理俾要工可免貽悞而支欵亦無
虞掣肘又思經費有常而支銷難計倘或逐年
動用繁多則本欵漸形短絀若於前項石工經
費欵內仿照前屆之例再請撥銀若干
奏請一體發商生息專爲歲修塘坦之用務有不

敫尚可通融籌畫厥原款不致虧缺仍得協濟

塘工洵屬兩有裨益臣鐖謹議

海塘擥要卷十

職官附兵制

防海設官設兵制與漕運河防等惟浙江海塘爲然始於

國朝雍正初年其最有功於塘者大員中則有朱文端公軾李敏達公衞海少司農望稚文敏公曾筠是宜俎豆百世者若庶僚則有劉京兆純煒周觀察克開抑其次焉其餘或奉職無過或勤愼而擢陞口碑至今猶嘖嘖茲自督撫迄同知守備悉爲之表後人覽表宜思海防重任必如何

無曠厥職始可媲美前哲乎至春汛霉汛伏秋大汛之防民田廬舍關係甚鉅查額設弁兵六百二十五名分防七汛以守備爲之長復建堡房五十座擊柝相聞防潮汐兼防奸宄營員之責亦匪輕哉志職官附兵制

欽差大臣

雍正二年冬十有二月遣吏部尚書朱軾乘驛至浙江與巡撫法海布政使佟吉圖行視海塘議方略

十有一年春正月遣內大臣戶部侍郎海望直隸總督李衛赴浙江察視海塘大理卿汪漋原任內閣學士張坦麟主修作海塘請以監察御史偏武內務府員外郎訥青額穆克登額偕五月穆克登額留監工海望滿洲正黃旗人衞江南豐人前爲浙閩總督漋湖廣籍江南休寧人康熙甲戌進士坦麟湖廣漢陽人康熙辛卯舉人偏武滿洲旗人訥青額旗人穆克登額旗人

冬十有二月命浙江將軍阿里衮副都統隆昇督辦海塘事阿里衮滿洲鑲黃旗人隆昇滿洲正白旗人

十有二年春二月命浙江副都統隆昇總理海塘事遣監察御史偏武副之

十有三年秋七月遣太子太傅內閣大學士朱軾赴浙江稽察總理海塘事未至召還

八月遣內閣大學士江南河道總督稽曾筠總理浙江海塘尋兼總督巡撫鹽政事曾筠江南無錫人康熙丙戌進士

乾隆六年冬十二月遣都察院左都御史劉統勳按視浙江海塘統勳山東諸城人雍正甲辰進士乾隆元年隨大學士嵇曾筠至浙江學習工程

九年春二月吏部尚書訥親奉命至浙江因按視海塘請濬中小亹故道

十有三年春正月大學士高斌奉命至浙江因按
視海塘請增築土堰
夏四月大學士公訥親奉命至浙江因按視海塘
以善後事宜
聞
十有五年冬十有二月
詔明年春南巡將臨海塘尚書舒赫德試江南獄竣
趨赴浙江與督撫等視狀預以聞舒赫德滿洲旗人
二十有七年春三月
巡幸浙江行在遣大學士劉統勳河道總督高晉赴

海塘工所簽試樁木
冬十月命江蘇巡撫莊有恭專司浙江海塘事
三十年春閏二月嚮道大臣努三以建立塔山標
記
聞
四十有三年夏四月遣兩江總督高晉趨赴浙江
與巡撫王亶望相度海道
聞
四十有六年春正月大學士公阿桂奉命至浙江
因按視海塘以狀
聞

二月命工部侍郎楊魁由江南赴浙江專駐海塘
工所隨總督兼巡撫事陳輝祖治之
五十有一年春三月戶部尚書曹文埴刑部侍郎
姜晟工部侍郎伊齡阿奉命至浙江因按視海
塘以狀
聞
夏五月大學士公阿桂奉命至浙江因按視范公
塘罷緩工三千九百餘丈以狀
聞
五十有二年冬十月遣工部侍郎德成赴浙江按

視范公塘以東新築魚鱗石塘以狀
聞
五十有七年秋七月命江蘇巡撫覺羅長麟赴浙
江按視范公塘石壩長麟滿洲正藍旗人乾隆乙未進士
五十有八年冬十月命河東河道總督李奉翰江
南河道總督蘭第錫赴浙江勘議海塘石壩事
宜
效力人員
雍正十有一年夏四月內大臣海望直隸總督李
衛請浙省塘工令督臣擢本省廉員及紳衿子

弟願自効力者工竣等高下以
聞予秩有差
新築仁寧二邑土備塘雍正十一年十月開工
十二年二月竣分七段任工者第一段温州府
同知徐崑第二段原任玉環同知胡啟敏第三
段遂昌縣知縣許藎臣第四段原任永嘉縣知
縣羅秉禮第五段寧紹分司汪德馨第六段候
補同知施上治第七段杭州府通判張偉業建
立石閘涵洞者東塘原任翰林院侍讀學士陳
邦彥温州府同知徐崑西塘原任翰林院檢討
陳世倌候補同知施上治塡塞坑漊者縣丞劉
世傑場員張稟
十有三年冬十有二月大學士嵇曾筠請修築舊
塘并坦水遴調本省同知通判知縣殷實紳士
在工効力者及江南松江海塘練習工員領帑
修作復檄河官三十員來浙監工奏可
秋八月內大臣海望請選駐防旗員協辦塘工奏
可
監修土備塘自斷塘頭至李家村滿洲鑲紅旗
防禦雅森秀李家村至翁家埠滿洲鑲藍旗佐

領佛寶柱翁家埠至老鹽倉漢軍正藍旗防禦
董大德老鹽倉至海寧縣西門漢軍正白旗驍
騎校富[illegible]海寧縣西至九里橋蒙古正黃旗佐
領桑格九里橋至東新倉漢軍鑲白旗防禦汪
有言東新倉至尖山脚下滿洲鑲黃旗佐領巴
金太監修海寧縣東至尖山石草土塘滿洲正
紅旗佐領長壽海寧縣西至萬家埠石草土塘
漢軍正藍旗防禦劉志奇
乾隆九年春二月巡撫常安請海寧縣魚鱗大石
塘投効人員分别議叙奏可
計給咨引
見三員原任知府呂大雲原任同知潘銓胡士圻留
浙委用十員知縣惲艮翰羅守仁何昇州判黃
宜載呂明縣丞熊安通判黃鳳州同施行義張
治戴椿留浙補用裁缺官一員原任同知田勳
發往南河委用二員州同張廷樂程光賓比照
高堰石工三等議叙之例准於補官日加一級
給咨赴部各歸原班補用三十六員原任知府
徐崑知州吳三復知縣蔡錦主簿李慧州同朱
騰龍仲尚瑛沈如駿沈昌宸張廷鏞章繼倫汪

之淞王昆汪文鳳李昌樟張銘渭程式馮旭楊
兆正陳鈞楊策楊詮周元禮徐淵宋正元蔡洪
垂唐治蔣君錫韓世業金永錫方錫稷李世球
程師孔縣丞楊謹賈科斗楊炳咸正八品吳熙
咸原題案內未經入額照額內人員減等議叙
准於補官日紀錄二次十九員州同趙駿烈鄒
廷楫杜鄒祁尹琦范選章起顯湯紹宗林炳南
廳魁州判葉而恭縣丞胡方恒伍銓光錄寺署
正陳球光錄寺典簿保培基從九品蔡昭銘沈
永乾監生錢振德王殿寅

總督

國初舊制總督浙江等處地方軍務兼理糧餉一
員康熙八年罷九年復二十三年省并福浙總
督雍正五年以浙江廵撫李衛特授浙江總督
兼兵部右侍郎六年加兵部尚書晉太子少保
十年以安徽廵撫程元章特授浙江總督仍兼
兵部右侍郎其福浙總督專轄福建一省十二
年冬仍并福浙總督

布政使

舊制左右布政使各一員康熙六年省一員改
稱布政使

海防兵備道

舊制分守杭嘉湖道一員康熙六年罷九年復
二十四年罷

分廵杭嚴道一員康熙六年罷十三年復二十
一年罷

分廵嘉湖道一員康熙六年罷

分廵杭嘉湖道一員雍正四年從內閣大學士
朱軾請設

雍正十有一年夏四月內大臣海望直隸總督李

衛奏仁和至乍浦海塘不下三百里舊制杭嘉
湖道兼理非其專責請特設海防兵備道一員
駐海寧海塘文武官兵聽其調遣其沿海州縣
官亦令兼轄兵役奏可

臣鑠案海望等疏言海防兵備道一員海塘
文武官兵聽調遣下又云其沿海州縣官亦
令兼轄兵役文義甚明而浙江通志及海塘
通志職官門皆誤讀亦令兼轄斷句屬上海
防兵備道爲一事今改正

乾隆十有九年秋七月閩浙總督喀爾吉善奏中

小亹引河暢流海塘寧請罷海防兵備道復以杭嘉湖道統理北塘以寧紹台道統理南塘奏可

海防同知

康熙五十有九年秋七月浙江巡撫朱軾請罷金華府同知增設杭州府海防同知專司仁和錢塘海寧石土塘駐仁和以嘉興府同知增給海防字樣關防移駐乍浦專司海鹽平湖石土塘所屬巡檢場員聽調遣奏可

雍正八年夏五月浙江總督管巡撫事李衛請杭

州府海防同知一員東西二塘難以兼顧令杭州府捕盜同知倉糧通判分理東西塘更迭稽察夏秋時親駐工所督率

雍正十有一年四月內大臣海望直隸總督李衛請仁和至乍浦海塘不下三百里杭州嘉興府海防同知二員不足治再設同知一員駐仁和分防西塘舊設同知一員駐海寧分防東塘乍浦海防同知如故從之

乾隆元年春三月內閣大學士兼總督巡撫事嵇曾筠請海塘工程浩繁海防東西同知不足治增設協辦東西同知各一員奏可七年五月罷

海防水利通判

雍正十有二年秋八月總理海塘浙江副都統隆昇請增設海防通判一員駐河莊山專司疏濬引河奏可

乾隆元年夏六月大學士兼總督巡撫嵇曾筠請河莊山引河通判移駐海寧改為草塘通判司柴草塘工十九年改為南塘通判

海防武職

雍正八年冬十一月浙江總督管巡撫事李衛請

設西塘千總一員東塘把總一員兩塘千把總各二員奏可

十有一年春三月內大臣海望直隸總督李衛請額設守備二員千總三員把總七員其守備二員分左右營以舊設及新設千把總分隸二營左營守備駐海寧之東右營守備駐海寧之西聽海防兵備道管轄奏可

乾隆十三年秋九月巡撫方觀承調海防右營員兵分防南塘右營守備移駐三江城原辦北塘工統歸左營守備管轄奏可

十有九年秋七月閩浙總督喀爾吉善請罷海防營員兵分隷杭協城守營乍浦水師營餘並省

二十四年閩浙總督楊廷璋請復設海防營千總一員把總二員奏可

二十有六年廵撫莊有恭請增復守備一員千總一員把總二員奏可

四十有九年廵撫福崧請增設李家埠汛把總一員歸杭嘉湖道統轄奏可

兵制

雍正八年五月准總督李衛請仿河營兵丁之例

設海塘經制千總一員經制把總一員有馬戰兵六名內設外委把總二員外委百總二員無馬戰兵一十四名守兵二百八十名分於東西二塘常川修作守視沙水並聽杭嘉湖道管轄海防同知兼轄附入杭協水師營造報民間農桑兩忙昏暮風雨猝難呼應嗣後令弁兵力役不必雇募民夫

十一年四月准內大臣望海直隷總督李衛請增設守備二員經制千總三員經制把總七員有馬戰兵五十四名內設外委千總六員外委把總六員無馬戰兵一百四十六名守兵六十名增設守備分左右二營以原設增設之千總四員把總八員外委千總八員外委把總六員外委百總二員兵一千名分隷兩營左營守備駐海寧縣之東右營守備駐海寧縣之西千總把總分汛防守兵丁俱於附近海塘所設立堡房以居每千總一員給營房八間把總一員給營房六間外委給營房三間兵丁二名合給營房三間再於仁和海寧建造堡房四十間海鹽乍浦建造堡房二十間

十二年八月准總理海塘杭州副都統隆昇請以增設海防通判一員駐河莊山再於海塘左右二營內撥外委千總一員領馬兵四名步兵二十名駐防以供疏濬並聽通判約束差遣

十三年三月准總督郝玉麟請酌撥海塘兵四百名挑濬引河至乾隆元年四月准大學士兼總督廵撫嵇曾筠請停止疏濬引河撤回塘兵四百名

乾隆十二年九月准廵撫方觀承請以右營守備調防南岸駐三江城并抽撥左營之念里汛千

總一員外委一名兵丁六十七名右營之八仙石汛把總一員外委一名兵丁五十名章家菴汛千總一員外委一名兵丁八十一名觀音堂汛把總一員外委一名兵丁七十八名靖海汛把總一員外委二名兵丁六十八名移駐南塘專汛分守其北塘各汛餘外委把總一員歸尖山汛管轄餘馬步兵五名歸鎮海汛管轄餘撫馬戰兵五名守兵一十名歸平湖汛操防工作至八仙石汛章家菴汛工程歸翁家埠汛管理觀音堂汛工程歸老鹽倉汛管理靖海汛工程

歸鎮海汛管理念里亭汛工程歸尖山汛管理統屬左營守備管轄翁家埠汛內派撥外委一名帶兵一十五名分駐河莊葛嶴蜀山諸所巡視中小亹水勢情形五日一度稟報

十九年七月准總督喀爾吉善請罷海防兵備道南北兩岸海塘就近歸併杭嘉湖道寧紹台道專管其原設海防營員兵以守備一員千總一員把總二員外委四名馬兵二十名戰兵六十名守兵一百二十名共兵二百名移屬杭協城守營又以千總一員把總二員外委四名戰兵三十名守兵七十名共兵一百名移屬乍浦水師營又以守兵四百名改爲南北兩塘堡夫所餘千總二員把總四員外委八名馬兵四十名戰兵七十名守兵一百九十名皆省

二十四年五月准總督楊廷璋請於原裁海防營千總二員把總四員外委八名兵丁三百名內復設千總一員把總二員外委三名馬兵二十名步戰兵六十名守兵一百三名自海寧南門外分界迤東至尖山談仙嶺止於尖山緊要之地設立一汛又自南門外迤西至八仙石止於

翁家埠緊要之地設立一汛每汛把總一員專防外委一名協防所餘千總一員外委一名駐海寧城中稽察調度其北岸所設堡夫一百八十三名皆省

二十六年四月准巡撫莊有恭請撤回前撥杭協守備一員千總一員把總二員外委四名增設外委一名海鹽平湖堡夫內改設守兵一十七名於念里亭戴家石橋各設一汛移駐修防并於海鹽之澉浦分撥把總一員外委一名兵十名平湖之乍浦分撥把總一員外委一名兵十

名巡察防守餘把總一員外委一名駐海寧城繞城工程專責修防並聽杭嘉湖道統率

八月准巡撫莊有恭請增設海防營額外外委二名

二十八年四月准巡撫熊學鵬請以海鹽平湖堡夫一百名改置守備塘兵

四十七年五月准總督陳輝祖請增設海防營額外外委一名馬兵十名步兵七十名

四十九年准巡撫福崧請復增前裁海防營把總一員經制外委一名酌撥撫標額外外委一名

步兵四十名守兵六十名於李家埠內增設一汛差遣防守

現額設七汛守備一員千總二員把總五員外委把總九員額外外委四名有馬戰兵四十名無馬戰兵二百二十三名守兵三百六十二名字識一十六名自備例馬一十八匹兵丁操防馬五十三匹衙署兵房九百五十四間號帽六百二十九頂號袍六百二十九件號褂六百二十九件套褲鶴鞋鶴布鶴帶六百二十九雙腰刀六百二十九口弓一百四十張箭一千四百枝插袋二百八十三副綠緞紅鑲邊大旂四面桿小旂二十面桿紅旂四面桿旂儀架二座行營鼓二面銅號二枝金鑼二面望砲號旂一面桿白單布小帳房二頂子營大帳房一頂鳥鎗二百七十九桿百子砲十位砲架十座行營砲四位每年需用火藥七百九十五觔一十四兩備存火藥四百三十一觔四兩零每年需用三分鉛一百二十九觔一十二兩備存鉛子五百六十二觔八兩

中營守備一員駐海寧州東門外教場

守備住房三十五間在海寧州東門外教場乾隆二十七年建教場演武廳一座乾隆二十七年建將臺一座乾隆二十八年建軍藥局樓一座乾隆二十七年建

李家埠汛把總一員外委一名額外外委一名馬步兵丁一百四名駐仁和縣李家埠

把總住房六間兵丁住房九十間在仁和縣李家埠乾隆五十五年建外委住房三間兵丁住房一十五間在仁和縣五岳廟乾隆五十五年建額外外委住房三間兵丁住房一十五間在

仁和縣陳家埭乾隆五十五年建

堡房十座乾隆二十年建計八仙石四間油車街三間方家亭三間太平閘三間金家埠三間李家埠三間麥家埠三間宣家埠三間大竹園三間雙潭閘三間又於嘉慶四年移建外塘計烏龍廟四間茶漕三間唐家井三間五甲圖墻三間六甲廟三間三官堂三間吳家園三間牛頭菴三間南草菴三間三村廟三間

翁家埠汛千總一員外委二名額外外委一名馬步兵丁一百八名駐海寧州翁家埠

千總住房八間兵丁住房二十一間在海寧州翁家埠乾隆二十七年建外委住房三間兵丁住房九間在仁和縣章家巷乾隆二十七年建外委住房三間兵丁住房七間在海寧州曹將軍殿乾隆二十七年建額外外委住房三間兵丁住房二十七間在海寧州戚家井乾隆五十五年建兵丁住房五間在南岸河莊山乾隆二十年建馬兵住房一十間在海寧州東門外教塲乾隆二十七年建堡房一十一座乾隆二十年建計大悲菴三間蔡家埠三間章家菴三間范家埠三間沈家埠三間潞塘路三間翁家埠三間淵家壩三間西新倉三間草菴三間曹將軍殿三間又於嘉慶四年移建大悲菴蔡家埠二座於外塘計褚家埭三間戚家井三間

戴家石橋汛把總一員外委一名馬步兵丁六十四名駐海寧州老鹽倉

把總住房六間兵丁住房四十間在海寧州老鹽倉乾隆二十七年建外委住房三間兵丁住房七間在海寧州馬牧港乾隆二十七年建馬兵住房九間在海寧州東門外教場乾隆二十

七年建

堡房九座乾隆二十年建計觀音堂三間三官堂三間老鹽倉三間大石塘三間鎮海菴三間馬牧港三間戴家石橋三間田裏張三間月明菴三間

鎮海塔汛把總一員外委一名額外外委一名馬步兵丁一百名駐海寧州東門外教場

把總住房六間外委住房三間兵丁住房一百七間在海寧州東門外教場乾隆二十七年建堡房八座乾隆二十年建計小荆塲三間陸家

墋三間南門西三間南門東三間塔院前三間
大石塘三間四里橋三間七里廟三間
念里亭汛把總一員外委一名馬步兵丁六十二
名駐海寧州戚姬街
把總住房六間兵丁住房三十八間在海寧州
戚姬街乾隆二十七年建外委住房三間兵丁
住房一十三間在海寧州十里亭乾隆二十七
年建馬兵住房八間在海寧州東門外教場乾
隆二十七年建
堡房六座乾隆二十年建計九里橋三間賣魚

橋三間小文前三間鄭家街三間念里亭三間
沈家坂三間
尖山汛千總一員外委二名馬步兵丁七十二名
駐海寧州尖山司城
千總住房八間兵丁住房三十八間在海寧州
尖山司城乾隆二十七年建外委住房三間兵
丁住房一十二間在海寧州陳家塢乾隆二十
七年建外委住房三間兵丁住房一十二間在
海寧州新倉乾隆二十七年建馬兵住房九間
在海寧州東門外教場乾隆二十七年建

堡房一十二座乾隆二十年建計普濟菴三間
新倉三間龍王堂三間陳家塢三間殳家廟三
間大盤頭三間福寧宮三間李家墳橋三間花
山三間黄灣三間仰天河三間談仙嶺三間
鹽平汛把總一員外委一名額外外委一名馬步
兵丁一百一十六名駐海鹽縣城東門外
把總住房六間在海鹽縣城東門外乾隆二十
七年建外委住房三間兵丁住房一十八間在
平湖縣乍浦城乾隆二十七年建額外外委住
房三間兵丁住房一十三間在海鹽縣澉浦城

乾隆二十七年建
堡房三十八座乾隆二十年建計永安閘一間
黄道關三間湯家圈三間周家舍三間關帝廟
三間長川壩三間雪炎亭三間三澗寨三間落
塘橋三間藍田廟三間張家木橋三間興福橋
三間勅海廟三間定海廟三間劉王廟三間九
里灣三間朱公寨三間浮圖墩三間白馬廟三
間凌莊涇三間土地堂三間行素菴三間頭寨
址三間小廟頭三間龍王堂三間野貓墩一間
乍關鎖鑰三間頭踏步三間益山三間獨山司

城四間官踏步三間茅竹寮三間小營盤三間海神廟三間大營盤三間朱家墩三間白沙灣三間江南金山縣界三間

堡房東西兩塘共五十座東塘自臧家橋起至尖山止計二十四座西塘自烏龍廟起至臧汛東塘界止計二十六座

職官表

	順治元年九酉	二年	三年
總督 巡撫		張存仁以總督銜撫浙遼東人	蕭起元以右僉都御史巡撫浙江遼東人
布政使 海防道		王敬錫為布政使江南金壇人進士 李茂根分守杭嘉湖道江南當塗人 佟國器分巡嘉湖道遼東人拔貢	金桂為右布政使遼陽人 史儒綱分守杭嘉湖道江南溧陽人 蔡文鏡分巡杭嚴道山西洪洞人
東防同知 西防同知 海防水利通判 海寧州知州			
海防營守備			
沿革			

四年	五年	六年	七年
	劉清泰爲浙江總督遼東右衛人 陳錦爲浙江總督遼東人		
朱廷慶分巡嘉湖道遼東右衛人	陳維新爲布政使遼東人 孟良尹爲右布政使番衛人 張安豫分守杭嘉湖道江南人 魏執中分巡杭嘉湖道滿洲人 李棲鳳分巡杭嘉湖道滿洲人	鄭問元分巡嘉湖道山東新城人	官精共分守杭嘉湖道山東平度州人

八年	九年	十年	十一年
			秦世禎以右僉都御史爲巡撫遼東人
徐爲卿爲右布政使遼東人 石鑛國分巡杭嚴道湖廣舉人 霍達分巡嘉湖道陝西人	張儒秀爲布政使遼東人	徐爲卿轉左布政使 佟延年爲右布政使撫順人 呂翕如分巡杭嚴道直隸保定人 張吉士分巡嘉湖道山東平原人	張縉彥爲布政使河南新鄉人進士 李日芳爲右布政使河南杞縣人 王友蕭分巡嘉湖道山東濱州人

十二年	佟代爲浙江總督，滿洲人	
十三年	李率泰爲浙江總督，滿洲人 陳應泰以右副都御史爲巡撫，奉天蓋州人	李士焜爲右布政使，北直任邱人 鄒一鵾分巡杭嚴道，河南洛陽人
十四年		胡文奕爲右布政使，滿洲人 李兆乾分守杭嘉湖道，陝西人 范用心分巡杭嚴道，河南河內人 史燧分巡嘉湖道，江南溧陽進士
十五年	趙國祚爲浙江總督，遼東人	許文秀爲布政使，遼東杏山人 員書忠爲右布政使，滿洲人

十六年	佟國器以右副都御史爲巡撫，見上	白秉貞爲布政使，遼東杏山人 李榮宗分守杭嘉湖道，遼東貢士 李昌祚分巡嘉湖道，湖廣漢陽進士
十七年	史記功以右副都御史爲巡撫	袁福爲布政使，奉天人 [illegible]爲右布政使，[illegible] [illegible]遼東人 [illegible]分守杭嘉湖道[illegible] 張武烈，山東人 江臧分巡杭嚴道，江南進士 上官鑑分巡嘉湖道，山西人
十八年	朱昌祚以僉都御史爲巡撫，滿洲籍山東高唐人	熊光裕分巡杭嚴道，湖廣黃州進士
康熙元年壬寅	趙廷臣爲總督，遼東人	

二年	三年	四年	五年
	蔣國柱以工部尚書兼右副都御史爲巡撫奉天人		
	李之粹分守杭嘉湖道奉天瀋陽貢士	姚啓盛分巡杭嘉湖道遼東杏山人	

六年	七年	八年	九年
		范承謨以右副都御史爲巡撫奉天瀋陽人順治壬辰進士	

十年	十一年	十二年	十三年
		用逢吉以兵部左侍郎兼右副都御史爲巡撫山西高平人順治乙未進士	李之芳爲總督山東武定州人順治丁亥進士
			陳秉直爲布政使奉天貢士 趙之彪守杭嘉湖道遼東義州人進士 萬永祚分巡杭嚴道遼東人

十四年	十五年	十六年	十七年
陳秉直以浙江布政使遷巡撫見上			
李士禎爲布政使山東昌邑人	銓國器分守杭嘉湖道遼東官生	王樑分巡杭嚴道遼東人	

十八年	十九年	二十年	二十一年
李本晟以右副都御史爲巡撫		石琳爲巡撫滿洲正白旗人	王安國以右副都御史爲巡撫奉天蓋州人
	王定國分守杭嘉湖道遼東正黃旗人		

海塘學要　卷十　圭

二十二年	二十三年	二十四年	二十五年
施維翰爲浙江總督明年改爲福浙總督江蘇南滙人順治己丑進士	王安國以浙江巡撫遷福浙總督見前　趙士麟爲巡撫雲南河陽人康熙甲辰進士		金鋐爲巡撫順天宛平人順治壬辰進士
耿繼先分守杭嘉湖道遼東人廩生		王國泰爲布政使遼東廣寧人貢士	
	是年改浙江總督爲福浙總督自後皆如制		

二十六年			
二十七年	王騭爲福浙總督山東人順治乙未進士	李之粹爲布政使見前	王永祚分守杭嘉湖道遼陽人
二十八年	王新命爲總督	卞永譽爲布政使正白旗廕生	張鵬翮爲巡撫四川遂寧人康熙庚戌進士
二十九年	興永朝爲總督	馬如龍爲布政使陝西綏德人康熙壬子舉人	

三十年			
三十一年		蔣毓英爲布政使奉天錦州人	
三十二年			
三十三年	朱宏祚爲總督山東高唐人		王維珍爲巡撫奉天錦州人康熙庚戌進士

海塘擥要 卷十 卅五

三十四年	三十五年	三十六年	三十七年
	郭世隆以直隸巡撫遷福浙總督 線一信為巡撫奉天宣遠人廕生		張敏為巡撫奉天瀋陽人廕生
	趙良璧為布政使奉天開原人廕生		

海塘擥要 卷十 卅六

三十八年	三十九年	四十年	四十一年
	張志棟為巡撫山東昌邑人康熙癸丑進士		趙申喬以布政使遷巡撫見上
		趙申喬為布政使江南武進人康熙庚戌進士	郎廷極為布政使鑲黃旗人

四十二年	張泰交以江南學政遷浙江巡撫山西陽城人康熙壬戌進士	
四十三年		
四十四年	金世榮以福州將軍調福浙總督	管竭忠為布政使漢軍鑲黃旗官生
四十五年	王然為巡撫順天宛平人官生	黃明由守備累遷布政使福建泉州人

四十六年	梁鼐以福建提督遷福浙總督陝西人
四十七年	
四十八年	黃秉中為巡撫奉天人
四十九年	范時崇為總督奉天瀋陽人 王度昭為巡撫山東諸城人康熙乙丑進士

年	
五十年	
五十一年	
五十二年	
五十三年	段志熙為布政使河南濟源人廕生

年	
五十四年	覺羅滿保以福建巡撫遷總督滿洲正黃旗人康熙甲戌進士 徐元夢為巡撫滿洲白旗人康熙癸丑進士
五十五年	
五十六年	朱軾為巡撫江西高安人康熙甲戌進士
五十七年	

五十八年	五十九年	六十年	六十一年
	屠沂爲巡撫湖廣孝感人康熙甲戌進士		呂猶龍以福建巡撫調浙江奉天正紅旗人　李馥以安徽布政使遷浙江巡撫福建閩清人康熙甲子舉人
	傅澤淵爲布政使鑲黄旗廕生		
			四月劉汝楠以金華府同知改爲海防同知奉天鑲黄旗人
	是年專設杭州府海防同知一員		

雍正元年癸卯	二年	三年	四年
	黄叔琳爲巡撫順天大興人康熙辛未進士　法海以江南學政調浙江巡撫滿洲人康熙甲戌進士	傅敏署巡撫滿洲人康熙丁丑進士	高其倬以雲貴總督調福浙總督漢軍鑲黄旗人康熙甲戌進士　李衛以雲南布政使遷浙江巡撫江南徐州人
	王朝恩爲布政使鑲紅旗貢生　佟吉圖代滿洲正白旗人		
	八月唐叔度以海寧縣署海防同知四川錦竹人	二月谷確以知縣爲海防同知直隸灤州人貢生	
			是年設杭嘉湖三府巡道

五年　李衛加兵部侍郎銜特授浙江總督管巡撫事
許容爲布政使河南虞城舉人
孔毓璞山東曲阜人歲貢
彭維新以河南按察使遷浙江布政使湖南茶陵人進士
九月李飛鯤爲海防同知江南華亭人籍宜興癸巳進士

六年　李衛加節制江南七府五州
徐鼎分巡杭嘉湖道江南徐州人河南遂平籍進士
四月馬日炳爲海防同知奉天鑲紅旗人

七年　李衛加兵部尚書太子少保仍管巡撫事秋丁憂在浙候旨蔡仙舲署巡撫九月李衛復任
程元章以福建學政改浙江布政使河南上蔡人辛丑進士
王斂福爲分巡道山東諸城人辛丑進士

八年　張元懷爲布政使直隸宣化人癸巳進士
是年設西塘千總一員東塘把總二員

九年　李燦以崇明鎮總兵署福浙總督山東濟寧人癸未武進士
王國棟以刑部侍郎署巡撫奉天鑲紅旗人癸巳進士
張元懷由署河南巡撫復任
孫國璽署布政使漢軍正白旗人辛丑進士

十年　程元章以安徽巡撫授浙江總督管巡撫事
王紘以江西布政使調浙江山東膠州人辛丑進士
三月吳宏曾從南河調浙江海防同知江南徐州舉人

十一年　六月王斂福由分巡杭嘉湖道改海防兵備道
六月李飛鯤爲西防同知
六月尹世忠爲海防左營守備江南宿遷人
是年專設海防兵備副使道一員增設海防同知一員分防東塘原設同知一員分防西塘又增設海防左右營守備二員千總三員把總二員

十二年　郝玉麟以福建總督仍改福浙總督漢軍鑲黃旗人
程元章以浙江總督管巡撫事
刁承祖以河南布政使調浙江直隸祁州人乙未進士
張若震以驛鹽道遷布政使江南桐城人
雍癸卯舉人
七月成貞署海防兵備道滿洲人
四月張偉以杭州通判署東防同知奉天人
二月陳堯年爲海防右營守備浙江上虞人
是年增設海防水利通判一員司疏濬引河駐河莊山

十三年	乾隆元年丙辰	二年	三年
程元章以總督銜管巡撫事	稽曾筠以太子太保大學士兼吏部尚書管總督巡撫事江南無錫人丙戌進士　九月張若震署巡撫　十一月稽曾筠復管巡撫		十月張若震署巡撫　十一月盧焯[illegible]巡撫漢軍鑲黄旗人
八月秦炌以杭州知府署海防道奉天鑲黄旗人舉人　王紘爲海防道山東福山人貢生	正月靳樹德爲海防道　九月朱定元代貴州麻哈州人		
十月靳樹德署西防同知奉天鑲黄旗人貢生　九月李宗典署水利通判江南懷寧人	正月張永熹爲西防同知奉天人　五月林緒光爲東防同知福建閩縣舉人　三月何熷由南河調浙江協辦東防同知浙江山陰人	三月胡士圻協辦西防同知江南長洲人　九月趙應召爲西防同知	
	是年增設協辦東西海防同知各一員七年五月省　從引河通判駐海寧司柴草塘江後省		

四年	五年	六年	七年
	宗室德沛爲閩浙總督鑲藍旗人　十月張若震署巡撫　十一月盧焯復任	七月張若震署巡撫　是月復以德沛代署	二月常安爲巡撫滿洲鑲紅旗人
四月林緒光署海防道　十月莊柱爲海防道江南武進人雍正丁未進士		十二月姚雀署海防道江南桐城人	正月德希壽爲海防道滿洲正紅旗人
正月何州爲東防同知　十二月田勳由南河調浙江協辦東防同知　蔡秉義由南河調浙江協辦西防同知江南長洲人	三月楊錫芳爲通判奉天人　十月李培厚署廣東東莞人	十一月劉葵爲東防同知　宋雲會爲通判山東膠州人雍正丁未進士	
			六月張天衢爲左營守備直隸宣化人

八年	九年	十年	十一年
那蘇圖為閩浙總督滿洲鑲黃旗人			
			十月劉宴署海防道江南亳州人
十二月伍鉞署通判順天大興人	十二月田勳署東防同知		八月王緒署西防同知奉天舉人 二月查延掌署通判湖廣漢陽人 四月鮑珍為通判奉天人
	八月曹鵬飛為右營守備江南吳江人	八月尹世忠復為右營守備	

十二年	十三年	十四年	十五年
正月唐綏祖署巡撫江南江都人 四月常安復為巡撫 十月顧琮代滿洲鑲黃旗人	五月方觀承為巡撫安徽桐城人	八月永貴為巡撫滿洲正白旗人	
二月鄂敏為海防道滿洲鑲藍旗人庚戌進士	五月魏崍署海防道雲南昆明人 六月陳樹蕃為海防道湖南湘潭人生員	八月王師為布政使山西臨汾人庚戌進士	
	八月黃仁署東防同知江南陽湖人 十月魏崍攝署 八月劉祖佑署通判安徽南陵人	九月吳鐸署東防同知	四月梁濟為東防同知廣西雒容人 九月項喻署湖北漢陽人
十月王世昌為左營守備江南宿遷人 十二月薛倚鑄為左營守備江南山陽人			

十六年	十七年	十八年	十九年
十二月喀爾吉善為巡撫，滿洲正紅旗人			六月周人驥署巡撫　八月鄂樂舜為巡撫，滿洲正藍旗人，庚戌進士　十一月周人驥代
三月葉存仁為布政使			閏四月周人驥為布政使，直隸天津人，丁未進士　十一月葉存仁復任　八月傅靖為杭嘉湖道
九月何昇署東防同知，湖北羅田人　十一月史鳳輝署，江南荊溪人	八月甘士瑞為東防同知，漢軍人　七月李星垣署西防同知，江南豐縣人	三月方漢烈署東防同知，江南人　七月甘士瑞復任　正月蘇光弼為西防同知，福建人　三月俞垂虹署，江南人　七月蘇光弼復任	九月蘇光弼署東防同知　十一月甘士瑞復任
張士傑為左營守備，浙江山陰人			
			是年罷海防兵備道，復以杭嘉湖道統理北岸海塘　罷海防營員兵

二十年	二十一年	二十二年	二十三年
	二月喀爾吉善署巡撫　四月楊廷璋為巡撫，漢軍鑲藍旗人		
四月同德為布政使　十月永德為杭嘉湖道，滿洲正藍旗人	二月富勒渾為布政使，滿洲正白旗人	八月杜官德為布政使，湖北竹山人，乾隆乙丑進士	
六月松柏為西防同知，滿洲繙繹舉人	閏九月張曾紹署東防同知，江南桐城人，廩生　三月陳維衡署西防同知，甘肅張掖人　七月松柏復任		四月林文德為東防同知，漢軍人　九月赫名額署西防同知，滿洲人

二十四年	二十五年	二十六年	二十七年
二月楊應琚署巡撫漢軍正白旗人 四月明山代署 五月莊有恭爲巡撫廣東番禺人乾隆己未狀元	十一月明山署巡撫	閏二月莊有恭復任	十月索琳署巡撫
月明山爲布政使滿洲正藍旗人			二月索琳爲布政使蒙古正藍旗人
二月松柏復任	三月劉純煒署東防同知山東諸城人己未進士 六月孫文元署西防同知直隸宛平人戊午舉人	正月張曾紹爲東防同知 八月劉純煒署 九月高象震署漢軍人 十月董世寧爲西防同知漢軍正紅旗人	閏五月劉純煒爲東防同知
		六月王季芬爲海防營守備浙江仁和人	
是年復設海防營千總一員把總二員		是年撤回前設杭協守備一員千總一員把總二員	

海塘擥要 卷十 垩

二十八年	二十九年	三十年	三十一年
		閏二月永德爲布政使 是月劉純煒爲杭嘉湖道見前	
正月焦大鋐署東防同知山東平度州人 九月赫名頟爲東防同知	十月彭元瑋爲西防同知江西南昌人己酉舉人	十二月黃簪世署西防同知即墨人	正月張廷泰署東防同知 八月單光遂爲西防同知湖南武陵人
八月張鵬飛署守備海寧人	十月魯爲文署守備海寧人	正月張鵬飛爲守備	

三十二年	三十三年
	三月永德署巡撫。十月崔應階代，湖北江夏人。十二月永德復任
	三月劉純煒爲布政使。四月馮章宿爲杭嘉湖道，山西代州人
五月焦大鋐署東防同知。九月全瀾代署，山西安邑舉人。十月何永圖署西防同知，山西太谷舉人	正月林恩宇署東防同知，福建閩縣舉人。九月梁徽爲東防同知，山西介休舉人。五月單光隆復爲西防同知
	五月吳元署守備，海寧人

三十四年	三十五年
十二月熊學鵬復爲巡撫	十二月富勒渾爲巡撫
六月富勒渾爲布政使。十一月寧舞立爲杭嘉湖道，滿洲正藍旗人	七月潘恂爲杭嘉湖道，安徽桐城人，進士
二月劉鳳鳴署東防同知，廣東順德舉人。十月梁徽復任	二月于汝照署東防，直隸人。六月王士濟代署，陝西人。十二月梁徽復任。正月荊稱聖署西防同知，廣東人。十月沈全達爲西防同知，江南人
正月魯禹文署守備。八月吳元爲守備	

三十六年	三十七年
	七月熊學鵬爲巡撫
二月王亶望爲布政使，山西臨汾人，庚午舉人。九月張琎爲杭嘉湖道，陝西涇縣人	十一月孔毓文爲杭嘉湖道，江南句容人，甲戌進士
三月沈全達署東防同知。九月清泰代署，滿洲鑲黃旗人。十一月沈全達復署	四月陳虞盛爲東防同知，湖北漢陽人。八月劉雁題署，河南光山人，庚辰進士。十月何肇灝代署，福建甌寧人，貢生

三十八年	三十九年
正月王亶望署巡撫。三月三寶爲巡撫，滿洲正紅旗人	
十二月鮑鳴鳳署東防同知，安徽人。是月沈堅代署，江南人。二月王燧爲西防同知，江南人。四月章全節署，江南人	二月王燧復爲西防同知。五月劉雁題署。二月劉雁題署知州。八月戢效曾爲知州，直隸寧津舉人
	是年陞海寧縣爲海寧州

四十年

四月陳廣盛為東防同知
八月范金忠署江南人
十一月胡觀瀾署安徽人
十二月陳廣盛復任

四十一年

三月胡觀瀾署西防同知
二月戰效曾署東防同知
五月陳廣盛復任
是月潘安智署江南人
十月戰效曾署
二月張圖南署江南人
十二月清泰署

四十二年

九月王亶望為巡撫
四月孫含中為布政使山東昌邑人癸未進士
四月張圖南為東防同知
十月張廷栢署西防同知福建順昌人

四十三年

七月徐恕為布政使江南青浦人辛未進上
五月清泰為西防同知
二月陸洪署守備海寧人
十二月王坦代署嘉興人

四十四年

正月國棟為布政使
四月董世寧為杭嘉湖道
四月劉廷璽為東防同知
正月陸洪為守備

四十五年

三月總督三寶兼署巡撫
三月王燧為杭嘉湖道見前
四月潘安智署西防同知
五月李質穎為巡撫漢軍正白旗人
十月清泰為西防同知
十一月富勒渾署

四十六年

正月李質穎復為巡撫
二月盛柱為杭嘉湖道
二月陳輝祖代播湖南祁陽廪生

四十七年

九月王進泰署巡撫漢軍鑲白旗人
十月福長安代攝滿洲鑲黃旗人
是月又以富勒渾代署
十一月福崧為巡撫
正月盛柱為布政使
是月周克開為杭嘉湖道湖南長沙舉人
九月張力行署西防同知

四十八年					
四十九年		七月清泰爲杭嘉湖道滿洲鑲黃旗人	四月王廷勳爲西防同知河南睢州貢生　正月王泰曾爲知州順天宛平人		
五十年			四月陶章溎署東防同知湖南人　九月方求巽署西防同知江南人　十月席維世爲西防同知江南人		
五十一年	四月伊齡阿爲巡撫滿洲鑲黃旗人　十月琅玕代滿洲正藍旗人	四月顧學潮爲布政使江南元和副貢生	九月張力行爲東防同知　十二月唐若瀛爲西防同知陝西三原舉人		

五十二年					
五十三年			六月陶章溎署東防同知　十一月張力行復任　十二月趙思恭署西防同知直隸人　七月呂爾禧署知州江南人	六月萬錦署守備錢塘人　八月張麟昭爲守備海寧人	
五十四年	三月顧學潮署巡撫　五月琅玕復任		二月呂爾禧署東防同知　三月唐若瀛復爲西防同知　十一月錢其紹署直隸人　二月王泰曾回任　八月潘亮著署知州　十月鮑鳴鳳爲知州	七月林貴署守備海寧人　八月張麟昭回任	
五十五年	九月海寧爲巡撫滿洲鑲黃旗人　十一月歸景照署　是月福崧復爲巡撫	十月歸景照署布政使江南常熟人	三月李坦爲東防同知四川長壽人　是月趙思恭爲西防同知　八月呂爾禧署　月李見心署知州　十月鮑鳴鳳回任		

五十六年	五十七年	五十八年	五十九年
	閏四月歸景照署巡撫　六月福崧復任	正月長麟爲巡撫滿洲正藍旗人　九月吉慶代滿洲正白旗人	
四月良柱爲杭嘉湖道滿洲鑲藍旗人	十月王懿德爲布政使漢軍正白旗人壬申進士　八月李嗣爲杭嘉湖道山東金鄉人甲辰進士	十一月張朝縉爲布政使江南如皋人	六月田鳳儀爲布政使河南安陽人辛卯進士
四月袁秉直爲西防同知江南華亭人　十月曹庠業署江西新建貢生　十二月袁秉直復任	二月鮑鳴鳳署東防　閏四月李坦復任　是月嚴燚會署西防　九月郭文誌署福建人　十一月袁秉直復任　十月吳嗣湖爲知州廣東人	七月吳嗣湖署東防同知廣東會同人　九月方應遴代湖南巴陵人　十月李坦復任	三月富齡署東防滿洲人　五月李坦復任　七月李見心署江西臨川舉人　八月張經田爲東防湖南人　十一月蔣重耀署西防　十二月袁秉直復任
七月林貴署守備	十一月朱鎮署守備仁和人	二月林貴爲守備	

六十年	嘉慶元年丙辰	二年	三年
	八月玉德爲巡撫滿洲正紅旗人		
八月汪志伊爲布政使江南桐城人辛卯舉人　正月秦瀛爲杭嘉湖道江南無錫人甲午舉人		正月謝啓昆爲布政使江西南康人辛巳進士	
閏二月福綸布爲西防滿洲人　六月李見心署　十一月張士楹爲西防湖北人　九月張玉田爲知州順天人	十月蔣重耀署東防同知江南陽湖人副貢生　七月汪誠若署知州直隸灤州人	正月司馬駿署東防同知江南江寧人　三月蔣重耀代署　閏六月李見心爲東防同知　二月張玉田回任	
			四月陳廣寧署守備山陰人世襲雲騎尉

年					
四年	六月謝啟昆署巡撫　十月壽麟代署滿洲鑲黃旗人　十一月阮元以戶部侍郎署巡撫江南儀徵人己酉進士	十一月劉烒為布政使江西南豐人己丑進士　十一月秦瀛直署杭嘉湖道事	正月任澤和署海寧州知州河南息縣人己酉進士	三月陳廣宣為守備	
五年	正月阮　為巡撫		四月任澤和署西防同知		
六年		二月程國璽署杭嘉湖道事漢軍正白旗人　六月秦瀛回杭嘉湖道任	十月黃秉哲署知州福建平和人		
七年			二月李賡芸署西防同知江南嘉定人庚戌進士　五月戴廷沭署江南糧直隸清苑人　七月任澤和為西防同知		

海塘擥要　卷十

年					
八年	七月清安泰署巡撫　十月阮　回任	二月阿禮布以按察使署布政使　四月清安泰為布政使滿洲鑲黃旗人辛丑進士	六月張青選署知州廣東順德人舉人　十月孫鳳鳴為知州安徽鳳陽人乙酉拔貢	五月張祥林署守備海寧人　六月姚萬清　八月陳大年署守備海寧人	
九年			六月吳鼎祚署東防同知江蘇如皋人	三月張祥林署守備　六月陳大年為守備	
十年	閏六月清　署巡撫　七月清　為巡撫	閏六月景敏以按察使署布政使　十二月崇祿為布政使滿洲鑲白旗人	八月楊鍈為東防同知四川合州人癸卯舉人於是月廿三日任		
十一年		正月陳廷燕署杭嘉湖道　二月岳齡為杭嘉湖道滿洲鑲黃旗人於是月十三日任	十一月路錞署西防同知湖北漢陽人於是月廿七日任		

十二年	十三年
十二月二十七日布政使崇祿護理巡撫	月二十八日巡撫阮復任
十二月二十七日按察使朱理署布政使安徽涇縣人進士　同日候補道彭入傑署理杭嘉湖道江西廬陵人	三月二十八日布政使崇回任　同日杭嘉湖道岳回任　八月慶格爲布政使滿洲正白旗人
二月鵬圖署西防同知於二月十五日任　九月初三日路錞爲西防同知	
	三月十八日湯之盛署守備本州人

海塘擥要卷十一

神祠

虞禮六宗魯祭三望海皆居一則海之列於祀典也久矣河中大波之神爲陵陽國侯見於高誘注淮南子江中波濤之神爲伍子胥見於國策及史記索隱則司濤之有神也亦久矣仁寧當潮汐之衝濱海億萬生靈賴神之保護尤亟諸神或有功於生前或顯靈於身後允合能捍大菑能禦大患之義其祀之也固宜若曹大將軍朱宏佑公永固土地彭烏二

公並以邑人血食茲土捍衞閭里故從祀外別有專祠歲時伏臘鄉民胥奔走祈報焉可謂盛矣志神祠

海神廟

雍正七年勅建海神廟總督李衛奏請擇海寧縣治之東購買民地四十畝啟建正殿五楹崇奉

勅封寧民顯佑浙海之神經始於雍正八年八月九年十一月訖工中懸

御書福寧昭泰匾額（雍正十一年正月頒）

清晏昭靈匾額（乾隆四年頒）

澄瀾保障匾額

百谷歸墟澤滙江湖資利濟三亹循軌潮平龕赭慶安恬柱聯（俱乾隆二十七年三月頒）

三亹恬佑匾額（嘉慶六年頒）　正殿上以唐誠應武肅王錢鏐吳英衛公伍員左右配後爲重門進內正中恭建

御碑亭敬勒

御製海神廟碑文（雍正十年六月頒　恭紀卷首）東西配殿各三楹以越上大夫文種漢忠烈公霍光晉橫山公周凱唐潮王石瑰昇平將軍胡暹宋宣靈王周雄

平浪侯捲簾使大將軍曹春護國宏佑公朱彝廣陵侯陸圭靜安公張夏轉運使判官黃恕元平浪侯晏戍仔護國佑民永固土地彭文驥烏守忠明寧江伯湯紹恩茶槽土地陳旭從祀正殿之東爲天后宮正殿之西爲風神殿

雍正十一年二月

遣內大臣海望直隸總督李衛等致祭　海神文

明神受職於天恩覃澤國禦菑捍患利賴宏深凡茲東南黎庶所得保室家而安耕鑿者　神之賜也朕躬膺天命撫馭寰區夙夜敬恭以承上下神祇之祀

所期海宇蒼生永蒙庇佑惟茲浙西郡邑實爲瀕海要衝比年以來仰荷神靈嘉貺頻昭安瀾共慶邇者風潮鼓蕩衝潰隄防近逼民居吏入震恐朕痌瘝在念軫恤惟殷專遣重臣周行相度涓日鳩工爲海疆圖久遠奠安之計用是潔誠致禱虔命在工大臣敬展祀事昭告悃忱伏維　明神俯念海壖億萬生靈城郭田廬於茲託命隄工木石皆出脂膏力役所需民衆勞苦伏冀宏昭福佑默相大工綏靜百靈風恬波息俾工作得施長隄孔固克底厥績護衛烝民保聚生全安享樂利則東南列郡溥被庥祥朕實拜

明神之功德於無疆矣謹告

乾隆十六年

遣左副都御史胡寶瑔致祭　海神文

惟　神障衛東南奠安民物靈昭於越百川於是朝宗利擅江湖萬彙資其潤下挹波光之澄瀞潮汐無虞宜廟貌之巍峩馨香勿替朕觀風吳會稅駕錢江覽井邑之阜寧慶風濤之恬息捍災禦患瞻靈爽以匪遙崇德報功在經臨而不廢　神其歆格鑒此明禋

乾隆二十二年二月

遣散秩大臣昭毅伯永慶致祭　海神文

惟　神惠安南紀奠定東瀛德著朝宗翕受用承乎百谷功歸潤下灌輸兼利乎三農嘉清晏之蒙庥滄波久靖念閭閻之託庇報饗宜虔朕法古觀風載臨浙水睹此安瀾之有慶益徵　神貺之無涯于豆于登稽舊儀而勿替以妥以侑當時邁而彌殷尚冀居歆永綏兆庶

乾隆二十七年

遣散秩大臣永福致祭　海神文

惟　神靈毓東瀛惠茲南服潮真有信式彰日母之神海不揚波永奠天吳之宅峯連龕赭乾坤軒豁其

端俔水界桐廬子午均調夫節候金隄鞏固丕荷鴻庥具闕澄清允懷顯佑朕時巡越國載覽胥江萬頃鎔銀天淨魚龍之氣一奩皎鏡岸融梅柳之春俾展馨香用禱利濟山川望秩稽舊典於虞書河岳懷柔協奏章於周頌　神其昭格歆此苾芬

乾隆三十年閏二月

遣工部侍郎范時紀致祭　海神文

惟　神惠普南邦靈昭東海受百川而積潤信有常期滙萬壑以爲宗量惟竝納澄光如鏡風清伍相之江靜彭沈山日麗錢王之地鴻庥丕著永固金隄顯

佑常昭彌滋玉甸朕虔修茂典載舉時巡覿萬頃之
安瀾魚龍効順當三春之和月節候均調用展明禋
良辭翊贊懷柔河岳頌禱允協乎彝章望秩山川披
圖克紹夫舊典　神其昭格式此馨香

乾隆四十五年三月

遣

御前都統德保致祭　海神文

惟　神德澤南國靈著東溟環吳越之封疆羣流翕
受應赭龕之潮汐入信均調碧影涵天久靖陽侯之
浪鏡光映岸遙通伍相之江徵清晏之蒙庥卜靈長

之獲佑朕展巡浙甸載蒞瀛壖覽周址於崇塘千村
永護指祥輝於遠島萬派同歸水道中亹共荷安瀾
之慶誠祈北漲宜修望秩之儀敬飭太常虔伸殷薦
神其昭格鑒此明禋

乾隆四十九年三月

遣刑部左侍郎塔奇致祭　海神文

惟　神靈超四瀆量納百川雪浪平堆江影接錢塘
之白鏡波如拭山光連秦望之青詟捍禦於多方魚
鱗疊砌慎堵防於先事蟻穴環封茲緣疆吏之奏陳
欣值堤工之告蕆遂紆清蹕來視瀛壖溟渤東趨喜
協安瀾於兩浙漲沙北引永昭順軌於三亹肅遣專
員用伸肆事　神其歆格鑒此苾芬

許三禮祀海文東南之區有大海焉厥名歸墟
實惟神靈奠安是職而百川於焉効順萬竈藉
以寧居有杭之郡邑著海寧義取鰲極永悟鯨
波不興也而捍患禦災歷世有人或則先勞以
爲崇墇或則呼號以竭精誠某躬不敏忝宰是
邑當茲夏應林鐘洪濤入潬沙衝土坼皇皇四
境臥不貼蓆咨爾陽侯民亦勞止曷震怒之是
恩耶爾民則何知抑司牧者之責耶靜言思之

曷勝踧踖或曰潮大逼塘文運之亨然而得時
則駕以惠我人伊文瀾之呈祥曷旣和而且平
爰潔牲醪敢告尊神捍沙無頹司潮不驚俾我
民兮爰居爰處惠無疆兮乃安乃貞

明成祖遣孟瑛祭東海文　皇帝遣保定侯孟瑛
禮部侍郎易英諭祭東海之神曰比者浙江屢
奏潮水瀰漫衝突堤岸決裂土田蕩毀廬舍彼
民父母妻子惶惶無棲仰止歲築隄防辛勤勞
瘁不獲休息朕軫念民艱夙夜匪寧維神受上
帝命職司東海浙之民皆上帝所育上帝好生

而惡死福善而禍淫神宜體上帝好生之心陰垂庥庇俾水患消弭民得以安生樂業歲獲豐稔永享太平之福斯朕不負上帝所託而神亦不失彼民父母妻子之望惟神其勉之永樂十六年

配享諸神考

唐誠應武肅王錢鏐

五代史鏐字具美杭臨安人幼與羣兒戲指麾爲隊伍號令有法及壯以販鹽爲盜術士見之驚曰此真貴人也乾符初王郢作亂石鑑鎮將董昌表鏐爲偏將擊郢破之黃巢兵掠浙東鏐引

勁卒蹂之乃引兵還又斬劉漢宏拜都團練使景福中進鎮海節度使加太尉中書令封吳王梁太祖封吳越王置酒高會故老執爵上壽卒年八十二謚武肅

按王射潮退塘成有鐵箭大若杵今在新橋雖首出土可撼不可拔父老云掘之則陷培之則隨土高

吳英衛公伍員

越絕外傳胥死之後王使人捐於大江口勇士執之乃有遺響發憤馳騰氣若奔馬威凌萬物歸神大海彷彿之間音兆常在蓋子胥水仙也

咸淳臨安志神伍氏名員字子胥吳王夫差入越勾踐使大夫種行成於吳王許之子胥諫不聽賜之屬鏤以死吳人憐之爲立祠於江上名曰胥山唐元和十年刺史盧元輔修景福二年封廣惠侯宋大中祥符五年海潮大溢沖激州城詔本州每歲春秋醮祭賜忠淸廟額封英烈王九年馬亮知杭州禱祠下明日潮殺又出橫沙數里堤岸乃成康定九年太守蔣堂重建嘉祐七年太守沈遘修政和六年加封威顯廟燬於

建炎兵火興於紹興二十二年至三十年加封忠壯乾道五年周安撫淙重修嘉定十七年累封爲忠武英烈威德顯聖王紹定四年再燬賜緡錢重建嘉熙三年趙安撫與權又易而新之

杭州府志俗名伍公廟元改封順佑忠孝威德顯聖王明正統十四年重修萬歷八年重建

浙江通志

國朝雍正三年

敕封英衛公其廟宇修葺動正項帑金每歲春秋致祭

乾隆十六年

御題額曰靈依素練

唐白居易禱江神文滔滔大江南國之紀安波則為利澤流則為害故我上帝命神司之今屢潮濤失道奔激西北水無知也如有憑焉浸淫郊墨壞敗廬舍人墜墊溺籲天無辜居易祗奉璽書與利除害守土守水職與神同是用備物至誠躬事虔禱庶俾水反歸壑谷遷為陵土不騫摧人無蕩析敢以醴幣羊豕沈奠於江惟神裁之無忝祀典

唐盧元輔胥山祠銘元和十年冬十月朝散大夫

使持節杭州諸軍事杭州刺史上柱國盧元輔視事三歲塵天子書上畏羣靈下慚蒸人乃啟忠祠銘而敘曰維唐敷祀典於天下廢淫置明資父事君罔有不舉寢廟既設我命厥新有周行人伍公字子胥僣吳之職得死直言國人求忠者之屍禱水星之舍將瞰鴟草遂臨浙江于五百年廟貌不改漢史遷曰胥山今曰青山者謬也吁善父為孝記曰父之仇不與共戴天諫君為忠經曰諸侯有諍臣不失國當阨於宋鄭絕楚出疆在平為未官臣在奢為既壯子坎壈伏節乞師於吳軍鼓丁寧五戰至郢鞭墓走昭非逆施也夫差既王宰嚭受賂二十年內祀又顛越泰伯廟血將乾闔閭劍光先失公入則諫焉雖言屢出口而車甲已困於齊矣蟹稻已奪於歲矣屬鏤之賜竟及其身鴟夷盛屍投於水濆憤悱鼓怒配濤作神迄今一日再至來也海鴟羣飛陽侯夾從聲遠而近聲近而遠奮於吳沸於越汐於楚乃退於是仲秋闞望杭人以旗鼓迓之笳簫和之百城聚觀大耀威靈捲沙疊裂地灰截厓岸坼城坑迎潮氏格之如呂梁丈

人為靈戈威矛激浪百里渚塞不先跳牆揭舷再飯之間絕其音聲蕩漭千里洪波砥平有滑有脯有鹽有腥遙實乎下庭山海梯航雜林扶桑交臂於茀階金狄在戶雷鼓在堂魏尊漢豆六代笙簧可謂奉天爵之馨香獲神人之盛禮佐皇震怒驅叱犬邪萬里永清人觀斗氣銘曰武王伐紂子胥鞭平為人為父十死一生矯矯伍員執弓挾矢仗其寶劍以謁吳子稽首楚罪皆中紂理蒸報子妻殲鉏直士赫赫王閭實聽奇謨錫之金鼓以號以誅黃旗大舉右廣皆朱

戮墓非豬蟾昭乃烏後王嗣立執書不泣顛越言潤宰嚭讒輯步光欲飛姑蘇待執吾則切諫抉眼不入投於河上自統波濤晝夜兩至懷沙類騷洗滌南北簸蕩東西蠻夷卉服罔敢不來雖非命祀不讓瀆齊帝帝王王代代明明表我忠誠

宋眞宗吳山廟春秋建道場詔杭州吳山廟神實主洪濤聿書往冊頃者湍流暴作閭井爲憂致禱之初厥應如響禦災捍患神實能之用竭精衷有如常祀庶憑誠感永庇吾民宜令本州每

歲春秋建道場三晝夜罷日設醮其青詞學士院前一月降付

王安石伍子胥廟銘予觀子胥出死亡逋竄之中以客寄之身卒以說吳折不測之楚報仇雪恥名震天下豈不壯哉及其危疑之際能自慷慨不顧萬死畢諫於所事此其事與夫自恕以偷一時之利者異也孔子論古之士大夫若管夷吾臧武仲之屬苟志於善而有補於當世者咸不廢也然則子胥之義又曷可少耶康定二年余過所謂胥山者周行廟庭歎吳亡千有餘年

事之興壞廢革者不可勝數獨子胥之祠不徙不絕何其盛也蓋以子胥之節有以動後世而遺愛尤在吳也後九年樂安蔣公爲杭使其州人力而新之臨川王安石與之銘曰烈烈子胥發節窮逋遂爲冊臣奮不圖軀諫合謀行隆隆之吳厥發不遂邑都俄墟以智死昏忠則有餘胥山之巔殿屋渠渠千載之祠如祠之初孰作新之民觀而趨惟忠肆懷惟孝肆孚我銘祠庭示後不誣

王安國忠清廟記胥山廟者吳人奉事已千百餘

年至於今天子命祀而使之歲時祈祝未嘗懈也嘉祐七年長興沈公作藩於杭政以大成下畏以愛既而雨暘或愆躬禱於廟歲仍大熟於是邦人皆以爲神之賜也乃相與告於公曰願治廟堂以妥神靈公既樂詔教之施能媚於民而又嘉民之不忘神惠而思爲報也故聽之八年六月廟成公遂祭享耆稚歎嗟咸願刻石以詩題之後使人來請詞於臨川王安國乃作詞曰維此句吳泰伯肇居其後繇繇亭有邑都闔閭夫差力欲圖霸有臣子胥才實剛者報楚入

郢遂棲越君使國爲雄我志獲伸彼何孛謟冐貨奸宄我憤於忠國亦旋毀武林之墟胥山之岡立廟以祀民思不忘既歷年久報祀不懈以迄於今常遣祈拜公作邦伯實治廟民每祝必誠獲應於神卒是逾歲風雨順節謂非神庥有或爲孽人乃告公廟堂將傾圖易而新不戒還成嚴嚴之堂有翼其廡憑依之威觀者俯僂衆日迄事公郎大祭賓贊肅虔簫鼓謳沸豕羊具肥桂酒香醇神顧享之醉飽欣欣衆願具石刻載厥美係之銘詩庸告無止

蘇軾祭英烈王文欽誦舊史仰瞻高風報楚爲孝殉吳爲忠忠孝之至實與天通開塞陰陽斡旋濤江保障斯民以食此邦嗟我蠢愚所向奇窮豈以其誠有請輒從庚子之濤海若伏降完我岸閘于夫奏功牲酒薄陋報微施豐敬陳頌詩侑此一鍾

國朝傅敏重修英衛公廟碑記英衛公廟祠春秋吳行人伍公也公没吳民祠諸江上號胥山廟唐封廣惠侯錢武肅王奏改惠應旋晉吳安王宋賜祠額忠清改封忠壯侯又進英衛王以祀元季叠晉八字王封明釐祀典詔郡長吏歲以九月二十日祀而祠額不改

國朝祗膺寶命百神率職濟海際天颶紓濤謐雍正紀元之元年

勅封英衛公

詔發帑銀以新公祠於是知杭州府事臣魏定國知仁和縣事臣胡作柄知錢塘縣事臣楊夢殳祗承祠部牒檄選材鳩工肇工於八月之十有六日蔵事於十一月十有七日堂寢門廡彩碧絢耀而役不逮坊里杭人士聚觀新額謂宜有以宣

上德述神貺臣傅敏時署巡撫事爰紀其源流暨歲月鑱諸麗牲之碑謹按公懋勳偉績春秋左氏傳史記蓋綦詳矣獨沒而歸神大海依潮來往其說始見於越絕書吳越春秋而越絕謂於江中或疑當屬揚子又越境北至秀之語兒吳山地本隸越而不知章沉番禺胥號大江而是時吳適棲越今崇邑姑蘇諸地雖雅多公蹟胥山要以杭爲準至其神之揚靈潮汐也如武肅王禱於祠而江干七八十里之決以塞英威熚赫績有可紀

天子軫念浙東西耆庶敬舉秩祀崇號上公而祠部檄
守臣新敬廟剗沕之棟牖以安公靈視前代禮
有加焉宜矣昔漢有防海大塘唐史載鹽官塘
浙江惟富陽錢塘長堤差可考然自居易任刺
史業廬濤激西北而大歷八年宋祥符景祐慶
歷元豐淳熙紹熙元致和暨明洪武後五大潰
決毀陷漂沒不可勝紀惟
國朝修舉水政警惰敫冐其於捍江捍海實克舉端
木氏趙氏暨范陽鄺氏之所錄王充虞喜盧肇
燕肅余靖張載蘇軾史伯璿金履祥之所覃思
而極論華信李濬李嶓後諸賢之所斲塗夕燎
而僅獲集事者胥萅萃其經畫以見諸石囤木
櫃竹絡排樁閘而祗蔫罔或矯誣水害迄用是
息然則山陽之材鴻鷺之羽百鍊之鏃有所不
能抑鐵輪鐵絙以貫鐵幢有所不能鎮而稽望
秩於虞書繹懷柔於周頌此其克符祭法禦災
捍患之旨而神職以共民生以乂者也且杭郡
東南形勢遙控海江當桐江入境東觀定浮錯
對裏山漁浦諸峯峙青點黛及其出龕赭歷沙
渾會錢清上虞兩江而東也近則石墩白塔遠

則花鳥陳錢以迄於葉壁壘島斜烏盤臺之外
且不啻億萬里而鯨颶鱷霧訖偕鹽官潮胥帖
粹然則於越之西陵衝波可以無庸擊杭之西
津恬流可以無庸渡而靈戈威矛恒偃戢於浪
山濤屋之中俾杭郡百萬戶廬舍塋壠無虞震
騰者惟公衛於斯滋固而
聖天子之德海涵天覆而莫之有涯也臣敫等備位列
嶽爰敢附唐宋守土臣後肅撰廟銘焉其詞曰
艾陵退息城山進攻凡爲臣者孰如公忠昭關
東奔紀南西趋凡爲子者孰如公孝維忠維孝
千人之英没而歸海海若震驚一日再來素車
白馬火霆錯擊銀潢倒瀉揚波重水異壤同神
忠孝協軌以衛斯民
帝德覃敷爰被二浙濤清噴玉隄堅屹鐵乃報公功崇
封肇開熒參星斗楹餘雲雷醲酒封牲雅歌節
舞潮平山碧樂此終古

越上大夫文種

吳越春秋越王賜文種死葬於國之西山一年伍
子胥從海上穿山脅而持種去與之俱浮於海
故前潮來審候者伍子胥也後重水大夫種也

漢忠烈公霍光

葉森顯忠廟記傳曰聖王之制祭祀也禦大患捍大災則祀之有功於民則祀之其所以祀之之意答明貺也若山川社稷之炳靈故在在尸祝之皆有功於民能禦災捍患者也是以書名大常勒功丹史而天下享祀焉杭之清湖開元宮西有廟曰顯忠土人稱霍使君祠漢大將軍博陸侯也按舊志云吳孫皓時降於庭自言漢霍光求立祠於金山鹽場以捍水患宋紹興初建行廟於錢塘左三廂之長生橋加封忠烈順濟

昭應王賓諸宋會要秀州華亭縣小金山漢霍光祠宣和間賜額曰顯應忠烈順濟公廟紹興之封異其名號耳初廟基屬民家乃鳩錢券其地定爲神居棟宇既完禱祠日盈事無巨細咸請於神應若影響至嘉泰紹定間兩有反風滅火之異紀事傳信廟碑具存國朝元統初夏六月甲申火自朝至於日中昃始由西坊至清湖岸而止焦土者萬有餘區死如焚如棄如者不可以數計民嗸急號懾震怛望廟以呼如嘉泰紹定之時神赫赫厥靈飇風遽轉隻瓦不毀廟貌如故暨左右民克保厥居錢塘縣學去廟爲最近時有司新刊會要於學予叅校讐將完約費五萬餘緡亦賴以存神之功能如是者不一推而廣之則禦大災捍大患不難矣詎止有功於民而已耶於是杭之士民聚金葺廟以答明貺猶以未盡其誠將謀刻詞以紀靈異宏文輔道粹德眞人眉叟王公捐粟爲助承務郎遂昌縣達魯花赤阿剌帖太公施金若干采飾神像奉議大夫會昌州知州管公彥清爲之勒石請文於予辭不獲故得紀其實焉他時守土之臣

能以神功申請奉常載在祀典與百神受職則國家愛民禮神者至矣神之福斯民者宜何如也哉

魯瞻顯忠廟碑記大觀庚寅冬瞻廣陵秩滿臘中歸省親道經吳江寒甚一夕震澤水合旣抵家鄉人皆言曰昔湖中氷厚幾尺有物自東北趨西南轟然有聲氷擘如粉夕即還如是三日乃已此何異耶瞻曰異哉不得而知之第聞吳主孫皓嘗被疾時有神降於小黃門云華亭鹹塘風濤爲害非人力能防古海鹽縣一旦陷爲湖

無大神護臣漢之功臣霍光臣部黨有力當鎮
之翊日疾瘳立廟小金山鄉人盍相與築宮湖
上竭虔昭惠以鎮此土乎僉曰茲衆所祈嚮者
郎卜爽塏之地占湖山之勝乃營廟宇乃嚴神
棲自是遠近翕然社會拜者舢艫相啣也竊嘗
謂生爲偉人則沒爲明神必有大功德於民隨
其所向而追想世奉祀之惟忠烈公策名孝武
擁昭立宣厥功懋焉是時漢都長安距吳會遠
甚公之沒更漢歷三國已數百年乃託吳主之
疾肇建金山之祠敷錫陰貺宏庇海邦此何理

耶其人如月在天有水則現舟行月移東西南
北隨所向而見之若黃石公之於仙舟張漁陽
之於鄮邑民猶尸祝之矧夫忠烈嚴嚴精爽凛
凛發祥炳靈感應如響曾何久且遠之間耶時
愈久而民之祀愈崇詎容議哉我宋重熙百神
受職宣和二年始賜額曰顯忠後三年誥封忠
烈公雖冠五等之爵尚遲顯忠之令庶致崇樞
而移神貺也丙午春瞻歸自京師祗謁祠下至
未就緒慨歎久之而職其事者輿議弗允亟告
縣大夫而易之明年冬闔郡司還朝過家上冢

乃見廟宇屹然擁以虛亭翼以修廊旁列攸司
各有次第高明輪奐庭殖聳飛徘徊諦觀目駭
而心肅焉因裒始末書之石式告來者

沈懋孝重建顯忠祠碑記顯忠祠在當湖東門外
相傳爲鎮海神以乍浦地界金山海濤從波上
流來故亦稱金山之神其小像作貞晨狀如漢
武所賜大將軍博陸侯之圖則余聞之先大夫
言自番舶入貢顯靈海濤間而尊置之者其在
三國吳王時夢感小黃門稱醎塘颶作非人力
可防余漢之博陸侯也奉帝之勅率所部作鎮

鹽官至晉代因武原縣治一朝忽沉爲當湖始
立祠湖之上宋大觀中兩浙提舉魯瞻感其靈
應請於朝始封忠烈公宣和二年賜額爲顯忠
祠紹興中知湖州魯可封是瞻之子勒石紀其
事始末如此云本朝載在邑乘旱乾水溢禱之
輒應至嘉靖中海寇徐海陳東葉麻三酋者窟
穴松江之柘林無月不掠我湖邑先後七八年
督撫績溪胡公宗憲蹄鎮湖邑解攜其黨盡殲
三酋之衆於我沈家莊是時金山神明効靈爽
督撫公如將見之親致祭焉始公先見降渠酋

繼有逆謀復檄永順麻沙諸部蕩平之蓋爲氛
濁厲終始結局於此邪明神祐助之功焉可誣
也余時總丱爲諸生日夜緝於垣墉抱鼓間一
一親見其事如癸丑三月倭千餘從乍浦登岸
蟻結於讀書堆上者五日彼時未有城堞市人
揭干湖畔以禦之此一帶水耳終不能渡取道
竟從金山去後有田父數人被掠遁還者言彼
中見有金冠金袍白馬翩翩巡湖之滸戈戟如
雲或作虎象形嗚呼無城無兵何恃能守此非
神之力而何也如乙卯二月倭駕千艘萬人來

攻城其酋乘輿先上流矢向城中者如雨邑侯裘
陽劉公存義連發三矢遂殪放艘由武塘以去
後有從艘中脫歸者競言酋見神人仗劍擊之
諸艘檣纜多折斷者以爲不利吐舌連霄遁嗚
呼咆吼而來奪魄以去此又非神之力而何也
自倭熄來今且五十餘年海波安瀾時和歲登
我父母延陵王公加意乎境內應祀之神於是
父老同聲願新顯忠神之祀呈舉帖行樂趨者
衆故工力速成規模開拓於舊余爲述明神之
顯聲濯靈於耳目間者眞實如是使邑士氏皆

敬焉夫湖邑僅有百里而去海甚近島汎無期
颶災時作斯時也有邊海之防焉有蕩析之虞
焉天人幽明間所爲協奠此土者功參半矣乃
若子孟先生受遺摛立持傾保大事在前史堂
堂巍巍神行天壤無所不在吾聞其事今天下
未見其人

趙孟堅顯忠廟英烈錢侯碑記吳越備史載漢博
陸侯霍公附小黃門謂吳王曰國之疆土東暨
海濤虧蝕倭壽臣漢舊輔今當爲臣駐小金山
爲禦海斥使不衝盪全護國封當爲建祠於彼

金山示所旌顯自時厥後封祀不絕今爲忠烈
王顯濟廟焉維英烈侯家閩氏錢行位居七航
海而商舶帆經從入廟致禮儼親威爽虐浪東
行一山若岸巖巖殿宇卓冠山椒地勢坤靈軒
赫斯稱又稔王忠存漢社稷歆生敬慕若曰浮
沈罔利轇轕逃途汨潰塵中何終底止歿事忠
臣愈退生死猛念倏發幽明洞符玉立無間父
手瞠視不敢不倚賀然化歸異哉於是驚怪顯
迹塑貌附祀老宿相傳幾百年矣季夏之月二
十二日維侯生辰沿海祭祀在在加謹廣陳鎮

金山祠祀尤嚴常歲是日海商海賈橐戶亭丁
祉鼓喧迎香華羅供然前無位號未應秩經使
隊弓刀遥稱太尉殆幾野廟殊闕聲猷屬靑齊
向化之年因獸猶競東鄙興師佚能助順虛無
之際神證用彰霧消雲飛陰兵千萬排空而下
旌旗署號華亭太尉智識昭明遂及交鋒賊勢
披靡風驅電掃冥助惟多主兵上之公朝訪尋
允合爰加封敕益以英烈庸答靈休端笏垂紳
榮披章服從飾伏衛一變魚雅孟堅毋弟孟淳
令嗣秀安僖王曾元孫爨居里日嘗誦言曰英

烈神靈國勳如是其偉兄志於文盍爲紀述其
承聲當備樂石以奉刻詞茲以書石旣囑紀弗
可後

晉横山公周凱

宋濂横山周公廟碑神諱凱字公武姓周氏世居
臨海郡之横陽生而奇偉身長八尺餘鬓垂至
地善擊劍能左右射博聞而强識家貧耕以養
父母及司馬氏平吳與陸機兄弟入洛張華薦
之神知晉室將亂獨辭不就而臨海屬邑曰永
寧曰安固曰横陽地皆瀕海海水沸騰蛇龍雜
居之民罹其毒神還自洛乃自於邑長隨其地
形鑿壅塞而疏之遂使三江東注於海水性旣
順其土作乂永康間三江逆流颶風挾怒潮爲
孽邑將陸沈民咸愳爲魚神奮然曰吾將以身
平之卽援弓發矢大呼衝潮而入水忽裂開電
光中見神乘白龍東去但聞海門有聲如雷而
神莫知所在矣俄而水勢平江禍乃絕邑長思
其功號其里曰平水且建祠尸祀之神初封於
唐爲平水顯應公壽歷王爵賜衮衣赤舄宋累
加通天護國仁濟之號從祀郊壇兼賜仁濟爲

廟額元復加以威惠晉號太和冲聖帝遂易廟
爲宮國初定議爲横山周公之神仍命守土臣
歲修祀事

唐海潮王石瑰

晏殊輿地志石瑰生於唐長慶三年錢塘古稱濤
江苦潮害瑰奮力築堤以捍水勢祁寒劇暑不
輟功未就竟死於潮咸通中封潮王
僧本誠潮王廟記按晏殊輿地志古有石姥祠舊
碣石載石姓瑰名生於唐長慶三年錢塘古稱
濤江民苦潮害王奮力築堤以捍水勢祁寒劇

暑不輟功未就竟死於潮後爲神咸通中官爲立廟封潮王宋宣和開睦寇犯順時朝廷以韓世忠禦敵陰雲四合聞空中叱咤聲仰見旗幟書石姥潮王之號軍士奮勇大破寇兵嘉熙間潮水復作潰堤衝岸漂蕩民居人力不能禦京尹趙公與𥲅躬禱祠下潮復故道有司上其事加封忠惠顯德王皇慶二年主僧宗禮率其徒即寺報昆廬閣

昇平將軍胡暹

元徐圓碑記令公字進思義烏人唐懿宗朝佐裴

度平淮西以功陞武任將軍宣宗時奉命至海昌從禪門齊安國師師演法謝恩坐化將軍回至長河過海神祠亦立化於庭有司申聞宣宗遣桑稱二御帶追封齊安爲悟空禪師進思爲昇平將軍與海神共祀至宋康王南渡乘騾過長河無船可渡入廟叩之忽有大舟迎王問其名居曰桑稱二姓本里胡進思家人也建炎元年遣官召之里中並無其人因廟中有胡令公事蹟碑降詔封海神云

按令公名暹字進思與吳越時名進思字克開湖州人者並非一人舊志誤合爲一非是

宋宣靈王周雄

海寧志侯生淳熙三月四日爲母疾走婺州祈佑五顯回至三衢而卒附童言曰五顯靈威需我輔翼生不封侯死當廟食衢人於是立廟新城有禱輒應今廟食於硤石之鎮審山

浙江通志神杭新城渌渚人廟在杭州者序稱其生於宋季銳志恢復抑鬱以沒在新城者碑稱其賈於衢聞母疾破浪而行爲水所沒蓋忠孝之神也

錢養廉周宣靈王像贊并序王生於宋季銳志恢復抑鬱以歿其忠誠激烈固宜與日月爭光矣碑載幼蛙事尤奇每歲三月四日傳王降生之辰蛙於時倏來倏去光采特異豈望帝之魂千載未泯耶至捍災禦患數著靈應里人香火甚虔與褚僕射岳武穆相鼎峙余感其事并係以贊辭如戟兮目如炬矯矯如龍兮桓桓如虎大業未酬兮壯志獨苦寧死爲厲鬼兮毋生而爲鼠輩風漠漠兮香火楚楚享俎豆於千秋兮永爲我生靈恤災而禦侮

平浪侯捲簾使大將軍曹春

海寧志曹將軍祠祀宋封平浪侯大將軍春在縣西南四十五里巖門山元潘萬選有記明初顯聖於五都二圖

元潘萬選曹將軍祠碑記神姓曹諱春字仕寧生於故宋嘉定癸酉二月初四日卯時性好施予人有疾延醫治之有難匍匐救之衣寒食餓以爲常年三十七十月三日忽沐浴更衣端坐謂妻子曰吾當至婺源語畢而化明年九月有人自徽州來至其家曰此非曹將軍之居乎某乃

婺源靈順廟之主奉也將軍顯靈吾廟救民災患多所生全特親至汝家以聖像授爾其子乃奉像於中堂病者祈之輒痊海舟過禱則無虞鹵不能鹽叩之無不稱遂是年秋天旱潮涸予齋戒禱祠下須臾潮水陡至官民大喜乃捐俸葺祠勒石爲紀

護國宏佑公朱彝

海寧縣志侯力能拔牛尾倒行宋治平初溺海爲神著靈應元延封宏佑公朱一是爲可堂集令公名彝以治平四年二月五日生袁花里年三十九商於海而沒崇寧三年八月二十三日也建炎初苗賊入境公陰保境賊見山川草木皆兵因駭遁紹興中丞相趙忠彥奏封太尉寶祐三年潮患禱之而應封靈佑將軍大德三年建祠崇祀加封護國將軍

元大德三年封朱將軍廟護國宏佑公勑爵有德祿有功夙著禮經之訓禦大災捍大患載遵祀典之文爰示褒崇庸彰顯應鹽官州海神聞靈浙右安宅海隅江漢朝宗無遠弗屆雨暘時若有感必通比聞高岸之類推能免下民之墊溺

導水波而潛復益固堤防足財計以阜豐仍輸斥鹵嘗閱衛臣之奏具知神力之雄肇錫嘉名丕昭令問聿嚴廟貌特禪恩封可賜號靈感宏佑公

廣陵侯陸圭

西湖游覽志陸圭郡慶軍人宋宣和中爲眞州兵馬都監引兵攻方臘敗之沒爲神紹興間神徵陰兵却潮潮平淳祐間江潮沖激尤甚神與三女揚旗空中浮石江面岸賴以成封神爲廣陵侯三女爲顯濟通濟永濟夫人旁祀十二潮神

各主一時

按錢塘遺事三女一主護岸一主交澤一主

起水

靜安公張夏

宋史河渠志景祐中浙江石塘積久不治人患墊

溺工部郎中張夏出使因置捍江兵士五指麾

專採石修塘隨損隨治衆賴以安邦人立祠

四朝見聞錄夏作石堤二十一里以防江潮杭人

德之立廟堤上嘉祐十年因功贈太常少卿政

和二年封寧江侯加封安濟公

浙江通志

國朝雍正三年

勅封靜安公九年配食海神廟

按海寧又有英濟侯廟祀蕭山布衣張六溺

海爲神俗稱捍沙大王蕭山縣志云宋以祀

漕運官張行六五有功於海隄今俗謂之張

老相公廟王多吉張氏先塋碑記吳越王時

刑部尚書張亮一傳護堤侯十一稅院襲爲

長山海神則前行六五者即指十一言也予

嘗取神之子孫藏有宋時勅書神果名六五

一爲理宗淳祐十一年封神爲顯應侯一爲

咸淳四年封神爲護堤侯其勅有云廟以英

濟舊矣則與靜安公自是二人今從祀海神

廟者明書靜安公張夏更不必疑其爲張六

五相公也

轉運使判官黃恕

定海縣志鄭清之黃公祠記宋浙東轉使判官黃

恕字文捩別號東浦襄陽人也應嘉定癸未制

舉歷官簿丞令長所至以仁斷稱歲咸淳丙午

來領是職先是縣武功村和尚塘界中有流淖

淤塞深莫測其底南北相距百餘丈延袤數里

橫亙阡陌有司聚土刻石甃之比將成水從下

涌汎溢無際時或靜夜有聲如鼓翼日必大決

海潮外應揚濤洶入桑田殫爲斥鹵歲或十餘

決望洋蹙額束手浩歎而已黃公時領轉運判

官素以廉幹聞仰府事兼治海制置使章大淳

遂屬以厥事公慨然任之即日單騎詣其所露

處野宿躬荷鍤督役運土石衆亦猛奮兩涯蟻

集垂成而復決者屢焉嫓決必先期有聲水涌

如沸役再越朔弗就乃廣募良策有術士衣麻

衣自稱從武夷來排衆直前謁公曰是地也無物而聲無風而濤變幻不常淺深莫紀龍罔象所蟄也投以生人彼畏賜而縮功可立奏公色怒然瞋目視之曰修此以爲民也殺人以求成功何心哉必爾捐我身耳厥明齋沐具少牢以奠再拜爲民請命少頃下復有聲衆駭懼擾亂旁有峻崖公策馬臨之諗於衆曰吾死於此若輩奮力語未究崖崩如雷公幷馬溺焉衆號躃聲震原野已而波濤恬然乃如公命投土不復淖決三日封土與兩塘連接比旦具祭告成忽

城右數十步外水起如注衆方懼復決俄涌公尸出據鞍攬轡顏色欣然如生民爭出貲具衣冠殮焉時淳佑戊申夏四月八日也公舍人欲歸其柩闔臨安兵擄未果民攀輿泣曰我公袪百世之害當享百世之報願乞衣冠葬而祠之且請於章君以聞於朝勅進秩宣撫判官表其墓聽民立廟祀之民捐產競赴三旬廟成章君扁其門曰勑賜治水判官黃公永利之祠命鄉老歲時敬祀如儀

元平浪侯晏戌仔

杭州府志神江西清江鎮人元初輸文錦於上都因而尸解人立廟祀之洪武初顯靈江潮間封平浪侯

明寧江伯湯紹恩

明史藁循吏傳湯紹恩安岳人嘉靖五年進士十四年由戶部郎中遷德安知府尋移紹興郡屬山陰會稽蕭山三邑之水滙三江口入海潮汐日至擁沙而入停沙而出天久不雨則潮益深入而沙益積如邱陵遇霪潦則水爲沙阻不能驟洩良田盡成巨浸當事不得已決塘以瀉之

塘決則憂旱歲苦修築無已時紹恩遍行水道至三江之口見兩山對峙水灉其中喜曰此下必有石根余其於此建閘乎募善水者探之下果有石脈横亘兩山間遂興工先投以鐵廹蛟龍遂徙次填以石繼以籠盛甃屑沈之使鰌鯢不敢穿穴工未半屢爲潮所衝不能就怨言煩興紹恩不爲動曰毀則吾築基愈固何慮不成乃禱於海神潮不至者累日工遂竣修五十餘尋爲閘二十有八以應列宿於內爲備閘三曰經漊曰撞塘曰平水以防大閘之崩潰閘外兩

涯則築石隄四百餘丈扼潮始不爲閘患既成刻水則於柱石間俾後人相水勢以時啟閉自是水田盡變爲沃壤三邑方數百里間無憂水患矣士民德之立廟閘左歲時奉祀不絕屢遷山東右布政使致仕歸年九十七而卒紹恩之將生也其父佐夢紹興城隍來謁及生有峨嵋僧過其門曰他日地有稱紹者將承是兒恩乎因名紹恩字汝承其後果驗

通志湯太守紹恩祠在紹興府開元寺明萬歷初建

國朝雍正六年六月巡撫法海以紹恩創築三江閘有功紹郡題請封號

勑封寧江伯春秋致祭　紹恩初築堤有豚魚千頭隨潮而上紹恩曰易中孚豚魚吉利涉大川此堤成之兆也隸名木龍者初建閘時工成輒毀衆束手龍自投閘身死而鉅工成邑人德之設像祀焉

護國佑民永固土地彭文驥烏守忠

白豐彭烏廟碑彭名文驥字德公烏名守忠字子樸居瀕海家素封元泰定三年海溢朝命築塘費不給二神罄家貲助之坍陷不已時有移民內地之議神曰生不助其成死必捍其患何內徙爲未幾陷於海大顯靈異海患頓息塘成民卒不徙聞於朝立廟以祀明嘉靖三十三年塘大圮神又顯靈勅封護國佑民永固土地

國朝康熙五十九年從祀尖山潮神廟雍正九年從祀海神廟

茶槽土地陳旭

仁和志臯亭山屢受潮患永樂間新城茶商陳旭出橐中金築新塘後洪水與江潮相接沿江俱

没塘壞旭躍入水屍隨潮浮至臯亭山沙隨屍而漲塘乃成屍遂葬焉勅封茶槽土地與福明王迄二百餘年無潮患士民戴德各方建祀有上新下新等祠

天后宫

興化府志天妃林氏世居莆之湄州嶼東螺村五代閩王時都巡檢林愿之第六女也宋太平興國四年三月廿三日妃始生有異徵幼悟元理旣長能乘席渡海乘雲島嶼間人呼爲神女屋室三十年黙與神契雍熙四年卒里人祠之有

禱輒應屢著靈異於江湖閒宣和中路允廸使
高麗中流震風獨路所乘舟神降於檣安流以
濟使還奏聞特賜順濟廟號元至元時以護海
運有奇應加封護國庇民廣濟福惠明著天妃
直沽等五處皆立廟賜額靈慈洪武閒改封聖
妃永樂七年復加封護國庇民妙靈昭應宏仁
普濟天妃廟曰宮
國朝康熙二十三年克彭湖靖海侯施烺見神兵導
引及入廟則神衣半身沾濕表上其事
詔加封天后　嘉慶四年於舊封宏仁普濟下天后二

字上
敕加福佑群生誠感誠孚顯仁贊順垂慈篤祜十六
字
臺灣府志天妃即馬祖海船危有禱必應洋中風
雨晦冥夜黑如墨每於檣端現神燈示佑如船
中忽出熠火如燈升檣而滅是謂馬祖去必遭
敗船中例設馬祖棍大魚小怪近船以棍連擊
船旁即避去
宋寧宗加封靈惠妃助順敕古以女神列祀典者
若湘水二妃北阪之陳寶西宮之少女南嶽之

夫人以至丁婦滕姑亦皆廟食夫生不出閨門
而死乃祀於百世此其義烈有過人者矣靈惠
妃宅於西湖福此閩粤雨暘稍愆靡所不應朕
惟望舒耀魄其名月妃川祇靜波其名江妃爾
之封爵旣曰妃矣增錫嘉號被之綸渙祟大褒
顯凡以爲民尙沐異恩以永厥祀
丁伯桂艮山順濟聖妃廟記艮山順濟聖妃廟祀
神莆陽湄洲林氏女少能言人禍福殁廟祠之
號通賢神女或曰龍女也莆臨海有堆元祐丙
寅夜現光氣環堆之人一夕同夢曰我湄州神

女也宜館我於是有祠曰聖堆宣和壬寅給事
路公允廸載書使高麗中流震風八舟沉溺獨
公所乘神降於檣遂獲安濟明年奏於朝賜廟
額曰順濟紹興丙子以郊典封靈惠夫人逾年
江口又有祠祠立二年海寇憑陵效靈空中風
掩而去州上其事加封昭應其年白湖童邵一
夕夢神指爲祠處丞相陳公俊卿乃以地券奉
神立祠於是白湖又有祠時疫神降曰去湖丈
許脉有甘泉我爲郡民續命於天飲斯泉者立
痊掘泥坎甘泉涌出請者絡繹朝飲夕愈甃爲

井號聖泉郡以聞加封崇福越十有九載福興
都巡檢使姜特立捕寇遙禱響應上其事加封
善利淳熙甲辰民菑葛侯郛禱之丁未旱朱侯
端學禱之庚戌夏旱趙侯彦勵禱之隨禱隨答
具狀聞於兩朝易爵以妃號靈惠慶元四年加
助順之號嘉定元年加顯衛十年加英烈神之
祠不獨盛於莆閩江浙淮甸皆祠也艮山之祠
舊傳監丞商公份尉崇德日感夢而建
天后宫兩旁以曹娥及廣陵侯三女從祀
邯鄲淳曹娥碑曹娥者上虞曹盱之女也盱能撫

節安歌婆娑樂神以漢安二年五月時迎伍君
逆濤而上爲水所淹不得其屍娥年十四號慕
思盱哀吟澤畔旬有七日遂自投江死經五日
負父屍出
於越新編宋大觀中封靈顯夫人政和中加封昭
順淳祐復加封純懿　三女事蹟見上廣陵侯
圭下
潮神廟在海寧州尖山
康熙五十九年巡撫朱軾奉
勅建六十一年

勅封運德海潮之神以英衛公伍員上大夫文種武肅
王錢鏐合公胡暹宏佑公朱彝靜安公張夏永
固土地彭文驥烏守忠從祀
欽頒匾額協順靈川乾隆二十七年
御題匾額恬波孚信
御題柱聯池通潮汐安江裔川障東南護海門
潮神廟在仁和縣
康熙四十三年江塘工成督修同知甘國奎建潮
神廟於江干善利院設主祀諸有功於江塘者
又建觀潮樓於旁四十四年

賜御書恬波利濟之額國奎敬摹匾恭懸樓上乾隆二
十二年三月奉
上諭
命於杭州省城之觀潮樓敬建海神之廟六月興工八
月告成
皇上御賜封號曰平潮利涉浙海之神正殿上
御書匾額曰保障東南二十三年遣官某致祭文曰
滄海爲百川之長淛河受三折之趨潤注惟功基防
是力當
皇考懷柔之治爰以馨香惟　明神感格之忱恬茲潮

沙既

勅祀鹽官之邑遂鞏成玉帶之堤沃壤數滋豐年頻慶

朕再臨吳越兩報牲牢爰規勢於錢塘雄開離位特庀材於將作敬妥坎靈永冀嘉庥載崇新構陽侯率職森羅衛從之儀水伯承風申布指揮之義門外東瞻萬里朗雲霧於龕赭樓前西轉一江肅濤瀾於子午翠旍初展全收鯷壑清光蘭橑高騫靜擁鳳山正色從此惠我稼穡康予人民地近鐵幢簫鼓奏送迎之曲天臨貝闕春秋虔香火之司茲以落成還辰專告 神其昭貺實用鑒歆

潮神廟在海寧州老鹽倉

乾隆四十八年十月總督富勒渾巡撫福崧奏據布政使盛住嘉湖道周克開及工員等僉稱老鹽倉改建石塘開工之始沙性澁汕多有已釘復起難以下樁時有老人指點先用大竹試探俟扦定沙窩再下樁木加以夯築入土甚易更復堅固又梅花樁木係五木攢作一處雖下樁原有先後而將與槽平之際沙土澁滯五樁不無參差須衆樁合力同時齊下使樁木悉平俱各堅緊方能鋪砌石塊用之果有成效及跟查其人已無蹤跡衆皆傳爲神助查老鹽倉本有潮神廟臣等現在勘修以答靈貺

順濟龍王廟在仁和湯村鎮

李長民順濟廟記浙江順濟廟馮公揭靈玆土功效彪炳慶元庚申致禱於神命兩浙轉運副使沈公作室更新祠宇有詔册神自侯爵爲靈佑公而漕司命其屬梁大亮李長民相與卽故祠規度之經始是年六月晦越二十二日計材植工役糜錢三百萬有奇方告成長民周眡祠宇慨念疇昔不有記述而公之孫子崇之進之亦以爲言於是卽所錄行實以都人所傳聞而次第之謹按公姓馮諱俟字德明世錢塘人生於熙寧甲寅六月十四日娶郭氏生三子公天姿剛直幼孤事母孝年有十八夢帝遣神易其肺腑云將有畿命且寤胸懷豁然開明生不習文藝至是于書傳大義驟皆通曉有叩以禍福莫不前知足未嘗履閾外人或遇之江海之上元祐中一日有舟渡江值大風濤分必死公卽現形其間自言名氏叱咤之頃駭浪恬息又嘗寢竟日乃寤其嘔吐皆海錯異物怪而問之則云適

晏龍宮大觀三年十一月巳未忽語人上帝命司江濤事不得辭越三日不疾而終年三十有六先期旬日於清水閘所居西偏自營兆域旣歿靈異猶彰人即所居祠之而次子松年亦以濟人及物著靈遠近今二孫則幼子椿年所生於是子孫世奉廟祀浙江中流有沙磧能爲舟害有司致禱其沙即平用是法膺褒典至今又從官給費易故而新之以安神靈其跡彰灼賜爵受封則具有紹興以來朝廷錫命在

靈休廟在錢塘城南鑲界江岸名七郎堂

咸淳臨安志神係嚴州分水縣弓兵因方寇擾攘陰衛有功州縣保請於朝立廟紹興戊午江潮大作府城齧士葉永年捨屋建祠爾賜額禱輒應咸淳初賜額

靈順廟在錢塘徐村石塘

咸淳臨安志即婺源五顯神祠于近郊者凡七徐村舊有小祠淳祐九年江潮沖激里人乞靈其下遂相與治新之

楊公祠在海鹽白洋河上

陳詔楊公報功祠記公諱瑄字廷獻江西豐城人舉景泰進士試御史再疏曹石之奸謫戍嶺表茂陵即位復公官歷浙江按察司憲副巡視海道癸巳甲午風潮大作乙未丙申繼之塘大圮公篤意籌畫定海城北捍海塘縣西走馬堤羈衛所裹外海塘健跳所海鹽海塘皆公修築海鹽塘逾二千三百丈工最鉅捍患最大隨陞按察使司半載病亟語寮寀惓惓惟築海塘法不及私鹽民戴公德肖公像祀之海濱萬歷乙亥之變祠宇漂沒而公神像暨二三侍衛自移百步外踞高曠間儼如廟貌士人異之余自奉命綜

理塘務巡海上訪公政績適有司請公禱以黙相比予督石桐江公自晝見夢授以修築之法出人意料塘旣完自之撫院疏請建廟賜額蒙旨名報功祠有司春秋致祭遂於白洋河內擇高爽善地負城面海創建神宇設以几筵侍以衛從環以垣墻匾以勅旨永鎭洪波與海神埒夫公直聲在朝廷勳名在史册區區一祀胡能重公顧萬頃溟渤一綫堤防自非藉公精誠孰克鎭定遐思美報百代不磨宜矣然余復有感焉邇偕少府張君增修前績而張君內仿縱橫

樣塘外仿荆公陂塘堅聳可久覆之往牒鹽之有荆公陂塘自公始也其有縱橫樣塘自葵峯黄公始今第修二公之業而兼用之績以罕儷今公入祀典而黄未淼一豆人心歉焉矧丈尺艮分次第字號迄今皆遵黄公法視公屬續惓惓艮亦無忝晉祀何疑余雅意欲請于朝凡捍災禦患法施民勞定國一言一事苟合祀典皆乞有食廡間用勸來者而黄公爲急乃匆匆滇南之行未果也書以識之蓋亦公所許矣按葵峯黄公即僉事黄公光昇築海鹽縣海塘在嘉靖二十一年

附鎮海塔 在海寧州城東南

海寧縣志舊名占鰲在邑治巽隅萬歷間邑令郭一輪經始築基一級有奇後令陳揚明議竟舊令之緒會鹺直指張惟任司理孫穀廉得施金所贏者一千兩畀揚明襄厥事萬歷四十年壬子正月鳩工九月告成其高一百五十尺廣周九十有六尺圍郭翼闌逵七級之頂明末邑人陳之遴之暹重修後復傾圯

國朝康熙丙辰秋邑令許三禮鳩工重葺邑人都御史陳散永撰記

藝文

列史志藝文但載書目而已其載及詩文實始於郡縣志其初猶附在山川古蹟下不專列一門近乃不厭其多繁蕪滋甚海塘舊志倣郡縣志採載頗富今亦仍之然必擇其有關於修築如明黄光昇築塘記陳善捍海塘考張次仲議修築海塘書陳詵海潮議陳訏寧鹽二邑修塘議皆修防所宜奉爲圭臬者其他文雖佳不過遊覽登臨之作槩不敢附志藝文

海鹽縣防海議　明　陳所學

海患關切浙西諸路故永樂之役計協蘇松九府獨念防止末流事先有備如必待旣溢而後捍如物力民患何身昔治塘無定額額自宏治始均泒各邑夫里七千兩嘉靖以來則約四千而下之矣然猶藉邑帑中縣各邑日久弊生徵解不齊臬憲黄公光昇督令貯府閘乃以修郡城權一用之然猶關白水利職官嗣則又以軍旅用矣已乃視爲羨餘而贅疣之矣吁嗟乎百姓生靈藉此抵捍卽今風潮叵測日夜澎湃計又安能一日忘哉爲今議請必各邑依時解府府仍發縣督委專官募夫採石隨到隨築或增補或拆修縱横曲折相時經營每歲率以爲常自非大氾溢此外不必另議則下無侵牟之奸塘有修築之實用以漸不費役以時不勞久之屹然砥柱矣貯之於官寧若貯之於塘爲愈乎或者曰若是工幾無寧歲矣曰供有定額役有定値非厲也且自有塘至今金粟固捂海塡邱矣亦惟此民命國脉耳苟圖玩愒以重後艱可乎曰然則各役徭征後時者何日期而督之是

在當道加意耳父老僉謂此議尤民瘼所亟嗚呼挽回造化誠有望於今之軫國是者

捍海塘議萬曆五年　明　陳善

海寧縣治南瀕海海距城僅百武東抵海鹽西抵浙江相距延袤百里塘西數十里有赭山南有龕山對峙夾爲海門是爲海潮入江之口潮至此東不得肆輒怒而東廻東五十里有山名石墩與赭山相望而峙若兩拳然潮東返爲此山所障復鼓怒而西東西蕩擊數十里間日再往來狂潮駕風若萬馬馳驟卽金石爲塘不能

傑其終古不敝矧木石蘆灰安所恃以能久長耶舊志塘外有沙場二十餘里沙場內有塍地草蕩桑柘棗園一百六十七頃有奇夫塘有外護則海潮不至沖齧石隄內固可以經久今沙場草蕩悉淪入海僅以數尺之塘力拒巨浸之翻天駭浪內蝕寧無危哉宋元以前海塘廢興邈莫能紀自洪武以至萬歷海凡五變五修矣永樂九年海大決民流移田湮沒朝廷遣保定侯孟瑛等盡役蘇湖九郡之夫費累巨萬積三十年堤成其患始息嗣後成化甲午宏治壬子

嘉靖戊子迄今萬歷乙亥海或溢或決塘隨築隨圮雖勞費不至如永樂之甚然公私困於茲役亦屢矣夫海決海昌患在一邑耳往時顧役及外郡者何哉亦以地脈相因其利害之所關大也蓋寧邑於吳爲陲於越爲首地形最高故境內麻涇洛塘長水塘諸水皆北流一從東北由淞泖趨滬瀆入海一從正北過吳江趨白茆港入江俗因指吳江塔巔與長安壩址相並則海寧之地高于他郡邑明甚故海寧之海一決注之列郡如建瓴然則障海昌者即所以障列

郡也塘之修廢其有關于東南利害甚切而當事者往往失于後時及工役既興則又計工惜財苟且完事是以此塘未成而彼隄又決萬歷五年春巡撫徐公栻顧瞻海塘傾圮廢決大懼曰失今不修他日盡壞將聽民之爲魚乎因與巡視水利徐公詔翕謀修築而以其役委縣尹蕭公潮五閱月而役竣修坍塘一千六百六十三丈築新塘三百二十丈其費公帑止一千九百餘金亦可謂事半而功倍矣顧余觀海寧之塘與海鹽異鹽塘有大患亦有大利寧塘似無

顯患而實有隱憂蓋鹽塘陂池相屬而有內河可開故潮勢至此既爲分殺而引其流更能使草場悉爲膏腴是大患弭而大利興也若寧塘逼近城郭無內河可開幸潮水緩于鹽耳設一旦海嘯直薄邑治其爲隱憂可勝道哉聞寧邑額設捍海塘夫二百名每歲編派役銀三百兩爲令長者誠能加意海防每遇潮汐之役遣官就塘察視一有傾圮審取良民佐以能吏即日領銀修治毋令後時此亦未雨徹桑之計也萬一天佑寧民塘十年無患則銀之積益富即與

大役亦不必派及平民矣至於築塘之法予竊有取于海鹽乙亥之決海鹽爲甚其修築也造完坍石塘七百五十丈及原欠石塘八十三丈二尺修砌半坍石塘一千七百九十六丈築舊塘二千一百一十六丈築新塘七百一十丈五尺新開內河白洋二千三百九十五丈而其爲費也始計之謂非三十萬不可及徐公親行海上命有司詳估價値曰十六萬足矣衆乃譁然駭其太簡及工告成費止十萬餘金減原估五萬四千有奇是徐公施德于浙民大也至其慮

湍激爲患也有盪浪木椿以砥之慮其直薄堤岸也爲斜階以順之其累石也下則五縱五横上則一縱二横石齒鈎連若組貫然卽百計撼之不摇也修寧塘者誠一準海鹽新塘之式則是一勞永逸之計也安得實心任事之人而與之計海塘哉

海寧縣海塘議　國朝　范驤

寧邑海患每東北風振怒潮乘之大概與海鹽同而鹽塘止一面受敵寧則三面受衝其患與海鹽異其潮患之在東南者潮水朝夕至怒如震雷瀉若建瓴木華所云天輪膠戾而激轉地軸挺拔而爭迴者也水患之在西南者江水出三天子都東北經建德又北至新城又東北至富陽過錢塘反濤奔軼水勢折歸故云浙江也龕赭巖門而外江水與東南之水合寧邑獨受其衝枚乘所云似神而非者三疾雷聞百里江水逆流海水上潮日夜不止是也故寧邑海塘受沖其害倍急於鹽不寧惟是鹽塘隄岸去城根半里而近隨決隨築譬如衣敗壞一以相補寧故隄去城根五六里十里而遠當其無事亭

竈鰲沙瀌白覘爲沃壤樵者芟芻彌望漁者鯊鱨鱴蛤人人得其所欲如燕巢幕如厝火坐積薪平時築塘費積之五年十年者那爲他費一旦颶風激射木石茫無所措不浹旬而五六十里浮沙潰決驚濤直薄城下浙西之田漸鹵而東吳之地幾墊乃始倉皇議採石蘇湖議發里夫郡丁議徵歲額議加派田賦議藩餉鄭傳贏金議七郡贖穀議監築官議倣瓠子宣房下淇園竹楗倣王荆公鄞塘陂陀倣黃僉事嶕頭品字勢如救焚議同築舍計已晚矣故鹽塘之患

在眉睫寧塘之患在五年十年或二三十年所謂無形之痛一發不相補救當事者必未雨綢繆徵塘工歲額於無事之時貯木石銀粮爲緩急之用海口大決則用黃公縱橫之法不可惜小費而妨大工小決則用楊公陂陀之法下石櫃以殺水勢此全浙咽喉東南門戶無漫視爲一方之利害金錢畚鍤徒苦我父老爲也

海寧縣築塘議

國朝　許三禮

築塘之法有一世利之或十世利之百世利之如石囤木櫃隨坍修築取石有術用民不勤此

利在一世者也其愼選幹吏如徐撫臣栻者塘式隨宜如楊副使瑄黃僉事光昇者治連平江嘉湖議先修鹹塘淡塘袁花塘以防盤越北向如劉提舉屋者作副隄十里採石備用斂不及民外錢僉事山者此十世之利也夫先事之圖如額設捍海塘夫歲編銀三百兩若嚴令寬者城南抽分竹木存留銀七分充工料者徵九郡力役三府工徒如保定侯孟瑛者豈非百世之利乎與驅一方之民爲不終月之計以邀一時之功相去蓋有間矣

海寧縣海潮議一

國朝　陳　詵

詵少時見城南海沙數十里或十年一坍或十五六年一坍潮雖直至塘下然止一潮頭自東而西繼以急水一股如追奔逐北全海震動二三年即漲如是而已庚子七月蒙

恩歸里到家十餘日即輿疾至城西五里東望尖山有兩潮頭一在尖山之南一在尖山之北相距頗遠似乎諸山隔斷其間漸至西一二十里則見北潮有白浪迤邐而南方及南潮則南潮頭趨而與北相合仍爲一潮頭奔騰過西至城尚

未分爲二也其長水則皆自南而北矣八月初于城外看潮則但見兩潮頭南潮已西北潮稍後竟分爲二不能復合土人名爲二潮頭竟不復見有所爲急水者但北潮之勢甚于南潮意急水之變而爲潮者九月間又舁疾至尖山觀潮起處則南潮已去西南甚遠而尖山復微起白浪過西漸高約至二十里亭潮頭不復過西竟自南而北直薄塘根其後遠不復見十月初乃復至二十里亭則見南潮先行至城東數里忽又分一潮頭奔騰至北竟反而趨東而北潮

頭方自東來至二十里亭兩潮相搏勢若奔雷檣木漂流竟爲從未見聞之事矣夫尖山在城巽地迤北並無斷缺七月中所見隔斷者則中有淤沙之故也然至城仍復爲一則沙之東高西下可知八月初兩潮不復合而西沙亦高矣然南沙尚狹海身猶寬尚足以容南潮閱月餘而沙愈濶海愈狹南潮之北邊行沙上者前不能去則又分爲二而反逆行是潮之變遷皆沙爲之而不知沙之變遷實潮爲之也葢海沙性鬆遇水即冲稍緩即漲自尖山塔山之間向有

一隄攔水故止一潮頭後去此一隄其中一百六十餘丈潮即攔入貼塘而行有百六十丈之潮即刷百六十丈之沙（自城西至尖山沿塘三五丈外刷成深坎七月間使人測之淺者二丈深者三丈或云尚是沿邊打探其中更不可測）北洗百六十丈之沙即南成百六十丈之漲愈刷愈深南高北下潮頭不能復出於是始冲老鹽倉繼冲二十里亭東西横决反覆失常譬如賊入門中閉不能出害必及人矣施治之法必使潮頭合而爲一非導之使出必攔之使不入導之之法莫如開中小亹而沙水變遷朝疏夕壅既不能

敎則惟有攔之一法耳夫攔之之法其言似迂其理實確治病必求其原彀弩必審其括提綱挈領用力少而成功多如兵扼險過險即莫能禦矣今塘之潰北潮頭不能出爲之也北之有潮頭小塔山之關口爲之也知小塔山之何以有關口即知所以禦之之道矣謹陳其梗概如此而更爲之繼述焉

海寧縣海潮議二　　陳訦

或曰寧邑海塘延袤百里朝潮夕汐處處危險豈築一塔山隄可禦曰知其要者一言可終不

知其要者流散無窮昔者黄河之未治也高寶州縣患其陸沉釜底清河口子患其淤塞不通於是河臣開張福溝三引河口濟運旋通旋塞歲歲興工河身高墊黄水灌入運河河之高與淮城等

皇上於是大奮乾斷

命大臣十員督修高家堰横截淮流使淮刷黄而張福溝三引河滙爲巨浸淮水直過黄水東行重運無阻又淮流隔斷不入白馬寶應諸河七州縣水底田廬盡成沃壤海口深通黄河大治故

一築高堰而功已成矣今海塘之患由于塔山隄去大潮攔入一股直衝城身此潮既入外沙即漲南潮行速北潮行遲沙水障之不能復出潰裂衝突終無去路直至潮落方始東瀉於是或分爲二或分爲三或北流或東流既衝老鹽倉復衝陳文港即二十里亭反覆潰亂失其常度如人聞穢氣不能遷逵霍亂嘔吐無所不至欲行施治豈可不究其源哉築塔山隄所以塞其源也既塞其源流自無不治矣或曰今尖山築隄未及六十丈而水勢湍急盤旋廻薄俱在隄邊

更爲洶湧將若之何曰此尤不可不築隄之驗也潮之起由大尖山與馬鞍山相夾而成既已起潮又有小尖山與塔山東之西行約二里許不使散漫故潮頭向南直衝赭山譬如鉛丸在鎗炮中火藥已發空行炮中數尺故能及遠拆去塔山堤是火藥與炮口相齊出口即散安能前行今築尖山隄而隄邊之潮勢更甚則此隄之爲害可見矣尖山隄既爲要害則塔山隄更爲要害益可見矣禦敵者必禦諸險要之外縱敵入險而欲禦諸險中所謂延敵入寇未見有能保境者也或又曰塔山隄固宜築矣而其底甚深恐非人所能爲屢用人而屢不效今何施而可曰以治河之人治海是猶以山居之人操楫以水居之人馭馬其爲不善何疑今浙閩濱海郡縣甚多寧波漳泉之間其地必有沿海石塘築隄成法良工自相傳襲如鐵索橋五鳳樓必有人焉應之詩曰維鵜在梁不濡其翼此用失其人之過非無人之謂也

海寧縣海潮議三　陳訦

或曰塔山築隄老鹽倉可無患矣而中小亹不

開將如之何古來治河惟疏濬塞三策而三策之中惟濬之說爲難疏則分爲引河塞則築爲金堤至於濬或作木鵞或作木龍置爬其下乘潮往來上下疏刷可僅通海口若夫邳宿以上開歸以下河身高墳非人力所施則惟以水刷沙如梁有滎濟之水徐有睢湖諸水宿虹有泗沂淮汴諸水皆節節入河清水愈多則濁流愈迅故河身不濬自深今大尖山與赭山東西相對向惟尖山一潮故直衝中小亹或南大亹今塔山內另一潮頭則勢分力弱故南沙漸淤遂

移南趨北而中小亹塞中小亹塞則北大亹開
而老鹽倉坍矣若塔山閉則潮南潮南則尖山
大潮正衝中小亹曰衝曰刷中小亹不挑自通
而海底之沙亦徹底可去夫以潮頭衝淤沙較
之人力不啻萬倍而潮頭所向其勢直而不斜
衝中小亹必不又轉之北故中小亹開南北俱
係旁流旁流激雖泛濫而不深入海底故時南
時北而無累歲不漲之沙所謂塔山塞而海無
餘事者也此以水治水之法有確然不易者也

海寧縣海潮議四　陳訏

或曰塔山之隄與城遠不相及如果築成能保
城沙之必漲否曰沙之坍漲不常豈人力可保
然塔山之東隔十餘里爲新倉海中有沙曰無
名鎮煎鹽刈草聚居千家其來已久近俱坍去
夫聚居成鎮非一日之積千家非尺寸之地有
此在城之東自可恃爲藩蔽塔山去此不遠築
隄以攩其前十里之間其沙必聚則此鎮似乎
可復又城東二十里亭其先舊塘凸出里許又
爲近城左臂曾于城西從老君堂東歸適大潮
西落勢極湍湧東南大風相薄白浪滿江有伍

公祠塘凸出數武與老君堂相隔二里許二里
之內則平波恬輭全無白浪何數武之間遂能
作二里之障蓋海面寬廣稍有阻攩水便兩行
不似江河濶不過二十里湍流所至猝不能回
以此度之有攩則水卽遷水遷則沙卽壅沙壅
則此漲彼坍勢所必至故塔山塞則無名鎮可
復無名鎮復則念里亭塘可拓念里亭塘拓出
則城可不危城不危則中小亹可開老鹽倉可
復矣曰小尖山亦常漲矣漲則應迤遲而西何
以時漲時決乎曰黃河決口有一時不能塞者

作挑水壩以攔之則埽可下口可閉今兩臺捐
堤六千丈在決口之南此塔山之所以漲也其
決則隄下於水潮滿越堤復冲漲處嫩沙未老
是以有復決也若堤高於潮豈能又復進乎曰
向尖山堤未築時塔山口亦有漲者此何以故
曰大尖山邑之天然大挑水壩也稍過西北又
有小尖山又一小挑水壩也有此兩壩塔山口
退居其北故其沙自凝前人因其沙凝而築之
故新鹽倉至二十里亭皆在脅下而不復築石
塘乃爲高必因邱陵之法今小尖山又增築堤

則更爲重門之險豈可以昔之漲疑今之隄哉曰然則小尖山壩可久乎曰此壩東抵小尖山而西邊無着勢不可久但藉以障塔山則塔山隄可築塔山隄築則由近及遠自北及南漲一條沙即去一條水去一條水即又漲一條沙此日積月累之法也若茫茫大海欲雜然興工前沙未漲後沙復坍誠不知從何着手處也

海寧縣海潮議五　陳詵

或曰築隄之法向用木櫃近用排樁兼用草壩乃排樁時築時傾而草壩經年不動豈石之堅

反不如草之柔歟曰治水之法河不同于湖海又不同于河湖之水渟滀無風時不動有風時輒浪磅礴勢緩而弱故坦水石可禦河之水湍急挾沙而行沙淤則流必遷故時有潰决然不過頂衝之處而已餘皆平溜中行故用柴即可無虞若海則朝潮夕汐呼吸排蕩非僅湖之波瀾河之湍流已也古人以木櫃治之固不得已蓋潮非隻木可支亦非拳石可抵拳石之大不過萬觔萬觔之重百夫可舉隻木之長不能十丈十丈之深人力可搖若潮之勢人力所能舉者潮無不舉人力所能搖者潮無不搖惟以木櫃鈎連使十里二十里連而爲一則雖潮亦有不能移者矣今以十木置土中一人拔之以次可舉若中有横鎖使十木爲一則非十人不能舉矣水之性不惟海不同于河抑且海不同于海海鹽之塘直當大海故須鉅石爲塘以塘身當大海之潮海寧之潮自東而西潮初來時勢雖衝激然沙低于塘潮又低于沙搜剔之患在于沙底及其既滿雖至塘身潮頭已去水勢自平自非春秋大汛終在塘根之下塘身不過關

攔而已非如海鹽之全恃塘身也至於錢塘則其勢已殺有潮頭而無急水惟江海相遇時有衝齧故以石板側砌亦可經久石板之力殺於木櫃木櫃之力殺於海鹽石塘然而足以抵禦者以不恃一石一木之力也今老鹽倉雖處朽爛然糾結纏束合而爲一鑲墊三層厚有丈餘大潮之來不能分拆故經年不壞排樁雖入海底樁根一搜則壘石壘壓愈壓愈重樁身先摧樁不壞於潮而折於石樁折而石亦隨之然則石豈不能及草哉孟子所謂一鈎金與一輿羽

之謂也曰然則木櫃亦有倒卸者何曰木櫃倒卸不過一兩櫃孤而無輔是以不能獨完若五櫃一聯大木亘之則合五櫃爲一櫃矣又以十櫃一聯大木亘之則以十櫃爲一櫃矣由此而一里十里與夫數十里鉤連不斷豈尚有崩摧之患哉且木櫃禦潮原非平列自近而遠自高而低故曰陂陀塘即湖隄之大坦水石也湖之水靜故坦水石順之使平潮之水動非木櫃層疊不能禦也且木櫃漸收下濶上狹則以櫃壓櫃勢如累碁即架空尚不能墜況又可橫木爲之底哉成法具在事非刱設擇其善者而從之可也

海寧縣海潮議六　　陳訦

或曰從來東邊之沙易坍易漲西邊之沙漲則不坍故坍在潮來之時猶可坍在落潮之時更甚似乎險在西而不在東曰此拘墟之見非通人之論也蓋鄉人各處一方居東者以東爲險居西者以西爲險東當潮起之初在尖山隘口塔山稍偏在内秋冬潮小水竟西行不復到此則沙即漲一過潮大旁溢至北沙即復衝故衝

漲不一老鹽倉迤西去東八九十里潮勢已弱塔山沖時勢或遠及老鹽倉及其旣漲則老鹽倉自不復坍老鹽倉人但見漲不復坍以爲西沙甚於東沙附會其說謂落潮併江水而下勢更洶涌不知西沙漲時東沙之漲已久西沙不知東沙之漲在先故訒西沙爲可久東沙不知西沙之漲在後故疑東沙爲難憑東西不相往來孰能馳騖于東西之間哉若斯言果然則五六年來聞東之漲有矣何未聞有西之漲也此即東西先後之大凡也

海寧縣海潮議七　　陳訦

或曰潮之患以一分爲二又分爲三且逆行也潮之變幻如是塞一塔山何能盡之曰此扼要之策也潮之變幻不常猶兵之變詐無定然而城有所不攻地有所不取何也得其要則敵自斃也九月初尖山之潮南者先去北者後起其時塔山口漲二潮頭在尖山貼南滚起前去約二三十里自南趨北其時塔山口尚無水後乃東回此即塔山塞而二十里無潮之明驗矣其趨東者前沙日漲之故非潮之必欲趨北也惜

尖山之隄尚矮潮大漫入故塔山復沖耳使塔山永塞則二十里皆成實沙漸淤漸遠潮頭將併爲一氣旺力盛何患前沙之不闢哉夫靜專動直乾之性也潮乃天之動氣必無好曲惡直之理曲者不得已而然也知不得已而曲則知直之道似亦無難既塞其源流自無不直矣惟工料甚鉅非他處可比必如海鹽石塘方可抵禦而效非手目可指故人莫敢任然觀古之成大功者必有不易之策灼於幾先堅固守之迄於有成遂如始之所言故必須先有成算然後

乃可從事築舍道傍三年不成長計遠慮固非他人所能與謀者也獨微見遠於當道大人竊有厚望焉

海鹽縣修塘議　國朝　毛一駿

鹽邑公事累宦不一海塘爲甚蓋以二十里人力敵億萬頃颶風少不堅緻近而本境皆魚遠則隣國爲壑考之邑志每塘一丈計費三百餘金經始之人至今俎豆不替誠重之也職到任以來波濤近在枕席何日敢忘徹桑查歷年請修舊案約耗費數千萬兩無案不借修化被等

木塘號爲名偏不及致雨等號心竊怪之及親閱塘勢致雨邇處門庭按費計功在人耳目無術躲閃化被草木帶山披沙漱齧難及距城稍遠急修之無利緩築之亦無害蠹胥奸匠便於侵牟所以曠日遲久糜費金錢仍留未竟之功爲請益之地一經查勘不過聚數游民點綴畚揷事過復停嚴究所冒工銀不由縣給領石匠之死者死經承之逃者逃止拘責現在承役空勒限狀申報憲臺何益成毀之數哉此職撫膺浩歎請修之文日上不敢輕請各邑協濟父老

之議日集不敢輕徵本縣塘夫蓋不欲以身合汙貽笑海若耳今欲爲國家財賦計爲萬民身家計先端發銀之本使分毫畢歸海塘次重專官之托使出入賴有成算次嚴經承之選使積滑不敢再生覬覦次嚴募匠之令使老弱不得濫冒虛糜次減承催之差使工匠不苦無名需索次審險夷之勢使緩急不仍紊其次第如此興工縣官不經手錢糧立破從前染指之嫌自可督率佐貳日省月試告厥成功雖鼛鼓時堪當工匠膳飽亦動子來之義而不怨其勞也

寧鹽二邑修塘議　國朝陳訏

竊惟杭屬之海寧嘉屬之海鹽兩邑地俱瀕海縣治去海不及半里又當蘇松上流一有衝決患誠非細然寧鹽兩邑雖均以海爲患而潮有橫衝直衝之異地有軟沙硬沙之别其橫衝而沙軟者患在根脚搜空雖有極堅極厚之塘不能成立法宜加意塘根之外堅固牢密使沙土不虛卽塘身或少單薄可以無慮其直衝而沙硬者塘根之沙不患其坍止患直衝勢大非極堅極厚之塘不能抵禦法宜精講修砌塘身之

法而塘根以外加功稍次則是潮患兩海雖同而所以捍潮之法不同也今以海寧言之海寧之潮與杭城江干之潮無異俱起有潮頭俱橫衝而過其實皆爲浙江入海之尾閭然而海寧之海沙又與江干微别江干地皆近山其沙性硬故江塘之沙坦而不陡卽有衝刷捍禦猶易爲力海寧近城無山遠者江干之山相去百里近者袁花之山亦五六十里故沙土率皆性軟且海塘以外之沙從來此坍彼漲其所漲之沙又皆潮頭去遠急水已過而長水渟滀日漸淤

積性浮體輕衝刷甚易故當平常沙漲之時塘外不下三四十里之遠及至沙坍三數月卽可到塘蓋其積之也由於潮過之長水性平氣緩浮沙沉積故所漲之沙低於海塘者不過三四尺其坍之也由於潮頭與急水之橫刷潮當初至之時水尙未長恒低舊沙丈許有餘灌激衝激皆在沙底搜進故不但沙岸陡峻而沙面反凌空蓋出其外俄頃之間縫如毛髮轉瞬而坼裂傾頹如山之崩蕩爲濁流杳無踪影矣潮至塘脚日搜日進雖使甎石爲塘豈能憑空穩立

故海寧之塘必於塘脚之外沙土之中砌出十有餘丈以固其根舊法用木柵爲櫃中積小石層層排置塘外蓋用木櫃則化小石爲大石而排置塘外土中則可預防衝刷立法誠善但其置櫃也宜深而不宜淺蓋沙漲之後潮來之所衝刷必在舊沙根脚之下置櫃若淺則衝刷所及反在櫃下之沙而櫃之根脚亦虛豈能自固惟置櫃必深或三櫃四櫃層叠而起則衝刷之勢櫃能抵之而沙無崩塌之患其排櫃也宜遠而不宜近蓋水之激灌無隙不入若自塘根排

出有十餘丈之遠則水即善刷不能浸灌以至塘根而塘根之上常得乾堅牢固不至根脚虛鬆而塘身因之而傾至於櫃外則用長木樁密釘入地鉗束其櫃櫃外有樁樁外復有樁層層密釘即使潮衝無一櫃隨流他櫃因以敧倒之患而櫃之自下疊上自近及遠俱用品字排置兼如陂陀之坦近塘稍高漸遠漸深既禦潮來之所衝刷并護塘根可堅久矣塘外之沙既不坍及塘根則潮頭既過之後急水既緩之餘即有長水浸及塘身而勢緩力紓無慮衝齧不必

如海鹽之鉅石鱗疊屹然如山而後無患故海寧之塘功力全在塘根以外人但知塘之裂缺而不知根脚鬆而裂缺也至於海鹽之海則與海寧又異南有秦駐山北有乍浦山相去三十餘里南北山趾角張而海鹽邑治居中獨以東面受大海潮汐之對衝與海寧橫過不同而海中之沙又近山多硬不坍不漲故從來洋船不便泊塘亦由潮來則水溢而潮退則爲砂擱故也故塘外不患坍沙惟是全海所衝勢雄力猛而潮汐之來一衝一吸其衝也固有排山之勢而

其吸也亦有拔山之力故必極大極厚之石縱橫鱗疊內復幫以土塘而後可以捍禦若使疊砌之石稍不極其厚重則水力排擊輕如弄丸且古云石之附土如人骨之附肉海水之來不但畏衝實尤畏吸蓋水既無隙不入其吸而拔之也塘土俱出若土塘空洞即石亦頹滑不固故古人于海鹽之塘講之甚精既須極大之厚石而其取材也不可頭大頭小其叠砌也不用石碗墊襯其程式也必方方相合面面相同自洋河向多棄石皆昔之不合式者其驗工也不於已砌而於撞砌

之時先平平地驗視其層疊也頭頭向外以攖潮之衝吸而復制之以縱橫之法聯之以品字之形務使潮水之來其入也由石縫而曲折以進其吸也亦由石縫而曲折以出則潮之呼吸其力漸殺而後石塘有磐石之安土塘罕搜空之患且頂石之樁必長必多必掘深生土二尺而後釘入而塘外亦排置木櫃以護其樁略如海寧之法不使樁根宜露易朽頂衝之地不遺餘力次衝之地工力少減然亦百倍海寧皆由海鹽之海直當大洋之衝且沙又鐵板潮從沙

上奔騰而至并無海鹽之頼沙少爲抵當惟恃塘身直抵潮之正衝非屹然如山必不能禦昔時用王荆公寧波陂陀塘法元末明初猶衝决屢告至後有壘砌之法而後數百年無患良不得已也卽今二十年前上憲因塘石碎泐委員修理而承辦之員不能仰體德意反取塘身完整之石加于塘面而以塘面碎泐之石委之塘中如築墻之用墊堵一時雖飾美觀其實速之圮矣若慮塘身延袤不能一式則原有頂衝次衝之別約共止十餘里况今之坍傾傾卸止有海廟數十丈之頂豈可惜一時之小費而遺不數年後之大患乎故海鹽之塘全在塘身捍禦異於海寧也至於兩海之塘雖極修砌得法而大潮大汛狂風驚浪不能保無扇溢淹沒橫流則兩海又天生有近塘之河消納海水而不淹入內地蓋海水性鹹若淹及腹內之田則田秧浥爛非兩三年雨水浸潤不能復其淡性以便耕種惟河身之水日夜流動數番大雨卽鹹性盡滅故可使之消納以不波及於腹內之田在海寧則爲六十里塘河在海鹽則爲白洋河皆

天造地設古之所謂備塘河是也寧邑之六十里河卽杭城之上河發源于江干諸山與北關下河之發源天目者兩水各自分消下河由苕溪入於太湖上河由海寧黃灣出閘達於嘉興松江今黃灣閘久廢薛家壩久阻臨平市河久淺下流不通而上河之水俱從半山之金家堰(離杭城三十里)入於下河不但天旱之年海寧沿海涓滴不來如火益熱水澇之年上河諸水涓滴不去盡出金家堰而塘棲德清上下河兩水齊到昏墊愈甚如水益深卽今海塘潰決潮水直入內地而六十里塘河毫無分洩之處至於鹽邑之白洋河起於秦駐山由藍田廟而達于平湖河外近海之地類多斥鹵河內皆禾稻之鄉今雖不甚全淤然淺阻日久河身已高潮水屢溢河不能容便恐淹入田畝及今開此二河流通深廣則卽海塘修築運輸木石無虞艱阻而日後大風驚浪泛濫之患藉以分洩但此二河勢居其僻非仕宦商旅之所經由地居其瘠無富貴膏腴之所置產膜視者多然於隄防海溢亦切要之務也

石隄記 慶曆四年　宋丁寶臣

江界吳越間杭據其右而地勢下生聚數十萬廬舍隱粼號天下最盛而歲苦海潮爲患於夏秋尤暴常與隄平城中望隄不數百步其勢反在高仰處不幸一蹙而潰其猶決山而注於井沛然其可禦哉故其病於民也數矣初景祐中轉運使張公伯起善捍禦之策謂故隄率薪土雜治不一二歲輒壞雖勤繕構卒不足恃而重勞吾民乃作石隄袤一十二里民賴以安後七年夏六月大風驅潮晝夜不落勢益湍怒隄之

上石翻去殆半時知府翰林楊公偕轉運使田公瑜急議搆築條上方畧約四十萬計及精吏之可使者以驛聞詔以隄事付兼命通判屯田錢君尚余君貫兵馬都監閤門祗候杜君正平分董其役發江淮南二浙福建之兵調十縣丁壯五千八輦石于山畚土于邱持錘節杵之役相屬于數十里之外方苦盛寒無一告勞者是歲冬十二月新隄成用人之力三十萬減允調一十萬費又乘其羨羸亟畜護治之備隄長二千一百丈崇五仞廣四尺自龍山距官浦二千

丈修舊而增石五版爲三十級自御香亭下創爲二百丈石堅土厚相爲膠固綱上而方下外強而內實形勢遂安可恃而無恐矣最堅悍激處更爲竹絡實以小石布其下及圜折其岸勢務以分殺水怒大率究前之謀所未盡者益以新意而爲之也是隄也由伯起開厥初二公究厥終合而成績以爲萬世利後之爲政者其念前人之勤俾勿壞則斯民無窮之賜也春秋之義有濟于民者志之某預見本末不敢無紀云

重築障海塘記 成化十三年　明張寧

海寧古鹽官瀕海南上可百里有山名赭南有遠山對峙如門是爲浙江受潮之口歲久泝洄渟滀赭涘出潭若堵則口隘潮束反擊鹽官隈岸宋嘉定中潮汐衝鹽官平野二十餘里史謂海失故道有由也成化十三年二月海寧縣潮水橫溢衝圮隄塘逼盪城邑轉盼曳趾頃一決數仞祠廟廬舍器物淪陷畧盡郛不及半里軍民魏惴奔竄皆重足以待縣上其事於府府守陳讓上其事于欽差太監李義巡按監察御史侶鍾二公以所上事詢諸三司布政使杜謙按

察使楊瑄又以二公命各詢其佐參政李嗣副使端宏參議盧雍僉事梁昉咸集厥地周視翕謀區畫會計相與祭於神其以成業託分巡僉事錢山曰君宜任重有所給乏從章惟君自處公乃躬履原隰量材度宜命杭湖嘉與官屬因地順民採石于臨平安吉諸山物用林積舟楫轉挽薇河而至分命把總指揮李昭通判何某兼總工役初用漢樓絙不就乃斷木爲大櫃編竹爲長絡引而下之汛濫稍定人知有成勢皆奮力趨事又作副隄十里衛灌河以防泄滷之

害義舉倡道富人爭自賑施民至是始忘死徙之念歲八月塘成適沙塗壅漲其外公因增高培厚覆實擣虛使腹抗背負屹成巨防而海復故道矣父老徵予文刻石予維風濤漲溢凡際海之區無不間遇至於衝決激射惟浙江地勢爲常自延祐及今才百五十年海已三變雖曰氣數消長未嘗不以人力定勝但恐赭山之渾復出沙塗之壅再去後之繼任非人文獻無考則父老前日之憂將或在其子孫也文章非紀實不足以傳信請詳述本末凡有事者皆刻之

碑陰

築塘記 嘉靖十一年　明 黃光昇

余築海塘悉塘利病也最塘根浮淺病矣夫累石高之爲塘恃下數樁撐承耳樁浮即宣露宣露則敗易次病外踈中空舊塘石大者郛不必其合也小者腹不必其實也海水射之聲汩汩四通浸所附之土漱以入滌以出石如齒之疎豁然拔爾余修必內與外無異石先去沙塗之浮者四尺許見實土乃入樁入之必與土平仍夯築焉令實乃置石爲層者二是二層者必縱

横各五令廣擁以土使沙塗出於上令深皆以奠塘基也層之三若四則縱五之横四之層之五若六縱四之横五之層之七若八縱横並四之層之九與十縱三之横五之層十一十二縱横又並三之層十三十四縱三之横二之層十五縱二横三層十六縱横並二層十七縱二横一層十八是爲塘面以一縱二横終焉石之長以六尺廣厚以二尺琢之方砥之平俾緊貼也層表裏必互縱横作丁字形彌直鑄之水也層中横必稍昂作幞頭形彌横鑄之水也層相架

必跨縫而置作品字形以自相制使無解散也層必漸縮而上作階級形使順潮勢無壁立之危也如是又堅築內土培之若肉之附骨然可免坍潰矣

修築海塘碑記 萬厯五年 明 陸光祖

萬歷三年五月縣海溢盡破捍海塘石十九淪海無迹漂沒屋廬禾稼死者不可勝數前中丞謝公鵬舉以狀聞於朝既下議修築謝公察郡同知黃君清才廉有心計肯任事命之董役會公遷去朝廷念海事至重特簡今兵部侍郎徐

公兼御史中丞來撫治之公蒞事之明日率其屬親行海上齋祓潔牲虔祭海神以告肇工擇遣丞簿尉譚繼先黃用中謝希周陳柯王金把總王錫三指揮馬繼武李嘉元等三十餘人畫地分工幷力合作謂同知清汝總塘工盡其能無避短長之言工大小咸責成于汝謂海鹽令饒廷錫此汝邑事汝其悉乃心稟餉諸吏士百工毋或缺乏汝五日至塘省視謂按察水利陳君詔爾其出舍於塘晝夜廵董謂按察備兵張君子仁月一往察之稽其勤惰賞罰用命不用

命已而太守黃君希憲至郡勉僚屬以同心一志調匠於浙東諸郡採石于武康梅谿瓶窯而力皆募海上災饑之民使取僱直以贍孥寓救荒意凡椗木鐵炭麻竹灰應用之物悉平市之民間郡吏旣受事俾作治如式用石長厚尺寸有度塘基下密樁皆二丈之木深入平之然後石層砌其上縱橫有數始運石募客舟舟不能過三巨石乃官造舟堅且安一舟所勝再倍石運易集大省輦舁之費清又言石塘之內宜更爲土塘疏爲內河備決潰之患按察使張君力

主其策公納之乃復行視自金家路至章堰得古白洋河舊蹟皆已湮塞而內塘亦夷自章堰歷大小天闕至山澗寨舊無塘開新河卽以其土築新塘河可行舟運石益便已復更濬深濶計長久石塘既成得土塘表裏相輔愈益堅完卽有巨潮越塘內河足以受之可分殺汜勢不致壅激爲害河之上舊皆黃茅白壤名曰草塲今可引漑以爲田工始于萬歷四年七月訖於五年九月是役也按察備兵張君在事最久勤勩獨多水利陳君繼至劬勞率先人吏益奮太

守黄君敦道範物克相厥成邑令饒君撫字供輸别駕張君繼芳胡君嗣敬造舟採石分守前忝知朱君炳如舒君應龍先後協力司理陳君文炅和衷默贊前守李君橡謀始度費皆有功塘事者也

全修海塘記萬歷十五年　　明　闕　名

萬歷十五年嘉興知府龔勉申稱海鹽地勢逼隣大海兩山擁夾故潮汐獨異於他處全頼海塘爲之捍禦頃者風潮異常將石塘衝坍大半土塘盡坍田禾湮沒廬舍漂流設若風潮再作

徑從坍口深入内河則無海鹽無嘉興而杭湖蘇松諸郡均被其患職親詣海塘督同知縣黄之俊逐一丈看自天字號起至木字號止共塘二千七百五十六丈三寸内新塘係萬歷四五等年修築堅固無坍其塘九百三十八丈二尺九寸舊塘係先年理砌并監生塘堅固無坍其塘一百八丈一尺舊塘潮勢稍緩并沙淤其塘五百四十四丈七尺以上俱不必修築舊塘係先年理砌今衝全坍其塘三百一丈二尺新塘係萬歷四五等年加高今衝全坍其塘五丈九尺以上潮勢衝要俱應從新起築舊塘係先年理砌今衝半坍其塘一百四十四丈二尺五寸新塘係萬歷五六等年加高今衝半坍其塘四十五丈以上潮勢衝要俱應修砌舊塘係先年理砌今衝稍坍其塘一百五十五丈一尺新塘係萬歷四五等年起築今衝稍坍其塘五百一十三丈四尺九寸以上潮勢衝要俱應補砌其貼備土塘應候石塘工完閲驗另築

修築海塘碑記萬歷三十九年　明　賀燦然

國家財賦仰給東南東南故瀕海海濤排天盪

日以颶風乘之桑田滄海患可勝道哉諸瀕海之地皆然而鹽官爲甚諸山對峙夾爲海門濤東之趨迅稱天關云舊傳鹽官去海尚七十里今僅可半里許所仗一塘障之耳塘高與雉堞等塘潰而鹽官沼矣禾郡去鹽官亦七十里而近將排天盪日之濤以郡城受之西浙東吴舉受斥鹵沮洳之患所關東南財賦不甚汲汲耶古昔不具論即今上先後丙子丁亥颶風大作海塘衝圮幾半不獨鹽官田禾廬舍浸滛斥滷中東南諸大郡恐遂爲魚龍之窟至上廑聖憂

費金錢多者十餘萬少亦不下六七萬工竣之日撫按藩臬郡邑大小諸吏躬覽各有差海塘爲東南重所從來久矣頃歲辛亥六月既望颶風陡作塘爲狂濤所撼其圮齧幾與往歲等東南惴惴不獨鹽官爲沼而已於是令尹上海喬公亟上其狀於郡伯新安吳公水衡别駕三原劉公嘉湖道參知婁江王公今叅知晉江潘公攝水利事觀察淮南賓公方岳桐城吳公鹽臺潼關張公按臺金臺鄭公督撫淄川高公乃復下其事於令尹喬公蓋令尹實有專責云喬公

匡濟閎才廉勤明練費省而功倍時捷而事辦辛亥歲修築天字號至木字號石土塘一千四百七十丈費工料銀三千七百有奇視原估省可二千餘兩四閱月告竣壬子歲修築平章愛育四號及添築黎首臣三號石土塘一百二十二丈費工料銀七千有奇視原估增築六十七丈減費千餘兩六閱月告竣余以爲斯舉也明以酌宜練以節費廉以率屬勤以集事初議以木板襯塘以鐵錠鑿石然板易腐鐵易剝用灰粘於用板石鑿牢於鐵鑿而難易倍蓰矣故曰

明以酌宜初議踰內河取土架浮梁運石然地遠而力難也填泥取之堤畔遺石搜之沙中而繁省懸殊矣故曰練以節費夫費距則易冒諸工與典工者諸料與典料者皆冒端也乃率以廉潔風諸僚屬典工料者一無所冒而浮冒清矣故曰廉以率屬夫工浩則難竟郎月日而程之八八而程之非以身先無當也乃公則輕舠單騎往來海上疇敢有玩愒者乎故曰勤以集事自閱塘公署及鎮海廟南抵秦駐袤延二十餘里圮者新之虛者實之闕者補之鱗次櫛比

無蹄涔蟻穴之隙甚屹然稱金湯矣其保障東南功豈渺小哉不習爲吏視已成事後之修築者奉爲法程可也

重修海塘記崇禎三年　明　陳祖訓

寧邑歲不稔三年矣今年有秋士民相與誦乃粒功則海波不揚捍禦惟力聖天子之軫恤三臺之謀猷少府之拮据俱不朽也僉謀立石海上以示永久督撫臨公別有記直指劉公屬訓記其事邑城逼海衝決不時爲東南大患宋元來本朝築圮凡七見其最大者永樂中役軍民

夫十萬騷動三年費金帑十餘萬兩遣保定侯孟禮部侍郎易本省南北參副各二員董成之甲午年復大潰直指彭公邑令王公費金錢巨萬兩閱歲乃罷役按邑西南龕赭夾峙南闕僅三里北闕十有八里潮從東方來北闕直上折入錢塘江邇年沙漲以千頃之濤束而內之三里之口扼咽不達轉而噴薄戊辰秋狂颶乘之怒波撼天瀰城籠屋瀕海億萬姓從樹杪浮木覓生活此宋元以來未經見之變向來隄防多滅沒矣當事者目擊心傷屢經題請特遴少府

劉公蒞其事夫東南歲苦邊儲公庾鮮贏羨傾一邑之物力百計捍之隨成隨圮蓋此塘東接海鹽而鹽以石此以土鹽以四十里此以百里鹽以鹽場加額貲用不匱而此爲無米之炊用是元圭難錫誠有如督撫公奏議者已已秋直指劉公夙駕臨之檄下郡邑額設協濟塘費銀七縣歲得七百金三十年中乾沒者凡幾一旦聚而注之吾寧且檄嘉湖兩府輔其不足更不足則捐鍰金副之寧邑億萬生命衽席安之矣公復輾然曰蠹不剔則用不省任不專則事不

立更殫心汰冗漁而專倚任時宣明旨以示策勵云季春載功役不及期費不滿萬而會塡厚峻窄廣脆堅一望百里之隄坦蕩如砥而胥溺之氓咸登場圃而服畬清晏之功伊誰之力

是役也計時則八閱月計費則七千餘金總理則劉少府元瀚協贊則蔣邑令之煥分任則蔡把總國延倪主簿維寬工費自司道府協鎮撫鹽按三臺主之是以民不勞而海患以息訓不文因桑梓之情而具述之云爾

重築捍海塘碑記　國朝　沈珩

康熙甲辰秋八月海寧捍海塘潰勢浸淫無所砥下流迄嘉湖常蘇咸震危總督趙公巡撫朱公惻然爲民命國計憂親巡閱坐鄉之士大夫於堂進其耆老於庭諮詢周密畫籌乃定爰簡備兵熊公來督修十一月隄垂成是時巡撫蔣公甫蒞浙輒復重軫厥災降檄敦勵方略載新於是植頹築虛增卑補狹堅者矻矻隆者翼翼度越於舊觀備兵之始來視海也民老幼數萬環車而泣且曰是役也費難工鉅任勞可奈何

公慷慨誓曰吾奉

命監茲土民溺則誰溺也况督撫兩臺至仁極德壓
爾民憂設吾恭然畏難辭鉅避勞上貽兩臺之
勤閔而下諉咎於僚吏縱得以具文報塞詎吾
志哉爰駐節躬畫率與敏築況算潛計罩精焦
髮始治役觀浩浩湯湯曰匪神曷祐旦必陳牲
醴禱郭門而南且呼且恫冥遏怒氾乃利版築
僉曰神鑒格矣曰匪人曷集功即決口判刻爲
號若散屬若庶者分曹置監靡長勿褒其材若
石欑國櫃構櫨竹絡其工若礪鍛畚鍤防丁樁
戶各懋乃司戌夜猶手降教相諭荅間日命廚

傳慰勞罔弗激勵僉曰人工修矣日民勞勿恤
曷勸哉諸卒夫乏者賙寒者絮孱者哺瘝瘵疾
者急鍼餌人人忘勞死僉曰民氣優且勸矣而
公每念必惕然勿忍瀆民力捐槖金萬司計必
親蠡蝕盡絕故鳩庀罔漏隄廣厚什半加舊按
寧塘歷宋唐元明一罹厥災至乃淪山陷城崩
地數十里漂禾稼數郡當宁彷徨公卿胼胝費
金錢幾百萬徭役連十餘郡歷歲時且十年或
二十年猶未盡底績甚不得已而或徙民居以
避之或令方士用秘法鑄深沙鐵神造浮圖實

以七寶珠玉爲厭勝之具然訖不效不亦計窮
而實疎哉所謂難與鉅與勞今且十九倍昔而
上不糜帑下無困氓千載之功不日告成然則
常變會乎勢安危係乎人彼難與鉅與勞之倍
昔勢也其事半功倍則人也是魚腹之遺黎得
安堵而康食俾之生全者誰德也陸沉之疆土
得井耕而土貢予之奠麗者誰力也邑之人曰
勿可忘其數郡之命係乎塘者皆曰勿可忘士
民乃請記之以勒諸石茲塘長鞏功且不朽云

修江塘記

國朝　張泰交

杭城東南大都會也而錢塘一江世爲之患蓋
其流勢迅疾異於他水而江水上潮經龕赭二
山自廣入狹逆江而西與江水相激射江不勝
海爲潮所却怒號搏擊山摧地拆聲息燁赫而
仁錢適當其衝雖有神禹疏瀹無所施功故修
塘以捍漢以前無可考按武林志郡議曹華信
議立塘以防海水始募有能致土一斛者予錢
一千人貪厚値皆擔負而至來者雲集比至江
止詭云已不復用皆棄土江濱而去塘以之成
至梁開平間再修於錢氏宋大中祥符間錢氏

塘壞轉運使陳堯佐復築然自武肅以來率用
薪土屢築屢圮景祐三年俞獻卿知杭州始鑿
西山石作隄數十里民用便之下詔褒諭四年
轉運使張夏作石隄十二里因置捍江兵士五
指揮採石修塘隨損隨治杭人德之作廟隄上
此石塘之所由始也蓋由元而明捍江兵士不
復設事無專責往往因循推諉至於坍塌而莫
之惜不得已而修之大都苟且報完而已故常
有公私費財不止十萬而潮患如故今康熙三
十八年仁錢二縣所修江塘不踰年而潰前撫

趙公申喬時爲藩伯請於前撫張公志棟渠浙
之僚屬謀所以治之者溫州郡丞甘國奎議曰
自宋景祐間築石塘今將七百年雖幾經斷續
而終賴石土以足恃但荒石薄小不耐衝突且
砌法亦未盡善今欲圖久遠必購巨石選良工
每塘一丈用石一縱一橫嵌以油灰鎔以鐵錠
深根堅杵加築子塘以爲重障俟其沙漲可恃
永久因繪圖以進張公與前制府郭公世隆合
疏以聞下部即以甘丞領之未幾張公調江右
趙公撫浙而郎方伯廷極適來相與益勵其事

倡義首捐士商繼之期年而工已半時予方視
學江左明年趙公移撫南楚而以予承乏茲土
予下車即至江上觀所經營則自六和塔迤西
工程尚鉅於是努力捐貲期有成功復自六和
塔修至善龍嶺開山路三百餘丈又自嶺脚砌
塘六十二丈至華光樓止又善利院龍潭上有
各郡山溪之水奔滙于江埽望江門一帶而入
海海潮怒激挾江流而上捲刷徽塘素稱險要
特築石磯狀如偃月使海潮噴薄而來者與磯
相觸不得直逼徽塘即上流山溪之水瀑瀉而

下遇磯廻環勢遂渙散無復疾驅席捲之力徽
塘及望江門沿江一帶烟火萬家雉堞千尋恃
爲磐石砥柱矣工既竣客有謂予曰自明府下
車以來潮勢日減此政尚寬和之所致也使如
曩者驚濤拍天晝夜再至雖欲此塘觀成其可
得乎明府之德與此塘俱長矣予曰是何言哉
古云中國有聖人則海不揚波方今治際隆平
幽明感格百靈效順必有陰相其成者焉可誣
也乃作廟江干以祀潮神使凡職司水府及生
而有功江塘沒著靈異者俱得憑爽于斯享血

食以捍民祉爲萬世無疆之休是則予之志也夫是役也始于康熙辛巳初秋竣于丙戌春月共築石塘六百六十七丈子塘八百九十五丈共費銀五萬四千六百三兩有奇皆出官斯土者及士商之所捐未嘗泒民間一錢一夫故勒諸石使後之君子得以考其終始有所踵事焉

捍海塘考

明　陳善

杭地枕江負海茫茫水國而龕赭兩山夾峙於江海之交潮水自茲而入由廣入隘奔騰衝激雷擊霆砰有吞天沃日之勢晝夜再至山摧地

坼塘易崩潰乃築石堤以障洪流沿江隸錢塘瀕海則仁和海寧之地海寧縣治去海甚近前者海失故道衝決隄岸爲患滋廣甚則百餘里少亦不下數十里興役修築工費浩穰延引歲時始克就緒間值颶風陡作洪濤西激旋復汨於巨浸甚爲浙西民患一勞永逸上下數千載間不聞有長策焉郎東南之患未已也按前史江挾海潮爲杭人患其來已久唐大歷八年秋七月大風海水翻潮溺民居五千家船千艘白樂天刺杭日江塘壞嘗爲文禱於江神然版築

未興無裨民患至梁開平四年八月錢武肅始築捍海塘在候潮通江門之外潮水晝夜衝激版鍤不就因命强弩數千以射潮頭又致禱於胥山祠仍爲詩一章函鑰置海門山旣而潮水避錢塘擊西陵遂造竹絡積巨石植以大木隄岸旣成久之乃爲城邑聚落凡今之平陸皆當時江也此吳越舊史所傳予聞錢名縣自有取義由漢迄今皆仍其舊或以爲州人華信以私錢築塘捍海故名錢塘初以爲妄頃閱杜氏通典引錢塘記云防海大塘在縣一里郡功曹華

信議立此塘以防海水始開募有能致土石一斛予錢一千人貪厚値皆擔負而至來者雲集比至江上詭云已不復用皆棄土石江濱而去塘以之遂成杜君卿素稱博雅且自唐距漢時未甚遠雖說近荒僻當有所傳信而筆之于書也今臨安志乃謂自武肅始且引强弩射潮之說以爲信而神其事豈舊嘗有塘至錢氏時乃大壞而更築之耶唐書地理志曰鹽官海塘長一百二十里開元時重築則前此有塘可知按海寧四境東至嘉興府海鹽縣金牛山界八十

三里西至仁和縣上舍逕界四十七里不應錢塘江塘獨無舠錢塘江潮淼湃洶湧震撼衝突比至鹽官勢尤危峻又都會重地防護更切苟無塘岸以爲隄防浸淫所至杭城悉爲洪流茲豈武肅時始築哉又按江塘傾決不常在宋時特爲吾杭之患錢氏所築之塘至大中祥符間遂決五年轉運使陳堯佐築之七年詔江淮發運使李溥復依錢氏制專其事九年郡守馬亮禱於子胥祠下築之明日潮爲之郄景祐四年轉運使張夏築隄十二里因置捍江兵士杭人

德之作廟隄上慶歷初再决郡守楊偕築之丁寶臣爲記政和六年前守杭州張閣奏言錢塘江塘若失捍禦恐他日數十里膏腴平陸皆潰于江詔命劉旣濟更築之淳熙元年四月間大决一歲再決嘉熙戊戌之變命知臨安趙與懽修治乃就近江處所先築土塘然後於內更築石塘越三月畢工水復其故嘉定十年江潮大溢不聞有築之者豈塘岸固無恙乎抑舊志所遺也入國朝來洪武十年江水大溢特命大臣來杭修築自後永樂元年一修五年九年再修至十八年六修塘始有成及成化八年沿江隄岸傾圮特甚乃命工部侍郎李顒來杭祭告江神修築隄岸迄今百有餘年不聞有修治之者夫江濤之患雖亞於海然錢塘之潮直當海門者湍激漰湃山摧地搖茲幸江塘之外尚有淺沙數百丈可以捍截江流故茲塘稍不爲患一旦沙徙而直薄塘下濱海桑田廬舍豈不岌岌乎今按六和塔之南潮勢稍緩塘可無虞惟望江樓以北數十里直當潮衝此宜急事修築而當事者幸其無患苟安目前失今不治後將有

百倍工力而無濟者矣夫今築塘之患有二曰估價太廉也責成太急也往者萬歷乙亥塘決六和塔之下數百丈命人修築予嘗一至其地詢諸工匠每石一塊止銀八分每一工止銀二分夫官以廉直而覓工人以刻期而供役故事圖苟完不爲久計所築之塘惟用爛石草草疊成不實以土潮水一至尋築尋圮其何以善厥後哉必也於近隄淺沙之上立蕩浪木樁數百千以捍之而其疊砌之法不恤工力務爲遠圖多委廉幹之吏分役察視或編立字號各任其

責所任巳完更番代換毋令其久役思歸怠於將事至于樁木必須易杉以松庶可永久而又倣宋人捍江兵士之意每歲編置巡江夫數十名令其往來察視江塘少有傾頹卽加修治庶乎修理及時而工力可省顯患旣弭而隱憂可消百世可久之策也

海寧縣築塘考　國朝 陳之遴

凡海之臨大洋者潮汐皆以漸長鮮爲民害惟海寧之海南有上虞餘姚逼處於前東有大尖鳳凰諸山角張於左海身旣隘海口復窄乃潮

由海鹽大洋騰涌而入無異於帶水而納彌天之浸此怒濤橫奔高逾數十丈所由來也乃西去不五十里又有鼈子門爲錢塘江流入海之口廣僅七八里夫以數百里之海面復納於七八里之口中而江流又逆遏於上則受阻之廻溜其湍激更雄于潮矣爰考唐宋元明海患相循不已其鴟庬之費動盈萬億載在史策班班可考也請得而臚陳之一曰海塘潰决之烈宋史嘉定十二年海失故道潮衝平野二十餘里侵入鹵地鹽課不登蘆洲港瀆蕩爲巨壑十二

年遂侵縣治上下管黃灣岡等鹽場皆圮蜀山淪入海中聚落田疇失其半而不稼之壤者凡四郡焉十五年縣南四十餘里盡淪爲海其捍海古塘東西壘石並就淪毀海水浸入縣之兩旁各三四里止存中而古塘十餘里當時議者以爲水勢衝激不已不惟本縣不可復存而向北地勢卑下且慮鹹流入蘇秀湖三州田畝不可復種又縣西有二十五里塘上徹臨平若海水入塘兩岸田畝必致决壞并裏河隄岸亦有橫裂之憂矣十七年海潮復壞縣隄數十里計

六年而始平元史大德三年塘岸崩潰虛沙復漲不可修築延祐六年七年海汎失度屢壞民居陷地三十餘里泰定元年二月海水大溢壞隄塹侵城郭三年八月大風海溢捍海隄崩廣三十餘里袤二十里至徙居民千二百五十家以避之四年正月潮水大溢捍海塘崩二千餘步二月風潮復大作衝捍海小塘壞郭外地四里四月捍海塘復崩十九里又縣志載縣西南舊有鹹塘元泰定間海坍不存先是嘗築備塘以防衝激塘之外有沙塲二十餘里塘內陸地

蕩及桑棗園一百六十餘頃至泰定四年悉崩
于是建天妃大廟命僧用秘法鑄潔沙鐵神以
厭勝之致和元年三月海堤復崩元主遣使禱
祀更命西僧造浮圖二百一十有六實以七寶珠
玉半置海畔半置沙水中以鎮海災終不能止
志載甯公貢師泰詩序稱當時潮決南岸州治
將盡入于海城隍漫無存者迨至正十九年而
始克築城則知元時吾邑之海患更酷於宋矣
故明洪武初海潮衝毀赭山巡司及宋置漏澤
園至二十三年衝毀石墩巡司永樂九年海潮

復決有司不時治民流移者六千七百餘戶淪
田一千九百餘頃毀許村鹽場成化十年海決
至城下十三年二月潮水橫溢衝圮隄塘逼蕩
城邑轉盼良趾一決數仞祠廟廬舍淪陷略盡
至宏治五年新堤漸坍嘉靖七年新隄大坍復
至城下九年海復決逼城自是以來屢有海患
崇禎元年七月其禍更甚天下瀕海之地晏然
安堵者不乏未有如吾寧之獨當險阨者五代
以前無可考據故斷自宋以來海塘潰決之烈
如此一曰歷代工費之繁唐書開元元年重築

捍海塘一百二十四里夫曰重築則修築有前
乎此者矣其役先工役雖逐而不傳但延袤如
許則勤民畚鍤浩費當不下數十萬當是時司
國計者亦孔瘁矣考之於宋潮水橫決終宋世
凡四罹其災不特縣治徧地傷殘至併四郡之
田並遭淹毀而山淪于海抑更異矣當時下浙
西諸司條具築捺之策亦逐而不傳懸計拮据
鉅費何可量哉元河渠志泰定四年風潮為患
都水庸田司奏請速差丁夫當水衝堵閉其不
敷工役差倩於附近州縣當時朝議擬比浙江

立石塘為久遠計興役者數月發丁夫二萬餘
人用鈔七十九萬四千餘錠糧四萬六千三百
餘石致和元年省臣奏修築海塘合用軍夫除
戍守州縣關津外酌量差撥從便添支口糧又
誌載貢師泰所為序云潮決南岸民吏驚懼捍
以數郡之力而決猶不止觀此則元季之頻舉
大役其費更不貲矣明禮垣張寧著障海塘記
云永樂中海決供力役者蘇湖等九郡費累鉅
萬積十有三載始弭其患成化中以舊塘衝圮
分巡錢公修築障海塘其役徒以三府萬二千

八七越月而告成又載嘉靖中邑令嚴寬撰水利圖志序云考石塘之築自唐宋以來皆舉數郡財力始克有濟蓋以地據蘇常之上流爲嘉湖之鎖鑰各與有責故均任其勞若驅一方之民以治之則東與西縻財竭力疲矣其自嘉靖以後修築頻仍工費無算玆以邑乘闕如未敢傳疑而前此之九郡力役三府工徒十三載之奏功七閱月之報竣其所縻公帑亦彰彰可據也合唐宋元明而計之金錢等河沙矣歷代工費之繁如此一曰命官經理之重宋嘉定十二年

臣僚言鹽官潮勢深入萬一春水驟漲海風佐之則百里之民俱葬魚腹遂下浙西諸司條具捍隄堅壯之策十五年都省以海塘衝決上聞命浙西隄舉劉垕專任其事垕言縣治境連平江嘉興湖州大爲利害議修縣東六十里鹹塘縣西淡塘及袁花塘以防大潮盤越流注北向之患從之元大德三年塘崩都省委禮部郎中游中順洎本省官相視焉泰定元年二月風潮大作衝塘壞郭外地杭州路言與都水庸田司議於北境築塘與若先修鹹塘江浙省準下本

路修治工部議海岸崩摧重事也宜移文江浙行省督催庸田使司鹽運司及有司發丁夫治之五月平章秃滿迭兒等奏江浙省四月內潮水衝破鹽官州令庸田司徵夫修堵遂命都水少監張仲仁往治其役本省左丞相脫歡等議置石囤以抵禦之致和元年三月省臣奏江浙省并庸田司官修築海塘倘得堅久之策移文具報臣等集議本年差戶部尚書李家奴工部尚書李嘉賓樞密院屬衛指揮青山副使洪灝宣政僉院南哥班與行省左丞相脫歡及行臺

行宣政院庸田使司諸臣會議修治之方合行事務提調官移文禀奏施行縣志故明永樂九年海決事聞遣保定侯孟瑛往治十六年十一月明主親製祭文遣禮部侍郎易英同保定侯孟瑛致祭海神力役十三載始告成事成化十年大潮沖決隄岸用崇德即今石門縣沈丞楷遐其名築法隄始成十三年十二月潮勢益橫縣上其事於府府守陳讓上其事于巡按御史隨檄分巡僉事錢山常董其役乃命杭嘉湖三府屬轉輓木石物用舟楫蔽河而至分令指揮李昭通判

何某兼總其工自是以後每過興修必上勤憲府下萃羣司凡以重民命也命官經理之重如此一曰採辦修築之宜宋志嘉定十五年浙西提舉劉垕耑任修築海塘首以鹹潮泛溢有盤越流注之患建議袁花塘及淡塘基址近裏未至與潮爲敵施功較易宜先就二塘修築以禦縣東鹹潮其縣東近南六十里鹹塘亦應取次修築萬一又爲海潮衝損則當用椿木修築袁花塘以捍之其縣南去海一里餘幸存古塘縣治民居盡在其中未可棄之度外合將見管椿

石就古塘加工疊砌里許爲防護縣治之計報曰可元志鹽官州去海岸三十里舊有捍海塘二又添築鹹塘仁宗延祐間潮壞民居陷地三十里其時省憲官共議宜於州後北門添築土塘然後築石塘東西長四十三里後以沙漲而止泰定元年二月海水大溢有司以石囤木櫃捍之不止四年二月風潮衝捍海小塘壞州郭四里杭州路言與都水庸田司議欲於北地築塘四十餘里而工費浩繁莫若先築鹹塘增其高濶塡塞溝港濬深近北備塘濠塹用椿密釘

庶可護禦至八月水勢愈大本省左丞相脫歡等議安置石囤四千九百六十抵禦鏤畚以救其急於是簡用都水少監張仲仁總理工役於沿海三十餘里復下石囤四十四萬三千三百有奇木櫃四百七十餘致和元年三月省臣奏江浙省幷庸田司官修築海塘作竹籧篨內實以石鱗次壘疊以禦潮勢淪陷入海四月奏委戶部尚書李家那等洎行省臺院及庸田司等官議大德延祐間欲建石塘未就泰定四年春潮水異常增築土塘不能抵禦議置板塘以水

涌難以施工遂作竹籧篨木櫃間有漂沉欲踵前議置石塘以圖久遠爲地脉虛浮比定海浙江海鹽地形水勢不同由是造石囤於其壞處壘之以救目前之急所置石囤二十九里餘不曾崩陷略見成效庸田司與各路官同議東西更壘石囤十里其六十里塘下舊河就之取土築塘鑿東山之石以備崩損至明年爲文宗天歷元年水勢漸平二年海患息於是改鹽官州爲海寧州縣志故明成化十二年二月僉事錢山重築障海塘公策騎行邑歛不及民量材度

宜因時立法採石於臨平安吉諸山備物用于浙西三府舟楫輸輓銜尾相屬乃斵木爲大櫃編竹爲長絡引而下之中實以石此化小石爲大石法也汎濫稍定復作副堤十里以防泄鹵之害至八月塘成此後修築都無所考至宋元治塘雖有效有不效而其法屢變亦旣殫厥心而弭厥患矣採辦修築之宜如此

城海寧州詩序

元 貢師泰

海寧故鹽官縣入國朝以戸衆陞爲州其後又以潮決南岸州將盡入於海民吏驚懼捍以數

郡之力而決猶不止朝廷遣使投璧沉馬而祝祭之幸得寧遂改今名大抵境內地渟沮如高者又皆沙土故城址漫無存者至正十九年江浙分省檄左右司都事陳元龍相其地勢而興築焉君至則下令聽民自定其力之上下以均其徭有不實輒治之并以坐吏於是好豪攝服貧懦感德大小相勸萬手並作不數月而堅壁高壘屹然爲東南保障矣

海寧水利圖志序

明 嚴寬

海寧古鹽官縣也海逼縣南由鎭海門出里許以石隄捍潮曰海塘北自拱辰門達於仁和曰上塘河東至宣德門達於下塘河其流旁通四境中間爲蕩爲瀦爲溝洫爲遂爲渠爲川爲涇爲漊爲浜未易悉數皆蓄洩之支流耳關於一縣之利害者三河其選也第其緩急又不能無頡頏之差焉是故海塘爲要上塘次之下塘又次之蓋緣地勢高阜俯視蘇湖使海漫溢則東南膏腴之地盡爲斥鹵昔人築隄以捍之其慮周飭有如此者邇來怒濤衝激歲益以甚相去城河近不百步耳此利害之關於數郡者故曰

爲要上塘之水發源于杭之西山北由吳家堰東抵長安壩以洩於運河近來西湖占塞而水之來也有限吳家堰損而水之去也無節矧自許村場達于縣治幾七十里許地高河窄容蓄無幾舊志堤筒十有三處澇則洩旱則固所以節宣之也今傾圮殆盡無復存者此利害之關於一方者故次之下塘河其支有二東由袁花歷海鹽抵白茆以入于海北由郭店浮于蘇常由孟子河京口閘以入於江源遠流長非大旱澇可以無慮惟近城十里地名曰轉塘者河淺

不足以爲容塘小不足以爲衛凋舟没路之患間亦不免耳此利害之關于一時者故曰又次之議者謂浚河之土以加於塘則河深而水聚塘高而行便矣此固周禮因地勢水勢之說在因時處分而已矣固不敢重遺當道者憂也惟上塘之役工力頗繁使驗丁出力則富豪者或以計免而荷畚與嗟者類皆無田之民今欲通力于兩岸食利之家庶合佚道使民之旨而規筒之制要當易以石閘信非捐資公帑不可耳矧西湖曲防於富家吳家堰屬籍于鄰縣尤非

下吏寛卑劣所得專焉耳幸惟我公率作興事計處之下奉以周旋則亦奚爲不可至於海水潮汐世爲邑患則又有甚者矣考之石堤之築創於唐添設於宋元增於我國朝皆以數郡財力始克有濟正以據蘇常之上流爲嘉湖之鎖鑰各與有責故均任其勞耳邇者海勢南奔乃區一方之民以治之東輿西廢財竭力疲惟明公處助始克底績迄今海沙漸漲雖天幸亦人力也但潮汐潰決無常而一邑財力有限每遇興修則上下移文動以旬月計卒之損者崩崩

者㕍訂定而後行所損亦已多矣識者欲準海鹽事例歲儲均徭役銀若干以備修築則百姓免興作之勞官府省文移之費未爲無見也明公存心天下加志窮民况通融處分具又在我果采而行之乎苟行之一舉手一投足之勞耳明公何吝焉

海塘事序　明　吳鼎

余讀河渠諸書而三歎治水之難也夫閭寖爲海諉諸天數民則謂司我者何不仁起而塞之㩋林竹楗石菑與於負薪之役者又微文刺譏

當世多言亦可畏哉鄙語云溺則丐命出則索錢甚哉黎民不可爲深長計也悲夫余嘗東望海濤北俯三吳循行錢塘石防天塹父老曰微武肅茲其湯湯乎彼錢鏐亦丈夫也眞能射潮東耶顧撫駕方略何如爾他日遺民過其基垂涕尸祝祠之孰與當時任怨之多哉余於是又歎其有立功者終不昧夫海鹽視錢塘爲下流海益善決駸駸及郛時非無武肅之智也而拘文牽俗之人媮安不事猥曰毋動爲擾譬之敗垣居水寖處其下土未及崩因謂之安海鹽之

塘何以異此徃聞長老言永樂中海溢漂溺人民壞民田廬舍以萬計官民遷徙崎嶇救患累歲言之於邑有足傷心者嗟乎向使早爲之所捐數萬金竭三吳力猶將爲之涓涓弗塞竟成滔天悔可及耶竊嘗籌之濱海郡縣數數捍患無已如出數年修築之費一大治之塹山堙壑起三江之口南屬海鹽西南至於海寧接於錢塘延袤數百里石隄鱗比自非懷山襄陵之勢未易敗也是雖勞費不貲而晏然百世之利誠爲上計不然及患未深繕完要害故隄而穿渠

䟽鹵海塘既堅民食亦便去害興利而費約且寡若焦廉訪之爲海鹽計者亦可以百年安哉苟候氾濫既甚猝發閭左之繇摶沙聚灰欲遏洪流此與以手障何異可謂無策嗚呼難言哉余曩辱焦公同官雅知其人非常之功而不惑人言者海塘方略具如左云後有君子欲推而行之得覽觀焉

海寧工竣序　　明　沈懋孝

浙西屬邑在海壖者二十餘城獨鹽官之城去海甚近海外秦駐諸山箕列囊束呑納巨洋之水地勢窄而湍廻急潮汐遂上其勢獨險異于他處夏秋間時有颶風先數十夜有聲潮乘風沸蕩崩擊不一瞬間室廬物産人畜立盡此捍海石塘所由設而塘在鹽官屢築屢潰常先爲東南患所從來久矣萬歷三年五月晦鹽官海溢中夜風雨挾潮以上勢高於城幸而返風乃定於是捍海之塘盡破塘石漂入海者無算始議修築謂歷十餘稔費數百萬緡未有已也會中丞徐公始至經度工事藩伯舒公素以才望視河徐沛間膺簡任守浙之西遂相中丞經玆

大役凡石塘之剏建修築幾三千丈內爲土塘以附石塘又䟽內河以防衝決始于萬歷四年七月至五年九月訖工其費僅踰十萬於是嘉興太守黃君率其僚屬紀公之功屬言於余予惟天下有三大防疆圉之吏守在邊防轉漕之吏守在河防東南守土之吏守在海防此三防者天子之守也河之防疏非若海之不可以負薪捧土而下之楗也邊陲飄忽震撼鋒銳固甚然其來有候其去有形乃海之患豈人力能禦之者哉故塘之捍海其備甚於邊墻急於

河隄萬一塘未及成成不若是速東南十郡隱沒滄蕪之患豈可勝道故稱禹之明德遠矣吾輿爾正冠整衽弁而哦日夕者誰之賜哉嘗推公之功不在防河防邊下者非諛也公敏達精練年力方剛敭歷內外久嘗一爲輿屬國具知邊瑣再爲治河使者有績河漕今又施之捍海天下有三大防公策之審矣日者登樞鉉參大政亦以治海之道施之籌邊何異垣之於牛臯之於馬也不佞揚吐而樂言之

海鹽縣全修海塘錄序　明　馮臯謨

邑長老云鹽有塘以來不知修築凡幾先朝有發帑金百萬少五十萬者有特勅京朝官趙通政林郎中者有伐石寧紹併力蘇常諸郡者蓋亦重其事矣夫非以事關切全吳五六郡民命而又國家六軍萬馬委輸根底於斯塘失時久玩愒不至大敗極壞卒然不能出力肩任其事者萬歷乙亥潮大溢吳幾魚侍郎徐公與土石工敕力築者十之三耳丁亥颶風其七盡復壞於是有令築築成邑令謝君百需攸責始末獨詳揖其言屬余序余不佞土人無能救功竊能

言工之自矣夫興建大事非成功之難能得人而任之難也非任事之難能實心而效之難也當議起時督院甄寧公篤中豈切勅誠稟稟謀全築令觀察龔公守禾久于郡接故實條上感中宸一時在事羣公議僉合重得人爲請于朝得水衡夏公又擇屬以曾公權知水府事諸執事分曹而任咸慎使亡何中丞傅公起家來公汪度恢廓不設町崖羣策畢效値歲災旱常公甚急塘尤重念時艱夏公宏宣德意恩勞有加其視塘圮若墊溺之切于已其斛算食絹不漏察於纖微其貶損服用躬約爲屬牧先邑中若不知其建節者旦暮行視工觸目災危藥者藥榤者榤督促程課不篤於招呼懷來無奢費不僅縮費諸執事役作之人爭矢力無敢不力較往稱功審時度事其時難倍其勢勞倍其築堅倍上與下皆實之效也實心者不速成見功而以允功爲實頌禹功者曰成允成功人年不爲久胼手胝足不言勞公郎功幾兩越載楠甚風沐甚雨夏公面貌黧黑皸裂公目爲腫監察兩臺三稱君勞夏公不有拜手言徵督院發謀出

晝何以有此成事公讓不居適本事始具言厥
寧勢最不敢蔽覃及藩臬諸大夫郡守王公而
下贊一謀領一事並荷甄賞有差大臣謀國開
誠心布公道集衆思廣忠益其道固如此矣上
悼念厥寧蠲錄後裔至恤厚矣非以能蔽全三
吳氓命且力禆輸委六軍萬馬有大功于國家
哉奈何目爲一郡一縣之塘而以吾一郡一縣
力當之也余敢略稽事蹟爰告來茲

海塘節略總序

國朝　朱定元

郭璞所註山海經云水出歙縣玉山過建德合

婺溪至富春爲浙江入于海盧肇曰浙者折也
潮出海屈折而倒流也總之四海皆有潮獨浙
江潮與江水鬭激郎亘若山嶽奮若雷霆雪浪
橫飛銀濤旁射縱無風雨潮頭震撼塘多潰郎
再加海風助虐時雨添威八其爲魚田將爲壑
宋唐迄今代廑宸慮然浙江潮患又以海寧爲
最益以城南門不數武郎濱大海全賴塘堤保
障而寧塘又居杭嘉湖蘇常等府上游測水平
者謂長安壩底與吳江塔頂相平保海寧郎所
以保嘉湖七府此所以浙省以海塘爲首務也

塘長百餘里皆係活土浮沙東自尖山西至仁
和界翁家埠綿聯曲折塘之外爲北大亹約濶
三十餘里有紹郡之龕山爲界水若由中小亹
出入當適中之地杭紹兩府皆慶安瀾第中亹
地面窄小難以容納江潮且山根餘氣似隱相
聯絡偶通旋塞所以不徙而南郎徙而北徙南
猶有龕赭等山捍衛爲患猶輕徙北僅借塘隄
一綫倘有潰溢爲害甚鉅康熙三十六年以前
水出中小亹杭紹相安無事迨至康熙四十二
年水勢北趨寧城迤南之桑田漸成滄海康熙

五十四年潮汐直逼塘根寧邑南門之外最爲
受險遂依舊式捐措添修塊離石塘三千丈此
本朝興工修築之始也康熙五十七八兩年以後寧
城迤西之秧田廟曾兒兜及迤東之陳文港念
里亭在在坍塌報險時巡撫朱軾相度老鹽倉
一帶建築大石塘五百丈過此迤西土性虛浮
不能安石又築草塘一千餘丈此建築石草塘
之原委也嗣後設立海防同知歲加修治殆無
虛日雍正六年塘腳護沙沖刷殆盡移至海中
堆起沙洲挑溜直注寧塘爲害愈烈經督臣李

衛題明將已坍之工改建條石塘坦復于險要
處圈築草盤頭以殺潮勢此建築條石塘坦及
草盤頭之原委也雍正十年五月內上游水發
又將西塘觀音堂翁家埠等處老沙洗盡潮勢
直逼內地署撫臣王國棟題明接築草塘二千
餘丈其地半屬海寧半屬仁和此又沿及仁邑
修築工程之原委也江潮日湧工程愈急雍正
十一年
世宗憲皇帝特命內大臣海望同直督李衛赴浙相度
機宜添設海防兵備道增置官兵築土備塘一

萬四千二百二十餘丈加培附石土塘一萬餘
丈又因舊塘易於坍塌年年修補終非長策議
於尖山起至萬家閘止改築大石塘一萬丈永
垂利賴誠爲保固海疆至計適值當事者專事
開濬引河堵塞尖山遂將議建大工因循怠忽
並將舊有工程不加修理以致雍正十三年六
月初三日猝遇風潮全塘潰決殆盡經督撫大
臣親率文武疊石鑲柴暫爲粘補而塘身之單
薄如故坦水之潑卸如故塘之裏身又係坑漊
一線殘隄內外受險是年九月二十三日大學
士嵇曾筠到浙總理塘工稟遵
世宗憲皇帝聖諭循照歲修之例先保舊塘以禦大汛
後修鉅工以垂永久如幫築通塘土戧搶險修
砌塘身以及修補坦水加鑲草塘並建繞城石
塘等工於本年十月內奏陳奉
旨允行鳩工集料分段與修將舊存塊石危塘改築
條石塘一千一十餘丈修整坦水八千四百四
十餘丈幫築土戧一萬三千九百餘丈塘內坑
漊酌量填補俱於雍正十三年冬月開工乾隆元
年五月告竣伏秋大汛賴此無虞元年冬月又將

仁邑境內李家村沈家盤頭寧邑境內九里橋
等處未幫土塘四千三百三十餘丈再行加築
俱於乾隆二年六月內完工其海寧遶城石工
五百五丈亦於元年八月內分委承築於乾隆
二年季夏報竣至續估魚鱗石塘嵇曾筠抵工
之始見江海全勢直逼北岸實難臨水興工議
於舊塘後另度基址建築業經奏允惟是舊塘
之後綿亘一萬四千餘丈需帑浩繁爲日遲久
自上年春夏以來仰賴我
皇上福德隆盛江海形勢漸向南趨自李家村至尖山

中沙突起聯成外障至乾隆二年五六月間東
西兩塘日夕漲沙較比昔年形勢不啻逕庭稽
曾筠審度水勢因時制宜議將舊塘基址圈築
越壩開槽釘樁改建大工謹遵
世宗憲皇帝不可那移寸步之
諭旨以成一勞永逸之鉅工元自元年八月初一日奉
命由分巡淮揚調補海防兵備道不辭勞瘁奔走襄事
親受督臣指示石土工程并坦水作法表裏完
固高堅足恃外以障滄海之狂瀾內以保桑田
之物産近以拯一邑之墊危遠以捍三吳之沮
洳上以裕國家之經賦下以畜生民之稼穡塘
工一成朝野交賴元雖衰絰奔馳奔喪旋里亦
與吳越人民共慶平成也矣

浙江圖攷序　國朝　阮　元

古今水道變遷極多小水支流混淆不免然未
有一省主名之大川定自禹迹而後人亂之若
今不知浙江爲岷江以漸江穀水目浙江者也
元家在揚州府處北江之北督學浙省徙來吳
越間者屢矣參稽經史測量水土而得江浙本
爲一水之迹浙江實禹貢南江之據近儒著述
多攷三江而終未實發之予乃博引羣書爲圖
說一卷綜其大旨而攷之曰江者發原岷山者
也禹貢三江曰北江中江南江北江者岷江由
江寧鎭江丹徒常州之北入海即今揚州南之
大江也中江者岷江由高淳過五壩至常州府
宜興縣入海者也南江者岷江由安徽池州府
過寧國府會太湖過吳江石門出仁和縣臨平
半山之西南今塘棲折而東而北由餘姚北入海
者也中江自楊行密築五堰其流始絕永樂時
設三壩陸行十八里矣南江自北魏時石門仁
和流塞唐初築海塘以捍潮其流始絕今吳江
石門仁和數百里內皆爲沃土惟一線清流自
北新關通漕達於吳江猶是浙江故道然則浙
江者乃岷山導江之委即由吳江石門仁和海
寧至餘姚入海數百里內之地之專名也若以
富陽論之乃漢書說文水經之漸江水穀水與
說文江浙相連之浙水迥不相同特自杭州府
城東北爲浙水之故道其自杭州城隍山西南
上達富陽斷不能名之爲浙江也今之海塘所
以捍潮元撫浙修塘月必至焉自尖山至海寧

州以西隄雖險而地勢高惟老鹽倉西南至杭州府城東北數十里中地勢低平潮汐往來活沙無定有朝爲桑田暮成滄海者且加築隄塘難施樁石濬之愈深則沙性愈散不如老鹽倉東北鐵板沙之堅固然則此數十里中非古浙江沙淤故道之明證乎非即禹貢南江乎且潮水最高時較之北新關塘棲一帶水面高至七八尺設無海塘則海潮必北注嘉興所以西塘柴工尤爲要計也班孟堅漢書許叔重說文孔疏所引眞鄭康成書注桑欽水經諸說是也初

學記引僞鄭康成書注韋昭國語注酈道元水經注庾仲初吳都賦注諸說非也以其說之是者證之禹貢周禮左傳國語越絕史記諸書及今各府縣地勢無不合也以其說之非者證之諸書及今地勢無不謬也元嘗立詁經精舍於西湖孤山之麓諸生議奉許叔重鄭康成二君木主於舍中而祀之二君說經之功人罕見者然浙省讀經之士奚翅數萬人問以所居之省莫不曰浙江也問以浙江究爲何水鮮不誤舉也設非許氏說文浙漸二字相別爲解鄭氏尙

書禹貢注讀東迤爲斷句與漢書說文相發明則必爲酈道元諸說所誤浙江禹跡及古吳越之界皆不可復求然則許鄭之爲功豈不甚鉅固宜爲潛學之士所中心說而誠服者哉元七八年來博稽古籍親履今地引證諸說圖以明之用告學者請勿復疑

議修築海寧縣海塘書　　明　張次仲

泉水皆滙而歸於海海不見其盈海一衝決則大地皆被其害如吾寧邑之海不過大海之一支流耳而潮崩沙齧人民田廬立見漂沒蓋右

承宣歙以下衆流之水左納蘇松外洋諸海之流西則龕赭二山南北對峙夾爲海門爲海入江之口東又有石墩大小尖山遷立海隅爲海入寧之口潮自東起歷乍澉二浦而來阨於近洋入山之內江自浦陽西瀉歷嚴灘至錢江而出巖門阨於龕赭海門之際其進甚狹勢廹東而相擊其來既遠勢洶涌而必怒夭是以湍激溯湃而有衝決之患也邑治瀕海適當交通之會城南百武卽界爲海塘塘起仁和至海鹽相距百里其近城數十里之間以尖山東鎭赭山

西鍵拱抱而突出於外邑城在兩山中之北三門鼎立那衝注射而城外為海之奧隈且潮奔入巖門扼於江流之逆注則激而復北不可遏禦此數十里者三面受敵故塘潰壞恒見於此也予幼嘗閱邑乘宋寧宗嘉定十二年潮衝平野二十餘里蜀山淪於海十五年又城南陷地四十餘里元仁宗延祐元年海溢陷地三十餘里明成祖永樂六年海決至成化十三年海決前後陷地六七十里心竊異之幅員雖廣而可屢蹙於洪濤之滔劃乎及年逾弱冠南望漲沙

三十餘里桑麻成林去海遠甚越十年臨海僅百步矣嗣是或漲或決屢屢改觀始歎桑滄遞變亦勢之無可如何者吾謂天下大患有莫可如何者三如邊患河患海患是也自古治之無有上策蓋勢處於不可測而患生於不及料惟有來則禦之去則備之先事而隄防者計畫之周耳其計畫之最要者莫先於儲餉餉不預儲一旦變生東支西應補苴無策欲待給於朝廷則緩不濟事欲派費於編氓則散而難紀遂欲借支庫銀以濟急需徐用派徵田畝以償那移

而朝三暮四中多乾沒而民受其病矣海寧地形踞嘉湖蘇松常鎮六郡之上流寧受海患六郡亦不得安枕無憂也故各郡皆有協濟之銀輸以儲用昔嘉靖時邑尹嚴寬建議歲儲徭役銀以備修築額設捍海塘夫百五十名歲編儲役銀三百兩以此二者存貯不為他用幸邀天祐十年無患可積金萬有數千一旦患作不為無備當平居無患時每遇潮汛遣廉幹吏民巡視遇有沙灘淤浸小隙即領銀堙補以杜其隙千丈之隄敗於蟻穴若九河盈溢非一凶所防

宜早為之慮也其次則在制度昔之善於為備者慮海濤之衝激為盪浪木樁以砥之慮潮勢之剝蝕為疊石斜階以順之故所取之石不必盡大斲木為櫃廣長尋丈納石其中則小石可化為大織竹為筏環筏為圈聯絡牽制少亦可化為多此漢武帝伐竹為揵塡實土石以塞瓠子河之遺意也縹緪以投海中斥鹵浸漬糾交不解外辮以盪浪木樁而上鎮以博厚之石如廉司楊瑄之制崇厚以捍其勢斜披以順其流近視之橫亘如虹遠望之崇峙若墉庶可弭災

而捍患乎至於酌用民力照十家牌循環更代必人與薪米節其勤苦而恤其寒暑民亦樂爲効力矣所慮任事之人惜功愛財苟且而不爲長久計故捐患而患月生必殫心萃力使吏不作奸民不偏苦期於實濟而後已如是稍有潰決隨時塗斂亦易事也夫海之決也有內河可開以殺之庶不氾濫而多虞今近北邑城無內河可開而備水上塘可堅築培高以護其內地疏通七里三里陳支馬牧達下河諸支港置閘遞減以殺其橫流此亦因地制宜之法也聞建

議者有欲以新椿易舊椿舊椿深固不拔易之則撥其基矣有欲以土石改修舊塘者新加土石不若舊之堅固改則有間可乘矣此說之斷不可行者也築塘以石自吳越王始石必培之以土人貪近便每剝附塘之土加之使高是猶剜肉醫瘡瘡究無補徒增潰爛耳深濬運鹽河亦可殺潮勢然河址與塘址相比深濬則海鹵滲入而易潰此皆治塘者所當戒也至於財用多寡覩主治之人當巡撫徐栻時海決塘傾始議費三十萬行海料度約十六萬衆議騷譁新

尹蘇湖初至廉斂有材四閱月功成止用十萬有奇由是觀之財用多寡豈有定乎視善爲謀者酌用之耳夫海患雖多不測人事修足以勝之昔吳越王錢鏐率衆董治潮怒急湍版築不就採山陽之竹以爲箭煉剛火之鐵以爲鏃命强弩五百人射潮潮乃退雖其德不及成康治不若文景而割據白雄帝制數郡要非高義足以服人何克致此若崇恃其强武即用五千人海若其畏之哉此事在省會近而可徵者也若夫神道之說昔人不廢惟在立誠以動之無感

不應奉訓大夫杭州路判官張仲儀海寧潮溢田畝廬舍多遭陷浸仲儀憂之以特牲禱於海神曰民非田不食非廬無以居神忍化民爲魚鼈宮邪即爲魚鼈宮神將何依吾恐神不自寧也禱畢親沉石水中健卒繼之未幾海復爲地張眞人裔孫與材朝覲歸至寧適潮患大作沙岸百里蝕齧殆盡延及城下與材投鐵符於海中踊躍而出者雷電晦冥獲一魚首龜身長丈餘斃於水面岸復故常浙省右丞相脫驩因海岸崩決民心甚恐躬詣上天竺祈禱於大士仍

請普福法師宏濟建水陸冥陽大會七日夜宏濟冥心觀想取海沙詛祝之率徒衆徧擲其處足跡所及岸不爲崩此皆寧之已事也要由精誠所格神亦感通理之固然無足異者蓋前事爲後事之師弭患當預防其備誠得明敏無私之人實心經理而廸德省愆以格天心亦何海患之足慮哉

與巡撫范承謨論修塘書　國朝　柴紹炳

愚聞天下有三塘河南有防河之塘湖廣有防江之塘浙江兼有防江海之塘此皆大利大害

所在也而在浙言浙又於今日之事則海塘爲切塘之遠者勿論若圮而重修則唐之開元宋之淳熙元之泰定致和其事徵諸郡乘至明初及季海變凡六永樂辛巳成化甲午宏治壬子嘉靖戊子萬歷乙亥崇禎己巳或溢或決屢費修築可得而紀者乙亥之役爲詳焉顧塘在浙海惟鹽官賴之而議者以塘大決裂卽嘉湖而下不免波及者何與按志稱海寧於吳爲陲於越爲首地形最高故境內麻涇落塘長水塘諸水皆從北流一從東北由浙迦趨滬瀆江入海

一從正北過吳江趨白茅港入江因指吳江塔鎭與長安壩址相埒則海寧之地高於他郡邑甚明故海寧之塘一決不止水注彼諸處如建瓴然將松蘇猶恐被殃而嘉湖屬其剝膚之災矣然則障海昌者卽所以保列郡塘之關於東南利害豈不鉅哉乃者仲秋之朔颶風陡作連數晝夜海波由是怒生隄塘橫決沿海土田廬舍沒爲巨浸人民失業誠斯土之一阨會也執事惻然念之亟圖修繕以寧邦宇而因詢及芻蕘集思廣益愚本杜門寡聞且未嘗親履其地

不能指畫形便聊據往牒揣近事粗陳末議以資博採之萬一可乎一曰集貲方今公帑不敷民力更竭故工役估費不可浮縮太過過於浮則爲胥吏冒破過於縮則其事難辦苟且完工未幾輒壞必有任其咎者至酌定所須若干奏支官銀外不無量派民間宜倣舊例協濟勸輸蘇松隔屬姑置之嘉湖諸邑於此塘利害相關自當檄令指貲助役大率海鹽任十之七諸邑任十之三可耳二曰聚材蓋修築之用木石爲先泥土可隨地而給木石必預購轉運不能猝

備也如慮海濤湍激必須盪浪木樁宜松不宜杉惟松入水經久也故事采石一塊長五尺二寸高濶各一尺八寸者其工價水脚應照時估給發使匠役樂趨石採於近山木購於上江他物料俱應取齊則興工無乏矣三曰任人此一大役雖執事躬督其上猶藉廉幹有司相與協理并就佐貳胥吏及邑之耆老解事者選擇委之俱以禮敦遣厚畀廩糈其夫匠使什伍相司按籍有考計工給值勿容侵尅總理者約塘若干里每人各認丈尺以難易爲多寡查照字號給

銀董役刻期齊作以其勤怠堅瑕分别賞罰庶事有責成無築舍道旁之弊也四曰鳩工工有難易不等如水勢方横决口難塞委以草土辟諸精衛填東海直無何有耳舊用漢楗絙法不就乃斷木爲大櫃編竹爲長絡中實以石引而下之汎濫有定築塘之法外當先植木樁其疊石下則五縱六横上則一縱二横石齒鈎連若絙貫然卽百計撼之不揺也又恐潮之直薄隄岸則爲斜階以順其流而於内復堅築土塘以爲護如此則海波雖壯且惡有汎濫而無衝决

比於金城之固矣雖然此特遥度言之耳若士著耆舊當有灼知事勢詳悉便利者執事能下車咨訪得其説擇而行之如宋尙書禮采老人之畫徐武公有貞依道者之規是役也可以萬全豈不一勞永逸爲吾浙世世賴哉

與觀察熊免築備塘書

國朝康熙三年　楊雍建

近奉台檄于外塘之内興築備水土塘鳩夫集衆人情皇然莫知所措竊謂玆役也固出自愛民無已之心未雨繆繆之計但據今士庶公論合諸父老傳聞海潮洶湧賫外塘以捍禦若沖

溢過塘區區備隄斷難砥柱是故海水之汎激不關備塘之有無抑明甚今日議築必先將負塘民居廬舍盡行拆毁此與遷徙何異且取土之難塘以外盡屬斥鹵塘河之汚濫而不可用將壞桑麻之地以實此塘乎某不知其可也台檄每里出夫百名以通邑計之每日用夫三萬六千餘矣雖有動支站銀三百之諭意可不擾民間然備塘工程甚大倍于外塘不識動支錢糧可源源而繼乎不繼則無米之炊繼則開銷原非易事若以不繼而令輸力培土日無寧晷

似非仁者愛民無已之初意也議者曰六十里塘河所以納怒濤之泛濫而遞減其勢故欲濬塘河以築備隄不知今所恃者還藉外塘堅固邀天之靈海不揚波耳奔騰澎湃越塘而瀉則塘河必不能容備塘必不可恃與其勞民傷財何如行所無事乎伏冀俯察輿情立諭免築留未盡之民力備外塘之葺補則豐功盛德與海水俱長矣

海寧志略　明　闕名

海寧塘一壞于宋嘉定中潮汐沖鹽官平野二

十餘里史謂海失故道再壞于元延祐己未庚申間海汎失度陷地三十餘里泰定四年海水大溢復侵鹽官地十九里迨至天歷水勢方息此海寧之所由名也三壞於永樂九年海決沒赭山巡司漂廬舍壞城垣長安等壩淪於海者千五百餘丈赭山巖門故道皆淤塞民流移者六千七百餘戶田淪沒者一千九百餘頃朝廷遣保定侯孟瑛等盡役蘇湖九郡物力積十三年其患始息四壞于成化十三年衝圮堤塘逼蕩城邑轉盼曳趾頃一決數仞祠廟廬舍器物淪陷略盡郛不及者半里分巡僉事錢山分命官屬採石臨平安吉諸山用漢楗絙法不就乃斲木爲大櫃編竹爲長絡引而下之汎濫稍定作副隄十里衛灌河以隄泄鹵之害適沙塗壅障其外增高培厚而海復故道矣其後如嘉靖戊子萬歷乙亥崇禎戊辰海或溢或決塘隨築隨圮雖勞費不至如永樂之甚然公私亦騷然矣

海塘志略　國朝　范驤

海寧備修塘夫一百五十名自知縣嚴寬始而

嘉湖諸縣修塘夫皆有歲額海寧自崇禎間知縣謝紹芳築塘以來已二十餘年塘夫存留不下六七萬金除改革前不可問順治二年至今不下三萬餘兩乙未海水大溢移文議經費當事動云無有有司多方措置止本縣本年分三百餘金在耳持錙銖以塞巨浸欲邀禍于精衛木石瀕海之民殆矣哉

李嵩觀潮圖跋　明　張寧

四海惟浙江潮最險雖勇悍強厲如秦始皇猶畏從狹中渡宋自慶歷以杭海屢溢嘉定中潮

沖曠官平野二十餘里外論皆以畿甸切近爲憂當時每遇潮盛候傾宮出觀顧反以爲太平樂事張思廉與二楊所題皆謂李嵩之畫嵩錢塘人歷光寧理三朝畫院待詔出于目擊丹青藻繪宜有浮于世景者今所畫略無內家人物儀衛供帳與吳俗文身戲水之流惟空垣虛樹烟樹凄迷平波遠山上下與帆檣相映而已披閱中欲使人心目遲回有感慨弔惜之懷無追攀壯浪之想嵩意匠經營情留象外豈逆見將來預存殷鑒耶杜子美曰江頭宮殿鎖千門細柳新蒲爲誰綠殆爲此圖題詠也

海塘擥要後序

權溫州太守楊公振齋輯海塘擥要一書既成寄杭州視余而徵一言為序余曰公分守杭州東路官以海防為名公能究心於防海之術可謂能舉其職矣爰攬其書凡潮汐沙水之說無不詳歷代修築之事無不紀

列聖經畫之功無不載工程官制建置改革之蹟無不備學士文人論說諷詠之詞無不錄一圖一說挈領提綱凡為書十二卷簡而賅博而精觀此而海防之能事盡矣吾聞海之環中國者半天

下上起遼東下極越南凡瀕海州縣在在有潮而浙之潮特著於今古其始見於吳越春秋及枚乘七發繼此而著論者不可悉數蓋浙水出自三天子都會衢婺二州之水以入錢塘江其源盛其流長而海水自海門而來東於龕山赭山兩崖之間奔騰泒湃與江流相激其經過海寧州也則又有大小尖山斗入海水中回流噴薄雲飛山立雖成宇宙之奇觀而其隄防也尤要矣自唐開元中即有鹽官海塘之築至吳越錢氏建國臨安修築益固兩宋元明相因勿替

我

朝

聖聖相承籌度於九重宵旰之中指示於六飛臨幸之際所以保障而奠安之者無所不至當斯任者

上籌

國計下念民依一得一失所關者鉅不有圖籍何所式循自有此書而南亹北亹之坍漲石塘柴塘之加減量沙測水者知地勢之變遷鳩工庀材者識經費之盈絀披圖展卷瞭如指掌豈非籌海之金繩安瀾之寶鑑哉時

嘉慶十四年歲次己巳十月

賜進士及第

誥授通議大夫翰林院編修前山東按察使吳縣石

韞玉撰

海塘擥要跋

嘉慶己巳初秋，杭州東塘海防郡丞合州揚振齋方權東甌太守，以新刊所撰海塘擥要郵書示賡芸，以其嘗承西塘海防丞之乏也，屬爲之弁言。賡芸以私艱故辭不敢爲。頃者振齋又權栝守，復以書來云：闋除目某已擢守柳州，將爲桂管之行，此後遠隔嶺表，音書實難，且合併何日不可知。君今已逾小祥，且非吟弄風月比，昔范文正持服上書宰執言事，後人未嘗非之，盍爲我強識數語乎？賡芸曰：序不敢爲，當爲贅數

言於簡末也。跋曰：著書之道，有詳有略，各具體要，亦有一事兩書而一詳一略相輔以行者焉，是在人之學與識耳。或難之曰：同一書而詳之略之，毋乃歧乎？曰：不然。昔司馬文正公撰資治通鑑畢，別爲目錄，名爲目錄，其實乃舉通鑑中要事，年經事緯，俾讀書易于檢閱也。今二書並行，未嘗偏廢。又如

祕府四庫書既有全書提要之作，又別爲簡明書目，此豈非擥要之所仿乎？浙海塘有通志，有後志，有新志，而體裁各殊，多所參差，且卷帙繁重，購者閱者皆不易。振齋與築之暇，究心文獻，乃爲是編，以備後來膺斯職者巾箱之攜，幷以供藝林之涉獵，意良厚也。蜀中自古多才，振齋博學工文，舉鄉試第二人，仕於浙，勤民事，所至有賢聲，退食之暇，日手一編，著書萬卷，其學其識皆能過人，故著作頗富，而是編尤足徵其經濟之一斑，非空言無補者所可同日語已。賡芸曩在西塘代庖纔三月餘，故於修防之政求之未稔，讀振齋之書，益欽其敬事之空前而軼後也。

嘉慶十有五年夏六月

賜進士出身

誥授朝議大夫前浙江嘉興府知府加四級嘉定李

賡芸謹跋